国家科学技术学术著作出版基金资助出版

秦巴山区滑坡成因机理与监测预警技术

范　文　熊　炜　曹琰波　柴小庆　邓龙胜　于宁宇等　著

科　学　出　版　社

北　京

内 容 简 介

本书围绕复杂地质环境条件下地质灾害孕灾机理、区域—流域—单体斜坡地质灾害高精度预警、秦巴山区地质灾害监测预警及风险防控措施等关键科学问题，系统论述了秦巴山区滑坡灾害的分布规律、孕灾机制、致灾机理、监测预警及灾害防治等研究成果。尤其在以下科学技术问题中取得突破：基于大陆造山带理论系统编制了陕南秦巴山区地质灾害孕灾背景系列图件；揭示了秦岭造山带滑坡从区域地质条件到显微构造的内动力演化孕灾机制，以及长期重力作用、人类工程活动、降雨等影响下滑坡的外动力致灾机理；构建了典型地质灾害气象—水文—变形多指标专业监测体系，基于机器学习方法和时序神经网络方法，提出了秦巴山区降雨诱发滑坡的区域高精度时空预警模型。

本书可供地质灾害防灾减灾、自然资源规划、矿山地质环境、水利水电、城乡规划、道路交通等相关领域的科研人员、工程技术人员及高等院校相关专业师生参考。

审图号：陕 S(2024)031 号

图书在版编目(CIP)数据

秦巴山区滑坡成因机理与监测预警技术 / 范文等著．—北京：科学出版社，2024. 12

ISBN 978-7-03-074852-2

Ⅰ. ①秦…　Ⅱ. ①范…　Ⅲ. ①山区-滑坡-成因-研究-中国 ②山区-滑坡-监测预报-研究-中国　Ⅳ. ①P642. 22

中国国家版本馆 CIP 数据核字（2023）第 027136 号

责任编辑：崔　妍　韩　鹏　柴良木 / 责任校对：何艳萍

责任印制：肖　兴 / 封面设计：北京图阅盛世

科学出版社 出版

北京东黄城根北街 16 号

邮政编码：100717

http://www. sciencep. com

北京中科印刷有限公司印刷

科学出版社发行　各地新华书店经销

*

2024 年 12 月第　一　版　开本：787×1092　1/16

2024 年 12 月第一次印刷　印张：35 3/4

字数：820 000

定价：458. 00 元

（如有印装质量问题，我社负责调换）

作 者 名 单

范　文　熊　炜　曹琰波　柴小庆　邓龙胜

于宁宇　魏心声　李　培　宋宇飞　郑文博

前　　言

秦岭山脉横亘于中国大陆中部，呈东西走向，自青藏高原东缘向东绵延一千多公里，西与昆仑山脉相邻，东与大别山相接，是中国地理、气候及人文的南北分界线。秦岭山脉主体是在印支运动时期，由华南（扬子）板块与华北板块碰撞、南北挤压作用下初步形成；在喜马拉雅造山期，又受到印度洋板块自西南向东北方向推挤及北部西伯利亚板块阻挡的共同作用，形成了南北挤压隆升、东西剪切拉伸的复杂构造应力模式，塑造出高山峡谷、沟壑纵横的地貌特征。大巴山脉位于秦岭山脉南侧，其总体走向与秦岭山脉一致，海拔低于秦岭山脉，二者伴生成长，宛如一对孪生山脉，共同构成了秦巴山区，它们在地理上紧密相连，共同影响着中国大陆中西部地区的生态、气候与环境。

秦巴山区是整个亚欧板块中地壳运动强烈且地质遗迹保存完整的地区之一。其特征表现为地形地貌起伏多变，区域地质构造错综复杂，岩石种类齐全多样，形成了极为复杂的岩土体结构和斜坡类型，使其成为全国地质灾害的高发区，长期制约着区内的工程建设，成为中国中西部地区南北交通的天然屏障。

秦巴山区主体位于陕西省境内，涵盖秦岭、巴山山脉及其间的山间盆地，是我国重要的能源、矿产及自然资源富集区，也是许多重大交通干线、重要水利水电等工程分布的区域。近年来，随着“西部大开发”、“乡村振兴”等国家重大战略的实施和“一带一路”倡议，大量工程活动在秦巴山区展开，同时，受极端天气影响，区内地质灾害的数量、规模和危害性进一步激增。通过大量实地调查，秦巴山区地质灾害常以群发、突发、暴发的形式出现，还伴有灾种转化以及链生成灾的特点，由此导致了大量的人员伤亡和财产损失。据中国地质调查局统计数据显示，秦巴山区长期位列全国地质灾害高发区。通过搜集秦巴山区地质灾害的相关数据统计可知，在2001～2024年间，仅在秦巴山区内的安康、汉中、商洛三市，对附近居民产生影响的地质灾害发生了7000余起，造成人员伤亡800余人，直接经济损失达40亿元，尤以2010年之前灾害较多、伤亡较重，可以说，秦巴山区是全国地质灾害受灾最严重的地区之一。

滑坡是秦巴山区主要的地质灾害类型，占所有灾害数量的比例高达90%，且具有显著的地域特征。本书以大陆造山带的地质理论框架为基础，结合岩土力学理论以及数值分析方法，采用自动监测与智能分析相融合的技术手段，成功构建了针对大陆造山带地质灾害的系统研究范式。然而，整个研究过程中，面临了一系列挑战，主要体现在以下几个方面：

（1）地质构造复杂性。秦巴山区作为典型的大陆造山带，地质构造作用强烈，对地质灾害发育和分布起控制作用。地质灾害分布表现为：沿区域构造断裂带附近地质灾害集中发育；北秦岭厚皮构造单元控制了大型滑坡和崩塌的形成；推覆体的主断裂与次级断层交汇处地质灾害多发；张性剥离断层则是中小型滑塌的主要发育区。然而，不同地质构造如何控制地质灾害的发育规律，其孕灾机理复杂，仍需深入探讨。

（2）岩性及岩体结构多样性。由于受构造运动强烈挤压，板块堆叠交错，导致区内岩性分布及岩体结构极为复杂；大多数沉积岩均发生不同程度的变质，且大构造带附近多出现大规模的侵入岩体，部分火成岩也发生了变质。从地层形成顺序来看，安康地区基本是由西南向东北地层由老到新，而在一些大断裂位置，受逆断层影响，时代较老的岩层又覆盖在新岩层之上；汉中地区大部分位于华南板块，由于板块运动活跃，造成大量深变质岩和岩浆岩杂糅在一起。在南北挤压、东西剪切的构造应力作用下，岩体结构更为复杂，它们如何影响地质灾害的形成与分布，其影响机理仍需深入研究。

（3）斜坡变形破坏发展趋势的离散性。受复杂地质环境条件影响，秦巴山区斜坡的变形破坏呈现出多样化的发展趋势，具体表现为：同类型斜坡呈现不同的变形破坏模式；相同破坏模式的斜坡，其发生破坏的阈值（时间）和影响范围（空间）也存在显著差异。鉴于秦巴山区独特的地质条件，以往的斜坡类型划分方案和变形破坏模式，难以直接应用于该区域的滑坡研究。因此，如何在秦巴山区精确识别可能发生滑坡灾害的高危斜坡，并准确预测斜坡的变形破坏模式及其未来发展趋势，是区域地质灾害研究的关键所在。

（4）监测预警防控的滞后性。课题研究初期，由于秦巴山区地质灾害频发、经济条件较差，开发建设相对滞后，监测预警系统的研究程度相对薄弱。一方面，监测预警系统的覆盖范围有限，存在一定的监测空白区域；另一方面，在区域尺度上，降雨诱发滑坡的早期预警模型仍处于半定性、半定量的过渡阶段，尚未达到精准量化的水平。随着对精细化预警需求的不断增长，如何构建完全定量化的早期预警模型成为亟需解决的关键问题。此外，在区内建设典型的监测预警点，通过精准监测与可靠分析，能够为秦巴山区的防灾减灾工作提供更为科学、有效的支撑。

针对秦巴山区滑坡灾害的特点，科研团队积极应对挑战，聚焦秦巴山区在地质灾害预测评价、监测预警以及防控治理等方面所面临的问题，创新性地采用“斜坡-流域-区域”递进式研究思路，并综合运用“空-天-地”多元融合的技术方法，从“宏-细-微”多尺度视角出发，对秦巴山区滑坡的孕灾机制与成灾机理展开全面、系统的研究。

首先，通过深入细致的野外实地调查，并广泛收集相关研究成果，对地质灾害的成灾背景与孕灾环境进行了系统梳理与分析。在此基础上，精准归纳总结了陕南秦巴山区地质灾害的分布规律，明确了易滑地质结构类型，并确定了主要控滑地层。

其次，充分发挥多学科交叉融合的优势，结合地球科学、数学、力学、信息与计算机科学等领域的前沿知识理论，成功构建了秦巴山区滑坡的类型划分体系及变形破坏模式，为深入解析滑坡灾害的成因机制奠定了坚实的基础。

再者，针对秦巴山区典型的软变质岩、各类结构面及其不同的结构组合，开展了大量现场与室内试验，系统研究了其物理力学性质，全面地揭示了软变质岩岩块、结构面及其风化堆积物在不同影响条件下的力学行为，为地质灾害的防治提供了关键的物理力学数据支持。

此外，以典型滑坡为研究原型，采用常重力地质力学模型试验、蠕变模型试验、大型物理模型试验等手段，深入研究了长期重力作用、降雨条件以及人类工程活动等多因素耦合影响下，人工边坡的变形破坏机理，为准确识别和评估边坡稳定性及制定有针对性的防控措施提供了重要依据。

最后，采用ArcGIS、Matlab、数值模拟等手段，并结合大数据分析技术，成功研发了区域-流域-单体斜坡地质灾害协同监测预警技术。该技术显著提高了地质灾害的预警精准度，并构建了一套高度适配秦巴山区地质灾害特点的监测预警系统，为该区域地质灾害的有效防控提供了强有力的技术保障。

研究成果解决了以下关键科学问题。

（1）秦岭造山带滑坡内动力孕灾机制

查明了陕南秦巴山区地质灾害孕灾条件、孕灾特征及分布规律；系统编制了基于大陆造山带理论的地质灾害孕灾背景图等系列图件；研究了典型滑坡从区域地质环境条件到显微构造的动力演化过程，揭示了秦岭造山带滑坡的内动力孕灾机制。

（2）多因素耦合作用下滑坡的变形破坏机理

系统研究了长期重力作用下秦巴山区滑坡的时效变形机理、降雨条件下边坡浅表层失稳破坏的机理、人类工程活动对边坡失稳的影响机理。在此基础上，进一步揭示了多因素耦合作用下软弱变质岩边坡的成灾机理，并提出适用于秦巴山区滑坡灾害的失稳判据。

（3）秦巴山区地质灾害监测预警及风险防控措施

充分融合气象、地质、探测、监测、机制模型等多源异构数据，建立了有效的预测预警模型，实现区域-流域-单体斜坡多尺度协同的地质灾害高精度预警，开展地质灾害早期精准识别、风险定量评价以及科学合理的地质灾害防治工作。

本书详尽地介绍了各项研究成果，各章内容简介如下：

（1）第1章　秦巴山区滑坡形成的地质背景

秦巴山区作为全国主要的地质灾害高发地区之一，有着复杂的地质背景。本章阐明了秦巴山区的地理位置及构造演化历史，详细介绍了秦巴山区地质灾害孕灾条件、孕灾特征和分布规律。基于大陆造山带理论，系统地编制了陕南秦巴山区地质灾害孕灾背景图等系列图件，为研究和防治地质灾害提供了重要的基础地质依据。

（2）第2章　秦巴山区斜坡类型及变形破坏模式

秦巴山区地质构造复杂，岩性多样，斜坡类型具有显著的空间变异性。在外动力地质作用下，斜坡变形破坏模式呈现“同型异滑、异型同滑”的特征。本章基于岩石建造、岩组特征、岩体结构及工程地质性质，建立了斜坡结构类型划分方案，并系统总结了九种典型变形破坏模式，为区域斜坡稳定性评价提供了理论依据。

（3）第3章　典型地区滑坡发育特征及规律

选取位于北秦岭厚皮构造带的周至县，南秦岭薄皮逆冲推覆构造带的旬阳县，秦岭微板块南缘强构造带的紫阳县，以及扬子板块勉略缝合构造带的略阳县为典型研究区，系统分析了各区域的地质环境条件、滑坡发育特征和规律，为秦巴山区典型滑坡成因机制研究提供数据支撑和理论依据。

（4）第4章　秦巴山区岩土体蠕变特性及斜坡蠕滑变形机理

针对秦巴山区斜坡的主要组成物质-软弱变质岩及其风化堆积物，开展了系统且深入的物理、力学性质研究，揭示了各类地质材料的变形破坏机理。借助自主研发的大尺寸岩土压剪流变试验机，探索了一套适用于大颗粒残坡积物的力学试验方法，保障了试验数据的准确性和可靠性。通过试验建立了变质岩及风化堆积物的时效蠕变本构模型，揭示了边坡蠕滑变形的成因机理及形成条件。

（5）第 5 章　降雨作用下浅表层滑坡成因机理

采用现场调查、物理模型试验和理论分析等方法，针对陕南秦巴山区典型降雨型堆积层滑坡的灾变演化机理与预警方法开展研究。以境内汉江中游任河流域为例，结合地球物理方法和经验模型查明了斜坡堆积层厚度的空间分布规律；探讨了陕南致灾降雨时空分布规律，探明了典型堆积层滑坡的孕灾环境特征；提出了能合理描述斜坡松散堆积层降雨入渗过程的改进非饱和湿润锋入渗模型，结合现场滑坡长时序多物理参数监测，阐明了典型堆积层滑坡灾变机理和启滑条件，建立了基于物理过程的降雨型滑坡预警判据。

（6）第 6 章　人类工程活动下软弱变质岩边坡变形破坏机理

针对软弱变质岩边坡稳定性问题，采用物理模型试验与数值模拟相结合的方法，系统研究了工程活动影响下的边坡变形破坏机理。基于自主研发的非接触位移测量系统，重点揭示了层面充填特征、结构面组合形式及坡脚开挖方式对顺层软弱变质岩边坡稳定性的控制机制，建立了边坡失稳破坏临界长度判定公式。通过数值模拟阐明了反倾斜变质岩边坡的成因机制与变形演化规律，揭示了工程活动诱发边坡失稳的成灾机理。

（7）第 7 章　秦巴山区典型滑坡成灾机理

秦巴山区滑坡主要受地质构造和岩体结构控制，由降雨和人类工程活动诱发。考虑不同主控条件和诱发因素，选取典型滑坡为研究对象，其中，构造控滑型选取了周至县水门沟滑坡，岩体结构控滑型选取了旬阳市王庙沟滑坡，降雨诱发型选取了紫阳县洪山镇滑坡，人类工程活动诱发型选取了旬阳市尧柏水泥厂滑坡。通过现场调查、室内试验、计算分析等工作，系统剖析了典型滑坡的发育特征、变形破坏过程和成灾机理，结果可为区内滑坡灾害的监测预警与防控提供理论支撑。

（8）第 8 章　秦巴山区滑坡遥感调查与研究

融合 DEM 与遥感影像，叠加相关地质专题信息构建了三维遥感影像解译系统，建立了基于 GIS 多源数据库的滑坡目视解译方法；根据新近发生的滑坡灾害的发育规律建立定量解译标志，通过易康平台探索了基于面向对象技术的滑坡自动解译方法，实现了滑坡的自动解译。实践表明，自动解译方法在识别效率、信息集成分析等方面都具有一定优势，但对于复杂地质体——滑坡的解译仍需采用目视解译及现场验证进行校准、核查。

（9）第 9 章　秦巴山区滑坡风险评价及预警技术应用

系统介绍了滑坡灾害风险评价的理论框架，汇总了不同尺度下灾害风险评价建议采用的数据类型及精度，对其中的易发性、危险性及风险性的原理、尺度、相互之间的联系进行了系统的对比分析。对陕南秦巴山区滑坡的易发性评价、早期预警、极端降雨条件下重点流域灾害风险评价进行了实例分析计算。

（10）第 10 章　秦巴山区滑坡防治对策

基于秦巴山区独特的地质环境条件，系统梳理了当前滑坡防治工作中的行政管理举措以及风险处置策略，归纳总结了契合该区域滑坡治理的有效防治措施。以团队近年来在秦巴山区开展的滑坡治理工程为典型实例，融合前期研究成果，对典型边坡展开治理设计工作，内容涵盖斜坡类型及变形破坏模式划分、岩土物理力学性质的科学测定、坡体变形破坏机理的深入剖析以及边坡稳定性的精确计算，对地质灾害进行了安全可靠、合理可行的防治措施工程设计。

各章主要撰写人员如下：

第1章，范文、熊炜、曹琰波、邓龙胜、柴小庆；

第2章，范文、曹琰波、熊炜、邓龙胜；

第3章，范文、邓龙胜、曹琰波、熊炜、李培；

第4章，熊炜、魏心声、范文；

第5章，魏心声、于宁宇、范文；

第6章，曹琰波、范文；

第7章，邓龙胜、李培、熊炜、曹琰波；

第8章，柴小庆、曹琰波、郑文博；

第9章，范文、宋宇飞、魏心声、于宁宇；

第10章，熊炜、魏心声、郑文博。

长安大学秦巴山区地质灾害监测预警与防治研究团队自2006年起，立足于陕南秦巴山区，开展了多项地质灾害调查、评估、勘查和治理项目，标志着团队在秦巴山区地质环境与地质灾害的研究工作全面启动。2010年以来，团队在中国地质调查局、陕西省自然资源厅和国家自然科学基金委等单位的长期支持下，开展了覆盖陕南秦巴山区多个区域和流域的地质环境与地质灾害全面调查，并进行了多尺度、系统性的地质灾害成灾机理研究。经过二十年的持续努力，团队在秦巴山区滑坡灾害成因机理与监测预警领域取得了一系列原创性学术成果，并积累了丰富的工程实践经验，同时培养了大批地质灾害调查评价、监测预警及防治方面的专业人才。在研究过程中，团队与省内多家同行生产单位密切合作，将研究成果转化为实践应用，显著降低了工作区地质灾害的发生频率，有效防范了地质灾害对区域工程建设和人民生活的影响，为秦巴山区的安全发展提供了有力保障。本书旨在系统、深入地向同行介绍秦巴山区的地质环境条件、地质灾害分布规律、成因机理、风险评价、监测预警与防控治理等内容。由于编写水平所限，难免存在不足之处，敬请各位同行批评指正。

在此，我们向彭建兵院士、殷跃平院士、杨志华教授、魏刚锋教授、张国伟院士、王双明院士、汤中立院士、李佩成院士致以特别的感谢，衷心感谢他们在项目推进过程中给予的悉心指导与大力支持。凭借深厚的学术造诣和丰富的实践经验，他们为项目指明了方向，帮助我们攻克了诸多难题。与此同时，我们也要诚挚感谢本书的主要撰写人员，他们在资料收集、内容编排和文字撰写等方面付出了大量心血。凭借扎实的专业知识和严谨的工作态度，确保了本书成果的高质量呈现。此外，也感谢每一位曾经为项目贡献辛勤汗水的老师和学生，他们在各个环节中积极参与、无私奉献，最终促成了本书的出版：石耀武、李喜安、李永红、宋焕生、黄观文、吕佼佼、姬怡微、薛民臣、贾丽娜、彭湘林、梁鑫、聂忠权、刘玉洁、马秋红、祁顶朝、石磊彬、乌云飞、刘冀、刘潇、郑斌、唐永亮、曹虎麒、李军、李凯、常玉鹏、陈臣、陈文军、陈阳、程三友、田陆、刘景奎、杨德宏、武博强、杜谦、杜珣、樊家豪、高敬轩、郭宪立、胡佳续、姜程程、金宜磊、李汉彬、栗晓松、刘少鹏、全倬梁、任森、史琳鹏、苏艳军、王豪、王伟、王帅帅、王天民、魏婷婷、伍学恒、闫芙蓉、杨杰、袁少卿、张丽倩、张英、张司亚、张世林、张鑫、赵华应、赵力行、赵双庆、黄观武、张继开、孙松松、马杰、张静等。

付梓之际，感谢各单位领导及专家的鼎力支持与帮助：自然资源部中国地质调查局、国家自然科学基金委、国家科学技术学术著作出版基金委、陕西省自然资源厅、陕西省地质调查院、中国地质科学院地质力学研究所、中国地质调查局水文地质环境地质调查中心、中国地质调查局探矿工艺研究所、中国地质调查局西安地质调查中心、陕西省地质环境监测总站（陕西省地质灾害中心）、信电综合勘察设计研究院有限公司、陕西核工业工程勘察院有限公司、商洛市自然资源局、安康市自然资源局、汉中市自然资源局、紫阳县自然资源局、旬阳市自然资源局、镇巴县自然资源局等。

回望过去，在秦岭的怀抱中，我们穿行了无数个沟沟岔岔，每一处灾点仍历历在目，每一寸土地都留下了我们辛勤的汗水与坚定的足迹。地质填图的细致入微，现场试验的严谨求实，计算评价的精确无误，分析验证的反复推敲……这一切，不仅是对自然的探索，更是对地质灾害防治的责任与担当。秦岭，这座伟大的山脉，见证了我们的成长，也见证了我们对地质灾害的深刻理解与不懈抗争。她以她的壮丽与神秘，让我们深刻领略到祖国山河的辽阔与壮美，同时也让我们感悟到地质灾害的威胁与挑战。每一次对地质灾害防治技术的突破与创新，都是对我们的激励，让我们不断前行。秦岭以她的坚韧与包容，教会了我们坚持与勇敢，让我们为守护这片美丽的山川贡献力量。

廿余载扎根秦巴，
调查勘测，潜心钻研，
见山高水长，坡陡沟深，风雨兼程。
百余人矢志地灾，
责任如磐，使命在肩，
感任重道远，勇毅笃行，再启新章。

目　　录

第1章　秦巴山区滑坡形成的地质背景

秦巴山区是我国地质灾害频发、暴发的典型地区之一，主要原因是秦巴山区地处典型的大陆造山带，具有地形陡峻、地质构造复杂、地层岩性多样等特殊的孕灾地质环境，具备形成重大地质灾害的内、外动力地质条件，同时区内经济相对落后，建筑物承灾抗灾能力脆弱，易受地质灾害影响造成重大损失。本章重点阐述秦巴山区的地理概况、秦岭造山带的构造演化、秦巴山区滑坡灾害孕灾背景、发育特征等。

1.1　秦巴山区地理概况

秦岭、巴山山脉是我国中西部地区近乎平行的两条东西走向的重要的大陆造山构造带，两山地域邻近，成因类似，故习惯性合称为秦巴山区。从区域地质构造来看，秦巴山区总体是由华北板块和扬子板块推覆挤压隆升形成的高山深谷型地带，所以秦巴山区是一个从地质构造、地形地貌等地质特征上划分的地质单元概念，地域上没有严格的划分界线，范围跨越甘肃、四川、陕西、重庆、河南、湖北等六个省（直辖市），整体介于103°E～118°E、30°N～35°N之间，总面积达30万km^2（图1.1）。秦岭、巴山两山脉之间

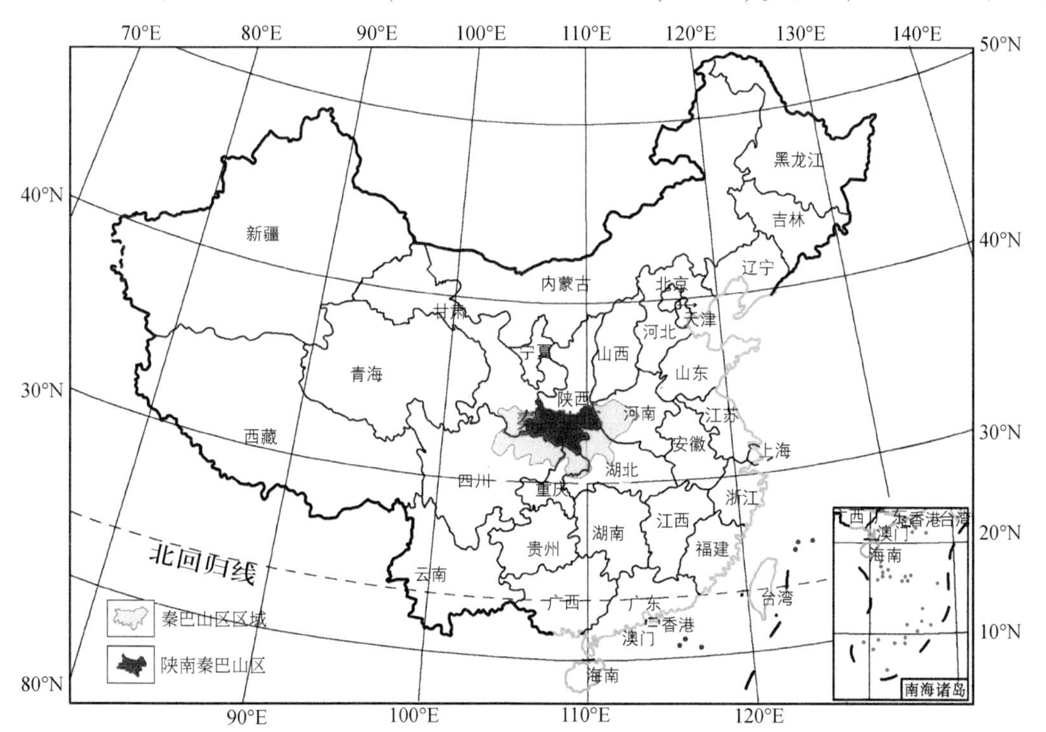

图1.1　秦巴山区在中国的位置及范围

形成众多山间盆地，其中以汉中盆地、西乡盆地、安康盆地、汉阴盆地、商丹盆地和洛南盆地最为典型。秦巴山区是我国的中央水塔，也是全国重要的能源、矿产开采区，以及经济作物种植区，是我国西部大开发过程中西北和西南地区的主要屏障。目前，一大批重大工程分布其中，如南水北调、高速铁路、高速公路、水利水电工程等。

秦巴山区中段的主体位于陕西省境内，从地形地貌上看，主要是陕西省南部的基岩山区；从行政区划上看，主要包括陕西省南部的商洛、安康、汉中三市全部及西安、宝鸡、渭南三市的南部山区（图 1.2）。陕南秦巴山区，介于 105°29′E ~ 111°15′E、31°42′N ~ 34°33′N 之间，总面积达 8.3 万 km^2，海拔多分布在 400 ~ 1200m 之间，其中秦巴山区最高位置为太白山，其主峰海拔 3767m，人口主要集中在 400 ~ 800m 的山间盆地及低山丘陵区。

本书以陕南秦巴山区为研究区域，重点研究了该区的地质环境条件和地质灾害特征，为进一步研究提供理论支撑。

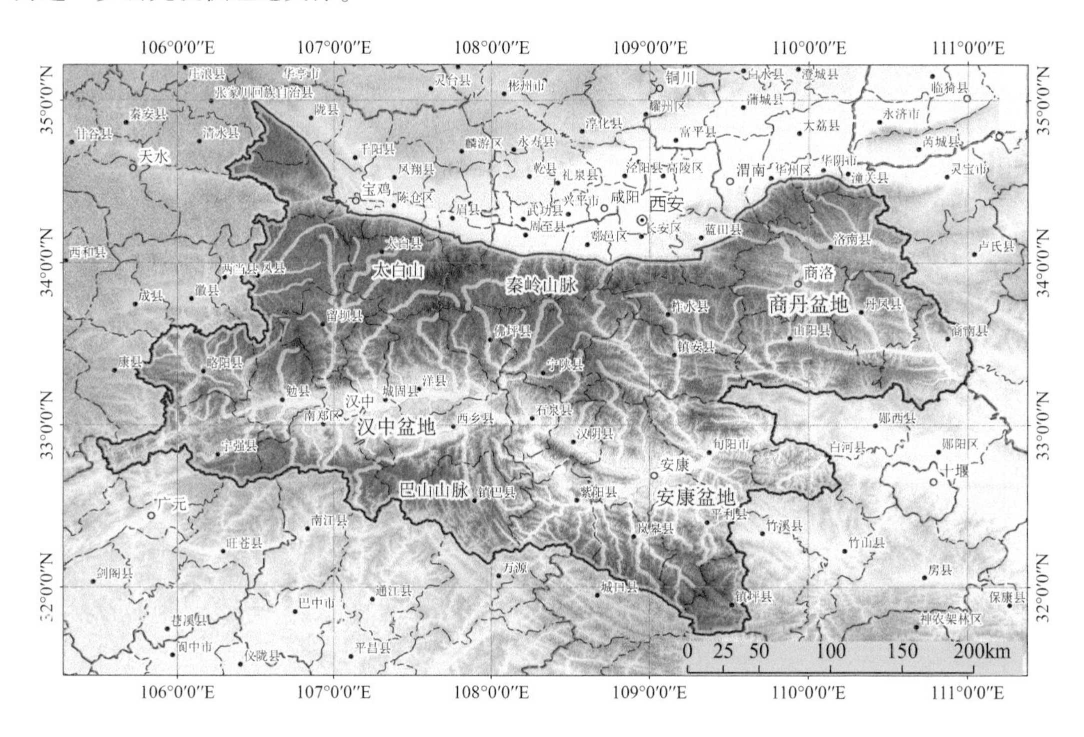

图 1.2　陕南秦巴山区的行政区划及地形地貌

1.2　秦岭造山带的构造演化

地质学上认为秦岭和大巴山脉均属于秦岭造山带，东与大别造山带相连，西与昆仑山造山带相接，是中国中部最大的东西走向的中央造山带（图 1.3），三山相连，横贯中国，被冠以中国大陆脊梁的美名。秦岭造山带不但是中国地理上的分界线，也是中国南北气候环境、人文环境的重要分界线，自古以来就成为阻碍南北交通的天然屏障。区内以中、高山为主体，其中太白山主峰以 3767m 的海拔，成为青藏高原以东的中国大陆最高山峰，汉江谷地贯穿于群山之间，形成高山林立、群峰错落的景观，断凹盆地星散于群山之中的特殊地貌环境。

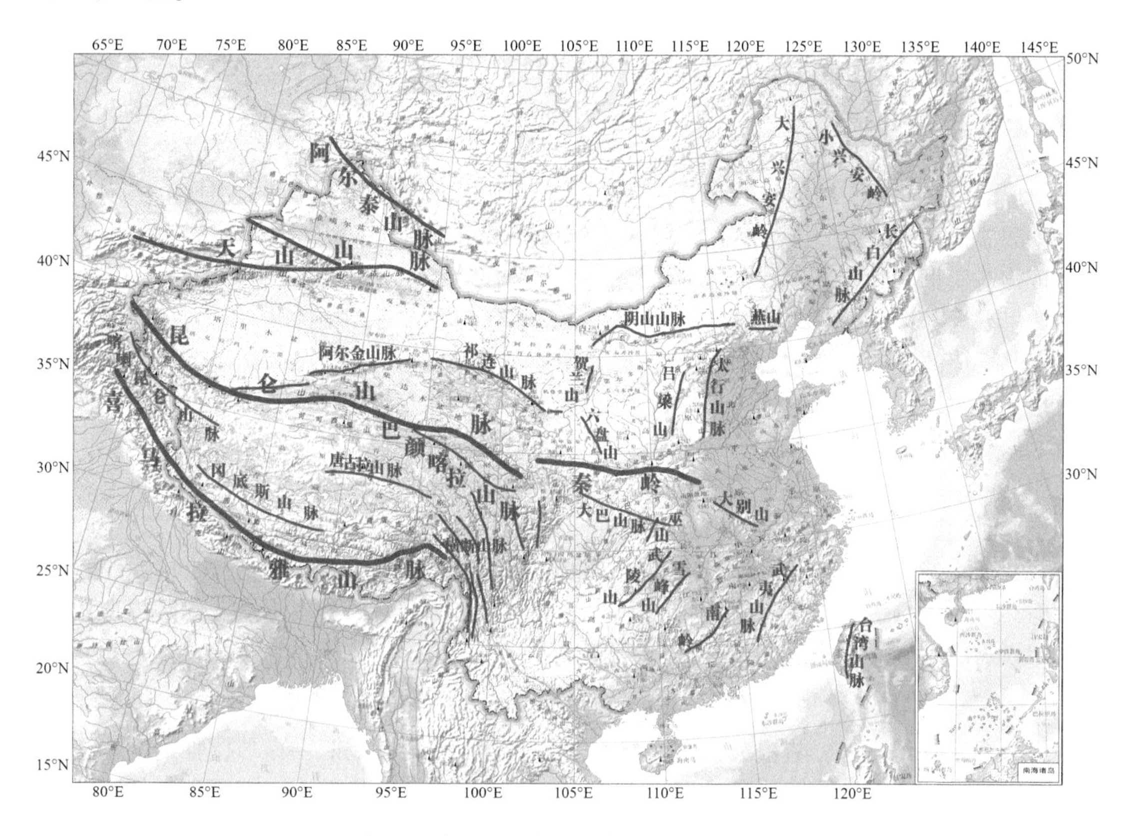

图 1.3　秦巴山区在整个中国山脉中的位置

秦巴山脉的形成经历了多期次的地质运动旋回，张国伟等（2001）认为秦岭造山带大致经历了以下三个发展演化阶段：

1）基底形成阶段

太古宙—中新元古代，在前寒武纪非均一拼合结晶基底上，以广泛强烈的扩张裂谷与小洋盆并存，垂向加积增生为基本特点的造山作用，以及大量幔源物质加入地壳，致使其成为秦岭的主要成壳期，也是北秦岭厚皮构造中秦岭杂岩（岩群）、宽坪岩群的主要形成期，是华北克拉通形成的重要阶段，也是它们于晋宁期逐渐从中新元古代以垂向增生而转向侧向增生为主的板块构造演化。在这个阶段中北秦岭构造带经历了两次重要的区域变质作用，秦岭岩群经历了高角闪岩相、宽坪岩群经历了高绿片岩或低角闪岩相的变质作用，它所形成的区域变质岩石成为后来构造运动变形变位的物质基础。

2）板块构造演化阶段

新元古代晚期到早古生代期间，南秦岭演化成为扬子地块北部的被动陆缘，而北秦岭则成为华北地块南部的被动边缘，中间为原特提斯秦岭洋分割；在中奥陶世，随着原特提斯秦岭洋向北俯冲，北秦岭演化成为活动边缘；此后，南、北秦岭在中古生代时期沿着商丹带发生碰撞；与此同时，南秦岭南部边缘发生裂陷并继之在晚古生代时期扩张打开形成古特提斯秦岭洋，导致南秦岭从扬子地块中分离出来成为独立的地块；大致在晚三叠世，南秦岭与扬子地块间沿勉略带发生碰撞，碰撞造山作用导致广泛的褶皱冲断变形和花岗岩浆侵入，并导致华南和华北地块拼合。

在这个时期，南秦岭虽经历了原特提斯洋和古特提斯洋两个发展阶段，但总体上呈被动陆缘，因此从震旦纪至三叠纪的沉积表现为稳定类型的沉积建造，以陆缘碎屑岩或碳酸盐台地形成碳酸盐岩与碎屑岩的相互产出为重要特征，整个古生代（加上震旦纪）到三叠纪是碳酸盐台地与碎屑岩陆缘相互消长的历史，不同性质的碳酸盐岩、碎屑岩成为南秦岭构造带构造变形的物质基础。

加里东运动造成了华北板块与扬子板块在商丹断裂带的第一次拼贴，由于扬子板块俯冲在华北板块的下面，它们的构造作用所形成的变形构造主要发生在商丹带北面的北秦岭构造带，是宽坪岩群所在的纸坊—永丰带形成的主要时期，也是宽坪岩群中 S_1 面理置换 S_0（层面）的主要时期。

印支运动或早期燕山运动是秦岭微板块（南秦岭构造带）与扬子板块俯冲、拼贴、碰撞的重要时期，是勉-略构造蛇绿混杂岩带、大巴山-城口断裂形成的主要时期。这个时期的重要特征是造成北秦岭构造带与南秦岭造山带（或秦岭微板块）的进一步拼接、碰撞，造成南秦岭两个构造带（北带、南带）和南大巴山前陆构造带的基本形成，为陆内造山阶段奠定了物质基础。

3）中新生代陆内造山或大陆动力学演化阶段

大致在侏罗纪以来，陆相沉积形成以后，秦岭经历了燕山晚期—喜马拉雅期的构造作用，经历了以陆内俯冲或仰冲、陆壳推覆叠置、断块走滑、岩浆贯入、变质变形等为特点的陆内造山作用，经历了伸展塌陷（T_2-J_1）、逆冲推覆和花岗岩浆活动（J-K_1）、南北—东西共存的立交桥式构造、挤压与伸展共存的急剧隆升成山及裂解（K_2-Q）等陆内过程，终成现今构造面貌和山脉。这个阶段的最大特征是构造作用和构造运动的方式发生了较以往不同的巨大改变。从加里东期到印支期—燕山早期是板块构造体制作用，决定了华北板块与扬子板块之间的对接与碰撞，其动力方向为近南北，而陆内造山作用时期的动力作用则改变为与造山带近于平行的东西向，使得先期形成的构造变形、构造单位产生重大的改变。

1.3 秦巴山区滑坡孕灾背景

秦巴山区具有复杂的地形地貌条件、强烈的构造活动、错综交叠的地层岩性、变化多样的岩体结构，以及四季分明的气候和水文条件，导致区内成为地质灾害发育的天然孕床。

1.3.1 气象水文

秦岭山脉作为我国气候上的一条重要分界线，南北气候差异十分显著，北侧为温带季风气候，夏季高温多雨，冬季寒冷少雨；南侧为亚热带季风气候，夏季高温多雨，冬季温暖湿润。从垂直高度上看，秦巴山区在海拔 1000m 以上的中、高山区，属暖温带山地气候，年平均气温 5.9 ~ 7.8℃，年降水量 700 ~ 1000mm，降水量随着地形高度的上升而增大，气候垂直分带性特征十分明显；海拔在 1000m 以下的低山丘陵区属北亚热带湿润、半湿润气候，年平均气温 11 ~ 14℃，年降水量 750 ~ 1000mm。秦巴山区降水量多集中在每年的 7 ~ 9 月，占全年降水量的 50% 以上，其间多发暴雨和连阴雨天气。

从陕南秦巴山区 31 年（1990 ~ 2021 年）的平均降水量等值线图（图 1.4）可以看出，秦岭以南、巴山北麓是主要的降雨区域，最高出现在汉中、安康盆地交界的镇巴、紫阳等县，长历时强降雨及暴雨天气均会引发山洪、滑坡、泥石流等山地自然灾害。

秦岭是中国两大主干水系长江、黄河的分水岭，秦岭北麓属黄河水系，南麓属长江水系。秦岭巴山之间的谷地是长江的第一大支流——汉江的主要发源地，汉江由西向东流经整个陕南地区，在湖北与丹江汇合，并在武汉汇入长江。西侧还有长江第二大支流嘉陵江的东支。

1.3.2　地形地貌

古近纪以前秦巴山区整体地貌已基本形成。自古近纪以来，秦巴山地在大幅度急剧抬升的同时，还表现出北侧翘起、向南倾斜的断块山地活动特征，北坡与南坡极不对称，主脊与分水岭靠近于山地的北坡，北侧山体错断、坡形陡峻，直插云霄，形成华山奇险的自然景观，南侧山体层峦叠嶂，山势由北向南逐渐降低，至汉中盆地和安康盆地边缘变成低山丘陵，南侧过盆地之后地形又再次升高，至米仓山（为大巴山西段）和大巴山一带。陕西境内的秦巴山区山脊海拔多在 1200 ~ 3000m（其中太白山主峰高达 3767m），多数属中、高山地貌，地块的断陷作用形成了一系列断陷盆地和拗陷盆地，如洛南盆地、商丹盆地、安康盆地、汉中盆地等，高峰林立，盆地星散于群山之中，汉江谷地贯穿于秦岭、巴山之间的独特地形地貌。

秦巴山区总体属于山地地貌，海拔高差大，气候、土壤、动植物等均明显呈垂直分带，受板块挤压作用形成东西向展布的多层褶皱山体，按照其地形形态和内外营力作用，分为高山、高中山、中山、低山丘陵和盆地等地貌（图 1.5）。

（1）高山：主要分布在秦岭主峰太白山—鳌山一带，海拔 3000 ~ 3767m。

（2）高中山：主要分布在秦岭主脊玉皇山—终南山—华山、紫柏山—摩天岭—羊山及大巴山、化龙山一带，海拔 2000 ~ 3000m。

（3）中山：主要分布于略阳、佛坪—宁陕、镇安—山阳—商州—丹凤、宁强—镇巴—紫阳—岚皋—平利—镇坪等地，海拔 1000 ~ 2000m。

（4）低山丘陵：主要分布于汉中、安康和西乡盆地边缘，海拔 170 ~ 1000m，绝大部分在 800m 以下。

（5）盆地：主要有汉中盆地、西乡盆地、安康盆地、漫川关盆地、商丹盆地、洛南盆地、山阳盆地。

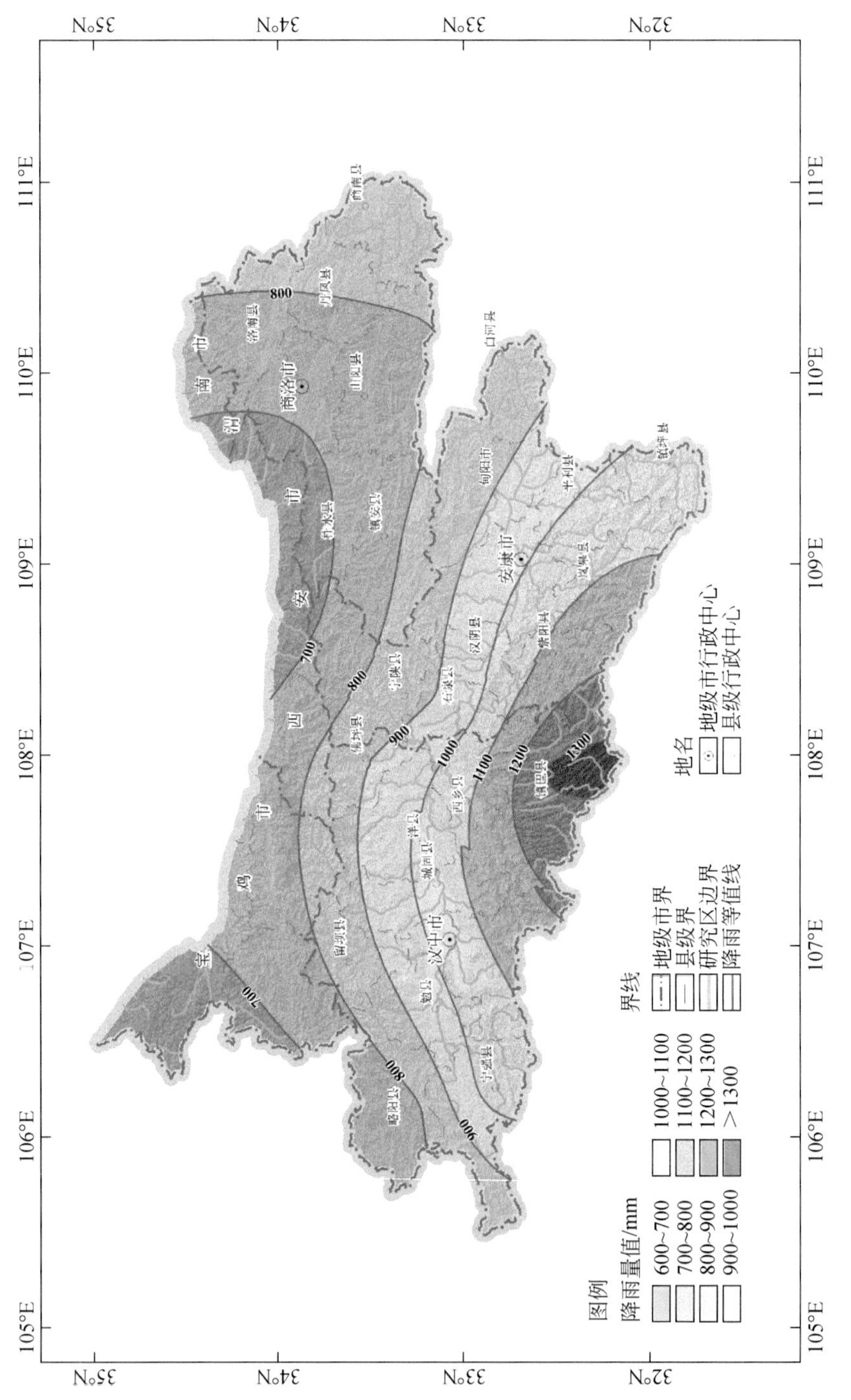

图1.4　陕南秦巴山区多年平均降水量等值线图(1990~2021年)

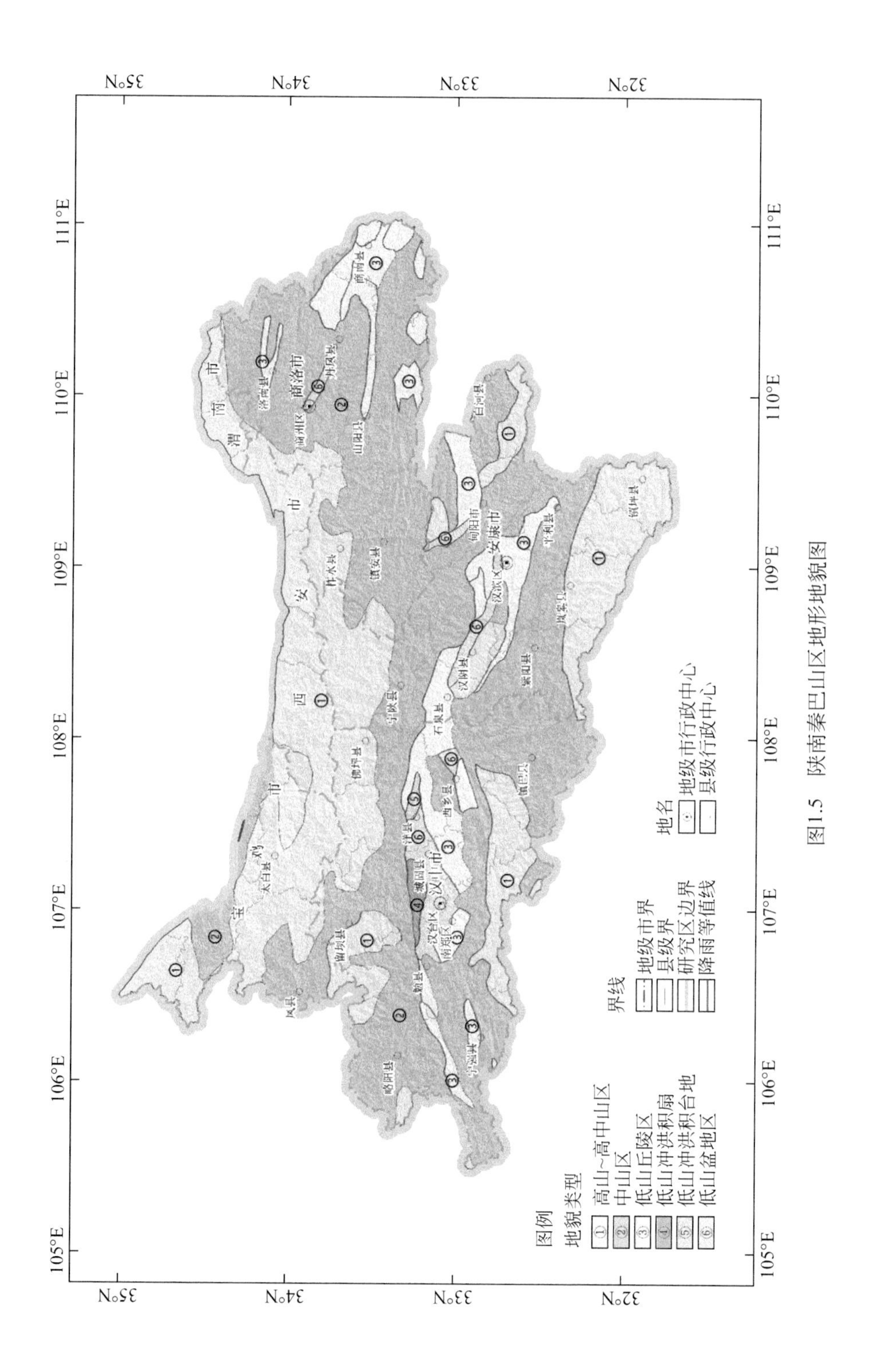

图1.5　陕南秦巴山区地形地貌图

1.3.3　地质构造

秦巴造山带是一个多板块汇聚的地带，在以北部华北板块与南部华南板块（扬子板块）相互推挤的主要构造应力作用下，形成秦巴山区挤压式褶皱山脉主体，同时又受到西南青藏板块向东北推挤作用（动力主体来源于印度板块移动），受华北板块阻挡，应力偏转产生近东西向剪切拖拽拉伸作用，使得秦巴山区地应力极为复杂，岩层变形强烈，形成大量断层、褶皱等构造变形特征（图1.6）。

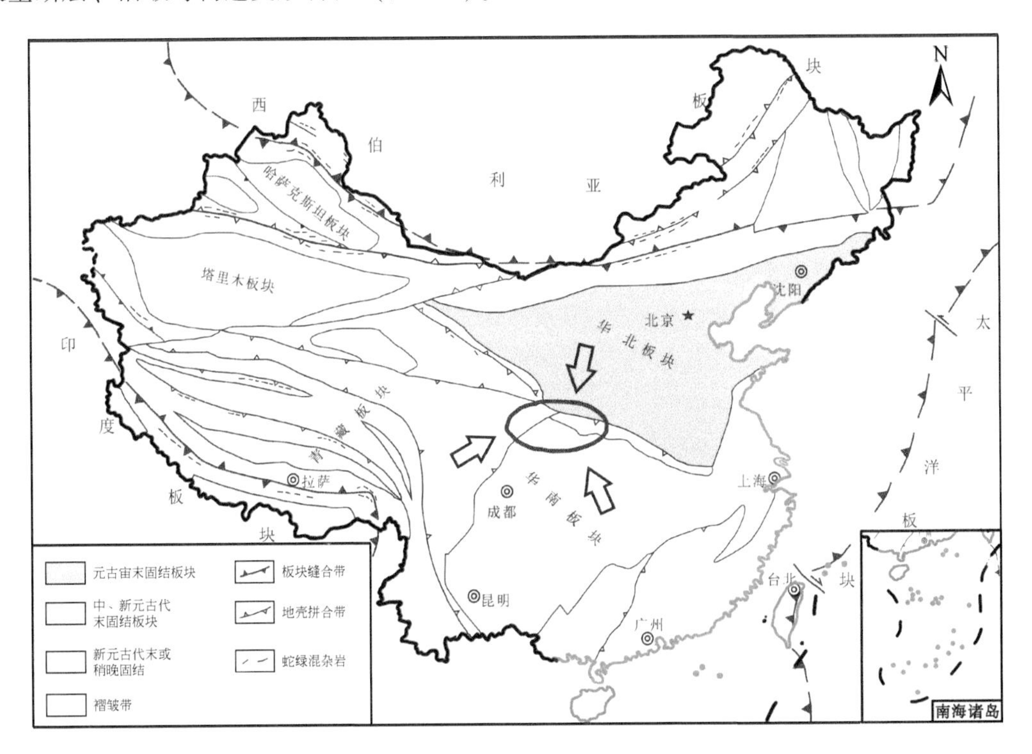

图1.6　秦巴山区是一个多板块汇聚、构造应力复杂的区域

根据秦巴山区大地构造简图（图1.7）对秦巴山区进行更进一步的构造划分：秦巴山区以西与西秦岭、松潘甘孜褶皱带、祁连造山带相连，东接南阳盆地与桐柏—大别造山带西部的随县地区。其南涉及扬子地块北缘的四川盆地的南大巴地区，其北与关中盆地、华北地块南缘的小秦岭地区相邻。

张国伟院士系统地将秦巴山区现今基本构造单元划分为三个板块（华北、秦岭、扬子）以及两个主缝合带（商丹缝合带和勉略缝合带），秦岭造山带基本构造单元是经早古生代加里东板块俯冲期，于晚海西期—印支期碰撞造山完成其最后拼合，之后又经历中新生代强烈陆内造山作用叠加复合，在其主造山期板块构造基础上，形成现今的三个地块八个主要构造带的构造单元（图1.8）。

（1）Ⅰ华北板块（华北古板块）南部：$Ⅰ_1$秦岭造山带后陆逆冲断裂褶皱带，或称华北地块南缘带，$Ⅰ_2$北秦岭厚皮叠瓦逆冲推覆构造带；

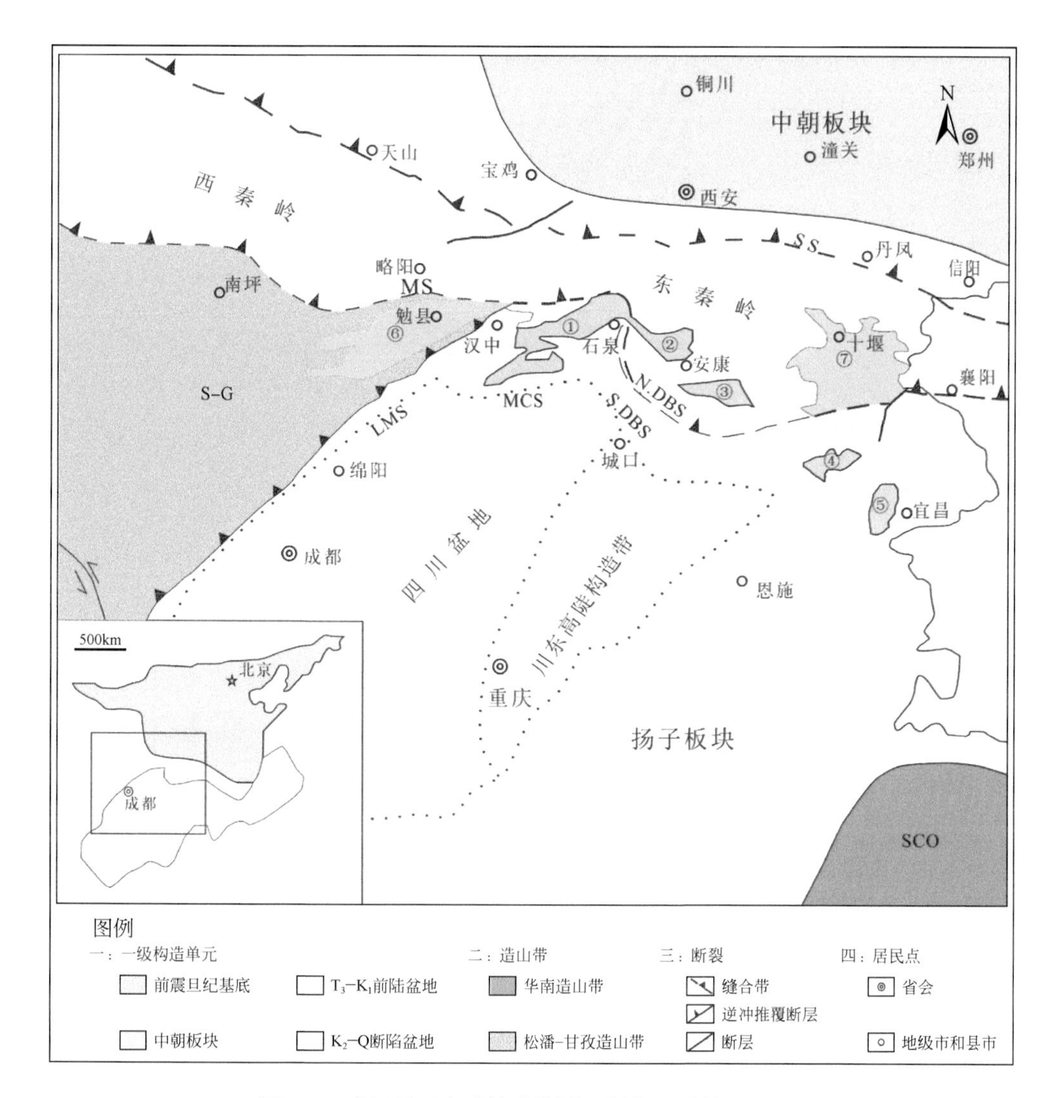

图1.7　秦巴地区大地构造简图（据任纪舜等，1999）

SS：商丹缝合带；MS：勉略缝合带；S–G：松潘–甘孜造山带；SCO：华南造山带；N. DBS：北大巴山逆冲推覆构造带；S. DBS：南大巴山前陆褶皱冲断带；MCS：米仓山构造带；LMS：龙门山前缘褶皱冲断带。①汉南；②凤凰山–慢坡岭；③平利；④神农架；⑤黄陵；⑥碧口；⑦武当

（2）Ⅱ扬子板块（扬子古板块）北缘：$Ⅱ_1$秦岭造山带前陆逆冲断裂褶皱带，$Ⅱ_2$巴山—大别山南缘巨型推覆构造前锋逆冲带；

（3）Ⅲ秦岭地块：$Ⅲ_1$南秦岭北部晚古生代裂陷带，或称南秦岭北部逆冲推覆构造带，$Ⅲ_2$南秦岭南部晚古生代隆升带，或称南秦岭南部逆冲推覆构造带；

（4）SF_1商丹–北淮阳（古缝合带）复合断裂构造混杂带；

（5）SF_2勉略（古缝合带）巴山–大别南缘逆冲推覆构造带。

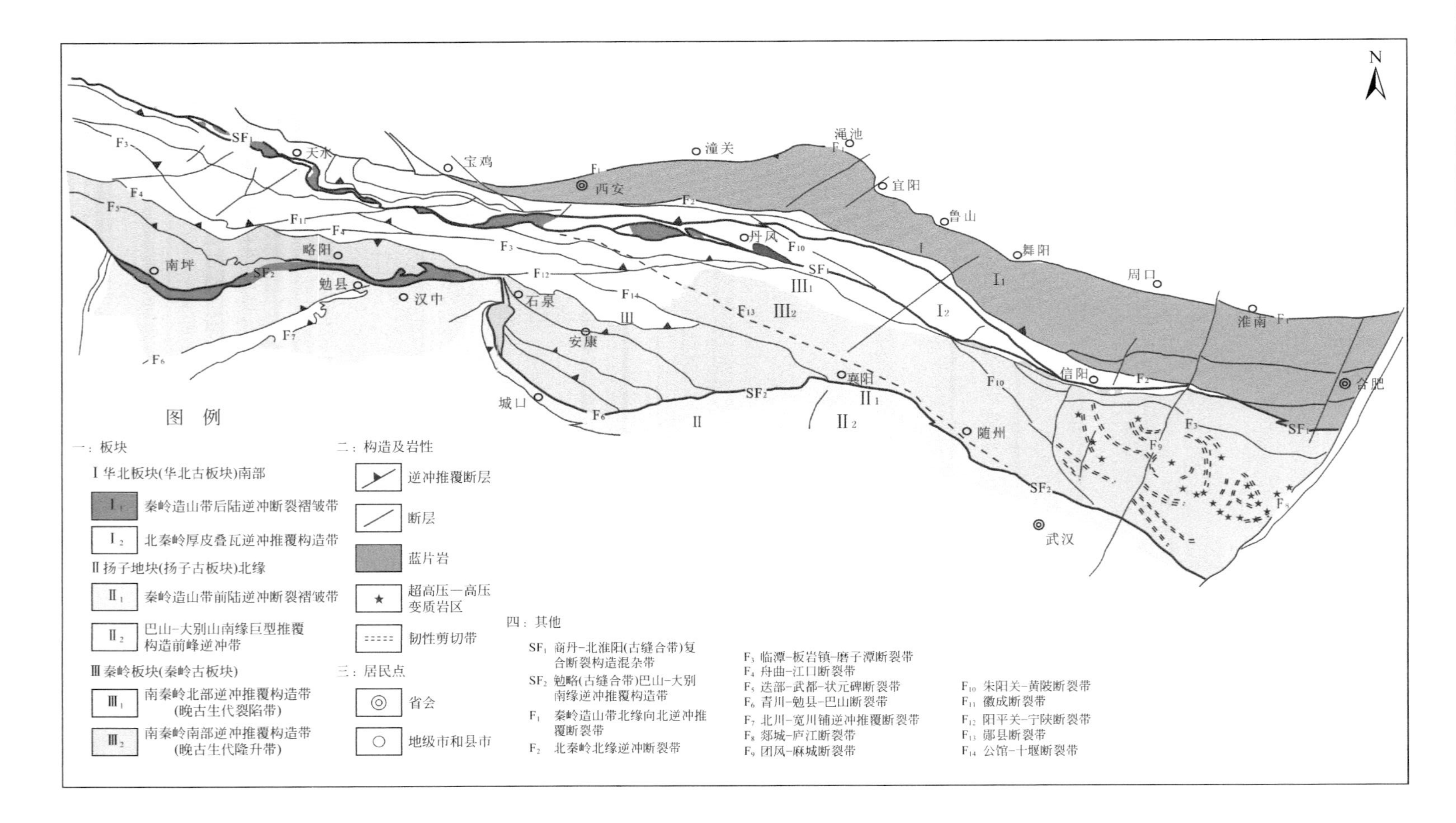

图1.8　秦岭造山带基本构造单元划分简图(张国伟等，2001)

其中，秦岭地块Ⅱ（南秦岭造山带）两个次级构造单元大致以石泉（两河）—银杏坝—（旬阳）吕河—白河断层为界。北部构造带$Ⅱ_1$以晚古生代—三叠纪地层为主体，该带从北向南还进一步划分为四个构造亚带：刘岭逆冲推覆带、公馆推覆带、镇安逆冲推覆带和旬阳—宁陕推覆带。南部构造带$Ⅱ_2$（也称为北大巴山构造带）以早古生代地层为主，该带从北向南还进一步划分为：安康—武当逆冲推覆构造、紫阳—平利推覆构造、高桥—镇坪推覆构造和高滩推覆构造。

可见，目前对秦巴山区构造带的分带分区主要是通过构造活动形成的断裂、断层划分，在秦岭造山带中不同级别的断裂、断层极为发育，它不仅成为秦岭造山带中不同级别构造单元的界线，而且也是各类次生地质灾害，特别是滑坡形成的重要因素，从区域构造的尺度来看，秦岭造山带有以下的主要断裂带或断层（带）：

（1）SF_1商丹—北淮阳（古缝合带）复合断裂构造混杂带；

（2）SF_2勉略（古缝合带）—巴山—大别南缘逆冲推覆构造带；

（3）F_1秦岭造山带北缘向北逆冲推覆断裂带；

（4）F_2北秦岭北缘逆冲断裂带；

（5）F_3临潭—板岩镇—磨子潭断裂带；

（6）F_4舟曲—江口断裂带；

（7）F_5迭部—武都—状元碑断裂带；

（8）F_6青川—勉县—巴山断裂带；

（9）F_7北川—宽川铺逆冲推覆断裂带；

（10）F_8郯城—庐江断裂带；

（11）F_9团风—麻城断裂带；

（12）F_{10}朱阳关—黄陂断裂带；

（13）F_{11}徽成断裂带；

（14）F_{12}阳平关—宁陕断裂带；

（15）F_{13}郧县断裂带；

（16）F_{14}公馆—十堰断裂带。

通过对陕西省境内的秦巴山区各断裂逐一进行调查研究发现，对区内影响相对较大的断裂构造主要包括以下14条（图1.9）：

（1）SF_1商丹断裂构造带；

（2）SF_2勉略—城口断裂构造带；

（3）F_1洛南断裂带；

（4）F_2周至—余下断裂；

（5）F_3纸房（北）—皇后断裂带；

（6）F_4凤镇—山阳断裂；

（7）F_5板岩镇—镇安断裂；

（8）F_6双河—白河断裂；

（9）F_7两坝—吕河—白河断裂；

（10）F_8月河—铜钱关断裂；

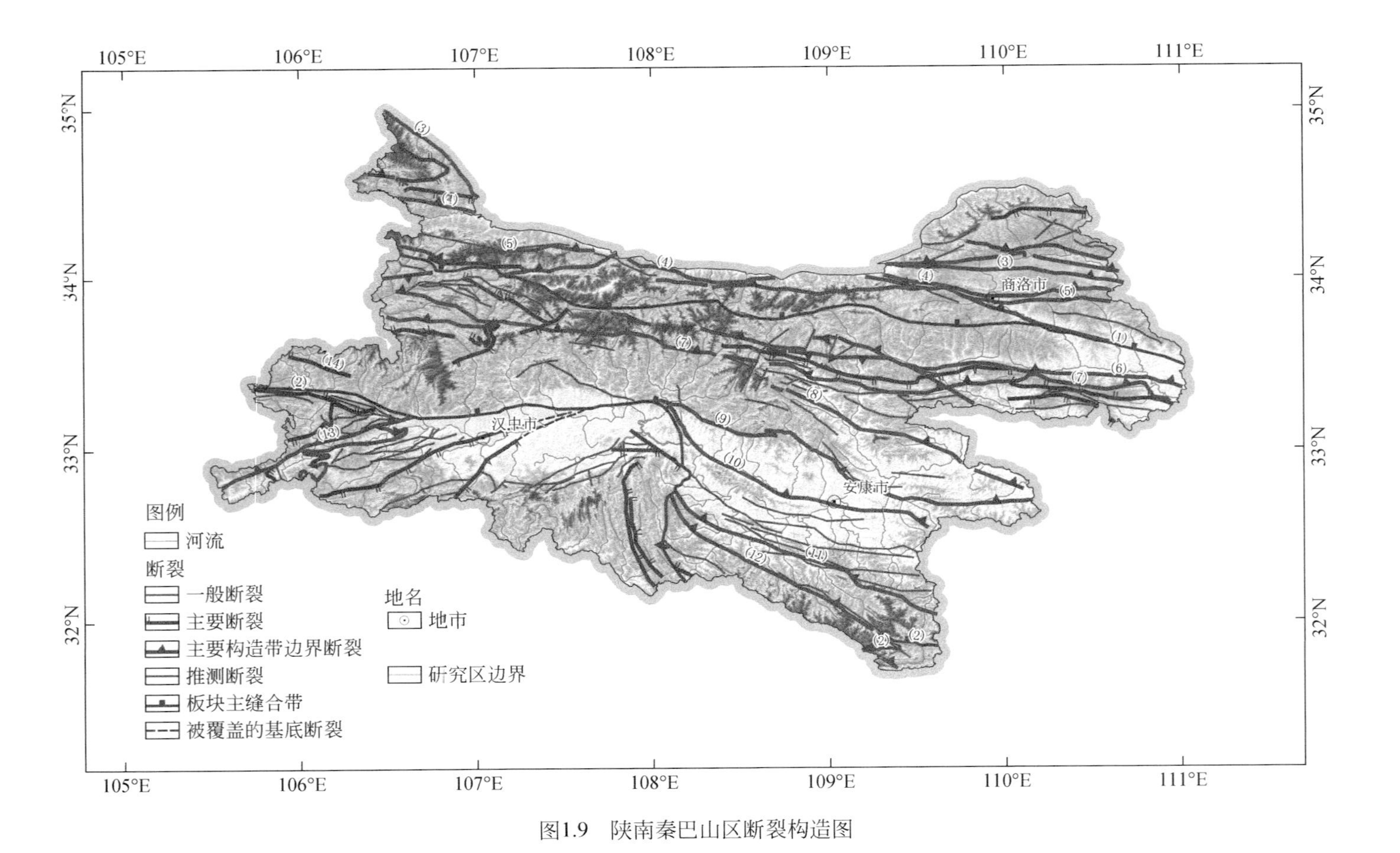

图1.9 陕南秦巴山区断裂构造图

（11）F_9红椿坝—曾家坝断裂；

（12）F_{10}高桥断裂；

（13）F_{11}阳平关—勉县断裂；

（14）F_{12}状元碑—观音寺断裂。

秦岭造山带现今上地表结构以褶皱—冲断系统为主要特征，北秦岭表现为结晶基底卷入的厚皮变形构造，而南秦岭则沿南华系发生的原地与准原地系统滑脱、推覆、平移的薄皮冲断和褶皱为特征。秦岭造山带在南、北向剖面上主体呈现为不对称扇形陆壳岩片叠置结构（张国伟等，2001）。自北而南依次以秦岭造山带北缘指向北的逆冲推覆构造系、以商丹带为主断裂的指向南的北秦岭叠瓦逆冲推覆构造系和以大巴山弧形断裂为总拆离滑脱界面的南秦岭多层次逆冲推覆构造系等为东西向的主体构造，并以南北边缘相向造山带内的巨大陆内俯冲构造为边界，共同构成现今秦岭造山带地壳上部北翼窄而陡、南翼宽而缓的不对称扇形结构剖面总体形态。

秦岭造山带经过多次构造运动，地质环境条件不断发生变化，不同构造运动时期产生不同的构造样式和地形地貌，同一运动时期褶皱带和冲断带的地层岩性也不相同，加里东运动形成的褶皱带多发育坚硬的块状岩石，海西运动和印支运动形成的褶皱带和冲断带多以千枚岩、片岩、板岩和灰岩为主，岩石普遍较为松软，软硬相间的岩层更容易发生变形、脱空、破碎，利于地质灾害的形成与发生。

1.3.4　地层岩性

秦巴山区地层岩性分布总体上受构造影响，与构造延伸方向一致（图1.10）。秦巴山区主构造线的展布方向，由北部汾渭地堑近东西向，逐步转为中部秦岭构造带的北西—西向，再变为大巴山一带北—北西向的弧形构造带，造成地层分布总体显示出自北西向南东时代由老到新的特点。由于各个构造带形成的时代和其内部矿物成分的不同，后期所受的构造应力也不尽相同，使整个秦巴山区地层岩性存在较大差异，按照构造带对其简述如下。

（1）华北板块南部（Ⅰ）：北部秦岭造山带后陆逆冲断裂褶皱带（$Ⅰ_1$）主要由中新元古界宽坪群的云母石英片岩、绿泥石片岩、大理岩及部分黑云斜长片麻岩、变粒岩构成；南部北秦岭厚皮叠瓦逆冲推覆构造带（$Ⅰ_2$）主要为古元古界秦岭群的混合片麻岩、片麻岩、变粒岩、片岩、大理岩等。

（2）秦岭造山带前陆逆冲断裂褶皱带（$Ⅱ_1$）：主要出露震旦系的粗砂岩、砾岩、页岩、硅质灰岩、白云质灰岩等；寒武系—奥陶系主要为一套灰岩、泥灰岩、白云岩、白云质灰岩夹粉砂岩、页岩的岩性组合；中下志留统为泥岩，砂质页岩夹灰岩；石炭系分布面积小，主要为厚层灰岩夹砂岩、泥岩；二叠系主体为灰岩、泥晶灰岩，夹煤层；三叠系和侏罗系分布广泛。

（3）南秦岭北部逆冲推覆构造带（$Ⅲ_1$）：带内主要分布着中泥盆统砂岩、粉砂岩、板岩、泥灰岩等，海西期石英闪长岩和印支期二长花岗岩、花岗闪长岩、石英二长岩侵入其中。

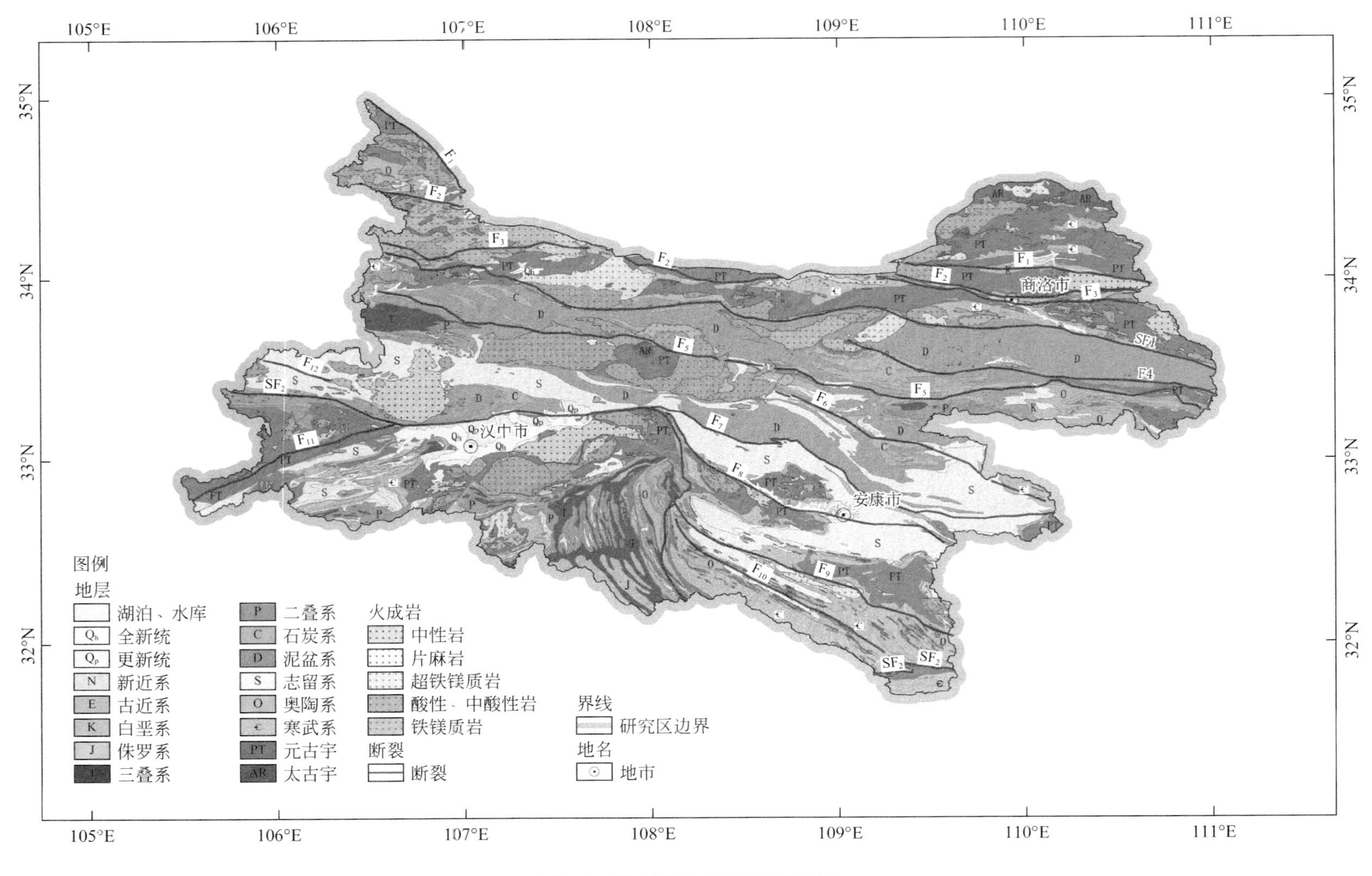

图1.10　陕南秦巴地区地层岩性图

(4) 南秦岭南部构造带 ($Ⅲ_2$): 以月河断裂带为界, 可分为两个亚带, 北亚带地层主要出露寒武系—奥陶系的灰岩、泥灰岩、白云质灰岩及板岩、千枚岩; 下志留统的云母石英片岩、碳质板岩、石英岩、大理岩; 中泥盆统的泥灰岩、灰岩、砂岩、千枚岩; 局部发育震旦系和中上志留统。南亚带主要出露中元古界郧西群、新元古界耀岭河群及上震旦统的板岩、凝灰岩、凝灰质千枚岩、凝灰质砾岩、火山角砾岩及熔岩; 寒武系—奥陶系的灰岩、泥灰岩、板岩; 下志留统的石英砂岩、砂岩、板岩等, 并伴有呈脉状侵入的加里东期辉长岩、辉绿岩、辉绿玢岩和以岩体形式侵入的石英闪长岩。

综上所述, 整个陕南地区受构造运动强烈挤压, 板块堆叠交错, 导致区内岩性分布极为复杂, 大多沉积岩石发生变质, 且西部多出现大规模的侵入岩体, 部分岩浆岩也已发生变质。从形成时代看, 陕南东部安康地区基本是由西南向东北地层由老到新, 而在一些大断裂位置, 受逆断层影响, 时代较老的岩层又覆盖在新岩层之上。西部汉中地区大部分位于华南板块, 由于板块运动活跃, 形成大量深变质岩和岩浆岩杂糅在一起。东北部商洛市范围多受南北挤压, 岩石变质程度浅或未变质, 构造活动规律性较强, 岩体较完整。

1.3.5　浅变质岩分布规律

秦巴山区经历了多期次地质运动, 岩石除了变形破碎严重, 大量岩石还发生了变质, 但由于地质环境不同, 岩石变质程度亦不同, 最为特殊的便是浅变质岩, 其表现为性质差异大, 普遍物性软弱, 易风化、易剥蚀, 堆积于坡脚成为浅表层地质灾害的主要物源。区内滑坡等地质灾害与变质岩上部的强风化、全风化残坡积物关系极为密切, 而秦巴山区浅变质岩分布广泛, 因其形成过程中矿物变质不完全、定向排列不规律, 加之在秦巴山区隆升阶段, 受构造活动影响, 岩体构造、结构复杂, 片理发育, 岩体内形成大量的微裂缝、微孔洞, 以至于应力高度集中, 裂隙延伸贯通, 当深部变质岩被推向地表浅层时, 应力又快速释放, 局部甚至产生拉张应力, 导致岩体更加破碎, 在空气、水、温度等因素的影响下, 浅变质岩快速风化, 堆积于坡上, 形成浅表层滑坡的主要物源, 故区内浅变质岩分布区往往是地质灾害多发区, 为此将区内浅变质岩进行重点分析。

秦巴山区浅变质岩分布图 (图 1.11), 以汉中东部至商洛一线, 除北部发育大量的岩浆岩和中、深变质岩外, 其他地区广泛分布浅变质岩, 尤以该线以南地区多位于秦岭微板块, 被多条断裂切割, 形成东西走向的千枚岩、板岩等变质岩岩带。浅变质岩由于岩性软弱, 在自然条件下, 易受风化作用形成松散层堆积于坡表, 在外动力因素的影响下, 极易产生浅表层滑坡等地质灾害。

1.3.6　新构造运动与地震

秦巴山区新生代以来受喜马拉雅隆升的影响, 新构造运动方式主要表现为地壳一定幅度的不均匀隆升与断层的差异性升降活动, 地貌上表现为凹陷与隆起, 即秦岭山脉的隆升和南北盆地的相对断陷。地壳抬升的间歇性表现在秦岭自北向南沿汉江及其各支流广泛发育有数级阶地和剥夷面。这反映出第四纪以来秦岭地壳抬升的强烈振荡性, 伴随着地壳上

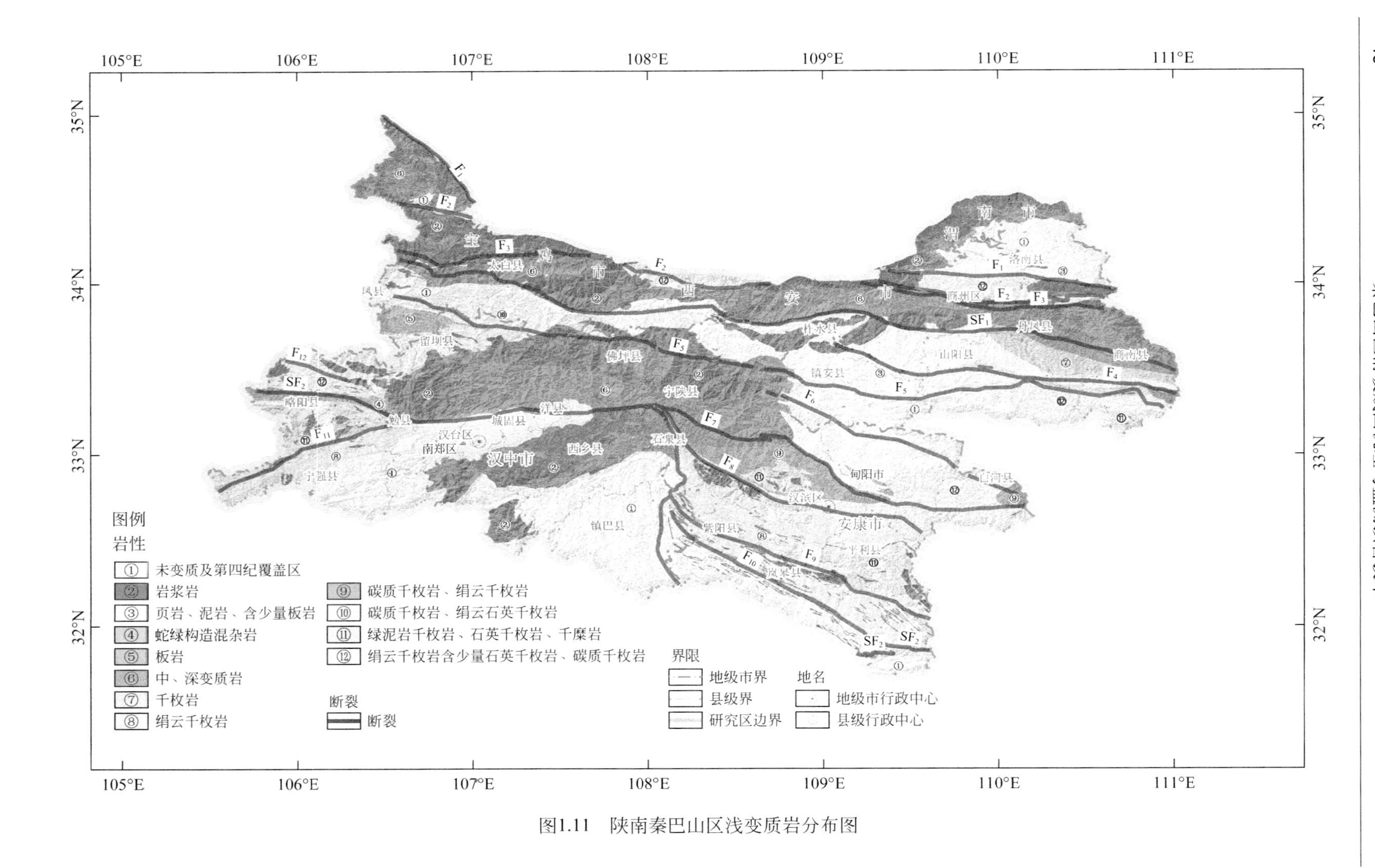

图1.11　陕南秦巴山区浅变质岩分布图

升河流深切作用幅度超过了沉积作用。据新构造基本特点和运动特征分析，秦岭地区的新构造运动可分为晚白垩世至古新世活动期、古新世至渐新世活动期、早更新世活动期、中更新世以来活动期等四个活动时期后，形成如今的高山深谷地貌景观。

根据《中国地震动参数区划图（2012版）》、《建筑抗震设计规范（2016年版）》（GB 50011—2010），秦巴山区范围的地震动峰值加速度以0.05g为主、北部和西部地区最高达0.2g，东北部很小范围的渭南华县区可达0.3g，其特征周期由南向北分为0.35s、0.40s、0.45s三个区。峰值加速度和特征周期分布详见图1.12、图1.13所示。

1.3.7　岩土体工程地质特征

秦巴山区强烈的构造运动，使各种岩类相互穿切、交错，岩性条件极为复杂，导致岩土体工程地质特征千差万别。按岩石强度、结构类型、成因可将岩体划分为：坚硬块状侵入岩类、较坚硬变质岩类、坚硬中厚层状碳酸岩类、较坚硬碎屑沉积岩类、第四纪松散堆积层等五个类型，并将各盐类划分若干工程地质岩组（图1.14）。

1）坚硬块状侵入岩类（δ）

在秦巴山区境内汉中—商洛一线北部分布较多，南部呈零星分布，主要与断层的分布走向关系密切。岩性主要为酸—基性火山熔岩夹火山碎屑岩、花岗岩、闪长岩、辉长岩等，较均一，具块状结构，新鲜岩石干抗压强度200～300MPa，软化系数多大于0.8。侵入岩周围岩体多为接触变质岩，其结构破碎、岩性软弱，常形成囊状或带状风化，是造成区内差异岩性崩塌滑坡的重要地段。例如，试验获取闪长岩干抗压强度221.37MPa，湿抗压强度195.77MPa，软化系数0.89。

2）较坚硬变质岩类

变质岩是秦巴山区分布最广的岩类，由于原岩性质差异较大，且变质程度不均一，导致变质后岩石工程力学性质差异极大，秦巴山区内根据形态特征及完整程度按工程力学性质由优到劣将其分为：坚硬中厚层状变质岩组（HLM）、坚硬块状变质岩组（HBM）、较坚硬片状-块状变质岩组（HBSM）、中厚层状软硬相间变质岩组（H-SLM）、软弱片状-层状变质岩组（SLM）。

（1）坚硬中厚层状变质岩组（HLM）

主要分布于南秦岭北部逆冲推覆系之上，F_5断层以南，汉中—安康盆地北部山地，广泛分布泥盆系、志留系中厚层状硅质岩、石英砂岩，部分区域含中厚层微晶灰岩，岩浆侵入岩体夹杂其中，完整岩石强度一般较高，干抗压强度在300～450MPa之间，层间夹薄层泥质板岩、碳质板岩，往往成为岩层的弱结构面。

（2）坚硬块状变质岩组（HBM）

集中分布在商丹缝合带以北的商洛地区，以中元古界为主，岩性包括石英砂岩、砂质板岩、片麻岩和片岩，北部华山附近多有岩浆岩贯穿分布，受构造活动影响，岩体相对较破碎，多呈块状出露，易风化堆积形成堆积层，岩块自身强度较高，新鲜完整岩块强度均能达到200MPa以上，但由于节理裂隙发育，岩体完整性差，岩体总体强度不高，一般干抗压强度在160～240MPa之间。

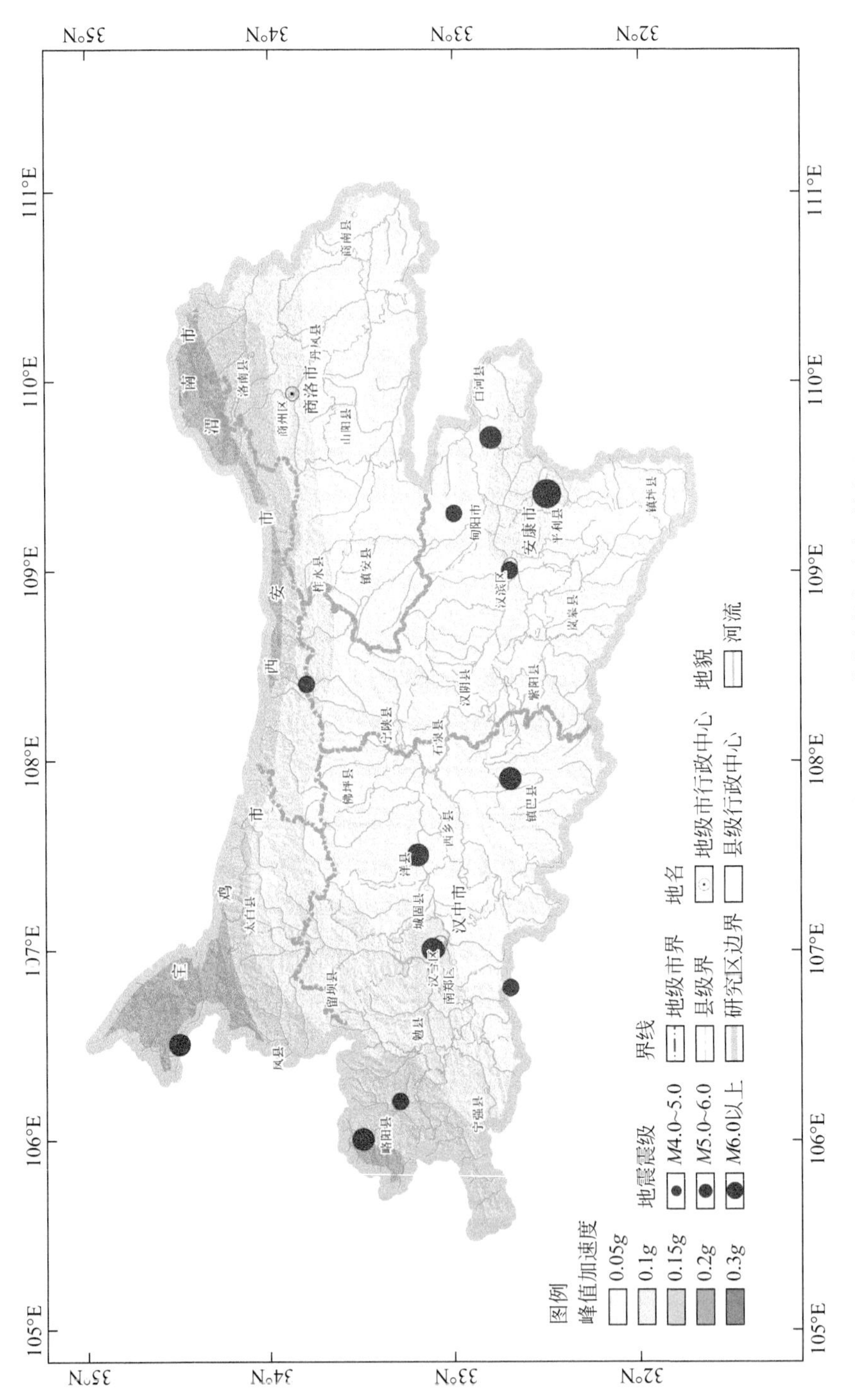

图1.12　陕南秦巴山区地震动峰值加速度区划图

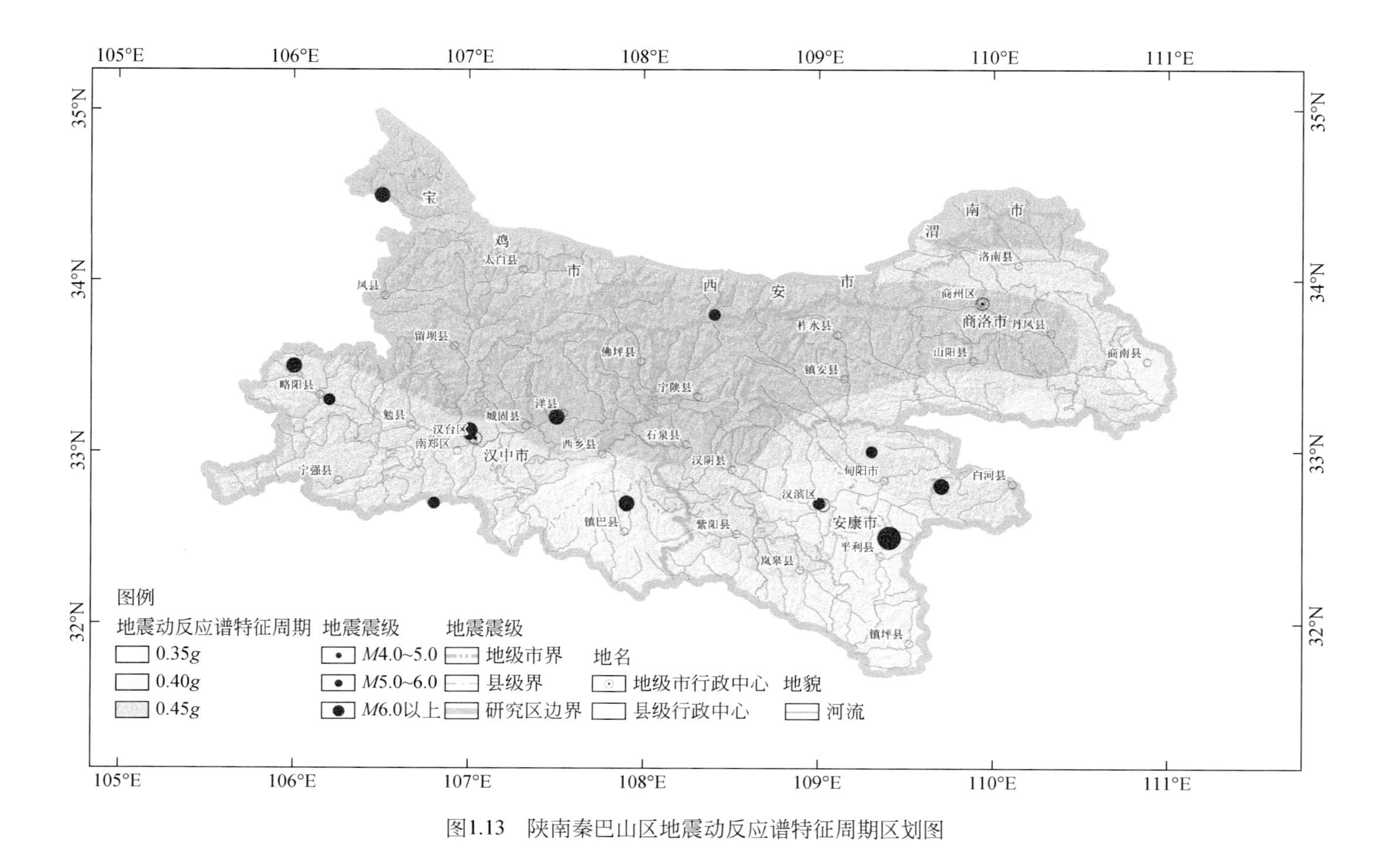

图1.13 陕南秦巴山区地震动反应谱特征周期区划图

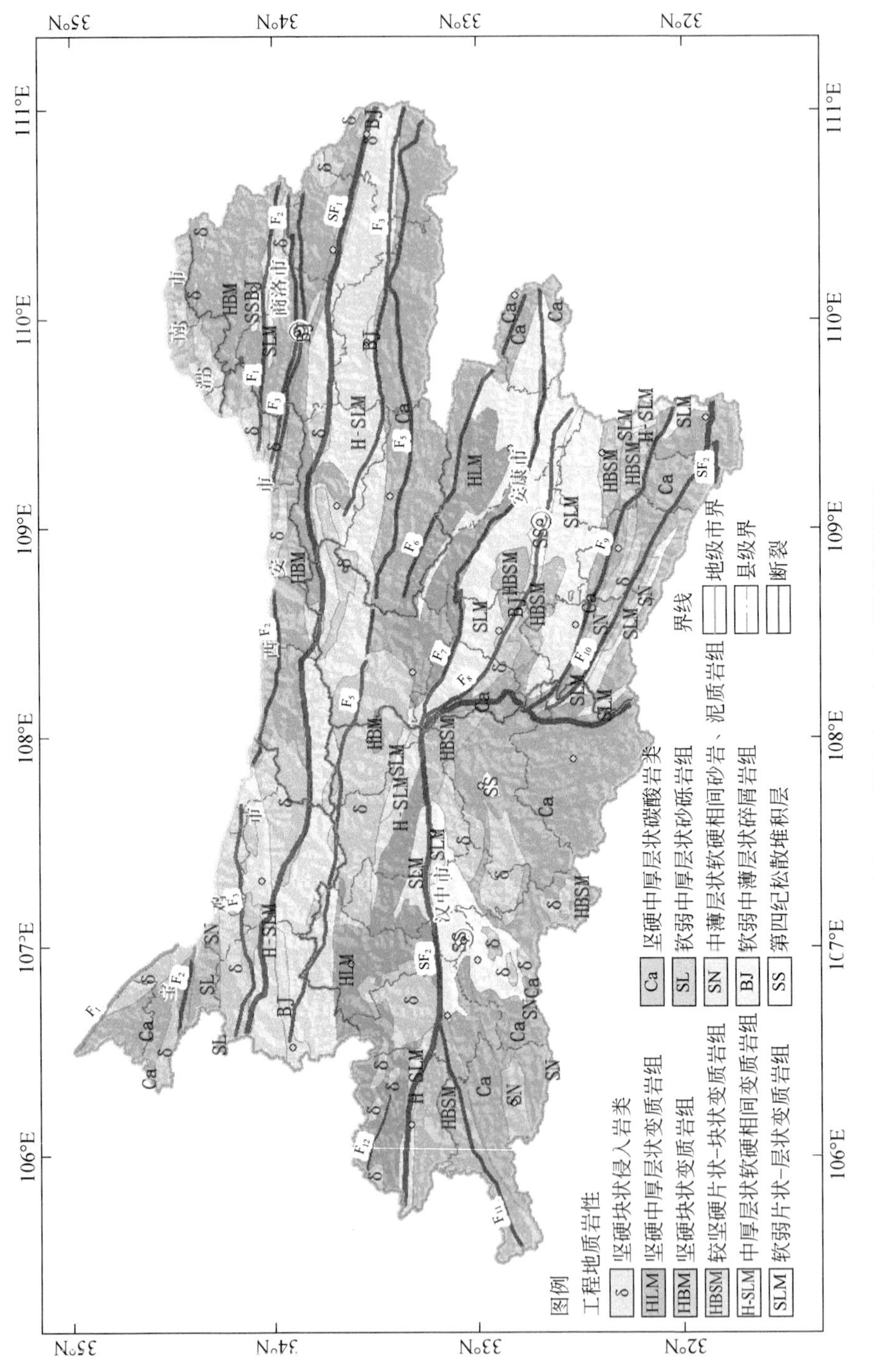

图1.14　陕南秦巴山区工程地质岩组图

（3）较坚硬片状-块状变质岩组（HBSM）

主要分布在秦岭地块的南秦岭南部逆冲推覆系地层上，地层以中元古界—下古生界寒武系为主，岩性以硅质板岩、泥质板岩、薄层石英砂岩、石英片岩为主，夹块状岩浆侵入体，岩体揉皱破碎，不同时代不同岩性的岩石混杂在一起，对工程性质影响较大，多数岩体稳定受控于结构面和软弱夹层，不同岩层组成对岩体整体强度影响较大，一般干抗压强度在180MPa左右，工程性质较差。

（4）中厚层状软硬相间变质岩组（H-SLM）

大部分分布在商丹缝合带沿线以南位置，属早海西期褶皱构造带，地层以中元古界—下古生界为主，岩性以云母石英片岩、石英砂岩、碳质板岩交错分布，受褶皱构造影响，部分地层倒转，使下部震旦系灰岩、白云岩出露地表，并覆盖于寒武系石英片岩、碳质板岩之上，整体呈软硬相间的岩层结构，坚硬岩层易沿弱层滑动，是中大型岩质滑坡易发地区。

（5）软弱片状-层状变质岩组（SLM）

广泛分布于安康、汉中盆地南北山区，以安康汉阴、汉滨、旬阳地区分布最多，地层以志留系、泥盆系为主，岩性大部分为片岩、千枚岩、板岩夹火山岩、硅质岩、砂岩，工程地质指标干抗压强度60～150MPa，软化系数0.63～0.74。例如，寒武系泥质千枚岩比重2.82，干重度0.274kN/m^3，干抗压强度62.83MPa，湿抗压强度24.2MPa，软化系数0.39。志留系石英砂岩干抗压强度232.74MPa，湿抗压强度232.5MPa；砂质板岩，比重2.84，干重度0.277kN/m^3，干抗压强度139.03MPa，湿抗压强度92.94MPa，软化系数0.67。该类岩石工程地质指标、物理力学性指标均较低，易破碎、风化，与区内浅表层滑坡的形成有重要关系。

3）坚硬中厚层状碳酸盐岩类（Ca）

主要分布在汉中—洋县以南，镇巴—紫阳交界以西的扬子地块北缘部分，在山阳—镇安—宁陕—白河所围区域也有较多出露，主要为白云岩、灰岩、泥质灰岩、大理岩。多呈中厚—厚层状结构，岩石致密坚脆。工程地质指标：干抗压强度80～220MPa，软化系数一般大于0.75。碳酸盐岩岩块强度较高，但溶蚀作用发育，岩溶程度强烈，导致其整体强度差异较大。

4）较坚硬碎屑沉积岩类

秦巴山区受构造活动、岩浆接触等作用，总体上以变质岩分布最为广泛，未变质的碎屑沉积岩仅零星分布于板块推覆体两侧，岩体也较破碎，主要包括：①软弱中厚层状砂砾岩组（SL），仅在宝鸡南的秦岭北麓少量出露；②中薄层状软硬相间砂岩、泥质岩组（SN），少量分布于镇巴、紫阳以南的大巴山褶皱束部分区域，岩体破碎，泥岩往往风化严重，导致砂岩、泥岩互层强度较低，工程性质差；③软弱中薄层状碎屑岩组（BJ），零星分布于商州、凤县、汉滨附近的河道沟谷内，岩体风化侵蚀严重，未发现完整基岩出露，工程性质差。

5）第四纪松散堆积层（SS）

以汉中、安康盆地为主，主要分布于汉江及主要支流两岸斜坡谷地。以全新统冲积、洪积和坡积层为主，主要为粉质黏土、岩屑相混合，黏土与碎石、黏土与岩屑之比为1∶1，厚度一般为2～21m。在降雨作用下山体斜坡沟谷的坡积、残积物遇水极易处于饱和状态，加之下伏岩层若为顺向泥质板岩、千枚岩、片岩等易滑地层，极易失重形成滑坡等灾害，是区内浅表层滑坡的主要物质基础。

1.3.8 地下水

秦巴山区具有明显的山区水文地质特征，受地形地貌特征影响，秦巴山区降水量远高于南北丘陵地区，使其地下水完全由大气降水补给，垂直入渗形成，由高海拔向低海拔运移，在多孔隙地层中赋存，在少雨季向下补给，并在露头位置排出地表，以至于低海拔低洼地区常年湿润。区内地下水种类主要为表层松散堆积物孔隙水、深层基岩裂隙水。由于区内植被发育，降水丰沛，补给充分，地下水自脊岭向沟谷运移具有径流速度快、强度高等特点，并在沟谷处常常以泉的形式排出至地表，亦有部分地下水通过裂隙向深层补给。因补给源主要为降水，故地下水动态变化随气候变化极大，雨季补给量增加，区域水位上升，泉水流量大，枯水季节补给量减少，区域水位下降，泉水流量相应减少。

1.3.9 人类工程活动

整个秦巴山区由于受地理位置、地质环境、自然条件所限，人口居住分散，交通不便，主要靠仅有的少量耕地生活，大部分乡镇经济文化较落后。而在各乡镇政府驻地及河流两岸居住人口较集中、经济相对较发达，人类工程活动较强烈（图1.15）。秦巴山区人类工程经济活动主要表现为以下几个方面：

1）开垦种地，加大水土流失

陕西秦巴山区由于地形限制，当地农民在山坡上大规模垦坡种地，使地质环境遭到严重破坏，加速了区内水土流失，大面积的水土流失使区内环境恶化，并且加剧了滑坡、泥石流等灾害的发生。区内居民有在房前屋后开垦种地的习惯，2010年“7·18”陕南山洪灾害很多都是由于耕地导致了浅表层滑坡，冲击了坡前房屋，拉裂了坡后房基，对区内人民生产生活影响极大。

2）工民建设，改变边坡稳定

陕南秦巴山区现有过境高速公路5条，国道公路5条，省道及其他二级以上公路干线10余条。其他还有装机容量在万千瓦以上的水电站百余座。大量的工程建设及不合理的削坡建房，破坏了山体斜坡原有稳定性，在降雨诱发下，极易引发地质灾害。

3）矿产开发，不合理堆放弃渣

秦巴山区矿产业发展迅速，截至2022年，区内在册矿点500余处，其主要矿产有金、银、钒、锰、铝、锌等各类有色金属矿，煤、钾长石、毒重石、板石材、石灰岩等非金属矿。由于矿产业迅猛发展，矿渣不合理堆放于斜坡、沟谷、河谷之中，在暴雨作用下，每年都发生泥石流、水石流灾害。如紫阳县城关镇附近的2处瓦板岩矿山，由于长期采用露

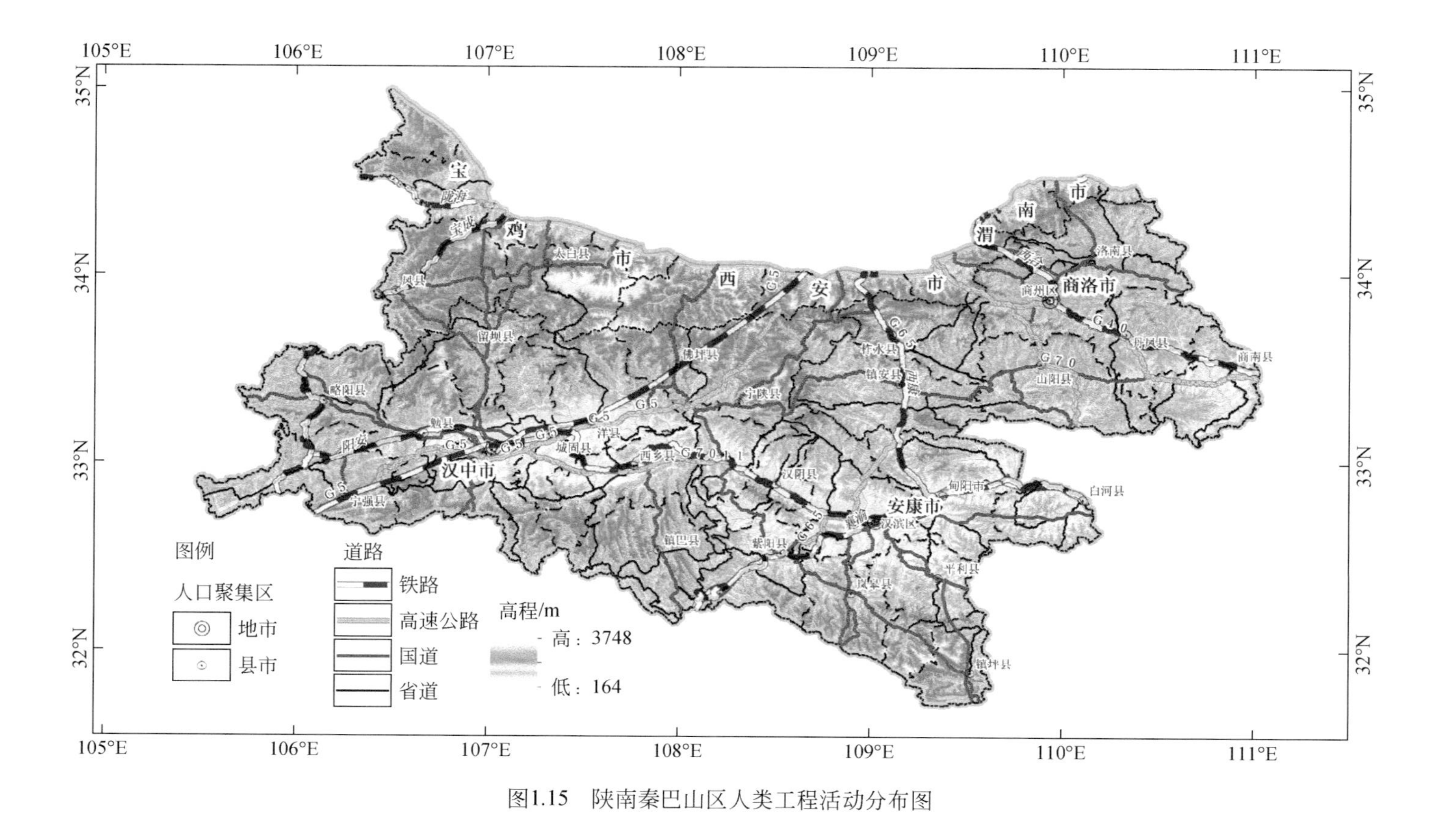

图1.15　陕南秦巴山区人类工程活动分布图

天落后的爆破垮落法开采，成材率仅为10%，沿山坡就地堆放矿渣达3500万 m^3，压占土地植被500余亩①，造成水土流失，河道严重堵塞。2000年7月暴雨引发特大矿渣型泥石流灾害，造成202人死亡、襄渝铁路中断达7天，直接经济损失3亿元以上。

1.4 秦巴山区滑坡发育特征

秦巴山区曾发生大规模的浅表层滑坡，这并不是偶然的。

从大的地质构造角度来看，陕西境内秦巴地区横跨三个大地构造单元，从北向南依次为华北地台南缘、秦岭造山带与扬子地台北缘。区内地质历史时期中经历了多期次构造运动，以逆冲断层最为显著，区域内岩性复杂多样，北部及中部片岩、片麻岩、混合花岗岩集中分布，受区域动力变质作用及风化卸荷影响，岩体破碎、强度较低，而南部区域的古老地块中变质岩、花岗岩种类齐全，强度较高。岩土工程性质方面，表层的软弱变质岩岩体中存在大量的卸荷裂隙。变质岩多是在地下深处经高温高压形成的，当其暴露于地表时，即从高温高压状态变为常温常压条件，上覆静压力减小而产生张应力，致密的变质岩膨胀，局部褶皱处沿劈理张开，且岩体内部形成许多或张开或闭合的破裂面。另外，破裂面成为地下水的良好通道，加速岩体风化，使岩体由表及里逐渐风化剥蚀，形成松散的残坡积物，在条件适合的情况下，如持续降雨或大暴雨的催化条件下，促使浅表层滑坡发生。气象水文方面，陕西秦巴山区包括秦岭以北的黄河水系、秦岭与巴山间的汉江水系，以及巴山以南的长江水系，均呈东西向展布。由于秦岭南麓及巴山北坡为典型的暴雨集中区，年平均降雨量800～1400mm，且大多集中在夏季7～9月，与此相伴，也是秦巴地区地质灾害的多发期。

受地形地貌、地质构造、岩性分布、降雨及人类工程活动的影响及控制，秦巴山区地质灾害主要集中分布于秦岭南坡及巴山山脉（包括东部大巴山和西部米仓山）北坡的低山丘陵地区，地质灾害类型主要为滑坡、崩塌、泥石流等，其中，以中小型浅表层土石混合体滑坡最为常见，局部受人类工程影响强烈地区可能引发少量岩质滑坡，而大巴山以南曾发生中厚层碳酸盐岩岩质滑坡。

1.4.1 秦巴山区滑坡灾害现状

滑坡是最常见的地质灾害之一，它是指在多种内外因素耦合作用下导致坡体物质的下滑力超过抗滑力，坡体失去稳定而发生的突然的、剧烈的变形破坏。秦巴山区地质灾害按滑体物质可分为浅表层的土石混合体滑坡和中深层的岩质滑坡。其中浅表层滑坡是发育于秦巴山地软弱变质岩区，其滑面蕴藏于岩层的全风化结构面或残坡积层内，发育深度一般小于10m，规模属小型–中小型，滑后物质主要为松散堆积的土石混合体的一类滑坡；岩质滑坡则是主要失稳面位于较深层的中风化–未风化的岩层层面或次生贯通结构面，规模

---

① 1亩≈666.7m^2。

相对较大，易形成重大地质灾害案例。

近年来随着国内经济持续增长，大量工程建设得以在区内开展，但受到自然条件影响，加上近年来极端气候不断出现，区内地质灾害频发不断，表现出频率高、强度大、范围广、数量多，且呈现群发、突发、暴发、灾种转化及链生成灾的特点，造成人身伤亡和财产损失的案例不计其数，既延缓了工程建设工期，又影响了当地人民正常的生产、生活，也给国家造成巨大的经济损失。中国地质调查局统计数据显示（图1.16），自2001～2020年全国地质灾害发生39万余起，因灾死亡失踪人数共计1.32万余人（不含2008年汶川地震，含2010年舟曲泥石流灾害），其中四分之一的灾害发生在陕、川、甘境内的秦巴山区。

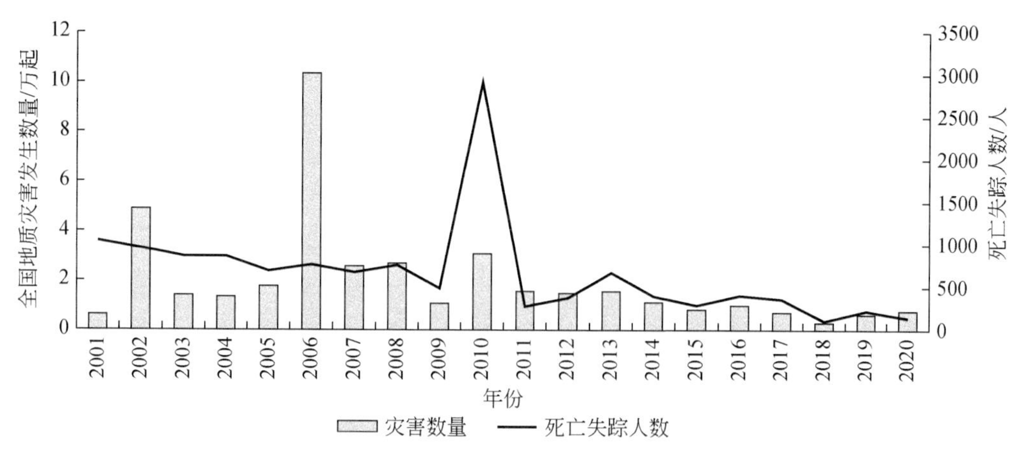

图1.16　全国地质灾害发生数量及死亡失踪人数统计图（2001～2020年）

数据来源于中国地质环境监测院发布的《全国地质灾害通报》和自然资源部发布的《全国地质灾害灾情》

陕西省南部的秦巴山区历年来都是地质灾害的高发区。根据陕西省地质环境监测总站及相关资料统计，从1980～2022年40余年间，陕西省共发生崩塌、滑坡、泥石流等地质灾害近万起，死亡超过1.2万人，且多数发生在陕南秦巴山区。其中区内近40年重大地质灾害统计见表1.1。部分滑坡实例如图1.17所示。

表1.1　近40年秦巴山区重大地质灾害统计

序号	发生时间	发育地点	发育特征	损失
1	1981年8月	秦巴山区西部（汉中、宝鸡）	受暴雨洪水影响，突发大量滑坡、崩塌和泥石流灾害	死亡369人，经济损失总计8.01亿元
2	1988年8月13～14日	蓝田县葛牌乡沙帽沟、柞水县九间房踩玉河两岸26条沟	降雨造成特大泥石流	死亡103人，直接经济损失0.89亿元
3	1998年7月9日	丹凤县	特大暴雨引发了大面积的山地灾害	造成100多人死亡及巨大财产损失
4	2000年7月12～13日	紫阳县、镇巴县	特大暴雨引发了大量的滑坡及泥石流	造成236人死亡，7.95亿元人民币的直接经济损失，成为2000年全国五大自然灾害区之一

续表

序号	发生时间	发育地点	发育特征	损失
5	2002 年 6 月 8 日	佛坪县和宁陕县	突降暴雨，导致了历史罕见的山洪并诱发滑坡、泥石流灾害	致使 439 人死亡失踪，直接经济损失约 19.46 亿元
6	2010 年 7 月 18 日	岚皋县四季乡木竹村	暴雨引发滑坡	死亡失踪人数 20 人
7	2010 年 7 月 18 日	安康市汉滨区大竹园镇七堰村	暴雨引发滑坡	死亡失踪人数 29 人
8	2010 年 7 月 24 日	山阳县高坝镇桥耳沟村五组	暴雨引发滑坡	死亡失踪人数 24 人
9	2011 年 7 月 5 日	略阳县柳树坝	崩塌	造成 18 人死亡、4 人受伤，直接经济损失 1000 万元
10	2011 年 9 月	陕南全境	暴雨引起地质灾害 537 起	死亡失踪 47 人，直接经济损失 1.08 亿元
11	2015 年 8 月 12 日	山阳县中村镇烟家沟碾沟村	人类活动	死亡失踪 65 人

(a)岚皋四季乡木竹村滑坡

(b)安康大竹园镇七堰村滑坡

图 1.17　滑坡实例

可见，陕南秦巴山区地质灾害极大地威胁着当地居民的生命和财产安全，成为限制当地经济发展的瓶颈，所以对区内的地质灾害进行研究，提出合理可行的避让和治理措施是改善人民生活、带动经济发展的先决条件。

以秦巴山区紫阳县地质灾害详细调查为例，2012 年全县共调查 878 处地质灾害，取得以下结论：地质灾害几乎全部发育于变质岩区，主要灾害类型是滑坡、崩塌、泥石流，其中有 90% 是滑坡灾害，而泥石流的物源大多数是由于沟道内发生滑坡而贡献的。在 791 处滑坡灾害中尤以中小型的浅表层土石混合体滑坡灾害最为常见，且危害性最大，两者合占比例高达 98%（图 1.18）。可见，开展秦巴山区浅表层滑坡形成机理的研究工作对于区内地质灾害防灾减灾工作具有重要的实际意义和实用价值。

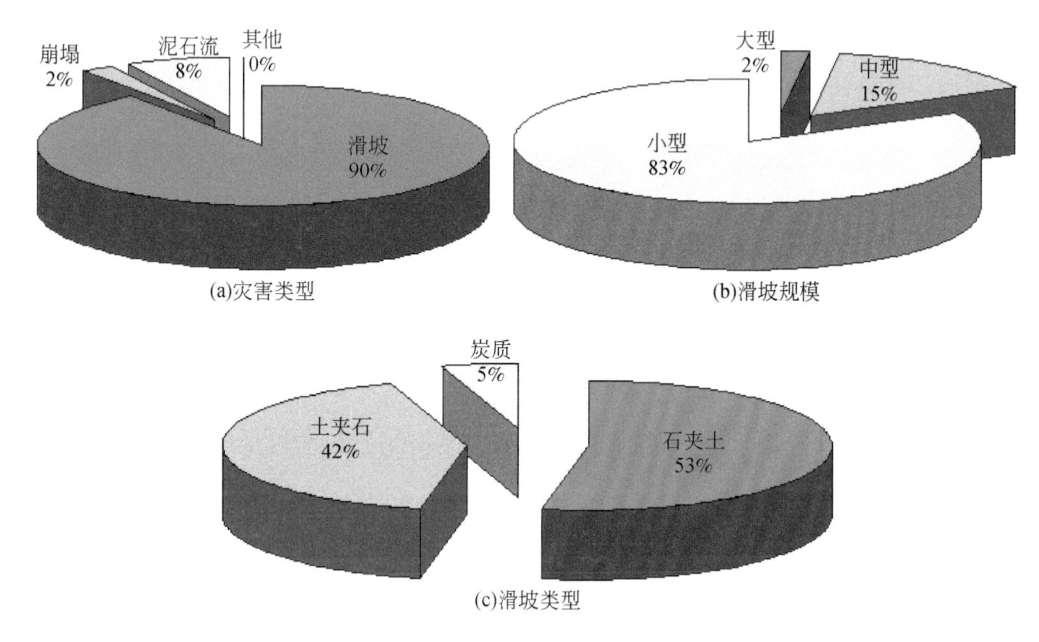

图1.18　灾害统计饼图

1.4.2　秦巴山区地质灾害发育类型

通过对研究区内地质灾害调查发现，区内主要易发灾害主要是滑坡、崩塌、泥石流等，且主要地质灾害为滑坡，其中尤以浅表层滑坡灾害最为常见。

以重点调查区紫阳县为例，在调查的878处地质灾害（包括隐患点）中，有滑坡、崩塌、泥石流和地面塌陷四种灾害类型（图1.19），其中滑坡灾害数量最多，占所有灾害的90.1%，达791处，其中浅表层滑坡776处（包括全部堆积层滑坡和部分浅层岩质滑坡），占全部滑坡的98.1%。

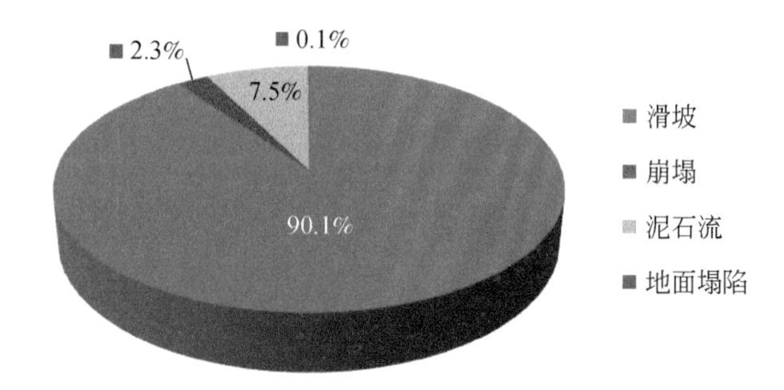

图1.19　秦巴山区不同地质灾害比例（据紫阳县地质灾害调查统计）

在旬阳市调查的608处地质灾害点中，滑坡556处、崩塌33处、泥石流16处、地面塌陷3处，分别占总数的91.45%、5.43%、2.63%、0.49%（图1.20），其中滑坡厚度小于10m的浅表层滑坡占滑坡总数的97.6%。

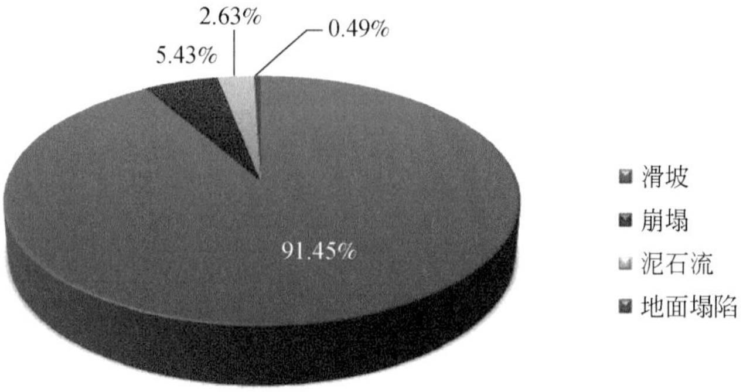

2.63%
0.49%
5.43%
91.45%
滑坡
崩塌
泥石流
地面塌陷

图1.20　秦巴山区不同地质灾害比例（据旬阳市地质灾害调查统计）

可见，秦巴山区地质灾害中以滑坡灾害数量最多，占到全部灾害的90%以上，另外还有很多沟谷型泥石流也是由浅表层滑坡转化而来，而浅表层滑坡又占到95%以上的绝对比例。

1.4.3　秦巴山区地质灾害发育特征

秦巴山区滑坡灾害以浅表层滑坡为主，规模多为中小型（表1.2），滑坡厚度在10m以内，主要是因为秦巴山区的软弱变质岩岩性软弱，在长期构造应力作用下，发生变形、破碎（图1.21、图1.22），岩体内结构面极为发育，表层岩体在雨水、温度等影响下易发生风化，边坡内、外岩体的风化程度和岩体力学性质也存在较大差异，当风化层不能满足自身稳定性时便发生失稳崩滑，故一般崩滑规模都不大。

表1.2　秦巴山区地质灾害点规模统计表（以紫阳县为例）

灾害规模	滑坡	泥石流	崩塌	地面塌陷	合计	所占百分数/%
大型	11	2	1	—	14	1.6
中型	119	9	6	—	134	15.3
小型	661	56	12	1	730	83.1

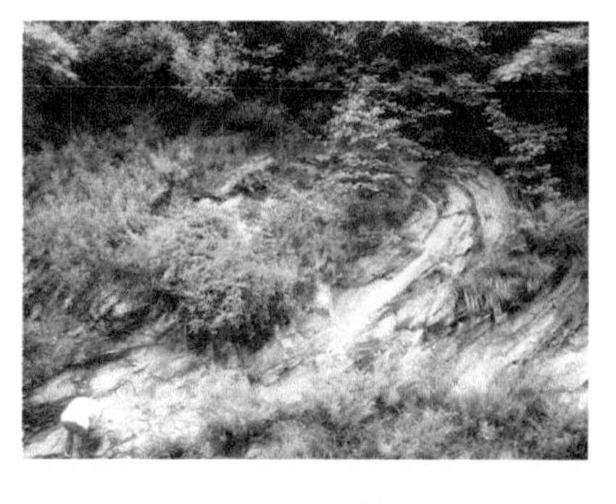

图1.21　翻转褶皱

图1.22　窗棂构造

通过对地质灾害详细调查及以往秦巴山区大量的统计资料分析，区内滑坡多为浅层堆积层滑坡，发生岩质滑坡的可能性较小，但通过调查发现许多边坡滑面可能发育于强风化层内（图 1.23），滑坡堆积物既有坡积物，也有强风化破碎岩体，杂糅在一起难以区分，故造成很多强风化层岩质滑坡被误认为是堆积层滑坡，两者最大的区别在于强风化层岩体仍然具有一定结构性，其破坏发生面是可以预测的。

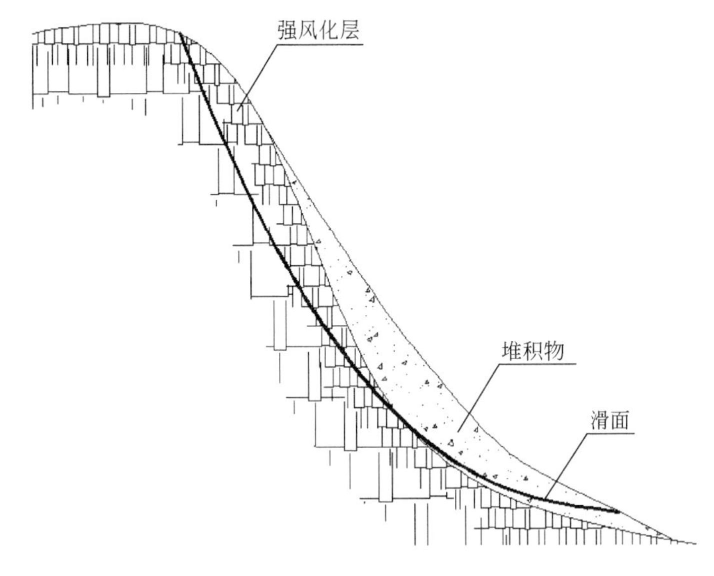

图 1.23　浅表层滑坡示意图

调查还发现，秦巴山区发生岩质滑坡的边坡类型以顺向结构为主，即存在倾向临空面的结构面，由于研究区岩体经过多期构造作用，顺向面理或劈理极为发育，并且会出现结构面脱空、岩体弯曲变形等现象（图 1.24），极易造成边坡顺层滑动。反倾边坡发生滑坡的较少，一般发生局部崩塌破坏。

图 1.24　构造产生的脱空褶皱及岩体弯曲变形现象

1.4.4　秦巴山区滑坡发育的特点

秦巴山区滑坡具有群发性、链生性、灾种转化性和混杂灾害等特点，分述如下。

1）群发性

秦巴山区地质灾害不仅数量多、范围广、类型多样，而且具有群发性，如黑河甘峪湾滑坡群（图 1.25）、紫阳洪山镇滑坡群、紫阳蒿坪滑坡群（图 1.26），主要是由于一定范围内的边坡结构、地质条件、应力分布基本相同，加之已滑边坡对相邻边坡会产生向下拖拽等不良影响，所以边坡易成群、成片发育。

图 1.25 黑河甘峪湾滑坡群

图 1.26 紫阳蒿坪滑坡群

2）链生性

秦巴山区滑坡还具有链生性特征，主要体现在同一地质灾害可以诱发或伴生其他地质灾害。有的灾害点在发生滑坡的同时伴随崩塌，或崩塌的同时伴随滑动，即出现所谓的滑塌或崩滑现象；在暴雨时，崩塌、滑坡产生的松散堆积物同时是形成泥石流的重要物质来源；有的地方发生泥石流时，随着泥石流对沟岸斜坡的撞击和冲蚀、削坡作用，诱发沟岸两侧斜坡的滑坡、崩塌发生；有的由于地下巷道挖掘，在斜坡地带发生地面塌陷，进而激发崩塌、滑坡等新的地质灾害发生。如在略阳马桑坪火药台调查的地质灾害，坡体上部较缓，以滑坡为主，下部坡度变陡，则以崩塌为主（图 1.27）。

3）灾种转化性

秦巴山区最常见的灾种转化是由沟内滑坡转化为泥石流，而且几乎是全部泥石流的发灾形式。沟内滑坡一方面产生松动物源，可为泥石流提供必要的固体物质，另一方面还会阻塞雨水通道，形成淤塞，当能量聚集到一定程度就可发生危害性很大的泥石流。安康汉滨区大竹园镇七堰村地质灾害（图 1.28），初始阶段雨水冲刷沟底堆积物，进而造成两侧边坡强风化层失稳垮塌，为泥石流提供物源，形成更大规模的泥石流灾害，造成沟口的民房被毁，十余人死亡。所以应针对不同灾害统一起来对秦巴山区的边坡进行研究。

4）混杂灾害

由于岩体风化、破碎程度不一，区内滑坡多数都以崩、滑，以及坡面泥石流混合的形式发生（图 1.29），滑面形状既不同于土质滑坡的圆弧状，也与典型岩质滑坡的单一直线型滑面存在较大区别，所以难以采用常规的边坡定量计算方法评价边坡的稳定性，要对边坡采用多种手段进行综合评价。

图1.27　略阳马桑坪崩滑组合型灾害

图1.28　安康七堰村滑坡转化为泥石流

图1.29　秦巴山区崩、滑混合式滑坡

1.4.5　秦巴山区滑坡时空分布规律

秦巴山区经历了长期的构造发展与演化，具有错综复杂的岩性和岩体结构，是一个独具特色的复合型大陆造山带，区内地形地貌复杂，软弱变质岩系（片岩、千枚岩等）广泛发育，降雨强度大、频率高，导致滑坡、崩塌、泥石流等地质灾害极为严重。加之区内交通不便，经济文化落后，造成区内工民建筑物质量普遍较差，其承灾能力极为低下，成为全国地质灾害多发且损失大、防治困难的典型地区。本章将通过对陕西境内的紫阳县，并结合周至、略阳、旬阳等区县内部分地段的地质灾害进行现场调查，总结浅表层滑坡灾害的孕育环境、孕灾过程、发育特征及分布规律等，进而归纳分析浅表层滑坡的类型及破坏模式，从而揭示滑坡的形成机理。

截至2017年底，陕南秦巴山区地质灾害共计7436处，其中滑坡6480处，占全部地质灾害的87.1%，灾害集中在紫阳—安康—旬阳一带（图1.30）。

浅表层滑坡总体表现为频率高、数量多、分布广的特点，但其分布仍具有较强的规律性，本章将通过紫阳县浅表层滑坡的分布规律，揭示影响滑坡分布的致滑因素，再通过对各个因素的致滑机理分析，为整个秦巴山区浅表层滑坡分布的预测奠定基础。

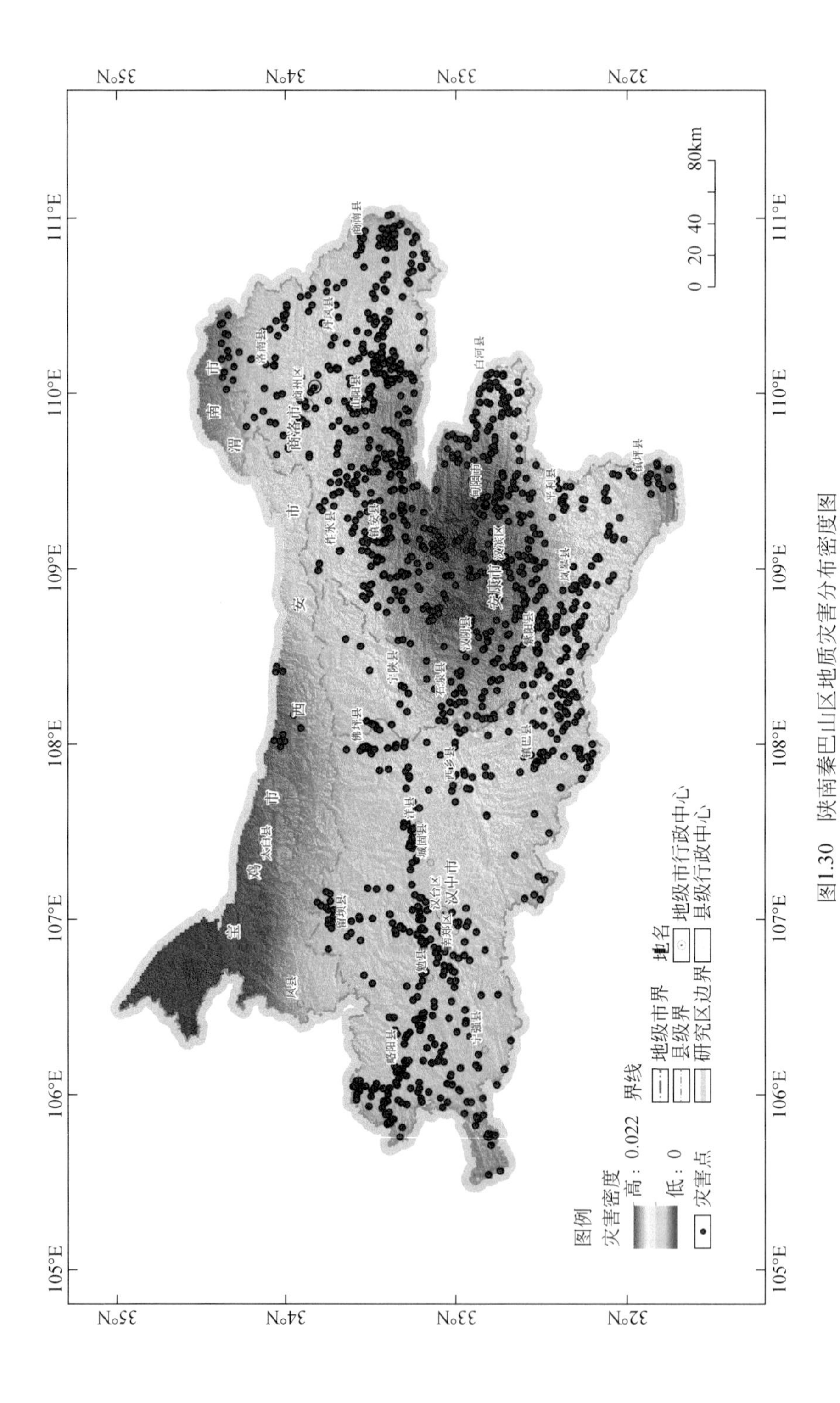

图1.30 陕南秦巴山区地质灾害分布密度图

以位于秦巴山区深处紫阳县为例，该县具有极其复杂的地质条件和气候条件，区内浅表层滑坡表现出明显的时间和空间分布规律，根据 2013 年紫阳县地质灾害调查成果总结滑坡分布的时空规律。

1. 滑坡的时间分布规律

滑坡表现出强烈的时间分布不均匀性，且与雨季同步性，其规律表现为：

（1）从图 1.31 看到，调查的滑坡多发生在 2010 年和 2000 年，尤其是 2010 年，滑坡个数达 621 个，占全部调查滑坡的 80%，而根据前文中的气象水文资料，2010 年 7 月 18 日全区普降暴雨，降雨量为 175.1mm，达 10 年之最。其次为 2000 年 6 月 2 日，降雨量为 109mm，而在 7 月 13 日再次发生暴雨，导致当年发生大量滑坡。由此可见，气候条件（主要是降雨）是引发区内滑坡的重要致滑因素。

（2）据气象资料，在 2000 年与 2011 年之间还发生过三次暴雨，分别是 2001 年 7 月 29 日，过程降雨量达 105.8mm；2003 年 8 月 30 日，过程降雨量达 126.4mm；2011 年 9 月多次普降暴雨。而这三年滑坡数量并不多，是因为浅表层滑坡的物源主要为残坡积物，滑动后坡体上的可滑物质大量减少，必须有足够的时间进行再次风化堆积，所以在秦巴山区一次大规模滑坡灾害暴发后，往往会经历多年的平静期，2000 年与 2010 年之间平静期为 9 年。另据紫阳县志统计 1512 ~ 1985 年的 473 年间，县内暴发雨涝灾害 43 次，相当于平均每 11 年暴发一次，由此可以粗略推测紫阳县地质灾害平静期为 9 ~ 10 年，但随着极端气候事件频率升高、人类工程活动加剧等，地质灾害的平静期间隔还会继续缩短。

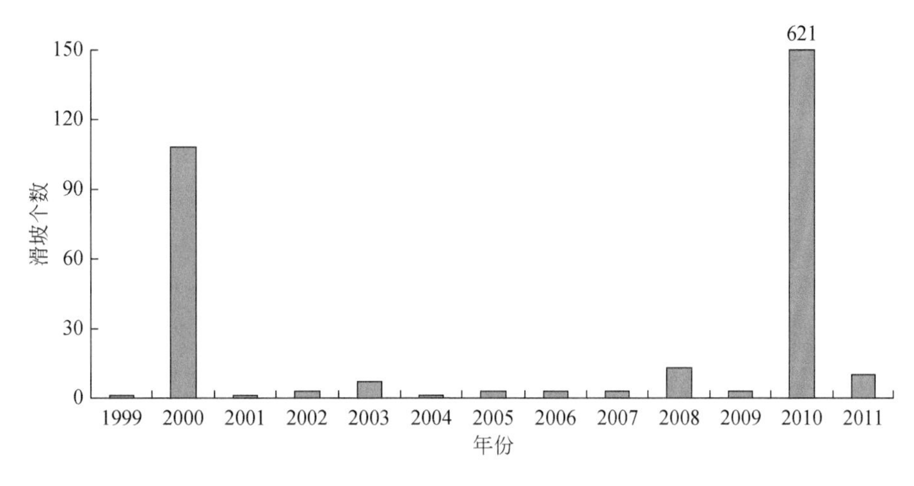

图 1.31　滑坡年际分布图

2. 滑坡的空间分布规律

总体来看，秦巴地区地质灾害往往沿较大断裂构造、河流，以及人类工程活动密集的区域分布。其中，大断裂构造如商丹断裂带、宁陕断裂带、红椿坝断裂、略阳-勉县-城口-房县逆冲推覆构造带等一系列断裂带；河流主要是汉江及其主要支流；人类工程活动包括公路、铁路、水利，以及人口集中的城镇区域。

通过紫阳县全县地质灾害调查结果（2013 年），得到地质灾害易发程度分区图（图 1.32），结合前文中的地质环境条件，可以得到以下滑坡的空间分布规律。

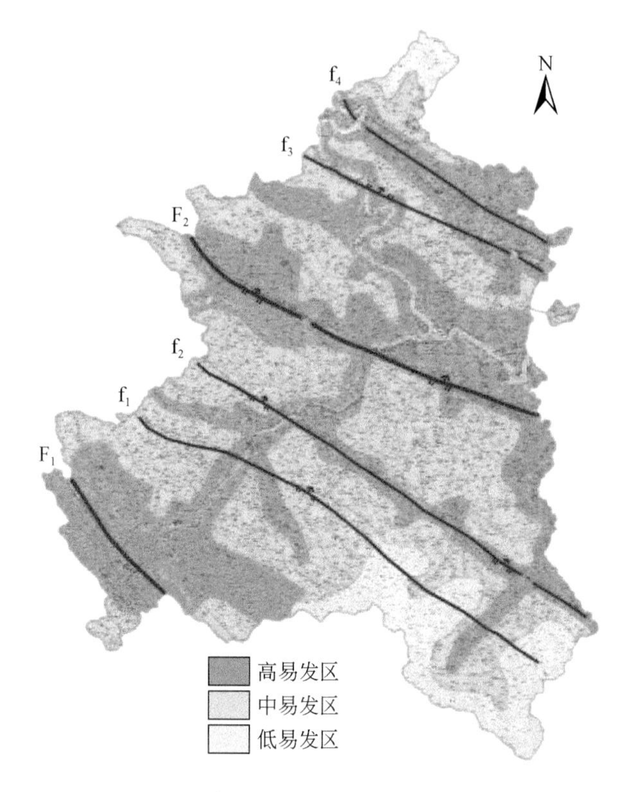

图 1.32　紫阳县地质灾害易发程度分区图

由于浅表层滑坡是区内主要的灾害，所以分布规律与其一致，图 1.32 中颜色由深到浅分别表示地质灾害由高到低的易发程度，结合地质环境条件对每个区域进行分区说明。

（1）高易发区位于紫阳县的中低山及河谷阶地区，包括汉江、任河的主河道及其主要支流，主要是因为沿河道是乡镇及人口居住相对集中的地方，并且公路、铁路等交通干线都是沿河道的走势，人为活动强烈是影响区内浅表层滑坡分布的重要因素。

高发区还表现出明显的北西走向，且与区内断层、褶皱的构造的发育情况一致。如西南部为秦岭微地块和扬子地块的挤压带，形成麻柳弧形断裂（F_1），中部的次级断裂——红椿断裂（F_2），以及高滩-铁佛断裂（f_1）、高桥-斑桃断裂（f_2）、蒿坪断裂（f_3）、汉王—双安断裂（f_4）等四条一般性断裂，其构造活动强烈、岩体破碎，决定了滑坡易发程度的分布规律。

（2）中易发区包括除高易发区及北部和东南部以外的所有区域，包含了紫阳县大部分范围，说明紫阳县作为软弱变质岩的典型地区，岩性软弱是灾害发育的基础条件。而与高易发区相比，区内山高坡陡，人为活动大幅度降低，构造活动相对较弱，是滑坡发育程度降低的主要原因。

（3）低易发区仅位于紫阳县北部和东南部局部地区，从地貌上看属中高山区，区内居住人口极少。

综上，秦巴山区浅表层滑坡的分布总体上表现出以下时空规律特征：

（1）秦巴山区软弱变质岩广泛发育，表现出易风化、易剥蚀的特点，是浅表层滑坡广泛发育的物质基础。

（2）受地形条件限制，区内人工活动多沿河流沟谷的平缓地带分布，造成植被覆盖率降低、自然环境破坏严重，导致滑坡极为发育，说明浅表层滑坡分布与人类工程活动关系极为密切。

（3）区域性的大断裂带对滑坡的形成起控制性作用，往往造成滑坡沿大断裂带集中发育。

（4）气候条件是浅表层滑坡发育的催化剂，形成强烈的时间分布规律。影响岩土风化速率，形成年际差异，在一年中，滑坡又多发于暴雨天气，形成年内差异。

第2章　秦巴山区斜坡类型及变形破坏模式

滑坡灾害是由于自然或人工斜坡遭受地球内动力及环境外营力共同作用而形成的重力型灾害。通常认为相同类型的斜坡应该形成相同的滑坡灾害，但事实并非如此，常常能够见到相同类型的斜坡发生不同类型的滑坡，而不同类型的斜坡也可能形成同一类型的滑坡。所以在研究滑坡之前，有必要先对斜坡类型及变形破坏模式进行系统划分。

秦巴山区地质灾害发育，种类多，数量大。综合来看是特殊地质环境背景（内部因素）和诱发因素（外部因素）共同作用的结果，内部因素主要包括地形地貌、地层岩性、地质构造、岩土体结构等，外部因素包括降雨、人类工程活动等。斜坡结构特征与工程地质岩组是内部诱发因素的综合体现。斜坡是地质灾害发生与发展的承载体，斜坡结构是斜坡变形破坏的基本条件，不同的斜坡结构决定着斜坡变形破坏类型、数量和规模。斜坡地层岩性是斜坡变形破坏的物质基础和先决条件；秦巴山区出露的地层具有原生层状特点，地层的原生层状结构面是斜坡变形破坏的主要控制性结构面，而斜坡的坡向又决定了斜坡的临空条件。因此岩层倾向与斜坡坡向之间、岩层倾角与斜坡坡度之间的相互关系决定了斜坡变形破坏的主要类型。斜坡结构类型的划分应为基于工程地质岩组、斜坡结构特征基础上的综合分类。

2.1　秦巴山区工程岩组划分

依据各种岩石建造组合特征，将调查区出露地层划分为岩浆岩建造、碳酸盐岩建造、变质岩建造、碎屑岩建造以及松散堆积五种建造类型，在此基础上，按岩性、岩体结构进一步划分为6个岩组。第四系松散堆积物（Ⅰ），包括冲洪积卵砾石土（$Ⅰ_1$）、松散堆积碎石土（$Ⅰ_2$）；薄层状-互层结构的含砾砂岩、粉砂岩岩组（Ⅱ）；中薄层状-互层结构的粉砂质板岩夹粉砂岩岩组（Ⅲ）；软弱薄层状粉砂质板岩岩组（Ⅳ）；坚硬、较坚硬中、薄层结晶灰岩岩组（Ⅴ）；坚硬块状侵入岩岩组（Ⅵ）。各个岩组的工程地质评述见表2.1。

表2.1　秦巴山区岩土体工程地质类型

岩土体工程地质分类		地层代号	岩体结构	工程地质特征
建造	岩组			
松散堆积	冲洪积卵砾石土（$Ⅰ_1$）	Qh^{al+pl}	散体结构	砂卵石层级配均一，松散、磨圆度较好，透水性强，厚度不超过10m
	松散堆积碎石土（$Ⅰ_2$）	Qh^{del}	散体结构	松散碎石含量较高，透水性强，稳定性差，易发生浅表层滑坡灾害

续表

岩土体工程地质分类		地层代号	岩体结构	工程地质特征
建造	岩组			
碎屑岩	薄层状-互层结构的含砾砂岩、粉砂岩岩组（Ⅱ）	J_2l	薄层状-互层结构	岩体力学强度差异较大，砂岩力学强度较高，透水性较好；泥岩强度较低，遇水易软化、泥化，隔水性较好，常构成斜坡的软弱结构面，斜坡稳定性差
变质岩	中薄层状-互层结构的粉砂质板岩夹粉砂岩岩组（Ⅲ）	S_2w、S_1d_s、$(O_3-S_1)b$	中薄层状-互层结构	强度低、抗风化能力弱，岩体完整性较差，众多短小裂隙及层面切割致使斜坡变形破坏较强，但以小型崩塌滑坡为主
	软弱薄层状粉砂质板岩岩组（Ⅳ）	$O_{2-3}q$、O_1g、O_{dh}	薄层	岩质软弱、强度低、岩体风化强烈，强风化带一般为数米至十余米，完整性较差，斜坡稳定性差，滑坡滑带多发育于强风化带中
碳酸盐岩	坚硬、较坚硬中、薄层结晶灰岩岩组（Ⅴ）	$Є_j$	薄层、中层状结构	岩石较坚硬、力学强度较高，岩性较单一稳定，岩体呈中厚层状或整体块状，结构面发育，有3～4组节理。岩体稳定性主要受节理裂隙发育情况及层间软弱夹层控制
岩浆岩	坚硬块状侵入岩岩组（Ⅵ）	$L\zeta$、$N\tau$、DN、$W\Sigma$	中厚层至块状结构	岩体呈块状产出，矿物颗粒粗大，不易风化，常存在节理裂隙，斜坡变形以小规模崩塌为主

2.2　秦巴山区斜坡结构划分

斜坡结构类型反映了岩层原生层状结构面产状与斜坡的相互关系，总体控制了斜坡临空条件和斜坡变形破坏的基本类型。结构类型主要表现为岩层的倾向与斜坡坡向之间、岩层倾角与斜坡坡度之间相互组合关系。根据《滑坡崩塌泥石流灾害调查规范（1：50000）》（DZ/T 0261—2014）中斜坡结构类型划分方案（表2.2和图2.1），岩层倾向与斜坡坡向之间的夹角（α）分为：顺向坡（0°～30°）、顺斜向坡（30°～60°）、横向坡（60°～120°）、逆斜向坡（120°～150°）、逆向坡（150°～180°）五类。

表2.2　调查区调查点斜坡结构类型划分　［单位：(°)］

岩层倾向与斜坡坡向间的夹角	0～30	30～60	60～120	120～150	150～180
斜坡结构	顺向坡（Ⅰ）	顺斜向坡（Ⅱ）	横向坡（Ⅲ）	逆斜向坡（Ⅳ）	逆向坡（Ⅴ）

由于开展斜坡结构划分区内调查点密度、数量要求较高，项目组在瓦房店幅区域内开展了大量精细化的调查工作，资料翔实，且该区域内地层及斜坡结构在秦巴山区具有代表性，因此以瓦房店幅（I49E021002）为例介绍斜坡结构划分方法及应用。

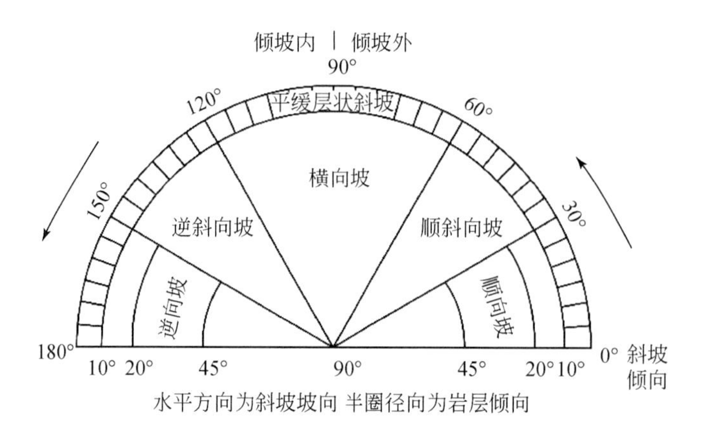

图 2.1　斜坡结构类型划分图

首先根据岩层倾向与地形坡向组合关系，对瓦房店幅调查区内所有调查点（包括灾害点和工程地质点）进行斜坡结构划分，不考虑岩层倾角，将斜坡划分为顺向坡、顺斜向坡、横向坡、逆斜向坡、逆向坡，见表 2.2。由图 2.2 及表 2.3 可见，所有调查点中横向坡最多，占到 34.6%，其次为逆向坡、顺向坡、顺斜向坡，逆斜向坡最少。

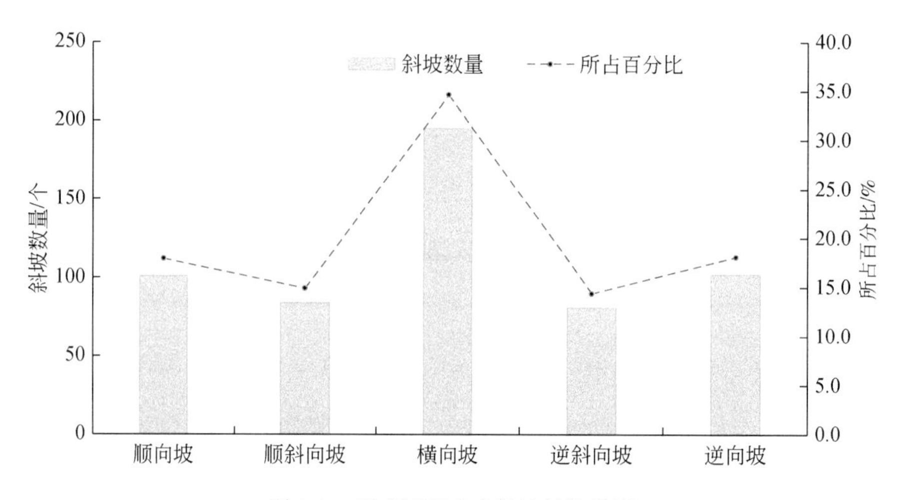

图 2.2　调查区调查点斜坡结构类型

表 2.3　调查区调查点斜坡结构分类统计

斜坡结构	顺向坡	顺斜向坡	横向坡	逆斜向坡	逆向坡
斜坡数量/个	101	84	195	81	102
所占百分比/%	17.9	14.9	34.6	14.5	18.1

对区内滑坡点的斜坡结构进行统计，得到结果见图 2.3 和表 2.4，可见横向坡发生的滑坡最多（主要是浅表层碎石土滑坡），但统计时横向坡夹角范围是其他坡两倍，分析时应该折半计算。其次为顺向坡，占到 20.5%，逆向坡、顺斜向坡和逆斜向坡滑坡数量相

近。因此从滑坡点比例曲线可见易发程度：顺向坡>横向坡>顺斜向坡=逆向坡>逆斜向坡。

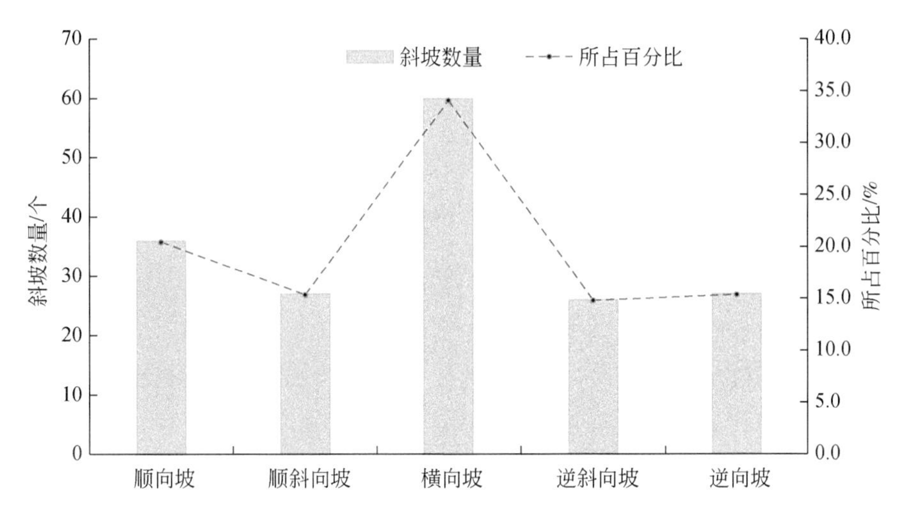

图2.3　调查区滑坡点斜坡结构类型

表2.4　调查区滑坡点斜坡结构分类统计

斜坡结构	顺向坡	顺斜向坡	横向坡	逆斜向坡	逆向坡
斜坡数量/个	36	27	60	26	27
所占百分比/%	20.5	15.3	34.1	14.8	15.3

为了对整个区域进行面上统计，将调查区所有608个调查点作为样本，在GIS软件下通过克里金插值法可以求得调查区的岩层倾向图（图2.4），在GIS软件下可以通过已有的DEM来获取调查区的以栅格为基础单元的斜坡坡向图（图2.5）。通过斜坡坡向图与岩层倾向图按相应的关系计算求得以栅格为表达单元的斜坡结构图（图2.6）。在基岩产状基本稳定的情况下，一个斜坡单元的斜坡结构应该是一致的，因此在GIS软件下将以栅格为单元的斜坡结构按最优值提取到对应的斜坡单元，整个调查区域划分出1117个斜坡单元（图2.7），从而得到以斜坡单元为表达单元的斜坡结构类型划分图（图2.8）。统计滑坡点和斜坡结构类型的关系如表2.5和图2.9所示。

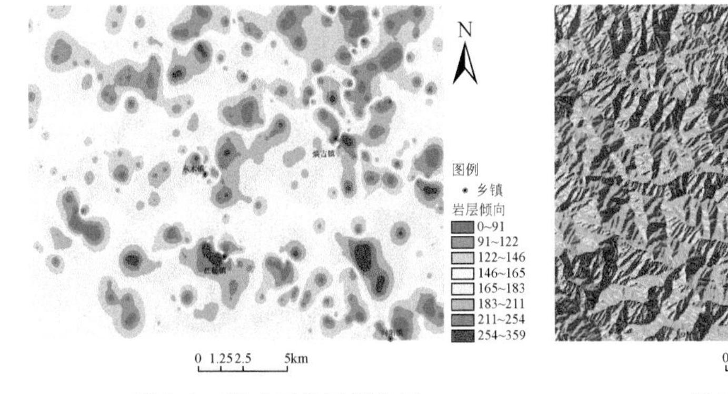

图2.4　调查区岩层倾向图

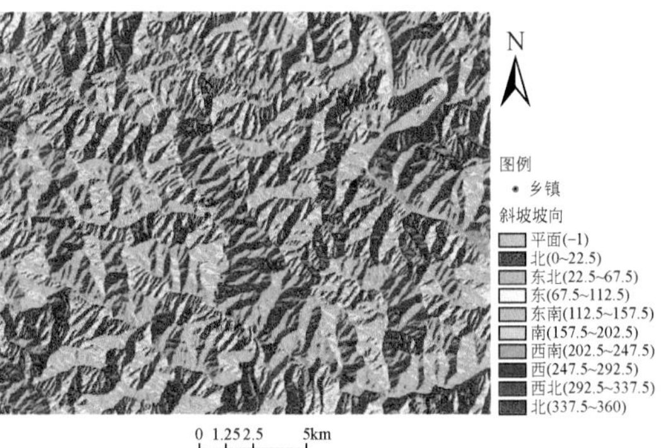

图2.5　调查区斜坡坡向图

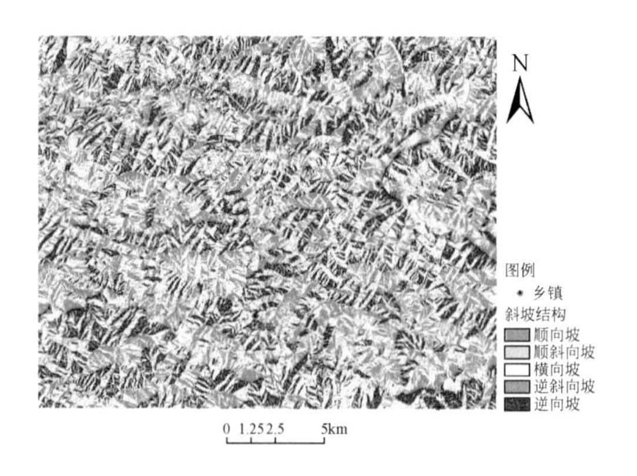

图 2.6　调查区以栅格为表达单元的斜坡结构图

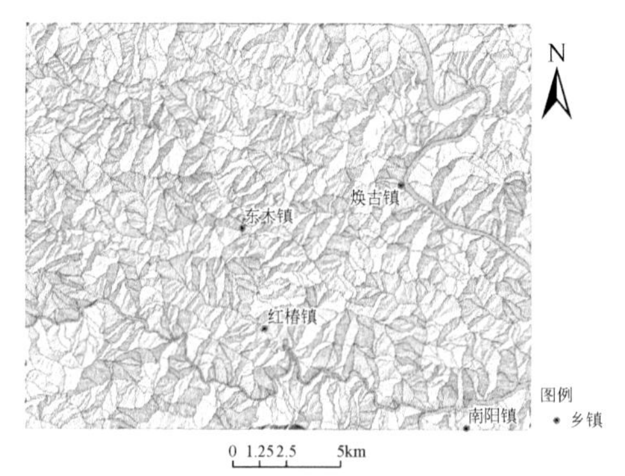

图 2.7　调查区斜坡单元图

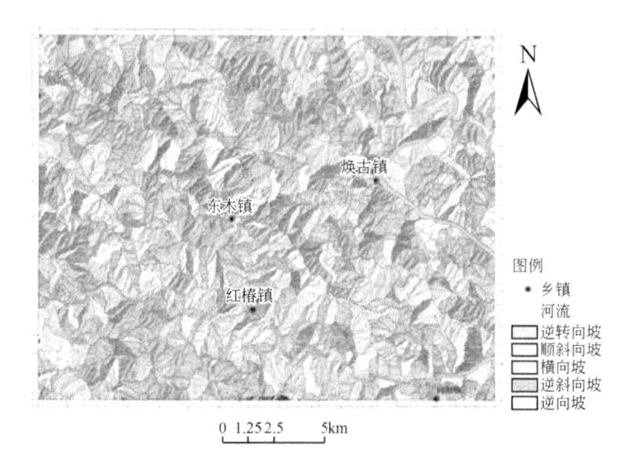

图 2.8　瓦房店幅斜坡结构类型划分图

表 2.5　瓦房店幅全区斜坡结构划分

斜坡结构	顺向坡	顺斜向坡	横向坡	逆斜向坡	逆向坡
斜坡面积/km^2	120.0	53.1	108.5	42.0	101.0
所占百分比/%	28.26	12.51	25.55	9.89	23.79
滑坡点/处	73	23	44	10	25
滑坡点密度/（处/km^2）	0.61	0.43	0.41	0.24	0.25

从表 2.5 和图 2.9 可见，调查区顺向坡斜坡结构类型最多，占到全区面积的 28.26%，其次为横向坡，占 25.55%，之后依次为逆向坡、顺斜向坡，逆斜向坡最少，仅占 9.89%。比较前面根据调查点统计结果：横向坡个数最多占到 34.6%，其次为逆向坡、顺向坡、顺斜向坡，逆斜向坡最少。调查点是统计的斜坡个数，而面上统计的是面积，所以有所不同，但基本趋势相同。从滑坡点密度曲线可见易发程度：顺向坡>顺斜向坡>横向坡>逆向坡>逆斜向坡。

为了进一步研究岩层倾角对于斜坡稳定性的影响，根据岩层倾角（β）划分为平缓（<15°）、缓倾（15°～30°）、中倾（30°～60°）和陡倾（>60°）四类，然后将其与表 2.2 组合划分出如表 2.6 所示的 20 种亚结构类型。

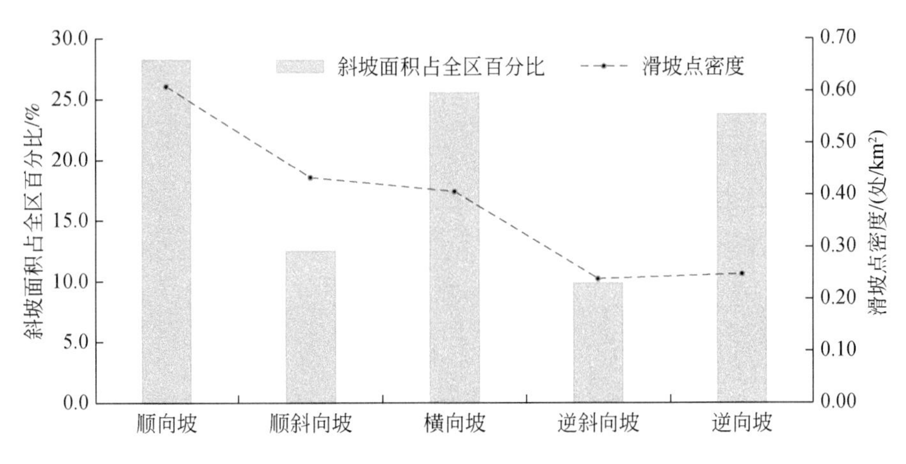

图 2.9　瓦房店幅斜坡结构类型百分比及滑坡点密度图

表 2.6　斜坡亚结构类型划分表

岩层倾角	岩层倾向与斜坡坡向间的夹角				
	0°～30°	30°～60°	60°～120°	120°～150°	150°～180°
<15°	平缓顺向坡（I_1）	平缓顺斜向坡（II_1）	平缓横向坡（III_1）	平缓逆斜向坡（IV_1）	平缓逆向坡（V_1）
15°～30°	缓倾顺向坡（I_2）	缓倾顺斜向坡（II_2）	缓倾横向坡（III_2）	缓倾逆斜向坡（IV_2）	缓倾逆向坡（V_2）
30°～60°	中倾顺向坡（I_3）	中倾顺斜向坡（II_3）	中倾横向坡（III_3）	中倾逆斜向坡（IV_3）	中倾逆向坡（V_3）
>60°	陡倾顺向坡（I_4）	陡倾顺斜向坡（II_4）	陡倾横向坡（III_4）	陡倾逆斜向坡（IV_4）	陡倾逆向坡（V_4）

根据调查点数据统计斜坡结构类型和滑坡点关系见表 2.7 和图 2.10，可见区内调查点斜坡岩层中倾最多，其次为陡倾、缓倾，平缓最少，这也和区内山高坡陡这种地形地貌相吻合。

表 2.7　调查区调查点斜坡亚结构分类

斜坡结构类型	平缓顺向坡（I_1）	平缓顺斜向坡（II_1）	平缓横向坡（III_1）	平缓逆斜向坡（IV_1）	平缓逆向坡（V_1）
斜坡数量/个	10	3	7	3	2
所占百分比/%	1.8	0.5	1.2	0.5	0.4
斜坡结构类型	缓倾顺向坡（I_2）	缓倾顺斜向坡（II_2）	缓倾横向坡（III_2）	缓倾逆斜向坡（IV_2）	缓倾逆向坡（V_2）
斜坡数量/个	11	9	25	11	16
所占百分比/%	2.0	1.6	4.4	2.0	2.8
斜坡结构类型	中倾顺向坡（I_3）	中倾顺斜向坡（II_3）	中倾横向坡（III_3）	中倾逆斜向坡（IV_3）	中倾逆向坡（V_3）
斜坡数量/个	48	44	94	39	52
所占百分比/%	8.5	7.8	16.7	6.9	9.2

续表

斜坡结构类型	陡倾顺向坡（Ⅰ$_4$）	陡倾顺斜向坡（Ⅱ$_4$）	陡倾横向坡（Ⅲ$_4$）	陡倾逆斜向坡（Ⅳ$_4$）	陡倾逆向坡（Ⅴ$_4$）
斜坡数量/个	32	28	69	28	32
所占百分比/%	5.7	5.0	12.3	5.0	5.7

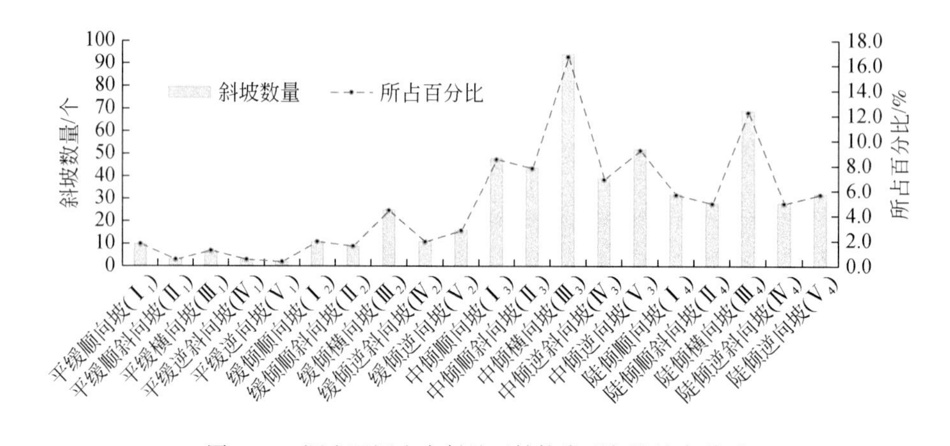

图 2.10　调查区调查点斜坡亚结构类型与滑坡点关系

为了得到全区域面上斜坡亚结构类型，利用调查点数据，基于 GIS 得到瓦房店幅岩层倾角图（图 2.11），结合图 2.8 可得到瓦房店幅斜坡亚结构类型划分图（2.12）。

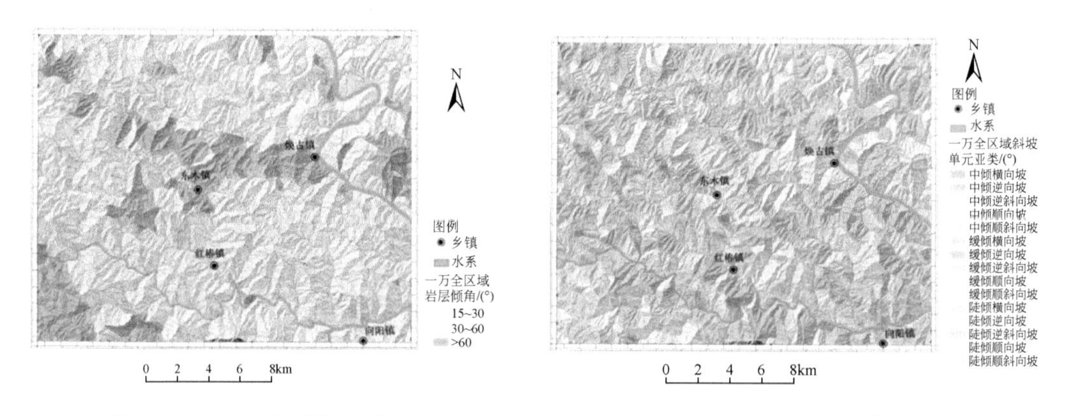

图 2.11　瓦房店幅岩层倾角图　　　　图 2.12　瓦房店幅斜坡亚结构类型划分图

统计滑坡点和斜坡亚结构类型的关系得表 2.8 和图 2.13。

由表 2.8 和图 2.13 可见，调查区山高坡陡，在区划时候未区划出平缓坡（<15°）。调查区中倾顺向坡所占面积最大，占全区总面积的 22.1%，其次是中倾横向坡和中倾逆向坡，然后依次是中倾顺斜向坡、中倾逆斜向坡、陡倾横向坡、陡倾顺向坡、陡倾逆向坡、陡倾逆斜向坡、陡倾顺斜向坡、缓倾顺向坡、缓倾横向坡、缓倾逆向坡、缓倾顺斜向坡和缓倾逆斜向坡。从滑坡点密度曲线可见易发程度：对于中倾坡，顺向坡>顺斜向坡>横向坡>逆向坡>逆斜向坡；对于陡倾坡，顺向坡>横向>顺斜向坡>逆斜向坡>逆向坡。综合图2.3、图2.9和图2.13结果，可以认为斜坡滑坡灾害易发程度：顺向坡>顺斜向坡>横向坡>逆向坡>逆斜向坡。由图2.14可见，岩层倾角对滑坡灾害易发性的影响规律总体上是缓倾坡>中倾坡>陡倾坡>平缓坡。

表2.8 瓦房店幅全区斜坡亚结构划分

斜坡结构	缓倾顺向坡 (I_2)	缓倾顺斜向坡 (II_2)	缓倾横向坡 (III_2)	缓倾逆斜向坡 (IV_2)	缓倾逆向坡 (V_2)
斜坡面积/km^2	6.8	1.5	2.2	1.3	1.4
所占百分比/%	1.6	0.3	0.5	0.3	0.3
滑坡点/处	7	1	2	1	2
滑坡点密度/(处/km^2)	1.0	0.7	0.9	0.8	1.4
斜坡结构	中倾顺向坡 (I_3)	中倾顺斜向坡 (II_3)	中倾横向坡 (III_3)	中倾逆斜向坡 (IV_3)	中倾逆向坡 (V_3)
斜坡面积/km^2	93.9	44.5	84.3	32.0	82.0
所占百分比/%	22.1	10.5	19.8	7.5	19.3
滑坡点/处	56	21	34	8	22
滑坡点密度/（处/km^2）	0.6	0.5	0.4	0.2	0.3
斜坡结构	陡倾顺向坡 (I_4)	陡倾顺斜向坡 (II_4)	陡倾横向坡 (III_4)	陡倾逆斜向坡 (IV_4)	陡倾逆向坡 (V_4)
斜坡面积/km^2	19.4	7.2	22.0	8.7	17.5
所占百分比/%	4.6	1.7	5.2	2.0	4.1
滑坡点/处	11	2	11	2	2
滑坡点密度/（处/km^2）	0.6	0.3	0.5	0.2	0.1

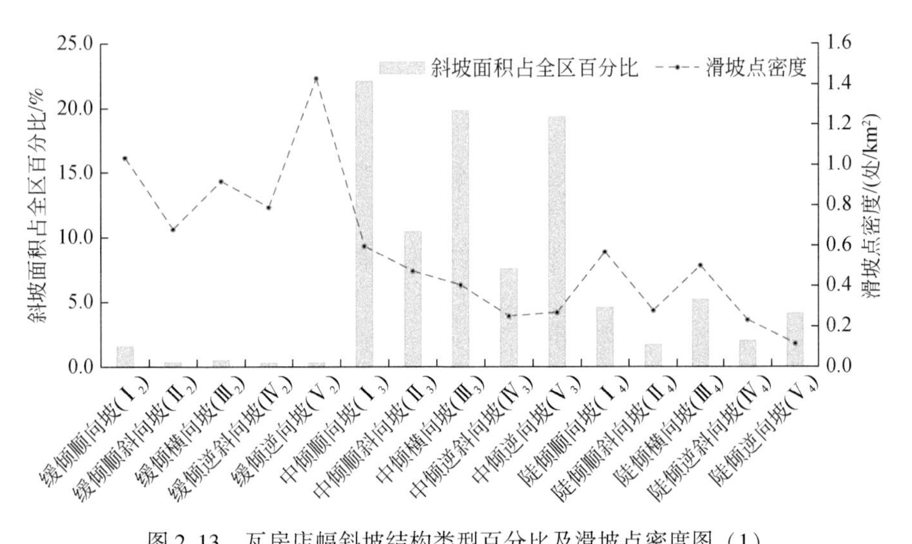

图2.13 瓦房店幅斜坡结构类型百分比及滑坡点密度图（1）

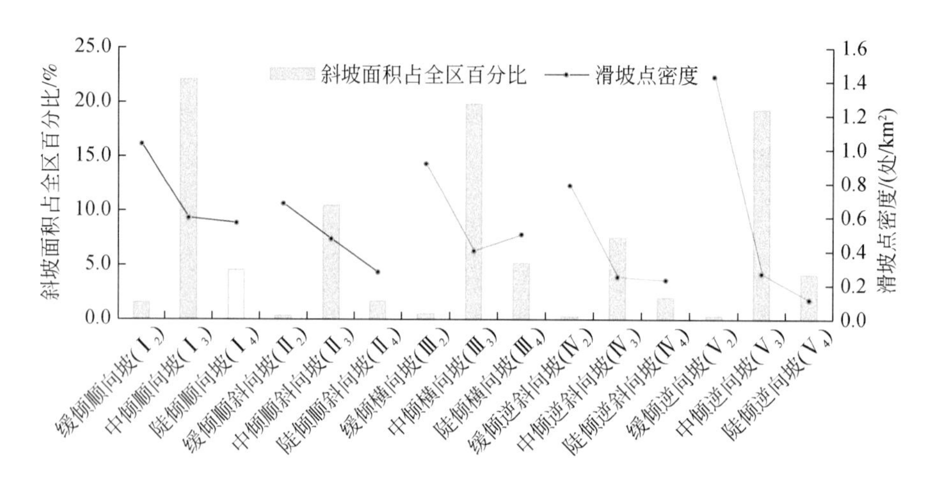

图 2.14　瓦房店幅斜坡结构类型百分比及滑坡点密度图（2）

2.3　秦巴山区斜坡类型划分

2.3.1　斜坡类型划分的意义

通常研究的滑坡都是已经发生明显变形、破坏的斜坡，此时对滑前斜坡类型的划分显得尤为重要，斜坡类型划分的意义在于能够让滑坡研究对象更加清晰、更具有针对性，其意义体现在：

（1）对于已发生的滑坡，通过科学反演，推测出滑前斜坡类型，从而揭示不同斜坡类型发生不同滑坡变形、破坏的成因机理，为同类型斜坡稳定性及致灾概率进行准确预测；

（2）对于正在形成而暂未滑动的斜坡，能够通过斜坡类型选取合理的定性、定量分析方法，准确预测变形、破坏模式，揭示变形破坏机理，科学地厘定防灾减灾措施。

由于各个地区的岩土体结构以及不同结构要素的组合方式不尽相同，目前对于秦巴山区斜坡结构划分并无统一的标准。秦巴山区斜坡结构类型多样，岩体结构复杂，前人总结的斜坡结构类型并不能完全适用。对秦巴山区并无完整的斜坡结构划分标准，因此针对秦巴山区，在前人研究的基础之上，结合秦巴山区的区域坡体结构及岩体结构特点，划分一套适用于秦巴山区的斜坡地质结构类型是非常有必要的。

2.3.2　斜坡类型划分的原则

现阶段斜坡类型主要有以下几种分类方案：①按斜坡物质组成划分，如堆填土斜坡、黏性土斜坡、砂性土斜坡、碎石土斜坡、岩土混合斜坡、黄土斜坡、软土斜坡、膨胀土斜坡、冻土斜坡、沉积岩斜坡、火成岩斜坡、变质岩斜坡等；②按照斜坡岩土结构类型划分，如层状结构斜坡、块状结构斜坡、碎裂结构斜坡、散体结构斜坡等；③按斜坡地层结构划分，如土质-软岩斜坡、碎石土-基岩斜坡、硬岩斜坡、硬岩-软岩互层斜坡等。

实际上，斜坡形成过程经历了各种复杂的地质作用，使得斜坡的物质组成、岩土体结构各异，因此斜坡类型划分并不能像理论上那么清晰明确，而且不同的斜坡分类通常源于某一研究目的，所以有必要针对秦巴山区斜坡开展综合分类研究。

秦巴山区斜坡类型划分应充分考虑区域地层岩性、岩土体特征，灾害体特征，以及从宏观区别到细节差异，并且能够在调查研究中易懂易用、可操作性强的分类原则，进而更加准确地判断不同类型斜坡变形破坏模式，选定合理可行的加固防护措施，更好地为秦巴山区防灾减灾事业服务。

2.3.3　秦巴山区斜坡类型划分

根据秦巴山区工程地质岩组及岩体结构特征，可将区内斜坡类型做如下划分，如表 2.9所示。

表 2.9　斜坡类型划分

岩土类型	岩土体结构	斜坡类型	地质背景	结构特征	岩土体的工程地质评价
土质	散体结构	松散堆积层斜坡	主要物质为第四系冲洪积黏土、粉土、碎石土及砾石层	结构松散，多为松散堆积形式	岩土体的稳定性较差，在降雨条件下易发生浅表层的滑动
岩质	层状岩体结构	顺向缓倾层状斜坡	多为粉砂岩、粉砂质板岩、灰岩。受地质构造影响较大，构造节理裂隙较发育	劈理、板理发育，向外倾斜，倾角小于坡角	岩体稳定性较差，可能沿片理、板理发生滑坡、滑移式崩塌
		斜交缓倾层状斜坡		片理、板理等发育，倾向与坡向斜交	岩体稳定性较好，可能沿楔形结构面产生小型滑塌或落石
		反向缓倾层状斜坡		片理、板理等结构面发育，但倾向坡内	岩体稳定性较好，一般为拉张-滑移-剪切破坏
		直立、陡倾层状斜坡		片理、板理等结构陡倾，倾角大于 65°甚至直立，一般大于边坡角	岩体稳定性较好，重力作用下移可能有弯折-倾倒-滑移破坏
	碎裂状岩体结构	碎裂状斜坡	受地质构造影响较小，节理裂隙发育，动力变质较重	结构面间距在 0.1 ~ 0.5m，有 3 组以上节理，岩体破碎	岩体不稳，斜坡易沿碎裂结构面而可能发生滑坡、崩塌
	块体镶嵌岩体结构	块体镶嵌斜坡	岩体受多组结构面的切割，形成了形态不一、大小不同、棱角各异且相互咬合的岩石块体	岩体结构面的间距一般 30 ~ 100cm	岩体稳定性较好，可能有零星危岩

续表

岩土类型	岩土体结构	斜坡类型	地质背景	结构特征	岩土体的工程地质评价
岩土二元结构	—	坡积物-基岩二元结构斜坡	覆坡积覆盖层厚度一般小于10m	岩体特别破碎	岩体不稳、易发生滑坡、滑塌和崩塌

（1）散体结构土质岩组统一划分为松散堆积层斜坡。

（2）薄层状-互层结构的含砾砂岩、粉砂岩、泥岩岩组、软弱薄层状变质岩组、较坚硬中厚层状变质岩组组成的斜坡，按岩层与边坡临空面的关系再细分为顺向缓倾层状斜坡、斜交缓倾层状斜坡、反向缓倾层状斜坡和直立、陡倾层状斜坡4个亚类。

（3）受地质构造影响较大而节理裂隙特别发育的破碎变质岩体，节理裂隙特别发育薄层状-互层结构的含砾砂岩、粉砂岩、泥岩岩组、较坚硬中厚-厚层状结构石英砂岩岩组、软弱薄层状变质岩组、较坚硬中厚层状变质岩组统一划为碎裂状斜坡。

（4）受地质构造影响较小而节理裂隙较发育的坚硬、较坚硬薄层，中厚、厚层结晶灰岩岩组，较坚硬块状变质岩组和坚硬块状-厚层状侵入岩岩组划为块体镶嵌斜坡。

（5）岩土二元结构一般上部为残坡积层，下部为中风化基岩，根据物质组成统一划分为坡积物-基岩二元结构斜坡。上覆坡积覆盖层厚度往往大于1m小于10m，在秦巴山区，该类斜坡一般位于坡度有较大变化山体的凹形地带及前缘，或位于缓坡具备坡积物沉积、堆积的地形环境的地带。对于区内的软变质岩斜坡，还存在一种具有较厚的强风化带，即下部风化程度逐渐减弱的残积物-基岩二元结构斜坡，该结构类型斜坡在地层岩性上以千枚岩、粉砂质板岩为主，地表风化带厚度不均，其破坏后与碎裂结构或散体结构岩体类似，为研究简便，故不再对其进行新类型划分。在研究区内，坡积物-基岩二元结构斜坡所占比重较大，形成土质滑坡或碎石土滑坡，是区内主要的浅表层滑坡类型。

2.4　秦巴山区斜坡变形破坏模式

2.4.1　斜坡变形破坏模式

斜坡的变形破坏是一个十分复杂的过程，但其变形破坏方式却在一定程度上具有规律性。影响斜坡变形破坏的因素多种多样，斜坡结构作为斜坡变形破坏的承载体与斜坡变形破坏模式之间有着密切联系，斜坡结构往往能够决定斜坡变形破坏的类型。厘清这两者之间的关系是非常必要的。结合野外现场调查，将秦巴山区斜坡结构与变形破坏模式及其关系做以下分类，见表2.10，变形破坏模式分类见表2.11。

表 2.10　斜坡结构与变形破坏模式对照表

建造		岩组	岩体结构	斜坡结构		破坏模式	常见案例
松散土体		松散堆积层（Ⅰ）	—	土石混合体边坡	碎石土斜坡	⑦⑨	坡积物、冲洪积物
松散土体		松散堆积层（Ⅰ）	—	土石混合体边坡	散体结构斜坡	⑦⑨	残坡积物
松散土体		松散堆积层（Ⅰ）	—	二元结构边坡	土-土二元结构斜坡	⑦⑧⑨	多层土质
松散土体		松散堆积层（Ⅰ）	—	二元结构边坡	土-岩二元结构斜坡	⑦⑧⑨	上土下岩结构
沉积建造	碎屑岩	薄层状-互层结构的含砾砂岩、粉砂岩、泥岩岩组（$Ⅱ_1$）	薄层状-互层结构	顺向缓倾层状结构斜坡		①②	砂岩、泥岩及砂岩泥岩互层
沉积建造	碎屑岩	薄层状-互层结构的含砾砂岩、粉砂岩、泥岩岩组（$Ⅱ_1$）	薄层状-互层结构	逆向缓倾层状结构斜坡		③④⑤	砂岩、泥岩及砂岩泥岩互层
沉积建造	碎屑岩	薄层状-互层结构的含砾砂岩、粉砂岩、泥岩岩组（$Ⅱ_1$）	薄层状-互层结构	直立、陡倾层状结构斜坡		③④⑤	砂岩、泥岩及砂岩泥岩互层
沉积建造	碎屑岩	较坚硬中厚-厚层状结构石英砂岩岩组（$Ⅱ_2$）	中厚-厚层状结构	块状结构边坡		⑤⑥	砂岩、泥岩及砂岩泥岩互层
沉积建造	碳酸盐岩	坚硬、较坚硬薄层、中厚、厚层结晶灰岩岩组（Ⅲ）	中厚-厚层状结构	块状结构边坡		⑤⑥	灰岩、白云岩
沉积建造	碳酸盐岩	坚硬、较坚硬薄层、中厚、厚层结晶灰岩岩组（Ⅲ）	薄层状结构	顺向缓倾层状结构斜坡		①②	灰岩、白云岩
沉积建造	碳酸盐岩	坚硬、较坚硬薄层、中厚、厚层结晶灰岩岩组（Ⅲ）	薄层状结构	逆向缓倾层状结构斜坡		③④⑤⑥	灰岩、白云岩
沉积建造	碳酸盐岩	坚硬、较坚硬薄层、中厚、厚层结晶灰岩岩组（Ⅲ）	薄层状结构	直立、陡倾层状结构斜坡		③④⑤⑥	灰岩、白云岩
变质建造	变质岩	软弱薄层状变质岩组（$Ⅳ_1$）	薄层状结构	顺向缓倾层状结构斜坡		①②	千枚岩、片岩、板岩
变质建造	变质岩	软弱薄层状变质岩组（$Ⅳ_1$）	薄层状结构	逆向缓倾层状结构斜坡		③④⑤	千枚岩、片岩、板岩
变质建造	变质岩	软弱薄层状变质岩组（$Ⅳ_1$）	薄层状结构	直立、陡倾层状结构斜坡		③④⑤	千枚岩、片岩、板岩
变质建造	变质岩	软弱薄层状变质岩组（$Ⅳ_1$）	碎裂状结构	碎裂结构斜坡		⑥⑦	千枚岩、片岩、板岩
变质建造	变质岩	较坚硬中厚层状变质岩组（$Ⅳ_2$）	中厚层状结构	顺向缓倾层状结构斜坡		①	板岩
变质建造	变质岩	较坚硬中厚层状变质岩组（$Ⅳ_2$）	中厚层状结构	逆向缓倾层状结构斜坡		③⑤⑥	板岩
变质建造	变质岩	较坚硬中厚层状变质岩组（$Ⅳ_2$）	中厚层状结构	直立、陡倾层状结构斜坡		③⑤⑥	板岩
变质建造	变质岩	较坚硬块状变质岩组（$Ⅳ_3$）	块状结构	块状镶嵌结构斜坡		⑥	层片麻岩、板岩
岩浆岩		坚硬块状-厚层状侵入岩岩组（Ⅴ）	块状结构	块状镶嵌结构斜坡		⑥	岩浆侵入体

注：①滑移-拉裂渐进式破坏，②弯曲-溃屈式破坏，③蠕滑-拉裂式破坏，④弯曲-倾倒式破坏，⑤倾倒-坠落式破坏，⑥拉裂-坐落式破坏，⑦圆弧滑动破坏，⑧土岩接触面滑动破坏，⑨坡面流滑式破坏。

表 2.11　斜坡变形破坏模式分类表

模式图	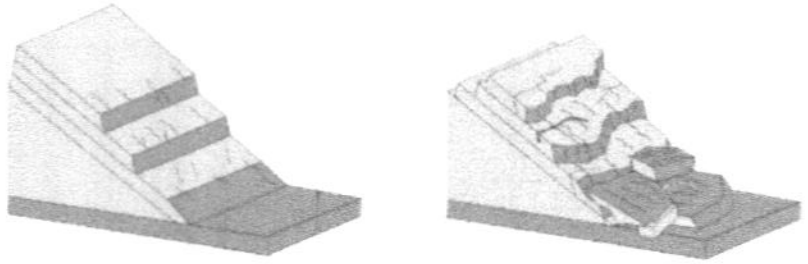	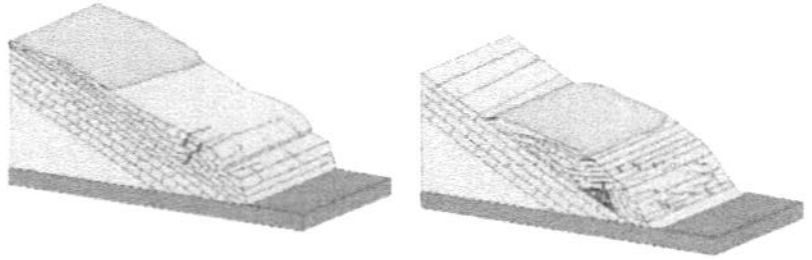	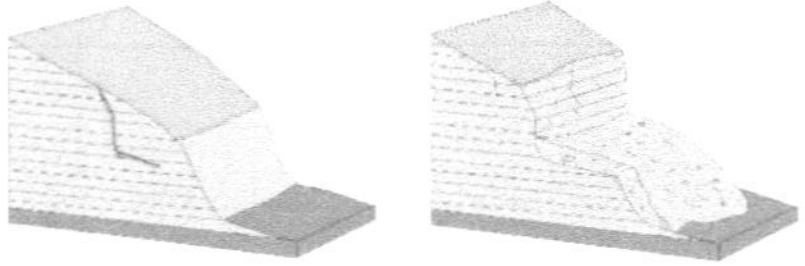
破坏类型	①滑移-拉裂渐进式破坏	②弯曲-溃屈式破坏	③蠕滑-拉裂式破坏
物质组成	岩质边坡		
模式图	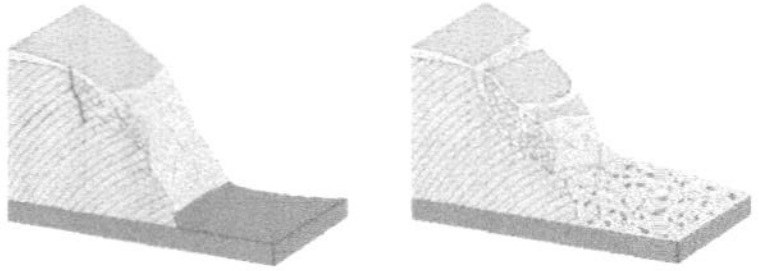	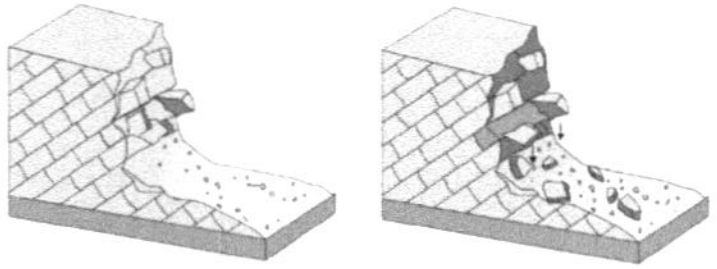	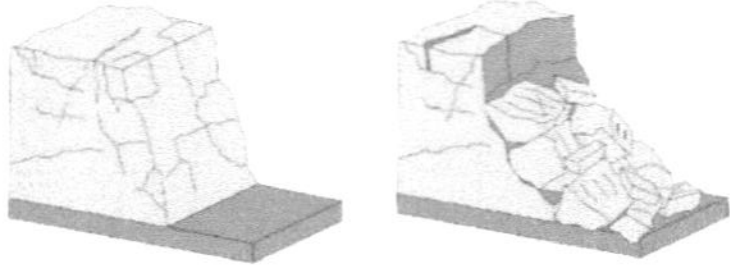
破坏类型	④弯曲-倾倒式破坏	⑤倾倒-坠落式破坏	⑥拉裂-坐落式破坏
物质组成	岩质边坡		
模式图	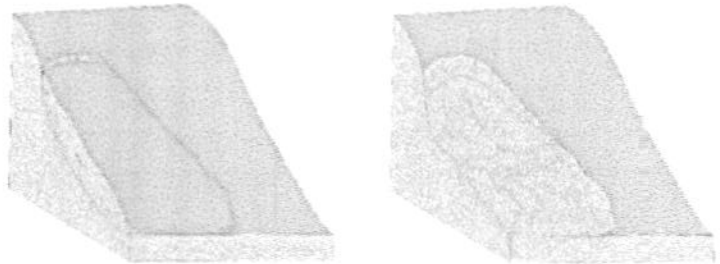	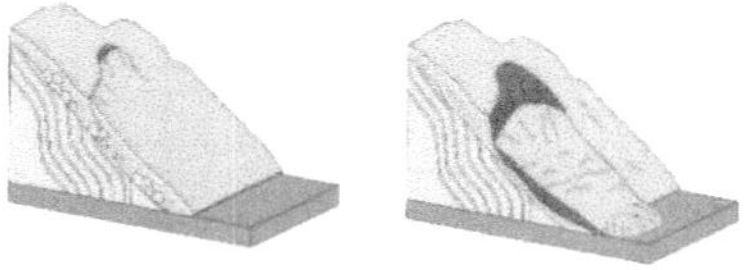	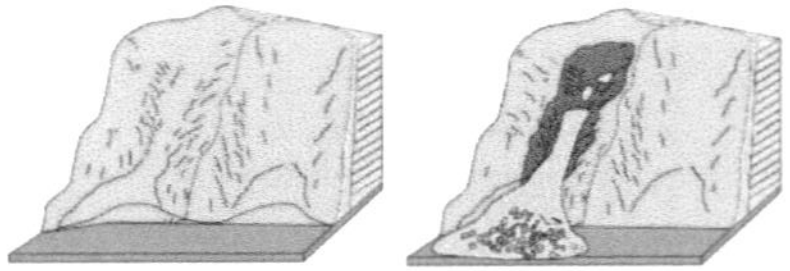
破坏类型	⑦圆弧滑动破坏	⑧土岩接触面滑动破坏	⑨坡面流滑式破坏
物质组成	土质及土石混合边坡		

2.4.2　岩质斜坡变形破坏模式

岩质斜坡因岩体结构组合形式的不同及变形破坏过程，总体可分为滑移-拉裂渐进式破坏、弯曲-溃屈式破坏、蠕滑-拉裂式破坏、弯曲-倾倒式破坏、倾倒-坠落式破坏、拉裂-坐落式破坏六种，分述如下。

1. 滑移-拉裂渐进式破坏

这种破坏模式以层间软弱岩层或层面为主要滑移变形控制面的顺层滑移而造成斜坡岩体产生拉裂变形。这类变形导致斜坡岩体顺下伏软弱岩层或层面顺坡往临空方向进行蠕滑，坡体后缘自坡面向坡体深处发育形成拉张裂缝。在降雨及风化作用下，后缘裂缝不断向下扩展，并且在水的润滑作用下，斜坡软弱结构面进一步软化，坡体的蠕滑作用更加强烈。随着蠕滑的发展，坡体拉裂面向深处扩展到潜在剪切面，造成剪切面上剪应力集中，斜坡变形进入累近破坏阶段。当斜坡变形不断增大，坡体抗滑力降低到一定程度，坡体最终沿软弱结构面发生滑动，发生破坏（图 2.15）。

(a)鱼泉河坝滑坡全景照(镜向60°)

(b)坡体后壁碎裂岩体

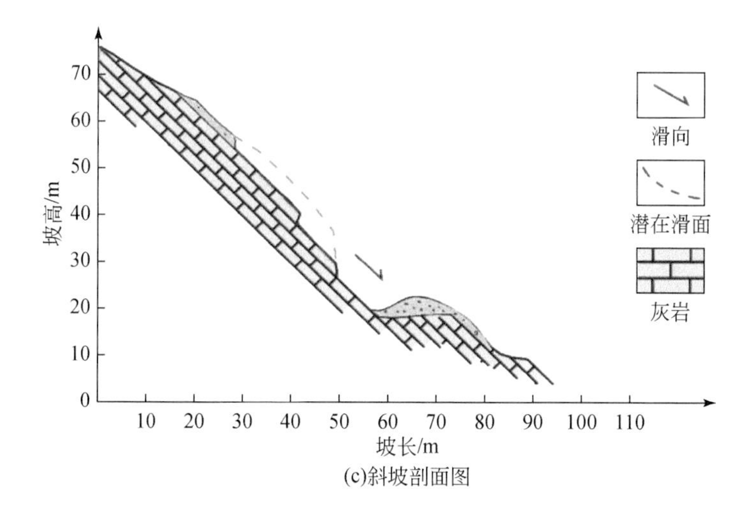

(c)斜坡剖面图

图 2.15　典型滑移-拉裂渐进式破坏

2. 弯曲–溃屈式破坏

这种破坏模式主要发生于顺倾斜坡。此类斜坡岩层面一般不具备临空条件，上部岩土体在长期重力作用下顺片理面中的软弱带顺层滑动，推动其下部的岩体，岩层之间错动开始加剧，坡体前缘部分岩体发生破碎，且坡脚在挤压作用下发生弯曲隆起现象。随着时间推移，岩层的错动变形进一步增大，坡体发生整体滑移，岩体发生破碎，最终岩体沿片理面滑动，折断形成剪出口，边坡前缘部位发生溃曲的岩体平卧或缓倾向坡内。这类滑坡上部顺层滑移量较大，向下逐步过渡为不连续变形，其滑床深度小，滑动距离不大，且速度缓慢（图 2.16）。

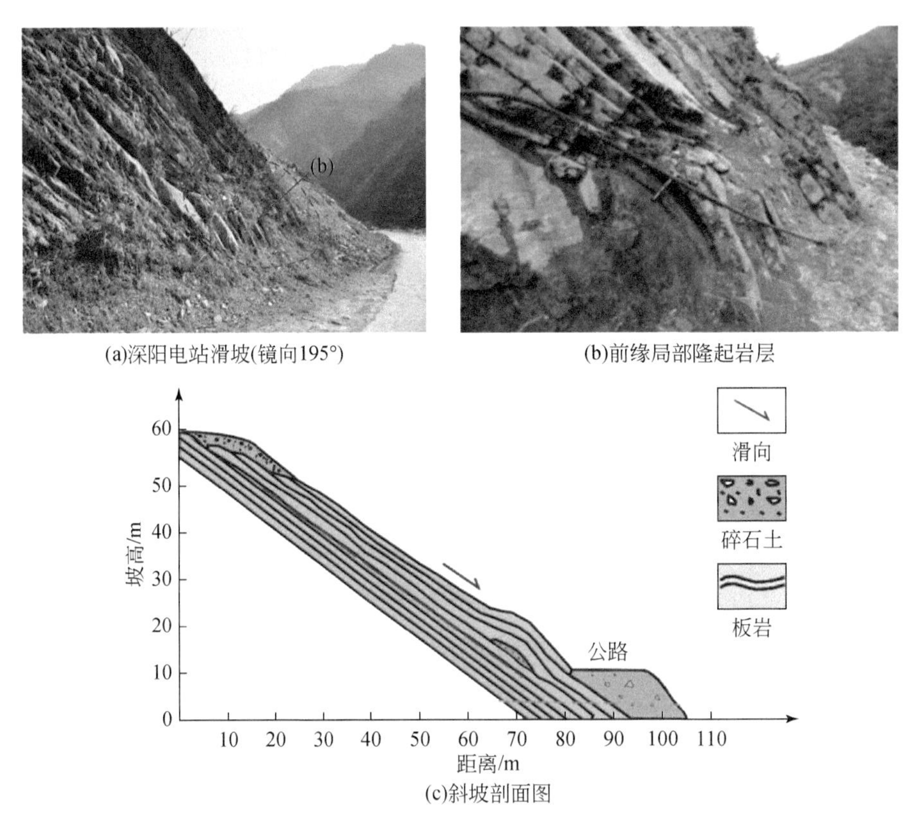

图 2.16　典型弯曲–溃屈式破坏

3. 蠕滑–拉裂式破坏

这种破坏模式以陡倾结构面为拉裂面，向斜坡临空方向产生变形。陡倾结构面一般为先存倾角陡立的节理面、由于公路开挖而在陡峻基岩斜坡卸荷形成的顺坡向卸荷裂隙等。在秦巴山区，该破坏多发生在缓倾层状结构斜坡，包括顺倾层状结构斜坡、斜交缓倾层层状结构斜坡，以及反向缓倾结构斜坡，坡体前缘在重力作用下向临空面蠕动，进而坡体后缘的陡倾结构面进一步拉张，同时坡体下部软弱岩层受上覆岩体重力挤压而发生压缩变形，该类变形由于临空方向所受侧限相对较小而变形量相对较大，从而导致上部岩体顺陡倾结构面拉开而向临空方向产生破坏（图 2. 17）。

(a)王庙沟滑坡全景图(镜向73°)

(b)前缘破坏房屋(镜向186°)

(c)坡体后壁碎裂岩体(镜向85°)

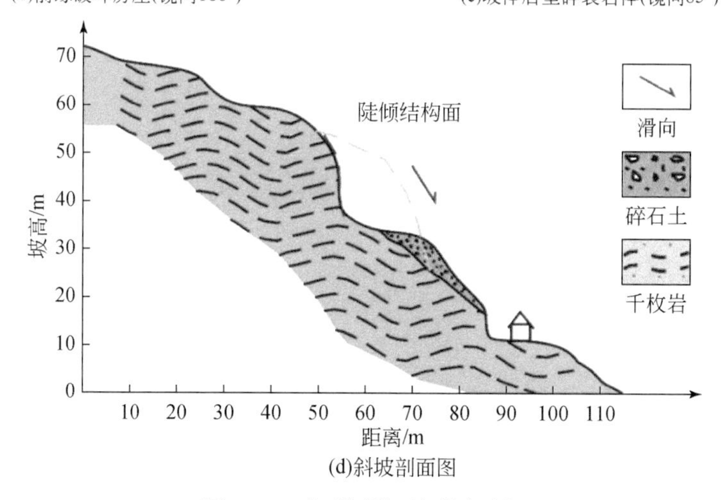

(d)斜坡剖面图

图 2. 17　典型蠕滑–拉裂式破坏

4. 弯曲–倾倒式破坏

这种破坏模式主要发生于由塑性的薄层岩层或软硬相间组成的坡向结构的斜坡中，弯曲倾倒为柔性破坏，一般发生于岩质较软的薄层岩层，如板岩、千枚岩、片岩等；发生的主要原因是坡体前缘临空，岩体向临空发生蠕动变形，在风化及降雨作用下，坡体岩层弯曲，岩层之间相互错动并在层面间产生拉裂，坡体中部逐渐形成折断面，岩体进一步破碎（图 2. 18）。

(a)边坡弯折破坏基岩(镜向12°)

(b)岩体弯折破坏面(镜向63°)

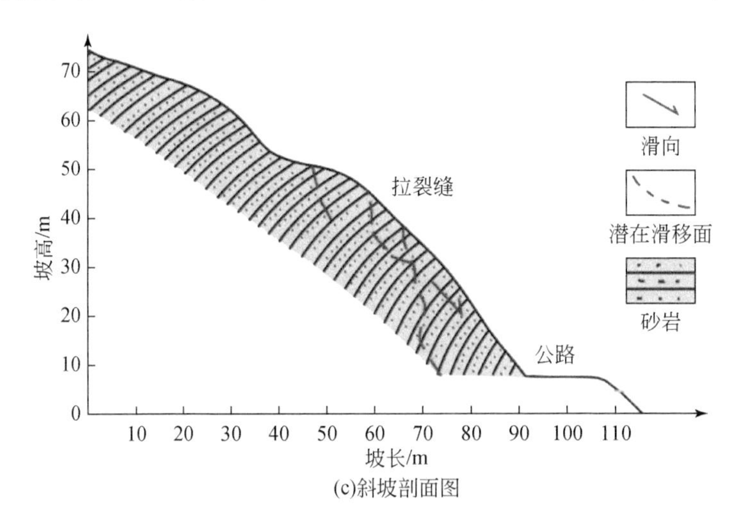

(c)斜坡剖面图

图 2. 18　典型弯曲–倾倒式破坏

5. 倾倒–坠落式破坏

这种破坏模式指的是厚层状岩体在重力作用下向坡体临空面发生弯曲折断，向临空面坠落的破坏，为脆性破坏，一般没有完整的滑面。这种破坏模式一般发生在岩层厚度较大、发育与岩层面接近垂直的节理的硬质岩层中，如石灰岩、砂岩、含柱状节理的岩浆岩、厚层片麻岩、板岩等（图 2. 19）。

(a)盘头山斜坡局部危岩体

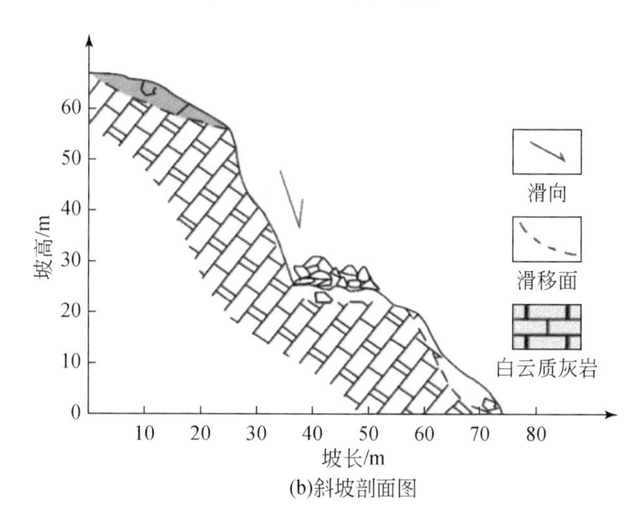

(b)斜坡剖面图

图 2. 19　典型倾倒-坠落式破坏

6. 拉裂-坐落式破坏

这种破坏模式主要发生在坡度较高、坡角较大的斜坡，此时斜坡坡顶处于水平张拉状态、坡面处于沿坡向压缩状态、斜坡内部处于受剪切状态。坡体在复杂应力状态下产生向坡外的运动趋势，坡体岩体沿交织的结构面发生相对运动，产生剪切坐落破坏。多发生在岩层厚度较大，块状或块状镶嵌结构斜坡中，如石灰岩、砂岩、厚层片麻岩、板岩以及含柱状节理的岩浆岩等斜坡，另外软弱碎裂结构边坡也易发生这种破坏（图 2. 20）。

(a)黑河水库崩塌危岩体

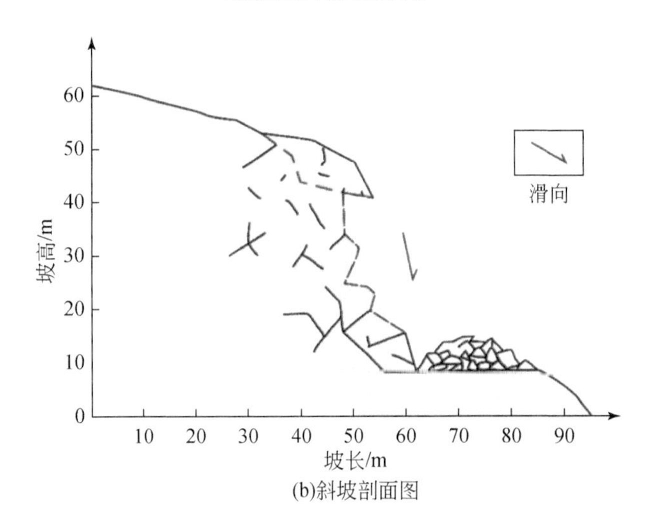

(b)斜坡剖面图

图 2.20　典型拉裂-坐落式破坏

2.4.3　土质斜坡变形破坏模式

秦巴山区很少见纯粹的土质斜坡，大多都是表部风化残坡积物，下部风化基岩的类型，因其破坏深度、破坏形式不同，主要分为圆弧滑动破坏、土岩接触面滑动破坏、坡面流滑式破坏三种，分述如下。

1. 圆弧滑动破坏

秦巴山区松散堆积斜坡结构中这种破坏模式较为常见。在重力作用下，斜坡向临空面蠕动，斜坡表面发生应力集中，在坡体后缘形成拉裂缝。在风化作用及降雨作用下，后缘裂缝不断向坡体内部发展，并开始扩张，随着水的下渗，下部岩土体不断软化，坡体的蠕滑加剧，滑移面进一步贯通。随着时间推移，斜坡变形进入破坏阶段，坡脚部分隆起，后缘下沉，坡体发生滑移，最终斜坡发生破坏（图2.21）。

(a)双安镇热闹村滑坡

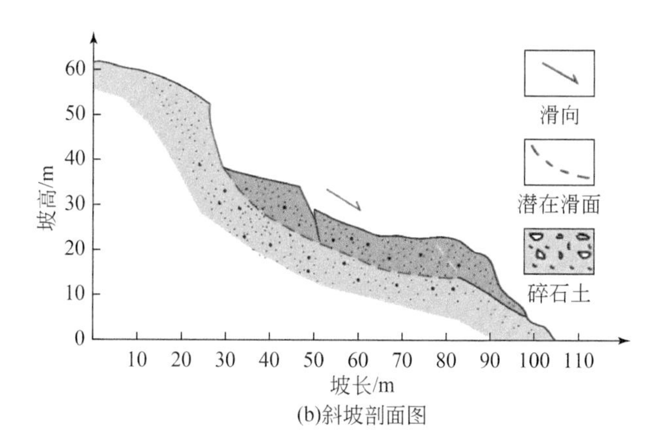

(b)斜坡剖面图

图2.21　典型圆弧滑动破坏

2. 土岩接触面滑动破坏

这种破坏模式指坡体沿已有的岩层面向临空方向产生的剪切位移引起的坡体滑移的一组变形破坏方式。该破坏方式多发生于二元结构顺倾斜坡，滑移面为岩土体基覆接触面。斜坡发生滑动时总是从坡脚临空面启动，然后逐渐向上发展。松动的坡体在暴雨和特大暴雨条件下，可产生大规模滑动（图 2. 22）。

(a)白兔村钢丝桥滑坡

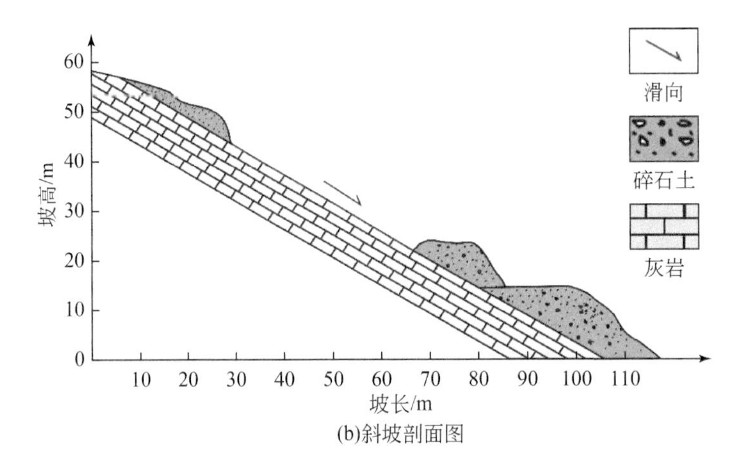

(b)斜坡剖面图

图 2. 22　典型土岩接触面滑动破坏

3. 坡面流滑式破坏

坡面流滑指的是在降雨作用下，坡体表面岩土体以带状形式或漫流式在坡体浅表层形成的流滑式破坏。该类滑坡滑动具有连续性、重复性、规模小、流速慢等特点，其无固定滑面，滑体一般零散碎落，所造成的危害一般较小（图 2. 23）。

(a)张家湾滑坡全景图(镜向65°)

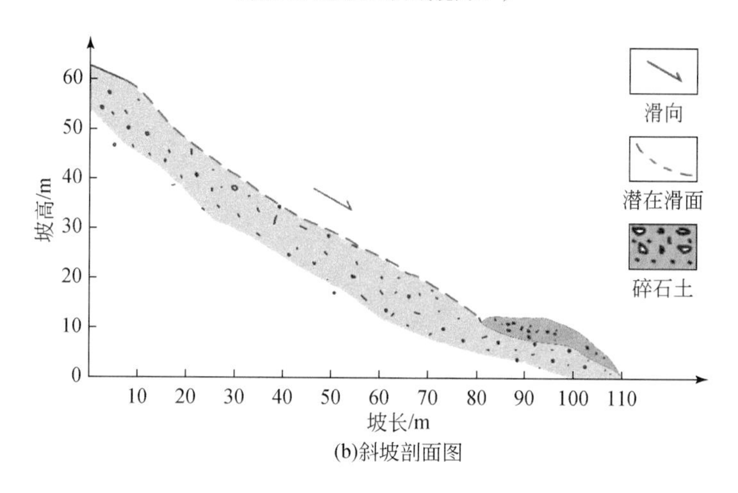

(b)斜坡剖面图

图 2. 23　典型坡面流滑式破坏

第3章 典型地区滑坡发育特征及规律

本次研究主要选取北秦岭周至县、南秦岭旬阳市和紫阳县，以及扬子板块的略阳县作为典型区域，研究滑坡的发育特征与规律。

周至县位于秦岭北麓，县域北部属关中断陷盆地，南部属北秦岭厚皮构造带。受秦岭北麓断裂的影响，该区构造活动强烈，地形梯度较大。区内出露大量云母石英片岩，大量岩层由水平状旋转至垂直状，甚至发生近180°翻转；岩体结构破碎，质量较差；是北秦岭地质灾害最为发育的区域之一。

旬阳市、紫阳县均位于南秦岭薄皮逆冲推覆构造带。旬阳市位于中部的宁陕旬阳逆冲推覆次级构造带，区内断裂构造发育，岩性以较稳定的浅变质岩为主，是典型的秦岭南麓地层区。紫阳县位于大巴山北麓，与南部扬子板块互推受力，褶皱、断层等构造极为发育，岩层转向显著，尤其是水平向岩层。紫阳县跨越扬子板块北缘和南秦岭薄皮逆冲推覆构造带2个大构造带，以及南秦岭南部的4个次级构造带，是秦巴山区地质环境最为复杂的地区。

略阳县处于勉略缝合带，跨越扬子板块和秦岭板块，岩性属典型的蛇绿混杂岩带，岩石成因属海相沉积，后期受构造活动影响岩性混杂；遭受降雨及地震的影响强烈，是地质灾害的高发区之一。

3.1 北秦岭厚皮构造带——周至地区滑坡发育特征及规律

3.1.1 地质环境条件

1. 工程地质条件

1）气象水文

周至县属暖温带半湿润大陆性季风气候。县域地形悬殊，南北气候差异较大，山区属湿润区，平原属半湿润区。全年降水量时空分布不均匀，年内和年际变化大，地区差异大。山区年均降水量865.2mm，年平均降水天数100天。夏季降水强度大，雨势猛；秋季强度小，雨势缓，多连阴雨。周至县境内分布有多条河流，其中秦岭以北地表水属黄河流域；秦岭以南属长江流域，秦岭以南水系为胥水河。

2）地形地貌

周至县地势北低南高，跨3个地貌单元，依次为渭河平原、山前冲洪积扇和秦岭山地（图3.1）。本次研究区主要为南部的秦岭山地，占全县总面积76.4%。

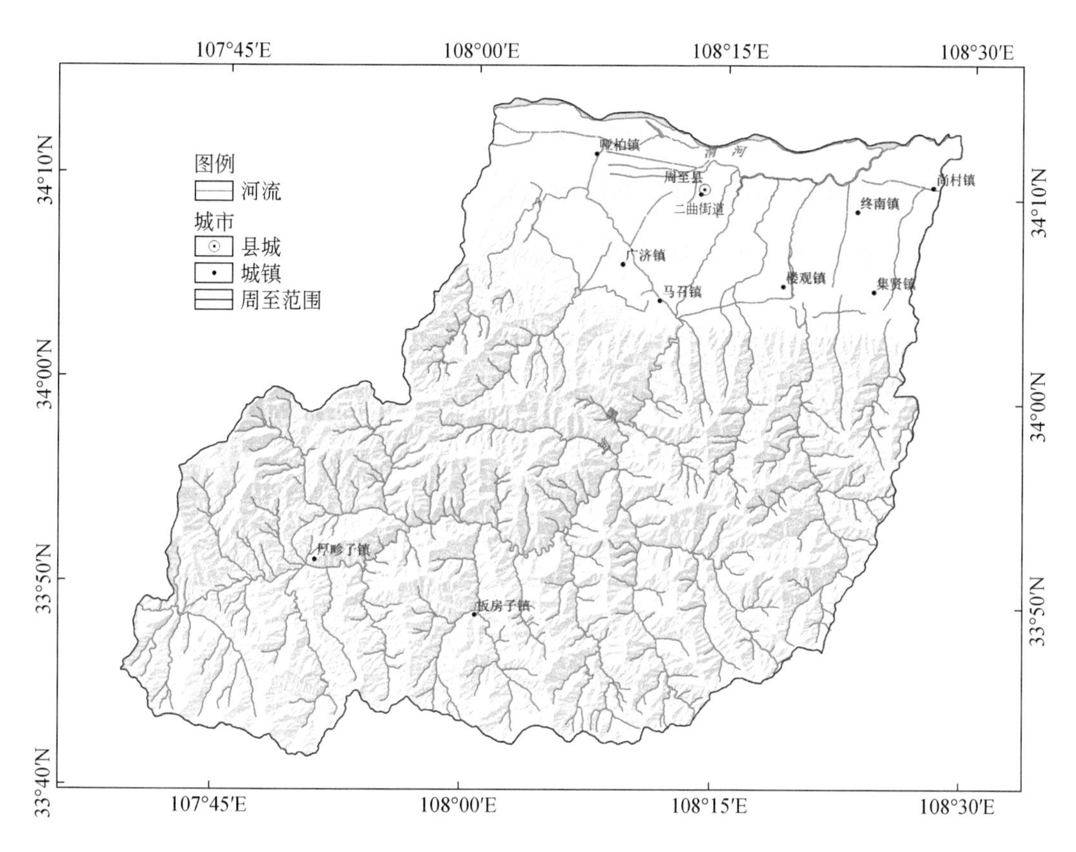

图3.1　周至县河流水系分布图

区内的秦岭山地主要包括低山、中山和高山，最高点位于区内西部的太白山，海拔3767.2m。秦岭山地自拔仙台分岔，北线有东跑马梁、老君庙、界石岭、官城梁、青岗乏，海拔2500～3000m；南线有将军祠、灵官台、光头山、秦岭梁，海拔2500～2900m。地形总体上表现为山高、沟深、坡陡，为表生地质灾害的发生提供了有利条件（图3.2）。

3）地质构造

研究区涉及秦岭造山带和渭河地堑两大地质构造单元，地质构造特征差异显著。秦岭造山带的褶皱和断裂构造发育。褶皱构造形态复杂、规模巨大、活动强烈。主要褶皱构造有秦岭群复式背斜、宽坪群复式向斜、泥盆系复式向斜等，以及在此基础上发育的若干次级向、背斜。断裂构造以东西向压性断层为主，其次为北西向和北东向压扭性断层及近东西向正断层（图3.3）。主要包括秦岭山前大断裂、宝鸡-铁炉子断裂、周至-余下断裂、商丹断裂。其中，秦岭山前大断裂是一条具有强烈活动的倾滑断裂，是秦岭山地与渭河断陷的分界断裂。该断裂在晚更新世和全新世活动形迹主要表现在错断河沟Ⅰ、Ⅱ级阶地和坡洪积台地，并形成断层陡坎、基岩崩塌、裂缝等。

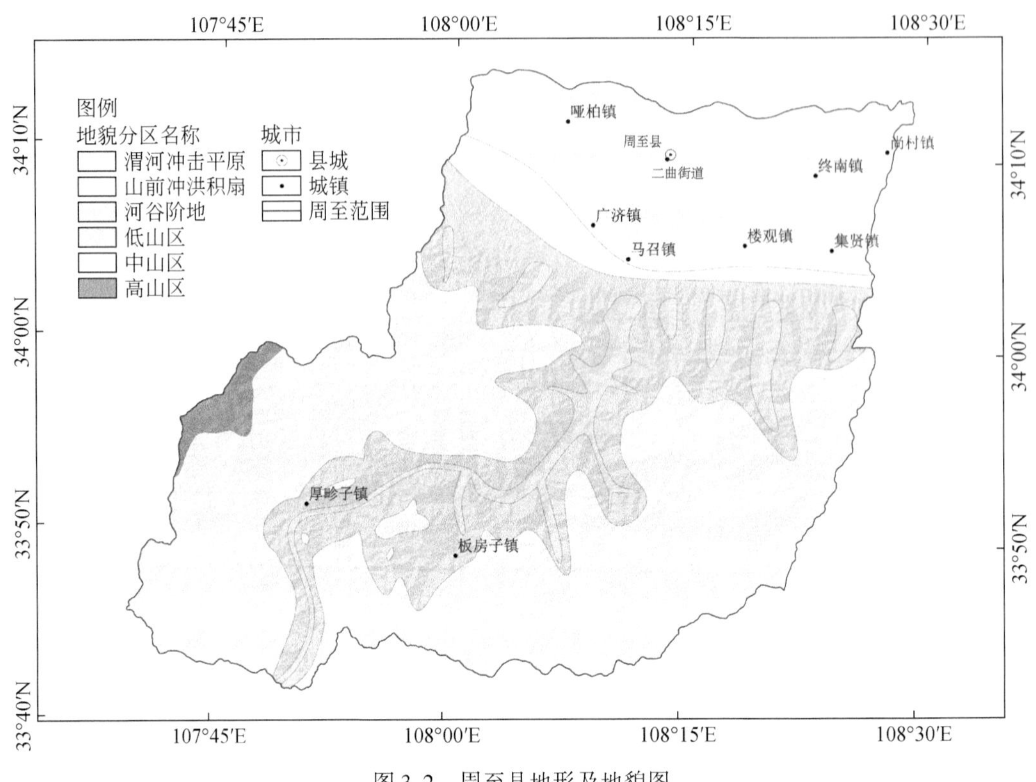

图 3.2 周至县地形及地貌图

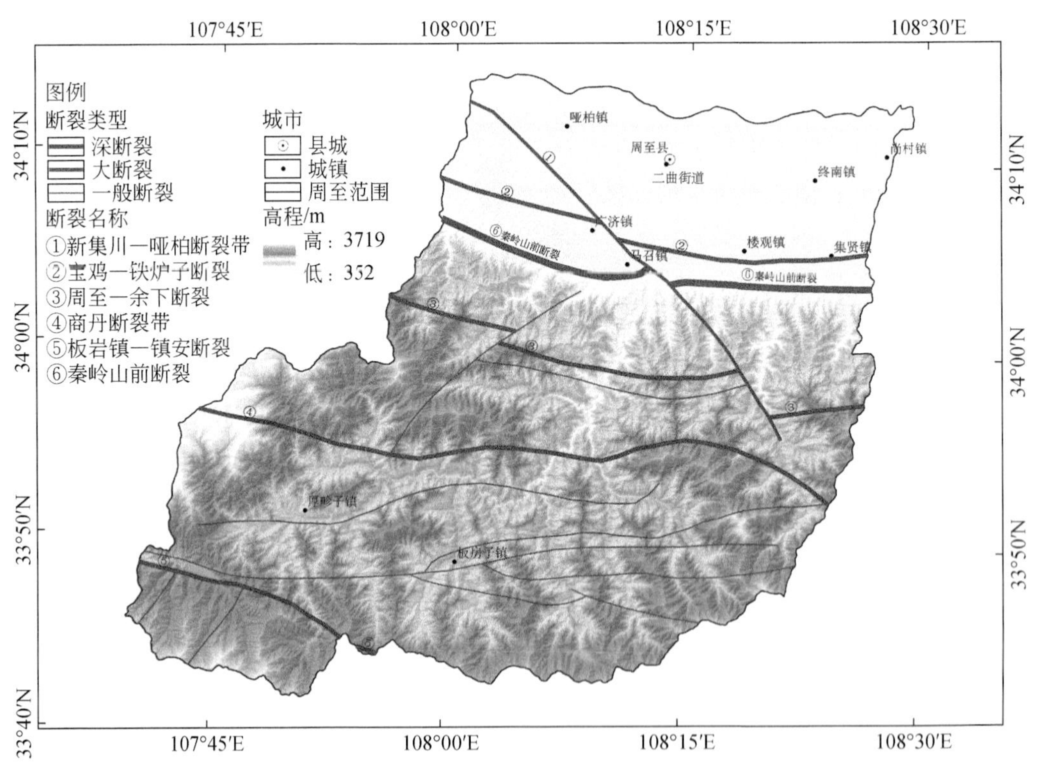

图 3.3 周至县断裂分布图

4）地层岩性

研究区出露地层分布如图3.4所示。可以看到，厚畛子-沙梁子-双庙子以北，主要分布前震旦系秦岭群和宽坪群，属太古宇和元古宇，以中-深变质的各类片岩、片麻岩、变粒岩、石英岩、大理岩、斜长角闪岩、混合岩等为主；该线以南主要为中泥盆统和中石炭统，岩石类型主要为浅变质的千枚岩、粉砂岩、砂岩夹结晶灰岩、大理岩和变质火山岩，在靠近秦岭梁的长坪河出露少量寒武系石英岩、石英片岩和大理岩。

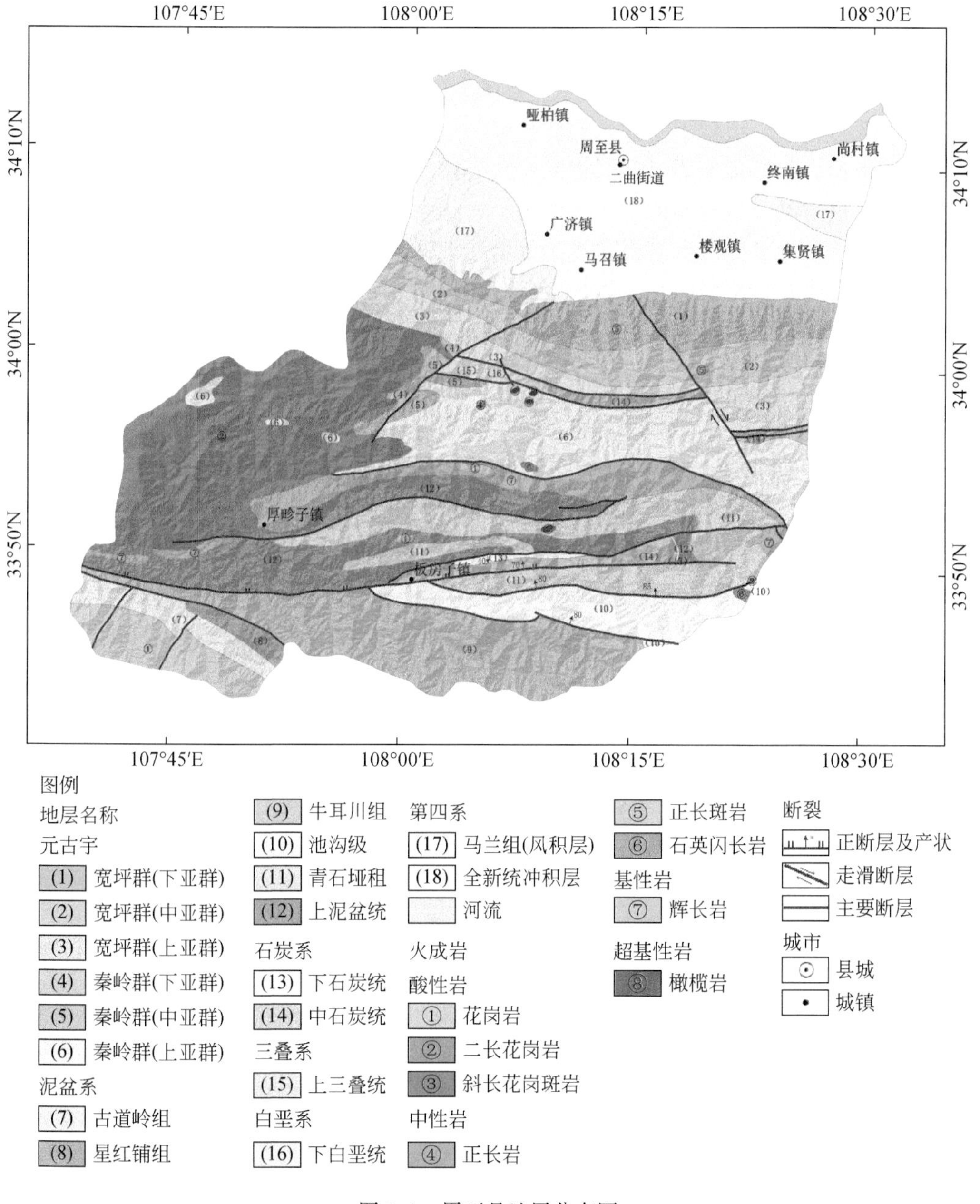

图3.4 周至县地层分布图

5）新构造活动与地震

秦岭造山带新构造运动以上升运动为主，并受河流深切，形成高山深谷地形。区内大多数断裂的形成可追溯到古生代或前寒武纪，而在以后的历次地壳运动中又持续活动。研究区历史上发生地震20余次，基本抗震设防烈度为Ⅷ度，属于地震多发区域，并与高烈度区毗邻，受强震活动影响严重。

6）岩土体工程地质基本特征

按照岩土体的工程地质特征，研究区内岩土体可以划分为块状坚硬岩类、层状较坚硬岩类、碎裂半坚硬岩类和松散软弱岩类四大类。

块状坚硬岩类主要是以中生代花岗岩为代表的火成岩类，在研究区呈片状或带状分布。该岩类致密坚硬、裂隙不发育、整体性好、强度高、岩体稳定。层状较坚硬岩类是区内主要岩体类型，包括各地质时期形成的层状岩体，如绿泥石片岩、中细粒石英砂岩、绢云母板岩等；该岩类经过后期地质构造作用，岩体中不同的构造节理较发育，岩体强度较高，整体稳定性较好。碎裂半坚硬岩类主要沿断裂分布，由于受断裂活动的直接作用和影响，相对较为破碎，呈碎裂状；岩体强度低，往往与滑坡、崩塌、泥石流等地质灾害关系较密切。松散软弱岩类包括卵砾石、砂、碎石土、粉质黏土、黏土等，分布较为广泛。

7）水文地质条件

山区地下水为变质岩及火成岩裂隙水，富水性较好，受岩性及构造裂隙控制，泉水流量1～8m^3/d，单位涌水量小于20m^3/d；泉水为重碳酸型矿化度小于1g/L的淡水。主要受大气降水补给，向山前洪积扇及河流、沟谷排泄。暖泉寺附近有地下热水出露，现已在楼观台等地开发地热资源。

8）人类工程活动

研究区人类工程活动较为强烈。与地质灾害关系密切的工程活动主要有工程建设、矿产开发、森林采伐等。

2. 斜坡结构类型

区内斜坡结构类型主要有碎石土斜坡、土-岩二元结构斜坡、块状结构斜坡、薄层-中厚层状结构斜坡、碎裂结构斜坡五类。各类斜坡的特征及分布见表3.1，区内不同斜坡结构类型典型照片见图3.5。

表3.1　区内斜坡结构类型及特征

序号	斜坡结构类型	特征及分布
1	碎石土斜坡	主要分布在秦岭山前洪积扇及黑河沿线的局部洪积、坡积群上。岩土体类型以碎石土为主，其中在秦岭山前洪积扇局部地区覆盖有Q_{2-3}黄土。岩土体结构松散；山前洪积扇下部岩土体结构密实
2	土-岩二元结构斜坡	根据物质组成可以分为两种类型，即坡积物-基岩、全风化残积物-基岩二元结构斜坡。坡积物-基岩二元结构斜坡上覆坡积覆盖层厚度大于1m，一般位于斜坡凹形地带及前缘。全风化残积物-基岩二元结构斜坡主要分布于软变质岩区，地层岩性以千枚岩、绢云母片岩等为主；地表风化带厚度从几米到十几米

续表

序号	斜坡结构类型	特征及分布
3	块状结构斜坡	主要分布于厚畛子、老县城等地，由质地坚硬、构造变形和风化作用较弱的岩浆岩、变质岩及巨厚层状沉积岩组成。发育有1～2组结构面，结构面间距一般大于100cm
4	薄层-中厚层状结构斜坡	区内主要有顺向缓倾层状结构斜坡、陡倾及直立层状结构斜坡两类
5	碎裂结构斜坡	主要分布于区内大断裂附近，以及片岩、千枚岩等软岩缓坡地带，由碎屑及大小不等、形态不同的岩块组成，结构面非常发育

(a)坡积物-基岩二元结构斜坡

(b)全风化残积物-基岩二元结构斜坡

(c)顺向缓倾层状结构斜坡

(d)陡倾及直立层状结构斜坡

(e)块状结构斜坡

(f)碎裂结构斜坡

图3.5 区内不同斜坡结构类型典型照片

3.1.2　滑坡发育特征和规律

1. 滑坡发育特征

1）滑坡类型及分布

通过野外调查，查明区内主要发育的地质灾害类型有滑坡、崩塌、泥石流和地面塌陷四种。本次调查地质灾害点121处（图3.6），其中滑坡100处，占地质灾害点总数的82.6%。基于滑坡的物质组成、滑体厚度、滑体规模及滑坡时间等对区内滑坡进行统计，其结果见表3.2所示。

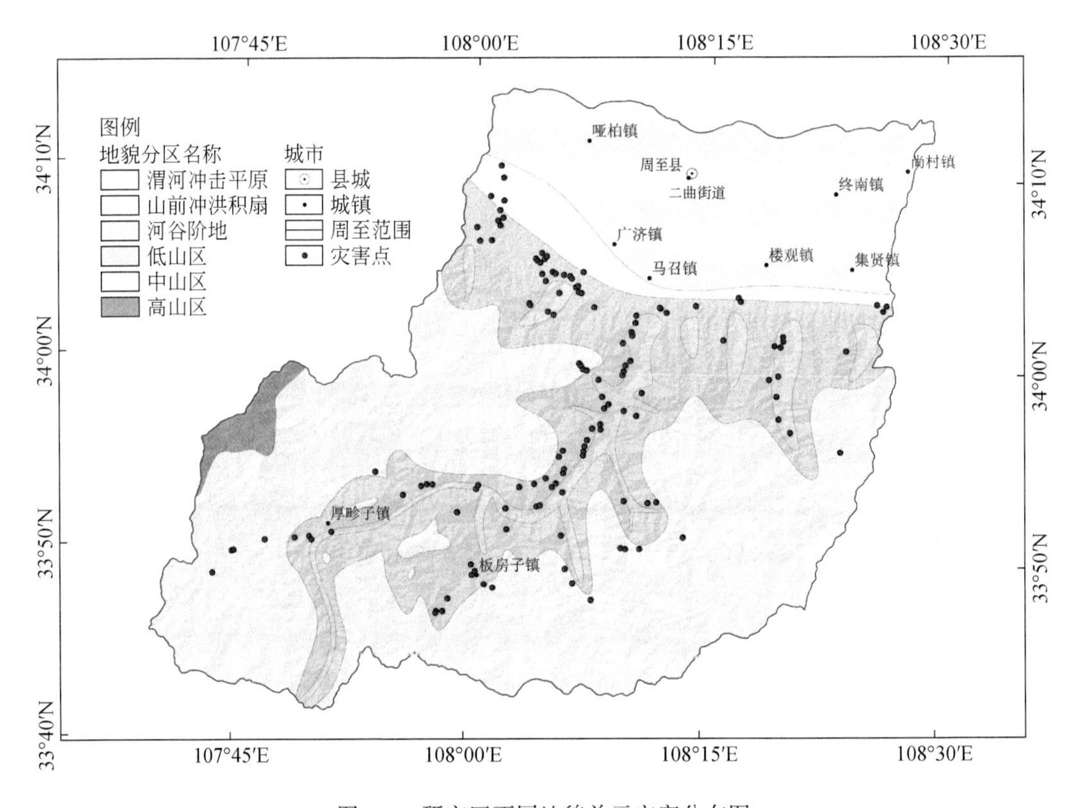

图3.6　研究区不同地貌单元灾害分布图

表3.2　周至地区滑坡发育特征统计表

分类依据	发育类型	数量/处	占滑坡总数比例/%
物质组成	土质滑坡	37	37
	堆积层滑坡	61	61
	岩质滑坡	2	2

续表

分类依据	发育类型	数量/处	占滑坡总数比例/%
滑体厚度/m	浅层滑坡（≤6）	60	60
	中层滑坡（6~20）	35	35
	深层滑坡（>20）	5	5
滑体规模/10^4m^3	小型（≤10）	60	60
	中型（10~100）	34	34
	大型（100~1000）	5	5
	巨型（>1000）	1	1
滑坡时间	老滑坡	23	23
	现代滑坡	77	77

区内以堆积层滑坡为主，其次为土质滑坡，岩质滑坡较少。滑体厚度大多小于20m。滑体规模以中、小型为主，大型滑坡5处，巨型滑坡1处，老滑坡23处，其余为现代滑坡。

堆积层滑坡分布广，滑体物质类型为崩积、坡积、残积或其混合堆积物，岩土体类型以碎石土、含砾粉质黏土为主。平面形态多呈半圆形、舌形、矩形，表面起伏不平。坡度多为25°~40°。滑面主要受残、坡积土体与基岩的接触面控制，或者沿风化岩层与下伏弱风化岩或新鲜基岩之间的差异风化界面滑动。基岩主要为千枚岩、绿泥石片岩、石英片岩等。滑体规模取决于下伏基岩面形态，若为凹形，其上残堆积物质的厚度大，滑坡规模亦大。

岩质滑坡主要为顺向斜坡，滑面受基岩风化差异面或片理面控制，后缘发育有拉张裂隙或节理裂隙。滑体物质主要为强、弱风化千枚岩、绿泥石片岩、石英片岩及上覆残坡积物或浅坡积物，且以残坡积物为主。

2）滑坡发育特征

研究区滑坡主要分布于南部秦岭山地和山前冲洪积扇区。根据调查的57处滑坡发生时间和对应月份降雨量关系，区内滑坡受降雨的控制作用显著，滑坡主要集中发生在降水量大的6~9月，分别占统计数的31.5%、22.8%、36.8%和5.3%，详见表3.3。

表3.3　滑坡数量和对应降雨量统计表

月份	4	5	6	7	8	9
月均降水量/mm	54.9	73.8	60.3	115.5	92.4	116.9
滑坡/处	1	1	18	13	21	3
占统计数比例/%	1.8	1.8	31.5	22.8	36.8	5.3

研究区的滑坡灾害具有链生性，主要体现在某一地质灾害的发生往往诱发或伴生其他类型地质灾害。如滑坡伴随崩塌，出现滑塌或崩滑现象；在暴雨时，崩塌、滑坡堆积物形成泥石流的重要物源；而泥石流对沟谷、斜坡的撞击、冲蚀作用，可能诱发沟岸斜坡发生滑坡和崩塌。如1997年8月16日发生在骆峪乡的大崖沟泥石流，在形成区和流通区，有多处沟岸斜坡发生滑坡、崩塌，进而又为泥石流灾害提供了大量的固体物质。

研究区内不同结构类型的斜坡，有其特定的破坏模式。根据区内滑坡结构类型，对应的破坏模式见第 2 章。

2. 滑坡发育规律和机制

1）区内滑坡成灾机制

选取坡度、降雨、活动构造、地层、河流共五种因素的多指标综合体系。对各指标进行定量化表达，并将指标值转化为无量纲的相对数，同时将数值规范在 0 和 1 之间，进行归一化处理。

基于 ARCGIS 数据库，采用研究区 1∶1 万的地形图制作 DEM 数据，研究区原始 DEM 如图 3.7（a）所示，将 DEM 数据离散为 30m×30m 的单元格并进行分析。

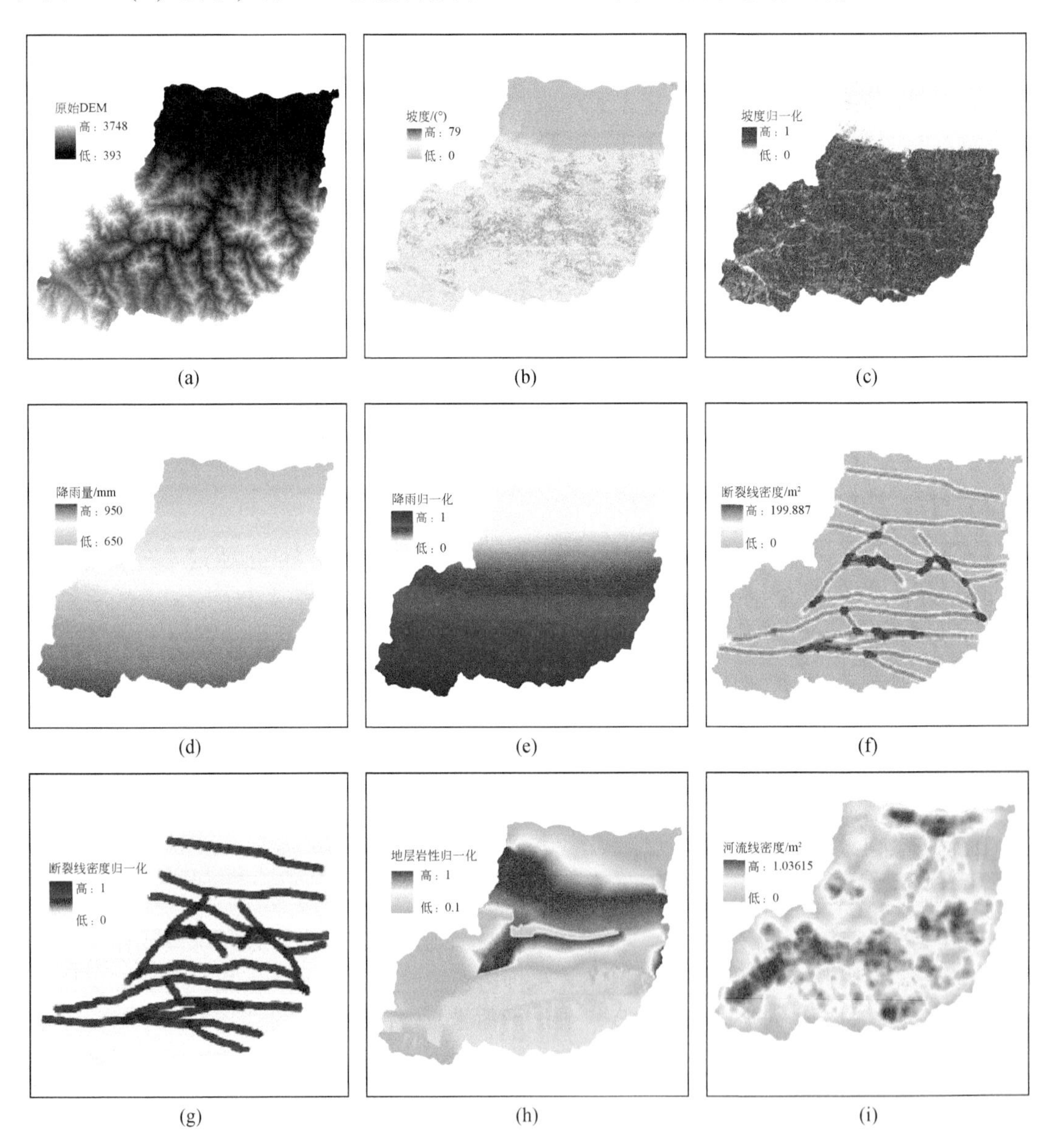

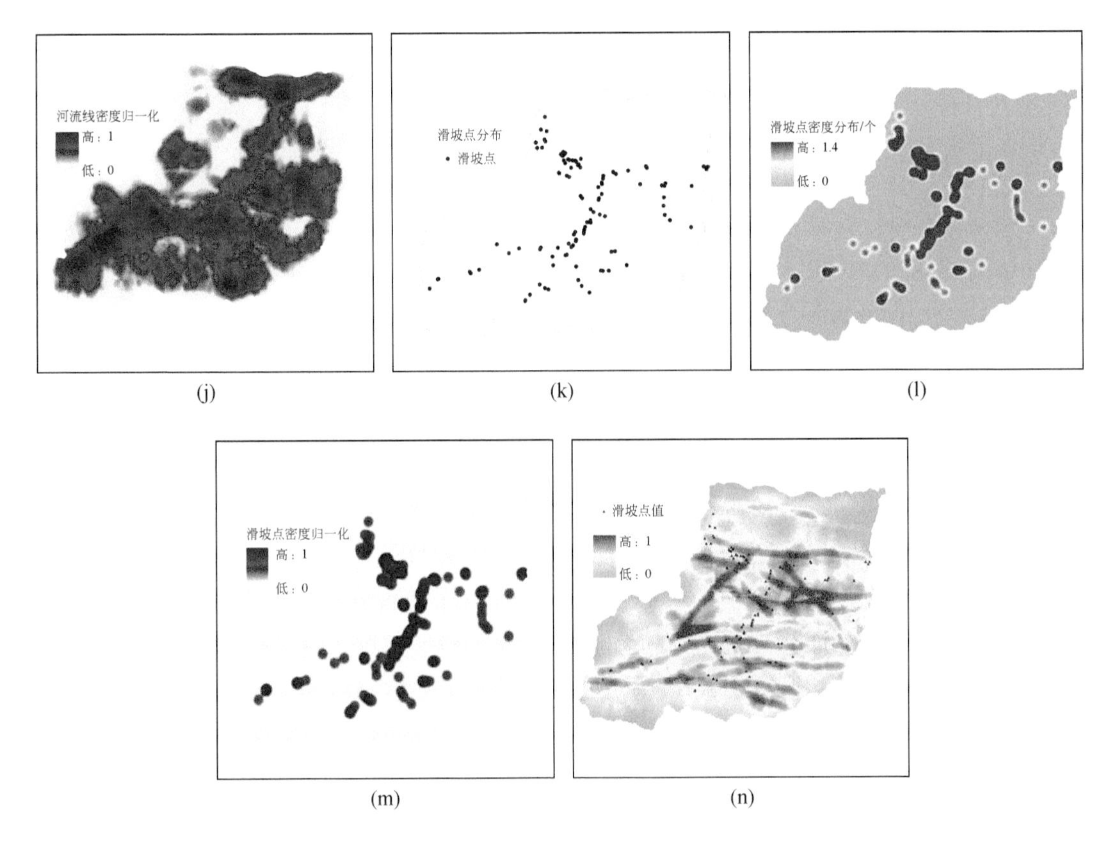

图3.7　周至县全区指标归一化图及计算结果

坡度分布如图3.7（b）所示，结合周至县的实际情况，灾害的发生情况并不是随坡度的增加而增加的，在周至县内，最容易发生滑坡的坡度范围是30°～40°，并依次向两侧递减。根据在周至县的调查成果，在目标区斜坡坡度为10°以下以及70°以上时，发生灾害的情况较少，因此，做归一化处理时，当坡度小于等于10°和大于等于70°时，归一化指标取0.1，并选取坡度分布图的对称线作为最易发生地质灾害的坡度，即取坡度35°时，归一化指标为1，其余斜坡各坡度归一化指标进行插值，周至地区的坡度归一化结果见图3.7（c）。根据目标区多年平均降雨等值线图进行分析，降雨量分布图的栅格见图3.7（d），归一化之后指标分布图见图3.7（e）。

周至县境内新构造运动以上升运动为主，伴随河流深切，形成高山深谷。区内大多数断裂的形成可追溯到古生代或前寒武纪，而在以后的历次地壳运动中又持续活动。断裂带附近往往岩性破碎，地质条件较差。为了体现活动构造对周至县地质灾害易发性区划的控制作用，通过计算断裂的线密度分布来描述其影响。周至县断裂线密度如图3.7（f）所示，根据线密度大小进行归一化处理，见图3.7（g）。

虽然周至县的滑坡主要发生在浅表层的坡积物内，但下覆基岩的软硬程度影响着灾害的易发性。当下覆基岩较软时，软岩易风化，发生灾害的可能性较大。相反，当下覆基岩较硬时，发生灾害的可能性相对较小。综合比较周至县范围内地层岩性的软硬程度，对地层岩性指标进行量化和归一化处理，结果见图 3.7（h）。

周至县水系比较发育，通过计算河流的线密度分布来描述其影响。周至县河流线密度如图 3.7（i）所示，根据线密度大小进行归一化处理，见图 3.7（j）。

区内滑坡地质灾害的滑坡点分布如图 3.7（k）所示，滑坡点密度分布如图 3.7（l）所示，归一化结果见图 3.7（m）。

上述各评价指标数据作为自变量，滑坡的分布作为因变量，使用线性回归确定自变量和因变量的关系。

（1）线性回归分析样本数据采集

使用 1：10 万 DEM 数据，数据格网大小为 30m×30m，共 2162 行、2685 列，5804970 个栅格，去除格网边界无效数据随机抽取其中的 20000 组作为自变量样本。将栅格图层转化为点文件格式，导出点文件属性表到 SPSS 即可得到滑坡点分布情况与自变量栅格对应的因变量数据集。

（2）线性回归参数分析及结果检验

采用 SPSS 数据分析软件进行线性回归分析。本节随机抽取 20000 组数据参与分析。导入因变量数据集和自变量数据集，使用分析模块中的多因素线性回归工具，结果见表 3.4。由上述结果可得坡度、地层、断裂、降雨、水系权重系数，见表 3.5。对各因子权重归一化并做适当调整后结果见表 3.6。

表 3.4　线性回归结果输出表

模型		非标准化系数	标准系数	t 检验	显著性参数 P
		B	标准误差		
1	（常量）	-0.065	0.006	-11.052	0.000
	地层	0.079	0.004	18.705	0.000
	断裂	0.086	0.005	18.006	0.000
	水系	0.086	0.006	13.532	0.000
	坡度	0.013	0.003	4.602	0.000
	降雨	0.022	0.007	3.123	0.002

表 3.5　各因子的权重系数

因子	地层	断裂	水系	坡度	降雨	常数项
权重	0.079	0.086	0.022	0.013	0.086	-0.065

表 3.6　调整后各因子的权重系数

因子	地层	断裂	水系	坡度	降雨	常数项
归一化权重	0.3	0.4	0.4	0.05	0.1	-0.25

所得回归方程为

$$Y=0.3x_1+0.4x_2+0.4x_3+0.05x_4+0.1x_5-0.25x_6 \tag{3.1}$$

从所得回归方程可知，各系数皆为正数，其数学意义为各自变量的增大将导致因变量的线性增大，而断裂、河流指标其系数相对较大。其物理意义是断裂活动性越高，河流密度越大，滑坡灾害发生的可能性就越大。将模拟方程带入ARCGIS后结果如图3.7（n）所示，和实际相符。回归方程式（3.1）可用于分析研究区滑坡致灾机理。

利用ARCGIS及SPSS软件对周至地区诱发滑坡发生的多个因素进行了定量描述，计算结果显示，周至地区滑坡发生的主要控制因素为活动断裂及河流水系，其影响因子权重高达0.4。其次为地层岩性，影响因子权重达0.3。

2）活断层对区内滑坡分布的控灾机理

活动断裂不仅是新构造运动的主要表现形式之一，也是其他新构造运动如断陷盆地、活动隆起等的边缘连接带或内部破损带，并且往往是地震发生的控制性构造带，在我国分布广泛。作为一个低强度、易变形、透水性大的软弱带或破碎带，无论从其发震特征，还是从其控制地形地貌条件以及其物理力学性质来考虑，活动断裂对工程的建设和维护都存在较大危害，特别是对滑坡、崩塌等地质灾害的发生具有较强的控制作用。

（1）秦岭北缘断裂

秦岭北缘断裂是区域性深大断裂，该断裂控制了区内的地形地貌、地质构造、地层岩性，更为重要的是，该断裂及其次生断裂控制了区内岩体的构造特征。岩体的力学性质与岩体所受构造作用有直接关系，是滑坡等地质灾害形成的内动力致灾因素。

根据周至地区的地质灾害调查结果，将区内滑坡灾害以秦岭北缘断裂带为中心，对与断裂带不同距离的滑坡频数进行统计，如图3.8所示。

设滑坡频数为y，至断裂距离为x，则由图3.8可见，随着距离秦岭北缘断裂距离的增加，滑坡的数量呈非线性减少，滑坡频数（y）与至秦岭北缘山前断裂距离（x）呈负指数关系。根据统计回归结果，其关系曲线可表示为

$$y=73.158x^{-1.265}\quad R^2=0.9452 \tag{3.2}$$

将该影响曲线渐近线表示为两条分段直线，如图3.8所示，则两条直线表达式分别为

$$\begin{cases} y_1=-12x_1+50.4 \\ y_2=0.125x_2+3.5 \end{cases} \tag{3.3}$$

以两条直线的交点为界，将断裂对滑坡发育的影响分为主要影响区和次要影响区。直线y_1表示断裂对滑坡主要影响区内滑坡频数随距离的变化关系，可见在主要影响区内，滑坡的数量较大，但是滑坡数量随距离的增大而线性减小的幅度较大。直线y_2表示断裂对滑坡次要影响区内滑坡频数随距离的变化关系，在次要影响区内，滑坡的数量较小，且滑坡数量随距离的增大而线性减小的幅度较小。

解式（3.3）可得，主要影响区的距离为3.95km。

（2）其他断裂的影响效应

对于规模较小的活动断裂，虽然不能像区域性深大断裂那样影响深远，但其对地质灾害的发育分布同样有显著的影响。

对研究区内的一般性断裂进行统计，可得断裂不同距离的滑坡频数，如图3.9所示。一般性断裂滑坡频数与至断裂距离的关系可表示为

$$y=37.952x^{-1.495}\quad R^2=0.9111 \tag{3.4}$$

同样将该影响曲线渐近线表示为两条分段直线，如图 3.9 所示，则两条直线表达式分别为：

$$\begin{cases} y_1 = -31.82x_1 + 63.464 \\ y_2 = -0.57x_2 + 5.4 \end{cases} \tag{3.5}$$

则可得主要影响区的范围为 1.86km。

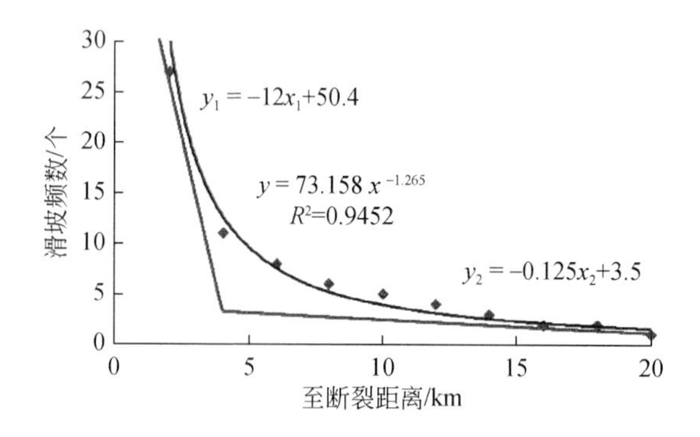

图 3.8　滑坡频数与至秦岭北缘断裂距离关系曲线

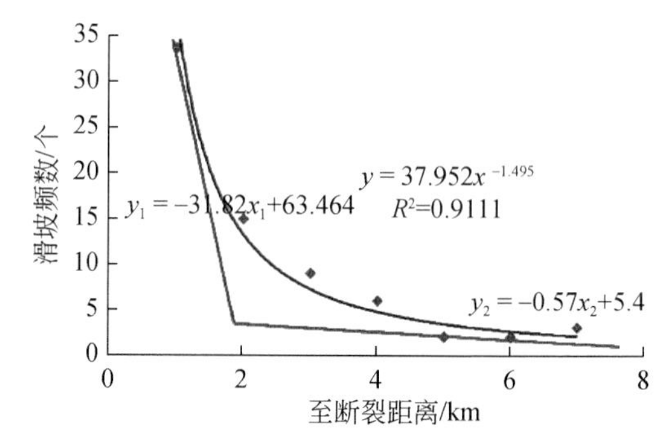

图 3.9　滑坡频数与至其他断裂距离关系曲线

3.2　南秦岭薄皮逆冲推覆构造带——旬阳地区滑坡发育特征及规律

3.2.1　地质环境条件

1. 工程地质条件

1）气象水文

旬阳市位于 32°29′N～33°13′N 之间，地处北亚热带北缘。气候温暖湿润，具有四季分明、冬夏长、春秋短、雨热同季、垂直差异大等特点。年均气温 15.4℃，极端最高气温 41.5℃，极端最低气温-9.6℃。

区内降水年际降水量变化大：据 1979～2020 年降水资料，多年平均降水量 805.0mm，最高 1085.2mm（1979 年），最低 467.3mm（1997 年），历年降水量见图 3.10。年内降水分布不均匀（图 3.11），降水量最多的月份是 7 月和 9 月，分别为 145.3mm 和 136.4mm。旬阳市境内与地质灾害关系最为密切的降雨类型是暴雨和连阴雨，其中连阴雨一般出现在 4～10 月（9～10 月最为集中），最长降雨天数 15 天。

旬阳市境内河流均属长江流域汉江水系，集水面积在 $2km^2$ 以上的有 488 条。其中，集水面积在 $1000km^2$ 以上的有汉江、旬河、乾佑河、坝河；集水面积 100～$1000km^2$ 的有蜀河、仙河、达仁河、小河、洛驾河、冷水河和大棕溪；集水面积 10～$100km^2$ 的河流约 100 条；集水面积 5～$10km^2$ 的河流 196 条。旬阳市河流水系分布如图 3.12 所示。

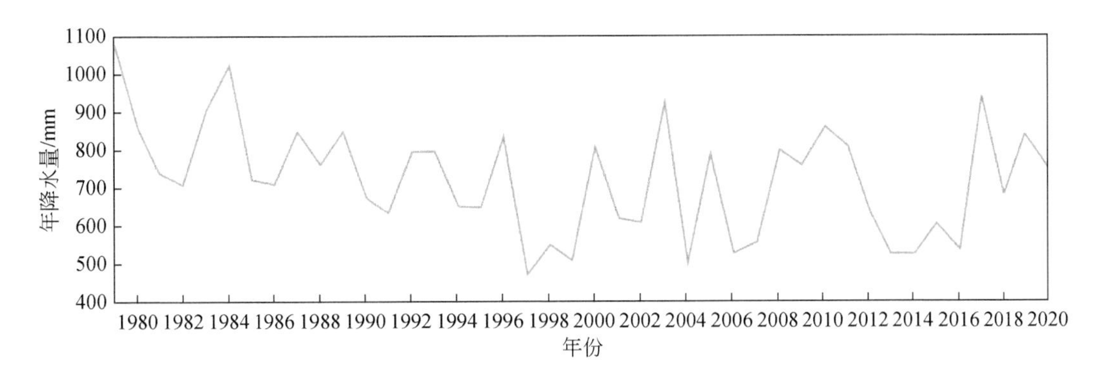

图3.10　旬阳市（1979～2020年）降水量曲线

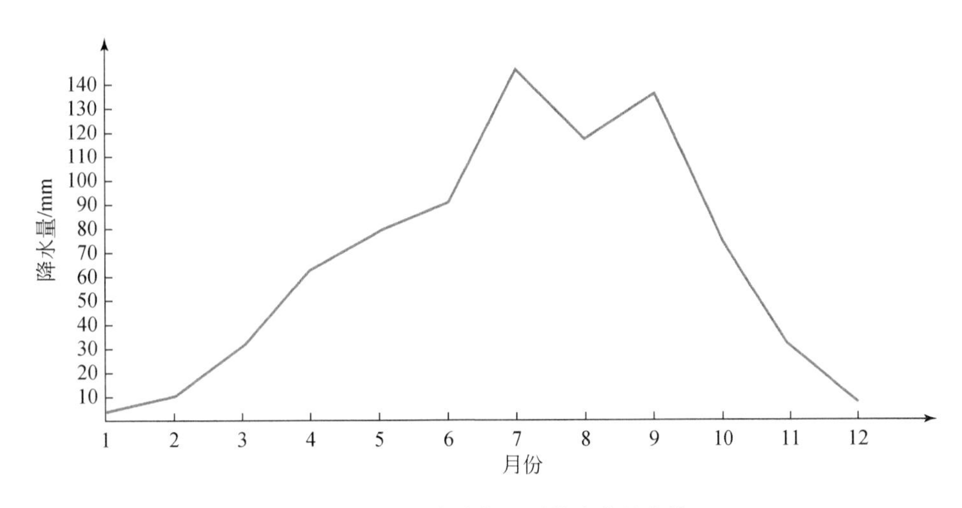

图3.11　旬阳市多年月平均降水量曲线

2）地形地貌

旬阳市地处秦巴山地，汉江河谷自西向东横贯中部，将其分割为南北两大自然区。地势南北高、中部低，南北向地形剖面呈“V”形，海拔185～2358.4m。汉江以北属秦岭山脉南坡，是秦岭纬向构造带秦岭亚带的组成部分，除王莽山-包家山为西北-东南走向外，其余山脉均为东西走向，中部高，四周低，面积2281.7km^2，占全市总面积的64.2%；汉江以南属秦岭纬向构造带与大巴山弧形构造的交界部位，山脉走向多为东西向，地势较汉江以北稍低，东部和南部高，西北部低，面积1272.3km^2，占全市总面积的35.8%。地貌以中低山为主，兼有丘陵、河谷地形（图3.13）。

3）地质构造

旬阳市从北至南分为四个基本构造单元，分别为：镇安逆冲推覆构造带、旬阳逆冲推覆构造带、安康逆冲推覆构造带和紫阳-平利逆冲推覆构造带。旬阳市属于南秦岭造山带北部逆冲推覆构造带（张国伟等，2001）或南秦岭印支褶皱带留凤关-金鸡岭褶皱束的南部，处在南秦岭造山带北部与南部的北大巴山构造带的衔接部位。其大地构造位置为南秦

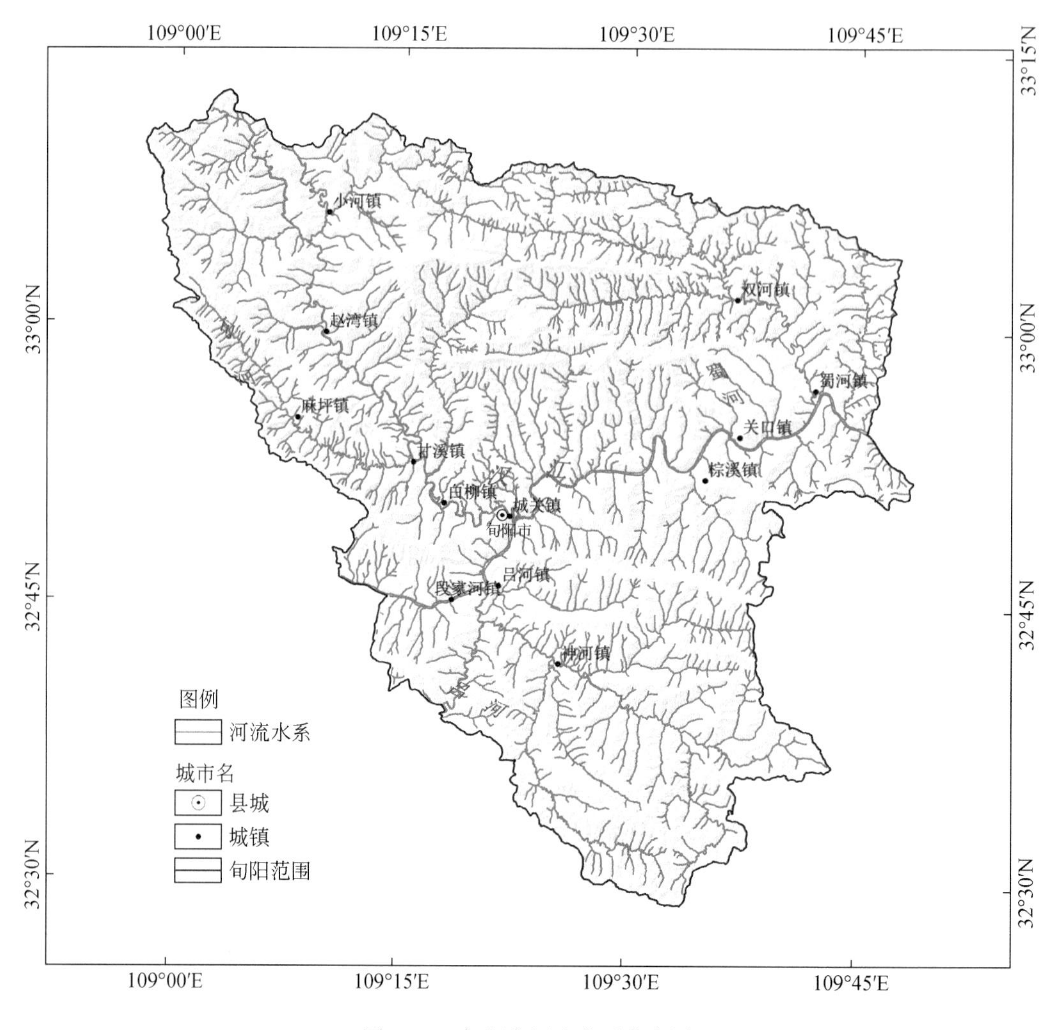

图 3.12　旬阳市河流水系分布图

岭造山带或秦岭微板块的腹心地带，是介于镇安-板岩镇断裂与两河-银杏-吕河-白河断裂之间的旬阳-宁陕推覆构造带。

4）*地层岩性*

旬阳市出露地层由老至新依次为：震旦系（Z），寒武系—奥陶系（Є—O），志留系（S），泥盆系（D），石炭系（C），以及第四系（Q）。其中第四系零星分布于旬河、吕河、蜀河等河流下游（图 3.14）。

下震旦统（Z_1）：分布在东南部的铜钱—赤岩一带隆起的核部，主要岩性为跃岭河群石英长石绿泥石片岩、绿帘石绿泥石片岩、岩质板岩或片岩、硅质岩，在碳质板岩或硅质岩中含有工业性的铁矿层。

上震旦统（Z_2）：整合覆于跃岭河群之上，主要岩性为白云质灰岩、灰岩、硅质岩、碳质板岩、碳硅质板岩夹灰岩，在碳质及硅质岩中含铀、铝、硫元素。

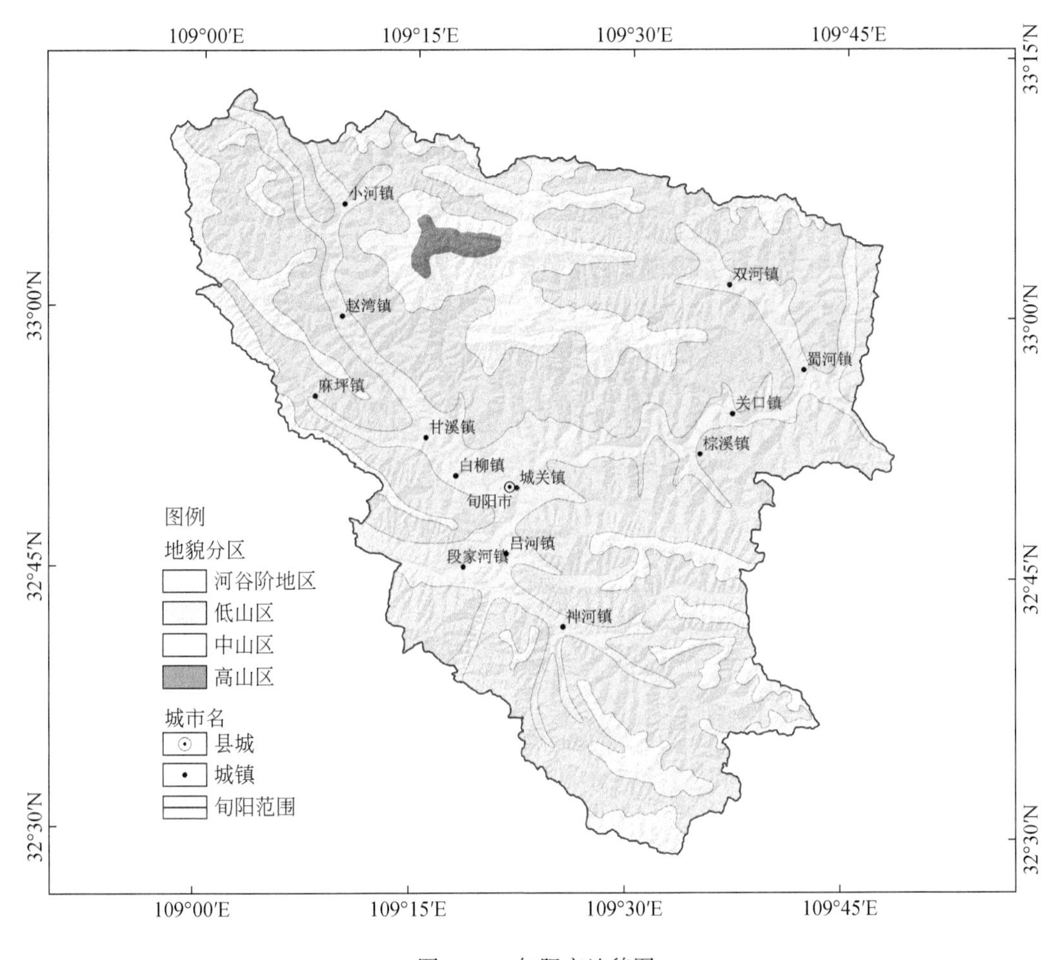

图3.13 旬阳市地貌图

下寒武统（ϵ_1）：不整合分布于震旦系之上，主要岩性为碳质绢云母片岩、晶质灰岩、白云质灰岩、碳质硅质板岩、碳质粉砂岩，普遍含磷，个别地段矿化较高。

中寒武统—奥陶系（ϵ_2—O）：在旬阳市境内西北、东北边缘地区及南部均有出露，其岩性为碳质灰岩、硅质岩、锰灰岩、线黄绿色绢云母石英片岩，局部地段含磷和锰岩层，划为洞河群组。

志留系（S）：仅出露下志留统（S_1），分布较广，不整合分布于寒武系—奥陶系、震旦系之上，岩性下部灰黑色碳质板岩、灰绿色千枚岩夹砂质条带及粉砂质千枚岩，与上覆的泥盆系呈整合或断层接触。

泥盆系（D）：中、上泥盆统（D_2、D_3）分布于中部和北部地区，中泥盆统石家沟组分布在张河、吕河、草坪一带，出露地层为一套含泥碳酸盐岩建造，岩性岩相变化大。

石炭系（C）：分布在羊山地区，与下伏泥盆系呈平行不整合接触。各统为整合过渡，自上而下分为三组。下石炭统袁家沟组（C_1y），岩性主要为深灰色含燧石灰岩组成，灰岩层面上多具有红色含铁泥质物，含有虫孔、珊瑚、腕足、蜓类等化石，厚度310～360m。

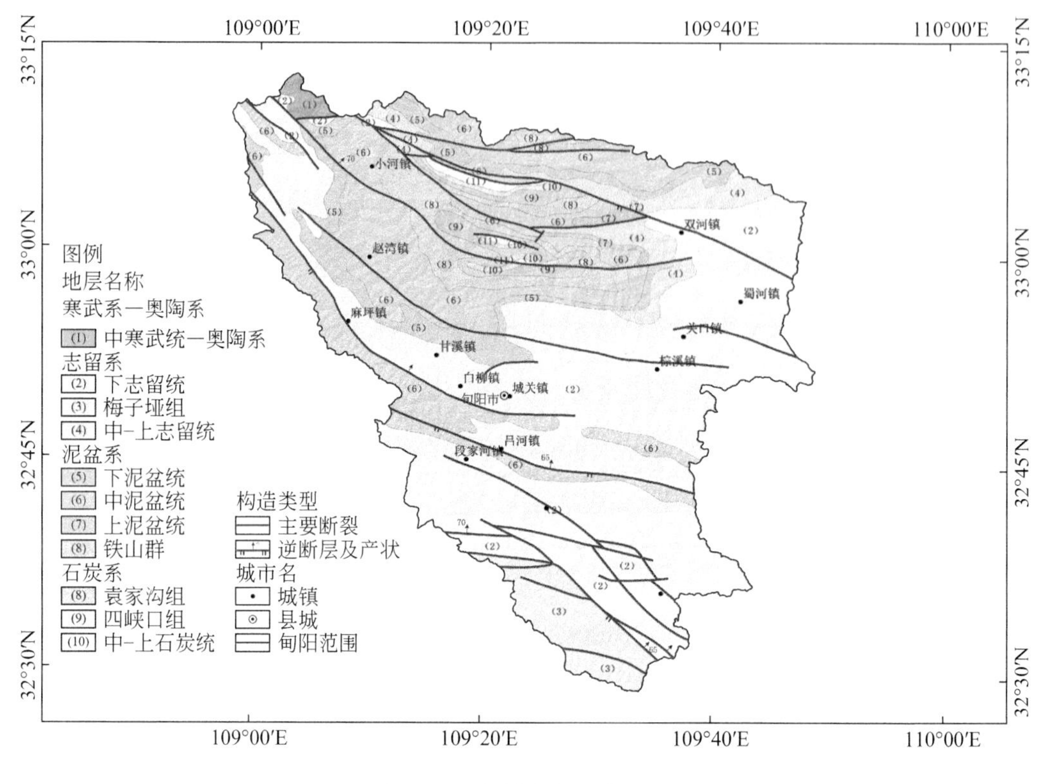

图 3.14　旬阳市地层分界图

中石炭统四峡口组（C_2s），由黑色碳质千枚岩、夹黑色燧石灰岩、石英砂岩及石英砾岩组成。

新近系（N）：由于受喜马拉雅运动影响，当新近纪晚期一些地层抬升倾斜，只出露上新统（N_2）。其岩性为一套半胶结、橘黄橘红色黏土、粉砂和砂砾堆积，厚38～185m。

第四系（Q）：由第四系耕土、杂填物和冲洪积物，呈棕红、棕褐、褐黄色、含铁锰、钙质结核的黏土、业黏土、轻亚黏土组成，夹砂砾石透镜体，不整合覆于河谷阶地和缓坡地带老地层之上，厚0～30m。

5）新构造运动与地震

（1）新构造运动

旬阳市位于秦岭纬向构造带南秦岭-印支褶皱带东端，受其影响主要构造线均呈NW向展布，境内褶皱、断裂发育。其构造特征是：褶皱形态紧密，因挤压严重，主要为次级褶皱，断裂发育（图3.15），主要构造如下。

旬阳—冷水河复向斜：沿仁河—小河—公馆—西岔—红军—张坪—庙坪等呈NW向展布，由北羊山向斜、西岔河背斜两个次褶皱组成，轴向近NW，倾向SE。在该褶皱中部发育一系列断裂构造，走向与主构造线平行，为张性断层，后期有压扭迹象。

麻坪-吕河口复向斜：主要分布在麻坪、城关、吕河等区域。由寒武系、志留系组成，NWW向展布，断裂构造较少，多为小断裂。

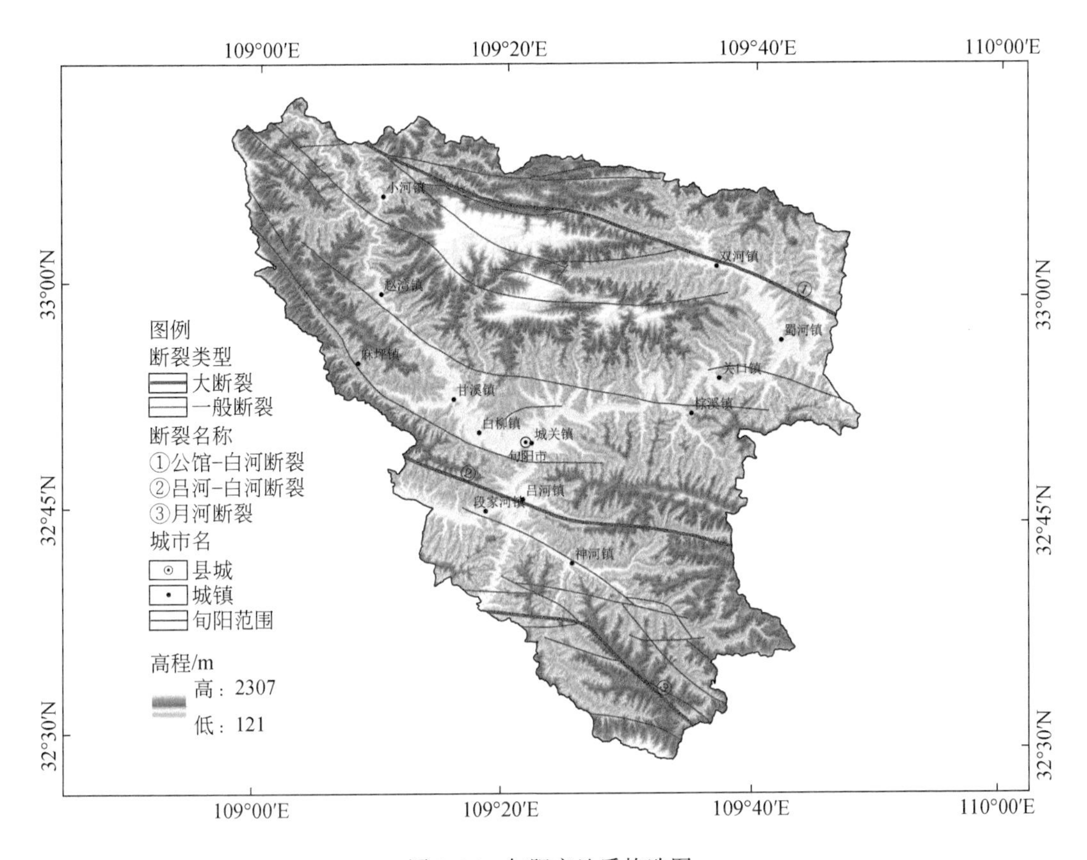

图3.15 旬阳市地质构造图

安康-神河镇复背斜：由寒武系、奥陶系及志留系组成，轴沿NW向展布，向SE方向倾伏，主要由石梯铺-大神河向斜，安康-磨沟背斜两个次级褶皱组成。

公馆-白河大断裂：为区内控制性大断裂。断裂带由数条紧密排列的断层组成，走向北西，为高角度逆断层，其两侧常具有一些羽毛状断层，断裂带宽度约500m。由糜棱岩、角砾岩及碎屑岩组成。

月河大断裂：为区内控制性大断裂，区内长度25km，走向NW，为高角度逆断层，断裂破碎带宽100～200m。

新构造运动特征是间歇性的差异升降运动，在区内表现为强烈上升区。其在地貌上表现为台阶状地形及河谷阶地。山地的上升加剧了河谷的下切作用，形成河谷深切、陡坡。

（2）地震

1949年之后旬阳共有10次地震记录，分别为：1959年9月28日旬阳地震；1967年11月1日旬阳北地震；1968年4月7日旬阳地震；1970年8月22日旬阳东北地震；1974年7月16日旬阳西北地震；1975年1月13日安康与旬阳交界处地震；1975年10月23日旬阳西北地震；1979年8月3日旬阳东北地震；1985年9月14日陕西与湖北交界处地震，旬阳蜀河境内大部有震感；以上震级均较小。1986年9月21日旬阳地震的震级为5级，震中位置在小河镇，未见有地震形成的次生灾害记载。旬阳属地震基本烈度Ⅵ度区，设计基本地震加速度值为0.05g。

6）岩土体工程地质基本特征

研究区按岩石强度、结构类型等可将岩体划分为：坚硬厚层状碳酸盐岩组，软硬相间互层状灰岩、千枚岩、片岩组，软弱薄层状浅变质片岩、千枚岩及板岩组，松散黏性碎石土类。

（1）坚硬厚层状碳酸盐岩组

分布于大羊山、南羊山及周边地区，主要由石炭系厚层状灰岩、含燧石灰岩夹白云岩组成，岩石坚硬，饱和抗压强度大于120kPa，软化系数一般大于0.8。节理裂隙发育较少，抗风化能力强，裸露岩体为弱风化-微风化岩石，坚硬。由该类岩体构成的山峰陡峭，峡谷多，易发生岩体崩塌、岩溶塌陷等不良地质现象。

（2）软硬相间互层状灰岩、千枚岩、片岩组

主要分布在北部，中西部及汉江南岸神河、赤岩一带。由泥盆系，寒武系—奥陶系的灰岩、薄层灰岩、杂色千枚岩、碳质石英岩、碳质片岩等组成。岩石软硬不均，软化系数0.6~0.8。岩体风化较强、节理裂隙较为发育。

（3）软弱薄层状浅变质片岩、千枚岩及板岩组

分布范围广泛，在汉江以南及蜀河、仙河流域均有分布。由志留系、寒武系—奥陶系的千枚岩、石英片岩、钙质板岩等浅变质岩组成。岩质软弱，裸露岩体风化强烈，强风化带一般数米至十余米，最厚可达30m。

（4）松散黏性碎石土类

主要包括卵砾石、砂、碎石土、粉质黏土、黏土等，其中卵砾石、砂土等多为冲积层，土层稳定，强度较高，稳定性好，不易形成地质灾害。斜坡残坡积的碎石土、粉质黏土等在降雨条件下易诱发地质灾害。

7）地下水特征

根据地下水的赋存条件和含水介质特征，将区内地下水划分为三种基本类型：松散岩类孔隙水、碳酸盐岩类溶蚀裂隙水和基岩裂隙水。其中，碳酸盐岩类溶蚀裂隙水主要分布在南羊山、大羊山、金寨神仙洞等厚层灰岩、白云岩发育地段。由于岩性变化大，岩溶化程度不同，富水性不均匀。南羊山、大羊山等地岩溶化强烈，溶蚀洼地、漏斗较多，易于降雨入渗补给，径流较快，水量较为丰富，以岩溶下降泉或侧向径流的形式向沟谷排泄，岩溶泉常年流量0.3m^3/s左右。

8）人类工程活动

区内人类活动主要表现在修路、采矿、建宅对边坡的开挖以及随意堆砌渣石。

2. 斜坡结构类型

考虑对斜坡稳定性影响最大的层面和层间软弱夹层的特征、岩体构造节理发育及其组合特征，以及节理面与边坡的交切关系，岩性特征及岩性组合类型，将研究区斜坡划分为7种斜坡结构类型，如表3.7所示。

表 3.7　旬阳地区软弱变质岩斜坡岩体结构类型与特征

软弱质岩斜坡岩体结构	斜坡结构	地质背景	结构特征	岩体的工程地质评价
层状斜坡岩体结构	顺向缓倾层状结构斜坡	多为副变质岩，如千枚岩片岩和板岩。受地质构造影响较大，片理、板理和构造节理较发育	片理、板理发育，向外倾斜倾角小于坡角	岩体可能不稳，可能沿片理、板理发生滑坡、滑移式崩塌
	斜交缓倾似层状结构斜坡		片理、板理等发育，倾向与坡向斜交	岩体较稳定，可能沿楔形结构面产生小型滑塌或落石
	逆向缓倾层状结构斜坡		片理、板理等结构面发育，但倾向坡内	岩体一般较稳，可能有零星危岩
	直立、陡倾层状结构斜坡		片理、板理等结构陡倾，倾角大于65°甚至直立，一般大于边坡角	岩体较稳，可能有零星危岩
碎裂状斜坡岩体结构	碎裂状结构斜坡	受地质构造影响较大，节理裂隙发育，动力变质较重	结构面间距在0.25～0.50m，有3组以上节理，岩体破碎	岩体不稳，陡边坡沿结构面而可能发生较大规模滑坡、崩塌
—	坡积物-基岩二元结构斜坡	覆坡积覆盖层厚度一般小于10m	岩体特别破碎	岩体不稳、易发生滑坡、滑塌和崩塌
	风化带-基岩二元结构斜坡	风化严重的千枚岩、片岩、泥化严重	上部变质岩岩体特别破碎，大部分已风化成散体结构	岩体不稳，易发生大规模弧形滑坡、坍塌等

（1）把片理、千枚理、板理发育的片岩、千枚岩、板岩斜坡岩体划为层状斜坡岩体。这类斜坡岩体结构按其与坡面的关系再细分为顺向缓倾层状结构斜坡、斜交缓倾层状结构斜坡、逆向缓倾层状结构斜坡和直立、陡倾层状结构斜坡4个亚类。

（2）受地质构造影响较大而导致节理裂隙特别发育的破碎变质岩体、结构体直径在0.25～0.50m、绿泥石化和绢云母化严重的变质岩体，划为碎裂状斜坡岩体结构。这种岩体边坡不稳定，易发生较大规模的滑坡、崩塌。

（3）区内的二元结构斜坡根据物质组成可以分为两种类型，即坡积物-基岩二元结构斜坡和风化带-基岩二元结构斜坡。坡积物-基岩二元结构斜坡主要指坡积覆盖层厚度大于1m且小于10m的坡体，在旬阳地区，该类斜坡一般位于坡度有较大变化山体的凹形地带及前缘，或位于具备坡积物沉积、堆积的缓坡地形环境。对于区内的软变质岩斜坡，当坡度较陡时，在地表总存在较厚的风化带，与下伏新鲜基岩形成风化带-基岩二元结构斜坡。该结构类型斜坡在地层岩性上以千枚岩、绢云母片岩等软变质岩为主。风化带的厚度根据地形地貌及岩性从几米到十几米不等。在研究区内，二元结构斜坡所占比重较大。

研究区内不同结构类型的斜坡，有其特定的破坏模式：①逆向缓倾层状结构斜坡，沿斜坡后缘节理面拉裂破坏，坡体从中部滑移剪出，产生拉张-剪切坐落式破坏，如图3.16

(a) 所示；②直立、陡倾层状结构斜坡，由于层状岩体与斜坡垂直、大角度相交或反倾相交，斜坡岩体发生块体弯曲-倾倒式破坏；③碎裂状结构斜坡，岩体沿交织的结构面产生相对运动，发生剪切-坐落式破坏。对该类型斜坡稳定性起控制作用的应力为坡顶水平张应力和潜在滑动面的剪应力，破坏模式为拉张-剪切坐落式破坏，如图 3.16 (b) 所示；④顺向缓倾层状结构斜坡，斜坡稳定性主要受控于斜坡岩层岩块之间的抗拉强度及抗剪强

(a)王庙沟滑坡拉张-剪切坐落式破坏

(b)段家河殿沟口崩塌拉张-剪切坐落式破坏

(c)旬阳尧柏水泥厂滑坡蠕滑拉裂渐进式破坏

(d)庞家湾二元结构斜坡土-岩接触面滑动破坏

图 3.16　区内不同斜坡结构类型破坏典型照片

度，并受到斜坡几何形态以及结构面与斜坡交织关系的控制，该类斜坡一般发生顺层蠕滑-拉裂渐进式破坏，如图3.16（c）所示；⑤坡积物-基岩二元结构斜坡，其破坏模式主要为土-岩接触面滑动破坏，如图3.16（d）所示。各破坏模式的典型图示详见第2章。

3.2.2 滑坡发育特征和规律

1. 滑坡发育特征

1）区内滑坡类型

调查统计，旬阳市发育的主要地质灾害类型有滑坡、崩塌、泥石流、地面塌陷，调查确定的608处地质灾害点中，滑坡556处、崩塌33处、泥石流16处、地面塌陷3处，分别占总数的91.45%、5.43%、2.63%、0.49%。区内滑坡灾害分布广、数量大、活动性强、破坏性大。从滑体的物质组成、滑体厚度、滑体规模及滑坡时间分别对本区滑坡进行分类统计，其统计结果列于表3.8。区内堆积层滑坡共523处，占滑坡总数的94%；岩质滑坡33处，占滑坡总数的6%；滑体厚度≤10m的浅层滑坡541处，占97.3%，厚度10~25m的中层滑坡12处，占2.2%，厚度≥25m的深层滑坡3处，占0.5%。

表3.8　区内滑坡发育特征统计

划分依据	基本类型		数量/处	占总数的百分比/%
	名称	指标		
物质组成	堆积层滑坡	以土、碎石土为主	523	94
	岩质滑坡	以岩石为主	33	6
滑体厚度	浅层滑坡	≤10m	541	97.3
	中层滑坡	10~25m	12	2.2
	深层滑坡	≥25m	3	0.5
运动形式	牵引式滑坡	后部推动	183	32.9
	推移式滑坡	前缘牵引	373	67.1
发生原因	工程滑坡	以人类活动为主	282	50.7
	自然滑坡	以自然活动为主	274	49.3
发生年代	新滑坡	现今活动	478	85.95
	老滑坡	全新世以来发生	72	12.95
	古滑坡	全新世以前发生	6	1.1

研究区内556处滑坡以中小型规模为主，其中小型383处，占总数的69.1%；中型147处，占总数的26.2%；大型只有26处，占总数的4.7%。不稳定斜坡114处，占总数的20.5%，稳定性较差327处，占总数的58.8%，稳定性较好115处，占总数的20.7%。不稳定的滑坡隐患点401处，占总数的72.1%；较稳定的有120处，占21.6%；稳定的35处，占6.3%。

2）滑坡分布规律

旬阳市由于其复杂的地质条件、地形地貌条件、气象水文条件和强烈的新构造运动及人类工程活动，使得本区滑坡较为发育，具有显著的地形和地域分布差别。

（1）滑坡点在地形上的分布

研究区内高程介于 185～2358m 之间，其中 185～500m 滑坡点占 258 处、500～1000m 滑坡点占 212 处，1000～2358m 滑坡点为 86 处。

河谷丘陵区海拔 200～500m，占全区总面积的 33.46%，分布在汉江两侧及旬河、仙河、吕河两岸，坡度较缓，土层较厚。由于受河水暴涨反复冲蚀和浸泡，在强降雨作用下极易形成岸边堆积层小型滑坡。该区人类工程活动频繁，尤其是城关、蜀河、吕河等地。该区共发育滑坡灾害 258 处，占滑坡总数的 46.4%。

低山区海拔 500～1000m，面积约占全区总面积的 44.10%，土层较薄。该区滑坡灾害共 212 处，占滑坡总数的 38.1%。

中山区及高中山区：中山主要分布在桐木、石门一带，包括南羊山及南羊山周围大部地区和汉江以南的东部、南部地区，面积 751.3km^2，占全区总面积的 22%。高程大于 1000m，坡度一般在 35°以上。植被覆盖率可达 40%～60%。土层厚度多在 30cm 以下，河谷断面多呈“V”形。多悬崖、尖峭险峰及狭窄沟谷。地质灾害多由坡面耕种造成，但由于海拔较高，人烟相对稀少，滑坡灾害仅有 86 处，占滑坡总数的 15.5%。

对研究区所有滑坡点的原始坡度、原始坡高和滑坡所处发展变形阶段统计如表 3.9 所示，滑坡坡度-坡向关系如图 3.17 所示。研究区最易发生滑坡的斜坡原始坡度为30°～45°，原始坡度小于 45°时，坡度与灾害点数量成正比，而原始坡度大于 45°时，坡度与灾害点数量成反比。原始坡度大于 45°，人类工程活动减弱，植被较好，地质灾害不易发。斜坡原始坡高与灾害点数量成反比。坡高越小，人类工程活动越剧烈，导致大量小规模滑坡、崩塌的发生。区内处于休止阶段的滑坡点有 131 处，占总数的 23.56%，处于初始蠕变和加速变形阶段的滑坡点，各有 151 处，各占总数的 27.16%，而处于剧烈变形阶段的滑坡点较少。

表 3.9　滑坡点特征统计表

分类依据	指标	滑坡点/处	占总数比例/%
原始坡度/（°）	>60	5	0.9
	45～60	38	6.83
	30～45	260	46.76
	15～30	248	44.60
	<15	5	0.9
原始坡高/m	>300	14	2.52
	200～300	20	3.60

续表

分类依据	指标	滑坡点/处	占总数比例/%
原始坡高/m	150 ~ 200	27	4. 86
	100 ~ 150	75	13. 48
	50 ~ 100	169	30. 40
	<50	251	45. 14
变形活动阶段	初始蠕变阶段	151	27. 16
	加速变形阶段	151	27. 16
	剧烈变形阶段	9	1. 62
	破坏阶段	114	20. 50
	休止阶段	131	23. 56

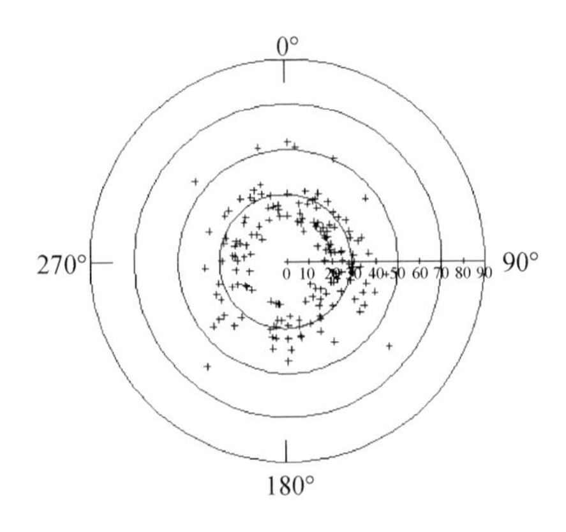

图 3. 17　滑坡坡度-坡向关系图

（2）滑坡的地域分布

在旬阳市的 21 个镇中，不同乡镇由于所处地貌位置不同，地质灾害分布不均匀，各乡镇均有不同程度的分布，即使同一乡镇，在不同地段地质灾害发育情况亦略有不同（表 3. 10）。

表 3. 10　地质灾害地域分布统计表

乡镇	面积/km^2	滑坡点/处	占总数比例/%	数量序列	密度/(处/km^2)	密度序列
吕河镇	191	48	8. 63	2	0. 272	1
神河镇	115	30	5. 41	9	0. 270	2
蜀河镇	181. 5	41	7. 37	4	0. 259	3
段家河镇	136	32	5. 76	7	0. 250	4
城关镇	228	45	8. 09	3	0. 228	5
白柳镇	189	36	6. 47	6	0. 196	6
金寨镇	133	24	4. 32	11	0. 188	7

续表

乡镇	面积/km²	滑坡点/处	占总数比例/%	数量序列	密度/(处/km²)	密度序列
关口镇	118	19	3.42	14	0.178	8
铜钱关镇	292	50	8.99	1	0.171	9
仁河口镇	80	12	2.16	19	0.163	10
仙河镇	110	17	3.06	15	0.155	11
甘溪镇	147	22	3.96	12	0.150	12
棕溪镇	232	31	5.58	8	0.147	13
桐木镇	103	15	2.70	18	0.146	14
小河镇	295	37	6.65	5	0.136	15
赵湾镇	155.5	20	3.60	13	0.135	16
双河镇	260.5	29	5.22	10	0.134	17
麻坪镇	131	16	2.88	16	0.122	18
构元镇	161.5	16	2.88	16	0.099	19
石门镇	140	8	1.44	10	0.071	20
红军镇	155	8	1.44	20	0.052	21
合计	3554	556	100			

地质灾害分布的不均匀性表现为灾害点中部地区最多，东部多西部少，总体南多北少。据表3.10，红军镇位于旬阳市北部，神河镇位于旬阳市南部，灾害点分布密度分别为0.052处/km²和0.270处/km²；同处南部低山区的铜钱关镇和石门镇，灾害点分布密度分别为0.171处/km²和0.071处/km²，相差达2.4倍。地质灾害分布、发育与地形、地貌的关系密切。

2. 旬阳地区滑坡发育规律和机制

区内滑坡与地形地貌、地层岩性及岩土体类型、地质构造、水及人类工程活动等各诱发因素之间关系紧密。

旬阳市各个地貌单元滑坡点数量（图3.18，表3.11）表明，滑坡主要集中在人类工程活动强烈的低山区及河谷阶地区。

表3.11　不同地貌单元滑坡点统计表

地貌类型	海拔/m	面积/km²	滑坡点/处	所占比例/%
高中山区	>1800	46.2	0	0
中山区	1000～1800	852.9	86	15.5
低山区	500～1000	1471	212	38.1
河谷阶地	<500	1189.2	258	46.4

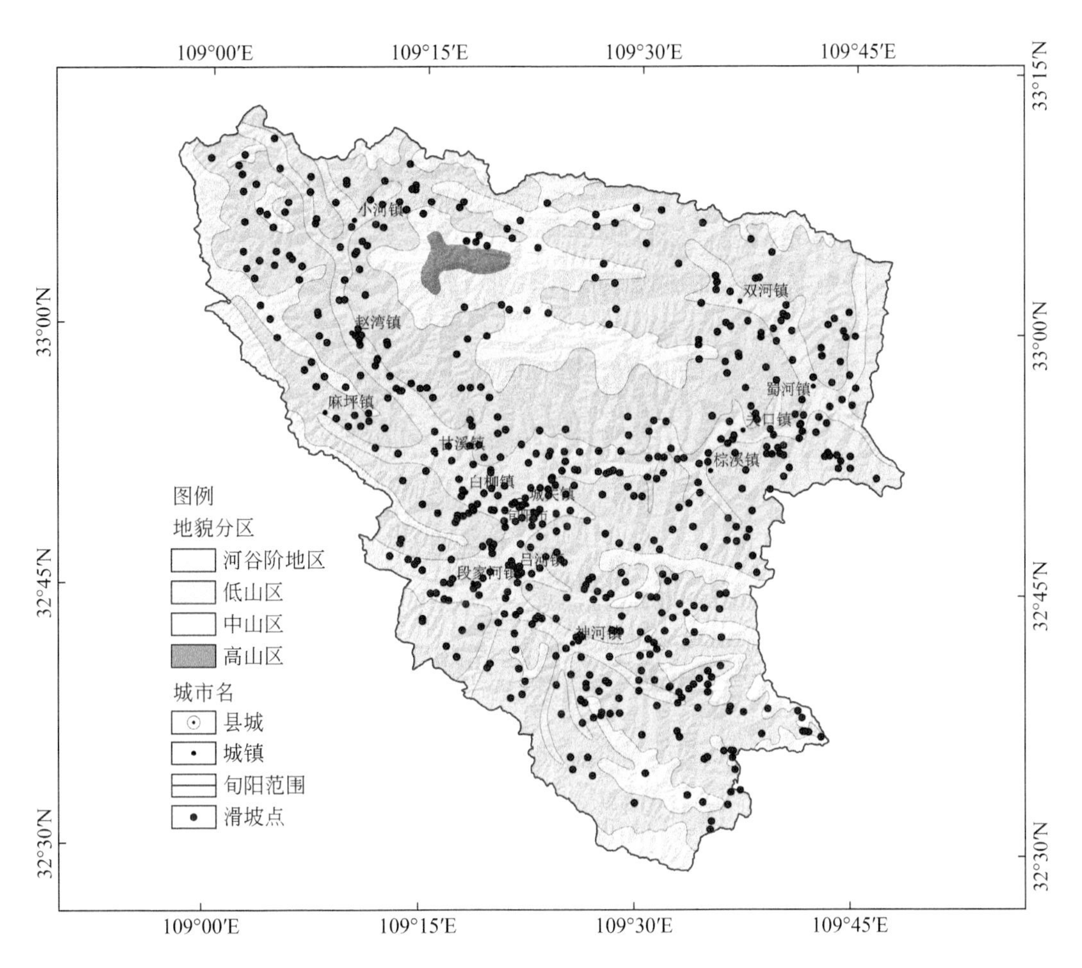

图3.18　旬阳市不同地貌单元滑坡点分布图

地层岩性与地质灾害的关系如表3.12和图3.19所示。可见，73%的地质灾害发生于志留系斑鸠关组、梅子垭组，泥盆系大枫沟组、石家沟组，主要岩性为千枚岩和片岩、板岩等，该类岩层完整性差、岩体破碎、强度低、风化作用强烈，易形成软弱面，进而形成灾害。在该类岩层分布区，基岩表面有厚度不均的残坡积、坡积松散堆积物，与基岩之间形成了软弱接触面。软弱的差异风化结构面和松散堆积层与基岩之间的接触面，往往成为该区滑坡控滑面。

表3.12　不同岩体类型滑坡点统计表

岩组	滑坡点/处	滑坡密度/（处/km^2）
梅子垭组	325	0.19
斑鸠关组	119	0.19
大枫沟组	102	0.13
石家沟组	66	0.14

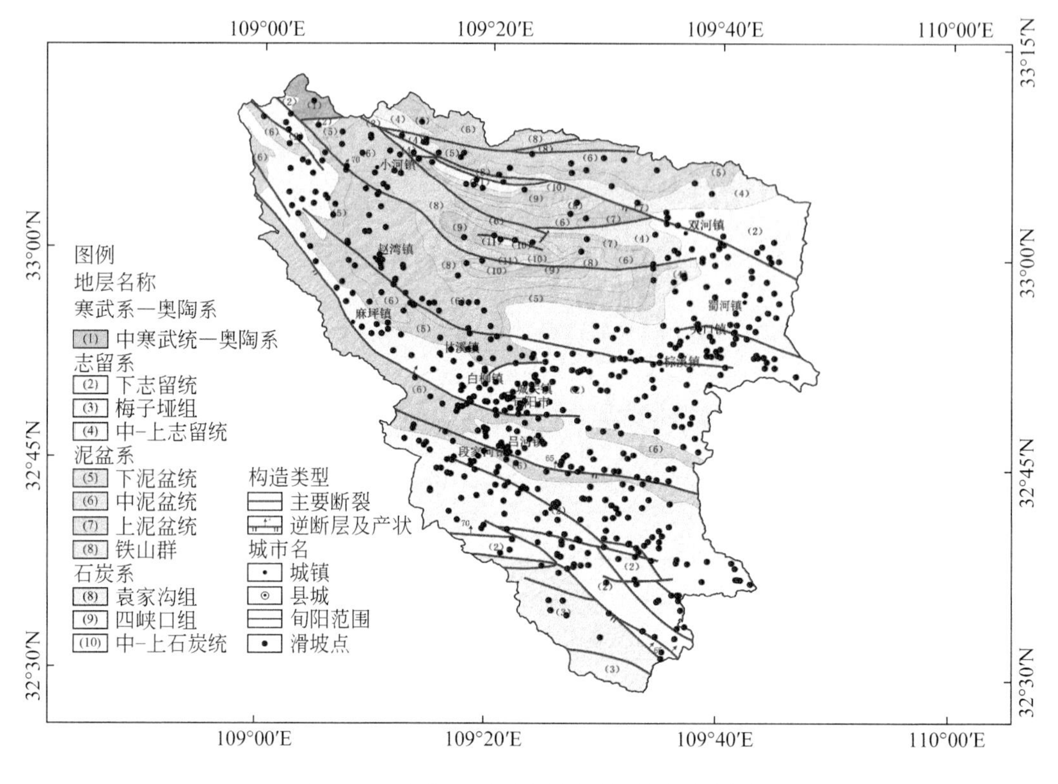

图 3.19　旬阳市不同地层岩性滑坡点分布图

不同地质构造 50m 范围内的滑坡灾害，如表 3.13 所示，占总数的 59%，滑坡的发生与地质构造关系密切。

表 3.13　不同地质构造 50m 范围内滑坡点统计表

断裂	滑坡点/处
旬阳-冷水河复向斜 F_2	43
麻坪-吕河口复向斜 F_3	170
安康-神河镇复背斜 F_4	89
公馆-白河大断裂 F_1	32
月河大断裂 F_5	22

对旬阳市境内主要河流 100m 流域范围内地质灾害分布情况统计，结果见表 3.14 和图 3.20。旬阳市境内水系发育的地段地质灾害分布较为集中，尤其在汉江、蜀河、吕河三条河流流域范围内，地质灾害沿河流两岸呈带状集中分布，其他支流地质灾害点分布则相对较为分散。三条主要河流流域 100m 范围内滑坡点占总数的 48.9%，滑坡的发生与地表水系关系密切。

表 3.14　不同水系 100m 流域范围内滑坡点统计表

水系名称	滑坡点/处
汉江	117
旬河	95
吕河	84
坝河	28
仙河	41
蜀河	32

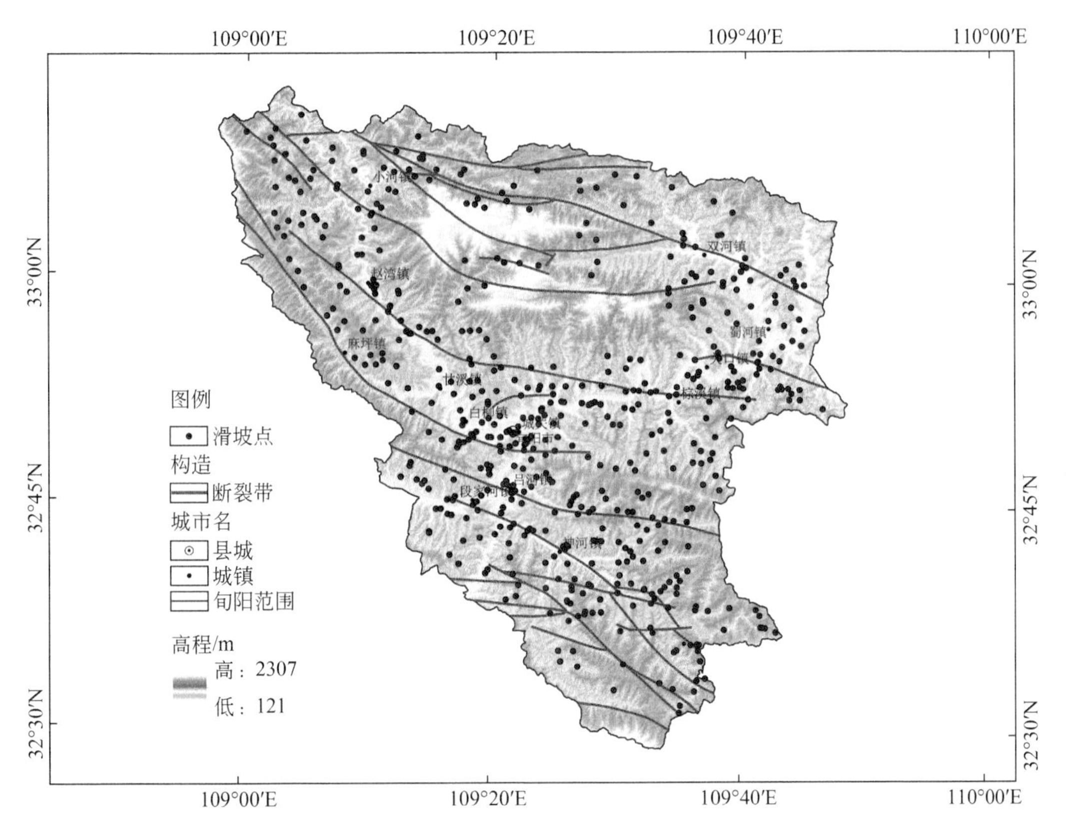

图 3.20　旬阳市地质构造与滑坡点关系图

旬阳市降水量最多的月份在 7 月和 9 月，分别为 145.3mm 和 136.4mm。连阴雨一般出现在 4 ~ 10 月，其中 9 ~ 10 月最为集中，最长降雨天数 15 天。降水入渗，引起岩土体中孔隙压力增高，同时松散土层遇水软化，凝聚力降低，容易产生滑坡；暴雨强度高时，地表的残坡积体在雨水的面蚀作用下和崩、滑体堆积物一起随洪水迅速汇入河谷，引发泥石流。

由图 3.21 和表 3.15 可见，地质灾害集中发生降雨量 800 ~ 900mm 区域内，主要在中南部地区。这与该区人口密集、人类工程活动强烈有一定关系。由于区内堆积层覆盖面积较广，引发的灾害类型以滑坡为主。

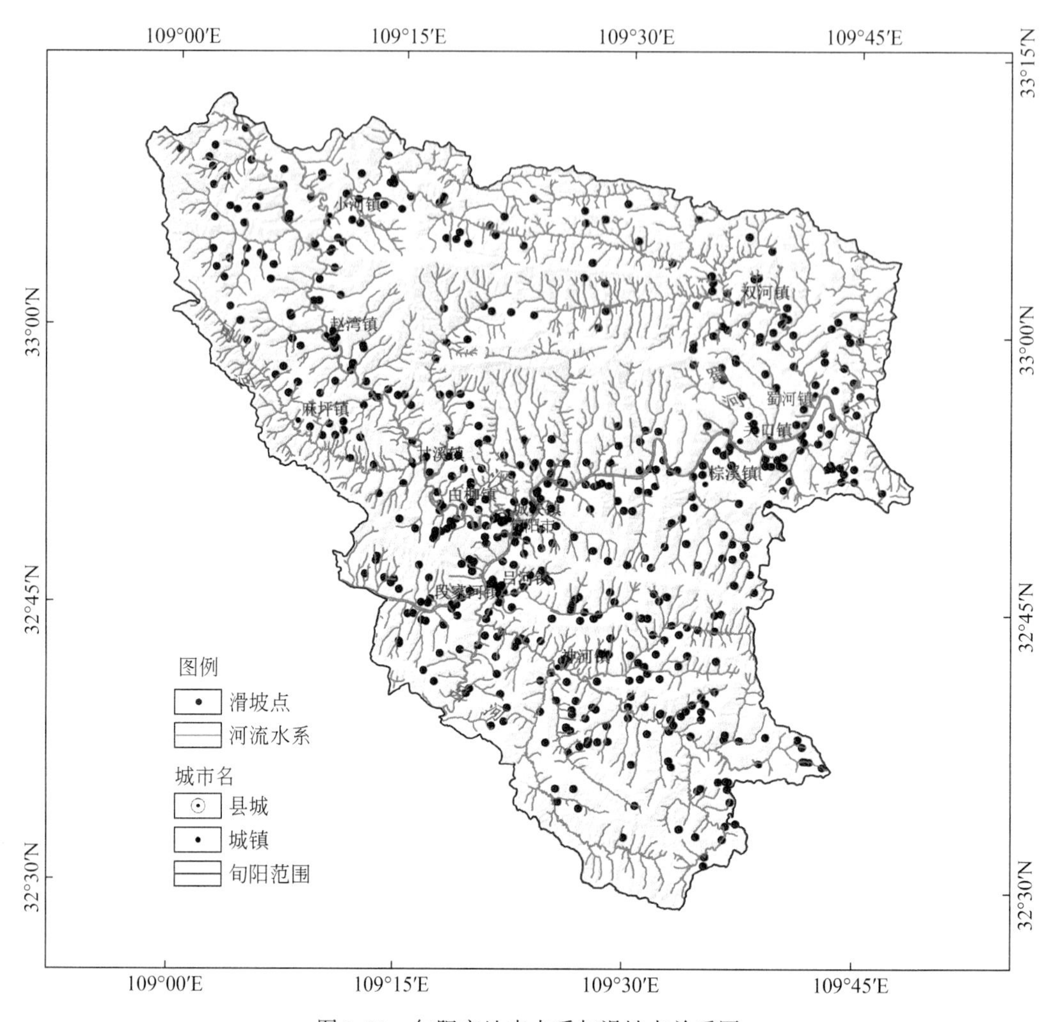

图 3.21　旬阳市地表水系与滑坡点关系图

表 3.15　不同降雨量值 50m 范围内地质灾害统计表

降雨量/mm	滑坡点/处
750	65
800	167
850	96
900	22
950	16
1000	21
1050	1

旬阳市区域范围内，人类工程活动的主要方式有农田开垦、切坡建房、交通工程开挖和堆填，以及矿产资源开发和排放，降低了已有坡体的稳定状态，加剧了滑坡灾害的发生概率，也为区内泥石流灾害的发生提供了丰富的物源，并引起其他的环境问题(图 3.22)。

(a)开垦坡地造成滑坡(310°)

(b)双河梯子口修路开挖造成滑坡(250°)

(c)关口镇樊坡村尾矿坝

(b)赵湾半沟采石场

图3.22　旬阳地区人类工程活动引起的地质灾害

综上，区内地层岩性、地质构造与地形地貌、气象水文条件以及人类活动共同构成区内独特的孕灾环境，其中地层岩性是决定滑坡灾害发育的物质基础，地质构造则不仅为滑坡灾害的发生提供结构条件，而且控制着区内的地貌格局，对气候水文条件也有极为重要的影响。通过对比地貌条件和气候条件与滑坡点密集程度关系，可见人类工程活动是地质灾害发生的重要诱发因素，故地层岩性、地质构造以及人类工程活动是孕灾环境中最为重要的影响因子。

3.3　秦岭微板块南缘强构造带——紫阳地区滑坡发育特征及规律

3.3.1　地质环境条件

1. 工程地质条件

1）气象水文

紫阳县属暖温带半湿润大陆性季风气候，具有气候温和，雨量充沛，夏无酷暑，冬无严寒的特点。气温空间分布受地形地貌影响较大，各地差异明显，大巴山区和凤凰山区的平均气温相对较低，而任河、汉江河谷及蒿坪川道气温相对较高。区内降水分布具有明显的地域差异性，即各地区降雨分布不均，南部大巴山区多于北部凤凰山区（图 3.23）。据 2001 ~ 2019 年降雨统计资料可知，多年平均降雨量平均值 1112mm。年内降水分布极不均匀，其中夏、秋两季累积降雨量占全年降雨量的 90.01%。月平均降雨量最多月份为 7 ~ 9 月，最小月份为 12 月。紫阳县降雨类型常为连阴雨和暴雨，且相伴产生，是区内形成滑坡、崩塌、泥石流的主要诱发因素之一。

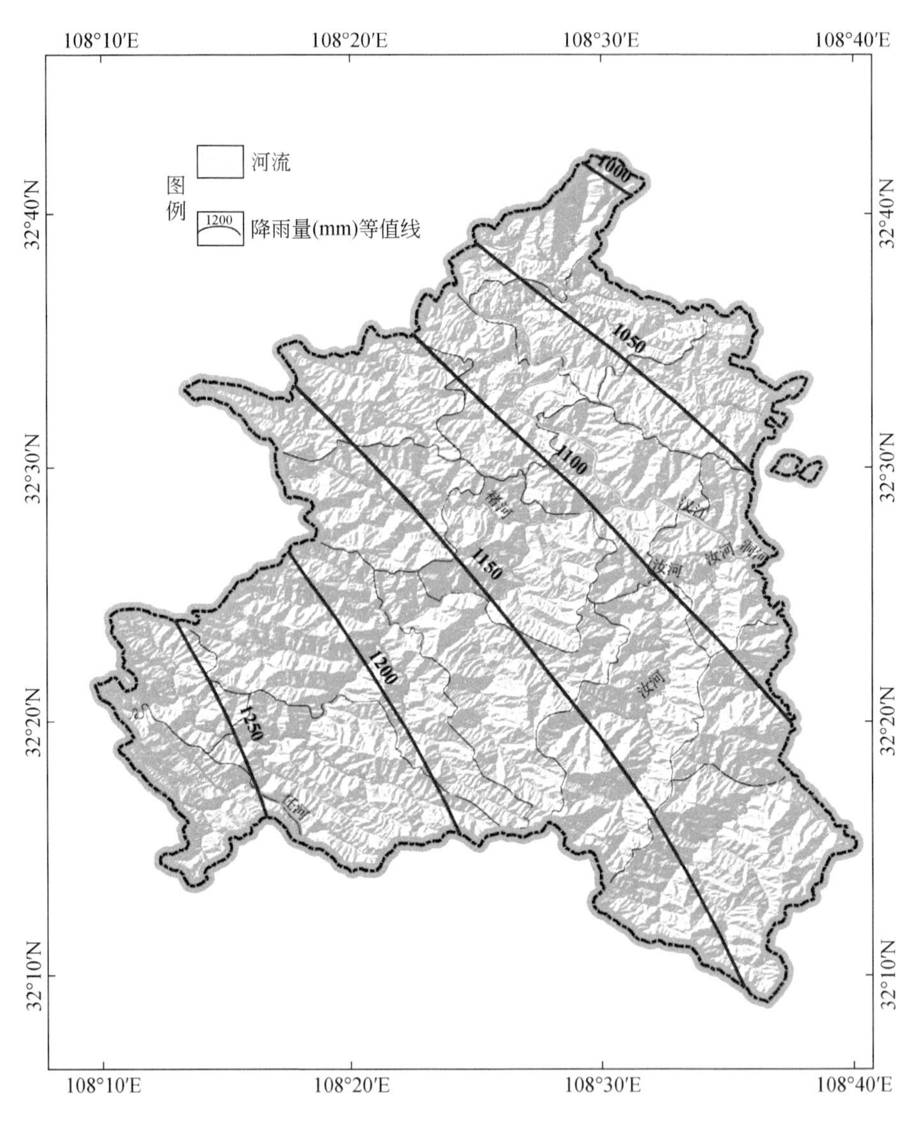

图 3.23　紫阳县降雨量等值线图（2001 ~ 2019 年）

紫阳县内的河流主要包括东西走向的汉江和南北走向的任河，属汉江水系（图 3.24）。汉江在境内长 75km，流经汉王、金川、焕古、城关、洞河等乡镇，江面狭窄，两岸阶地极少，悬崖陡壁比比皆是。境内汉江支流包括任河、汝河、洞河、林本河、蒿坪河、绵鱼河、沔峪河等。

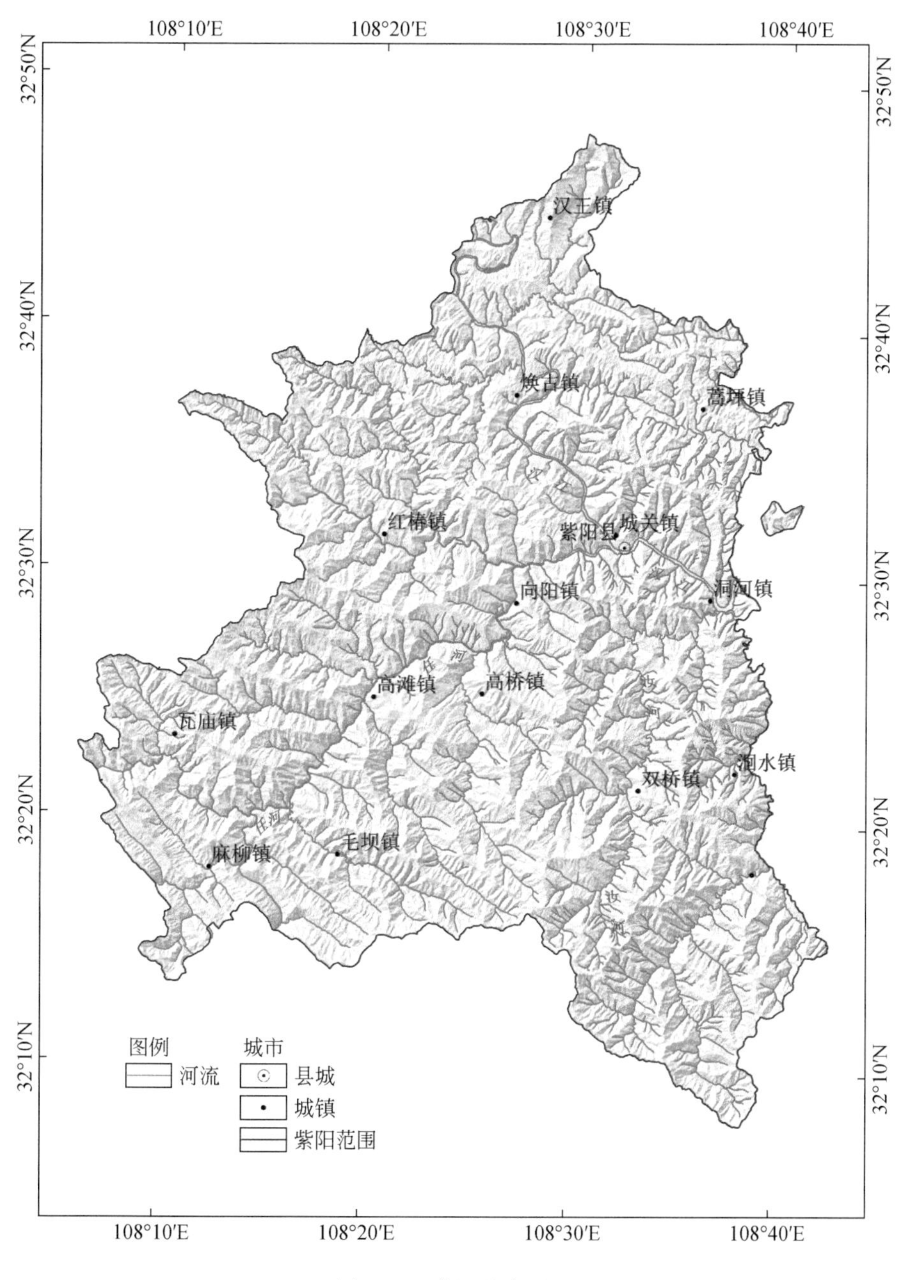

图 3.24　紫阳县水系图

2）地形地貌

紫阳县地形地貌轮廓呈现两山两谷一川的特征。汉江、任河将全县分为大巴山区和凤凰山区，山脉走向呈北西-南东向，凤凰山东部有蒿坪川道。境内万山重叠，总的地势南高北低。从地貌上可划分为河谷阶地区、低山区、中山区和高山区（图 3.25）。

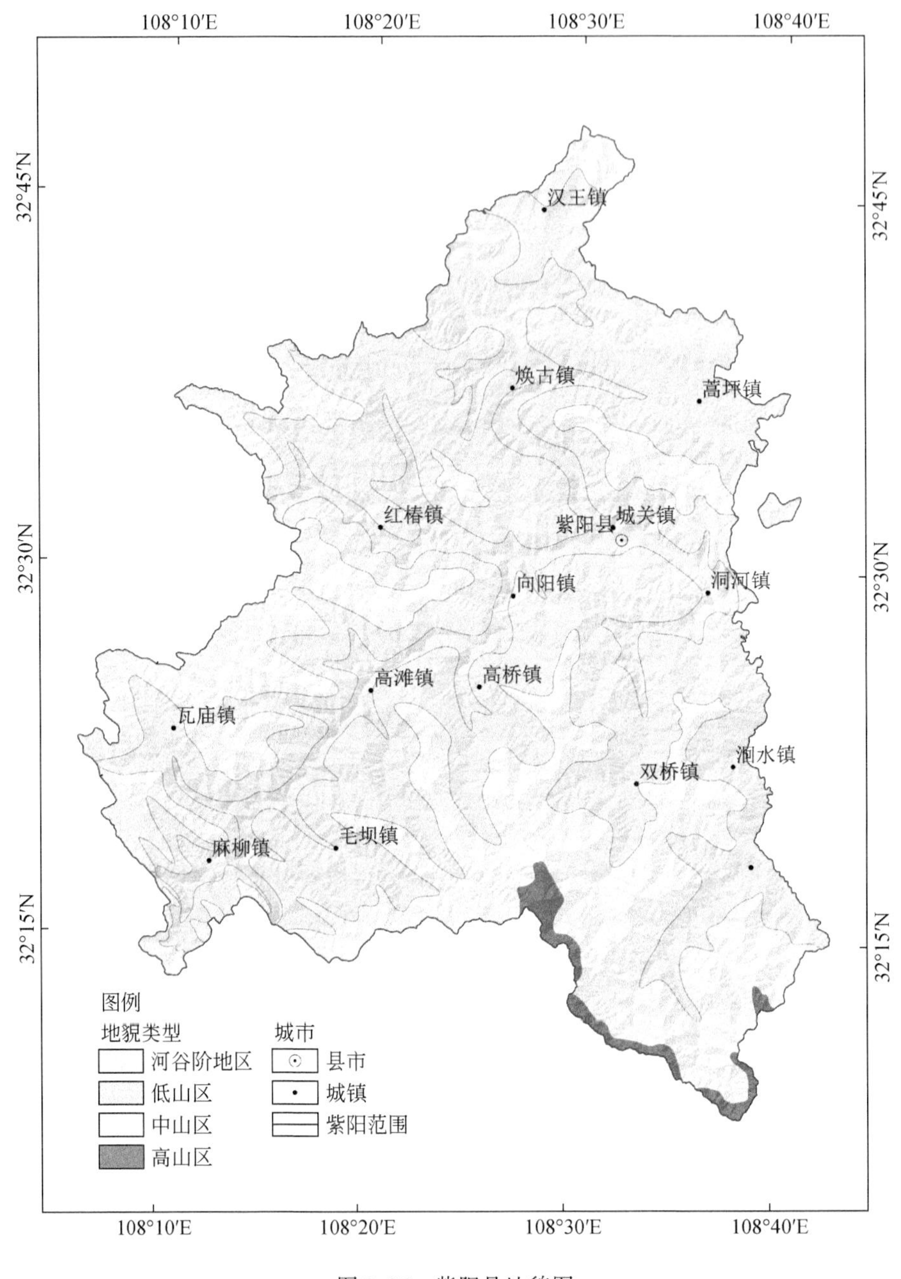

图 3.25　紫阳县地貌图

区内中山、高山区沟谷发育、地形陡峻，断裂构造发育，岩性软弱且岩体破碎，地表过程强烈，加之雨量充沛，崩滑流等地质灾害极为发育，且常具有链生成灾、流域成灾的特点，尤以堆积层滑坡链生转化泥石流灾害最为严重。

3）地层岩性

紫阳地区地层基本都位于南秦岭南部构造带（Ⅱ2）中的南亚带，即南秦岭—大别山地层区，其中包括高滩—兵房街地层小区和北部紫阳—平利地层小区，属南秦岭地层小区，仅西南小部分出露扬子地层区的震旦系。

区内主要出露震旦系—志留系，特别是与控制滑坡灾害发育相关的寒武系、奥陶系、志留系变质岩地层更是广泛出露，而泥盆系—侏罗系出露极少或未见出露，且多集中于西南巴山弧形断裂处。岩层分布形式与构造分区一致，为 NW 向。本区主要出露地层如图 3.26 所示。

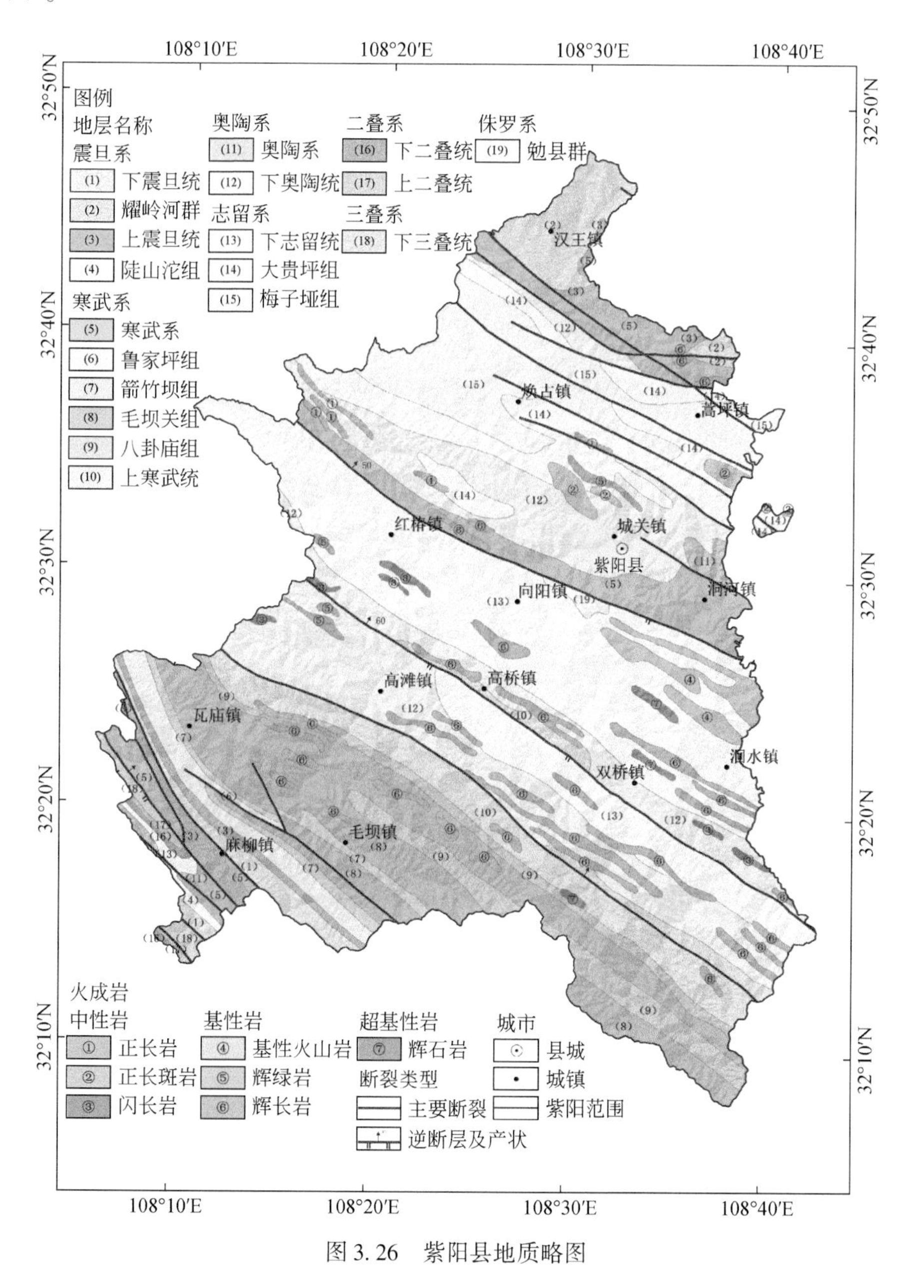

图 3.26　紫阳县地质略图

4）地质构造

如图 3.27 所示，紫阳县跨越秦岭板块和扬子板块两个一级构造单元，位于月河–铜钱关断裂 F_8 与勉略–城口断裂 SF_2 之间，境内大部分地区属于南秦岭南部薄皮逆冲推覆构造带Ⅲ，由紫阳–平利逆冲推覆构造带 $Ⅲ_5$ 和高滩–兵房街逆冲推覆构造带 $Ⅲ_6$ 两个次级单元构成；西南小部分地区属于扬子板块北缘构造带Ⅳ，也包括两个次级单元，即在先期前陆冲断褶带基础上叠加晚期推覆构造的前锋变形带（简称复合推覆前锋带）和晚期向南扩展

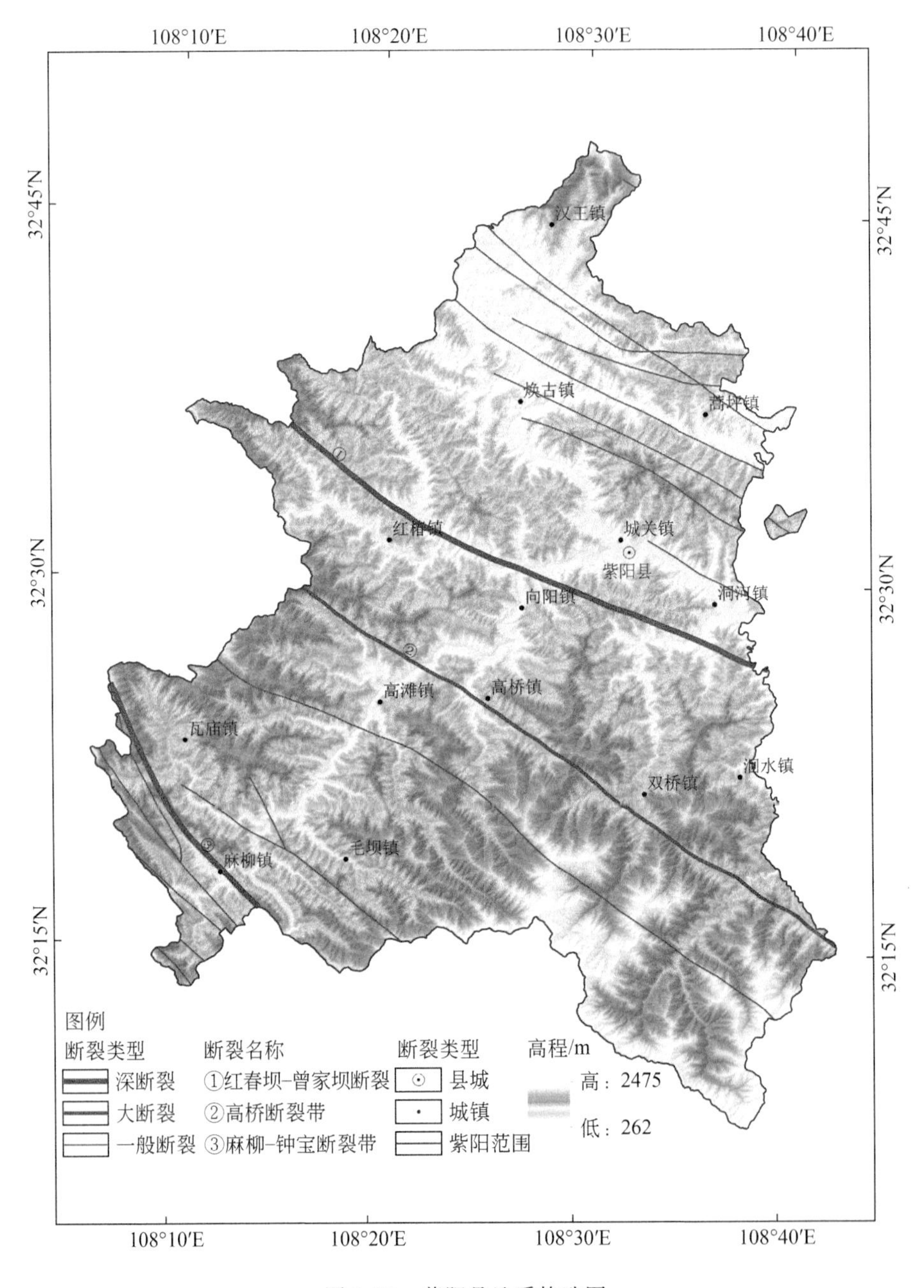

图 3.27　紫阳县地质构造图

新生的推覆前锋变形带（简称推覆前锋带），后者在紫阳县境内未出露。紫阳-平利逆冲推覆构造$Ⅲ_5$面上呈北西走向西窄东宽的带状，其间包括多个次级逆冲叠瓦状推覆构造。高滩-兵房街逆冲推覆构造带$Ⅲ_6$总体呈弓弦状向西南突出的推覆构造，面上呈北西窄南东宽的带状，属印支期—燕山期碰撞逆冲推覆的构造产物（图3.28）。扬子板块北缘构造带Ⅳ虽出露面积较小，但该区域内的滑坡等地质灾害却十分发育。

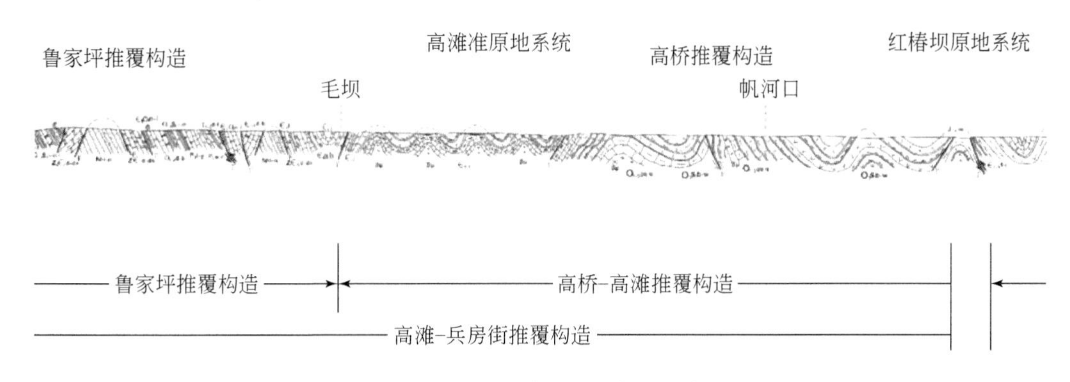

图3.28　紫阳县典型地质剖面示意图

综上所述，紫阳县构造变形以推覆断层为界呈现为强弱、疏密相间的反复变化。推覆褶皱倒转翼部常产生不同级别的韧性剪切带，构成由不对称倒转、等斜至平卧褶皱与不同韧性剪切带相间的组合，成为该带区域性构造变形基本样式，并往往以大型韧性逆冲推覆剪切带为主推覆界面而构成大的推覆构造，包含一系列次级褶皱与剪切带组合，形成了北大巴山包含不同级别组合的巨型逆冲复合推覆构造带。

5）新构造活动与地震

在古近纪到第四纪期间，新构造运动使巴山山脉缓慢隆升，流水下切，并延续至今，形成了任河的“V”形河谷。两壁较陡，谷底狭窄，一般宽100m左右。新构造运动导致汉江改道，河床亦有过明显的升降运动。这种升降运动也使得许多构造河谷沿岸形成高陡斜坡，原有斜坡高差不断加大，岩体破碎程度加剧，为滑坡的发育提供了地形地貌基础。紫阳地区新构造运动是在秦巴山区大构造运动的基础上发生的，而其活动又具有明显继承性，是前期古构造活动的延续。

根据紫阳县志和安康地区地震目录记载，在紫阳县境内，新中国成立以前共发生无仪器记录地震9次，1949年后有仪器记录地震4次，其中震级大于3.0级的仅一次，为1971年4月29日汉王城3.1级地震。紫阳县全县范围的地震动峰值加速度为0.05g，其特征周期则分别为0.35s和0.40s，并存在于两个不同区域，两区分界线基本以汉江为界，汉江以北为0.40s区，以南为0.35s区。

6）岩土体工程地质基本特征

按照岩石强度、结构类型可将区内岩土体划分为：坚硬块状侵入岩类、坚硬中厚-厚层状碳酸岩类、较坚硬薄层状浅变质岩类和松散黏性碎石土类。

（1）坚硬块状侵入岩类

在紫阳县境内呈零星分布，主要与断层的分布走向关系密切。岩性主要为酸-基性火山熔岩夹火山碎屑岩、花岗岩、闪长岩、辉长岩等，岩性较均一，具块状结构，新鲜岩石干抗压强度 100～200MPa，软化系数多大于 0.8。侵入岩周围岩体多为接触变质岩，其结构破碎、岩性软弱，常形成囊状或带状风化，是造成区内崩塌滑坡的重要地段。闪长岩干抗压强度 221.37MPa，湿抗压强度 195.77MPa，软化系数 0.89。抗剪强度指标 c 为 26.2MPa，φ 为 38°。

（2）坚硬中厚-厚层状碳酸岩类

主要分布在紫阳县西南部的麻柳地段和中部广城—斑桃一带，主要为白云岩、灰岩、泥质灰岩、大理岩；多呈中厚-厚层状结构，岩石致密坚脆；工程地质指标：干抗压强度 80～220MPa，软化系数一般大于 0.75；碳酸盐岩溶蚀现象发育，岩溶化程度强烈。

（3）较坚硬薄层状浅变质岩类

该岩类主要沿北西向分布于毛坝-高滩和芭蕉-蒿坪等地段，占全县面积 60% 左右，主要包括片岩、千枚岩、板岩夹火山岩、硅质岩、砂岩，其主要工程地质指标如下：片岩干抗压强度 60～150MPa，软化系数 0.63～0.74；寒武系泥质千枚岩比重 2.82，干重度 0.274kN/m^3，干抗压强度 62.83MPa，湿抗压强度 24.2MPa，软化系数 0.39；志留系石英砂岩干抗压强度 232.74MPa，湿抗压强度 232.5MPa；砂质板岩比重 2.84，干重度 0.277kN/m^3，干抗压强度 139.03MPa，湿抗压强度 92.94MPa，软化系数 0.67。该类岩石工程地质指标、物理力学性质指标均较低，易破碎、风化，与区内前表层滑坡的形成有重要关系。

（4）松散黏性碎石土类

主要分布于汉江、任河、蒿坪河及主要支流两岸斜坡凹槽地带。以全新统冲、洪积和坡积层为主，主要为夹碎石粉质黏土、岩屑相混合，黏土与碎石、黏土与岩屑之比为 1∶1，厚度一般为 2～21m。在降雨作用下山体斜坡凹槽的残坡积物遇水极易处于饱和状态，土体强度急剧降低导致滑坡，加之下伏岩质多为泥质板岩、千枚岩、片岩等易滑地层，是区内浅表层滑坡的主要物质基础。

7）地下水特征

按地下水贮水地质条件，区内地下水划分为以下类型。

（1）基岩裂隙水

在区内主要分布在红椿坝断裂以南，粉砂岩含水量较高，加之构造断裂发育，泉水流量 0.1～0.2L/s，凤凰山一带泉水流量 0.01～0.03L/s。

（2）碳酸盐岩夹碎屑岩裂隙水

在区内主要分布于西部山区，其水量为中等，暗河流量 130L/s 左右。

（3）松散岩类孔隙水

主要分布于低山沟谷区，河流宽谷地段。含水层为第四系冲积、洪积砂砾石层，含水层厚十余米。松散物堆积在连阴雨、暴雨集中的 7～9 月土体易达到饱和状态，导致自重载荷增加，抗剪强度降低，从而诱发滑坡、泥石流等地质灾害，该类地下水与浅表层滑坡的发育关系极为密切。

8）人类工程活动

由于区内受地理位置和地质环境等条件所限，大部分乡镇经济发展程度较落后。县政府驻地及汉江、任河两岸的乡镇经济相对较发达，人口稠密，是人类工程活动强烈的地区。在人类工程活动中诱发地质灾害的主要类型有工程建设、矿产开发和农业活动等。

2. 斜坡结构类型及破坏模式

结合工程地质岩组、岩体结构和岩质边坡结构类型，对研究区内的坡体结构进一步划分为：土-岩二元斜坡结构，缓倾层状斜坡结构，直立、陡倾层状斜坡结构，碎裂斜坡结构，块体镶嵌斜坡结构。

通过对紫阳县滑坡灾害调查结果进行统计分析，发现区内发育的浅表层滑坡滑面位置主要受控于土-岩接触结构面，主要破坏模式可分为圆弧滑动破坏、土-岩接触面滑动破坏、坡面漫流滑动破坏三种类型。

1）圆弧滑动破坏

圆弧滑动破坏一般发生在无明显岩体结构面的均质土体中，滑体物质以残坡积物为主，含有部分全风化岩体。土质滑坡滑面近似呈圆弧状，但滑面位置受岩土强度限制，坡体内部越深的土体破坏强度越高，同时受降雨入渗深度影响，滑面位置都较浅，且滑面不明显。这种破坏模式对应滑坡变形发展较缓，有明显的蠕滑变形阶段，许多斜坡残坡积层在降雨条件下发生蠕滑，表现为形成后缘拉张裂缝，前缘鼓胀等现象，雨停后蠕滑阶段停止；再次降雨后滑坡又继续发生蠕滑，有的甚至始终处于蠕滑变形，并无剧滑阶段。这种破坏模式的滑坡广泛分布于整个任河流域，由于坡体在蠕滑阶段运动阶段变形缓慢，而在剧滑阶段以极短时间发生失稳，对当地基础设施与居民具有极大威胁。图3.29给出该破坏模式的演化过程，包括滑前、蠕滑和停歇三个主要阶段。

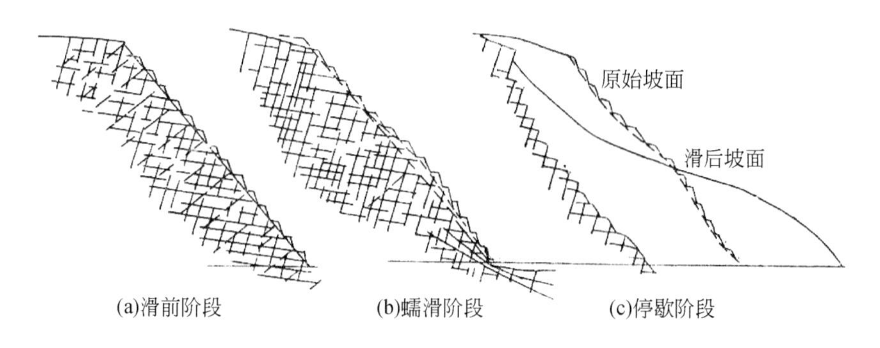

图3.29　土-岩接触面圆弧滑动破坏演化过程

层内圆弧滑动破坏多发生于推移式滑坡中，由于后缘坡体稳定性较差发生下挫，推动前部未滑动的较稳定坡体向前运动，最终导致失稳破坏；坐滑型滑坡的变形特征主要表现在后缘首先出现张拉裂缝，并发生下滑形成台坎，推动坡体前部发生滑动，但一般其滑动量明显小于后部，形成具有凸型剖面形态的滑坡。这种破坏形式多出现坡体下部、坡上上陡下缓的位置，或前缘存在支挡的情况（图3.30）

前缘牵引式滑坡是指当坡体前部失稳，后部失去支撑的变形破坏模式。后部稳定性好，而前部稳定性较差，当滑动次数较多时便形成了一级级的叠瓦状滑坡，且后一级覆盖在前一级上（图3.31）。

(a)焕古镇松河村滑坡　(b)向阳镇中林村铁路隧道口滑坡

(c)洞河镇前河村滑坡　(d)破坏形式示意图

图 3.30　层内圆弧滑动破坏

(a)单级牵引式滑坡(双安镇闹热村)

(b)多级牵引式滑坡(向阳镇芭蕉村)

图 3.31　前缘牵引式圆弧滑动破坏

2）土-岩接触面滑动破坏

当浅层强风化-全风化岩体内存在顺坡向陡倾结构面时，滑面形式有两种，一种是强风化岩体结构面受剪破坏并沿贯通性较好的结构面发生挤压式滑动，其滑面根据结构面形状呈近直线形，滑体中往往含有一定数量的大尺寸块石［图3.32（a）］；另一种是坡积物直接覆盖在顺向光滑基岩上，当坡积物堆积到一定厚度，就会在外力（如降雨、地震荷载等）作用下沿土-岩接触面发生滑坡［图3.32（b）］。这类滑坡发展过程快速，而规模一般较小。研究区存在大量类似滑坡，特点是启滑时间短、发生频率高、发展速度快，蠕变阶段不明显或不发生，短时间内释放能量。

(a)红椿镇白兔村

(b)洪山镇

图3.32　顺层平滑式破坏典型滑坡

当斜坡原始坡度较大（一般大于34°），滑坡发生时间短、能量大、冲击破坏力强，滑坡时滑体快速滑动，部分或完全滑出，滑坡结束后滑体堆积于坡脚，滑面完全出露，局部地形改变，滑后变形破坏痕迹容易被发现。该类滑坡破坏形式多见于两种情况：①坡体前缘被开挖或侵蚀的陡坡，坡体物质较均匀，原始地形以凸形坡为主［图3.33（a）］；②堆积层覆盖在顺向岩层上的陡坡，降雨时极易发生整体滑动破坏［图3.33（b）］。

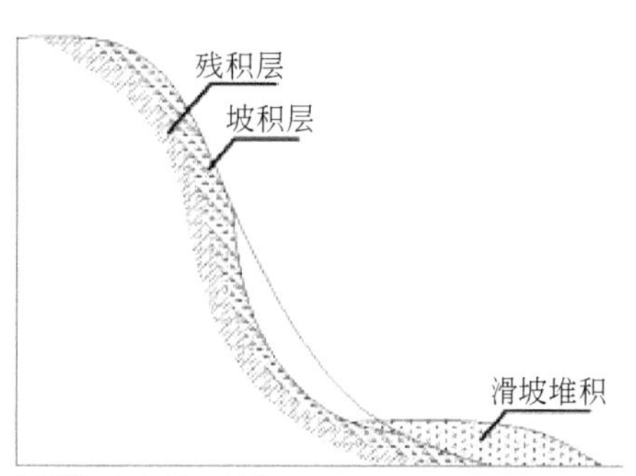

(a)坡体前缘由于修路开挖形成滑坡(东木镇月桂村)

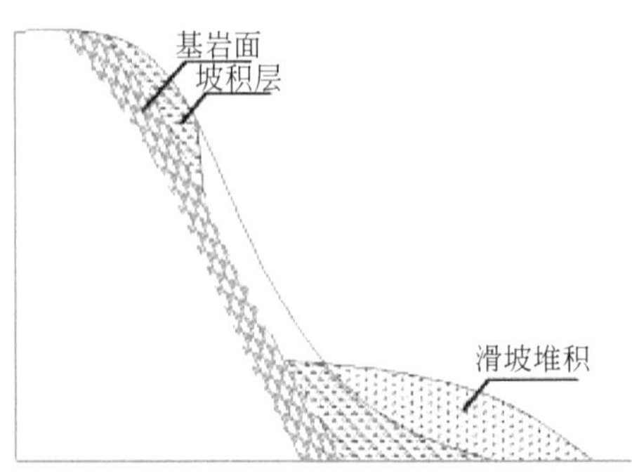

(b)沿顺向坡基岩面整体滑动(红椿镇白兔村)

图 3.33　顺层平滑式整体滑出破坏

3）坡面漫流滑动破坏

一般发生在暴雨期的陡坡上，由于两侧岩土体性质较好，或植被覆盖较好，造成一个狭长空间内残坡积层失稳破坏，形成带状滑坡。其破坏痕迹类似于坡面泥石流，但滑体仍以整体滑动为主。滑坡时由于坡度较陡，滑体聚集了较大的能量，一旦出现失稳迹象在较短时间内会发生滑坡，上部滑体对下部坡体形成刮铲作用，滑面清晰可见（图 3.34），滑坡后两翼失去支撑，滑坡极有可能向两翼方向扩展，这一类滑坡受人为因素影响较为明显。

(a)蒿坪镇森林村

(b)东木镇木王村

图 3.34　带状长舌型坡面漫流滑动破坏

当坡面在自然或人为条件下形成沟、槽、坎、洞等不利微地形，造成坡面不均匀滑动，滑体散碎无固定形状，一次滑动后仍然可以再次滑动，形成类似于流体的漫流式破坏（图 3.35）。

(a)红椿镇白兔村滑坡

(b)双安镇闹热村滑坡

图3.35　坡面漫流式破坏

3.3.2　滑坡发育特征和规律

1. 滑坡发育特征

1）滑坡类型及基本特征

研究区内共查明滑坡灾害791处，其中浅表层滑坡776处，占全部滑坡的98.1%。根据本区特点，从滑体的物质组成、滑体厚度、滑体规模及滑坡时间对本区滑坡进行了分类统计，其统计结果列于表3.16。

表3.16　滑坡发育类型统计表

分类依据	发育类型	数量/处	占滑坡总数比例/%
物质组成	堆积层滑坡	766	96.8
	岩质滑坡	25	3.2
滑体厚度/m	浅层滑坡（<6）	682	86.2
	中层滑坡（6~20）	107	13.5
	深层滑坡（>20）	2	0.3
滑体规模/$10^4 m^3$	小型（<10）	661	83.6
	中型（10~100）	119	15.0
	大型（100~1000）	11	1.4
	巨型（>1000）	0	0
滑坡时间	古滑坡	1	0.1
	老滑坡	18	2.3
	现代滑坡	772	97.6

本区滑坡的物质组成以含碎石粉质黏土堆积层为主，共766处，占滑坡总数的96.8%

(堆积层滑坡包括碎石土滑坡和土质滑坡)，岩质滑坡仅有 25 处，占滑坡总数的 3.2%；滑坡厚度大多小于 20m，小于 6m 的浅层滑坡 682 处，占 86.2%，6～20m 的中层滑坡 107 处，占 13.5%，厚度大于 20m 的深层滑坡仅 2 处，占 0.3%；滑体规模以中、小型为主，其中规模小于 $10\times10^4m^3$的小型滑坡 661 处，占 83.6%，规模在 10×10^4～$100\times10^4m^3$的中型滑坡 119 处，占 15.0%，规模在 100×10^4～$1000\times10^4m^3$的大型滑坡 11 处，占 1.4%；所有滑坡中仅有 18 处为老滑坡，有 1 处为古滑坡，其余均为现代滑坡。

（1）堆积层滑坡

堆积层滑坡的物质组成以黏性土和碎石土为主，夹碎屑及风化岩屑，主要分布于各沟谷斜坡地带的坡积裙及坡脚，是区内分布最广、数量最多、发生频次最高的滑坡类型［图 3.36（a）］。

(a)向阳镇钟林村林家隧道出口堆积层滑坡

(b)联合镇干沙村猫儿梁岩质滑坡

图 3.36　研究区堆积层滑坡和岩质滑坡

滑坡形态大多保持了较明显的圈椅状地形或微凹状态，平面形态多呈半圆形、舌形、矩形，滑带表面起伏不平、坡度不等，滑动面大多呈现出后陡前缓的形态。坡度 25°～45°最多。堆积层滑坡主要受残坡积土体与基岩的接触面控制，或沿强风化岩与下伏微风化岩或新鲜基岩之间的差异风化面滑动，基岩主要为节理裂隙发育的千枚岩、片岩和板岩等软弱变质岩。滑面多呈直线和折线形态，滑面倾角 25°～45°，一般上陡下缓。组成滑坡体的浅表层残坡积物结构较疏松，颗粒间黏结力小，透水性强，为黏性土及碎石土、碎屑混杂物，遇水易软化，具有弱膨胀性；干旱时易干裂，与下覆基岩差异明显。滑体规模多取决于下伏基岩面形态，若为凹形，其上坡残积物质的厚度一般较大，相应的滑坡规模亦大。

堆积层滑坡主要受工程活动和降雨因素影响，其活动性大多表现为：首先发生局部滑动或滑塌，局部滑动的规模有大有小，也有部分只出现在后缘发育的变形裂缝，但以后多年未见有较大的整体变形。此类潜在滑坡（或斜坡变形体、潜在不稳定斜坡）在暴雨和工程活动等因素影响下堆积层土体强度受降雨入渗和荷载扰动不断降低，最终形成贯通面发生整体滑动，或土体完全饱和后发生溃散失稳。

（2）岩质滑坡

岩质滑坡是滑体主要由岩体组成或滑动面发育在岩体中的滑坡［图 3.36（b）］，本次调查中该类滑坡仅有 25 处，占滑坡总数的 3.2%。坡体均为顺坡向斜坡，滑面受基岩风化差异面或沿片理面形成的节理裂隙控制，后缘则受拉张裂隙或节理裂隙控制。滑体物质主要为强、弱风化千枚岩、板岩或灰岩及上覆残坡积物。

2）滑坡规模及特征

根据地质灾害调查统计结果，研究区内滑坡灾害规模以小型为主，占滑坡总数的 83.6%；中型次之，占总数的 15.0%；大型最少，占总数的 1.4%。其中稳定性较差的有 510 处，占总数的 64.5%；稳定性中等的有 277 处，占总数的 35.0%；稳定性较好的有 4 处，占总数的 0.5%。

根据调查，将研究区所有滑坡点的原始坡度、原始坡高和滑坡所处发展变形活动阶段进行分类统计。由表 3.17 可见，研究区最有利于发生滑坡的斜坡原始坡度为 30°～45°，原始坡度小于 45°时，坡度与灾害点数量成正比，而原始坡度大于 45°时，坡度与灾害点数量成反比；斜坡原始坡高与灾害点数量成反比；处于休止阶段的滑坡点有 309 处，占总数的 39.06%，处于初始蠕变阶段的滑坡点有 298 处，占总数的 37.67%，处于剧烈变形阶段和破坏阶段的滑坡点较少。

表 3.17　滑坡点特征统计表

分类依据	指标	滑坡点/处	占总数比例/%
原始坡度/（°）	>60	17	2.19
	45～60	91	11.73
	30～45	429	55.28
	15～30	234	30.15
	<15	5	0.64
原始坡高/m	>300	4	0.53
	200～300	14	1.87
	150～200	21	2.8
	100～150	58	7.73
	50～100	280	37.33
	<50	373	49.73
变形活动阶段	初始蠕变阶段	298	37.67
	加速变形阶段	106	13.40
	剧烈变形阶段	36	4.55
	破坏阶段	42	5.31
	休止阶段	309	39.06

2. 滑坡发育规律和机制

紫阳县由于其复杂的地质条件、地形地貌、气象水文及人类工程活动，使得本区地质灾害极为发育。

1）滑坡灾害的地域分布

紫阳县滑坡灾害分布于全境 17 个乡镇中，各乡镇由于所处地理位置和地形地貌不同，地质条件、水文地质条件和岩土特征不一，其滑坡灾害分布不均匀（表 3. 18）。

滑坡灾害地域分布的不均匀性总体表现在北多南少，东多西少。灾害点数量最多的 5 个乡镇分别为城关镇（118 处）、蒿坪镇（82 处）、高滩镇（65 处）、洞河镇（64 处）、洄水镇（60 处）；灾害点分布密度最大的 5 个乡镇依次为城关镇（0. 9543 处/km^2）、蒿坪镇（0. 7486 处/km^2）、洞河镇（0. 6752 处/km^2）、洄水镇（0. 6293 处/km^2）、双安镇（0. 4812 处/km^2）。同一乡镇不同地段灾害分布亦不同，如受红椿-中坝断裂所控制，红椿镇沿红椿-中坝断裂灾害点密度明显高于其他地方。

表 3. 18　滑坡灾害地域分布统计表

乡镇	面积/km^2	滑坡/处	占滑坡总数比例/%	数量序列	密度/（处/km^2）	密度序列
城关镇	123. 65	118	14. 9	1	0. 9543	1
洄水镇	95. 34	60	7. 6	5	0. 6293	4
蒿坪镇	109. 54	82	10. 4	2	0. 7486	2
洞河镇	94. 78	64	8. 1	4	0. 6752	3
双安镇	103. 9	50	6. 3	6	0. 4812	5
红椿镇	116. 34	44	5. 6	8	0. 3782	6
东木镇	134. 82	45	5. 7	7	0. 3338	7
焕古镇	108. 58	32	4. 1	11	0. 2947	10
向阳镇	132. 83	42	5. 3	9	0. 3162	9
高滩镇	248. 41	65	8. 2	3	0. 2617	11
瓦庙镇	87. 76	28	3. 5	14	0. 3191	8
麻柳镇	81. 36	18	2. 3	16	0. 2212	13
双桥镇	169. 71	35	4. 4	12	0. 2062	15
毛坝镇	174. 47	41	5. 2	10	0. 2350	12
汉王镇	81. 61	17	2. 2	17	0. 2083	14
高桥镇	153. 68	29	3. 7	13	0. 1887	16
界岭镇	223. 34	21	2. 7	15	0. 0940	17
合计	2204. 12	791				

2）滑坡灾害与地形地貌

剥蚀中山区（海拔 1000 ~ 1800m），面积约 1288km^2，占全县总面积 57. 40%，主要位于研究区西部的高滩-潦原和中南部的双桥-界岭地区，流水深切，切割深度 600 ~ 1000m，河谷断面多呈“V”形。由于开垦耕作，工程活动频繁导致地质灾害频发。常在浅变质岩区发生滑坡和崩塌，为泥石流灾害的主要物源区，属灾害高发区和重灾区。在本次调查的所有滑坡点中，有 297 处发生在剥蚀中山区，占总数的 37. 5%（图 3. 37，表 3. 19）。

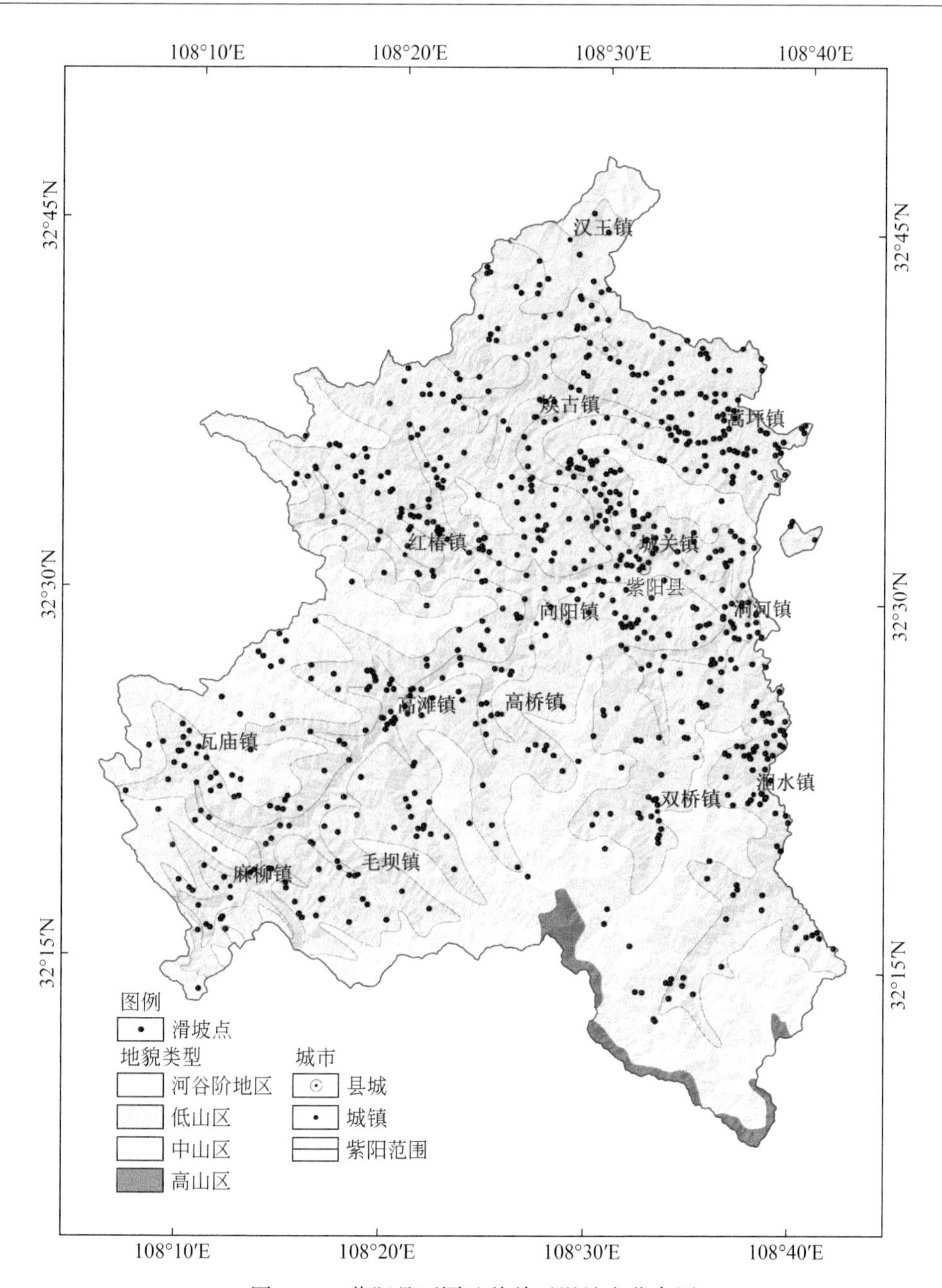

图 3.37　紫阳县不同地貌单元滑坡点分布图

表 3.19　不同地貌单元滑坡点统计表

地貌类型	海拔/m	面积/km²	滑坡点/处	滑坡点所占比例/%
高中山区	>1800	118	2	0.3
中山区	1000 ~ 1800	1288	297	37.5
低山区	500 ~ 1000	832	483	61.1
河谷阶地	<500	6	9	1.1

剥蚀低山区（海拔在1000m以下），面积约832km²，占全县总面积37.08%，主要位于研究区汉江、任河等河流两岸地区，海拔573.99～1000m，大部分在800m以下，河流切割深度一般400m左右。任河及主要支流两岸，坡度大多超过35°，在长历时阴雨或暴雨作用下，常在浅变质岩区发生滑坡、崩塌、泥石流等地质灾害，属灾害高发区和重灾区。其中有483处发生在剥蚀低山区，占全部地质灾害总数的61.1%。

河谷阶地：面积约6km²，占全县总面积0.27%，海拔多在500m以下。由于河流侵蚀作用强烈，仅在汉江、任河及蒿坪川道谷地两岸的局部地段见到残留古阶地，阶地长度大多小于1000m，宽100m左右，覆盖层厚度2～21m。由于受河水暴涨反复冲蚀和浸泡，该区常成为堆积层滑坡软弱带，在强降雨作用下极易形成岸边小型滑坡或岸塌、岸崩。本次调查中分布在该区的灾害点有9处，占全部灾害点总数的1.1%。

3）*地层岩性及岩土体类型与地质灾害*

区内地层从震旦系至侏罗系均有出露。特别是与地质灾害有关的寒武系、奥陶系、志留系更是广泛出露。受构造作用影响，岩层褶皱变形强烈，断裂密布，节理裂隙极为发育，使得本区岩体破碎，风化强烈。本区第四系松散堆积物的成因有冲积、洪积、冲洪积、坡积、残坡积和风积，其中残坡积、坡积堆积物广泛分布，这些松散堆积物为地质灾害的形成奠定了物质基础。

从表3.20和图3.38中可以看出，紫阳县境内57%的滑坡发生于志留系斑鸠关组、梅子垭组，奥陶系洞河组，寒武系毛坝关组，主要岩性包括板岩、千枚岩和片岩、灰岩及泥灰岩等。这些岩层完整性差，岩体破碎，强度低，风化作用强烈，易形成软弱的差异风化结构面，进而控制滑坡灾害的发展和形成。在这些岩层分布的地区，岩层表面一般都堆积有厚度不一的残坡积松散堆积物，松散堆积层与下伏基岩之间形成了软弱的接触面。软弱的差异风化结构面和基-覆接触面往往成为斜坡体变形和破坏的控滑结构面。同时，松散堆积层土质疏松，因而具有渗透性强和雨水易入渗的特点。在连续降雨或暴雨作用下，松散堆积层内孔隙水压力急剧增大，土体强度与结构面强度降低，使得坡体很容易沿上述控滑结构面滑动。

表3.20　不同岩体类型滑坡点统计表

岩组	地层岩性	滑坡点/处
梅子垭组	片岩、千枚岩	88
斑鸠关组	碳质板岩	190
洞河组	黑色板岩	142
毛坝关组	灰岩、泥灰岩	32

本区滑坡的物质组成以堆积层为主，共766处，占滑坡总数的96.8%，其次为岩质滑坡，仅有25处，占滑坡总数的3.2%，所有滑坡中仅有1处为古滑坡，有18处为老滑坡，其余均为现代滑坡。

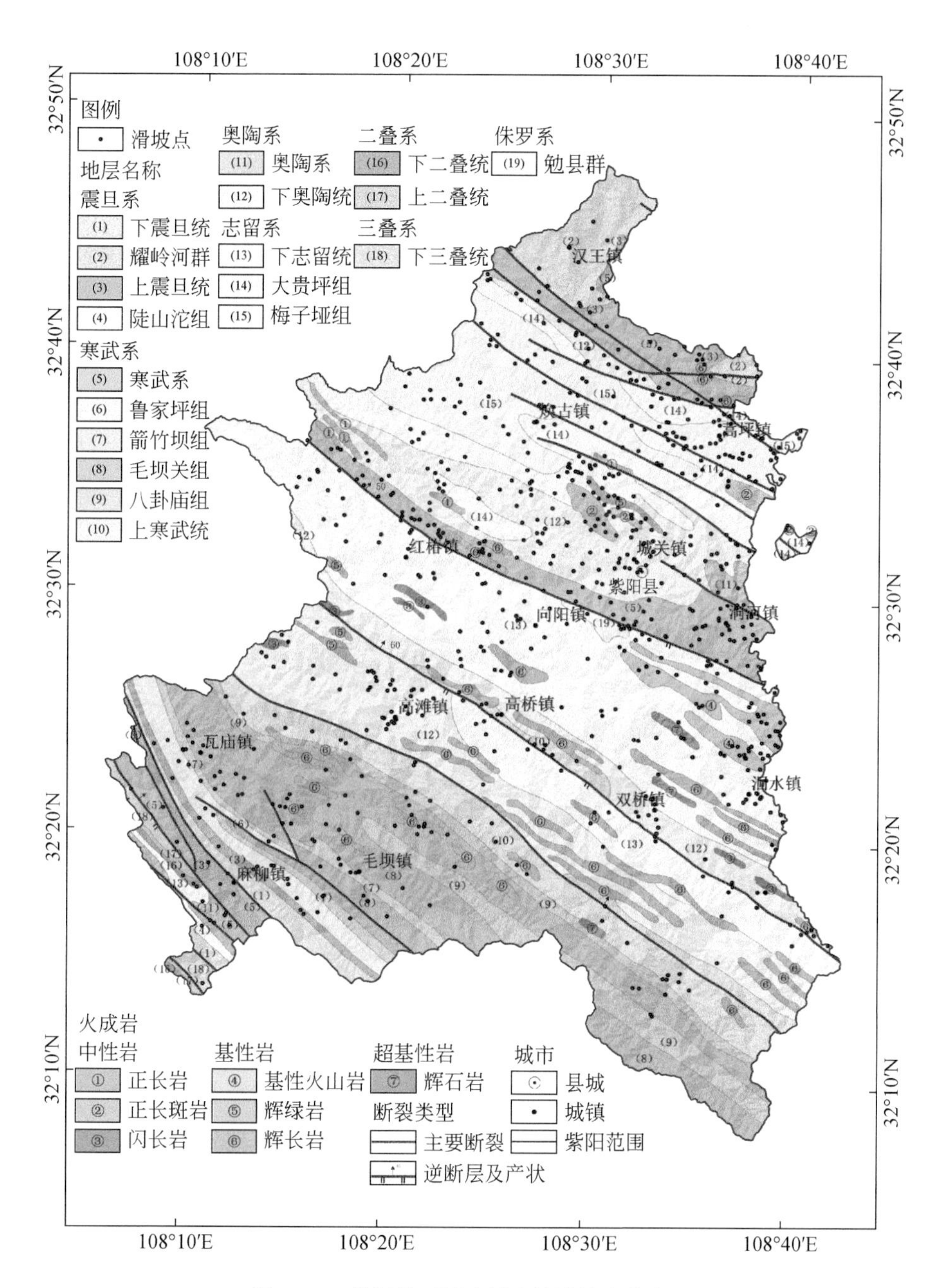

图3.38 紫阳县不同地层岩性滑坡点分布图

4）地质构造与新构造运动

（1）地质构造

研究区横跨扬子准地台、秦岭褶皱一级构造单元。二者以饶峰-麻柳坝断裂为界，南为扬子准地台的南大巴山台缘隆褶带，北为秦岭褶皱系。前者在研究区西南角，后者分布于研究区的广大地区。区内断裂构造也极为复杂，正逆均具，部分有长期复活的现象。一般断层线随大单元构造线的变化而转移，但各主要断裂也常构成不同构造单元的分界线。地质构造控制了区内地形地貌的格局，造就了较大河流的弯曲变化，同时也形成了许多与构造形迹一致的大量支流、沟谷。断裂和褶皱构造使得本区岩体结构破碎，风化作用强烈，从而有利于地质灾害的发育。

由图 3. 39 和表 3. 21 可见，境内主要发育 5 条逆断层，4 条剥离断层，2 条推覆断层及 22 条一般性质断层。地质灾害一般随断层走向呈条带状分布，即断层沿线两侧的地质灾害分布较为密集，而与断层距离越远，地质灾害数量则一般越少。因此，紫阳县滑坡等灾害的发生与地质构造有很大的关系。

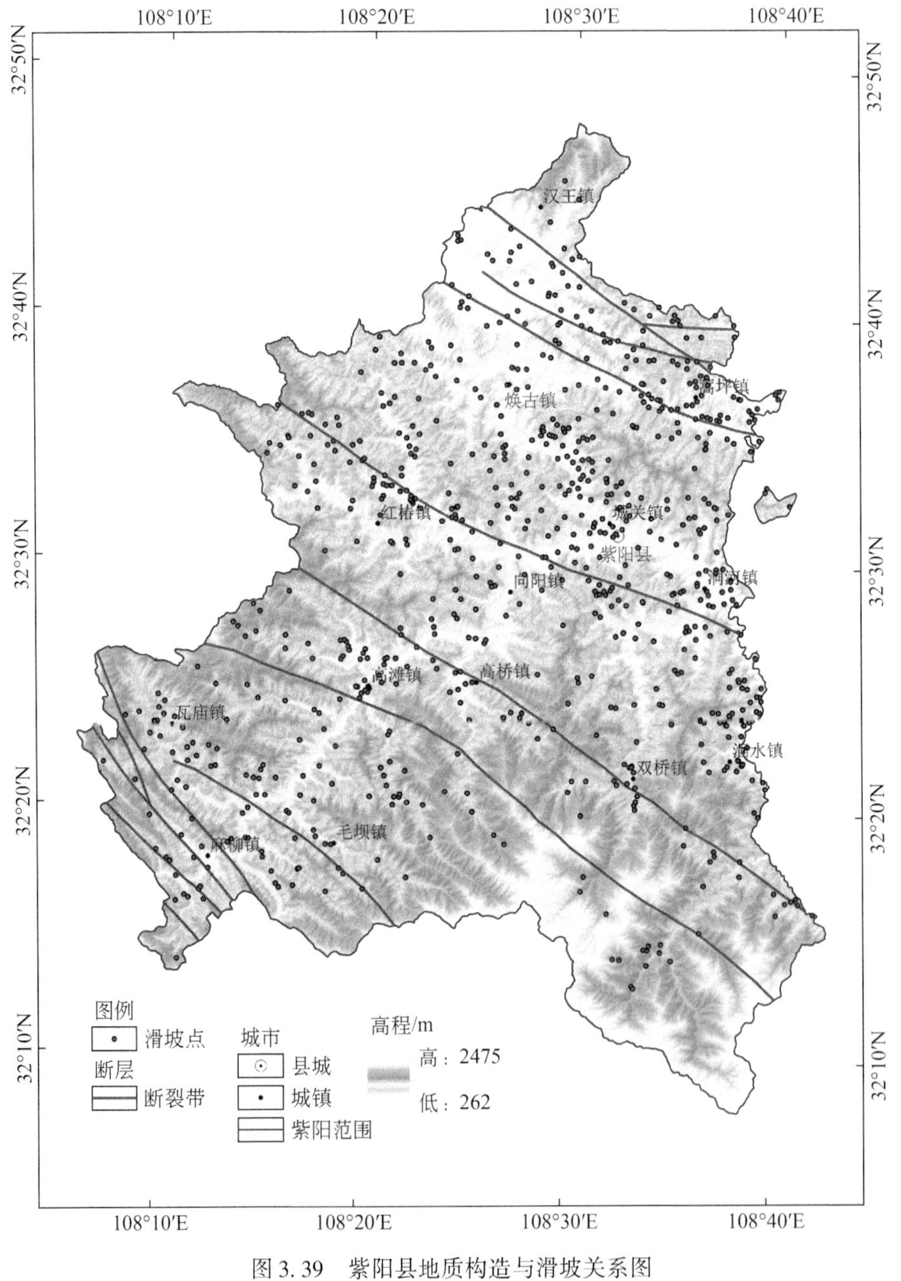

图 3. 39　紫阳县地质构造与滑坡关系图

表3.21　不同地质构造50m范围内地质灾害统计表

断层性质	数量	灾害点数
逆断层	5	170
推覆断层	2	240
剥离断层	4	29
一般性质断裂	22	344

（2）新构造运动

研究区新构造运动是发生在古构造基础上的，具有明显继承性，表现在区内断裂多次复活，主要表现在以下三个断裂。

汉王城断裂：沿断裂带岩石挤压破碎，具强烈的糜棱岩化、角砾岩化、炭化、破劈理化。

红椿坝-中坝断裂：破裂带由碎裂岩、糜棱岩、角砾岩组成。红椿坝、瓦房店一带宽达2～3km，由2～3条断裂及其所夹的岩层直立带和倒转褶皱带组成。

绕峰-麻柳坝断裂：断裂带由数条断面东倾的叠瓦式断层组成，以碎裂岩为主，糜棱岩、角砾岩、岩石透镜体、炭化带等均有。

新构造运动使这些大断裂多次复活，以及近期地壳间歇性抬升频繁，使河流流水深切，形成谷中谷、悬谷及陡峻谷坡、绝壁、悬崖、断裂带、破碎带等微地貌现象。新构造的上升运动使得许多构造河谷（沟谷）沿岸形成高陡斜坡，岩体结构破碎，风化剥蚀作用强烈，为滑坡等地质灾害的发育提供了良好的地形地貌条件，区中断裂构造沿线地质灾害密度明显增大。

5）降水与滑坡

气候条件通过多种作用方式改变斜坡的稳定状况，如风化作用、降雨作用、风蚀作用及冻融作用等，从而诱发地质灾害的发生。其中，暴雨作用造成的威胁尤为普遍和突出。一次多年未遇的特大暴雨甚至可引起流域内大量斜坡失稳并链生沟谷泥石流灾害，对流域内的人员安全和基础设施等造成严重威胁。

据紫阳县自然资源局统计的数据，近20年来，紫阳县在2000年、2003年、2007年、2010年和2021年为地质灾害高发年。2000年6～7月，全县连续出现五次大强度降雨，累计降雨量515.2mm，特别是西南部的瓦庙镇、毛坝镇、麻柳镇、高滩镇、高桥镇等约520km^{2}范围内，降雨集中，山洪暴发，诱发大小规模滑坡等3484处，造成25354间房屋倒塌损坏，18043人无家可归，死亡214人，冲毁农田66820亩，道路834.2km，襄渝铁路桥冲毁中断行车7天。黄龙洞电站全部毁掉，高桥水电站、权河水电站、牛颈项水电站、斑桃水电站严重受损。输电线路损坏312.9km，光缆损坏197km，此次全县经济损失达2亿元。2003年8月29日至9月7日，连续大范围、大强度和长时间的降水使17个乡镇不同程度受灾，受灾人口达15万人，受灾农田15万亩，有6条县乡公路中断，7月29日大暴雨诱发滑坡共计46处，泥石流共计6处，使房屋倒塌450间，损坏1280间。2007年7月29日至8月31日，连续3日降大雨，全县造成多处滑坡，造成1人死亡、2人失踪，数间房屋倒塌。2021 年 8 月 19 日至 9 月 6 日，紫阳县境内发生多次强降雨事件，全县累积降雨量平均值达到 588.6mm，导致多起地质灾害，如 9 月 9 日在镇巴县盐场镇与渔渡镇交界处发生一起大型滑坡，大河口滑坡总体积约 744.33 万 m^3，滑坡堵塞河道体积约 30 万 m^3，造成渔水河受阻并形成堰塞湖，堰塞湖库容约 132 万 m^3，并导致 210 国道中断。该滑坡造成房屋 18 户 50 间完全损毁，7 户 22 间严重受损，2 户 5 间一般受损；9 月 8 日高滩镇朝阳村十一组黄谷溪右岸发生一起滑坡链生泥石流灾害，损毁多处房屋并冲毁公路，由于预警及时从而避免了人员伤亡。

紫阳县境内降雨量与滑坡的空间关系如图 3.40 所示。不同降雨量等值线 50m 范围内滑坡点数统计结果见表 3.22 所示。

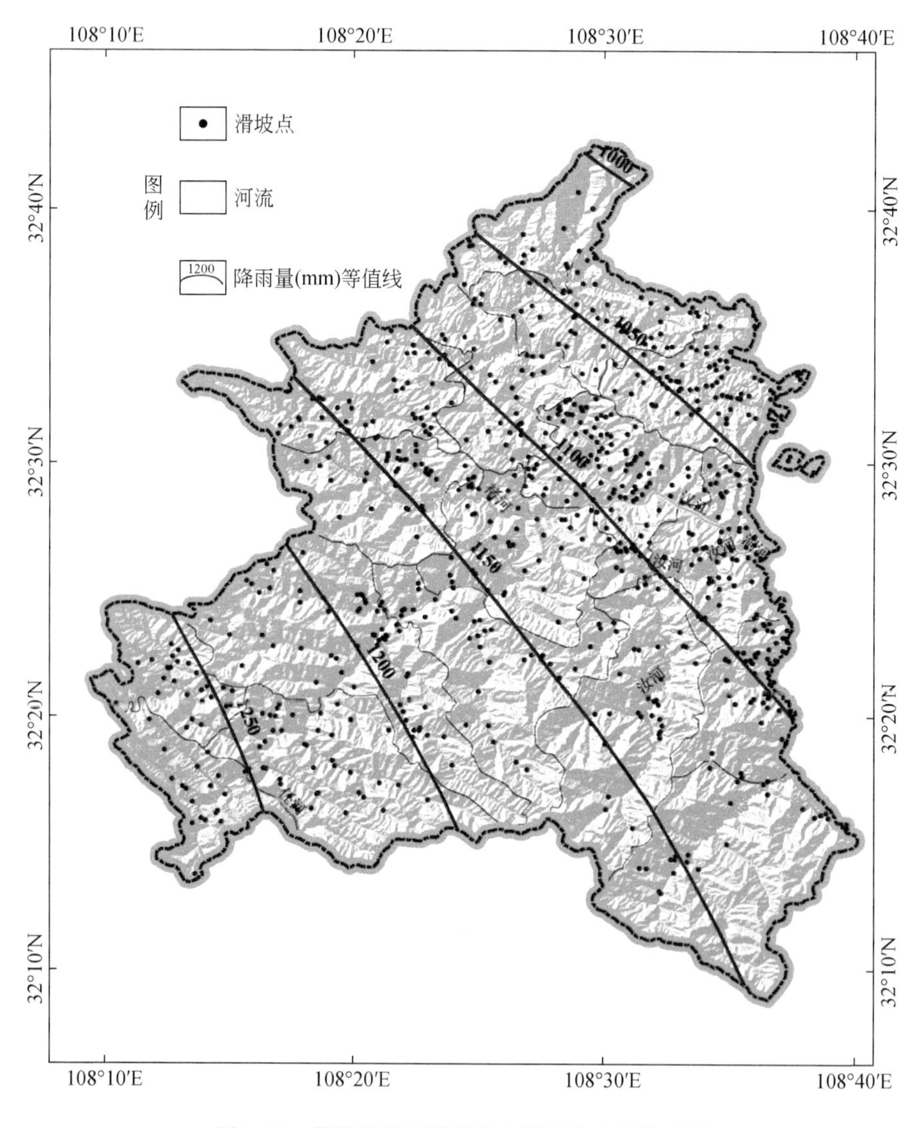

图 3.40　紫阳县境内降雨量与滑坡的空间关系图

表3.22　不同降雨量等值线50m范围内滑坡点统计表

降雨量/mm	地貌类型	滑坡点/处
950	低山区	100
1000	低山区	111
1050	中低山区	135
1100	中低山区	240
1150	高中山区	114
1250	高山区	22

地表水对本区地质灾害的影响，主要表现为河（沟）谷流水对河谷岸坡的侧蚀和侵蚀作用。如城关镇和平村位于汉江右岸，受汉江水位起伏变化影响，该村沿汉江右岸出现了多个潜在的滑坡隐患点。各主要河流流域范围内滑坡点统计表如表3.23所示。由图3.41可见，紫阳县境内水系发育的地段滑坡灾害分布较为集中，尤其在汉江、任河、褚河三条河流流域范围内，地质灾害沿河流两岸呈集中带状分布，其他支流地质灾害点分布则相对较为分散。

表3.23　各主要河流流域范围内滑坡点统计表

水系名称	滑坡点/处
汉江	276
任河	248
褚河	119

6）滑坡与人类工程活动

人类工程活动对地质灾害的形成发展具有显著影响，主要表现在毁林开荒、削坡挖脚、不合理地下开采和堆砌废渣等，造成生态和地质环境恶化，叠加极端气候事件，如暴雨频发致使水土流失严重，并引起崩塌、滑坡和泥石流等灾害高发。

（1）毁林开荒，植被减少

由于本区耕地较少，居住环境有限，毁林开荒、削坡盖房现象严重，导致生态环境恶化。1990年，全县耕地面积671208亩，比1983年343314亩多出327894亩。山地平均坡度34.6°，其中15°以下的面积占2.17%，15°～25°的面积占9.55%，25°～35°的面积占30.62%，35°以上的面积占57.66%。耕地大量增多，森林面积大幅度减少，导致生态环境恶化。近年来，随着退耕还林及移民搬迁工作的不断扩大，森林覆盖面积不断增大，地质灾害的数量明显减少。

森林植被可以护坡和防止水土流失。植被的影响可概括为水文地质效应和力学效应两个方面。在水文地质效应方面，树木可通过树冠遮挡降雨，减少降水渗入量；通过根茎吸水、叶面蒸发而疏干土体和降低地下水位；可阻滞地面径流，既降低了水的面蚀能力，又减少了地面水的渗入量。在力学效应方面，根茎可根固土壤，提高土体的抗剪强度和抗冲刷能力。嵌入基岩的根茎，可起到锚筋作用，成为支撑坡体的拱座。因此，森林植被对于

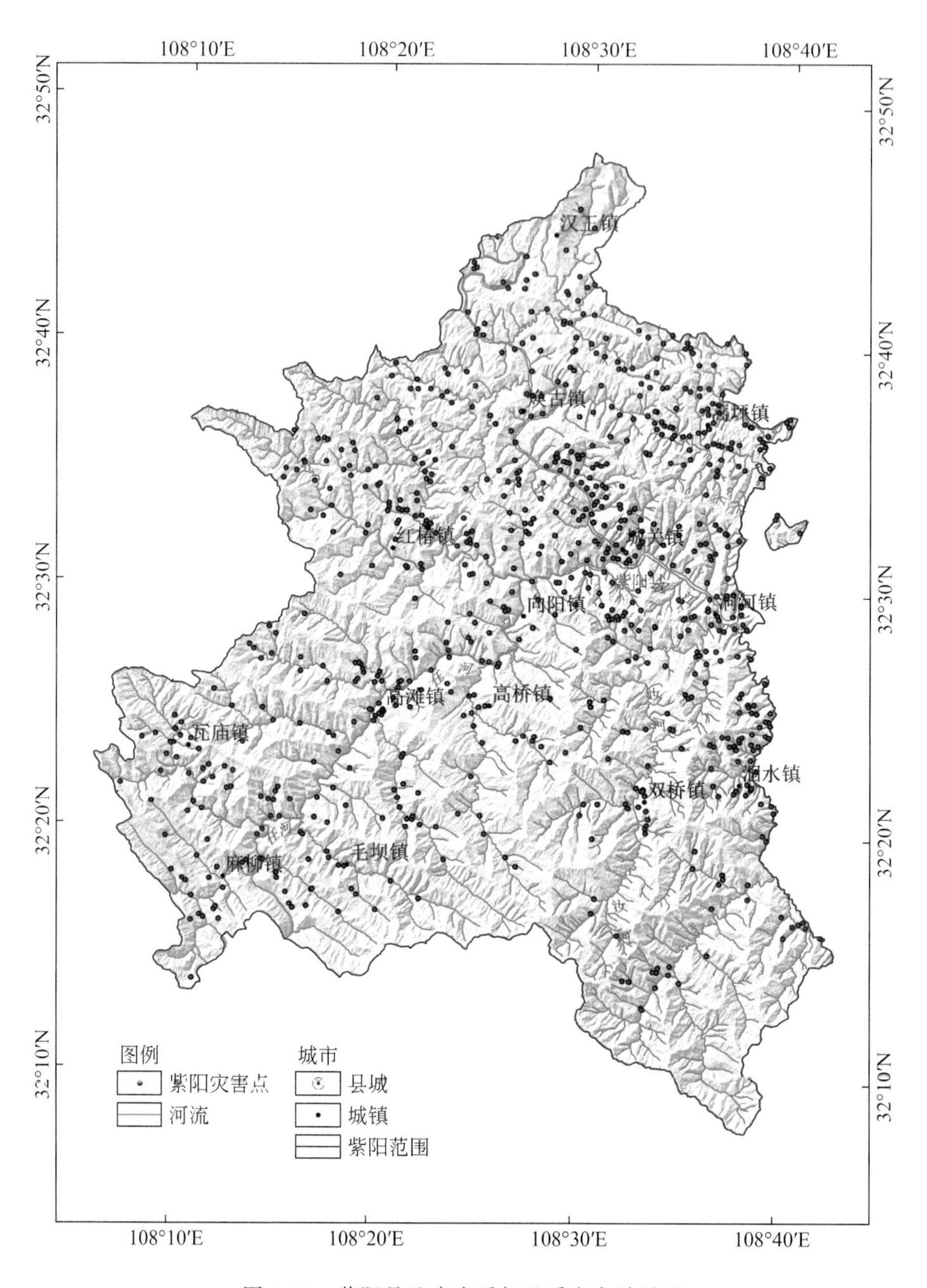

图 3.41　紫阳县地表水系与地质灾害关系图

形成泥石流和浅层滑坡具有一定程度的抑制和减缓作用。另外，树木本身的重量又增加了坡体的荷重，并向斜坡传递风动力荷载，从而不利于中、深层滑坡的稳定。如洄水镇茶稻村六组松树扒滑坡就是由于植被破坏、在上面种植庄稼而导致的滑坡隐患（图 3.42）。

（2）削坡挖脚，地质环境恶化

修建宝成铁路、309 省道及县城通往各村镇公路，修建房屋等工程都涉及削坡挖脚现象。削坡挖脚，一方面改变坡形和坡角，使斜坡应力重分布并出现应力集中；另一方面，

图3.42 由于植被破坏耕种造成的滑坡（镜向15°）

坡脚开挖，使坡体前缘临空，降低了坡脚对斜坡稳定的支撑作用，导致抗滑力减小。同时边坡开挖时，采用不合理爆破方式，使得岩体结构破碎，地质环境恶化，导致斜坡的加剧变形与破坏。如洞河镇菜园村四组的竹园湾滑坡就是由于修建村级公路时，开挖坡脚造成斜坡的失稳（图3.43）。

图3.43 由于削坡挖脚造成的滑坡、崩塌灾害（镜向80°）

（3）矿山开采，矿渣滥放

紫阳县矿产资源丰富，是经济发展的重要支撑。初步查明全县金属矿和非金属矿点112处，储量10.74亿t，主要矿产包括铁矿、铜矿、锰矿、金矿、磷矿、石棉矿、角闪岩矿、石灰石矿、大理石矿等。

由于矿点多，矿产开采形式多样，地下开采作业不规范，致使多处矿点出现地面变形和塌陷，矿点矿渣和采石场废石在沟道内乱堆乱放。各类选矿厂较多，尾矿排放不合理，形成多处尾矿堆放点且没有修筑尾矿坝，或者尾矿坝坝体高度或厚度不够。因此，不合理堆砌的矿渣、废石和尾矿成为泥石流灾害松散固体物质的重要来源，形成泥石流灾害风险。

(4) 城市建设、公路、铁路建设影响

紫阳县地形起伏较大，重要交通工程如重要公路、铁路的建设势必会开挖大量土石方，不同程度的工程改变了斜坡岩土体原有的形貌和稳定状态，长期反复的车辆振动荷载和降雨的作用则会促进边坡的变形发展和稳定性降低。此外，山区修建铁路、高速路需要开挖大量的隧道，而隧道开挖也会改变山体原有的应力平衡状态，同时改变了山体的水文地质条件，如果隧道位置选择和设计不合理，施工方法不当等可能产生岩爆、冒顶坍方、地面沉陷和涌水等环境地质灾害。另外，隧道开挖产生的大量废渣若堆放不当，可能诱发崩塌、滑坡和泥石流等地质灾害。如向阳镇中林村的林家隧道滑坡，就是由于修建铁路隧道而造成的（图 3.44）。

图 3.44 由于修建铁路隧道导致的滑坡灾害（镜向 120°）

滑坡灾害的形成和发生是内、外因素综合作用的结果。在本区复杂多变的地形地貌条件、地质构造条件和水文地质等条件下，降雨人类工程活动成为地质灾害频发的主要诱发因素。

3.4 扬子板块勉略缝合构造带——略阳地区滑坡发育特征及规律

3.4.1 地质环境背景

1. 气象水文

略阳地处内陆腹地，受大陆性气候和海洋性气候影响，四季分明，属亚热带北缘山地暖温带湿润季风气候，县城北部为南暖温带，南部为北亚热带气候。

根据略阳县气象站多年观测资料，年平均气温13.2℃，极端最高气温37.7℃，极端最低气温-11.2℃。多年平均降水量805.5mm（图3.45），全年降水量分配不均匀，春冬两季较少，夏秋两季较多，7～9月降水约占全年降水量的50%以上。多年月降水量7月达最大值187.3mm，其次为9月162.7mm（图3.46）；最长连续降水日数16天。降水量因受多方面影响分配不均，由西北向东南递增（图3.47）。县境内以白水江为低值中心（年均降水量669.9mm），以何家岩为高值中心（年均降水量为1076.9mm）；其最大降水量1353.3mm，最小年降水量为597.9mm。

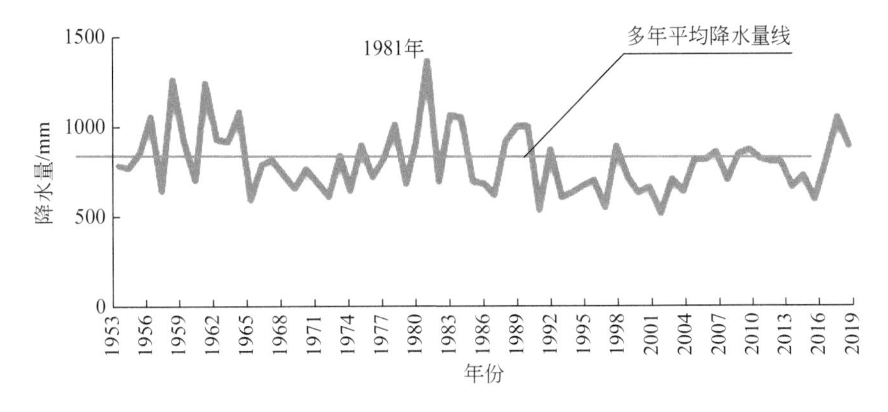

图3.45　略阳县多年降水量分布图

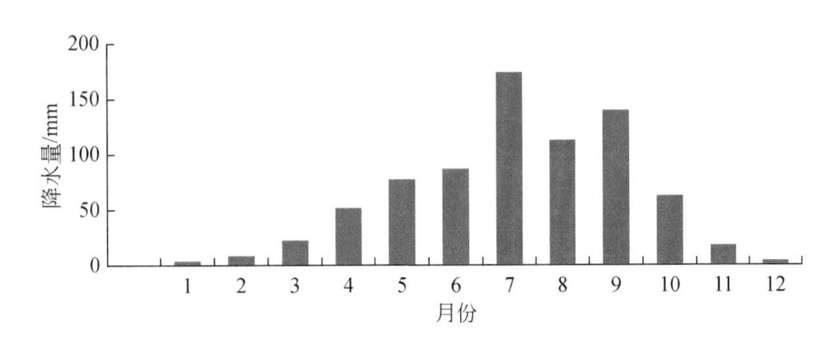

图3.46　略阳县多年月平均降水量分布图（2000～2019年）

嘉陵江由徽县鱼关石土地庙进入略阳县境，河床宽约60m，由北而南，过白水江、徐家坪、略阳县城、乐素河等乡镇。汇流甘溪沟、小河、青泥河、麻柳塘沟、乔井沟、水银沟、周家山沟、史家庄沟、西汉水、石沟、秦家坝河、金家河、石庄沟、八渡河、东渡河。城区段河床宽度约150m，岸宽约200m。其下又汇入夹门子沟、一里沟、青白石河、贤草沟、乐素河、中坝子河、石瓮子河等主要河道。下游岸宽约200m，于乐素河镇登蹬垭出境，流入宁强。在略阳县境内流程86.75km，集水面积2014.6km^2，占全县总面积71%。干流平均比降1.35‰，实测最大流量8630m^3/s，洪水位644.96m（略阳站1981年8月）。最小流量11.5m^3/s（略阳站1973年1月3日）。年径流总量为443.6×10^{8}m^3，其中平水年年径流量399.2×10^{8}m^3，偏枯年径流总量279.5×10^{8}m^3，枯水年径流量173×10^{8}m^3。水能蕴藏量11.9×10^{4}kW。

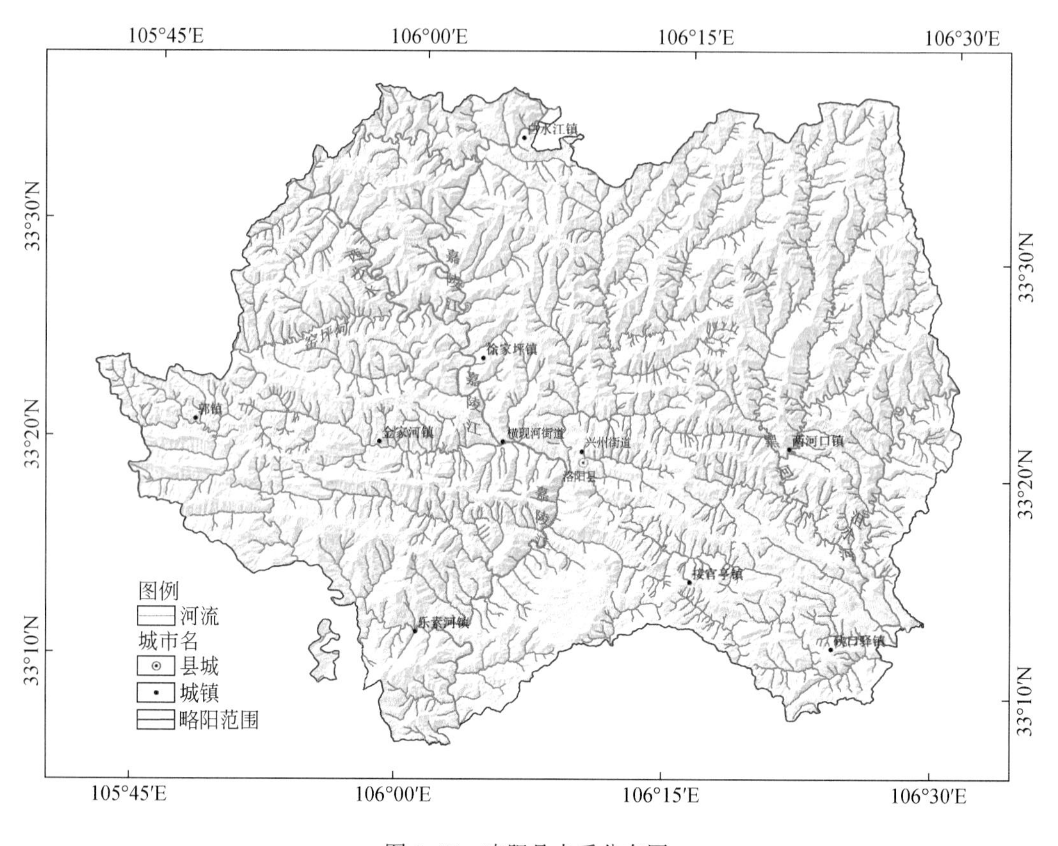

图 3.47　略阳县水系分布图

煎茶岭以东为汉江水系，其流域总面积 816.4km²，占全县总面积的 29%，水质较好，水能资源丰富，河网密度为 1.11km/km²。其支流有黑河、白河、大铁坝河、陈家坝河、硖口驿河、张家坝河、娘娘坝河、鱼洞子河。

2. 地形地貌

略阳县位于秦岭南麓，属于山地地貌，整体呈西北高东南低的趋势，由西北向东南方向倾斜，最高海拔 2425m，最低海拔 587m，按其形态和成因类型，可划分为剥蚀山地和侵蚀-河谷两大类，剥蚀山地按绝对高度又可分为中山、低山两个亚区（图 3.48）。

略阳县城海拔 660m 左右，四周由低中山环绕，具低中山河谷地貌特征，西部为女山，东部为凤凰山、狮子山，南为男山，北为象山，山顶海拔 800～500m。嘉陵江由北向南转而向西穿过县城，自新生代以来，区内由于振荡性隆升断块运动，地貌上属于风化剥蚀构造山地，山脊起伏连绵，气势雄伟，山高坡陡，切深 300～400m。山坡地形坡度 35°～40°。河流湍急，宽谷与峡谷相间，在县城附近较为开阔。

侵蚀-堆积河谷指嘉陵江及支流与汉江支流黑河、白河等河谷区，主要包括河床、河漫滩、阶地等，约占研究区总面积的 1%。河谷宽度除嘉陵江较宽外，其他大多小于 100m，多数支流没有阶地。

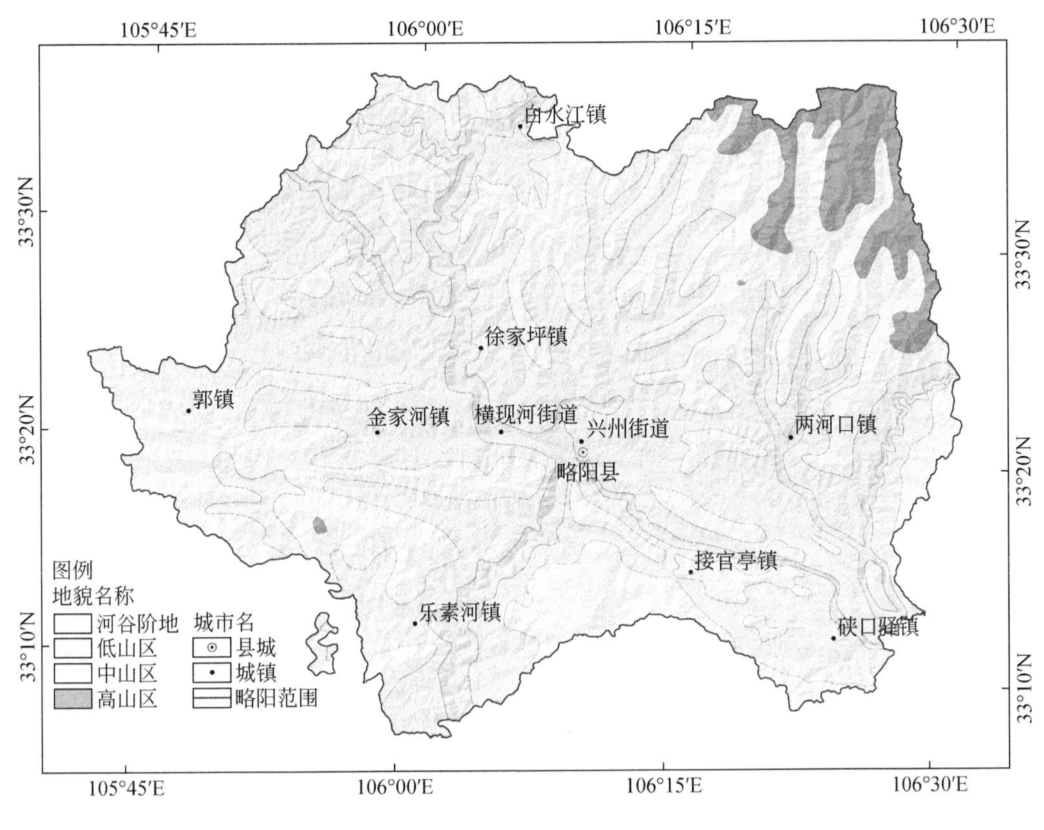

图3.48　略阳县地貌分区图

3. 地层岩性

研究区出露的地层主要有元古宇碧口群、震旦系，古生界志留系、泥盆系、石炭系及各期火成岩，以及新生界第四系（图3.49）。

1）元古宇

（1）中-新元古界碧口群（$Pt_{2-3}bk$）

碧口群出露于略阳县城以南及东南地区，岩性为正常沉积碎屑岩类夹流纹质凝灰岩、安山岩等。

（2）新元古界震旦系（Z）

震旦系出露于研究区的黑河坝、茶店，岩性为砂岩、砂砾岩、千枚岩等。

2）古生界

（1）志留系（S）

志留系出露于研究区略阳县城以北的绝大部分地区，由下志留统和中-上志留统两部分组成。下志留统为绿色砂岩和砂质页岩；中-上志留统为黄绿色灰岩。

（2）泥盆系（D）

泥盆系主要为三河口群，呈东西带状分布在吴家河、金家河、略阳县城及鱼洞子一

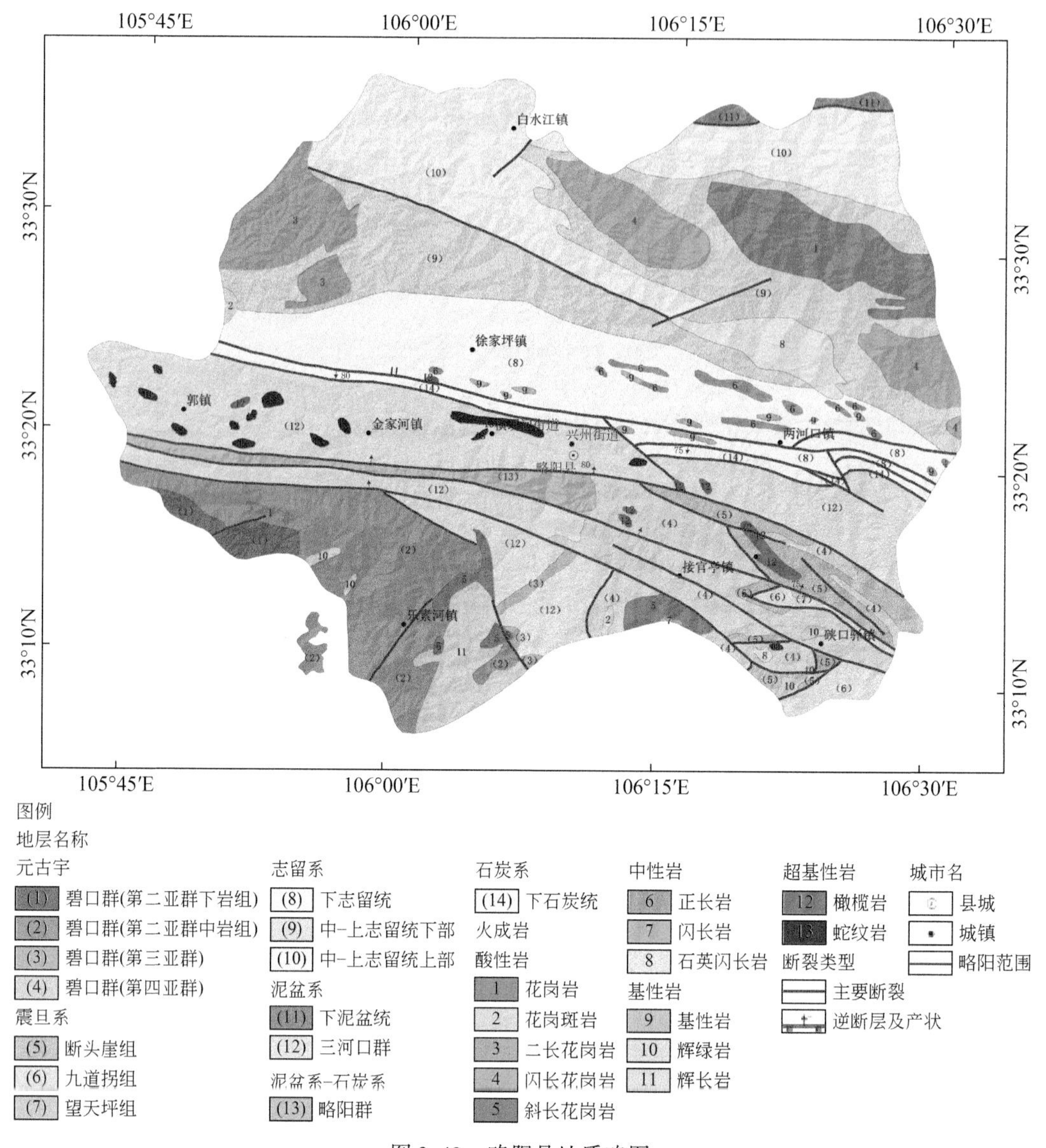

图 3.49　略阳县地质略图

带。岩性均为碎屑岩，由砾岩、砂岩、千枚岩、页岩及灰岩组成。

（3）石炭系（C）

石炭系呈窄条状在县城附近横贯研究区东西，岩性为深灰色薄-中层状灰岩夹碳质千枚岩。

除此之外在研究区还零星出露有早古生代加里东期蛇纹岩、辉绿岩，晚古生代海西期蛇纹岩、闪长岩、正长岩及中生代印支期花岗岩。其中中生代印支期花岗岩相对出露范围较大，呈带状或片状分布。

3）新生界

在研究区新生界主要为第四系，即第四纪松散堆积物，成因有冲积、洪积、冲洪积、坡积、坡残积及风积等。

区内第四纪早期地层极不发育，厚度较小，以晚更新统和全新统为主，主要分布在嘉陵江及主要支流的低级阶地上（下全新统）、河漫滩（上全新统）上和斜坡的低凹地带。

（1）晚更新统

在研究区内晚更新统主要为风积或风坡积黄土，只在西北部地区的山坡低洼处分布，厚度不等，多在 10m 左右。

（2）全新统

全新统在研究区各处都有零星分布，主要为各河流阶地和漫滩及斜坡坡脚堆积物，厚度在 5 ~ 15m 之间。

i. 全新统冲积堆积层（Q_h^{al}）

下部为浅灰、褐黄及灰绿色砾卵石，多为次圆状，有一定的分选性，厚度一般在 5 ~ 15m 之间；上部一般为浅灰色、棕褐等色的粉质黏土及粉细砂透镜体。

ii. 全新统洪积堆积层（Q_h^{pl}）

洪积物主要分布在各支流或小沟谷沟口，有些为泥石流堆积体，如黑河纪家沟、孟家沟等各支流沟口。

iii. 坡残积堆积层（Q_h^{dl+el}）

坡残积堆积物主要分布在各陡坡坡脚或缓坡坡面上，一般情况下，下部为母岩风化而成的碎石土，土石混杂，颜色随母岩的不同而异；上部为粉质黏土，厚度和颜色因地而异。

4. 地质构造

研究区大地构造位置跨一级构造单元昆仑秦岭褶皱系，构造极为复杂，以东西向线状褶皱为主，断裂构造也很复杂，正逆均具，部分有长期复活的现象，一般断层线随大单元构造线的变化而转移，但各主要断裂也常构成不同构造单元的分界线，主要断裂有北东东、北西西、近南北及北西、北东向等五组（图 3.47）。对岩体稳定和对地质灾害影响较大的断裂构造及节理裂隙基本特征如下。

1）断裂构造

（1）褒城–略阳深断裂

褒城–略阳深断裂呈 SEE-NWW 向展布，横切全区，构成秦岭古褶皱系与大巴山元台拗褶断带的分界线；断层破碎带宽度 100m 以上，具有深灰色断层泥，破碎带岩屑厚 3m 以上；断层倾向 NNE10°，倾角 80° ~ 90°，为一正断层。

（2）茶店–略阳断层

茶店–略阳断层走向 NWW，在西部略阳一带汇入褒城–略阳深断裂，东段近勉县附近汇入艾叶口–接官亭断层，断层带长约 30km，宽 50m，倾向 NNE，倾角 80°。

（3）艾叶–接官亭断裂

断层带走向 NWW，东至勉县一带被第四系覆盖，向西延至研究区外。断层倾向 NNE，倾角 70° ~ 80°，为一正断层。

(4) 勉县-阳平关断裂

断层呈 NEE-SWW 向延伸，全长 60km，断层宽度约 100m，灰黑色断层泥达 5m 以上，断层带北倾，倾角 70° ~80°，为一北升南降的逆断层。

除上述之外，还有很多 NE、NW 向次级断层，断距相对小，延伸短。总体来看，研究区断层大小各异，方向不同，使地层遭到强烈破坏，岩体支离破碎。

2) 节理裂隙

研究区节理裂隙十分发育，它不仅分割岩体使其支离破碎，而且对该区地质灾害的孕育与形成起着极其重要的作用。节理裂隙产状统计如表 3.24 所示，可以看出：走向 NWW 与走向 NEE 两组节理最为发育，这与近东西向线性构造所伴生的 X 节理是吻合的，倾角在 30° ~60°之间较为集中。

表 3.24 节理裂隙产状统计表

倾角	0° ~45°	45° ~90°	90° ~135°	135° ~180°	180° ~225°	225° ~270°	270° ~315°	315° ~360°	合计
0° ~30°	5	1	1	4	0	1	4	4	20
30° ~60°	9	4	5	6	6	9	3	6	48
60° ~90°	10	0	0	8	12	0	0	0	30
合计	24	5	6	18	18	10	7	10	98

5. 岩土体类型

按照岩土体的工程地质分类，研究区岩土体可以划分为块状坚硬岩类、层状较坚硬岩类、碎裂半坚硬岩类和松散软弱岩类四大类。

1) 块状坚硬岩类

块状坚硬岩类为以中生代花岗岩为代表的火成岩类，在研究区呈片状或带状出现。该岩类致密坚硬，裂隙不发育，整体性好，强度高，岩体稳定。

2) 层状较坚硬岩类

层状较坚硬岩类是研究区的主要岩体类型，包括各地质时期形成的层状岩体，并以砂岩、砂质页岩、页岩及浅变质岩等岩石组成的岩体为代表。其中砂岩、灰岩强度较高，浅变质岩类强度相对较低，如含炭千枚岩天然单轴抗压强度只有 13.1MPa，饱和抗压强度 9.5MPa，软化系数 0.73。该岩类经过各期地质构造作用，岩体中不同的构造节理较发育，岩体相对整体性不如块状岩体，但强度较高，整体稳定性较好。

3) 碎裂半坚硬岩类

碎裂半坚硬岩类主要沿断裂分布，由于受断裂活动的直接作用和影响，相对较为破碎，呈碎裂状，该部分岩体整体性差，强度低，稳定性不好，往往与滑坡、崩塌、泥石流等地质灾害关系密切，成为这些灾害体的物质组成或构成灾害体各类边界。

4) 松散软弱岩类

松散软弱岩类包括卵砾石、砂、碎石土、粉质黏土、黏土等，其中卵砾石、砂土等多为冲积层，位置低，土层稳定，强度较高，稳定性好，对地质灾害影响小。下面仅对残坡积碎石类土、残坡积细粒类土的结构及工程特征做简单介绍。

（1）残坡积碎石类土

残坡积碎石类土主要分布在各斜坡的缓坡地带，一般由母岩风化破碎而成，颜色和土石的含量比都随母岩岩性、地形、外动力作用强度而异，一般土石混杂，碎石块可达到3成以上。土质成分为黏土或粉质黏土，石质成分为母岩碎块，具架空特点，结构松散，是地下水短期储存的良好空间，厚度一般5～10m，最厚也不大于15m。残坡积碎石类土天然密度17.1kN/m^3，饱和密度19.5kN/m^3，天然抗剪强度指标黏聚力为0.069MPa，摩擦角为18.8°。该层接近地表，较松散，易于地表水入渗，而下伏基岩常常起阻水作用，因此，往往在该层中储存地下水。在地下水的作用下，该类坡体常失稳破坏而滑动或滑塌，形成研究区的主要地质灾害类型。

（2）残坡积细粒类土

残坡积细粒类土包括粉质黏土和黏土两类，它由母岩风化就地堆积和上部风化后重力堆积或片状溅积而成。残坡积细粒土以粉质黏土为主，天然密度17.7～20.5kN/m^3，塑性指数一般大于10，抗剪强度指标黏聚力为34.7～68.6kPa，摩擦角为14.3°～25°。该类细粒土中也常含碎石块，较为松散，厚度5～10m，它构成了滑坡、泥石流的主要物源。

6. 水文地质条件

松散岩类孔隙水以潜水为主，主要存在于各河谷区的冲积层中，在斜坡地带的坡残积物中也可见到孔隙潜水，但量不大。潜水埋藏深度不大，含水层为全新统冲积层，富水性受埋藏条件、地貌和岩性特征、含水层分布范围及厚度控制。总的规律是由谷坡向河谷中心，含水层厚度有所增大，透水性增强，地势变低，补给条件变好，富水性也随之变好。根据抽水试验资料，富水单井涌水量可达1000T/天以上。

潜水由于就地补给、就地排泄，具有途径短、径流畅通、水循环交替强烈的特点。因此，水质好，无色无味无臭，矿化度多低于0.5g/L。化学类型以重碳酸钙镁型水为主，在人口集中的地方，地下水受到不同程度的污染，经城关镇北街取样分析，亚硝酸根离子、细菌总数和大肠杆菌偏高。

基岩裂隙水储存在研究区的基岩裂隙之中，主要在中部、北部的志留系砂页岩、板岩、千枚岩和中生界花岗岩中。由于地势陡峻，不利于降雨入渗，富水性较差，导致泉流量小于1L/s，地下水径流模数0.7～4.8L/s·km。据抽水试验资料，涌水量每日仅有数十吨水，地下水较为贫乏，只适于解决分散的人、畜用水。基岩裂隙水主要接受大气降水补给，多以泉的形式排向地表或补给松散岩类的潜水。

岩溶裂隙溶洞水主要分布在研究区中部横贯东西的条带状石炭系、泥盆系灰岩中。由于溶洞的连通性好，富水性较好，可见大于5L/s的泉水出露，具有一定的供水意义。岩溶裂隙溶洞水接受大气补给和基岩裂隙水的水源补给，多以泉的形式排向地表。少部分通过径流补给临区松散岩类的孔隙潜水。

地下水补给排泄条件的变化引起岩体内孔隙水压力的变化，从而对岩体的变形破坏产生影响，诱发地质灾害的发生。研究区斜坡上的残坡积层中普遍存在孔隙潜水，它是该区斜坡变形破坏产生滑坡的主要影响因素。

7. 人类工程活动

研究区由于处于特殊的地质构造部位，山高沟深，地质环境脆弱，人类工程建设条件较差。除位于嘉陵江、八渡河、东渡河交汇处的县城，河谷相对较宽，人口稠密，经济文化相对发达外，其他地区的绝大部分乡镇经济文化落后。人们为了生存及发展经济，对该区地质环境进行高强度大范围的改造和破坏，从而诱发不同类型的地质灾害。与地质灾害关系密切的工程活动主要有工程建设、矿产开发、毁林造田等。

1）工程建设引起斜坡失稳破坏

在略阳县的地质灾害中，以滑坡为主，滑坡主要沿宝成铁路和略勉公路分布，宝成线纵穿南北，略勉路横贯东西，宝成线近铁路两侧发育滑坡 28 处，略勉公路略阳县城以东滑坡 18 处，不包括煎茶岭至峡口驿段连续分布的不计其数的大大小小滑塌现象；其次为县城周边山坡及县城通往各乡镇和乡间公路两侧，且以县城周边山坡的破坏最为严重，如杜家山、狮凤山、男山等滑坡；再次为各村村民建房挖脚造成的斜坡破坏，建房开挖而引起的滑坡现象也占一定比例。由于略阳地区可利用的平地极少，因此，不论是铁路建设、公路建设，还是城镇建设都伴有大量的坡脚开挖现象，尤其是交通建设不仅规模大，而且数量多。如贯穿南北的铁路线长近 80km，省级公路两条，计长 99. 13km，县级公路 18 条，长 423. 53km，村村通水泥路等，长 196. 63km。除此之外，还有大量的城建、水利电力等工程建设。由于特殊地形条件，工程建设多在斜坡地带，大量开挖使相应的斜坡破坏或降低稳定程度，在暴雨或其他因素诱发下，产生坡体滑动或崩落。

2）矿产开发破坏地质环境

研究区内矿产资源丰富（主要矿种为铁、锰、铬、金、银、锌、镍等），矿业发展迅速。目前，据不完全统计已有矿点 112 处，国营、集体及民营等矿业 162 家。由于采空程序及方式的不合理，地表塌陷、斜坡失稳以及大量矿渣的地表乱堆乱放，又使坡体加载，堵塞河（流）谷，为滑坡及泥石流的形成提供了重力条件和物质基础。

3）毁林造田破坏生态环境

略阳县在 1949 年之前耕地面积仅有 30 余万亩，1949 ~ 1960 年不断毁林造田，使耕地面积增至 53. 13 万亩，和 1949 年相比，耕地面积增加 50%。后因毁林造田，造成严重的水土流失等灾害，才逐渐弃耕还林，耕地面积降低至 34 万亩。尽管目前仍在继续弃耕还林，但先前大量毁林造田所造成的后果，在短期内仍有很大影响。

3. 4. 2 滑坡发育规律和机制

1. 滑坡发育特征

1）滑坡类型

滑坡为区内最发育的地质灾害类型（滑坡 186 处，占本次地质灾害点总数的

81.2%）。区内滑体的物质组成、滑体厚度、滑体规模及滑坡时间统计结果见表3.25所示，滑坡分布图见图3.50所示。

表3.25　滑坡发育类型统计表

分类依据	发育类型	数量/处	占滑坡总数比例/%
物质组成	黄土滑坡	35	18.8
	堆积层滑坡	148	79.6
	岩质滑坡	3	1.6
滑体厚度/m	浅层滑坡（<6）	123	66.1
	中层滑坡（6～20）	58	31.2
	深层滑坡（>20）	5	2.7
滑体规模/$10^4 m^3$	小型（<10）	90	48.4
	中型（10～100）	79	42.5
	大型（100～1000）	17	9.1
	巨型（>1000）	0	0
滑坡时间	老滑坡	14	7.5
	现代滑坡	172	92.5

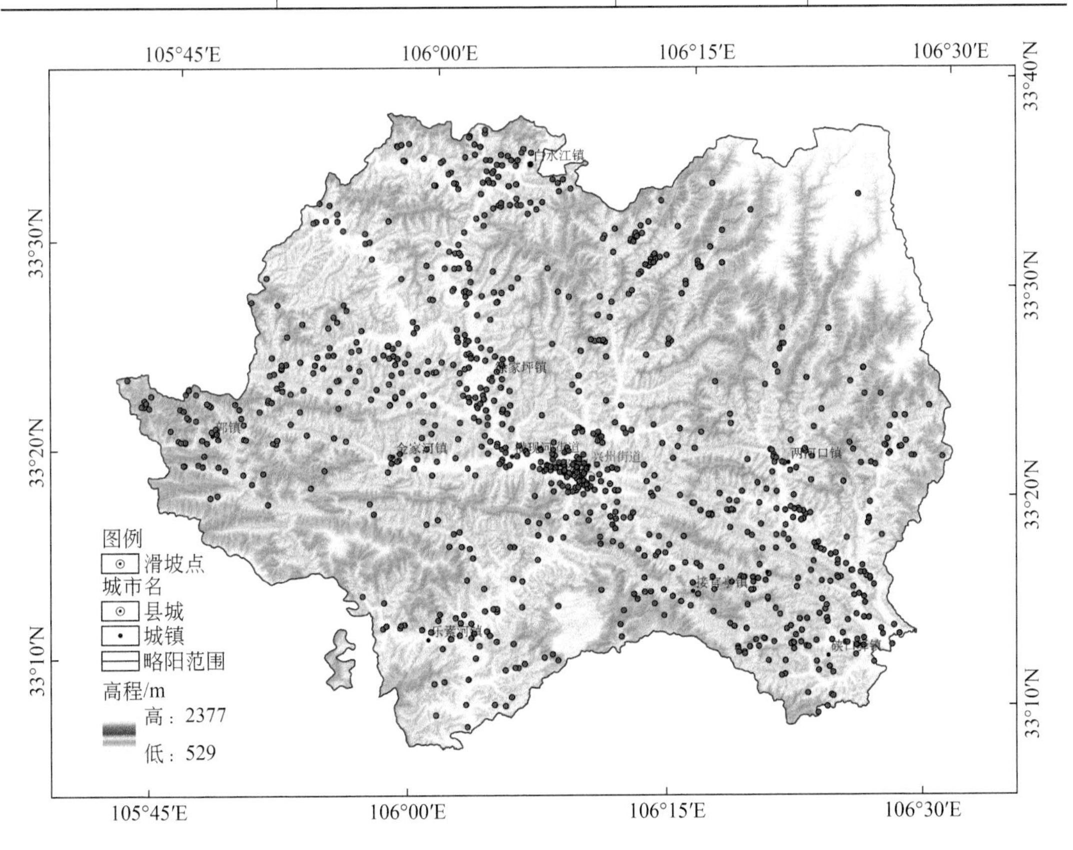

图3.50　略阳地区滑坡分布图

本区滑坡的物质组成以堆积层为主，堆积层滑坡共 148 处，占滑坡总数的 79.6%，其次为黄土滑坡（35 处，占 18.8%），岩质滑坡仅有 3 处，占滑坡总数的 1.6%。滑体厚度大多小于 20m，小于 6m 的浅层滑坡 123 处，占 66.1%，6～20m 的中层滑坡 58 处，占 31.2%，厚度大于 20m 的深层滑坡仅 5 处，占 2.7%；滑体规模以中、小型为主，其中规模小于 $10\times10^4m^3$的小型滑坡 90 处，占 48.4%，10×10^4～$100\times10^4m^3$的中型滑坡 79 处，占 42.5%，100×10^4～$1000\times10^4m^3$的大型滑坡 17 处，占 9.1%；所有滑坡中仅有 14 处为老滑坡，其余均为现代滑坡。

（1）黄土滑坡

黄土滑坡主要分布在本区北部的白水江镇、马蹄湾乡和西滩坝乡，其物质成分主要为全新世和晚更新世黄土（Q_4^{eol}、Q_3^{eol}）；发育在各斜坡低凹地段，共计 35 处，占滑坡总数的 18.8%。滑坡平面上呈舌形、半圆形。滑坡周界清晰，有明显的滑壁，地表前缘坡度陡，常见裂缝发育，一般有明显剪出，主要受降雨和人为坡脚开挖影响，以浅层和中层滑坡为主，体积普遍较小。

黄土滑坡一般发展快，变形大。如白水江镇的定宝寺滑坡，于 1984 年 8 月 22 日 24 时突然发生，无前期变形迹象，滑体体积为 $7.02\times10^5m^3$，后缘陡坎高约 10m，毁房 5 户 29 间，无人员伤亡。

（2）堆积层滑坡

该类滑坡分布最广，有 148 处，占滑坡总数的 79.6%。滑体物质为崩积、坡积、残积或其混合堆积夹碎石黏性土，平面形态多呈半圆形、舌形、矩形，表面起伏不平。坡度为 25°～40°。滑床面主要受残积、坡积土体与基岩的接触面控制，或者沿强、弱风化岩与下伏微风化岩或新鲜基岩之间的差异风化面滑动，基岩主要为千枚岩、片岩、板岩。滑面多呈弧形、直线形，滑面倾角 25°～40°，上陡下缓。滑体规模多取决于下伏基岩面形态，若为凹形，其上残堆积物质的厚度大，相应的滑坡规模亦大。

该类滑坡主要受工程活动和降雨因素影响。其活动性表现为大多是先发生局部滑动或滑塌，局部滑动的规模有大有小，也有部分只出现后缘发育的变形裂缝（最长的裂缝达 1000m 左右），但之后多年未见有较大的变形。此类潜在的滑坡（或斜坡变形体、潜在不稳定斜坡），一旦在暴雨、人为工程活动等因素影响下发生滑动，则其滑体规模巨大，产生灾害严重，应引起足够重视。

（3）岩质滑坡

本次调查中仅发现有产生灾害的岩质滑坡 3 处，占滑坡总数的 1.6%。坡体均为顺坡向斜坡，滑面受基岩风化差异面或片理面控制，后缘则受拉张裂隙或节理裂隙控制。滑体物质主要为强、弱风化千枚岩、板岩或灰岩及上覆残坡积物或浅坡积物，且以残坡积物为主。

2）滑坡灾害基本特征

（1）突发性

略阳县地形地貌复杂，斜坡陡峻，沟谷深切，水系、冲沟发育，多数岩体破碎，风化强烈、强度低，残坡积体厚度薄，降雨集中，暴雨强度大。因此，本区地质灾害突发性强、成灾率高。如横现河镇石庄沟村石窑湾滑坡，于 1981 年 8 月 20 日 21 时突然滑动，将

1户3人6间房埋于其下，滑前无任何变形迹象。

（2）集中性

在嘉陵江、宝成铁路和309省道康勉公路略阳段沿线，由于人口集中，人为工程活动剧烈，削坡挖脚严重。因此，地质灾害具有线状集中性，在229处地质灾害中，在嘉陵江、宝成铁路和康勉公路沿线有98处，占总数的42.8%，并且主要集中在宝成铁路略阳县城以北和康勉公路略阳县以东地带。

本区地质灾害的集中性还体现在时间上，地质灾害集中发生在降雨强度较大的年份和每年的雨季，详见表3.26和表3.27。

表3.26　地质灾害发生的年份频度统计表

年份	年均降水量/mm	灾害频数	占总数比例/%	年份	年均降水量/mm	灾害频数	占总数比例/%
1964	1085.1	1	0.5	1992	874.9	6	2.8
1970	767.7	1	0.5	1995	672.9	2	1
1973	842.7	1	0.5	1997	555.2	1	0.5
1978	1014.2	2	1	1998	880.7	7	3.3
1981	1353.3	102	48.6	1999	716.5	2	1
1983	1062.0	5	2.3	2000	629.5	4	1.9
1984	1055.0	9	4.3	2001	666.2	14	6.7
1986	682.0	3	1.4	2004	639.4	1	0.5
1987	621.7	2	1	2008	701.5	28	13.3
1990	1001.1	9	4.3	2009		8	3.8
1991	532.5	2	1				

表3.27　地质灾害发生的月份频度统计表

月份	2	5	6	7	8	9
月均降水量/mm	7	81	101	179	145	129
灾害频数	3	28	2	30	123	17
占总数比例/%	1.5	13.8	1	14.7	60.6	8.4

（3）链生性

链生性主要体现在同一地质灾害可以诱发或伴生其他地质灾害。如1992年8月12日发生在观音寺乡的纪家沟泥石流，在形成区和沟通区，有多处沟岸斜坡发生滑坡、崩塌。城关镇七里店村范家湾组的杨柳湾梁地面塌陷，由于地下开采铁矿多处采空，使得地表山坡地带发生地面塌陷，致使山坡前缘临空，山坡后缘及山顶多处开裂，裂缝最宽2m有余，并有数处发生局部滑塌现象，成为新的崩塌、滑坡灾害隐患，进而又为泥石流灾害提供了大量的物质条件。2008年5月12日汶川地震震动和摇晃，使得许多坡体松动和稳定性降低，导致2009年雨季滑坡崩塌的数量明显高于往年。

（4）周期性

由表3.26和表3.27可见，地质灾害的发生随年际变化；在同一年中，地质灾害主要发生在每年的某几个月中。地质灾害发生的频数与降水量密切相关，年（月）均降水量越大的年（月）份，年（月）灾害频数越大。如1981年、1984年、1990年、1992年和1998年的降雨强度都较大（年均降水量都大于870mm），其年发生灾害的频数也较大；7月、8月和9月的月均降雨量较大，其月发生灾害的频数也较大。降雨强度的周期性决定了本区灾害发生的周期性。

2. 滑坡发育规律和机制

1）滑坡与地形地貌

本区地处秦岭山区西端南坡，地势总体为东北高、西南低。地貌类型划分为剥蚀山地和侵蚀-堆积河谷两大类。剥蚀山地又分为剥蚀低山、剥蚀中山和剥蚀高中山三个亚类。

剥蚀高中山主要位于研究区的东北部和西南局部地区，其地形起伏大，山势雄伟，山峰突兀，河流下切深度达500～1000m。河谷多呈“V”形，谷坡陡峻，尽管自然的重力崩塌、滑坡和剥蚀作用强烈，但是由于人烟稀少，无重大生命线工程，因此存在明显致灾作用的地质灾害极少，本区只发育1处地质灾害点，占灾害点总数的0.4%。

剥蚀中山主要位于研究区中部，河流切割深度300～1000m，山坡重力崩塌及剥蚀侵蚀作用较强，且人口居住较集中，人为工程活动较普遍，地质灾害较发育，本区发育93处地质灾害点，占灾害点总数的40.6%。

剥蚀低山主要位于中部和南部大部分地区，虽重力崩塌和剥蚀侵蚀作用相对较弱，但由于人口集中，人类工程活动频繁，植被破坏严重，崩塌、滑坡、泥石流等地质灾害极发育，本区发育135处地质灾害点，占灾害点总数的59.0%。

2）地质灾害的地域分布

在略阳县的21个乡镇中，各乡镇由于所处地理位置和地形地貌不同，地质条件、水文地质条件和岩土特征不一，其地质灾害分布是不均匀的，即使在同一乡镇，在不同地段地质灾害发育情况亦有所不同。

地质灾害地域分布的不均匀性表现在北多南少，西北、东南多，而东北、西南少。灾害点数量最多的5个乡镇分别为徐家坪镇（39处）、城关镇（32处）、白水江镇（29处）、接官亭镇（21处）、硖口驿镇（16处）；灾害点分布密度最大的5个乡镇依次为接官亭镇（0.292处/km^2）、白水江镇（0.184处/km^2）、城关镇（0.176处/km^2）、徐家坪镇（0.171处/km^2）、硖口驿镇（0.116处/km^2）。

3）地层岩性及岩土体类型与滑坡灾害

本区太古宇、元古宇和古生界均有出露，特别是泥盆系、石炭系、志留系、下古生界（Pz_1）、震旦系和中新元古界（Pt_{2-3}）广泛分布。受构造作用影响，岩层褶皱变形强烈，断裂密布，节理裂隙发育，使得本区岩体破碎，风化强烈。本区第四系松散堆积物的成因有冲积、洪积、冲洪积、坡积、残坡积和风积，其中残坡积、坡积堆积物广泛分布全区，风积物在本区北部的西部和中部也较发育，这些松散堆积物为地质灾害的普遍发育奠定了物质基础。

从本次调查来看，泥盆系的片岩，志留系的粉砂质板岩、石英砂岩、千枚岩、片岩，下古生界的千枚岩和片岩，广泛分布于本区的中部和北部地区，这些岩层完整性差，岩体破碎，强度低，风化作用强烈，易形成软弱的差异风化结构面。在这些岩层分布的地区，岩层表面都堆积有厚度不一的残坡积、坡积松散堆积物，松散堆积层与基岩之间形成了软弱的接触面。软弱的差异风化结构面和松散堆积层与基岩之间的接触面，往往成为坡体变形、破坏的控滑结构面。同时，松散堆积层土质疏松，渗透性强，雨水容易入渗。在雨季或暴雨时，松散堆积层内孔隙水压力增大，土体强度降低，使得坡体很容易沿上述控滑结构面滑动。

本区滑坡的物质组成以堆积层为主，共 148 处，占滑坡总数的 79.6%，其次为黄土滑坡（35 处，占 18.8%），岩质滑坡仅有 3 处，占滑坡总数的 1.6%，所有滑坡中仅有 14 处为老滑坡，其余均为现代滑坡。

崩塌是略阳县的另一主要灾害类型，根据本次调查结果，本区发育的崩塌地质灾害共有 26 处，其中岩质崩塌 23 处，堆积层崩塌 3 处，除 1 处为自然斜坡崩塌外，其余 22 处均为人为工程活动导致的崩塌。

本区泥石流共发育 12 处，主要发育在嘉陵江的各支流及其支沟和汉江支流黑河的支沟中，均为暴雨型稀性泥石流或水石流，物质来源主要为冲沟两岸的崩塌、滑坡堆积物，坡面的残、坡积物及沿沟的人工弃体（包括矿渣、采石场的废石等）。

4）地质构造及新构造运动与滑坡灾害

本区大地构造位置跨一级构造单元昆仑–秦岭褶皱系，构造极为复杂，以东西向线性褶皱为主。断裂构造也很复杂，正逆均具，部分有长期复活的现象。一般断层线随大单元构造线的变化而转移，但各主要断裂也常构成不同构造单元的分界线。地质构造控制了区内地形地貌的格局，造就了本区较大河流的弯曲变化，同时也形成了许多与构造方面一致的大量支流、沟谷，如青白石河、西渠沟等。断裂和褶皱构造使得本区岩体结构破碎，风化作用强烈，从而有利于地质灾害的发育。

新构造运动发生在古构造基础上，继承喜马拉雅运动的特点，以上升运动为主，呈间歇性缓慢隆升，河流深切，形成高山深谷。区内大多数断裂的形成可追溯到古生代或前寒武纪，而在以后的历次地壳运动中又持续活动，受喜马拉雅运动影响，挽近期活动得很强烈，表现明显的如：略阳–勉县断裂，它的活动使原来近南北向的嘉陵江在横现河至略阳段沿断裂走向由西向东流，由于断裂活动影响，此段河谷相对较宽，谷形也极不对称，在断裂北侧形成倒“L”形，反映断裂反扭错动，该断裂向东延伸在略阳李家坪–大黄院段，控制了汉江支流白河的流向；略阳–勉县–洋县断裂控制了汉中盆地的北侧边界，使南侧盆地与北侧高山形成明显对照。

新构造的上升运动使得许多构造河谷（沟谷）沿岸形成高陡斜坡，岩体结构破碎，风化剥蚀作用强烈，为滑坡、崩塌等地质灾害的发育提供了良好的地形地貌条件。

5）降水与滑坡灾害

地质灾害的年发生频数与年均降水量密切相关，年均降水量大，地质灾害年发生频数也大。1981 年略阳县的降雨量达到了历史最大值（1353.3mm），造成了全县大范围的地质灾害的产生，本次调查的灾害点大部分都是该年形成的；2009 年的降雨量也达到了 1981 年以来的最大值，地质灾害也明显增多。地质灾害的月发生频数与月均降水量密切相关，月均降水量大，地质灾害年发生频数也大。

地表水对本区地质灾害的影响，主要表现为河（沟）谷流水对河谷岸坡的侧蚀和侵蚀作用。如徐家坪镇张家坝崩塌就属于典型的受地表水影响的崩塌，由于河流自然改道，河水对左岸冲蚀、侵蚀作用强烈，岸坡被掏空，致使空腔上覆土体在重力作用下发生塌岸。在洪水期间，由于水流速度大，冲蚀作用强，且直接作用于岸坡，塌岸严重；而在枯水期间，河水位低，流速相对较小，冲蚀作用较弱，且前期塌岸后的堆积物部分堆积于坡脚，减弱了河水对岸坡的冲蚀，从而使得河岸崩塌规模大大减小。

地下水可通过强烈的溶蚀作用、渗透变形以及软化、泥化作用等，在斜坡体中形成地下水活跃带，并对斜坡的变形破坏起重要作用。如白石沟乡瓦子山滑坡，斜坡中下部长期湿润，坡脚有溢水点，1981 年 8 月强降雨后，坡体中、下部滑动，中部附近地下水出露，形成流量较稳定的下降泉。坡体中、后部由于前部滑动后局部临空而产生较大变形，但至今未发生整体滑动。这说明地下水浸润坡体下部土体后，土体强度变低，稳定性变差而失稳，而坡体上部未受地下水浸润，因此稳定性相对坡体下部要好，至今尚能维护稳定状态。

6）地震与滑坡灾害

境内历史上有地震活动记载，但强度不大，频度不高。据陕西省历史地震目录记载，自公元 417 ~ 1966 年，产生大于 *M*4.0 级的地震只有一次（1631 年，略阳南略勉断裂带产生一次 *M*4.75 级地震)，其余皆为小震和微震。但邻区强震大震对研究区产生较大影响，如历史上的甘肃武都（1879 年）、四川松潘（1976 年）及 2008 年 5 月 12 日的汶川 *M*8.0 级地震等都使研究区发生了滑坡、崩塌现象。

据陕西省地质矿产勘查开发局 2008 年 5 月 12 日汶川地震后对略阳县地质灾害点排查结果，确定地质灾害隐患点 70 处，12 处为原有的隐患点复活，58 处为“5 · 12”汶川地震新增次生地质灾害隐患点。其中，大型规模地质灾害隐患点 14 处，中型 33 处，小型 23 处；不稳定斜坡 43 处，滑坡 16 处。已使 74 户的 699 间房屋损坏，直接损失 717.9 万元，毁坏公路 329m；稳定性差的 38 处，稳定性较差的 32 处；威胁 578 户 2703 人及宝成铁路、S309 公路等重要公共设施，潜在经济损失超过 625 万元。

7）人类工程活动与滑坡灾害

人类工程活动对地质灾害具有促进和诱发作用，主要表现在乱伐森林、毁林开荒、削坡挖脚、不合理地下开采和废渣乱堆乱放等，造成生态、地质环境恶化，气候异常，暴雨频发，水土流失严重，崩塌、滑坡、泥石流等灾害高发。

（1）削坡建房，破坏坡体平衡

略阳县地形较陡峻，全县坡度大于 15°的耕地占总面积的 81.61%。县内较大的交通干线有宝成铁路、309 省道及县道、乡道等。交通工程及基础设施建设中存在大量削坡、堆载等现象，破坏原有坡体的平衡，容易引发地质灾害。

（2）矿山开采、矿渣滥放

略阳县地处宁、略、勉“金三角”位置，素有“富山盛矿”之美誉，全县矿藏资源种类多、分布广。已探明的金属和非金属矿藏有33种，矿体及矿点134处，中型以上矿床28个，其中铁矿、镍矿、蛇纹石、白云石等矿储量居陕西省之首。大量矿产资源开发造成了坡体变形和地面塌陷等，容易引发山体滑坡。矿渣、尾矿等在各沟谷堆放，堵塞行洪，是泥石流的主要物源。

第4章　秦巴山区岩土体蠕变特性及斜坡蠕滑变形机理

秦巴山区滑坡形成初期，大部分是由于坡表土石混合体和下部基岩的长期蠕动变形积累，进而加剧降雨入渗、岩土体性质劣化，导致坡体稳定性逐渐降低，形成地质灾害。本章首先剖析秦巴山区滑坡的蠕滑类型、蠕滑特征、孕育过程、变形破坏模式，然后对长期重力作用下边坡岩土体的蠕变性质进行研究，进而揭示边坡蠕滑的形成机理及形成条件。

4.1　秦巴山区边坡岩土体构成

秦巴山区由华北板块和华南（扬子）板块相互挤压，历经多次造山运动，构造活动强烈，岩体多以中、浅变质岩为主，夹杂不同时期的岩浆侵入体。华南板块上部还广泛分布厚块状碳酸盐岩系，主要分布在巴山弧形褶皱系以南的区域，在陕西省境内出露较少。区内表层土体主要是各类地层经风化、剥蚀、运移后堆积在表层的第四系，自然堆积不受分选的堆积体往往级配良好，但后期由于水流冲刷分选后多表现出初段颗粒粗大、末段颗粒细碎，其间夹杂大量崩坡积块石，故又将其称为“土石混合体”。本章将针对秦巴山区陕西段主要介绍岩土体的物理力学性质，并重点研究其蠕变特性。

4.2　变质岩水理性质

秦巴山区变质岩与沉积岩和火成岩最大的区别在于它在形成时经过了高温、高压作用，形成了定向的劈理结构，并且在形成后还不断受构造活动改造，以至于岩体相对破碎，体内存在大量的节理裂隙，使其强度降低，而对于拟研究的全风化岩体现场基本无法采取完整岩块，要加工成试验所用的试件就更加困难，所以野外只能采取中等风化-强风化的岩块，然后通过室内试验间接获取全风化岩石的力学性质。

那么强风化岩石和全风化岩石的力学强度相差多少？岩石力学强度随风化程度的变化规律如何？岩石矿物成分和微观结构是怎样影响变质岩的风化行为？带着这些问题，首先进行变质岩岩石风化机理的研究。岩石风化性质主要通过软化系数、耐崩解性指数、膨胀性等三个指标来表达。

4.2.1　变质岩的软化性

1. 试验目的与方案

软化系数（η）代表水对岩石强度的弱化效果，值越小说明岩石越容易受水的影响，是岩石耐风化的重要参考指标，它是岩石的饱和单轴抗压强度 R_c 与干燥单轴抗压强度 R_d 的比值，用式（4.1）进行计算。

$$\eta=\frac{R_c}{R_d} \tag{4.1}$$

其中，单轴抗压强度试验是试样在无侧限条件下，受轴向力作用破坏时，单位面积上所承受的荷载。测定抗压强度常用的方法是用岩石试样至于压力机承压板之间轴向加荷，在破坏时的应力值称为试样的抗压强度 σ_c，其计算为

$$\sigma_c=F/A \tag{4.2}$$

式中，F 为破坏时的作用力；A 为垂直于加力方向的最初横截面积。

试验共分4组，每组3个试样，试验方案如表4.1所示，拟分别采用与结构面垂直和平行的两种轴向力加载方式，研究片岩的软化系数及结构面对软化系数的影响大小。

表4.1　岩石软化系数试验方案表

组数	试样个数	试样状态		荷载与结构面位置	
		干燥	饱和	垂直	平行
1	3	√		√	
2	3		√	√	
3	3	√			√
4	3	√			√

2. 试样加工

对现场采取的中等风化-强风化云母片岩，拟用岩石取芯机（图4.1）将其制成高 L=10cm，直径 D=5cm 的圆柱形试样，但由于岩体内存在较多的非贯通节理，在钻头钻进过程中，极易发生断裂破坏（图4.2），仅钻出少量试样用作三轴试验，所以本试验仅通过切割的方式将其制成 5cm×5cm×10cm 的方柱试样，仍然有部分试样从节理位置裂开（图4.3），选取高度为10cm 左右的试样进行试验。

3. 试验设备

单轴压缩试验采用中国科学院武汉岩土力学研究所研制的 RMT-150C 岩石试验机（图4.4），其垂向力最大可达1000kN，变形量程5mm；剪切向力最大可达500kN，变形量程

2.5mm。其采用液压伺服控制，控制精度均高于5‰，轴向、径向应变采用外接位移电子传感器，精度达到1/10000mm，所有结果数据均通过计算机自动采集，采集频率0.1s，轴向力加载速度2.00kN/s。

图4.1　加固改造后的岩石取芯机

图4.2　破坏的圆柱试样

图4.3　加工的方柱试样

图4.4　RMT-150C 岩石试验机

4. 结果分析

按图4.5装好试样，并调整好轴向和径向位移计后进行试验，试样通常在2min内发生破坏（图4.6），得到岩石单轴压缩全过程的应力应变曲线如图4.7所示。

可以看到，云母石英片岩属于典型的塑-弹-塑性变形材料，则根据其应力应变曲线将其整个变形破坏分为四个阶段：

图4.5　装好的试样

图4.6　试验后破坏的试样

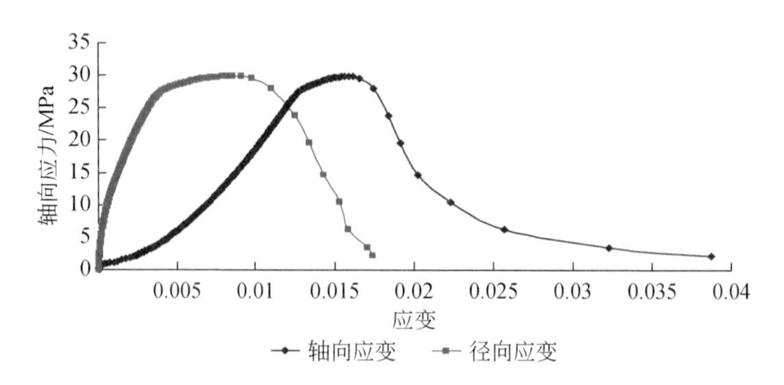

图 4.7　典型单轴压缩应力应变曲线（试样 1）

（1）第一个阶段（<10MPa）为塑性变形阶段，发生在加载初期，应力较小，轴向应力应变曲线呈上凹曲线，而径向应力应变曲线呈上凸曲线，主要是因为岩体中存在一定孔隙，在初始加压过程中岩体被挤密，孔隙闭合，总体积减小。

（2）第二个阶段（10～27MPa）为弹性变形阶段，当孔隙闭合基本完成，轴向应力持续增大，且不大于试样的极限承载力，试样发生弹性变形，轴向应变和径向应变随应力增加逐渐增大，近似呈直线。

（3）第三个阶段（27～30MPa）为延性破坏阶段，当应力超过试样的极限承载力时，应力略增大或保持不变的情况下，应变快速增加，岩体内有断裂的声音，岩体的有效抗压面积逐渐减小，此阶段岩样外观不一定有很大变化，但其造成的变形都是不可恢复的，该阶段根据岩石的弹塑性质不同，发展长度也会有较大变化。

（4）当延性积累到一定程度（约为 30MPa），岩样突然发生脆性破坏，整个岩体结构迅速崩溃，应力快速减小，外观上可见明显的断裂与破碎。

图 4.8 是 12 个试样的应力应变曲线，由于进入延性破坏阶段后已说明试样破坏，所以采用第二阶段末的应力作为岩石的抗压强度，结果记录于表 4.2。

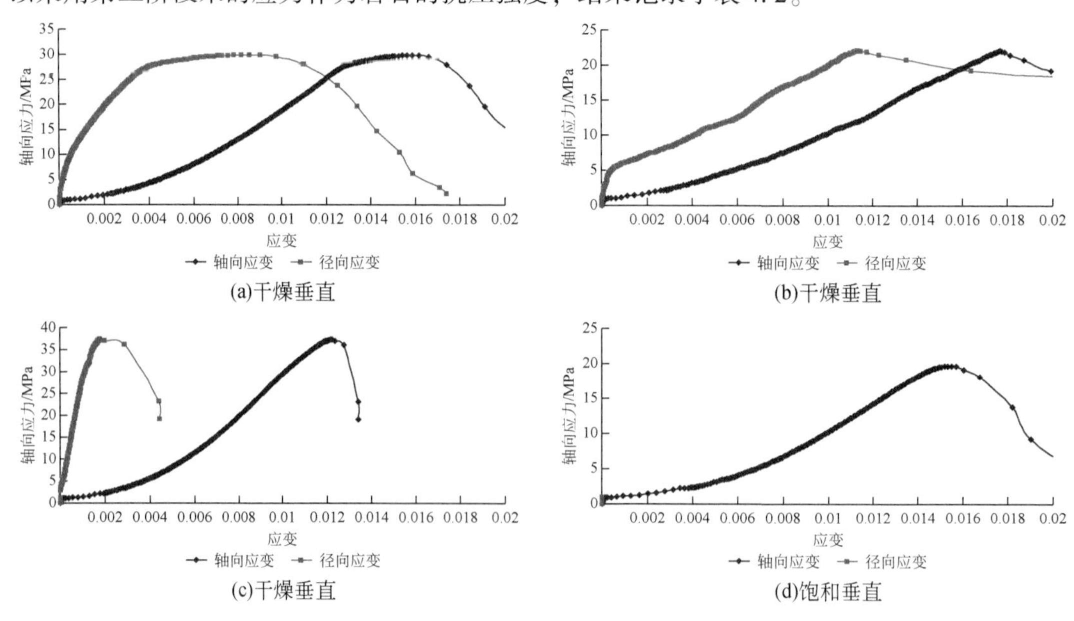

(a)干燥垂直　(b)干燥垂直

(c)干燥垂直　(d)饱和垂直

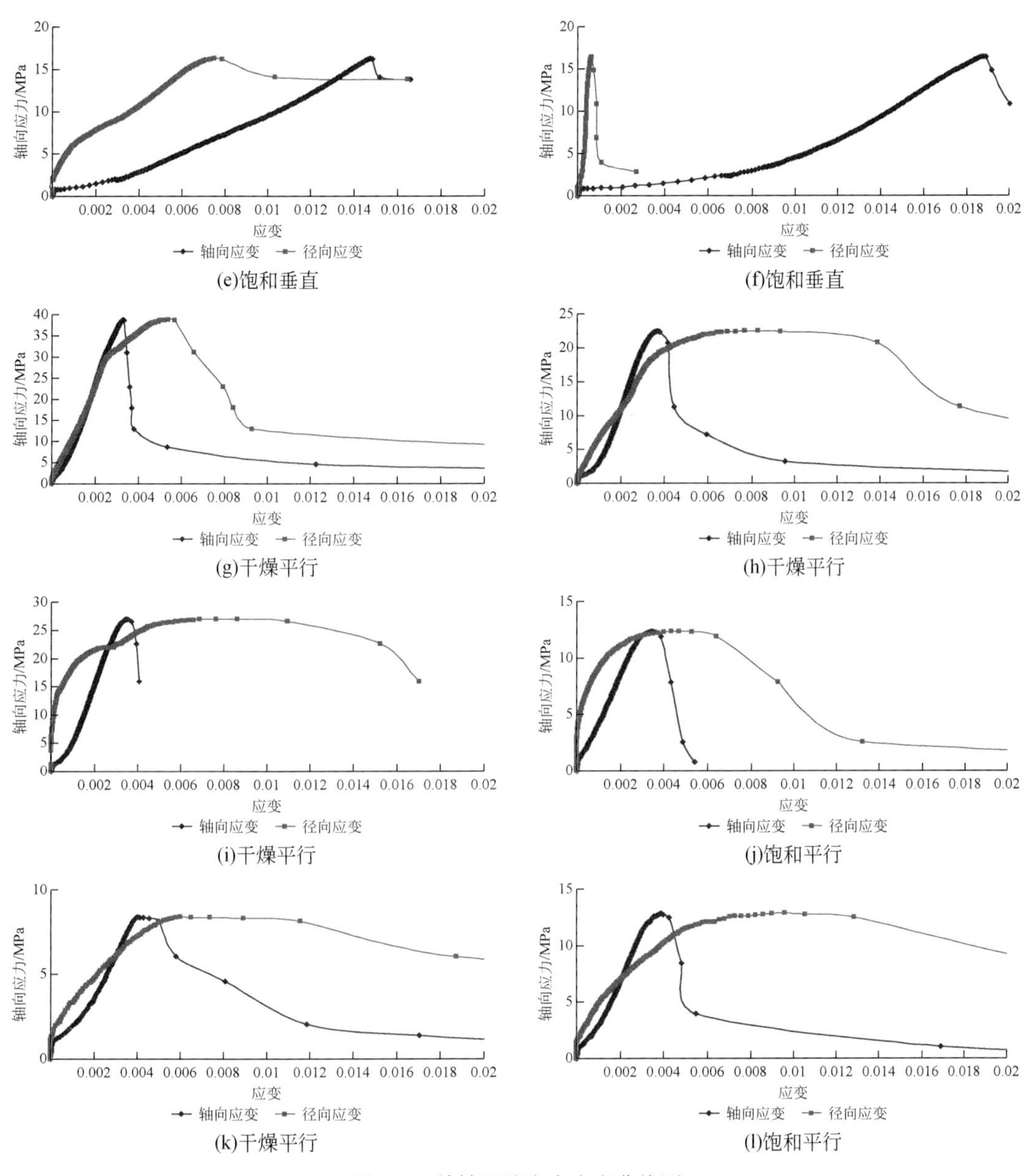

图 4.8　单轴压缩应力应变曲线图

试样高径比不同必然导致其力学性质有所差异，一般认为高径比越小，试验得到的强度值越高，也有学者对试样高径比影响强度的关系做过相关研究，本章不再对此赘述，而试验结果均采用常用的经验公式［式（4.3）］进行修正。

$$R(h/d=2)=\frac{8R_{C}}{7+2D/H} \tag{4.3}$$

式中，R（$h/d=2$）为高（h）径（d）比为 2 的试样抗压强度；R_{C}为非标准试样的抗压强度；D、H 为分别为非标准试样的直径（边长）或高度。

表 4.2 片岩单轴压缩试验参数及结果统计表

组号	序号	状态	节理面关系	尺寸/mm	弹性模量/MPa	泊松比	抗压强度/MPa			软化系数
							试验值	修正值	均值	
1	1	干燥	垂直	50.3×49.5×102.2	3375.81	0.22	27.1	27.2	28.6	0.60
	2			50.3×50.2×99.9	1174.67	0.28	22.2	22.2		
	3			49.6×49.4×102.0	4671.88	0.20	36.4	36.5		
2	4	饱和	垂直	50.3×49.9×99.8	2069.18	—	18.9	18.9	17.2	0.60
	5			50.6×50.0×101.7	1557.84	0.26	16.3	16.3		
	6			50.8×50.3×98.6	1624.76	0.11	16.3	16.3		
3	7	干燥	平行	50.4×49.8×99.9	7548.84	0.43	30.4	30.4	26.2	0.40
	8			51.1×50.2×100.5	6345.31	0.40	22.0	22.0		
	9			50.2×49.5×100.7	5830.59	0.38	26.0	26.1		
4	10	饱和	平行	51.4×50.8×102.3	4464.80	0.37	11.8	11.8	10.6	
	11			50.4×49.8×100.6	2533.30	0.42	8.3	8.3		
	12			50.9×49.6×100.3	4529.72	0.39	11.7	11.7		

由于本次试验的试样均经过精细切割打磨，尺寸比较标准，所以修正后强度未发生太大变化。

单轴压缩试验的同时还可进行弹性模量 E 和泊松比 μ 的测试，选取中间弹性变形阶段，其计算如式（4.4）所示。由于平行节理时两个侧向的径向变形差异较大，而限于条件仅测得了与节理面垂直方向的径向变形，所以其结果相对较大。

$$\begin{cases} E = \left|\dfrac{\Delta\sigma_{s}}{\Delta\varepsilon_{s}}\right| \\ \mu = \left|\dfrac{\Delta\varepsilon_{d}}{\Delta\varepsilon_{s}}\right| \end{cases} \tag{4.4}$$

式中，角标 s、d 分别代表轴向、径向。根据图 4.8 及表 4.2 可以得到以下结论：

（1）云母石英片岩是典型的软弱变质岩，水的作用对其影响较大。总体看来试验所用的片岩软化系数较低，说明水对岩石的影响较大。在轴向压力与结构面垂直和平行的情况下软化系数分别为 0.60、0.40，参考经验给出的岩石软化系数（表 4.3）属于软质变质岩。

表 4.3 岩石的经验软化系数

岩石名称及其特性	软化系数	岩石名称及其特性	软化系数
变质片状岩	0.69～0.84	侏罗系石英长石砂岩	0.68
石灰岩	0.70～0.90	未风化白垩系砂岩	0.50
软质变质岩	0.40～0.68	中等风化白垩系砂岩	0.40
泥质灰岩	0.44～0.54	中奥陶系砂岩	0.54
软质岩浆岩	0.16～0.50	新近系红砂岩	0.33

（2）云母石英片岩表现出强烈的不均质性。

由于试样体内的节理分布并不均匀，且由于风化程度、岩石变质程度及矿物成分含量的不同，导致岩石的应力应变曲线中的延性破坏阶段非常短暂甚至缺失，如图4.8（b）（e）（f）。当加载方向与结构面平行，第一个塑性变形阶段也非常短暂，且基本在应力5MPa以下完成，而进入弹性变形阶段，如图4.8（g）~（l）。从得到的抗压强度值来看，结果比较离散，同一类型最大算术差值达27.6%，并且轴压与节理面垂直情况下的离散性大于平行情况下的，说明微裂隙分布不均对非节理破坏的岩石强度影响更大。

（3）云母石英片岩表现出强烈的各向异性。

在加载方向与结构面平行的情况下，很小的轴向应变（0.004左右）均完成破坏；而在加载方向与结构面垂直的情况下，轴向应变大于0.012，最大达到0.018时才发生完全破坏。从抗压强度值看到，与结构面垂直和平行的加载方式对岩石的强度影响较大，在干燥状态下差值8.4%，而在饱和状态下差值达到38.4%（注：在未经说明的情况下以后试验均采用与结构面垂直的试验方法）。

（4）如果用岩石的物性参数来表达水对岩石强度的软化，则可体现在弹性模量的变化上，从结果看到，饱和状态下，弹性模量大幅度降低。

（5）根据试验结果还发现，垂直节理的弹性模量小于平行节理的弹性模量，因其主要和岩石的微构造关系较密切，镜下岩石呈片层状构造，就像是“脆的千层饼”，节理的发育往往与片理、劈理一致，所以在垂直节理的方向上加载，片理或劈理面受力逐渐闭合，可以发生较大的变形，其抗压强度却较高；而在平行节理面方向上加载，虽然弹性模量较大（即硬度较大），但受压后片理、劈理裂开，导致整个岩石解体，抗压强度迅速降低。

4.2.2　变质岩的崩解性

1. 试验目的

岩石耐崩解性指数（I）是通过对岩石试件进行烘干、浸水循环试验所得的指数，计算公式为

$$I=\frac{m_{\mathrm{r}}}{m_{\mathrm{s}}}\times 100 \tag{4.5}$$

式中，m_{r}为试验前试块烘干质量；m_{s}为试验后残余试块烘干质量。

它直接反映了岩石在浸水和温度变化的环境下抵抗风化作用的能力。《工程岩体试验方法标准》（GB/T 50266—2013）给出的耐崩解性指数的试验是将经过烘干的试块，放入一个带有筛孔的圆筒内，使该圆筒在水槽中转动一定时间，然后称量筒中的岩块质量。考虑到本次试验采用的主要为强风化-全风化片岩，性质软弱，节理非常发育，岩样极易破碎，不能按该方法试验，所以采用直接烘干、浸水反复循环的方式来研究岩石耐崩解性指数。

2. 试验方法

由于试验方法存在不确定性，应先进行可行性研究。试验前首先对岩石进行尝试性试

验，将岩块切成5cm×5cm×10cm的试样，将其放入105℃的烘箱中烘烤8～10h，然后浸入2～5℃的自来水中浸泡8～10h，再放入烘箱内烘烤，如此循环10次后仍未见明显的破坏。而采用压力机对试验前后的岩样进行对比后发现，其抗压强度有所降低，所以为了提高试验效率，采用强度劣化法来近似表达岩石的耐崩解性。

3. 试验方案

通过上面的可行性试验研究，确定试验方案如表4.4所示，初始状态可采用软化系数试验中的结果，其余还需试样12件，为了使试验结果相对精确，12件试样均由同一岩块切割而成。

表4.4　强度劣化试验方案表

组数	试样个数	反复循环6次	反复循环12次	反复循环18次	反复循环24次
1	3	√			
2	3		√		
3	3			√	
4	3				√
5	3	初始值采用软化系数试验中干燥试样强度值			

4. 结果分析

试验得到的结果如表4.5所示，图4.9反映了试样强度随干湿循环次数变化而减小的曲线。

表4.5　强度劣化试验结果统计表

条件	抗压强度值/MPa														
	初始状态			循环6次			循环12次			循环18次			循环24次		
强度值	27.2	22.2	36.5	25.3	30.2	24.1	22.4	26.7	24.3	25.7	22.3	19.8	21.0	18.8	23.7
平均值	28.63			26.53			24.47			22.6			21.17		
与初始强度比值	100			87.19			82.65			80.33			78.58		

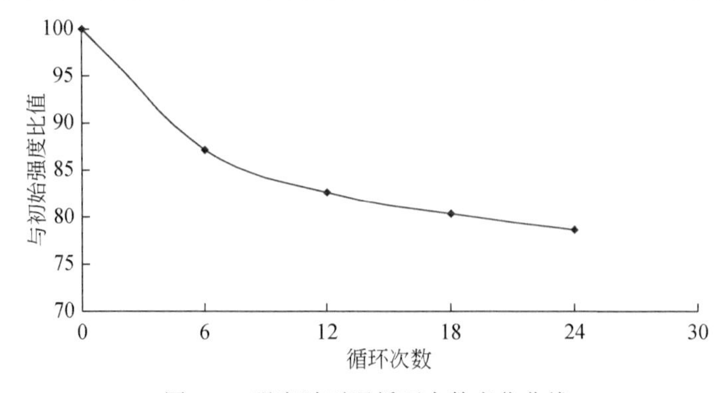

图4.9　强度随干湿循环次数变化曲线

从图4.9看到，随干湿循环次数的增加，岩石抗压强度逐渐减小，但前两个阶段强度降低较快，待循环次数大于10次以后，强度降低的趋势逐渐趋缓，第一阶段强度降低最快，达到12.81%，主要受试样中可溶盐及可挥发物质的散失有一定关系，并且在第一阶段试样内易发生破坏的微结构快速破坏，之后破坏速度稳定。

由此可见，干湿循环能够导致云母石英片岩强度劣化，若循环次数足够多将会引起岩石的自然崩解，所以自然条件下岩石的风化是不可抗拒的。试样在循环24次后依然未发现明显的破坏，说明岩性软弱的片岩看似易破碎，但其风化速度也并不是想象中那么快速。

该试验仅粗浅地探讨了片岩抗压强度随循环次数的变化趋势，今后应更进一步研究坡体不同深度岩石的强度，并与试验室岩石强度劣化试验比较，以此推测实际中岩石由一种风化状态到达另一种风化状态所需的年限，预测滑坡可能发生的时间。

4.2.3　变质岩的膨胀性

含有黏土矿物的岩石遇水促使颗粒间的水膜增厚导致岩石尺寸产生膨胀，这种岩石的性质被称为膨胀性，通常以岩石的自由膨胀率、岩石的侧向约束膨胀率、膨胀压力等表述。岩样即取自陕南安康地区，是膨胀岩土的主要分布地区，且通过岩石薄片鉴定结果也能看到，部分岩石内含有高岭土、蛭石、绿泥石等亲水性较好的黏土矿物，所以有必要对采取的云母石英片岩进行膨胀性试验。本次试验仅采用自由膨胀率进行测定，即岩石试件在无任何约束条件下浸水后产生的膨胀变形与试件原尺寸的比值，包括径向自由膨胀率（V_D）和轴向自由膨胀率（V_H），计算公式为

$$
\begin{aligned}
V_D &= \frac{\Delta D}{D} \times 100 \\
V_H &= \frac{\Delta H}{H} \times 100
\end{aligned}
\tag{4.6}
$$

式中，D、H、ΔD、ΔH 分别为浸水前、后的直径和高度。

岩石自由膨胀率的试验方法较简单，不再详细介绍，其试验结果如表4.6所示。

表4.6　岩石自由膨胀率试验统计表

序号	浸水前尺寸/mm		浸水后尺寸/mm		径向膨胀率/%	轴向膨胀率/%
	边长	高度	边长	高度		
1	50.12	98.65	50.25	98.85	0.259	0.202
2	50.78	100.43	50.91	100.66	0.256	0.229
3	51.02	99.98	51.13	100.18	0.215	0.200
4	49.67	101.34	49.79	101.54	0.241	0.197

从表4.6看到云母石英片岩具有一定的膨胀性，主要由于岩石内含有少量高岭土、蛭石等黏土矿物遇水后使颗粒间水膜增厚，导致体积增加。因为在渗水厚度相等的情况下，直径小于高度，所以径向膨胀率大于轴向膨胀率，从膨胀率的不均匀性也说明岩体自由浸

水状态下水不能完全渗入岩体内部，造成外部膨胀，形成应力差，使岩石破裂。

4.2.4　变质岩风化机理

变质岩在自然条件下，昼夜温差、年际气温变化，雨-阳交替出现，是区内变质岩风化的主要原因，往往一次暴雨后浅表层残坡积物滑走，则原滑坡范围在短时间内不会形成大量堆积物，所以大规模滑坡后往往是一段时间的相对平静期。

通过岩石的显微鉴定，揭示变质岩岩石中矿物质含量不同，以及体内含有大量的微构造，是变质岩易风化的基础。通过水-岩物理试验揭示云母石英片岩性质软弱，遇水易软化，强度降低，且岩体中含有一定黏土矿物，使其具有一定膨胀性，而微结构的存在造成吸水不均匀，岩体内各个部位膨胀量不同，产生应力差，加速了岩体的风化变形破坏。同时根据耐崩解试验看到，变质岩虽然易风化，但其风化速率也并非很快，尤其在自然界中其风化速率更加缓慢。

然而，在实际过程中岩体埋深、降雨、温度、湿度等因素都是相对随机且相互影响的，很难判定哪个因素是主要因素，实验室进行的强度衰减研究仅限对其进行规律的认识，也很难与实际对应起来考虑。所以，对于变质岩风化形成全风化碎石的过程，今后可继续通过室内试验与直接采取的试样进行对比，由此计算坡体残坡积物的形成厚度与时间的函数关系，以期预测浅表层滑坡的滑动时间，为滑坡避让及防治提供参考依据。

4.3　变质岩蠕变破坏试验

秦巴山区浅表层滑坡主要发生在具有一定厚度的松散残坡积土的变质岩斜坡地带，变质岩属三大岩里最为复杂的岩类，而区内强烈的构造变形作用，使得区内变质岩在构造、岩性、矿物成分、变质程度、风化程度、结构面性质等方面表现出极度不均一性，但其力学行为及变形破坏仍然具有较强的规律性。根据经验得到，越接近坡表岩体风化程度越高，参照一般的岩石风化程度分类标准来衡量（表 4.7），形成浅表层滑坡的物质主要是风化程度大于强风化的岩土体，那么本节将针对强风化-全风化变质岩岩体通过岩体力学试验并结合岩石微观构造揭示变质岩力学特性及变形破坏机理。

表 4.7　岩石风化程度分类

风化程度	野外特征	风化程度参数指标	
		波速比 K_V	风化系数 K_f
未风化	岩质新鲜，偶见风化痕迹	0.9～1.0	0.9～1.0
微风化	结构基本未变，仅节理面有渲染或略有变色，有少量风化裂隙	0.8～0.9	0.8～0.9
中等风化	结构部分破坏，沿节理面有次生矿物、风化裂隙发育，岩体被切割成岩块，用镐难挖，岩心钻方可钻进	0.6～0.8	0.4～0.8
强风化	结构大部分破坏，矿物成分显著变化，风化裂隙很发育，岩体破碎，用镐可挖，干钻不易钻进	0.4～0.6	<0.4

续表

风化程度	野外特征	风化程度参数指标	
		波速比 K_V	风化系数 K_f
全风化	结构基本破坏，但尚可辨认，有残余结构强度，可用镐挖，干钻可钻进	0.2～0.4	—
残积土	组织结构全部破坏，已风化成土状，锹镐易挖掘，干钻易钻进，具可塑性	<0.2	—

试验研究所用的试样均采自安康市紫阳县蒿坪镇省道S310沿路的1#浅表层滑坡（将在后续对滑坡进行详细的介绍），取样以裸露的强风化-全风化岩为主，并从滑坡附近居民开挖出露的中等风化岩块作为辅助研究试样，土石混合体主要取自滑坡及附近斜坡坡面堆积的残坡积土。下面针对所取试样进行物理力学性质试验研究，为揭示浅表层滑坡机理及评价浅表层滑坡稳定性提供基础的计算参数依据。

4.3.1　变质岩矿物成分分析

在研究变质岩及其风化物的物理力学性质前，对变质岩的矿物成分鉴定是对其准确定名的重要步骤，同时也为后续从岩石微观变形揭示浅表层滑坡机理提供必要的基础资料。本次研究鉴定岩石薄片均取自滑坡附近，取样51块，由于制样工艺限制仅鉴定完其中29块，结果见表4.8，照片如图4.10所示。

在鉴定的29多块岩石中，除糜棱岩（5块）和碎粒岩（4块）等存在于断层附近的岩石以外，其余主要为具有片状构造的片岩类（14块），且大多含有云母、石英等矿物，根据矿物含量不同可定名为云母片岩、石英片岩及云母石英片岩等。后续进行大量岩石物理力学性质试验，采取位置均位于滑坡处，即SPIB2-5的采取位置，岩性以黑云石英片岩为主，但受条件限制无法对每一块岩样进行矿物分析，并且试样采集较为集中，不会发生太大变化，故将其统一称为“云母石英片岩”，以便进行试验对比研究。

4.3.2　变质岩基本物理性质

对于研究的云母石英片岩首先进行基本的常规物理性质试验，以初步得到岩石的基本物理参数，如密度（干燥、天然、浸水、饱和）、孔隙率、自然吸水率、饱和含水量、饱和系数等，其中饱和系数是自然吸水率与饱和吸水率（即饱和含水率）的比值，其他均按照《工程岩体试验方法标准》（GB/T 50266—2013），试验较简单，不再进行详细介绍与说明，得到参数结果列于表4.9中。

表 4.8　岩石薄片鉴定结果

编号	采样位置	定向方位/(°)	野外定名	主要矿物成分鉴定/%								其他	室内定名
				绢云母	黑云母	石英	方解石	钾长石	斜长石	中长石	碳质		
SPⅠD-1	0-1 导 0m 处	130	绢云母钙质板岩	58	30	4		2	1			褐铁矿 5%	二云母片岩
SPⅠD-2	0-1 导 30m 处	336	含碳质钙质板岩	38	28	18					8	榍石 1%，钛铁矿 5%	二云母片岩
SPⅠD-3	0-1 导 95m 处	350	绢云母钙质板岩	88		3					5	榍石 1%，褐铁矿 1%，钛铁矿 2%	含碳绢云母片岩
SPⅠD-4	0-1 导 100m 处	215	变长石石英粉砂岩		48	4		8	5			榍石 10%，高岭土 1%，阳起石 20%，褐铁矿 2%	二长质云母片岩
SPⅠD-5	1-2 导 17m 处	195	绢云母钙质板岩	10	48				15	10		褐铁矿 5%，榍石 8%	黑云母二长质糜棱岩
SPⅠD-6	3-4 导 15m 处	282	绢云母钙质板岩	87		8	3						绢云母片岩
SPⅠD-7	3-4 导 55m 处	270	硅化变长石石英砂岩										—
SPⅠD-8	4-5 导 82m 处	198	粗面岩		63	4		7	8			榍石 10%，阳起石 2%，褐铁矿 1%，钛铁矿 1%，黝帘石 1%	黑云母二长质糜棱岩
SPⅠD-9	4-5 导 85m 处	265	石英脉										—
SPⅠD-10	5-6 导 2m 处	300	碎裂化含碳质钙质板岩										—
SPⅠD-11	5-6 导 10m 处	140	碎裂化绢云母钙质板岩										—
SPⅠD-12	10-11 导 16m 处	252	绢云母钙质板岩										—
SPⅠD-13	11-12 导 25m 处	225	碳质板岩夹层		10	65					24	阳起石 1%	碳质黑云石英片岩

续表

编号	采样位置	定向方位/(°)	野外定名	主要矿物成分鉴定/%								其他	室内定名
				绢云母	黑云母	石英	方解石	钾长石	斜长石	中长石	碳质		
SPⅠD-14	11-12 导 56m 处	190	硅化碳质板岩										—
SPⅠD-15	11-12 导 78m 处	235	碳质板岩夹变粉砂岩										—
SPⅠD-16	12-13 导 5m 处	325	碳质板岩夹变粉砂岩	66		10	5				15	黄铁矿 1%	碳质绢云母片岩
SPⅠD-17	12-13 导 21m 处	140	断裂带			10						白云母 72%，黄铁矿 13%，榍石 3%	石英白云母蚀变岩
SPⅠD-18	12-13 导 21m 处	110	碳质构造片岩										—
SPⅠD-19	12-13 导第 33 层	240	厚层状硅质板岩夹薄层状碳质板岩										—
SPⅠB-1	1-2 导第 8 层	—			35					50		榍石 6%，褐铁矿 5%，钛铁矿 2%	黑云二长质糜棱岩
SPⅠB-2	5-6 导第 22 层	—	绢云母构造片岩			1	92				6		微晶大理岩
SPⅠB-3	5-6 导第 22 层	—	碳质碎粉岩		3	10					85		碳质碎粒岩
SPⅠB-4	5-6 导第 22 层	—	钙质构造片岩		66	4					18	褐铁矿 10%	碳质黑云母片岩
SPⅠB-5	5-6 导第 22 层	—	钙质构造片岩		8	77					12	黄铁矿 1%	碳质黑云母石英片岩
SPⅡD-1	0-1 导 33m 处	90	硅质板岩夹碳质板岩			15	64				19		碳酸盐化蚀变岩
SPⅡD-2	0-1 导 80m 处	240	硅质板岩										—

续表

编号	采样位置	定向方位/(°)	野外定名	主要矿物成分鉴定/%								其他	室内定名
				绢云母	黑云母	石英	方解石	钾长石	斜长石	中长石	碳质		
SPⅡD-3	1-2 导 15m 处	200	硅质板岩夹碳质板岩										—
SPⅡD-4	1-2 导 46m 处	115	硅质构造片岩										—
SPⅡD-5	1-2 导 60m 处	284	硅质构造片岩										—
SPⅡD-6	3-4 导 10m 处	330	硅质板岩夹薄层碳质板岩										—
SPⅡD-7	4-5 导 48m 处	78	硅质板岩夹薄层碳质板岩										—
SPⅡD-8	4-5 导 73m 处	146	碳质板岩										—
SPⅡD-9	5-6 导 25m 处	255	硅质板岩	8		92							石英片岩
SPⅡD-10	6-7 导 25m 处	204	变粉砂岩			5					30	碳酸盐 64%	硅化碎粒岩化石墨大理岩
SPⅡD-11	10-11 导 90m 处	10	碳质板岩										—
SPⅡD-12	11-12 导 16m 处	340	构造角砾岩	18		10		30	30			褐铁矿 10%	二长质糜棱岩
SPⅡD-13	11-12 导 22m 处	15	粗面质糜棱岩			20		7	8			白云母 58%，褐铁矿 4%，磷灰石 1%	二长质石英云母糜棱岩
SPⅡD-14	11-12 导 23m 处	342	石英脉										—
SPⅡD-15	12-13 导	88	粗面质糜棱岩			10			45	20		白云母 18%，榍石 1%，磷灰石 1%，褐铁矿 3%	白云母化二长岩
SPⅡB-1	1-2 导	—	石英脉										—
SPⅡB-2	11-12 导 4m 处	—	碳质板岩		35	3					60		黑云母碳质片岩
SPⅡB-3	11-12 导 6m 处	—	碳质糜棱岩		1	30	60				8		含碳石英大理岩

续表

编号	采样位置	定向方位/(°)	野外定名	主要矿物成分鉴定/%								其他	室内定名
				绢云母	黑云母	石英	方解石	钾长石	斜长石	中长石	碳质		
SPⅢD-1	0-1 导 3m 处	350	粗面质糜棱岩					30	35			阳起石 14%，绿帘石 4%，黝帘石 2%，榍石 4%，高岭土 1%，钛铁矿 2%，褐铁矿 1%	二长质碎粒岩
SPⅢD-2	0-1 导 50m 处	282	粗面岩			1		21	37			阳起石 15%，绿帘石 8%，黝帘石 3%，榍石 4%，高岭土 3%，钛铁矿 3%，褐铁矿 2%，蛭石 1%，磷灰石 1%	阳起石化二长质碎粒岩
SPⅢD-3	0-1 导 60m 处	290	闪长玢岩			2		20	15			阳起石 45%，绿帘石 3%，黝帘石 3%，榍石 5%，蛭石 1%，钛铁矿 3%	阳起石化二长质碎粒岩
SPⅢD-4	0-1 导 80m 处	220	绢云母石英片糜岩		35	55						阳起石 3%，褐铁矿 5%	黑云母石英片岩
SPⅢD-5	1-2 导 51m 处	260	石英脉										—
SPⅢD-6	3-4 导 55m 处	130	绢云母石英片糜岩										—
SPⅢD-7	3-4 导 65m 处	310	硅质板岩			83					15		碳质石英片岩
SPⅢD-8	5-6 导 35m 处	4	断层带样										—
SPⅢB-1	7-8 导 20m 处	—	钙质构造片岩		97						1		黑云母石英片岩

注：薄片鉴定试样取自洪山镇 3 条地质剖面。

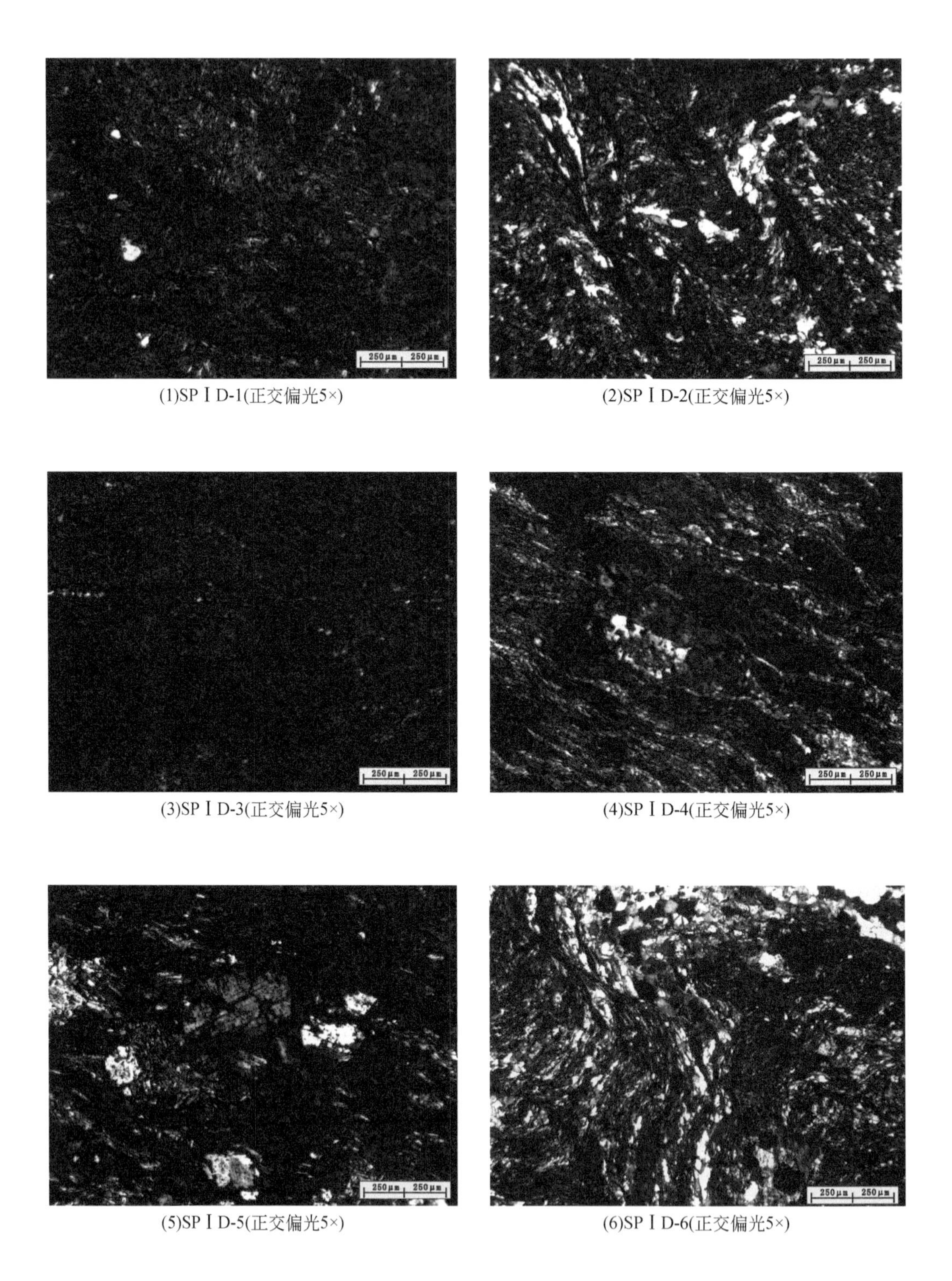

(1)SP Ⅰ D-1(正交偏光5×)

(2)SP Ⅰ D-2(正交偏光5×)

(3)SP Ⅰ D-3(正交偏光5×)

(4)SP Ⅰ D-4(正交偏光5×)

(5)SP Ⅰ D-5(正交偏光5×)

(6)SP Ⅰ D-6(正交偏光5×)

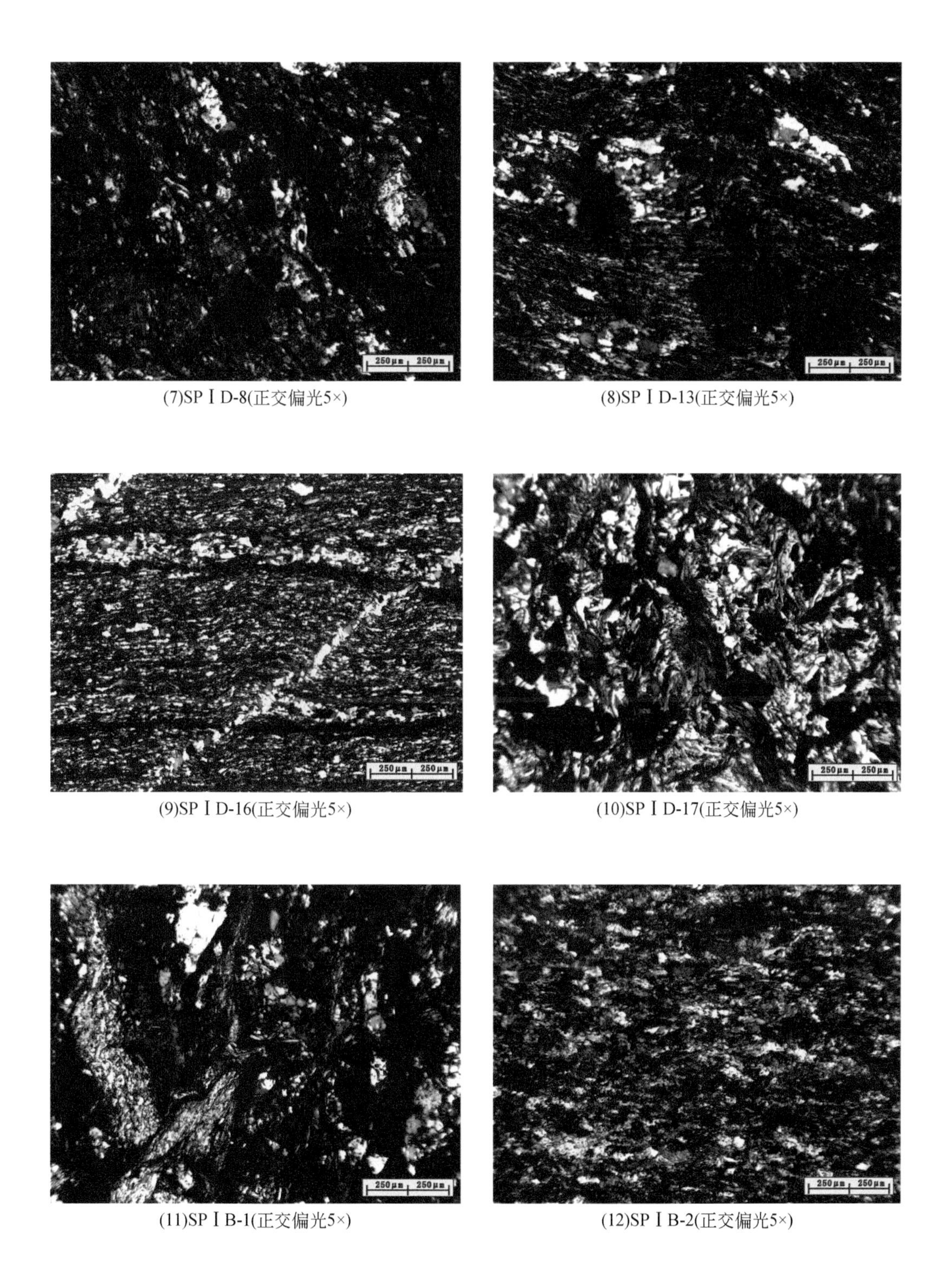

(7)SPⅠD-8(正交偏光5×)　　(8)SPⅠD-13(正交偏光5×)

(9)SPⅠD-16(正交偏光5×)　　(10)SPⅠD-17(正交偏光5×)

(11)SPⅠB-1(正交偏光5×)　　(12)SPⅠB-2(正交偏光5×)

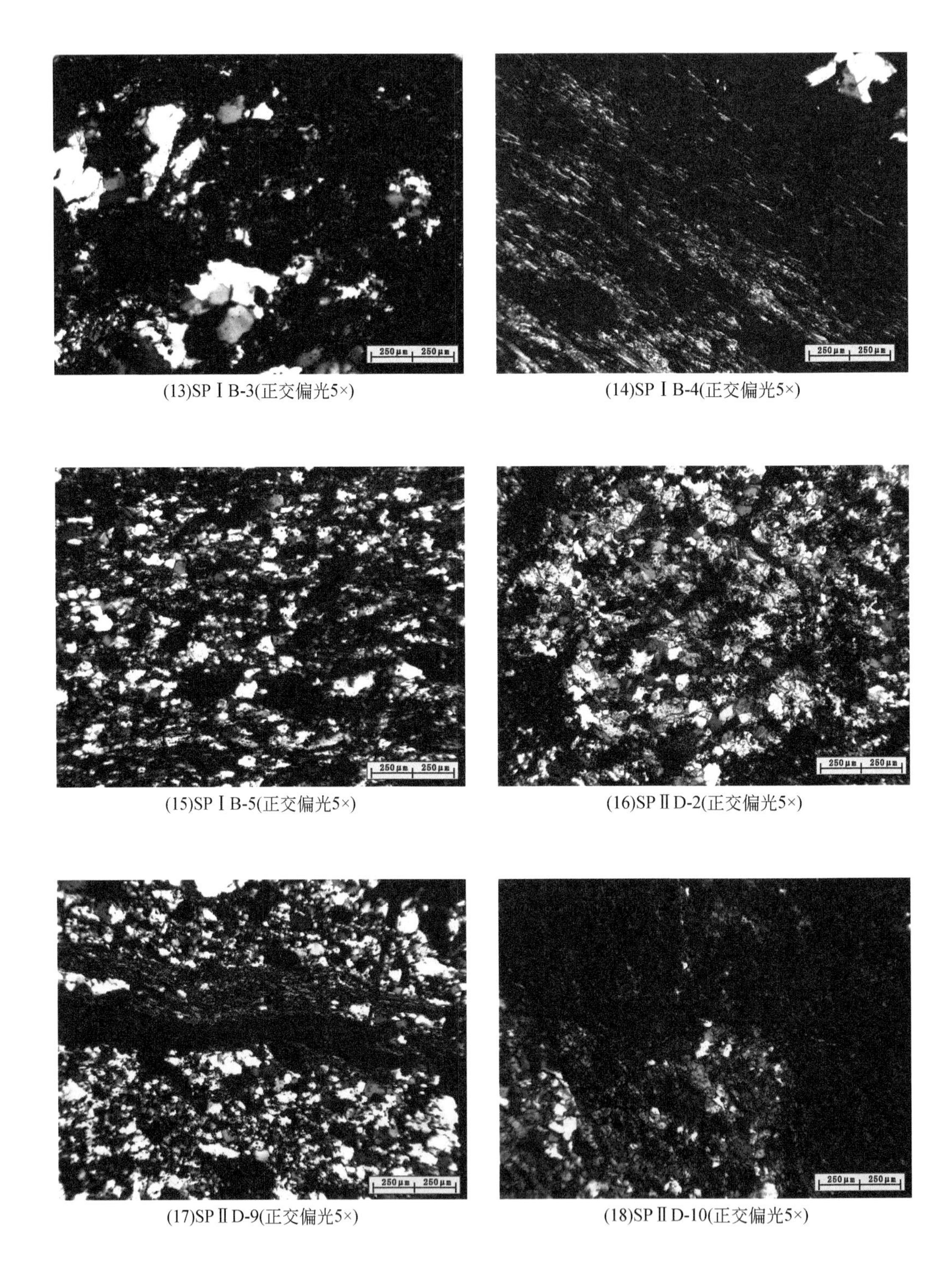

(13)SP Ⅰ B-3(正交偏光5×)

(14)SP Ⅰ B-4(正交偏光5×)

(15)SP Ⅰ B-5(正交偏光5×)

(16)SP Ⅱ D-2(正交偏光5×)

(17)SP Ⅱ D-9(正交偏光5×)

(18)SP Ⅱ D-10(正交偏光5×)

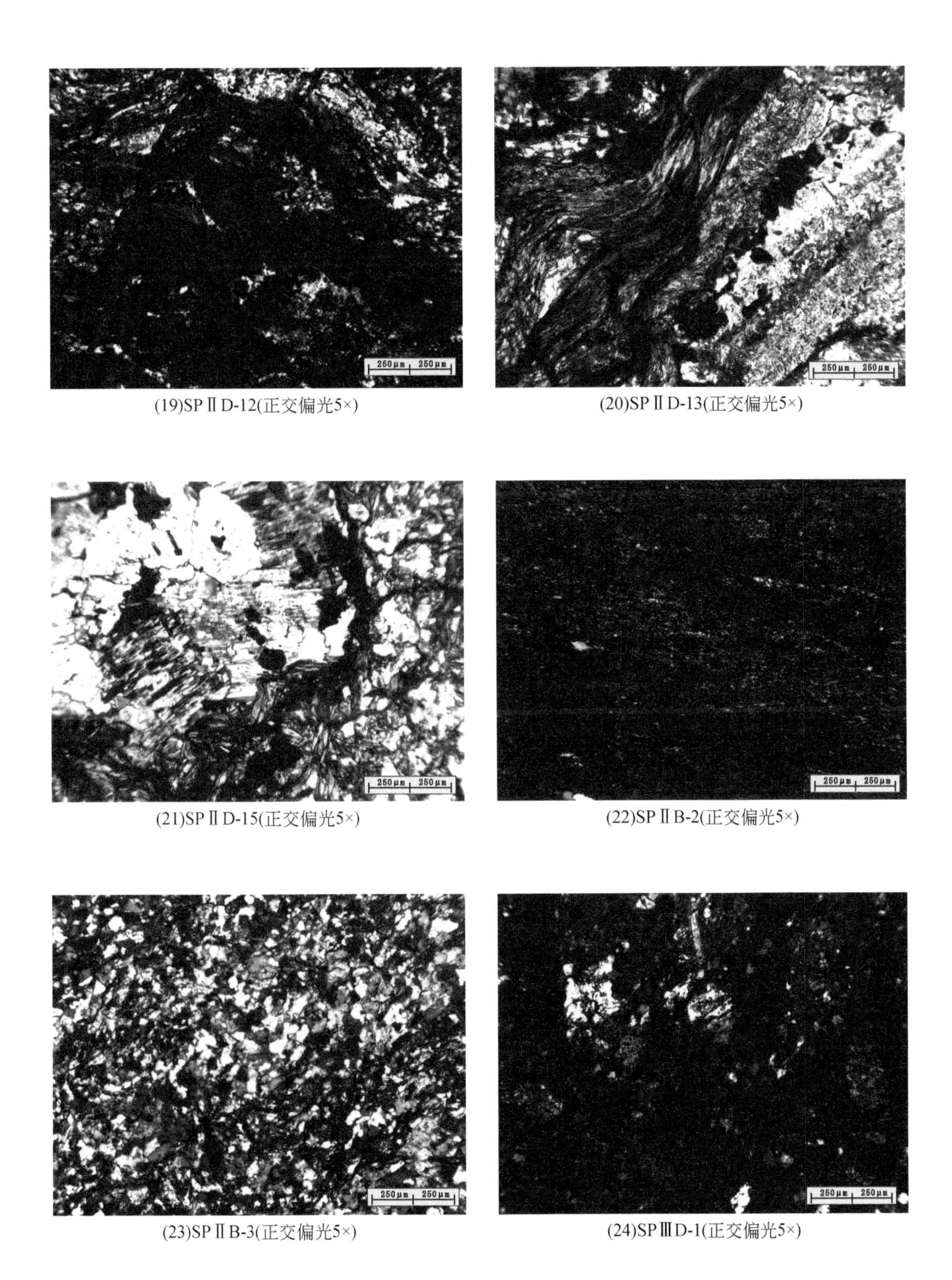

(19)SPⅡD-12(正交偏光5×)

(20)SPⅡD-13(正交偏光5×)

(21)SPⅡD-15(正交偏光5×)

(22)SPⅡB-2(正交偏光5×)

(23)SPⅡB-3(正交偏光5×)

(24)SPⅢD-1(正交偏光5×)

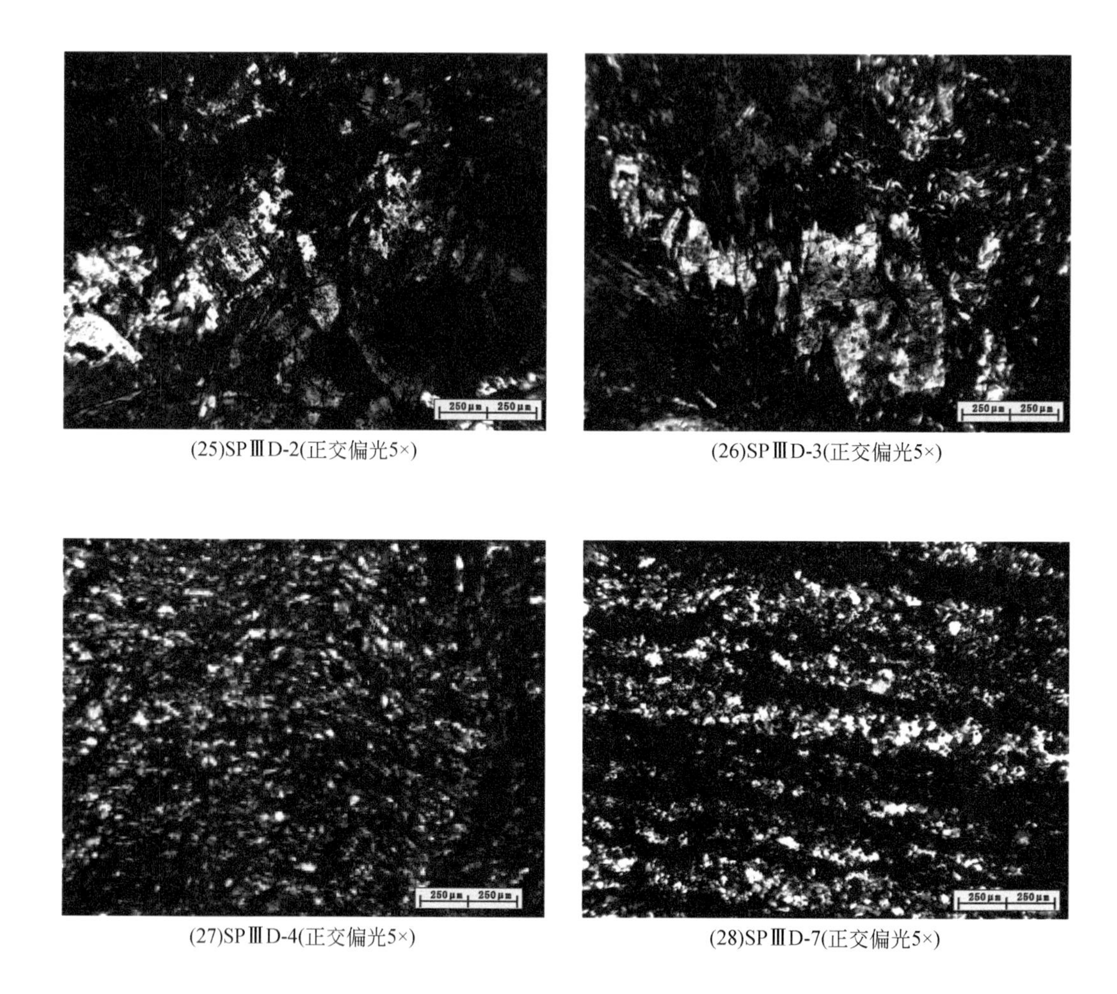

(25)SPⅢD-2(正交偏光5×)　　(26)SPⅢD-3(正交偏光5×)

(27)SPⅢD-4(正交偏光5×)　　(28)SPⅢD-7(正交偏光5×)

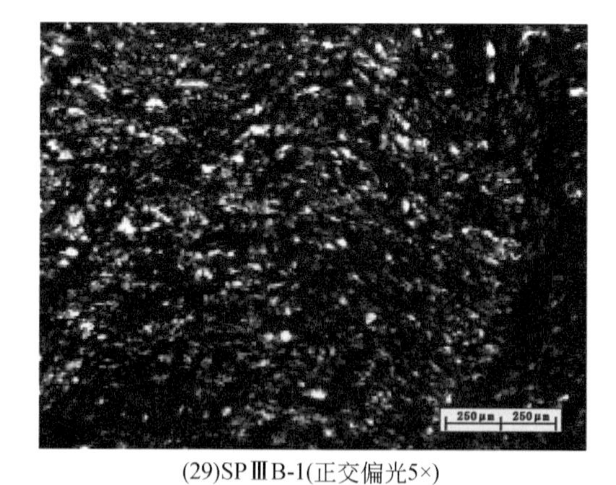

(29)SPⅢB-1(正交偏光5×)

图 4.10　岩石矿物成分鉴定照片

表 4.9　岩石基本物理参数试验结果表

编号	密度/（g/cm³）				孔隙率/%	自然吸水率/%	饱和含水量/%	饱和系数
	干燥	天然	浸水	真空饱和				
1	2.557	2.562	2.578	2.580	2.3	0.821	0.899	0.913
2	2.572	2.576	2.591	2.594	2.2	0.738	0.855	0.863
3	2.631	2.637	2.650	2.652	2.1	0.722	0.798	0.904
4	2.643	2.649	2.660	2.663	2.0	0.643	0.756	0.850
5	2.673	2.678	2.690	2.694	2.1	0.635	0.785	0.809
6	2.683	2.687	2.700	2.703	2.0	0.633	0.745	0.850
平均	2.63	2.63	2.64	2.65	2.1	0.700	0.810	0.860

由表4.9可以看到，云母石英片岩的干燥密度在2.557～2.683g/cm³之间，孔隙率在2.1%左右，且密度越小孔隙率越大，说明岩体内部存在更多的裂隙，相应的比表面积也越大，这样的岩石更容易风化，饱和含水量在0.745%～0.899%之间，而饱和系数与密度呈反比关系。

4.3.3　变质岩力学性质研究

1. 岩石现场点荷载试验

变质岩岩石经过不同程度的风化，结构疏松，室内加工困难，且加工时容易对其性质产生影响，为了与室内试验结果进行对比，采用点荷载测量。根据试验及理论研究，不同形状的试样在点荷载作用下，其加荷轴面上应力状态基本相同，这为不规则试样进行点荷载试验提供了依据。试验岩块采自洪山镇三处典型滑坡，采用便携式点荷载仪，对边坡露头岩块进行了点荷载试验。

通过野外试验发现点荷载仪的试验数据离散性极大，主要是岩块内部存在微裂隙，以及岩石矿物晶体的细微观排列造成，但通过大量点荷载试验，其平均值还是能够反映真实规律，基本能初步确定岩石的力学性质。

首先根据仪器标定系数计算强度指数 I_S，再由经验公式分别计算岩石的抗压强度和抗拉强度，测试结果见表4.10。

抗压强度：$\sigma_c = 22.82 I_S^{0.75}$。

抗拉强度：$\sigma_t = K I_S$，其中 K 取0.86～0.96。

表4.10中统计了三处滑坡岩石的点荷载试验结果，可以得出以下规律：

（1）岩石的结构面对岩体强度影响很大，在平行于结构面的情况下强度最小仅为垂直结构面情况的1/3。

（2）抗拉强度远小于抗压强度，最小比值仅为0.01。

（3）随着风化程度增大，岩石的强度明显降低，抗压强度下降至70%左右。

（4）片岩中石英成分含量越高，其强度越大。

（5）试验所用片岩的抗拉强度变化范围在 0 ~ 10MPa 之间，抗压强度变化范围在 20 ~ 90MPa 之间。

表 4.10　点荷载试验结果均值统计表

采样地点	岩石类型	风化程度	加压方向	点数	强度指数 I_S/MPa	抗拉强度 /MPa	抗压强度 /MPa	强度比值
1#滑坡附近	碳质片岩	中风化	垂直	20	5.68	5.11	83.96	0.06
			平行	28	1.40	1.26	28.71	0.04
		强风化	垂直	20	3.67	3.30	59.34	0.06
			平行	17	0.85	0.76	19.37	0.04
	绢云母石英片岩	中风化	垂直	19	4.97	4.47	75.96	0.06
			平行	20	1.67	1.50	33.26	0.05
2#滑坡附近	绢云母石英片岩	强风化	垂直	16	1.68	1.51	33.67	0.04
			平行	15	1.13	1.02	25.01	0.04
3#滑坡附近	石英片岩	中风化	垂直	20	5.41	4.87	77.72	0.06
			平行	20	3.23	2.91	51.47	0.06

2. 变质岩三轴压缩试验

在前文软化系数试验中已通过大量单轴试验进行岩石强度测试，而真实情况下的岩石往往存在于三向受力的复杂应力状态，所以有必要进行变质岩三轴试验研究，从而揭示岩石在复杂应力条件下的变形破坏机理。

1）试验原理

岩石三轴试验仍然采用 RMT-150C 试验机进行，测试试样为圆柱体，尺寸为：$D=50\text{mm}$，$H=100\text{mm}$。岩石破坏符合摩尔–库仑（Mohr-Coulomb）强度准则，即

$$\tau = C+\sigma\tan\varphi \tag{4.7}$$

式中，C、φ 为岩体抗剪强度参数，即黏聚力、内摩擦角；τ、σ 分别为作用在破坏面上的剪应力与法向应力，与大小主应力 σ_1、σ_3 及破坏面与大主应力面的倾角 α 之间的关系为

$$\begin{cases} \sigma = \dfrac{1}{2}(\sigma_1+\sigma_3)+\dfrac{1}{2}(\sigma_1-\sigma_3)\cos 2\alpha \\ \tau = \dfrac{1}{2}(\sigma_1-\sigma_3)\sin 2\alpha \end{cases} \tag{4.8}$$

且 $\alpha=45°+\dfrac{\varphi}{2}$

2）试验方案

主要针对中风化和强风化两类岩石进行干燥、饱和两种状态的试验，每组 3 个样，根据以往试验经验，围压分别设置为 2MPa、4MPa、6MPa，共进行 12 个试样，具体试验方案见表 4.11。

表4.11　三轴压缩试验方案表

组数	试样个数	岩石类型	含水状态
1	3	中风化	干燥
2	3	中风化	饱和
3	3	强风化	干燥
4	3	强风化	饱和

3）试验结果分析

试验整个过程分两个步骤：第一步首先进行围压加载，加载时轴向压力与围压等大均匀增加（图4.11），当围压达到设定值时自动跳至下一步骤；第二步保持围压恒定，轴压以设定速率均匀增加（图4.12），直至试样破坏，整个试验停止。

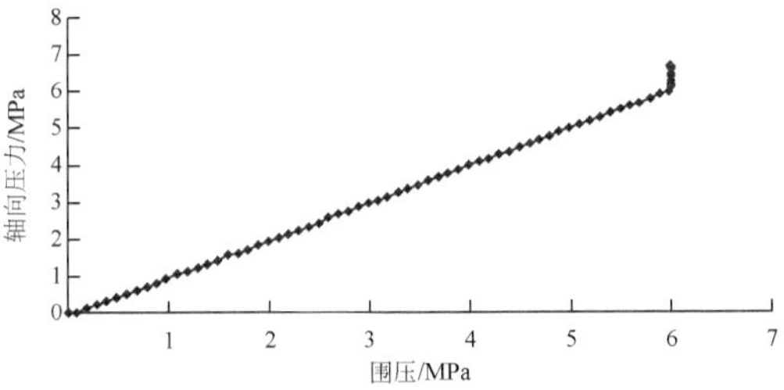

图4.11　围压加载时轴向压力-围压关系曲线

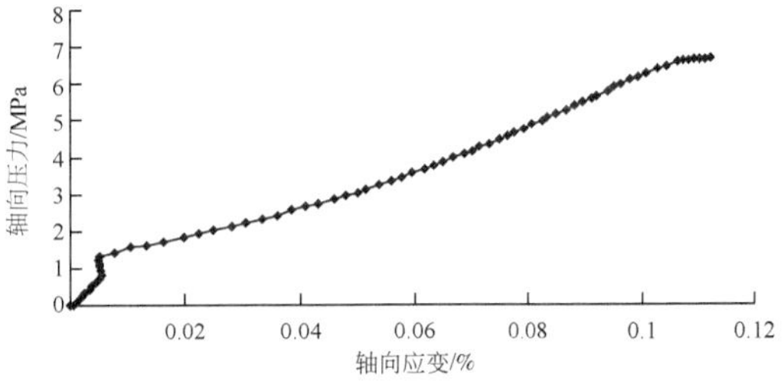

图4.12　围压加载时轴向压力-轴向应变关系曲线

通过试验得到不同围压下三轴试验的应力-应变曲线如图4.13所示，从前文中的岩石

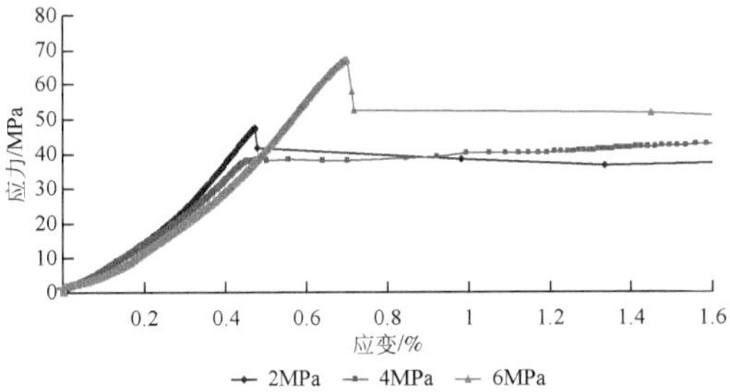

(a)强风化岩干燥状态

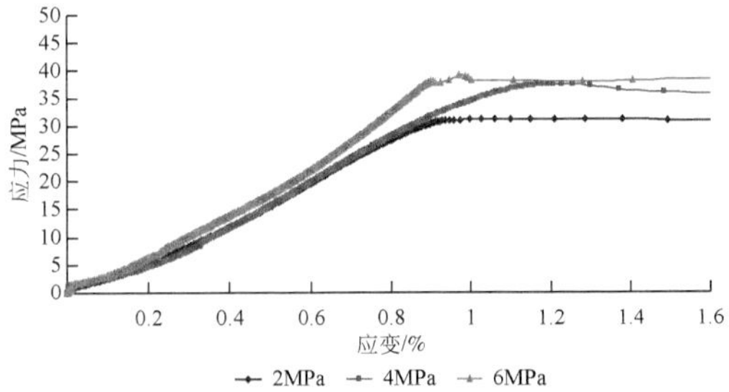

(b)强风化岩饱和状态

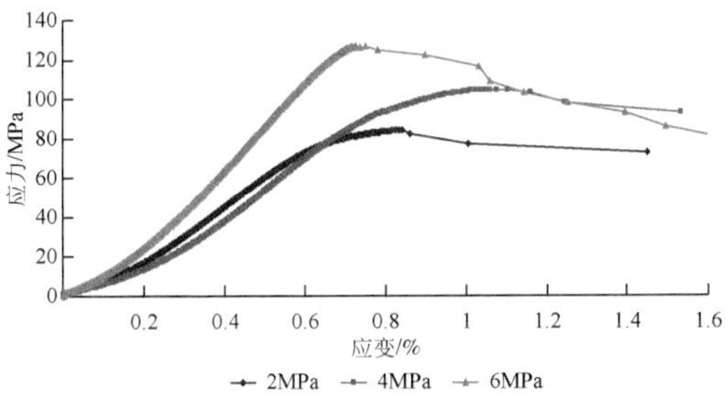

(c)中风化岩干燥状态

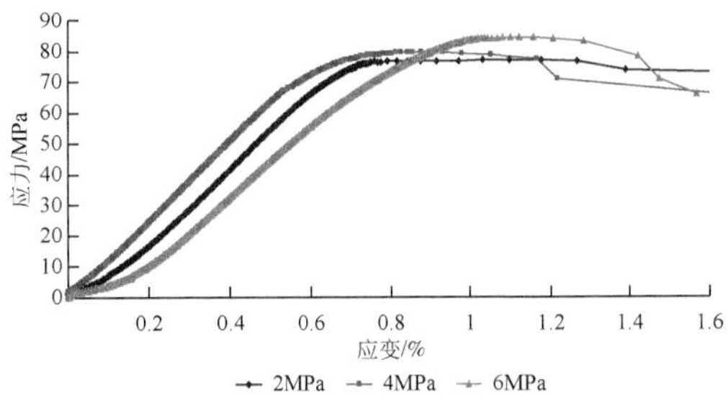

(d)中风化岩饱和状态

图4.13　云母石英片岩三轴试验应力-应变曲线

单轴试验中已得出云母石英片岩在受压 5MPa 以下（即第一步骤）中时便完成了裂隙闭合压密过程，所以在本图中闭合压密阶段非常短暂。与单轴压缩试验相比，三轴试验由于受侧向压力限制，试样多数发生近似塑性软化型破坏，即破坏时应力没有陡降过程。

通过试验得到以下结论：

（1）云母石英片岩的强风化状态和中风化状态强度相差非常大，说明片岩受风化影响很大，强风化岩仅为中风化岩的 60% 左右，与现场点荷载试验规律一致。

（2）饱和状态下岩石强度降低为干燥状态的 65% 左右，且干燥状态破坏时对应的应变量明显小于饱和状态破坏时的应变量，说明水对片岩强度影响很大，表现出较强的软化性，软化系数在 0.7 左右，与单轴情况相比略高。

（3）岩石在干燥状态表现出较强的离散性，而饱和状态下，不同围压所对应的轴向应力差别较小，所以对应其摩擦角也较小。

根据 Mohr-Coulomb 强度准则，可得到四种状态下岩石的莫尔圆强度包络线（图 4.14），得到的岩石抗剪强度参数如表 4.12 所示。

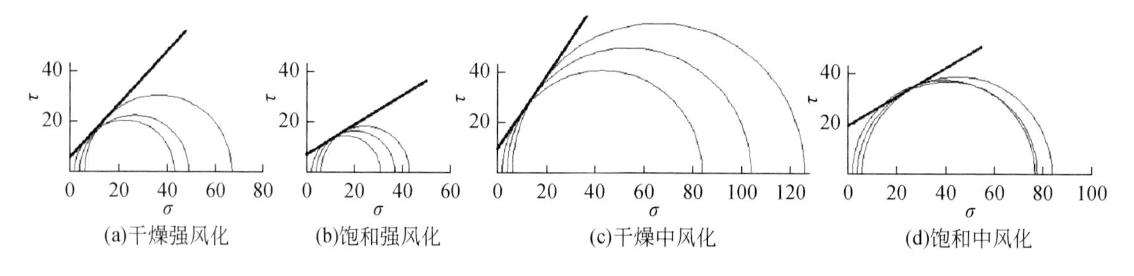

图 4.14　莫尔圆强度包络线

表 4.12　抗剪强度参数

状态	黏聚力/MPa	内摩擦角/（°）	状态	黏聚力/MPa	内摩擦角/（°）
干燥强风化岩	5.8	47	干燥中风化岩	9.8	55
饱和强风化岩	7.0	31	饱和中风化岩	19.5	30

从表 4.12 中看到，饱和状态内摩擦角大幅度降低，说明含水量对内摩擦角影响较大。而从理论上说黏聚力也应该是随含水量增加而减小，但从试验中得到的结果来看，饱和状态比干燥状态黏聚力大，主要原因是岩石的风化程度不同，即岩石体内微裂隙的数量、性质等不同，导致岩石的力学性质离散性很高，而试验每组个数又相对较少，造成试验结果存在一定误差。

4.3.4　变质岩蠕变力学性质

1. 试验的目的及意义

秦巴山区浅表层滑坡内的岩体以浅变质岩类的片岩、千枚岩及板岩最为常见，而这种浅变质岩往往是控制边坡失稳破坏的典型软弱岩石。这类岩石总体强度较低，且易风化，岩体中所含裂隙较多，工程地质特征千差万别。在长期荷载作用下随时间的增长而表现出较为明显的黏滞效应。对于以云母石英片岩为主的浅表层顺层边坡，由于岩石本身存在的片理、劈理构造较为发育，且片理面作为一种软弱结构面，随着时间的推移，在重力、降雨渗流、坡脚开挖等诱发因素的影响下，更容易引发沿不连续结构面的长期蠕滑变形，而片理面的存在也使得岩体力学特性存在明显的各向异性，加剧了这种岩石蠕滑变形的复杂性。当这种岩石变形量超过某个极限量值时，将会导致滑坡的产生。因此研究这类随时间缓慢增长的变形而导致的边坡失稳的形成机理，对秦巴山区内重要工程活动及人民生命财产安全有着重要的意义。

进行室内绿泥石石英片岩的三轴蠕变试验是研究浅表层边坡蠕滑破坏机理的一种基础但又非常重要的手段。由于在现场受制于地形及边坡岩体的结构特性与应力情况的复杂性，且当前相关的试验设备较少，试验成本较高，取得的结果受限于区域性的结构差异而不甚理想。而室内试验则可以根据需要控制试验条件，能克服野外试验的种种限制因素，可在室内进行长期、可重复的试验，因此得到了广泛的应用。室内蠕变试验岩石的蠕变试验一般分为单轴、三轴和剪切蠕变试验，可以基本了解岩石在低、高应力水平下岩石的结构面长期强度及蠕变规律。本次蠕变试验可以根据需要，改变岩石结构面的倾角和试件的含水状态及围压情况，模拟岩质边坡在不同结构面产状、含水情况和应力状态条件，并对其蠕变变形规律进行分析，进而进行岩石的蠕变模型及其参数辨识分析，为秦巴山区浅表层岩质边坡在长期重力作用下的变形时效分析及其破坏模式提供了重要的基础，并为以后的数值分析阶段提供重要的模型参数依据，使其为长期岩体工程的蠕变规律做出一定程度的预测。

最后，利用所得试验蠕变模型参数，将蠕变模型应用于简化滑坡模型之上。通过对滑坡剪应力、剪应变和安全系数的综合分析，进而对边坡破坏历史过程做出一定的反演，对于本地区其他边坡研究具有一定的参考意义。

2. 试验创新点

一般蠕变试验多基于室内蠕变试验结果，分析各个应力水平下的蠕变曲线特征，总结出适用于各类岩石的蠕变模型，分析各个围压、应力水平，乃至渗流条件对蠕变模型参数的影响。而本次蠕变试验，从各个不同的角度对云母石英片岩的蠕变特性进行分析，从宏观物理力学特性，到微观蠕变变形机制的研究，力求掌握此类变质岩的蠕变特性对于浅表层变质岩滑坡的影响。

（1）从宏观上，依据室内试验结果，分析了云母石英片岩的蠕变特性，利用修正非线性蠕变模型完整地描述了三期蠕变阶段，尤其是对加速蠕变阶段的描述。同时，从塑性力学的角度对一维模型进行了三维扩展，能应用于一般三轴蠕变试验分析。从损伤力学模型的角度出发，对模型元件方程进行改进，将一般岩石三轴试验所得损伤模型应用于蠕变试验，并讨论损伤模型参数随时间的变化趋势，使得模型从变形破坏机制的角度上有合理的解释。

（2）利用显微电子扫描技术，对破坏前与破坏后断口切片进行显微观察，并拍照。从微观结构这一本质上对云母石英片岩的蠕变变形、破坏特征和破裂机制给予了合理解释。

（3）利用 FLAC 3D 有限差分软件，对岩石蠕变过程进行了模拟，得到了不同围压及应力水平下的蠕变试验结果，得到并分析了蠕变过程中岩石内部剪应力、剪应变在黏弹性与黏塑性蠕变过程中的分布状态，通过模拟结果有助于更加合理地解释岩石蠕变的发生机制。

（4）在一般岩土滑坡数值模拟中多采用弹塑性或经典 Mohr-Coulomb 强度准则，但实际上此类浅表层变质岩滑坡从发展到产生需要经历一定的时间，利用适当的流变模型则可以较为真实地反映出滑坡随时间的发展过程。文章中针对包含有结构面的简化滑坡模型，应用 FLAC 3D 中内置的包含 Mohr-Coulomb 强度准则的黏弹塑性模型进行数值计算，可以较为真实地反演滑坡的发展过程。

3. 试验理论分析

通过室内三轴蠕变试验原始资料的整理，进一步得到岩石轴向和径向蠕变特征曲线、等时应力应变曲线及蠕变速率曲线，通过定量分析这几种曲线分别在不同围压、含水率及不同片理面倾角三个条件影响下的变化特征，研究不同组合工况下岩石的蠕变特性；随后观察蠕变破坏之后的岩石试样，并特别注意其破坏断面上的变形特征及断口特征，将其破坏模式与岩石三轴瞬时破坏的破坏模式进行对比，分析其异同点。同时利用电子显微扫描技术，观察岩石在原始和破坏状态后的轴向、径向断面电子显微扫描图像（SEM），从岩石微结构角度分析岩石蠕变的破坏方式，从结构上分析其蠕变机理的本质；根据黏弹塑性理论，利用元件法建立蠕变本构方程，利用已有的由线性元件组成的蠕变模型对线性试验曲线部分进行辨识，分析计算其模型参数，对非线性黏塑性部分则对线性元件黏壶进行修正，使其成为与时间、应力相关的非定常黏滞系数，将拟合得到的理论曲线与实际曲线进行对比，验证所得本构关系式的合理性。利用 FLAC 3D 软件，对岩石单轴蠕变条件进行数值计算，验证室内试验结果的合理性，并通过分析应力应变的分布状态，结合试验结果分析其变形破坏的一般规律。

1）蠕变曲线的特征分析

（1）蠕变特性曲线的建立

蠕变试验的加载方式一般分为分别加载及分级加载。分别加载指岩石试件、试验条件及试验设备等完全相同的条件下，对几个试件施加不同的荷载，从而得到不同应力水平下的蠕变曲线，但由于实际试验条件的限制，本次试验只能通过采取分级加载的方式，在一个岩石试件上逐级施加不同荷载来观察岩石不同应力下的蠕变特性。要得到不同应力水平下独立的蠕变曲线，需要利用“坐标平移法”。Boltzmann 在 19 世纪 70 年代提出了线性叠加原理，即每一级应力水平在任意时刻的蠕变量等于此前每一级应力增量在此时刻所产生的蠕变量之和。如图 4. 15 所示，第一级应力 σ_1 在任意时刻产生的蠕变量为 ε_1，即坐标轴与实线之间的距离；在某一时刻 t_1，增加应力 $\Delta\sigma$，其产生的蠕变量为虚线与实线间的距离，即 $\Delta\varepsilon$。将 t_1 作为应力增量 $\Delta\sigma$ 的初始时刻，以第一级产生的蠕变量 ε_1 为基础，叠加应力增量 $\Delta\sigma$ 产生的蠕变增量 $\Delta\varepsilon$，得到第二级应力 $\sigma_2=\sigma_1+\Delta\sigma$ 作用下的蠕变量 $\varepsilon=\varepsilon_1+\Delta\varepsilon$。以此类推，得到不同应力水平下的蠕变曲线。应注意这种换算方法一般适用于处于黏弹性蠕变阶段，对于超过屈服强度而进入塑性阶段的非线性蠕变阶段则只能做相对大致的估计。

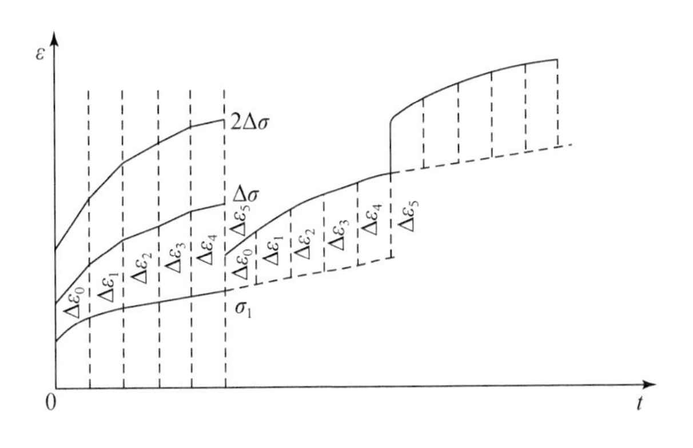

图 4. 15　线性叠加的坐标平移

在得到每一级应力水平下的蠕变曲线后，可以观察到每一级应力水平下岩石蠕变的特征曲线，并进一步分析计算围压、含水率和结构面倾角对于如弹性模量、泊松比、蠕变速率等参数的影响。

（2）等时应力应变曲线特征分析

蠕变的应力应变关系在不同时刻下是不同的，为了从直接获取的蠕变曲线中近似得到同一时刻岩石蠕变的应力应变关系及其随时间的变化规律，并观察屈服强度的近似值，可以根据蠕变曲线选取相同时间 t，用其所对应的应力水平 σ 和应变值 ε 组成应力应变等时曲线，同时可近似得到等时模量。等时曲线随着应力的增大而逐渐向应变轴靠近，从而在一定程度上可以认为流变是具有非线性特性的，同时说明岩石逐渐进入应变软化阶段；曲线也同时随时间的增长向应变轴偏移，说明蠕变量随时间的增长而逐渐增大。另外，在较明显的曲线拐点处可认为是屈服强度，理论上 $t=0$ 所对应的曲线峰值为岩石的瞬时强度，$t=\infty$ 对应的峰值曲线为长期强度，如图 4. 16、图 4. 17 所示。

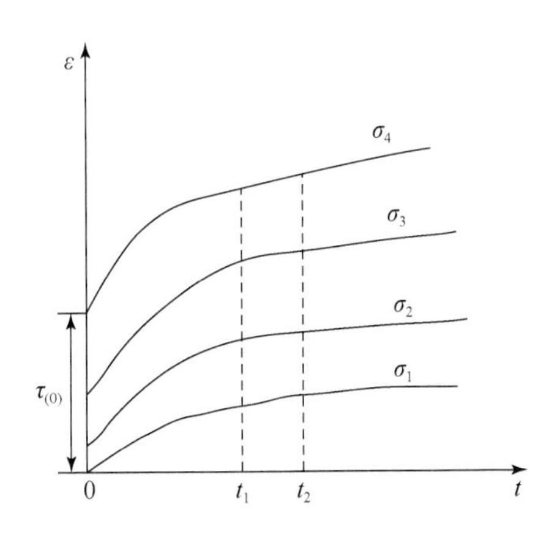

图 4. 16　在蠕变历时曲线上选取 t_1、t_2

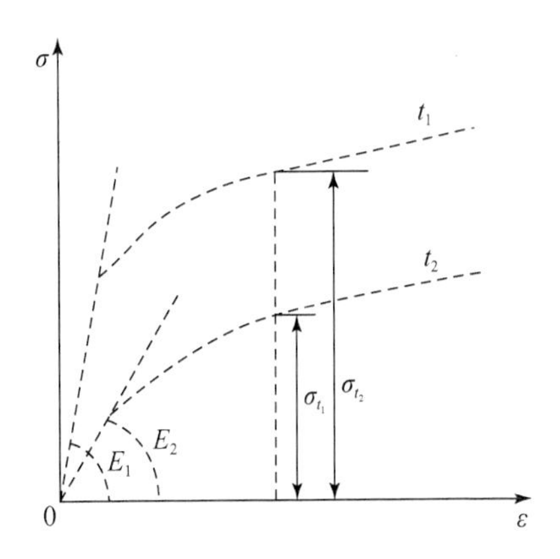

图 4. 17　等时应力应变曲线

（3）长期强度的确定

蠕变试验中还有一项较为重要的工作，即长期强度的确定。随着加载时间的增长，小于瞬时强度的偏应力荷载也可能使岩石发生蠕变破坏，当这样的偏应力荷载在 $t\to\infty$ 时得到的最小破坏荷载即为岩石的长期强度；或认为岩石在分级加载过程中，把岩石的蠕变特征从衰减蠕变阶段发展成为非衰减的不稳定蠕变阶段的临界应力定义为长期强度。

长期强度的确定方法分为两种，一种是通过给出不同恒定的偏应力荷载从而得到不同的非衰减蠕变的曲线簇，并确定其破坏前的蠕变时间，得到不同偏应力荷载大小与时间的对应关系后，以偏应力荷载为纵轴，时间为横轴，得出其二者之间的变化规律。随着时间趋于无穷，破坏强度逐渐降低，最终应趋于一个稳定值，即为长期强度。另一种是通过变换得到等时应力应变曲线簇，随着时间趋于无穷，应力应变曲线逐渐凹向应变轴，其强度值应趋于一个稳定的最低值，即为长期强度。

（4）蠕变速率分析

完整的蠕变曲线分三个阶段，对应的蠕变速率曲线也分为三个阶段：第一阶段蠕变应变速率逐渐衰减，最后近似趋于零；第二阶段蠕变速率基本上为一常数；第三阶段蠕变速率逐渐增大，直到破坏之前达到一个最大值（图 4.18）。蠕变速率在一定程度上反映了岩石在蠕变过程中的黏滞性流动过程。根据蠕变速率的非线性变化情况可以知道：

$$\dot{\varepsilon}=\frac{1}{\eta(\sigma,\varepsilon,t)}\sigma \tag{4.9}$$

式中，$\dot{\varepsilon}$ 为应变速率；η 为黏滞系数；σ 为应力；ε 为应变。

因此，黏滞系数理论上应当为一个与时间、应力应变状态相关的非定常参数，而在线性黏弹塑性理论下，黏滞系数仅与时间 t 有关。

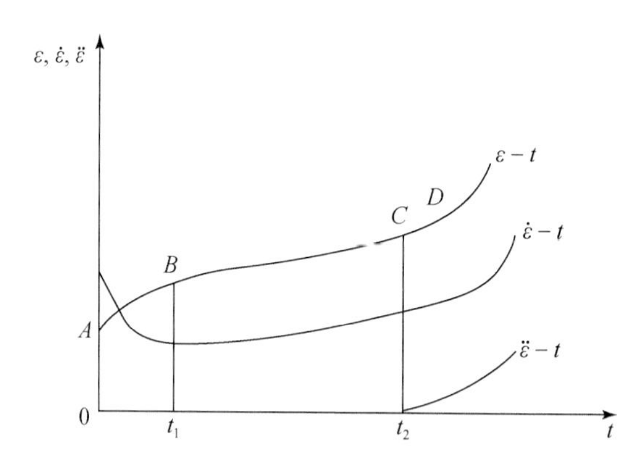

图 4.18　蠕变历时曲线、蠕变速率曲线和蠕变加速度曲线

2）蠕变模型的建立

建立与时间相关的蠕变本构关系有许多种方法，常见的包括模型元件法、基于 Boltzmann 叠加原理的遗传流变法、考虑应变速率与应力关系的解法——流动理论及硬化理论等。一般工程及文献中比较常用的有经验模型和模型元件法。经验模型法是直接利用室内试验曲线进行拟合所得到的蠕变模型作为经验模型；利用黏弹塑性元件，通过不同组

合方式所建立的本构方程一般为微分方程。经验方程法依据试验结果，直接拟合出应力、应变和时间的关系，一般包括幂函数方程、指数方程和幂函数，指数函数和对数函数的混合方程三种类型。但此种方法的局限性较大，一般只能代表某一种特定岩石的蠕变特性，不具有一般代表性，并且不能将试验条件的影响体现在模型方程中，也不能反映蠕变的力学特性发生机制；微分方程法利用连续介质的黏弹塑性理论，将岩石介质理想化，利用分别具有黏、弹、塑性的牛顿流体，胡克体和圣维南体元件来表述岩石的蠕变性质。在流变力学研究中，一般与时间相关的元件是将黏滞元件，其与弹性、塑性元件分别相串并联，可以构成四种最基本的流变力学元件，分别表示岩石材料的黏性、黏弹性、黏塑性及黏弹塑性。再由这四种最基本的力学元件分别串联，可以得到其他较为复杂的力学模型。如典型的 Maxwell 模型、Kelvin 模型、标准线性模型、Burgers 模型，以及西原正夫模型等。其缺点是线性流变模型中的参数如弹性模量、黏滞系数等参数均为常量，不随时间及应力水平的变化而变化，因此无法描述岩石的非线性蠕变特性及在最后一级应力水平下的非线性加速蠕变过程。

为了描述非线性蠕变过程，现阶段一般更多的是一种采用半经验方程拟合非线性蠕变分量和最后的加速蠕变阶段的方法。另一种方法是对线性模型元件做出修正，即添加非线性元件，如与时间、应力水平相关的黏弹性模量、黏滞系数等，将蠕变方程变为应力与时间的函数。也利用一些较新的理论，如损伤力学理论、内时理论等建立岩石的非线性流变特征，但这些方法还尚未成熟。

（1）黏弹塑性蠕变本构关系总体分析

i. 黏弹塑性蠕变本构关系分析

一般来说岩土材料蠕变的过程是非线性的，分为非线性的黏弹性变形阶段和非线性黏塑性蠕变阶段两个阶段。对于岩石蠕变的研究过程中，利用线性元件组成的蠕变模型可以较为容易地表达线弹塑性蠕变分量，且线性部分占变形的较大部分，因此应将其中包含的线性蠕变量与非线性蠕变量区分开来分别研究。在黏弹性蠕变阶段，当岩石线性黏弹性蠕变量远大于非线性的黏弹性蠕变量，即蠕变非线性程度较低时，可以将岩石仅作为线性流变体进行考虑，即在同一时刻其应力应变关系是线性的。这在线性黏弹性阶段的等时应力应变曲线上就表现为一直线簇，而在线性黏塑性阶段表现为一折线簇。为了表达时间在蠕变状态下对其应力应变关系中的影响，用与时间相关的蠕变柔量 $J(t)$ 代替黏弹塑性模量 $E(t)$，则线性蠕变本构关系式可表示为 $\varepsilon=J(t)\sigma$，非线性表达式则可表示为 $\varepsilon=J(t,\sigma)\sigma$。因此，建立岩石蠕变本构关系，就是确定蠕变柔量 $J_{v}(t,\sigma)$ 的一般函数表达式。

首先，当加载应力水平小于岩石屈服强度，即岩石尚处于黏弹性蠕变阶段，此时的一般非线性蠕变通式可表示为 $\varepsilon_{ve}=J_{ve}(t,\sigma)\sigma=J_{lve}(t)\sigma+J_{nve}(t,\sigma)\sigma$，其中 $J_{ve}(t,\sigma)$ 为总黏弹性蠕变柔量，$J_{lve}(t)$ 为线性黏弹性蠕变柔量，$J_{nve}(t,\sigma)$ 为非线性黏弹性蠕变柔量。我们知道，一般在严格意义上进行的蠕变模型辨识，需要通过加卸载的方式，分别确定其中的黏弹性与黏塑性蠕变量，以此对不同蠕变阶段上的线性及非线性部分蠕变量进行分离。例如，若在衰减蠕变阶段通过岩石卸载，经历弹性后效所恢复的黏弹性总量小于之前加载所产生的蠕变总量，即产生了一部分不能恢复的塑性增量，则此阶段可以认为黏弹塑性衰减蠕变过程是非线性的；如果二者相等，则可以用线性黏弹性模型唯一确定下来。在本次试验中，考虑到绿泥石石英片岩为中等较硬的变质软岩，在黏弹性蠕变过程中，每一级衰减阶段得到的蠕变应变增量一般不超过 1×10^{-3}，且相应的等时应力应变曲线则可以近似地忽略非线性黏弹性蠕变量。

当应力水平达到屈服强度后，岩石产生黏塑性变形，此时的蠕变方程可相应地变换为 $\varepsilon_{vp}=J_{vp}(t,\sigma-\sigma_s)(\sigma-\sigma_s)=J_{lvp}(t)(\sigma-\sigma_s)+J_{nvp}(t,\sigma_s)(\sigma-\sigma_s)$，符号意义与上述相似，即 $J_{vp}(t,\sigma-\sigma_s)$ 为总黏塑性蠕变柔量，$J_{lvp}(t)$ 为线性黏塑性蠕变柔量，过应力 $\sigma-\sigma_s$ 与线性黏塑性蠕变量 ε_{lvp} 呈线性关系，此时蠕变柔量 $J_{lvp}(t)$ 内含有常参数的黏滞系数，$J_{nvp}(t,\sigma-\sigma_s)$ 为非线性黏塑性蠕变柔量，含有与应力有关的变参数黏滞系数。

因此，对于描述绿泥石石英片岩的全过程蠕变模型，总的黏弹塑性蠕变方程可以表示为 $\varepsilon=J_{lve}(t)\sigma+J_{lvp}(t)(\sigma-\sigma_s)+J_{nvp}(t,\sigma-\sigma_s)(\sigma-\sigma_s)$。

相对应的，线性流变体在某一应力水平下的蠕变速率可表示为 $\dot{\varepsilon}=\dot{J}(t)\sigma$，表达了应力与应变速率之间的关系，体现出岩石材料黏弹塑性流动的特征。

图 4. 19 为非线性蠕变本构模型的一般表达。

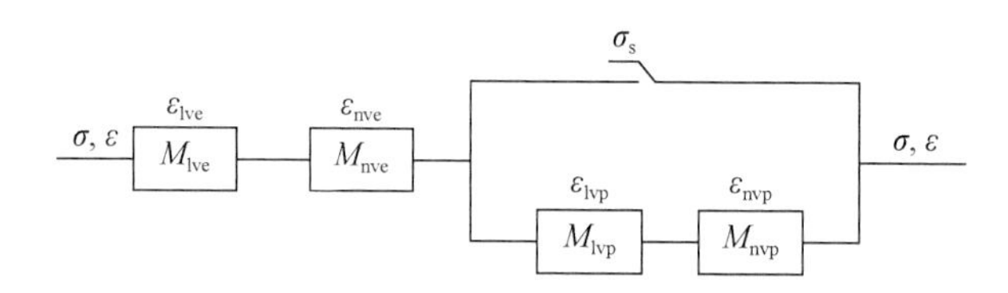

图 4. 19　非线性蠕变本构关系

M_{lve} 为线性黏弹性模型；M_{lvp} 为线性黏塑性模型；M_{nve} 为非线性黏弹性模型；M_{nvp} 为非线性黏塑性模型

ii. 模型公式的建立

根据本次试验的绿泥石石英片岩的蠕变特性，利用线性元件模型中的西原模型可以较为理想地反映岩石的线性蠕变本构关系。当加载应力小于岩石的屈服应力 $\sigma<\sigma_s$ 时，在线性黏弹性蠕变阶段即可以采用广义开尔文（Kelvin）公式反映应变与时间的关系。通过对本构方程进行拉普拉斯（Laplace）变换，得到广义 Kelvin 模型蠕变变形与时间关系的表达式为 $\varepsilon=\dfrac{\sigma}{E_0}+\sum\dfrac{\sigma}{E_i}\left(1-e^{-\frac{E_i}{\eta_i}t}\right)$，其描述了低应力加载水平下岩石蠕变速率逐渐衰减，最终变为 0 的过程，但实际数据组成的曲线在蠕变衰减阶段曲率变化较大，而三元件的 Kelvin 模型理论曲线的曲率变化较小。因此如果用单个 Kelvin 公式描述其误差较大，若串联越多的 Kelvin 元件其精确度越高，但随之增加的参数数量又会导致方程求解困难。当串联两组 Kelvin 元件，拟合结果较好，即 $\varepsilon=\dfrac{\sigma}{E_0}+\dfrac{\sigma}{E_1}\left(1-e^{-\frac{E_1}{\eta_1}t}\right)+\dfrac{\sigma}{E_2}\left(1-e^{-\frac{E_2}{\eta_2}t}\right)$，同时可以确定线性黏弹性蠕变柔量 $J_{lve}(t)=\dfrac{1}{E_0}+\dfrac{1}{E_1}\left(1-e^{-\frac{E_1}{\eta_1}t}\right)+\dfrac{1}{E_2}\left(1-e^{-\frac{E_2}{\eta_2}t}\right)$；当 $\sigma>\sigma_s$ 且没有进入加速蠕变阶段时，可以在上述广义 Kelvin 蠕变模型的基础上添加一组黏塑性元件，用来表示线性黏塑性阶段，黏塑性阶段蠕变量为 $\varepsilon=\dfrac{\sigma-\sigma_s}{\eta_3}t$，利用七元件的西原模型可以得到线性黏弹塑性蠕变方程：

$$\varepsilon=\frac{\sigma}{E_0}+\frac{\sigma}{E_1}\left(1-e^{-\frac{E_1}{\eta_1}t}\right)+\frac{\sigma}{E_2}\left(1-e^{-\frac{E_2}{\eta_2}t}\right)+\frac{\sigma-\sigma_s}{\eta_3}t$$

依据 Laplace 逆变换，可以得到蠕变本构关系表达式的微分方程为

$$\begin{aligned}&E_1E_2\varepsilon+E_1\eta_1\dot{\varepsilon}=(E_1+E_2)\sigma+\eta_1\dot{\sigma},\sigma<\sigma_s;\\&\eta_2\dot{\varepsilon}+\frac{\eta_1\eta_2}{E_2}\ddot{\varepsilon}=\sigma-\sigma_s+\left(\frac{\eta_2}{E_1}+\frac{\eta_1}{E_2}+\frac{\eta_2}{E_2}\right)\dot{\sigma}+\frac{\eta_1\eta_2}{E_1E_2}\ddot{\sigma};\sigma>\sigma_s,\varepsilon<\varepsilon_{lim}\end{aligned}\tag{4.10}$$

根据上述的黏弹塑性蠕变本构关系，岩石蠕变进入非线性黏塑性阶段后，其应力应变关系一般是非线性的，除了利用线性元件组成的黏塑性蠕变模型表达其中的线性部分之外，需要对线性元件做出修正，来描述非线性的黏塑性蠕变部分，其蠕变柔量为 $J_{nvp}(t,\sigma-\sigma_s)(\sigma-\sigma_s)$。

对于加速蠕变阶段，也包括几种方法，一种是通过经验函数拟合加速蠕变阶段所对应的曲线，但这种方式具有较大的局限性，只能应用在某一种岩石在特定条件下的蠕变过程；另一种是可以对黏滞系数进行修正。众所周知，黏滞系数应当为应力与时间有关的非线性函数，因此能描述第三期加速蠕变，包含非线性黏壶的非线性黏塑性蠕变速率方程可以表达为

$$\dot{\varepsilon}_3=\frac{\sigma-\sigma_s}{\eta_2}\left[1+A\left(\frac{\sigma}{\sigma_{un}}\right)^m+n<\frac{t-t_s}{t_{ui}}>^{n-1}\right]\tag{4.11}$$

式中，A，m，n 为与材料有关的系数；t_s 为加速蠕变起始时间；t_{ui} 为使时间 t 无量纲化的参数，取 1h；σ_{un} 为使应力无量纲化参数，取 1MPa。

值得注意的是，应当引入一应变阈值，当处于等速蠕变阶段时，不可恢复的黏塑性累积应变小于此阈值时，黏塑性蠕变应变表达式即为线性黏塑性表达式；当蠕变应累计量超过此阈值时，开始进入加速蠕变阶段，此时的黏塑性蠕变可用此非线性表达式进行描述，此时的本构关系为

$$\begin{aligned}&\frac{\eta_1}{E_0}\ddot{\sigma}+\left[1+\frac{E_1}{E_0}+\frac{\eta_1}{\eta_2}\left(1+n<\frac{t-t_s}{t_{ui}}>^{n-1}\right)\right]\dot{\sigma}+\frac{\sigma-\sigma_s}{\eta_2}\left[E_1\left(1+n<\frac{t-t_s}{t_{ui}}>^{n-1}\right)+\eta_1\frac{n(n-1)}{t_{ui}}<\frac{t-t_s}{t_{ui}}>^{n-2}\right]\\&=\eta_1\ddot{\varepsilon}+E_1\dot{\varepsilon};(\sigma>\sigma_s,\varepsilon>\varepsilon_{lim})\end{aligned}\tag{4.12}$$

iii. 蠕变柔量的计算方法

蠕变柔量的计算一般有两种算法，一种是利用等时应力应变曲线，分别计算出不同时刻的黏弹性模量与黏塑性模量，根据这两者与时间的关系，可以得到蠕变柔量 $J_{lve}(t)\sim t$，$J_{lvp}(t,\sigma)\sim t$ 的函数表达式，以及非线性部分 $J_{nvp}(t,\sigma)$ 的表达式；另一种是根据不同应力水平下的蠕变特征曲线，应力值为常数，计算线性蠕变柔量 $J_{lve}(t)\sim t$，$J_{lvp}(t,\sigma)\sim t$ 的函数表达式，根据所得不同应力水平下蠕变柔量的参数，求取平均值，作为一般蠕变柔量的表达式。

iv. 三维状态下线性元件蠕变模型

前面所述的黏弹塑性蠕变本构关系是建立在单一方向上的应变与应力之间的关系，在这种条件下，利用弹性模量 E 及泊松比 μ 来表达一维条件下线弹性体特征。事实上岩石在室内三向受压应力状态下，由塑性力学理论可知应利用体积模量 K 和剪切模量 G 来描述弹

性体的变形特性更为合适。

我们知道物体在三项受力状态下，静水压力只改变体积的大小，偏应力则改变弹性体形状的变化，并假定理想黏弹性在加载后瞬间物体的体积变化完成，且不随时间发生变化；岩土体的长期流变产生的形状变化主要取决于偏应力作用，并假设岩石分别在拉压状态下具有相似的应力应变关系及蠕变特性。将应力张量 σ_{ij} 分解为球张量 $\sigma_m\delta_{ij}$ 与偏张量 S_{ij}，根据广义胡克定律，可以得到 $\sigma_m=3K\varepsilon_m$ 与 $S_{ij}=2G\varepsilon_{ij}$，模仿一维情况下的线性元件模型表达式，三维条件下西原模型蠕变应变表达式相应变为

$$\varepsilon_{11}=\frac{\sigma_1+2\sigma_3}{9K}+\frac{\sigma_1-\sigma_3}{3G_1}+\frac{\sigma_1-\sigma_3}{3G_2}\left[1-\exp\left(-\frac{G_2}{\eta_1}t\right)\right](\sigma<\sigma_s) \tag{4.13}$$

式中，ε 为应变；σ 为应力；K 为体积模量；G 为剪切模量；η 为黏滞系数；t 为时间；下角标数字为元件编号。

值得注意的是，对于三维状态下的西原模型，当 $\sigma>\sigma_s$ 时，并不能简单地将最后一项仿照写成 $\frac{<S_{ij}-S_0>}{2\eta_2}t$，那么，$S_0$ 若为相应于变应力进入加速蠕变的临界值，反之，ε_{11} 则不再是应变偏量。在三维压缩蠕变条件下，应考虑利用空间屈服函数作为演示的屈服条件，并带入合理的塑性势函数与相应的流动法则。

（2）黏弹塑性蠕变方程参数的确定原理

确定模型参数有多种方法，本次试验直接利用所述的蠕变方程对试验蠕变数据进行非线性拟合，利用最小二乘法求出每一级应力水平下的模型参数。这样得到的每级应力水平下模型参数是不同的，最后可以根据这些参数取得平均值，并观察这些参数随应力水平的变化规律。

其基本数学原理是工程上应用广泛的最小二乘法，根据提前假定的蠕变数学模型 $\gamma=f(t,b)$，以试验测得的 n 对试验数据（t_k，γ_k）（$k=1,2,\cdots,n$），求得待定参数 b 的值。根据线性回归方程的求法，令 $Q=\sum_{k=1}^{n}[\gamma_k-f(t_k,b)]^2$，$b$ 可以为多个参数，$b=(b_1,b_2,b_3,\cdots,b_m)$，要使得 Q 的值为最小，则 $\frac{\partial Q}{\partial b_i}=0$（$i=1,2,\cdots,m$）。但是由于模型方程为非线性方程，因此上式不能直接求解，需要将方程逐次线性化后才能求解。

假定初始值 $b^{(0)}=(b_1^{(0)},b_2^{(0)},b_3^{(0)},\cdots,b_m^{(0)})$，$b=b_i+\Delta$，即 $b_i=b_i^{(0)}+\Delta$，在 $b^{(0)}$ 附近对 $\gamma=f(t,b)$ 作一阶泰勒展开式：

$$f(t,b_1,b_2,\cdots,b_m)=f_0(t,b_1^{(0)},b_2^{(0)},b_3^{(0)},\cdots,b_m^{(0)})+\frac{\partial f_0}{\partial b_1}\Delta_1+\frac{\partial f_0}{\partial b_2}\Delta_2+\cdots+\frac{\partial f_0}{\partial b_m}\Delta_m \tag{4.14}$$

其中，$\frac{\partial f_0}{\partial b_i}=\frac{\partial f(t,b)}{\partial b_i}$（$t=t$，$b_1=b_1^{(0)}$，$b_2=b_2^{(0)}$，$\cdots$，$b_m=b_m^{(0)}$），此时 $\frac{\partial f_0}{\partial b_i}$ 和 f_0 仅为 t 的函数。

$$Q=\sum_{k=1}^{n}[\gamma_k-f(t_k,b)]^2=\sum_{k=1}^{n}\left\{\gamma_k-\left[f_0(t,b_1^{(0)},b_2^{(0)},b_3^{(0)},\cdots,b_m^{(0)})+\frac{\partial f_0}{\partial b_1}\Delta_1+\frac{\partial f_0}{\partial b_2}\Delta_2+\cdots+\frac{\partial f_0}{\partial b_m}\Delta_m\right]\right\}^2$$

$$\frac{\partial Q}{\partial b_i}=2\sum_{k=1}^{n}\left\{\gamma_k-\left[f_0(t,b_1^{(0)},b_2^{(0)},b_3^{(0)},\cdots,b_m^{(0)})+\frac{\partial f_0}{\partial b_1}\Delta_1+\frac{\partial f_0}{\partial b_2}\Delta_2+\cdots+\frac{\partial f_0}{\partial b_m}\Delta_m\right]\right\}\left(-\frac{\partial f_0}{\partial b_i}\right)$$

$$= 2\left[\sum_{k=1}^{n}\left(\frac{\partial f_0}{\partial b_1}\Delta_1\frac{\partial f_0}{\partial b_i}+\frac{\partial f_0}{\partial b_2}\Delta_2\frac{\partial f_0}{\partial b_i}+\cdots+\frac{\partial f_0}{\partial b_m}\Delta_m\frac{\partial f_0}{\partial b_i}\right)-\sum_{k=1}^{n}(\gamma_k-f_0)\frac{\partial f_0}{\partial b_i}\right] \tag{4.15}$$

最后，根据上述含 m 个未知数的 m 个方程组成的线性方程组，解得 b_i，再以 b_i 作为初值，继续按上述方式进行计算，直到得出的 Δ 值足够小，因此省略泰勒展开式的二次以上的项是合理的。

3）黏弹塑性损伤蠕变模型的建立

岩石经过长期复杂的地质作用后，成为一种存在裂隙、孔隙等初始缺陷的地质材料，而初始缺陷的存在使得岩石属于一种非均匀、各向异性的材料。这些微裂隙、孔隙的大小、几何形状、分布规律及张开度或连通情况几乎是随机分布的，在荷载作用下，初始缺陷逐渐发展、贯通，最终导致岩体的失稳。根据后文中岩石细观结构对蠕变机理的描述，岩石受恒定中低荷载后内部片理结构的蠕变过程包括片理的压密、局部受弯变形和微破裂的产生；在较高荷载下，经过上述两个过程外，微破裂的逐步贯通最终造成了整体结构的失稳。显而易见，岩石在蠕变过程中始终伴随着损伤现象的发生，且这种损伤现象具有明显的时效性。因此采用损伤力学的观点对元件组成的黏弹塑性蠕变模型加以修正，势必会减小理论模型与实测曲线的误差，并体现出蠕变的破坏机制。同时，利用损伤模型还可直接描述加速蠕变阶段，所用参数较少且物理意义明确。

根据损伤对应变的影响，以 Lemaitre 应变等价性的假定作为基础，在岩石本构关系中，将其中的应力通过添加损伤变量 D 修正后改为有效应力，替换原有的应力，使得宏观应力作用在包含损伤的岩石材料上所引起的应变与等效应力在无损材料上所产生的应变相等，即为应变等价性假定。这种假定既考虑了损伤过程，又不至于损伤本构关系过于复杂。

早期 Krajcinovic 等根据材料内部缺陷随机分布的特点，利用连续损伤力学和统计强度理论，提出了统计损伤理论模型，其所含参数较少，且物理意义明确，能反映岩石软化的特性，因此得到了广泛的推广应用；唐春安、谢和平分别以微元强度与损伤释放能耗散率服从某种随机分布的特点，进一步明确了统计中随机变量的物理概念，并以此推导了相关的损伤演化方程。

上述观点均是基于岩石三轴试验的原始数据所得出，在考虑岩石蠕变时，只要假定不同时刻的应力应变曲线均满足以下假定，就可以对原有的黏弹塑性元件蠕变模型做出修正，使其考虑损伤对于蠕变过程的影响：

（1）岩石材料满足各向同性的假设；

（2）产生损伤的微单元，使其强度平均分布于未损伤材料上，为利用连续损伤力学的理论做出前提条件；

（3）微元强度服从某种统计规律；

（4）岩石由未损伤的微单元承担有效应力，且破坏前服从广义胡克定律；

（5）蠕变过程中某一级应力水平下的泊松比可视为定值；

（6）描述微观蠕变现象的变量。

基于 Lemaitre 等效应变假定，对于损伤现象的描述，可根据图 4.20 所示，将岩石内部划分为孔隙以及带损伤的岩石材料，带损伤的部分又可划分为未损伤部分和损伤部分。

其所占的空间分布如下，并由此得到了损伤模型：

$$\sigma_i = \sigma_i^*(1-D)(1-n) \tag{4.16}$$

式中，n 为孔隙率，代表孔隙所占体积；D 为损伤变量，代表带损伤微单元部分中损伤材料所占的体积。而未损伤部分则满足广义胡克定律：

$$\sigma_i^* = E^*\varepsilon^* + \mu^*(\sigma_j^* + \sigma_k^*) \tag{4.17}$$

式中，E^*、μ^* 分别为未损伤部分的弹性模量与泊松比。

由于考虑到变形过程中未损伤部分与损伤部分的变形协调，即 $\varepsilon_i = \varepsilon_i^*$，$\mu_i = \mu_i^*$，得到了 $E = E^*(1-D)(1-n)$。但是在实际蠕变过程中，结合蠕变机理解释，当加载应力小于岩石的屈服强度时，岩石内部片理整体结构并没有发生破坏，可以认为在黏弹性蠕变过程中无须考虑结构损伤的影响，而仅仅考虑初始孔隙的压密，因此上式可简化为 $E = E^*(1-n)$。

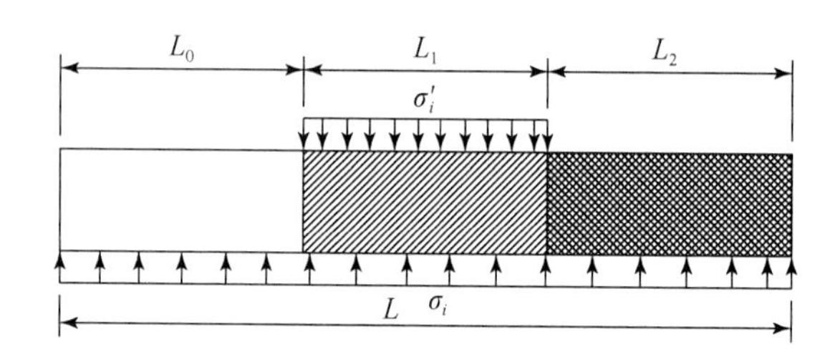

图 4.20　岩石损伤模型基本假定

现在考虑孔隙率在蠕变过程中的变化，随着应变的增加，中低应力荷载下孔隙率应进一步减小。令初始孔隙率为 n_0，经过时间 t 的荷载作用后，取某一微小单元，假定岩石材料部分在受压后体积不变，可建立如下等式：

$$abc(1-n_0) = (a-\Delta a)(b-\Delta b)(c-\Delta c)(1-n) \tag{4.18}$$

利用广义胡克定律，$\sigma_i^* = E^*\varepsilon^* + \mu^*(\sigma_j^* + \sigma_k^*)$，忽略掉高阶微量进而得到孔隙率随应变变化的等式：$n = 1 - \dfrac{\sigma_1 - \mu(\sigma_2+\sigma_3)(1-n_0)}{\sigma_1 - \mu(\sigma_2+\sigma_3) - (1-2\mu)(\sigma_1+\sigma_2+\sigma_3)\varepsilon_1}$，当应力荷载较高时，岩石逐渐趋于破坏，整体结构开始出现明显裂隙，并逐渐贯通，此时的孔隙率又开始增大，不能忽略高阶微量对孔隙率的影响，因此孔隙率公式适用于破坏之前对于孔隙被压密过程的描述。对于损伤变量 $D = \dfrac{N_t}{N}$，为损伤部分微单元数量与带损伤微单元总体数量的比值。

4）引入统计强度理论的损伤统计模型

对于损伤变量 D，Krajcinovic 等引入统计强度理论，认为岩石内部的微单元强度服从某种统计规律。假定微单元首先应满足连续介质力学的基本定律，且同时又包含裂隙、孔隙。因此不同微单元强度 F 是不同的，且是随机分布的，利用概率来描述岩石发生破坏的可能性大小。根据实际情况，令微元强度服从韦布尔（Weibull）分布，其概率分布易积分，均值与取值范围均大于0，这些特点均满足岩石受压破坏的统计特征，概率密度函数表达式为 $P(F) = \dfrac{m}{F_0}\left(\dfrac{F}{F_0}\right)^{m-1}\exp\left[-\left(\dfrac{F}{F_0}\right)^m\right]$，又可知 $D = \dfrac{N_t}{N}$，为损伤部分微单元数量与带损伤微单元数量的比值。在区间［F，$F+\mathrm{d}F$］内，发生破坏的微单元数目为 $NP(F)\mathrm{d}F$，因此在某一应力状态下，发生破坏的累积微单元数量为 $N(F)=\int_0^F NP(F)\mathrm{d}F=N\left\{1-\exp\left[-\left(\frac{\alpha I_1+\sqrt{J_2}}{F_0}\right)\right]\right\}$，即利用德鲁克–普朗克强度准则定义岩石微元强度 F，反映了不同应力状态下岩石微单元的破坏情况。

综上，得到损伤演化方程 $D=1-\exp\left[-\left(\frac{\alpha I_1+\sqrt{J_2}}{F_0}\right)^m\right]$，代入第一主应力不变量 I_1 和第二偏应力不变量 J_2，得到损伤演化方程：

$$D=1-\exp\left[-\left(\frac{E^*\varepsilon_1(M_1+M_2)}{F_0}\right)^m\right] \tag{4.19}$$

其中

$$M_1=\frac{\dfrac{\sin\varphi}{\sqrt{3}\sqrt{3+\sin^2\varphi}}(\sigma_1+\sigma_2+\sigma_3)}{\sigma_1-\mu(\sigma_2+\sigma_3)}\quad M_2=\frac{\sqrt{(\sigma_1-\sigma_2)^2+(\sigma_2-\sigma_3)^2+(\sigma_1-\sigma_3)^2}/\sqrt{6}}{\sigma_1-\mu(\sigma_2+\sigma_3)}$$

5）损伤变量中参数的确定

损伤变量 D 中存在的参数包括 m 和 F_0，与 Weibull 分布相关，m 为 F^* 的集中分布程度，F_0为 F^* 的均值，两者均反映了岩石材料的力学特征。因此需要根据三轴蠕变不同时刻的等时应力应变曲线数据，对 m、F_0进行求算，并假定不同时刻的应力应变曲线均满足前面的假设，研究这两个参数是否随时间变化存在一定的变化规律。

由前面得出的孔隙率表达式，移项得到 $1-n$ 的表达式，将其代入岩石本构关系式 $\sigma_i=E^*$（$1-n$）（$1-D$）$\varepsilon+\mu$（$\sigma_j+\sigma_k$），得到关于损伤变量 D 的表达式：

$$1-D=\frac{\sigma_1-\mu(\sigma_2+\sigma_3)-\varepsilon_1(1-2\mu)(\sigma_1+\sigma_2+\sigma_3)}{E^*\varepsilon_1(1-n_0)} \tag{4.20}$$

化简得到

$$\frac{\sigma_1-\mu(\sigma_2+\sigma_3)-\varepsilon_1(1-2\mu)(\sigma_1+\sigma_2+\sigma_3)}{E^*\varepsilon_1(1-n_0)}=\exp\left[-\left(\frac{E^*\varepsilon_1(M_1+M_2)}{F_0}\right)^m\right] \tag{4.21}$$

化简得到

$$\mathrm{In}\left[-\mathrm{In}\,\frac{\sigma_1-\mu(\sigma_2+\sigma_3)-\varepsilon_1(1-2\mu)(\sigma_1+\sigma_2+\sigma_3)}{E^*\varepsilon_1(1-n_0)}\right]=\mathrm{In}a+m\mathrm{In}b \tag{4.22}$$

其中

$$a=\left(\frac{1}{F_0}\right)^m,b=E^*\varepsilon_1(M_1+M_2)$$

利用原始三轴蠕变试验曲线的 $t=0$ 及其他时刻的等式应力应变曲线数据，对式（4.22）进行线性拟合，从而得出 a、F_0值，并分析讨论所得参数在岩石蠕变损伤过程中随时间 t 及围压的变化情况。

4. 试验方案与技术路线

1）试验方案

（1）岩样的制备及岩性描述

本次试验所用的试样，取自陕南秦巴山区安康市洪山镇区域内某滑坡表层的绿泥石石英片岩。绿片岩属于较软弱的浅变质岩，在经过区域变质作用后，岩石重结晶明显，并具有明显的片理构造，矿物定向排列，常含有较多石英脉顺片理方向平行排列，属微风化程度。由于在前期试验中发现，若试样中风化裂隙非常明显，则试样在较低的应力水平下会沿风化弱面完全破裂。为单独研究片理面对岩石蠕变变形及强度的影响，在后面的试样制备过程中应尽量避开这些软弱风化面来进行取样。试样尺寸 ϕ50mm×100mm，岩样的制备方式采取室内钻取岩心的加工方式，制作片理面分别与水平线呈 0°、20°、40°、60°、90°五种绿片岩试样，如表 4. 13 所示。

表 4. 13　不同结构面倾角的云母石英片岩试样　　［单位：(°)］

片理面法线与大主应力夹角	0	20	40	60	90
云母石英片岩试样	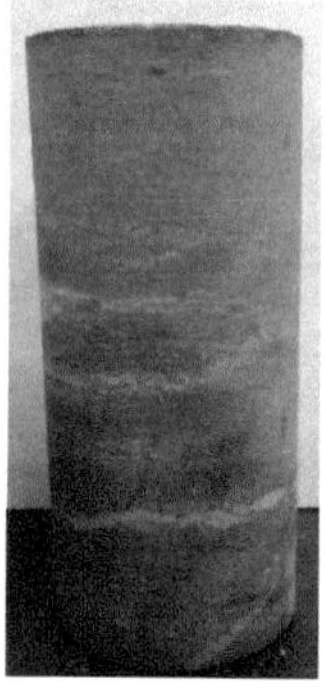			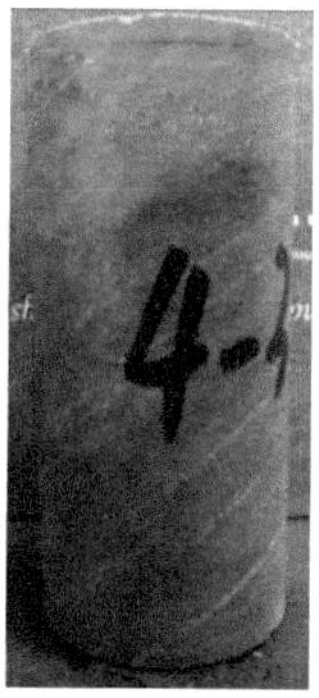	

（2）试验装置

蠕变试验仪器采用长春朝阳实验仪器有限公司生产的 RLW-2000 型岩石三轴流变试验系统（图 4. 21）。该系统由轴向加载系统、围压加载系统、伺服系统、控制系统、数据采集和自动绘图系统等部分组成，其中稳压系统采用先进的伺服电机、滚轴丝杠和液压等技术组合；试验系统还包括德国 DOLI 公司全数字伺服控制器（EDC）作为控制核心；变形测量部分采用美国泰瑞泰克公司技术生产的岩石变形传感器，对岩石试件单轴及三轴试验条件下的轴向及径向变形直接测量；轴压和围压的加载、保载采用了一种独特的数字控制技术等（图 4. 22）。

系统的测力范围最大 2000kN，精度为示值的±1% 以内（1% ~100%）；位移测量范围 0 ~20mm，测量精度为示值的±0. 5% 以内；变形测量范围轴向 0 ~10mm，径向 0 ~5mm，测量精度为示值的±0. 5% 以内。试验系统满足本次三轴蠕变试验条件的需求。

图4.21　RLW-2000型岩石三轴流变试验系统

图4.22　岩石试样变形测量装置的安装

（3）试验条件

为了反映不同工况下的岩石蠕变的特征，试验采用不同结构面倾角、含水状态及围压的试验条件。其中岩石试样片理面法线与水平面夹角分别为0°、30°、45°、60°、90°，岩石试件含水状态分别为干燥、自然、自然吸水和饱和吸水；围压取5MPa、15MPa、30MPa。对岩石分级加载，根据以往得到的岩石三轴瞬时强度，取其值的60%～70%为岩石流变的破坏应力水平，再以此分6～8级加载，进行下一级加载的条件为24h内变形值不超过0.01mm，即应变率不超过1×10^{-3}/h。

对于长期强度的取值，根据长期强度的定义，当岩石蠕变从衰减蠕变阶段进入非衰减蠕变阶段时所对应的应力水平即长期强度。

（4）实验步骤

如图4.22所示，将上下两块压件和试样通过热缩管连接起来，用电热风机对热缩管加热，再用橡胶圈固定住热缩管的上下两端，防止油液侵入岩石试件。

安装轴向和径向变形计，使变形计刚刚接触岩石试件即可，保证变形计在试件四个方向都可以接触上，最后将轴向锥安装在上压件的部位。

接通试验机和控制系统，将油缸与底座合上，调整压力室，确保加载方向与试样中心线重合，以防试样受偏心压力。

升起油缸，直到油缸上的垫块与压头接触上为止，在软件中负荷值显示大于零即可。打开轴向油泵向压力室冲油，当回油管中有油流出时，说明此时油缸里已经充满油，关闭油泵。

根据试验要求加载围压，加载速率为50N/s，使试件处于静水压力下。达到稳定之后，以相同的加载速率加载轴向偏应力。应根据岩石三轴瞬时强度来估算分级加载的负荷值，每一级记录下变形量与时间的关系，观察并记录应变速率的变化情况。

重复每一级的过程，直至岩石破坏。

2）技术路线

本次试验整体技术路线图如图4.23所示。

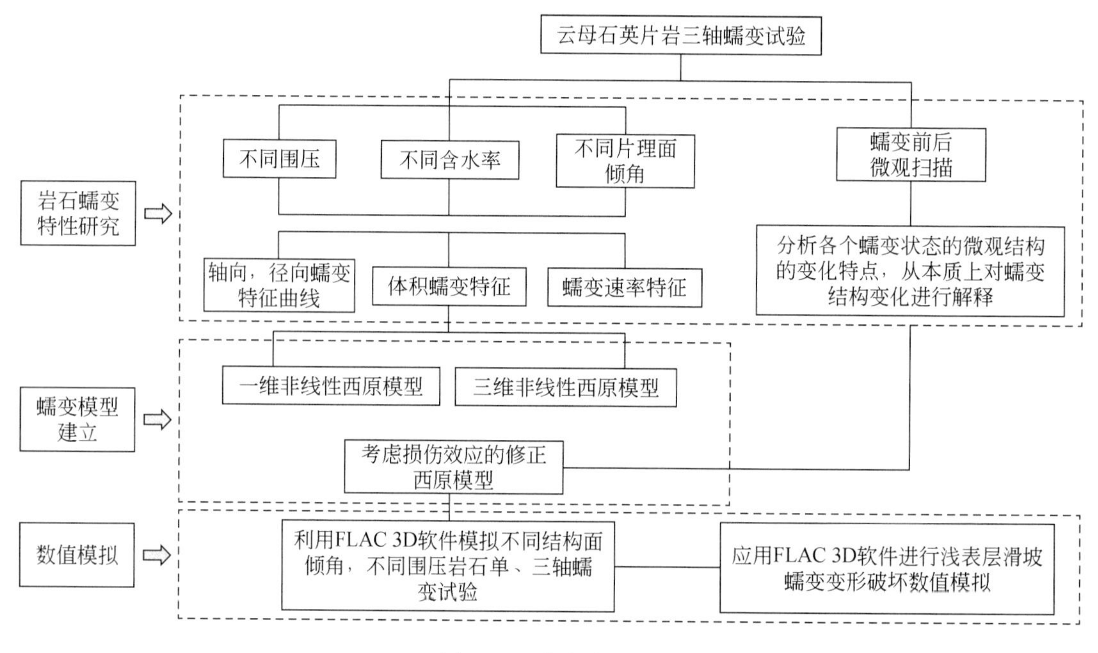

图4.23　技术路线图

3）试验工作量统计

研究试验所开展的具体工作量如表4.14所示。

表4.14　试验条件及试验数量

试验条件	试验条件组合情况				
片理面倾角/（°）	0	20	40	60	90
围压/MPa	5，15，30	5	5	5	5
含水状态	饱和3组	饱和吸水1组	饱和吸水1组	饱和吸水1组	干燥，天然自然吸水，饱和吸水各1组

5. 结果分析

1）岩石单轴蠕变试验分析

在进行三轴蠕变之前，首先对云母石英片岩进行了多组单轴蠕变试验。以其中一组试验为例，试验得到的轴向、侧向及体积应变随时间变化的曲线如图4.24所示。

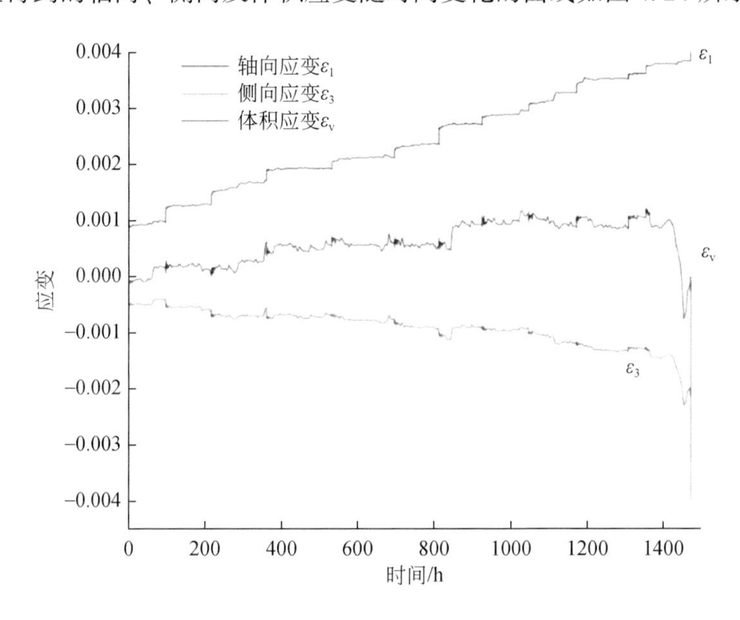

图4.24　轴向、侧向及体积应变随时间的变化规律

受逐级加载应力控制，轴向、侧向、体积蠕变曲线均呈阶梯发展。从图4.24可以看出，云母石英片岩在单轴条件下包括蠕变速率逐渐减小的衰减蠕变阶段、等速的稳定蠕变阶段以及蠕变应变超过某一限值后所产生的加速蠕变阶段。轴向应变在加载完成后随时间变化相对稳定，而侧向应变的波动较为明显，这与侧向测量的精度有关，也与应变计在侧向的测量位置有关。但这同时也表明了岩石侧向在轴向受压后的膨胀变化过程并不稳定，说明了岩石内部是充满初始缺陷、微裂隙的不均质各向异性介质材料。而这些微裂隙也使得岩石内部的局部应力不断调整以达到平衡状态，从而表现出应变不断波动的情况。

将阶梯状蠕变曲线按照叠加原理，转化为蠕变历时曲线，如图4.25所示，每一级轴向应力荷载的作用时间均保持了至少100h，以保证岩石蠕变能充分发挥。

（1）衰减蠕变阶段

在加载的过程中，弹性变形时间相对于整个蠕变时长可忽略，因此可称为瞬时弹性变形。当轴向加载应力较小时，蠕变曲线经过较小幅度的增长，随以指数函数形式变化的蠕变速率逐渐减小而达到稳定状态，此时的蠕变速率为0。在低应力下，这种蠕变随时间增加并逐渐趋于稳定的现象通常称为弹性后效，与材料的黏滞效应有关。随着应力水平的提高，有黏滞效应所导致的蠕变逐渐趋于稳定所需的时间也存在逐渐增大的趋势，即其黏滞性表现得更加明显，这与岩石内部微结构在不同应力条件下的变化情况有关。在黏弹性阶段，岩石内部结构主要表现为初始缺陷、裂隙的压密作用，此时无明显的新裂隙产生。

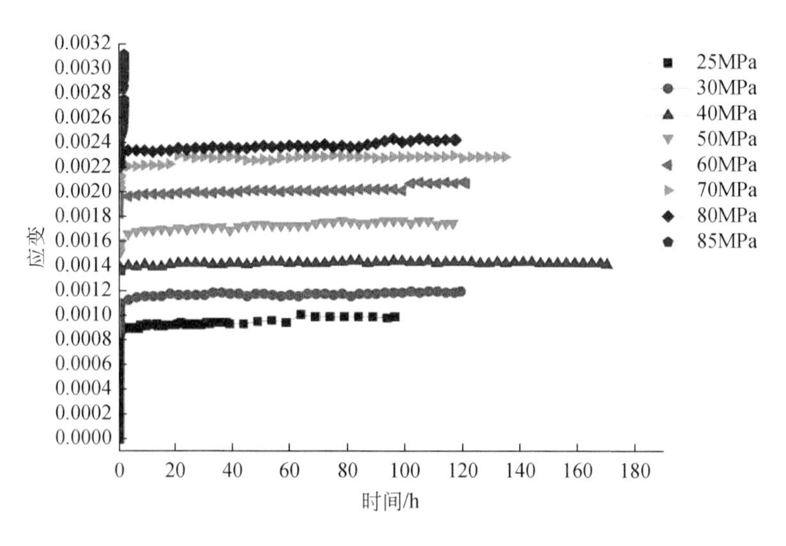

图 4.25　单轴蠕变分级加载的蠕变历时曲线

（2）等速蠕变阶段

当轴向应力水平达到 80MPa 时，蠕变应变进入稳定蠕变阶段，当加载完成后，蠕变速率逐渐降低，随后保持为一定常值，即此时的蠕变速率为常数。注意到，对云母石英片岩来讲，其等速蠕变的应变速率相比较其他较低应力水平下增幅不大，表现了其蠕变应变速率随应力变化并不敏感。此时达到屈服应力以后，岩石的微裂隙逐渐增多，并开始扩展，连接贯通，但这种现象反映在蠕变速率上的程度并不高，此时的蠕变应变为不可恢复的塑性应变。若加载时间无限延长，应变的积累可导致最终的破坏。

将各级应力水平下的蠕变历时曲线按上述的方法转化为等时应力应变曲线，如图 4.26 所示。当应力水平低于 40MPa，等时应力应变曲线的斜率有逐渐增大的趋势，表明岩石的弹性模量有小幅度的增加。此时岩石内部的初始缺陷、微裂隙在应力的作用下逐渐闭合，体积被压缩，导致岩石整体的刚度增大。当应力水平介于 40 ~ 80MPa 时，某一时刻应力应变曲线几乎呈直线分布，此时当应力不变时，应变随时间的变化量不大，即黏弹性阶段的蠕变应变变化不大。当应力水平达到为 80MPa 时，此时的等时曲线出现拐点，即达到了岩石的屈服强度，此后岩石逐渐进入等速蠕变阶段。进入塑性阶段后，应力应变曲线逐渐向应变轴偏移，等时曲线由黏弹性阶段的线性关系转变为黏塑性阶段的非线性应力应变关系，可知不可逆的黏塑性蠕变与时间和应力同时相关。相应地，此时岩石内部开始产生大量的微裂隙，随着时间的增加，这些微裂隙逐渐扩展、合并，但尚未形成完全贯通的裂缝。而从云母石英片岩的等时曲线可以看到，每一个时刻的屈服强度随时间几乎没有明显的变化，表明其长期强度值与初始屈服强度值差异不大。

（3）加速蠕变阶段

在最后一级荷载下，岩石的衰减蠕变与等速蠕变持续了约 70min，随后，岩石进入加速蠕变阶段，而加速蠕变经历了约 27min 后，在应变量达到 0.32% 时，岩石试样随即破坏，如图 4.27 所示。而应注意的是，岩石衰减蠕变与等速蠕变所持续的时间和所施加的应力水平大小有着直接的关系。其中，等速蠕变阶段的蠕变速率保持在 1.17×10^{-4}/h，在

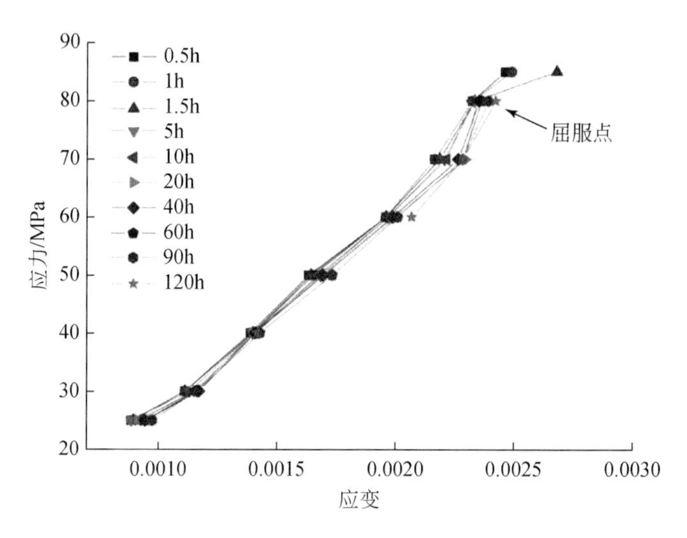

图 4. 26　等时应力应变曲线

此阶段岩石内部微裂隙开始有了明显的发展，逐渐连接合并，发生不可恢复的塑性变形。一旦应变积累超过某一阈值后，就开始产生加速蠕变阶段。此时岩石体积应变开始变为负值，表明岩石体积开始发生膨胀，对于脆性岩石来讲，这意味着破坏开始。

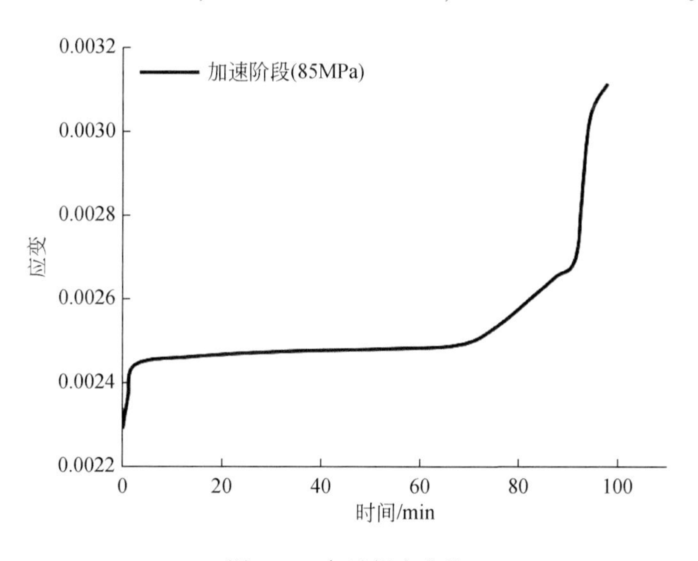

图 4. 27　加速蠕变曲线

2）岩石三轴蠕变试验分析

（1）不同围压对蠕变特性的影响对比

i. 原始蠕变历时曲线结果分析

利用结构面倾角为0°的三个试样，即加载方向与片理面垂直，采用5MPa、15MPa、30MPa三种递增的围压条件，分析其蠕变变形特性（图4. 28）。

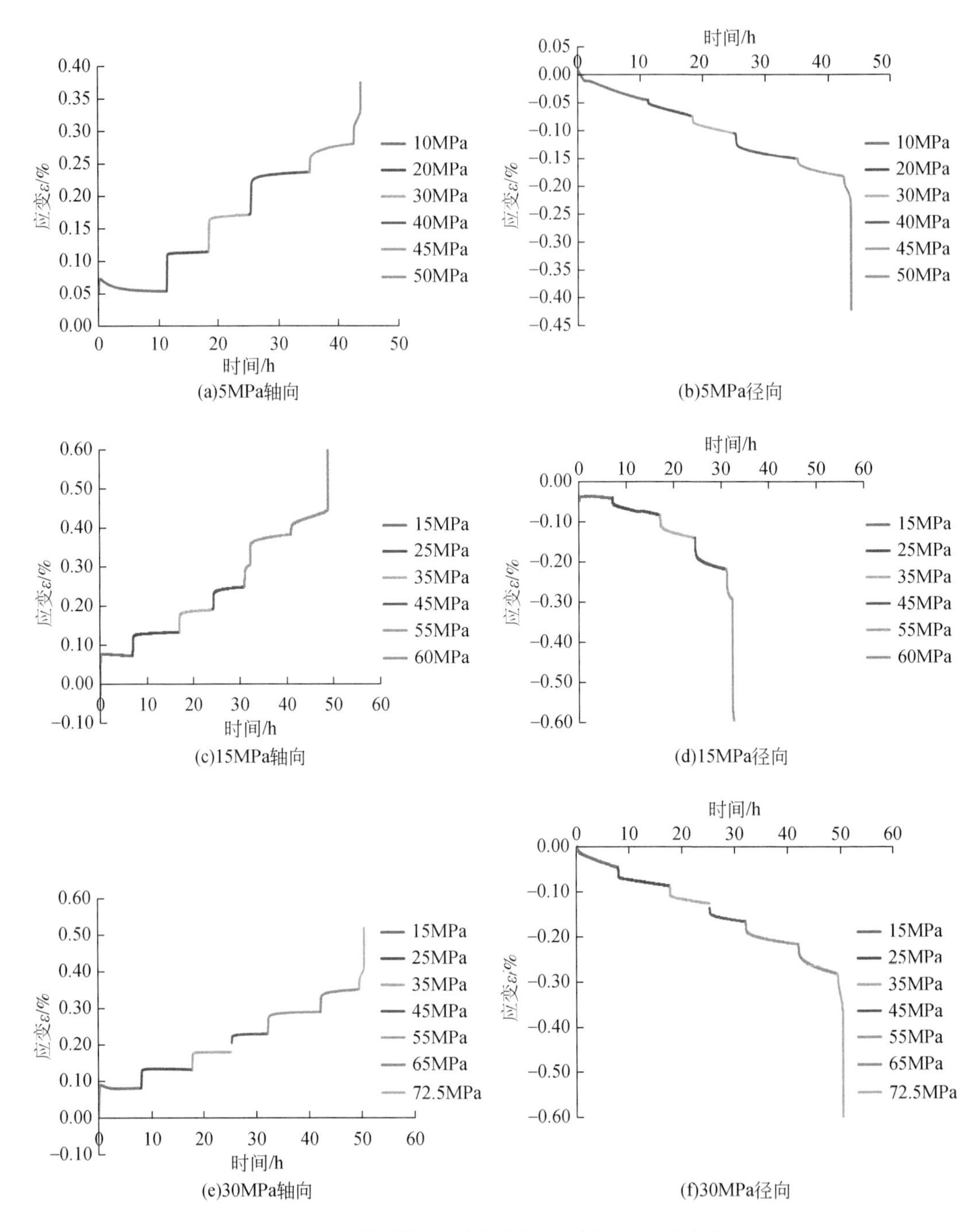

图 4.28　不同围压下轴向及径向三轴蠕变时程曲线

图 4.28（a）~（f）分别为结构面倾角为 0°试样在围压分别为 5MPa、15MPa、30MPa 下的轴向及径向的阶梯形三轴蠕变时程曲线。首先观察三个围压下的轴向蠕变曲线，其蠕变阶段均出现了三种情况，即衰减的稳定蠕变阶段、非衰减的等速蠕变阶段和出现加速的不稳定蠕变阶段。随着应力水平的提高，轴向变形中单位应力增量所产生的瞬时应变增量

逐渐减小，反映了岩石内部不连续面逐渐被压密及弹性骨架被压缩的过程；而径向蠕变除了应力水平为15MPa时几乎处于衰减的稳定蠕变阶段，其余几乎均在较低的应力水平下即直接进入蠕变速率较明显的非衰减的等速蠕变阶段，且随着每一级应力水平的增加，单位应力增量所产生的瞬时应变增量有逐渐增大的趋势，也说明径向应变在较低应力水平时就有较明显的黏性流动现象产生，因此本次试验的绿片岩径向蠕变变形对应力水平的变化较为敏感。

在15MPa围压下岩样在应力水平为55MPa蠕变阶段时发生了局部破裂，可以看到其轴向及径向蠕变应变量分别陡增1.1×10^{-4}、9.9×10^{-4}，由于处于应力水平较大的等速蠕变阶段，试样内部逐渐产生了较为明显的裂隙，但由于围压的限制作用及裂隙内部破裂面之间的摩擦或面上不规则起伏角导致相互之间的咬合，裂缝尚未进一步贯通。当加载应力继续增大时，破裂面逐渐贯通，并克服阻碍作用使破裂面两侧的颗粒间完全断裂。在试验完成后观察岩石破裂面情况，可清楚地看到破裂面上存在大量白色粉末，并且起伏角很大，裂面不平整，有些试样并在主裂面附近产生次级裂面，说明岩石在破坏之前经历了较为剧烈的局部破裂导致裂隙的产生、内部结构的重新调整稳定、随后再次破裂的过程。

需要说明的是，轴向蠕变在应力水平较低的情况下均出现了不同程度的应变下降，这并不能说明岩石在恒定应力水平下发生了“回弹”，且不应该出现。由于固定在上压件，与轴向变形计相接触的轴向锥并非直接与岩样接触，而是固定套在试样外部的热缩管上。当加载应力较低时，岩石本身的轴向变形很小，一种可能是由于热缩管自身的变形对轴向变形的测量造成一定程度的干扰；而另一种可能是轴向锥安装不水平，在随上压件向下移动的过程中与轴向变形计的四个应变片接触不均匀导致的。因此在后续数据的处理中，尤其在计算较低应力水平下的蠕变量及后面计算蠕变模型参数时，尽量不用第一级蠕变数据进行计算。在不同含水率及不同片理面倾角的其他几组试样中，有的试样则不存在这种情况。此外，在径向蠕变中，观察到在初始低应力水平蠕变阶段中出现径向压缩的情况，由于围压对岩样径向方向收缩的作用大于自身受轴向压力所产生的径向拉张作用，即“向内收缩”的径向变形速率大于偏应力荷载对径向受拉的变形速率的影响时，岩石即呈现收缩的现象。

表4.15～表4.17列出不同围压下试样在分级增量加载条件下，其应力水平增量的瞬时弹性应变增量及蠕变增量值。

表4.15　围压5MPa不同应力水平下的黏弹塑性蠕变增量

应力水平 σ/MPa		10	20	30	40	45	50
应力增量 $\Delta\sigma$/MPa		10	10	10	10	5	5
轴向应变量/10^{-4}	瞬时弹性增量	7.2	5.399	4.65	4.66	2.188	2.08
	蠕变增量	−1.73	0.59	1.04	1.83	2.19	2.38
径向应变量/10^{-4}	瞬时弹性增量	0.644	−0.53	−0.92	−1.59	−0.73	−0.63
	蠕变增量	−5.2	−2.34	−2.18	−2.23	−2.46	−2.27

表 4.16　围压 15MPa 不同应力水平下的黏弹塑性蠕变增量

应力水平 σ/MPa		15	25	35	45	55	60
应力增量 $\Delta\sigma$/MPa		15	10	10	10	10	5
轴向应变量/10^{-4}	瞬时弹性增量	7.34	4.72	4.08	3.61	3.83	1.78
	蠕变增量	-0.06	1.29	1.60	2.17	8.79	9.99
径向应变量/10^{-4}	瞬时弹性增量	-1.9	-0.46	-0.86	-1.36	-1.72	1.15
	蠕变增量	-0.2	-1.6	-2.1	-2.57	11.86	48.85

表 4.17　围压 30MPa 不同应力水平下的黏弹塑性蠕变增量

应力水平 σ/MPa		15	25	35	45	55	65	72.5
应力增量 $\Delta\sigma$/MPa		15	10	10	10	10	10	7.5
轴向应变量/10^{-4}	瞬时弹性增量	8.69	4.44	4.19	4.25	3.96	3.97	2.39
	蠕变增量	-0.56	0.49	0.84	0.78	1.89	2.28	14.42
径向应变量/10^{-4}	瞬时弹性增量	-0.63	-1.82	-1.81	-2.28	-1.51	-1.62	-1.33
	蠕变增量	-3.93	-2.27	-2.04	-1.86	-3.49	-4.85	-38.81

观察表 4.15 ~ 表 4.17 中的应变值，在某一围压下，随着应力水平的提高，单位应力增量下的轴向瞬时应变下降，反映了岩石在黏弹性阶段逐渐压密的过程，而蠕变应变量则逐渐增大；径向瞬时应变增量随应力水平的提高而逐渐增大，且蠕变量随应力水平的提高有一定的增长，反映径向变形在进入屈服阶段以前由于受到拉张作用，岩石内部横向产生了局部微裂隙，宏观上即具有较为明显的黏性流动特性，蠕变应变量及蠕变速率也逐级增大。当加载应力大于岩石屈服强度后，如围压 5MPa 时试样在应力水平为 45MPa 下出现较明显的轴向蠕变变形，即处于黏塑性变形阶段，达到岩石的屈服状态，在最后一级应力水平下破坏前的蠕变量陡增，随后达到破坏。当加载应力小于岩石的屈服强度，前四个阶段蠕变量非常小，属于黏弹性变形阶段。由于岩石黏滞效应的存在，随着时间的增长，黏弹性变形的最终收敛值理论上应等于同等应力水平下的瞬时变形量，变形时间与加载速率有关。在最后两个阶段的蠕变阶段中，轴向蠕变才出现明显的增长趋势；对于径向蠕变，从图 4.29（b）可清楚地观察到围压 5MPa 时单位应力增量下径向蠕变增量随应力水平的增加有逐渐增大的趋势，且蠕变应变增量与瞬时加载时产生的应变增量相差不大，这是绿泥石石英片径向蠕变应变的一个较明显的特点。如前所述，绿片岩径向应变在较低应力水平下直接进入等速蠕变阶段，每一级的蠕变增量有较明显幅度的增加，在最后一级应力水平下破坏前的蠕变量陡增，随后达到破坏。

另外，围压为 5MPa 的轴向蠕变应变在应力水平为 45MPa 时出现较明显的增长，围压为 15MPa 时则出现在 50MPa 的加载应力阶段，而围压为 30MPa 时出现在 65MPa 的应力水平，说明随围压的增长岩石的起始蠕变下限值逐渐提高；且在破坏前几级应力水平变化下围压 5MPa 的轴向蠕变增量的变化较为平均，为 0.59×10^{-4} ~ 2.19×10^{-4}，仅在破坏应力水平阶段增长 2.38×10^{-4}，而围压 15MPa 时后两级蠕变增量分别为 8.79×10^{-4}、9.99×10^{-4}，远高于前四级蠕变增量，30MPa 时最后一级蠕变增量达到了 14.42×10^{-4}，即随着围压的增大，岩石的破坏方式逐渐转变为延性破坏后，最后一级荷载下黏塑性蠕变段的蠕变增量增大，也反映出其塑性破坏特征随围压增大而越来越明显。但轴向蠕变即便在 30MPa 围压下也没有较明显地体现出破坏前的加速蠕变特征，即蠕变曲线几乎看不到从等速蠕变阶段进入加速蠕变阶段的明显变化，曲线直接出现一个“上翘”，一方面可能与应力加载速率有关，另一方面是围压的限制作用使裂隙的扩展受到限制。观察径向变形，除在破坏阶段蠕变变形量远大于对应的瞬时变形量，前面几个蠕变阶段的瞬时变形量与蠕变变形量均相差不大。随围压的提高，围压的限制作用使得同等应力水平下的径向蠕变变形量有较小程度的下降。

ii. 蠕变特性曲线结果分析

按照前述的转化蠕变特性曲线的方法，将三种不同围压下的轴向及径向蠕变曲线整理如图 4.29 所示。

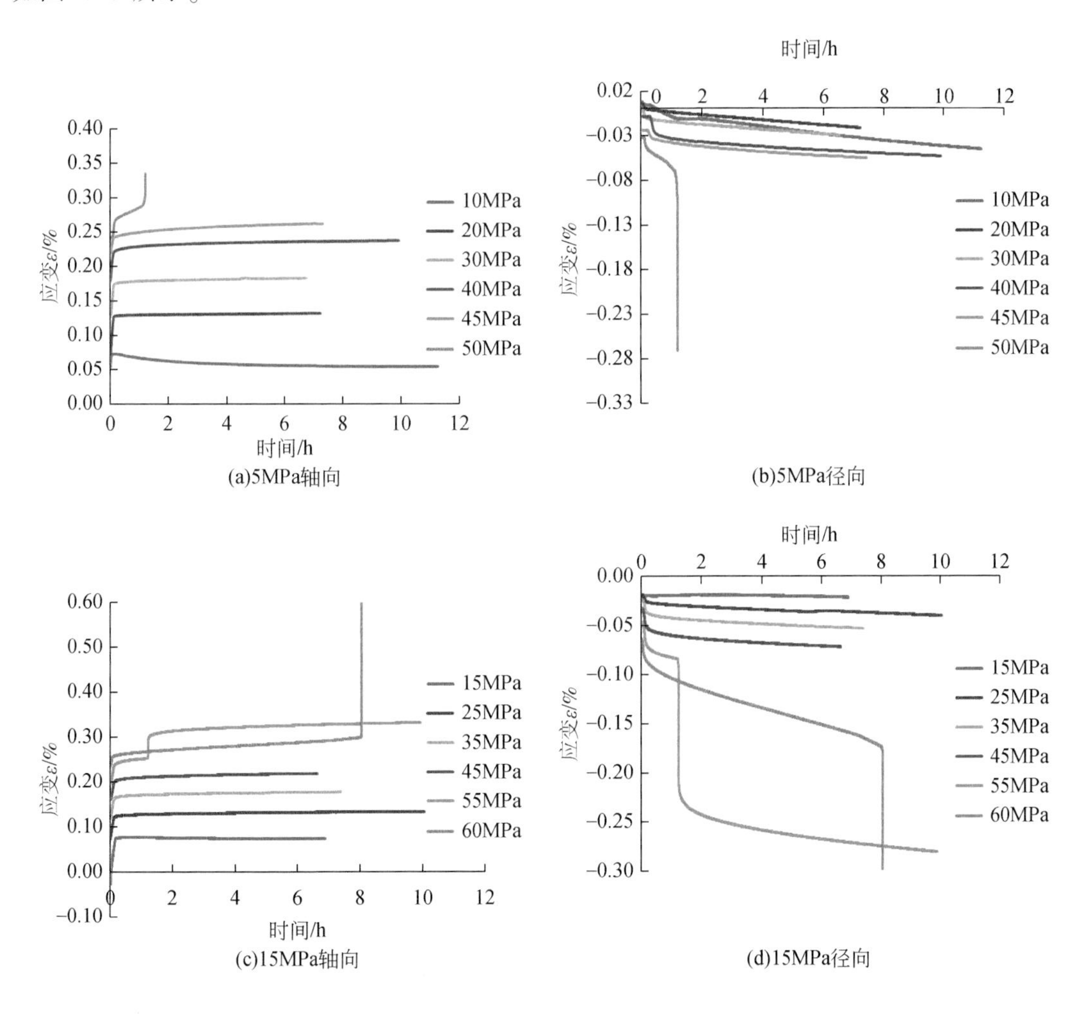

(a)5MPa轴向

(b)5MPa径向

(c)15MPa轴向

(d)15MPa径向

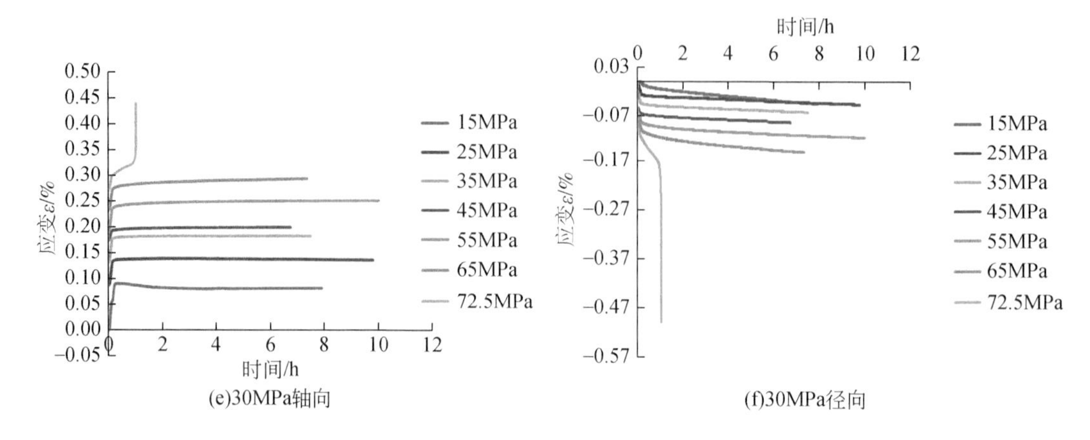

图 4.29　不同围压下轴向及径向蠕变特性曲线

如图 4.29（a）~（f）所示为线性叠加后的三种围压下不同应力水平条件时的单调加载曲线。通过这样的转换，可更加直观地得到加载不同级应力后蠕变特征曲线的发展趋势。

与岩石三轴瞬时破坏的发展相同，对于轴向蠕变来说，在低应力水平阶段，岩石变形主要为黏弹性变形，表现在岩石内部的微裂隙逐渐被压密、片理面的压密、内部结构骨架所产生的弹性变形；当曲线存在较明显的蠕变速率时，即岩石进入非衰减的等速蠕变阶段，岩石变形主要为非线性的黏塑性变形；进入破坏应力阶段后，岩石将三种不同蠕变阶段均可以呈现出来，只是从屈服到破坏的时间长短将会影响三种蠕变阶段表现程度，且这应与实际所加荷载大小、速率及围压条件有关。若荷载稍小于或等于实际蠕变破坏荷载，则蠕变时间相对较长，三种蠕变阶段可明显地展现出来，而加载应力若大于破坏荷载，则岩石在完成衰减的黏弹性变形及较短时间的等速蠕变后迅速进入加速破坏阶段，如图 4.29（a）（e）所示。另外，随着围压的提高，岩石轴向蠕变从衰减的稳定阶段进入等速蠕变阶段的起始应力也随之提高，从图 4.29（a）（c）（e）可得出其应力界限分别为 45MPa，50MPa 和 65MPa。

当岩石蠕变变形处于衰减蠕变阶段时，若保持所加荷载不变，当时间为无穷大时，蠕变变形会达到稳定而不会继续增加，说明岩石不会破坏；当荷载刚好使得蠕变变形进入不稳定的等速蠕变阶段后，若时间达到无穷大，其蠕变变形也会一直增加，直至岩石发生破坏。因此这样的临界应力也可以作为岩石在不同围压下长期强度的一种参照。

观察径向蠕变，与轴向蠕变稍有不同的是，其在较低应力水平阶段即进入蠕变速率较明显的非衰减不稳定等速蠕变阶段，并且随应力水平的增加，其蠕变速率也有一定程度的增加。虽然径向变形的量值总体上远远小于轴向变形，从表 4.18 的不同应力水平下的泊松比即可看出，但由于其蠕变速率恒定且较为明显，15MPa 围压时径向蠕变在岩石整体破坏前一级应力下就发生了较明显的突变，且突变量较大，说明径向蠕变相比轴向蠕变表现得更为敏感，在监测岩石的蠕变变形时应充分注意径向蠕变的变化情况。

表4.18　不同应力水平下瞬时弹性模量及泊松比

5MPa			15MPa		
应力水平/MPa	瞬时弹性模量/MPa	泊松比	应力水平/MPa	瞬时弹性模量/MPa	泊松比
10	13882. 79	-0. 089	15	20423. 96	0. 263
20	15870. 78	-0. 009	25	20723. 62	0. 198
30	17385. 58	0. 046	35	21675. 51	0. 202
40	18264. 84	0. 109	45	22776. 74	0. 234
45	18666. 46	0. 129	55	23313. 98	0. 269
50	19098. 79	0. 143	60	23638. 84	0. 295

在同一种围压下，瞬时弹性模量和泊松比随应力水平的增大有明显的增长趋势。瞬时弹性模量的增大反映了岩石在加载过程中弹性骨架的变形和孔隙的压密过程，泊松比的增大则说明岩石径向应变随应力水平提高的增长速率大于轴向应变的增长速率，从一个方面反映了径向蠕变应变对应力较为敏感；随围压的增大，相同或相近应力水平的瞬时弹模增大，泊松比也有明显的增长，反映了围压对于轴向及径向变形的限制作用。

其中，围压5MPa时，泊松比在应力水平为10MPa、20MPa时为负值，因为其对应的径向变形在较低应力水平时，围压对其产生的向内收缩的作用大于轴向荷载所产生的向外拉张的作用，因此蠕变应变为负值。

iii. 等时应力应变曲线结果分析

图4.30（a）~（f）为三种围压下的等时应力应变曲线。

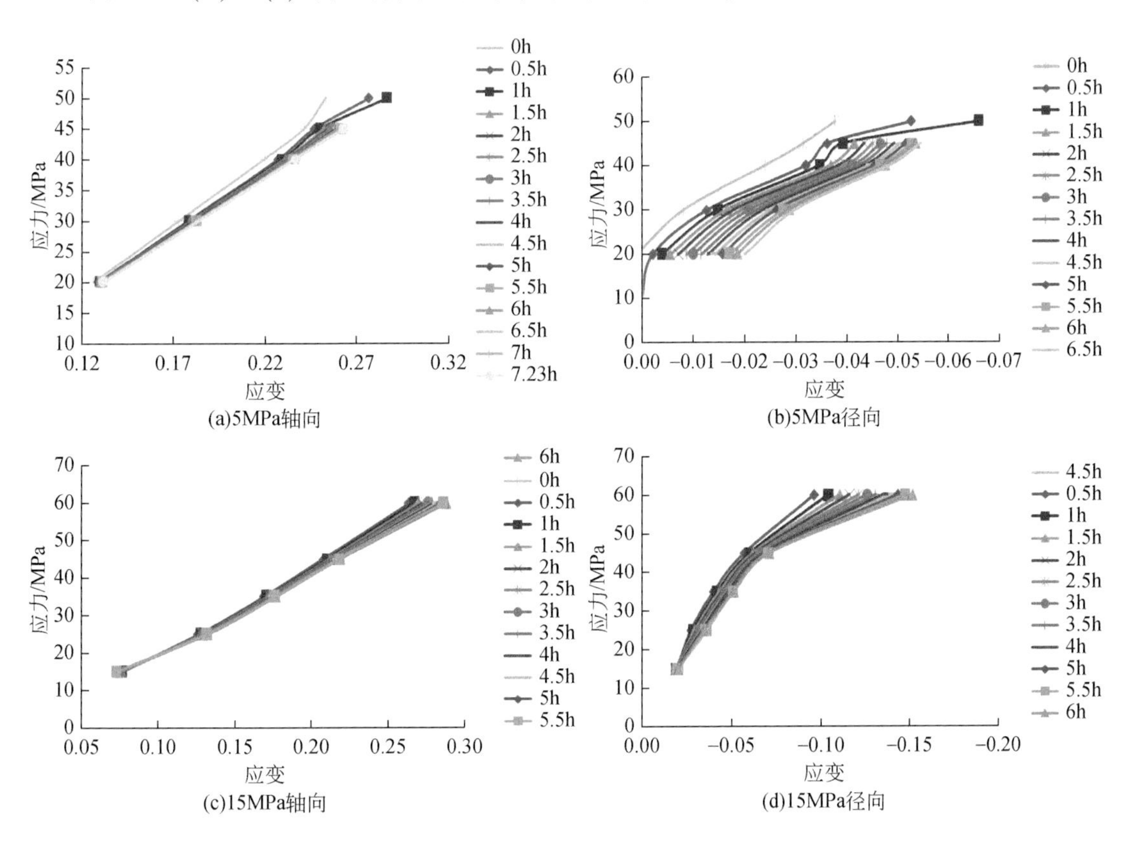

(a)5MPa轴向　(b)5MPa径向

(c)15MPa轴向　(d)15MPa径向

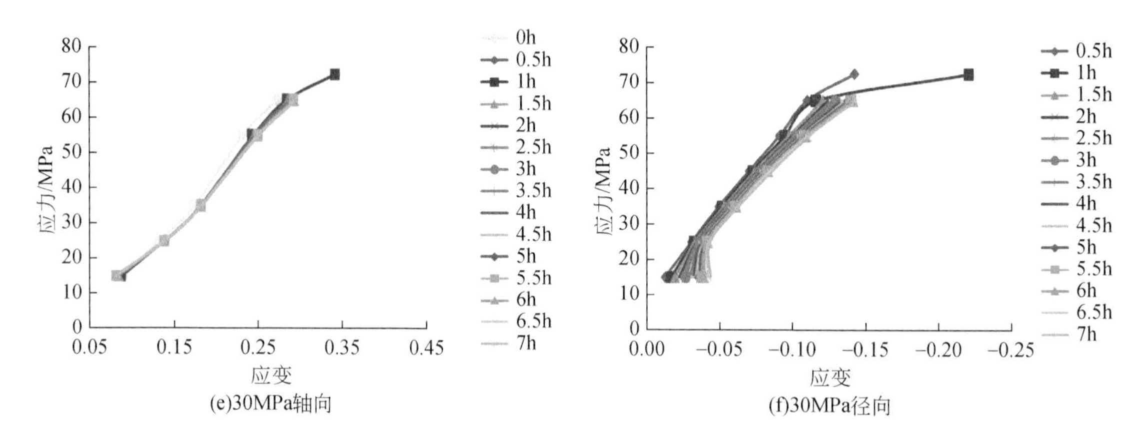

图 4.30　不同围压下轴向及径向等时应力应变曲线

由图 4.30 观察其变化趋势，共同点即为不论轴向还是径向的应力应变关系曲线，均表现了岩石在恒等应力条件下的蠕变效应，即随时间的增长，相同应力对应的变形量增大，径向蠕变则表现得更为明显，这从上文第 ii 部分中较明显的蠕变速率可以得到解释；在达到屈服强度之前，不同时刻的等时曲线几乎为一簇直线，随应力水平的增大，轴向等时曲线有偏向应力轴的趋势，反映了初始压密的过程，径向等时曲线则几乎没有偏移；随着应力水平的提高和时间的增长，达到屈服强度后，等时曲线均逐渐凹向应变轴，即逐渐进入黏塑性变形阶段，意味着蠕变开始进入非线性变性阶段。

而这些特征同样反映在径向等时曲线中，在黏弹性阶段其非线性特征不是特别明显，因此只用线性黏弹性模型即可描述。而相同应力水平下其蠕变量较轴向蠕变更为明显，黏塑性蠕变只出现在破坏前一小阶段，占整个蠕变阶段中较小的比例，岩石的破坏方式仍属于脆性破坏。相比而言只有围压为 30MPa 条件下轴向等时曲线在达到塑性屈服阶段前就具有较明显的非线性特性，即围压变大，破坏方式转化为塑性破坏方式；等时应力应变曲线中从表达黏弹性蠕变的直线部分转变为黏塑性蠕变阶段的曲线部分的拐点所对应的应力为屈服强度；理论上时间趋近于 0 的等时曲线的峰值可视为瞬时三轴强度，时间趋于无穷的等时曲线的峰值即为长期强度。

（2）不同含水状态对蠕变特性的影响对比

i. 原始蠕变历时曲线结果分析

由于取样的原因，饱和吸水状态与干燥状态条件下所用片岩试样为云母石英片岩，其破坏强度、瞬时弹性模量及泊松比值与绿泥石石英片岩存在着显著区别。经过试验发现云母石英片岩的强度较大，在干燥及饱和吸水条件下的破坏强度分别为 150MPa、85MPa，相比同等试验条件下的绿泥石石英片岩破坏强度较大。因此将石英片岩的两组不同含水率试样和绿片岩的两组不同含水率试样的蠕变特性分别进行研究。

观察石英片岩的两组不同含水情况的蠕变历时曲线（图 4.31、图 4.32），干燥条件下在 120MPa 以下的应力水平条件时，其轴向蠕变几乎均处于衰减的稳定蠕变阶段，瞬时变形量几乎占据总变形量的全部，且加载后的黏性变形的滞后效应在历时曲线上不是很明显，径向变形在 60MPa 以前的瞬时变形相比蠕变变形量几乎为 0，在应力水平 70MPa 以上时才表现出较为明显的瞬时变形与蠕变变形。这说明由于岩石本身较为坚硬，水对于岩石的软化作用并不明显，并且径向变形在较大应力水平时才表现出瞬时变形；而云母石英片岩饱和吸水后，其破坏强度显著降低，85MPa 时即达到破坏。同时在应力水平为 45MPa 情况下，蠕变曲线开始呈现出一定的滞后特性，水对岩石的软化作用促使岩石的黏滞特性得到了一定程度的增强。但由于石英片岩岩石本身的特性，饱和状态下的蠕变也只在破坏前一级应力水平下进入了等速不稳定的蠕变阶段。

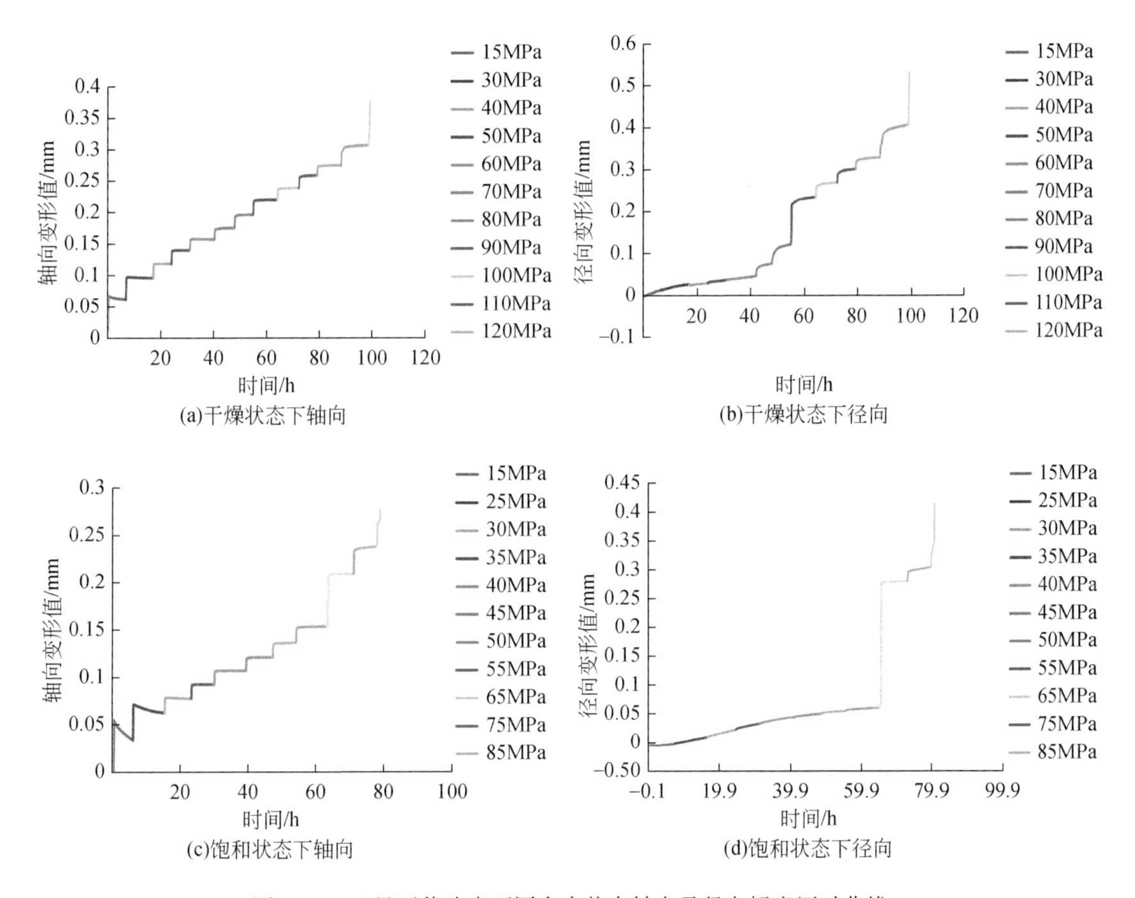

(a)干燥状态下轴向　(b)干燥状态下径向

(c)饱和状态下轴向　(d)饱和状态下径向

图 4.31　云母石英片岩不同含水状态轴向及径向蠕变历时曲线

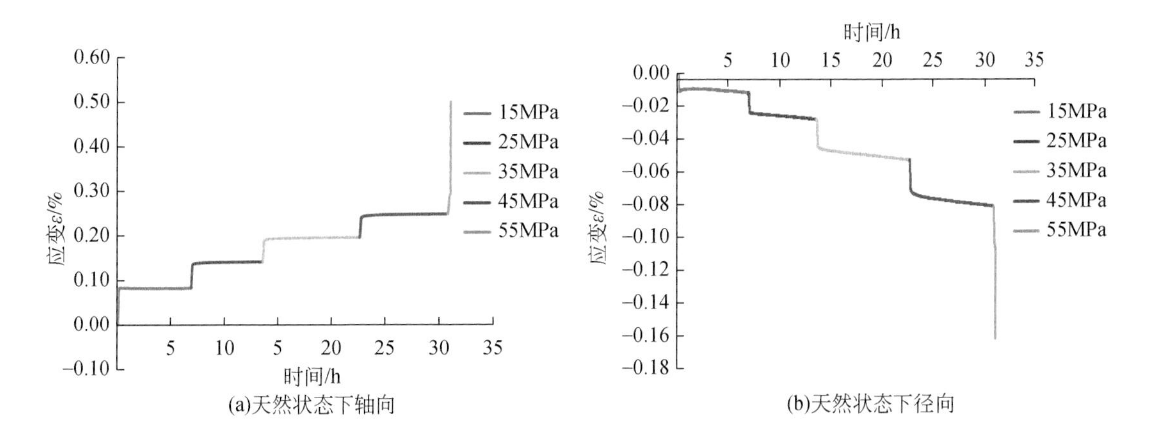

(a)天然状态下轴向　(b)天然状态下径向

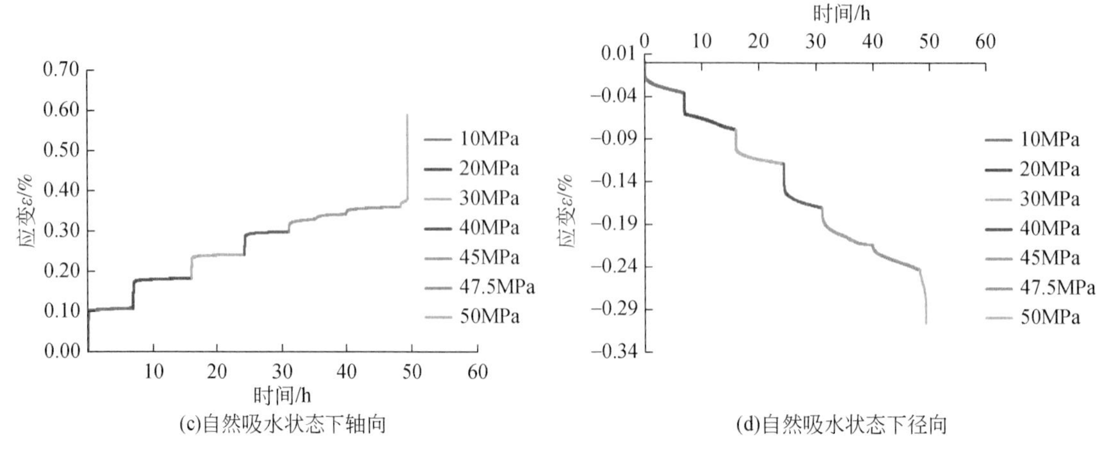

图 4.32　绿泥石石英片岩不同含水状态轴向及径向蠕变历时曲线

表 4.19、表 4.20 列出了自然状态与自然吸水状态的两组绿泥石石英片岩的瞬时变形及蠕变变形量。首先，饱和状态下的轴向、径向瞬时变形及蠕变变形在相同或相近应力水平下，整体上大于自然状态时相对应的变形量；其次，自然状态下绿片岩轴向蠕变变形在最后一级蠕变阶段才发生较为显著的蠕变变形，即进入黏塑性阶段后又迅速发生破坏。自然吸水状态下的含水率为 0.11%，其轴向蠕变曲线在第一级加载应力条件下即出现了较明显的蠕变变形，并在第五级 45MPa 应力水平下进入非衰减的等速蠕变阶段，并且每一级轴向蠕变速率大于自然状态下的蠕变速率；同样对于径向蠕变，自然吸水状态下每一级蠕变速率及蠕变量均大于自然状态，且黏滞效应更为明显，随着每一级应力水平的提高，其蠕变速率逐渐增大，最终达到破坏，破坏时对应的应变值大于自然状态时的极限应变量。最后，由于水的软化作用，自然吸水状态下最后一级破坏阶段轴向和径向蠕变都出现了较为明显的加速蠕变过程。

表 4.19　自然状态绿片岩不同应力水平下的黏弹塑性蠕变增量

应力水平 σ/MPa		15	25	35	45	55
应力增量 $\Delta\sigma$/MPa		15	10	10	10	10
轴向应变量/10^{-4}	瞬时弹性增量	8.093	4.82	4.51	4.42	4.25
	蠕变增量	0.4	1.22	2.21	3.08	13.9
径向应变量/10^{-4}	瞬时弹性增量	-0.67	-1.7	-1.5	-1.76	-2.12
	蠕变增量	-0.16	-0.78	-1.79	-2.84	-5.01

表 4.20　饱和绿片岩不同应力水平下的黏弹塑性蠕变增量

应力水平 σ/MPa		10	20	30	40	47.5	50
应力增量 $\Delta\sigma$/MPa		10	10	10	10	7.5	2.5
轴向应变量/10^{-4}	瞬时弹性增量	9.64	6.31	4.72	4.18	2.3	0.71
	蠕变增量	1.04	2.24	3.41	4.88	7.69	1.48

续表

应力水平 σ/MPa		10	20	30	40	47.5	50
径向应变量/10^{-4}	瞬时弹性增量	-1.6	-2.3	2.09	-2.35	-0.96	-0.25
	蠕变增量	-1.9	-3.97	-5.8	-8.6	-15.01	-5.15

由于岩石吸水后，水对岩石有一定的软化作用，矿物颗粒之间的连接强度随含水状态的变化有一定的变化。同时，水对非均质岩石内部的一些微裂隙及软弱面的浸泡，使得这些软弱面与岩块的连接强度进一步降低，宏观上就体现在力学参数 C、φ 的降低，即岩石强度有一定程度的降低，同等条件下水的存在也使得岩石的塑性变形量有所增加。

ii. 蠕变特性曲线结果分析

两种不同含水状态下的云母片岩蠕变曲线如图 4.33 所示（由于试验设备原因，干燥状态下径向数据未采集到），总体趋势表现为：随含水量的增加，同一应力水平下应变增量有所增加，且峰值强度大幅度降低。

可以看出，相较于自然状态下的蠕变曲线，饱和状态下蠕变曲线中不同加载应力水平下的轴向等速蠕变速率明显增大，达到 $1\times10^{-5}\sim1\times10^{-4}\text{h}^{-1}$ 范围，并且每一级相近应力水平下轴向蠕变速率大于自然状态下的蠕变速率，即饱和状态下云母石英片岩表现出较为明显的黏滞流动特性；同样对于径向蠕变也存在类似的变化规律。

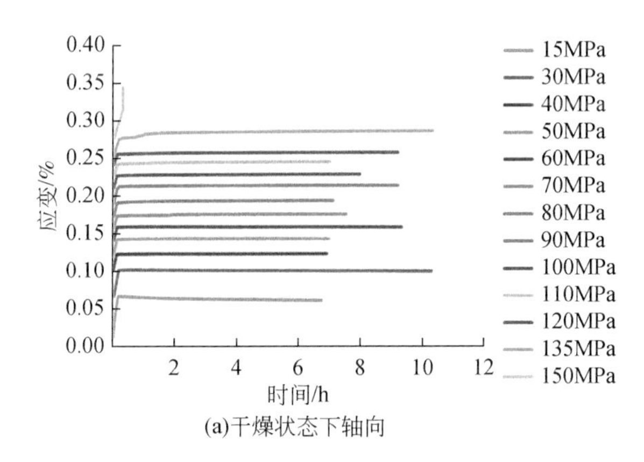

(a)干燥状态下轴向

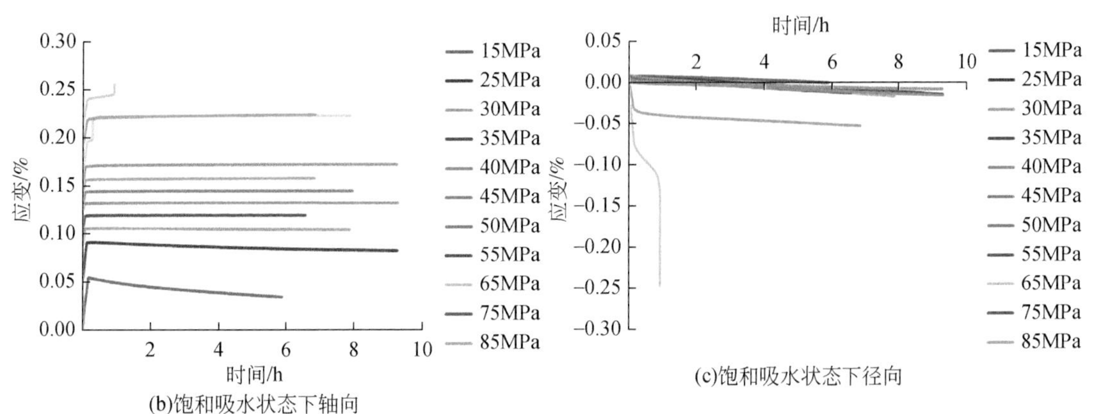

(b)饱和吸水状态下轴向

(c)饱和吸水状态下径向

图 4.33　云母石英片岩不同含水状态轴向及径向蠕变特性曲线

iii. 等时应力应变曲线结果分析

由于石英片岩在饱和吸水及干燥条件下的径向变形在某些应力水平阶段呈现出不稳定变化，即随应力的增长某些时刻径向蠕变应变反而“减小”，导致整个等时应力应变曲线并没有表现出较明显的线性或非线性规律（图 4. 34，表 4. 21）。可能由于石英片岩较为坚硬，其径向蠕变应变量较小，在围压的波动及内部非均质结构的影响下，蠕变应变会呈现出不稳定情况，需要将石英片岩径向等时曲线单独讨论。

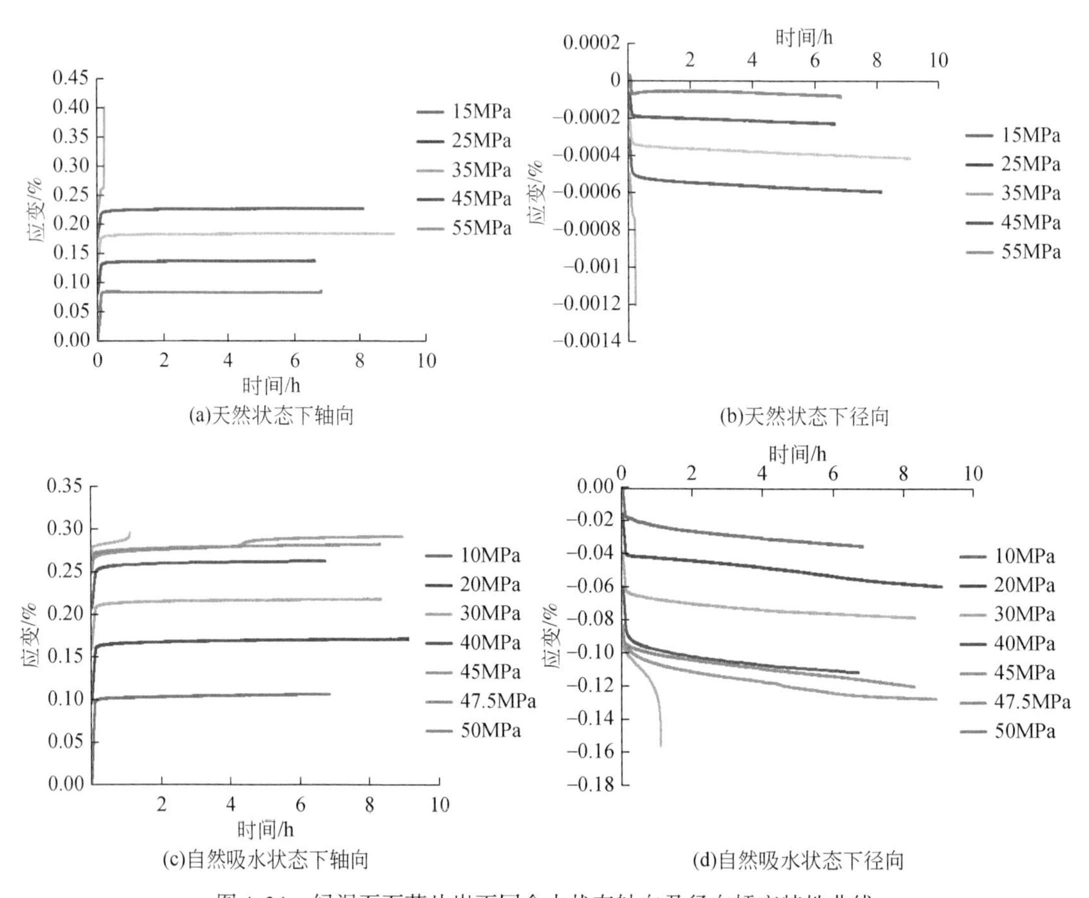

图 4. 34　绿泥石石英片岩不同含水状态轴向及径向蠕变特性曲线

表 4. 21　不同应力水平下瞬时弹性模量与泊松比

天然状态			自然吸水状态		
应力水平/MPa	瞬时弹性模量/MPa	泊松比	应力水平/MPa	瞬时弹性模量/MPa	泊松比
15	18533. 60	0. 08	10	10369. 23	0. 163
25	19360. 98	0. 12	20	12539. 34	0. 379
35	20093. 28	0. 17	30	14515. 58	0. 481
45	20604. 09	0. 22	40	16096. 96	0. 615
55	21083. 27	0. 26	47. 5	17044. 44	0. 473
			50	17494. 51	0. 49

图 4.35（a）（b）表明石英片岩在干燥和饱和吸水状态下的轴向等时曲线在不同时刻几乎都为直线，且直线簇几乎重合，干燥状态下仅仅在 120MPa 应力水平开始出现较为明显的非线性屈服段，即应力应变曲线开始逐渐向应变轴偏移，对应着此时蠕变曲线开始有明显等速蠕变过程。从这个角度也可以说明石英片岩的轴向蠕变量相当小，同时曲线簇在整个变形过程中也没有表现出较为明显的非线性屈服阶段。即使可能由于所加荷载级数较少导致没有精确地表现塑性屈服阶段，但也在一定程度上说明在蠕变破坏之前的塑性蠕变几乎为 0，因此，石英片岩轴向蠕变在干燥及饱和吸水两种条件下的蠕变特性均不明显。图 4.35（b）显示在低应力水平蠕变时，随时间增加其蠕变变化反而降低，这与前文中的低应力蠕变特性曲线的变化情况相同，原因不再赘述。

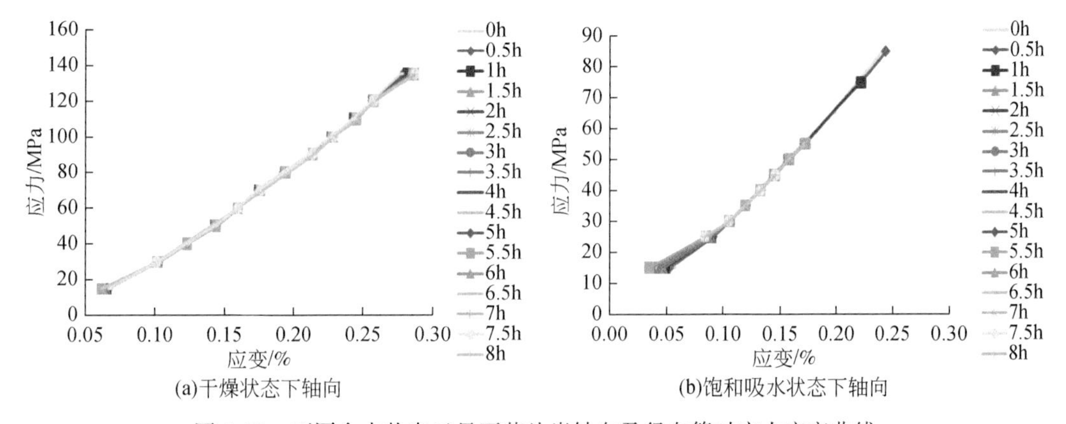

(a)干燥状态下轴向　(b)饱和吸水状态下轴向

图 4.35　不同含水状态云母石英片岩轴向及径向等时应力应变曲线

图 4.36 为绿泥石石英片岩在天然和自然吸水两种状态下的轴向、径向等时应力–应变曲线。先讨论两种情况下的轴向等时曲线：图 4.36（a）（b）表明，天然状态下轴向等时曲线也可认为近似呈现出线性关系，在应力水平为 25MPa 阶段以后，随应力水平和时间的增加，蠕变量不断增大；图 4.36（c）所示的自然吸水条件下轴向等时曲线的蠕变特性更加明显，在同等应力水平下可直观地显示其轴向蠕变应变量大于自然状态时的蠕变应变量。如应力水平在 40MPa 时，前者蠕变应变为 0.25%，后者为 0.2%。随着时间的增加，这种蠕变增量越大，蠕变特性越明显，在应力水平为 30MPa 时开始，等时曲线有向应变轴偏移的趋势。等时曲线在进入屈服阶段之前整体表现出下凹的趋势，即压密阶段，在这一阶段主要为岩石内部孔隙、风化裂隙等不连续面的闭合、压密和骨架的弹性变形。

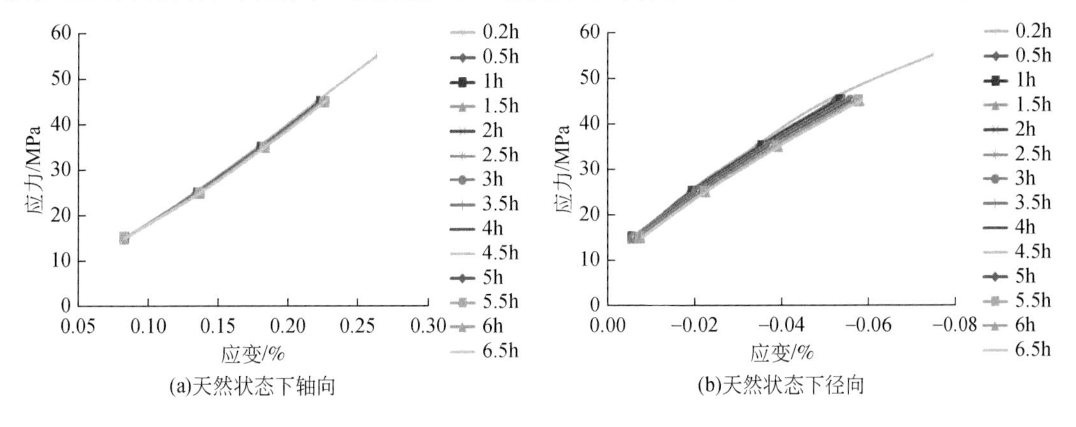

(a)天然状态下轴向　(b)天然状态下径向

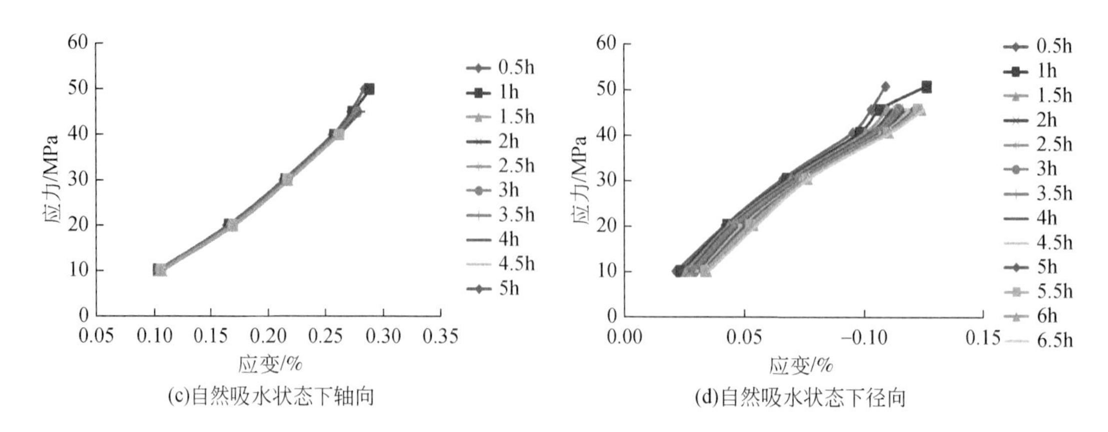

(c)自然吸水状态下轴向　　(d)自然吸水状态下径向

图 4.36　不同含水状态绿泥石石英片岩轴向及径向等时应力-应变曲线

图 4.36（b）（d）的径向蠕变变形中，总体应变量远小于轴向蠕变，但所表现出较轴向更为明显的非线性特性，其一开始就逐渐有偏向应变轴的趋势，即从一开始便进入屈服阶段，岩石内部在径向开始出现一定的拉张裂隙损伤。这种蠕变也随时间和应力的增加有明显的增大趋势。图 4.36（d）自然吸水条件的径向蠕变在低应力水平下随时间变化的蠕变增量与高应力下随时间变化的蠕变增量相差不大，甚至大于在中间发展阶段的蠕变增量。这可能是岩石本身非均质结构的影响，导致在低应力蠕变时由于微裂隙的存在，蠕变增量反而较大。因此，径向应变相较于轴向应变应引起重视。

（3）不同片理面倾角条件对蠕变特性的影响对比

i. 原始蠕变历时曲线结果分析

根据不同片理面倾角的三轴压缩试验结果可得（图 4.37），随片理面倾角从 0°到 90°的变化，岩石三轴压缩强度呈现先减小，后增大的过程，其中当片理面角度为 60°时强度最低，90°时达到最大。根据 Jaeger 单结构面强度效应理论，结构面变化导致岩石力学特性的各向异性对岩石的强度有较为显著的影响。现在讨论绿泥石石英片岩片理面倾角的改变对轴向、径向蠕变历时曲线的影响。

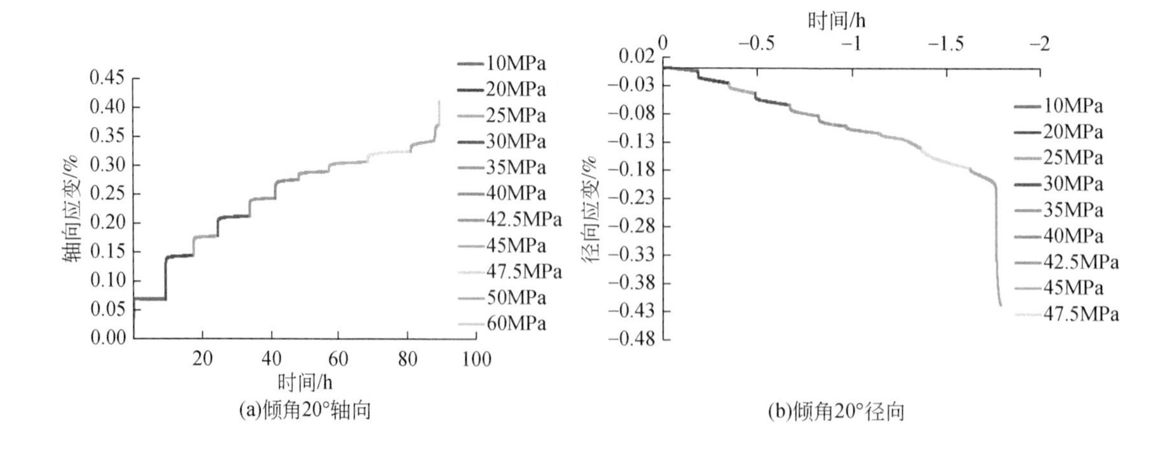

(a)倾角20°轴向　　(b)倾角20°径向

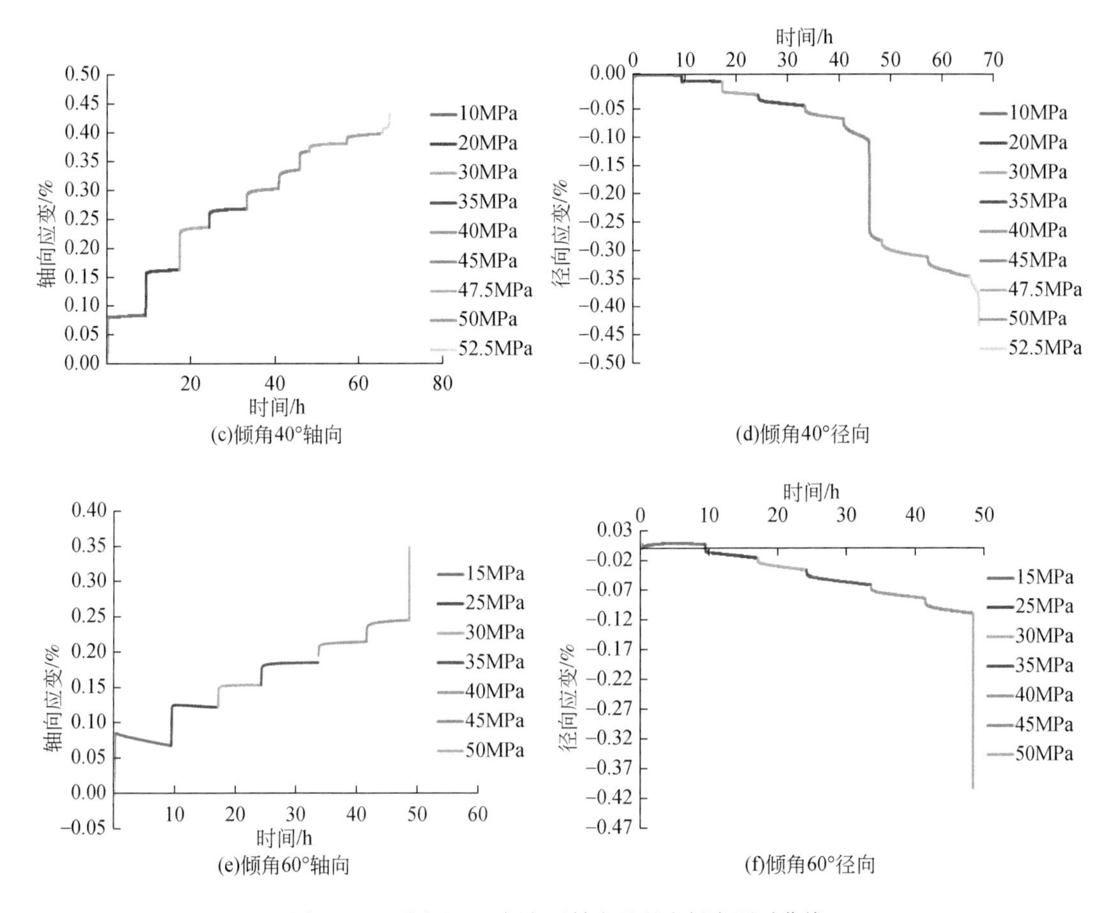

图 4.37　不同片理面倾角下轴向及径向蠕变历时曲线

五种不同片理面倾角的轴向蠕变历时曲线，在相同的围压条件下，其各自的最终破坏强度及蠕变变形量如表 4.22 所示。

表 4.22　不同片理面倾角绿泥石石英片岩破坏强度及变形量

片理面倾角/（°）	轴向蠕变		径向蠕变	
	最终破坏强度/MPa	破坏前变形量/%	最终破坏强度/MPa	破坏前变形量/%
0	50	0.32	50	0.22
20	60	0.37	50	0.2
40	52.5	0.41	45	0.12
60	50	0.3	50	0.10
90	85	0.27	65	0.06

如表 4.22 所示，比较五种不同倾角下的绿片岩经历蠕变变形后的最终破坏强度，与其瞬时破坏强度的变化情况基本一致，在片理倾角 60°左右为最小，90°左右为最大；而在相对应的最终应变量中，应包括瞬时变形分量及黏弹塑性分量，在片理倾角 90°试样中总

应变量最小，而在40°时达到最大。这应当从绿片岩的破坏模式进行解释：当绿片岩片理倾角为90°时，其最终破坏为劈裂破坏，有多组与片理面平行的拉长裂面，其变形主要为片理面之间的张裂和骨架的弹性变形；而当片理倾角在0°～60°范围内变化时，试样的变形来自片理面之间的压密、骨架的弹性变形。再根据Jaeger单结构面强度效应理论，当结构面的倾角为45°±φ/2时，其强度值达到最低，可知平行于结构面上的应力分量是促使沿结构面蠕变增量增大的主要原因。当片理面角度为60°时，其最大应变量只有0.3%，这可能是岩石内部结构性差异所致。

观察径向蠕变，片理面倾角为20°、40°与60°，其径向蠕变破坏发生在轴向蠕变破坏的前一级或前几级加载过程中，反映了径向蠕变的破坏早于轴向破坏，即径向蠕变对竖向载荷的敏感性更强（图4.38）。径向蠕变应变值变化范围在0.06%～0.22%。

ii. 蠕变特性曲线结果分析

根据Boltzmann线性叠加原理将原始蠕变历时曲线平移后得到不同应力水平下的蠕变曲线（图4.38），不同应力水平下的瞬时弹性模量与泊松比如表4.23所示。

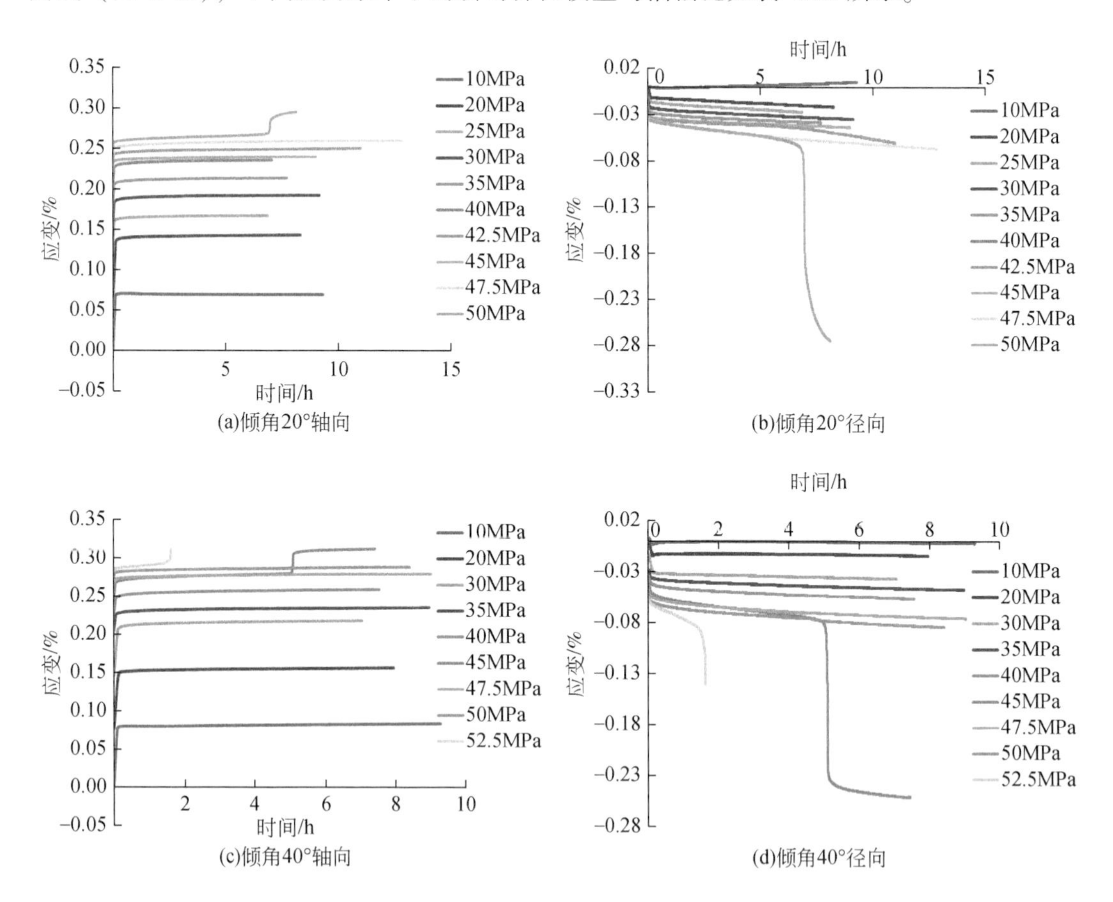

(a)倾角20°轴向　(b)倾角20°径向

(c)倾角40°轴向　(d)倾角40°径向

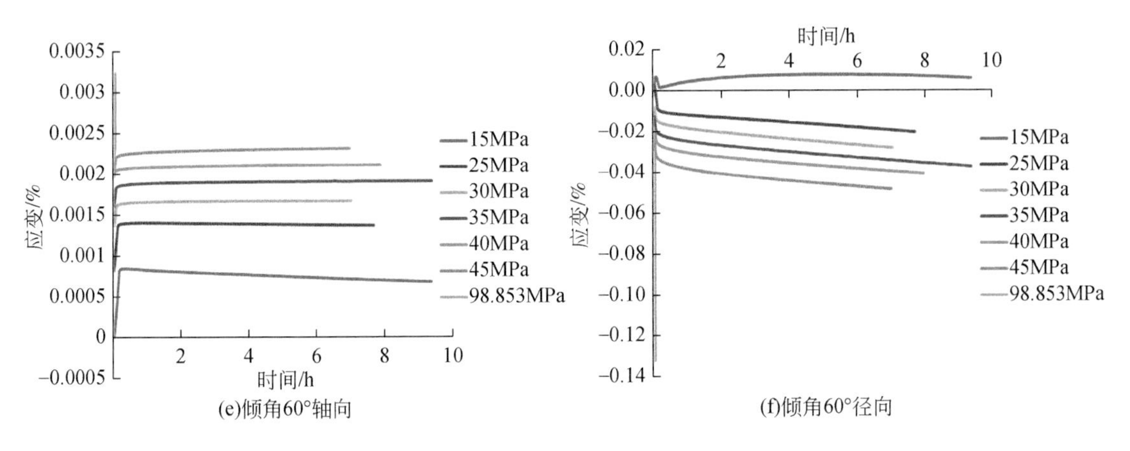

(e)倾角60°轴向　(f)倾角60°径向

图 4.38　不同片理面倾角轴向及径向蠕变曲线

表 4.23　不同应力水平下物理参数

水平夹角/（°）	应力水平/MPa	瞬时弹性模量/MPa	泊松比
0	10	13882. 80	−0. 08923
	20	15870. 78	−0. 00928
	30	17385. 58	0. 046362
	40	18248. 31	0. 108828
	45	18666. 46	0. 12916
	50	19098. 79	0. 143118
20	10	14767. 44	−0. 00295
	20	14952. 17	0. 070135
	25	15737. 3	0. 086696
	30	16466. 77	0. 108464
	35	17129. 09	0. 12406
	40	17746. 72	0. 134606
	42. 5	18188. 71	0. 134968
	45	18608. 06	0. 133711
	47. 5	19037. 48	0. 134396
	50	19456. 15	0. 133591
40	10	12989. 341	0. 039201
	20	13781. 667	0. 096774
	30	14668. 44	0. 140185
	35	15529. 824	0. 150518
	40	16173. 794	0. 162896
	45	16882. 989	0. 179006

续表

水平夹角/（°）	应力水平/MPa	瞬时弹性模量/MPa	泊松比
40	47.5	17473.621	0.185504
	50	17886.621	0.197605
	52.5	18466.158	0.203673
60	10	18290.1426	-0.02944
	20	18361.857	0.057635
	30	18720.693	0.077494
	35	19233.5762	0.096107
	40	19754.1041	0.116021
	45	20484.2273	0.133905
90	15	27919.708	-0.13482
	30	28678.538	-0.06732
	40	30607.652	-0.03541
	50	32237.674	-0.01427
	65	33316.583	0.01547
	85	35532.787	0.262427

表4.23列出不同片理面倾角条件下，绿片岩在不同应力水平下的瞬时弹性模量和泊松比。随着应力水平的提高，瞬时弹性模量增大，反映了岩石材料的硬化性质。随着岩石内部微裂隙的闭合和压密，瞬时弹性模量的增幅逐渐减小；径向的蠕变应变随应力水平的增大而逐渐变大，反映在径向具有明显的应变软化特征。

除片理面倾角为90°情况下，其他角度的试样轴向蠕变均存在明显的稳定衰减、非稳定等速蠕变和最终破坏三种变化阶段，且应变速率随应力的提高而逐渐增大。

iii. 等时应力应变曲线结果分析

图4.39为不同片理面倾角的轴向、径向等时应力应变曲线。从五种不同片理倾角的等时曲线可以清晰地反映出片理面倾角的变化对于绿片岩蠕变程度的影响。

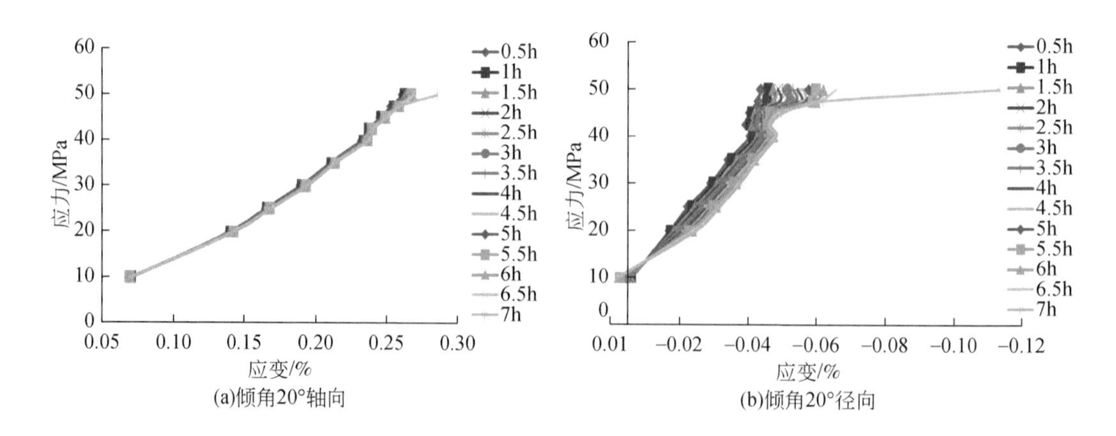

(a)倾角20°轴向　　(b)倾角20°径向

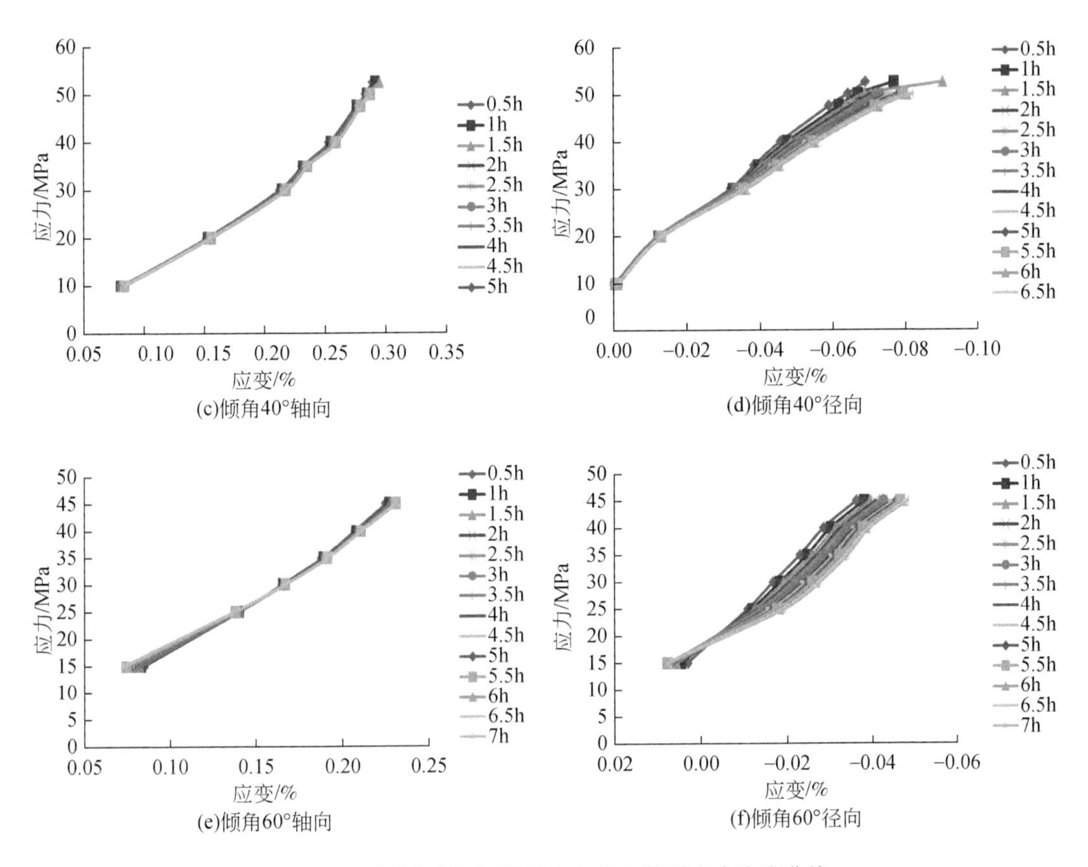

(c)倾角40°轴向

(d)倾角40°径向

(e)倾角60°轴向

(f)倾角60°径向

图4.39　不同片理面倾角轴向与径向等时应力应变曲线

轴向蠕变在0°和90°时，试样表现出明显的线性特性，即蠕变量随时间变化改变不大，完全可按照线性理论对其加以研究；在20°～60°变化范围内，轴向蠕变等时曲线在不同时刻有明显的偏移，并且具有一定的非线性特征。此时应该考虑应力水平对于蠕变的影响。

径向蠕变量远小于轴向蠕变量，但非线性特征明显，蠕变随时间的增长在其变化范围内较为明显。

（4）蠕变速率分析及黏滞系数 η 的讨论

根据不同应力水平下蠕变应变速率随时间的变化曲线，可以得到不同蠕变阶段时蠕变速率随时间的变化。根据蠕变速率的变化趋势，可以从一定程度上反映出岩石黏滞流动的变化情况。下面以5MPa、15MPa、30MPa三种不同围压下自然与饱和状态试样的蠕变速率曲线为例，分析其应力水平、围压及含水率对蠕变速率的影响。

图4.40是围压为5MPa时不同应力水平下轴向蠕变速率随时间的变化关系。可以看到，在应力水平为20MPa下，黏弹性阶段的应变速率在瞬时弹性变形结束之后最大，达到 $1.82\times10^{-4}h^{-1}$。随时间的增大，曲线呈指数形式逐渐衰减，蠕变时间达到1h后，岩石轴向蠕变应变速率近似达到稳定。在1～4h之内，轴向应变存在较小幅度的震荡，并保持在 $1\times10^{-5}h^{-1}$ 左右，这与测试仪器本身存在的测量误差有关。在当蠕变时间超过4h之后，蠕变

应变保持在 $1\times10^{-6}h^{-1}$ 左右，而一般认为若岩石每天蠕变变形量不超过 0.01mm，即蠕变速率小于 $4.16667\times10^{-6}h^{-1}$，则达到稳定状态，因此判断石英片岩试样在此应力状态下轴向变形达到稳定。

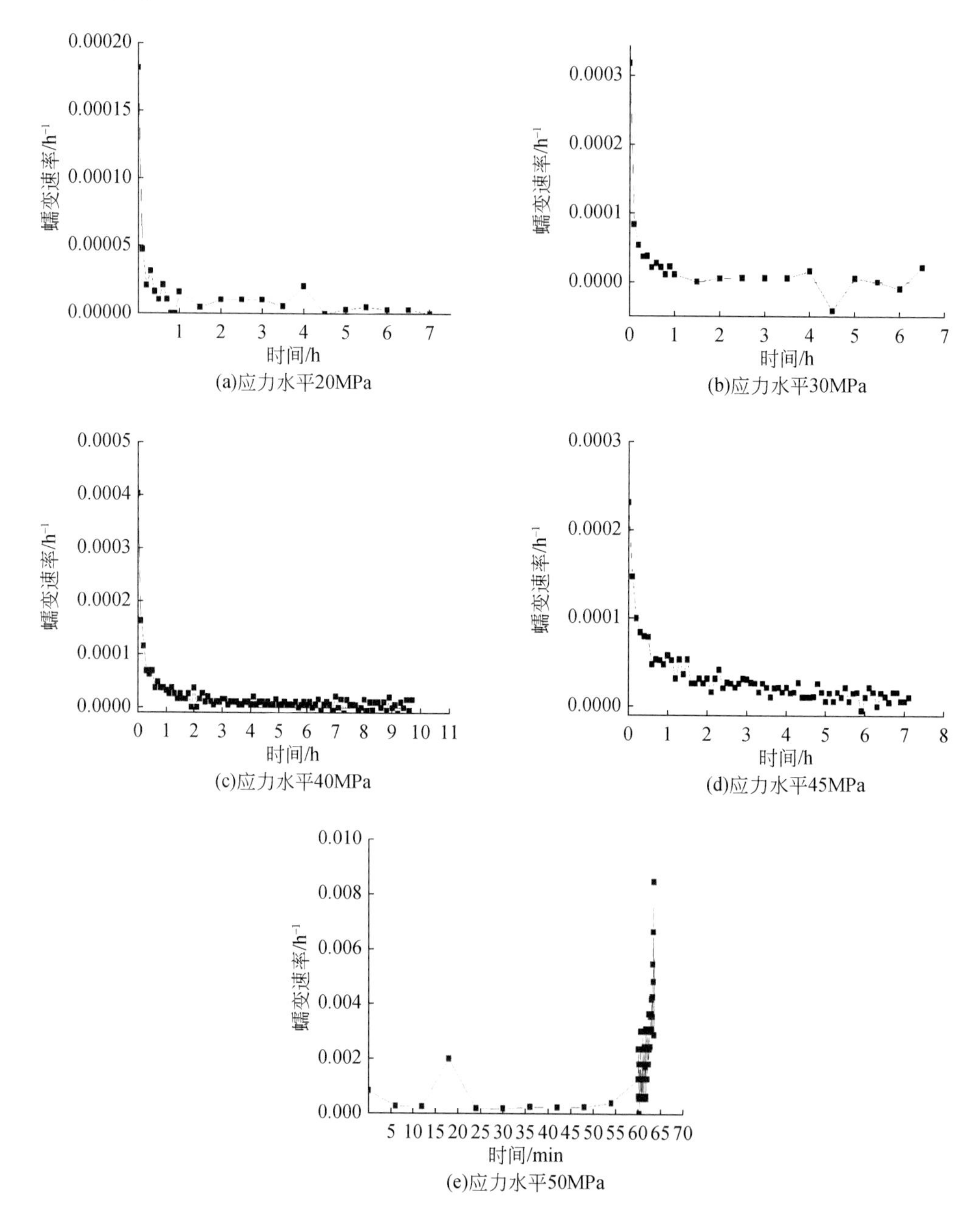

图 4.40　围压 5MPa 下不同应力水平时蠕变速率随时间变化关系曲线

应力水平 30～45MPa 时蠕变速率随时间的变化方式与 20MPa 时基本一致。随着应力水平的提高，加载后瞬间的起始蠕变速率有逐渐增大的趋势，分别为 $1.816\times10^{-4}h^{-1}$，$3.176\times10^{-4}h^{-1}$，$4.032\times10^{-4}h^{-1}$，$2.312\times10^{-4}h^{-1}$；另外，达到蠕变变形较为稳定所需要的时间也随应力水平的增大而逐渐变长，也就是说，岩石的黏滞效应表现得更加明显，这可以从元件模型的表达式中得到合理的解释：类似于一维条件下软黏土固结，在加载的瞬间，可以用完全黏性体来表达岩石的受力特性，也就是说加载瞬时，岩石尚未产生变形，此时的荷载完全由黏性元件［N］承担，弹性元件［H］不承受外力。随着时间的变化，岩石产生瞬时应变及蠕变应变，［H］开始承担外荷载，直至完全承担外荷载后，黏滞变形为 0，此时的变形才达到稳定。

在较低的同一级应力水平下，岩石处于黏弹性变形阶段，如果将岩石看作完全黏性体，那么黏滞系数随蠕变速率的逐渐衰减而加速增大，理论上当速率为 0 时达到无穷大；当应力水平超过长期强度后，岩石发生不可逆的黏塑性变形，此时的应变速率几乎为常数值，相对应的黏滞系数也从加速增大的过程达到一稳定值。

事实上，在利用元件模型描述岩石材料的蠕变过程中，将岩石看作非线性的黏弹塑性材料，那么模型中的黏滞系数的含义就要相应发生变化：如由弹簧［H］与牛顿体［N］并联的黏弹性元件再与弹簧［H］串联得到的 Kelvin 元件，其包含的黏滞系数 η 决定了黏弹性变形过程中延迟弹性的变形速率；当超过材料的屈服强度后，此时稳定的应变速率又由一串联黏性体的黏滞系数所决定。可见不同模型表达式中黏滞系数所要表现的物理意义各有不同。

图 4.40（e）为应力水平为 50MPa 时的破坏阶段蠕变速率曲线，在这一破坏应力水平下的蠕变曲线表现了完整蠕变曲线的三个阶段：蠕变速率逐渐衰减的黏弹性变形阶段、稳定等速蠕变阶段和加速蠕变阶段。

在应力水平为 50MPa 时，加载完成后，衰减蠕变只进行了 5min 就进入稳定等速蠕变阶段，蠕变速率稳定在 $0.1\times10^{-3}h^{-1}$ 范围内，经过约 50min 后，蠕变速率开始呈指数形式的上升趋势，经过短短 13min 左右达到最大，为 $8.46\times10^{-3}h^{-1}$，随后试样发生破坏。

6. 岩石试样碎片细观结构电镜扫描结果分析

1）电镜扫描结果描述

试验完成后，取其中不同片理面倾角的石英片岩的薄片进行电镜扫描观测，观察在蠕变过程中片岩细观结构的变形和破坏方式。由于目前受困于技术上的原因，还无法对整个蠕变过程中岩土材料的微结构动态变化过程直接进行观测。因此，以未受力、受力变形及受力破坏三种不同状态下的岩石薄片作为观测对象，观察各个状态下片岩微结构的变形、损伤或破坏现象。下面以片理面倾角 0°试样的薄片观测结果为例，通过观察不同状态下轴向及径向岩石薄片，从本质上解释片岩的微结构蠕变现象。

所用岩石薄片分别取自未受力状态、受力变形状态和受力破坏状态轴向及径向共 6 组薄片。其中受力破坏状态轴向及径向切片取自片岩的断裂面中部位置，受力变形状态的两个薄片取自断裂面附近未出现明显贯通裂隙的中部位置，未受力状态薄片取自与另一个相同片理面倾角试样，此试样与进行蠕变试验的试样来源于同一块完整岩块，通过单轴试验及电镜扫描结果显示，其内部结构及其物理力学性质相近。

电镜扫描所用仪器为 Quanta 600FEG 型号的场发射扫描电镜。其基本参数包括：放大倍率最大 40 万倍，分辨率 1nm，真空模式分别包括高真空、低真空、ESEM 环境真空。扫描时设定场发射环境扫描电子显微镜高压（Hv）为 20kV，电流值（SP）= 4，不同放大倍数的电镜扫描结果如下。

轴向薄片的电镜扫描图如图 4.41、图 4.42 所示，图 4.41 为未受力状态下不同放大倍数的轴向薄片细观结构图。放大倍数为 500 倍时，从整体上看片理之间存在一些非定向的裂隙网络，裂隙的存在切断了片理结构，使得片理面的各个方向非均匀，不连续分布，存在着初始的缺陷。放大倍数为 20000 倍时，可清晰地看到片理结构中的孔隙、裂隙，这些缺陷的尺寸、位置、分布规律等特征均随机出现，证明了岩石在长期的地质作用下变为一种多孔隙非均质的地质材料，同时初始缺陷的存在也印证了岩石在受载初始阶段为裂隙、孔隙闭合的压密过程。图 4.42（a）为受力变形状态下的片理结构，在 500 倍放大倍数下看到在受到与片理面垂直的荷载情况下，片理面之间的孔隙、裂隙发生进一步的压密和闭合，1000 倍放大倍数下局部片理面结构出现了明显的弯曲和错动现象。在中等应力水平下除了裂隙的压密，还发生了局部微破裂的现象，主要表现在片理结构的弯曲和破裂，导致其位置的变动。虽然发生了明显的结构调整，但从放大倍数为 500 倍的图上可以观察其整体片理结构并未出现明显的贯通裂隙和整体的断裂破坏特征。图 4.42（b）片理细观结构处于受力破坏状态，放大倍数为 500 倍的图中可观察到片理面上凹凸不平，出现完全贯通的裂隙及破裂面，裂隙附近有大量破碎的片理结构或矿物颗粒，原来相连接的片理结构在受压破裂之后两侧也发生了位置的相对移动，进而出现大量的孔隙、裂隙。这从 1000 倍图上可以更明显地观察到，从出现片理结构位置移动的部位也可观察到由于位置移动所产生的摩擦痕迹。最终，片理结构的破坏也导致岩石整体的失稳，即对应于加速蠕变阶段。

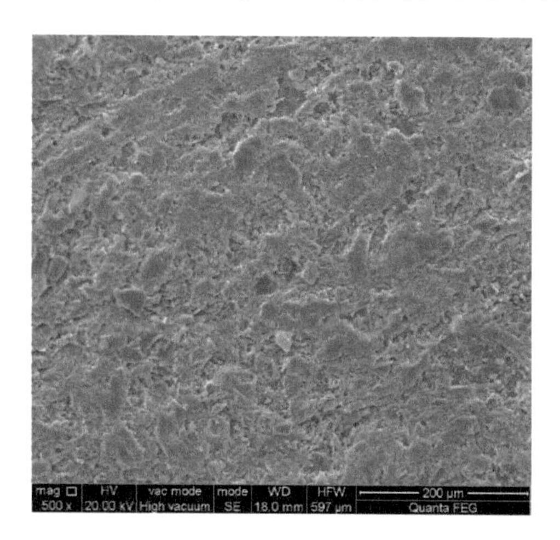

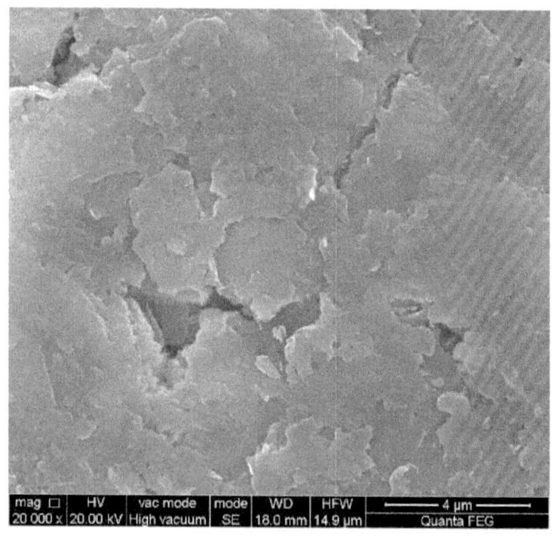

图 4.41　未受力状态岩块轴向薄片初始缺陷

图 4.43、图 4.44 为不同状态下岩块径向薄片的细观电镜扫描图，此时从镜面方向主要可以观察片理结构受压后逐步产生压碎和拉裂的状态特征。图 4.43 为未受力状态时岩块径向薄片，其结构较为完整，从放大倍数为 500 倍的图上可看到片理面上存在较多不规则且张开度不一的裂隙网络，将片理面切割为不连续的结构单元，使得初始状态的径向薄片存在缺陷，为加载后受力变形提供了空间。

(a)受力变形状态片理结构压密、位置错动

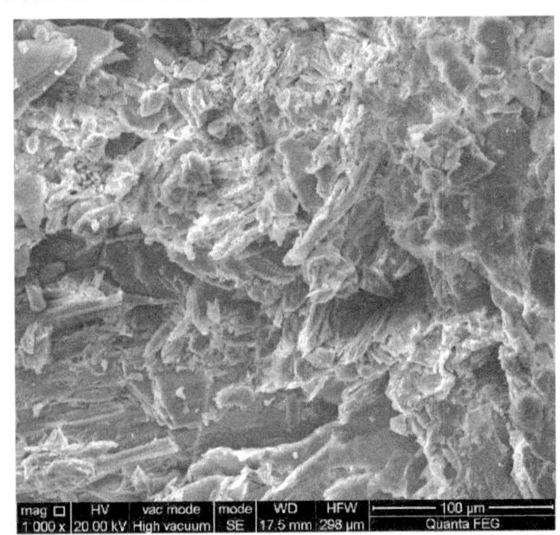

(b)受力破坏状态出现裂隙、断裂、片理结构滑动摩擦痕迹

图 4.42　受力后轴向薄片微观结构变形破坏

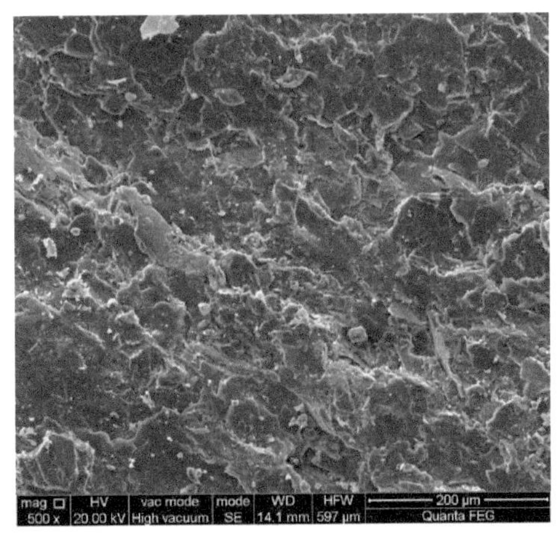

图 4.43　未受力状态岩块径向薄片初始缺陷

图 4. 44（a）为受力后岩块径向薄片，当受到垂直荷载的作用后，片理面之间的孔隙、裂隙发生闭合，在放大倍数为 2000 倍图上可看到局部区域的片理结构发生破碎现象，可能是本身存在的不连续面边缘突出部位上，由于加载时产生的应力集中现象所导致。这在左边 1000 倍图上可得到反映：白色较破碎的矿物颗粒几乎分布于片理面不连续单元的边缘部位。但此时径向片理结构并未产生整体上的破坏，其结构连接较为完整、致密。图 4. 45（b）为破坏状态径向薄片，放大倍数 500 倍图上片理结构之间的连接完全破坏，碎裂成独立的块状结构，同时又产生了大量的裂隙空间。1000 倍图上更清晰地显示了片理面所发生的拉裂行为，片理之间的连接完全断裂，整体结构发生失稳。

(a)受力变形状态片理结构压密、破碎

(b)受力破坏状态出现片理面拉裂破碎

图 4. 44　受力后岩块径向薄片微观结构变形破坏

2）蠕变机理解释

初始状态岩石内部孔隙部分两侧的片理结构缺乏约束，在较低应力水平下，裂隙迅速发生闭合，因此加载后的瞬时应变速率很大。随时间的增长，当岩石内部多数裂隙逐渐趋于闭合状态时，蠕变变形受到阻碍，蠕变速率也随之降低，当裂隙几乎完全闭合后，蠕变速率达到最低或0，而岩石内部的整体片理结构并未发生较明显改变。因此低应力下的蠕变过程，即便时间再延长，也不会发生蠕变破坏。

当岩石处于中等应力水平时，局部结构开始发生弯曲和错断现象，因此产生了较为明显的蠕变变形和蠕变速率，但这种局部的变形与微破裂现象还不能使整体的片理结构发生失稳破坏，局部的结构变形与微破裂受到整体片理结构的约束限制，并没有进一步发生破坏。此时的岩石蠕变处于一种硬化与软化相对平衡的状态，一方面岩石内部的孔隙进一步压密，整体片理结构强度变高，表现为硬化；另一方面岩石局部受压产生弯曲变形、微破裂现象，出现未贯通的微裂隙，表现为软化。硬化与软化机制同时存在并发展，达到动态的平衡，表现在轴向蠕变曲线上即为等速蠕变阶段。

当应力水平较高，原来产生的局部微裂隙进一步发展、交汇，并最终贯通，如图4.44（b）所示，破裂面两侧的片理结构完全脱离并发生相对位移，岩石内部整体的片理结构发生破坏直至最终岩石完全破裂。此时的软化机制占主导作用，微裂隙的发展使交汇速率逐渐增加，原生微裂隙、孔隙闭合产生的硬化作用远远小于软化作用，在经过短暂的衰减及等速蠕变过程之后，蠕变速率随时间越来越大，直到最终破裂面完全贯通。

3）蠕变结构变化与蠕变参数的联系

黏弹塑性蠕变本构关系式中的参数主要包括了瞬弹性模量 E 及黏滞系数 η，分别代表了岩石内部整体的片理结构在单位应力水平下的变形能力和黏滞流动性。

当应力水平不高时，仅发生原有孔隙、裂隙的闭合作用，以及产生微裂隙。硬化作用使得弹性模量在加载瞬时有小幅的增加，这在本次试验的各个不同时刻的等时应力应变曲线上得以体现。随着时间的增加，蠕变速率趋于0，岩石整体结构并未发生较大改变，因此可认为弹性模量随时间没有发生明显的变化；黏滞系数可通过蠕变速率得以反映：蠕变速率在衰减蠕变阶段逐渐降低并最终趋于0，黏滞系数则相反，由某一值逐渐增大并趋于无穷；当加载中等应力荷载时，由前面蠕变机理解释可知，此时岩石内部仅产生了局部变形和微裂隙，但整体片理结构并未发生破坏，因此弹性模量随时间基本无变化，这从本节前文的数据分析中的等时应力应变曲线可以看到，在中低应力水平下，不同时刻的等时曲线几乎重合，其代表弹性模量的正切值几乎相等。黏滞系数则从某一较小值逐渐增大，当蠕变速率较低至某一稳定非零值时，黏滞系数也达到最大，并保持稳定；在破坏应力水平下，相同应力水平下不同时刻的等时曲线逐渐向应变轴偏移，从蠕变机理角度解释，进入加速蠕变阶段后，岩石内部的整体片理结构发生明显破坏，等时曲线加速向应变轴偏移，此时的弹性模量随时间逐渐降低，而蠕变速率在经过衰减及等速蠕变阶段后又逐渐增大，相应地，黏滞系数经历了逐渐增大并达到稳定，随片理结构破坏又迅速降低的过程。

7. 岩石试样破坏模式的分析及数值模拟

1）岩石蠕变断裂特征及破坏模式

对于岩石内部微观结构的变形及破裂，本节主要就宏观岩石在三轴蠕变条件下的岩石不同片理面与大主应力方向夹角条件下的破裂特征及其模式给予描述。

不同结构面倾角岩石破裂形式如表 4.24 所示。

表 4.24　不同结构面倾角岩石破裂形式

与大主应力夹角/(°)	0	20	40	60	90
岩石试样破裂形式		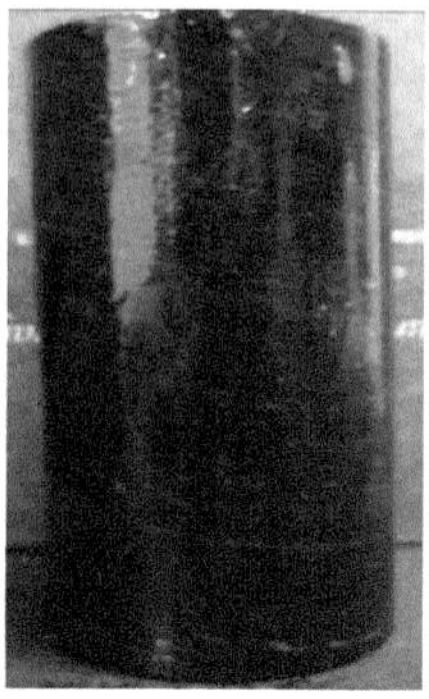			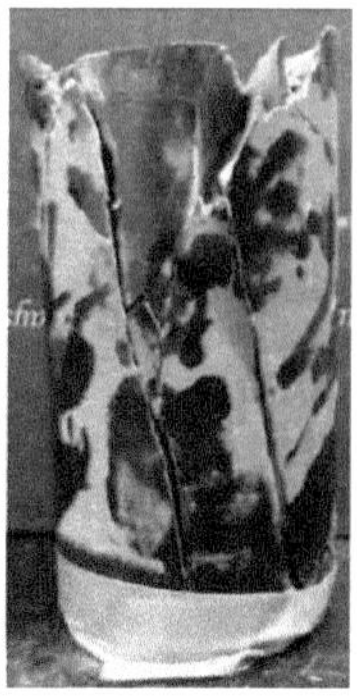

如表 4.24 所示，岩石三轴蠕变条件下的破裂形式总体上与三轴压缩条件下相似。当结构面水平时，岩石出现共轭“X”形对称破裂面，且完全贯通，倾角约 70°，由于此时结构面垂直于荷载方向，岩石内部应力分布状况对称相似，理论上应形成两个相似的对称破裂面；当结构面倾角位于 20°～60°区间内，仅具有单一的倾斜裂面。结构面倾角为 20°～40°时，破裂面倾角 70°～75°，与结构面斜交，不连续结构面对岩石的变形破坏起一定的控制作用，且此区间岩石的三轴压缩强度略小于结构面水平的岩石强度。当结构面倾角为 60°时，岩石破裂面几乎沿结构面贯通断裂，根据结构面强度理论，当结构面倾角与岩石破裂角完全相同时，强度最低。此时的三轴强度最低，试验结果也基本符合这一理论解释；当结构面垂直时，破裂面几乎与轴线平行，为劈裂破坏，并出现两组主破裂面，相互平行，之间伴有一些次级小型破裂面。三轴强度相对最大，当围压为 1～4MPa 时，强度为 75～85MPa。

另外可以看到，在几种破裂形式中，除结构面倾角为 60°时，破裂面内部较为平滑，其他几种裂面内部则起伏度较大，表面粗糙，擦痕明显，可见大量白色粉末，表明破坏前岩石内部潜在最危险裂面经过了剧烈的挤压、摩擦作用，随后产生随时间逐渐增长的体积膨胀，最终发生断裂（图 4.45）。

2）利用 FLAC 3D 实现岩石蠕变过程数值模拟

FLAC 3D 软件是一种利用基于三维显式有限差分法的三维快速拉格朗日法的数值模拟软件。利用其内置的线性蠕变 Burgers 模型及包含摩尔-库仑屈服准则的非线性 Cvisc 的蠕变模型，针对均质岩石及包含不同产状及数量结构面的圆柱岩样进行数值模拟试验，分析其变形过程中的应力、应变分布情况，了解其变形破坏的特征，在此基础上分析其变形破坏的机制。同时还可根据数值试验的计算结果与实际物理试验结果相比较，验证其结果的合理性；开展多组模拟试验，满足各种工况下的试验，弥补实际试验条件的限制所造成的不足。

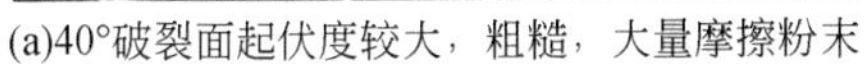
(a)40°破裂面起伏度较大，粗糙，大量摩擦粉末

(b)60°破裂面相对平直，光滑

图 4.45　试样破裂面正视图

（1）计算原理

通过三维快速拉格朗法，首先将计算区域划分为四面体单元，再根据所定义的本构关系，每个单元在边界条件影响下满足所定义的关系进行变化。计算过程具体为：利用运动方程，根据边界条件与初始应力得到新的速度与位移量，由速率得到应变率，再根据本构关系得到新的应力，循环往复，最终模型内部的最大不平衡力率小于一定的阈值时问题解收敛。

对于蠕变情况，FLAC 3D 软件包含了蠕变计算模块，可以根据所要求的蠕变本构关系添加不同的蠕变模型进行计算。在本次试验中发现，当荷载小于岩石的屈服强度时，岩石的蠕变应变均呈应变率逐渐衰减的变化。因此，在达到屈服强度以前，岩石的蠕变本构关系可以选择 Kelvin 模型进行模拟计算。但由于软件并未内置 Kelvin 模型，因此，可以选择其中的 Burgers 模型进行计算。只需将组成部分中的 Maxwell 模型的黏滞系数设为 0，保留其中的弹性元件，即变换成为 Kelvin 模型。当加载应力超过岩石的屈服强度时，岩石此时的微裂隙不断扩展，体积膨胀，宏观上表现为塑性流动的阶段，直至最后岩石完全破裂，在此阶段的蠕变模型可以采用软件内置的 Cvisc 模型，即包含了摩尔-库仑强度准则的蠕变模型。一旦应力状态超过塑性屈服面，蠕变应变就会呈加速流动状态。

Burgers 模型在三维有限差分法的差分形式如下：

$$\begin{aligned} &\dot{\varepsilon}_k=\frac{\sigma_2}{\eta_k};\sigma_2=\sigma-E_1\varepsilon_k \\ &\varepsilon_{k1}=\varepsilon_{k0}+[\sigma_1^*+\sigma_0^*-E_1(\varepsilon_{k0}+\varepsilon_{k1})]\frac{\Delta t}{2\eta_k} \end{aligned} \tag{4.23}$$

式（4.23）为差分格式的 Kelvin 模型，此外，由于我们设置外部的 Maxwell 模型的黏滞系数为 0，只需考虑其中的弹性虎克体的差分格式，因此总的广义 Kelvin 模型的差分格式为

$$\sigma_1=\frac{1}{X}\left[\varepsilon_1-\varepsilon_0+Y\sigma_0-\left(\frac{B}{A}-1\right)\varepsilon_{k0}\right] \tag{4.24}$$

其中

$$A=1+\frac{E_1\Delta t}{2\eta_1};\quad B=1-\frac{E_1\Delta t}{2\eta_1}$$

$$X=\frac{1}{E_2}+\frac{\Delta t}{2A\eta_1};\quad Y=\frac{1}{E_2}-\frac{\Delta t}{2A\eta_1}$$

而在包含摩尔-库仑屈服准则的蠕变模型中，其蠕变为包括黏-弹-塑性偏量变形与弹塑性的体积应变所决定，这与前面所述忽略体应变对蠕变的影响不太一致，而前面的假设仅仅是为了便于计算。将其扩展到三维状态时，各蠕变部分和总体增量表达式如下：

$$\begin{cases}\Delta e_{ij}=\Delta e_{ij}^{K}+\Delta e_{ij}^{M}+\Delta e_{ij}^{P}\\ \bar{S}_{ij}\Delta t=2\eta^{K}\Delta e_{ij}^{K}+2G^{K}\bar{e}_{ij}^{K}\Delta t(\text{Kelvin})\\ \Delta e_{ij}^{M}=\dfrac{\Delta S_{ij}}{2G^{M}}(\text{Elastic})\\ \Delta e_{ij}^{P}=\lambda\times\dfrac{\partial g}{\partial\sigma_{ij}}-\dfrac{1}{3}\Delta e_{\text{vol}}^{P}\delta_{ij};\quad \Delta e_{\text{vol}}^{P}=\lambda\times\left[\dfrac{\partial g}{\partial\sigma_{11}}+\dfrac{\partial g}{\partial\sigma_{22}}+\dfrac{\partial g}{\partial\sigma_{33}}\right](\text{Plastic})\\ \Delta\sigma_0=K(\Delta e_{\text{vol}}-\Delta e_{\text{vol}}^{P})(\text{Volumetric})\end{cases}\tag{4.25}$$

式中，Δe_{ij}为总蠕变应变增量；Δe_{ij}^{K}为 Kelvin 模型计算的应变增量；Δe_{ij}^{M}代表 Maxwell 模型中的应变增量；Δe_{ij}^{P}代表塑形应变增量；S_{ij}为应力偏量；η^{K}为 Kelvin 模型黏滞系数；G 为剪切模量；σ_{ij}为应力张量；g 为塑性势函数；$\Delta e_{\text{vol}}^{P}$为塑性体应变增量；$\delta_{ij}$为克罗内克符号。

而对于摩尔-库仑屈服准则来讲，其决定于剪应力与拉应力的值，如式（4.26）所示：

$$f=\sigma_1-\sigma_3N_{\varphi}+2C\sqrt{N_{\varphi}}(\text{剪切屈服});\quad f=\sigma^{t}-\sigma_3(\text{拉屈服})\tag{4.26}$$

考虑一个时间步内，有

$$\bar{S}_{ij}=\frac{S_{ij}^{N}+S_{ij}^{O}}{2};\quad \bar{e}_{ij}=\frac{e_{ij}^{N}+e_{ij}^{O}}{2}\tag{4.27}$$

此后在计算过程中，根据旧的应力分量与应变分量，应力增量与应变增量表达式，计算出新的应力偏量与应变偏量。

（2）计算结果分析

在本次数值模拟的过程中，将分别考虑各向同性的均质体和包含不同产状及数量的结构面（不连续分界面）圆柱形试样的单轴及三轴蠕变试验（图 4.46），以便于实际物理试验结果相比较，并根据剪应力，作应变速率分布图分析其变形破坏的规律，尝试解释其蠕变应变机制。

i. 单轴蠕变模拟

a. 基于内置 Burgers 模型的蠕变数值试验

首先观察各向同性均质体蠕变结果，换算得到试验参数如表 4.25 所示。

表 4.25　蠕变体各部分物理参数

体积模量/MPa	剪切模量/MPa	Kelvin 体剪切模量/MPa	Kelvin 体黏滞系数/Pa · s	Burgers 体黏滞系数/Pa · s
7083.3	7727.27	136363.64	100000	0
内摩擦角/（°）	黏聚力/MPa	抗拉强度/MPa	剪胀角/（°）	密度/（kg/m³）
60	2.93	10	0	2850

图4.46给出了单轴蠕变数值计算中试样的模型网络及约束条件情况，当应力荷载为30MPa的模拟结果如图4.47所示。

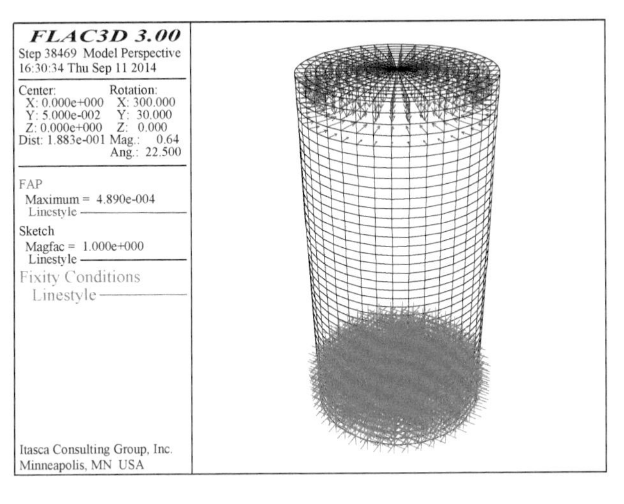

图4.46　单轴蠕变试验外力及底部约束情况

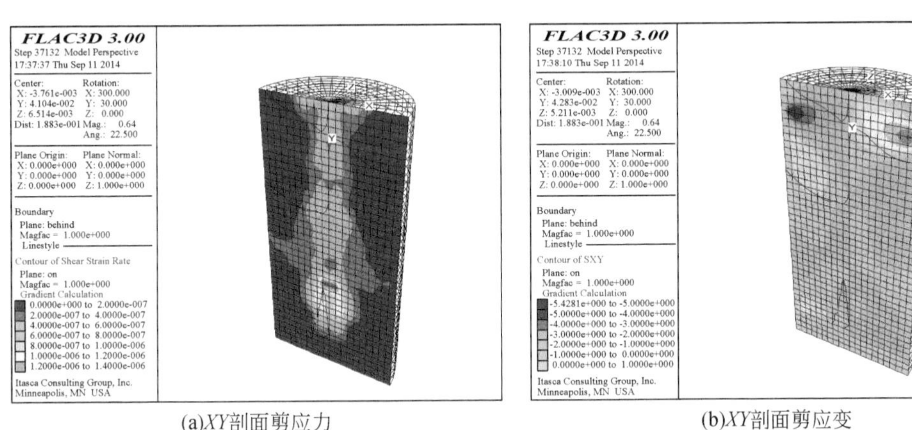

(a)*XY*剖面剪应力　(b)*XY*剖面剪应变

(c)位移场

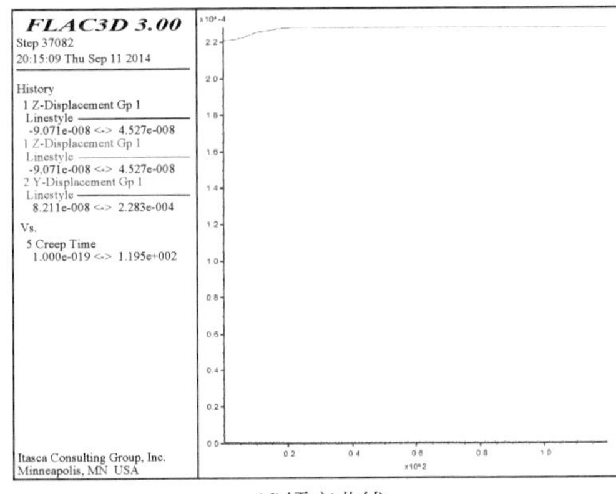

(d)蠕变曲线

图4.47　轴向应力30MPa时数值模拟结果（减速蠕变）

如图4.47所示，单轴蠕变条件下，如表4.25中所取得的参数，当Maxwell模型中的黏滞系数取0时，即变为试验所需的广义Kelvin蠕变模型。当模型为黏弹性的广义Kelvin模型时，蠕变过程均处于蠕变速率随时间衰减曲线的阶段。而黏滞效应所持续的时间均为20h左右，其黏弹性变形全部完成，随后应变一直保持稳定；另外，从剪应变增量云图上可以看到，在黏弹性蠕变阶段，剪应力仅仅分布于加载顶面附近两侧，且最大值为8MPa左右，相比于加载应力值较小；加载应力水平为20MPa、40MPa时对应的最大剪应变增量分别为1.2×10^{-6}和1.75×10^{-6}，远远小于轴向弹性应变值，并几乎沿加载方向集中分布于岩石内部中轴线及两侧，在此阶段岩石并无明显塑性应变积累；观察其位移场分布情况，几乎所有点的位移矢量情况相近，方向均竖直向下，仅仅在岩块下部表面有向外扩展的趋势，这也证明了在黏弹性变形阶段无明显塑性变形及裂隙产生，仅仅存在压缩变形。

b. 基于内置Cvisc模型（包含摩尔-库仑准则）的蠕变数值试验

当设置模型为加入摩尔-库仑屈服准则的广义Kelvin模型时（Cvisc），可以模拟岩石蠕变屈服破坏的特征。

图4.48中所示，剪应力分布相比黏弹性阶段范围更大，有逐渐贯穿岩块整体的趋势。而剪应力值则小于10MPa，与黏弹性阶段的剪应力值相近。这说明当加载应力值恒定后，黏塑性破坏蠕变阶段稳定后的剪应力值相比黏弹性阶段并没有显著的改变；观察剪应变的

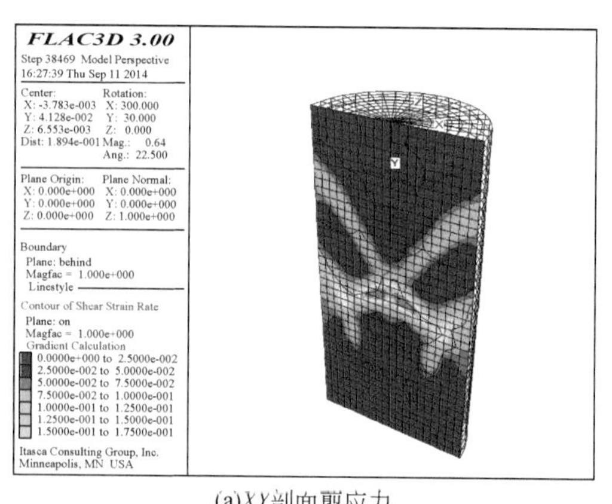

(a)XY剖面剪应力

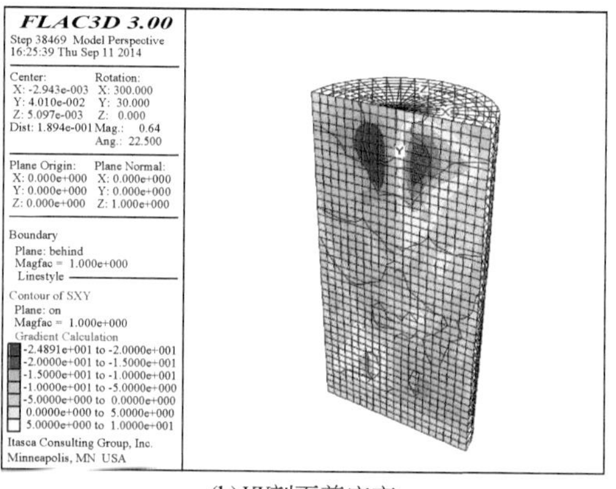

(b)XY剖面剪应变

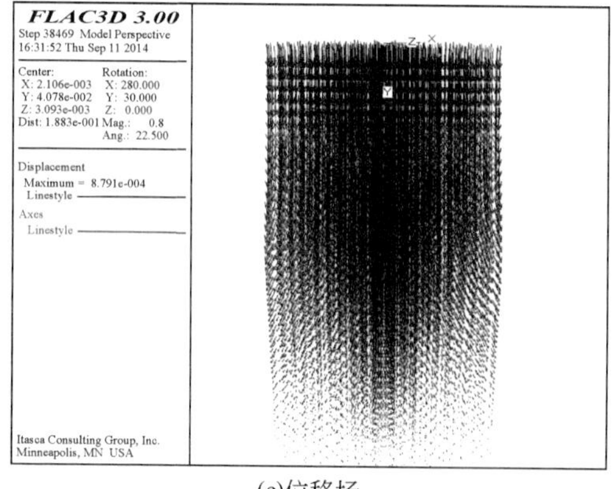

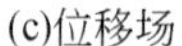

(c)位移场

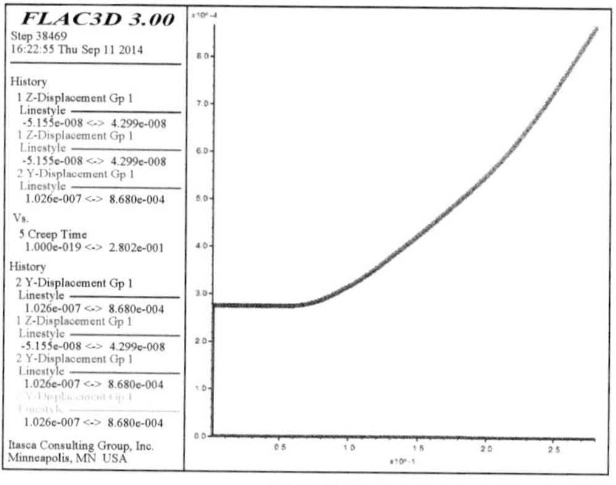

(d)蠕变曲线

图4.48　轴向应力50MPa时数值模拟结果（加速蠕变）

分布，此时的剪应变分布与黏弹性变形阶段有着显著的区别，在理想轴对称情况下，可以看到此时的剪应变率等值线呈共轭“X”形分布，这与实际三轴试验条件下的破坏形式相近，剪应变率最大值达到0.7，远远大于黏弹性阶段剪应变率值；另外，观察蠕变曲线，可以看到岩石的应变量达到0.35%，随后岩块开始产生加速蠕变，应变量的显著增加导致体积应变增大，岩石开始产生大应变。同时可以看到，当50MPa的轴向荷载稳定后，应变增长仅仅经过了数十分钟，岩石蠕变就开始进入显著的加速阶段。这从侧面也验证了实际蠕变试验数据所计算得到各蠕变参数的准确性。

ii. 三轴蠕变模拟

现在考虑三轴蠕变情况，为了清楚地反映围压对蠕变过程的影响，结合实际蠕变试验分别设置三种围压条件，即围压分别为1MPa、5MPa、15MPa（图4.49）。

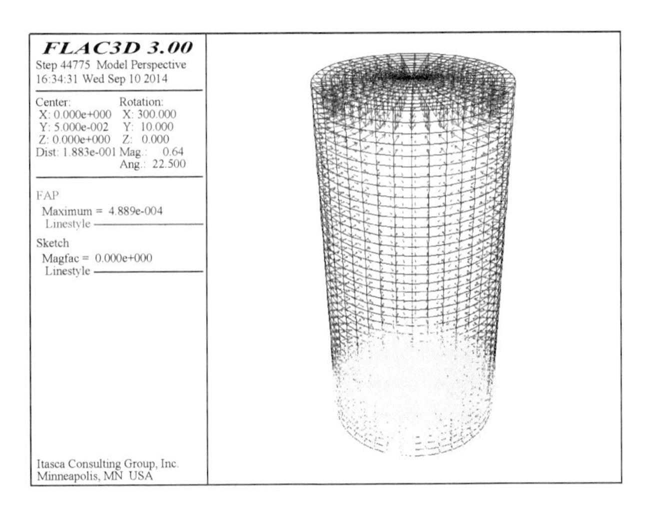

图4.49　三轴条件下边界受力条件

a. 基于内置Burgers模型的蠕变数值试验

当围压分别取1MPa、5MPa和15MPa时，黏弹性阶段（应力水平30MPa）所得结果如图4.50～图4.52所示。

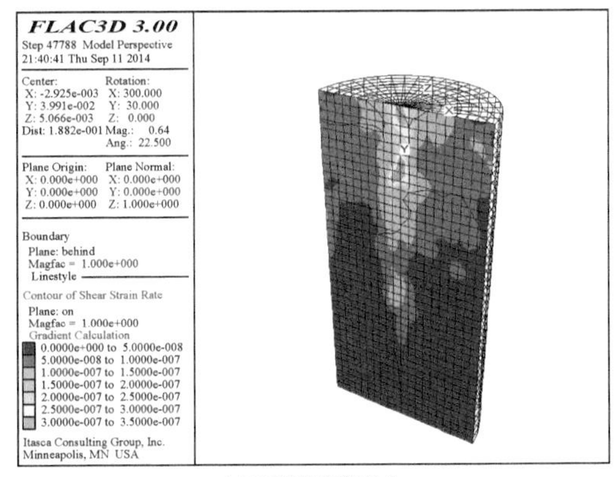

(a)XY剖面剪应力

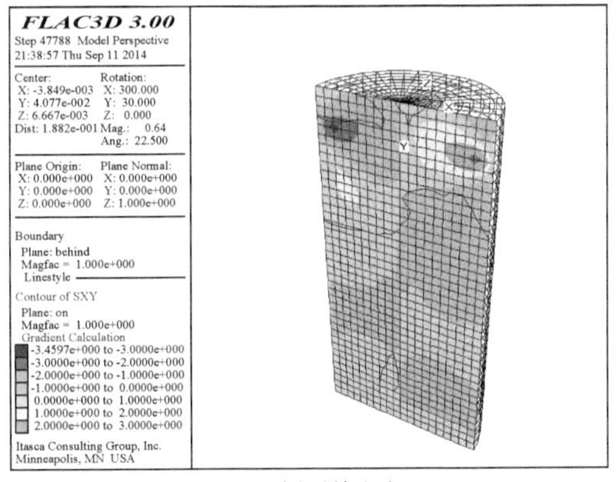

(b)XY剖面剪应变

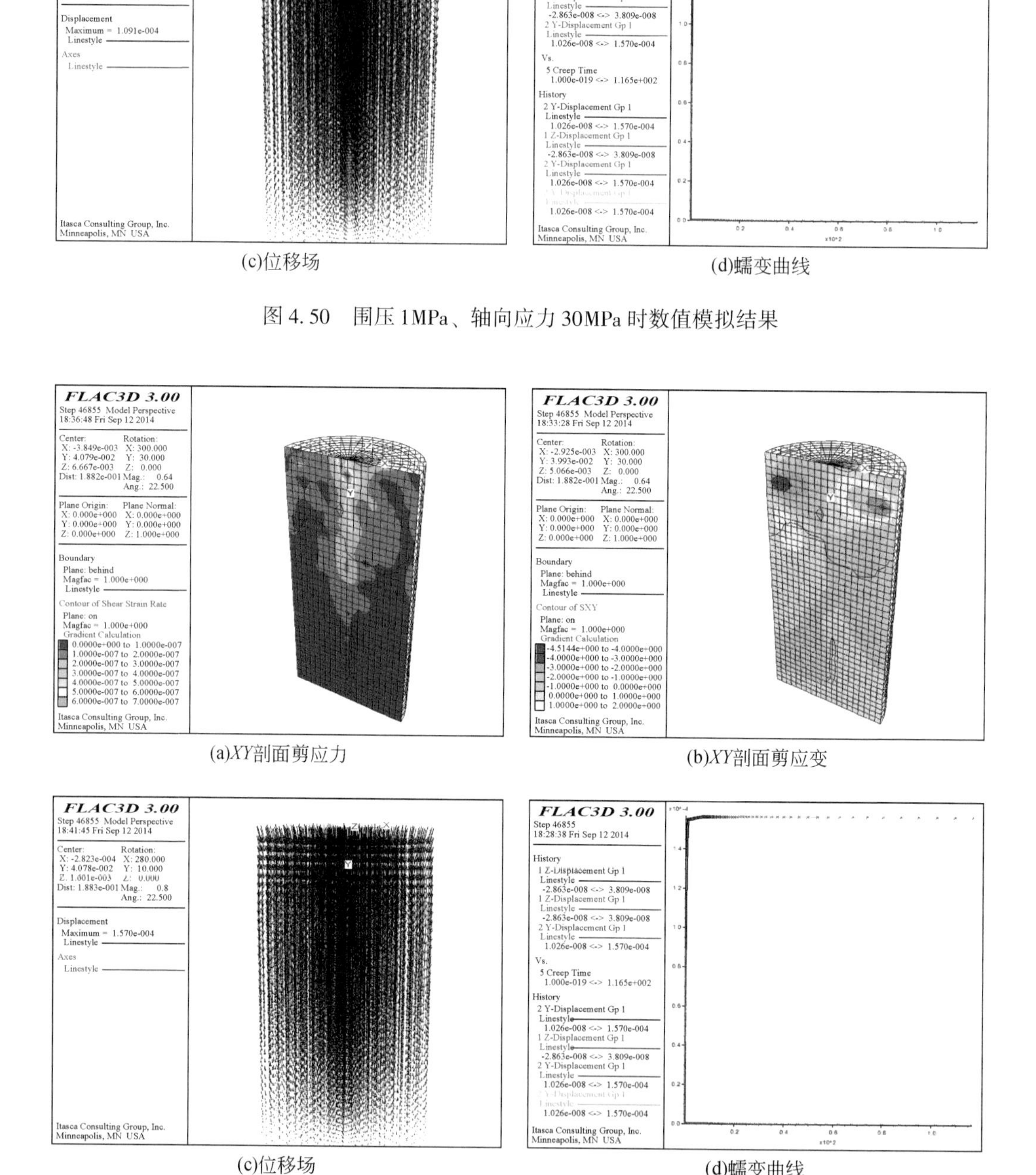

(c)位移场　　　　(d)蠕变曲线

图 4.50　围压 1MPa、轴向应力 30MPa 时数值模拟结果

(a)*XY*剖面剪应力　　　　(b)*XY*剖面剪应变

(c)位移场　　　　(d)蠕变曲线

图 4.51　围压 5MPa、轴向应力 30MPa 时数值模拟结果

由黏弹性阶段不同围压、相近应力水平下的模拟结果，黏弹性阶段剪应力分布与单轴情况相似，仅存在于岩石上部的两侧，分布范围较小，一般小于 10MPa；剪应变速率分布

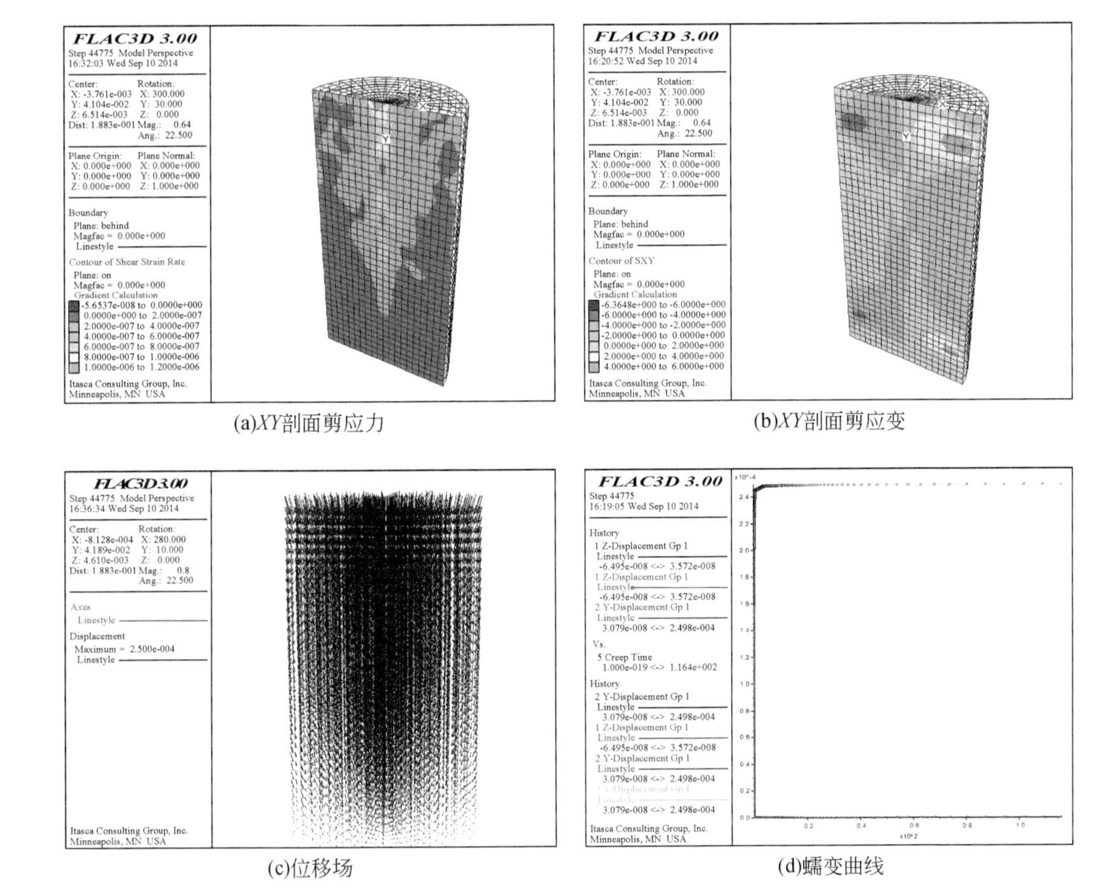

(a)*XY*剖面剪应力　(b)*XY*剖面剪应变

(c)位移场　(d)蠕变曲线

图 4.52　围压 15MPa、轴向应力 50MPa 时数值模拟结果

相比单轴情况有一些区别，虽然剪应变速率，尤其是其较大值分布在轴向中性轴附近，但从图 4.52 中可以看出，由于侧向压力的影响，在黏弹性阶段，剪应力开始出现于岩石对称轴的两侧，即其影响范围相比单轴更为广泛，这从一方面证明了侧向围压对于岩石变形和破坏形式有着显著影响；另一方面，从位移场分布图可以看到，由于侧向围压的挤压作用，岩石的竖向位移方向有向内侧倾斜的迹象，显然，竖向压力与横向压力所产生的合力使得位移矢量的方向有一定程度的倾斜；观察三种围压下相同应力水平的蠕变曲线，由于所给蠕变模型参数相同，除了瞬时弹性模量与应力水平大小有关，黏弹性蠕变变形理论上相同。

b. 基于内置含摩尔-库仑准则的黏弹塑性（Cvisc）模型的蠕变数值试验

当围压取分别取 1MPa、5MPa 和 15MPa 时，黏弹性阶段（应力水平 30MPa）所得结果如图 4.53 ~ 图 4.55 所示。

从三轴蠕变数值模拟试验结果来看，与单轴情况相似，在应力水平达到屈服强度后，岩石开始产生体积膨胀现象，尤其在试样中部体积膨胀最为明显，剪应力与剪应变分布几乎贯穿整个岩石内部所有区域，此时的最危险剪切面极可能沿剪应变最大等值线附近产生；另外，随着围压的提高，达到屈服阶段所需的应力水平逐渐提高，当围压为 15MPa

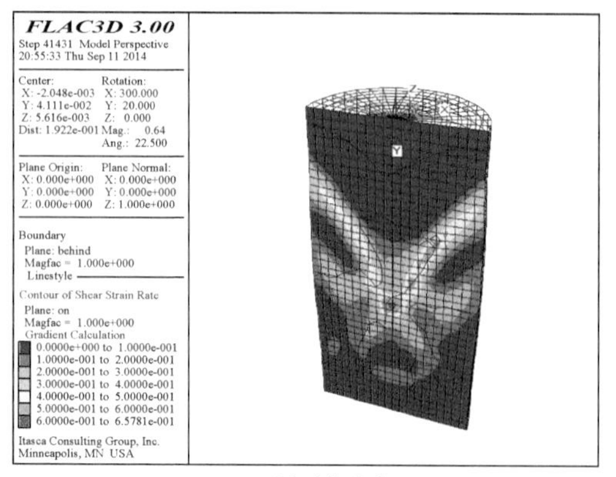

(a)*XY*剖面剪应力

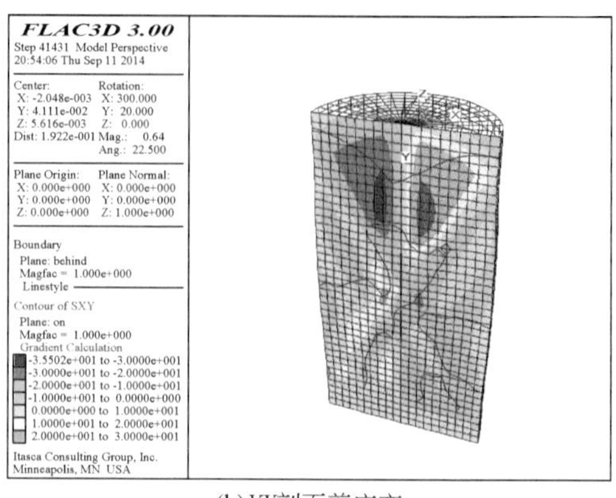

(b)*XY*剖面剪应变

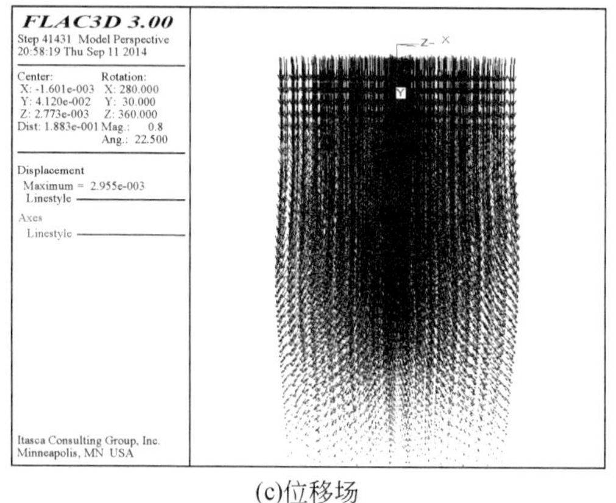

(c)位移场

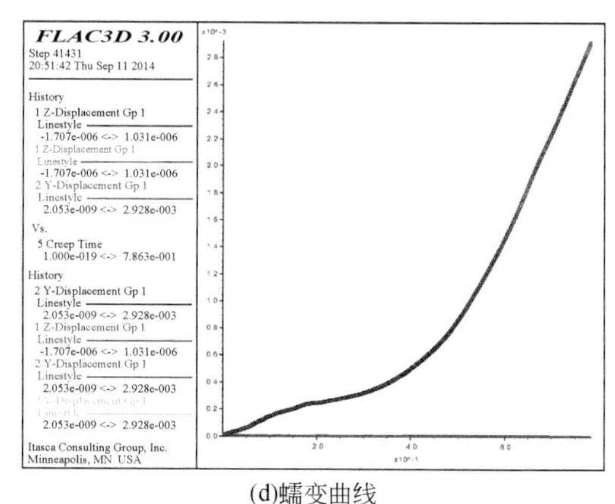

(d)蠕变曲线

图 4.53　围压 1MPa、轴向应力 80MPa 时数值模拟结果

时，达到屈服强度所需的应力水平值为 300MPa，远高于前两种围压条件下的屈服强度；从蠕变曲线可以看到，在初始加载过程中，应变曲线随时间稳定地增长，斜率为常数，此时应力应变满足线弹性关系。当加载完成时，外加应力荷载达到屈服强度后，开始逐渐产生加速蠕变阶段，此时岩石开始发生侧向膨胀，应变达到某一阈值后，最终导致破坏。

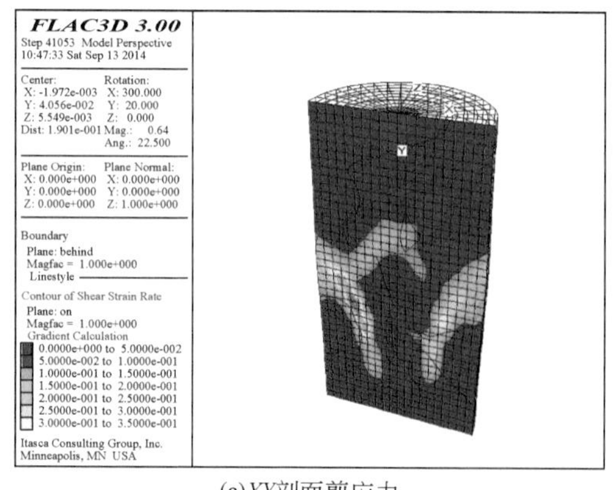

(a)*XY*剖面剪应力

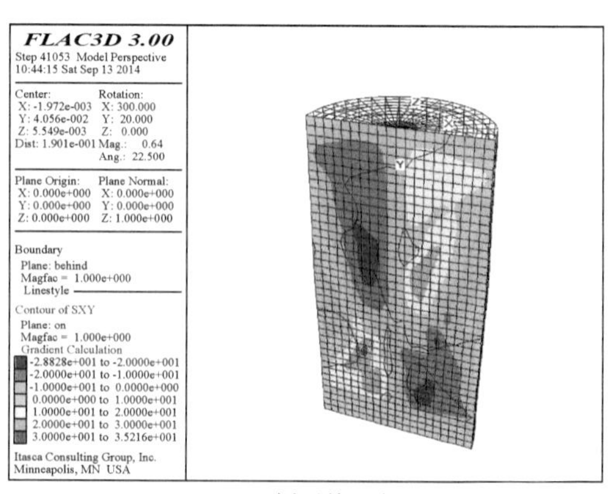

(b)*XY*剖面剪应变

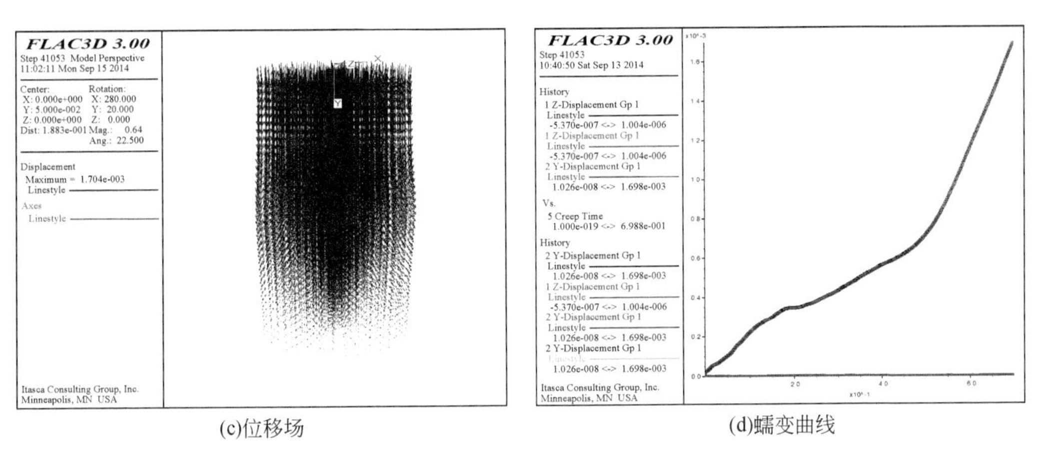

(c)位移场　　(d)蠕变曲线

图4.54　围压5MPa、轴向应力120MPa时数值模拟结果

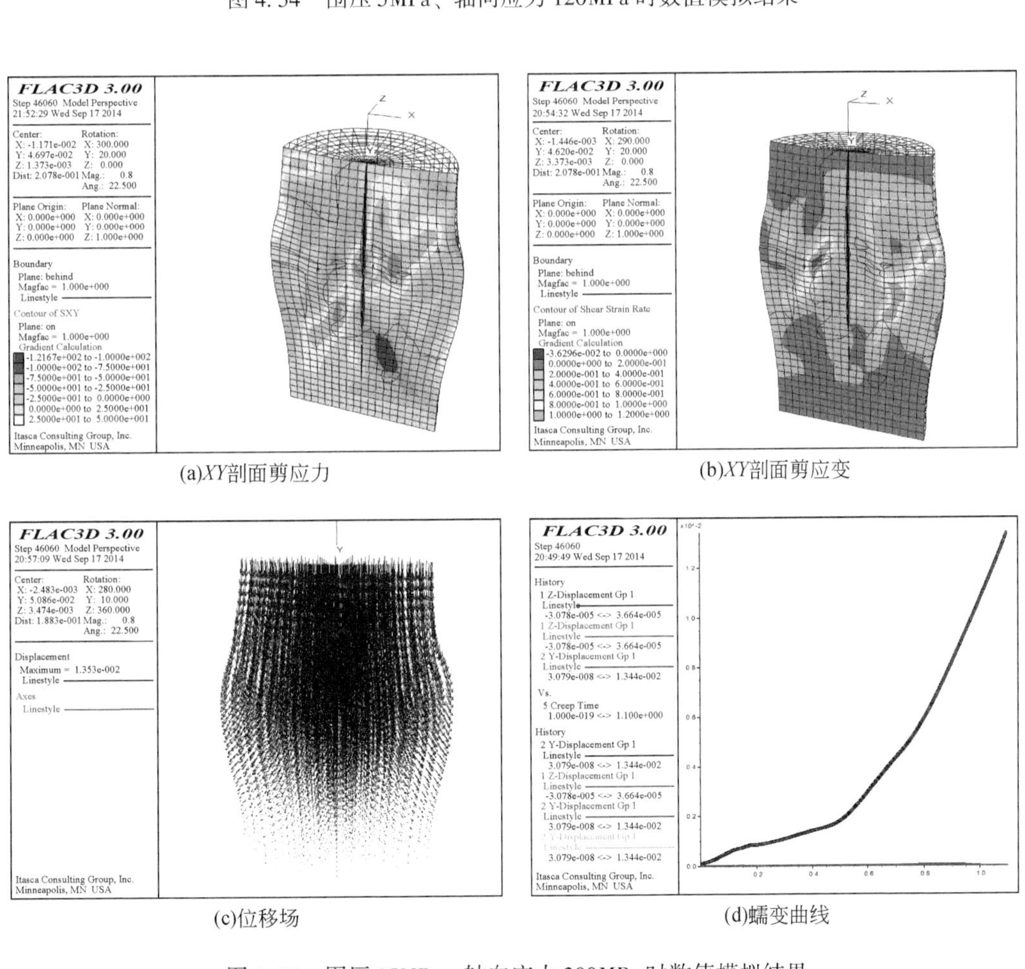

(a)*XY*剖面剪应力　　(b)*XY*剖面剪应变

(c)位移场　　(d)蠕变曲线

图4.55　围压15MPa、轴向应力300MPa时数值模拟结果

8. 蠕变模型的参数计算

1）线性元件模型的参数计算

（1）一维蠕变模型的参数计算

根据前文分析，结合室内试验所得蠕变特征曲线和等时应力应变曲线，可观察到本次试验在不同加载应力和影响条件的作用下，岩石在黏弹性蠕变阶段的非线性程度不高，而黏塑性阶段具有明显的非线性特征。因此由常参数线性元件所组成的七元件广义西原模型可较为准确地反映线性黏弹性蠕变阶段及线性黏塑性阶段。

不同围压下岩石蠕变参数计算如表 4.26、表 4.27 所示。

表 4.26　围压 5MPa、30MPa 时线性黏弹塑性蠕变参数（计算方法 1）

不同轴向应力水平/MPa		E_0	E_1	E_2	η_1	η_2	η_3	相关系数/%
围压 5MPa	20	15870.778	965973.6	201469.7	176724.9	4496157		99.73
	30	19867.55	421273.2	108918.6	1200051	3298.0558		99.30
	40	18264.84	506297.7	364292.1	133444.9	1563986.1		99.89
	45	18666.464	1470372	251839.8	211763	592490.98	250000	99.99
围压 30MPa	35	20161.29	818998.9	1108690	73062.89	1062003		99.19
	45	23524.18	1445936	978024.9	349251.5	1924596		99.84
	55	23797.81	582063.6	1013367	599793.2	75272.92	2121791	99.92
	65	23986.18	521108.9	1497140	590223.6	119696.4	1471064	99.96

注：弹性模量单位为 MPa，黏滞系数单位为 MPa · h，下列各表参数单位相同。

表 4.27　围压 5MPa、30MPa 时线性黏弹塑性蠕变参数（计算方法 2）

围压/MPa	E_0	E_1	E_2	η_1	η_2	η_3	相关系数/%
5	21463.70	303157.1	377266	763867.9	175802.2	250000	99.98
30	30762.51	828898.7	285529.1	238714.5	1054410	1796427.5	99.95

表 4.26 与表 4.27 分别为蠕变柔量计算方法计算得出的蠕变模型参数，可以看到在同一围压下除了瞬时弹性模量 E_0 表现出随应力增长而逐渐增大的岩石压密过程外，其余蠕变参数并没有随着应力的增长表现出一定的规律性：首先是在于非线性参数的拟合，满足拟合数据与实测数据距离具有最小平方和的参数组合不是唯一的；其次是岩石本身的非均质性，其内部的不连续结构导致不同加载应力水平下的岩石变形并非完全规律变化的；比较同等围压下两种计算方法得出的蠕变参数，可知应力水平的改变会导致蠕变参数在一定范围内发生一定的变化，所以也说明黏弹性阶段的蠕变并非完全线性的，但这种非线性的成分又占次要部分，因此在黏弹性阶段考虑蠕变柔量仅仅与时间 t 有关是合理的。

随着围压的增长，围压 30MPa 时的蠕变参数整体上明显大于围压 5MPa 时的参数，由于围压的增大，限制了岩石的径向变形，即岩石的整体压缩变形量减小，反映在宏观力学行为上就表现为黏弹性模量的增大，同时限制了变形，也使得蠕变速率减小，导致黏滞系数相对增大。另外，随着围压的增大，等时应力应变曲线上呈现出越来越明显的非线性特征，在计算黏弹性蠕变柔量时，用一簇直线段近似地代替其中的曲线簇，得到的模型参数是近似的，因此计算方法2得出的瞬时弹性模量是偏大的，而模型内其他黏弹性模量与黏滞系数的取值则与计算方法1求出的参数均值相差不大。

不同含水率下岩石蠕变参数计算如表4.28～表4.31所示。

表4.28　真空饱和、干燥状态线性黏弹塑性蠕变参数（计算方法1）

真空饱和	E_0	E_1	E_2	η_1	η_2	η_3	相关系数/%
35MPa	29675.8	6127183	6331564	120276.6	1937142		96.17
40MPa	30607.65	6204629	6618561	400881.1	4695935		90.46
45MPa	31481.48	5817042	4889359	322264.1	4176540		96.48
50MPa	32237.68	4238869	5085922	13582649	888001.9		98.47
55MPa	32559.49	4191402	4498978	8707806	800818		98.86
75MPa	34443.94	2911954	6693261	1854536	274825.3	3814300	99.67
干燥	E_0	E_1	E_2	η_1	η_2	η_3	相关系数/%
40MPa	32800.65	12428158	4522739	77047533	411763.8		
50MPa	35302.28	9004266	4446636	175925.5	2734840		94.51
80MPa	41961.8	3392276	6222336	5870739	830277.6		99.50
90MPa	42929.58	5372365	3615559	14815793	246697.9		90.37
100MPa	44328.1	8625078	16188382	3932281	197118.1	7858176	97.54
110MPa	45523.42	28355883	6885408	509416.3	3801114	8513174	98.73
120MPa	47073.35	39449194	8829924	338869.7	4279265	23977174	98.16

表4.29　天然状态、自然吸水状态线性黏弹塑性蠕变参数（计算方法1）

天然	E_0	E_1	E_2	η_1	η_2	η_3	相关系数/%
25MPa	19360.98	749971.5	732379.7	1582695	80635	99.71%	
35MPa	20093.28	780486.9	972125	144031.1	2650363	99.66%	
45MPa	20604.09	1193982	1100180	284705.1	3112035		99.86
自然吸水	E_0	E_1	E_2	η_1	η_2	η_3	相关系数/%
10MPa	10369.23	557612.5	222399.6	784711.4	9932.368	1621892	
20MPa	12539.34	459756.4	454626	30541.62	670205.2	5364605	
30MPa	14515.58	723486	638126.8	691645.4	36992.21	8122091	
40MPa	16096.96	640575	901144.5	329210.7	31882.49	6364744	
45MPa	17044.44	1495538	796959.5	38525.07	266343.9	2473683	
47.5MPa	17494.51	2465215	1112298	283992.7	1423986	7459030	

表 4.30　真空饱和、干燥状态线性黏弹塑性蠕变参数（计算方法 2）

状态	E_0	E_1	E_2	η_1	η_2	η_3	相关系数/%
真空饱和	38439.36	8725927	307494.6	5681800	1638694		99.99
干燥	56337.65	44227892	1730313	4432800	4359784		99.98

表 4.31　天然状态、自然吸水状态线性黏弹塑性蠕变参数（计算方法 2）

状态	E_0	E_1	E_2	η_1	η_2	η_3	相关系数/%
天然	19464.3	563231	586432	1016632	745741		92.3
自然吸水	22117.6	786120	786120	901059	900378		94.34

可以明显看到，由于云母石英片岩较为坚硬，其蠕变参数整体上大于绿泥石片岩的蠕变参数。干燥状态下的黏弹性模量与黏滞系数在相同应力水平下也大于饱和状态时对应的参数，且随着应力水平的提高，这种表现也愈加明显。

对于绿泥石石英片岩的含水率状态变化，值得注意的是，饱和状态时在每一级加载应力水平下都有较为明显的蠕变变形，因此，用一个 Maxwell 模型与两个 Kelvin 模型所串联成的广义 Burgurs 模型可较为理想地描述绿片岩在饱和状态时的线性黏弹塑性蠕变过程。同样，对比绿片岩两种不同含水率蠕变参数，相同应力水平下饱和状态蠕变参数相对较低，且随着应力的增长，饱和状态蠕变参数整体上也有增大的趋势，应力对蠕变参数有较明显的影响。因此，随着含水率的增加，水对岩石的软化作用使得岩石在黏弹性阶段就具有一定的非线性蠕变特征。

不同片理面倾角下岩石蠕变参数计算如表 4.32、表 4.33 所示。

表 4.32　不同片理面倾角时线性黏弹塑性蠕变参数（计算方法 1）

20°	E_0	E_1	E_2	η_1	η_2	η_3	相关系数/%
20MPa	14952.18	386265	502826.4	37502.37	1384785		99.46
25MPa	15737.3	545365.7	619243.6	39060.75	1162782		99.51
30MPa	16466.78	586226	546231.8	36991.45	918398.5		99.71
35MPa	17129.1	745497.9	769828.9	1569200	78987.71		99.71
40MPa	17746.72	793651.4	1325622	327654.7	36467.31	2000000	99.82
42.5MPa	18188.71	2804393	1223004	135895.4	1123290	6250000	99.70
45MPa	18608.06	1034198	2508849	1122206	128228.9	5000000	99.81
47.5MPa	19037.47	876298.2	2798255	1055399	187259.7	4375000	99.87
40°	E_0	E_1	E_2	η_1	η_2	η_3	相关系数/%
20MPa	13781.67	847145.3	368244.8	135467	1763038		99.84
30MPa	14668.44	530373.6	730849.9	332120	33560.63	1604763	99.88
40MPa	14714.63	1487985	713125.6	78476.3	413413.2	2693345	99.93

续表

40°	E_0	E_1	E_2	η_1	η_2	η_3	相关系数/%
47.5MPa	17473.63	1406566	4815745	558898.8	45075.37	6149649	99.75
50MPa	17886.63	1433795	3667921	929944.8	146863.6	4984680	99.78
60°	E_0	E_1	E_2	η_1	η_2	η_3	相关系数/%
30MPa	18720.69	927925	905876.4	67757.08	732736.3	438476615	99.84
35MPa	19233.58	785803.5	968062.2	480652.4	33543.36	16333616	99.88
40MPa	19754.1	1077702	1119717	1173057	87528.31	15610670	99.93
45MPa	20484.23	1214201	861008.4	75984.72	815125.2	9044498.9	99.75

表4.33　不同片理面倾角时线性黏弹塑性蠕变参数（计算方法2）

轴向/（°）	E_0	E_1	E_2	η_1	η_2	η_3	相关系数/%
20	15682.58	2739478	300621.7	12255960	164527.2		99.5
40	21859.83	3177458	1208760	1123708	3653659		99.59

但应当注意的是，上述参数均是基于一维黏弹塑性蠕变模型得出，而实际上三轴蠕变中的试样均处于三向受力状态，为此需要研究三维状态下蠕变模型参数。

（2）扩展三维蠕变模型的参数计算

依据扩展线性三维蠕变模型方程，可以根据原始数据计算出各个条件下的黏弹性部分的定参数值，如式（4.28）所示：

$$\varepsilon_{11}=\frac{\sigma_1+2\sigma_3}{9K}+\frac{\sigma_1-\sigma_3}{3G_0}+\frac{\sigma_1-\sigma_3}{3G_1}\left[1-\exp\left(-\frac{G_1}{\eta_1}t\right)\right](\sigma<\sigma_s) \tag{4.28}$$

式中，σ_s 为屈服应力，其条模型参数与本章相关模型参数物理意义相同。

其中 K、G 与一维各向同性弹性模量 E_0 的关系为

$$K=\frac{E_0}{3(1-2\mu)};\quad G=\frac{E_0}{2(1+\mu)} \tag{4.29}$$

由于仅仅对参数进行了三维条件下的推导，而各个蠕变参数随不同工况变化的一般规律同一维情况下应当类似。因此，表4.34以围压为5MPa，不同偏应力水平条件下的计算结果为例，进行说明。

表4.34　围压为5MPa时不同偏应力条件下参数计算

偏应力/MPa	K/MPa	G_0/MPa	G_1/MPa	η_1/MPa	μ	相关系数/%
20	5390.3	7862.4	103326.3	98700.9	0.00928	87.7
30	6387.5	8307.6	87575.6	83219.0	0.046362	92.1
40	7782.1	8236.1	68531.6	89577.72	0.108228	95.9
45	8389.3	8265.6	61249.6	128721.4	0.12916	98.1
50	8919.3	8353.8	54186.0	24801.5	0.143118	98.1

2）非线性线性元件模型的参数计算

依据对于黏滞系数的修正，使其成为与时间、应力有关的非线性函数。在某一特定应力水平下，关于加速蠕变阶段内对黏滞系数的修正函数可简化为

$$\begin{cases}\dot{\varepsilon}_3=\dfrac{\sigma-\sigma_s}{\eta_2}\left(1+n<\dfrac{t-t_s}{t_{ui}}>^{n-1}\right)\\ \varepsilon(t)=\dfrac{\sigma}{E_0}+\dfrac{\sigma}{E_1}\left(1-e^{-\frac{E_1}{\eta_1}}\right)+\dfrac{\sigma-\sigma_s}{\eta_2}+\dfrac{\sigma-\sigma_s}{\eta_2}t_{ui}<\dfrac{t-t_s}{t_{ui}}>^{n}\end{cases} \tag{4.30}$$

式中，η 为黏滞系数；n 为模型拟合参数。

表 4.35 中为各个围压加速蠕变过程中所得参数。

表 4.35　不同偏应力条件下参数计算

围压/MPa	应变阈值/%	起始时间/h	长期强度/MPa	n	η_2/MPa	相关系数/%
5	0.288	1.06	45	2.05	341.63	99.2
15	0.316	7.99	55	8.15	2.78621E-16	99.4
30	0.327	0.85	65	1.80	197.48	99.1

由于岩石不均质性，加速蠕变阶段直至最终的破坏会呈现出两种不同的形式：类似于围压为 15MPa、30MPa 时的加速蠕变曲线，蠕变应变变化较为平滑，类似于幂函数变化形式，表明岩石内部裂隙增长，破坏的过程较为连续，损伤能量逐渐释放；而类似于围压为 15MPa 时的蠕变曲线变化形式，破坏前加速蠕变过程不十分明显，而当应变达到某一点后突然发生破坏，即损伤能量积累到一定程度后突然释放（图 4.56）。因此在用相同的模型方程进行参数的拟合时，必然得到两种相差较大的参数值，对于第二种情形，得出的黏滞系数与实际相差较大，此模型应不再适用。

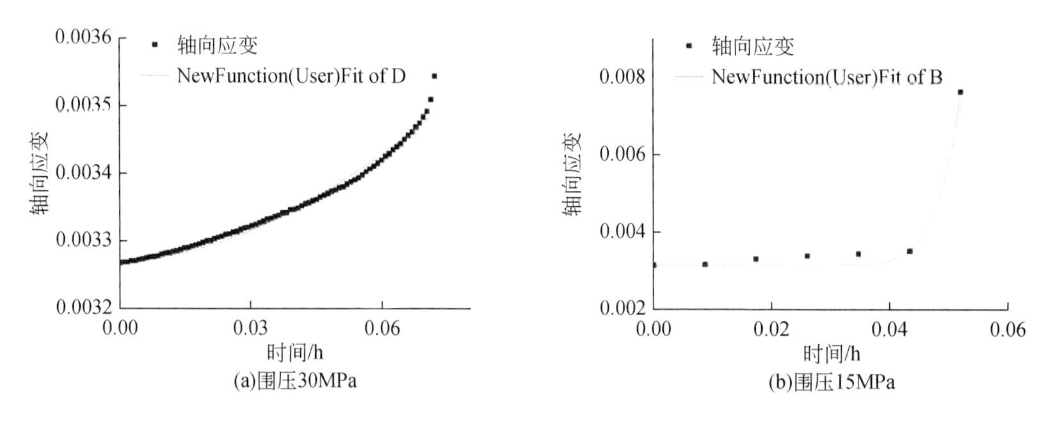

图 4.56　不同围压下的加速蠕变阶段

9. 黏弹塑性损伤模型的建立

利用前文所述的黏弹塑性损伤蠕变模型中参数的确定方法，首先基于原始试验数据，

分析能反映岩石损伤过程中孔隙率的变化过程；其次根据室内三轴蠕变试验整理得出的不同围压、不同含水率及不同片理面倾角条件下的等时应力应变曲线，探讨基于这三种不同条件下所得损伤演化方程的参数 m、F_0随时间变化的规律及意义，并考虑蠕变过程中参数随时间的变化。综合考虑计算得出的不同条件下的参数，以此给出损伤变量 D 的一般表达式，最终得到云母石英片岩的黏弹塑性损伤本构关系式。

依据 Lemaitre 应变等价性假设，且不考虑黏弹性蠕变过程中所产生的损伤对岩石内部结构应力应变场的改变，利用无损岩石材料本构关系和平衡方程，带入损伤变量 D 的演化方程，结合七元件线性西原模型，黏弹塑性损伤蠕变方程可表示为如下形式：

$$\varepsilon=\frac{\sigma}{E_0(1-D)(1-n)}+\frac{\sigma}{E_1(1-D)(1-n)}\left(1-e^{-\frac{E_1}{\eta_1}t}\right)+\frac{\sigma}{E_2(1-D)(1-n)}\left(1-e^{-\frac{E_2}{\eta_2}t}\right),\sigma\leqslant\sigma_s$$

$$\varepsilon=\frac{\sigma}{E_0(1-D)(1-n)}+\frac{\sigma}{E_1(1-D)(1-n)}\left(1-e^{-\frac{E_1}{\eta_1}t}\right)+\frac{\sigma}{E_2(1-D)(1-n)}\left(1-e^{-\frac{E_2}{\eta_2}t}\right)+\frac{\sigma-\sigma_s(1-D)(1-n)}{\eta_3(1-D)(1-n)}t,\quad \sigma>\sigma_s \tag{4.31}$$

又因第二式中的黏塑性变形项可知，损伤变量 D 中包含以 e 为底数的幂函数，可模拟最终的加速蠕变阶段，且所含参数较少。

1）孔隙率随应变的变化规律分析

由 2.3 节孔隙率随轴向应变而变化的计算公式

$$n=1-\frac{\sigma_1-\mu(\sigma_2+\sigma_3)(1-n_0)}{\sigma_1-\mu(\sigma_2+\sigma_3)-(1-2\mu)(\sigma_1+\sigma_2+\sigma_3)\varepsilon_1} \tag{4.32}$$

可知在中低应力下，孔隙率随轴向应变的增大而逐渐减小，反映了岩石初始孔隙压密的过程。以围压为 5MPa 下饱和云母石英片岩在应力水平为 20MPa、50MPa 条件下孔隙率变化为例，并根据赵法锁等云母石英片岩初始孔隙率 n_0取 4.0% 得出孔隙率随轴向应变的变化规律如表 4.36 所示。

表 4.36　不同应力水平下孔隙率变化值

20MPa			50MPa		
时间 t/h	轴向应变 ε	孔隙率 n	时间 t/h	轴向应变 ε	孔隙率 n
0	0.00126	0.038207	0	0.002618	0.0362684
0.500174	0.00129	0.038165	0.1007467	0.002701	0.03614973
1.000174	0.001293	0.038161	0.2006078	0.002727	0.0361122
1.500174	0.001295	0.038157	0.3004342	0.002751	0.03607772
2.000174	0.001297	0.038154	0.4002606	0.002771	0.03604912
2.500174	0.0013	0.038151	0.5000869	0.002789	0.03602357
3.000174	0.001301	0.038149	0.6007814	0.002806	0.03599881
3.500174	0.001304	0.038145	0.7006078	0.002829	0.03596647
4.000174	0.001305	0.038143	0.8004342	0.00285	0.03593571
4.500174	0.001308	0.038139	0.9002606	0.002873	0.03590337
5.000174	0.001308	0.038139	1.0000869	0.002912	0.03584784

当应力水平为 20MPa 时，随着蠕变时间的增长与轴向应变的增加，孔隙率逐渐降低，表现为岩石内部片理结构逐渐压密的过程。但是这种变化是极其有限的，加载后蠕变时间经过 5h，孔隙率仅仅降低了 0.0068%，将这种变化带入损伤模型中，对函数值的改变是可以忽略的；当应力水平为 50MPa 时，当岩石尚未进入加速蠕变阶段时，根据本节对蠕变机理的解释，此时内部片理结构主要发生局部微裂隙的产生及弯曲变形，但这种变形破坏也是非常有限的，局部微裂隙的产生与岩石的压密同时进行，孔隙率的变化如表 4.36 中所示，也仅仅在破坏前变化了 0.03%，也可认为孔隙率的变化不明显，即整个黏弹性蠕变变形阶段中可忽略孔隙率的变化。因此在加速蠕变阶段计算损伤变量 D 时，孔隙率 n 取初始孔隙率 n_0 即可。

2）损伤变量的参数确定及分析

根据本节关于损伤变量 D 中参数 F_0 与 m 的确定方法，利用不同时刻的应力应变关系曲线，得出 F_0 与 m 的值，并分析这两者随围压及时间的变化规律。表 4.37 列出了两种围压下参数 F_0 与 m 在不同时刻的值。

表 4.37　不同围压下损伤模型参数 F_0、m 随时间的变化趋势

围压/MPa	时间 t/h	m	F_0	围压/MPa	时间 t/h	m	F_0
5	0	1.619	187.589	15	0	-1.126	9.516
	0.5	0.850	582.343		0.5	-0.991	10.01
	1	0.987	299.678		1	-0.941	9.918
	1.5	0.847	463.428		1.5	-0.899	9.677
	2	0.881	384.155		2	-0.866	9.433
	2.5	0.899	343.079		2.5	-0.832	9.115
	3	0.917	312.492		3	-0.799	8.799
	3.5	0.879	337.766		3.5	-0.774	8.557
	4	0.897	310.055		4	-0.749	8.292
	4.5	1.125	161.250		4.5	-0.726	8.051
	5	1.146	151.871		5	-0.704	7.810
	5.5	1.157	145.610		5.5	-0.681	7.536
	6	1.188	133.939		6	-0.661	7.310
	6.5	1.193	131.067				

如图 4.57 所示，观察围压为 5MPa 时的损伤模型参数随时间的变化，随着时间的增加，参数 F_0 随时间有逐渐减小的趋势，而 m 则随时间不断增长；观察围压为 15MPa 时的参数变化，此时的参数 m 为负值，且随着时间的增长也有增大的趋势，与围压为 5MPa 时的情况相同，而参数 F_0 与前者相差较大，反映了与前者微元强度集中程度差异较大，此时的 F_0 值较小，说明微元强度离散程度较高，岩石不均匀性较强，而其随时间变化逐渐减小，反映了破坏的过程。

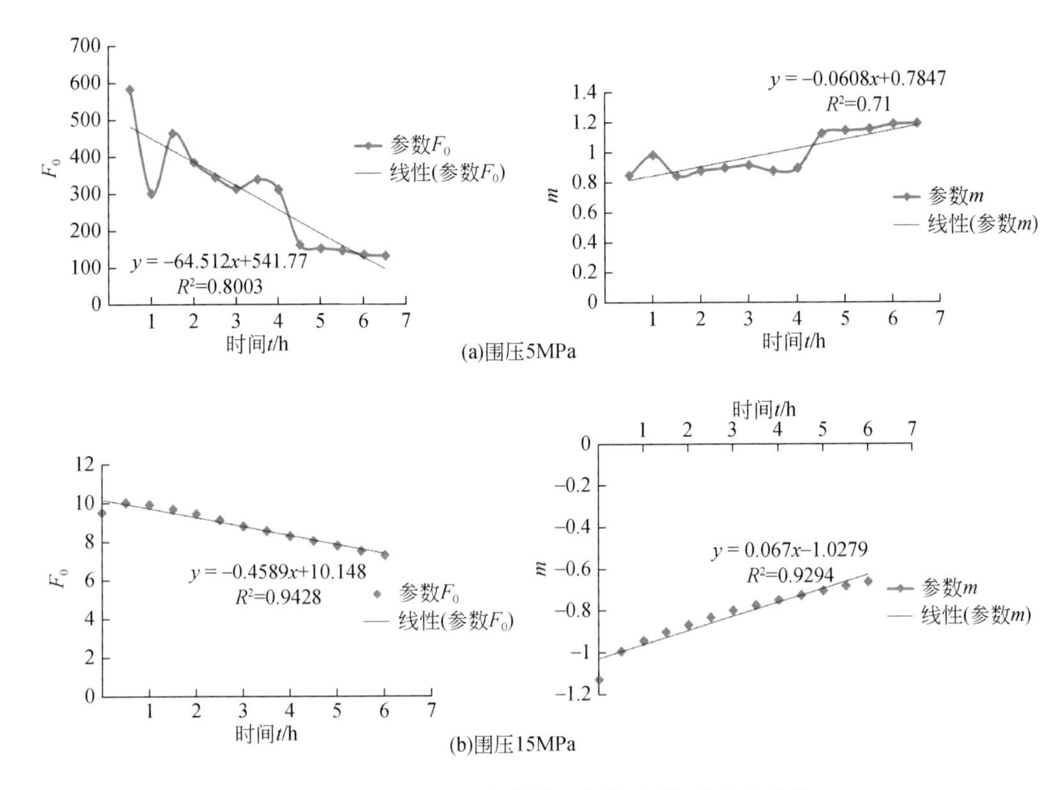

图4.57　不同围压下损伤模型参数随时间的变化曲线

综上所述，初始状态岩石内部孔隙部分两侧的片理结构缺乏完全约束，在较低应力水平下，裂隙迅速发生闭合，因此加载后的瞬时应变速率很大。随时间的增长，当岩石内部多数裂隙逐渐趋于闭合状态时，蠕变变形受到阻碍，蠕变速率也随之降低，当裂隙几乎完全闭合后，蠕变速率达到最低或0，而岩石内部的整体片理结构并未发生较明显劣化。因此低应力下的蠕变过程即便时间再延长，也不会发生蠕变破坏。

当岩石处于中等应力水平时，局部结构开始发生弯折和错断现象，因此产生了较为明显的蠕变变形和蠕变速率，但这种局部的变形与微破裂现象还不能使整体的片理结构发生失稳破坏，局部的结构变形与微破裂受到整体片理结构的约束限制，并没有进一步发生破坏。此时的岩石蠕变应变处于一种硬化与软化相对平衡的状态，一方面岩石内部的孔隙进一步压密，整体片理结构强度变高，表现为硬化；另一方面岩石局部受压产生塑性的弯曲变形、微破裂现象，出现未贯通的微裂隙，表现为局部软化。硬化与软化机制同时存在并发展，达到动态的平衡，表现在轴向蠕变曲线上即为等速蠕变阶段。

当应力水平较高，原来产生的局部微裂隙进一步发展、交汇，并最终贯通，破裂面两侧的片理结构完全脱离并发生相对位移，即所谓晶间或内晶间的剪切、滑移现象。岩石内部整体的片理结构发生破坏直至最终岩石的完全破裂。此时的软化机制占主导作用，随着微裂隙的发展，交汇速率逐渐增加，原生微裂隙、孔隙闭合产生的硬化作用远远小于软化作用，在经过短暂的衰减及等速蠕变过程之后，蠕变速率随时间越来越大，直到最终破裂面完全贯通。

4.4 土石混合体蠕变破坏试验

土石混合体作为一种重要的地质体广泛覆盖于秦巴山区基岩之上，与浅表层滑坡的发育关系极为密切。据调查统计，紫阳县93%的滑坡都是由于土石混合体变形破坏而形成的，可见欲揭示浅表层滑坡的成因机理，必须首先研究土石混合体的物理力学性状及变形破坏机理。以试验作为主要研究手段，并配合数值模拟及理论分析，揭示土石混合体变形破坏机理。

4.4.1 土石混合体的物理性质

土石混合体本身是岩石风化的剥落物，其颗粒大小不一，形成极为不均的松散体，并且受人为和自然条件影响，同一范围其物理性质差异更大，所以土石混合体的物理参数不能像岩体或土体那样直接测取。

1. 基本物理性质试验

自然存在的土石混合体密实程度不均，但通常随深度增加密度也逐渐增加，而其中含有大大小小的石块，使得取原状试样几乎不可能做到，对于取出的扰动样也就不能按条件完全恢复成原状土。为此，首先假设原状土平均密度为1.9g/cm^3，根据不同深度计算上覆土层的压力，然后将一定质量的干燥扰动样装入改造压剪试验机的35cm×35cm剪切盒内，采用静压法获取不同压力下的试样体积，从而间接获得试样密度，该方法测取的土密度虽然和实际中有一定差别，但足以作为后续工作的参考值。

含水量对于土石混合体也是一个无法精确表达的物理量。由于土石混合体分布于地表10m以内，其中含水量受天气影响很大，一直处于动态变化中，且随深度增加所受影响逐渐降低，故采取典型部位试样进行天然含水量测定。饱和状态下的含水量与饱和密度一同测定，将一定量的土水混合物放入封闭剪切盒（底部用不透水板，缝隙全部用油泥封住），在逐级递增的压力条件下求取每级溢水量，即得到不同压力下的饱和含水量与饱和密度。

该试验原理简单，并参考规范《土工试验方法标准》（GB/T 50123—2019）进行，不再进行详细叙述，所得各物理参数列于表4.38，密度参数均为实测质量与体积求得，含水量由密度推出。不同深度对应一级轴向压力，则分4级加压，每级加载发生的轴向变形小于0.01mm/h时加载下一级，每级轴向压力与轴向变形关系如图4.58所示。

在下文中采用的土石混合体基本物理参数均源自表4.38，并进行了合理调整。

2. 颗粒分析试验

土石混合体试样的颗粒级配是一项重要的物理性质，将直接影响材料的力学性质，并且由于受到剪切作用影响，颗粒大小及颗粒级配也会随剪切次数而发生变化，通过颗粒级配分析试验，得到其颗粒组成的百分含量，在此基础上进行室内定名，并研究剪切试验造成土石混合体颗粒级配的变化。

表4.38　土石混合体基本物理参数

深度/m	轴向压力/kPa	天然密度/(g/cm³)	干密度/(g/cm³)	饱和密度/(g/cm³)	天然含水量/%	饱和含水量/%
0	0	1.87	1.83	2.18	2.3	19.0
2	4.66	1.89	1.85	2.17	2.3	17.3
5	11.64	1.93	1.89	2.20	2.3	16.4
8	18.62	1.95	1.91	2.21	2.3	15.7
10	23.28	1.96	1.92	2.21	2.3	15.2

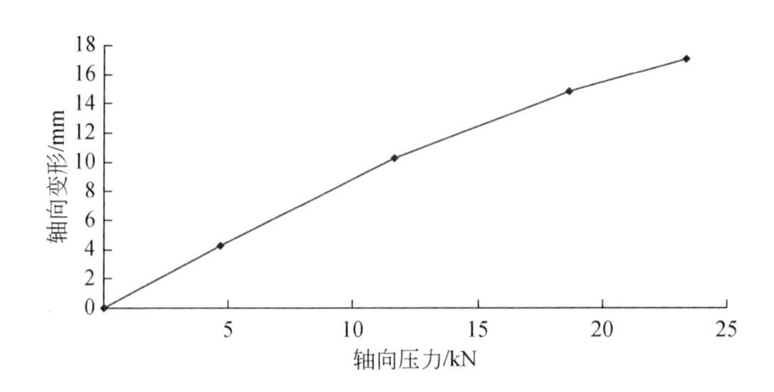

图4.58　每级轴向压力与轴向变形关系曲线

将土石混合体烘干过筛，筛子以孔径2mm为界分为粗筛和细筛两种，粗筛包括60mm、40mm、20mm、10mm、5mm、2mm；细筛包括2mm、0.5mm、0.25mm、0.074mm。首先进行粗筛，若小于2mm的试样占总质量的10%以上还需进行细筛筛析。

对筛分后的试样采用电子天平逐一称量，精确至0.01g。当试样重量较大时，分多次测量后结果相加。

其中小于某粒径的试样质量占试样总质量的百分比按式（4.33）计算。

$$X=\frac{m_X}{M}\cdot 100 \tag{4.33}$$

式中，X为小于某粒径的试样质量占试样总质量的百分比（%）；m_X为小于Xmm的试样质量（g）；M为筛分时所取的试样总质量（g）。

试样的颗粒组成采用不均匀系数和曲率系数两个级配指标表示。

不均匀系数C_u是反映试样颗粒级配均匀程度的一个系数，用式（4.34）计算；曲率系数C_c是反映粒径分布曲线的形状，表示颗粒级配优劣程度的一个系数，用式（4.35）计算。

$$C_u=\frac{d_{60}}{d_{10}} \tag{4.34}$$

$$C_c=\frac{(d_{30})^2}{d_{60}\cdot d_{10}} \tag{4.35}$$

式中，d_{10}、d_{30}、d_{60}分别为在粒径分布曲线上粒径累积质量占总质量10%、30%、60%的粒径。

1）土石混合体原始颗粒级配分析

通过对野外采取的土石混合体进行颗分试验，得到其颗粒级配曲线如图 4.59 所示。

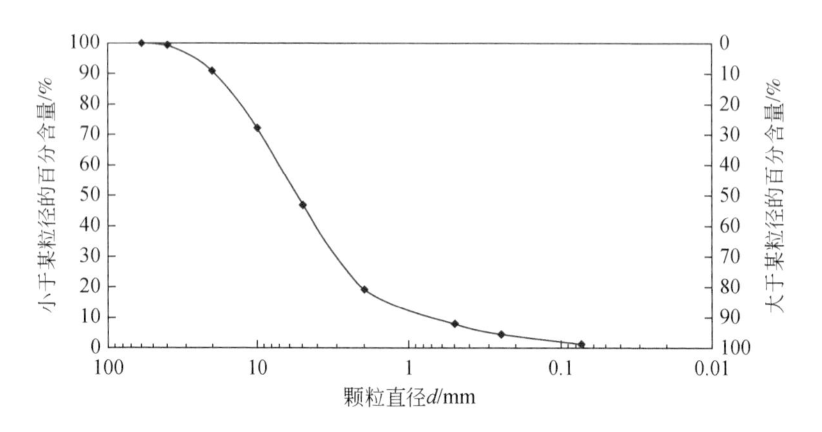

图 4.59　土石混合体试样颗粒级配曲线

从图 4.59 上读取土石混合体样的限制粒径 $d_{60}=7.2$mm；$d_{30}=3.1$mm；有效粒径 $d_{10}=0.7$mm。所以，不均匀系数 C_u 为 10.29；曲率系数 C_c 为 1.91，根据土力学中满足 $C_u \geqslant 5$，且 $1<C_c<3$，故土石混合样为级配良好，这也说明秦巴山区自然形成的土石混合体级配通常都是良好的。

根据图 4.59 的级配曲线看到，粒径大于 20mm 的试样占总质量小于 10%，粒径大于 2mm 的试样占总质量超过 80%，则颗粒组成主要为粗粒组中的细砾成分（粒径为 2 ~ 20mm），占总质量的 70% 以上，主要来源于岩石风化物，所以本次研究试样定名为以粗粒为主的砾粒土。根据前文的试验方法研究，剪切试验限制粒径为 60mm，需对试样中大于 60mm 的碎块石进行替换，而通过筛分其仅有零星几块，所占比例不大于 1%，所以采用直接剔除法即可。

2）剪切试验对颗粒级配的影响

对于剪切试验造成颗粒级配改变的研究，首先对野外采取的试样进行颗分试验，得到试样的原始级配曲线（图 4.60）；然后分别进行饱和、干燥试样剪切试验（各剪切 12 次），两份试样剪切前均为原始试样，其他试验条件相同，以免互相影响试验结果，并进行颗分试验，得到试样的剪切后级配曲线。

由于剪切试验主要影响剪切面附近的颗粒粒径，所以为了提高试验结果的可比性，剪切后颗分试验所用的试样均取自包括剪切面上下共 10cm 的土带。

从试验结果得出以下结论：

干燥剪切后颗粒粒径变化强于饱和剪切，主要是因为饱和状态岩土体质地柔软、塑性高，且颗粒间的水膜也产生润滑作用，使土颗粒受力后以位置调整为主，所以颗粒级配曲线变化较小。

从曲线斜率来看，颗粒减少区间为 2 ~ 40mm，而增加区间为 <2mm，即剪切后土石混

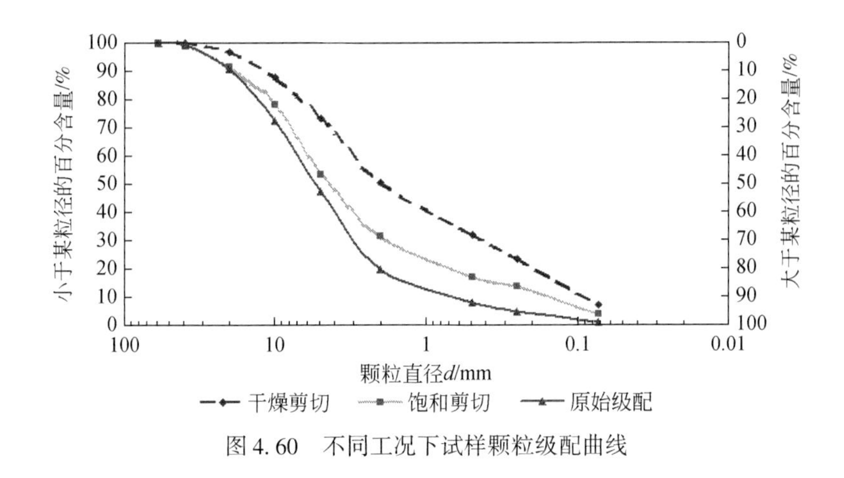

图4.60　不同工况下试样颗粒级配曲线

合体中粗颗粒减少而细颗粒增加，为了更直观看到试样各粒径的含量及其变化，绘制了直观的筛分后颗粒含量曲线（图4.61）。可以看到，颗粒含量最多的粒径为2～5mm，且近似呈正态分布。

可见土石混合体破坏过程是伴随着颗粒破碎而发生的，在实际中可根据不同深度颗粒级配估计滑面（带）的位置，并且可在平面中对比粒径级配，判断坡积物是否发生过滑坡。

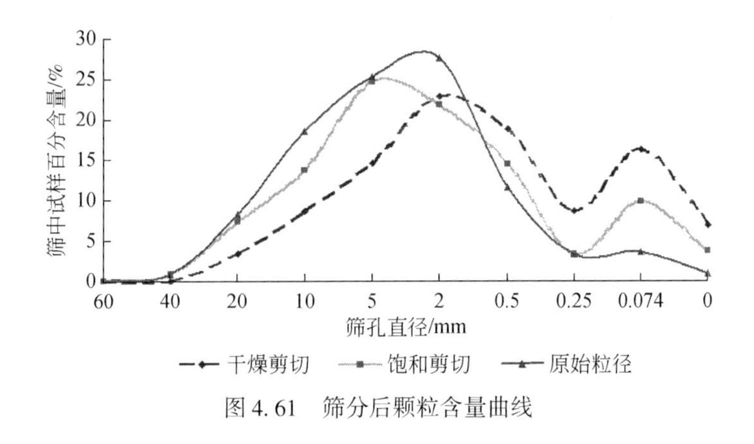

图4.61　筛分后颗粒含量曲线

4.4.2　土石混合体的强度性质

1. 土石混合体抗剪强度试验

1）直剪试验阶段划分

本次试验采用自行研制的压剪试验机，结果可得到力、位移和变形随时间的变化曲线，如图4.62所示，可以将一次完整的试验划分为四个阶段：竖向加压阶段、固结阶段、剪切变形阶段、剪切结束。

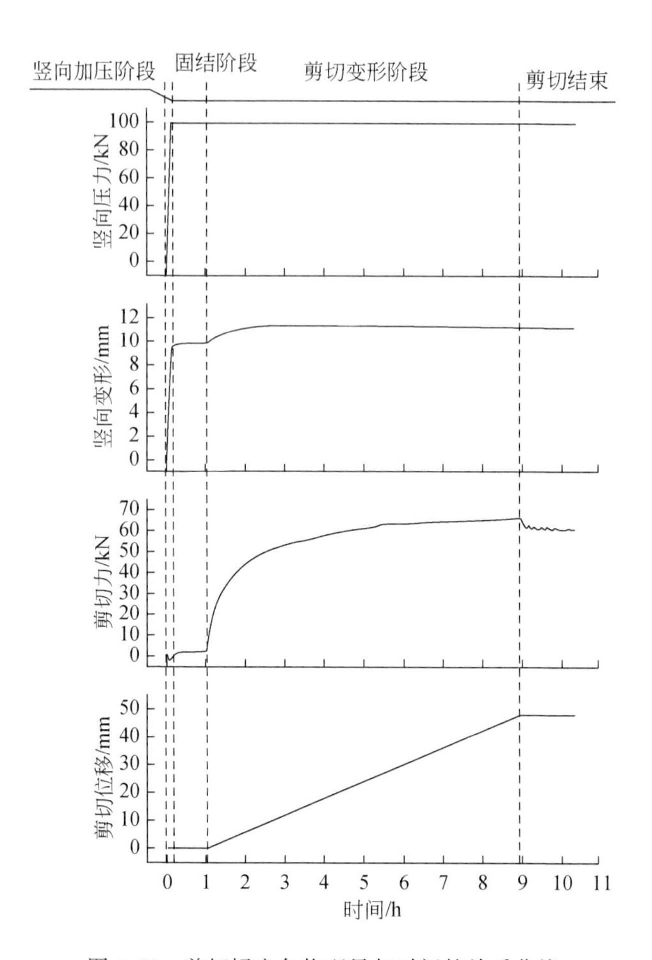

图 4.62　剪切蠕变各物理量与时间的关系曲线

（1）竖向加压阶段

在竖向加压阶段，竖向压力按照预设值匀速增加，竖向变形呈微上凸的曲线，是因为在竖向加压初期，试样中颗粒相互挤压，孔隙被填充，试样密实度迅速增加，而当密实度达到一定程度以后，可被填充的孔隙减少，所以体积减小的速度变慢。在整个竖向加压阶段，剪切力略有波动，说明竖向加压初期剪切盒略有变形，而剪切位移一直保持不变，说明其变形微小，可忽略不计。

（2）固结阶段

固结阶段是在竖向保持恒定荷载的作用下试样达到稳定，完成标志为当每小时变形量小于某一固定值时表示固结完成。《土工试验方法标准》（GB/T 50123—2019）中给出土的固结稳定判断标准为每小时垂直变形小于 0.005mm，《土工试验规程》（YS/T 5225—2016）中对粗颗粒土的固结稳定判断标准为每小时垂直变形小于 0.03mm，所以试验考虑到土石混合体的特殊性，采用《土工试验规程》中粗颗粒土的标准进行判断。

固结阶段竖向压力保持恒定，竖向变形略有增加，主要是因为试样中颗粒发生蠕变，局部进行调整，徐文杰将这种表面力称为应力集中。从细观角度看，颗粒主要发生两种模式的压密类型（图4.63）；尖点破碎，当颗粒间以点-点、点-边或点-面接触时，接触点产生较大的应力集中，使得尖点接触的颗粒破碎、嵌入，形成更加密实的结构；颗粒旋转，颗粒在受到周围不均匀力作用下，发生自调作用，最大限度地填充孔隙，使其受力向平衡方向发展，并使其周围达到同等的密实程度。

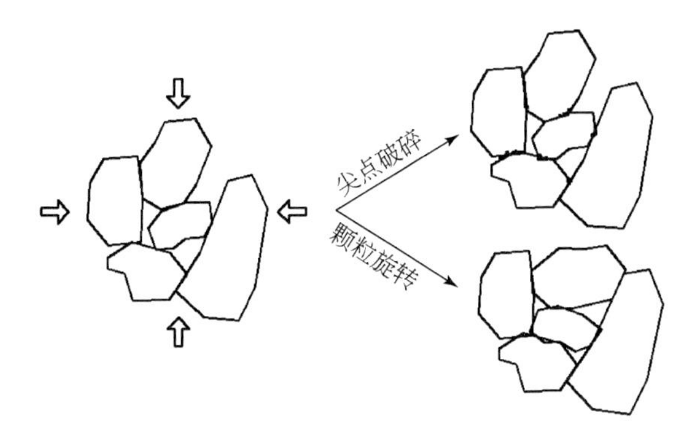

图4.63　土石混合体颗粒细观变化示意图

在固结阶段，剪切力依然略有增加，但剪切位移没有变化，说明剪切盒有微小的变形。大主应力为竖直方向，而水平两个方向均受等大的约束应力，此时试样的应力状态为$\sigma_1>\sigma_2=\sigma_3$。

（3）剪切变形阶段

剪切前对剪切力和剪切位移进行清零，通过水平向加载，保持水平向剪切位移速率恒定，当剪切力稳定或出现持续减小，说明试样已被剪损。根据以往经验，土或岩石的剪切应力应变曲线通常会出现一个峰值，如图4.64中所示的剪应力最大值，从图4.62看到土石混合体并不会出现应力最大值，那么根据《土工试验规程》（YS/T 5225—2016）中对粗颗粒土的直剪试验要求，位移达到直径或边长的1/15～1/10处剪应力作为抗剪强度，本次试验试样边长350mm，则取位移为35mm的剪应力作为抗剪强度，从剪切力看到此阶段之后剪切力增加较小，所以该取值是较为合理的，且满足本次试验要求。

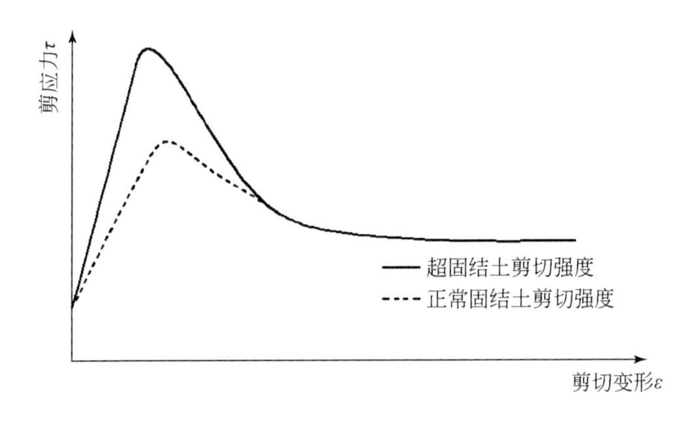

图4.64　典型土剪切变形曲线

整个过程竖向压力保持不变，竖向变形出现了先增加后逐渐减小的趋势，出现这种结果是因为随剪切向应力逐渐增大，大主应力仍然是竖向压力提供的，小主应力依然为剪切盒的约束，此时试样的受力状态为 $\sigma_1>\sigma_2>\sigma_3$。剪切向密实度增加，而大主应力所在的竖向上则再度压实，之后由于剪切位移不断增加，原已相对密实的颗粒结构被扰动，则体积略有回弹，这也是常见的“剪胀效应”。

图 4.65 是各个变形测量点的位置示意图，其中测量点 1 ~ 4 位于剪切盒上盖板的 4 个角点，用来测量试样竖向的变形量；测量点 5、6 位于下剪切盒两侧沿剪切方向，用来测量试样剪切向的变形量。表 4.39 为研究剪切次数影响时进行的测量结果，① ~ ⑥分别代表同一试样进行的连续 6 次剪切试验，其中第①次剪切记录数据有误，不进行讨论。本次测量所用的千分表针正向为伸长、负向为缩短，最大剪切位移均为 48mm，则可以看到剪切使试样顶部 4 个角点均出现一定的下降，但测量点 3、4 的值均大于测量点 1、2，说明背离剪切方向的下降量大于迎着剪切方向的下降量，主要是因为剪切时，剪切面土体相互拖拽，使上剪切盒迎剪切方向的土体更加密实，而背剪切方向的土体却降低了密实度，从而导致不均匀下降。从整体而言，每次剪切都使体积有所减小，但剪切造成的下降量随剪切次数增加而逐渐减小，说明在前几次剪切时，颗粒发生压密、破碎和旋转，产生较大体积压缩，随剪切次数增加，可压缩空间越来越小，故下降量几乎呈线性减小，如图 4.66 所示。

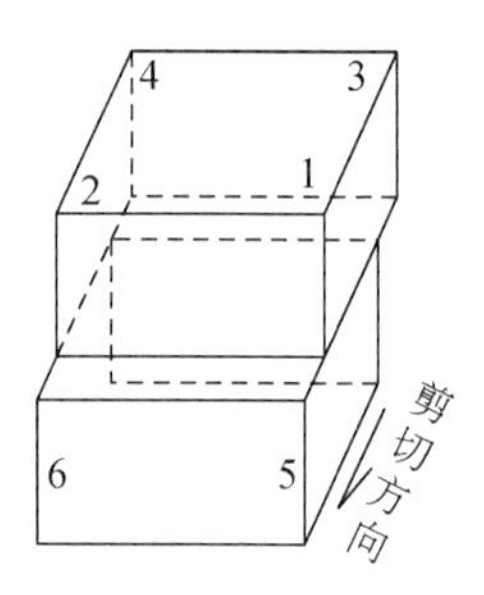

图 4.65　变形测量点位置

表 4.39　各测量点变形量　　（单位：mm）

测量点次数	1	2	3	4	5	6
①	—	—	—	—	—	—
②	1.076	1.350	3.054	5.032	-46.308	-46.112
③	1.206	1.148	4.114	4.078	-47.380	-47.150
④	1.082	1.116	2.446	2.696	-47.416	-47.150
⑤	0.862	0.828	1.758	2.048	-46.488	-46.278
⑥	0.108	0.004	1.204	1.404	-47.404	-47.188

（4）剪切结束

采用速率控制时，当到达预设的位移量后即认为剪切结束；当采用剪切力控制时，满足预设位移量或变形小于 0.01mm/h 时，均可认为剪切结束。根据试验需要可以设置不同

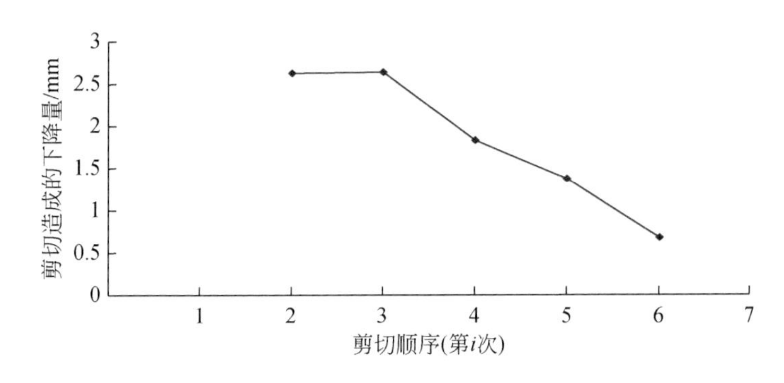

图 4. 66　剪切造成的下降量曲线

的结束条件，之后数据仍然被记录，但不作为研究的讨论内容。

2）土石混合体抗剪强度参数

土石混合体剪切试验与土体的剪切试验的方法和原理一样，其破坏依然满足摩尔-库仑准则。将直接从试验得到的正应力和峰值剪应力拟合为强度关系曲线（图 4. 67），求取强度参数。试样为天然状态，即含水量为 2. 3% 。

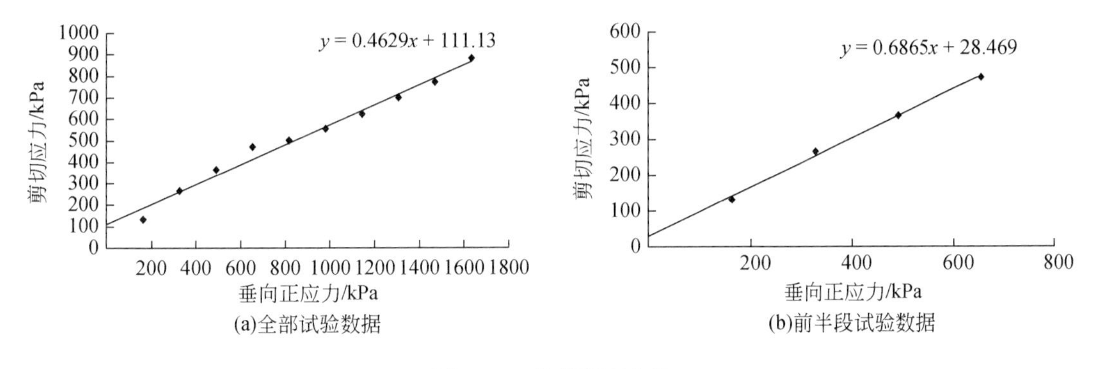

图 4. 67　抗剪强度曲线

图 4. 67 为试验的全部数据，采用同一试样逐级递增的试验方式，可见前半段数据较陡，而后半段逐渐变缓，使拟合所得的抗剪强度参数 $C=111.13$kPa，$\varphi=24.8°$，与其他人试验得出的结果有较大差别。考虑到多次剪切会引起颗粒级配改变，细颗粒增加而粗颗粒减少，则必然会导致黏聚力增大，内摩擦角减小，拟合曲线斜率变缓。所以仅选取前四次试验数据，拟合结果如图 4. 67（b）所示，得到土石混合体的抗剪强度参数 $C_0=28.5$kPa，$\varphi_0=34.5°$，作为后续研究的基准抗剪强度参数。

2. 抗剪强度影响因素试验研究

含水量和颗粒级配是影响土石混合体抗剪强度的两个重要因素，通过试验揭示各因素对抗剪强度的影响规律。

1）含水量对抗剪强度的影响

由于土石混合体剪切试验的试样较大，无法一次性准确达到要求含水量，所以在每次试验后进行含水量测定，作为实际含水量。本试验针对干燥、稍湿、湿润、饱和四种状态研究抗剪强度变化规律。

根据实际工作经验，含水量对黏聚力的影响较小，所以为了突出含水量对内摩擦角产生的影响，将各种工况下黏聚力均设置为28.5kPa，所得结果如图4.68所示，计算结果统计于表4.40。其中干燥状态为试验前烘干试样，而试验后又具有一定含水量，说明干燥土体吸收了空气中水分，即常说的“返潮”现象。

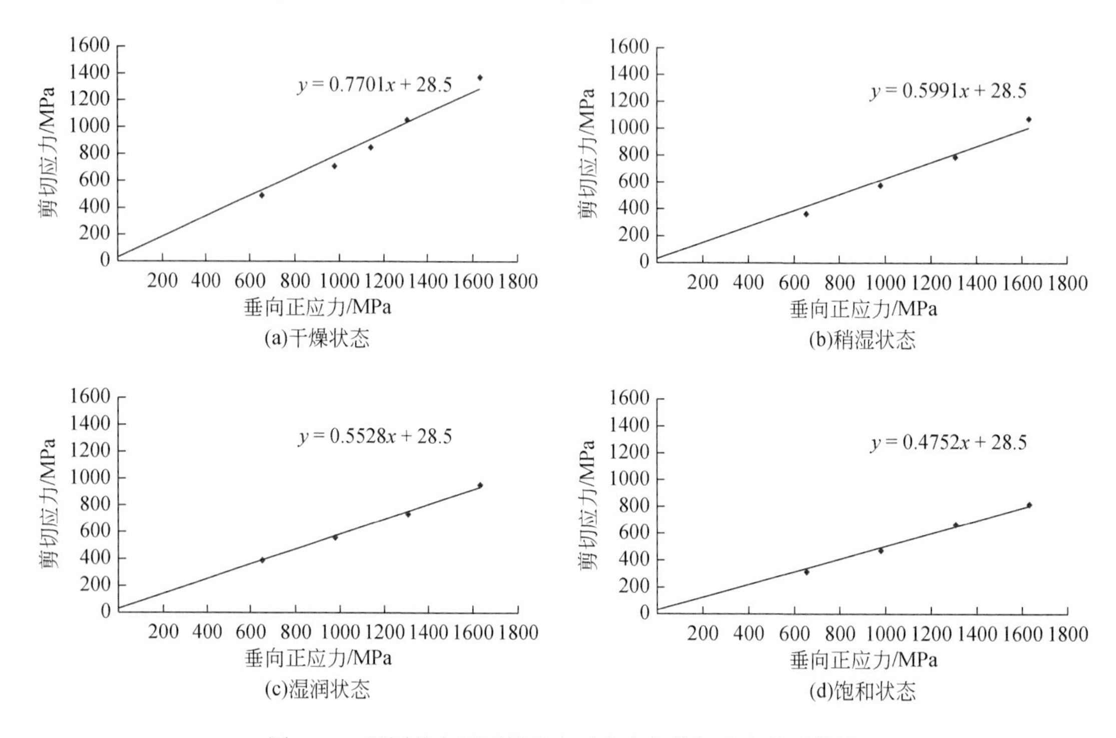

图4.68 不同状态下试样垂向正应力与剪切应力关系曲线

表4.40 试验结果统计表

试样状态	含水量/%	黏聚力/kPa	内摩擦角/（°）	$\tan\varphi$
干燥	0.38	28.5	37.6	0.77
稍湿	4.83	28.5	30.9	0.6
湿润	7.8	28.5	28.9	0.55
饱和	9.19	28.5	25.4	0.47

通过试验可以看到随含水量增大内摩擦角逐渐减小，在整个含水范围内（干燥–饱和），内摩擦角与含水量（$Q\%$）近似呈线性关系（图4.69）：

$$\varphi_1 = 37.9 - 130 \times Q\% \tag{4.36}$$

用前文中的试验进行验证，其含水量为2.3%，得出理论值为$\varphi_1 = 34.91°$，实际试验值为34.5°，两者相差仅1.2%，可见该式符合性很好。

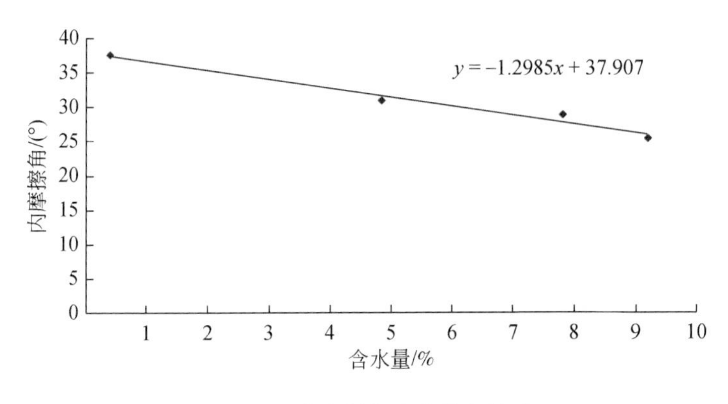

图4.69　含水量与内摩擦角关系

2）颗粒级配对抗剪强度的影响

为了研究颗粒级配对抗剪强度的影响，采用极端方法，即烘干后通过筛分将颗粒完全分选，每次试验全部使用同一砾径范围的试样，以此揭示颗粒级配对抗剪强度的影响。

根据粗筛尺寸将试样筛成粒径范围分别为<2mm、2～5mm、5～10mm、10～40mm的试样，然后分别进行剪切试验，得到的强度曲线如图4.70（a）所示，为了更明确对比其中的关系，将黏聚力依然定为28.5kPa，y_1、y_2、y_3、y_4分别为上述四种粒径范围下拟合的曲线，由此得出内摩擦角与粒径的关系［图4.70（b）］。若分别以数字1、2、3、4代替图中x坐标，则内摩擦角与粒径范围的关系曲线呈抛物线型，数学关系为$y=1.6x^2-7.04x+42.95$，可见内摩擦角在颗粒为2～5mm时最小，颗粒增大，则存在嵌套咬合等作用，使内摩擦角增大，与以往经验一致；而颗粒减小时，实际为土体黏聚力增大，而在本试验中黏聚力被固定，则通过内摩擦角的增加来表示抗剪强度增大。

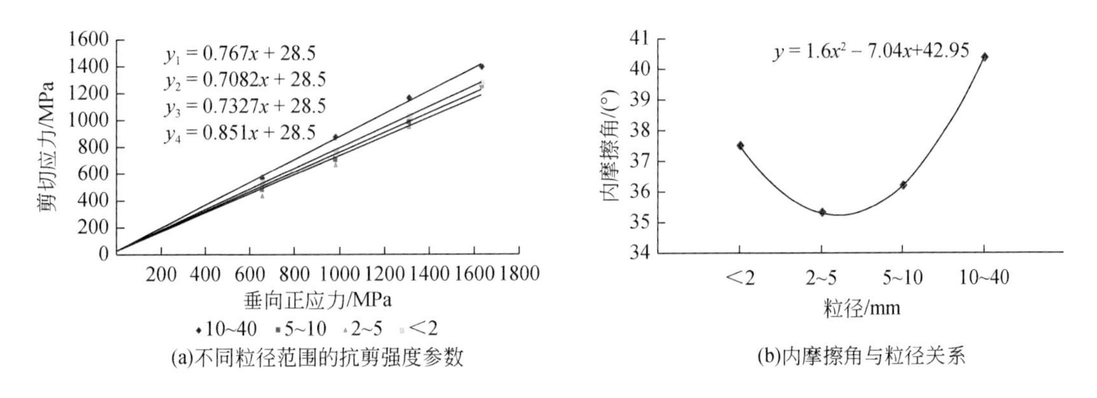

(a)不同粒径范围的抗剪强度参数　(b)内摩擦角与粒径关系

图4.70　颗粒粒径对抗剪强度的影响

本试验所得的内摩擦角均是在纯粒径范围内取得的，相当于界限值。而实际中颗粒分选性较差，土石混合体是由多种粒径范围按不同比例组成的，那么，假设四种粒径范围的含量分别为A、B、C、D，根据试验用式（4.37）计算土石混合体的内摩擦角：

$$\varphi_2=37.5A+35.3B+36.2C+40.4D \tag{4.37}$$

以前文中的抗剪强度试验为例，<2mm、2 ~ 5mm、5 ~ 10mm、10 ~ 40mm 的颗粒含量分别为 19. 37%、27. 6%、25. 25%、27. 78%（>40mm 颗粒的含量为 0），由式（4. 37）计算得到 $\varphi_2=37.37°$，与由式（4. 36）进行含水量换算得到的内摩擦角 $\varphi_1=37.9°$相差仅为 1. 4%，结果出乎意料，其符合程度相当高，可见在要求不高或无条件进行土石混合体试验的地方，可以用式（4. 37）作为土石混合体抗剪强度的计算方法。分析其误差来源于试验本身，以及不同级配下材料的抗剪强度并不是按线性关系变化的，如当粗颗粒含量很少时，粗颗粒被细颗粒包裹，未接触，其剪切强度决定于细颗粒的抗剪强度，而当含量较大时，粗颗粒形成骨架，抗剪强度取决于粗颗粒。

3）土石接触对抗剪强度的影响

上软下硬的土石接触是区内浅表层滑坡破坏的一种常见形式，为此，采用土石相接触的试验方式研究其对抗剪强度的影响程度。试验采用面积为 24cm×24cm 的平整石块作为下剪切面，其余部分土石混合体与前文中试样的材料一致，所得结果如图 4. 71 所示。

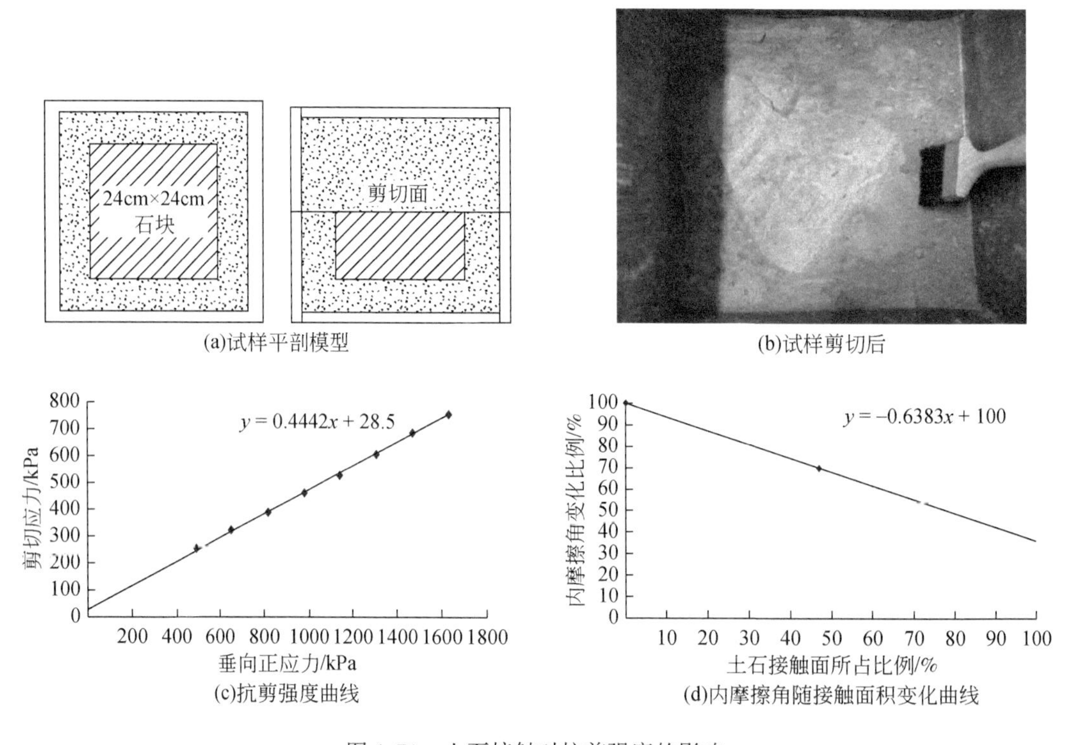

图 4. 71　土石接触对抗剪强度的影响

从图 4. 71 看到土石接触剪切后石块表面有明显擦痕，试验结果值非常规律，均落在强度曲线上，根据计算石块面积占总剪切面积的 47%，抗剪强度参数 $C=28.5\text{kPa}$，$\varphi=24.0°$，与纯土石混合体的参数（$C_0=28.5\text{kPa}$，$\varphi_0=34.5°$）相比摩擦角降低了 30%，可见土石接触导致抗剪强度大幅度降低，当接触面积为 100% 时，摩擦角仅为土石混合体的 35%，即 12. 4°，则不同土石接触面积比例（$M\%$）的内摩擦角可按式（4. 38）近似得出。

$$\varphi_3=34.5\times(1-0.64\times M\%) \tag{4.38}$$

3. 多因素影响下的抗剪强度经验式

通过试验总结了含水量、颗粒级配、土石接触面对抗剪强度参数（主要为内摩擦角）的影响，而对于实际试样是一个多因素组合的情况，如式（4.39）所示。

$$\tau=f(x_1,x_2,\cdots,x_{n-1},x_n)=\tau_0+\Delta\tau \tag{4.39}$$

式中，τ 为抗剪强度；x_1，…，x_n 分别为影响抗剪强度的 n 个因素；τ_0 为基准抗剪强度；$\Delta\tau$ 为抗剪强度的变化值，通过泰勒展开式可得

$$\Delta\tau\approx\frac{\partial\tau}{\partial x_1}\Delta x_1+\frac{\partial\tau}{\partial x_2}\Delta x_2+\cdots+\frac{\partial\tau}{\partial x_n}\Delta x_n \tag{4.40}$$

式中，$\frac{\partial\tau}{\partial x_i}$ 为 x_i 对 τ 的偏导数；Δx_i 为 x_i 的变化量。

若仅有第 i 项因素 x_i 有变化，而其他因素不发生变化，则可简化为

$$\Delta\tau=\Delta\tau_i\approx\frac{\partial\tau}{\partial x_i}\Delta x_i \tag{4.41}$$

则

$$\Delta\tau=\Delta\tau_1+\Delta\tau_2+\cdots+\Delta\tau_i=\sum_{i=1}^{n}\Delta\tau_i \tag{4.42}$$

抗剪强度是由黏聚力和内摩擦角共同表达的，但根据试验假设黏聚力不变的情况下（即 $\Delta C=0$），则因素对抗剪强度的影响可近似表现为仅对 $\tan\varphi$ 的影响，即

$$\Delta\tau=\sigma\cdot\sum_{i=1}^{n}\Delta\tan\varphi_i=\sigma\cdot\sum_{i=1}^{n}(\tan\varphi_i-\tan\varphi_0) \tag{4.43}$$

式中，φ_i 为各因素影响下的内摩擦角，分别由式（4.36）~式（4.38）求得，即得土石混合体多因素组合的抗剪强度经验表达式：

$$\begin{aligned}\tau&=C_0+\sigma\left[\tan\varphi_0+\sum_{i=1}^{n}(\tan\varphi_i-\tan\varphi_0)\right]\\&=28.5+\sigma[\tan(37.9-130\times Q\%)+\tan(37.5A+35.3B+36.2C+40.4D)\\&\quad+\tan(34.5-22.1\times M\%)-1.37]\end{aligned} \tag{4.44}$$

式中，各参数意义如前所述。该式即可通过调查及简单的物理指标试验获取的试验参数求得土石混合体的抗剪强度，为工程实践提供参考依据。

4.4.3　土石混合体的剪切流变效应

调查中大量浅表层滑坡经历了蠕滑阶段，并且很多滑坡目前仍处在蠕滑阶段，蠕滑本身是坡体物质由不稳定状态向稳定状态发展的一个过程，所受应力也由不平衡向平衡发展，而往往坡体受多因素影响，蠕滑造成的位移、拉裂、松动等现象在水、人类活动等因素的影响下，反而成为坡体不稳定的条件，可见，土石混合体的流变效应对于研究滑坡稳定性、判断滑坡发展方向显得尤为重要。

1. 流变模型理论

流变是土石混合体的重要力学性质，通常将该特性认为是弹性、黏滞性和塑性的联合

作用的结果。其中弹性用弹性元件（弹簧）模拟，用［H］表示，满足胡克定律 $\sigma = E\varepsilon$；黏滞性用黏壶模型模拟，用［N］表示，满足牛顿流体运动规律 $\sigma = \eta\dot{\varepsilon}$（$\eta$ 为黏滞系数）；塑性用摩擦元件模拟，用［V］表示，服从圣维南定律 $\sigma = \sigma_s$，即应力未超过屈服应力 σ_s 前不产生变形，而应力一旦达到 σ_s 则发生塑性流动。通过串联“—”、并联“||”方式进行组合连接，形成复杂的黏弹性模型、黏塑性模型及黏弹塑性模型等，而常用的几种流变模型为 Maxwell 体、Kelvin 体、标准线性体、广义 Bingham 体，如图 4.72 所示。其本构方程分别如下。

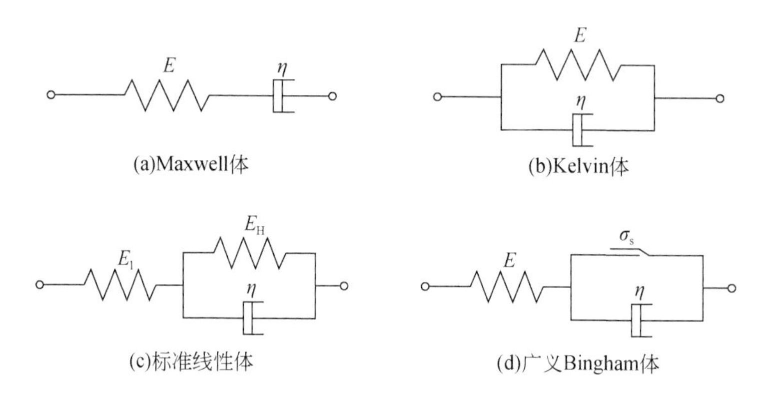

图 4.72　基本流变模型

Maxwell 体：　$\sigma + (\eta/E) \cdot \dot{\sigma} = \eta\dot{\varepsilon}$

Kelvin 体：　$\sigma = E\varepsilon + \eta\dot{\varepsilon}$

标准线性体：　$\sigma + \dfrac{\eta}{E_i + E_H}\dot{\sigma} = \dfrac{E_i E_H}{E_i + E_H}\varepsilon + \dfrac{\eta E_H}{E_i + E_H}\dot{\varepsilon}$

广义 Bingham 体：　$\begin{cases} \sigma = E\varepsilon, & \sigma < \sigma_s \\ -\sigma_s + \sigma + (\eta/E) \cdot \dot{\sigma} = \eta\dot{\varepsilon}, & \sigma \geqslant \sigma_s \end{cases}$

基本流变模型较简单，但与实际存在较大差距，从而衍生出多元件组合的广义模型，比如 Wiechert 体、广义 Kelvin 体、广义 Burgers 体，其一维线性流变模型的通式为

$$A\sigma_s + \sigma + p_1\dot{\sigma} + p_2\ddot{\sigma} + \cdots = q_0\varepsilon + q_1\dot{\varepsilon} + q_2\ddot{\varepsilon} + \cdots \tag{4.45}$$

2. 剪切流变试验

流变试验常用的加载方式为分别加载和分级加载，区别在于前者单个试验之间不会相互影响，但每次试样的不完全相同又会带来较大误差，并且对于本次土石混合体试验，反复装卸样会降低试验效率；后者是在同一试样上分别进行逐渐增大的多级加载，目前大多数研究都采用第二种方法。

本次试验采用分级加载方式，轴向加压 200kN，剪切力分别控制为 63kN、77kN、100kN、110kN、120kN、130kN，当每一级加载时间不小于 8h 且剪切位移不超过 0.01mm/h 时进行下一级加载，则得到原始的剪切力、剪切位移与时间的全过程曲线与应力应变曲线。为了使每一级变形更加清楚，将其每一级加载起始设置为时间零点，则得到应力时间曲线与应变时间曲线，如图4.73所示。

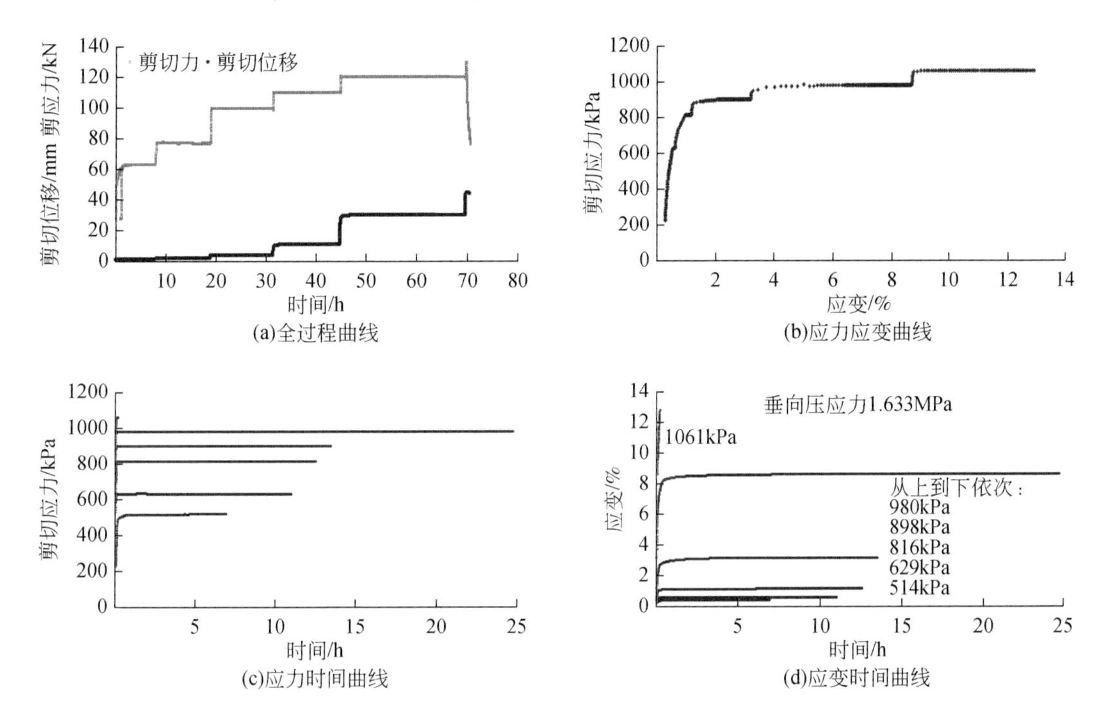

图4.73　土石混合体流变试验曲线

从图4.73可以得出以下规律：

(1) 每一级加载产生的变形均可分为瞬时变形阶段（陡增曲线前半段，加载过程）和长历时蠕变变形阶段（陡增曲线后半段及后部大段的平缓曲线，加载完成后），可以看到对于土石混合体加载及之后一段时间应变增大非常明显，相比之下蠕变变形后半段应变改变极微小。

(2) 试样完全破坏发生在剪应力为1061kPa时，将其称为“极限强度”，在应力较小时（第1、2级加载时，应力小于破坏应力的59%）应变非常小，且应变均来自加压时的瞬时变形，与应力近似呈线性增加，而在其后的长历时蠕变情况下，应变增加量极小或不增加，即基本不会出现蠕变台阶。当应力达到第3级（816kPa）时，才出现很小的蠕变台阶，之后每一级应力下蠕变台阶逐渐加宽。

(3) 从第3~5级的蠕变台阶看到，前部记录点稀疏，而后部记录点密集，说明蠕变阶段刚开始变形速率较高，而后速率降低，属于典型的“衰减蠕变过程”；第6级的蠕变随时间而增加，直至破坏，属“非衰减蠕变过程”。

为了更加清楚地看到土石混合体的应力应变关系，绘制应力应变等时曲线图，如图4.74所示，将起始的加载阶段去掉，则将开始时间取为0.5h。

从图4.74可以看到：

(1) 不同时刻的应力应变曲线不完全重合，说明土石混合体具有一定的剪切流变性，

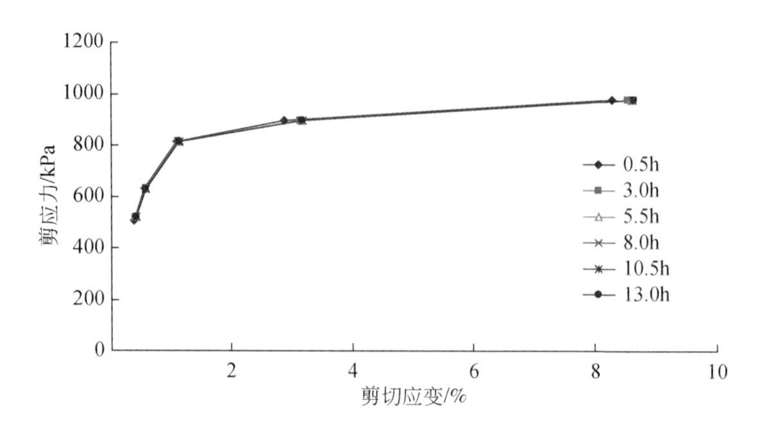

图 4.74　剪切条件下土石混合体的应力应变等时曲线图

且随应力增大流变性表现明显；

（2）随时间增大，应变量增加，相当于曲线向应变轴靠拢，说明蠕变有一定的非线性特征，即剪切模量（斜率）随时间逐渐减小；

（3）从应力应变曲线看第 3 级应力可认为是试样的屈服应力（σ_s），其值为 816kPa，当剪应力水平较低时（$<\sigma_s$），曲线几乎重合，且近似成一条直线，可认为是线性黏弹性阶段，而在剪应力水平较高时（$>\sigma_s$），曲线不重合，则表现出略有非线性的黏塑性阶段，在不严格的情况下可近似看作线性黏塑性阶段。

3. 剪切流变本构模型

通过以上分析，土石混合体的剪切流变过程可划分为线性黏弹性阶段和线性黏塑性阶段，用基本的流变模型单元进行组合。

1）线性黏弹性流变模型

当应力小于屈服应力时可按线性黏弹性流变模型表示，Kelvin 模型是最常用的且表达最简单的模型，但单个 Kelvin 模型对应力的响应缓慢，为此采用广义 Kelvin 模型，即用一个胡克元件与 N 个 Kelvin 单体模型串联，N 越大越逼近真实结果，但同时引进更多的待定参数，所以据经验推荐使用 $N=2$ 的广义 Kelvin 模型（图 4.75）。

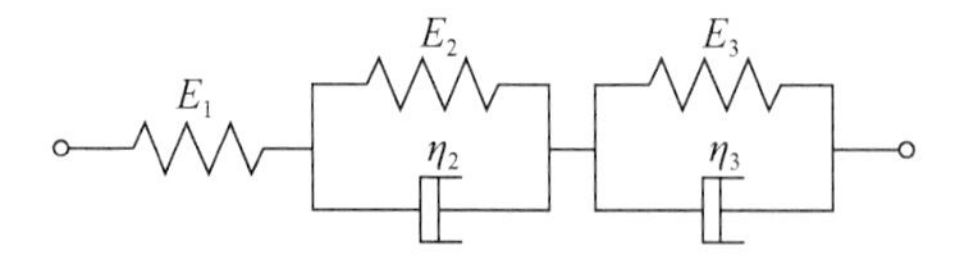

图 4.75　广义 Kelvin 模型

该模型满足基本的应力应变关系：

$$\sigma=\sigma_1=\sigma_2=\sigma_3;\varepsilon=\varepsilon_1+\varepsilon_2+\varepsilon_3;$$

$$\sigma_1=E_1\varepsilon_1;\sigma_2=E_2\varepsilon_2+\eta_2\dot{\varepsilon}_2;\sigma_3=E_3\varepsilon_3+\eta_3\dot{\varepsilon}_3$$

可得线性黏弹性阶段的蠕变方程：

$$\varepsilon_e = J_{ve}(t)\sigma = \left[\frac{1}{E_1}+\frac{1}{E_2}\left(1-e^{-\frac{E_2}{\eta_2}t}\right)+\frac{1}{E_3}\left(1-e^{-\frac{E_3}{\eta_3}t}\right)\right]\cdot\sigma \tag{4.46}$$

式中，J_{ve}（t）为黏弹性蠕变柔量。

2）线性黏塑性流变模型

当应力大于屈服应力时可按线性黏塑性流变模型表示，用一个滑块与 Maxwell 并联，如图 4.76 所示。

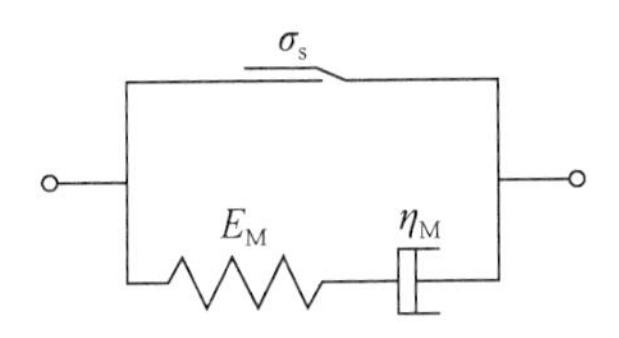

图 4.76　线性黏塑性流变模型

则黏塑性阶段的蠕变方程为

$$\varepsilon_p = J_{vp}(t)\cdot(\sigma-\sigma_s) = \left(\frac{1}{E_M}+\frac{t}{\eta_M}\right)\cdot(\sigma-\sigma_s) \tag{4.47}$$

式中，$J_{vp}(t)$ 为黏塑性蠕变柔量；E_M 为瞬时黏塑性模量，$E_M=1/[J_{vp}(0)]$；η_M 为 $J_{vp}(t)\sim t$ 斜率的倒数，$\eta_M=1/[\mathrm{d}J_{vp}(t)/\mathrm{d}t]$。

3）土石混合体线性黏弹塑性流变模型

通过将线性黏弹性模型和线性黏塑性模型组合，即得到土石混合体的线性黏弹塑性蠕变模型，如图 4.77 所示。

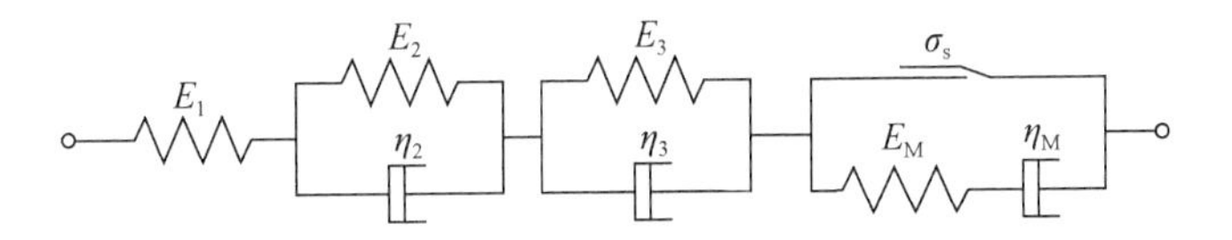

图 4.77　土石混合体流变模型

当应力小于 σ_s 时仅发生黏弹性应变，大于等于 σ_s 时发生黏弹塑性应变，则总的本构关系如式（4.48），当 $t=0$ 时刻，则可退化成标准的黏弹塑性模型。

$$\varepsilon = \begin{cases} \left[\frac{1}{E_1}+\frac{1}{E_2}\left(1-e^{-\frac{E_2}{\eta_2}t}\right)+\frac{1}{E_3}\left(1-e^{-\frac{E_3}{\eta_3}t}\right)\right]\cdot\sigma & (\sigma<\sigma_s) \\ \left[\frac{1}{E_1}+\frac{1}{E_2}\left(1-e^{-\frac{E_2}{\eta_2}t}\right)+\frac{1}{E_3}\left(1-e^{-\frac{E_3}{\eta_3}t}\right)\right]\cdot\sigma+\left(\frac{1}{E_M}+\frac{t}{\eta_M}\right)\cdot(\sigma-\sigma_s) & (\sigma\geqslant\sigma_s) \end{cases} \tag{4.48}$$

4. 本构模型参数计算

本构关系中有关黏弹性模型参数有 5 个，为 E_1、E_2、E_3、η_2、η_3，有关黏塑性模型参数有 2 个，为 E_M、η_M。

首先对蠕变黏弹性阶段求解，由于开始瞬间即 $t=0$ 时（实际按 0.5h 为蠕变起始时间），$E_1=\Delta\sigma/\Delta\varepsilon$，为土石混合体的瞬时剪切模量，由瞬时应力应变直接确定。可由应力应变等时曲线得到黏弹性蠕变柔量 $J_{ve}(t)$ 与时间 (t) 的关系，将其作为样本，代入 Origin 软件对曲线进行拟合，求解结果如图 4.78 所示。

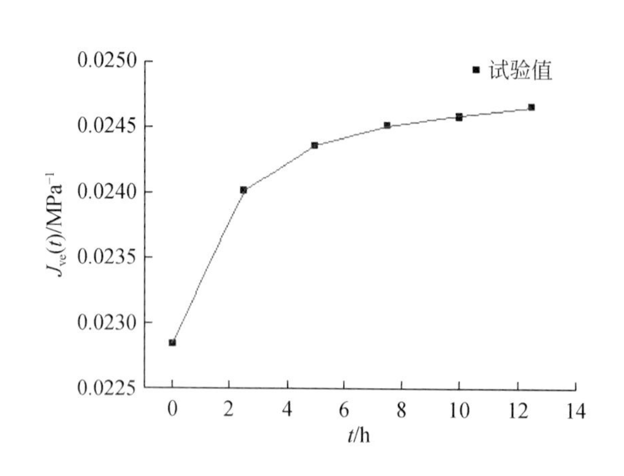

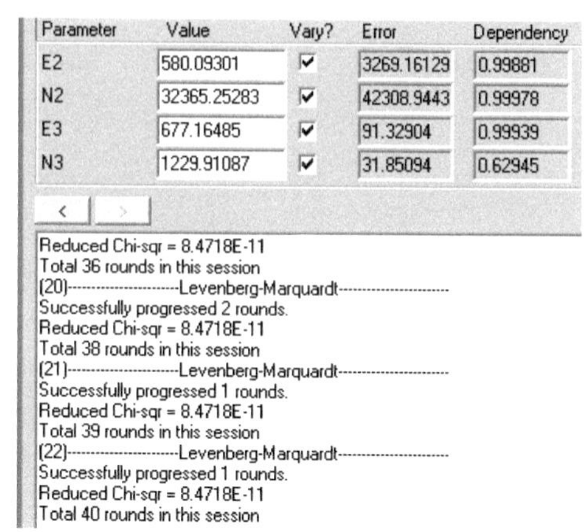

图 4.78　线性黏弹性蠕变柔量 $J_{ve}(t)$ 与时间的关系及参数求解结果

然后对蠕变黏塑性阶段求解，同理可得黏塑性蠕变柔量 $J_{vp}(t)$ 与时间 (t) 的关系，求解结果如图 4.79 所示。

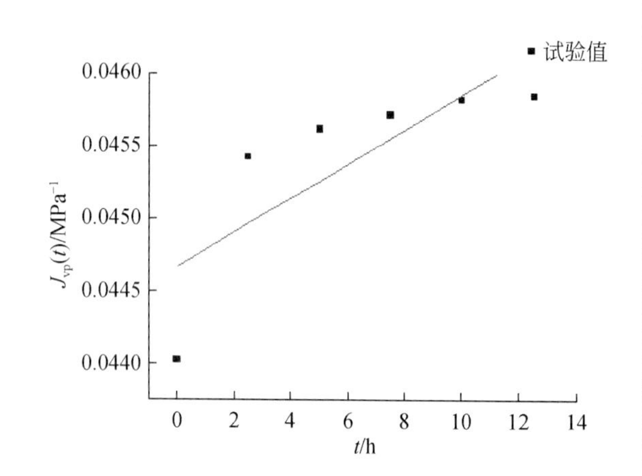

Parameter Value Vary? Error Dependency
EM 2.2388 0.01708 0.68182
NM 839.081 316.96318 0.68182
Reduced Chi-sqr = 0.00002
Total 14 rounds in this session
(2)----------------------Levenberg-Marquardt----------------------
Successfully progressed 1 rounds.
Reduced Chi-sqr = 0.00002
Total 15 rounds in this session
(3)----------------------Levenberg-Marquardt----------------------
Successfully progressed 1 rounds.
Reduced Chi-sqr = 0.00002
Total 16 rounds in this session
(4)----------------------Levenberg-Marquardt----------------------
Successfully progressed 1 rounds.
Reduced Chi-sqr = 0.00002
Total 17 rounds in this session

图 4.79　线性黏塑性蠕变柔量 $J_{vp}(t)$ 与时间的关系及参数求解结果

最终可得土石混合体黏塑性模型中的参数如表 4.41。

表 4.41　模型参数汇总表

E_1/MPa	E_2/MPa	E_3/MPa	η_2/(MPa·h)	η_3/(MPa·h)	E_M/MPa	η_M/(MPa·h)
43.793	580.093	32365.253	677.165	1229.911	2.239	839.081

4.4.4　土石混合体变形破坏机理模拟试验

为了充分研究土石混合体受剪切时的变形破坏模式，对试样中分别加入两种不同材料，用以观察剪切时试样不同部位发生的变形及试样中颗粒的细观变形破坏。

1. 试验方法研究

1）试验目的

通过土石混合体剪切试验，容易获取整个试样边界的应力应变，而对于试样内部的受力变形却不能直接测得。在模型试验中可以通过压力盒、应变片等测试手段获得，而本次剪切试验试样置于密闭剪切盒内，无法放入压力盒等监测元件，并且松散的土石混合体也无法采用应变片直接测得，所以采用简单易行的预埋点观测法间接获取试样体内的受力和变形。

2）试验方法

（1）试件制备

对于预埋设的试件，最理想的材料是采用和土石混合体原岩相同的岩石材料加工，但是变质岩体内大量的节理裂隙导致加工非常困难，且缺少可用的加工设备，故本研究中采用了两种易加工的试件替代品（图4.80）。

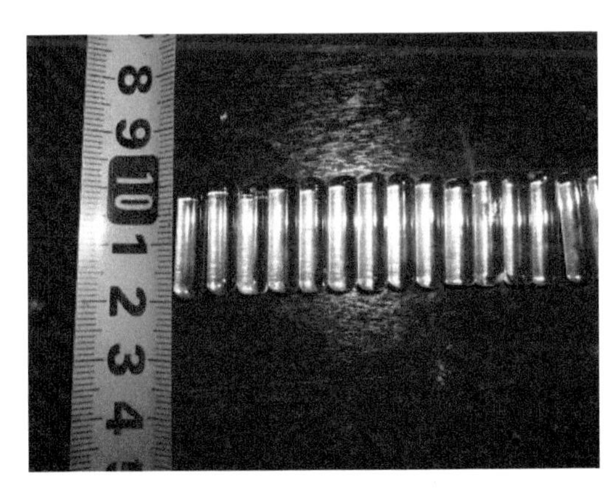

图4.80　试件制备

第一种材料为玻璃棒，其优点是可根据需要制成各种直径和长度的试件，且加工工艺简单，缺点是力学性质与原岩有一定差异（强度高于原岩），但并不影响其反映试样体内的变形及试件自身发生的平动及转动变形。考虑到试样2～10mm粒径含量最多，所以选择直径5mm的玻璃条，将其截成2cm的小段。

第二种材料选择粉笔，其优点是材料易取得，无须专门加工，而且粉笔的强度较低（强度小于原岩），不仅可以观察到试样内部的变形，还能模拟颗粒受剪切后发生的断裂破坏，根据粉笔长度将其切成3.5～4cm的短棒。

（2）试件埋设

在对试件进行埋设时，首先进行了多次尝试性试验，第一次尝试进行剪切面不同埋设深度对玻璃棒位置变化的影响，如图 4. 81（a）从左到右玻璃棒位于剪切面以下的埋深分别为 1/2、1/3、2/3，并通过盖侧盖板、装样、加压、取侧盖板等步骤完成制样［图 4. 81（b）］，然后进行剪切试验，得到试验后的试样［图 4. 81（c）］。试验结果并不理想，除了埋置 1/3 的最外侧向外倾斜（受挤压）外未看到其他现象。

(a)玻璃棒埋设

(b)装样完成后

(c)剪切结束后状态

图 4. 81　第一次试验全过程

之后进行第二次试验，均埋置试样中部，且不再区分埋置深度，埋深均为 1/2，试验前后的对比照片如图 4. 82 所示。

可以看到，试验依然未使玻璃棒发生过大的位移和破坏，但从中可以得到一些有益的结果：当下剪切盒向前（左）运动时，可以把土体剪切面的破坏分为三段。前部土石体受到剪切盒与玻璃棒的挤压剪切而破碎；后部土石体仅出现由剪切边界到玻璃棒顶部的类似拉剪破坏的贯通裂缝；玻璃棒所在的一段，剪切面并不通过玻璃棒，而是从玻璃棒试件顶部发展贯通，基本属于纯剪切段。玻璃棒设置过密，导致其形成一个整体，强度较高，使玻璃棒试件附近的土石体发生破坏。

在此基础上，又进行了第三次试验，将玻璃棒设置成多排，排间距 1. 5cm 左右，试验前后对比如图 4. 83 所示。

图4.82　第二次试验前（左）后（右）对比照片

图4.83　第三次试验前（左）后（右）对比照片

试验结果表明：

剪切造成了前两排发生一定位移，并且出现一定量的隆起，第三排之后基本没有位移变化；

靠近内部的土体变形量较大，而靠近剪切盒的位移量很小；

玻璃棒埋设仍然过密，导致排与排之间有较大影响。

通过以上多组尝试试验，可以得出采用单排间隔布置，能得到较好的试验效果，所以在玻璃棒埋设时排与排间距5cm（中至中间距），共设置七排，两侧各留2.5cm，埋置深度为剪切面下1cm。粉笔试件直径8～10mm，故粉笔间距7cm，共设置五排，两侧各留3.5cm间距。

（3）试验加载

对于试验竖向加载与否、加载力度多大，也做了多次尝试性试验。若剪切时不加竖向荷载，则剪切面必定通过玻璃棒顶面，玻璃棒基本不会有位移或破坏；若加载，则随加载力增大，玻璃棒会随土体移动而发生平动、转动，当竖向荷载足够大时，玻璃棒甚至发生剪断破坏，所以为了能够清楚观察到试样体内的受力变形，对试样加载200kN的竖向压力。

2. 物理模拟试验

本次试验通过埋设玻璃棒和粉笔两种试件材料，得到试件在土石混合体剪切试验中的变形破坏，从而间接分析研究了土石混合体受剪后的变形破坏行为。

1）玻璃棒试件

为了能更好地反映剪切盒内试样的变化，在剪切面和剪切面以上 8cm 的位置各埋设一层玻璃棒，得到的结果如图 4. 84 所示。

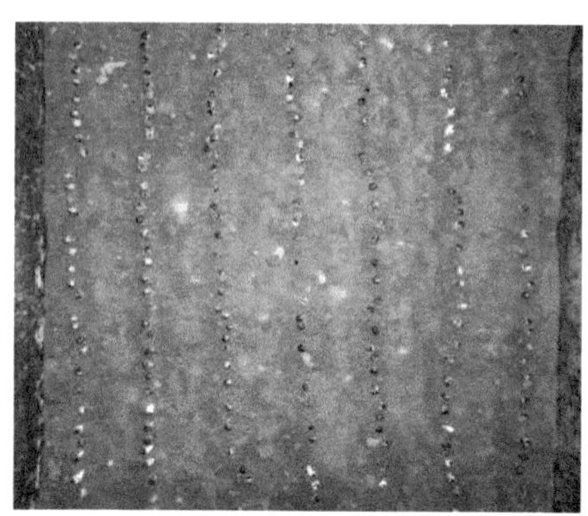

(a)剪切面以上8cm位置

(b)剪切面位置

图 4. 84 玻璃棒试件剪切前（左）后（右）对比照片

根据试验前后玻璃棒的位置可以得出以下结论：

（1）剪切面以上 8cm 处的玻璃棒未见太大水平位移变化，仅在垂直向上剪切前部比后部略翘起，高差 3mm 左右，说明在上剪切盒土体前部受挤压。

（2）剪切面位置的玻璃棒总体受挤压出现聚拢，总间距由 35cm 变为 30cm（剪切位移 5cm），尤其是剪切向前三排出现了较大位移，最后一排也更加靠近剪切盒。

（3）剪切面玻璃棒出现了不同程度的倾斜转动，尤其前三排和后两排比较明显，并且前三排玻璃棒还出现一定数量断裂破坏，比例在 10% ~15% ，第一排断裂多于后排，可见试样前部受力较大，向后基本未见受剪断裂。

（4）在水平面上，前三排出现隆起，最大垂向位移7mm，之后逐渐以向后倾倒为主。

2）粉笔试件

粉笔具有与土体类似甚至劣于土体的强度，所以在试样中设置粉笔试件，不会影响土石体的真实变形，试验前后对比照片如图4.85所示。

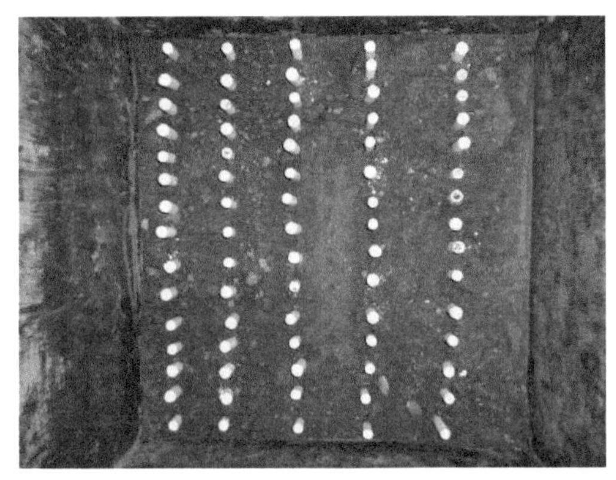
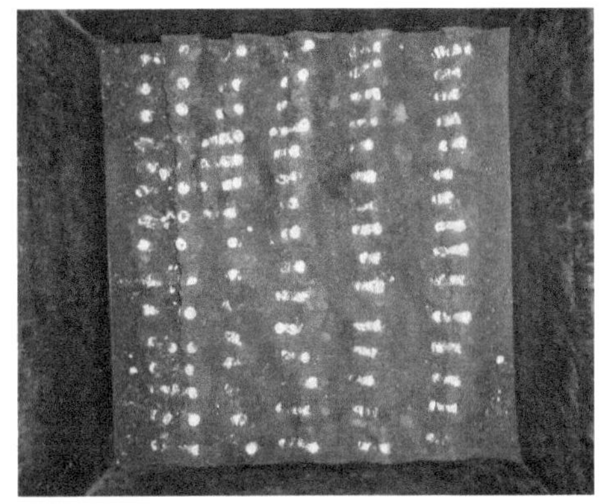

图4.85　粉笔试件试验前（左）后（右）对比照片

从该试验可以得到以下结论：

（1）根据粉笔的位置得到整个土体的变形，剪切面下部粉笔位置未发生较大变化，而剪切面上部粉笔间距减小，可见剪切对剪切面以下的土体影响不大，而剪切面以上土体受压挤密。

（2）粉笔均受到不同程度的破坏，第一排以直接剪断为主，被剪断距离达4cm，粉笔未见倾斜，说明土体受到较大的推挤，而直接从剪切面位置发生破坏；第二排也以剪断为主，剪断距离2～3cm，但粉笔发生多次断裂，且出现一定量倾斜；第三排之后基本以倾倒为主，最后一排倾斜角度35°左右，并呈现出拉长的效果，是很明显的拉剪破坏。

（3）从试验后粉笔根部的埋置深度得到土体的竖向位移，前排埋深略浅于后排，深度差约为3mm，说明试样土体内受力不均，导致竖向压缩量不均匀。

3. 数值模拟试验

通过以上物理模型试验研究揭示了土石混合体剪切试样的内部变形破坏，间接推得试样体内的应力变形情况，作为对比采用有限元数值模拟剪切试验过程，从而揭示整个剪切过程试样体内应力应变发展情况，计算参数均取自前文试验，得到结果如图4.86所示。

由于实际无法加工岩石棒才使用玻璃棒和粉笔代替，数值模型则可以直接采用岩棒试验，尺寸均与实际相同，土体和岩棒均按摩尔-库仑材料考虑，剪切盒为刚体，且剪切盒与土体之间为摩擦接触，摩擦系数设为极小，得到纯土石混合体试样和带岩棒试样的最大剪应变图（图4.86），可以得出以下定性认识：

（1）土石混合体试样和含岩棒试样中应力云图的形状和数值基本相同，呈斜向发展，在左下角和右上角出现拉应力（数值正为拉），两侧剪切位置压应力最大（负值），这就

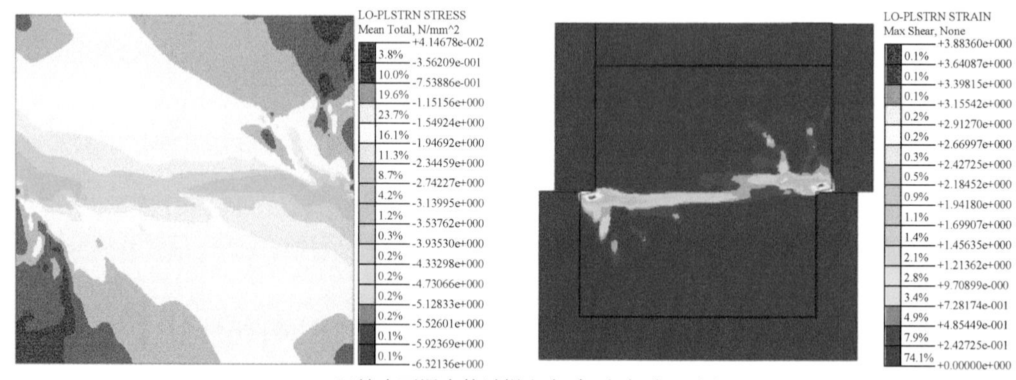

(a)纯土石混合体试样应力(左)应变(右)云图

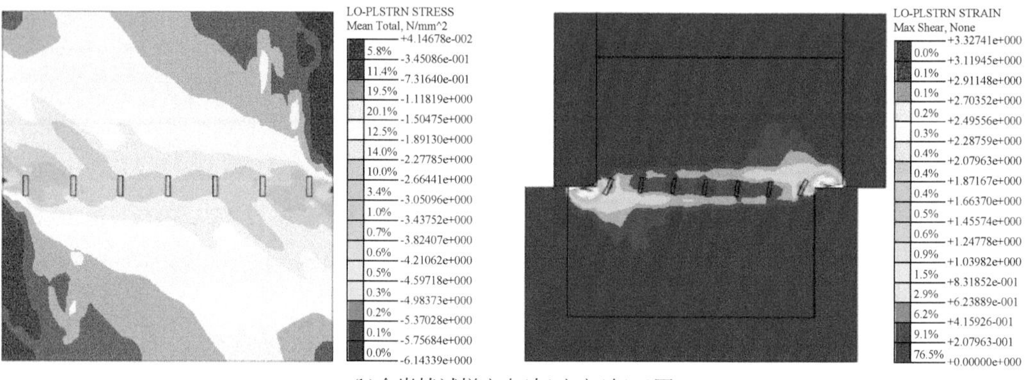

(b)含岩棒试样应力(左)应变(右)云图

图 4.86　剪切试验的数值模拟

是实际剪切时顶盖前部相对翘起的原因。

（2）从两个试样的剪应变云图看到，最大剪应变出现在剪切点的连线上，最终发展为剪切面，是由前后两个剪切点逐渐向中间发育，并形成连通面。含岩棒的试样中应变沿岩棒顶、底发展，主要是由于岩棒强度大于土石混合体，且软硬材料接触的部位往往形成应力集中。

（3）从含岩棒试样的应变云图可以看到前两排和后两排的岩棒所受影响较大，形成较大的剪应变，所以破坏往往先从两侧接近剪切点的位置发展。

1）颗粒变形破坏的力学分析

通过以上分析得出土石混合体内的颗粒主要发生位移和破坏两种变化方式。

（1）颗粒位移的力学分析

从细观角度分析，剪切面上颗粒可能发生平动、转动，以及两种相结合的位移运动方式，如图 4.87 所示。

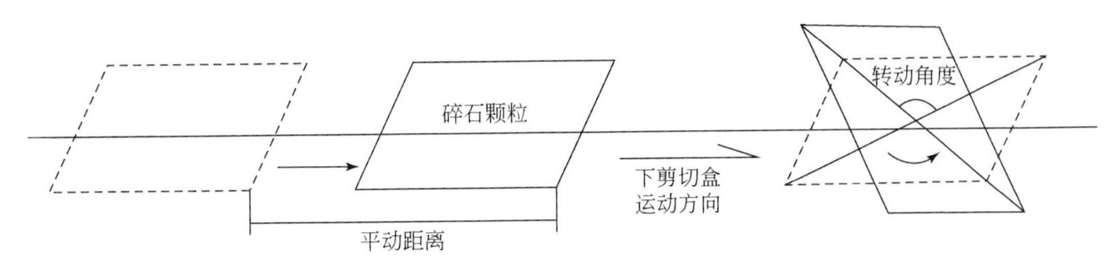

图4.87　剪切面处碎石颗粒的运动方式

从运动学角度分析，颗粒平动所做的功为 $W_S = \int_0^S F\cos\theta \mathrm{d}s$ ，其中 F 为合力，θ 为力与运动方向的夹角，s 为路径；颗粒转动所做的功为 $W_R = \int_0^\alpha M(F)\mathrm{d}\alpha$ ，其中 M（F）为合力矩，α 为转动角度。颗粒是平动还是转动主要看哪种运动需要做的功少，即“最省功原理”。但通常颗粒本身为不规则体，四周对其产生的力也不均匀，所以往往是平动和转动一同发生。

（2）颗粒变形破坏的力学分析

由于颗粒并非理想的刚体，所以除了发生位移运动以外，还会发生变形破坏，常见的变形破坏形式为拉、压、剪组合。而根据浅表层滑坡的特点：颗粒位于土石混合体中，受三向压、剪应力作用，仅发生压、剪变形；埋深较浅，所受应力均较小，而岩石的抗压强度远高于抗剪强度，所以土石混合体中的颗粒主要发生压、剪变形及剪破坏，即颗粒体应变主要由三项组成：$\mathrm{d}\varepsilon_V = \sum \mathrm{d}\varepsilon_{pe} + \sum \mathrm{d}\varepsilon_{se} + \sum \mathrm{d}\varepsilon_{sp}$ ，其中 ε_{pe}、ε_{se}、ε_{sp}分别为弹性压应变、弹性剪应变、塑性剪应变。

2）*土石混合体蠕变破坏机理*

土石混合体是浅表层滑坡的主要组成物质，通过试验、模拟、计算、推导，得到其物理力学性质及其各种因素的影响机制，揭示土石混合体的剪切流变特性，从细观角度分析了土石混合体的内在变形机理，具体成果如下。

（1）通过基本物理试验得到土石混合体的物理性质参数，从颗分试验得到了土石混合体的级配组成：原始试样颗粒级配良好，其颗粒组成近似呈正态分布曲线，2mm左右的颗粒含量最多。剪切试验对颗粒级配的影响是：大于2mm的颗粒逐渐减少，而小于2mm的颗粒增加，说明剪切过程中颗粒破碎，且随含水量减小，这种影响更加显著。

（2）将直剪试验划分为四个阶段，并通过试验得到土石混合体的力学性质参数，又分别试验含水量、颗粒级配、土石接触等因素对抗剪强度的影响，从而推导出多因素影响下的抗剪强度计算公式。

（3）通过试验研究了土石混合体的剪切流变特性，并建立了多元件流变本构模型，采用Origin软件拟合计算了本构模型参数。

（4）通过土石混合体模型试验及数值模拟，分析了土石混合体在剪切过程中的应力应变发展情况，揭示了土石混合体颗粒发生位移和破坏的两种变形破坏机理。

4.5 秦巴山区斜坡蠕滑变形机理

在对秦巴山区地质灾害进行调查时发现，大多数滑坡在发生前都有一定的征兆。例如，受地形条件限制，当地山区民房大多是傍山而建，且房屋结构以土木结构为多，很多房屋建好后不久地板或墙面就会出现裂缝。裂缝形成的原因有两种：一种是受地基不均匀沉降影响，但此类裂缝在建后一两年便停止发展，一般对房屋稳定影响不大；另一种裂缝就是由于房前的坡体发生缓慢移动，而其移动往往也是雨后容易出现，而干燥时又几乎停止，但其发展缓慢，如果不是引起房屋开裂，一般很少被人注意。由此看来，坡体的缓慢移动就是浅表层滑坡的孕育过程，当外界环境有急剧影响坡体稳定性的因素，如暴雨、地震、人类工程活动等，就会使坡体由蠕动转变为瞬时滑移，形成灾难。

4.5.1 滑坡的蠕滑类型

以往对滑坡的研究主要集中在剧滑突变阶段，所以往往把滑坡孕育的蠕滑阶段全部作为一种情况，也没有对其进行详细的分析研究，但通过调查发现，如果在孕育的蠕滑阶段分清边坡的蠕滑类型，则有助于预测滑坡的发展阶段及破坏类型。为此，根据秦巴山区滑坡物质组成、变形特征、滑坡体初始状态等对蠕滑阶段进行划分。

1. 按物质组成划分的蠕滑类型

秦巴山区浅表层滑坡根据变形破坏的主要物质组成，可将其分为土石混合体蠕滑和基岩蠕滑两个大类和若干小类。

1）土石混合体蠕滑

土石混合体蠕滑破坏是秦巴山区最为常见的变形破坏类型，而根据土石混合体的成因又可分为坡积物蠕滑和残积物蠕滑，对两者最典型的区别分析如下。

（1）坡积物蠕滑破坏

坡积物一般是由上部岩体风化后经风或雨水搬运至相对稳定区，逐渐堆积，其特征是粗、细颗粒以及黏粒成分搅裹在一起，岩土强度差异非常大，其蠕滑破坏是根据雨水入渗深度逐层发展的，没有统一的蠕动面，当其发展至加速蠕滑及破坏阶段时，常为弧面滑动，可以借鉴目前相对比较成熟的土质边坡的研究成果。

（2）残积物蠕滑破坏

残积物往往是区内软弱变质岩风化后形成的碎砾石，其特点是继承了原有的岩体结构，且越往坡里完整性越好，颗粒粒径越大，所以这类蠕滑通常沿贯通的易滑组合结构面滑动，蠕滑面不规则，且变形时常伴有剪胀效应，结构面抗滑性能逐渐降低，容易进入加速蠕滑阶段。它是土石混合体滑坡和基岩滑坡的一种过渡形式，发展初期非常隐蔽，应对其足够重视。

2）基岩蠕滑

秦巴山区基岩蠕滑的形成通常是受外部因素侵扰，短时间内发生赋存条件的剧烈改变，如河流侧蚀、暴雨冲刷、爆破震动、人类工程活动等。其规模一般也相对较大，容易造成较大损失。基岩蠕滑一种是沿平面、折面、楔形体、弧面等多种形状的结构面发生滑动，这种破坏采用最常用的极限平衡法即可得到较好的结论；还有一种是岩块本身发生了缓慢的变形，以至出现弯曲、倾覆等破坏，而有的破坏形式更为隐蔽，破坏性质更加复杂。尤其是针对区内具有复杂结构的软弱变质岩的变形破坏机理应进行更加深入的研究，按岩体结构可将岩质边坡大致分为块状结构边坡、层状结构边坡、碎裂结构边坡、散体结构边坡等四大类型。块状结构边坡一般稳定性较好，其破坏时一般是沿某几组结构面发生大规模整体滑移破坏，容易形成滑块或岩崩，但无外界因素侵扰作用则很少形成；层状结构边坡是目前研究较为深入的一种岩体类型，一般认为除了沿结构面的蠕滑，岩层还会发生各种蠕动变形作用，下文将详细说明；碎裂结构边坡节理裂隙发育，稳定性差，破坏具有蠕变特性；散体结构边坡即类似于土石混合体的全风化残积物蠕变。

根据地质条件、力的作用模式及其破坏形式，可将层状岩质边坡的蠕变破坏分为水平层状边坡坐落式剪切蠕变破坏、缓倾斜层状边坡顺层剪切蠕变破坏、陡倾斜层状边坡顺层逆向剪切蠕变倾倒破坏、反倾斜层状边坡逆向剪切蠕变倾倒破坏等 4 种主要类型。

(1) 水平层状边坡坐落式剪切蠕变破坏

该类蠕变破坏发生在构造活动区的水平或近水平岩层边坡中。边坡临空面应力释放或经开挖后，由于开挖卸荷回弹，残余构造应力已释放，这时在水平或近水平的软弱结构面，当局部地段上覆坡体的下滑力达到或超过该面的实际抗滑阻力时，即出现一系列的小剪裂，逐步产生缓慢蠕变。若开挖深度不大，卸荷作用甚小，则蠕变通常为衰减变形，边坡水平位移将收敛于确定值，此时的边坡为稳定边坡。如果边坡开挖进一步加深，则卸荷进一步增大，可造成超过岩体软弱面剪切强度的很大的水平蠕变剪切应力，从而使与软弱面相邻的上下岩层相互错动破裂，再加上开挖活动及雨水渗透等影响，常会导致边坡的上部岩体形成碎裂、块裂结构。当边坡最终形成后，由于其高度很大，上部破碎岩体的自重应力亦很大，边坡在该自重应力的作用下常会发生沿边坡下部的水平或近水平软弱夹层蠕动滑移的坐落式滑坡。因此，这种边坡的蠕变破坏一般首先表现为边坡上部岩体的较大水平剪切位移，当边坡开挖到一定深度时又将表现为垂直剪切位移，一定时间后便将发生沿边坡后缘已形成的滑移面滑动的坐落式剧滑。

(2) 缓倾斜层状边坡顺层剪切蠕变破坏

缓倾斜层状边坡是指岩层走向和倾向基本与边坡面走向和倾向一致，岩层倾角小于或等于边坡角的一类边坡。此种条件最容易出现蠕滑破坏，特别对深、高边坡常出现高速滑坡。当这类边坡开挖后，作用在软弱层面上的垂直力与水平力都将发生作用，但首先是水平应力释放，岩体松弛，出现水平位移。随着时间的延长，水平应力逐渐减小，垂直力在层面上的作用逐渐增强。在长期的重力荷载作用下，边坡将发生沿层面的剪切蠕变。如剪力超过层面的长期剪切强度时，边坡便发生不稳定蠕变，即边坡的孕育经过初始衰减蠕变、等速蠕变，最后到达加速蠕变而出现顺层剧滑，这是缓倾层状边坡变形的主要特点。

(3) 陡倾斜层状边坡顺层逆向剪切蠕变倾倒破坏

陡倾斜层状边坡是指岩层倾向与边坡倾向接近一致，而岩层的倾角却比边坡角大的一类边坡。一般情况下，这种边坡比较稳定。但当层理或层间错动面发育时，边坡开挖后沿层理面产生变形破坏的现象仍较普遍。该类边坡开挖后，首先岩体构造的水平应力释放，岩体松弛，沿层理面产生张裂。水平应力逐渐减小或消失后，边坡上部的岩体自重逐渐发挥作用，其过程可大致分三个阶段：一是初期受力阶段，此时作用在层理面上的力 P（上部岩体重力 Q 的分力）随岩体的松弛逐渐增加。但因力 P 增加有限，作用时间较短，岩体还未出现显著的变形；二是剪切蠕变变形阶段，在该阶段力 P 逐渐增大，特别是由于长期的时间效应，沿层面出现剪切蠕变，剪切方向是逆层的，上盘向上位移，下盘相对向下；三是倒转变形至倾倒阶段，当剪切变形相当大时，变形体本身的重力作用可使岩层弯曲倒转。若坡脚被雨水冲蚀或开挖内切时，该弯曲倒转岩层势必产生倾倒破坏。

（4）反倾斜层状边坡逆向剪切蠕变倾倒破坏

该类边坡的岩层倾向与边坡倾向相反，两者走向接近一致。一般情况下，这种边坡也是比较稳定的。但在构造复杂地区或新构造活动区，褶皱断裂，层间错动发育，边坡在外力作用下，沿软弱层面（层间错动带、泥化夹层等）易产生蠕变破坏。其过程与上述三种类型基本相同。边坡开挖后，首先是残余构造水平应力释放，岩体松弛，在边坡顶部出现张裂缝。随着时间的延长，边坡中的重力作用明显加强，其作用在软弱夹层上，先产生压缩变形，而后转化为剪切蠕变变形，剪切面上盘顺层向下位移，下盘相对向上位移，在边坡上将形成反翘陡坎现象，若反翘严重，边坡将产生倾倒破坏。

2. 按变形特征划分的蠕滑类型

滑坡蠕动变形按变形特征可以分为倾倒型蠕变变形滑坡、扭曲型蠕变变形滑坡、松动型蠕变变形滑坡、塑流型蠕变变形滑坡。

1）倾倒型蠕变变形滑坡

倾倒型蠕变变形多发生在似层状或层状结构的脆性陡倾角岩石组成的边坡，尤其对高倾角反倾向边坡最易发生。其变形特征如下：

（1）各层岩块顺序向临空一侧倾倒歪斜，因而使表层岩层倾角逐渐变化。由于岩体的脆性特征，岩层的倾倒是以岩块的张裂、滑动和转动等形式出现。就是说，岩块本身一般不发生弹性变形，只是由于上述岩块的滑动、转动和张裂，才使岩层歪斜，与此同时，伴随出现上宽下窄的张裂隙，岩层分段折裂。岩层的倾倒程度决定于张裂隙的张开宽度。张裂隙有时分散于各层之间（脱开式倾倒），有些集中发育于一定部位，大部分岩层仍相依靠（错动式倾倒）。张裂隙有时被地表下渗的泥土充填，有时呈架空现象，但岩层的层序一般仍保持正常。

（2）由于岩层依次向临空侧倾倒，层与层之间发生相对错动，因而常使表部出现上盘向下、下盘向上的反坡向台坎。

（3）倾倒型蠕变变形体与下部完整岩体的交接关系有两种类型：①渐变型，即倾倒体与完整岩体间无明显的界面，岩层产状逐渐变化，似为岩层弯曲，但仍可见弯折产生的张裂隙。②突变型，即倾倒体与完整岩体之间有一折裂界面，岩层倾角突变，似角度不整合接触，但接触界面并非连续平面，往往受原有构造软弱面的控制，呈参差阶状。折裂界面以上岩体松动，界面以下岩体完整。

（4）岩块的倾倒变形幅度自地面向深部逐渐变小。变形岩体在垂直方向有一定的分带性，自地表向深部大致可分为四带：①坡崩积带，表部岩块层序已经扰乱，部分岩块曾发生滚动，杂乱堆积，并夹有大量泥土，风化严重者已形成坡积覆盖层。②蠕变变形带，岩层扭转倾倒，倾角变化，但层序正常，岩块松动架空，张裂隙发育。越靠近表部，张裂隙越发育。③张裂隙发育带，岩层产状已趋正常，但岩体中出现张裂隙，有时宽达数十厘米。张裂隙多迁就原有构造节理产生，向深部，裂隙发育程度逐渐减弱。④完整岩石带，上述分带一般没有明显的界线，常呈过渡形态。

2）扭曲型蠕变变形滑坡

扭曲型蠕变变形和倾倒型蠕动变形的条件基本一致，但前者多产生于具有塑性的薄层岩层（如页岩、千枚岩、片岩）以及软硬相间的互层岩体（如砂岩、页岩互层，页岩、灰岩互层等），除仍具有岩层向临空侧歪斜的特点外，与倾倒型的区别主要在于岩层多出现塑性弯曲，很少折裂。有时所夹砂岩等脆性岩体在软层内发生折裂。层与层之间发生错动，但张裂隙发育不显著，蠕变变形岩体和完整岩体之间呈渐变过渡状态。在一些薄层柔性岩石地区，如千枚岩、片岩分布区，扭曲型蠕变可以使边坡表部的岩层产生揉皱形弯曲，甚至使顺坡向岩层在边坡的表部产生岩层的倒转弯曲。

3）松动型蠕变变形滑坡

松动型蠕变变形多发生在由中厚层脆性岩石组成的反倾向边坡地段，或由倾倒型蠕变变形进一步发展而成。其特点是：岩层的层序多已上下错位扰动，岩块角变位的幅度不一，有时层理分辨不清，部分岩块已经滚动或转动。边坡的变形，实际上是各个岩块的微小的滑动、扭动所造成的。如果各岩块的滑动面接近一致，也可能出现局部范围的岩体滑动。在倾倒型蠕变变形边坡的表部，有时由于坡脚岩体被开挖、冲淘松动，没有上部倾倒体的作用力支撑时，也可能引起表层倾倒体的进一步蠕变变形，至岩块扰动严重，过渡为松动型的蠕变变形边坡。

松动型蠕变变形边坡因为角变位和剪变位幅度较大，松动造成的架空现象比较严重，松动体的下部往往没有明显的界面，在和完整岩体之间，也常有一张裂隙发育带分布。但有时，松动体也可与完整基岩直接接触。如某些坝址，其边坡的表部岩体完整，但在一定深部则出现岩体松动架空。

4）塑流型蠕变变形滑坡

塑流型蠕变变形滑坡系指由于坚硬岩石中的软弱夹层或垫层的塑性流动而引起变形的滑坡。当塑性垫层上覆有坚硬脆性岩石时，由于下垫层的塑性流动蠕变，可导致上覆岩石沿软层向临空侧出现缓慢滑动，上覆岩石因而出现张裂隙，软弱岩层侧向临空侧挤出，甚至发生上覆脆性岩石缓慢解体下沉挤入软层，出现不均匀沉陷的现象，这种变形现象称为“块体滑坡”。如果河谷底部分布有软弱岩石，由于谷底软岩塑流挤出，或膨胀鼓起所引起的边坡变形也属于此类。秦巴山区属于此类的蠕动变形边坡非常常见，但一般形成过程漫长，容易让人放松警惕。

3. 按滑坡体初始状态划分的蠕滑类型

按滑坡体初始状态，蠕变变形边坡可以分为由于人类工程活动形成的新滑坡、二次滑动的老滑坡。

1）由于人类工程活动形成的新滑坡

随着经济的快速发展，秦巴山区居民大兴土木，建造了新房，修筑了村村通的路桥。无论是路桥还是房屋，使用不久后，部分路面或地板、墙面就会出现裂缝。裂缝形成的原因有两种：一种是受地基不均匀沉降影响，但此类裂缝在建后一两年便停止发展，一般对房屋稳定影响不大；另一种就是大量修筑路桥房屋，破坏了山体本来较为稳定的平衡，使身体局部发生缓慢移动，即发生蠕滑现象。其移动往往也是雨后容易出现，而干燥时又几乎停止，但其发展缓慢，如果不是引起房屋开裂，一般很少被人注意。但当外界环境有急剧影响坡体稳定性的因素，如暴雨、地震、人类工程活动等，就会使坡体由蠕滑转变为瞬时滑移，形成灾难。

2）二次滑动的老滑坡

秦巴山区属于滑坡多发地带，其中很多滑坡属于已发生过剧烈滑动的老滑坡，滑动后的岩体具有松散或松弛程度不同的碎裂结构或碎裂块状结构特征。滑面滑带的组成物已经经历过一次沿岩体中的软弱结构面自初始蠕变—等速蠕变—加速蠕变的过程，其组成物和微观结构反映的强度已基本稳定，并达到残余强度。第一次滑动后受动能转化条件，河谷地形条件，滑面剪出口形态、位置、滑带的排水固结作用等多因素的控制，滑坡趋于稳定。当滑坡的荷载条件发生改变时，如集中降雨或河水位的变化，使老滑坡二次滑动，并且下滑剪力恰好相当于经长期固结后的滑带土长期强度与临界强度之间，滑体就不会向加速蠕变阶段转化，滑坡运动表现为缓慢下滑，即蠕滑。

4. 其他形式的蠕滑类型

其他还有很多蠕滑分类方案，如按照蠕变的力学成因分为受压蠕变、受拉蠕变、剪切蠕变、压弯蠕变、扭曲蠕变。按诱发因素分为重力蠕变、水致蠕变、人类活动诱发蠕变等。

总之，研究时根据研究目的进行合理的分类有助于使成果更加条理化、更加有针对性。

4.5.2 滑坡的蠕滑特征

边坡蠕变是滑坡孕育中的重要阶段，其变形特征与滑坡其他类型变形具有明显区别。

（1）除塑流型蠕动边坡变形外，一般都以松动变形为其特征，岩块的运动较为复杂，不像滑坡那样做岩体整体滑动，或像崩塌那样发生岩块的坠落滚动。蠕动时边坡岩块既发生剪切位移，也发生角位移，但位移量都不大，以致造成岩体原地松动的特殊现象。

（2）一般不具备连续的滑动面，松动区与岩体完整的界线常呈过渡状态。即有界面，但其界面亦呈参差阶状。

（3）从滑坡变形的区域看，滑坡体各部位蠕动变形具有明显的不均一性。从变形大小来看，位于滑体中部和主滑区的变形最大，其次为滑体前缘或后缘。

(4) 从滑坡变形的过程看，蠕动变形是长期缓慢进行的，往往不容易觉察。对于塑性材料，这种变形是在一定荷载作用下的时间效应；对于脆性材料，变形则是间歇式、跳跃式进行的，即微小的变形和停顿相间出现，而微小的变形除重力作用外，可能是某些诱发因素引起的，一旦出现一次微小变形，即又恢复其平衡状态。

(5) 蠕动变形边坡岩体松动变形的影响深度决定于山坡的高度、结构特征等许多因素。一般影响深度都较大。

(6) 蠕动变形滑坡由于岩体松动，一般透水性强烈，沉陷变形大，不利于工程边坡的抗渗承压。蠕动变形边坡多处于自然稳定状态，一经斩切坡脚，即可能引起坍塌。

(7) 塑流型蠕动变形滑坡，因软弱垫层遇水后会进一步软化，加快边坡的蠕滑速度。

综上，秦巴山区边坡浅表层发生蠕变时的大部分特征都是发生在坡体内部，且由于变形速度缓慢、数量微小很难觉察，但仍可发现一些典型特征，如地表开裂、漏水涌水、地物位移等，建议发动群测群防，采用简单监测手段对坡体变形进行监测，如肉眼观测法、拉绳法、贴纸法、修建水平台等，都是比较简单有效的方法。

4.5.3 滑坡蠕滑破坏模式

蠕滑和瞬时滑移最大的区别在于滑体滑动与时间具有较强的函数关系，岩土体在蠕变破坏时其破坏面往往与瞬时破坏存在较大差别，蠕滑破坏的坡体，一般没有固定的、明显的滑动面，而是由表及里全部都在缓慢移动，但受土体性质制约，往往越往坡里移动越缓慢，而瞬时移动一般都会有明显的滑动面或滑动带。

秦巴山区几乎所有的浅表层滑坡的孕育过程都是一种缓慢的渐进式变形，而这种变形包括三种形式，第一种是变质岩形成后由地下深处运移至表层，地应力降低，岩体中产生大量卸荷裂隙，进而在温度、湿度不断变化的外界条件影响下，逐渐风化破碎；第二种是浅层的变质岩在变化的地质营力作用下产生的缓慢变形破坏，也是我们常见的岩体蠕变；第三种是坡体表层极破碎风化物（土石混合体）在外界环境变化的条件下发生缓慢流动变形。本次研究根据滑坡所处斜坡的地质结构、滑面形态和滑体变形破坏方式，可将蠕滑边坡归纳为以下 7 种地质模式。

(1) 倾向变倾角“圈椅”状岩层顺层滑坡：岩层呈“圈椅”状，上陡下缓或下部近水平，前缘临空，滑面抗滑力小，岩体顺基岩滑移，在陡缓转折部位受阻而发生弯曲变形破坏发展成为滑移-弯曲型滑坡，并在后缘形成张拉裂缝。

(2) 顺向变倾角“波”状岩层顺层滑坡：岩层受次级褶曲影响呈波状起伏，但总体中、缓倾外，且前缘不临空。岩体顺层滑移时，由于反复受阻，反复弯曲变形，反复扩容破裂，并剪断前缘部分岩体而发展成为滑移-弯曲型滑坡。

(3) 顺向中、陡倾角顺层滑坡：岩层呈“单斜”状，中、陡倾外，前缘不临空。岩体顺层滑移时，因在坡脚受阻而发生弯曲变形破坏，并剪断前缘部分岩体而发展成为滑移-弯曲型滑坡。

(4) 顺向缓倾角顺层滑坡：岩层呈“单斜”状，缓倾外，前缘临空。岩体顺层滑移，斜坡后部拉裂，在孔隙水压力作用下形成滑移–拉裂型滑坡。

（5）近水平岩层平推式滑坡：岩层呈近水平状，具软弱基座。坡体在自重和地下水的作用下，下伏软岩向临空方向塑性挤出，导致上覆岩体拉裂，在孔隙水压力作用下形成塑流–拉裂型平推式滑坡。

（6）逆倾切层滑坡：岩层反倾坡内，因坡体中结构面错动、岩层弯曲，向临空方向发生剪切蠕变，使后缘拉裂发展成为蠕滑–拉裂和弯曲–拉裂型滑坡。

（7）松散堆积层滑坡：主要发生于崩坡积或基岩老滑坡堆积斜坡。崩坡堆积多因累积加载而导致滑坡，如新滩滑坡。基岩老滑坡堆积在一定条件下可能整体或局部复活形成新的滑坡。

4.5.4 滑坡蠕滑变形的发展过程及趋势

蠕变本身是岩土体从不稳定阶段向稳定阶段协调发展的过程，但蠕滑发展又势必引起原有的稳定因素发生改变，以至于蠕滑的结果都是分异的。一部分蠕滑使岩土体更加密实，裂隙更加闭合，岩齿咬合更加紧密，边坡稳定性增加，蠕变也逐渐减缓，甚至停止发展；还有一部分蠕滑反而会引发不稳定因素，容易导致边坡失稳。例如，使岩土体受力由压变为拉、剪，结构面由未完全贯通发展为完全贯通，岩土体中出现较多裂缝成为水的良好通道等，都会使边坡越发不稳定，而产生加速蠕变直至剧滑破坏。

目前，将岩土体的蠕变分为三个阶段：第一阶段为初始蠕变或减速蠕变，第二阶段为等速蠕变，第三阶段为加速蠕变，即蠕变速率随着时间不断加快，最后导致岩土体破坏失稳。所以滑坡的蠕滑变形也分为减速蠕滑阶段、等速蠕滑阶段、加速蠕滑阶段三个阶段。

综上，滑坡体的蠕滑变形有两种发展趋势：一是变形随时间逐渐增长，但变形速率却随着时间逐渐减小，最后滑坡体的蠕滑变形趋于某一稳定值而不导致整体性破坏；二是变形随时间逐渐增长，达到某一阶段变形速率急剧增加，最后导致滑体失稳。

4.5.5 秦巴山区滑坡蠕滑案例

综合以上分析，秦巴山区浅表层滑坡是浅表层残坡积体和浅表层以下岩体共同发生蠕变的结果。本次研究主要采用数值模拟分析边坡蠕滑破坏的变形破坏机理，典型滑坡位于秦巴山区内的陕西省安康市汉滨区洪山镇低山丘陵地带，为典型的浅表层变质岩滑坡（图 4.88）。滑带往往形成于强风化与中等风化岩体间风化裂隙，或强风化岩体与上覆残坡积碎石土之间土岩接触面上。洪山镇滑坡滑带包含上述两种接触面，滑带在上部发育强风化与中风化片岩之间的弱结构面–风化裂隙，向下部逐渐转移至土岩接触面上，滑面倾角由上至下逐渐变小。滑带总体位于厚 6 ~ 10m 的碎石土残坡积物与强风化片岩层组成的上覆滑体和下部中风化片岩的基岩滑床之间，在下部逐渐转变为土岩接触面。滑体物质约 20000m^3，长宽高分别为 100m、40m、5m，滑坡前坡度约 34°，节理统计如图 4.89 所示，极密产状 97°∠51°，为顺层滑坡。为了简化计算，突出蠕变模型在整个滑坡模型中的左右，采用宽度为1m的等效平面应变简化模型。由于表层滑体物质与基岩存在不同的密度，且经调查坡体内由风化裂隙导致的不连续结构面为滑坡提供了主要滑带，因此在滑坡体模型内设置一条倾角为51°的软弱接触面，以概化节理对滑坡不稳定变形的影响。

图4.88　安康市洪山镇浅表层滑坡

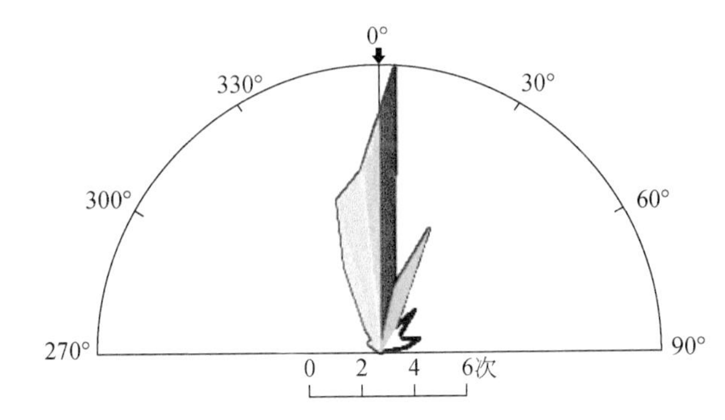

走向

节理范围/(°)	节理组数	平均值/(°)	
0~9	22	3.3	
350~359	14	353.4	
340~349	12	343.3	
20~29	10	22.5	
330~339	7	334.9	

图4.89　节理统计图

在FLAC 3D中，对于边坡稳定性分析，采用有限差分强度折减法进行计算。利用强度折减法得到的边坡安全系数，即通过不断增大对强度参数的折减系数，直到滑坡达到临界状态，此时的折减系数为边坡原始的安全系数；另外，对于边坡数值求解的收敛性条件，通常认为体系不平衡力与典型内力比小于10^{-3}达到了力平衡。

在下面的数值计算中，分别考虑是否在滑体物质与风化基岩面之间存在接触面的情况，并进行研究与比较。此外，针对坡体内不同块体的物理力学特性及滑动特征，对其采用不同的模型进行计算，其中，对浅层残坡积碎石土与强风化岩层采用软件内置Cvisc蠕变模型，对其他较稳定部位则采用摩尔-库仑模型进行计算，计算参数如表4.42～表4.44所示。

表 4.42　不同块体的模型参数

块体分组名称	力学模型	体积模量/MPa	剪切模量/MPa	黏聚力/MPa	摩擦角/(°)	剪胀角/(°)	抗拉强度/MPa
强风化层	摩尔-库仑模型	7000	5100	2.5	60	15	10
中风化层 1#		7083.3	5390.3	2.93	60	15	10
中风化层 2#		7083.3	5390.3	2.93	60	15	10

表 4.43　松散堆积层模型参数

块体分组名称	力学模型	Maxwell 模型剪切模量/kPa	Kelvin 模型剪切模量/kPa	Maxwell 模型黏滞系数/(kPa·s)	Kelvin 模型黏滞系数/(kPa·s)	黏聚力/kPa	摩擦角/(°)
松散堆积层	Cvisc 蠕变模型	7727.27	136363.64	0	100000	2.0	30

表 4.44　分层接触面模型参数

块体分组名称	力学模型	切向刚度/kPa	法向刚度/kPa	黏聚力/kPa	摩擦角/(°)	抗拉强度/kPa
接触面 1	摩尔-库仑模型	6000	6500	1.0	20	0
接触面 2	摩尔-库仑模型	6000	6500	0.3	20	0

1. 未设置接触面数值试验结果

从图 4.90、图 4.91 可以看到，在浅表层散碎残坡积物与强风化片岩基座或强风化中风化片岩基座间未设置接触面时，中部滑带监测点 2 处的 X 向位移随时间的变化呈先增大，后略有减小的趋势，最终趋于稳定，说明未设置接触面边坡最终可能处于稳定阶段，并不会发生大规模的破坏现象。蠕变时间为 1600h 之前，位移初始状态存在一瞬时位移增量，随后位移变化随时间逐渐减小，与岩石蠕变变化规律近似相同。达到位移峰值后，有一较小回落，随后达到稳定状态，表明坡体在 2100h 后达到稳定状态，此监测点处 X 方向位移变化仅仅为 0.025mm。

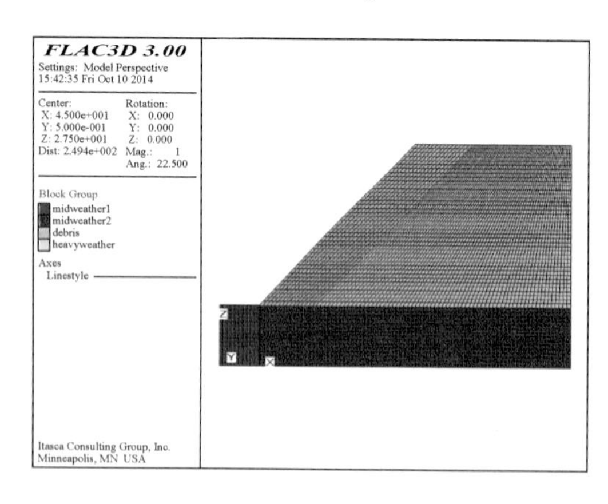

图 4.90　浅表层简化模型

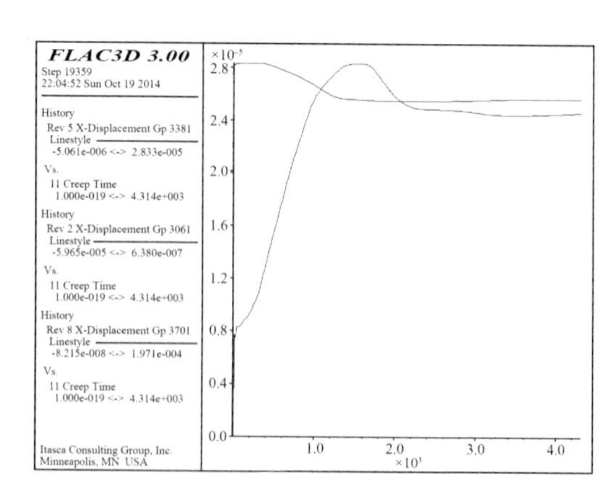

图 4.91　监测点 1，2，3 处 X 方向位移-时间曲线

未设置接触面时，观察不同步时剪应力云图（图 4.92），发现剪应力最大值出现在蠕变起始阶段，为 1.2kPa 左右，对应于图 4.91 所示蠕变应变迅速增长的过程。随着时间的增长，剪应力逐渐变小，可看到当蠕变时间 2000h 和最终设定蠕变时长 4320h 时的剪应力值及其分布情况相近，在坡体内部均匀分布，剪应力值范围在 0～20kPa 内，与地应力相比可忽略不计。剪应力初始集中分布在坡顶处，对应于实际边坡中后缘拉裂后裂隙逐渐向坡体内扩展的过程；观察剪应变增量云图（图 4.93），可看到最大剪应变值均分布在浅层残坡积物与强风化岩体接触面上，剪应变增量等势线与接触面方向相近。这反映出作为一个整体，浅表层残坡积物有整体沿顺时针方向旋转的趋势：在初始时刻，伴随着表层滑体向下滑移的趋势，坡脚处速率矢量方向沿 X 负向发展，而上部坡顶处岩土体有向内侧滑移的趋势，随着时间的增长，坡体内发生位移变化的区域逐渐扩大，但值得注意的是，在没有设置接触面的情况下，这种变化是非常小的，如上所述，最大 X 负向位移值仅为 0.025mm，随即达到稳定。

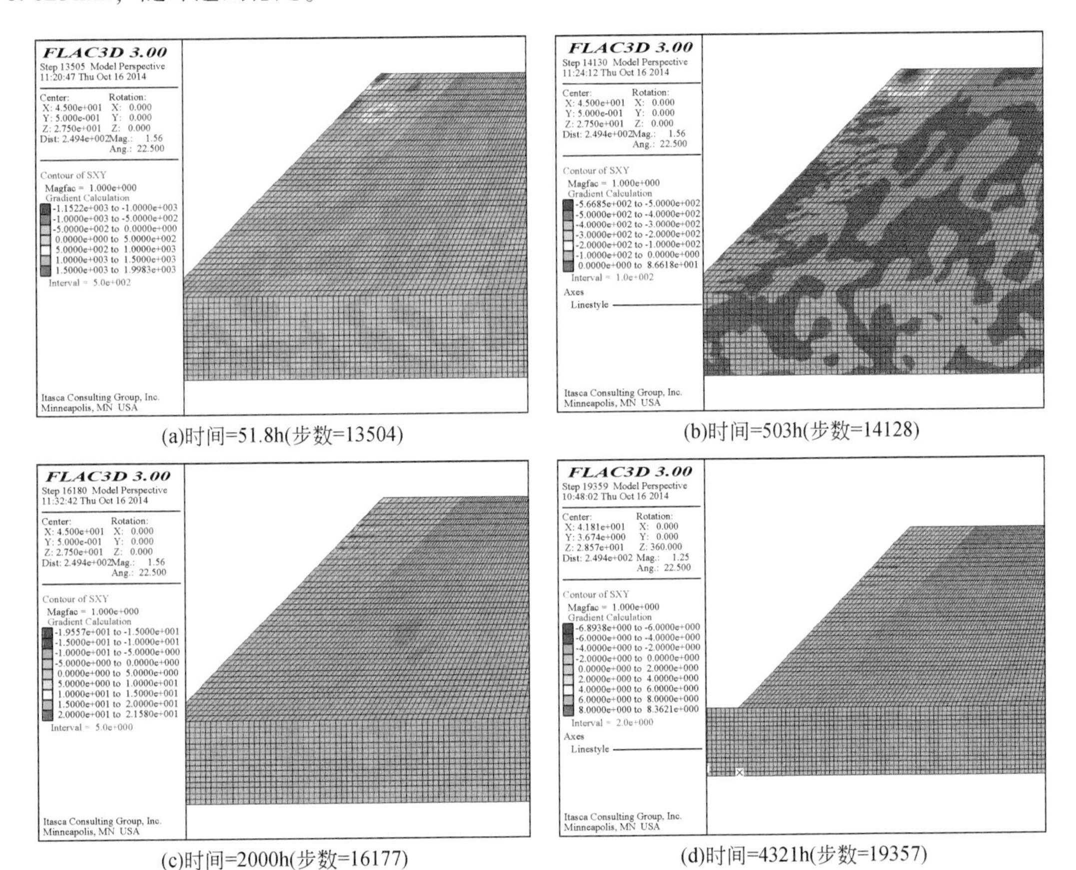

(a)时间=51.8h(步数=13504)　(b)时间=503h(步数=14128)

(c)时间=2000h(步数=16177)　(d)时间=4321h(步数=19357)

图 4.92　监测点 2 不同步时 XZ 平面剪应力云图

2. 设置接触面后数值试验结果

含接触面的浅表层模型如图 4.94 所示。观察监测点 1，2，3 处的 X 向位移-时间曲线

(图 4.95)，其变化趋势基本相似。与无接触面时的情况相似，各监测点处的位移变化开始时存在瞬时弹性变形。随着时间的增加，当达到约 1600h 时，各处监测点位移随后保持稳定，或下降较小程度后达到稳定。所不同的是监测点 2 处的最终 X 向位移量较前者大一个数量级，反映了接触面的作用使得浅表层滑体有明显的滑动过程，最终水平方向最大位移约为 0.18mm。

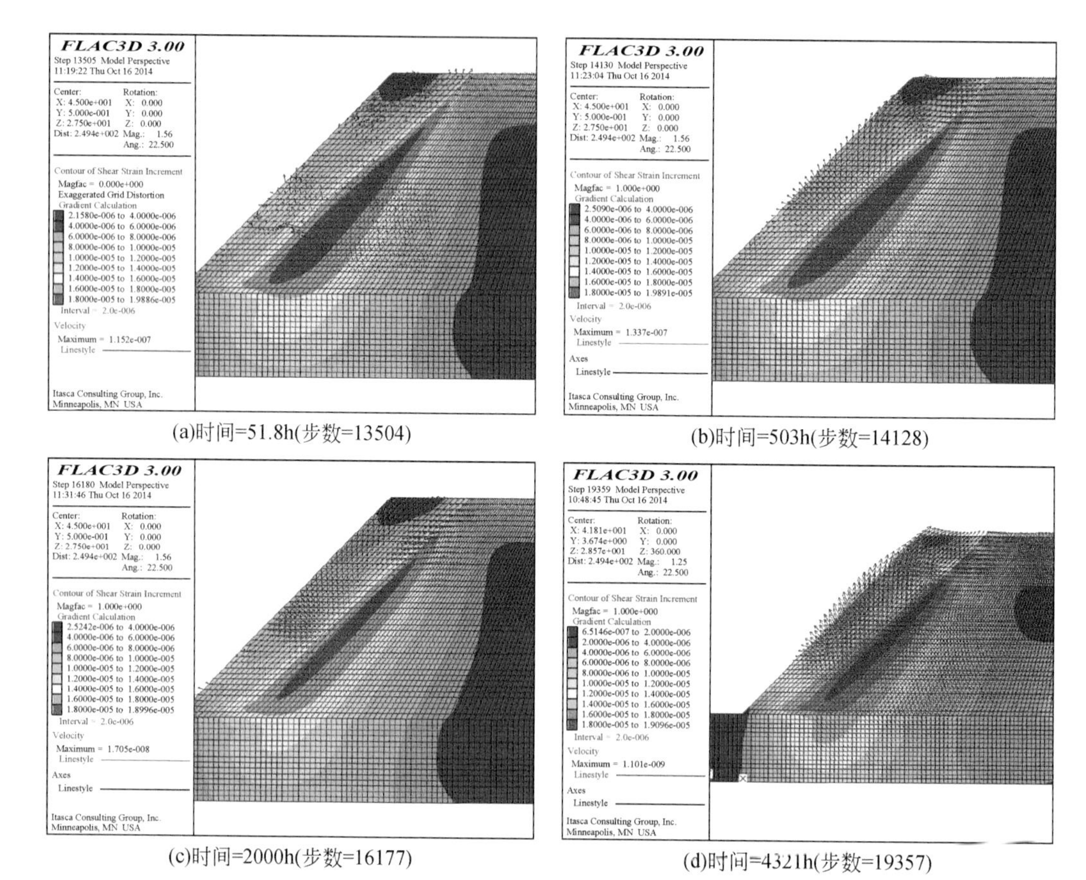

(a)时间=51.8h(步数=13504)　　(b)时间=503h(步数=14128)

(c)时间=2000h(步数=16177)　　(d)时间=4321h(步数=19357)

图 4.93　监测点 2 不同步时 XZ 平面剪应变增量云图

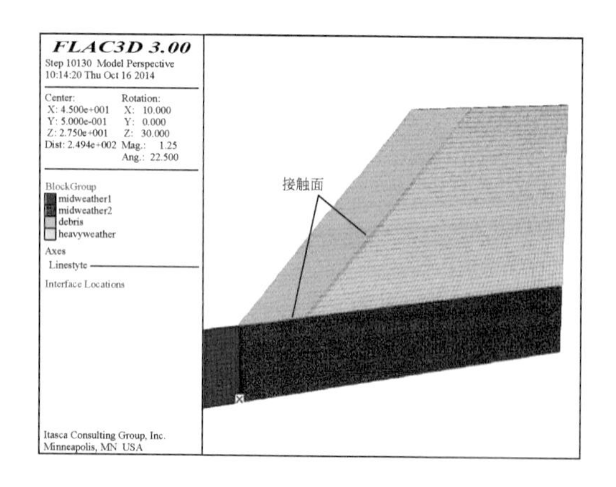

图 4.94　含接触面的浅表层模型

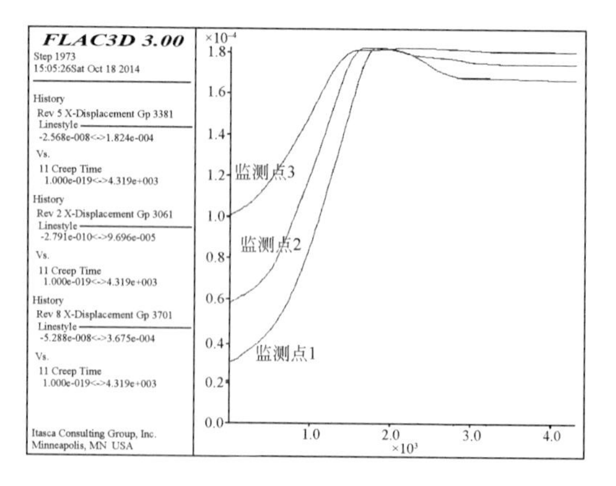

图 4.95　监测点 1，2，3 处 X 方向位移-时间曲线

观察不同时刻监测点2处的剪应力与剪应变增量云图（图4.96，图4.97），剪应力分布较为均匀，只在起始时刻集中分布于倾斜于水平接触面的转折交界处，随后趋于整体的均匀分布。而剪应变增量图及速度矢量方向则清晰地反映出坡体的初始最大位移集中分布于坡脚处。在坡顶处受重力作用向下有较小的位移趋势，沿接触面坡向，速度矢量逐渐与接触面相互平行分布，在坡脚处主要受挤压作用，应变量集中分布，且相对最大；最终稳定阶段，浅表层滑体总体沿接触面向坡下发生位移，最大应变集中于中部接触面上，但仍旧处于相对稳定状态，并无大规模的边坡失稳现象发生。

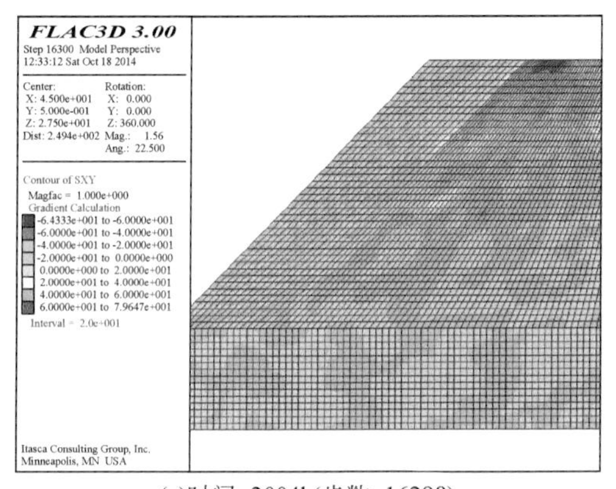

(a)时间=2004h(步数=16298)

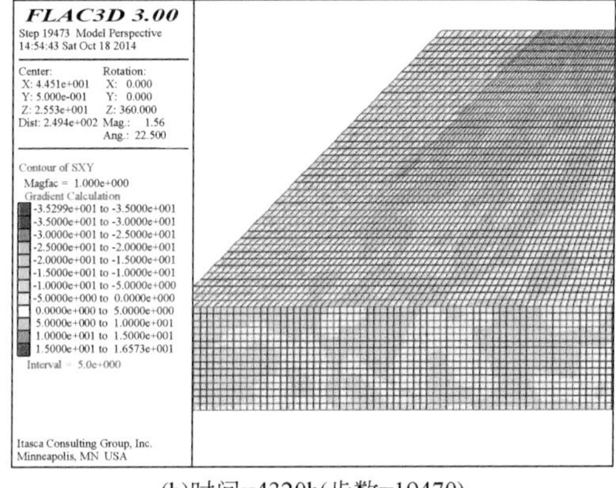

(b)时间=4320h(步数=19470)

图4.96　监测点2不同步时 *XZ* 平面剪应力云图

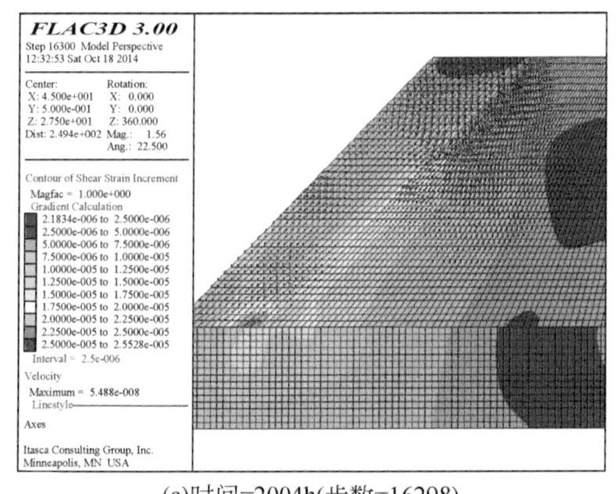

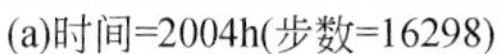

(a)时间=2004h(步数=16298)

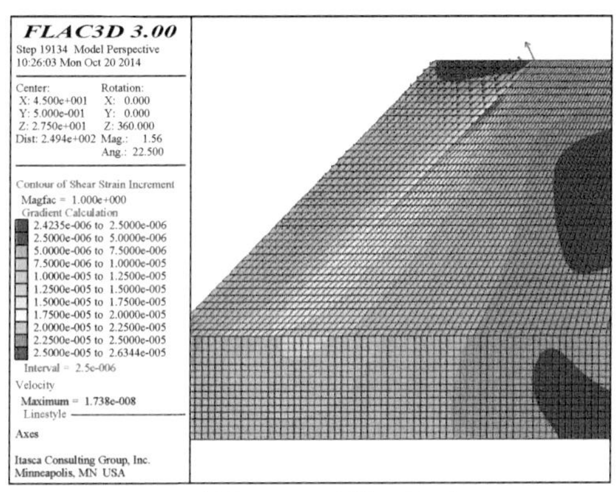

(b)时间=4320h(步数=19470)

图4.97　监测点2不同步时 *XZ* 平面剪应变增量云图

因此，根据将试验得出的各模型参数应用于边坡蠕变滑动模拟计算时，接触面可以使得浅表层变形量有较为显著的提升。但由于实际滑坡中不同位置的岩体参数受风化作用、含水情况及结构面影响而差异较大，在数值模拟中很难完全将这些因素考虑其中，这也是今后需要解决的问题之一。

第5章 降雨作用下浅表层滑坡成因机理

陕南秦巴山区广泛分布由降雨诱发形成的浅表层滑坡灾害。经现场调查，区内山体斜坡上覆含碎石松散堆积层与下部强风化带均具有明显的非均质结构，加上多变的斜坡结构类型和复杂干-湿交替环境条件，使得强降雨-蒸发共同作用下斜坡土体的水文-力学耦合响应特征呈现出特殊性和复杂性，极大程度影响了降雨型浅层滑坡的变形破坏模式与成因机制。

秦巴山区最为频发的堆积层滑坡滑动面多发育在碎石土层或岩土接触面上，主要诱因为降雨入渗，滑坡滑动面深度往往位于斜坡地表以下数米之内（一般为0~5m）。此外，滑坡在发展演化过程中，堆积层非饱和水文响应特征受外界环境条件变化影响十分明显。虽然该类型滑坡规模往往不大，但由于其在区域内广泛分布，并表现出隐蔽性和突发性特征，对山区重要城镇人员生命财产、基础设施与交通安全造成了严重的威胁。

针对秦巴山区分布的典型降雨型滑坡灾害，本章从秦巴山区滑坡形成的地质条件、降雨因素、入渗模型、堆积层水文响应特征以及降雨诱发滑坡的机制等方面展开讨论。本章内容将有助于深入理解秦巴山区降雨诱发浅表层滑坡灾害的孕灾条件与成灾机制。

5.1 秦巴山区降雨诱发滑坡成灾模式及碎石土厚度分布规律

5.1.1 陕南秦巴山区浅表层滑坡的成灾模式

图5.1展示了近二十年来秦巴山区浅表层滑坡的空间分布特征（调查数据来源于2010~2019年课题组在秦巴山区开展的地质灾害调查及部分收集数据），可以看出浅表层滑坡集中发育在秦岭山脉东侧和大巴山区东南区域。特别是2010年7月18日和2021年9月5日前后，陕南安康地区遭受了百年不遇的极端强降雨事件，导致紫阳与旬阳地区发生大量滑坡灾害。

表5.1为紫阳县任河流域范围内所获取的地质灾害数据。经调查，滑坡灾害占所有地质灾害调查数量的85.47%（全部地质灾害调查数量420个），且主要为降雨诱发的浅层滑坡。结合Varnes提出的滑坡分类准则与本区的滑坡发育特征，本章所指的浅表层滑坡主要指滑动面深度为0~5m，滑动面位于斜坡松散堆积层内的差异性渗透界面或上覆堆积层与强风化破碎带的分层界面。

图5.1　秦巴山区降雨诱发地质灾害分布图（2010～2019年）

表5.1　秦巴山区安康市紫阳县任河流域地质灾害类型调查统计结果

灾害类型	灾害数量/处	所占百分比/%	地质灾害类型百分比
滑坡	359	85.47	
崩塌	28	6.67	
泥石流	33	7.86	
合计	420	100	

此外，调查结果表明斜坡局部微地形特征对松散堆积层厚度的空间分布、降雨入渗过程及地表径流规律均产生显著的影响。图5.2统计了紫阳地区任河流域典型斜坡剖面形态及其与滑坡灾害关系，依据对滑坡剖面曲率的测量，调查区斜坡形态主要可分为直线型（−0.5<剖面曲率<0.5）、凹面型（剖面曲率>0.5）、凸面型（剖面曲率<−0.5）与复合型（如上凸下凹形态）四类。

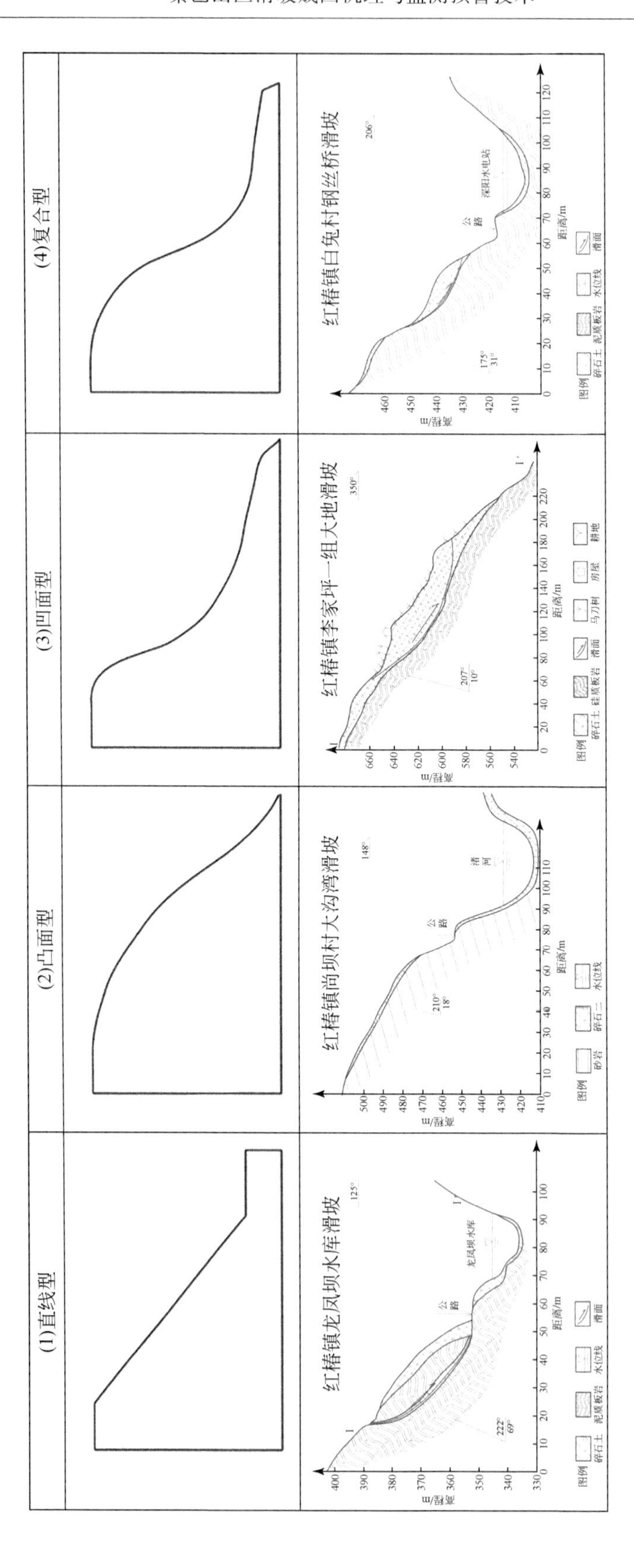

图5.2　调查区斜坡剖面形态简化示意图

通过现场调查，秦巴山区广泛分布的堆积层滑坡大多发生于连续强降雨或短时强降雨之后，滑坡体一般为小到中等规模，且具有分布广、启动快和前期变形过程较隐蔽等特征。总结该地区典型堆积层滑坡在不同发展阶段的变形特征是了解滑坡成因规律和开展滑坡早期识别的重要途径。滑坡的发育形成主要经历如下阶段。

1. 斜坡初始裂缝形成期

对于具有一定程度膨胀性的含角砾粉质黏土堆积层，早期斜坡地表受到降雨入渗与蒸发的交替作用：当降雨入渗后土体吸水膨胀造成体积增大，当降雨停止后表层土体在高温蒸发失水后体积逐渐收缩，因而斜坡表面土体形成不同程度的干缩裂缝和冲蚀裂隙。如图5.3（a）所示，在干-湿交替过程中裂隙不断扩展，连续降雨或极端暴雨过程导致裂缝内土体颗粒受到水流冲刷，进一步破坏土体原有的稳定结构，促进裂缝的进一步发展。这些裂隙往往成为后期滑坡发展演化中的导水裂隙通道，在滑坡两翼则有可能控制滑坡形成的主要边界，如图5.3（b）所示，从而加剧堆积体的水文响应速度和变化程度。但此时滑坡尚未形成明显的深部滑移面，滑坡整体未发生明显变形。

(a)向阳镇芭蕉村滑坡两翼形成的干缩裂缝

(b)巴庙镇晒纸梁滑坡左翼滑动后形成的拉张裂隙

图5.3　斜坡地表裂隙形成阶段

2. 斜坡土层裂缝扩张与变形阶段

斜坡土层在干-湿循环与重力的共同作用下，裂缝进一步向土体深部发展，滑坡后缘位置逐渐发展为张拉裂隙，促使降雨在土体内形成局部优先流过程并产生累积水头，降低了土体的有效应力、土粒黏聚强度与土体结构强度；同时，在湿润锋运动至渗透性差异界面时（下部较密实土层或松散覆盖层与基岩交界面），该界面附近土层的饱和度显著增加，土体潜在滑移面附近变形量开始出现明显增加。

3. 滑坡失稳阶段

降雨入渗导致斜坡土体结构软化和剪切带变形量不断增加，当变形量超过剪切带土体的最大允许变形量时，导致斜坡进入临界失稳状态。滑坡剪切带变形量相对较大时，容易形成贯通的滑动面造成整体式滑动；当变形量相对较小而未形成贯通的滑动面时，也可造成局部失稳现象。

当斜坡上覆松散堆积物层较厚时，第一类滑动面位置大多形成于松散堆积层内的渗透差异界面，即湿润锋最大入渗深度或非稳定上层滞水的累积区域。该层土体抗剪强度在饱和度不断增加的条件下急剧降低，最终发生土体变形破坏并导致滑坡的形成，如图 5.4（a）所示。不同深度的孔隙水压力（或饱和度）时空分布规律影响湿润锋运动规律并改变斜坡体的稳定性状态；第二类滑动面形成于上覆土层与下部强风化带接触面上，该类型滑坡所在斜坡上覆土层一般较薄，入渗湿润锋容易在较短时间内达到风化层顶面，使得土岩接触面附近易累积水头并降低滑动面附近土体抗剪强度，如图 5.4（b）所示；第三类滑动面则存在于土层表面，主要为强降雨导致表层土体的冲刷破坏，如图 5.4（c）所示。

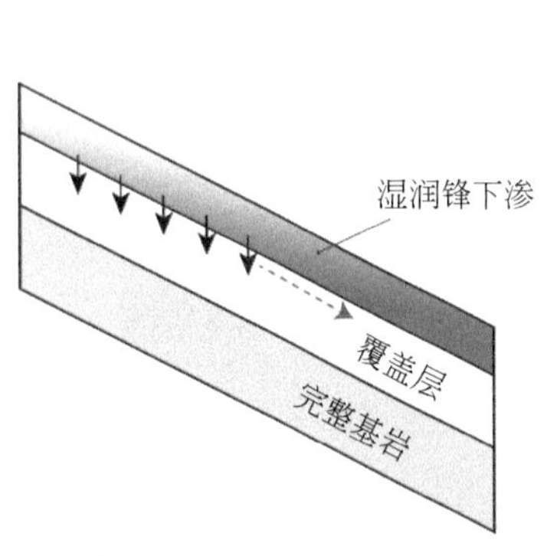

(a)滑动面形成于松散堆积层内的渗透差异界面

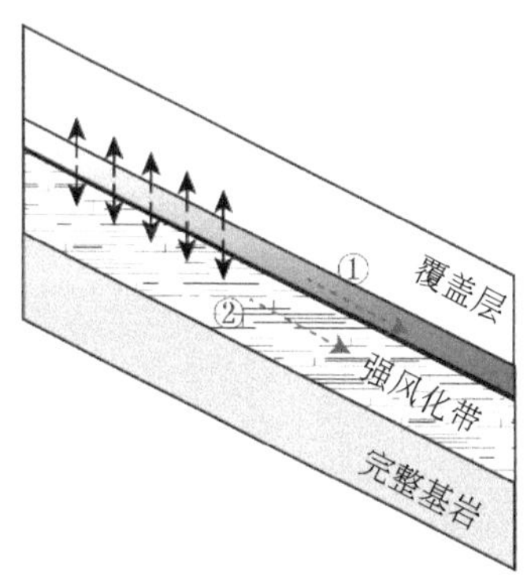

(b)滑动面形成于上覆土层与强风化带接触面或强风化带内

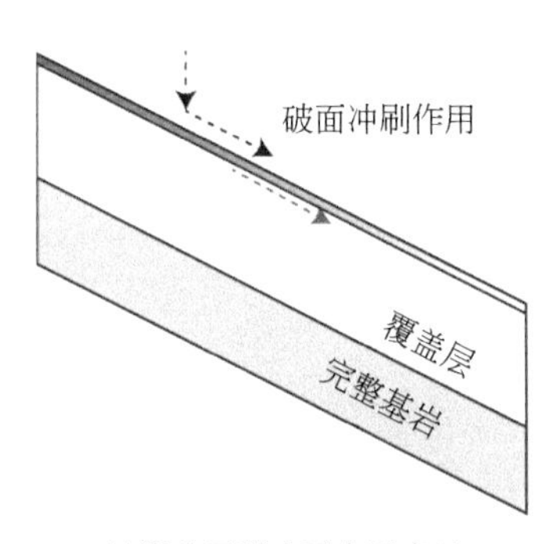

(c)滑动面形成于土层表面

图 5.4　降雨诱发浅层滑坡几种破坏模式

从浅层滑坡滑动面形态特征上看，主要可分为：①平面型浅层滑坡，即浅层土体沿近似平行于斜坡地表的滑动面产生整体式下滑。调查结果显示该类平面型滑动面大多数沿上覆松散堆积层与下部强风化破碎带的接触面形成，或滑动面本身受断层控制，滑坡体沿局部断层破裂面向坡下滑移。②圆弧型滑动面，该类滑坡往往形成于相对均质和较厚堆积层内，规模一般较小，从滑坡横切面上看，滑动面呈圆弧形，但由于滑动面深度较浅，仍以平面移动方式为主。③不规则起伏形态的滑动面，主要受强风化层顶面破碎岩体的裂隙与节理面形态所确定。④坡面漫流型滑坡，主要受短时强降雨冲刷作用，斜坡表面土层达到饱和，在重力作用下产生移动，但无明显贯通的滑动面形成。

5.1.2　斜坡含碎石堆积层结构特征及厚度分布规律

秦巴山区典型斜坡结构一般由松散堆积层-风化层-完整基岩所组成。Catani 等指出，斜坡堆积层厚度一般与斜坡坡度、曲率、斜坡相对位置和堆积物形成过程有关，而不同斜坡结构主要取决于局部斜坡坡度、斜坡微地貌类型、风化层厚度等因素。一般认为，含不同粒径碎石和裂隙（或大孔隙）的松散堆积物主要由下部岩层的长期风化剥蚀作用所形成。当斜坡越陡，堆积层一般越难稳定存在于基岩之上，且长期降雨带来的地表径流冲刷作用也使得松散土层很难完整保存。因此在斜坡顶部或高陡斜坡上一般较难存在厚度较大的松散堆积层，而一般仅出露破碎风化层或完整基岩。当局部斜坡坡度较缓且满足一定条件时，长期风化侵蚀作用可使得基岩或强风化岩层逐渐转化为表层含碎石松散堆积体。特别是在秦巴山区南部浅表层滑坡灾害发育的任河流域，大量沿 NW-SE 走向的逆断层表明该区域存在强烈的构造应力作用，造成岩体破碎。其中出露的下奥陶统碳质板岩或泥质板岩分布较广，节理裂隙较为发育，为长期风化侵蚀作用提供了有利的条件。

针对任何流域广城幅及邻域约 $30km^2$ 区域斜坡覆盖层厚度进行野外调查，共测得 38 组资料。调查点的空间分布如图 5.5 所示，其中红星代表钻探调查点，黄色范围为调查所得浅层滑坡，绿色直线为探地雷达的物探剖面。

图 5.5　广城幅（1∶10000）覆盖层厚度调查点分布

研究区的坡度、地形曲率、湿度指数等可以根据高程等数据进行计算，结果如图 5.6 ~ 图 5.8 所示。

对以上获取的地形因子及覆盖层厚度之间的关系进行了回归分析，其中单一因素与覆盖层厚度的相关性分析结果如下。

坡度百分比与覆盖层厚度之间的关系如图 5.9 所示，可见覆盖层厚度与坡度百分比之间呈现较强的相关性，并随着坡度的增加而迅速减少。其与坡度百分比的关系近似可以用指数函数进行描述，如式（5.1）所示：

$$h=17.049e^{-0.038a} \tag{5.1}$$

式中，h 为覆盖层厚度；a 为坡度百分比；拟合的评价指标 $R^2=0.7934$。

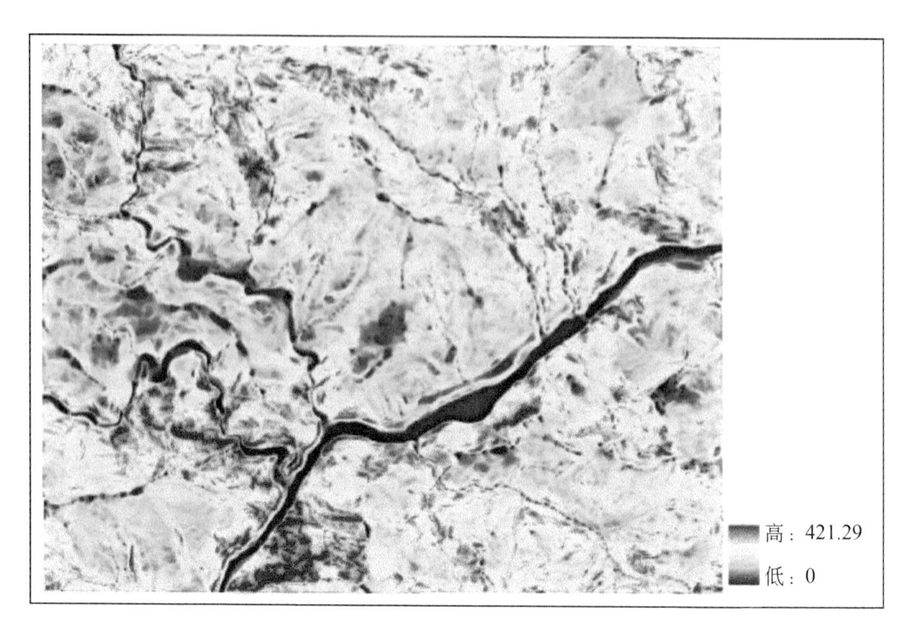

图 5.6　坡度百分比空间分布图

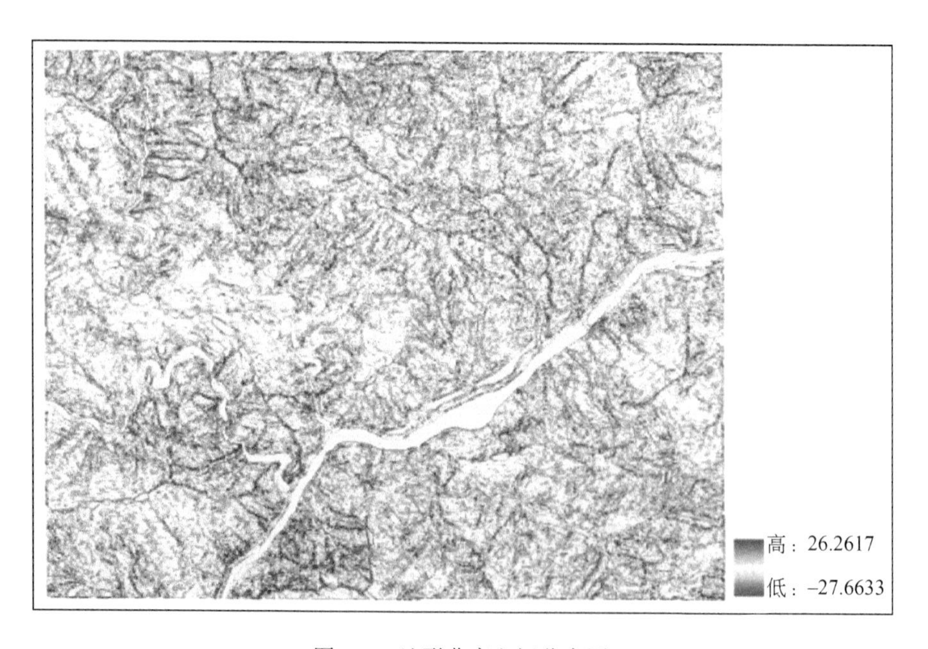

图 5.7　地形曲率空间分布图

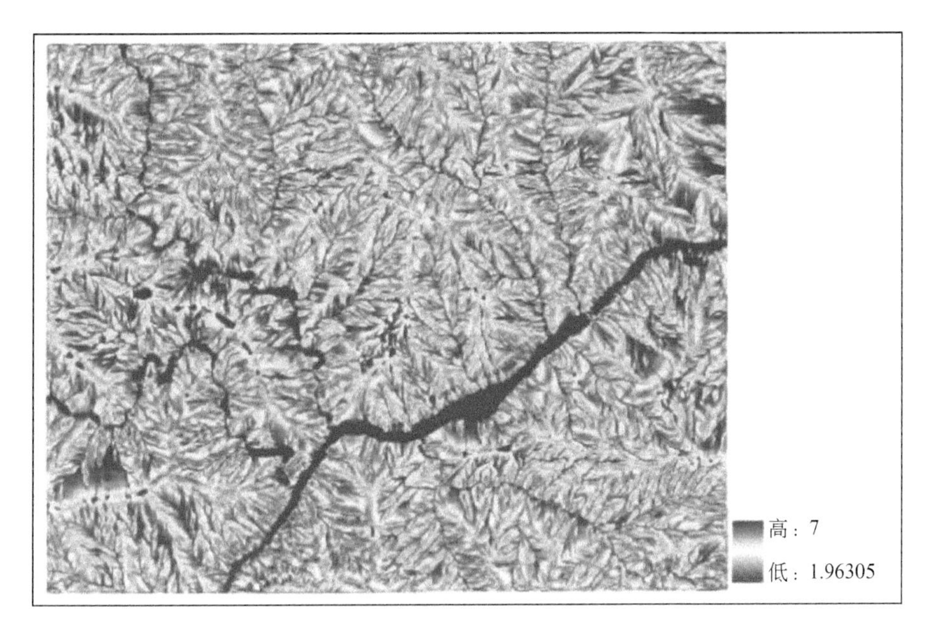

图5.8 湿度指数空间分布图

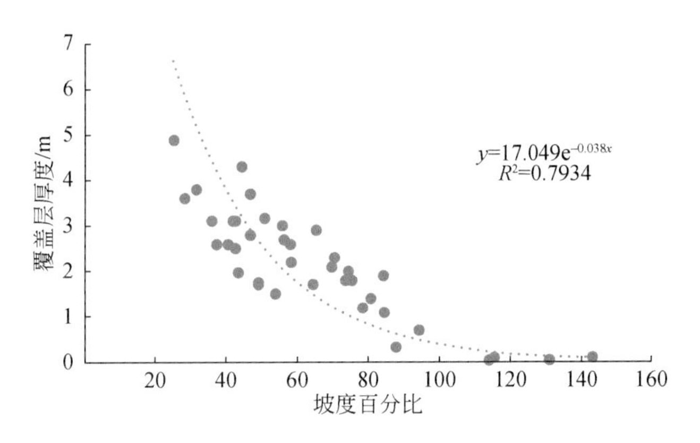

图5.9 覆盖层厚度和坡度关系图

由图5.9的回归曲线可以看出，坡度百分比达到115（坡度49°）时，区内覆盖层厚度已经接近于0m；坡度百分比达到90（坡度42°）以上时，区内覆盖层厚度已小于1m；而坡度百分比小于20（坡度11°）时，覆盖层厚度接近5m。

覆盖层厚度与湿度系数因子的关系则如图5.10所示，可见随着湿度系数的增大，覆盖层厚度迅速增大。其与湿度系数的关系可以用式（5.2）表征：

$$h = 0.0134e^{0.9677b} \tag{5.2}$$

式中，h 为覆盖层厚度；b 为湿度指数；$R^2 = 0.5881$。

由图5.10可以看出，湿度指数因子反映了区域河网和汇流分布情况，下游及汇流面积较大的区域湿度指数较高。随着湿度指数的增大，覆盖层厚度也迅速增大，显示出区域汇流对覆盖层产生正向作用。此外，从图5.10中也可以看出当湿度指数接近3时，覆盖

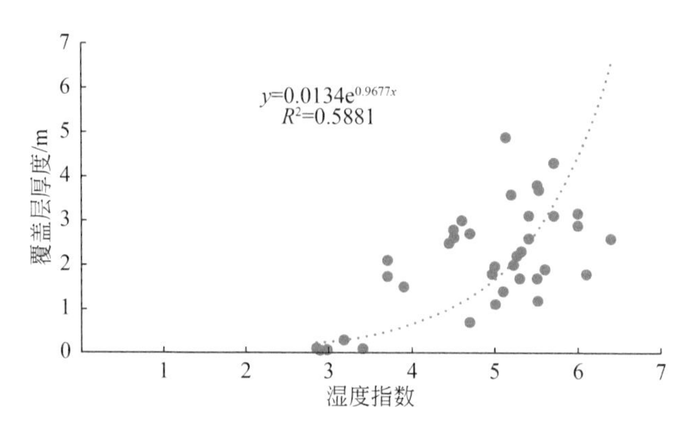

图 5.10　覆盖层厚度和湿度指数关系图

层厚度已经很小。

而覆盖层厚度与地形曲率的关系则如图 5.11 所示。其与地形曲率的关系可以用指数函数表示为

$$h=6.1892e^{-0.479c} \tag{5.3}$$

式中，h 为覆盖层厚度；c 为地形曲率绝对值；拟合度 $R^2=0.7674$。

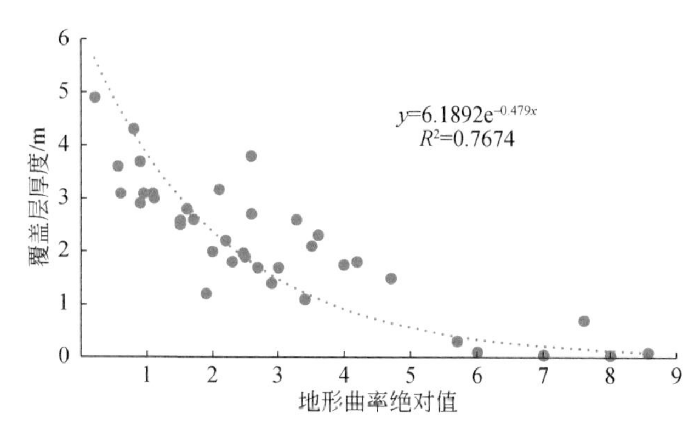

图 5.11　覆盖层厚度和地形曲率关系图

由图 5.11 可知，地形曲率的绝对值越大，覆盖层厚度越小；而当地形曲率越小，覆盖层厚度反而越大，这与不少学者的研究成果并不完全相符。Cascini 等认为地形曲率为正值时的凹陷地形，会因土的侧向搬运作用导致覆盖层较厚；而当地形曲率为负值时的凸起地形会导致覆盖层厚度减小（图 5.12）。这类研究成果目前只在覆盖层总厚度较小（大多数小于 2m）的地区有较好的适用性，但秦巴山区地貌复杂多变，覆盖层厚度的差异也远大于 2m。如图 5.13 展示了区内的两种常见地貌，可以看出 5.13（a）中坡体以凸坡为主，调查显示其中部覆盖层厚度较大；而图 5.13（b）中坡体较陡较平直，曲率接近 0，覆盖层厚度则很浅；这些现象与本书所测得的结果较为符合。

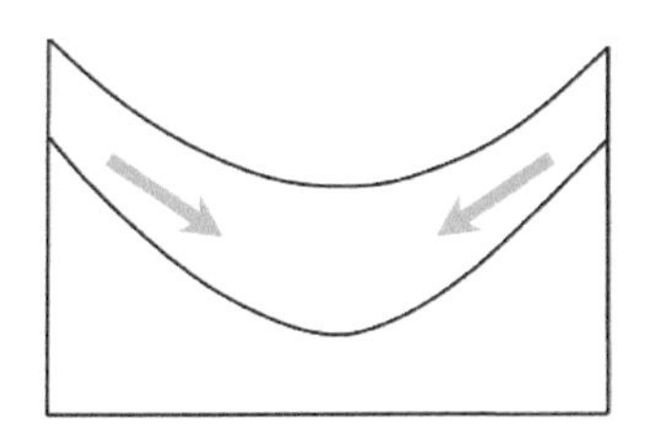
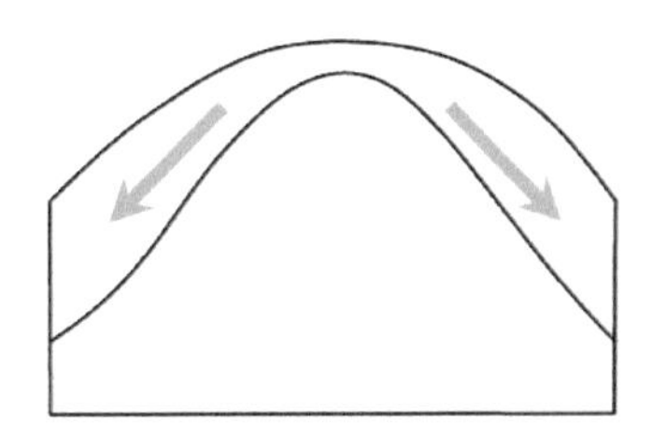

图5.12　坡面曲率示意图

考虑多因子的情况，以坡度、地形曲率、湿度指数为因子进行组合，可以建立各因子与覆盖层厚度的回归模型为

$$h=0.0278+5.217\mathrm{e}^{0.038a}+0.002\mathrm{e}^{0.9677b}+2.428\mathrm{e}^{-0.479c} \tag{5.4}$$

式中，h 为覆盖层厚度；a 为坡度百分比；b 为湿度指数；c 为地形曲率的绝对值；拟合度 $R^2=0.86$。

(a)凸坡　(b)平坡

图5.13　研究区典型地貌

此外为了与预测结果进行对照，研究采取物探的方法实际获取了两个剖面的覆盖层厚度数据。测线一位于广城幅（1∶10000）中部，总长度为140m；该条测线总坡度较缓，覆盖层厚度总体较大。测线二位于牌楼小学滑坡点，总长度为65m；该条测线坡度较陡，覆盖层厚度较浅。物探结果如图5.14和图5.15所示。

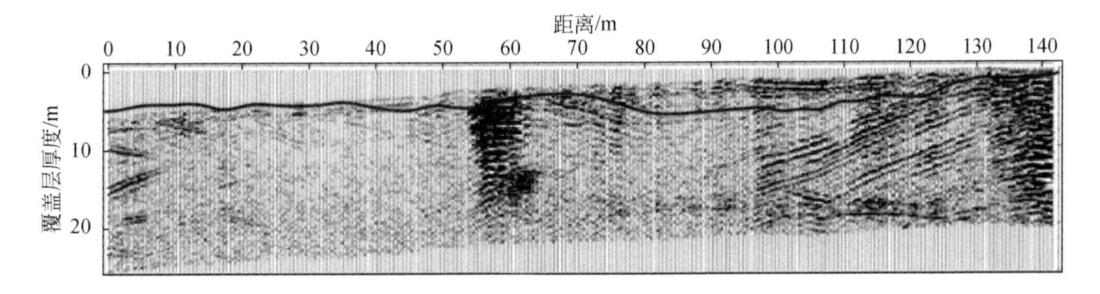

图5.14　探地雷达GPR测线一解译结果

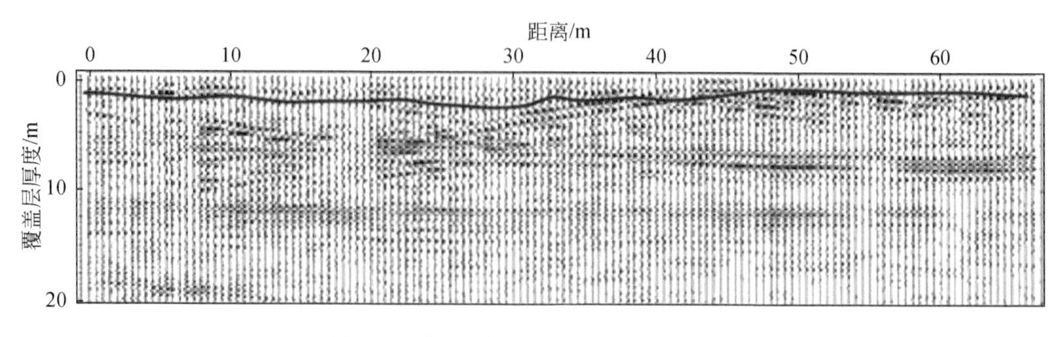

图 5.15　探地雷达 GPR 测线二解译结果

两条测线可用总长为 200m，结合本次计算所用 DEM 精度为 10m，共选取 20 个测点。将 GPR 解译结果分别与单变量/多变量拟合所得覆盖层厚度公式计算结果进行对比，如图 5.16 和图 5.17 所示。单变量回归结果在覆盖层厚度较大时预测多比实测值大，覆盖层厚度较小时的预测结果又多偏小，而多变量回归结果要优于单变量的结果。

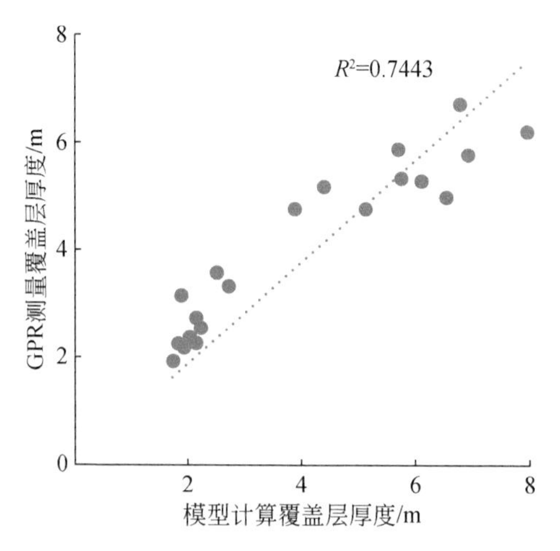

图 5.16　坡度单变量回归结果与 GPR 测量结果对比图

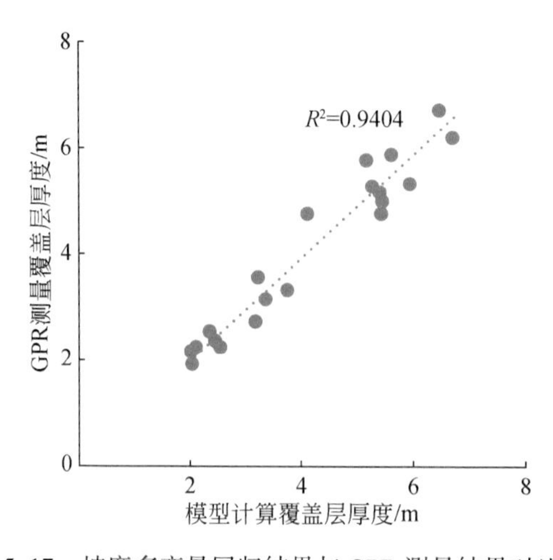

图 5.17　坡度多变量回归结果与 GPR 测量结果对比图

在以上研究的基础上，可分别利用单变量坡度因子公式与多变量公式，生成研究区内覆盖层厚度分布图，如图 5. 18 和图 5. 19 所示。

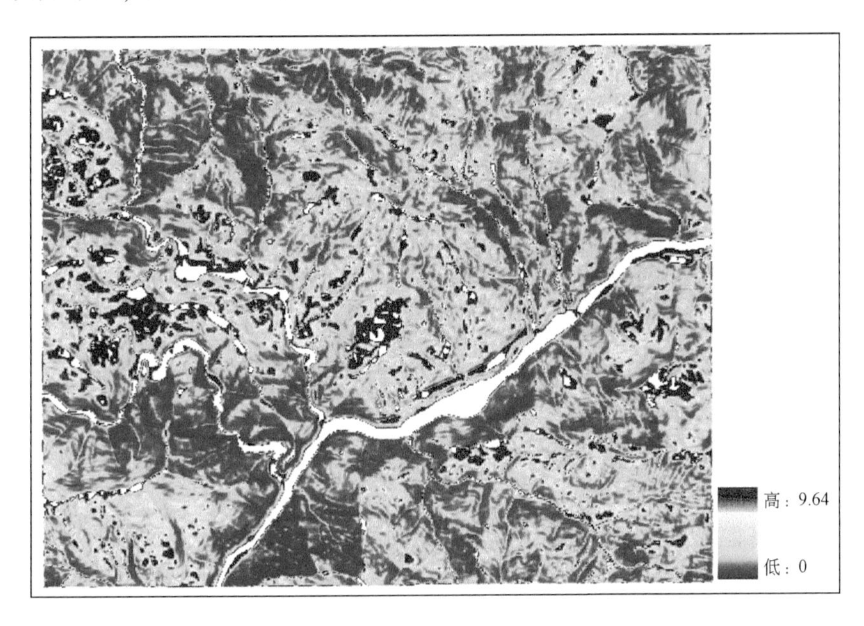

图 5. 18　坡度单变量回归的覆盖层厚度分布图

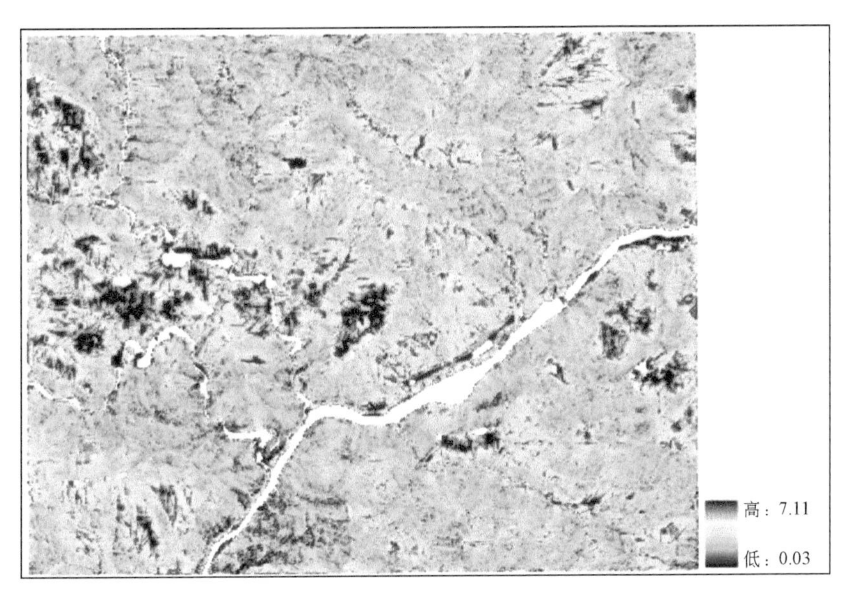

图 5. 19　坡度多变量回归的覆盖层厚度分布图

对单变量回归而言，坡度百分比与地形曲率均具有较强影响性，其 R^2 值分别为 0. 79 和 0. 77，误差均方根分别为 0. 73 和 0. 92。多变量回归是以坡度百分比、地形曲率、湿度指数共同作为因子，其相应残差值的分布趋势都比单变量的结果集中，均方根误差也较小，这表明多变量回归可提高覆盖层厚度回归公式的准确性。

影响覆盖层厚度的因素种类繁多，本书只选用了坡度、地形曲率及湿度指数因子。由于所选研究区域范围有限，区内母岩岩性相近，故未考虑岩性的影响。但秦巴山区构造复杂，若在较大区域进行覆盖层厚度研究时还应考虑构造及岩性等因素的影响。

5.2 秦巴山区降雨致灾条件

降雨是陕南秦巴山区地质灾害的主要诱因。雨水入渗土体后增加了坡体的容重，同时入渗改变了表层及深部孔隙水压力条件，从而改变了斜坡的应力条件，导致斜坡松散堆积层强度下降。此外超渗的雨水通过汇聚也会对斜坡表层的岩土体产生侵蚀搬运作用。这些因素共同导致了滑坡等地质灾害的发生。

对降雨规律的研究，不但有助于了解区域的水文环境条件，还有助于识别潜在的致灾气象条件。结合地质条件和灾害发生规律对降雨条件进行分析，可以在气象预报数据的基础上，对可能发生的地质灾害进行预警和预报。

5.2.1 陕南秦巴山区降雨时空规律

1. 陕南秦巴山区降雨量的趋势分析

本书采用了陕南秦巴山区县市级气象站自1959年1月~2019年12月的逐日降雨监测数据，以及2001年1月~2019年12月间所发生的地质灾害数据进行相关性分析。降雨量分析结果显示陕南秦巴山区年降雨量均值处于526~1171mm/a之间，自东北向西南方向逐渐升高。其中以镇巴为中心的宁强、镇巴、紫阳地区年降雨量最高，约为1000mm/a；而商丹盆地（柞水、镇安、商州）年降雨量最低，小于600mm/a。此外，陕南秦巴山区降雨量年内分布趋势较为统一，5~10月间降雨量超过年降水量的70%。镇巴、镇坪、宁强一线在7月和9月降雨量均超过200mm，镇安、商州、柞水一带较低，在100~150mm之间。

曼-肯德尔（Mann-Kendall）法是一种基于秩序列的趋势分析方法，其统计值S定义为

$$S=\sum_{i=1}^{n-1}\sum_{j=i+1}^{n}\mathrm{Sgn}(x_j-x_i) \tag{5.5}$$

式中，Sgn（x）为阶跃函数。对于独立同分布的随机变量x，当序列足够长（$n\geqslant 8$）时，S大致服从正态分布。定义基于S的标准正态分布变量Z_c：

$$Z_c=\begin{cases}\dfrac{S-1}{\sqrt{\mathrm{Var}(S)}} & (S>0)\\ 0 & (S=0)\\ \dfrac{S+1}{\sqrt{\mathrm{Var}(S)}} & (S<0)\end{cases} \tag{5.6}$$

当Z_c的绝对值分别大于1.64、1.96和2.32时，则表明序列x可能并非独立同分布，

而在90%、95%和99%的显著水平上存在趋势性变化。

对秦巴山区1959～2019年的降水量进行统计，将每年3～5月、6～8月、9～11月以及12月～次年2月作为四季，通过Mann-Kendall法分析四季及年际降雨量的变化趋势，结果如表5.2所示。

表5.2　陕南秦巴山区全区季节及年际降雨量Z_c统计值

地区	Z_c 值				
	春	夏	秋	冬	年际
安康	-0.95	2.12	-0.56	1.76	1.33
佛坪	0.88	1.07	0.16	4.3	1.38
汉中	0.35	0.63	-0.29	1.56	0.31
留坝	0.6	0.05	-0.14	4.37	0.32
略阳	-0.53	-0.87	0.19	2.96	-0.16
宁强	-0.06	-0.13	-0.71	4.13	-0.34
商南	-0.5	2.5	-0.83	4.13	1.6
石泉	-0.14	2.45	0.26	2.05	1.12
商州	-1.01	0.52	-0.43	5.2	0.8
镇安	0.38	-0.17	0.01	5.13	0.09
镇巴	-0.42	1.25	-0.66	2.23	0.45
镇坪	1.18	1.43	-0.29	4.36	1.06
柞水	-0.15	0.61	-0.57	5	0.93

对于陕南秦巴山区的年际降雨量而言，所有地区的Z_c均未超过1.64，可见陕南秦巴山区大部分地区的年际降雨量并没有产生明显的趋势性变化。此外，整个区域春季与秋季的Z_c值均小于1.64，未通过显著性水平为90%的趋势检验，表明春秋季节降雨量也不存在显著的趋势性变化。而夏季的降雨趋势分析结果显示，石泉、安康（汉滨区）、商南三个地区均通过了95%的显著性检验，夏季降雨总量呈现显著增加的趋势。此外，对于冬季总降水量而言，秦巴山区除了汉中外均通过了显著性水平90%的检验，说明整个秦巴山区冬季降水量均呈现出显著增长趋势。

2. 陕南秦巴山区年降雨量的周期性分析

小波变换通过对母小波函数进行一系列时域缩放和偏移，并与所分析的信号进行卷积，从而获取该信号局部的频率特性和时变规律。相比于傅里叶分析只关注频率的组成，小波分析更注重解析信号频率在时间上的变化规律。本部分采用气象学上常用的Morlet小波函数对陕南秦巴山区降雨时序进行分析，同时利用红噪声/白噪声对分析结果进行显著性检验。

Morlet小波函数及该函数的小波变换为

$$
\begin{aligned}
&\varphi(t)=\pi^{-1/4}\mathrm{e}^{-t^2/2}\mathrm{e}^{\mathrm{i}\omega_0 t}\\
&W_f(a,b)=|a|^{-1/2}\sum_{i=1}^{N}f(i\delta_t)\varphi^*\left(\frac{i\delta_t-b}{a}\right)
\end{aligned}
\tag{5.7}
$$

式中，N 为序列的数据点数；t 为时间；ω_0 为角频率，Torrence 等建议取 6；f（$i\delta_t$）为进行分析的序列，δ_t 为采样间隔；W_f（a，b）为卷积后的小波系数，a 和 b 分别为时域缩放和平移变换参数；* 表示复共轭。

小波变换后的功率谱定义为

$$E_{a,b} = \{abs[W_f(a,b)]\}^2 \tag{5.8}$$

式中，abs 表征对小波系数求模数。对于时域序列 f，其均方差为 δ^2、序列滞后 1 的自相关系数为 R_1；如果假设其为红噪声过程，则可构造其理论功率谱为

$$P = \sigma^2 \left\{ \frac{(1-R)}{1+R_1^2-2R_1\cos\left(\frac{2\pi\delta_t}{1.033a}\right)} \right\} \frac{\chi_2^2}{2} \tag{5.9}$$

式中，χ_2^2 为自由度为 2 的卡方分布在特定显著性条件下的值。如果式（5.9）计算得到的小波功率谱大于以上述规则构建的理论红噪声谱，则说明该功率谱对应的周期在特定的置信度上显著。

依据式（5.7）~式（5.9）对秦巴山区年降雨时序进行小波分析，功率谱结果如图 5.20 所示。黑色实线为影响锥（COI），考虑到小波函数与信号两端数据卷积所产生的虚假计算结果影响范围，COI 内部为可信分析结果。黑色虚线内为显著性 90% 的功率谱部分。

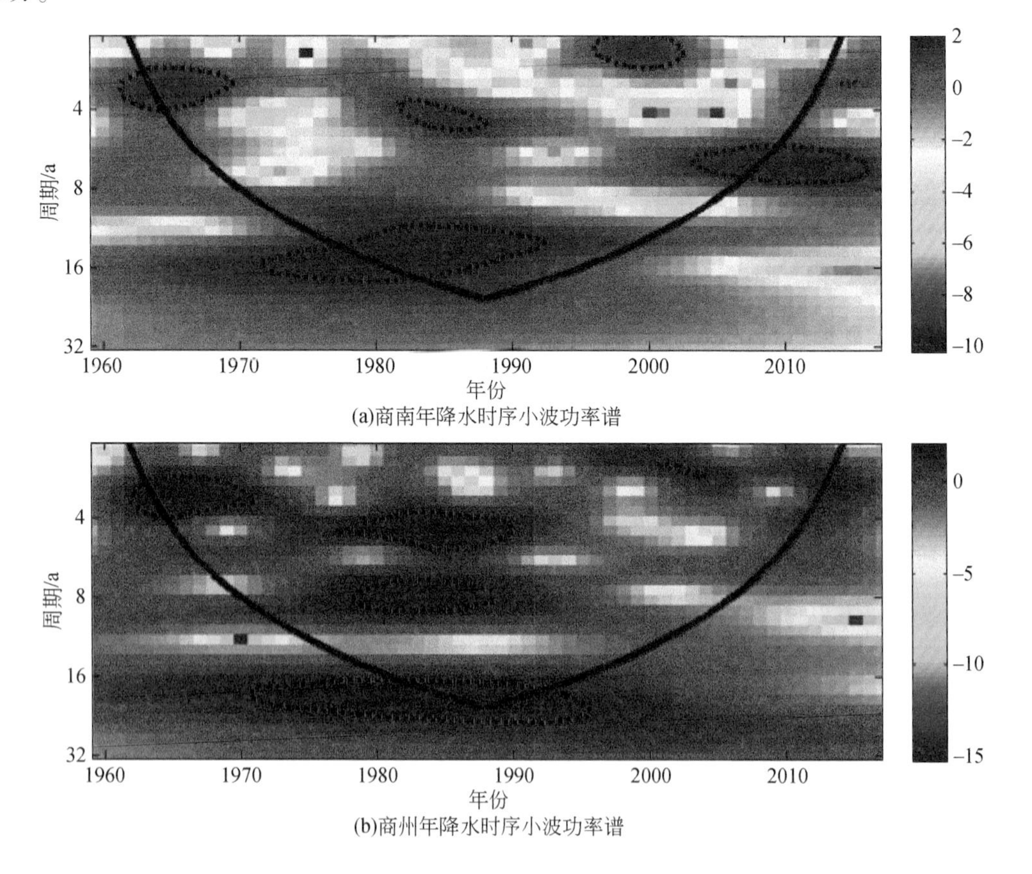

(a)商南年降水时序小波功率谱

(b)商州年降水时序小波功率谱

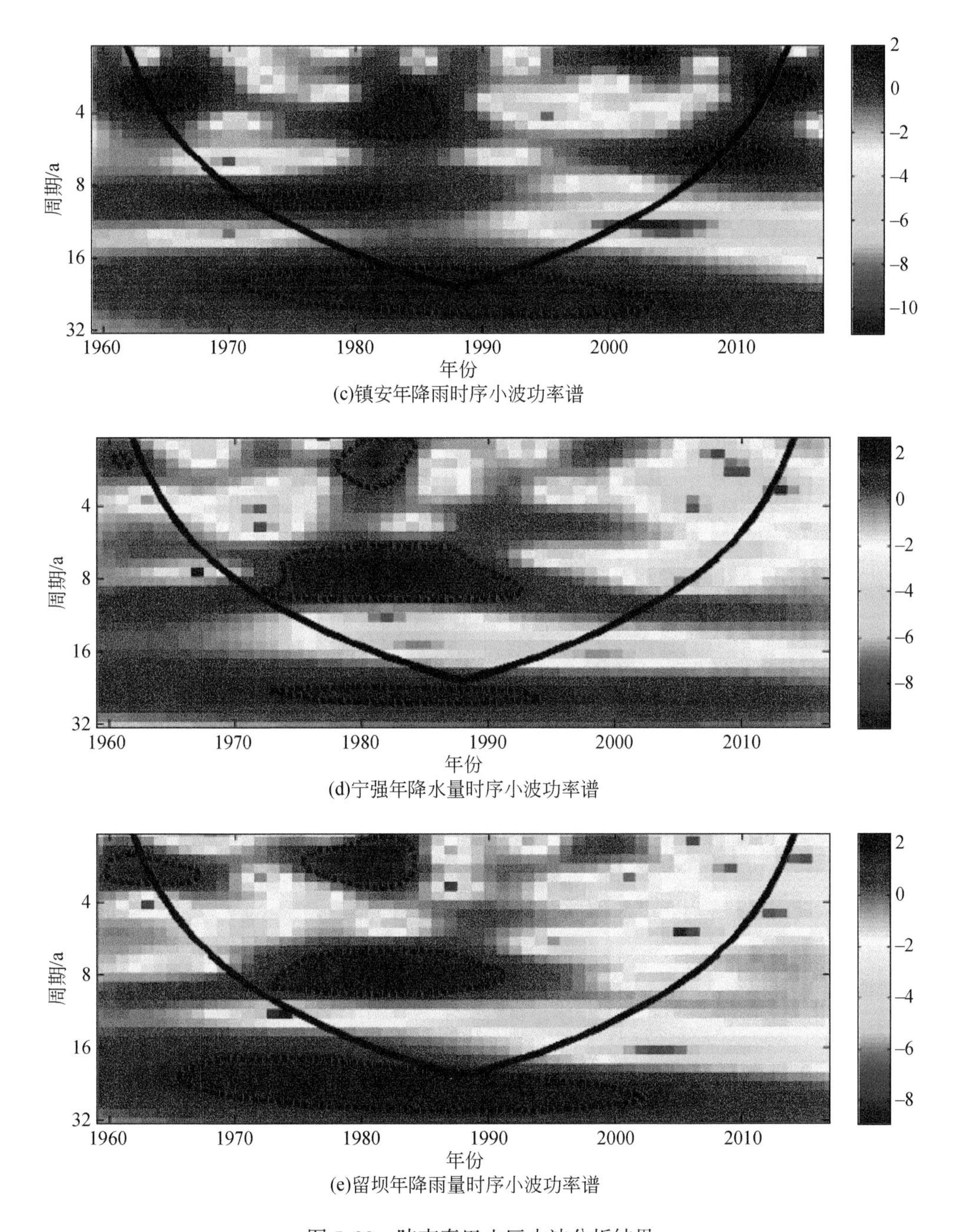

(c)镇安年降雨时序小波功率谱

(d)宁强年降水量时序小波功率谱

(e)留坝年降雨量时序小波功率谱

图5.20　陕南秦巴山区小波分析结果

结果表明，秦巴山区年际降雨量的时变模式可以按照地域大致分为包括商州、柞水、镇安、商南、镇巴、镇坪的东部地区，以及包括略阳、留坝、宁强、佛坪、汉中的西部地区，而两个区域之间的安康、石泉降雨量年际变化规律不显著。

从小波分析结果可以看出，陕南东部地区［图5.20（a）～（c）］，存在2年、4年、8年和16年四个主要的局部周期。其中2年左右周期主要出现在2000年前后；4年左右的周期在20世纪60年代早期、20世纪80～90年代间、2010年后较为显著；8年左右的周期主要出现在20世纪70～90年代以及2005年后；16年左右的周期主要出现在20世纪80～90年代。陕南西部地区［图5.20（d）（e）］，存在3年和8年两个主要周期；其中3年左右的周期主要出现在20世纪60年代、20世纪80～90年代之间，8年左右的周期存在时段与东部地区一致。

可见陕南秦巴山区年降雨量在20世纪60年代主要表现为3年左右的强弱变化规律；而70～90年代，大部分区域均以8年左右的周期为主，同时在局部还存在3～4年的周期；2000年后，秦巴山区西部地区的年际降雨量没有呈现出显著的变化周期，而东部地区则以显著的4年和8年周期为主。

5.2.2　陕西省降雨类型及规律分析

研究区域的降雨条件，首先需要定义降雨的模式。最常用的统计降雨过程的模型是基于日降雨条件的模型和基于降雨过程的模型。前一种模型以日降雨为单位，统计不同日降雨强度及其发生的天数，同时将灾害的发生与日降雨强度以及其衍生参数相对应。此种方法简便易行，然而滑坡灾害的发生不仅与当日降雨条件相关，也与前期降雨条件存在很强的相关性，因而只靠单一的降雨参数很难全面描述灾害与降雨的关系。基于降雨过程的模型在一定程度上可以克服单日降雨参数统计的缺陷，最常用的是利用降雨过程平均强度（intensity）和持续时间（duration）来描述降雨过程的I-D模型。该模型应用较为广泛，很多学者依据该模型建立了不同区域的致灾降雨条件。然而该模型仅关注平均降雨强度而忽视其随时间的变化，因此在统计上容易混淆不同的降雨过程，从而难以分析降雨量随时间变化对灾害发生的影响。

对于在陕南秦巴山区发生的绝大部分降雨过程而言，日降雨量$I(t)$随降雨天数的变化过程近似满足高斯函数形式，具体为

$$I(t)=I_{max}\exp\left[-\frac{(t-t_{max})^2}{\sigma}\right] \tag{5.10}$$

式中，t为时间（d）；I_{max}为该过程峰值降雨强度（mm/d）；t_{max}为降雨过程最大日降雨强度出现的相对时间（d）；$1/\sigma$作为形状参数与降雨过程的持时以及雨强衰减过程有关。图5.21所示为安康汉滨区气象站监测的2017年9月20～29日的降雨过程，通过拟合得到$I_{max}=70.04$mm/d，$t_{max}=7$，$\sigma=1.49$。

对于描述降雨过程的三个参数而言，由于t_{max}只是描述了日降雨峰值出现的相对时间，因而只需系数I_{max}和σ即可表征一个完整的降雨过程。通过该方法，可将研究区域历年所发生的降雨事件归结为特定高斯函数形式，从而可以直观地对发生过的降雨事件进行分析和归类。通过对全区所有降雨过程系数I_{max}和σ进行统计和频度分析，从而得到整个区域降雨事件的发生规律。

本书对陕南秦巴山区2000年1月1日～2019年12月31日的降雨记录数据进行了整理。由于地质灾害主要发生在5～10月间，超过占全部地质灾害的95%，因而对降雨体条件的统计主要考虑每年的5～10月。具体而言，本书中将秦巴山区气象站数据进行编号，

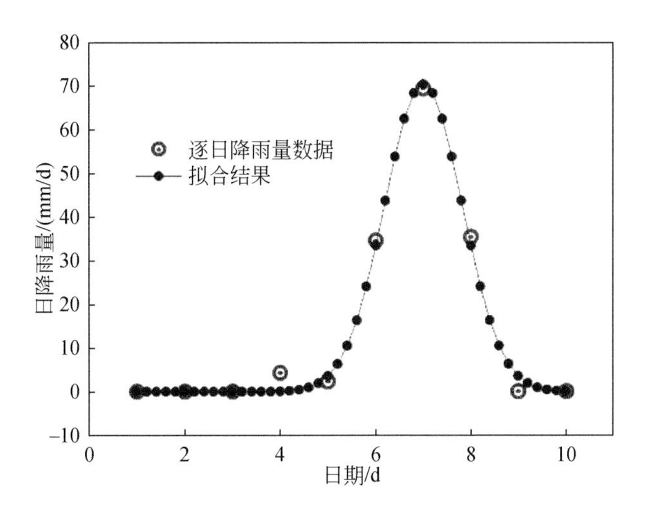

图5.21　安康2017年9月20～29日的降雨过程及拟合结果

然后编制程序，以降雨强度0～2mm/d为间隔，自动识别并划分不同的降雨过程，并记录下每一个降雨过程的气象站编号、开始年月日、终止年月日、过程的每日降雨量、过程总降雨量、平均降雨量等数据。

图5.22为石泉气象站2010年监测得到的日降雨量数据和分割提取结果，其中圆圈标注的点为自动获取的该站当年5～10月间的每个降雨过程，可见大部分降雨过程均满足本书所采用的高斯函数形式。

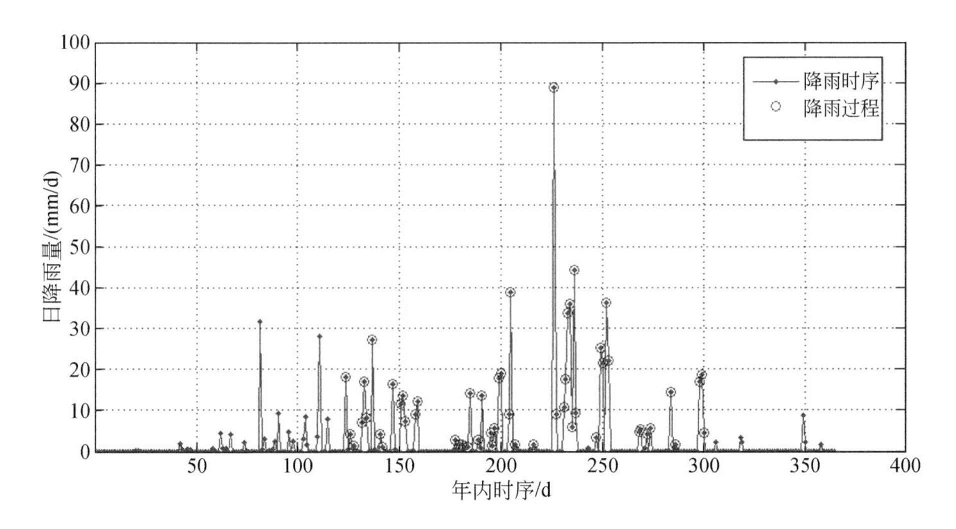

图5.22　石泉气象站2010年5～10月间降雨时序及降雨过程提取

对于陕南地区而言，从总计32个该区域的气象站获取了2001～2019年5～10月间总计14694个降雨过程。降雨持续时间与该降雨过程发生频次的关系如图5.23所示。

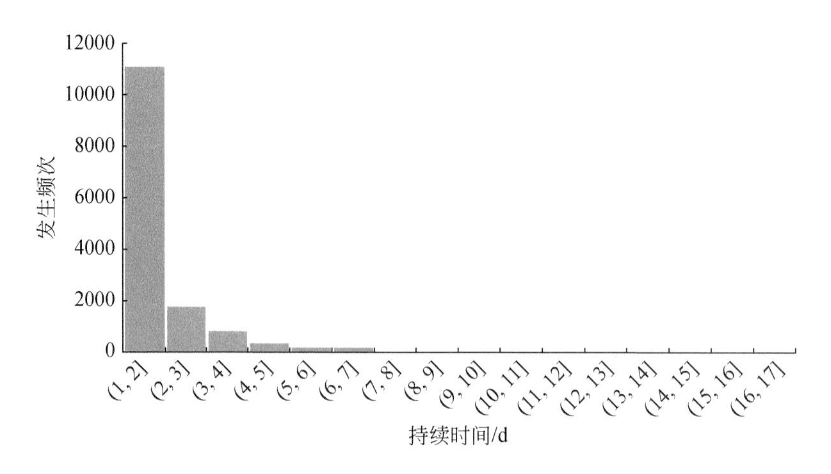

图 5.23　陕南单次降雨过程的持续时间分布统计

可见降雨过程的发生次数随着降雨天数增加而迅速减少。绝大多数降雨过程为短时（1～2d）降雨，占比超过 75%；而持续时间最长的降雨过程超过了 16d。

此外一次降雨过程的降雨量分布如图 5.24 所示。

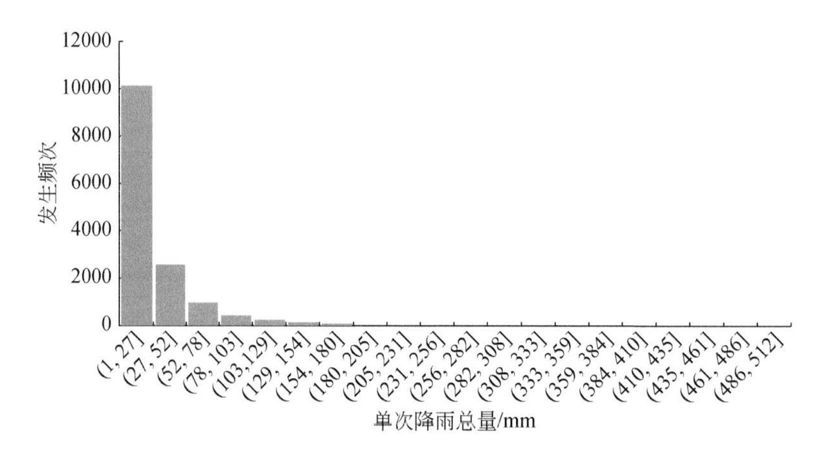

图 5.24　陕南 2000～2019 年单次降雨总量分布

可见，随着过程总雨量的增大，降雨过程的发生次数也迅速减少。单次 30mm 内的降雨过程占绝大多数；总雨量大于 63mm 的单次降雨过程占比约 10%，大于 91mm 的单次降雨过程占比约 5%，单次降雨量大于 132mm 的降雨过程约占总数的 2%；而最为极端降雨过程其降雨总量单次可以超过 500mm。

在对以上陕南所有气象站进行 2000～2019 年 5～10 月间发生降雨事件进行分类和统计的基础上，可以对所得到的每个降雨过程进行高斯函数拟合，获取每个降雨过程所对应的峰值强度（I_{max}）和过程参数（$1/\delta$），从而得到陕南秦巴山区历史发生过的降雨过程分布，如图 5.25 所示。

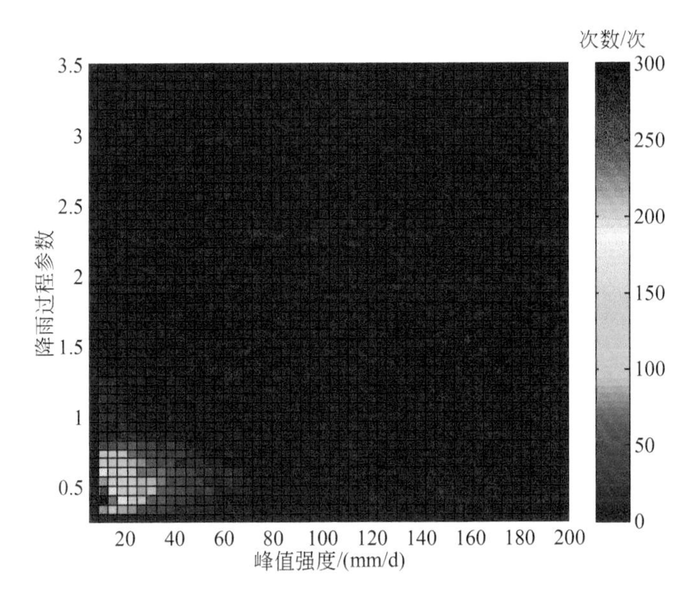

图 5.25　陕南秦巴山区 2000 ~ 2019 年 5 ~ 10 月间降雨过程统计

可见发生次数最频繁的降雨过程集中于峰值强度 5mm/d 时，而过程参数 $1/\delta$ 为 0.25 ~ 0.5 的降雨过程；该过程表征的是持续时间 1 ~ 2d，单日强度约为 5mm/d 的降雨过程。而随着峰值强度 I_{max} 和形状参数 $1/\delta$ 的增大，降雨过程的发生频数均迅速减少。

5.2.3　陕西省降雨条件下致灾频度分析

在获取陕南秦巴山区历史降雨过程分布的基础上，可以进一步对各种降雨过程条件下滑坡灾害的发生情况进行统计，从而得到特定降雨条件下灾害的发生频度，进而对不同降雨过程的致灾程度进行量化描述。本节将陕南秦巴山区在 2001 ~ 2019 年所获取的所有灾害点进行归类，依据灾害发生的时间和位置与灾点邻近气象站的相关降雨监测数据进行匹配，从而获取灾害前后的降雨过程数据。在获取了灾害对应的降雨过程基础上，依据前述降雨过程的高斯函数模型，对导致灾害的降雨过程进行拟合，从而获取致灾降雨过程 I_{max} 和过程参数 $1/\delta$。对陕南秦巴山区所有致灾降雨过程的峰值强度 I_{max} 和过程参数 $1/\delta$ 进行统计，即可获取致灾降雨过程的发生频数。在此基础上，利用全部降雨过程的发生频数与致灾降雨过程发生频数相比，即可获取陕南秦巴山区特定降雨条件下导致灾害的频度，从而量化不同过程的降雨导致灾害的敏感性程度。

研究获取了近二十年发生在陕南秦巴山区的灾害点，共提取了 388 个与地质灾害相关联的降雨过程。依照上述高斯函数的公式对降雨条件进行拟合，从而获得该区域致灾降雨过程的峰值强度 I_{max} 和过程参数 $1/\delta$，导致灾害的降雨过程在 I_{max} 和 $1/\delta$ 坐标空间内的分布如图 5.26 所示。

在获取了以上致灾降雨过程散点分布的基础上，对致灾降雨过程进行发生次数统计，可以得到一定范围内致灾降雨过程导致灾害的频数，如图 5.27 所示。

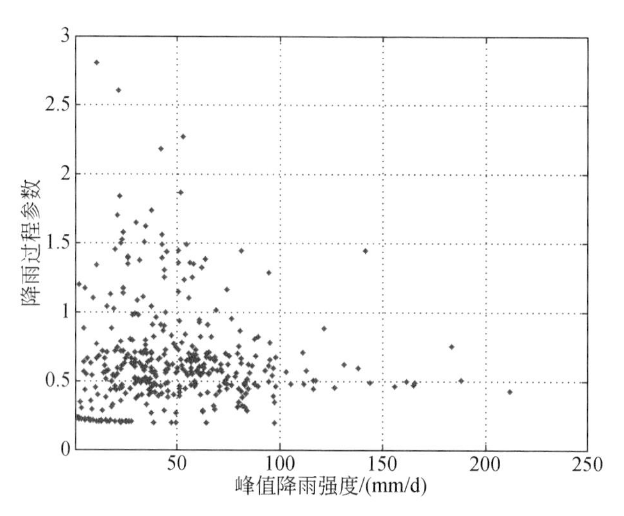

图 5.26　陕南秦巴山区 2000～2019 年 5～10 月间灾害降雨过程统计

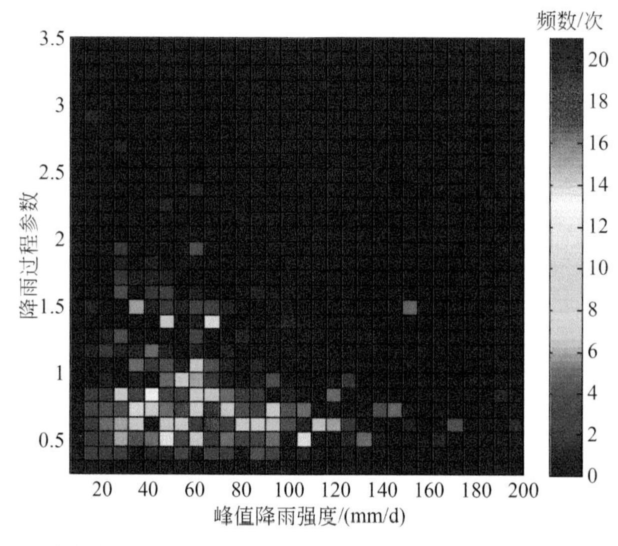

图 5.27　陕南秦巴山区 2000～2019 年 5～10 月间致灾降雨过程频数统计

可见灾害发生最为频繁的降雨过程为峰值降雨强度 I_{max} 处于 40～80mm/d，过程参数 $1/\delta$ 处于 0.5～1 之间的降雨过程。基于以上的灾害降雨过程频数分布，利用全区该时段全部降雨过程的发生频数分布，即可得到特定降雨条件下灾害的发生频度。图 5.28 所示为陕南降雨过程致灾频度分布散点数据和拟合结果。

本研究对致灾频度进行分析可以发现，其空间分布近似满足基于 Sigmod 函数构建的特定函数形式：

$$f(I_{max},\delta)=\frac{1}{1+\exp\{\mathrm{Coef}(\delta)\cdot[I_d(\delta)-I_{max}]\}}$$
$$I_d(\delta)=\frac{a}{\delta^d+f},\mathrm{Coef}(\delta)=b(\delta^c+e) \tag{5.11}$$

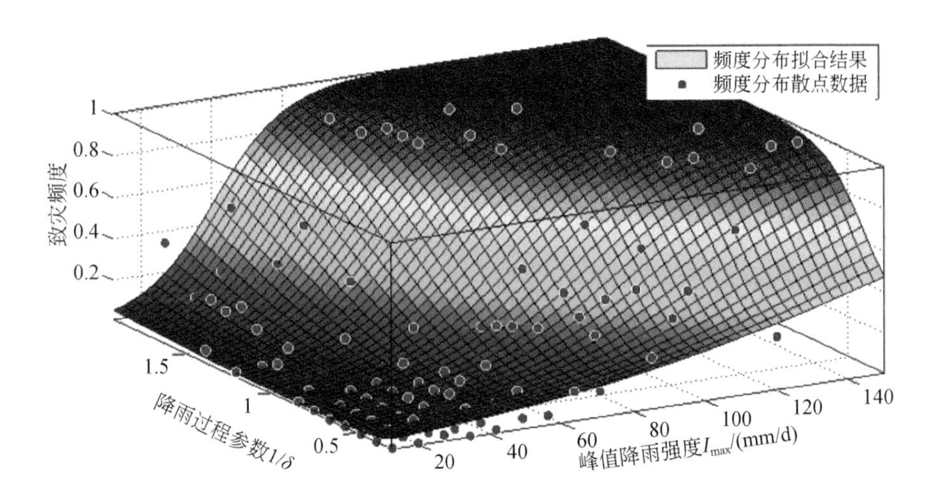

图5.28　陕南降雨过程致灾频度分布散点数据和拟合结果

式中，I_{max}和δ为降雨过程峰值强度及过程参数；$Coef$（δ）和I_d（δ）均为降雨过程参数δ的函数；系数$a\sim e$为拟合常数，分别为$a=95.10$，$b=0.12$，$c=0.41$，$d=1.06$，$e=-0.43$，$f=0.34$；拟合评价参数R^2为0.82。

该频度分布反映了不同的降雨过程导致灾害程度的差异性。峰值强度I_{max}和过程参数$1/\delta$较低的降雨过程，其总降雨量较低、持续时间较短，故导致灾害的可能性较小；而峰值强度I_{max}和过程参数$1/\delta$较高的降雨过程，对应的降雨过程具有较大的雨量及较长的持续时间，因而导致灾害的可能性就大。特别是当峰值强度I_{max}和过程参数$1/\delta$达到一定数值后，降雨过程发生次数与该降雨条件下导致灾害的次数接近一致，表明该降雨过程导致灾害的可能性趋近于100%。可见致灾频度反映了特定降雨条件下灾害发生的可能性，也反映了不同降雨条件对于灾害发生的差异性影响，可以作为一种降雨的致灾敏感性参数。

此外根据式（5.10）可以得到陕南秦巴山区降雨致灾频度的等值线函数形式为

$$I_d(\delta)-\frac{1}{Coef(\delta)}\ln\left(\frac{1}{D_f}-1\right)=I_{max} \tag{5.12}$$

式中，D_f为致灾频度（0～1）。在现有降雨数据和气象预报的基础上，可以计算当前降雨过程的峰值强度参数I_{max}和形状参数$1/\delta$。代入式（5.12）即可计算出该降雨过程的致灾频度，从而可以对该降雨过程的致灾程度进行评价。

5.3　降雨入渗的非饱和-饱和渗流理论研究

以上研究针对的是导致滑坡灾害发生的降雨条件。针对具体斜坡而言，降雨入渗后在斜坡非饱和土层内引起基质吸力的消散或在隔水层附近形成正孔隙水压力，改变了土体有效应力空间分布，引起斜坡土体产生附加变形直至失稳破坏是滑坡形成的本质原因。因此研究降雨诱发浅表层滑坡成灾机制，对其发展演化过程和稳定性状态进行预测评价，则需要对降雨入渗-斜坡土层水力动态响应-斜坡稳定性这一系列物理过程机制来进行分析。而在这其中，降雨条件下斜坡内非饱和-饱和入渗规律及水文响应模式则是解析降雨型滑坡成因机制的基础。

斜坡浅表层水文响应过程可以用图 5.29 进行描述，降雨入渗含有裂隙（大孔隙）松散堆积层后，主要以垂直入渗方式进入非饱和带，该层受外界环境改变影响较大，在连续降雨下浅表层土体含水率迅速增加，而基质吸力不断下降。其中一部分水受毛细作用赋存于土体颗粒间孔隙，其余水分则通过连通的孔隙通道在重力作用下在坡体内运移，即所谓湿润锋运动。饱和或非饱和湿润锋的入渗深度与入渗速率通常取决于降雨量（或入渗量）、土层前期含水率分布与土层渗透性等因素。当垂直渗流运动至差异渗透界面时，如风化层、基岩或密实度较大的土层，则此时开始逐渐累积水头并形成上层滞水，并可能沿该界面产生侧向流过程；相反，当少雨高温的气象环境占主导时，斜坡浅表层土体水文响应以水分蒸发过程为主，此时越接近地表，含水率减小的幅度和速率越大，而对应吸力的增长幅度也相应越大。因此，斜坡浅表层土体受外界气象环境影响而不断经历着降雨入渗-干旱蒸发的周期性水文动态平衡过程。

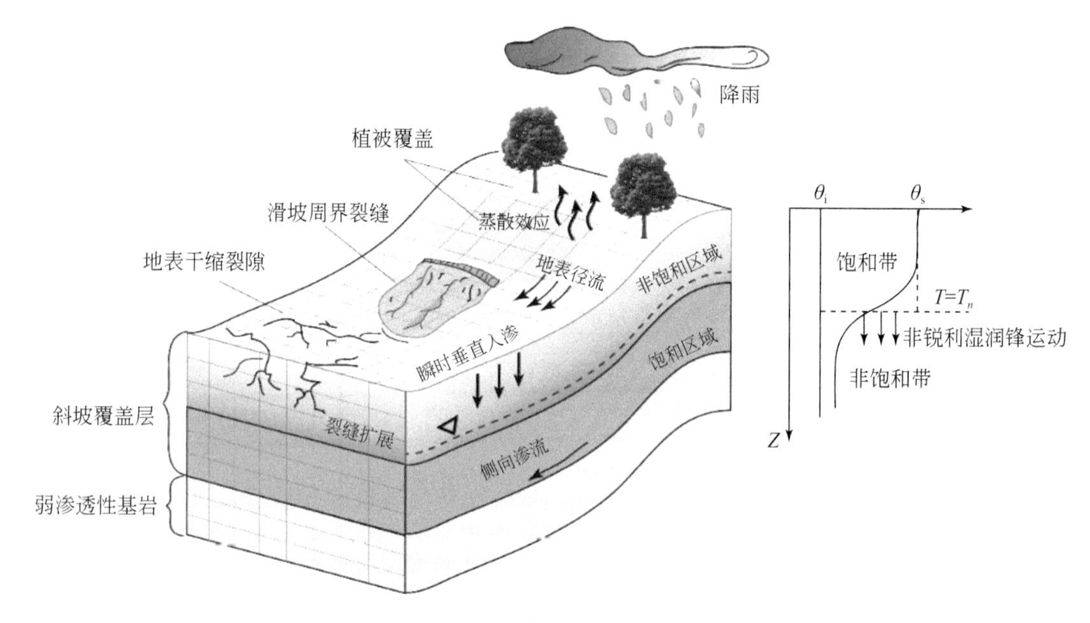

图 5.29　斜坡浅表层水文响应概念模式图

θ_i 为土体初始体积含水率；θ_s 为土体饱和含水率

除降雨外，连续强降雨作用下产生的地面径流（漫流）现象也是斜坡体水分空间分布变化的原因之一。而雨强、地形因素则是控制坡面径流的重要因素。早期在地形对地下水流动控制研究主要体现在区域斜坡水文响应方面，目前已开展一些考虑斜坡局部地形变化对降雨入渗-径流过程的影响（Vita et al., 2013），而局部凹陷地形产生的汇流效应使得从上坡漫流至下坡的水分主要集中在低洼处，因此该处入渗量可能明显增加，导致该区域斜坡表面下土层处于较高饱和度状态，并形成局部具有较高孔压与含水率的空间区域。

5.3.1　Richards 非饱和-饱和渗流控制方程

Richards 非饱和瞬态渗流控制方程考虑了土体单元内一点水分运移过程中所满足的质量守恒与饱和状态下 Darcy 定律，建立了单元体内流体体积变化导致能量存储与释放和压力水头的相关性（Fredlund and Rahardjo，1993），该变饱和流体运动控制方程反映了不同边界条件下水分在土颗粒之间连通孔隙内的运动过程（图 5.30），具体表达式见式（5.13）。

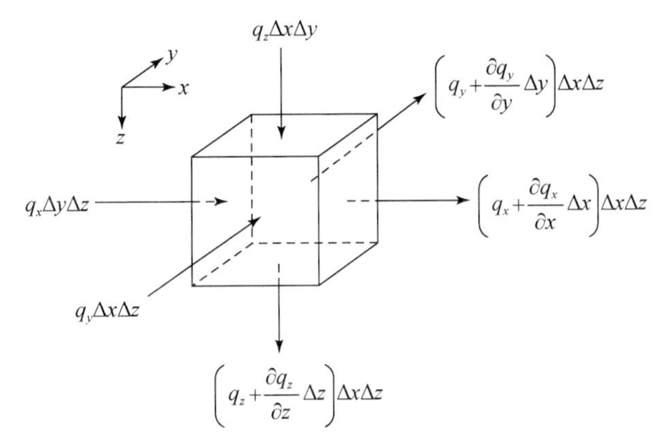

图 5.30　土体单元和边界流量示意图

$$\frac{\partial}{\partial x_i}\left(\rho_{\mathrm{w}}k_i\frac{\partial h}{\partial x_i}\right)=\frac{\partial}{\partial t}\left(\rho_{\mathrm{w}}\frac{eS_{\mathrm{r}}}{1+e}\right) \tag{5.13}$$

式中，h 为基质吸力水头；k_i 为任意方向的饱和渗透系数；x_i 为三个不同的方向；ρ_{w} 为密度；e 为土的孔隙比；S_{r} 为饱和度。

式（5.13）具有高度非线性特征，因此需要利用土水特征曲线模型与渗透系数方程来求解渗流控制方程，以此得到含水率或基质吸力随空间和时间的分布情况。而目前关于 Richards 方程最常用解析解算法，Srivastava 和 Yeh 基于 Gardner 非饱和水力特性的指数模型，即利用描述吸力水头、渗透系数与体积含水率关系的两个方程将式（5.13）进行拟线性化处理，拟线性化后的 Richards 非饱和渗流控制方程采用傅里叶积分变换或拉普拉斯变化求解标准非饱和渗流偏微分方程（Srivastava and Yeh，1991），如式（5.14）：

$$\frac{\partial^2\bar{S}}{\partial\bar{Z}^2}+\frac{\partial\bar{S}}{\partial\bar{Z}}=\frac{\partial\bar{S}}{\partial\bar{T}} \tag{5.14}$$

式中，$\bar{S}=\mathrm{e}^{\alpha h}$；$\bar{Z}=-\alpha z\cos\beta$；$z$ 为深度；$\bar{T}=K_{\mathrm{s}}\alpha t\cdot\cos^2\beta/(\theta_{\mathrm{s}}-\theta_{\mathrm{r}})$，$K_{\mathrm{s}}$ 为饱和渗透系数，β 为斜坡坡度，α 为 Gardner 非饱和土水特征模型中与土体类型的相关参数，t 为时间，θ_{s} 和 θ_{r} 分别为 Gardner 模型的饱和含水率与残余含水率。

5.3.2　改进的 Mein-Larson 非饱和锐利湿润锋模型

除了基于 Richard 方程的解析解法，还有如 Mein-Larson 湿润锋模型等概念模型因假设合理、数学形式简便，广泛应用于降雨入渗及边坡稳定性分析（王建新等 2010；李秀珍和何思明，2015；Chen et al.，2008；张杰等，2014；刘翔宇等，2012）。Mein-Larson 模型将土体的瞬时入渗能力与雨强进行比较，土体的入渗量随着降雨持时逐渐增加，入渗能力则逐渐降低。当雨强等于瞬时土体入渗能力时，地表土体达到发生径流的临界点。之后在雨强不变的情况下，土体入渗遵循有压入渗的 Green-Ampt 模型。对于雨强小于饱和渗透系数的情况，则认为径流不会发生，浸润锋前后分别以饱和含水率和初始含水率均匀入渗。Mein-Larson 模型常被用来计算饱和渗流条件下的积水时间及总渗流量等参数，但不少学者的实验及理论研究（Sweeney，1982；Sun et al.，1998）均显示低强度渗流边界条件下浸润锋并非处于饱和状态，因而 Mein-Larson 模型浸润锋维持饱和含水率的假设在此种条件下不能成立。

李宁等学者注意到，对于雨强小于饱和渗透系数的情况，土体难以达到饱和含水率，浸润过程应该为非饱和渗透，因而引入土体的吸力及非饱和渗透系数模型，模拟土体的非饱和入渗过程，建立了基于 Mein-Larson 假设的非饱和锐利浸润锋模型。然而他们忽略了吸力梯度在入渗过程中对土体含水率变化的影响，所以描述的是含水率不变的非饱和均匀入渗过程，秦巴山区浅表层土体中黏粒含量很大，导致其基质吸力在非饱和土体入渗过程中的作用往往不能被忽略。基于此，本节在 Mein-Larson 模型的基础上引入非饱和参数，在保留 Mein-Larson 模型的锐利浸润锋及浸润锋均匀含水率的假设下，允许浸润锋体积含水率低于饱和含水率，且可以随着渗流过程的发展而变化，从而建立非饱和锐利浸润锋模型，进而模拟浅表层土体含水率逐渐增加、浸润深度加深的入渗过程。

对于不同的降雨条件，研究主要考虑当前的降水量与土体入渗能力之间的关系，因而分如下情况进行讨论。

1. 雨强小于饱和渗透系数情况

对于低强度降雨，整个入渗过程为非饱和入渗。根据 Mein-Larson 的假设，该过程由于降雨强度始终小于饱和渗透系数，所以地面不会发生积水。设降雨强度为 r，对于垂直于地面的一维入渗情况，根据达西定律存在：

$$v=-K(\theta)\frac{\mathrm{d}\psi}{\mathrm{d}z} \tag{5.15}$$

式中，v 为入渗率；$K(\theta)$ 为非饱和渗透系数；ψ 为总水头；z 为深度指标。设土体初始体积含水率为 θ_i，地表处位置水头为 0，则浸润深度 L_s处水头为-（$L_s+\psi_m$），其中 ψ_m为该深度处土体的吸力水头。则式（5.15）的差分形式可以写作：

$$v=K(\theta)\frac{\psi_m+L_s}{L_s} \tag{5.16}$$

Mein-Larson 采用饱和渗透系数 K_s代替 $K(\theta)$ 来计算当坡面积水时的渗透速率。而当地表未积水时，对于垂直于地面的一维入渗情况，则采用下式来计算其浸润深度：

$$Z_{dep}=\frac{I}{\theta_s-\theta_i} \tag{5.17}$$

式中，Z_{dep}为浸润深度；I 为累计入渗量；θ_s为土体饱和体积含水率。如果仅考虑位置势而忽略吸力势，则可以得到：

$$v=K(\theta) \tag{5.18}$$

可见，如果不考虑吸力的影响，渗透速率则会与非饱和渗透系数相等，由于非饱和渗透系数为含水率的函数，因而渗透速率与土体含水率将建立对应关系。此模型即为李宁等学者所采用的非饱和渗流模型。

如果考虑吸力的影响，根据 Mein-Larson 的假设，吸力应该为浸润锋面范围内土体吸力的平均值，定义为ψ_{av}。引入 Van Genuchten 的基质吸力模型：

$$\psi_z=\frac{1}{A}\left[\left(\frac{\theta_z-\theta_r}{\theta_s-\theta_r}\right)^{\frac{n}{1-n}}-1\right]^{\frac{1}{n}} \tag{5.19}$$

式中，θ_z为土体当前的体积含水率；θ_r为残余体积含水率；ψ_z为该含水率土体的吸力；A和n均为拟合常数。此时浸润锋受到的平均吸力ψ_{av}可以表示为

$$\begin{aligned}\psi_{av}(\theta_z)&=\int_0^1\psi_z\mathrm{d}\tau=\frac{1}{A}\int_0^1\left[\left(\frac{\theta_z-\theta_r}{\theta_s-\theta_r}\right)^{\frac{n}{1-n}}-1\right]^{\frac{1}{n}}\mathrm{d}\tau\\&=\frac{1}{A}\int_0^1\left[\left(\frac{\tau\times(\theta_z-\theta_i)+\theta_i-\theta_r}{\theta_s-\theta_r}\right)^{\frac{n}{1-n}}-1\right]^{\frac{1}{n}}\mathrm{d}\tau\end{aligned} \tag{5.20}$$

式中，τ为浸润锋当前体积含水率θ_z的相关指标，$\tau=0$时$\theta_z=\theta_i$，$\tau=1$时$\theta_z=\theta_s$。可见在初始体积含水率为常数的前提下，平均吸力ψ_{av}为浸润锋当前体积含水率θ_z的函数。

而非饱和渗透系数可根据 Van Genuchten 模型表示为

$$K(\theta_z)=K_s\left(\frac{\theta_z-\theta_r}{\theta_s-\theta_r}\right)^{\frac{1}{2}}\left\{1-\left[1-\left(\frac{\theta_z-\theta_r}{\theta_s-\theta_r}\right)^{\frac{n}{n-1}}\right]^{\frac{n-1}{n}}\right\}^2 \tag{5.21}$$

将式（5.20）和式（5.21）代入式（5.16）可以得到：

$$\begin{aligned}v=&K_s\left(\frac{\theta_z-\theta_r}{\theta_s-\theta_r}\right)^{\frac{1}{2}}\left\{1-\left[1-\left(\frac{\theta_z-\theta_r}{\theta_s-\theta_r}\right)^{\frac{n}{n-1}}\right]^{\frac{n-1}{n}}\right\}^2\\&\times\left\{1+\frac{1}{A\cdot L_s}\int_0^1\left[\left(\frac{\tau\cdot(\theta_z-\theta_i)+\theta_i-\theta_r}{\theta_s-\theta_r}\right)^{\frac{n}{1-n}}-1\right]^{\frac{1}{n}}\mathrm{d}\tau\right\}\end{aligned} \tag{5.22}$$

对于降雨强度r小于饱和渗透系数K_s的情况，完全入渗的假设使得r应该与入渗率v相等。此外，设当前状态经历时间为T，则浸润深度L_s可以表示为

$$r\cdot T=(\theta_z-\theta_i)\cdot L_s \tag{5.23}$$

将式（5.23）引入式（5.22）可以得到：

$$\begin{aligned}r=&K_s\left(\frac{\theta_z-\theta_r}{\theta_s-\theta_r}\right)^{\frac{1}{2}}\left\{1-\left[1-\left(\frac{\theta_z-\theta_r}{\theta_s-\theta_r}\right)^{\frac{n}{n-1}}\right]^{\frac{n-1}{n}}\right\}^2\\&\times\left\{1+\frac{(\theta_z-\theta_i)}{A\cdot r\cdot T}\int_0^1\left[\left(\frac{\tau\cdot(\theta_z-\theta_i)+\theta_i-\theta_r}{\theta_s-\theta_r}\right)^{\frac{n}{1-n}}-1\right]^{\frac{1}{n}}\mathrm{d}\tau\right\}\end{aligned} \tag{5.24}$$

式（5.24）即为降雨强度小于饱和渗透系数情况下渗透过程的控制方程，描述了降雨历时T与含水率θ_z之间的关系。利用式（5.24）可以迭代出此时浸润锋含水率θ_z；再根据浸润深度L_s与时间T、含水率θ_z的关系式（5.23），可以计算出此时的非饱和浸润深度。

2. 雨强大于饱和渗透系数情况

当降雨强度 r 大于饱和渗透系数 K_s 时，地表处供水速度不变，整个浸润区域含水率上升；当入渗能力与此时降雨强度相等时，达到发生地表径流的临界点；之后由于供水速度不变导致地表积水。

降雨刚开始时，积水并未发生。渗流速率 v 与瞬时降雨强度 r 相等，整个土体仍未饱和，其渗透规律满足非饱和控制方程［式（5.24）］；因而可以通过迭代计算出 $r>K_s$ 时，浸润锋含水率 θ_z 与时间 T 的关系。

降雨持续一段时间后，由于降雨强度 r 大于饱和渗透系数 K_s，浸润锋土体含水率逐渐升高，最终达到饱和含水率，即 $\theta_z=\theta_s$。之后由于供水速率（降雨强度）不变，而土体的渗流速率趋近于饱和渗透系数 K_s，则出现积水；对于积水的时刻 T_p，式（5.24）变为

$$
\begin{aligned}
r &= K_s\left\{1+\frac{(\theta_s-\theta_i)}{A\cdot r\cdot T_p}\int_0^1\left[\left(\frac{\tau\cdot(\theta_s-\theta_i)+\theta_i-\theta_r}{\theta_s-\theta_r}\right)^{\frac{n}{1-n}}-1\right]^{\frac{1}{n}}\mathrm{d}\tau\right\}\\
&= K_s\left\{1+\frac{(\theta_s-\theta_i)}{r\cdot T_p}\psi_{av}(\theta_s)\right\}
\end{aligned}
\tag{5.25}
$$

式中，$\psi_{av}(\theta_s)$ 为浸润锋饱和后的平均吸力，可将式（5.20）中的含水率 θ_z 取饱和含水率 θ_s 得到。可见式（5.25）即为考虑非饱和条件得出的积水点控制方程。

此后，如果降雨强度不变，则入渗转化为有压入渗，满足 Green-Ampt 模型的有压入渗公式。对于垂直于地面的一维入渗问题，流量与降雨时间 T 的关系如下：

$$
I-\psi_{av}(\theta_s)\cdot M\cdot\ln\left(1+\frac{I}{\psi_{av}(\theta_s)\cdot M}\right)=K_s(T-T_p+T_s) \tag{5.26}
$$

式中，I 为累计入渗量；M 为饱和含水率 θ_s 与初始含水率 θ_i 之差；T_p 为积水时间，可通过式（5.26）计算；而 T_s 可以表示为

$$
I_p-\psi_{av}(\theta_s)\cdot M\cdot\ln\left(1+\frac{I_p}{\psi_{av}(\theta_s)\cdot M}\right)=K_sT_s \tag{5.27}
$$

式中，I_p 为积水发生时的入渗总量。

3. 初始体积含水率随深度变化

对于秦巴山区内自然斜坡松散堆积层而言，常见其含水率随着深度发生变化。因而 Mein-Larson 模型初始体积含水率 θ_i 不变的假设无法成立。对于此种情况，如果入渗深度较浅，则可以假设表层土体的土水特性及非饱和渗透特征具有一致性。初始含水率 θ_i 则可设为深度坐标 z 的函数 $\theta_i(z)$，则根据式（5.25）可以得到：

$$
\begin{aligned}
r = {} & K_s\left(\frac{\theta_z-\theta_r}{\theta_s-\theta_r}\right)^{\frac{1}{2}}\left\{1-\left[1-\left(\frac{\theta_z-\theta_r}{\theta_s-\theta_r}\right)^{\frac{n}{n-1}}\right]^{\frac{n-1}{n}}\right\}^2\\
& \times\left\{1+\frac{1}{A\cdot L_s}\int_0^1\left[\left(\frac{\tau\cdot[\theta_z-\theta_i(z)]+\theta_i(z)-\theta_r}{\theta_s-\theta_r}\right)^{\frac{n}{1-n}}-1\right]^{\frac{1}{n}}\mathrm{d}\tau\right\}
\end{aligned}
\tag{5.28}
$$

从式（5.28）可见，吸力的梯度项受到随深度变化的含水率的影响；当含水率随着深

度增加时，浸润锋受到的平均吸力下降导致吸力梯度逐渐降低。而渗透系数 $K(\theta_z)$ 只与此时的浸润锋含水率相关，不受随深度变化的含水率的影响。控制方程式（5.28）描述了初始含水率在随深度变化的情况下，浸润深度 L_s 与当前浸润锋的平均含水率 θ_z 的关系。对于小于饱和渗透系数 K_s 的恒定降雨强度 r，其入渗总量 I、降雨时间 T、当前浸润锋含水率 θ_z 及初始含水率 θ_i 存在如下关系：

$$I = r \cdot T = \int_0^{L_s} [\theta_z(L_s) - \theta_i(z)] \mathrm{d}z \tag{5.29}$$

可见，将式（5.28）得到的 θ_z 与深度 L_s 的关系，对浸润深度 L_s 进行积分，可以得到入渗总量与时间 T 的关系［式（5.29）］。

5.3.3　模型模拟计算结果的对比

为了验证模型的合理性，本书将提出的模型与 Mein-Larson 模型、李宁等人提出的忽略基质吸力影响的模型以及有限元模拟结果进行了对比。对比分析采用了某黏性土的水力学参数，土体残余体积含水率 $\theta_r=0.09$，饱和含水率体积 $\theta_s=0.528$，初始体积含水率 $\theta_i=0.25$，孔隙率约为 55%。依据 Van Genuchten 基质吸力模型，设定其 $1/A=1.072\times10^4$ Pa、$n=2.0734$；此外设定其饱和渗透系数约为 $K_s=3\times10^{-5}$ m/s。

假设土体含水率沿深度方向均匀分布，对于一系列不同强度的降雨，不同的降雨模型得到的降雨持时与体积含水率的关系如图 5.31 所示。

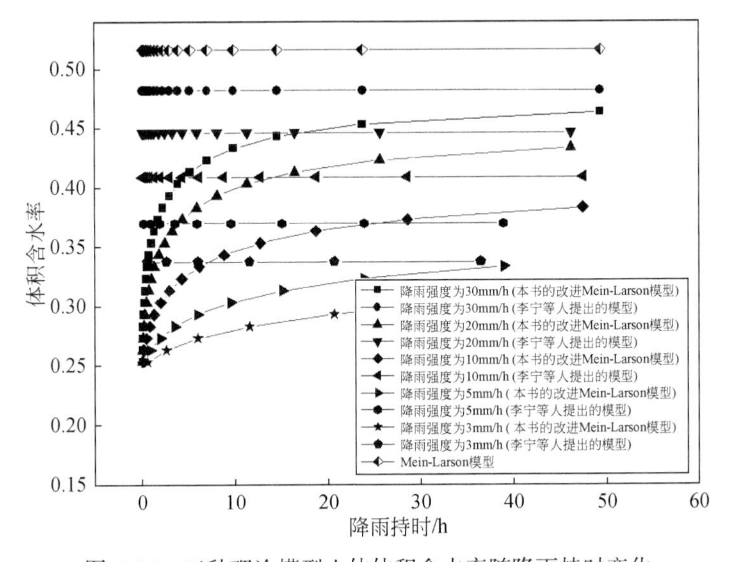

图 5.31　三种理论模型土体体积含水率随降雨持时变化

可见 Mein-Larson 模型在不同降雨强度下采用了同一含水率，其描述的是土体处于饱和状态的均匀入渗过程，如图 5.32（a）所示；李宁等人提出的模型描述了不同降雨强度对应不同含水率的均匀入渗过程，而一致的含水率则随着降雨强度的增大而增大，如图 5.32（b）所示；本书提出的改进 Mein-Larson 模型，土体含水率随降雨时间逐渐增加，增加的速率与降雨强度直接相关，降雨强度越大含水率增加的速度越快。此外，随着入渗加深，土吸力梯度项减小，非饱和渗透系数对应的重力项在土体的含水率变化中逐渐起到主导作用，因而土体含水率逐渐接近同降雨强度下的李宁等人提出模型的结果，其入渗过程如图 5.32（c）所示。

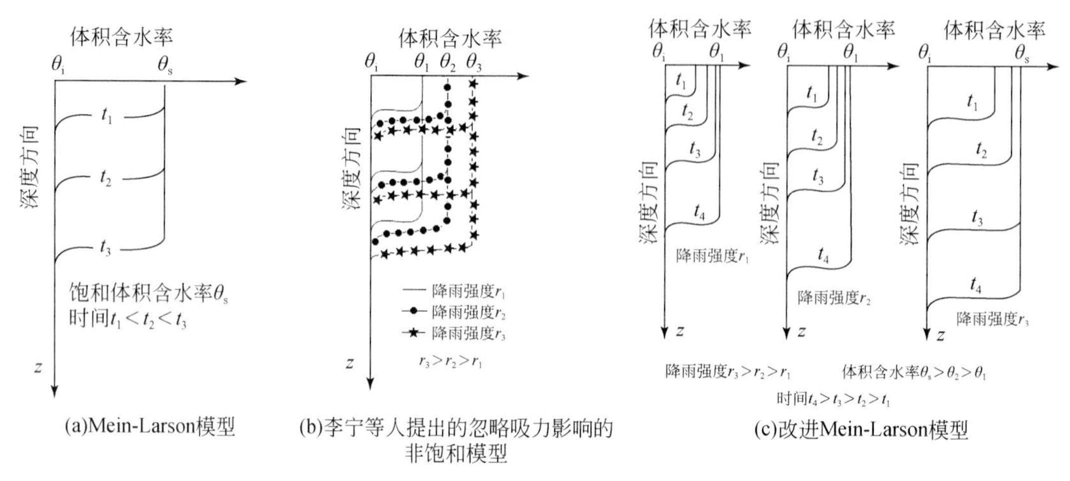

(a)Mein-Larson模型　(b)李宁等人提出的忽略吸力影响的非饱和模型　(c)改进Mein-Larson模型

图 5.32　三种模型含水率变化模式

图5.33 为三种模型在不同降雨强度下入渗深度随降雨持时的变化。由图5.33（a）可见，本书提出的模型入渗深度随降雨持时变化呈现一定程度的非线性；随着降雨强度的增加，其曲线越接近于线性；降雨强度越低，其非线性越明显。当降雨达到一定时间后，其入渗深度-降雨时间曲线均接近线性。而由图 5.33（b）可见，对于不同的降雨强度，李宁等人提出的模型与 Mein-Larson 模型入渗深度均为线性增加；李宁等人提出的模型计算出的浸润锋体积含水率均低于 Mein-Larson 采用的饱和含水率，因而在相同降雨时间下李宁等人提出的模型得到的浸润深度要大于 Mein-Larson 模型。而本书所采用的改进 Mein-Larson 模型，由于考虑了含水率的变化过程，在相同降雨强度下计算得到的含水率要低于李宁等人提出的模型。因而在相同降雨条件下，本书采用的改进 Mein-Larson 模型浸润深度要大于李宁等人提出的模型。

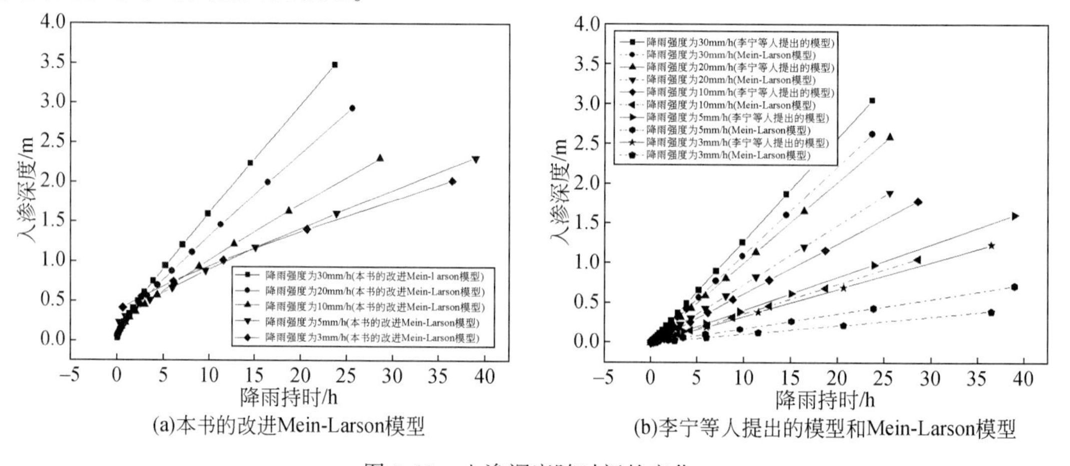

(a)本书的改进Mein-Larson模型　(b)李宁等人提出的模型和Mein-Larson模型

图 5.33　入渗深度随时间的变化

为了与理论计算进行对比，我们采用 Geoslope 的 Seep/w 非饱和渗流模块，对一维入渗进行了有限元数值模拟；采取前述土水特性曲线及非饱和渗透系数规律，模拟初始体积含水率为25%的土体在降雨强度为30mm/h、20mm/h、10mm/h 三种工况下的入渗情况，如图5.34所示。

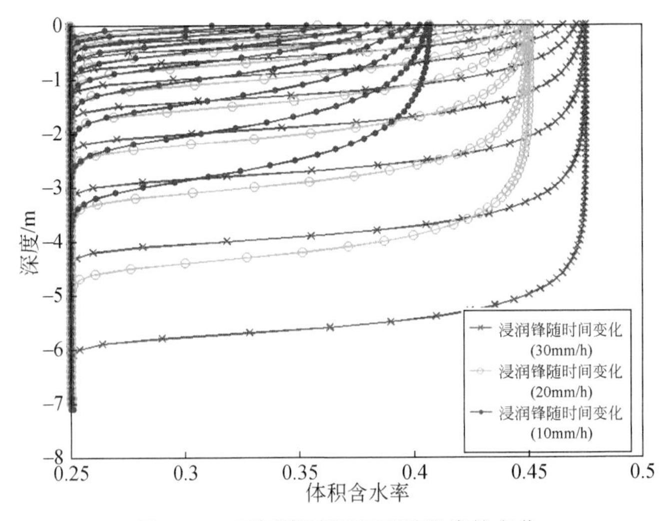

图5.34　不同降雨强度下浸润线的变化

可见，在浸润锋含水率逐渐增加的同时，入渗深度加深，且入渗一段时间后地表含水率逐渐趋于常数。浸润锋含水率在降雨强度小于饱和渗透系数 K_s 的情况下不会达到饱和体积含水率 θ_s，而会逐渐趋近于某一特定的体积含水率，该含水率下非饱和渗透系数近似等于降雨强度。此外还可以看出，Seep/w 模拟的非饱和浸润锋体积含水率地表较高，深部含水率逐渐降低趋近于初始含水率。因而衡量模拟结果的浸润锋体积含水率不应只考虑地表含水率，还应考虑浸润锋体积含水率变化。本书对浸润锋体积含水率采取对深度加权平均的办法计算浸润锋的平均体积含水率。Seep/w 模拟得到的浸润锋体积平均含水率与本书提出模型所计算得到的非饱和浸润锋体积含水率随降雨持时的变化如图5.35所示。可

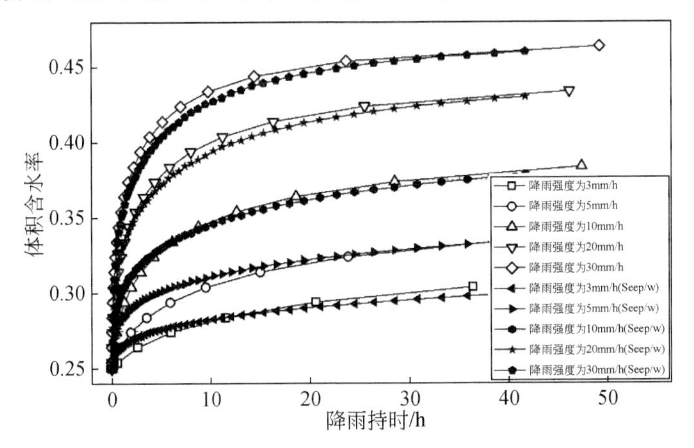

图5.35　Seep/w 模拟的体积含水率与本书提出模型含水率随降雨持时变化的对比

见本书所提出的模型与有限元模拟得到的浸润锋平均体积含水率变化趋势相同，偏差小于5%。

通过与Seep/w有限元模拟的对比，相对于李宁等人提出的模型和Mein-Larson模型在降雨初期浸润锋体积含水率不变的假设，本书提出的模型能更好地模拟土体表层含水率逐渐增加、浸润深度加深的物理过程。此外，对于长期降雨，本书提出的模型在含水率上逐渐趋近于李宁等人提出的模型的计算结果，同时积水时间计算可与Mein-Larson假设相一致，描述的土体在恒定降雨强度下入渗过程的物理现象及数学过程更加合理。

5.4 堆积层滑坡非饱和-饱和水文响应特征试验

已有研究表明，绝大多数降雨诱发浅表堆积层滑坡的失稳机制，可归因于湿润锋不断入渗运移导致非饱和带内基质吸力和有效应力的降低，使得土体变形量不断增大和非饱和强度降低，并最终引发坡体失稳；另外，浅层滑坡形成时滑面附近一般无明显的地下水位抬升过程，但仍可能由于连续降雨形成暂时性滞水带（或短时间内降雨强度超过土体入渗能力），因而存在孔隙水压力分布，同样可导致土体有效应力与强度的降低。此外，斜坡土体在干湿交替环境下的变形演化过程中，其孔隙结构也随之发生改变，因而必然影响孔隙水压力的时空分布，许多学者考虑并建立了非饱和水力-应力耦合效应作用下的滑坡应力-变形及稳定性分析模型。因此，从量化水文-力学物理机制的角度研究降雨诱发松散堆积层滑坡灾变过程，是分析滑坡变形破坏机制与提出预警模型的关键。

针对降雨型浅层滑坡机制分析，目前已有大量相关研究借助室内缩尺物理模型试验手段（Ochiai et al.，2004；刘海松等，2008；林鸿州等，2009；杨宗佶等，2019）分析了斜坡结构-降雨量-孔隙水压力等与滑坡变形破坏模式之间的关系，以此揭示降雨诱发滑坡成因机制并确定临界启动条件。室内模型试验具有边界条件可控、可重复试验和耗时较少等优势，如能考虑不同边坡几何特征、降雨类型及初始水文边界条件对非饱和-饱和渗流过程及斜坡破坏模式的影响。但由于采用相似材料制作的斜坡土体结构和模拟应力分布与实际情况具有较大差异，无法完全重现典型斜坡松散堆积层结构及非饱和-饱和水文响应特征；另外，模型试验中土体的初始含水分布状态和人工降雨过程也与实际情况有很大的不同。因此，有必要针对秦巴山区典型松散堆积层滑坡的非饱和-饱和水文响应及变形过程开展现场长时序监测试验，阐明不同边界条件滑坡非饱和-饱和水文响应特征与变形破坏规律。本节内容主要针对复杂环境条件下松散堆积层不同深度的含水量、基质吸力、孔隙水压力（地下水位）和地表变形演化规律开展实时监测并对其进行分析，通过定量化方法揭示秦巴山区典型降雨诱发堆积层滑坡的成因机制。同时，滑坡水文响应监测系统为滑坡预警理论模型的建立提供了模型参数依据与理论支撑。

5.4.1 典型滑坡地质条件及发育特征

晒纸梁滑坡位于陕西省镇巴县巴庙镇东南方向约3km的尚家湾村，地理坐标为108°12′29.26″E，32°31′17.55″N。滑坡体所处地貌类型为中低山区山谷地貌（图5.36）。滑坡所处山体斜坡的中下部区域，高程变化范围为636～553m。斜坡局部微地貌类型主要为凹型坡，坡度30°～35°，滑坡后壁上部斜坡坡度相比较陡，坡度40°～50°，而滑坡中下部堆积层相对较缓。钻孔结果揭示滑坡中下部覆盖层最大厚度达到15～20m，而滑坡后壁附近覆盖层厚度则逐渐减少至1.5～2m，从所处地貌形态及斜坡结构类型判断此处为一古滑坡，而目前主要发生局部多期次的滑坡或滑塌过程。

图5.36　监测滑坡航拍扫描示意图

经滑坡钻探勘察，斜坡地层主要包括上部松散含碎石粉质黏土堆积层、风化层与基岩结构，斜坡下伏基岩地层主要类型为下奥陶统高桥组深灰色粉砂质板岩，中部风化带厚度较大，具有一定岩体结构但极为破碎，强度较低，降雨下渗后可沿强风化带内的贯通裂隙流动，使得斜坡浅表层入渗汇流至深部基岩顶面附近。斜坡浅表层主要为基岩风化产物，堆积层厚度从滑坡后缘至前缘厚度逐渐增大，在滑坡中下部达到15～20m。探槽开挖后可观察到表层50cm深度范围内土层极为松散，主要受人类活动和植被根系影响，一般较难直接取样，而1～2m土层在自重应力的长期固结作用下相对致密，可直接进行取样。

滑坡主滑方向约为60°，坡度为35°～40°。左翼出露岩体倾向185°，倾角35°。经调查，滑坡历史上发生多次局部浅层滑坡，造成部分滑坡体出现明显的塌陷现象，表现为塌陷地形两侧出现明显的陡壁或台阶状地形。其中2017年10月发生的局部浅层滑坡，滑向约40°，滑带长35～40m，宽3～5m，使得滑坡西侧侧翼出现高1～1.5m台阶，其中后缘出现较为明显张拉裂隙，为强降雨入渗提供优先流通道。

5.4.2　滑坡水文响应监测系统的组成与设计

如前所述，复杂气象环境下斜坡松散堆积层变饱和渗流场演化规律是研究降雨滑坡成灾机制中的关键问题，因此在建立的滑坡水文响应监测系统中需要测量斜坡浅层不同深度的基质吸力、含水率与孔隙水压（或地下水位）等基本物理量。监测系统主要包含ML3型含水率传感器（英国Delta-T公司）、SR型补水式张力计（美国IRROMETER公司，采用三通阀连接PDCR4010型压力传感器与真空负压表）、SWT4R型张力计（英国Delta-T

公司)、EQ3 型（英国 Delta-T 公司）水势传感器、4500AL 型渗压计（美国 GEOKON 公司)、气象传感器（7852AB 雨量计和 111N&222N 型温湿度计，中国台湾玖廷企业股份公司）和 DT615 型数据采集系统（澳大利亚 Thermo Fisher 公司)，12V 可充电蓄电池、太阳能电池板、传感器连接线缆（Belden 8723 型）和金属支架等其他附属配件。系统示意图如图 5.37 所示。

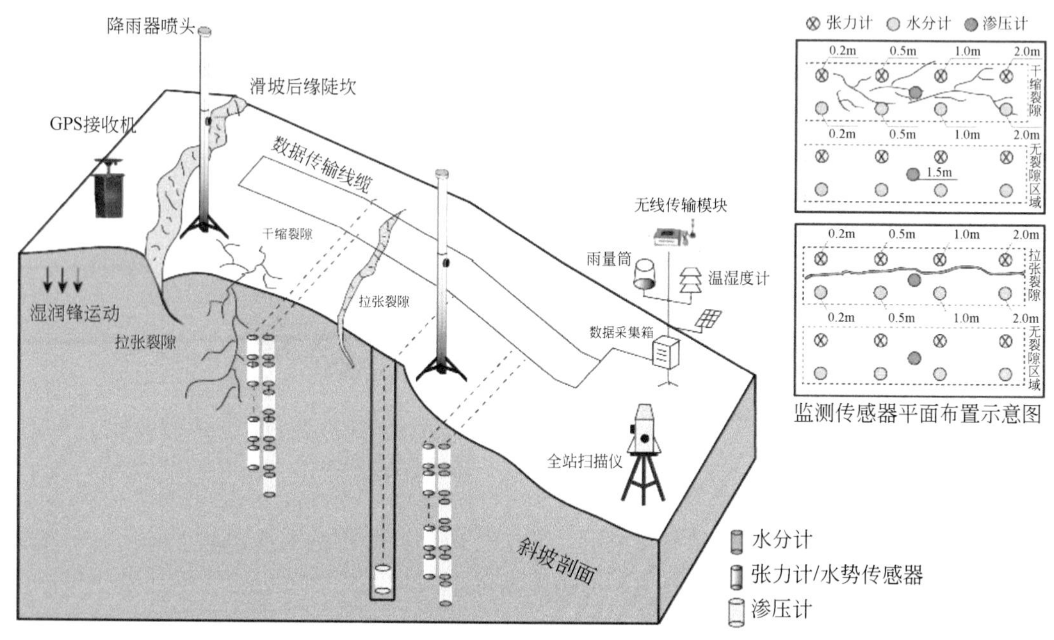

图 5.37　基于“空-天-地”技术滑坡原位监测系统示意图

在滑坡附近布设两组传感器阵列，一组位于上部，另一组位于滑坡体下部，目的在于获取斜坡不同位置非饱和-饱和渗流特征并进行对比，分析可能产生的侧向流动路径。两组阵列布设方式完全相同，在斜坡地表至 1m 的深度内，布设四组 ML3 型水分计和三组 SR 型张力计；在 100cm 深度以下，由于该深度土层密实度较大，渗透性降低，受外界大气条件影响不敏感，因此 1～3m 深度中传感器阵列间距增大。此外，由于滑动面深度一般产生于 1～2m 深度范围内，因此在 2.5m 处安装振弦式渗压计，测量长期降雨后可能形成的上层滞水现象，布设传感器类型与数量如表 5.3 所示。各传感器通过 Belden 8723 型通信线缆连接至室内 DT615 型数据采集器，设定每隔 10min 自动读取一次数据。此外，通过采用 DTU 设备，在长安大学秦巴山区地质灾害防治研究所内可通过计算机与数据采集系统进行远程无线连接，实现对现场滑坡监测系统进行远程控制和数据下载。

表 5.3　水文监测传感器埋设方案

传感器类型	型号（公司）	埋设深度/m	传感器数量
水分计	ML3（英国 Delta-T 公司）	0.2，0.5，0.8，1.0，2.0，3.0	12
张力计	SR（美国 IRROMETER 公司）	0.2，0.5，1.0，2.5	8
振弦式渗压计	4500AL（美国 GEOKON 公司）	2.5，49.5，15.5	3

5.4.3　斜坡水文响应机制

1. 体积含水率变化特征

图5.38展示了2018年2月～2019年1月一个完整水文周期内不同深度土层体积含水量时序数据。从全年监测结果可以看到，由于多雨期与干旱期内降雨量存在显著差异，斜坡浅表层土体的水文状态呈现出不同季节性响应特征，主要表现如下。

土体饱和度与体积含水量可通过孔隙比进行转换，S_r 为饱和度，θ_w 为体积含水量，e 为孔隙比，如式（5.30）所示：

$$S_r=\frac{\theta_w(1+e)}{e} \tag{5.30}$$

由图5.38可知，地表至1m深度内土体基本处于非饱和状态，而1m以下土层达到近似饱和或完全饱和且保持长期稳定。其中，斜坡地表下0～50cm深度范围内水文响应参数受外界气象条件改变影响最为显著，其含水量增量及增长速度均最大，响应时间最短。另外，由于在降雨期内（一般为每年6～9月）强降雨和高温蒸发交替作用，土体各层含水

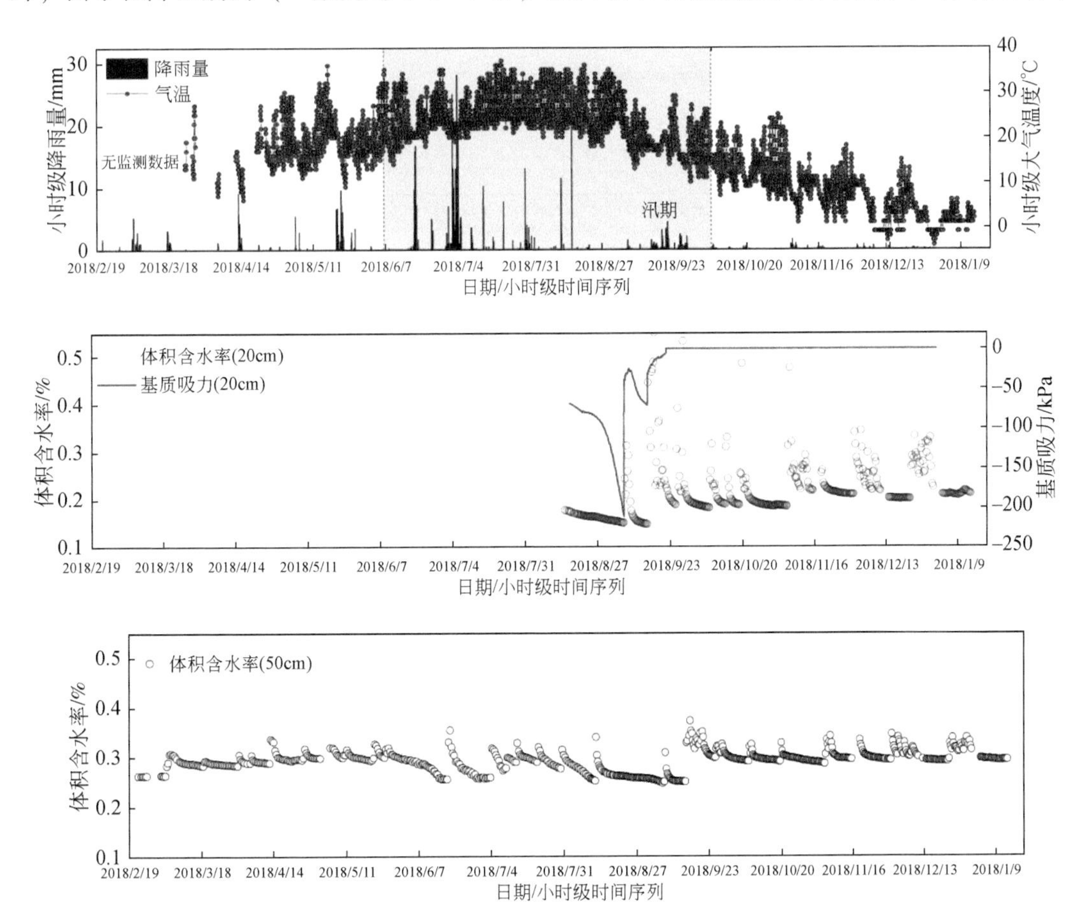

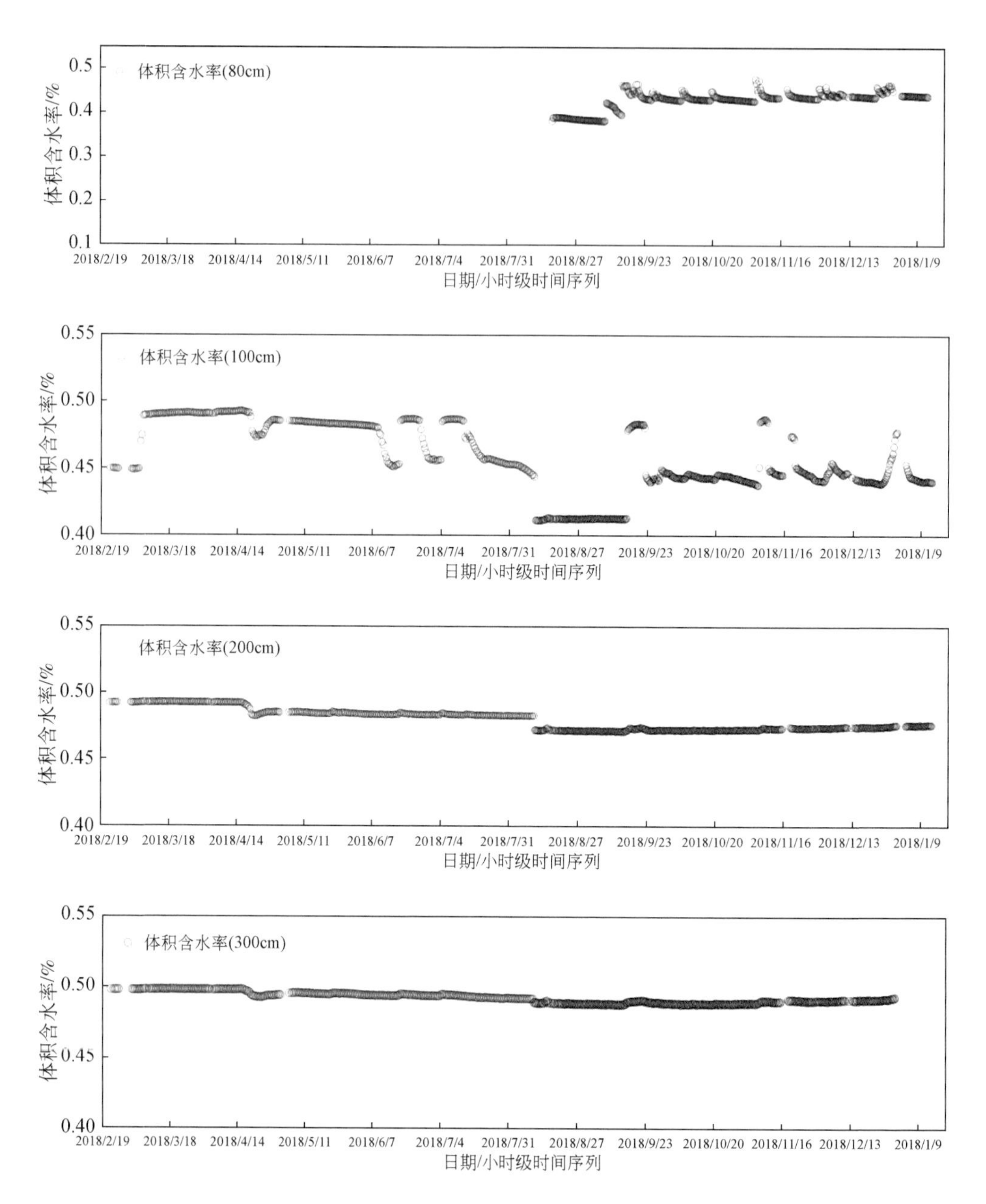

图 5.38　不同深度体积含水率时间序列

率波动频率最为显著；相反，在春冬两季由于低温、降雨量减少和空气湿度高，土体各层饱和度维持在一定水平，一般并不会产生孔隙水压力和渗透压力的明显变化，因而斜坡的稳定性趋势也基本保持不变，在该时期也一般较少出现滑坡灾害的记录。

具体而言，当遭受持续强降雨时，近地表土层范围内（如 $D=20\text{cm}$）可在短时间内达到暂态饱和，但由于表层土相对松散且存在干缩裂隙和大孔隙结构，在该层存在强烈的表层蒸发与重力排水作用，当降雨停止后含水量迅速下降，直到小于土体孔隙结构的持水能力并达到平衡，该层水文状态几乎受到历次降雨过程的影响，其特点是对外部气象条件变化（如降雨或干旱失水）的响应速度快，在降雨强度较大时（仍小于饱和渗透系数36mm/h）表层土可短暂达到近饱和状态。如2018年9月14日当天的日降雨量达25.4mm，在降雨后雨量计开始记录约100min，表层20cm深度体积含水量监测值开始发生初始变化，在23：20左右达到峰值（约0.50），饱和度约为76.9%，可认为此时该土层接近达到饱和状态。由于表层土体具有大孔隙结构，渗透能力相对较强，约三小时后（即次日02：00），受底部重力排水及表层蒸发作用，该层含水率开始发生明显的下降过程，直至含水量小于土体颗粒的吸附能力而达到水分平衡，该层体积含水量变化范围在0.13～0.55之间。

另外，观察深层含水量变化情况：无论滑坡体所经历的降雨边界条件如何变化，50cm深度体积含水率监测值波动范围始终限制在0.25～0.32，由该土层孔隙度0.65可知，其饱和度变化范围为38.5%～49%，远未达到完全饱和或近饱和状态，因此可判断20～50cm深度土层在一个完整水文周期内始终处于非饱和状态；而80～300cm深度内含水量变化幅度随深度增加不断减小，响应时长不断增加，其中深度80cm含水量监测值在2018年9月13～19日的降雨历程中（总降雨量103.8mm）最大增幅0.069，1m深度变化值为0.075，而滑动面深度附近及以下2m与3m含水量监测值在降雨后几乎没有产生明显的变化。不同深度土层（50～100cm）含水率监测值响应时长分别为130min、210min和240min。显然，随着深度的不断增大，斜坡土体密实度不断增加，再加上降雨入渗通道变长，因此土体的入渗能力也相应减弱，响应时间显著增长。进入土体的一部分水由于土层的吸附能力，成为该层增加的储水量；另外，由于相对弱渗透界面存在一定的隔水作用，使得不断累积入渗的水分以侧向流或局部滞水的形式赋存于浅表层土体中。这也可以解释典型浅层滑坡的滑动面往往产生于2m以内，且可推断2m以下土体水文条件几乎不受外界气象环境变化影响而改变，因此应力状态几乎不发生明显的变化。

图5.39所示为在具有不同初始含水量分布情况下，受相似降雨边界条件下湿润锋达到相应土体深度所需要的响应时间。通过比较从雨量计开始记录降雨到各层水分传感器监测到的含水量值开始出现变化的时间间隔，显然，对于平均初始含水量相对较大的剖面，各层响应时间远小于在初始相对干燥条件下的响应时间。也就是说，湿润锋在土层含水率相对较高的条件下，其渗透速度相对较快，运动过程中受到的黏滞阻力（由土体颗粒间毛细作用、颗粒表面吸附作用）较小；反之，若含水量相对较低，此时土层内基质吸力相对较高，颗粒表面存在的毛细作用与吸附作用对湿润锋前进的阻碍作用显著增大（土体孔隙内气-液交界面处存在的弯液面，导致过水断面相应减小）。

2. 基质吸力变化特征

在地质灾害与岩土工程领域，研究者往往更为关心土体内非饱和-饱和渗流过程对孔隙水压力时空演化规律的影响，因而确定滑坡体有效应力的分布规律，在此基础上对滑坡土体的应力-变形过程及斜坡稳定性做出正确合理的评价。因此，通过对浅层土体基质吸力的实时监测可获取不同降雨边界条件下浅层土体的吸力变化规律。

如前所述，浅层土体内非饱和-饱和渗流过程主要发生在斜坡地表下0～200cm深度范围内，而200cm深度以下含水量变化范围并不明显。考虑到近地表土层内基质吸力分布可

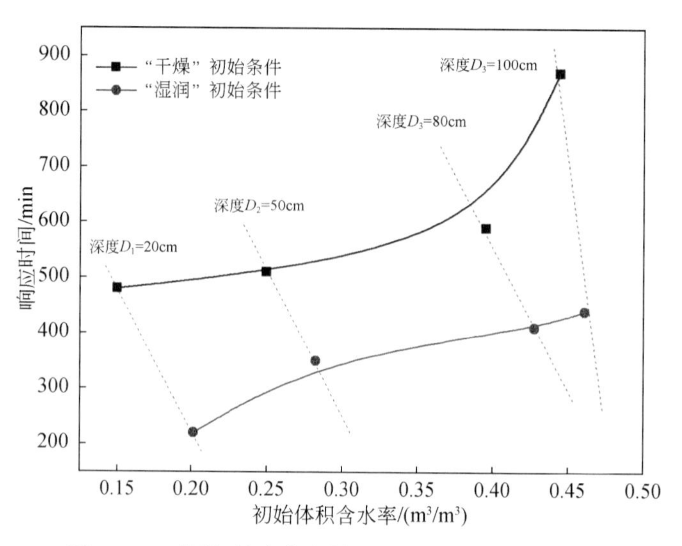

图 5.39　不同初始含水率剖面对湿润锋响应时间影响

能受外界气象环境条件影响最大，尤其在夏季高温多雨条件下会受到强烈的增湿（强降雨）和减湿（蒸发作用）交替作用影响，基质吸力可能出现较大波动，以致其变化范围超过传统真空张力计的最大测量范围（最大-100kPa）。因此在滑坡监测点地表下 20cm 深度处埋设了 EQ3 型水势传感器（测量范围：-1000～0kPa），用以获取在-1000～-100kPa 范围内的基质吸力。

在 2018 年 8 月 15 日水势传感器安装后，由于一段时间内呈现高温且无明显降水过程的环境条件，再加上近地表层土体存在大孔隙或裂隙结构，导致表层土蒸散效应显著，且排水性良好，因此该层基质吸力以指数函数形式不断增大（图 5.40），其中一处 20cm 深度基质吸力在 2018 年 9 月 3 日达到该阶段峰值-210kPa［图 5.40（a）］。随后存在一次降雨过程，使得吸力随含水率增加而迅速降低，在连续降雨过程中吸力最终衰减至接近 0kPa；相似地，另一测点相同深度的基质吸力同样在初始阶段以幂指函数形式不断增加，最大峰值达到约-327kPa［图 5.40（b）］，在受到降雨入渗影响下，迅速降低为 0kPa。后期由于连续降雨作用导致表层土含水率较大，且该时段空气湿度保持较高水平，气温相对较低（10～20℃），因此表层土体含水量未产生大范围降低，并未继续出现明显的基质吸力增长的过程，表明该阶段地表附近维持较高饱和度。

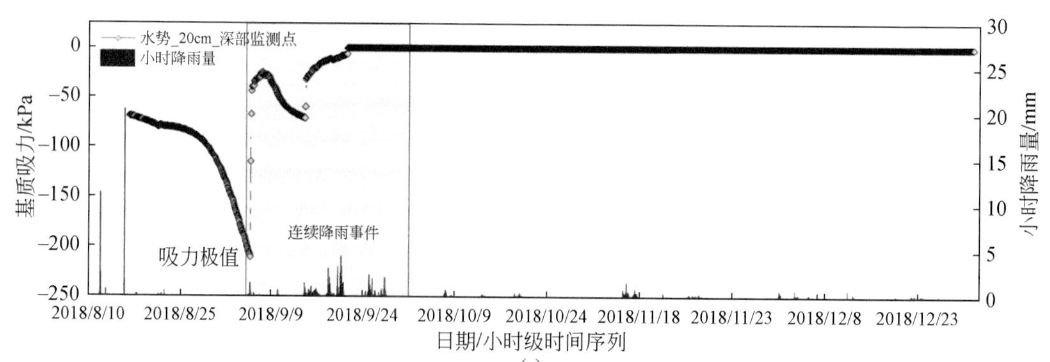

(a)

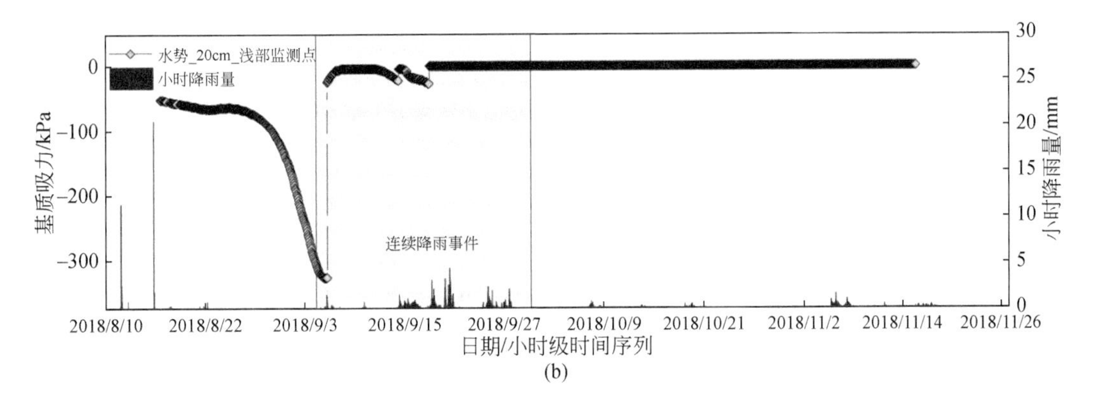

图5.40　斜坡不同位置表层土（D=20cm）基质吸力时间序列（2018年8~11月）

此外，由于张力计对-85~0kPa范围内基质吸力变化具有较高精度的响应，因此可用部分张力计采集数据对该范围吸力加以详细说明。结合水势传感器监测数据，对2019年4~7月获取的基质吸力变化情况进行描述。如图5.41所示，水势传感器（0~1000kPa）和张力计（0~85kPa）测试结果较为吻合，仅在持续脱湿效应影响下，由于张力计监测范围所限造成吸力监测值出现较大差异。由于降雨和蒸发效应交替作用，特别是在表层土内基质吸力（D=20cm）波动范围较大［图5.41（a）］，而深层土含水率变化相对较小，因此该阶段内吸力变化仅在0~20kPa之间变动且保持相对稳定［图5.41（b）］。另外，浅层土体吸力变化响应速度最快，在相邻降雨间隔期内以指数形式递增，特别是在进入6月后高温环境条件下，基质吸力在6月4日短暂达到极大值-762kPa，表现在近地表土层处于硬塑状态，其土体破坏强度显著提高，地表土体出现由于失水体缩后所产生的干缩裂缝，在随后持续降雨条件下由于土体吸湿，该现象逐渐消失。随着进入雨季后降雨频度及强度的增加，该层土体饱和度维持较高水平，而对应基质吸力变化幅度相对较小。深度为50cm张力计则在数次持续强降雨后，可短暂出现0~5kPa的正孔隙水压力，因此该层测得的孔隙水压力范围几乎在-20~5kPa，表明当持续强降雨导致渗流量超过该层土体的入渗能力时，土体局部可形成暂态滞水区域。总体来看，后期持续强降雨过程提高了斜坡剖面内整体饱和度。

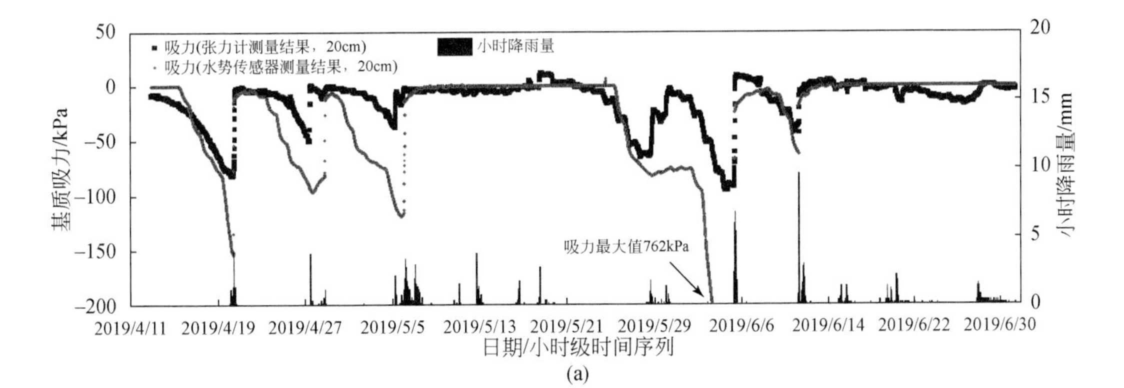

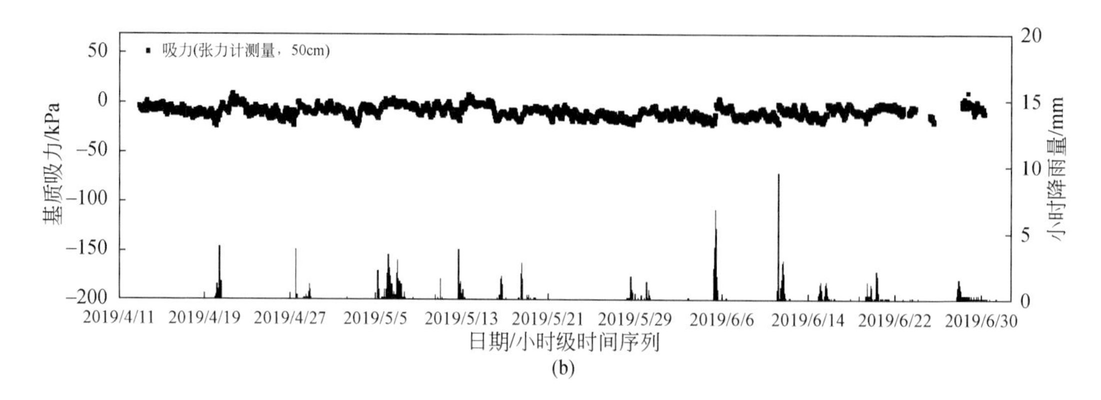

图 5.41 斜坡不同位置表层土（D=20/50cm）基质吸力时间序列

3. 地下水位演化分析

在本次研究中，地下水位的分析主要分为两个部分：一个是松散堆积体内可能存在的暂态上层滞水，另一个是深部基岩-风化层界面处的地下水位。滑带土附近存在的上层滞水可导致压力水头不断积累，造成土体有效应力下降和强度损失，并直接控制着浅层滑坡的临界启动条件。但长期来看，局部上层滞水受重力作用不断向下层或侧向排水，滞水现象逐渐消散，该过程主要取决于下部地层渗透性、裂隙网络的空间分布与连通性等条件；沿斜坡深部非透水性完整基岩-风化层界面处形成的稳定地下水位，该类地下水位补给的主要来源为降雨入渗后孔隙水和裂隙水受重力驱动向下部运移而不断汇聚此处。

图 5.42 描述了浅层土中上层滞水带的形成过程，在 2018 年 9 月 15 ~ 26 日连续降雨过程中，由于地表入渗量大于滑动面深度附近土层的渗透能力，在约 2.5m 形成最大约 8kPa 的压力水头，即约 0.8m 的地下水位，在降雨过程期间该水位受降雨入渗补给和重力排水作用的共同影响而不断波动，降雨时序结束后约 5 天，压力水头由于重力作用向下层排水而迅速降低至零，表明此时上层滞水带完全消散。

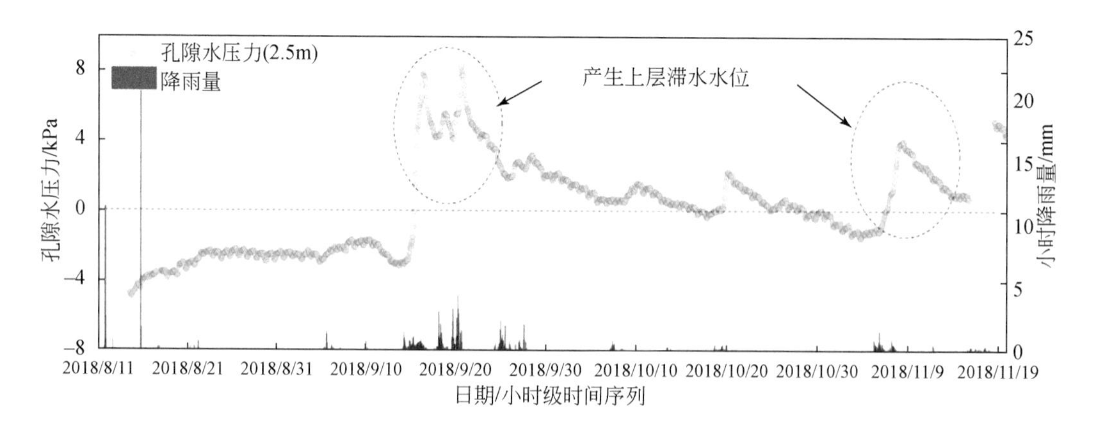

图 5.42 覆盖层厚度 2.5m 处孔隙水压力随时间变化趋势

图 5.43 给出了斜坡基岩-覆盖层交界面处孔隙水压力的变化规律，实质上反映了稳定地下水位的演变过程，从而证实了浅层地下水与深部地下水之间存在的水力联系。可以清晰地看到，在滑坡后缘处深部基岩顶面（松散层与下伏强风化带厚度约 48.5m）埋设的振弦式渗压计揭示了地下水位的变化情况：冬季（一月底至三月前）降雨入渗至该层形成了 1.0～2.0m 的静水压力水头，随着外界降雨量的减少，该层赋存的地下水沿陡倾基岩顶面不断运移形成侧向流动，并在春季（五月底前）逐渐趋于零；随着进入雨季，降雨量与降雨频度持续增加，降雨入渗导致浅层土体含水量不断增多，超过土颗粒吸附能力的这部分孔隙水在重力作用下沿风化带裂隙通道继续下渗，当湿润锋抵达下部基-覆交界面处时，地下水位再一次抬升，静水压力不断增加直至达到峰值水平，在降雨强度与频度降低后再次衰减。这证实了浅层土及强风化带在非饱和-饱和渗流模型计算中应视为排水边界进行考虑。但同时，坡体下部埋设的渗压计（埋深 15.5m）则尚未出现明显的地下水位抬升过程，可能与土层及风化层结构有关。

综上，短期内在强降雨作用下浅层土体可形成暂态上层滞水现象，但从较长时间尺度下，由于土层渗透性及裂隙的导水通道，在重力梯度下入渗水分可持续下渗至非渗透性的基-覆交界面。

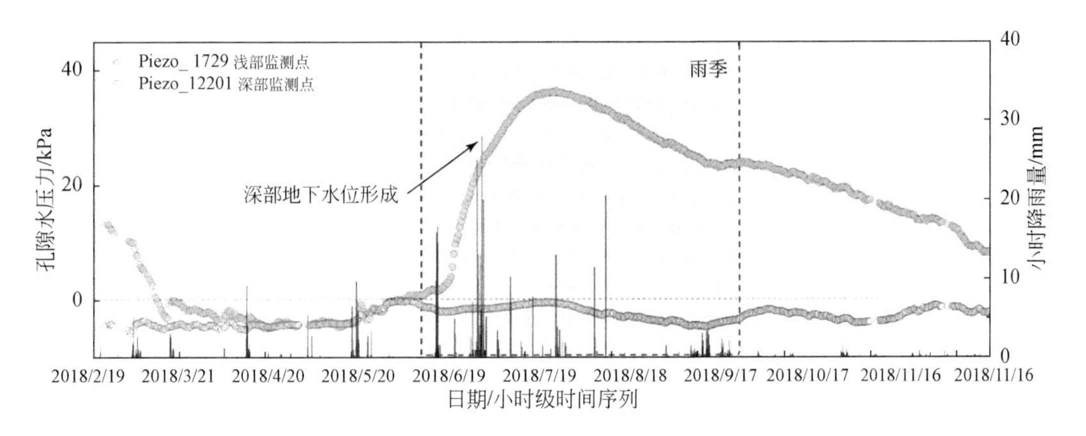

图 5.43　深层地下水位变动过程

4. 滑坡地表位移结果分析

降雨入渗作用使得滑坡体基质吸力与土体强度降低，导致斜坡土体产生不同程度的变形。在滑坡发展演化的不同阶段，其变形量大小与变形速率也不相同。利用现场监测的手段可实时获取不同降雨条件下斜坡的变形演化规律，根据滑坡不同部位的变形特征，判断滑坡所处的发展演化阶段。当滑坡体开始出现加速变形并即将发生失稳时，根据实时监测的变形数据可提前发出预警，并结合水文响应监测数据，分析斜坡浅层堆积体非饱和-饱和水文响应特征与滑坡变形间的关系。

已有学者对典型堆积层滑坡的变形演化过程进行了总结（汤罗圣，2013），将其变形特征依据不同演化演化阶段分为初始变形阶段、稳定阶段（或等速变形阶段）与加速变形阶段（破坏阶段），如图 5.44 所示。

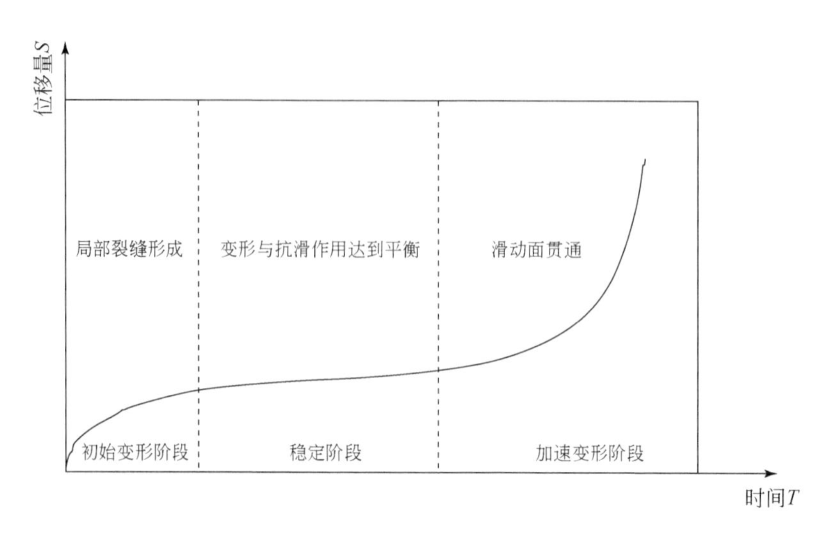

图 5.44　典型三阶段滑坡体变形特征

本研究中，采用基于北斗定位技术的变形监测系统，对滑坡体表面不同点位的地表变形进行长期实时监测，原始数据则通过长安大学北斗分析中心进行接收和解译。基于北斗定位技术的滑坡地表变形监测系统主要由基准站和信号接收机组成，通过太阳能电池板对接收机与基站进行供电。通过安装在滑坡体剖面线附近的多个接收机与基准站组网，获取斜坡不同位置（如滑坡后缘、滑坡两翼与滑坡前缘等）地表变形特征：其中 G4#、G5#、G6#、G7#一列分布在已发生滑坡的左翼，而 G2#、G3#则分布在滑坡右翼外侧未发生滑动区域作为对比，G1#为基准站（图 5.45）。监测数据通过 GPRS 网络传送至长安大学北斗分析中心开展原始数据解算工作，可得到监测点三个方向（正东 E、正北 N 和垂直方向 U）的位移分量变化。其中滑坡地表位移监测系统的精度可达到 1mm，最大采集频率达到秒级。

图 5.46（a）展示了 2018 年 8 月 ~2019 年 9 月期间 G7#接收机获取的地表相对位移-时间序列。可以看到，斜坡在 2018 年 8～9 月经历了数次连续降雨过程，但该接收点并未发生明显的位移变形，即三个方向正东 E-正北 N-垂直 U 并发现明显的变化趋势，均在零位移线附近波动（考虑到监测点误差，可视为无变形）；当进入 2019 年 5 月雨季后，G7#点位于 5 月 10 日前后在 U 方向开始出现明显的负向位移（代表有沉降位移）与正东 E 方向位移，随着累积降雨量的持续增大，垂直方向位移开始出现缓慢增长，在 8 月 20 日累积垂直位移量达到最大值约 4.05cm。但综合该阶段野外滑坡调查结果与变形速率分析，该阶段垂直方向平均日变形速率仅为 1.16mm/d，且在滑坡后缘处未发现浅层土体的持续变形迹象或已有裂缝的进一步扩展。同样地，滑坡中部 G6#与邻近公路的 G5#监测点也均未发现显著位移增加情况，如图 5.46（b）所示。

此外，图 5.47 展示了监测期间 G7#监测点三维坐标变化轨迹，证实了该点实际位移变化范围情况，三维空间下其最大变化运动距离约 0.05m。

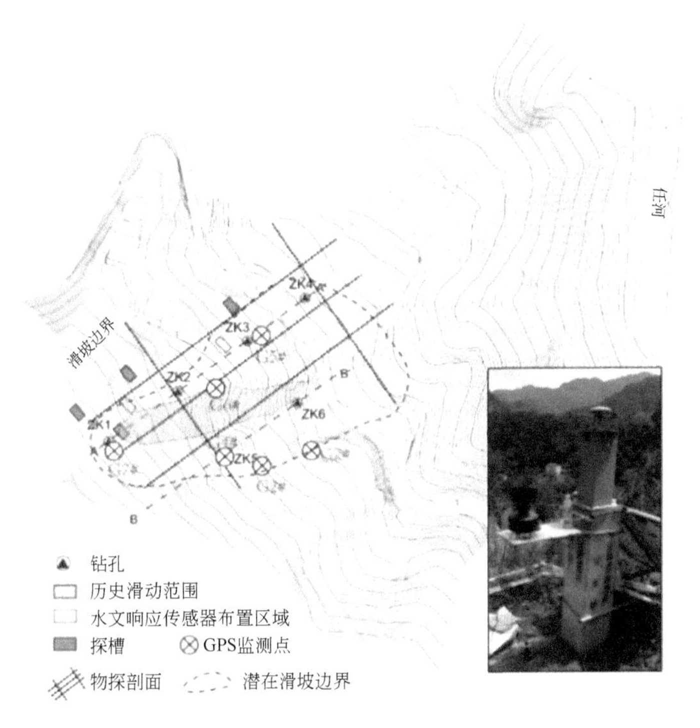

图5.45 监测点平面布置与接收机示意图

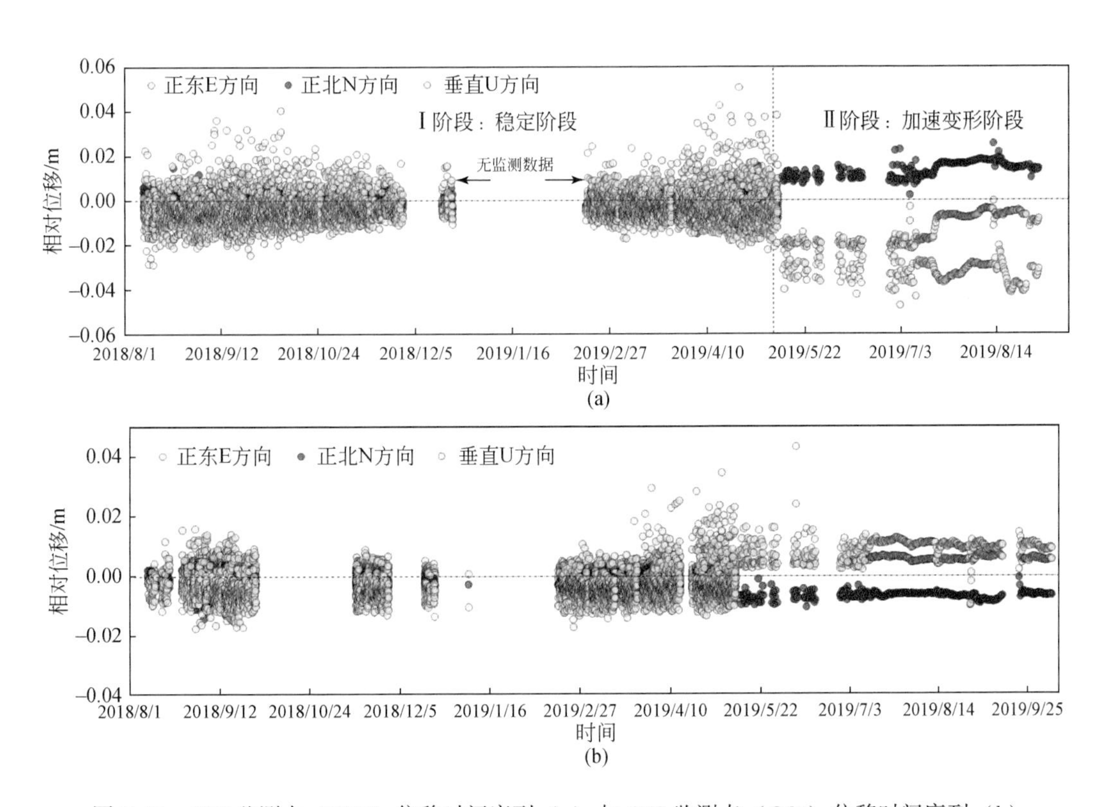

图5.46 GPS监测点（G7#）位移时间序列（a）与GPS监测点（G6#）位移时间序列（b）

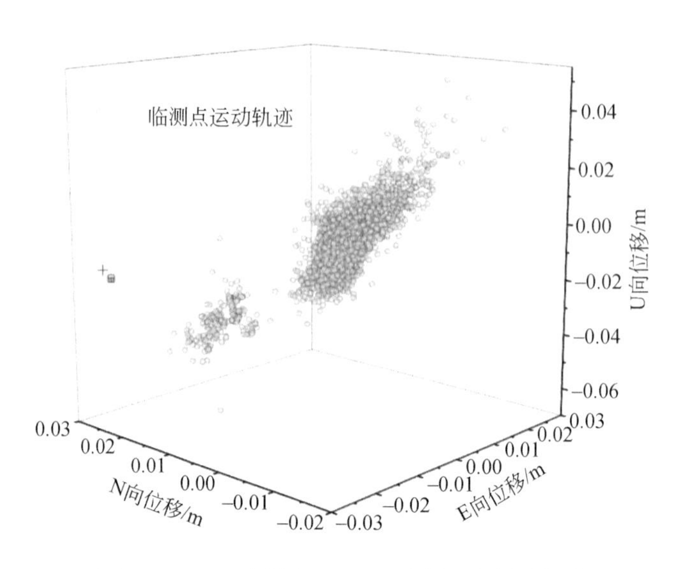

图 5.47 GPS 监测点（G7#）坐标三维运动轨迹

5. 斜坡水文响应机制

根据非饱和-饱和水文响应监测数据，可以发现秦巴山区存在两种典型的斜坡水文响应模式：①当雨强较小时，湿润锋不断下移，近地表层含水率显著提高，但伴随蒸发效应含水率又迅速降低。若降雨持时较长，降雨可入渗至土体深部弱渗透性界面，形成暂时性水头。雨强较大时，在浅层土中可快速形成较为明显的累积水头并维持一定时间。②当无明显降水时，以蒸发效应为主，浅表层土含水率迅速衰减，近地表层衰减速度相对较大，深层土相对较慢。

各层初始含水率/吸力水平不同，对非饱和-饱和湿润锋入渗速率具有显著影响。当土体各层初始含水率整体较高时，湿润锋运动速率相对较快，锋前抵达各层深度所需时间相对较短，当初始土体相对干燥时，湿润锋运动速率相对缓慢，这一点从各层监测含水率响应时间与含水率增量变化率可得到证明。在湿润锋运动规律研究中，考虑到 G-A 模型对于初始边界条件的假设，提出采用分段计算修正 G-A 模型的方法，认为各层土体初始含水量和渗透性相对一致，以其平均值作为初始边界条件，计算结果与实际湿润锋运动规律具有较好的吻合。

以上滑坡水文响应与地变变形监测数据分析显示出随着斜坡土体深度的增加（密度增大，孔隙率降低），其含水率或孔隙水压力响应程度不断下降，响应时间也呈非线性形式加速增长。在降雨期内受频发的短时强降雨与高温蒸发交替作用，该时段内的各层土体含水率/基质吸力变化幅度与变化频率显著大于其他时期。可以推断，在此期间连续降雨提高了土体各层的初始含水率平均水平，而极端短时强降雨使得浅表层土体迅速达到饱和，对应的基质吸力迅速消散。降雨期后半阶段，浅表层土体饱和度相比前期大幅提高，对应深度基质吸力及其变化范围较小。当雨强保持不变且大于此时某一深层土体的入渗能力时，则产生不断累积的暂态滞水层，形成了一定压力水头，而表层土体存在的裂隙通道内促进了优势流的形成，加速了压力水头的形成，这是土体有效应力和强度降低而致使浅层滑坡产生的主要成因机制。

5.5　降雨诱发滑坡机制试验

秦巴山区浅表层土体以黏粒含量较高的碎石土为主，而浅表层的碎石土也是秦巴山区发育最为广泛的滑坡物源。碎石类土具有很特殊的工程性质，碎石土滑坡的研究也一直受到研究人员的高度重视。近15年来人们研究碎石类土滑坡与其他土质岩质滑坡的方法大都通过数据资料归纳碎石类土滑坡的发育规律、分析碎石土的物理力学性质、计算碎石类土滑坡的稳定性系数、揭示碎石土滑坡的变形破坏机理及诱发因素等。物理模型试验是一种非常直观，能够定性或定量地描述岩土体在各种工况下特性的试验手段，也一直被用来检验各种理论分析和数值模拟计算结果。

本节通过降雨模型试验的设计、实施，观察降雨过程中边坡模型变形破坏特征，分析坡体位移场变化，得到滑坡变形破坏模式；同时通过分析试验过程中坡体孔隙水压力、体积含水量数据，研究边坡向滑坡转化过程中渗流场变化特征，从而揭示降雨诱发浅表层碎石土滑坡的形成机理，为秦巴山区的地质灾害防治提供理论依据。

5.5.1　人工降雨试验设计及试验过程

本书的模型试验场地位于秦岭北麓的周至县境内，为满足试验研究目的需求，试验场地的选择要具有代表性，同时还要满足降雨储水、供电、试验人员安全等多方面条件。

经过大量资料收集、实地考察工作之后，将降雨模型试验场地选在周至县陈河镇三兴村，场地平整开阔，距离108国道150m，交通便利。在试验场地东约50m（34°01′23.56″N，108°09′48.40″E）处有一自然堆积碎石土边坡，碎石土为该地常见的强变质片岩板岩风化剥蚀堆积产物，该边坡可作为模型试验边坡物质来源（图5.48）。紧邻试验场地旁为当地村民的开挖鱼塘，可以作为试验的降雨用水蓄水池，用以提供稳定的水源。

(a)试验场地

(b)试验边坡取土边坡

图5.48　试验场区概况

1. 人工降雨边坡模型方案设计

根据陕西省旬阳市的地质灾害调查的滑坡资料统计，滑体长度 L 和滑体宽度 B 之间存在有一定的比例关系（图 5.49）。经分析，二者之间近似存在如下线性关系：

$$L=-0.48B+52.3 \tag{5.31}$$

式中，B 为滑体宽度；L 为滑体长度。

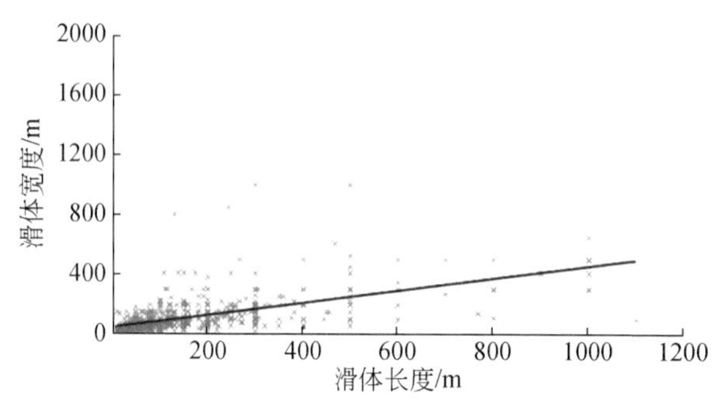

图 5.49 滑坡的滑体拟合长宽比

根据统计资料得知，秦巴山区常见滑坡的滑体宽度在 100m 左右，根据式（5.31）计算的滑体的长度为 92.3m，也就是说秦巴山区常见滑体的长宽比接近 1∶1。考虑试验场地尺寸，初步设计填筑边坡尺寸为 3m×3m，考虑两侧去除模型槽产生的边界效应，对填筑边坡两侧放宽，每侧各放宽 0.5m，实际填筑边坡尺寸为 3m×4m。最终模型槽总尺寸为 5.5m×3.4m×4.5m，如图 5.50 所示。根据对旬阳滑坡的统计，多数滑坡角度介于 16°～45°之间，因此选取边坡的坡度为 30°。坡角位置还原人类工程影响，设置 60°的人工挖角。浅表层堆积体与基岩的接触面也要进行相似模拟，接触面产状与坡面相同，均为 30°，两

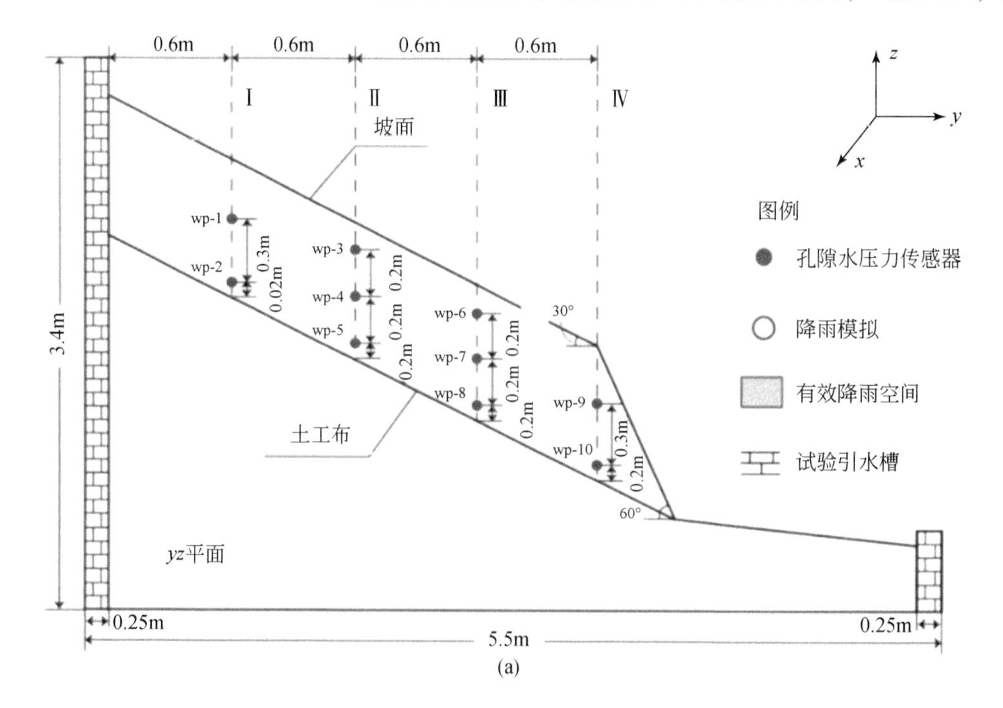

(a)

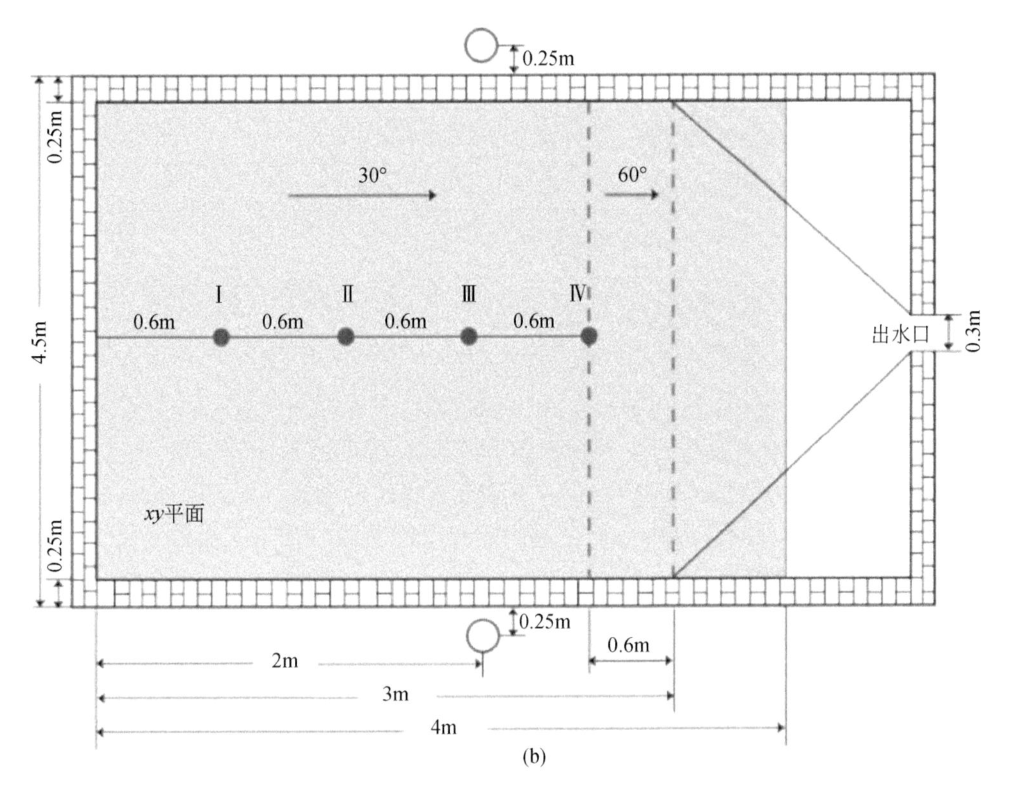

图 5.50　边坡坡型示意图

者平行设置。

2. 人工降雨系统及降雨工况设计

本次降雨试验采用中国科学院水利部水土保持研究所仪器设备厂研发的 BX-1 型便携式人工降雨系统。该套降雨系统具有野外携带方便、降雨均匀度好、雨强调节范围大、性能稳定等特点，完全符合本次降雨模型试验的要求。降雨器包括水泵、分水器、水路、活动立杆、喷头等几部分组成，各个组成部分相互协调即可实现人工降雨。一般来说，喷洒强度越大，其均匀度越高。

对研究区的地质灾害调查发现，连阴雨与短期暴雨引发地质灾害发生的次数最多，占总数 66.5%。此外在连阴雨天气中，出现暴雨次数占到总数的 91.4%。可见暴雨是地质灾害发生的最终诱因，因此设计雨强时采用暴雨雨强标准。表 5.4 给出的是降雨强度与等级的关系，参照其中的暴雨雨强标准，每小时降雨量应大于 14.9mm。此外，实验方案设计还参考了安康市“7·18”特大暴雨降雨量，将试验降雨强度设计为 50mm/h。

表 5.4　降雨强度与等级

雨强等级	1h 降雨量/mm	12h 降雨量/mm	24h 降雨量/mm
小雨	$R_1<2.5$	$R_{12}<5$	$R_{24}<10$

续表

雨强等级	1h 降雨量/mm	12h 降雨量/mm	24h 降雨量/mm
中雨	$2.5 \leq R_1 < 7.9$	$5 \leq R_{12} < 10$	$10 \leq R_{24} < 25$
大雨	$7.9 \leq R_1 < 14.9$	$10 \leq R_{12} < 30$	$25 \leq R_{24} < 50$
暴雨	$14.9 \leq R_1$	$30 \leq R_{12} < 70$	$50 \leq R_{24} < 100$

3. 降雨模型监测系统

1）孔隙水压力传感器

本次降雨模型试验采用丹阳市龙宇土木工程仪器厂生产的微型渗压计，它是基于 LY-350 型应变式微型土压力计改造而成，测量范围为 0～50kPa。本次共设置 10 个孔隙水压力探头，传感器布置共分四个横剖面，Ⅰ、Ⅳ剖面布置层传感器，层间距 300mm，Ⅱ、Ⅲ剖面布置三层传感器，层间距 200mm，各剖面第一层传感器均在土工布位置上 20mm。剖面间距离为 600mm，传感器编号见图 5.50。

2）含水量传感器

本次降雨模型试验采用美国 Decagon 公司生产的 EC-5 型土壤水分传感器测定土体的体积含水量，测量范围为 0～100%，精度为 2%。含水量传感器的埋置与孔隙水压力传感器的埋置方案是相同的，这样有利于建立孔隙水压力与含水量间的关系。在传感器布设时两种传感器不可以靠得太近，两者间需保持 10～20cm 的间距，这样可以防止两种传感器间的相互干扰。传感器纵剖面布置见图 5.50。

3）数据采集

孔隙水压力及土压力参量采用应变仪进行数据采集，通过相应的电脑程序实现数据的自动采集，采集间隔为 5s，采集结果保存为 txt 文件格式，用于后期的数据处理。体积含水量使用 Em-50 数采仪进行采集，采集间隔为 1min，采集的数据直接保存到数采仪内置的存储中，试验后将数采仪连接到电脑，将数据导成需要的数据格式。对于坡体变形情况，使用的是数据影像，只做定性的分析，不做定量的位移采集。使用的工具包括可拍摄 1920×1080 像素彩色图片的高清摄像头一个，数码摄像机一台。摄像头配合使用 timershot 图像采集控制软件，实现图像的自动采集。坡面位移场的监测使用的是粒子图像测速法（particle image velocimetry，PIV）。

4. 试验用碎石土的物理力学性质

秦巴山区基岩之上分布有大量的碎石土堆积体，它作为浅表层滑坡滑体的重要物质来源，与浅表层滑坡的发育有密切的关系。因此，在进行秦巴山区降雨诱发浅表层碎石土滑坡之前，必须先对碎石土的物理力学性质有一定的了解。本节通过试验的方法获得周至地区碎石土一些简单的物理力学性质。

1）碎石土颗粒级配

图 5.51 为通过激光粒度仪测定的颗粒大小分布曲线，可以看出，粒径大于 2mm 的碎

石含量占总质量的70%，而粒径小于0.005mm的黏土颗粒所占比例不及1%。根据颗粒级配曲线得出试样的曲率系数为31.2，表明粒度分布极不均匀。

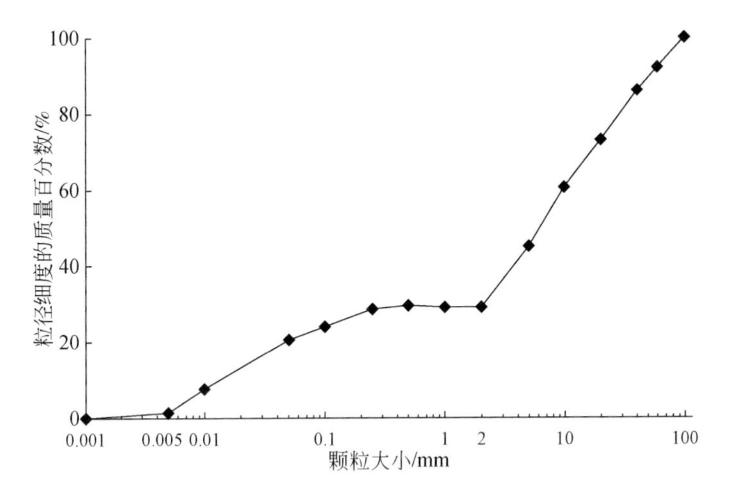

图5.51　颗粒大小分布曲线

2）碎石土体积含水量

由于试验用土取自天然斜坡，取样点为坡体的临空面，且受模型尺寸控制，所取试样方量较大，加上日照和降雨影响，试验用土在含水量上表现出了差异性。

从表5.5中数据可以看出试验开始前各个含水量测点数据分布范围较大。试验用土的最大含水量为36.5%，最小含水量为6.3%，多数维持在天然含水量10%~15%之间。初始含水量的大小对填筑时边坡土体密度会产生影响，造成填土密度不均，所以在试验时应尽量避免。

表5.5　试验用碎石土体积含水量（VWC）表　（单位:%）

EC-5	1# VWC	2# VWC	3# VWC	4# VWC	5# VWC	6# VWC	7# VWC	8# VWC	9# VWC	10# VWC
11月19日12：28	8.7	17.1	18.1	16.2	13.4	15.3	15.4	12.5	6.3	13.9
11月28日9：31	36.5	6.6	13.0	14.7	15.4	14.0	10.7	11.7	12.0	13.6

3）碎石土的抗剪强度分析

由于试验所用碎石土中含有较大粒径的碎石，受常规试验仪器设备限制，常规直剪无法满足研究需求，需采用大尺寸直剪仪器，以满足试验需求。但是大尺寸试样的取样制备又有新的问题，取样过程中原状样很难保证试样的完整性，遂需对试样方案进行区别设计。因所取试验用土为自然堆积的风化产物，无明显的分选情况出现，对所取试样进行重塑后与原装样性状基本相同，所以最终决定使用重塑试样进行碎石土的抗剪强度分析。

试验所得摩尔-库仑关系线如图5.52所示。从拟合趋势线可得，碎石土的抗剪强度参数为黏聚力 $C=5.97\text{kPa}$，内摩擦角 $\varphi=31.4°$。从所得的抗剪强度可得碎石土的黏聚力较小，介于粉土与砂土之间，考虑碎石没有黏聚力，所以碎石土的黏聚力大小主要受土中黏粒含量影响。碎石土的内摩擦角比常见的黏性土大，比砂土小，与粉土的内摩擦角大小近似。综合以上分析得到，碎石土的抗剪强度指标大小主要与其粒径级配有关。

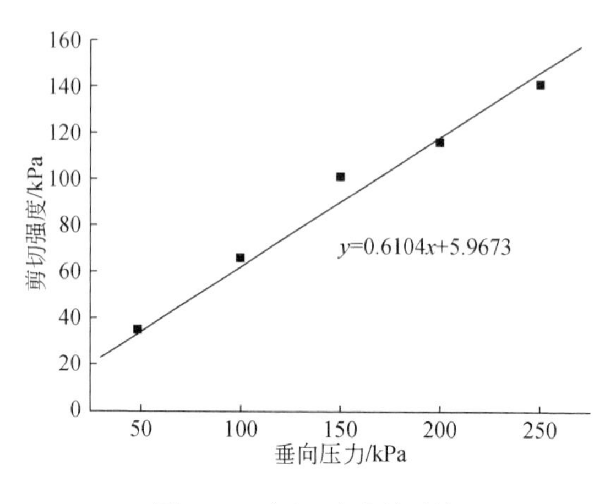

图 5.52　摩尔-库仑关系线

5. 模型槽搭建及填土过程

1）模型槽搭建

在完成模型槽设计之后，根据设计图纸进行模型槽的施工搭建，搭建顺序包括：场地平整、开挖基础槽、搭建条形砖基础、模型槽墙体搭建、模型槽内壁护面、画填土分层线等主要步骤。模型槽的搭建需满足以下几点要求：①确保场地平整，使墙体在同一水平面上；②保证墙体垂直，防止边坡土压力造成墙体变形；③墙体经过充分养护后才可以堆筑边坡模型。

2）填土及传感器埋设

在天然边坡上取土样后进行室内试验，实测土体天然密度为 1.57g/cm^3，含水量为 15.60%，经计算得土体干密度为 1.358g/cm^3。考虑试验用土为事先挖取并搁置了一段时间，有部分水分散失，这样设计模型试验堆填土密度为 1.5g/cm^3。模型的填筑为分层填筑，分层厚度为 20cm，自下而上共 12 层。对每一层称取所需质量的碎石土，并按填土界线分层填筑，填完一层再填下一层之前，应对其表面打毛，打毛厚度 2cm 左右，才能进行下一层填筑。填完第一层后将第二层挡土板安装好，再进行第二层填筑。夯实至传感器埋置位置时要进行传感器的布设，布设前要将传感器连接应变仪预热 1h 以上。因为含水量传感器测量的是体积含水量，所以可直接插入碎石土体边坡内，这样得到的体积含水量最接近真实值。而土压力传感器和孔压传感器周围 5cm 半径范围内需填粒径较小的细砂，传感器埋置后将电缆线收至模型槽一侧，并留有一定的线长，避免坡体变形拉断电缆线，损坏传感器。按填筑界线填完之后分层拆去挡土板，然后按照坡面线削坡。削坡完成后在坡面上每隔 20cm 布置一个位移标记点。填筑过程如图 5.53 所示。

(a)搭建挡土板　(b)埋置传感器

(c)填筑后的边坡　(d)拆除挡土板

(e)布设位移标记点　(f)准备好的边坡

图 5.53　试验边坡填筑过程图

6. 试验方案设计

在秦巴山区，有些坡体受人工开垦、种植影响，土体密度较小，而在人类活动较少的地区，坡体密度较大。因此本次设计两种试验方案，斜坡中土体密度分别为 $1.5\mathrm{g/cm^3}$ 和 $1.7\mathrm{g/cm^3}$，两种密度下碎石土的物理力学参数如表 5.6 所示。

表 5.6　碎石土物理力学参数

密度/(g/cm^3)	黏聚力/kPa	内摩擦角/(°)	饱和渗透系数/(10^{-4} cm/s)
1.5	5.97	31.4	2.20
1.7	6.18	34.3	0.93

5.5.2　变形结果分析及讨论

1. 试验 1 变形分析

试验 1 中雨强为 50mm/h，土体密度为 1.5g/cm³。从试验开始到坡体的变形破坏共持续了 126min19s，边坡变形特征为开始时靠近坡脚坡面出现横向拉张裂缝，并逐渐向坡顶延伸，然后是坡脚处出现圈椅状小滑塌，随着降雨持时增长，滑塌范围扩大，沿拉张裂缝发生渐进式流土破坏。具体变化特征见表 5.7 及图 5.54。

表 5.7　试验 1 降雨试验现象特征表

降雨持时	试验现象
0min00s	试验准备开始
39min46s	模型坡体左侧靠墙位置出现小型滑塌
63min16s	坡体左侧坡面出现与坡向呈近 60°斜交的细小裂缝
77min53s	裂缝发展变大，裂缝走向渐渐与坡体走向一致，同时裂缝数量增加
82min47s	坡脚位置发生小型滑塌掉块，坡体裂缝继续发展
84min08s	坡脚滑塌范围变大，滑塌后壁有向上运移趋势
87min04s	滑塌快速发展，演变成滑体。滑体后壁裂缝深大
87min55s	滑坡后壁裂缝贯通，形成滑面，有明显的圈椅状构造
88min45s	坡体右侧靠墙壁出现滑塌现象
92min47s	中间滑体与右侧滑塌发展为一体，坡体破坏位置有雨水渗出
117min03s	滑坡后壁渐渐向坡顶位置演变靠近
126min19s	滑坡演变过程结束，不再有滑体形成，坡体破坏转变为雨水冲水破坏，在地势低洼处形成泥流

0min00s

39min46s

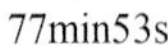
77min53s

88min45s

117min03s

126min19s

图 5.54　试验 1 典型时间点坡体变形破坏特征

由试验结果可见，降雨至 39min46s 时，坡体前缘局部破坏，出现裂缝到完全破坏历时 1.5h；斜坡的剧烈破坏在 10min 内即完成；斜坡的破坏模式为渐进式流滑破坏。

2. 试验 2 变形分析

试验 2 中雨强仍为 50mm/h，土体密度增至 1.7g/cm^3。在降雨持时 189min 后坡体整体的变形不明显，持续降雨 10h 以上不见坡体有进一步的滑塌趋势，仅发生地表冲刷，具体变形破坏特征见图 5.55 及表 5.8。

由试验结果可见，降雨 60～80min 时，坡体前缘局部破坏；斜坡的破坏规模较小，属于局部滑塌破坏；持续降雨 10 多个小时，坡体没有进一步破坏迹象。

0mim00s

75mim00s

189mim08s

622mim03s

图 5.55　试验 2 典型时间点坡体变形破坏特征

表 5.8　试验 2 降雨试验现象特征表

降雨持时	试验现象
0min00s	试验准备开始
23min07s	坡体中间出现管涌渗流，雨水渗出
23min49s	模型坡体右侧出现小型滑塌
37min25s	坡体前缘产生横向裂缝，发生局部垮塌破坏
64min47s	坡体前缘破坏范围变大，局部垮塌后土体堆积于坡脚
75min0s	坡体前缘全部破坏，破坏深度较浅
189min08s	坡体未出现大范围滑塌现象，坡体破坏主要为雨水的冲刷破坏
622min03s	坡体未出现大范围滑塌现象，坡体破坏主要为雨水的冲刷破坏，降雨结束

3. PIV 粒子图像测速法在降雨模型试验中的应用

本次降雨试验使用 PIV 粒子图像测速法对坡体的变形特征进行定性分析，通过对两组降雨试验的图像进行采集分析，得到 PIV 粒子图像测速法在对整个边坡进行图像处理时，仅对大范围“快速变形”阶段的变形特征分析较好，应用到本次降雨试验中试验 1 的变形破坏趋势得到了很好的结果，而试验 2 中由于其变形不明显，垮滑范围小，在对整个坡体进行分析时软件分析效果不是很理想，软件得到运移趋势较为杂乱。而仅对垮滑区域分析时又可以得到较好的运移趋势，这也说明了 PIV 粒子图像测速法在岩土工程领域具有局限性，所以这种方法在岩土工程领域的应用还有待进一步的研究。图 5.56 绿色箭头方向代表坡体的位移方向，箭头大小代表位移量的大小。由此可得到坡脚位置位移量大于坡顶位置位移量，并呈递进趋势，坡体中间位移量最大并向两侧逐渐递减。

4. 降雨条件下堆积层斜坡破坏模式

根据上述变形观测结果将降雨诱发浅表层滑坡破坏模式分为两种：一种是试验 1 所得到的渐进式破坏模式，即由坡脚处局部的破坏引起坡体后退式渐进破坏（图 5.57），该破坏模式在浅层碎石土滑坡中比较常见，尤其是对于坡脚处已进行人工开挖的坡体；另一种

图5.56 应用PIV技术得到的坡体变形特征

是试验2所得到的地表冲刷破坏模式，由于土体密度增大，渗透系数相对减小，降雨很难入渗到坡体深处，仅在浅层累积，尤其对于强降雨，遇水短时间内难以消散，进而引起地面冲刷。该类滑坡主要发生在人类活动较少的地区，这在对秦巴山区浅层碎石土滑坡的调查中也得到了印证。

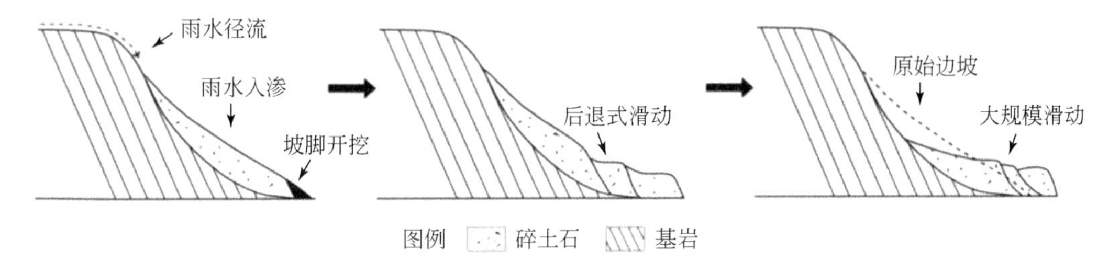

图5.57 渐进式流滑破坏模式示意图

5.5.3 孔隙水压力及渗流场分析

图5.58给出了两组实验中孔隙水压力随时间的变化曲线。试验1［图5.58（a)］中，传感器1、2孔隙水压力在试验刚开始呈增加趋势，随后趋于平缓，整体没有出现大的波动，这主要是因为两个传感器位于坡顶剖面Ⅰ处，从坡体变形特征来看，变形没有延伸至坡顶处。而对于其他孔隙水压力传感器，均呈现孔隙水压力急剧大幅增加的情况，时间在100~110min之间，这与坡体最终变形时间基本一致。且从坡脚至坡顶，即从剖面Ⅳ到剖面Ⅱ，出现陡增的时间逐渐延后，进一步印证了渐进式的破坏模式。传感器9、10位于30°坡体的前缘，在40min时孔隙水压力曲线出现轻微的跳跃，这可能与坡体变形破坏图中40min时出现的拉张裂缝有关。

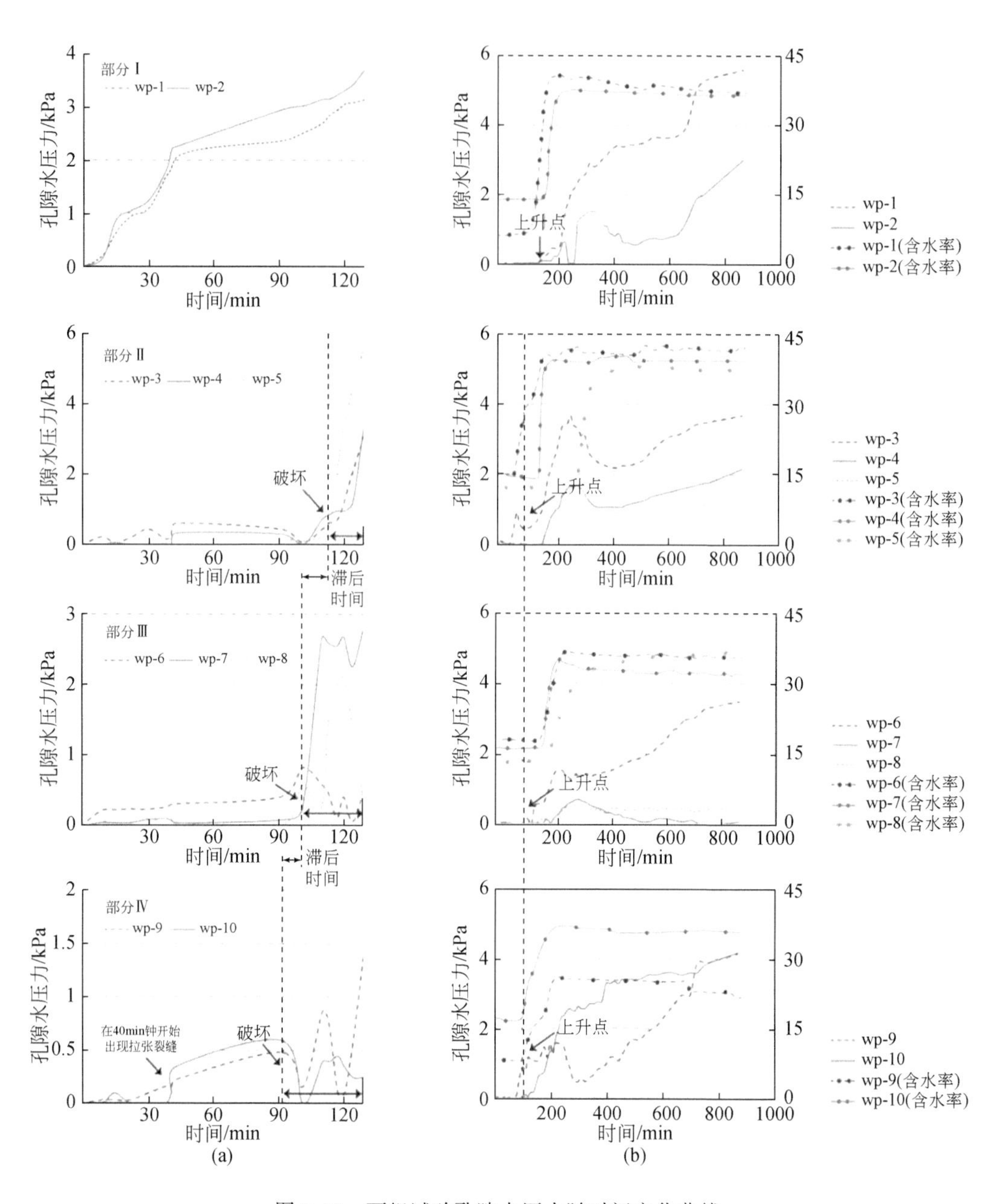

图 5.58　两组试验孔隙水压力随时间变化曲线

试验 2［图 5.58（b）］中，孔隙水压力变化曲线与试验 1 对比呈完全不同的变化特征。整体上，浅层传感器的孔隙水压力比深部的大，这主要与土体的密度有关，密度增加使渗透系数降低，降雨难以快速入渗至土体内部，仅在表层积聚。而对于传感器 9、10，深部孔隙水压力反而比浅部大，这主要是因为该处位于 30°坡体与 60°坡体的交界处，降雨入渗后难以继续沿坡体渗流，因此逐渐积聚下渗引起深部孔隙水压力增大。从含水量来看，含水量的变化与孔隙水压力变化基本一致，含水量增加处孔隙水压力也随之增加，且深部土体含水量增加时间较浅部滞后。

两组实验中，孔隙水压力曲线出现的局部波动受多种因素影响，如传感器之间的扰动，温度变化等。因此很难对这些局部的波动做出结论性的解释。本次两组试验结果较为合理，根据 Iverson（1997）的研究成果，滑坡中孔隙水压力的累积主要取决于坡体的运动速率、变形及土体的渗透性。渗透系数越大，降雨越容易消散，因此孔隙水压力较小。这与本次两组试验结果相似，试验 2 中渗透系数较小，孔隙水压力整体比试验 1 中的大。

根据各孔隙水压力传感器的孔隙水压力值及相对高程分别绘制了试验 1 在 110min 和试验 2 在 200min 时的总水头等值线，如图 5.59 所示。可以看出试验 1 的最大水头主要集中在坡顶处，且沿着坡体逐渐降低，而试验 2 中，等值线主要呈水平分布，坡体浅部的水头较深部大。总水头的分布反映了降雨的渗流方向以及渗透力的作用方向，试验 1 中渗流主要沿坡体向下，而试验 2 中渗流以垂直入渗为主。

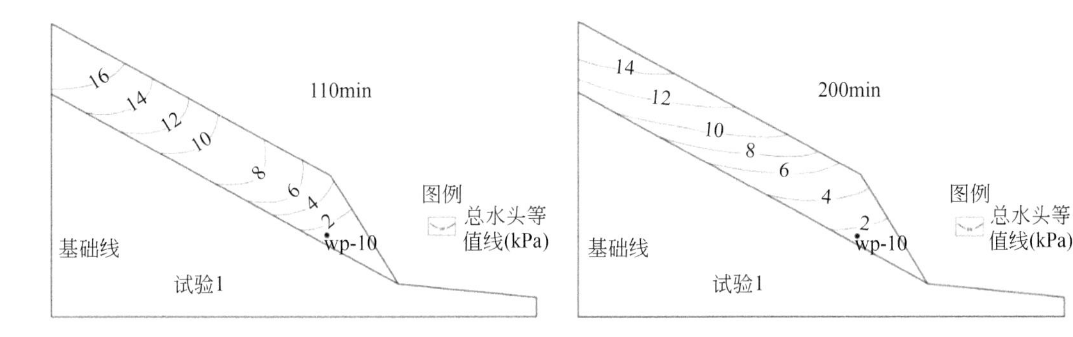

图 5.59　两组试验渗流场

5.5.4　降雨浅层滑坡的成因机理探讨

降雨对滑坡的影响主要通过四个方面来体现：①改变土体的物理力学参数；②通过孔隙水压力的增大降低有效应力；③通过含水量的增加降低基质吸力；④在土体中产生渗透力。前两个方面是通过影响土体的参数如黏聚力、内摩擦角以及有效应力降低土体的剪切强度，第三个方面在非饱和土体中体现得非常明显。对于渗透力，Iverson 曾探讨过渗透力对浅层滑坡的重要影响，指出考虑渗透力比起高孔隙水压力更能解释坡体的非稳定性。

通过对第一组试样饱和状态下的参数进行测定，发现内摩擦角仅降低了 3.7°，黏聚力基本保持不变，说明在秦巴山区降雨对碎石土参数的影响较小。且由于在该区常年雨水充沛，植被发育，浅层碎石土中含水率维持在较高水平，降雨对参数及基质吸力的影响相对微弱。降雨在坡体中形成的渗透力可认为是影响该区浅层碎石土滑坡的主要因素。

本次两组试验中，土体密度的不同使得降雨入渗后形成两种不同的渗流路径。试验 1 中土体密度较小，渗透性较强，降雨入渗较快且沿坡体向下渗流；试验 2 中，土体密度增大，渗透性减弱，降雨难以下渗进而在坡体浅部积聚。两种渗流状态形成不同方向的渗透力，进而对坡体稳定性产生不同的影响。Iverson 和 Major 基于新的极限平衡理论分析了地下水对坡体变形破坏的影响，指出坡体角度 a、土体内摩擦角 ψ 以及渗透力方向角度 λ 是控制坡体稳定性的三大要素。本次对两组试验的 λ 进行估算可知，试验 1 中 λ 介于 60° ~

90°之间，试验 2 中渗透力近于竖直分布，λ 接近 150°。将两组试验的三个角度参数投影在 Iverson 和 Major 的研究成果图中，如图 5.60（d）右下角红线所示，可以看出试验 1 位于破坏范围之内，而试验 2 属于无条件稳定状态。这与本次试验结果一致，也进一步证实了渗透力对坡体稳定性的重要影响。

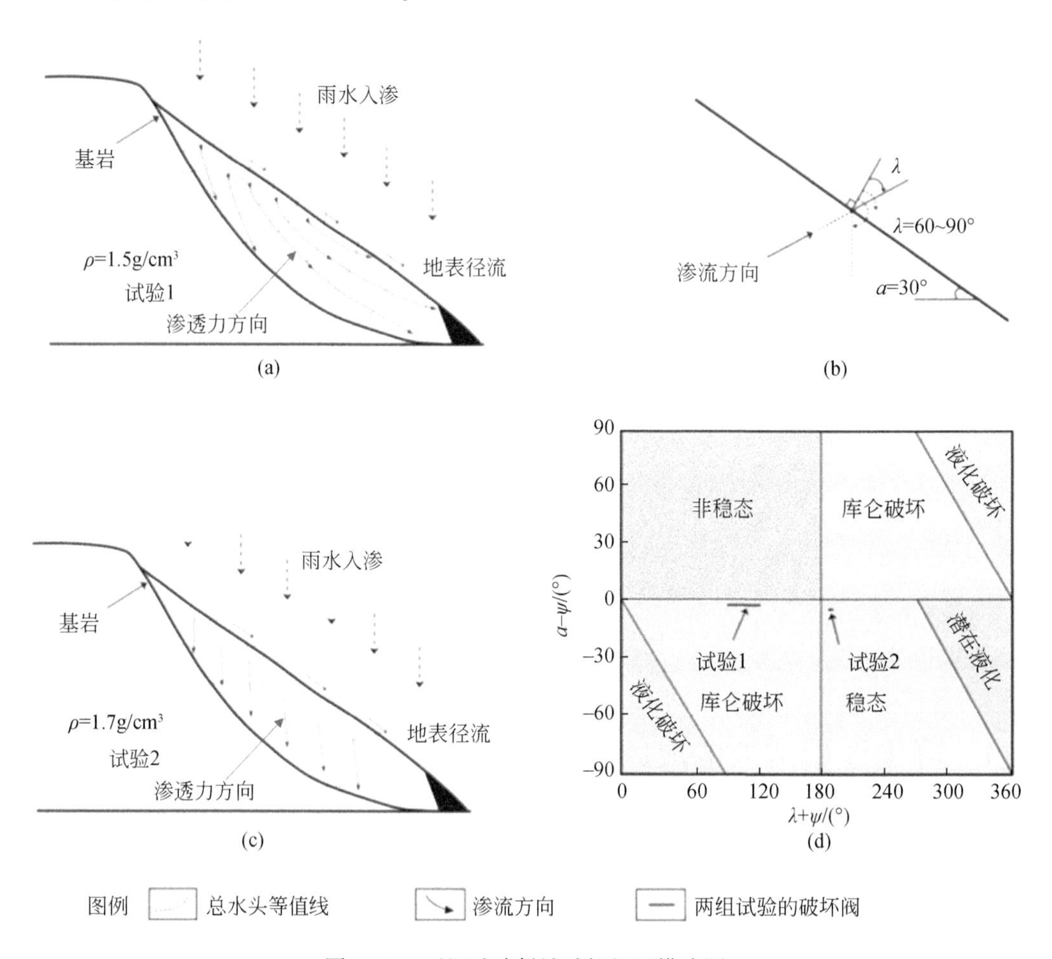

图 5.60　两组试验斜坡破坏机理模式图

第6章　人类工程活动下软弱变质岩边坡变形破坏机理

6.1　人类工程活动类型

人类工程活动是指人类所进行的与能源、资源开发、工农业基础设施建设以及人民生活设施建设相关的所有活动。工程设施的建设是所有人类工程活动的基础。按照工程建设行业的功能来看，人类工程活动主要为水利水电工程、交通运输、矿业工程等工业基地，以及城镇设施、国防基地工程、灾害防治及环境保护工程等。

根据秦巴山区野外调查统计，影响秦巴山区边坡安全的主要人类工程活动主要包括以下几种类型：

（1）交通工程、城镇建设的工程施工过程中开挖边坡坡脚。

（2）水库等水利工程蓄、排水造成边坡失稳。

（3）对边坡坡肩进行过度的堆填加载。

（4）矿山开采中放炮，对边坡的振动影响。

（5）对边坡上植物的乱砍滥伐。

（6）农水灌溉、废水等对边坡入渗影响。

6.2　人类工程作用下顺层状软弱变质岩边坡破坏规律试验

6.2.1　非接触测量试验系统开发

1. 环形编码标识岩块

本试验是由大量形状规则的岩块组成的顺层岩质边坡模型，若对每个岩块都能做到滑坡全过程的唯一化追踪，则可以构成详尽的滑坡数据。再者由于试验过程岩块瞬时位移很大，超过2m/s，传统的纹理对比法及DEM高程数据无法测量如此大的形变过程。

环形编码标识由于制作简易、目标显著、旋转不变及原理简单等特性，被广泛运用于近景摄影测量，如图6.1所示。在本书中，环形编码目标定位圆半径，中间空白带及环形编码带的长度比例设置成1∶1∶1，以方便检测与识别。

根据Burnside原理，涂成的边着m种色的正n边形的数目为

$$N=\frac{1}{n}\sum_{d/n}\varphi(d)m^{n/d} \tag{6.1}$$

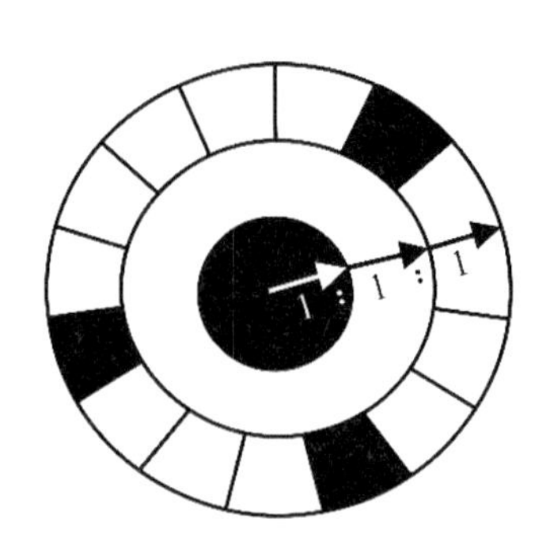

图 6.1 环形编码示意图

式中，$\varphi(d)$ 的值等于与同一类型置换群中轮换长度互质的数的个数，也就是与 d 互质的数的个数。在本标识中，正 n 边形可以看作环形编码格的个数，着色只有黑与白 2 种。若取 $n=15$，即编码格数为 15 个时：

$$N=\frac{1}{15}(1\times2^{15}+2\times2^{5}+4\times2^{3}+8\times2^{1})=2192 \tag{6.2}$$

此编码数量范围远远满足本滑坡模型实验中岩块所需求的数量。

为了使得编码更加直观，且为了达到旋转无关特性，特设计了一套旋转无关编码解码公式：

$$p_{\text{mark}}=\min\left\{p\in[0,15)\mid\sum_{i\in[0,15)}2^{(i+p)\%15\cdot v(i)}\right\} \tag{6.3}$$

式中，i 为编码的位置，取值范围 [0，15)；$v(i)$ 为编码在 i 位置的取值，范围是 {0，1}，涂黑代表0，空白代表1；p 为旋转的角度。由此，标记在岩块表面的此标识不论旋转角度如何，解码信息都是唯一的。

2. 岩块辅助标志组合及标识识别

1）基于辅助标志的岩块质心确定

由于岩质边坡模型中的岩块为刚体结构，且在滑动过程中存在翻转等状态，因此，追踪标记在其表面的环形编码，位移曲线将会随着翻转而变得不平滑，同时也无法精确地反映岩块的真正运动曲线。因此，本试验设计辅助标志，根据标志间的先验局部坐标系关系，间接追踪岩块质心的运动轨迹，使得追踪位移曲线平滑且真实。如图 6.2 所示，为立体摄影测量系统下的岩块辅助标志组合设计示意图。

如图 6.2 所示，在此立体摄影测量模型中，建立两个坐标系，其中 O_1 为左相机坐标系，亦即世界坐标系。O_2 为岩块局部坐标系，而其原点正是本书需要追踪的目标。在本试验中，岩体是切割成长方体的模型，分别用红蓝、红绿及蓝绿标识组合表示长方体的正面、侧面及底面，标志位置与岩块边缘相切，并且在每个面正中间贴上环形编码标识，如图 6.2（b）所示。

红蓝绿在颜色空间中目标显著，因此通过图像处理的 LAB 颜色空间定位的方式，很容易将红蓝绿辅助标志检测到。检测到的标志连线即为对角线，对角线中心即为环形编码标识位置（关于环形编码识别，6.4 节将会涉及），因此通过识别彩色标志连线中间位置

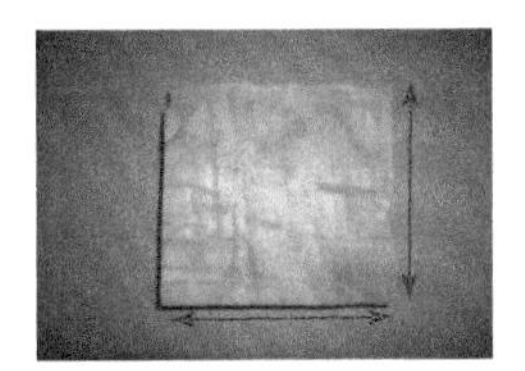
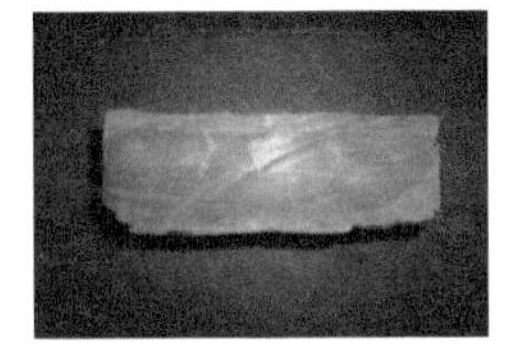

(a)试验岩块实物图

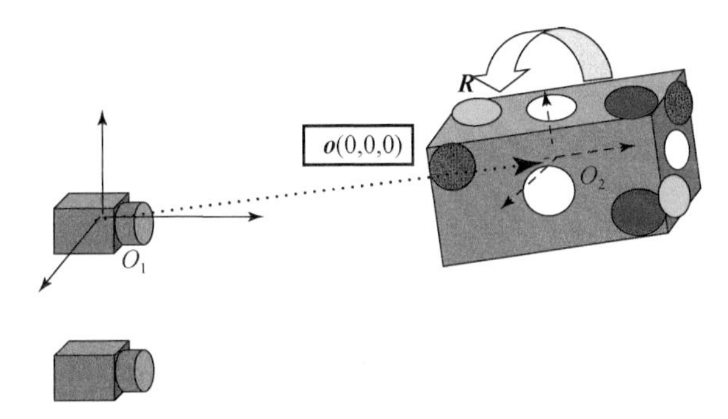

(b)测量系统下的岩体标识

图 6.2　岩块辅助标志组合设计示意图

是否存在环形标识码，即可确定此组标志组合所在岩块面，继而可得到不同颜色彩色标志在岩块局部坐标系中的空间坐标。

定义 1　本模型中：设岩块长方体的长、宽、高分别为 a、b、c，辅助标志的圆半径为 r。

对于标识及标志组合在局部坐标系中的坐标，以前侧面标识组合矩阵 $\boldsymbol{P}_{\text{before}}$ 举例说明：

$$\boldsymbol{P}_{\text{before}}=\begin{bmatrix} P_1' \\ P_{\text{mark}}' \\ P_2' \end{bmatrix}^{\mathrm{T}}=\begin{bmatrix} -\dfrac{a}{2}+r & 0 & \dfrac{a}{2}-r \\ \dfrac{b}{2} & \dfrac{b}{2} & \dfrac{b}{2} \\ \dfrac{c}{2}-r & 0 & -\dfrac{c}{2}+r \end{bmatrix} \tag{6.4}$$

式中，P_1' 与 P_2' 为前侧面左上与右下红色标识坐标向量；P_{mark}' 为其连线对角线中间的标识圆心坐标大致位置。同理，可得出其他侧面上的标识及辅助标志在岩块局部坐标系中的先验坐标。

假设对于同一岩块，有效视野范围内可检测到的 k 个彩色标志在局部坐标系中的已知坐标矩阵 $\boldsymbol{P}'$ 为

$$\boldsymbol{P}'=\left[\overrightarrow{P'_{m_1}}\quad\cdots\quad\overrightarrow{P'_{m_k}}\right]=\begin{bmatrix}x'_{m_1} & \cdots & x'_{m_k}\\ y'_{m_1} & \cdots & y'_{m_k}\\ z'_{m_1} & \cdots & z'_{m_k}\end{bmatrix}_{3\times k} \tag{6.5}$$

通过立体摄影测量系统，获得的有效视野范围内可检测到的彩色标志组合在世界标系中的坐标矩阵 $\boldsymbol{P}$ 为

$$\boldsymbol{P}=\left[\overrightarrow{P_{m_1}}\quad\cdots\quad\overrightarrow{P_{m_k}}\right]=\begin{bmatrix}x_{m_1} & \cdots & x_{m_k}\\ y_{m_1} & \cdots & y_{m_k}\\ z_{m_1} & \cdots & z_{m_k}\end{bmatrix}_{3\times k} \tag{6.6}$$

因此，由坐标系的变换关系，可得

$$\boldsymbol{P}=\boldsymbol{R}_x(\psi)\boldsymbol{R}_y(\varphi)\boldsymbol{R}_z(\theta)(\boldsymbol{P}'-\boldsymbol{L})=\boldsymbol{R}(\boldsymbol{P}'-\boldsymbol{L}) \tag{6.7}$$

式中，$\boldsymbol{R}_x(\psi)$，$\boldsymbol{R}_y(\varphi)$，$\boldsymbol{R}_z(\theta)$ 分别为绕 x，y 和 z 轴旋转 ψ，φ，θ 角度的旋转矩阵；$\boldsymbol{L}$ 为岩块质心平移矩阵。

$$\boldsymbol{L}=\begin{bmatrix}l_x & \cdots & l_x\\ l_y & \cdots & l_y\\ l_z & \cdots & l_z\end{bmatrix}_{3\times k}$$

由上可知，未知参数为6个，即旋转角度 ψ，φ，θ 与平移参数 l_x，l_y，l_z。由于一个可检测标志圆心空间坐标可提供3个方程，因此仅需要两个可检测标志圆心空间坐标即可得到这6个参数，当然若超过两个则可以做最小二乘拟合，使得参数求取结果更加精确。

2）基于 Hough 圆检测的标识识别

由前文可知辅助标志组合的定位，且在岩块同一侧面辅助标志组合的中心为标识圆心的位置，如图6.3所示。

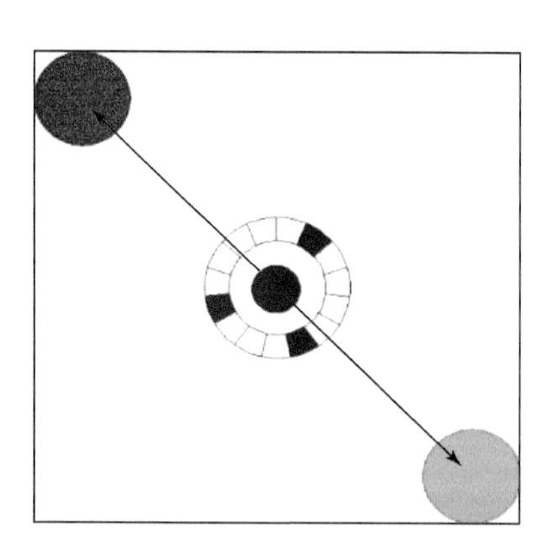

图6.3　岩块标识与辅助标志组合位置关系

对于定位的标识圆心大致位置点，利用图像处理的阈值分割及边界提取方法，可以提取标识的定位中心圆边界，为精确获取编码带区域识别标识码，本书利用快速 Hough 圆检测的方式定位并识别编码带信息。

霍夫圆检测实际上利用圆参数方程：

$$\begin{cases} x = x_0 + r\cos\theta \\ y = y_0 + r\sin\theta \end{cases} \tag{6.8}$$

式中，(x_0, y_0) 可通过辅助标识定位到，为已知值，(x, y) 为通过图像处理求取边界且二值化后的目标点，由式（6.8）可知：

$$r = \frac{(y-x)-(y_0-x_0)}{\sin\theta - \cos\theta} \tag{6.9}$$

由圆定义可知 $\theta \in [0°, 360°]$，遍历目标点集 (x, y) 及角度参数集 θ，得到候选半径累加值集合 $\{v_{r_i}\}_{i=1}^{n}$，$[r_1, r_n]$ 为候选半径区间。由环形编码标识的定义可知中心定位圆、中间空白带及环形编码带的长度比例为1∶1∶1，因此真实的标识半径 r_{real} 为

$$r_{\mathrm{real}} = \max(v_{r_i} + v_{2r_i} + v_{3r_i}) \tag{6.10}$$

由圆心 (x_0, y_0) 及标识半径 r_{real} 可定位到编码带，并通过阈值化获得编码值。如图6.4所示为基于Hough圆检测的标识识别过程。

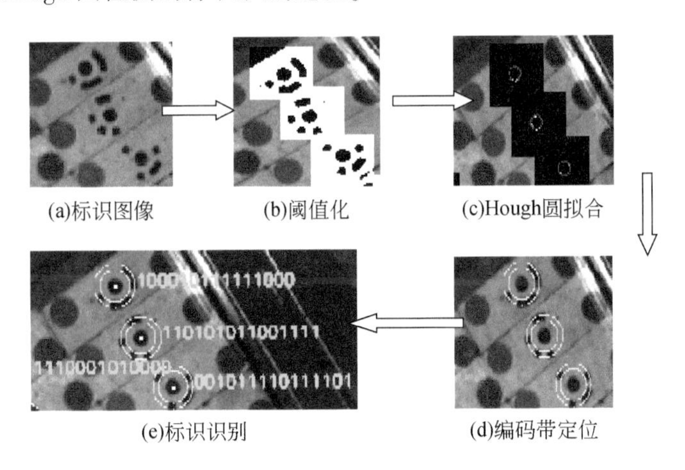

图6.4 基于Hough圆检测的标识识别过程

3. 多姿态滑坡数据信息提取

由前文可得到每帧图像中的岩块质心的空间坐标与空间旋转角度，同时根据环形编码可确定该岩块的唯一信息，在本部分将多帧采集图像的检测信息结合时域，可获得滑坡过程的多姿态数据。

定义2 本模型中：设岩块在时空域中的空间位移矩阵为 $\boldsymbol{S}$，空间旋转角度矩阵为 $\boldsymbol{M}$，离散采集时间向量为 $\vec{T}$。

$$\boldsymbol{S} = \begin{bmatrix} S_{11} & \cdots & S_{n1} \\ \vdots & & \vdots \\ S_{1m} & \cdots & S_{nm} \end{bmatrix} = \begin{bmatrix} (x_{11}, y_{11}, z_{11}) & \cdots & (x_{11}, y_{n1}, z_{n1}) \\ \vdots & & \vdots \\ (x_{1m}, y_{1m}, z_{1m}) & \cdots & (x_{nm}, y_{nm}, z_{nm}) \end{bmatrix} \tag{6.11}$$

$$\boldsymbol{M}=\begin{bmatrix} M_{11} & \cdots & M_{n1} \\ \vdots & & \vdots \\ M_{1m} & \cdots & M_{nm} \end{bmatrix}=\begin{bmatrix} (\psi_{11},\varphi_{11},\theta_{11}) & \cdots & (\psi_{11},\varphi_{n1},\theta_{n1}) \\ \vdots & & \vdots \\ (\psi_{1m},\varphi_{1m},\theta_{1m}) & \cdots & (\psi_{nm},\varphi_{nm},\theta_{nm}) \end{bmatrix} \vec{T}=\begin{bmatrix} t_1 & \cdots & t_m \end{bmatrix}^{\mathrm{T}} \tag{6.12}$$

式中，n 为滑坡岩块数量；m 为采集的离散帧数。

对于上述定义中获取的离散数据集，用插值拟合的方式对其连续化，由于3次多项式插值既可以保持函数的一阶与二阶连续可导（对应速度与加速度矢量），也不会出现高次插值方程的Runge振荡现象，因此本书对于离散数据集以时间域作为参数做动态3次曲线插值，继而获得连续时间域内的位移、旋转角度、速度加速度等滑坡数据。

所谓动态插值曲线，即对于时间域区间［t_1，t_m］内的任一时间节点 t，若 $t_p \leqslant t \leqslant t_q$，$t_p$，$t_q$ 均属于时间域区间，对于第 i 块岩块，做位移与旋转角度的小区间动态3次曲线插值。

$$\begin{cases} x=x(t)=a_{x0}+a_{x1}t+a_{x2}t^2+a_{x3}t^3 \\ y=y(t)=a_{y0}+a_{y1}t+a_{y2}t^2+a_{y3}t^3 \\ z=z(t)=a_{z0}+a_{z1}t+a_{z2}t^2+a_{z3}t^3 \end{cases} \tag{6.13}$$

$$\begin{cases} \psi=\psi(t)=a_{\psi0}+a_{\psi1}t+a_{\psi2}t^2+a_{\psi3}t^3 \\ \varphi=\varphi(t)=a_{\varphi0}+a_{\varphi1}t+a_{\varphi2}t^2+a_{\varphi3}t^3 \\ \theta=\theta(t)=a_{\theta0}+a_{\theta1}t+a_{\theta2}t^2+a_{\theta3}t^3 \end{cases} \tag{6.14}$$

动态选取的位移插值点为 $S_{i(t_p-1)}$，S_{it_p}，S_{it_q}，$S_{i(t_q+1)}$，角度插值点为 $L_{i(t_p-1)}$，L_{it_p}，L_{it_q}，$L_{i(t_q+1)}$，代入插值方程求取参数，获得连续的3次曲线。因此对于连续时间的某一节点 t，其速度矢量 $\vec{v}_t$ 与旋转速度 $\vec{m}_t$ 为

$$\vec{v}_t=\frac{\partial S}{\partial t}=\left(\frac{\partial x(t)}{\partial t},\frac{\partial y(t)}{\partial t},\frac{\partial z(t)}{\partial t}\right) \vec{m}_t=\frac{\partial M}{\partial t}=\left(\frac{\partial \psi(t)}{\partial t},\frac{\partial \varphi(t)}{\partial t},\frac{\partial \theta(t)}{\partial t}\right) \tag{6.15}$$

因此，通过动态曲线差值方式，将离散位移采集及旋转角度采集连续化，便可以在连续时间域中获得位移、旋转角度、速度、旋转速度等多姿态滑坡数据信息。

4. 系统硬件

系统以5mm短焦广角镜头、3台高清高速工业相机和64G内存工作服务站为硬件支撑（图6.5）。短焦广角镜头和工业相机组成高清图像采集系统，能够实时高速采集滑坡试验过程中的图像，为后续处理提供基础。64G内存工作服务站则为采集数据提供数据存储系统，保障采集图像的高速存储。

5. 软件系统

软件系统由三部分组成：相机标定模块、图像采集模块、位移轨迹追踪模块（图6.6），能够自动识别监测点标识号，以不同速率采集位移数据，并给出位移与时间的关系数据。

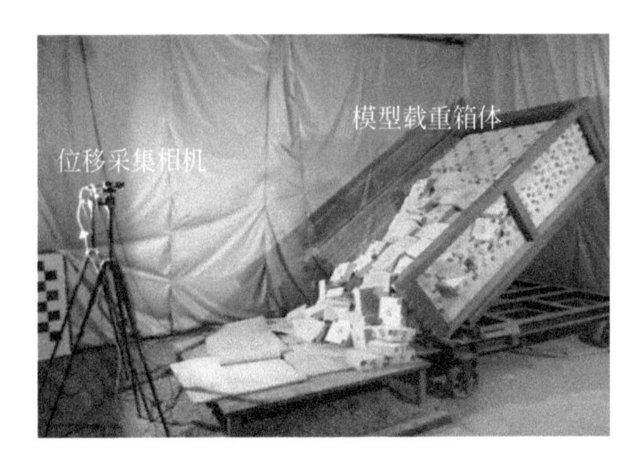

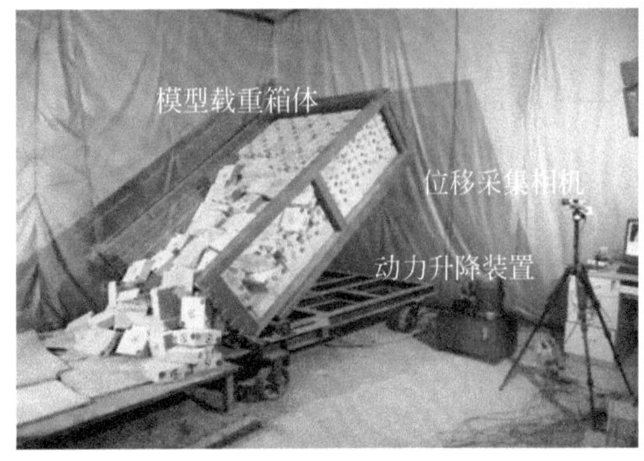

图6.5 位移采集系统硬件组成

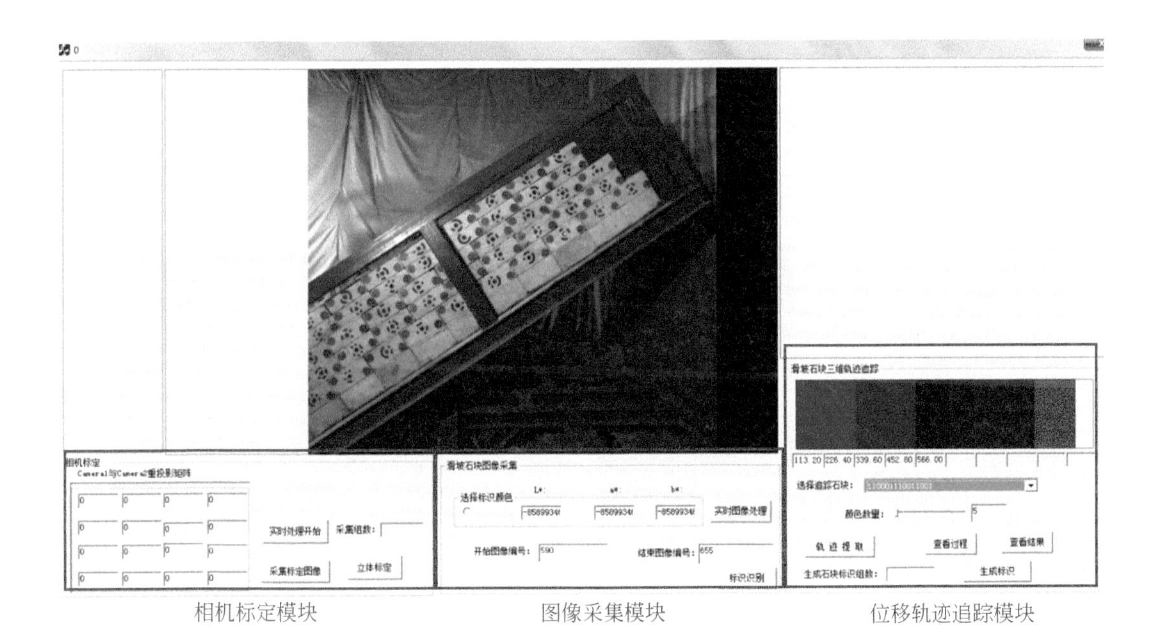

图6.6 图像采集系统软件组成

6. 数据处理

对于标识的生成与设计，通过6.1节提供的方法，随机生成满足岩块数量的标识，标识0，1编码及对应的旋转无关编码值如图6.7所示（显示其中一部分）。

如图6.8所示，为顺层岩质边坡模型滑坡的整体位移轨迹过程，为直观显示，位移轨迹由冷色调到暖色调表示位移由短到长的差异。

在本系统中，不仅实现了滑坡位移的采集，也可以采集计算滑坡过程中的旋转角度、速度等多姿态滑坡数据信息。如图6.9所示为所选的某一岩块质心的三维运行轨迹，表6.1为其多姿态滑坡数据。

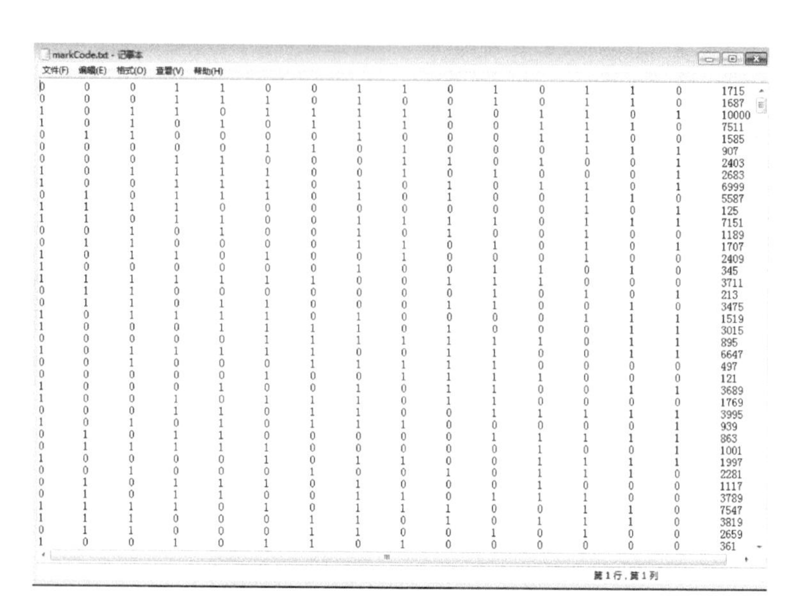

markCode.txt - 记事本

文件(F)　编辑(E)　格式(O)　查看(V)　帮助(H)

```
0 0 0 1 1 0 0 1 1 0 1 0 1 1 0 1715
0 0 0 1 1 1 0 1 0 0 1 0 1 1 0 1687
1 0 1 1 0 1 1 1 1 1 0 1 1 0 1 10000
1 0 1 0 1 0 1 1 1 0 0 1 1 1 0 7511
0 1 1 0 0 0 0 1 0 0 0 1 1 0 0 1585
0 0 0 0 0 1 1 0 1 0 0 0 1 1 1 907
0 0 0 1 1 0 0 0 1 1 0 1 0 0 1 2403
1 0 1 1 1 1 0 0 1 0 1 0 0 0 1 2683
1 0 0 1 1 1 0 1 0 1 0 1 1 0 1 6999
0 1 0 1 1 1 0 1 0 1 0 0 1 1 0 5587
1 1 1 1 0 0 0 0 0 0 0 0 1 0 1 125
1 1 0 1 1 0 0 1 1 1 1 0 1 1 1 7151
0 0 1 0 1 0 0 1 0 1 0 0 1 0 0 1189
0 1 1 0 0 0 0 1 1 0 1 0 1 0 1 1707
1 0 1 1 0 1 0 0 1 0 0 0 1 0 0 2409
1 0 0 0 0 0 0 1 0 0 1 1 0 1 0 345
1 1 1 1 1 1 1 0 0 1 1 1 0 0 0 3711
0 1 1 0 0 0 0 0 0 0 1 0 1 0 1 213
0 1 1 0 1 1 0 0 0 1 1 0 0 1 0 3475
1 0 1 1 1 1 0 1 0 0 0 0 1 1 1 1519
1 0 0 0 1 1 1 1 0 1 0 0 0 1 1 3015
0 0 0 0 0 1 1 1 1 1 1 1 0 1 1 895
1 0 1 1 1 1 1 0 0 1 1 0 0 1 1 6647
0 0 1 0 0 0 1 1 1 1 1 0 0 0 0 497
0 0 0 0 0 1 0 0 1 1 1 1 0 0 0 121
1 0 0 0 1 0 0 1 0 1 1 0 0 1 1 3689
1 0 0 1 0 1 1 1 0 1 1 0 0 0 0 1769
0 0 0 1 1 0 1 1 0 0 1 1 1 1 1 3995
1 0 1 0 1 0 1 1 1 0 0 0 0 0 1 939
0 1 0 1 1 0 0 0 0 0 1 1 1 1 1 863
0 1 1 1 1 1 0 0 0 0 0 1 0 0 1 1001
1 0 0 0 0 1 0 1 1 0 0 1 1 1 1 1997
0 0 1 0 0 0 1 0 0 1 0 1 1 1 0 2281
0 1 0 1 1 1 0 1 0 0 0 1 0 0 0 1117
0 1 0 1 1 0 0 1 1 0 1 1 1 0 0 3789
1 1 1 1 0 1 0 1 1 1 0 0 1 1 0 7547
1 1 1 0 0 0 1 1 0 1 0 1 1 1 0 3819
0 1 1 0 0 0 1 1 0 0 1 0 1 0 0 2659
1 0 0 1 0 1 1 0 1 0 0 0 0 0 0 361
```

第 1 行，第 1 列

图 6.7　生成的编码及对应编码值

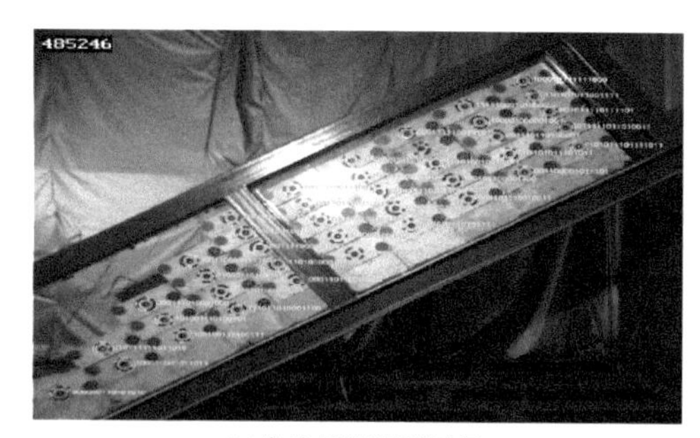

(a)岩块标识识别结果

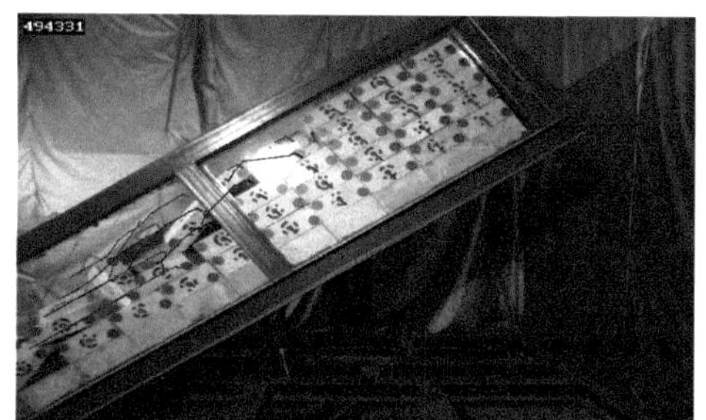

(b)位移轨迹追踪过程

图 6.8　滑坡模型识别与追踪过程

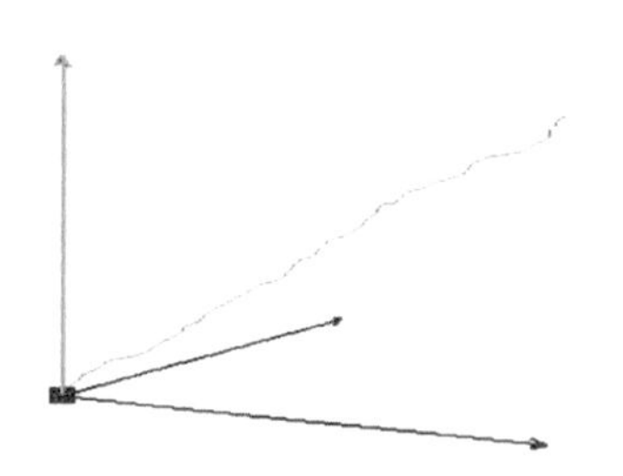

图 6.9　某岩块三维运行轨迹实例图

表 6.1　岩块多姿态滑坡数据

时刻/s	位移坐标/mm	旋转角度/(°)	速度/(mm/s)
1	(1212, 311, 795)	(54, 35, 79)	0.5

续表

时刻/s	位移坐标/mm	旋转角度/(°)	速度/(mm/s)
2	(1203, 305, 780)	(55, 33, 71)	0.6
…	…	…	…
110	(308, 59, 81)	(109, 47, 84)	0.2

7. 试验方案

以自行研制的模型载重箱体为试验工具，开展边坡的模拟试验。试验共分为 4 类 12 组，具体为：①长期重力条件下千枚岩边坡顺层破坏模拟试验；②不同层面组合方式下千枚岩边坡顺层破坏模拟试验；③不同结构面组合方式下千枚岩边坡顺层破坏模拟试验；④人工开挖坡脚诱发千枚岩边坡顺层破坏模拟试验。假定，坡体左侧是指顺坡向坡体的左侧，右侧亦然。第一层岩石块体为坡体表层的岩石块体，第二层岩石块体为坡体从表层开始第二层的岩石块体。具体试验方案见表 6.2。

表 6.2　试验方案明细表

试验类别	序号	开挖方式	层面倾角/(°)	结构面组合/(°)	层面强度	坡型	转动速度/[(°)/min]	备注
第一类	Ⅰ-1			0	无填充	顺层临空边坡	2	转动坡角直至边坡发生破坏，并记录破坏角和现象
第二类	Ⅱ-1			0	石英细砂	顺层临空边坡	2	
	Ⅱ-2			0	一、二层间石英细砂	顺层临空边坡	2	
	Ⅱ-3			0	二、三层间石英细砂	顺层临空边坡	2	
	Ⅱ-4			0	三、四层间石英细砂	顺层临空边坡	2	
第三类	Ⅲ-1			0	无填充	顺层临空边坡	2	
	Ⅲ-2			10	无填充	顺层临空边坡	2	
	Ⅲ-3			20	无填充	顺层临空边坡	2	
	Ⅲ-4			30	无填充	顺层临空边坡	2	
	Ⅲ-5			40	无填充	顺层临空边坡	2	
第四类	Ⅳ-1	多级开挖	35	0	无填充	顺层边坡	固定坡角	开挖高度 30cm，开挖倾角 68°
	Ⅳ-2	一次开挖	35	0	无填充	顺层边坡	固定坡角	

6.2.2　重力作用下顺层岩质边坡变形破坏规律

试验对象如图 6.10、图 6.11 所示，边坡发育两组节理面，其走向互相垂直，且其中一组节理面走向与坡向相同，节理面从坡体顶层到底层保持贯通。试验时以均匀角速度

2°/min 抬升模型载重箱体，坡角达到 35°时候开始采集位移数据。

图 6.10　重力作用下模型边坡原型（尧柏水泥厂滑坡）

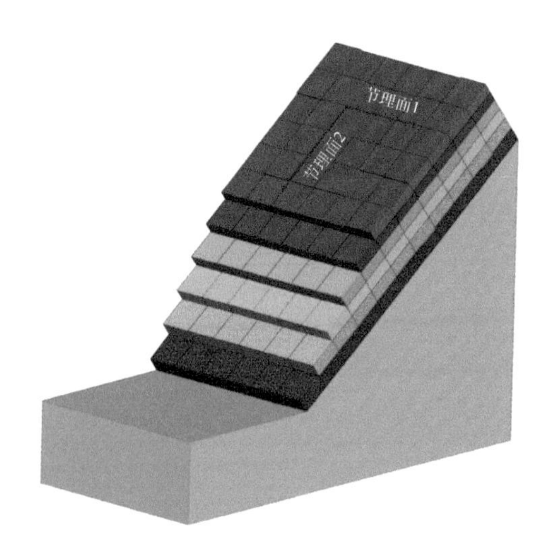

图 6.11　重力作用下模型边坡示意图

1. 物理模型试验结果

1）模型边坡破坏情况

图 6.12 为模型边坡在重力作用下的破坏情况。边坡破坏区域为坡体中、前部 1.8m 内的岩石块体，形态从坡前向坡后呈阶梯状分布，破坏深度由坡前向坡后逐渐变浅，底层岩石未见破坏。坡体破坏首先从坡体前缘临空面顶层岩体开始，逐渐向坡体后部和深部发展，变形破坏过程中，岩石块体的破坏形式以沿层面的滑移为主，个别块体出现翻滚和旋转运动。坡体上部块体出现拉张裂缝，均为沿节理面 1 发育，宽度 2 ~ 3cm，其走向垂直于坡向。

(a)前视图

(b)侧视图

图 6. 12　模型边坡破坏情况

2）模型边坡位移特征

监测点布置如图 6. 13 所示，通过非接触测量系统测得边坡侧面监测点位移-时间曲线如图 6. 14 所示。

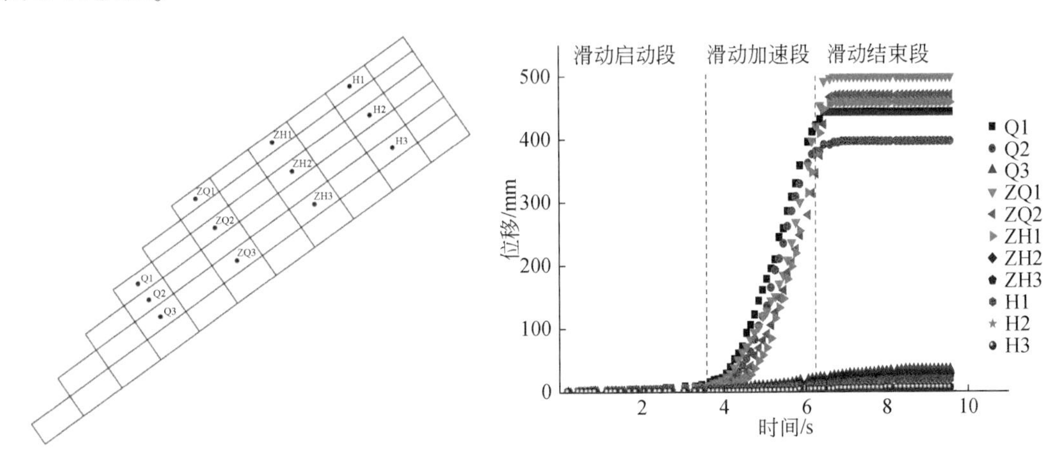

图 6. 13　模型边坡侧壁监测点布置

图 6. 14　典型监测点位移-时间曲线图

典型监测点位移时程曲线可分为两组：以 Q1、Q2、ZQ1、ZQ2、ZH1 为代表的组Ⅰ和以 Q3、ZH2、ZH3、H1、H2、H3 为代表的组Ⅱ。组Ⅰ表明试验块体发生明显运动，主要为坡体中、前部的中上层岩层。组Ⅱ表明试验块体未发生明显运动，主要为坡体后部的岩层。

组Ⅰ曲线按斜率的变化可分为三段，分别为滑动启动段、滑动加速段和滑动结束段。滑动启动段持续时间约 3. 6s，坡体最大位移量为 15. 08cm，3. 6s 后，坡体变形位移累积到一定程度，坡脚失去对坡体的锁固作用，坡体重力势能释放，坡体运动进入滑动加速段。监测点 Q1 的位移量迅速增大，坡缘处岩体首先破坏；随后，监测点 ZQ1、Q2、ZQ2 和

ZH1 的位移依次增加，坡体的破坏范围由坡体前缘向后缘和深层发展。各测点位移速率逐渐加快，岩石块体平均位移速率为 16 ~ 24cm/s。最终，坡体内岩石块体之间的碰撞、摩擦等削减了块体的动能，坡脚处堆积的块体进一步阻碍了块体的运动，坡体运动进入滑动结束段，坡体再次稳定。表层监测点 ZQ1 岩石块体的最终位移值最大，为 49. 80cm。组Ⅱ曲线基本为缓倾的直线段，可见坡体内深层和后部的岩石块体有小变形，但未发生运动破坏。

2. 三维数值模拟结果

采用三维离散元软件 3DEC 对模型边坡进行数值模拟：数值边坡几何尺寸为边坡原型尺寸；岩土体力学参数相应采用原型边坡中参数；本构模型则采用摩尔-库仑屈服条件和“Coulomb slip”接触面模型；数值边坡底部为三向约束，前后和左右为水平向约束。数值模型监测点布置如图 6. 15 所示。以下从两方面分析数值模型边坡的变形破坏特征。

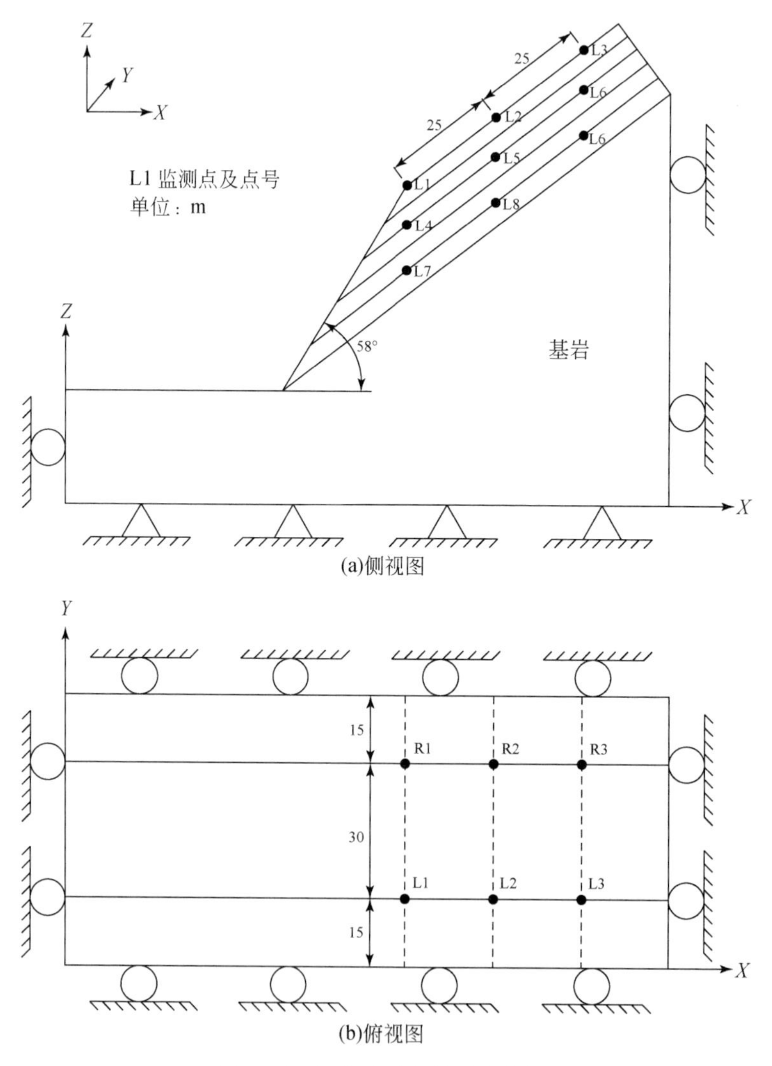

图 6. 15　数值模型监测点布置图

1）模型位移分析

坡体位移云图（图6.16）和监测点水平位移时程曲线（图6.17）显示坡体位移具有两个特点：同一层面的三组位移监测点具有L1>L2>L3，L4>L5>L6，L7>L8>L9的规律，说明坡体位移变形具有从坡前向坡后递减的特征；同一竖直面的三组位移监测点具有L1>L4>L7，L2>L5>L8，L3>L6>L9的规律，说明坡体位移变形具有从表层向深层递减的特征。位移变形均具有“前部大，后部小，表层大，深部小”的特征，与模型试验结果相吻合。

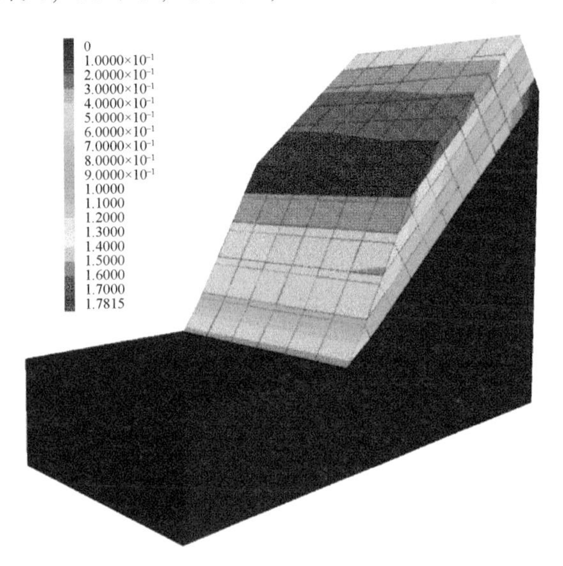

图6.16 33000步时坡体位移云图（单位：m）

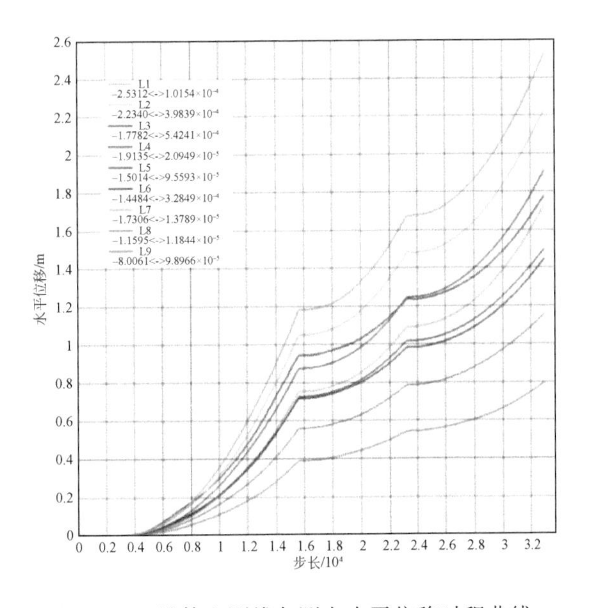

图6.17 坡体左测线各测点水平位移时程曲线

2）模型应力分析

为适应坡体的位移变形，坡体内部最大主应力、最小主应力等发生调整，以达到新的平衡。坡体最大主应力云图（图 6.18）和坡体的最小主应力云图（图 6.19）表明：坡体中部和坡脚表层岩体的最小主应力转化为拉应力，坡体在平行坡面方向受压，在垂直坡面方向受拉，造成坡体浅表层应力差增大，易发生拉裂破坏。

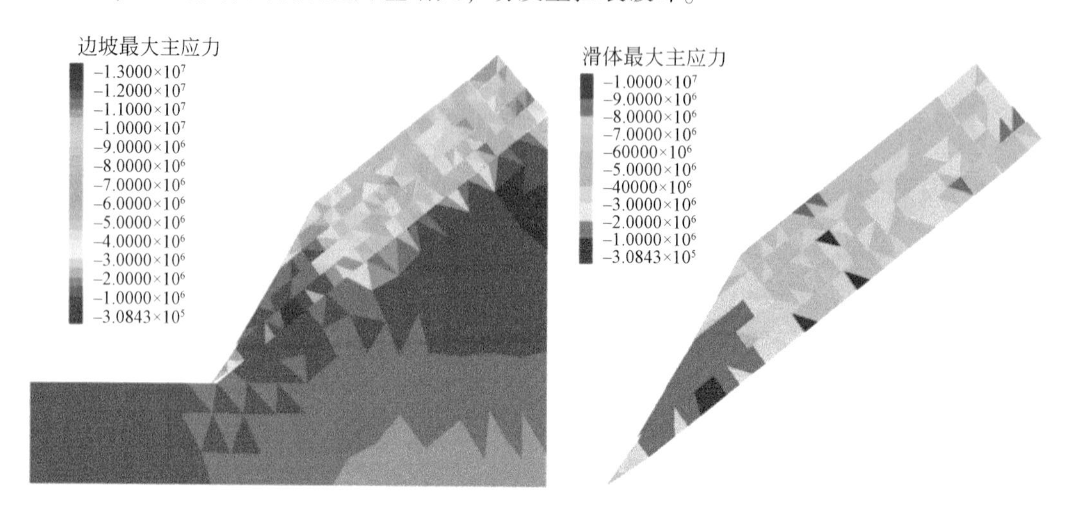

图 6.18　33000 步时坡体最大主应力云图（单位：Pa）

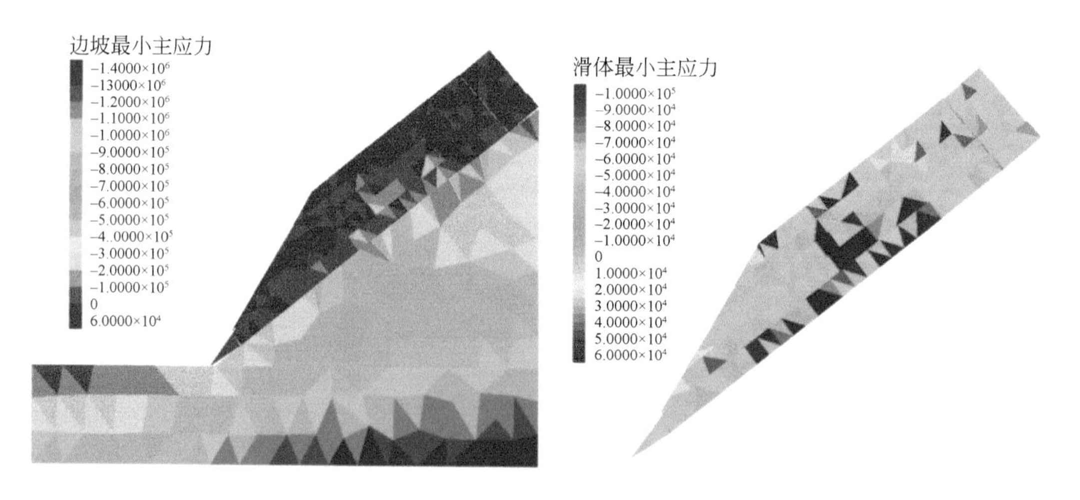

图 6.19　33000 步时坡体最小主应力云图（单位：Pa）

图 6.20 为边坡由初始平衡状态进入位移变形阶段的剪应力分布云图。坡脚处出现剪应力集中现象，表明坡脚处岩体对上部滑体起到抗滑作用。坡体前部的剪应力显著大于坡体后部的剪应力。图 6.21 为边坡位移累积变形一定程度之后的坡体剪应力云图，滑体向临空面的持续位移形变造成坡体内部剪应力进一步调整，坡脚处的剪应力集中条带沿临空面底部岩层发展至坡体顶部，与后缘的拉张裂缝贯通而形成滑动带。

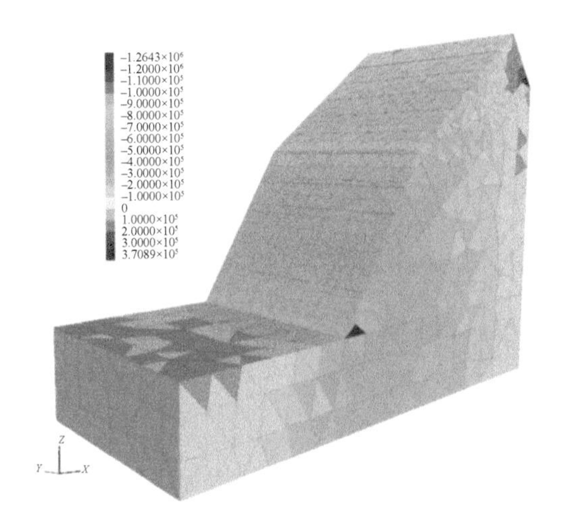

图 6.20　3000 步时坡体 *XZ* 剪应力云图

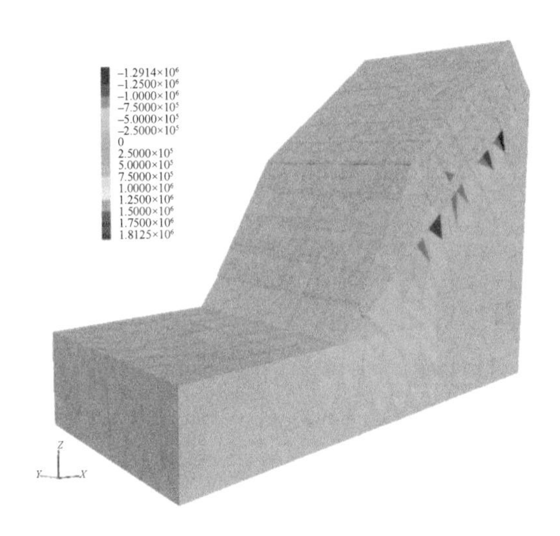

图 6.21　33000 步时坡体 *XZ* 剪应力云图

3. 结果分析

对比物理模型试验和数值模拟结果，得出以下几点认识：

（1）顺层状模型边坡的破坏模式为滑移–拉裂式破坏，在滑动破坏过程中表现出渐进式破坏的特点。

（2）坡体的位移具有“前部大、后部小、表层大、深层小”的特点，间接反映坡体破坏的模式，坡体前缘首先变形，继而向坡体后部和深层扩展，最终发生滑动破坏。

（3）由于重力作用，浅表层岩体前缘首先出现蠕变变形，坡脚产生剪应力集中。随蠕变变形持续增大，坡脚岩体剪应力亦逐渐增大，同时剪应力集中带沿潜在滑动面向上不断发展。坡体表面的最大主应力和最小主应力也发生变化，部分最小主应力转化为拉应力，与最大主应力形成“拉-压”应力组合，造成坡体中后部压致拉裂破坏。

6.2.3　层面组合方式对顺层岩质边坡破坏的影响

在模型边坡的层面间铺设100目石英细砂（图6.22），从而降低层面强度，石英细砂的铺设有4种方案：所有层面均铺设、仅第二层面铺设、仅第三层面铺设、仅第四层面铺设。不断抬升模型箱体的角度（28°～30°）直至坡体开始出现变形。

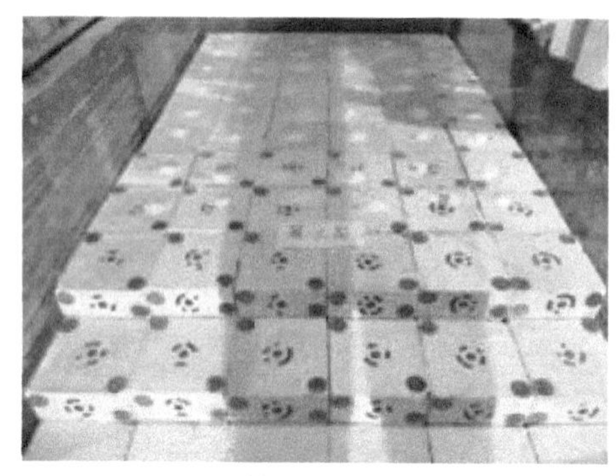

(a)铺设石英细砂

(b)涂抹石英细砂

图6.22　模型边坡软弱面模拟

1. 物理模型试验结果

1）模型边坡破坏情况

图6.23为不同层面组合的模型边坡破坏情况。四种模型边坡的破坏均表现为沿层面的滑移-拉裂破坏。对于层面强度均降低的模型边坡，滑移面为临空面底部层面，坡体滑移表现出渐进破坏的特征：坡体前缘表层岩体在重力作用下首先滑移，破坏范围逐渐向坡体深层和后部相邻岩体发展。由于层面强度显著降低，坡体破坏范围增大，覆盖至坡体整个坡面，但坡体后缘破坏深度仅为表层岩体，前缘破坏深度则至第四层岩层［图6.23（a）］。对于单一层面强度降低的模型边坡，滑移面为坡体内的软弱面，坡体滑移表现出

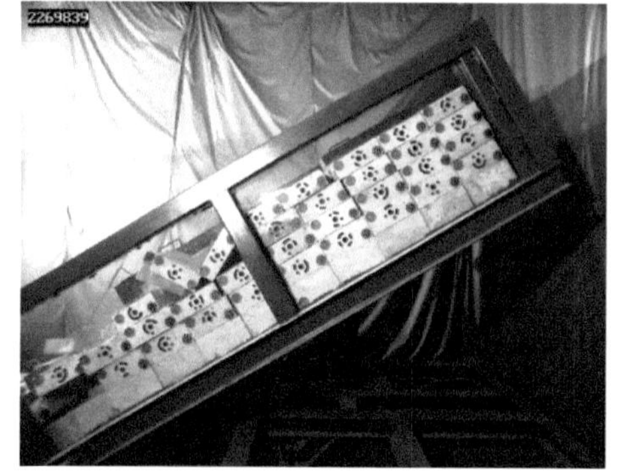

(a)层面强度均降低

(b)第二层面强度降低

(c)第三层面强度降低

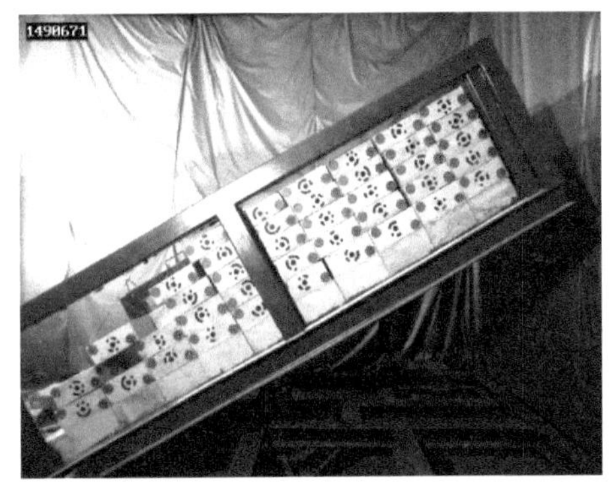

(d)第四层面强度降低

图6.23　不同层面组合的模型边坡破坏情况

整体破坏的特征：边坡体软弱层面以上的部分岩体在重力作用下整体向坡前滑移，于坡体后缘沿节理面1拉裂而形成拉张裂缝，裂缝贯穿至软弱层面［图6.23（b）（d）］；或者，软弱面以上的所有岩体整体向坡前滑移［图6.23（c）］。

2）模型边坡位移特征

由图6.24～图6.27可见，坡体运动过程均为三个阶段：滑动启动段、滑动加速段和滑动结束段。在滑动加速段，各种工况下块体滑动平均速率依次为：100～200mm/s，40～80mm/s，125～230mm/s，100～160mm/s，层面强度均降低工况下和第三层面强度降低工况下岩石块体位移量远大于另两种工况，说明边坡的稳定变形对层面强度及软弱面位置很敏感。位移曲线表明，发生显著位移的监测点均位于软弱面以上，软弱面的存在控制坡体的破坏深度；有软弱面情况下位移速度明显大于不存在软弱面的边坡，说明软弱面加剧了坡体的滑动速度。

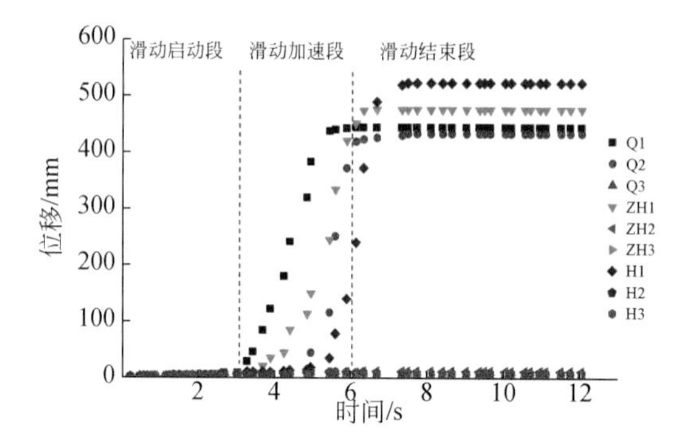

图 6.24　层面强度均降低监测点位移-时间曲线

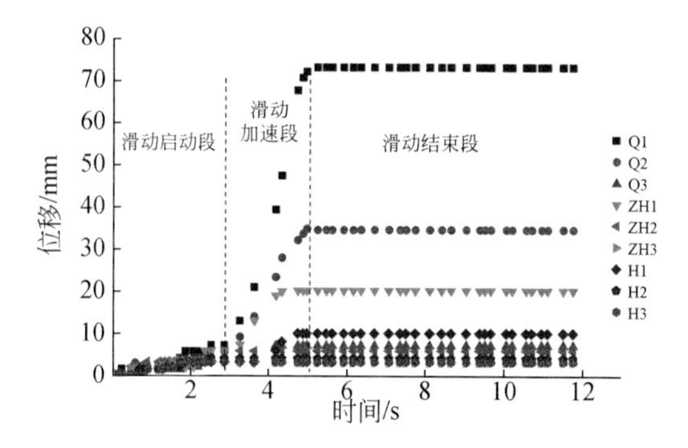

图 6.25　第二层面强度降低监测点位移-时间曲线

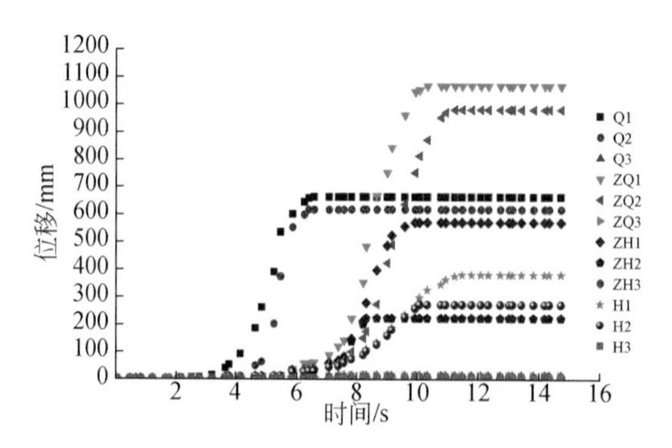

图 6.26　第三层面强度降低监测点位移-时间曲线

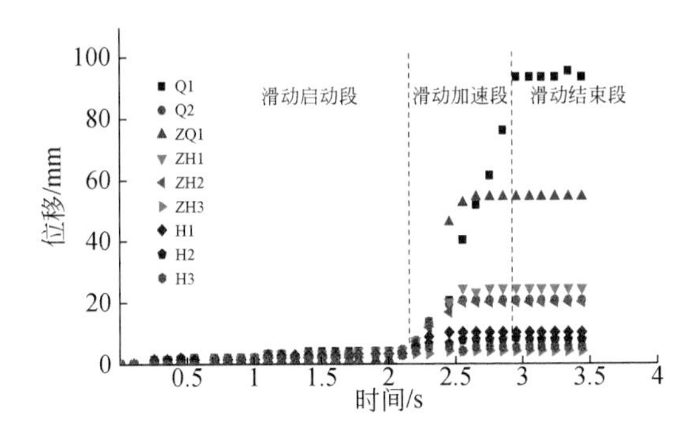

图6.27　第四层面强度降低监测点位移-时间曲线

比较坡体同一层面前、中、后部位移监测点的最大位移，如图6.28所示。对比结果表明，除层面强度均降低，试验中表层监测点结果具有差异，其他试验边坡上、中、下三层岩层内监测点的最大位移均表现出Q1>ZH1>ZH3，Q2>ZH2>ZH2，Q3>ZH3>ZH3的规律，位移由坡体前部向后部逐渐减小，且越靠近地表，这种减小趋势越明显。

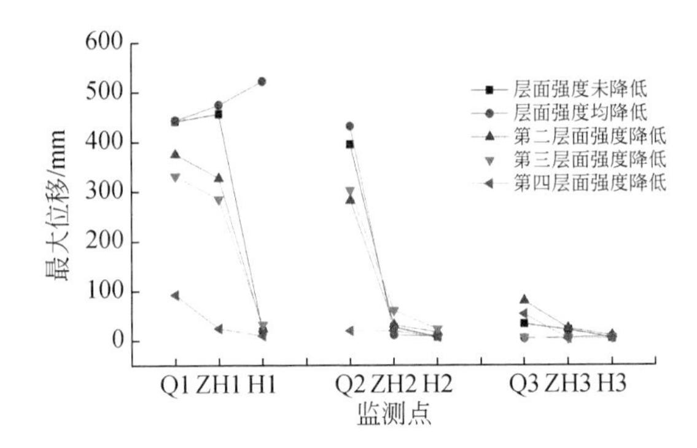

图6.28　同一层面监测点最大位移对比图

比较坡体同一竖直面上、中、下层位移监测点的最大位移，如图6.29所示。对比结果表明，坡体前、中、后部岩层内监测点的最大位移均具有Q1>Q2>Q3，ZH1>ZH2>ZH3，H1>H2>H3的规律，位移由坡体表层向深层逐渐减小，且越靠近坡体前部，减小趋势越明显。

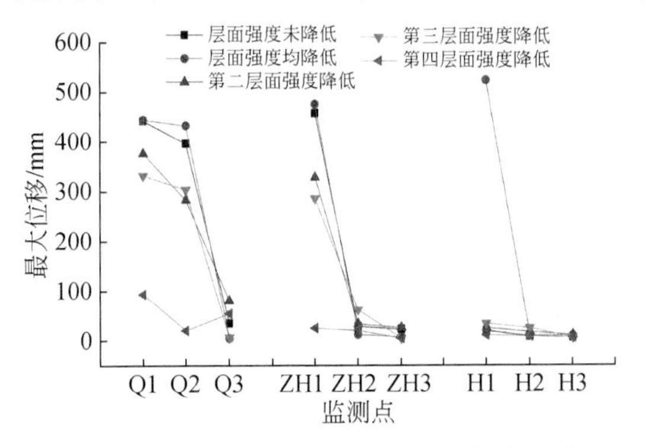

图6.29　不同层面监测点最大位移对比图

2. 三维数值模拟结果

采用三维离散元软件 3DEC 对不同层面组合的模型试验边坡进行数值模拟，模型位移监测点布置如图 6.15 所示。

1）数值边坡位移特征

图 6.30 为五种不同层面组合的数值模型边坡表层监测点最大水平位移对比结果。可以看出，层面组合方式对边坡稳定性有显著影响：①当边坡层面强度降低时，坡体的最大位移显著增加，最大水平位移是层面强度未降低前的 2.2 ~ 2.5 倍，可见层面强度是边坡稳定性的控制因素。②边坡最大水平位移随软弱面埋深增大，先增加后保持稳定，说明软弱面埋深对坡体稳定性的影响具有临界效应，存在软弱面临界深度。临界深度以内，边坡稳定性随软弱面埋深增加而降低；临界深度以下，边坡稳定性随软弱面埋深增加而基本不变。

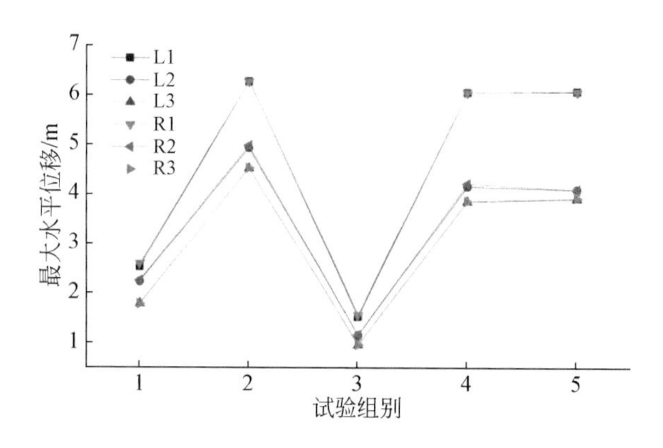

图 6.30　模型边坡表层监测点最大位移对比图

横轴数字：1. 层面强度未降低；2. 层面强度均降低；3. 第二层面强度降低；4. 第三层面强度降低；5. 第四层面强度降低

2）数值边坡破坏特征

图 6.31 为坡体位移等值线图，与模型试验结果相同，四种层面组合方式下的数值模型边坡具有相同的破坏模式——滑移-拉裂式破坏：所有层面强度均降低时，岩石块体发生渐进式滑动；第二，第三和第四层面强度降低时，岩石块体沿软弱面发生整体式滑动，这与模型试验的结果相同。

当岩石层面的强度均降低时［图 6.31（a）］，滑动面为临空面底部岩层面。监测点水平位移时程曲线（图 6.32）显示，处于同一层面上的监测点位移具有 L1>L2>L3，L4>L5>L6，L7>L8>L9 的特征，而同一竖直面内的监测点亦具有 L1>L4>L7，L2>L5>L8，L3>L6>L9 的特征，说明坡体前、中、后部的位移量依次减小且坡体表层的位移明显比深部位移量大，表明坡体滑动模式为渐进式的滑移破坏，验证了模型试验的结果。

当某一层面强度降低时［图 6.31（b）~（d）］，滑动面为石英细砂软弱面。软弱面以上岩石块体向坡前位移运动，使坡体中部形成张拉裂缝；裂缝前的岩石块体继续整体向前滑动而导致拉张裂缝变宽变深，继而裂缝后岩体发生滑动。以第四层面强度降低的边坡为例（图6.33），软弱面以上监测点L1，L2，L3，L4，L5，L6以相同速率滑动，最大位移量为3.8～6.07m，而软弱面以下监测点L7，L8，L9的位移量几乎为0。同时，拉张裂缝后部的监测点L2，L3，L5，L6同一时刻的位移量明显小于坡体前部监测点L1，L4的位移。两者最大位移量相差达到2.8～3m，可见坡体具有分段滑动的特征。坡体的分段式滑动取决于节理面的强度，当节理面强度较大，坡体中拉裂面的位置越靠近坡体后部。当节理面强度足够大时，则坡体会发生以软弱面为滑动面的完全整体滑动。

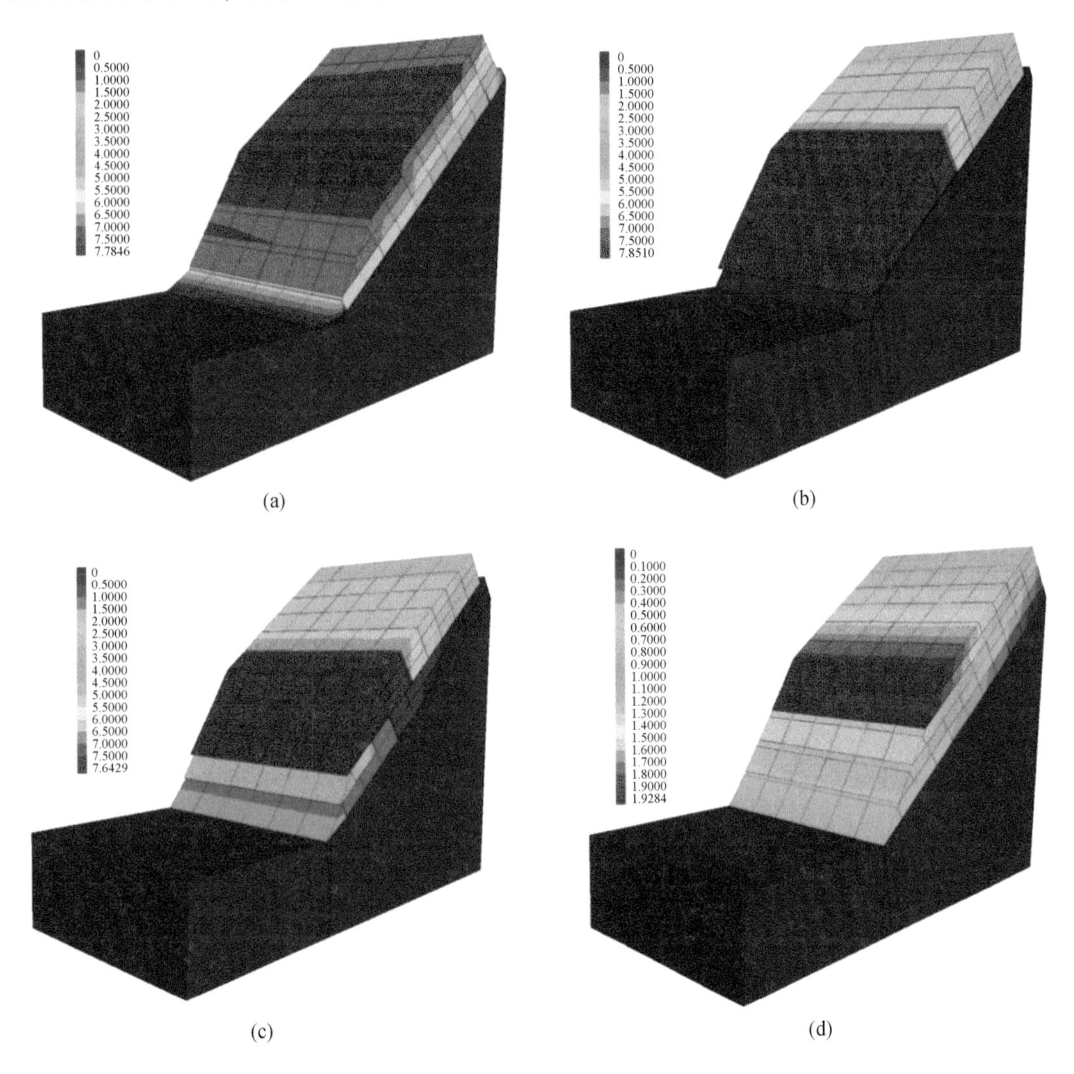

图6.31　不同层面组合的数值模型边坡位移等值线图（单位：m）

（a）层面强度均降低；（b）第四层面强度降低；（c）第三层面强度均降低；（d）第二层面强度降低

3. 结果分析

将物理模型试验和数值模拟分析结果对比分析，得出以下认识。

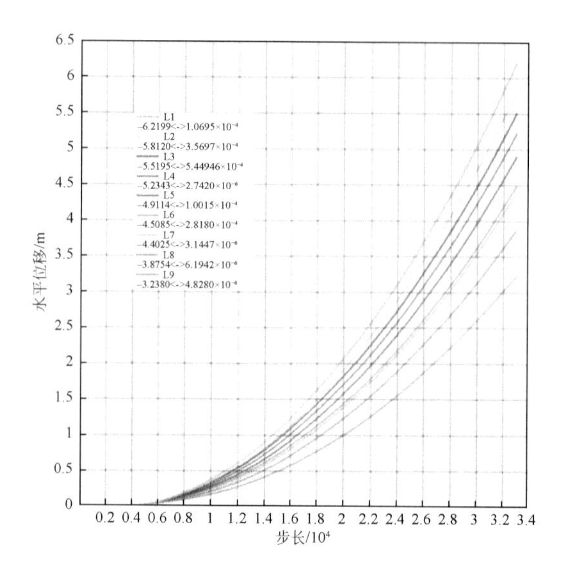

图 6.32　层面强度均降低的位移时程曲线

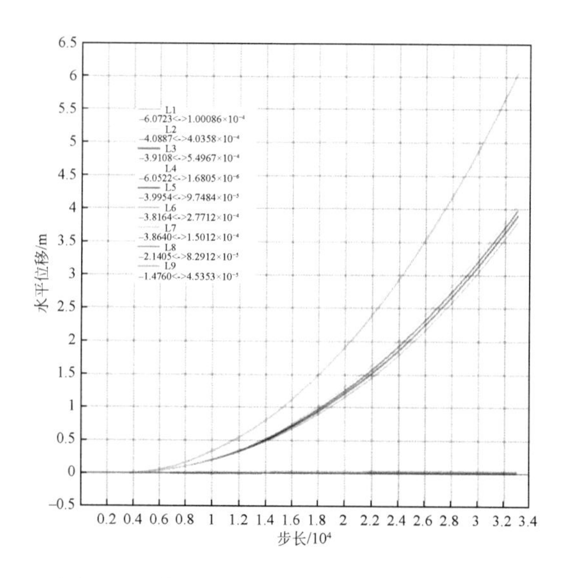

图 6.33　第四层面强度降低的位移时程曲线

（1）层面强度对千枚岩边坡顺层破坏模式影响显著：当坡体内层面强度均降低时，坡体破坏模式以滑移–拉裂渐进式破坏为主，坡体滑动过程中块体间彼此脱离而解体；当坡体内存在单一软弱面时，坡体破坏模式为滑移–拉裂整体式破坏，坡体分段整体滑动。

（2）层面强度和软弱面埋深对顺层千枚岩边坡的稳定性非常敏感：坡体层面强度降低（C，φ 减小）加大坡体的位移量，不利于边坡的稳定性；软弱面埋深增大，坡体稳定性逐渐降低，当超过某一深度后，坡体保持稳定。

（3）层面强度降低在一定程度上加剧岩石块体在滑动破坏过程中的运动速度，使其具有高速滑坡的特征，结果直接导致破坏范围增大。

（4）软弱面控制顺层千枚岩滑坡的滑动面位置和滑动破坏范围，对比四组试验中滑动面的位置和破坏深度，滑动面和滑动破坏的最大深度均为软弱岩层所在位置。

6.2.4　结构面组合方式对顺层岩质边坡破坏的影响

模拟节理面1和节理面2的组合方式对边坡破坏的影响，保持层面倾向与坡向一致，两组节理面仍互相垂直，且节理面与层面亦垂直。以节理面2的走向与坡向的夹角（以夹角简称）描述节理面的组合方式，共设置4种组合方式，即夹角分别为10°，20°，30°和40°（图6.34）。由于结构面分布对称性，当夹角增大为50°，60°，70°和80°时，其与40°，30°，20°和10°夹角边坡一致。

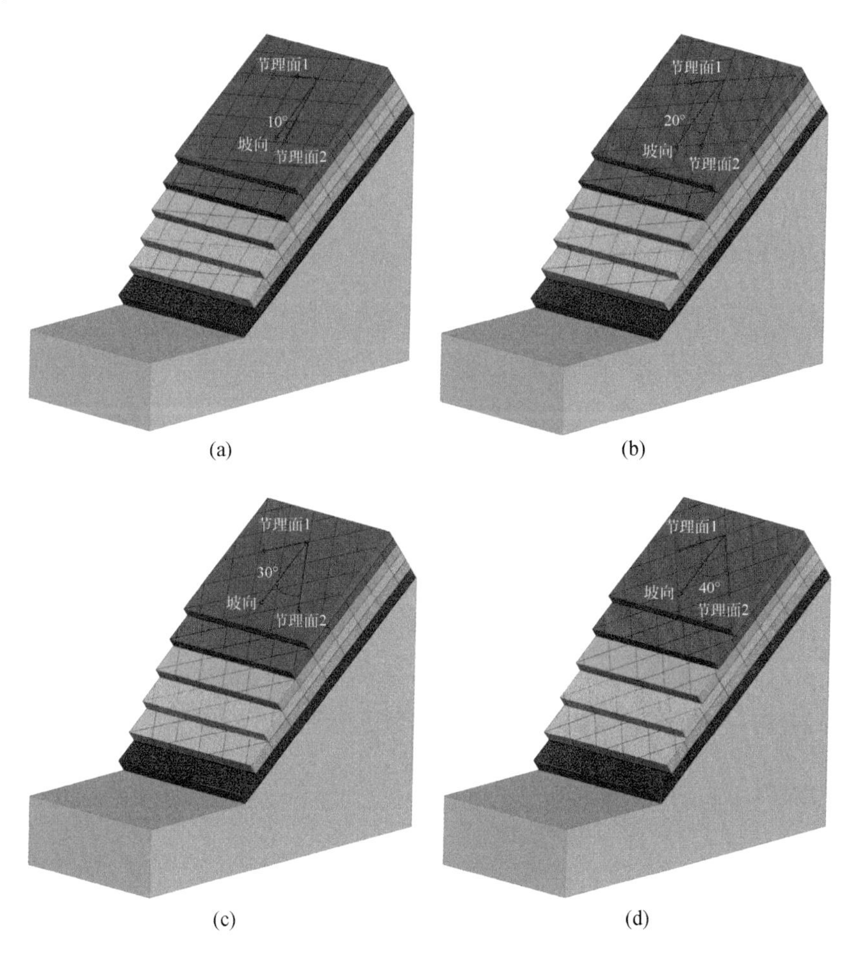

图6.34　不同结构面组合模型边坡示意图

（a）10°夹角组合；（b）20°夹角组合；（c）30°夹角组合；（d）40°夹角组合

1. 物理模型试验结果

1）模型边坡破坏情况

图 6. 35 为四种不同结构面组合的模型边坡破坏状态。可以看出，四种模型边坡均发生沿层面的滑移-拉裂破坏，岩石块体的运动方式以沿层面的滑移为主。坡体破坏具有累进破坏的特点，边坡破坏由坡体前缘右侧开始，岩石块体沿层面和节理面 2 向坡前滑移，破坏范围逐渐向坡体左侧和后侧的相邻岩石块体发展，最终停止于坡体后缘。因此，坡体的位移整体具有“右前部大，左后部小，表层大，深层小”的分布规律。

由于坡体中前部岩石块体的滑移，坡体后缘发育多条沿节理面发育的拉张裂缝。裂缝的分布受结构面夹角影响而具有不同的形状：结构面夹角为 10°和 20°时，裂缝为沿节理面 1 发育的“一”形；结构面夹角为 30°时，裂缝为沿节理面 1 和节理面 2 复合发育的“L”形；结构面夹角为 40°时，裂缝为沿节理面 1 和节理面 2 复合发育的“W”形。

观察坡体的破坏范围可看出，四种模型边坡右侧破坏的范围和深度均大于坡体左侧，右侧坡体的位移量明显较左侧的大，且裂缝分布也具有右侧宽度大而左侧宽度小的规律，说明坡体滑动破坏具有“左旋”特征；同时，深部岩石块体的破坏范围和位移量均小于上部岩石块体的破坏范围和位移量，反映边坡破坏由表层向深层发展的特点。

(a)10°夹角模型边坡

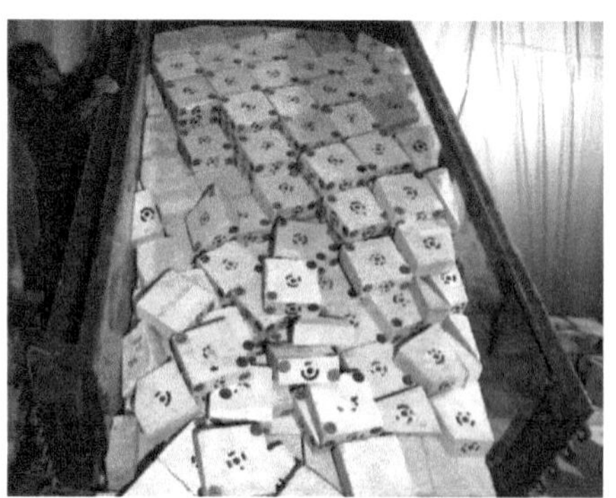
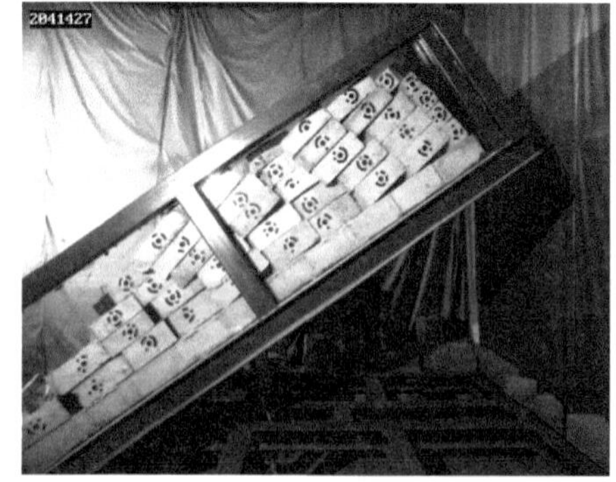

(b)20°夹角模型边坡

(c)30°夹角模型边坡

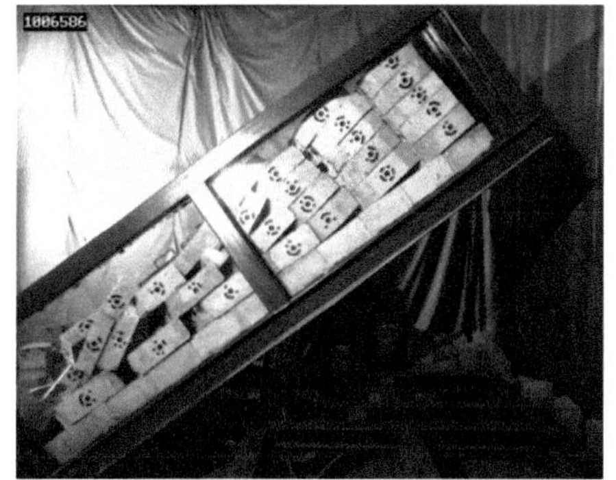

(d)40°夹角模型边坡

图 6. 35　不同结构面组合的模型边坡破坏现象

2）模型边坡位移特征

对比图 6. 14 和图 6. 36 ~ 图 6. 39，可见夹角为 0°和夹角为 30°、40°的时候，滑坡前缘块体相比于后缘块体都具有变形速度大、位移大的特点；夹角为 10°和 20°的时候，模型边坡块体变形破坏整体性较好，变形速率较均匀，坡体位移具有由坡前向坡后递减，由表层向深层递减的规律。

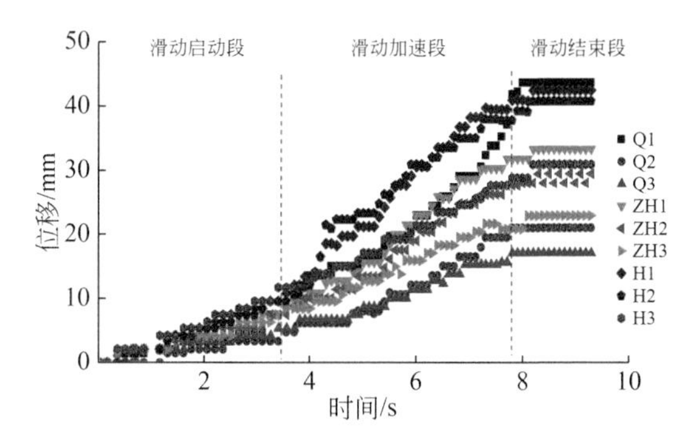

图 6. 36　10°夹角模型边坡监测点位移-时间曲线

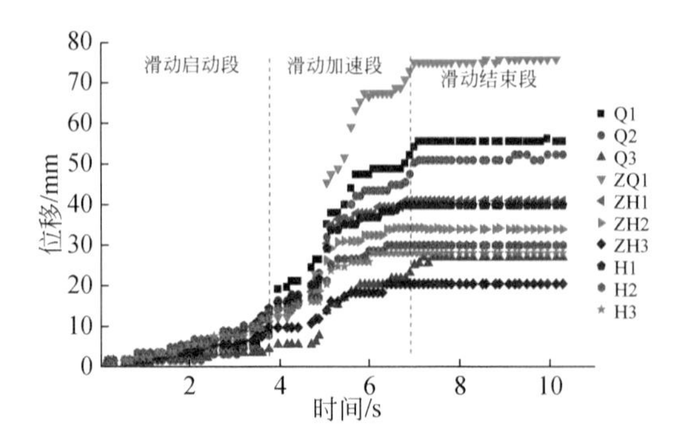

图 6.37 20°夹角模型边坡监测点位移-时间曲线

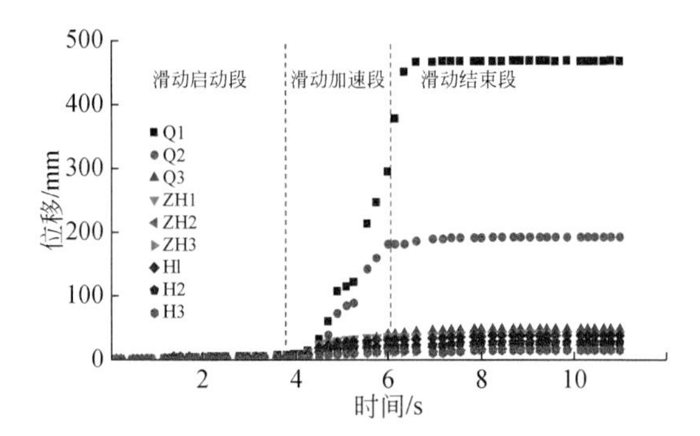

图 6.38 30°夹角模型边坡监测点位移-时间曲线

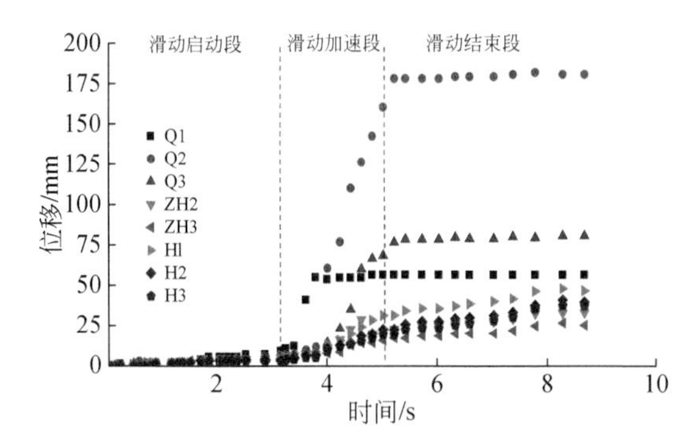

图 6.39 40°夹角模型边坡监测点位移-时间曲线

为了更好地说明问题，将 5 种工况边坡前缘块体最大位移放一起比较（图 6.40）。从中可见，结构面与坡向的夹角对顺层千枚岩边坡稳定性较为敏感；模型边坡临空面的位移量随夹角增大而先减小后增大，当 10°～20°时位移量较小，边坡稳定性较高；<10°或>20°时位移量较大，边坡稳定性较低。分析发现，夹角影响坡体的运动方向，夹角较小时坡体沿节理面 2 向坡体左前侧运动，而左侧边界对坡体的运动起到约束作用。当夹角增大，边界对坡体的约束加强，因而坡体稳定性增大。当大于某一夹角时，本例为 40°，节理面 1

和节理面 2 与坡向的夹角分别为 40°和 50°，坡体沿节理面 2 运动的趋势降低，边界对其约束作用同样降低，因而坡体稳定性降低。

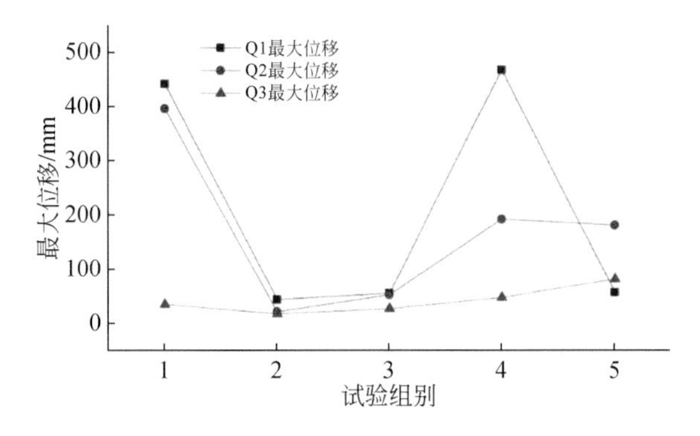

图 6.40　不同结构面夹角模型边坡最大位移对比图

横轴数字：1. 0°夹角试验；2. 10°夹角试验；3. 20°夹角试验；4. 30°夹角试验；5. 40°夹角试验

图 6.41 为 5 种不同结构面夹角模型边坡同一层面前、中、后部监测点最大位移对比结果。从中看出，坡体表层、第三层和第五层监测点的最大位移具有 Q1>ZH1>H1，Q2>ZH2>H2，Q3>ZH3>H3 的关系，坡体位移由前缘向中部和后缘递减，表明坡体前部破坏程度最大，中部次之，后部最小。

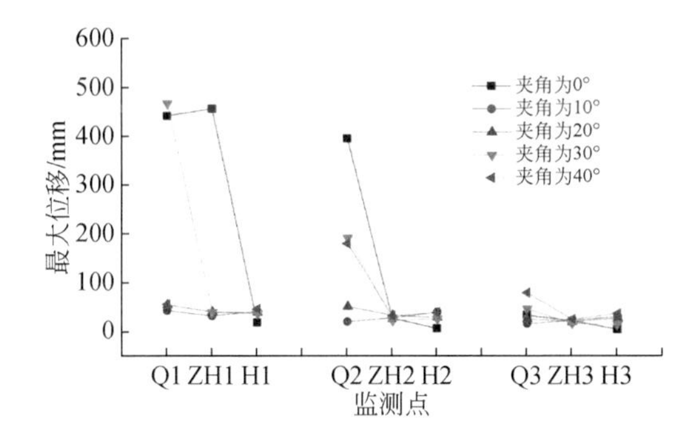

图 6.41　同一层面监测点最大位移对比图

图 6.42 为 5 种不同结构面夹角模型边坡同一位置上、中、下岩层监测点最大位移对比结果。从中看出，坡体前部、中部和后部监测点的最大位移具有 Q1>Q2>Q3，ZH1>ZH2>ZH3，H1>H2>H3 的关系，坡体位移由表层向中层和深层递减，表明坡体表层破坏程度最大，中层次之，后层最小。

2. 三维数值模拟结果

采用三维离散元软件 3DEC 对 4 种结构面夹角组合模型边坡进行数值模拟，模型位移监测点布置如前图 6.15 所示。

1）数值边坡位移特征

图 6.43 为 4 种不同夹角数值边坡监测点的最大水平位移对比图。对比结果表明，结

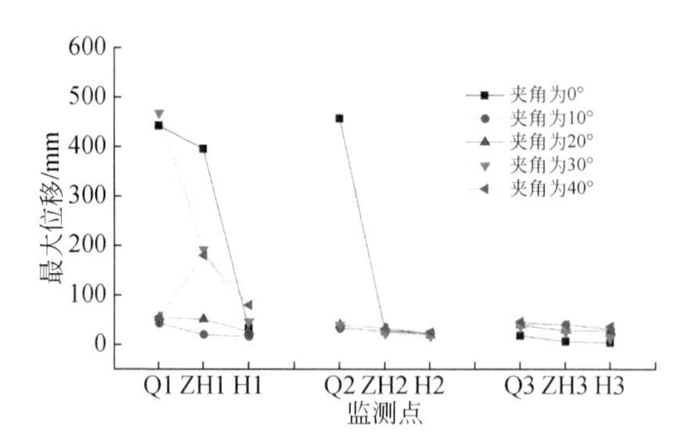

图 6.42　不同层面监测点最大位移对比

构面走向与坡向之间的夹角影响顺层千枚岩边坡体的稳定性：当夹角为 20°～30°时，坡体表层监测点水平位移值较小，坡体的稳定性较高；而当夹角为<20°或>30°时，水平位移值较大，坡体的稳定性较低。由于模型试验变量控制较难，试验结果与数值模拟结果略有差异，但结果趋势基本相同。

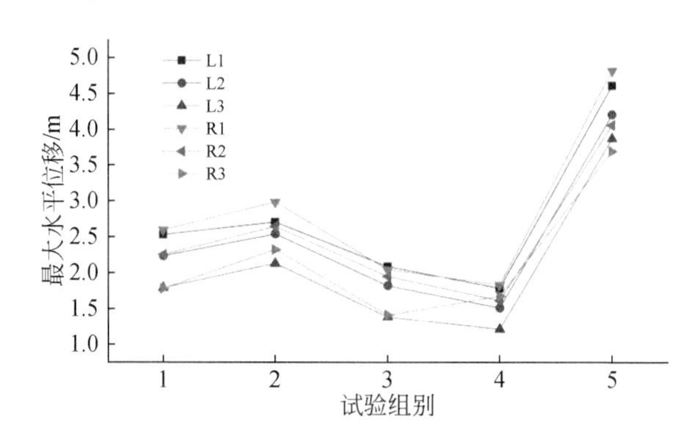

图 6.43　不同结构面夹角数值边坡监测点位移对比图

横轴数字：1. 0°夹角试验；2. 10°夹角试验；3. 20°夹角试验；4. 30°夹角试验；5. 40°夹角试验

2）数值边坡破坏特征

数值边坡的位移等值线图表明 4 种数值模型边坡具有相同的破坏模式，仍为沿层面的滑移-拉裂式破坏。坡体在重力作用下发生向坡前的蠕变变形，位移变形首先开始于坡体前缘表层岩体，并向整个临空面和后部的岩体块体扩展，坡体位移变形量不断累积，最终导致坡体沿层面滑移破坏。

图 6.44 四种数值边坡的位移破坏均表现出坡体右侧大而左侧小的规律，岩石块体表现出向坡体左侧旋转的趋势，坡体具有“左旋”特征，这与模型试验中的结果一致。图 6.45 进一步验证坡体“左旋”破坏的特征，数值边坡坡面以坡体纵轴线对称分布的监测点（L1，R1），（L2，R2），（L3，R3）的最大水平位移基本具有 R1>L1，R2>L2，R3>L3 的规律，两者差值为 0.026～0.469m。

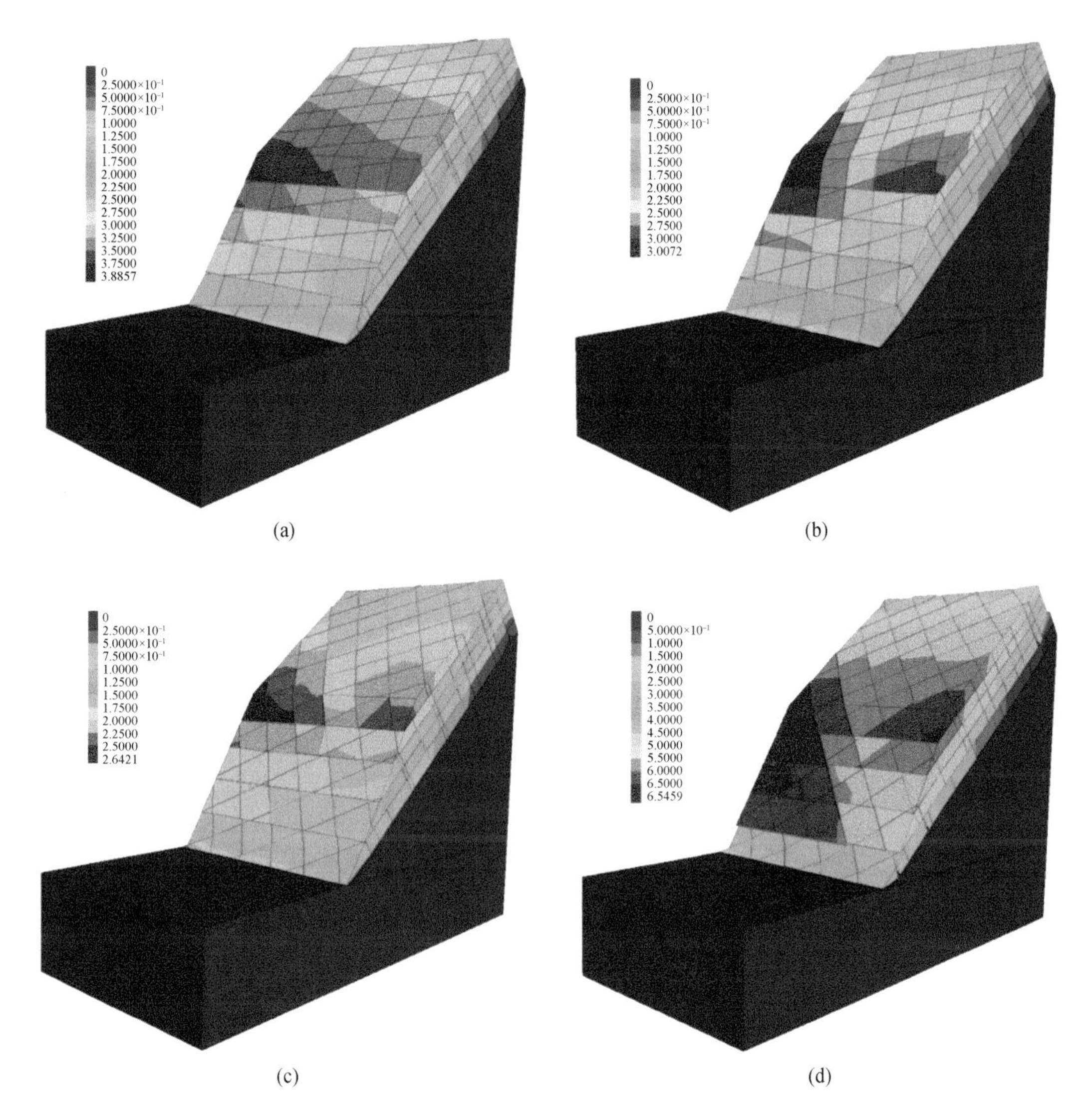

图6.44　不同结构面组合的数值模型边坡位移等值线图（单位：m）
（a）10°结构面夹角；（b）20°结构面夹角；（c）30°结构面夹角；（d）40°结构面夹角

坡体位移的“左旋”或“右旋”特征取决于结构面2的走向与坡体倾向之间夹角α（锐角）的方位（图6.46）：当夹角α位于坡体纵向线的左侧时，坡体位移表现为“左旋”；反之，坡体位移表现为“右旋”。以“左旋”为例，由于岩石块体仅能沿结构面2走向运动，岩石块体具有向坡体左下方运动的趋势。坡体左侧边界的限制约束作用减弱了右侧相邻岩石块体向左下方运动的趋势，被限制的岩石块体同样具有限制其右侧相邻岩石块体向左下方运动的趋势。这种限制作用通过岩石块体不断向坡体右侧传递，但随距离的增大，传递的限制作用也逐渐减弱，最终造成坡体右侧岩石块体位移较相邻左侧岩石块体位移大的结果，表现为“左旋”特征。

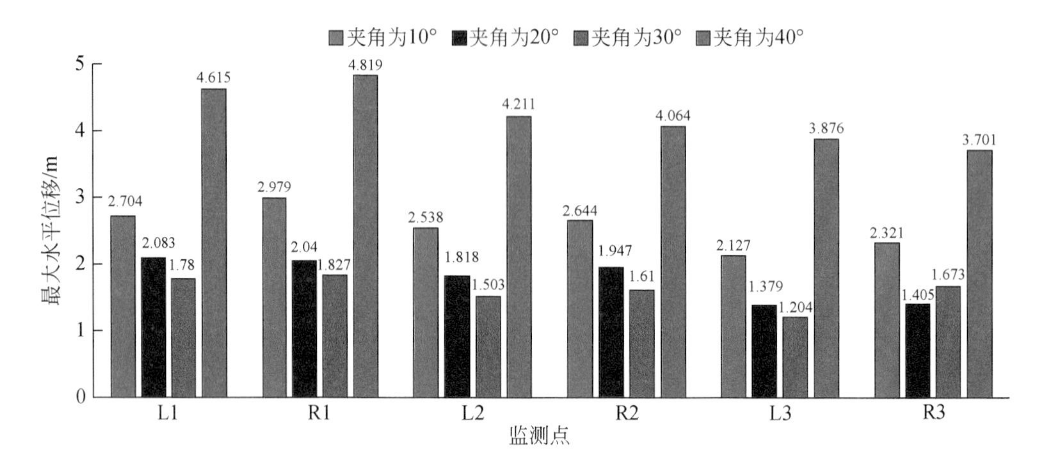

图 6.45　不同夹角数值边坡左右对称监测点水平位移对比图

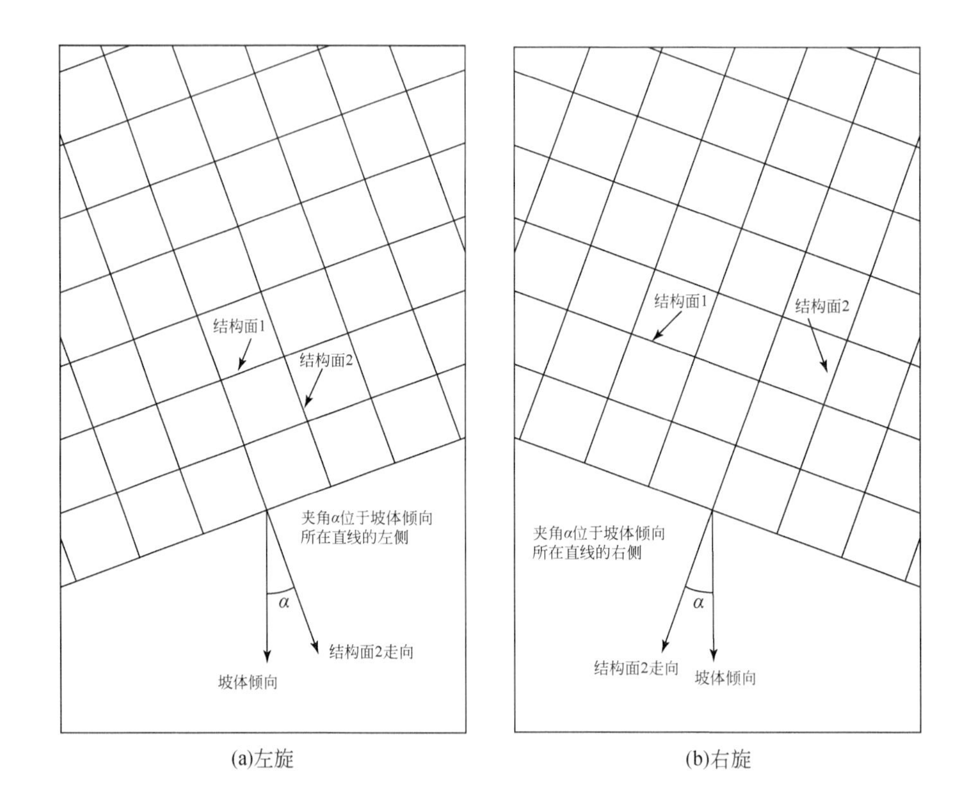

图 6.46　结构面组合与坡体位移左（右）旋示意图

3. 结果分析

对比分析物理模型试验和数值模拟分析结果，可得出以下结论。

（1）结构面与坡向的夹角对顺层千枚岩边坡滑动破坏模式影响不大，坡体仍以滑移-

拉裂的破坏模式为主，岩体沿层面滑移破坏，并与坡体后部形成拉裂缝。

（2）结构面与坡向的夹角影响千枚岩边坡的滑动破坏范围，4种边坡均从坡体右前侧开始滑动破坏，破坏状态呈现右侧坡体大而左侧破坏范围小的特征。可以总结为：当结构面2走向与坡向之间的夹角 α 位于坡体纵向线左侧时，边坡滑动启动于坡体右前侧，表现为“左旋”特征；当夹角 α 位于坡体纵向线右侧时，边坡滑动启动于坡体的左侧，表现为“右旋”特征。

（3）结构面与坡向的夹角对顺层千枚岩边坡稳定性影响显著，通过对比五种结构面夹角边坡的最大水平位移，发现夹角为20°～30°时边坡稳定性较大，夹角小于20°或者大于30°时边坡稳定性降低。

6.2.5　边坡坡脚开挖方式对顺层岩质边坡破坏的影响

坡脚开挖是诱发边坡发生滑动破坏的因素之一，对于层状边坡更是如此。坡脚开挖对边坡稳定性的影响取决于开挖高度、开挖角度和开挖方式等。本节以开挖方式为研究对象，采用物理模拟和数值计算相结合的方法探究分级开挖坡脚和整体开挖坡脚两种不同方式对边坡变形破坏的影响规律。

设计两组试验，分别为试验Ⅳ-1和试验Ⅳ-2，模型边坡倾角为35°，前者为从上往下分层开挖坡脚，后者为整体将坡脚开挖完毕，总开挖高度和角度分别为30cm和68°（图6.47）。将适量黄土分层压实、堆填于坡脚处，模拟开挖前坡脚底部待开挖的岩体。

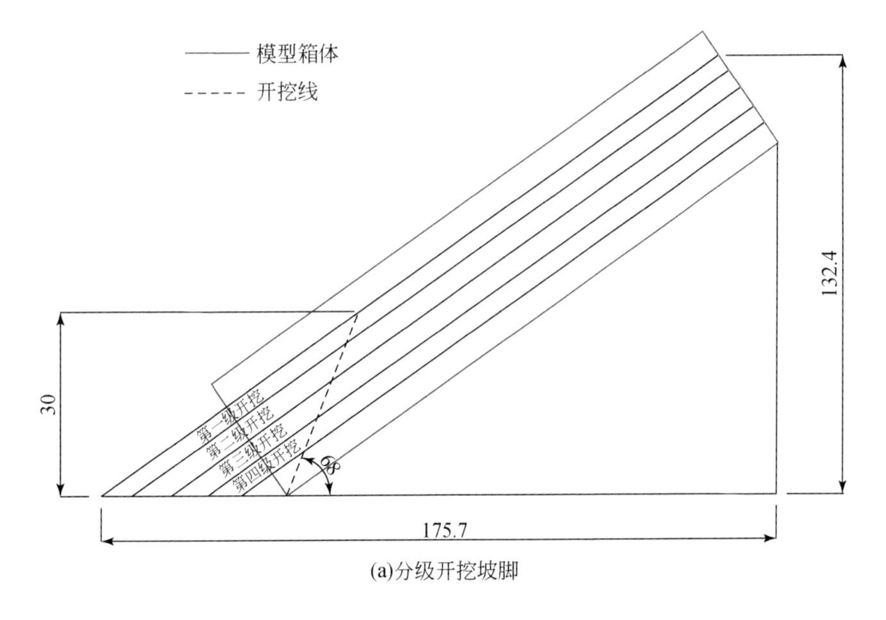

(a)分级开挖坡脚

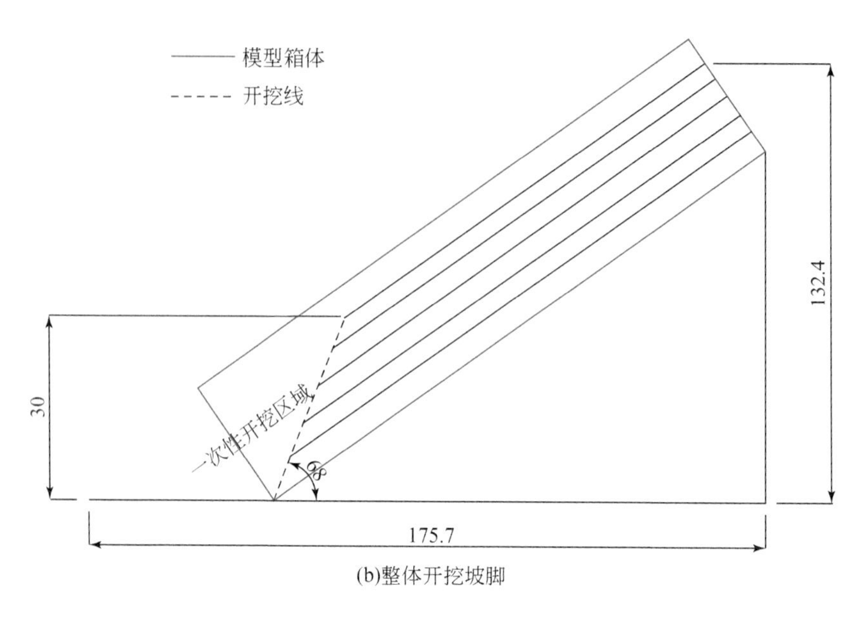

(b)整体开挖坡脚

图 6.47　人工开挖模拟示意图（单位：cm）

1. 三维数值模拟结果

采用三维离散元软件 3DEC 模拟整体开挖和分级开挖坡脚对顺层千枚岩边坡破坏过程的影响，模型位移监测点布置如图 6.48 所示。整体开挖和分级开挖的有效计算步时均为 40000 步时（不计入初始平衡状态的 5000 步时），且分级开挖过程中每级开挖计算 10000 步时方可进行下一层的开挖。

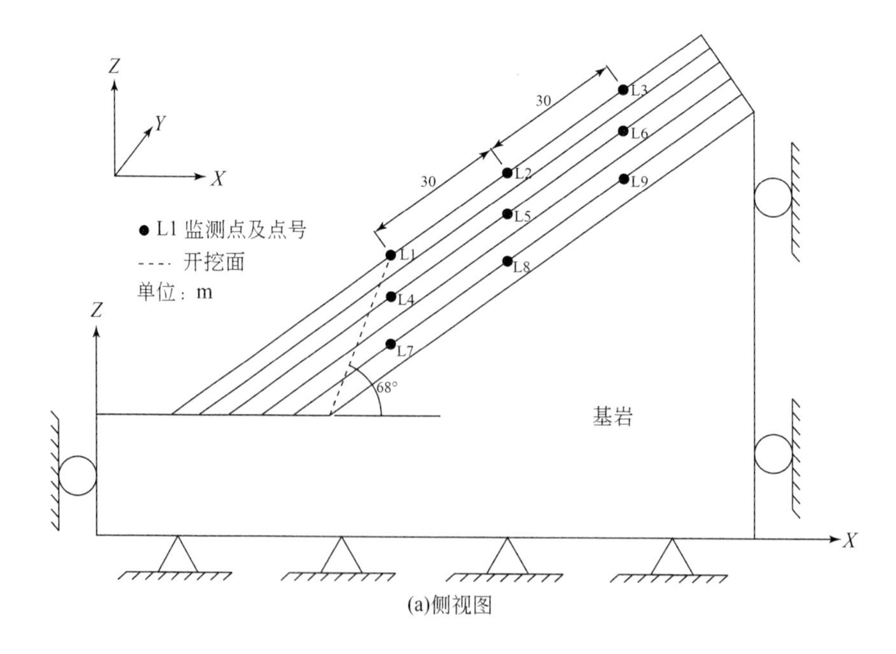

(a)侧视图

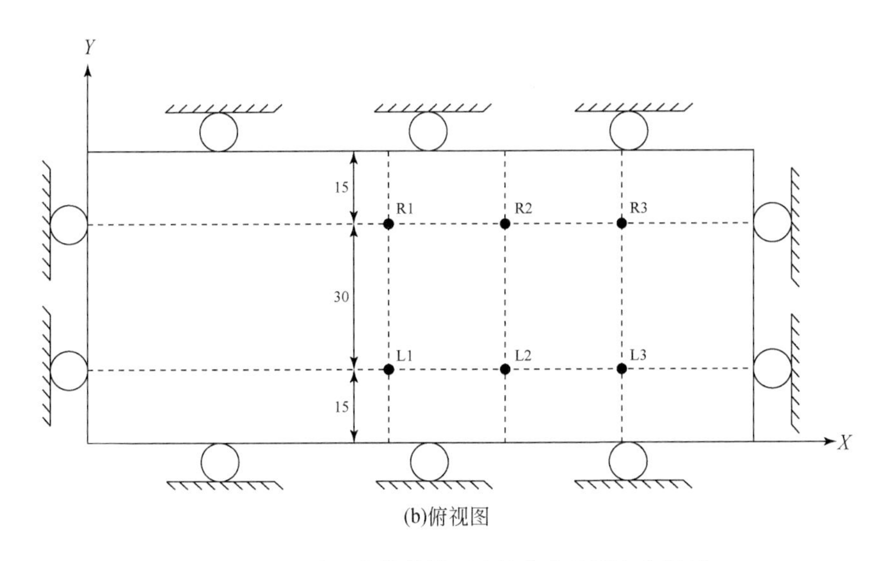

(b)俯视图

图6.48　坡脚开挖数值模型边坡位移监测点布置图

1）模型应力状态分析

坡脚开挖造成坡体应力卸荷释放，对坡体的应力分布等有重要的影响。以下对比分析整体开挖和分级开挖对模型边坡应力影响效应的不同。

图6.49为坡体开挖前后最大主应力分布云图。滑体内最大主应力受开挖影响发生显著变化，但仍为压应力。整体开挖造成滑体由开挖面至滑体中部的最大主应力从-0.6～-0.8MPa增大为-0.8～-1.0MPa（负号“-”仅代表方向，该软件中表示压应力，数值代表应力大小），而坡体后缘最大主应力由-0.4～-0.6MPa降低为-0.2～-0.4MPa；分级开挖则仅造成滑体开挖面区域最大主应力增大，由-0.6～-0.8MPa增大为-0.8～-1.0MPa，后缘最大主应力变化不显著。坡脚处均出现应力集中现象，应力大小为-5.0～-5.6MPa。可见，整体开挖时坡体最大主应力变化量更为显著，发生应力变化的坡体范围也更大。

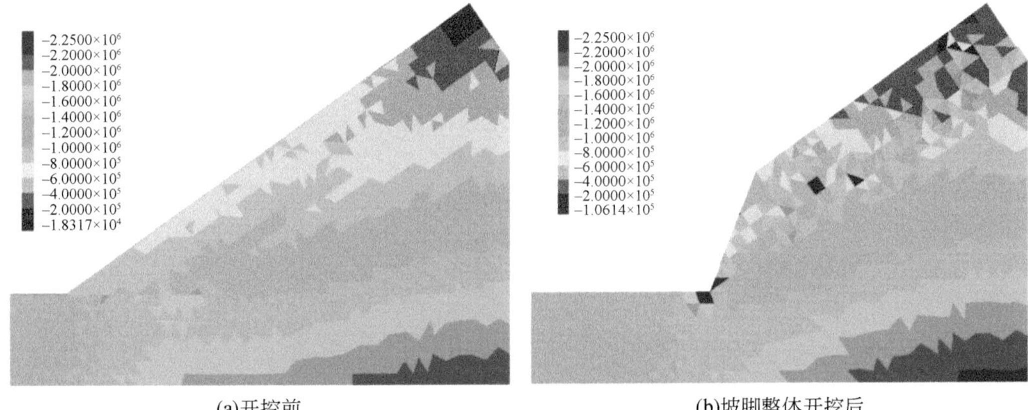

(a)开挖前　　(b)坡脚整体开挖后

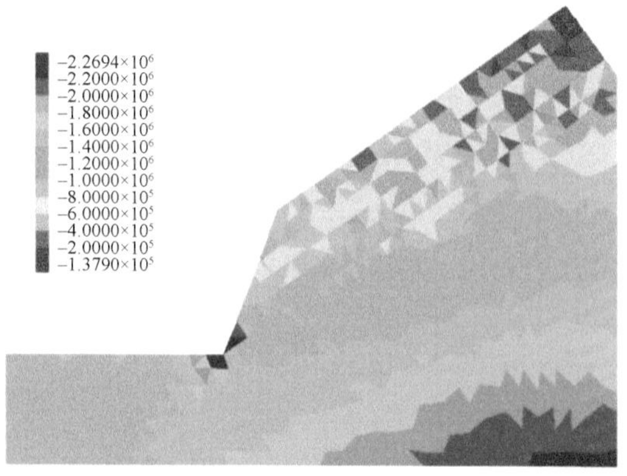

(c)坡脚分级开挖后

图 6.49　坡体开挖前后最大主应力分布云图（单位：Pa）

图 6.50 为坡体开挖前后最小主应力分布云图。滑体内最小主应力受坡脚开挖影响而显著降低，滑体浅表层部分最小主应力甚至由负值转化为正值，即由压应力转化为拉应力。整体开挖造成滑体四层岩体最小主应力由 −0.1 ~ −0.2MPa 减小为 0 ~ −0.1MPa，表层

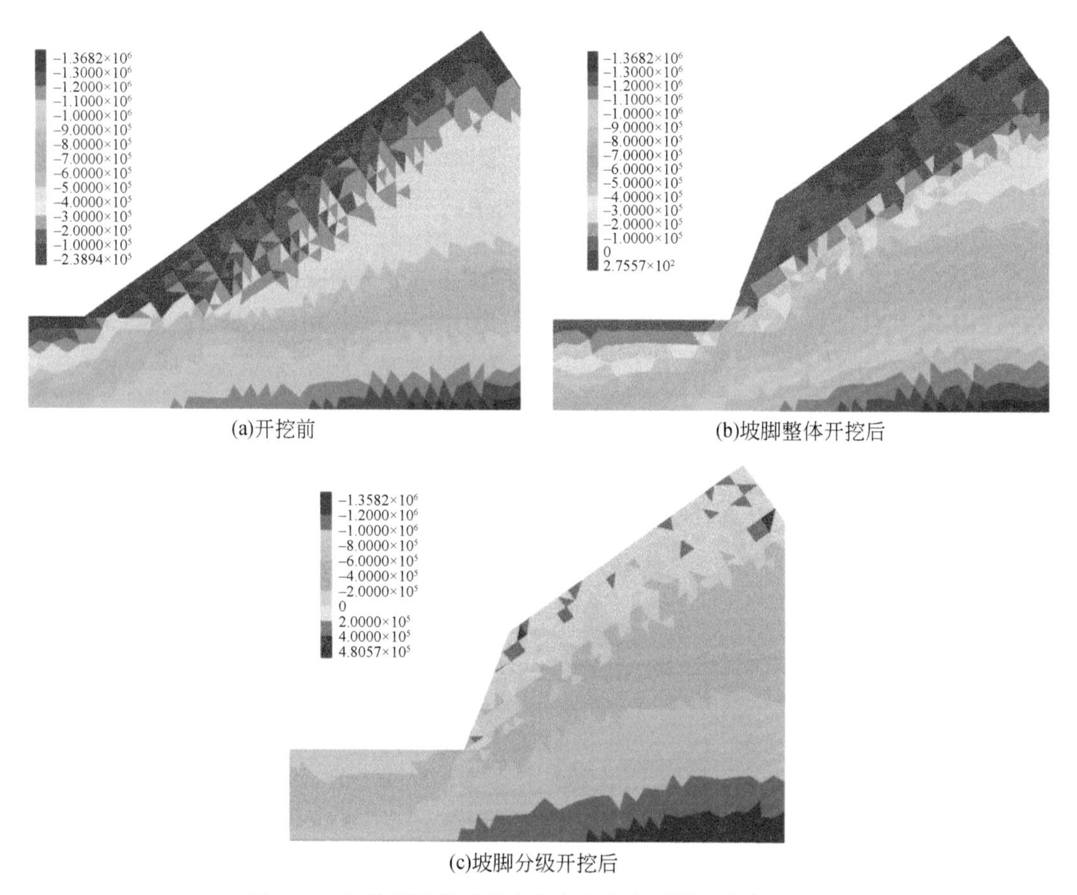

(a)开挖前　　(b)坡脚整体开挖后

(c)坡脚分级开挖后

图 6.50　坡体开挖前后最小主应力分布云图（单位：Pa）

岩体出现0～0.275kPa的拉应力。分级开挖后滑体深部最小主应力减小为0～-0.2MPa，表层岩体基本为拉应力，大小为0～0.486MPa。可见，分级开挖时坡体最小主应力变化更为显著，分析认为分级开挖时每级开挖均导致坡体最小主应力降低，因而结果更为显著。

综上，坡脚开挖直接导致坡体最大主应力显著增大，而最小主应力显著降低，甚至转化为拉应力，结果使岩体所受应力差显著增大，容易发生剪切破坏。同时，坡体浅表层处于最小主应力与最大主应力形成的“拉-压”应力状态，容易使其发展为压致拉张卸荷区，不利于坡体的稳定。

图6.51为坡体的剪应力分布云图，坡脚开挖对坡体剪应力分布特征影响显著。坡脚开挖前，坡体 XZ 剪应力以坡脚为中心向四周辐射分布。坡脚出现剪应力集中，应力大小0.5～0.79MPa，分析认为剪应力集中反映坡脚岩体对上部滑体在重力作用下蠕变位移的阻滑作用。整体和分级开挖对坡体剪应力的影响效应具有相同之处，两者均造成滑体失去侧向位移约束而下滑趋势明显，导致坡脚处剪应力不断增大，为0.6～2.7MPa和0.4～2.6MPa。同时，剪应力集中带沿基覆接触面不断向坡体顶部发展，并于后缘拉张裂缝贯通而形成滑动带。最终，坡脚剪应力超过岩体抗剪强度，坡体发生剪切滑动破坏。两者对

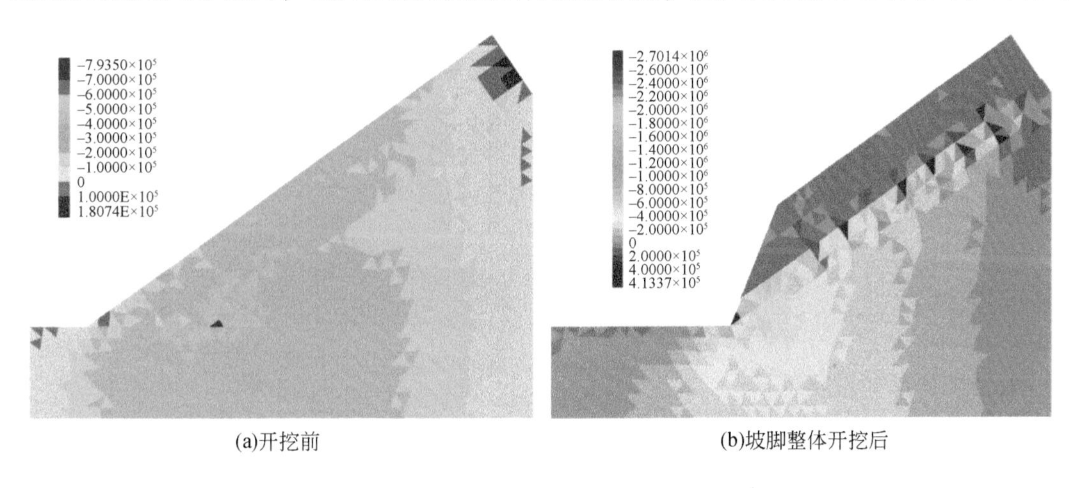

(a)开挖前　　(b)坡脚整体开挖后

(c)坡脚分级开挖后

图6.51　坡体开挖前后 XZ 剪应力分布云图（单位：Pa）

坡体剪应力影响效应亦有不同之处，前者滑体内剪应力分布较均匀，坡脚整体开挖仅影响潜在滑动面的形成；后者坡体内剪应力分布不均，每级开挖导致相应开挖范围内的岩体发生剪应力重分布，最终滑体应力分布不均。

综上，整体开挖坡脚造成坡体应力发生急剧变化，应力变化量大，势必造成坡体内应力调整不及时而发生较大范围破坏；分级开挖坡脚仅造成小范围坡体应力变化，坡体应力能够及时调整，因而坡体破坏范围相比较小。

2）模型位移规律分析

图 6.52 为坡体最终位移分布云图。对于整体开挖坡脚，坡体最大位移量为 0.634m，位于临空面表层。坡体位移具有显著的渐进规律，位移量由表层岩层向深层岩层逐渐减小，同一岩层位移量从坡体前部到后部亦逐渐减小。坡脚开挖后，前缘表层岩体首先向临空面滑移变形，造成后部和深层岩体失去侧向约束而相继位移，后缘岩体受滑移岩体牵拉而发育沿节理面 1 发育的拉张裂缝。可见，整体开挖坡脚后坡体的破坏模式为滑移-拉裂渐进式破坏。

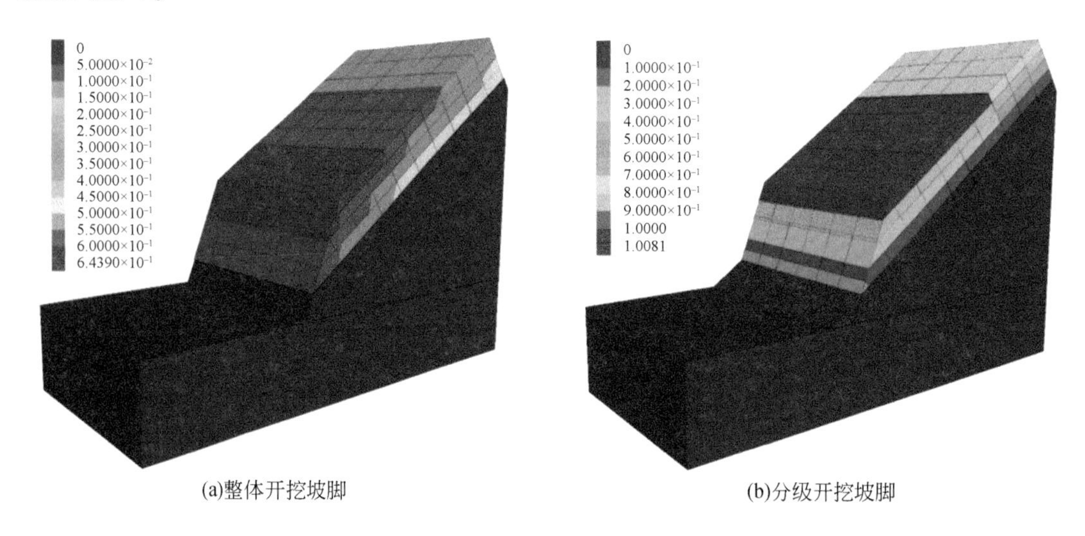

(a)整体开挖坡脚　　(b)分级开挖坡脚

图 6.52　坡体最终位移等值线云图（单位：m）

对于分级开挖坡脚，坡体最大位移为 1.001m，同样位于临空面的表层岩层。分级开挖坡脚后，开挖范围内的岩层以相同速率向临空面缓慢变形，并沿坡体后部节理面拉裂而整体下滑。同一岩层的位移量从前部到后部拉张裂缝处均相等。第一级开挖完毕，位于开挖面内的第一层岩层在重力作用下整体向坡体前部蠕动变形，最大位移量 3.3cm，坡体后部沿节理面 1 拉裂形成裂缝；第二级开挖完毕，出露于临空面的第一和第二层岩层在重力作用下同时向坡前滑动，裂缝向下贯穿至第二层层面，表层岩体位移量进一步增大至 21.6cm；第三级开挖完毕，坡体沿第三层面开始滑动，表层岩体进一步位移变形至 53.7cm，且裂缝贯穿至第三层岩层底面。可见，每一级坡脚开挖加剧已开挖范围内坡体的位移变形，具有累进破坏特征，十分不利于坡体的稳定。

对比分析数值模型边坡中各监测点的水平位移，如图 6.53 所示。对于整体开挖坡脚，各测点最大水平位移为 53.3cm，最小为 39.1cm，坡体的位移变形较均匀，各测点位移变形保持稳定的速率。坡脚开挖仅 500 步时后，坡体前部测点 L1 即向开挖面位移，坡体后部测点 L2 和深部测点 L4 相继迅速出现位移，最终位移变形继续向坡体后部 L3、L5 和 L6 发展。可见，整体开挖坡脚后坡体位移变形具有“迅速性”，分析认为坡脚整体开挖导致坡体应力变化大且快，应力调整不及时而诱发快速变形破坏。

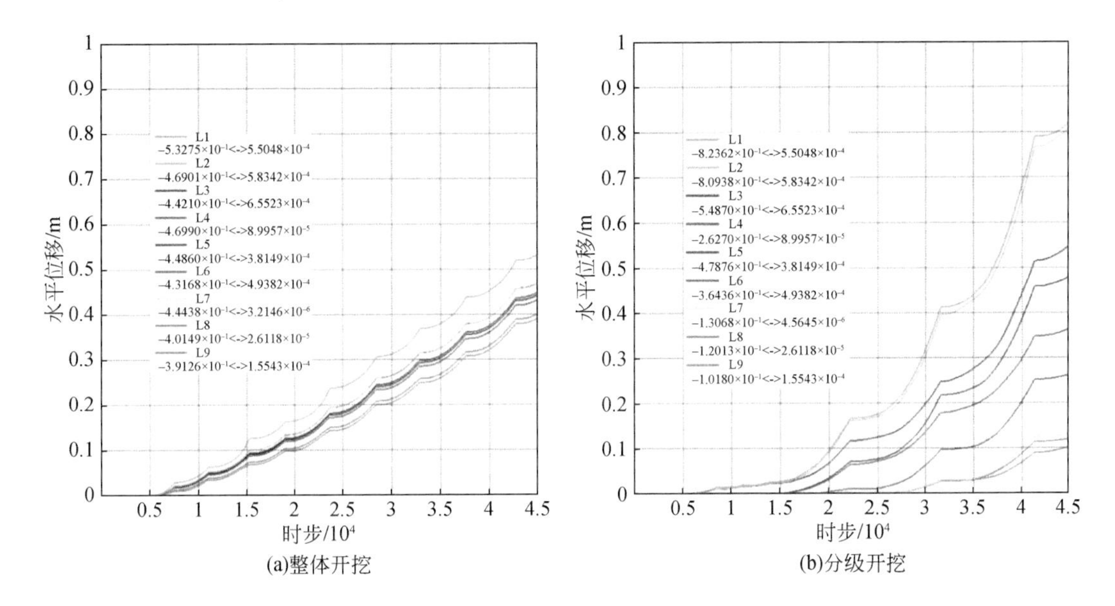

(a)整体开挖　　(b)分级开挖

图 6.53　监测点水平位移时程曲线

对于分级开挖坡脚，每一级开挖后，开挖面内监测点首先为低速蠕变状态，而后水平位移速度逐渐加快，坡体的位移具有“滞后性”，分析认为坡脚分级开挖后的应力变化较小，坡体应力能够充分调整，因而坡体位移也相对滞后。9 条位移曲线根据出现时刻和最终位移量可分为 3 组：（L1，L2，L3）、（L4，L5，L6）和（L7，L8，L9），三组曲线对应于三次开挖时刻分别出现，各组曲线的位移相差较大，分别为 54.9 ~ 82.4cm，26.3 ~ 47.9cm 和 10.2 ~ 13.1cm。坡体上部已开挖的岩层跟随下层开挖岩层继续滑移，因而先开挖岩层的最终位移变形明显大于晚开挖岩层的位移。

整体开挖坡脚的边坡后缘监测点 L7、L8、L9 的位移分别为 44.4cm、40.1cm、39.1cm，均分别大于分级开挖坡脚边坡后缘相同监测点的位移 13.07cm、12.01cm、10.18cm，前者的破坏范围显著大于后者，这与模型试验结果一致。

2. 物理模型试验结果

1）模型边坡破坏情况

由图 6.54 可见，分级开挖第一、第二层坡脚仅造成开挖面内坡体的松动，坡体未发生显著位移变形，坡脚开挖至第三层时，坡体发生突然破坏，开挖面后部岩体整体向坡前滑移。坡体后部出现拉张裂缝，均为沿节理面 1 发育，宽度 2 ~ 3cm。坡体破坏形式为沿层面的滑移-拉裂式破坏，破坏形态从坡前向坡后呈阶梯状分布，前缘破坏深度大，后部破坏深度小，主要覆盖坡体上部的四层岩层。

(a)前视图

(b)左视图

图 6.54　分级开挖坡脚后模型边坡破坏情况

图 6.55 为整体开挖坡脚后模型边坡破坏情况。当边坡开挖完毕，坡体沿开挖面底层层面发生滑移-拉裂破坏，坡体具有渐进滑动特征，坡体中前部四层岩体向坡前滑移，随后深层岩体停止运动而表层岩体继续滑移。破坏范围发展至距坡体前部 1.6m 处，破坏深度呈现坡体前缘大，后缘小的规律。坡体后缘发育横向拉张裂缝，裂缝沿节理面 1 发育。

(a)前视图

(b)左视图

图 6.55　整体开挖坡脚后模型边坡破坏情况

2）模型边坡位移特征

图 6.56 为分级开挖坡脚时坡体侧面监测点的位移-时间曲线。可以看出，各监测点位移规律相似，均表现出开挖后先迅速增长后逐渐稳定的特征，且各监测点的位移形变主要发生在第三级和第四级开挖阶段，该阶段内位移量占总位移量的 94.4%～100%。第一级开挖后，坡体未出现明显的开挖变形，仅有表层监测点 Q1、ZQ1 和 ZH1 出现 4.385～4.856mm 的位移；第二级开挖后，坡体左侧面表层监测点 Q1、ZQ1 和 ZH1 位移变化依然较小，为 18.66～21.75mm；第三级开挖后，初始阶段坡体位移形变速度小，随后坡体左侧突然发生破坏，第三层以上岩体 Q1、Q2、ZQ1、ZH1 和 H1 依次沿层面滑动，位移速度为 19.66～36.37cm/s，最终位移为 16.91～65.2cm；第四级开挖至坡体左侧时引起坡体的二次滑动，已滑落至坡体中前部的岩体 Q2、ZQ1、ZQ2、ZH1 和 ZH2 沿层面继续滑移，位

移速度为60.78～61.43cm/s，位移量达到50.34～108.06cm，坡体其他区域仍处于稳定状态。

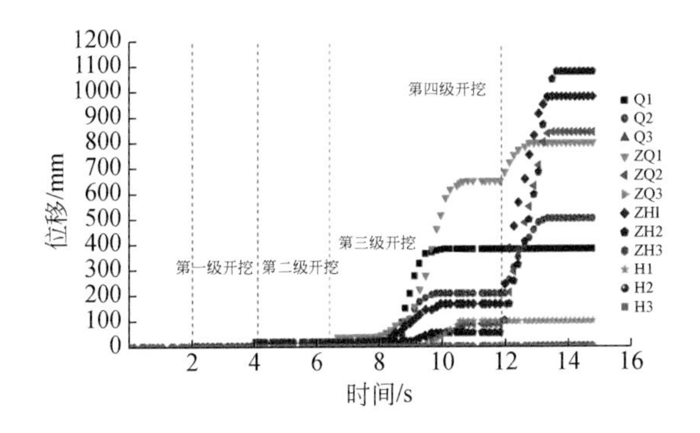

图6.56　分级开挖边坡监测点位移-时间曲线

图6.57为整体开挖坡脚后坡体左侧面监测点位移-时间曲线。开挖过程中的1.60s内，坡体处于低速蠕变变形状态，各监测点位移量缓慢增加。1.60s后坡脚开挖完毕，坡体进入快速滑动阶段，坡体上部四层岩体沿层面整体滑移，并于后部形成裂隙；开挖坡脚约2.4s，坡体进入加速滑动第二阶段，各测点位移速度逐渐差异化，表层岩体保持较高位移速度，为35.13～42.07cm/s，中、底层岩体位移速度逐渐降低，为8.18～17.72cm/s，说明第二阶段主要为上部两层岩体的滑移运动，各岩体在运动过程中由于运动速度差异而彼此脱离，坡体深部岩体逐渐趋于停止运动。最终，由于大量岩石块体堆积于坡脚阻碍了坡体的进一步滑动破坏而进入滑动最终阶段，位移规律总体也具有“表层大，深层小，前部大，后部小”的特征。

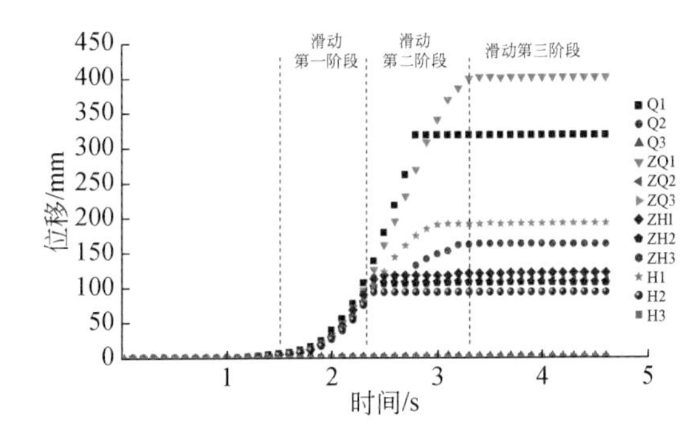

图6.57　整体开挖边坡监测点位移-时间曲线

3）试验结果对比分析

图6.58为不同开挖方式的模型边坡各监测点最大位移对比图。对比结果显示，分级开挖坡体前缘和中部监测点Q1、Q2、ZQ1、ZQ2、ZQ3、ZH1、ZH2的最大位移均大于整体开挖所诱发滑动的坡体位移。这是由于分级开挖坡脚时每级开挖均造成开挖范围内岩层松动变形，上部先开挖坡体首先发生滑动位移，同时上部已开挖范围的岩体跟随下部开挖范围内的岩体继续滑移，因而各监测点位移累积增加，最终其位移较大。

同时，分级开挖的坡体后部监测点 H1、H2、H3 和 ZH3 的位移小于整体开挖的坡体，分级开挖坡脚造成的坡体破坏范围仅发展至坡体中部，而整体开挖坡脚诱发的坡体破坏发展范围向坡体后缘扩展，说明分级开挖导致的坡体破坏范围较小。

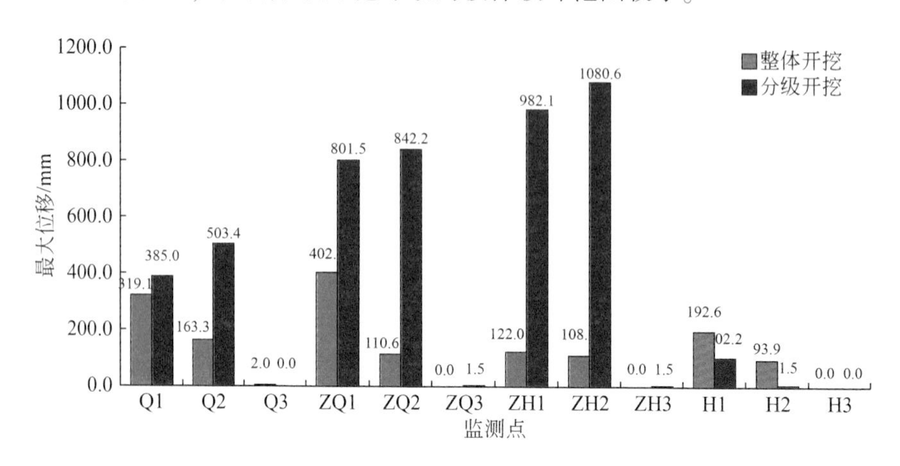

图 6.58　不同开挖方式的边坡监测点最大位移对比图

3. 结果分析

对比分析多级开挖和整体开挖坡脚的模型试验和数值模拟结果，得出以下结论：

（1）开挖方式对边坡的破坏范围有较大影响。分级开挖引起的坡体滑动破坏开始于坡脚开挖至一定深度后，表层的开挖只诱发局部块体的松动，但坡体最终位移量较大，而整体开挖坡脚后坡体易发生较大范围的滑动破坏，但位移变形量相对较小。

（2）开挖方式影响坡体的位移变形。整体开挖坡脚后，坡体迅速进入位移变形状态，坡体位移具有“迅速性”，这是坡脚整体开挖导致坡体应力变化较大，应力调整不及时的结果；分级开挖坡脚后，坡体首先为低速蠕变状态，而后发生快速变形，坡体变形具有“滞后性”，这是分级开挖导致坡体应力变化小，坡体位移变形能够及时适应应力变化的结果。

（3）开挖方式对边坡的破坏模式有较大影响。两种开挖方式诱发的滑动破坏均为沿层面的滑移-拉裂式破坏，但分级开挖坡脚后的坡体滑动为整体式滑动且表现出分段滑动的特征，而整体开挖坡脚后的坡体滑动则为渐进式滑动。

（4）开挖方式对边坡的应力、应变状态影响显著。开挖坡脚后坡体浅表层最大主应力显著增大，而最小主应力显著减小，甚至部分岩体的应力组合状态由“压-压”组合转化为“拉-压”组合，拉应力与坡面垂直而压应力与坡面平行，造成与坡面平行的压致拉裂破坏，不利于坡体的稳定；坡脚开挖后出现剪应力和剪应变集中现象，不断沿开挖面底层岩体向坡体上部扩展，最终贯通形成滑移带导致坡体的剪切破坏。

6.2.6　节理化顺层软弱变质岩边坡稳定性

1. 千枚岩斜坡不稳定岩体长度

物理模型试验和数值模拟结果均显示，顺层千枚岩边坡破坏模式为沿某一层面的滑移-拉裂破坏。由于千枚岩边坡节理化程度大且节理面强度普遍较岩体强度低，坡体沿后缘节理面贯通拉裂并沿岩层面下滑。坡体存在软弱层面的情况下，整体式滑移拉裂破坏表现尤为明显。发生滑动的坡体的最短层面长度称为不稳定岩体临界长度 L。不稳定岩体临界长度 L 取决于多种因素，其中主要影响因素为层面强度、节理面抗拉强度、岩体密度、岩层倾角等。针对以尧柏水泥厂滑坡为代表的千枚岩顺层岩质边坡，试图从力学角度探究不稳定岩体临界长度 L 的计算。

建立顺层千枚岩边坡理想计算模型以及计算坐标系，如图 6.59 所示。边坡坡面倾角与岩层倾角相同，均为 α，节理间距均为 d。坡体由 n 层岩层构成，第 i 层岩层厚度为 h_i。坡脚处开挖角度为 $\alpha+\beta$。节理面的等效抗拉强度为 σ_t，岩层面的摩尔强度参数为 C 和 φ，坡体内岩体的重度为 γ。

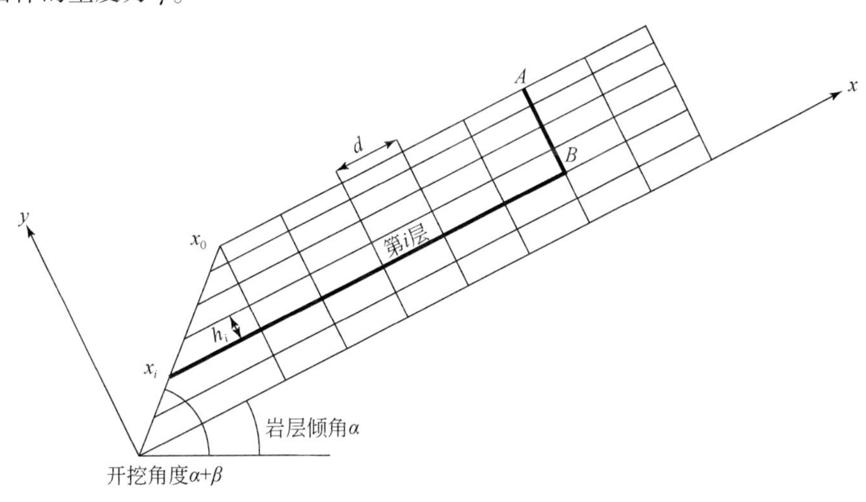

图 6.59　理想计算模型

假设坡体 ABX_iX_0 沿后缘 AB 处节理面拉裂，并最终沿第 i 层岩层底面滑动破坏，即滑面为 BX_i。为简化计算，假定坡体内各层面强度处处相同。

首先，确定基本几何量：贯通拉裂缝长度 AB、层面长度 BX_i、坡面长度 AX_0。

$$\begin{cases} AB = \sum\limits_{i=1}^{i} h_i \\ BX_i = \dfrac{\sum\limits_{i=1}^{i} h_i}{\tan\beta} + nd \\ AX_0 = nd \end{cases} \tag{6.16}$$

式中，n 为节理间距个数。

由此，可计算得出不稳定岩石块体 ABX_iX_0 的重量 W：

$$W=\frac{\gamma}{2}\sum_{i=1}^{i}h_i\left(\frac{\sum_{i=1}^{i}h_i}{\tan\beta}+nd+nd\right) \tag{6.17}$$

滑面上的下滑力 F 和抗滑力 T 分别为

$$\begin{cases}F=\dfrac{\gamma}{2}\sum_{i=1}^{i}h_i\left(\dfrac{\sum_{i=1}^{i}h_i}{\tan\beta}+nd+nd\right)\sin\alpha\\[2ex] T=\dfrac{\gamma}{2}\sum_{i=1}^{i}h_i\left(\dfrac{\sum_{i=1}^{i}h_i}{\tan\beta}+nd+nd\right)\cos\alpha\tan\varphi+C\left(\dfrac{\sum_{i=1}^{i}h_i}{\tan\beta}+nd\right)\end{cases} \tag{6.18}$$

拉裂缝处的抗滑力 T' 为

$$T'=\sigma_t\sum_{i=1}^{i}h_i \tag{6.19}$$

根据力的平衡条件，当剩余下滑力 $F_0=F-T-T'=0$ 时，则坡体 ABX_iX_0 处于极限平衡状态，对应的滑面长度 BX_i 为所求不稳定岩体临界长度 L。

$$L=\frac{\sum_{i=1}^{i}h_i}{\tan\beta}+nd \tag{6.20}$$

其中

$$n=\left[\frac{\dfrac{\gamma}{2}\dfrac{\left(\sum_{i=1}^{i}h_i\right)^2}{\tan\beta}(\sin\alpha-\cos\alpha\tan\varphi)-\dfrac{C\sum_{i=1}^{i}h_i}{\tan\beta}-\sigma_t\sum_{i=1}^{i}h_i}{cd+\gamma d\cos\alpha\tan\varphi\sum_{i=1}^{i}h_i-\gamma d\sin\alpha\sum_{i=1}^{i}h_i}\right]\pm1$$

由不稳定岩体临界长度计算式［式（6.20）］可看出，影响其的主要因素有岩层厚度、岩层倾角、岩层开挖角度、节理间距、层面强度以及节理面强度等。岩层倾角越大、层面强度越小、节理面抗拉强度越小，坡体发生顺层滑移-拉裂破坏的不稳定岩体临界长度则越小。当岩层倾角 α=层面摩擦角 φ，式（6.20）变化为

$$L=\frac{\sum_{i=1}^{i}h_i}{\tan\beta}-\left[\frac{\sum_{i=1}^{i}h_i}{\tan\beta}+\frac{\sigma_t\sum_{i=1}^{i}h_i}{C}\right]-d \tag{6.21}$$

式（6.21）具有上限，其值为$-d$，即 $L\leqslant-d$。可见，当岩层倾角与层面摩擦角相等时，不稳定临界长度为负，表明坡体不会发生滑移-拉裂破坏。进一步推论可得，节理化顺层岩质边坡发生滑移-拉裂破坏的必要条件之一为岩层倾角大于岩层面摩擦角。

式（6.20）是以理想千枚岩顺层岩质边坡计算模型为研究对象，其不具有一般普遍性，考虑理想模型中节理间距为非等间距，建立计算模型如图 6.60 所示。此外，由于开挖卸荷作用和岩体风化作用等影响，岩层强度具有不均匀性，表现为距离开挖面一定范围

内为开挖扰动段 l_{0i}，扰动段 l_{0i} 内岩体强度较低，而扰动段 l_{0i} 以外岩层强度较高且基本不变，即

$$C_i = \begin{cases} C(x - x_i), & x \leqslant l_{0i} + x_i \\ C_{0i}, & x > l_{0i} + x_i \end{cases}$$

$$\varphi_i = \begin{cases} \varphi(x - x_i), & x \leqslant l_{0i} + x_i \\ \varphi_{0i}, & x > l_{0i} + x_i \end{cases}$$

式中，C、φ 为扰动段岩体强度参数的相应系数，由边坡扰动段岩体实际参数确定；C_{0i}、φ_{0i} 为边坡非扰动段强度参数。

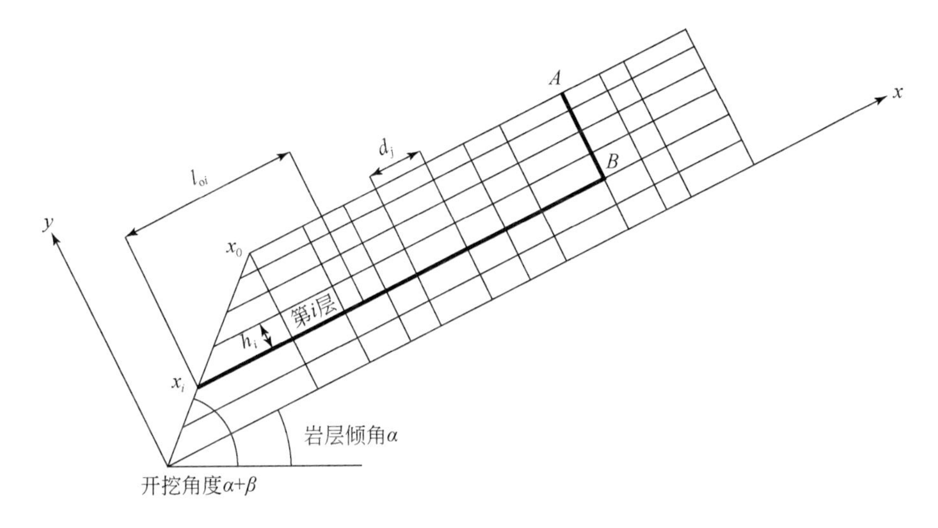

图 6.60　层状边坡一般计算模型

不稳定岩石块体 ABX_iX_0 的重量 W：

$$W = \frac{\gamma}{2}\sum_{i=1}^{i} h_i(x - x_i + x - x_0) \tag{6.22}$$

滑面上的下滑力 F 和抗滑力 T 分别为

$$F = \frac{\gamma}{2}\sum_{i=1}^{i} h_i(x - x_i + x - x_0)\sin\alpha \tag{6.23}$$

$$T = C_i(x - x_i) + \frac{\gamma}{2}\sum_{i=1}^{i} h_i(x - x_i + x - x_0)\cos\alpha\tan\varphi \tag{6.24}$$

拉裂缝处的抗滑力 T' 为

$$T' = \sigma_t \sum_{i=1}^{i} h_i \tag{6.25}$$

根据力的平衡条件，当剩余下滑力 $F_0 = F - T - T' = 0$ 时，则坡体 ABX_iX_0 处于极限平衡状态，对应的滑面长度 BX_i 为所求不稳定岩体临界长度 L。

$$L = \frac{\sigma_t \sum_{i=0}^{i} h_i - C_i x_i - \frac{\gamma}{2}\sum_{i=0}^{i} h_i (x_i + x_0)(\cos\alpha\tan\varphi - \sin\alpha)}{\gamma \sum_{i=0}^{i} h_i (\sin\alpha - \cos\alpha\tan\varphi) - C_i} - x_i$$

$$x_i = \sum_{i=i+1}^{n} h_j \cot\beta, \quad x_0 = \sum_{i=1}^{n} h_i \cot\beta \tag{6.26}$$

式（6.26）计算所得的不稳定岩体临界长度 L 为理论值，由于岩体基本为沿节理面拉裂下滑，因此需要对式（6.26）所得结果进行修正。将式（6.26）计算所得 L 值与节理间距累计值 $\sum d_i$ 对比，手动搜索 $\sum d_i - L > 0$ 的最小 $(\sum d_i)_{\min}$，则修正后的不稳定岩体临界长度为 $(\sum d_i)_{\min}$，此计算模型适用于层面倾角和坡面倾角一致的顺层千枚岩边坡。

2. 软弱面埋深对千枚岩斜坡稳定性影响

前述试验结果可知，千枚岩斜坡软弱面降低坡体稳定性。在软弱面临界埋深内，坡体稳定性随软弱面深度增大而降低；当超过软弱面临界埋深后（假定软弱面出露临空面），坡体稳定性不再降低。本节分析软弱面深度对千枚岩斜坡稳定性影响。

建立如图 6.60 所示计算模型和计算坐标系。假设软弱面出露于临空面，坡体 ABX_iX_0 沿后缘 AB 处节理面拉裂，最终沿软弱面 BX_i 滑动。滑动坡体长度 $AX_0 = l$，软弱面埋深 $AB = h$。为简化计算，假定坡体内各层岩体重度相同，软弱面强度为（C，φ），其他参数同上。

滑动体重量为

$$W = \frac{\gamma}{2}\left(\frac{h}{\tan\beta} + 2l\right) \tag{6.27}$$

软弱面上的下滑力 F 和抗滑力 T 分别为

$$F = \frac{\gamma}{2} h \left(\frac{h}{\tan\beta} + 2l\right)\sin\alpha \tag{6.28}$$

$$T = \frac{\gamma}{2} h \left(\frac{h}{\tan\beta} + 2l\right)\cos\alpha\tan\varphi + C\left(\frac{h}{\tan\beta} + l\right) \tag{6.29}$$

拉裂缝处的抗滑力 T' 为

$$T' = \sigma_t h \tag{6.30}$$

根据稳定系数定义，得到千枚岩斜坡稳定系数 F_s 与软弱面埋深 h 的关系：

$$F_s 0 = \frac{T + T'}{F} = \frac{\gamma\cos\alpha\tan\varphi h^2 + (2l\gamma\cos\alpha\tan\beta\tan\varphi + 2C + 2\sigma_t\tan\beta) h + 2C\tan\beta}{\gamma\sin\alpha h^2 + 2l\tan\beta h} \tag{6.31}$$

式（6.31）为减函数，稳定系数 F_s 随软弱面埋深 h 增大而减小，其具有极小值 $F_{s,\min}$：

$$F_{s,\min} = \frac{\tan\varphi}{\tan\alpha} \tag{6.32}$$

由式（6.31）和式（6.32）可知，千枚岩斜坡稳定性随软弱面埋深增加而减小，当软弱面埋深增大至一定程度后，千枚岩斜坡稳定性不再显著降低而保持最小稳定系数 $F_{s,\min}$。最小稳定系数与岩层倾角和摩擦角有关，软弱面摩擦角越大，岩层倾角越小，则千枚岩斜坡最小稳定系数越大。与最小稳定系数对应的软弱面埋深为软弱面临界深度 h_c，分析可知 h_c 理论上趋向于无穷大。实际案例中，根据模型试验和数值模拟结果，软弱面临界深度 h_c 一般为坡体临空面中底部岩层深度。

6.2.7　节理化顺层转软弱变质岩边坡破坏模式

从物理模型试验和数值模拟结果总结出顺层千枚岩边坡的两种破坏模式：滑移-拉裂渐进式破坏和滑移-拉裂整体式破坏。

1. 滑移-拉裂渐进式破坏

当坡体内岩层面的强度分布均匀时，顺层千枚岩边坡发生此种模式的破坏，在滑动破坏过程中坡体表现出渐进式破坏的特点，坡体由坡脚向坡顶逐步滑移并解体为散体状。边坡临空面内的坡体首先沿层面向坡前持续蠕滑变形，在坡体一定位置形成拉张裂缝。随着前部坡体的位移，裂缝进一步向坡体深部发展，最终裂缝前的坡体沿层面滑动破坏。前部坡体的滑移使裂缝发展为新的临空面，并造成坡体进一步的滑动。滑移面一般为多岩石层面的复合滑面，滑动面与后缘的拉张裂缝共同构成滑体的外围边界。层面强度起到控制滑移面形态的作用，同时控制坡体的稳定性。

综合分析，可总结其滑动破坏模式具体为：临空面岩体向坡前蠕变变形→坡体中部拉裂形成拉张裂缝→裂缝前岩体顺层滑移形成新的临空面→新临空面后坡体二次拉裂→坡体二次滑移破坏（图6.61）。因此，也可总结为“蠕变-拉裂-滑移-拉裂-滑移”的渐进式破坏机理。

（1）坡体蠕变变形阶段，如图6.61（a）（b）所示。在重力的长期作用下，坡体前部临空面范围内的岩石块体首先向坡前蠕变变形，临空面上部的变形较下部的变形大，蠕变变形的范围随时间向坡体后部逐渐扩展，直至整个坡体进入蠕变变形阶段，坡体的蠕变造成坡体的应力松弛。

（2）坡体滑移拉裂形成裂缝，如图6.61（c）所示。随着时间进行，坡体的蠕变变形进一步加剧，为适应坡体的变形，斜坡体内的最大主应力逐渐增大，最小主应力逐渐降低。坡体内的裂隙和软弱节理面在持续增大的拉张应力下破坏形成裂缝，裂缝向坡体深部发展，并不断扩大。

（3）坡体发生顺层滑移，如图6.61（c）所示。拉张裂缝使其前部的岩石块体处于独立状态，在重力作用下沿层面的滑移趋势更加显著，坡脚剪应力不断增大而发生剪切破坏，拉张裂缝前的坡体滑动。滑移过程中坡体逐步解体为散体状。坡体的位移具有渐变规律，表现出“前部大、后部小、表层大、深层小”的特点。

（4）坡体二次滑移拉裂形成裂缝，如图6.61（d）所示。坡体前部岩石块体的不断滑移，使拉张裂缝不断加深变宽从而演化为新的临空面。新的临空面为其后部岩体的位移变形提供条件，并造成坡体二次拉裂形成拉张裂缝。

（5）坡体再次顺层滑移并堆积，如图6.61（e）所示。二次形成的裂缝作为滑体的后边界，滑体沿底部岩石层面剪切并滑移。坡体如此累进破坏。坡体势能由于岩体之间的碰撞、摩擦等而消耗，最终堆积于坡脚而停止滑动。

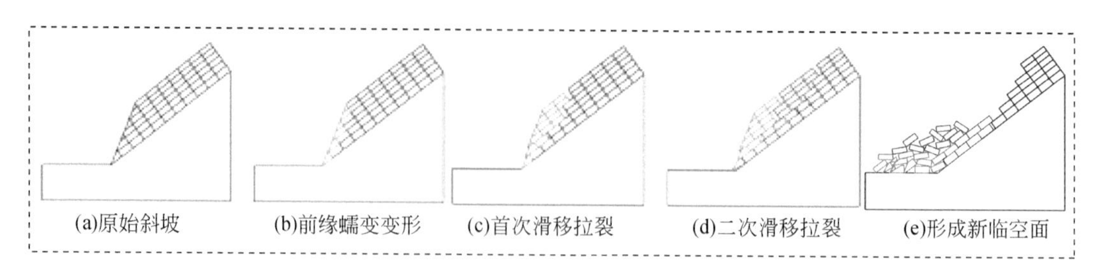

图 6.61　滑移-拉裂渐进式破坏

2. 滑移-拉裂整体式破坏

当坡体内岩层面的强度分布不均匀，存在软弱面时，顺层千枚岩边坡发生此种模式的破坏，在滑动破坏过程中坡体表现出整体式破坏的特点。坡体在重力作用下向坡前蠕变变形，并于坡体中后部形成拉张裂缝。拉张裂缝受岩体裂隙和遍布的节理面控制，裂缝向坡体深部贯穿至软弱面处，裂缝为阶梯状或直线状。拉张裂缝与软弱面构成滑动岩体的外部边界，边界内的岩石块体沿软弱面以相同速率整体顺层滑移，滑移过程坡体未解体且保持原有结构。

综合分析，可总结其滑动破坏模式具体为：坡体蠕变变形→坡体形成拉张裂缝→裂缝前滑体整体滑移破坏→坡体堆积停止滑动（图 6.62）。因此，可以概述为“蠕变-拉裂-剪切-滑移”的整体式破坏机理。

（1）坡体蠕变变形阶段，如图 6.62（a）（b）所示。在重力长期作用下，坡体内的岩石块体向坡前蠕变变形，蠕变变形范围由坡前向坡后逐渐扩展，且变形量逐渐增大，直至整个坡体进入蠕变变形阶段。此阶段坡体变形量小，基本处于静止状态。随蠕变变形的累积，变形量超过坡体内软弱节理面、岩体裂隙等软弱面的变形允许值，最终于坡体后部沿节理面拉裂形成裂缝。拉张裂缝沿节理面向坡体深部发展，至潜在滑移面停止。

（2）坡体整体剪切滑移阶段，如图 6.62（c）所示。坡体拉张裂缝的形成解除了相邻岩体对滑体的约束，不利于坡体的稳定。在重力作用下，坡体深部剪切应力集中并向坡体上部发展，剪应力集中带贯通形成潜在滑移面，滑移面为坡体内的软弱层面。滑体沿滑移面以整体形式剪切滑动，重力势能转化为滑体的动能，滑动速度剧增。运动过程中，滑体整体运动速度均匀统一，滑体前、中、后部位移相同，岩体在滑动过程中未解体。

（3）坡体滑移结束，堆积坡脚，如图 6.62（d）所示。滑体前缘部分首先脱离坡体并堆积于坡脚处，并对后部滑体的运动形成阻碍，阻止了滑体的进一步运动。最终，滑体依次堆积于坡脚，坡体滑动结束。

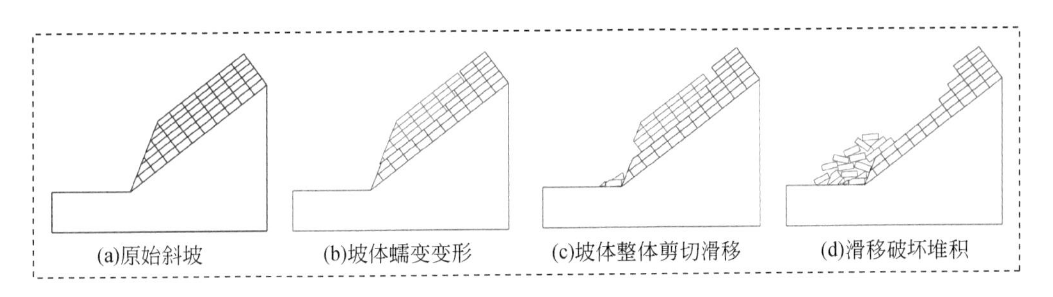

图6.62　滑移-拉裂整体式破坏

6.3　人类工程作用下层状反倾软弱变质岩边坡破坏规律

针对研究区层状反倾软弱变质岩边坡，采用数值分析的方法进行分析，研究其变形破坏规律。

6.3.1　数值模型建立

1. 3DEC 离散元软件

3DEC 离散元软件是二维离散元 UDEC 的继承与发展。3DEC 常用来模拟不连续介质，解决不连续的介质力学问题。3DEC 把研究对象作为由离散块体所组成的集合体，分析其在动力作用或静力作用下的状态。3DEC 可以模拟刚体（不变形的块体），也可以模拟变形体，块体需要被划分为多个网格单元，其把连续的面作为单元的边界，允许块体可以发生较大的转动和位移，通过位移变化与力的关系控制单元界面的法向切向运动。

3DEC 作为一款离散元软件，具有以下优点：

（1）既可以模拟刚体也可以模拟变形体；

（2）可以通过计算模拟岩体在静力或动力作用下的位移及受力情况；

（3）可以模拟岩体不连续性，将节理面当作块体的边界；

（4）可以使用数学统计方法，在不连续节理面上平均分配节理与岩桥；

（5）可以控制模型的显示，观察岩体在不同时期的变形受力结果；

（6）可以通过设置监测点，提取监测点数据。

2. 数值模型的建立

通过对调查资料进行统计分析，发现崩滑灾害多发生在坡度25°~45°之间的斜坡，且研究区崩滑灾害发育规模以小型滑坡为主。为了能够更为确切地模拟研究区的斜坡特征，同时减少计算的复杂程度，我们对坡体模型进行了概化，坡体长度为60m（X 轴方向），宽度为30m（Y 轴方向），高度为40m（Z 轴方向），坡体坡度取值38.66°，如图6.63所示。

图 6.63　边坡概化模型

3. 本构选取及参数确定

对于岩石块体，采用 3DEC 内嵌的摩尔-库仑计算模型，本构方程为

$$f_s=\sigma_1-N_\varphi\sigma_3+2C\sqrt{N_\varphi} \tag{6.33}$$

$$f_t=\sigma_3-\sigma_t=0 \tag{6.34}$$

式中，f_s为抗剪强度；f_t为抗拉强度。其中：

$$N_\varphi=\frac{1-\sin\varphi}{1+\sin\varphi}$$

对于结构面选取其内置的 Coulomb slip 模型，方程为

$$\tau=\sigma_n\tan\varphi+C \tag{6.35}$$

$$\sigma_n=\frac{1}{2}(\sigma_1+\sigma_3)+\frac{1}{2}(\sigma_1-\sigma_3)\cos2\theta \tag{6.36}$$

其中

$$2\theta=\frac{\pi}{2}+\varphi$$

结合对研究区内崩滑灾害的岩性统计分析，本书选取弱风化的中薄层板岩及中风化的中厚层灰岩作为岩体介质。本次模拟针对其岩性结构以及岩性特征做了一定概化处理，灰岩的层厚统一概化为 2m，板岩的层厚统一概化为 1m。

通过室内岩体物理力学实验以及工程地质类比法，确定岩体力学参数如表 6.3 所示，节理面的法向刚度和切向刚度由经验值获得（表 6.4）。在一些情况下，由于岩体的弹性模量 E 和泊松比不能反映材料的力学行为，因此在 3DEC 中采用剪切模量 G 和体积模量 K。

4. 边界条件及监测点布置

模型位移边界条件采用 X、Y、Z 三向约束（X 轴正方向为东、Y 轴正方向为北、Z 轴负方向为重力方向），X 轴水平方向及 Y 轴前后两侧 Z 轴下方对模型进行位移约束，上部

为自由边界允许模型的自由沉降。

表 6.3　岩体力学参数

土体类型	天然密度 ρ/(kg/m^3)	黏聚力/kPa	内摩擦角/(°)	体积模量 K/GPa	剪切模量 G/GPa
碎石土	1700	8	16	0.04	0.03
板岩	2700	80	32	12.22	0.698
灰岩	2770	200	42	22.6	11.1

表 6.4　岩体结构面参数

结构面类型	法向刚度/GPa	切向刚度/GPa	抗拉强度/MPa	黏聚力/kPa	摩擦角/(°)
板岩层面	0.8	0.6	—	32	13
板岩节理面	0.06	0.06	—	13	8
灰岩层面	8	8	—	46	26
灰岩节理面	0.4	0.4	—	18	10

模型监测点设置分布在坡体的前、中、后的三个部位，每一处分别设置三个监测点，其监测点位置如图 6.64 所示。

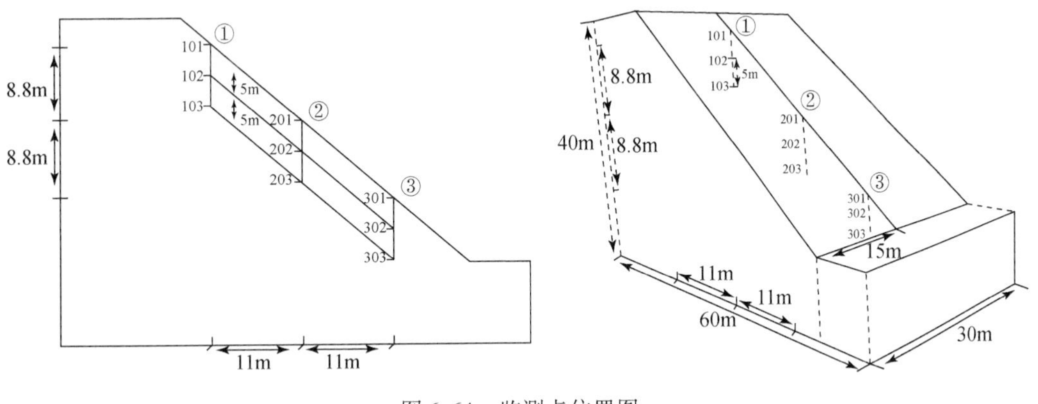

图 6.64　监测点位置图

6.3.2　反向缓倾层状斜坡

此类斜坡发生破坏时主要的岩性为岩质较软的砂岩、页岩、板岩。针对该种类型斜坡，进行了如下模拟，岩性为中薄层状板岩，岩层倾角 15°，坡体前缘进行开挖处理。模型如图 6.65 所示。

在同样的迭代步数下，80000 步时，顺向缓倾斜坡、斜交缓倾斜坡在后缘陡倾结构面存在的情况下已经发生非常明显的变形破坏，而反向缓倾斜坡结构斜坡却并未发生明显的变形破坏。由位移监测曲线（图 6.66）可以看出，坡体发生变形的过程十分缓慢，仅坡体前缘变形相对明显。无论是在 X 方向还是在 Z 方向，坡体最大位移均为前缘临空处岩体

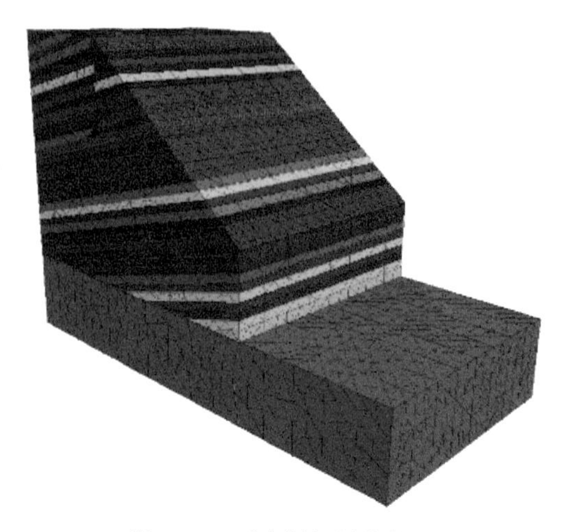

图 6.65　反向缓倾层状斜坡

[图 6.67（a）（b）]，坡体最大综合位移仅为 20cm [图 6.67（c）]，说明该类斜坡变形破坏是十分困难的。

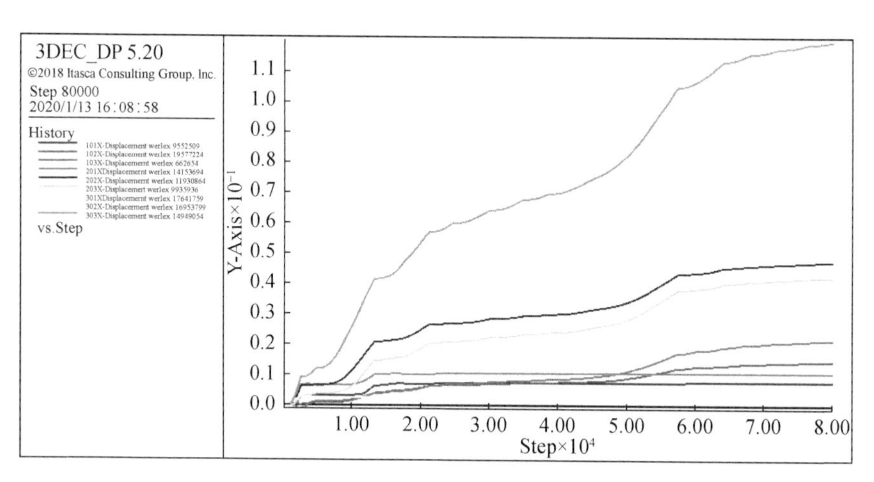

图 6.66　80000 步位移监测曲线图

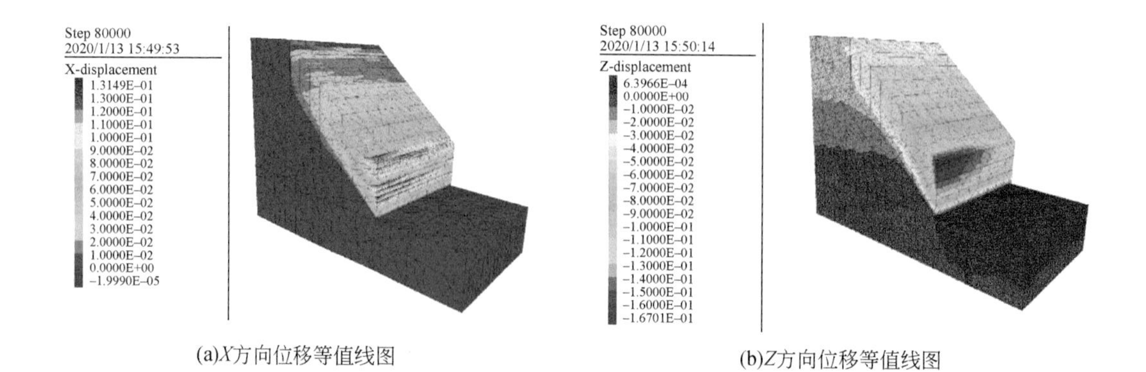

(a) X 方向位移等值线图　　(b) Z 方向位移等值线图

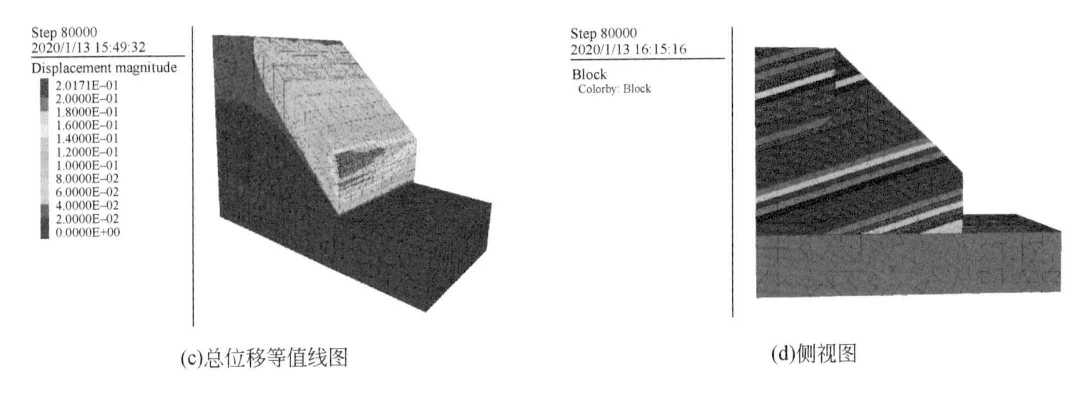

(c)总位移等值线图　　(d)侧视图

图 6. 67　80000 步位移等值线及侧视图

本次模拟针对含有陡倾结构面的逆向缓倾边坡，分析了边坡在重力作用下的变形破坏情况，诱发因素设置相对单一。根据模拟结果分析，含有陡倾结构面的反向缓倾边坡在仅有重力作用下的破坏是十分困难的，说明该类斜坡具有较好的稳定性，这也与我们野外调查的结果十分符合。

6. 3. 3　反向陡倾薄层状斜坡

该类斜坡主要分布在区内软弱变质岩地区，此次模拟针对该类斜坡进行了如下模拟，岩性为中薄层状板岩，倾角为 70°，前缘设置临空，模型如图 6. 68 所示。

图 6. 68　反向陡倾薄层状斜坡结构

由位移监测曲线图（图 6. 69）可以看出，当迭代进行到 800 步时，坡体变形开始发生微小变形，前缘岩层开始向临空方向变形，此后坡体变形开始加速，直至 30000 步时，变形不再继续。据此以 10000 步为时间间隔，分别记录坡体在 10000 步、20000 步、30000

步的位移变化状态，并对其进行对比分析。由于变形从800步开始，10000步时，坡体已经发生了明显的变形，由于拉张作用，各岩层之间形成一定间距，此时坡体的水平位移最大可达0.8m［图6.70（a）（b）］。随着深度增大，水平位移和竖直位移都逐渐减小；迭代进行20000步时，坡体变形更加明显，岩层之间距离继续增大，前缘部分岩层之间裂隙扩张至1.25m，且在坡体表层岩层水平位移可达3.4m，竖直位移可达1.85m［图6.70（c）（d）］；当迭代至3000步时，坡体前缘岩层位移最大，此时岩层在 X 方向的最大位移

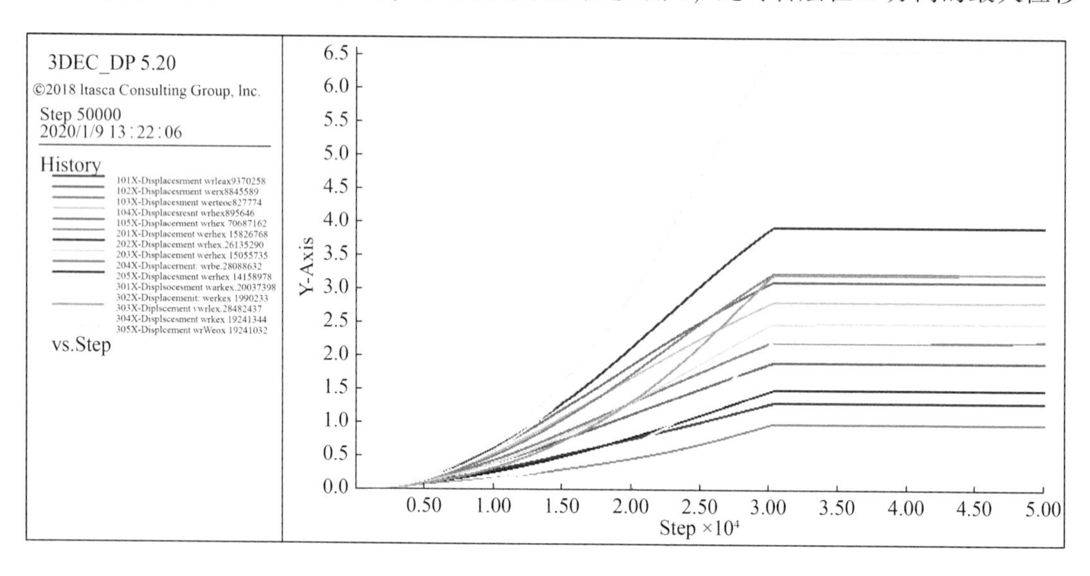

图6.69　位移监测曲线

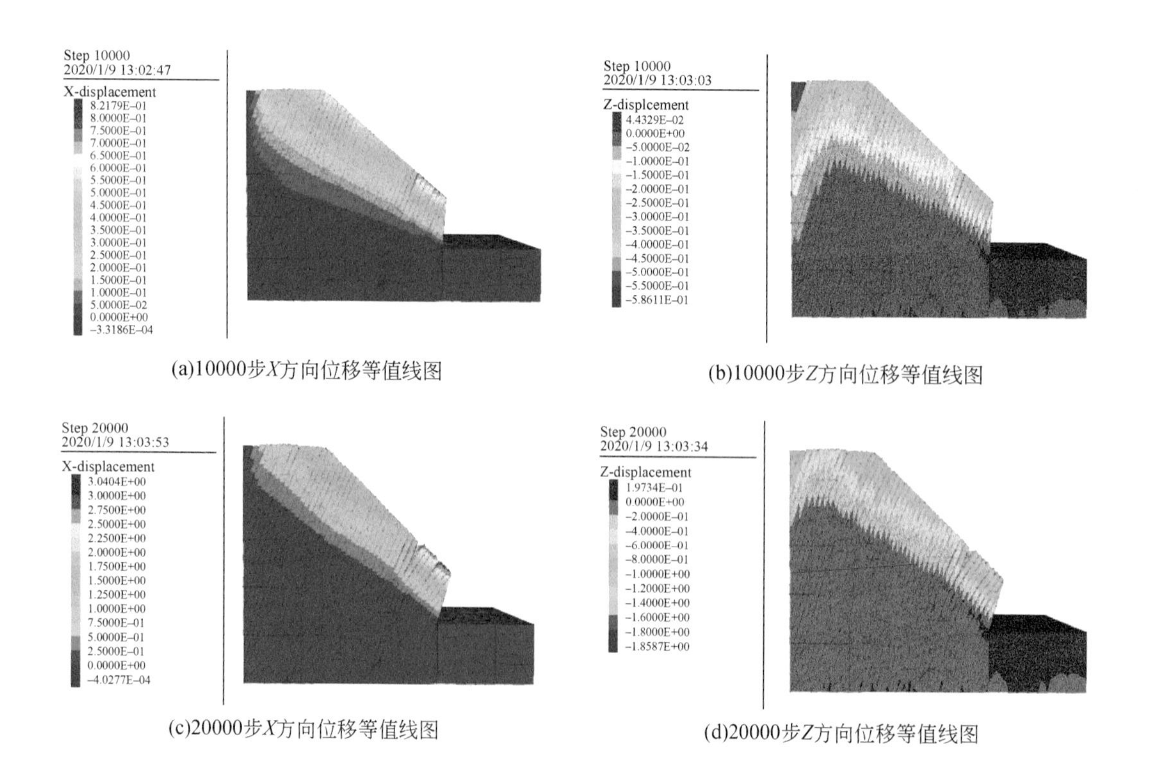

(a)10000步X方向位移等值线图　　(b)10000步Z方向位移等值线图

(c)20000步X方向位移等值线图　　(d)20000步Z方向位移等值线图

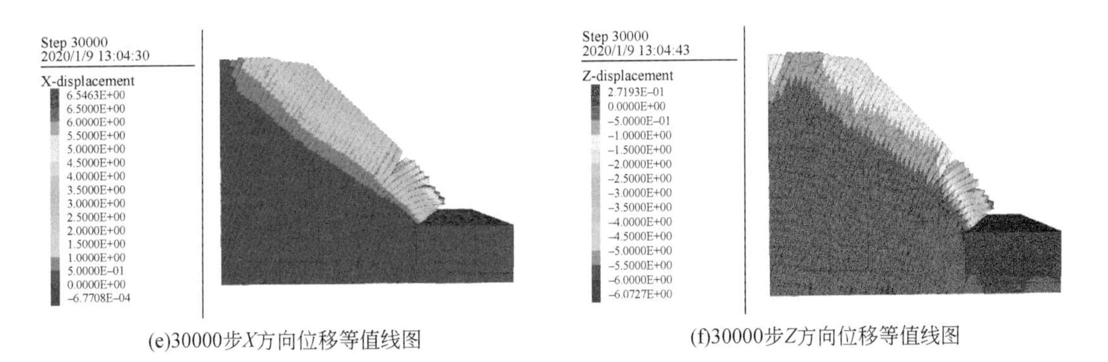

(e)30000步X方向位移等值线图　(f)30000步Z方向位移等值线图

图6.70　位移等值线图

可达6.6m［图6.70（f）］，竖直方向位移最大可达6.9m［图6.70（e）］，此时斜坡的变形破坏达到最大值，但由于计算软件的限制，岩体并未发生断裂等进一步的破坏（离散元软件计算的对象主要为岩体和结构面，岩体可发生变形，但不能发生剪断破坏）。

反向陡倾薄层状斜坡破坏多以弯折破坏为主，该类坡体发生破坏时，主要是坡体前缘临空，在坡体自身重力作用下，岩层向临空方向发生变形，并逐渐向坡内发展，弯曲岩层之间相互错动并伴有拉裂，岩体在弯折处受挤压破碎或发生剪切破坏，进而坡体发生变形破坏。该类斜坡的变形破坏模式为“弯折-拉裂-滑移”式。

6.3.4　反向陡倾层状碎裂块体斜坡

通过野外调查发现该类斜坡的破坏形式以崩塌为主，坡体前缘均有高陡临空面。此次模拟，岩性为中厚层状灰岩，倾角为70°，前缘设置临空。由于灰岩岩质十分坚硬，且不易风化，我们假设岩层块体为刚体模型，如图6.71所示。

图6.71　反向陡倾碎裂状斜坡结构

由于假设灰岩块体为刚体，在整个变形过程中，不会产生岩块变形现象。现根据位移监测曲线，分别将坡体破坏状态在4000步、19000步、50000步以及90000步进行记录（图6.72）。当迭代至500步时，坡体表层岩体开始移动，4000步时［图6.72（a）］，坡体表层岩体与下部岩体发生微小错位，此时坡体中上部底层岩体位移不再继续增长。19000步时［图6.72（b）］，坡体在重力作用下，岩体向临空面进一步滑移，坡体上下部岩块之间错动明显，前后岩块裂隙突出，尤其在坡体前缘处岩块间裂隙最大，坡体前缘岩体最大位移可达2.89m，且岩块滑移呈阶梯状进行。当迭代至90000步时［图6.72（c）］，坡体前缘岩块已经完全倾倒，坡体中上部表层岩块的变形破坏仍在继续。

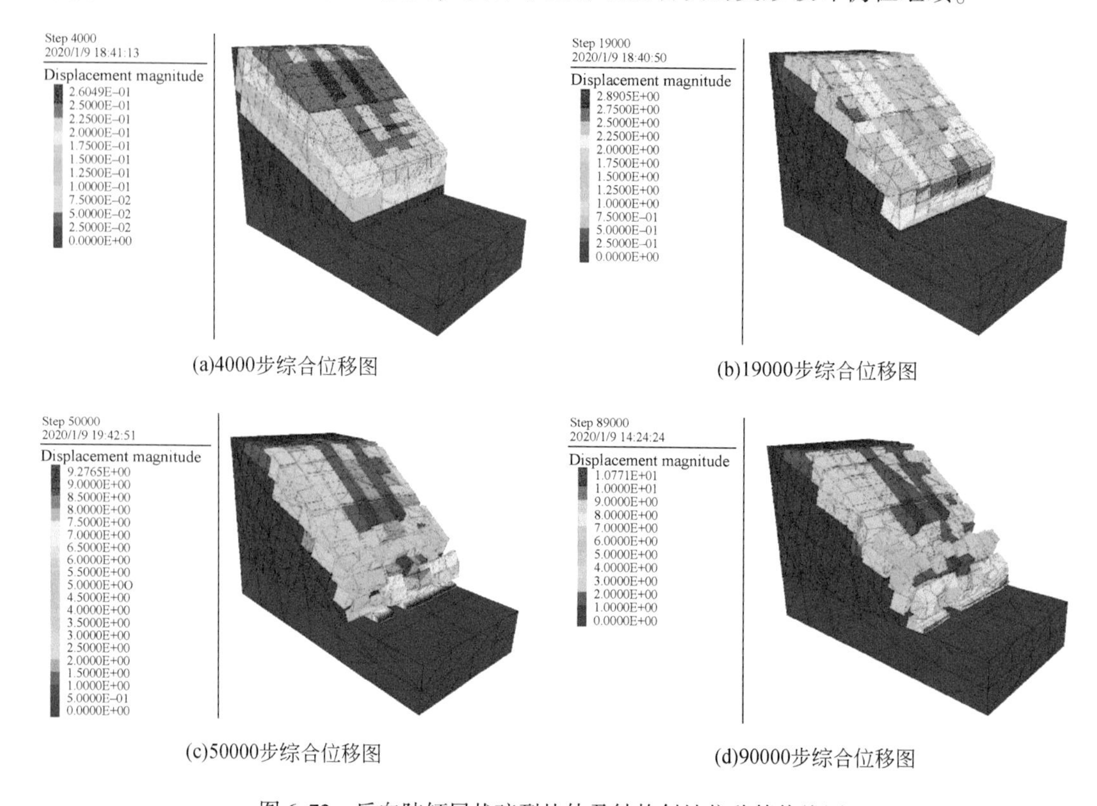

(a)4000步综合位移图　(b)19000步综合位移图

(c)50000步综合位移图　(d)90000步综合位移图

图6.72　反向陡倾层状碎裂块体及结构斜坡位移等值线图

根据图6.72可以看出，坡体位移由前缘向坡顶递减，同时坡体前缘的位移量最大，并向后缘逐渐递减。块体运动首先从坡体前缘开始，向临空面倾倒，并逐渐向坡体内部发展，同时坡体表面岩体发生倾倒变形，破坏面呈明显的阶梯状，斜坡内部岩体相对稳定。坡体在变形过程中，随着表层不稳定岩块的滑移倾倒，坡体中上部的岩体同样会发生破坏，说明该类斜坡破坏具有渐进性以及反复性的特点。

6.3.5　典型层状反倾软弱变质岩边坡变形破坏模式

根据数值模拟结果，由于反倾结构岩质边坡以层内岩体弯曲-折断式变形破坏为主，或具有顺层向结构面时容易沿既有结构面发生滑移破坏，但实际中反倾式边坡发生破坏是一个缓慢积累的过程，如果岩石未出现弯曲现象，则通过治理在工程寿命期内边坡发生破坏的可能性也不大，并且有足够时间进行加固防护，故发生失稳破坏的概率较小。而自然状态下若已出现岩层局部弯折破裂则可能很快就会形成变形破坏，则应对变形岩层进行清理，或对承灾体进行搬迁避让，以完全消除此类破坏造成的影响。

综上，典型层状反倾软弱变质岩边坡变形坡符合三种类型：蠕滑–拉裂式破坏、弯曲–倾倒式破坏、倾倒–坠落式破坏。具体描述详见第 2 章，本节不再赘述。

第7章　秦巴山区典型滑坡成灾机理

7.1　构造控滑型——周至县水门沟滑坡成灾机理

7.1.1　滑坡发育特征

1. 水门沟滑坡地质背景概况

水门沟滑坡位于陕西省西安市周至县南部的黑河水库库区，处于甘峪湾支沟与黑河主河道交界附近，距周至县城约20km，距黑河水库坝址约8km，108国道在滑坡滑体上穿过。

在大地构造上，滑坡所处区域属北秦岭厚皮构造带，位于秦岭元古宙褶皱带北缘东西向复式向斜的核部北翼。在滑坡附近，发育有多条不同等级、不同规模的大断裂、次级断裂和小断裂，距秦岭北麓断裂（渭河盆地与秦岭造山带的控制边界）约10km。

滑坡区地处秦岭北麓，地势陡峻。所处的黑河河谷整体呈“V”形，两侧坡体坡度一般为35°~55°，属秦岭中低山地貌。滑坡区出露的地层为中新元古界宽屏群甘峪湾组（$Pt_{2\text{-}3}Kg$）变质火山岩和沉积岩，以变质岩和沉积岩为主。水门沟滑坡位置及滑坡区地质背景如图7.1所示。

2. 水门沟滑坡发育特征

根据现场调研、工程地质测绘，以及大量坑槽探、钻探等勘探工作，确定了水门沟滑坡的边界、形貌、结构等特征。

水门沟滑坡具有典型的圈椅状形貌，滑坡全貌及剪切带局部特征见图7.2。滑坡前缘高程582m，下部出露基岩，主滑方向62°。滑坡南侧及剪出口临近水门沟断裂带，基岩为薄层状碳质石英片岩、绢云母片岩。北侧及后缘为绿泥石片岩，片理产状180°∠80°。根据露头和钻孔揭露，滑体物质具有双层结构，上层为6~9m厚的含碎石粉质黏土，褐红色，坚硬；下部以碎石土为主，碎石含量约40%，成分主要为绿泥石片岩、碳质石英片岩，其次为角砾、砾砂和细腻的滑带泥。滑体内有3层1~2m厚的滑带泥，推测该坡体曾发生过较大规模和较长距离的滑动。滑坡工程地质主剖面如图7.3所示。

根据现场调查和勘探确定，水门沟滑体平均厚度23m，最厚处30m。滑面上陡下缓，上部倾角45°，下部30°，临近剪出口处约10°。剪出口基岩平台起伏不平，北部高程582m，南部高程572m左右。滑坡前缘高程570m，后缘高程720m，高差150m，坡面面积约4.2万m^2，滑坡平面投影长度280m，宽度206m，投影面积2.6万m^2，滑体体积约84.5万m^3，该滑坡的破坏模式为弯曲-倾倒式破坏。

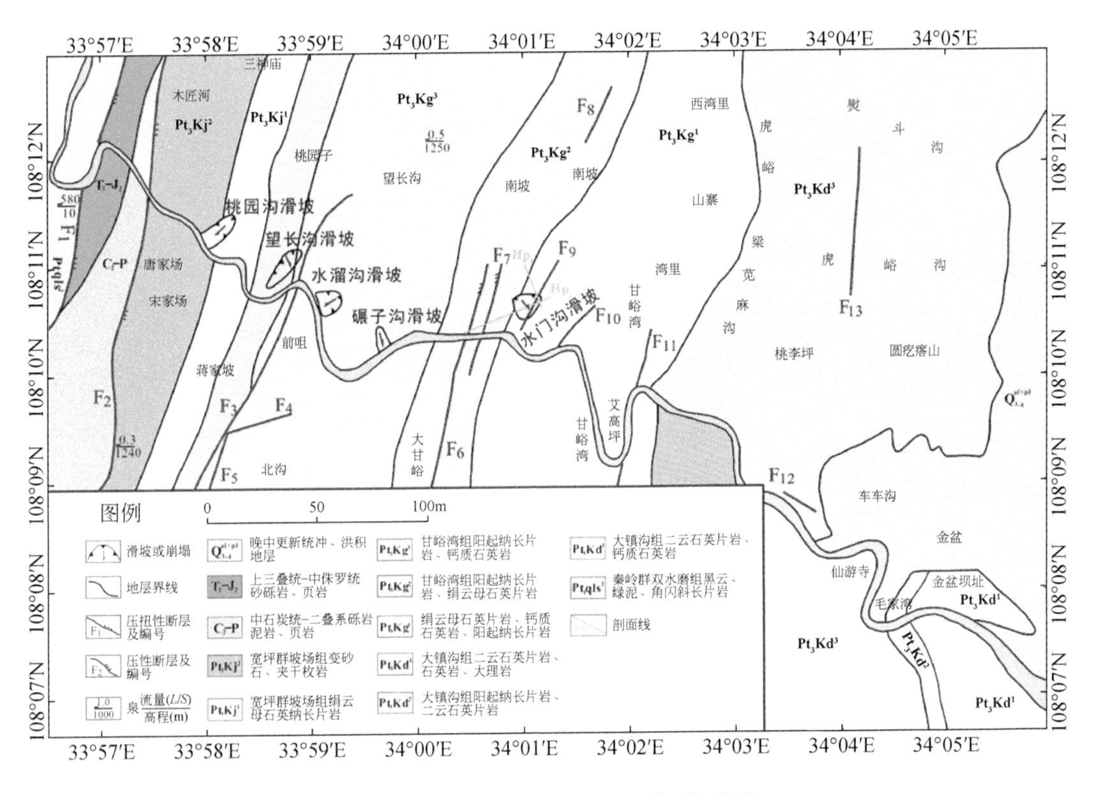

图 7.1　水门沟滑坡位置及地质环境条件

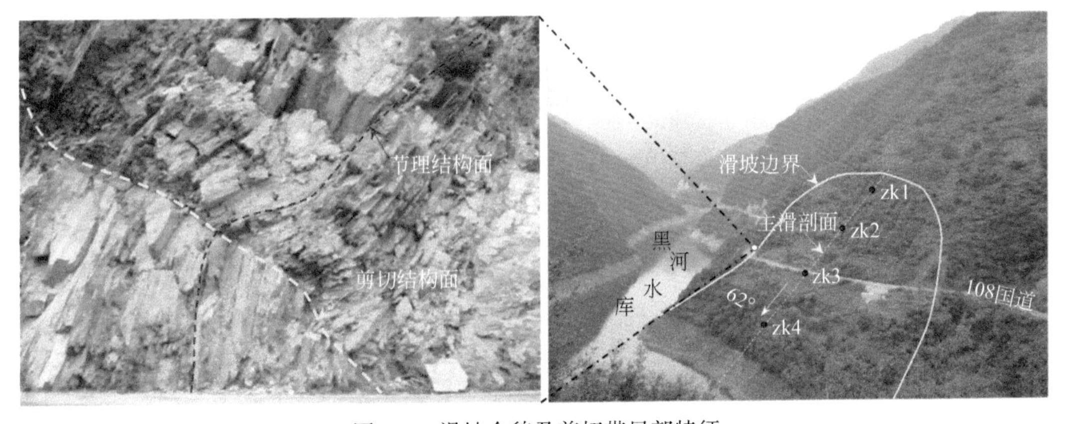

图 7.2　滑坡全貌及剪切带局部特征

7.1.2　滑坡稳定性评价

1. 岩土体及结构面的物理力学性质

分别在水门沟滑坡的滑体、滑带、滑床等不同部位取样，开展现场原位测试和室内物

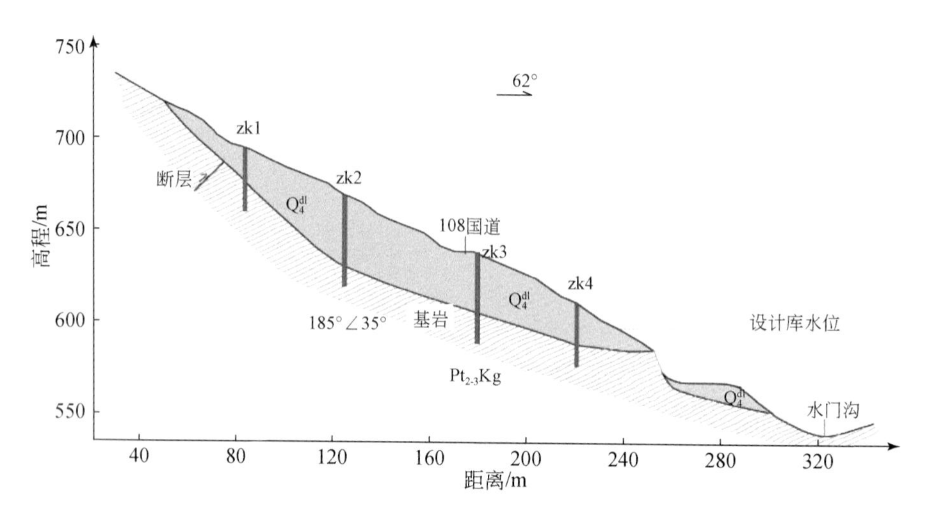

图 7.3　滑坡工程地质主剖面

理力学试验，确定了滑坡不同部位的土体、岩石、结构面和节理面的物理力学性质。其中，滑体和滑带土主要为碎石土及含碎石土黏土，其物理力学参数主要通过现场原位试验获取，滑床下覆基岩及其结构面力学参数主要通过室内试验获取。

1）结构面力学性质

采用大型压剪流变试验机开展岩体结构面及岩石节理面的压缩与剪切力学试验。试验机剪切盒尺寸为 40cm×40cm×40cm，剪切结构面及节理面尺寸为 20cm×20cm。通过切割形成含节理面岩块，结构面则有不同岩块接触组合形成，单个试块厚度为 5 ~ 10cm。为了控制剪切结构面与节理面位于预定位置，采用混凝土对试样进行浇灌嵌固。开展不同法向荷载和剪切速率条件下结构面与节理面的压剪试验，确定不同加载条件对其力学特性的影响效应。本次研究制备的结构面无充填，但起伏状态、光滑程度有一定差异，结构面上下块体之间的有效接触面积及结构面粗糙度系数（JRC）值能反映结构面的起伏情况。图 7.4 给出了压剪试验设计示意图，表 7.1 和表 7.2 分别给出了相关的试验工况。

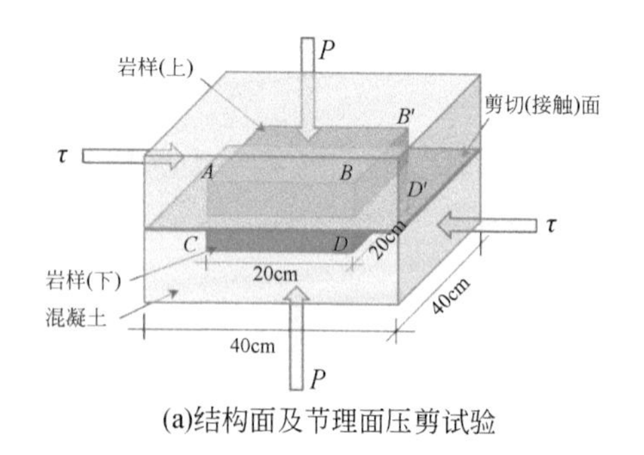

(a)结构面及节理面压剪试验

(b)大型压剪流变试验机

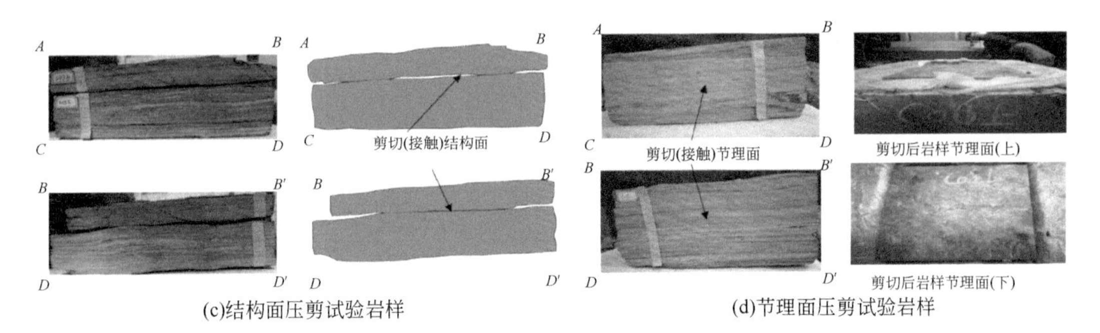

(c)结构面压剪试验岩样　　(d)节理面压剪试验岩样

图 7.4　结构面及节理面压剪试验设计示意图

表 7.1　结构面压剪试验工况表

编号	法向压力 /kN	剪切速度 V /（mm/min）	有效接触面积 S' /cm^2	结构面 JCR 值	结构面特征素描
D01	50	0.1	390.4	2	
D02	25	10.0	352.8	3	
D03	25	1.0	66.06	4	
D04	20	0.1	93.55	8	
D05	20	0.1	99.90	5	
D06	25	0.1	98.1	7	
D07	15	10.0	145.4	12	
D08	30	0.1	68.92	9	
D09	20	10.0	32.16	12	
D10	20	0.1	88.7	10	

表 7.2　岩石节理面压剪试验设计工况

编号	C01	C02	C03	C04	C05	C06	C07	C08	C09	C10
试样平面面积 S/cm²	400	400	400	400	400	400	400	400	400	400
法向压力 P/kN	15	20	25	30	20	20	20	30	50	20
正应力/MPa	0.375	0.5	0.66	0.75	0.5	0.5	0.5	0.75	1.25	0.5
剪切速度 V/(mm/min)	0.1	10	1.0	0.1	0.1	0.1	10.0	0.1	10.0	0.1

图 7.5 和图 7.6 分别给出了不同条件下结构面的法向荷载-法向位移关系曲线。可见结构面的刚度及强度与结构面的起伏情况、有效接触面积、JCR 值及剪切速度等相关。当法向荷载较小、加载速率较大、有效接触面积较大、JCR 值较小时，结构面的法向刚度较大。结构面的剪切荷载-剪切位移关系曲线差异较大，但都表现出显著的非线性，且多数结构面剪切表现具有明显的软化特性。

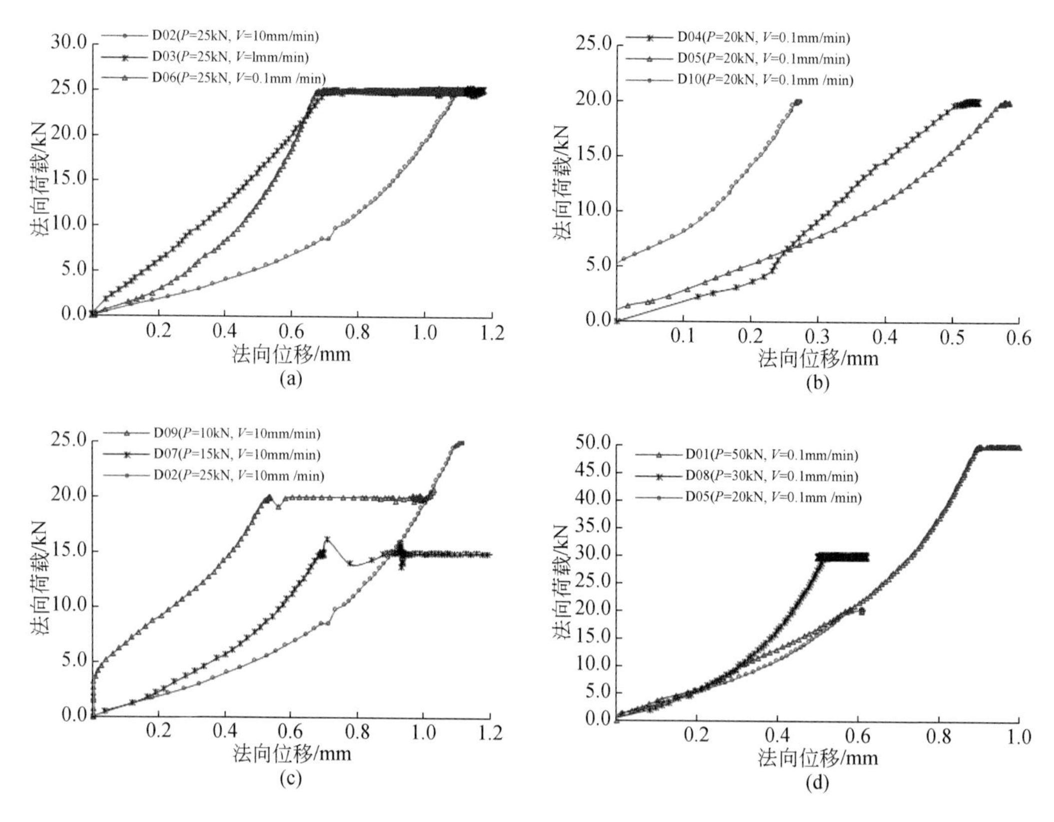

图 7.5　不同条件下结构面法向荷载-法向位移关系曲线

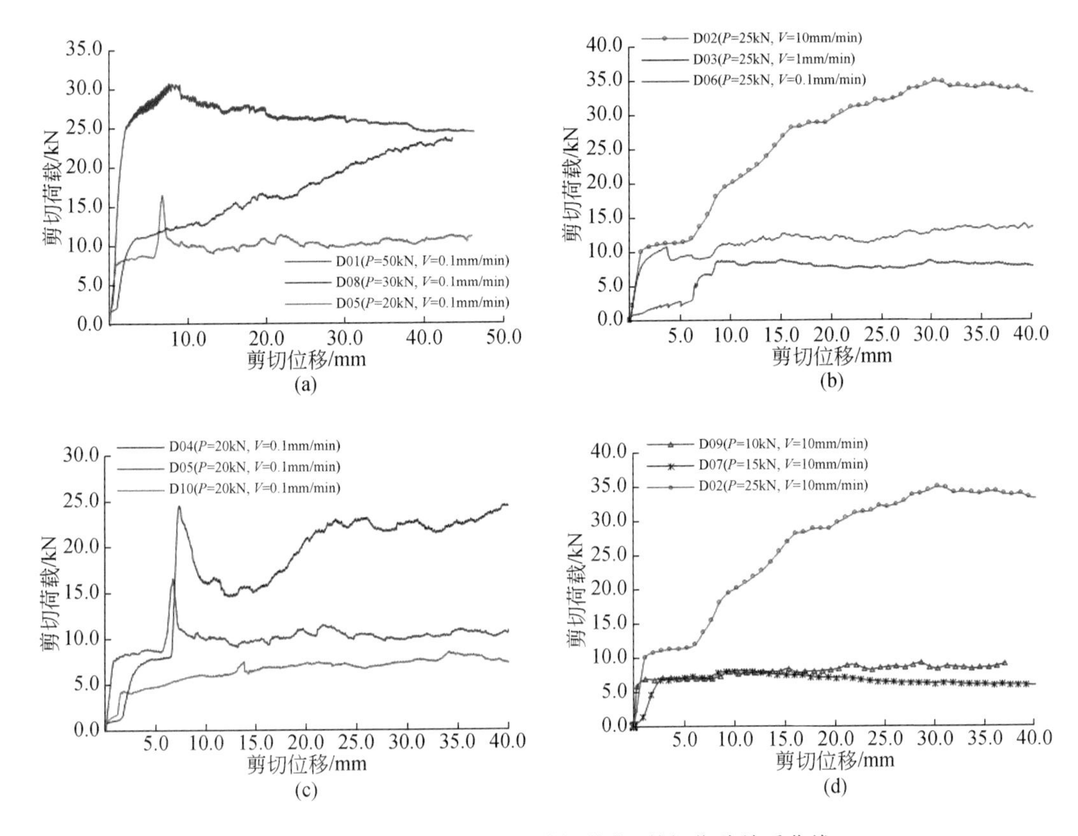

图7.6　不同条件下结构面剪切荷载-剪切位移关系曲线

图7.7给出了不同条件下节理面的剪切荷载-剪切位移关系曲线。可见多数剪切曲线呈应变软化型，剪切残余强度和峰值强度差异较大，节理面的残余抗剪强度与前述相当。表7.3分别给出了各组结构面和节理面试验的相关力学参数。

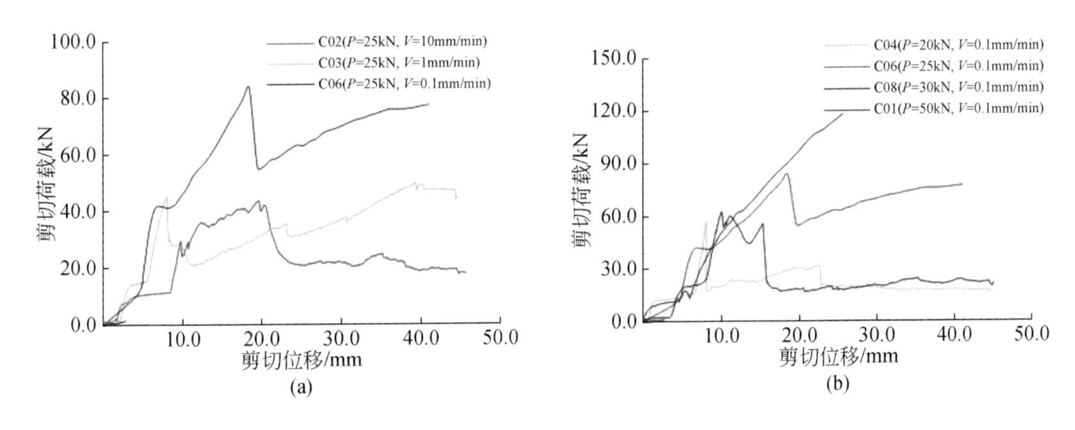

图7.7　不同条件下节理面剪切荷载-剪切位移关系曲线

表 7.3　不同条件下节理面力学参数

力学参数	D01	D02	D03	D04	D05	D06	D07	D08	D09	D10
剪切荷载峰值/kN	30	35	15	25	17	8.5	8	24	9.6	8.4
剪切荷载残余值/kN	25	28	13	22	10	8	6	20	8	7.2
抗剪强度 τ_{max}/MPa	0.77	0.99	2.17	2.67	1.59	0.85	0.55	3.4	2.92	0.91
法向刚度/(kN/MPa)	8.75	2.5	7.5	37.5	30	5.0	18.7	10	11.2	75
力学参数	C01	C02	C03	C04	C05	C06	C07	C08	C09	C10
剪切荷载峰值/kN	20	43.9	49.7	56.9	91.2	83.5	142.3	118.1	95.7	48.9
剪切荷载残余值/kN	0.68	1.1	1.24	1.42	2.28	2.09	3.55	2.95	2.39	1.22
抗剪强度 τ_{max}/MPa	0.68	1.1	1.24	1.42	2.28	2.09	3.55	2.95	2.39	1.22

2）滑体及滑带土

利用携带式剪切仪在现场开展了大量滑带重塑土的剪切试验。对高程在 594.0m 以上的试样开展天然含水状态剪切试验，对 594.0m 以下试样开展饱水剪切试验。滑体的天然容重根据现场称重测定，采用室内实验测定其比重和含水量并计算饱和容重，试验结果见表 7.4 和表 7.5 所示。同时采取了滑床钻孔岩心，在室内测定其基本物理力学指标和变形指标。结果显示，下覆基岩的天然容重、单轴抗压强度、弹性模量和泊松比分别为 26.4kN/m^3、20.0MPa、8375MPa 和 0.24。

表 7.4　滑带土物理力学参数试验结果统计表

指标	统计数	范围值置信度 95%	均值	标准差	变异系数
比重	11	2.76～2.80	2.78	0.054	0.019
天然容重/(kN/m^3)	11	18.0～19.4	18.7	1.91	0.10
含水量/%	11	12.3～16.3	14.3	5.57	0.39
孔隙比	11	0.694～0.739	0.717	0.219	0.306
饱和度/%	11	51.5～60.5	56.0	12.3	0.22
液限	4	33.6～37.2	35.4	2.04	0.06
塑限	4	19.5～21.9	20.7	1.42	0.07
塑性指数	4	14.1～15.1	14.6	0.64	0.04
压缩模量/MPa	9	10.0～12.8	11.4	3.40	0.30
C/kPa	8	23.0～31.0	27.0	8.96	0.33
φ/(°)	8	18.2～20.4	19.3	2.55	0.13

2. 滑坡稳定性评价

由于水门沟滑坡受黑河水库蓄水的影响，对滑坡稳定性计算分别按现状和水库蓄水后两种情况考虑，即：①现有条件下计算水库没有蓄水时的稳定性；②水库蓄水到设计正常高水位594.0m，计算有浮托力时的稳定性。因滑坡体透水性好，库水位变动速度不大，可不考虑动水压力。由于地震基本烈度为Ⅵ度，本次计算不考虑地震的影响。

表7.5　滑带重塑土抗剪强度现场试验结果统计表

状态	统计数	C值/kPa				φ值/（°）			
		范围值置信度95%	均值	标准差	变异系数	范围值置信度95%	均值	标准差	变异系数
天然	15	72.4～87.2	79.8	15.90	0.20	38.2～39.6	38.9	1.03	0.04
饱水	15	12.5～28.0	20.7	17.68	0.86	33.0～35.8	34.4	3.14	0.09

滑体及滑带土的物理力学参数根据表7.4选取，强度参数根据表7.5选取，下覆基岩结构面参数根据表7.3的试验均值选取。分别采用萨尔马法、简布法和剩余推力法对主滑面在以上两种情况下进行稳定性计算，水门沟滑坡在蓄水前稳定性系数分别为1.16、1.12、1.17，平均为1.15，蓄水后稳定性系数分别为1.08、1.05、1.08，平均为1.07。结合有限元强度折减法分析可见，用不同方法计算的安全系数都很接近。根据稳定性系数的平均值判断，滑坡在天然状态下稳定系数为1.15，基本稳定。蓄水后，稳定系数在1.01～1.10之间，稳定性较低，应采取必要的加固措施。

7.1.3　滑坡区的小构造特征分析

在滑坡区布设两条地质剖面，研究滑坡区的多尺度构造特征（图7.8）。

1. 地层岩性及其微观构造

根据室内岩石微观试验观测及鉴定，滑坡区出露的地层为中新元古界宽坪群甘峪湾组（$Pt_{2-3}Kg$）变质火山岩和沉积岩，以变质沉积岩为主，出露的各类岩石薄片微观成像特征见图7.9所示，具体特征详述如下。

（1）石英阳起石大理岩，主要矿物为碳酸盐60%、阳起石15%、石英15%、绿泥石5%，粒柱状变晶结构。碳酸盐矿物可分为两期，早期碳酸盐为原岩残留，呈粒状变晶结构，粒径主要为几毫米至几厘米，闪突起显著，两组完全解理，高级白干涉色，发育聚片双晶，平行解理面。晚期碳酸盐多沿裂隙分布，呈粉尘状。阳起石呈柱状，浅绿色，中正突起，最高干涉色为Ⅱ级黄绿色，十分鲜艳，分布不均匀，沿阳起石断开裂隙处充填粉尘状碳酸盐。石英可分为两期，早期为微细粒，粒径小于0.05mm，与绿泥石呈定向分布，晚期石英具重结晶，最稳定面间角为120°，颗粒较大，粒径0.25～1.0mm，在碳酸盐颗粒间分布。绿泥石为原岩残留，形态不规则，略具鳞片形态，定向性较好，与碳酸盐颗粒互层。原岩为绿泥石、碳酸盐互层，热液交代之后发生阳起石化，岩石重结晶后发生碳酸盐化［图7.9（a）］。

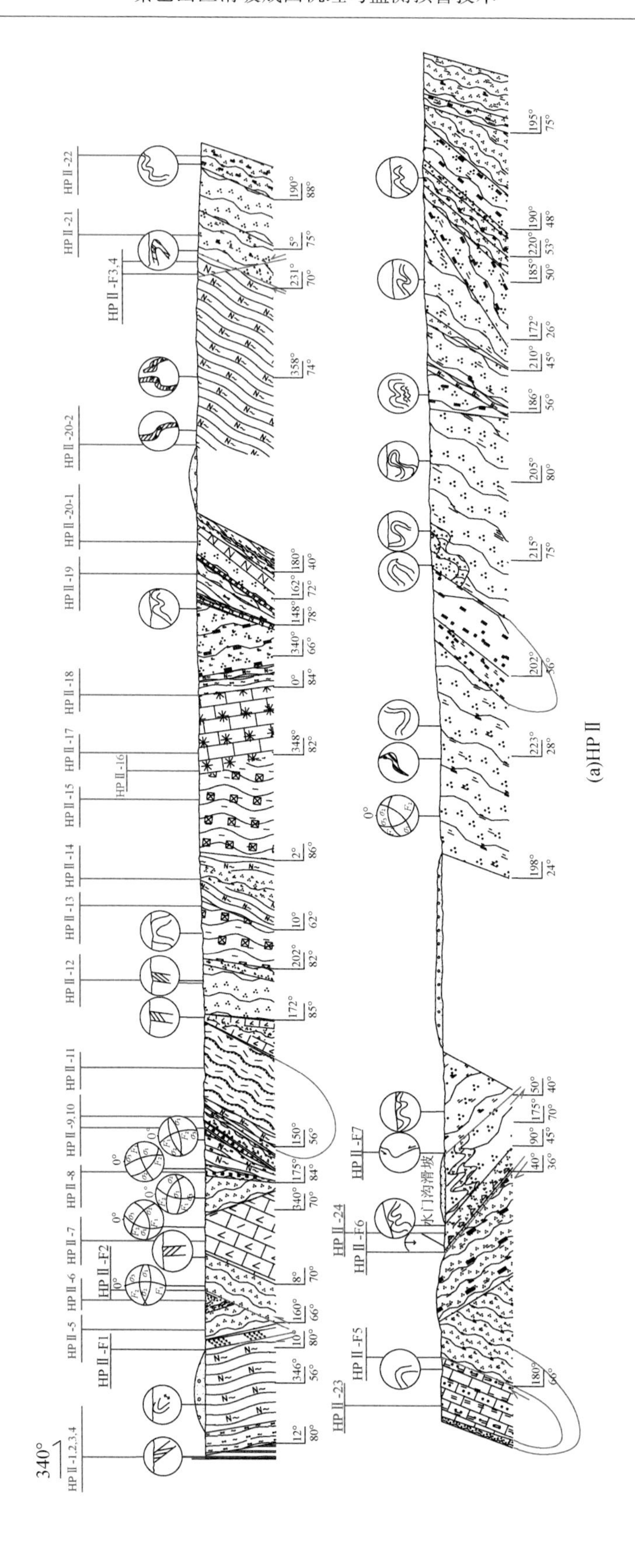

(a)HP Ⅱ

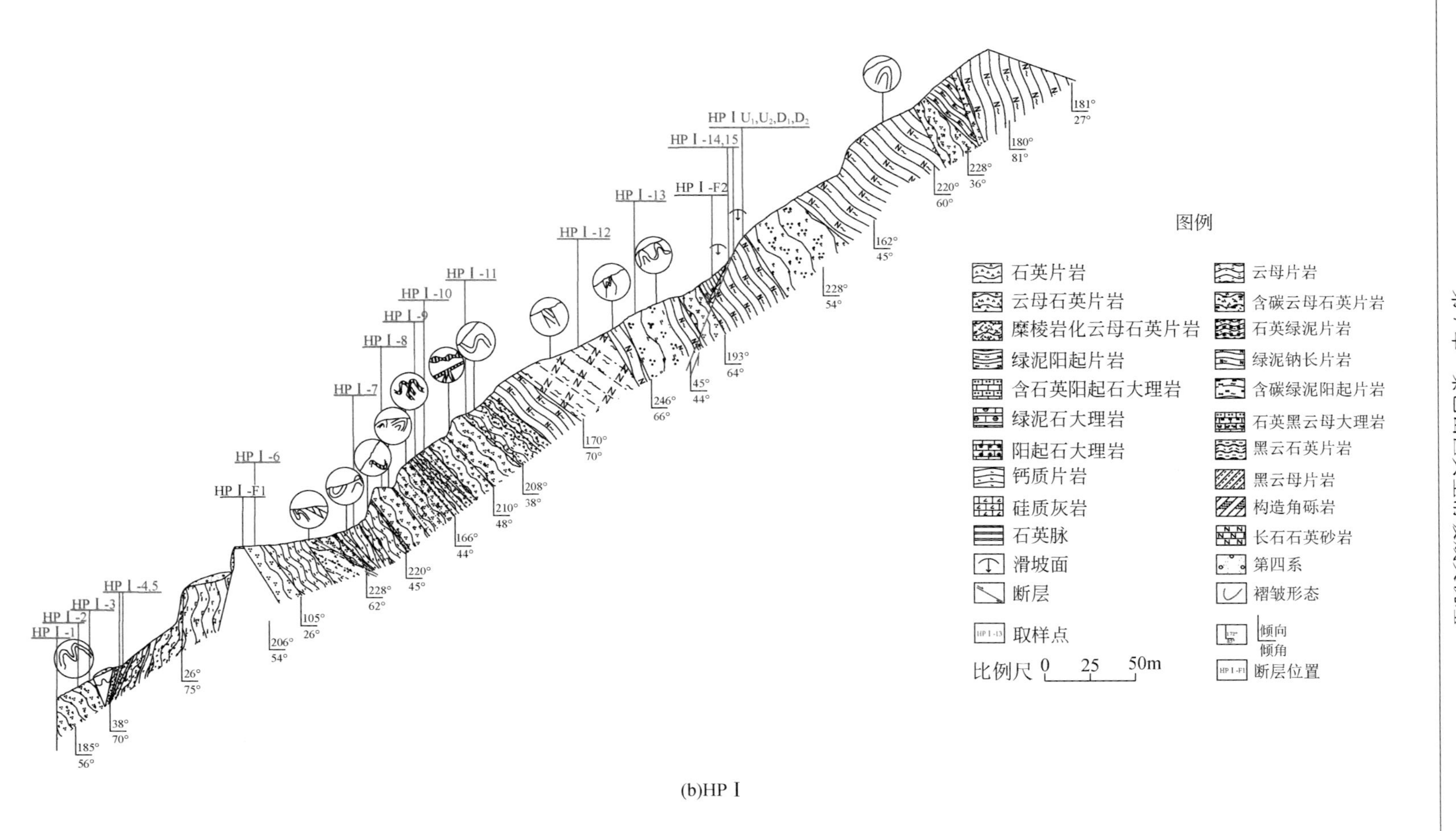

(b)HP Ⅰ

图7.8　水门沟滑坡区地质构造剖面

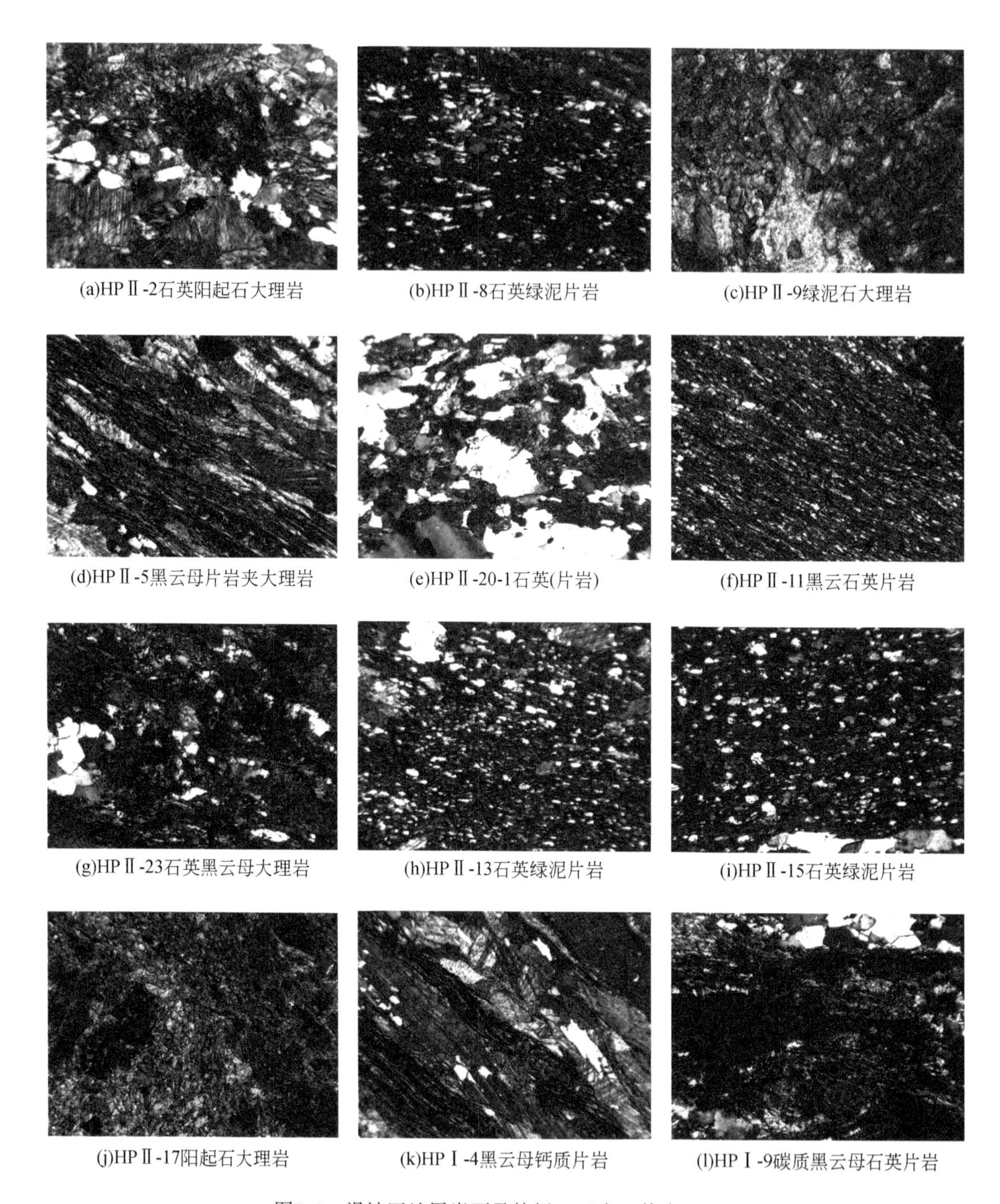

(a)HPⅡ-2石英阳起石大理岩　(b)HPⅡ-8石英绿泥片岩　(c)HPⅡ-9绿泥石大理岩

(d)HPⅡ-5黑云母片岩夹大理岩　(e)HPⅡ-20-1石英(片岩)　(f)HPⅡ-11黑云石英片岩

(g)HPⅡ-23石英黑云母大理岩　(h)HPⅡ-13石英绿泥片岩　(i)HPⅡ-15石英绿泥片岩

(j)HPⅡ-17阳起石大理岩　(k)HPⅠ-4黑云母钙质片岩　(l)HPⅠ-9碳质黑云母石英片岩

图7.9　滑坡区地层岩石及特征（正交，偏光，5×）

（2）石英绿泥片岩，主要矿物为绿泥石50%~55%、石英42%~43%、绢云母3%、褐铁矿1%，粒状鳞片状变晶结构，片状构造。绿泥石呈鳞片状集合体，浅绿-黄绿色，多色性显著，中正突起，干涉色为各色叠加的近金黄色。由于干涉色保留了原岩中黑云母的特征，原岩发生过黑云母热变质作用，后期退化变质，绿泥石化，部分绿泥石鳞片形成不规则板状，早期片理定向性排列较好，与现片理方向夹角80°~90°，反映两期动力作用方向。石英无色，表面纯净，按形态、产状至少可分为两期：早期石英呈拔丝状在绿泥石鳞片间分布；较晚期石英呈不规则粒状，粒径多小于1.0mm，多充填于裂隙中。此外，显微镜下可见宽约1.0cm的石英脉，重结晶达最稳定状态，面间角120°，多被拉伸成不规则长条状，部分为不规则粒状，与绿泥石鳞片拉伸方向较一致，呈片状构造，定向排列较好。绢云母细小鳞片状，无色，低正突起，最高干涉色为Ⅲ级各色叠加，近平行消光。原岩至少经历了两期动力作用，两次变质作用，后期发生碳酸盐化沿裂隙分布［图7.9（b）］。

（3）绿泥石大理岩，主要矿物为碳酸盐80%、绿泥石15%、白云母3%，粒状变晶结构。碳酸盐呈微粒状变晶结构，部分颗粒由于重结晶程度较高，粒度变大，粒径可达0.2～0.3mm，且颗粒面间角约120°，闪突起显著，高级白干涉色，表面有珍珠状晕彩。绿泥石呈鳞片状，草绿色，弱多色性，低正突起，干涉色为Ⅰ级黄绿，鳞片略具定性排列。白云母粒径较细小，多呈细小鳞片状，无色，低正突起，最高干涉色为Ⅲ级各色叠加，近平行消光［图7.9（c）］。

（4）黑云母片岩夹大理岩，主要矿物为碳酸盐55%、黑云母30%、石英9%、绿泥石4%、阳起石1%，鳞片微粒变晶结构，片状构造。黑云母鳞片状，黑褐色，多色性极强，中正突起，最高干涉色为Ⅱ级各色叠加但不鲜艳，由于受力变形，叶片状集合体发生弯曲并呈波状消光，定向排列较好，为片状构造。碳酸盐不规则粒状、长条状，无色，闪突起显著，高级白干涉色，部分可达二组完全解理，长轴延伸方向与黑云母鳞片方向较一致，定向性排列较好。石英可分为两期：早期石英呈拔丝状，分布于黑云母鳞片间；晚期石英呈不规则粒状，充填于碳酸盐颗粒间或裂隙中，粒径为几毫米。阳起石浅绿色，纤维状，中正突起，干涉色为Ⅱ级，分布不均匀。绿泥石草绿色，Ⅰ级灰白干涉色，分布于碳酸盐颗粒边部，形态不规则［图7.9（d）］。

（5）绿泥钠长片岩，大多出露于早期向斜倒转褶皱的核部，绿泥阳起片岩一般分布于两翼，变质的火山岩夹沉积岩展布于向斜的核部。因而，研究区广东坪组的生成顺序依次为绿泥钠长片岩、绿泥阳起片岩和变质的火山岩夹变质的沉积岩，后者出露宽度相对较大。

（6）石英（片）岩，主要矿物为石英75%、白云母18%、阳起石5%、黄铁矿1%，粒状变晶结构，片岩的片理发育。石英呈不规则粒状、长板状，无色透明表面纯净，部分有小裂纹，干涉色Ⅰ级灰白，粒径多在几毫米，沿石英颗粒间或裂隙发生碳酸盐化。白云母由黑云母退化变质形成，干涉色较鲜艳。阳起石呈鳞片状，中正突起，干涉色为Ⅱ级中部且分布不均匀［图7.9（e）］。

（7）黑云母石英片岩，主要矿物为石英55%～76%、黑云母16%～40%、绿泥石5%、碳质1%、黄铁矿1%、褐铁矿2%，绿帘石极少，鳞片粒状变晶结构，片状构造。石英至少可分为两期：较早期石英沿黑云母鳞片间分布，不规则粒状，粒径多在0.1mm，多被拉伸成长条状或拔丝状，长轴拉伸方向较一致，定性排列较好，与黑云母鳞片方向近平行；晚期石英沿裂隙分布，粒径较大但大小不均匀，粒径0.05mm至数毫米；此外，在绿泥石脉中分布极微小的石英颗粒。黑云母由于铁染略呈浅红褐色，鳞片较鲜艳，鳞片间近平行排列，定向性较好，与石英组成鳞片粒状变晶结构，片状构造。绿泥石一种为鳞片状，在黑云母鳞片间分布；另一种为微小粒状，与石英同在裂隙中分布［图 7.9（f）］。

（8）石英黑云母大理岩，主要矿物为碳酸盐 50%、石英 36%、黑云母 8%、绢云母 2%、碳质 2%、辰砂 1%，褐铁矿极少，粒状变晶结构。碳酸盐呈不规则粒状、粉尘状，无色，闪突起显著，两组完全解理，高级白干涉色，表面有珍珠晕彩，发育聚片双晶，双晶多平行于其中一组菱形解理面，后期沿裂隙充填的碳酸盐脉呈粉尘状。石英至少可分为三期：早期石英呈粒状分布于碳酸盐颗粒间，粒径约 0.1～0.3mm；中期石英呈拉伸拔丝的长条状分布于黑云母鳞片间；晚期石英沿裂隙分布，形态不规则，粒径大小不一。黑云母鳞片状，黑褐色，多色性极强，中正突起，一组完全解理，最高干涉色为Ⅱ级各色叠加但不鲜艳，部分黑云母已出现蛭石的特征［图 7.9（g）］。

（9）石英绿泥片岩，主要矿物为绿泥石 48%～55%、石英 40%～42%、黄铁矿 2%、褐铁矿 1%～3%、黑云母 1%～5%、绿帘石 2%、黝帘石 1%，粒状鳞片变晶结构，片状构造。绿泥石草绿色–浅绿色，鳞片状集合体，具有弱多色性，Ⅰ级灰绿干涉色，定向排列较好。早期石英分布于绿泥石鳞片间，为不规则拉长的拔丝状或粒状形态，粒径多小于 0.05mm，定向排列较好，与绿泥石组成粒状鳞片变晶结构；晚期石英沿裂隙呈脉状分布，粒状，粒径 0.1～0.4mm。绿帘石、黝帘石呈不规则粒状，高正突起，糙面显著，干涉色有区别，前者干涉色可达Ⅲ级黄红，分布不均匀，而后者干涉色Ⅰ级灰，两者相伴生［图 7.9（h）（i）］。

（10）阳起石大理岩，主要矿物为碳酸盐 74%、阳起石 15%、绿泥石 7%、黄铁矿极少、褐铁矿 2%、辰砂 1%，粒柱状变晶结构。碳酸盐呈粒状、不规则柱状，闪突起显著，个别可见两组完全解理，高级白干涉色，表面有珍珠光泽，镜下碳酸盐矿物可分为两期：原岩中的碳酸盐矿物颗粒由于重结晶程度不同而大小不一；后期沿裂隙充填的碳酸盐脉为粉尘状。阳起石浅绿色，粒状，中正突起，弱多色性，一组完全解理，发育垂直解理面的裂理，最高干涉色为Ⅱ级蓝色、红色，分布不均匀。绿泥石草绿色，鳞片状集合体，具有弱多色性，Ⅰ级灰绿干涉色［图 7.9（j）］。

（11）黑云母钙质片岩，主要矿物为方解石 80%、黑云母 15%、石英 4%，鳞片变晶结构，片状构造。方解石不规则粒状，无色，中正突起，闪突起较显著，两组完全解理，高级白干涉色，发育应力双晶，且部分颗粒可见双晶平行于菱形解理长对角线。黑云母鳞片状，黄褐色，中正突起，多色性较强，干涉色为Ⅱ级各色叠加，较鲜艳，鳞片集合体定向排列较一致，近平行分布，鳞片间分布方解石颗粒，形成鳞片变晶结构，片状构造［图 7.9（k）］。

（12）碳质黑云母石英片岩，主要矿物为石英 52%、碳质 20%、黑云母 18%、阳起石 8%，鳞片微粒状变晶结构，片状构造。主要矿物黑云母具鳞片变晶结构，黄褐色，中正突起，多色性极强，干涉色为Ⅱ级各色叠加，较混浊而不鲜艳，发育波状消光，鳞片集合体定向排列但部分发生弯曲变形，呈褶皱形态。石英至少可分为两期：早期石英呈拉伸拔丝状形态分布于黑云母鳞片间；后期石英呈粒状沿裂隙充填，粒径较大，达几毫米，略具重结晶。碳质呈胶状鳞片弯曲分布，形态随黑云母变化而改变，大多呈褶皱状［图 7.9（l）］。

2. 水门沟滑坡区多期褶皱叠加特征

水门沟滑坡区宽坪群岩石具多期变形特征，主要表现为早期向斜倒转褶皱、晚期直立对称褶皱和直立水平褶皱。

（1）早期向斜倒转褶皱。除了褶皱转折端，大部分地段S0与S1（片理）近于平行[图7.10（a）]。绿泥钠长片岩、石英片岩往往位于向斜倒转褶皱背斜的核部，大理岩或钙质片岩处于向斜的核部。在部分背斜的转折端，可见岩脉侵入。主要特征有：①褶皱两翼产状近于平行，一翼地层正常，另一翼地层倒转；②层理、片理及褶皱枢纽的产状多

(a)S0与S1近于平行(PHⅡ-1，镜向260°)

(b)褶皱转折端石英脉透镜体(39-40导40m处，镜向285°)

(c)石英脉透镜体(2-3导60m处，镜向270°)

(d)HPⅠ-1方解石应力双晶(正交,偏光，5×)

(e)HPⅠ-1石英波(环)状消光和吕德尔线(正交，偏光，5×)

(f)HPⅠ-3石英的变形条带(正交，偏光，5×)

(g)HPⅠ-3石英的变形条纹及波状消光(正交，偏光，5×)

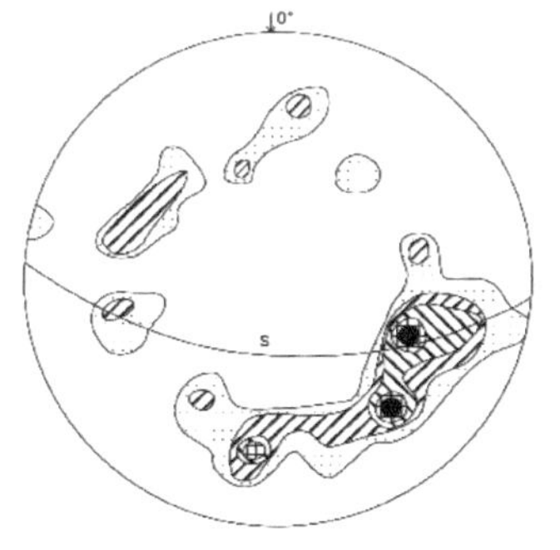

(h)石英光轴200个，5.50%-4.50%-3.50%-2.50%-1.50%，S：片理(下半球)

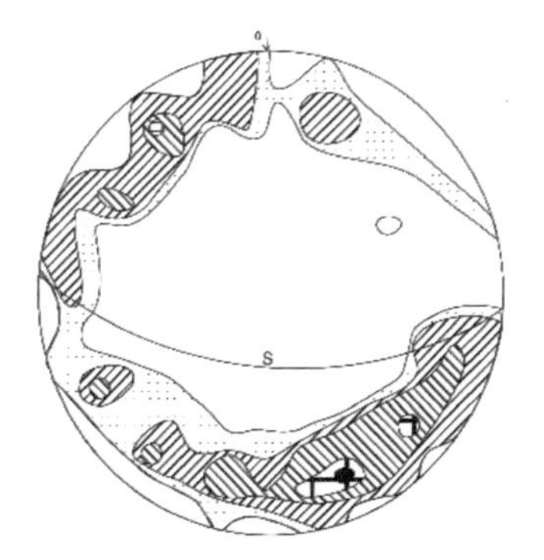

(i)方解石光轴200个，8.50%-7.50%-3.50%-2.00%-1.00%，S：片理(下半球)

图7.10　滑坡区早期向斜倒转褶皱构造特征

变；③在褶皱的转折端有石英脉贯入，并透镜体化［图 7.10（b）］；④褶皱翼部石英脉均生成构造透镜体［图 7.10（c）］；⑤其中的应力矿物方解石应力双晶和石英波状消光、环状消光［图 7.10（d）（e）］、变形条带及变形纹非常发育［图 7.10（f）（g）］；⑥用费氏台测定石英光轴和方解石光轴组构 200 个并进行岩组分析可知，岩组图均表现为 c+g 型，有形成小圆环带的趋势，表明该褶皱生成的温度相对较高，石英光轴形成两个极强极密部，其原因与后期褶皱的叠加有关［图 7.10（h）（i）］。

（2）晚期直立对称褶皱。在实测地质剖面 PHⅡ沿线，岩石的片理发生了有规律的弯曲，并形成一系列背斜和向斜。直立水平褶皱以片理和早期石英脉的弯曲表现出来［图 7.11（a）（b）］，并生成膝折［图 7.11（c）］和早期石英脉构造透镜体。该期褶皱的枢纽产状近于水平，轴面近于直立（局部因后期构造影响而发生了倾斜）。在背斜的转折端附近，黄铁矿压力影和单斜右倾的肯克带较为发育［图 7.11（d）（e）］。石英光轴岩组图显示小圆环带加极密部组合形式，极强极密部位于片理的张扭性部位［图 7.11（f）］。在向斜的转折端附近，黄铁矿压力影、构造透镜体较多［图 7.11（g）（h）］。石英光轴岩组图与背斜处有相似之处，只是最强极密部更靠近片理面［图 7.11（i）］。

以水门沟滑坡中滑体及坡积物下面的基岩为核心，两翼的片理相向倾斜，构成一向斜。实测片理、层理产状 59 个，通过赤平投影可知该区至少有两期褶皱的叠加，可见水门沟滑坡正好处于背斜与背斜相互叠加的部位。

3. 滑坡区的脆性断层及糜棱岩化

剖面 HPⅡ上共出露 7 条断层 HPⅡF_1—HPⅡF_7。HPⅡF_1 和 HPⅡF_2 为相向倾斜的正断层，产状分别为 10°∠80°和 160°∠66°，该断裂附近主要出露构造角砾岩。HPⅡF_3 和 HP

(a)PHⅡ-10，早期石英脉弯曲生成的褶皱(镜向260°)

(b)PHⅠ-8，片理弯曲形成的褶皱(镜向220°)

(c) PHⅠ-3，晚期褶皱生成的膝折(镜向300°)

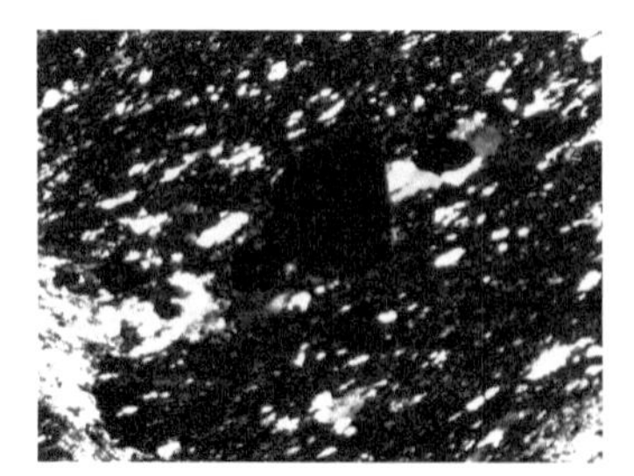

(d) HPⅡ-14，黄铁矿压力影(正交，偏光，5×)

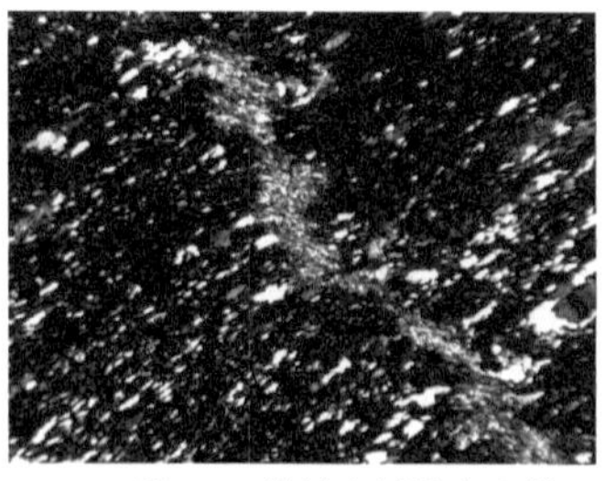

(e)HPⅡ-14，单斜右倾的肯克带(正交，偏光，5×)

(f)HPⅡ-19，绿帘石透镜体(正交，偏光，5×)

(g)HPⅡ-19，黄铁矿压力影（正交，偏光，10×）

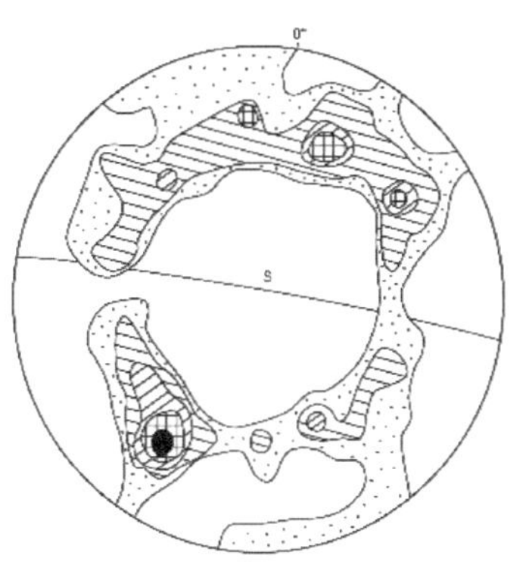

(h)HPⅡ-14石英光轴岩组图(下半球)石英光轴200个,5.00%-4.00%-3.00%-2.00%-1.00%，S：片理产状2°∠86°

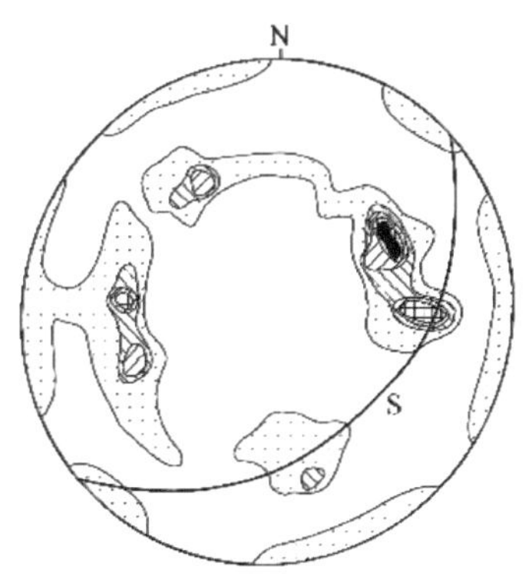

(i)HPⅡ-19石英光轴岩组图(下半球)石英光轴200个，6.00%-4.00%-3.00%-1.50%-1.00%，S：片理产状136°∠29°

图7.11　滑坡区晚期直立对称褶皱构造特征

ⅡF_4为相向倾斜的逆断层，产状分别为5°∠75°和231°∠70°，其中拖褶皱发育，片理面强烈弯曲，构造透镜体出露较多。HPⅡF_5为一东西走向逆断层，规模较小，可见拖褶皱和片理，并有石英脉出露。

HPⅡF_6和HPⅡF_7断层分别位于水门沟滑坡的南北两侧。HPⅡF_6为正断层，产状40°~50°∠36°~45°，断层面下、上盘分别出露云母石英片岩和石英片岩。破碎带出露宽度约11m，主要为糜棱岩化构造角砾岩，其中构造角砾非常发育，最大角砾32cm×20cm×12cm，一般1cm×0.5cm×0.3cm，最小约5mm×3mm×2mm。角砾呈长方形、多角形、三角形、四边形等，其成分复杂，主要有石英片岩、云母石英片岩和钙质片岩。偶见构造透镜体、断层擦痕和正阶步［图7.12（a）（b）］。构造角砾中的应力矿物均具塑性变形特征，波状消光、亚颗粒构造等塑性特征、变形特征发育，少数石英呈拔丝状，云母定向排列明显，方解石应力双晶发育［图7.12（c）（d）］。角砾之间的碎基也以上述矿物为主，并被铁质、钙质和硅质胶结。在胶结物后期破裂之后，发育被钙质充填或呈梳状生长的枳壳结构。最后期，角砾和胶结物多次发生张裂，并无任何充填物。因此，该断层生成较早，最初形成糜棱岩化岩石，经脆性破裂生成碎斑岩，最晚期形成构造角砾岩和碎裂岩。HPⅡF_7主要表现为一较强的片理化带，片理产状50°~90°∠20°~40°，为逆断层。

(a)PHⅡ-26断层破碎带（镜向180°）

(b)PHⅡ-27断层擦痕（镜向240°）

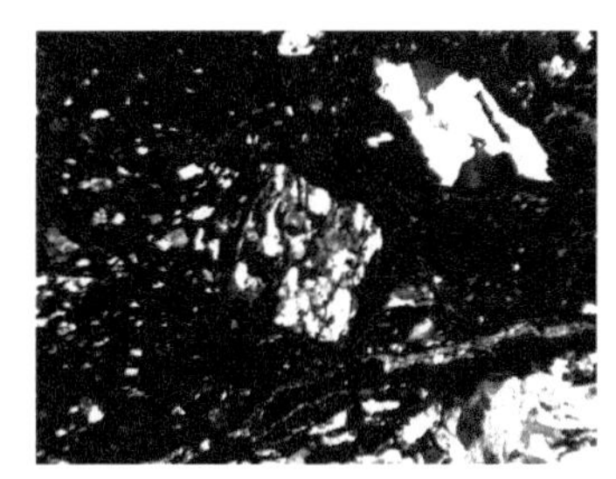

(c)HPⅡ-24 二次碎斑（正交，偏光，2.5×）

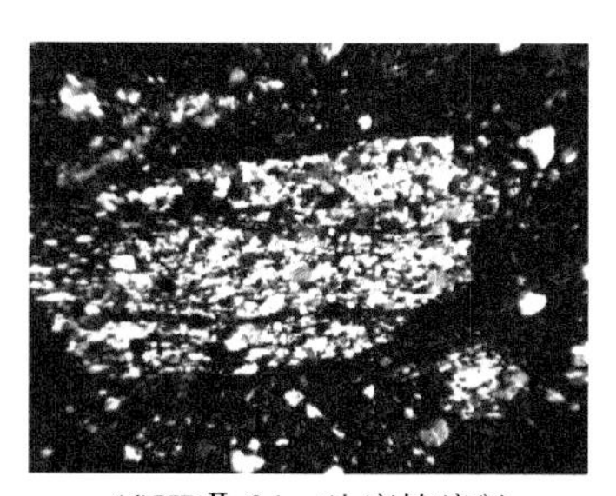
(d)HPⅡ-24 二次糜棱碎斑
(正交，偏光，2.5 ×)

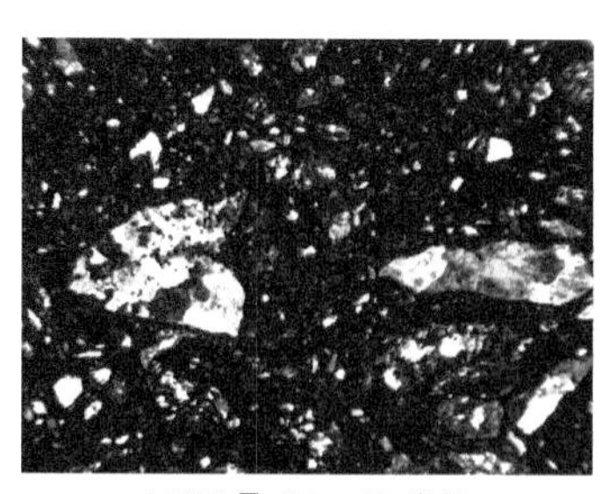
(e)HPⅡ-24 二次碎斑
(正交，偏光，2.5 ×)

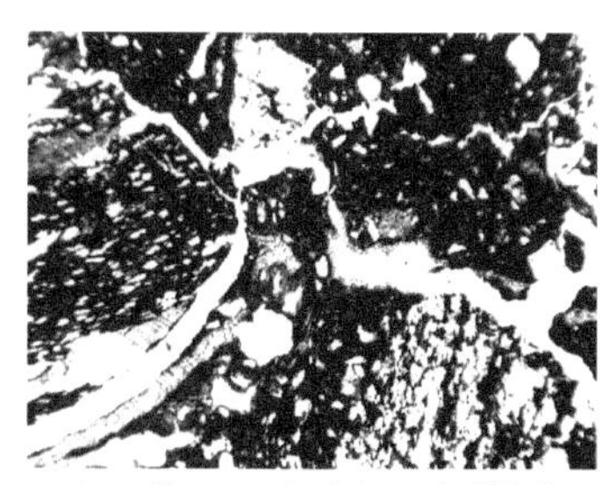
(f)HPⅡ-24 二次碎斑和碎裂结构
(正交，偏光，2.5×)

图 7.12　水门沟滑坡断层带及岩石微结构（一）

HPⅠ剖面上出露两条脆性断层：HPⅠF_1和 HPⅠF_2，断层附近的岩石均经历了糜棱岩化。

HPⅠF_1是岩组的分界断裂，产状 230°∠60°，其下盘的早期石英脉生成 A 型褶皱，早期石英呈拔丝状分布于黑云母鳞片间，实际上已生成碳质黑云母石英构造片岩。其上盘的绿泥钠长片岩中，黄铁矿单斜或三斜对称的压力影和旋转碎斑系较多，影区的矿物既有石英又有绿泥石等［图 7.13（a）（b）］。

HPⅠF_2断层出露在滑坡附近，产状 45°∠44°，断层面附近的绿泥钠长片岩已经历了强烈的蚀变生成黑云绿帘蚀变岩。该类岩石的主要矿物为绿帘石 46%、黑云母 38%、石英 14%、褐铁矿 1%，鳞片变晶结构。绿帘石：不规则粒状，浅黄绿色，高正突起，糙面显著，干涉色为Ⅱ-Ⅲ级各色叠加且分布不均匀。黑云母：具鳞片变晶结构，黄褐色，中正突起，一组完全解理，多色性较强，干涉色为Ⅱ级各色叠加，较鲜艳，鳞片集合体定向排列，片状构造，呈现绿泥石化特征。石英：由于被拉伸多呈不规则粒状，长条状，无色透明，粒度大小不一，Ⅰ级灰白干涉色。岩石蚀变程度较高，且受构造作用较强，先后发生绿帘石化、碳酸盐化［图 7.13（c）］。绿泥阳起片岩也已变质成绿泥绿帘阳起构造片岩，其主要矿物阳起石 34%、绿帘石 25%、绿泥石 18%、石英 12%、斜长石 4%、黝帘石 3%、黑云母 2%，鳞片变晶结构，片状构造。阳起石呈针状、鳞片状集合体，无色，中正突起，最高干涉色为Ⅱ级各色，由于干涉色分布不均匀，同一矿物颗粒呈现不同干涉色，十分鲜艳。绿帘石为不规则粒状，呈黄绿色，表面粗糙，有小裂纹，高正突起，最高干涉色为Ⅲ级各色不均匀，较鲜艳，与黝帘石共生但黝帘石干涉色为Ⅰ级灰。绿泥石具鳞片状，草绿色，中正突起，干涉色为Ⅰ级灰。石英无色，多被拉伸成不规则长条状、拔丝状，与阳起石鳞片拉伸方向较一致，呈片状构造，定向排列较好。斜长石无色，呈长条状，发育简单双晶［图 7.13（d）］。此类动力变质岩中偶见碎斑［图 7.13（e）］，矿物定向排列、早期脉发生塑性弯曲［图 7.13（f）］等。上述特征表明，该脆性断层是在韧性剪切带基础上进一步演化生成的。

4. 共轭节理及其发育特征

滑坡附近岩体中的共轭节理非常发育。早期节理被长石、石英、方解石等脉体充填。由相互交切关系可知，被脉体充填的共轭节理至少分为三期［图 7.14（a）（b）］。无充填共轭

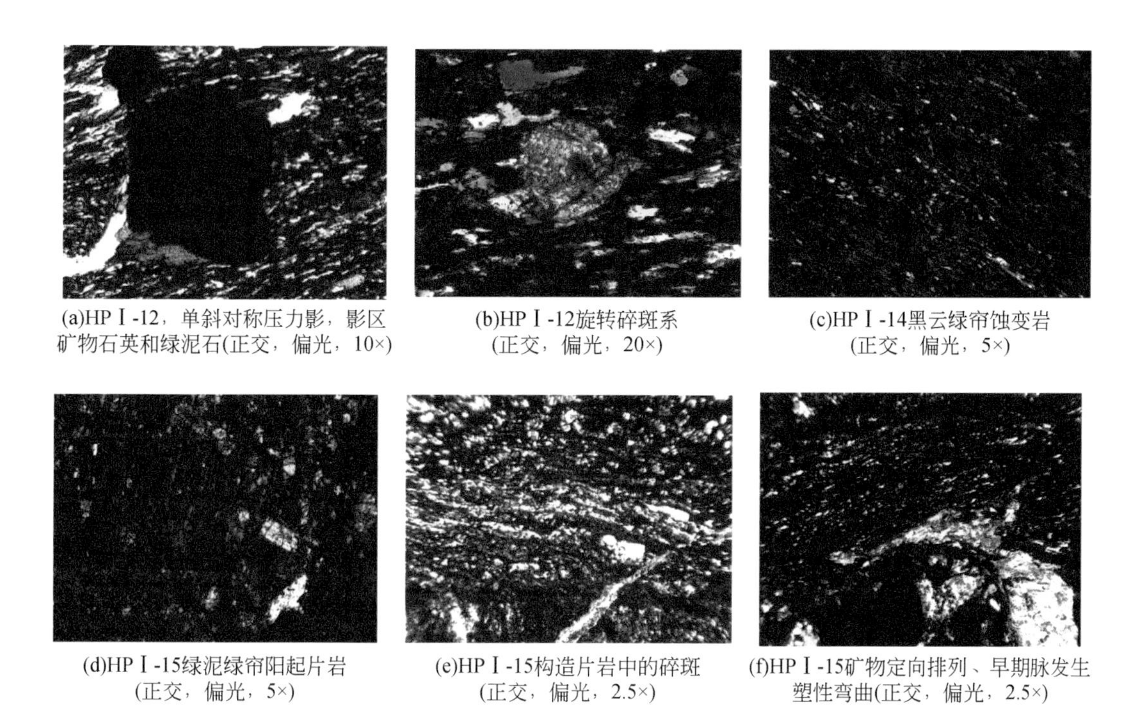

(a)HPⅠ-12，单斜对称压力影，影区矿物石英和绿泥石(正交，偏光，10×)　(b)HPⅠ-12旋转碎斑系(正交，偏光，20×)　(c)HPⅠ-14黑云绿帘蚀变岩(正交，偏光，5×)

(d)HPⅠ-15绿泥绿帘阳起片岩(正交，偏光，5×)　(e)HPⅠ-15构造片岩中的碎斑(正交，偏光，2.5×)　(f)HPⅠ-15矿物定向排列、早期脉发生塑性弯曲(正交，偏光，2.5×)

图7.13　水门沟滑坡断层带及岩石微结构（二）

节理形成较晚［图7.14（c）］，在韧性剪切带和脆性断裂旁尤其发育［图7.14（d）（f）］。

在PHⅠ剖面上实测无充填晚期节理136个，其最强极密部产状为89°∠20°，PHⅠ和PHⅡ剖面上实测节理共计194个，最强极密部产状分别为96°∠10°和264°∠19°。滑坡附

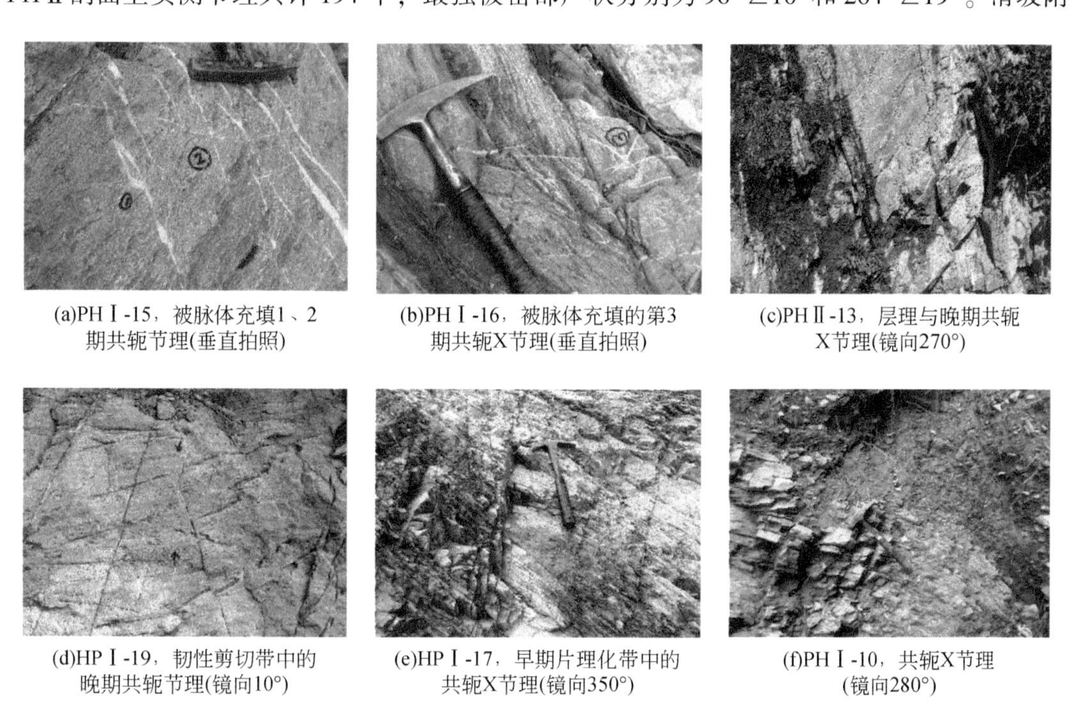

(a)PHⅠ-15，被脉体充填1、2期共轭节理(垂直拍照)　(b)PHⅠ-16，被脉体充填的第3期共轭X节理(垂直拍照)　(c)PHⅡ-13，层理与晚期共轭X节理(镜向270°)

(d)HPⅠ-19，韧性剪切带中的晚期共轭节理(镜向10°)　(e)HPⅠ-17，早期片理化带中的共轭X节理(镜向350°)　(f)PHⅠ-10，共轭X节理(镜向280°)

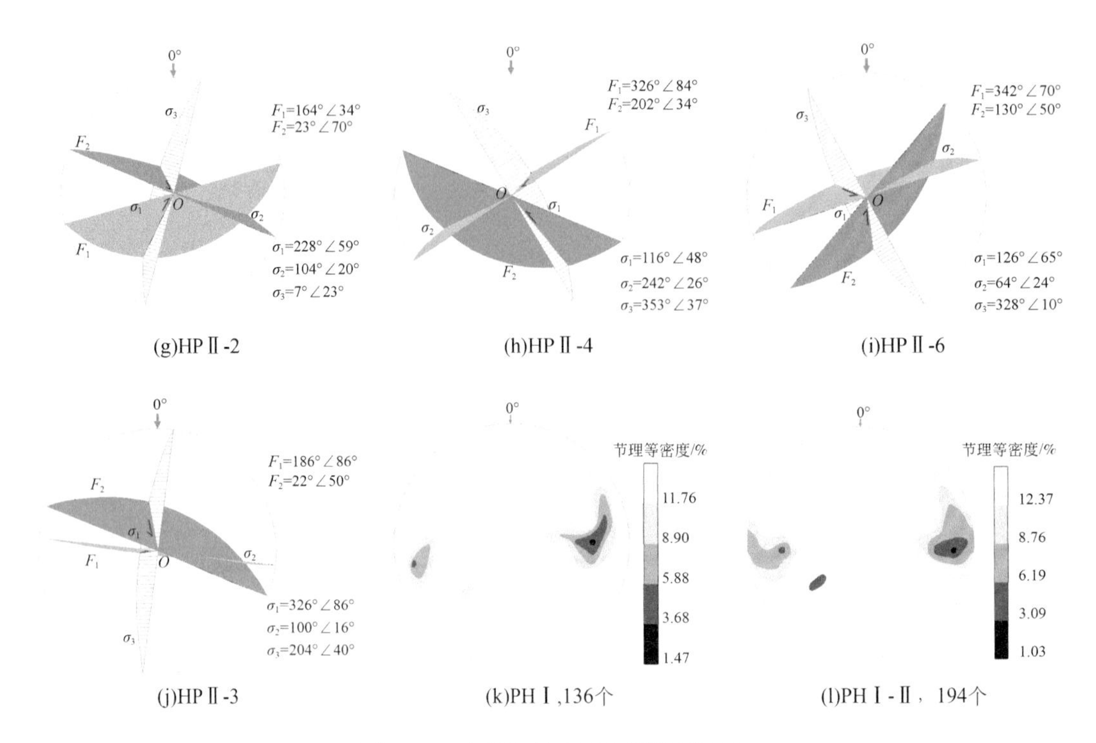

图 7.14　水门沟滑坡区节理发育特征

近从早期被脉体充填的节理演化到无充填共轭节理，反映出最大主应力方位的倾伏角有从小变大（直至近于垂直）的趋势［图 7.14（g）~(l)］。

7.1.4　滑坡成灾机理

（1）绿片岩相变质作用奠定了水门沟滑坡的物质基础。中-新元古代，该区广东宽屏群上段沉积了火山岩夹沉积岩，随之又沉积了甘峪湾组下部的沉积岩夹火山岩。加里东期，在近南北向应力的作用下，经历了绿片岩相的变质作用，广东坪组的火山岩生成绿泥钠长片岩、绿泥阳起片岩及绿泥钠长阳起片岩等正变质岩，其中的沉积岩夹层变质成石英片岩、云母石英片岩、云母片岩、钙质片岩等区域变质岩。甘峪湾组下部的沉积岩变质成石英片岩、云母石英片岩、云母石英大理岩，其中所夹的火山岩变质生成石英绿泥片岩及阳起石大理岩等区域变质岩。

（2）基于地壳长期构造演化形成的多尺度、跨级别向斜倒转褶皱和韧性剪切带是水门沟滑坡形成的构造背景条件。与绿片岩相变质作用同期生成一系列不同级别的向斜倒转褶皱和区域韧性剪切带。由于早期向斜倒转褶皱有不同级别，大到几十公里，小到几十米，因而生成的区域韧性剪切带也可分为大小不同级别，如秦岭北麓山前区域韧性剪切带规模较大，不同岩组接触面附近出露的区域韧性剪切带规模较小等。燕山期，直立水平褶皱生成，并叠加在早期向斜倒转褶皱及区域韧性剪切带之上。这些地壳构造演化过程，以及区域韧性剪切带对该区域内滑坡的形成具有重要的控制作用。

水门沟滑坡恰好位于早期水门沟向斜倒转背斜与晚期水门沟直立水平背斜相互叠加部位的区域韧性剪切带之中。在这一特殊的构造部位，局部构造应力场已发生了变化，最大主应力方位由近于水平—倾伏角较小—倾伏角逐渐变大—近于垂直，因而，在构造演化的后期，背斜相互叠加部位的区域韧性剪切带内脆性程度进一步增加，极易产生水门沟正断层。水门沟滑坡正是沿水门沟正断层的断层面上盘从上向下滑动而生成的。

(3) 强烈发育的结构面和破碎的岩体结构是控制水门沟滑坡的直接条件。在当地地壳演化的晚期，坡向与区域韧性剪切带C面理、区域变质作用过程中生成的片理、劈理及正断层近于平行，后缘又发育共轭节理，致使局部构造应力场发生了变化，在降雨及人类工程活动等外在条件的影响下，极易发生滑坡。

水门沟滑体发育在水门沟断裂带上，断层及片理走向与坡体一致，倾向相反。由于断层的影响，由薄层状碳质片岩、绢云母片岩和绿泥石片岩构成的边坡岩体结构破碎。水门沟在急剧下切的过程中，边坡岩体在长期重力作用下卸荷，岩层向坡外弯曲、折断倾倒，折断面贯通后发生滑动。水门沟滑坡北侧露头上弯折岩体和南侧边界尚残留的一些贯通但尚未滑动的弯折面反映出这种变形破坏的基本过程。

7.2 岩体结构控滑型——旬阳市王庙沟滑坡成灾机理

7.2.1 滑坡发育特征

王庙沟滑坡位于旬阳市城关镇江南社区一组，地理坐标位：109°23′44″E，32°49′43″N，距离旬阳市区约5km（图7.15）。

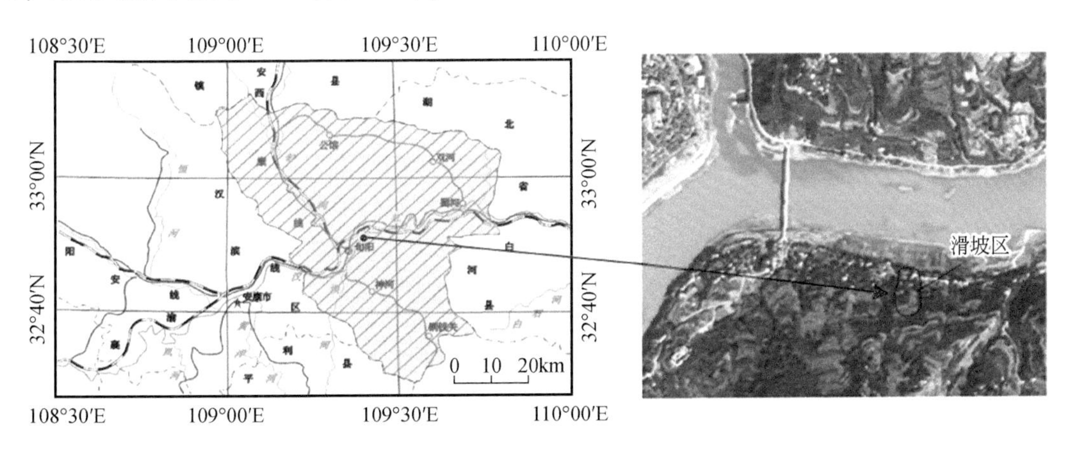

图7.15 滑坡地理位置图

滑坡位于汉江中游秦岭中低山区，滑坡周围地形陡峻，呈“V”形河谷地貌。滑坡区在地质构造上属于汉江推覆构造区，区内断裂和褶皱等活动构造发育。在气候上，滑坡区地处北亚热带北缘，属温暖湿润气候，雨季时间长，降雨量大，王庙沟滑坡所在地区年均降雨量约 800mm，雨季降雨量更甚。

王庙沟滑坡发生于 2010 年 7 月，由于连续强降雨导致坡体发生大规模滑动。该滑坡体主滑方向为 310°，平均坡度约 35°，具圈椅状形态特征（图 7.16）。滑坡前缘宽度约 110m，后缘宽度约 60m，斜坡长 120m。坡脚处高程为 234m，坡顶处高程 303m，高差达 69m。滑体平均厚度 3 ~ 5m，方量约为 52800m^3，属小型滑坡。

图 7.16　王庙沟滑坡全貌

坡体平面形态表现为向前略微凸起的弧形山梁。滑坡后缘以上至坡顶为一缓坡，滑坡后缘边界为圈椅状陡壁，陡壁高约 22m，陡壁上部较陡，坡度 50° ~ 60°，下部稍缓，坡度 45° ~ 60°。陡壁后部发育有多条裂缝，裂缝宽 10 ~ 20cm，深度为 0.2 ~ 1.0m 不等（图 7.17）。陡壁下部为坡体滑动后形成的滑坡平台，滑坡中前部地形较陡，滑坡前缘为汉江一级阶地。坡体失稳破坏后，滑体分解形成散碎的岩石块体（图 7.18），块体直径一般为 20 ~ 100cm。滑坡两侧边界明显，左侧以山脊线为界，而右侧以一条深 10 ~ 20m 的冲沟为界。

图 7.17　滑坡后缘裂缝

该滑坡的破坏模式为蠕滑-拉裂式破坏（详见第 2 章）。滑坡基岩为中风化-强风化的志留系绢云母千枚岩。滑坡后壁出露基岩风化强烈，为中-强风化；滑坡两侧出露基岩风化程度较低，为微-中风化。受构造作用影响，岩体节理十分发育，主要发育 3 组近乎垂直的节理面（图7.19），3组节理面互相垂直，构成反倾的斜坡结构，将岩体分割为1～2m的块状。上述3组结构面产状特征分别为：①层理面，产状为198°∠32°，与坡向相反，间距2～3m，局部张开，张开宽度0.5～1mm，填充细泥；②片理面1，近竖直分布，产状为270°∠82°，倾向与坡向基本相同，间距1～2m，闭合无填充；③片理面2，产状为0°∠65°，节理间距1～2m，局部张开，张开宽度0.5～1mm，无填充。滑坡堆积物主要分布于坡体中上部，呈碎石土状，厚度为1～2m，粒径30～50cm。

图7.18　坡残积层松散堆积物

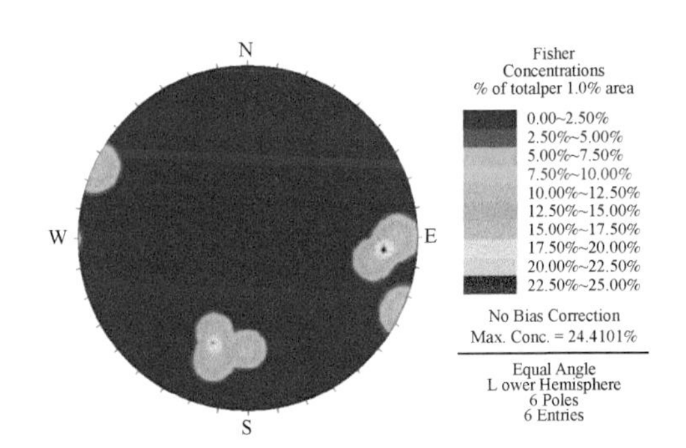

图7.19　节理极点等密图

7.2.2　斜坡变形破坏过程

1. 模型建立

根据坡体实际形态和结构建立模型，采用UDEC离散元开展数值模拟研究。坡体失稳前滑体和滑床岩体均采用理想弹塑性本构模型和摩尔-库仑屈服准则，当斜坡失稳开始运动后滑体采用刚性本构模型，结构面用库仑滑动模型。边界条件考虑为法向约束模型四周，固定约束模型底部，坡体表面则为自由边界。模型中岩体、结构面物理力学参数见表7.6、表7.7。

表 7.6　岩体物理力学参数表

风化程度	天然密度 /(kg/m^3)	黏聚力 /MPa	内摩擦角 /(°)	体积模量 /GPa	剪切模量 /GPa
强风化千枚岩	2320	0.75	8	0.167	0.100
中风化千枚岩	2700	0.25	23	0.417	0.312

表 7.7　结构面物理力学参数表

结构面	法向刚度 / (GPa/m)	剪切刚度 / (GPa/m)	内摩擦角 / (°)	黏聚力 /kPa	抗拉强度 /kPa
层理面	1.85	1.04	21	20	70
片理面	1.35	0.87	15	15	12

选取滑坡原始纵向地质剖面建立计算模型。王庙沟滑体表层覆盖薄层第四系松散物，滑体深部为强风化绢云母千枚岩，滑床则为中等风化绢云母千枚岩。为便于计算和分析，忽略第四系松散堆积物并将模型设为两层：强风化绢云母千枚岩层和中风化绢云母千枚岩层。王庙沟滑坡后壁十分明显，但滑动面和滑坡剪出口则没有明显的标识。根据坡体滑动后的实测地形，推测可能的滑动面及剪出口组合方式。以此为基础，建立王庙沟滑坡的数值模型（图 7.20）。为消除边界效应对模拟结果的影响，将模型坡体尺寸适当放大。最终建立的模型长为 150m，坡体高度为 565m。

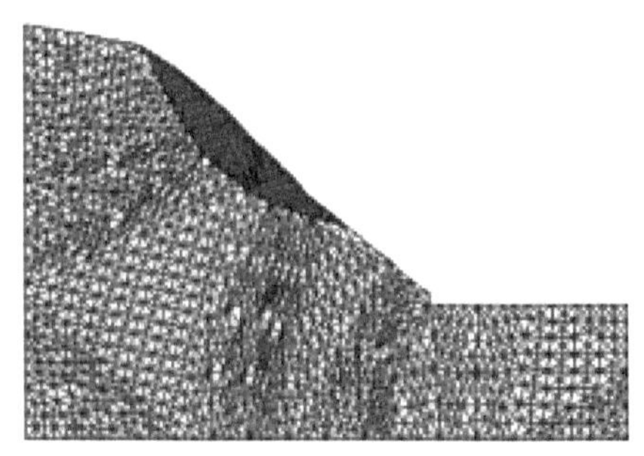

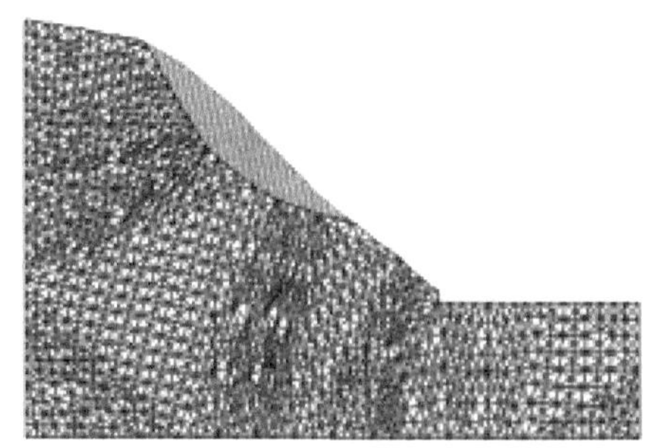

图 7.20　滑坡数值计算模型（左为弹塑性模型，右为刚性模型）

在计算模型的滑体和滑床中分别设置一定数量的监测点，监测对应点的应力、应变及运动状态（图 7.21）。

2. 坡体变形过程分析

图 7.22 和图 7.23 分别为滑坡模型滑动带 *XY* 和 *X* 方向剪应变分布云图。可见当计算到 3700 步时，在滑动面前缘出现剪应力集中［图 7.22（a）］，并沿滑动面产生 *X* 方向的微小变形，且变形呈不连续分布［图 7.23（a）］。剪应变集中带沿坡体内部节理面向后缘坡顶扩展，同时潜在滑动面前缘处剪应变不断增大［图 7.22（b）（c）］。当计算到 4200 步时，坡体 *X* 方向应变沿潜在滑动面向上逐渐扩展［图 7.23（b）］；当计算进行到 4500

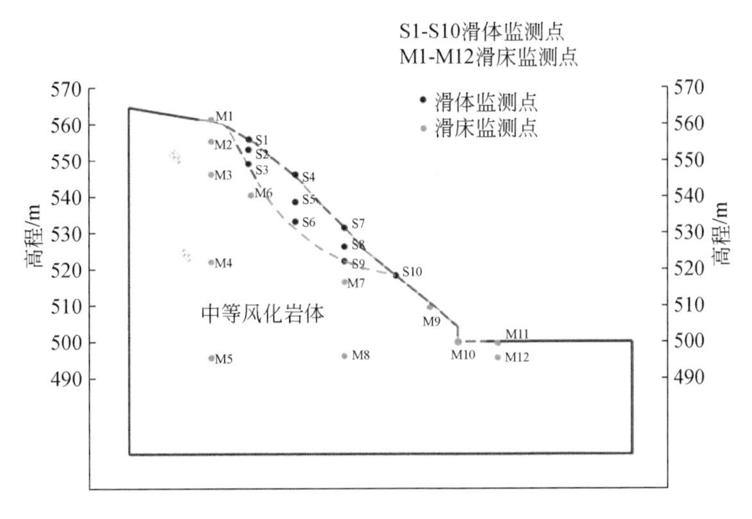

图7.21 监测点布置示意图

步时，不连续分布的应变集中带相连贯通，应变集中带开始向滑体内部扩展，同时潜在滑动面附近的应变仍在增大［图7.23（c）］；当计算进行到4900步时，X方向应变向坡顶扩展速度减缓，但继续向滑体内部扩展，坡顶岩体沿节理面2发生明显的错动，向下与应变集中条带贯通形成滑动带［图7.23（d）］。

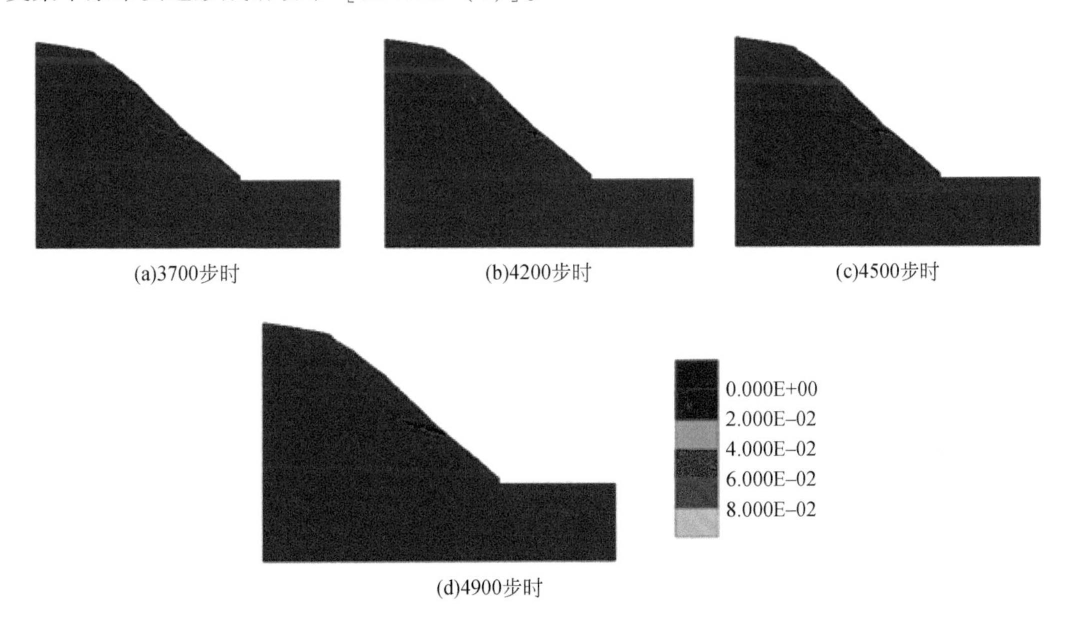

图7.22 模型XY方向剪应变分布云图

滑体内岩体在滑体重力作用下具有下滑趋势，潜在滑动面前缘的坡体具有阻碍下滑的趋势而出现剪应力集中，进而形成剪应变集中条带。剪应变集中条带沿着坡体内分布的软弱破碎节理面向坡体上部发展，同时剪应变值进一步增大。坡体后缘处在重力作用下，沿

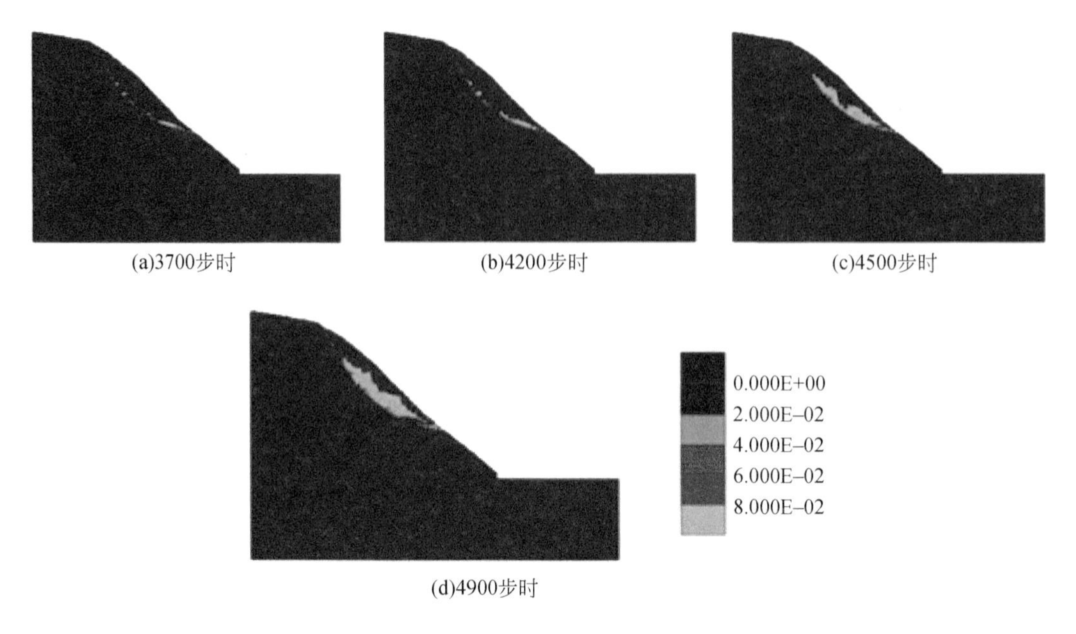

(a)3700步时　(b)4200步时　(c)4500步时

(d)4900步时

图 7. 23　模型 X 方向剪应变分布云图

陡倾节理面 2 拉裂形成拉张裂缝。剪应变条带向上扩展，与后缘处向下拉张的裂缝贯通形成滑动面。剪应变进一步增大而超过滑动面的允许变形值，最终坡体发生滑动破坏。由于滑体受到节理切割较为破碎，随着重力的持续作用，滑坡后缘向下发生明显的错落现象。

3. 破坏过程分析

王庙沟滑坡的变形破坏是一个逐渐发展的过程。王庙沟斜坡模型在破裂面贯通后进入滑动阶段，滑动时间短，滑体的变形破坏严重。当计算至 5000 步时，破裂面贯通形成滑动带，坡顶处部分岩石块体沿陡倾节理面 2 发生明显的向下错动，剪出口处块体同样发生明显错动和位移，斜坡表层则有少量岩块崩落［图 7. 24（b）］；当计算至 10000 步时，滑体开始整体式滑动，内部块体发生错动、旋转，剪出口处块体从滑体中分离［图 7. 24（c）］；当计算至 10000 ~ 158000 步时，滑体开始脱离滑面向坡体下部滑动，滑体内部块体发生明显的错动、挤压，分离出母体的块体加速滑动、翻滚，并堆积在坡脚处［图 7. 24（c）~（g）］；当计算至 194000 步时，滑体的整体式滑动基本结束，表层仍有部分岩块滑动［图 7. 24（h）］；当计算至 194000 ~ 216000 步时，滑体进入自稳过程，滑动的岩体大量堆积到斜坡上，滑坡后缘形成陡坎；当计算至 216000 步时，斜坡达到稳定状态，滑坡

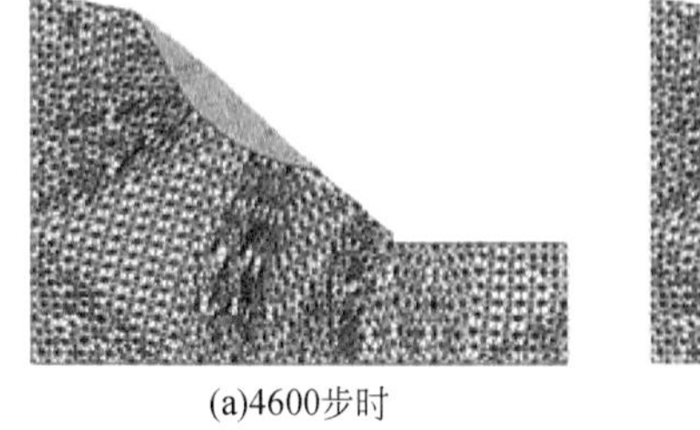

(a)4600步时

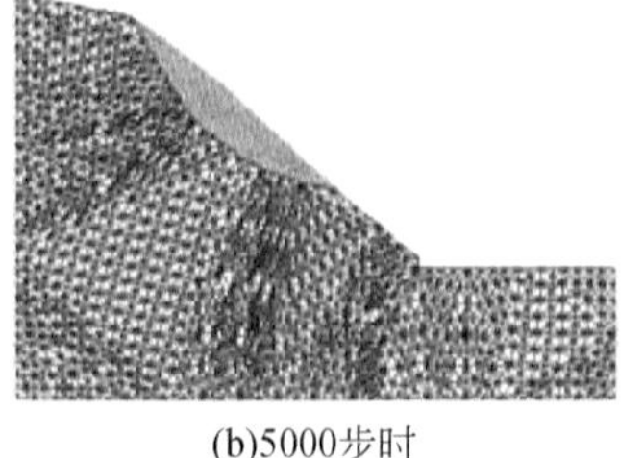

(b)5000步时

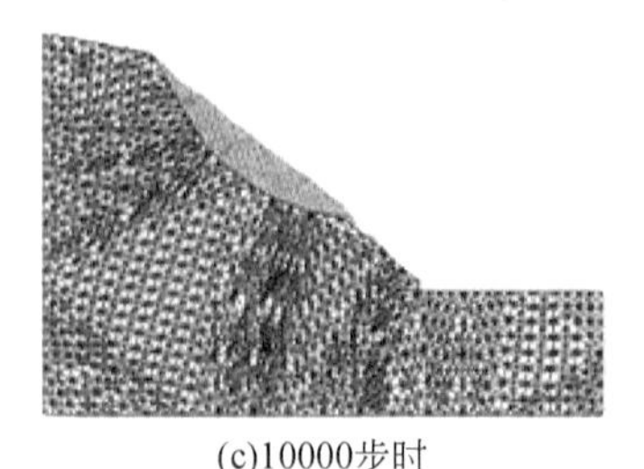

(c)10000步时

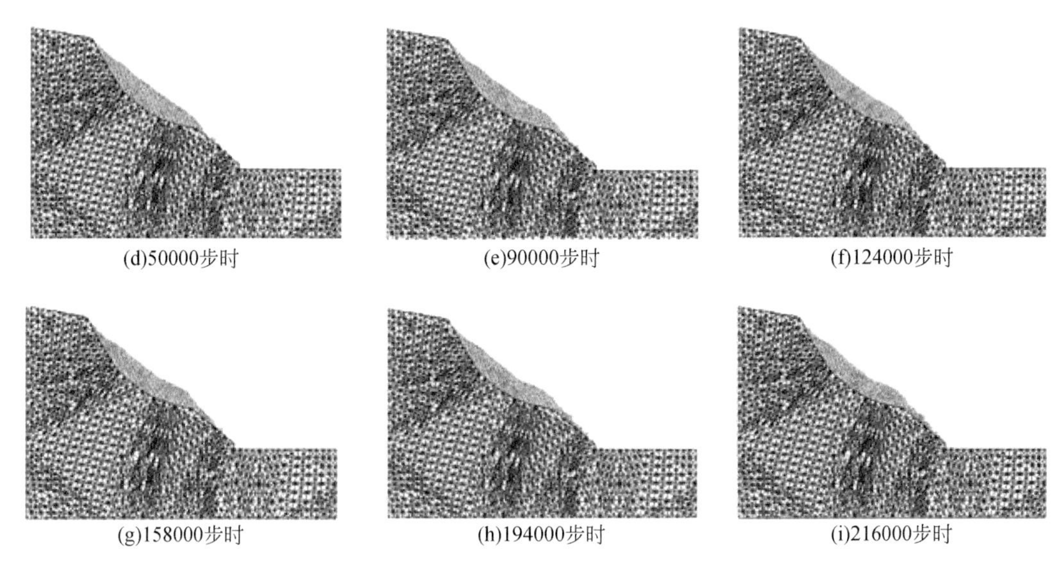
(d)50000步时　(e)90000步时　(f)124000步时

(g)158000步时　(h)194000步时　(i)216000步时

图 7.24　模型变形破坏过程

运动结束［图 7.24（i）］。

4. 块体运动特征分析

对比滑体内各位移监测点的水平向和竖直向位移时程曲线，从而分析滑坡运动过程中滑体岩石块体的运动特征。

对比分析滑体前部、中部、后部对应深度的监测点（S1，S4，S7）、（S2，S5，S8）、（S3，S6，S9，S10）的位移时程曲线（图 7.25），滑体前部的 S10 位移量最大，位移速率基本未变，最终该块体堆积于坡脚而停止运动；滑体中部监测点（S4，S5，S6）和（S7，S8，S9）的最终位移量则较小，位移曲线有较小波动，位移速率则呈现先大后小的特点，表明滑体运动过程中各块体的运动互相影响，块体之间的翻转、挤压等影响了彼此的运动；滑体后部的监测点 S1、S2 和 S3 最终位移量最小，位移速率也较滑体中前部的小，表明斜坡滑动破坏启动后，坡体前部最先破坏，然后逐步向坡体中后部扩展，具有牵引式滑坡的运动特点。表层的监测点 S4 和 S7 的水平和竖直位移均比滑体深部的位移值小。浅部各监测点的位移速率为 0 时，滑体深层的监测点仍具有位移速率，表明滑体运动过程中坡体深部运动最为剧烈。

7.2.3　滑坡成灾机理

（1）节理化反倾岩体边坡结构及软弱变质岩性构成了坡体不稳定的基本条件。

王庙沟原始边坡为典型的节理化反倾岩质边坡，两组互相垂直的节理面及一组反倾的层面共同构成了不稳定的坡体结构。岩性为强风化绢云母变质岩，岩体强度较低。典型的地形地貌、地层岩性以及地质构造等为其奠定了边坡失稳破坏的基本条件。

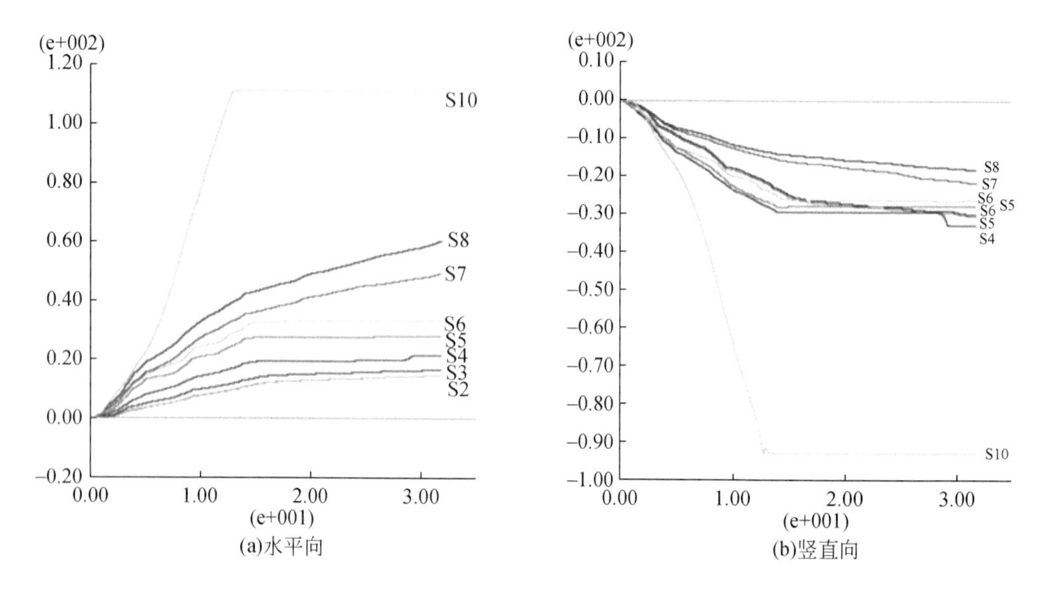

图 7.25　模型位移时程曲线

（2）降雨及长期重力耦合作用是坡体失稳破坏的触发条件。

王庙沟滑坡所处区域降雨丰富，丰富的降雨沿坡体后缘的拉张裂缝以及坡体内的节理面渗入坡体内部，弱化了岩体强度，并在坡体内形成静水压力和向坡下的表层径流。降雨和重力的耦合作用导致了坡体的失稳破坏。

（3）滑坡的失稳破坏具有变形累积—滑动启动—滑动加速—滑动减速—坡体再次稳定的多阶段全过程运动特征。

变形累计阶段：坡体在重力作用下而具有沿潜在滑动面下滑趋势，而潜在滑动面前缘对斜坡的下滑趋势具有阻碍作用，一定程度上作为“锁固段”存在。重力的持续作用使下滑趋势越来越强烈，造成锁固段的剪应力集中、剪应变不断增大并向坡体深部和上部发展。沿节理面产生拉裂缝并逐渐贯通。滑动启动阶段：坡体内滑动面尚未形成，坡体处于蠕变变形阶段，坡体的位移量小，位移速率低。滑动加速阶段：坡体内滑动面贯通形成，坡体沿滑动面在重力作用下加速下滑，滑体的重力势能得到释放，整个滑体从前往后以逐渐减小的速率滑动，各岩石块体出现滚动、错落、挤压的现象。滑动减速阶段：滑体前缘的部分岩石块体脱离滑动面而滑向斜坡表面，由于斜坡下段的坡角较小而阻碍了岩石块体的滑动，部分滑落坡面的块体相互堆叠而起到了屏障作用，岩石块体的运动速率减小。坡体再次稳定阶段：斜坡体进入自稳阶段，各岩石块体位移速率为零。模型中岩石块体的最大滑动距离为46.5m，大部分岩石块体发生较大位移，并最终堆积于斜坡下段坡面处，与实际情况相符。将模型滑动后的形态与实际坡体形态进行对比（图7.26），滑坡体后缘出现近20m高陡坎，坡体上堆积体厚度5～20m，均与实际情况相符，地表起伏状态与实际滑坡滑后地形亦较为相符。

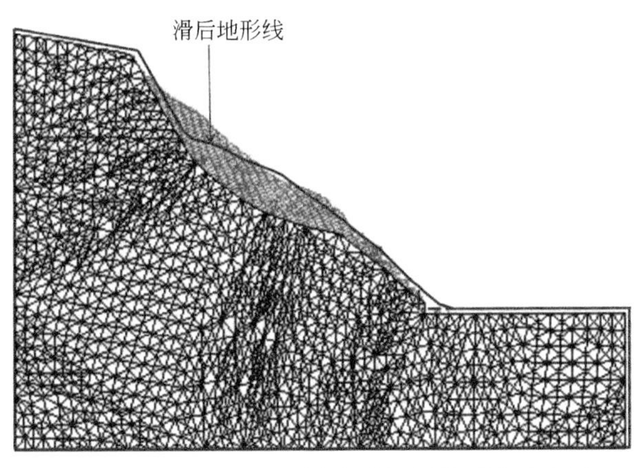

图 7. 26　模型滑动后形态与实际坡体形态对比图

7. 3　降雨诱发型——紫阳县洪山镇滑坡成灾机理

7. 3. 1　滑坡发育特征

1. 洪山镇滑坡地质背景概况

该滑坡位于紫阳县东北部的洪山镇。洪山镇在行政区划上属安康市汉滨区，但从地质环境条件看，其构造、岩性、气候、环境等均与紫阳县一致。发生于 2010 年 7 月 18 日，由于区内突降暴雨，洪山镇附近出现了系列滑坡，造成了大量人员伤害和财产损失。

在地质构造上，洪山镇属于南秦岭北大巴山构造带中的紫阳-平利逆冲推覆带。滑坡区附近发育的主要断裂为汉王-双安断裂（图 7. 27），该断裂走向 NW，产状 35°∠70°，延伸约 4km，带宽 10m，带内发育断层泥、断层碎裂岩等。滑坡内岩体极为破碎，分布有较厚的土石混合体风化堆积覆盖层，极易发生浅表层坡体失稳。

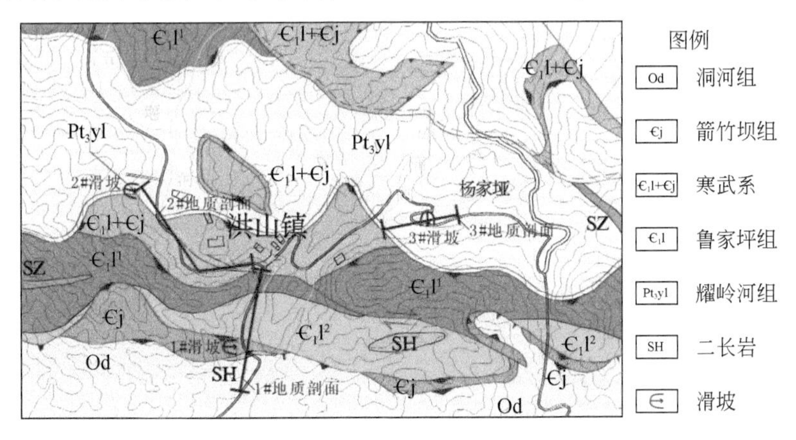

图 7. 27　滑坡区域地质构造图（据 1 : 5 万地质图，2000 年）

洪山镇滑坡区出露地层主要包括：青白口系耀岭河组，寒武系鲁家坪组、箭竹坝组，奥陶系洞河组。青白口系耀岭河组为灰绿色片岩夹硅质岩、碳质板岩岩层，为变质基性火山沉积岩建造，属大陆边缘裂谷环境，是区内主要的原地系统岩层，其构造样式主要为顺层劈理、褶劈理、顺层韧性剪切带及顺层掩卧褶皱等。鲁家坪组受基底与盖层之间逆冲滑移断层改造，呈构造岩片状，为以黑色板岩为主的碎屑岩地层，夹黑色薄层硅质岩和少量灰岩、粉砂岩等，局部含黄铁矿。箭竹坝组，呈透镜状、香肠状展布，主要为一套灰黑色泥灰岩夹碳质板岩，以发育不同尺度的顺层掩卧褶皱为特征。洞河组与下伏箭竹坝组呈断层接触，下部为灰色钙质绢云千枚岩，上部为灰色绢云母千枚岩、绿泥钠长绢云千枚岩、钙质绢云千枚岩，该地层构造样式主要为顺层流劈理，属深海沉积环境。由于受构造作用影响，岩性在小范围内交叠糅杂。

2. 洪山镇滑坡发育特征

2010 年 7 月 18 日的降雨在洪山镇附近诱发了大量的浅表层滑坡，主要破坏模式为圆弧滑动破坏。其中比较典型的滑坡有 3 处，各滑坡的具体位置见图 7. 28，其详细特征分述如下。

(a)滑坡正面(镜向西)　(b)滑坡俯视(镜向东)

(c)损毁的房屋　(d)损坏的汽车

图 7. 28　1#滑坡造成的损失情况

1）1#滑坡

1#滑坡位于省道 S310 洪山镇-蒿坪公路西侧，是该滑坡群中致灾最严重的滑坡之一。

滑坡前缘从坡前公路上越过，掩埋了公路外侧的老房 1 栋，损毁新房 2 栋及汽车 2 辆，且有多人在本次滑坡灾害中受伤（图 7.29）。

1#滑坡的平均长、宽、厚度分别约为 100m、40m、5m，滑体体积约为 2.0 万 m^3，滑坡影响范围 1.5 万 m^2，滑向 95°，原始坡度 34°。该滑坡属小型滑坡，表层分布有较厚的残坡积物土石混合体。滑坡范围内的土地使用类型以耕地为主，基本无植被覆盖。滑坡后缘以上山体的地表植被茂密，未见滑动迹象。本次滑动使滑坡后缘形成较陡斜坎，出露强风化基岩，岩石结构面倾向与滑向一致，倾角 42°（图 7.29）。

(a)后缘下挫(镜向西)

(b)出露强风化基岩

图 7.29　滑坡后缘强风化基岩出露

通过实地勘察测量确定了 1#滑坡的分布范围、平面形貌、地层结构等特征，如图 7.30 所示。滑坡后缘发育于强风化岩顺坡向结构面内，大量板状岩块从结构面剪断、脱

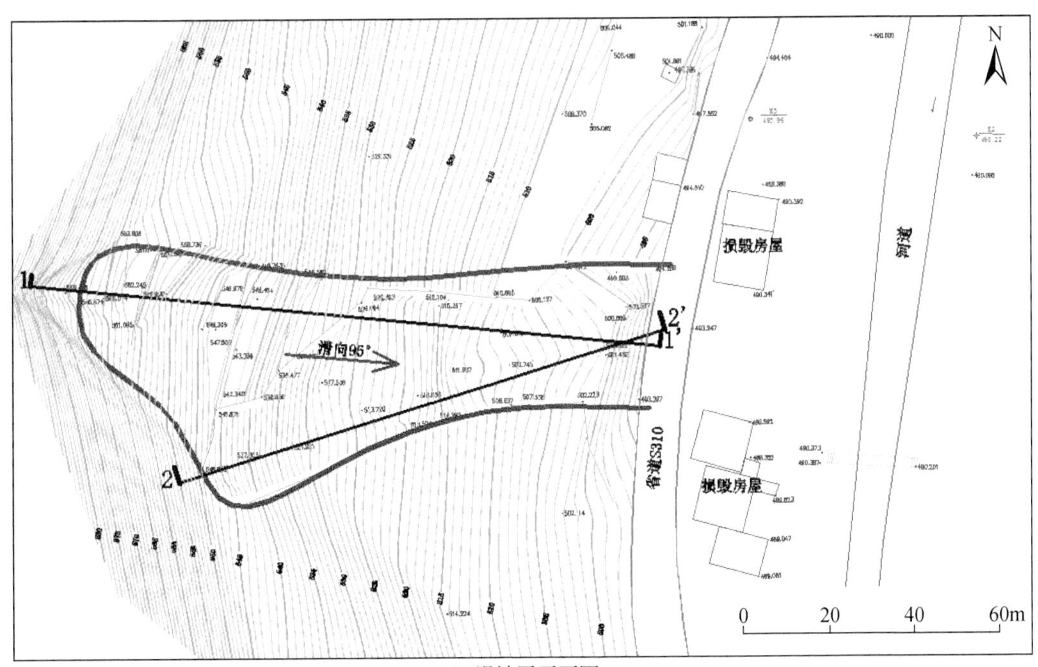

(a)滑坡区平面图

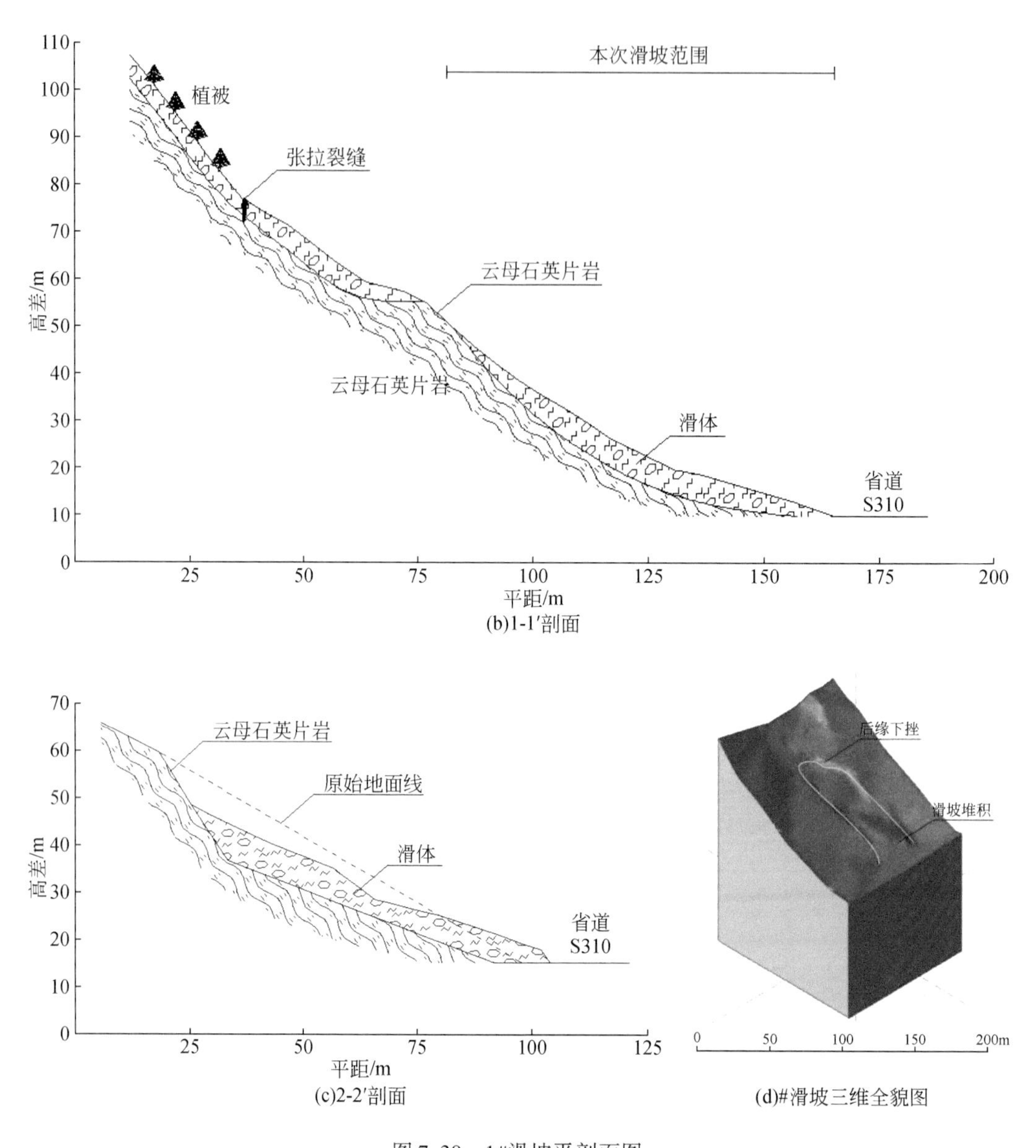

图 7.30　1#滑坡平剖面图

离。据当地人介绍，滑坡后部先下坐变形，导致前缘被挤压，快速向前滑动，属后缘坐滑型。破坏模式属剧滑-平推式。滑后断面形状为凹型，平面形状为长舌形，滑后坡体较为稳定，处于停歇阶段。

2）2#滑坡

2#滑坡位于石狮村通村公路旁，与1#滑坡背靠，属于同一山梁的北坡。坡体上土屋由于地基变形被推倒或拉裂，滑坡前部向下滑动迹象明显，而后部变形特征不显著，但坡面上发育有大量的张拉裂缝。据介绍，滑坡整个滑动过程发生于暴雨时，滑坡中居民撤离，未造成人员伤亡（图 7.31）。

(a)滑坡仰视(镜向西)

(b)滑坡俯视(镜向东)

(c)破坏房屋

图 7.31　2#滑坡造成的损失情况

2#滑坡的平均长、宽、厚度分别约为 110m、30m、7m，滑体体积约为 2.31 万 m^3，滑坡影响范围 0.8 万 m^2，滑向 95°，原始坡度 33°。该滑坡属小型滑坡，表层分布有较厚的残坡积物土石混合体，地表植被覆盖不均匀。下覆基岩的结构面产状为 192°∠50°。滑面发育于残坡积层中，前缘鼓起，前部滑移，而后缘稳定，坡上发育大量拉张裂缝，变形速度缓慢，且滑动距离短，属蠕滑-拉裂式破坏。滑后断面形状整体为凹型，前部为凸型，平面形状为长舌形。通过实地勘测确定了 2#滑坡的分布范围、平面形貌、地层结构等特征，如图 7.32 所示。

3）3#滑坡

3#滑坡位于洪山镇以东 3km 处，省道 S310 盘道处。滑坡主滑方向 150°，坡度 33°，长宽分别为 56m×37m，影响范围 1.0 万 m^2。坡面发育有多条裂缝，但未发生明显滑动，坡体变形导致多栋房屋开裂，水泥公路裂缝宽达 4cm（图 7.33）。坡面有零星耕地，植被覆盖较差，通过现场勘测确定了滑坡的分布范围、平面形貌、地层结构等特征，如图 7.34 所示。3#滑坡滑面发育于残坡积层中，滑坡整体变形缓慢，属蠕滑-拉裂式破坏。

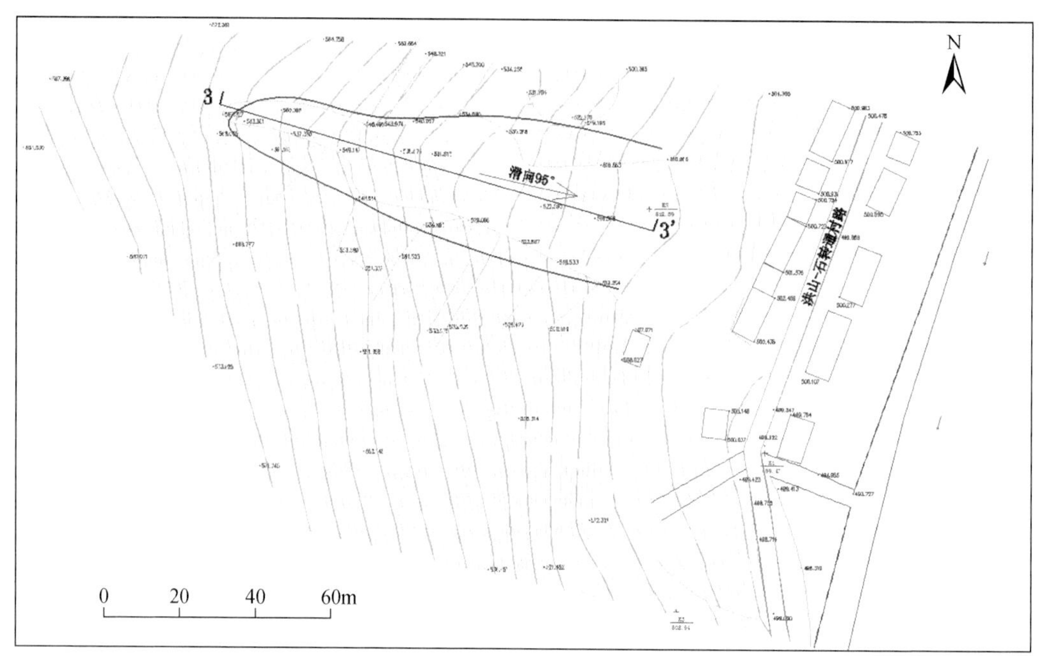

(a)平面图

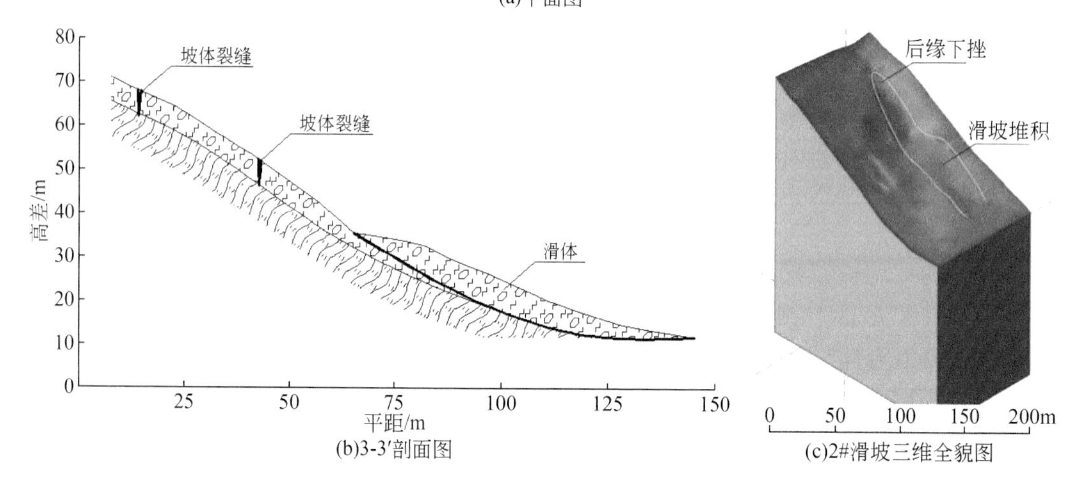

(b)3-3′剖面图　　(c)2#滑坡三维全貌图

图 7.32　2#滑坡平剖面图

(a)远景(镜向西)

(b)坡体上(镜向北西)

(c)S310公路裂缝

(d)房屋裂缝

图 7.33　3#滑坡造成的损失情况

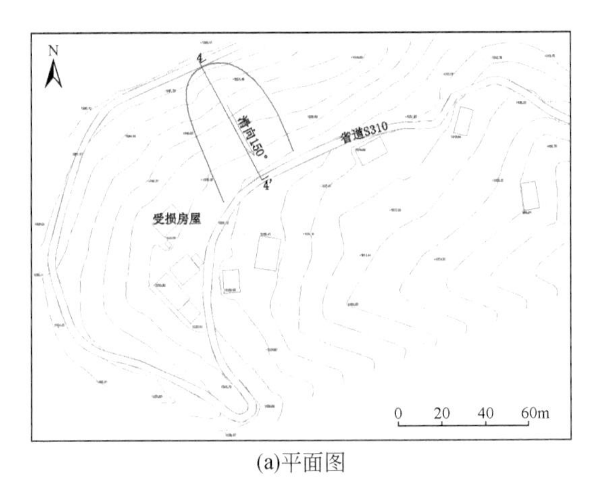

(a)平面图

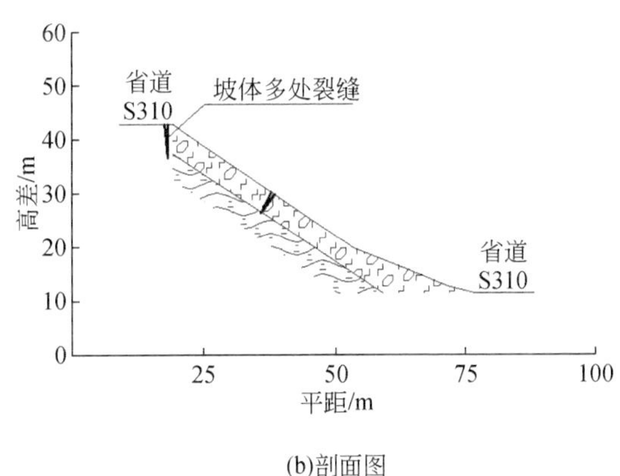

(b)剖面图

图 7.34　3#滑坡平剖面图

7.3.2　滑坡稳定性评价

1. 模型建立和参数选取

对于 1#、2#滑坡，根据滑后坡体微地貌形态及周围地形，结合当地村民的描述，进行地形反演和复原并建立计算模型。对于 3#滑坡，由于目前处于欠稳定状态，可基于现有状态建立模型进行稳定性评价。各坡体的计算模型如图 7.35 所示。

根据现场实测结合经验参数选取，本次稳定性计算所采用的各地层物理力学参数见表 7.8 所示。

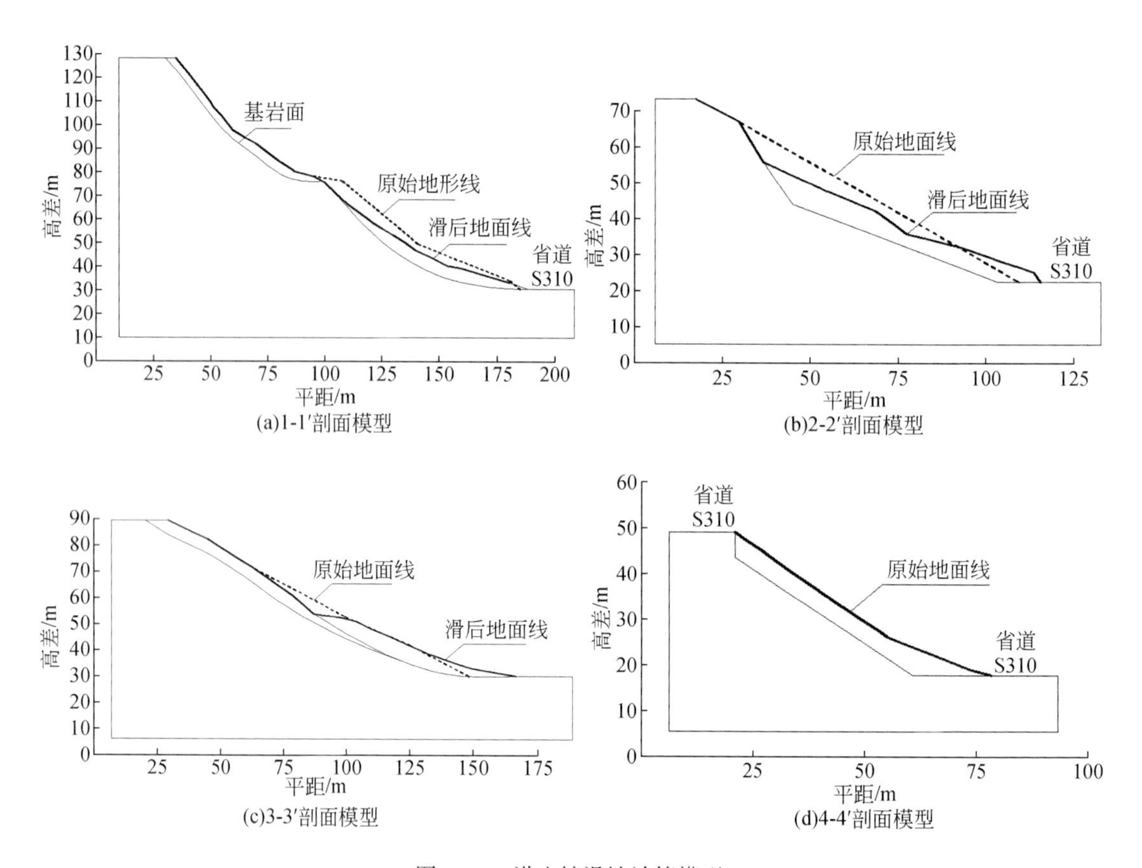

(a)1-1′剖面模型　(b)2-2′剖面模型　(c)3-3′剖面模型　(d)4-4′剖面模型

图 7.35　洪山镇滑坡计算模型

表 7.8　洪山镇滑坡各地层物理力学参数

材料	状态	重度 γ /(kN/m³)	弹性模量 E /MPa	泊松比 ν	黏聚力 C /kPa	内摩擦角 φ /(°)
岩石	天然状态	26.0	3000	0.18	5.8	47.0
	饱和状态	26.5	1700	0.20	5.0	31.0
土石混合体	天然状态	19.0	43.8	0.23	28.5	34.5
	饱和状态	22.0	30.0	0.25	28.5	25.4
接触面	100% 接触	—	—	—	28.5	12.4

2. 坡体稳定性评价

1) 基于极限平衡理论

采用基于极限平衡理论的多种方法计算坡体稳定性系数（表 7.9），计算时，滑面的选取考虑自动搜索和给定滑面两种方式，其中给定滑面时考虑为土岩接触面。计算结果如图 7.36 所示。

表 7.9　基于极限平衡理论的稳定性计算结果

工况	1-1′剖面	2-2′剖面	3-3′剖面	4-4′剖面
给定滑前天然	1.74/1.80/1.69/1.83	1.89/2.06/1.87/1.95	1.68/1.77/1.66/1.70	1.67/1.78/1.60/1.73
搜索滑前天然	1.54/1.60/1.53/1.60	1.84/1.89/1.82/1.88	1.58/1.62/1.56/1.62	1.38/1.43/1.36/1.42
给定滑前饱和	0.89/0.88/0.86/0.92	0.89/0.95/0.87/0.90	1.04/1.07/1.02/1.04	1.06/1.11/1.01/1.08
搜索滑前饱和	1.09/1.06/1.07/0.66	1.00/1.02/0.98/1.01	1.14/1.17/1.13/1.17	0.96/0.99/0.94/0.98
给定滑后天然	1.73/1.86/1.68/1.82	2.72/2.97/2.67/2.73	2.16/2.38/2.11/2.18	—
搜索滑后天然	1.43/1.42/1.40/1.45	2.49/2.52/2.43/2.53	1.22/1.24/1.21/1.23	—
给定滑后饱和	1.16/1.22/1.11/1.19	1.69/1.83/1.64/1.69	1.40/1.52/1.36/1.40	—
搜索滑后饱和	0.99/0.98/0.97/0.99	1.56/1.57/1.49/1.55	1.01/1.02/1.00/1.02	—

注：稳定系数计算方法分别为 Ordinary/Bishop/Janbu/Morgenstern-Price。

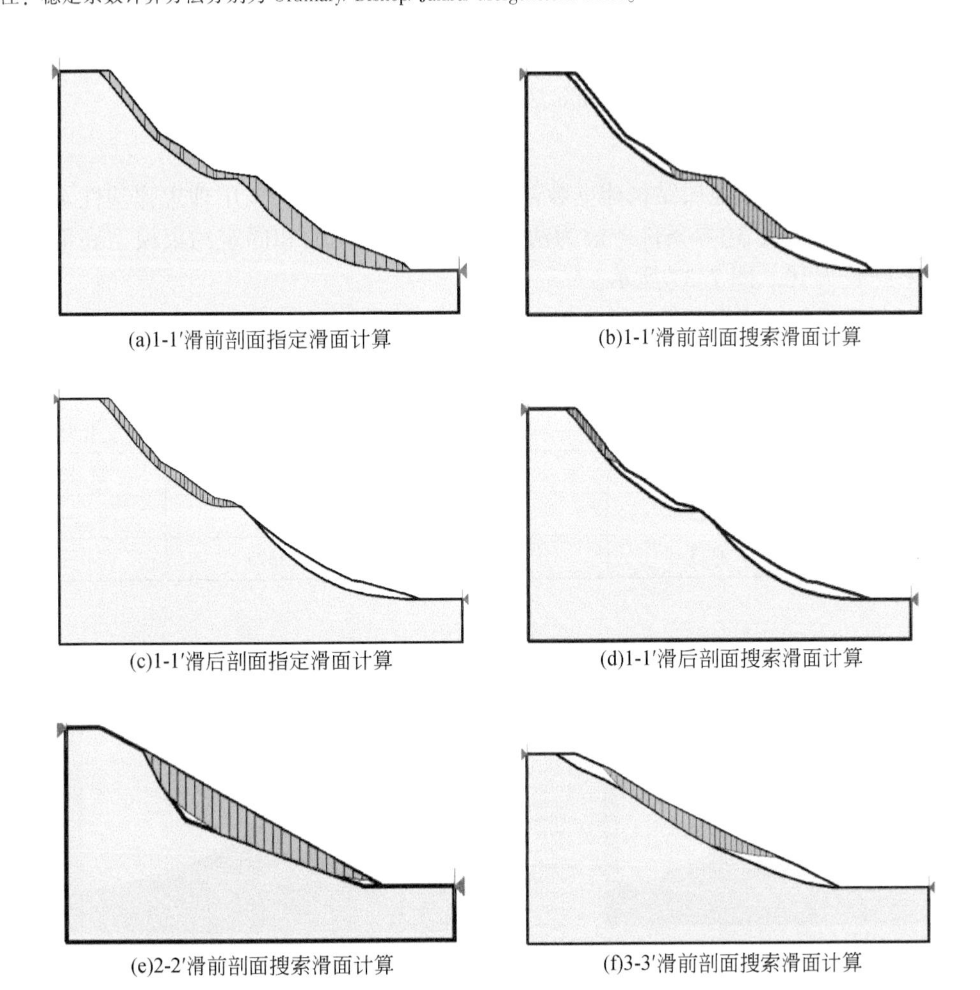

(a)1-1′滑前剖面指定滑面计算　(b)1-1′滑前剖面搜索滑面计算

(c)1-1′滑后剖面指定滑面计算　(d)1-1′滑后剖面搜索滑面计算

(e)2-2′滑前剖面搜索滑面计算　(f)3-3′滑前剖面搜索滑面计算

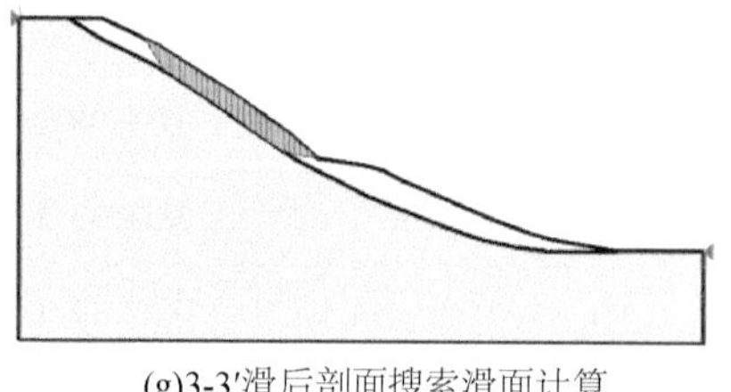

(g)3-3′滑后剖面搜索滑面计算

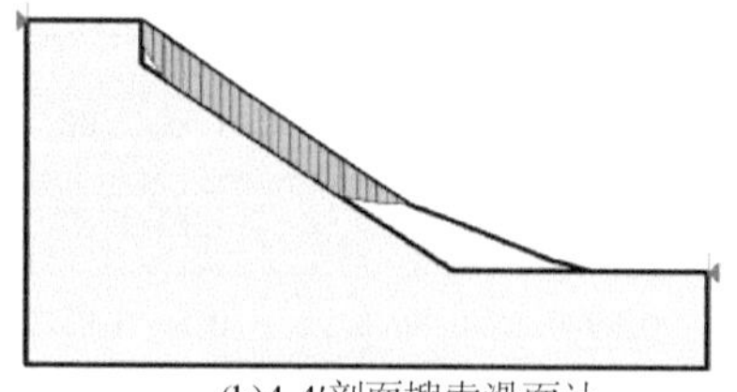

(h)4-4′剖面搜索滑面计

图 7.36　饱和状态下 Janbu 法计算图

由计算结果可见，在滑前天然状态下，坡体稳定性系数均较高，而在滑前饱和状态下，坡体稳定系数均在 1.0 左右，其中剖面 1-1′、2-2′沿给定滑面的稳定系数小于 1.0，3-3′、4-4′剖面稳定系数略大于 1.0，说明坡体在饱和状态下处于不稳定和欠稳定状态，与实际情况相符。对于滑后坡体稳定性，天然条件下稳定性系数均较高，饱和状态下 1-1′、3-3′剖面稳定性较差，两剖面可能的破坏位置均为滑坡上部的未滑部分，根据现场调查，两坡体上部目前都出现大量裂缝，坡体处于欠稳定状态。根据计算结果，采用不同的方法所获得的稳定性系数相差较小，其中 Janbu 法计算的稳定性系数最小。

2）基于有限元强度折减法

根据实际坡面形态及地层结构建立数值模拟模型。坡体材料采用理想弹塑性本构模型和摩尔–库仑强度理论，边界条件考虑为法向约束模型的侧面和固定约束模型底部。各剖面计算结果如表 7.10、图 7.37 所示。

表 7.10　基于有限元强度折减法的稳定性系数

工况	1-1′剖面	2-2′剖面	3-3′剖面	4-4′剖面
滑前天然	1.3625	1.4375	1.3875	1.5875
滑前饱和	0.9925	0.9875	1.0175	1.1375
滑后天然	1.5875	1.6375	1.4125	—
滑后饱和	1.2375	1.2375	1.1375	—

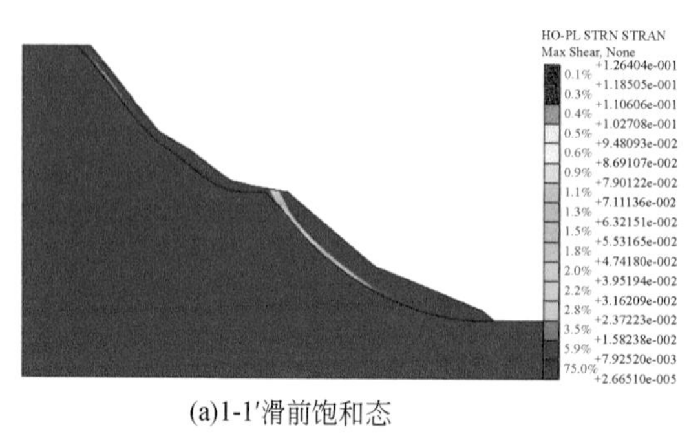

(a)1-1′滑前饱和态

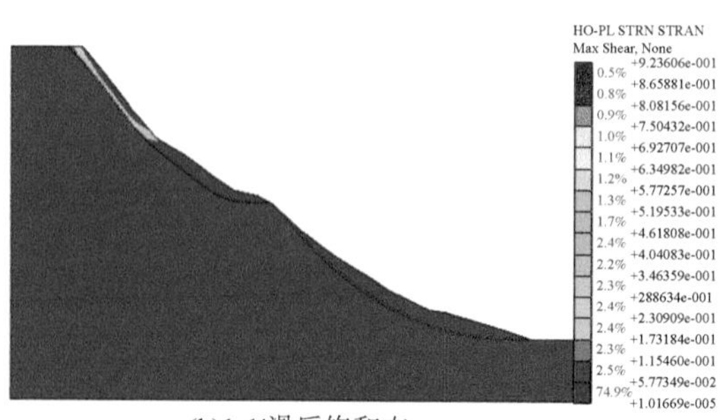

(b)1-1′滑后饱和态

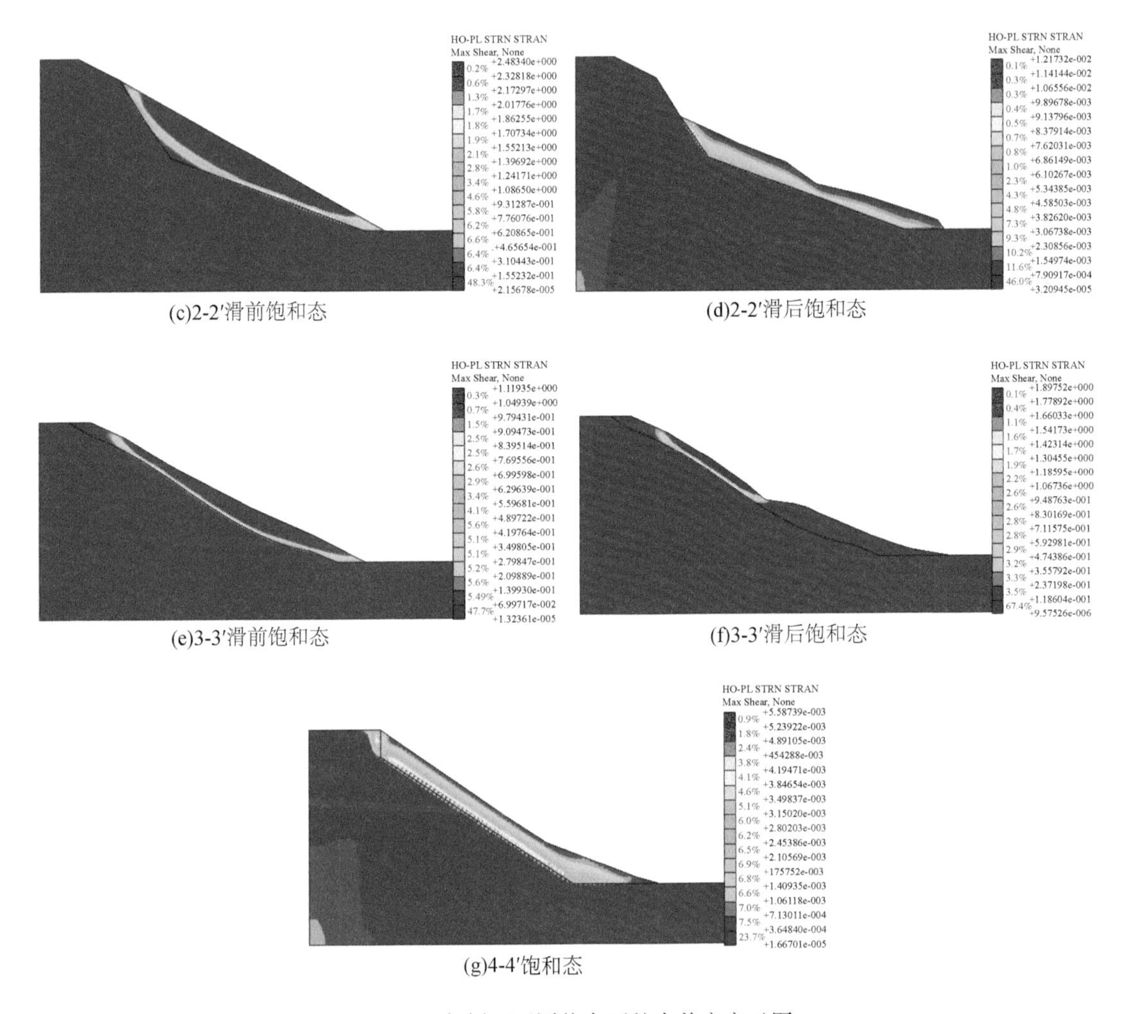

(c)2-2′滑前饱和态　(d)2-2′滑后饱和态

(e)3-3′滑前饱和态　(f)3-3′滑后饱和态

(g)4-4′饱和态

图 7. 37　各剖面不同状态下的大剪应变云图

各滑坡的稳定性系数计算结果与极限平衡法基本一致。由 1#滑坡体的 1-1′剖面计算结果可知，该坡体目前下部稳定，上部处于欠稳定状态，极有可能发生再次失稳。2#滑坡体的计算变形较大，其变形范围与后缘裂缝带的发育比较一致。滑后潜在失稳范围为坡体的中上部。3#滑坡体目前的稳定性相对较好，根据 4-4′剖面结果，基于剪应变分布特征确定的剪出口位于公路附近，与实际中的路边及坡体变形特征一致。

7. 3. 3　滑坡区的小构造特征分析

在滑坡区布设了三条地质剖面，据此研究滑坡区的多尺度构造特征。剖面图位置及其与滑坡的关系见图 7. 27 所示。

1. 1#滑坡

剖面自南向北整体走向 12°，起点坐标 $X=0842727$，$Y=3618657$，$H=435$m，终点坐

标 $X=0842826$，$Y=3619395$，$H=424\mathrm{m}$，全长约 942m（图 7.38）。

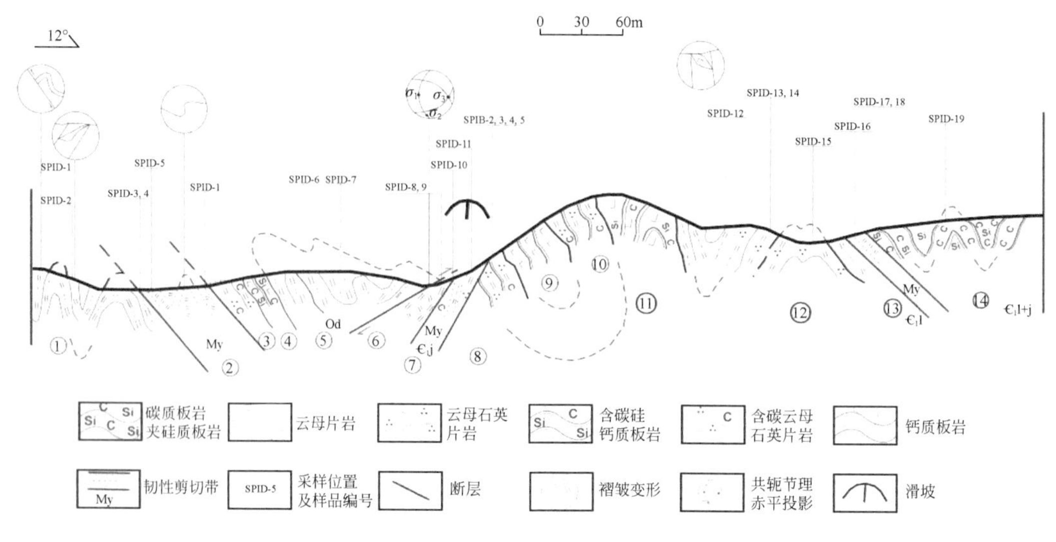

图 7.38　1#滑坡实测地质剖面图

1）*岩石*

滑坡区主要发育变质岩，岩石中主要含有云母、石英等矿物成分，岩石表面光滑，层理、片理及千枚状构造极为发育。以云母石英片岩为例，从镜下可以看到应力矿物白云母环状消光发育［图 7.39（a）］，均具有至少两期褶皱枢纽［图 7.39（b）］，石英被强烈压扁拉长，在早期褶皱中发生了重结晶。部分云母石英片岩中，还可见两期面理［图 7.39（c）］、叠加褶皱［图 7.39（d）］、多方位压力影［图 7.39（e）］以及褶曲和白云母波状消光、旋转碎斑等［图 7.39（f）］。所有这些都是历史应力改变在岩石体内留下的印记，说明该区曾经历了多期（次）构造的影响，岩石中存在多形式的微观构造，且导致岩石体内矿物分布不均匀，由于不同矿物对内外场环境所形成的反馈作用各不相同，区内变质岩物理力学性质软弱，且存在极大差异性，也加速了岩体在自然环境下的风化速度。

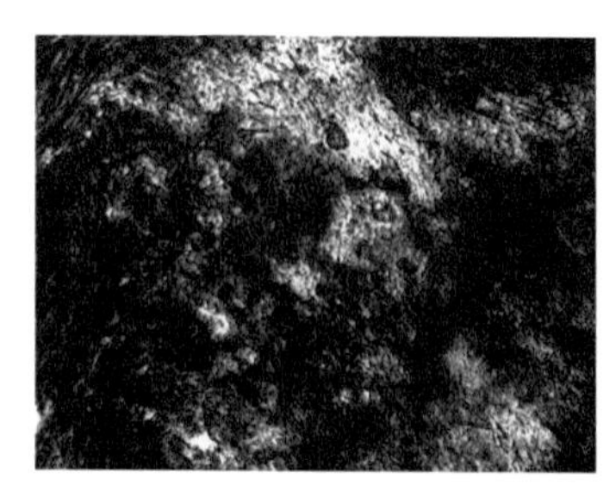

(a)SPID-7白云母环状消光20×(+)

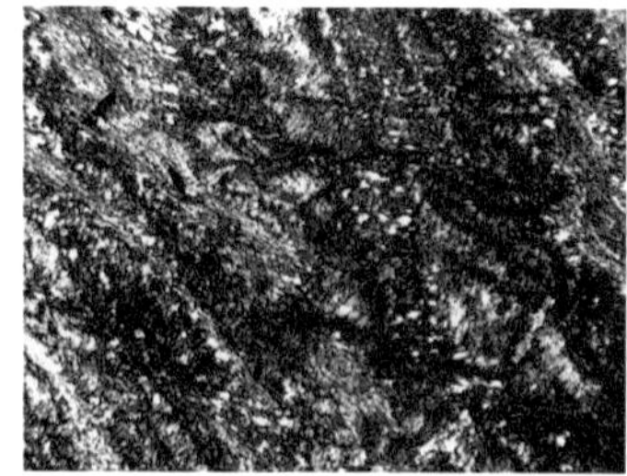

(b)SPID-7两期褶皱枢纽5×(+)

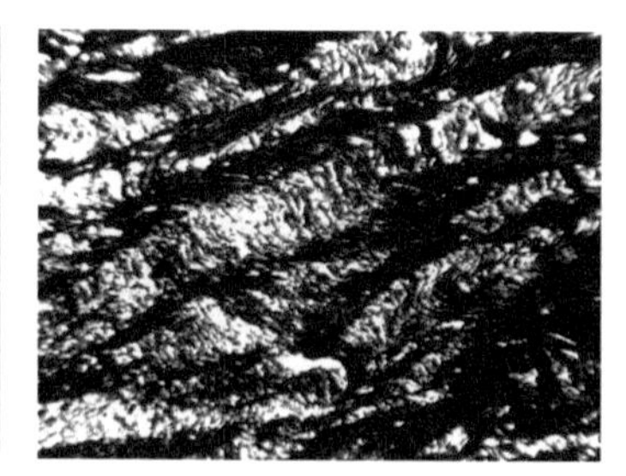

(c)SPID-15两期面理2.5×(+)

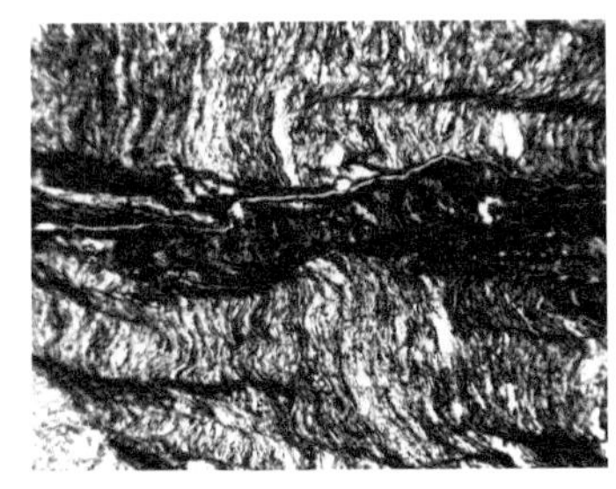

(d)SPID-15叠加褶皱2.5×(-)

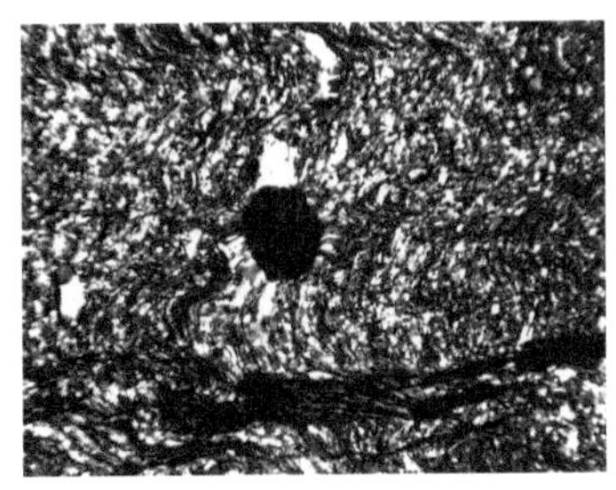
(e)SPID-15多方位压力影2.5×(+)

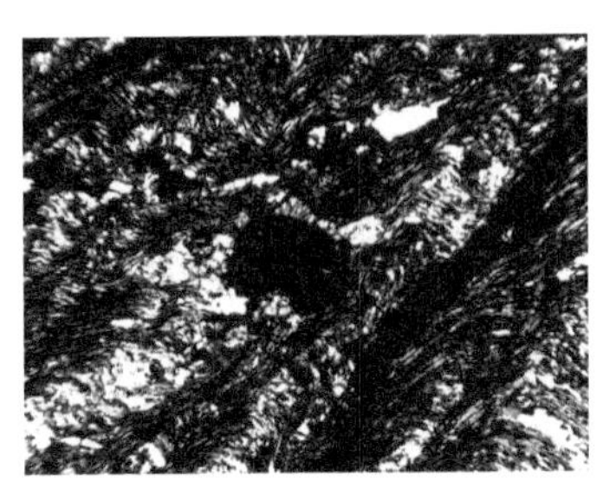
(f)SPID-15波状消光、褶曲、旋转碎斑2.5×(+)

图7.39 云母石英片岩的微观构造

2）岩脉

在该剖面测量过程中发现区内主要出露三种不同岩脉：①二长岩脉，宽10～16m，长度大于30m，主要矿物为斜长石（40%～60%）、钾长石（30%～40%），并含有少量石英、榍石等，由于处于构造带中，经历了强烈的塑性变形而生成二长质糜棱岩。②石英脉和方解石脉出露极为广泛，主要矿物为石英或方解石，含量高达90%～95%，次要矿物有绢云母、白云母、方解石、铁质等。脉体均由多期（次）生成，与板（片）理平行者生成较早，斜交者生成较晚。

岩脉侵入说明在历史构造作用中产生很多构造裂隙，是导致岩体不稳定因素之一。另外，从岩脉的交错断裂情况也能识别历史活动时期，是历史应力发展顺序的直观体现。

3）构造特征

剖面上复式褶皱和韧性剪切带非常发育，由此产生大量断层、节理。

（1）褶皱

1#滑坡附近褶皱构造较为发育，剖面上出露两期（次）不同级别的小褶皱。原生层理S0被片理置换较彻底，个别露头尚可见到顺层掩卧褶皱、流变褶皱。后期形成的褶皱以构造片理（S1）为变形面，形成一系列背斜及向斜构造，规模大小不等。除此之外，由断层产生的拖褶皱在断层两侧也非常发育。褶皱一方面造成岩体变形破碎，强度降低，另一方面由于每一层岩石性质（软硬、强弱）不同，褶皱产生时受力也不均匀，造成岩体原片理、层理发生断开、脱空，形成大量孔洞、裂隙，相当于增大了岩体的比表面积，使岩体更易风化，加速滑坡形成，由于枢纽是岩层中曲率最大的部位，最容易脱开，往往与节理裂隙的产状一致。通过实测41个小褶皱枢纽产状，由极射赤平投影求得其极密枢纽产状约109°∠41°（图7.40），与滑坡大方向相同。

（2）韧性剪切带

剖面上出露了3条韧性剪切带，根据倾向可分为：南东倾向组和北东倾向组。南东倾向组的韧性剪切带出露于滑坡附近，与滑坡关系最为密切，宽度大于20m，产状160°∠35°～65°，呈舒缓波状。北东倾向组的韧性剪切带出露于滑坡的两侧，包括南部韧性剪切带和北部韧性剪切带，出露宽度约90m，总体产状40°∠45°，呈舒缓波状。其中出露的动力变质岩以糜棱岩和构造片岩为主，其中的石英颗粒、碳质、云母及黄铁矿等都发生弯

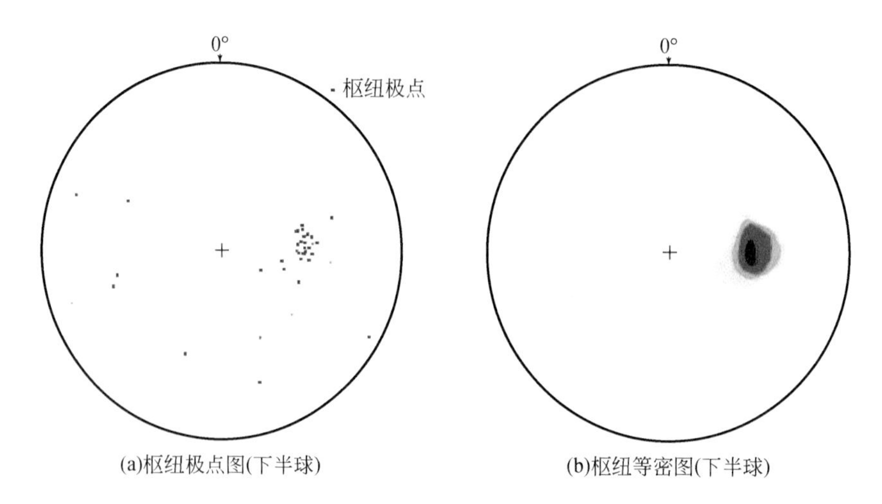

图 7.40　褶皱枢纽统计

曲变形或塑性拉长，说明岩体形成后发生了较大的变形。从微观上讲，这种矿物的不均匀分布也极易引起岩石体内产生应力集中等不利于岩体稳定的因素。

（3）断层

剖面上出露了多条断层，而与滑坡关系紧密的主要包括两条。滑坡南侧逆断层 F1，产状 160°∠26°，呈舒缓波状，拖褶皱发育，拖褶皱轴面与断层间锐夹角指示其为上盘相对上升而下盘相对下降的逆断层。断层下盘出露二长岩，边部片理化较为强烈，劈理非发育，实测劈理产状 11 个，产状变化于 3°～46°∠68°～82°。另外，在岩脉中可见厚 2～10cm 的石英脉，产状 90°∠45°。滑坡北侧正断层 F2，产状 118°∠54°。由于断层的影响，韧性剪切带中的动力变质岩强烈破碎，生成碎斑岩、碎粒岩、碎粉岩、碎裂岩等。上述说明，该断层经历了逆—张—逆—张多期（次）活动。

（4）节理

整个剖面上 S-N 走向的节理较多，集中于 350°～9°（图 7.41），而根据实测的 89 条节理，极密产状为 97°∠51°（图 7.42），与滑坡滑向一致，节理往往成为滑坡的主要滑动面。

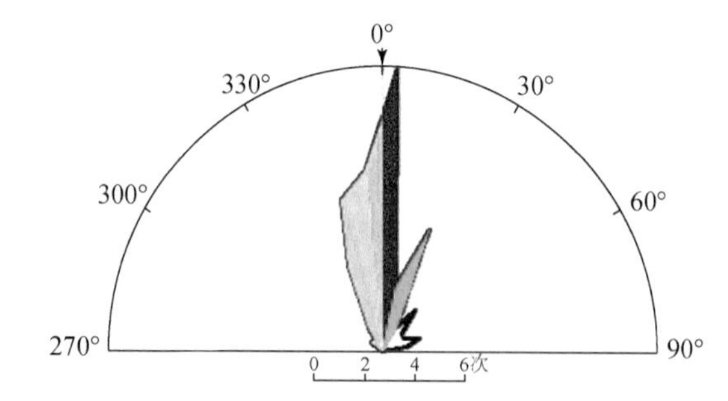

走向

节理范围/(°)	节理组数	平均值/(°)	
0~9	22	3.3	
350~359	14	353.4	
340~349	12	343.3	
20~29	10	22.5	
330~339	7	334.9	

图 7.41　节理走向玫瑰花图（下半球）

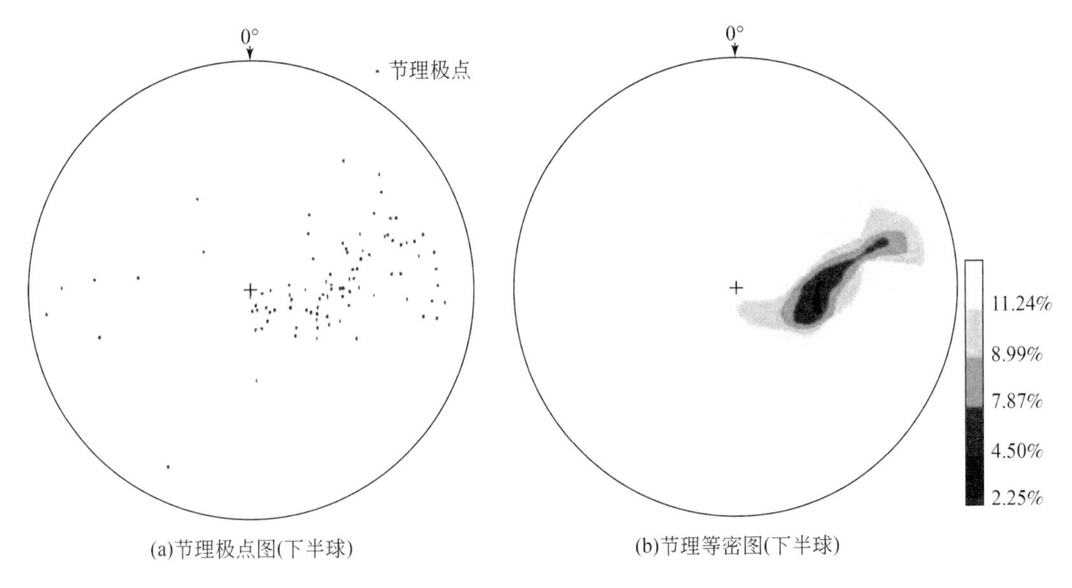

(a)节理极点图(下半球)　　(b)节理等密图(下半球)

图 7.42　节理统计

4）综合分析

综上所述，1#滑坡位于南东倾向的韧性剪切带中，岩石受到多期次改造，变形破碎且性质软弱。通过微观构造可以看到：原岩形成后受到多期（次）强烈的改造作用，产生大量的裂缝，之后裂缝经充填形成早期二长岩脉和石英脉，而早期岩脉又经历了变形破裂并糜棱岩化，表现为岩脉穿切，变形条带、波状消光、亚颗粒、花边结构等塑性变形特征非常发育［图 7.43（a）（b）］，后期又有碳酸盐脉贯入［图 7.43（c）］及张性裂隙破坏［图 7.43（d）］。当韧性剪切带发展到一定阶段，产生脆性断层，尤其是滑坡两侧的逆断层 F1 和正断层 F2 经历了多期次活动，导致沿滑坡走向（S-N 向）形成许多次一级的错断，并且错断倾向往往都是向着临空的薄弱面，为现今滑坡的形成提供了良好的孕育环境。

(a)SPID-9变形条带10×(+)

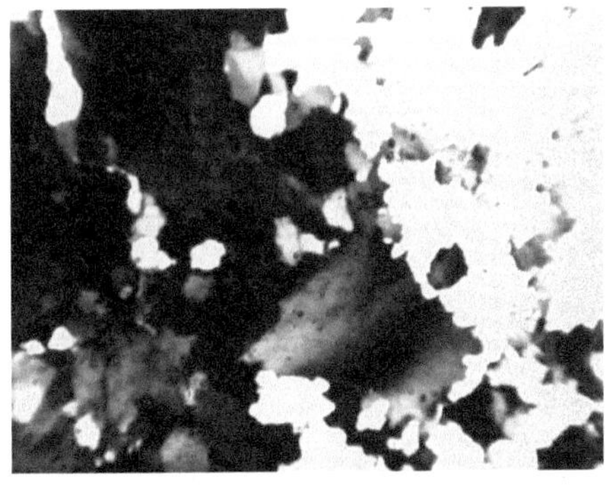

(b)SPID-9波状消光、亚颗粒及花边结构5×(+)

(c)SPID-9石英脉中的碳酸盐5×(+)

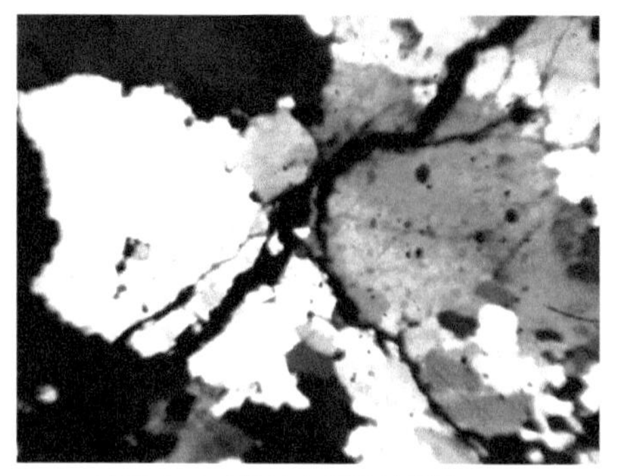

(d)SPID-9石英脉中的脆性裂隙5×(+)

图 7.43　岩石微观构造

2. 2#滑坡

2#滑坡实测地质剖面由南东向北西，整体走向 297°（图 7.44）。起点坐标 $X=3619564$，$Y=0842748$，$H=415$m，终点坐标 $X=3619916$，$Y=0842025$，$H=444$m，剖面全长约 1070m。

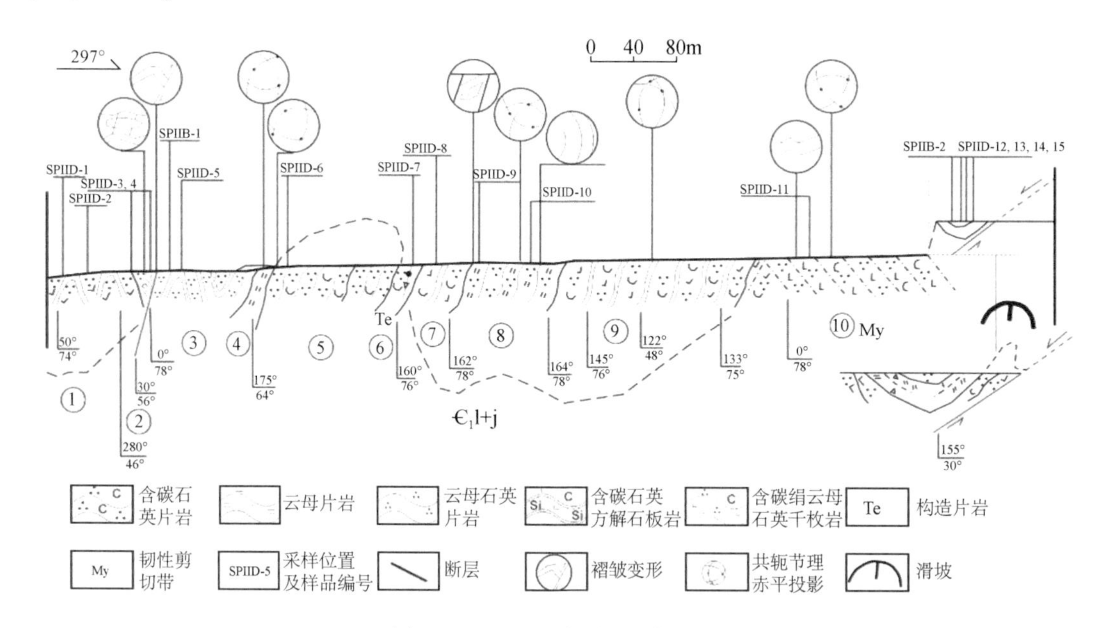

图 7.44　2#滑坡实测地质剖面图

1）*岩石*

2#滑坡剖面上出露的区域变质岩石（从老到新）主要有：含碳石英片岩、云母片岩、云母石英片岩、含碳石英方解石板岩、含碳绢云母石英千枚岩等。其岩石与岩脉特征基本与1#滑坡相似，不再赘述。

2）构造特征

（1）褶皱

剖面上整体为一个复式背斜，并出露多个小褶皱，实测小褶皱枢纽产状55个，用赤平投影求得最强极密部产状约106°∠39°（图7.45）。

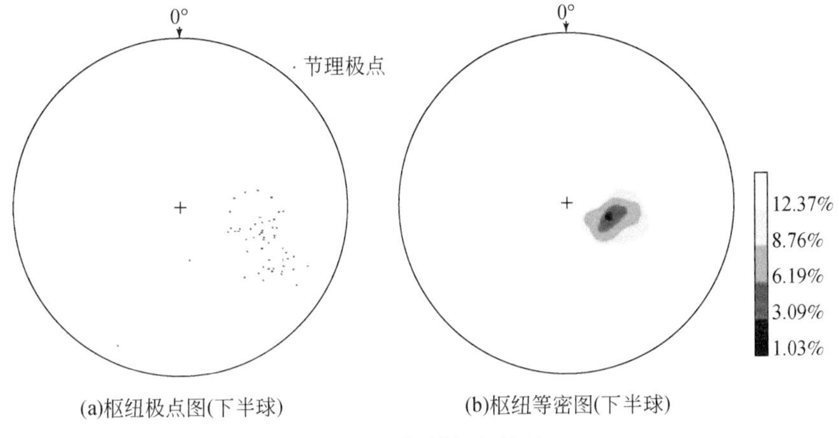

(a)枢纽极点图(下半球)　(b)枢纽等密图(下半球)

图7.45　褶皱枢纽统计

（2）韧性剪切带

剖面北部和南部共出露2条韧性剪切带，其中与滑坡关系密切的主要为前者。北部韧性剪切带倾向北东，宽度约150m，有A型褶皱（拉伸褶皱）发育，呈舒缓波状，总体产状40°∠45°。出露动力变质岩主要为含碳石英方解糜棱岩、二长质糜棱岩、糜棱岩化二长岩、石英初糜棱岩等，镜下看到岩石的糜棱结构非常发育，石英及正长石、斜长石具有塑性变形特征，表现为旋转碎斑［图7.46（a）］、糜棱岩化碎斑［图7.46（b）］及明显的拔丝结构［图7.46（c）（d）］。

（3）断层节理

与滑坡关系密切的断层主要有一条正断层，位于滑坡以北，带宽40～50m，产状165°∠30°，断层带内出露糜棱岩，残存旋转碎斑系，石英脉与糜棱面理近于平行，产状150°∠50°，断裂带上下黑色动力变质岩强烈弯曲，生成背向斜的岩石非常破碎，生成大量同向节理，造成滑坡沿节理面出现滑动。

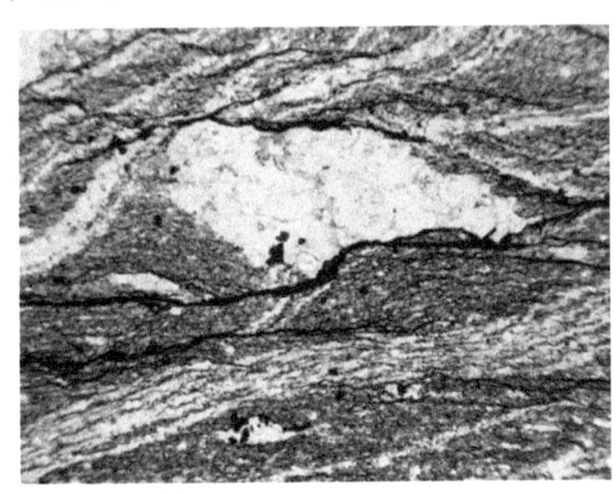

(a)SPIID-7旋转碎斑2.5×(–)

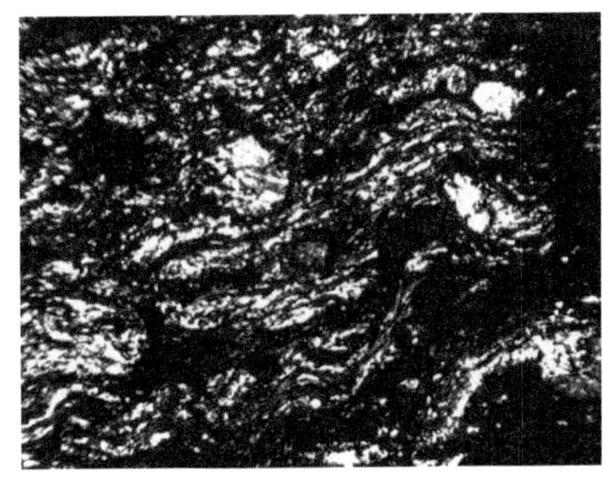

(b)SPIID-12糜棱结构(正交偏光5×)

(c)SPIID-11石英拔丝结构(正交偏光5×)

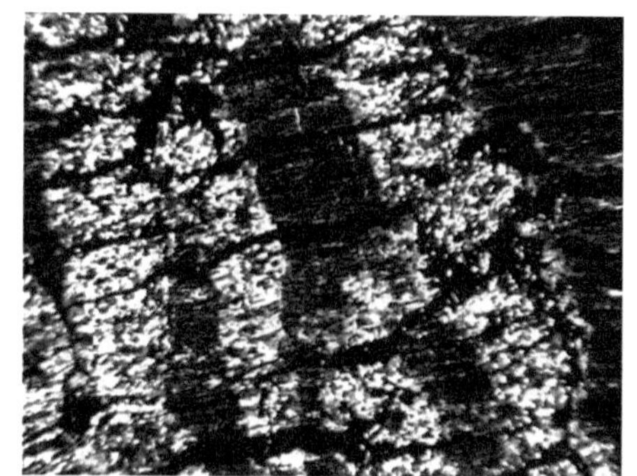

(d)SPIID-11石英拔丝结构(正交偏光2.5×)

图 7.46　岩石微观构造

3）综合分析

综上所述，2#滑坡位于韧性剪切带附近，该带宽度达 150m，岩脉都已生成糜棱岩或糜棱岩化各类岩石，说明岩石形成后经历了多次变形改造，岩石强度大大降低。加之断层错动，使软弱的岩石更加破碎，完整性和强度进一步降低，使岩石风化速度加快，在降雨等外界因素影响下则很容易形成滑坡等灾害。

3. 3#滑坡

3#滑坡实测地质剖面自东向西，起点坐标 $X=3621099$，$Y=0843929$，$H=582\text{m}$，终点坐标 $X=3620856$，$Y=0843595$，$H=671\text{m}$，剖面全长 551m（图 7.47）。限于篇幅，且该滑坡与 2#滑坡形成条件类似，此处不再详细描述。

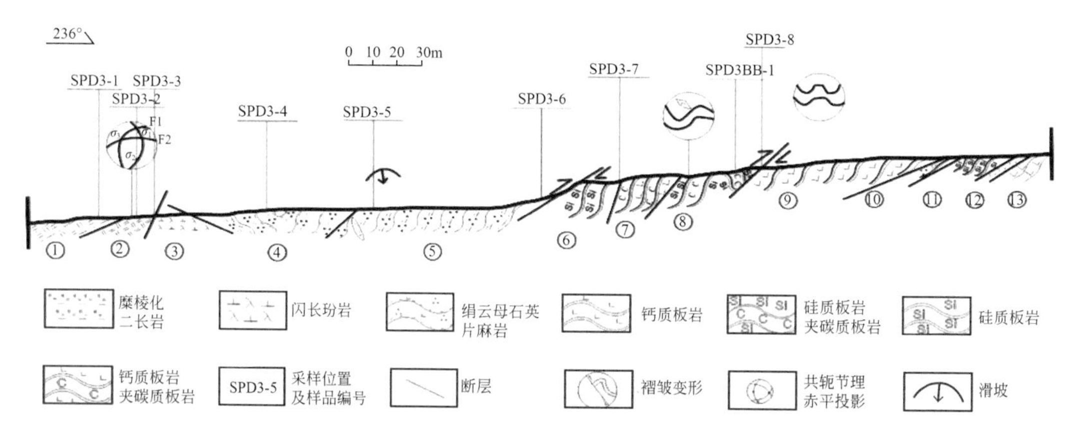

图 7.47　3#滑坡实测地质剖面图

7.3.4　滑坡成灾机理

通过对典型滑坡进行重点剖析，并通过极限平衡条分法和有限元强度折减法评价了滑坡的稳定性，主要结论如下：

（1）三处典型滑坡发育于不同的变质岩地层中，根据成分主要为片岩及由构造活动形成的碎屑岩，三处滑坡从大地构造上同属于紫阳-平利逆冲推覆带，汉王-双安断裂带穿越三处滑坡所在位置，造成岩体变形破碎，岩脉交织，韧性剪切带发育，为岩石风化、滑坡发育提供了物质条件。

（2）通过勘查及地质剖面测绘揭示1#滑坡的岩体面理与滑坡同倾向，2#滑坡也发育大量顺坡向节理，为滑坡形成提供了良好的孕育环境。

（3）三处滑坡均为公路边坡，道路修建时的开挖切坡使坡体形成临空面，改变坡体应力状态并在局部产生应力集中，形成卸荷裂缝，降低了坡体稳定性的同时为后期表水入渗提供了优势通道。三处坡体的地表植被覆盖较差，为地表冲刷及降雨入渗提供了便利条件。

因此，紫阳洪山镇滑坡群是基于地质构造控制的以降雨诱发为主的浅表堆积层滑坡。

7.4 人类工程活动诱发型——旬阳市尧柏水泥厂滑坡成灾机理

7.4.1 滑坡发育特征

滑坡位于旬阳市尧柏水泥厂内（图7.48），县级公路从滑坡西侧通过，滑坡西侧400m为旬河。该滑坡发生于2010年9月，由当地砖厂开挖坡脚引发。

图7.48 滑坡全貌

滑坡体三面临空，高程介于250～314m。坡体总体坡向34°，平均坡度30°～40°，后缘坡度达70°～80°，呈上陡下缓的坡形。滑坡的主滑方向为NE34°，平面形态为三角形（图7.49），坡体纵向长度约为100m，横向宽度平均为60m，平面面积约为3500m²。岩层的原始产状平均为 42°∠44°，滑动方向与岩层倾向约有 10°的夹角。坡面广泛分布着滑动破坏后残留的岩块，岩性为千枚岩，块体直径一般 1 ~ 3m，岩块呈厚层块状。坡面东侧有一人工开挖的平台，平台宽 3m，东西长 20m。滑坡后缘为高 3m，倾角 80°的陡坎，位于高程 314m 处，主要由含碎石的粉质黏土堆积而成，中前部均为碎块石覆盖，基岩具有块裂结构。通过对滑坡的勘测和地形恢复，滑体堆积厚度为 5 ~ 7m，估算滑坡总体积为 17500 ~ 23500m³，属于小型滑坡。

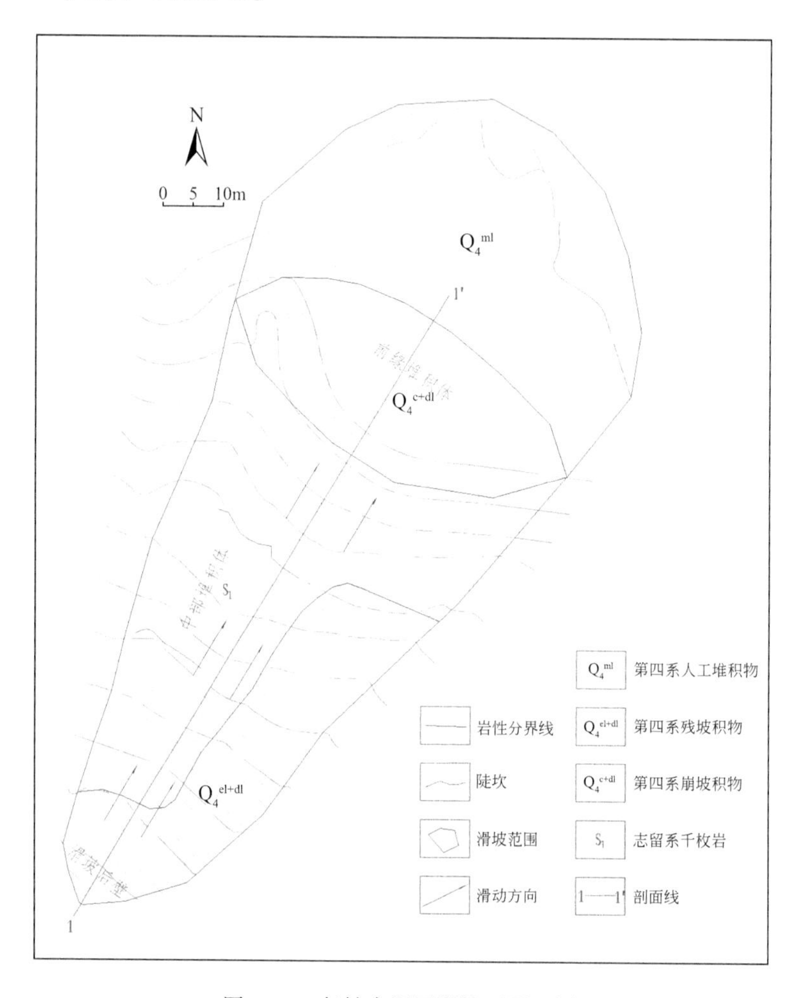

图 7.49　尧柏水泥厂滑坡区平面图

该滑坡破坏模式为滑移-拉裂渐进式破坏。滑坡主体沿千枚岩的层面发生大规模整体式滑移，滑移距离达到 10 ~ 20m。整个滑坡体上部岩块位移较小，下部岩块位移较大。滑坡后缘发育有宽 5 ~ 10cm 的裂缝（图 7.50），后缘电线杆的根部向坡前倾斜。滑体前部与被结构面切割块状化的岩块彼此脱离，堆积于滑坡前缘坡脚。滑体中后部岩体局部脱离，但依然保持原有的结构产状（图 7.51）。滑坡后缘形成陡立后壁，壁高达 3m，坡度 70° ~ 80°，滑坡后缘向两侧延伸至山脊线，陡坎高度逐渐变小（图 7.52，图 7.53）。

图 7.50　后缘处裂缝

图 7.51　滑坡残积物图

图 7.52　滑坡后缘中部

图 7.53　滑坡后缘左侧

由于千枚岩内节理十分发育，岩体结构表现为碎散状（图 7.54）。与岩体倾向和倾角近似相同的片理面将岩体切割为厚度 2～3m 的层状；两组分别与坡向平行和垂直的节理面，与片理面共同将岩体切割为长方体块状，风化作用则使块状的岩体更为破碎。块石的块体直径自滑坡体上部到下部，由大逐渐变小，坡体中上部的块体直径多达到 1～3m，坡体下部的块体直径为 10～40cm（图 7.55）。

图 7.54　志留系千枚岩

采用 RMR 方法进行岩体质量评价：岩性为千枚岩，中风化，单轴抗压强度为 25.3MPa，评分 4；岩心质量标准 RQD = 90%～100%，评分 20；节理间距主要为 20～60cm，评分 10；节理面多数闭合，有碎屑填充物或夹泥，节理连续，评分 10；地下水条件，未发现地下水，节理面干燥，评分 15；总得分为 59。由于节理走向与坡向近似相同，对边坡稳定不利，修正后得分为 50 分。岩体等级为Ⅴ，质量描述为非常差。

根据滑坡区域坡面和结构面赤平投影图（图 7.56）可知，滑坡原始坡体的坡向为 NE34°，与千枚岩的层面倾向十分相近，属顺倾的结构组合方式，十分不利于坡体的稳定。

图7.55　块体直径示意图

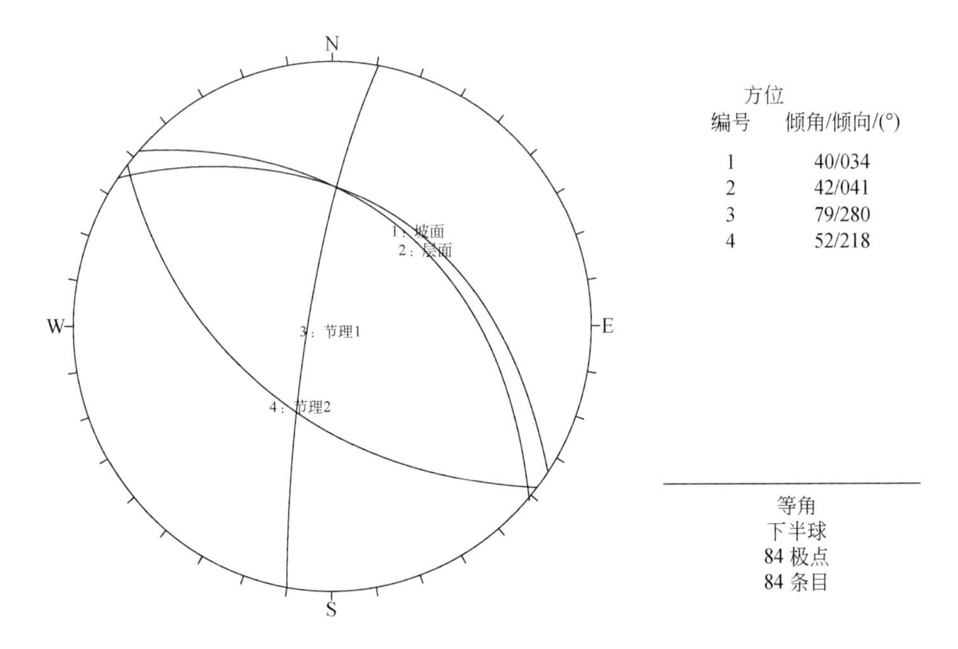

方位 编号	倾角/倾向/(°)
1	40/034
2	42/041
3	79/280
4	52/218

等角
下半球
84 极点
84 条目

图7.56　滑坡区域坡面和结构面赤平投影图

根据滑坡区域内 79 条节理的统计结果（图 7.57，图 7.58）显示，坡体千枚岩中发育的节理面可分为两组，产状分别为 N63° ~ 83°W/SE/73° ~ 85°和 S10° ~ 35°W/NW/60° ~ 80°（图 7.59）。前者为一组走向与坡体走向近垂直的陡倾结构面，后者为一组走向与坡体走向平行的倾斜坡内或坡外的中-陡倾结构面。节理间距 1.0 ~ 5.0m，延展性好，且局部发育有 X 形节理。两组节理多数为闭合状态，少数张开但张开度较小，节理面填充有泥质物质，是岩体中的软弱面，对滑坡体的稳定性影响巨大。现场岩体多沿结构面卸荷张裂，贯通成巨大的裂缝，构成不稳定体的边界面。

可见，这种典型的结构面组合方式以及顺倾岩层的产状，为原始坡体的滑动提供了先决条件，坡体在滑动过程中极易分离解体成散体状并造成二次滑动破坏。

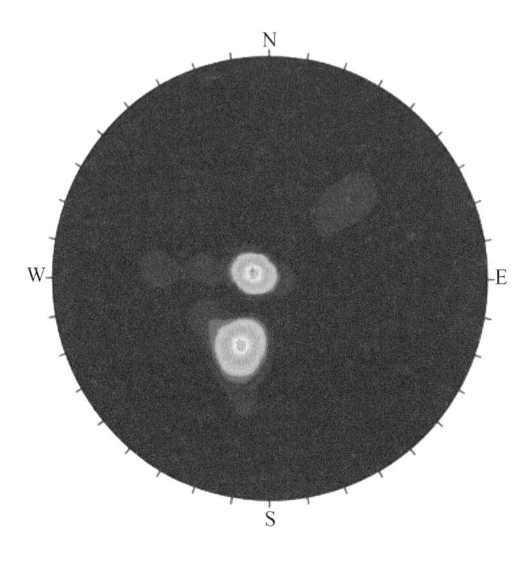

图 7.57　节理等密图

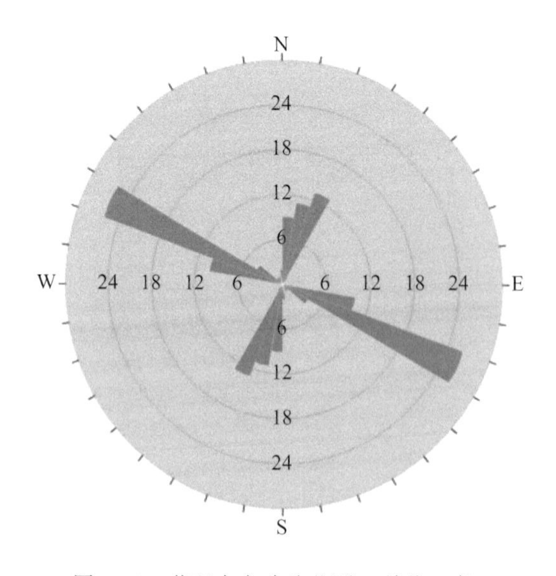

图 7.58　节理走向玫瑰花图（单位：条）

图 7.59　结构面示意图

7.4.2　斜坡变形破坏过程

1. 计算模型建立

根据现场调查、勘察获得的滑坡变形特征及周缘坡体形貌，结合走访村民对现场的描述，反演建立尧柏水泥厂滑坡破坏前的地表形态和地层结构。在此基础上，采用 3DEC 建立斜坡三维模型（图 7.60）。

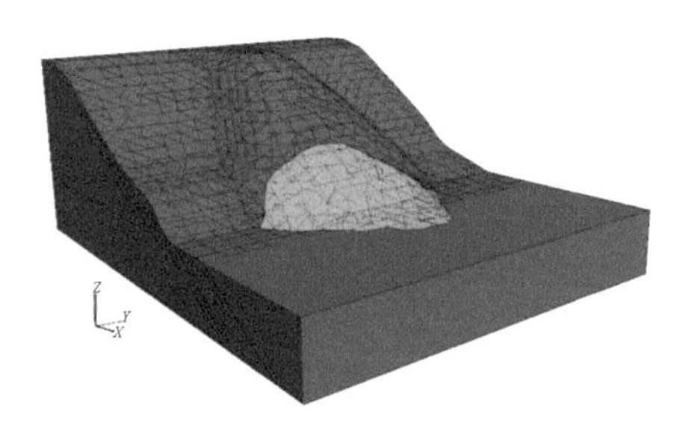

图 7.60　斜坡三维模型

模型前部为斜坡坡脚平坦的场地，后部边界为斜坡坡顶，左右两侧边界均向外侧延伸 50m，模型底部向下延伸 30m。本模型的滑体由中风化、弱风化千枚岩组成，滑床为未风化新鲜千枚岩组成。结构面分为层面和节理面，根据现场调查数据，将两组节理面考虑为 10m 等间距分布且彼此互相垂直。岩体和结构面参数根据物理力学试验确定，见表 7.11。岩块采用理想弹塑性本构模型和摩尔-库仑强度理论，结构面考虑为接触面，采用库仑强度理论。模型底面采用固定约束边界，模型四周采用法向约束边界条件。模型中布置位移监测点，监测坡体中的水平向和竖直向位移，位移监测点分布如图 7. 61 所示。

表 7. 11 岩体和结构面物理力学参数表

介质	天然密度/(kg/m³)	黏聚力/MPa	内摩擦角/(°)	体积模量/GPa	剪切模量/GPa	抗拉强度/MPa
弱风化千枚岩	2700	4. 79	32. 87	9. 85	5. 08	
未风化千枚岩	2700	5. 51	50. 2	15. 23	7. 85	
介质	天然密度(kg/m³)	黏聚力/MPa	内摩擦角/(°)	法向刚度/(GPa/m)	切向刚度/(GPa/m)	抗拉强度/MPa
岩层面		0. 15	25	10	1	
节理面		0. 027	19. 14	10	1	

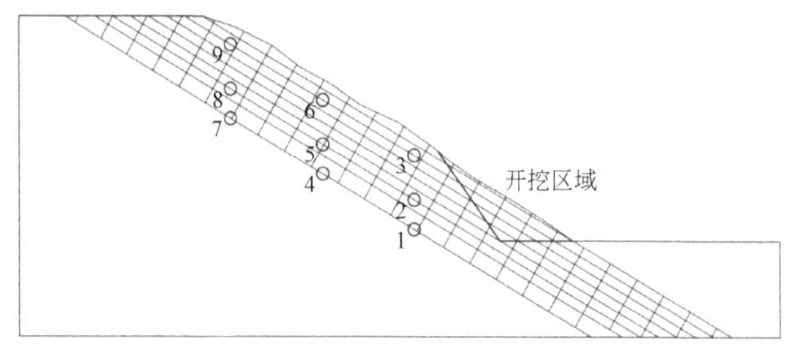

图 7. 61 模型剖面及位移监测点布置

2. 坡体初始变形和应力状态

首先不考虑坡体坡脚的开挖，仅考虑重力作用计算坡体的变形和受力特征。图 7. 62 ~ 图 7. 67 分别给出了坡体在重力作用下的主应力和位移分布云图。

图 7. 62 最大主应力分布云图

图 7. 63 最小主应力分布云图

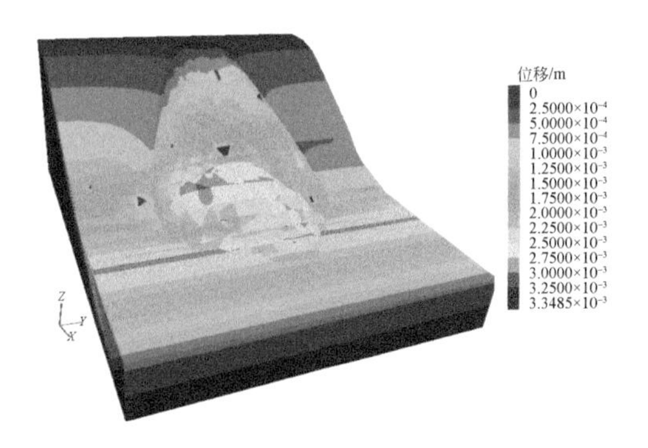

图 7.64 位移分布云图

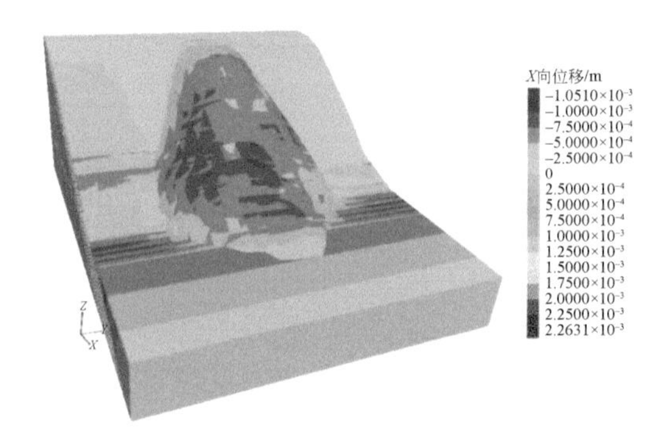

图 7.65 *X* 向位移分布云图

图 7.66 *X* 向位移分布剖面云图

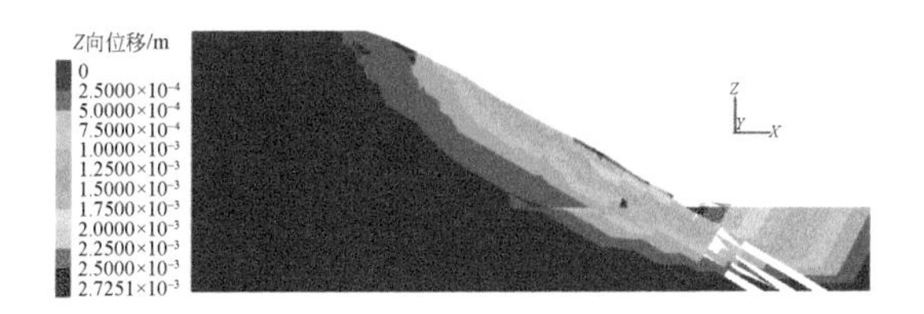

图 7.67 *Z* 向位移分布剖面云图

由此可见，最大主应力随深度增加而增加，最大值为 1.24MPa。最大主应力由坡体内部向坡面逐渐减小且逐渐与坡面平行，坡面最小主应力约为 0.1MPa，最大主应力集中区域出现在坡脚附近。最小主应力在坡体内呈水平向分布，且随深度增加而增加，最大值为

0.90 ~ 0.95MPa。在坡体的浅表层，最小主应力逐渐转换为与坡面近垂直分布，其数值逐渐减小致 0.02 ~ 0.03MPa。坡顶处最小主应力值较小，接近于受拉状态。

坡体变形区主要集中分布于潜在滑体范围，变形的大小由坡体前缘向坡体后缘和坡体表层向坡体内部逐渐减小。坡体最大位移为 3.35mm，位于坡脚处。坡体 X 向位移从前缘向后缘逐渐减小，坡顶处基本无位移。坡体前缘位移最大值为 1.5mm，后缘位移仅 0.5 ~ 1mm。斜坡中轴纵剖面的 X 向位移云图显示，以岩层为界由坡体表面向坡体深部逐渐减少，X 向位移主要集中分布于坡体表层岩体。坡体 Z 向位移主要集中分布于斜坡体中前部，由前缘向后缘逐渐减少。最大值位于坡体的中前部为 3.22mm，斜坡前缘 Z 向位移值 2.5 ~ 2.75mm，后缘 0 ~ 0.25mm。Z 向位移剖面云图等值线近似为圆弧状，圆弧两端分别位于坡脚和坡面。可见，斜坡体在重力作用下以竖直向变形为主，大部分区域的 Z 向位移量比 X 向位移量大，但两者的分布特征基本相同，均主要集中在坡体浅表层区域，且坡体前缘较后缘大。

3. 开挖坡脚后坡体变形破坏特征

根据现场实际情况进行坡脚开挖（图 7.70 绿色部分），开挖部分高度 20m，开挖角度 45°。进入二次平衡状态之后，分析坡体的变形场和应力场特征，结果如图 7.68 ~ 图 7.71 所示。

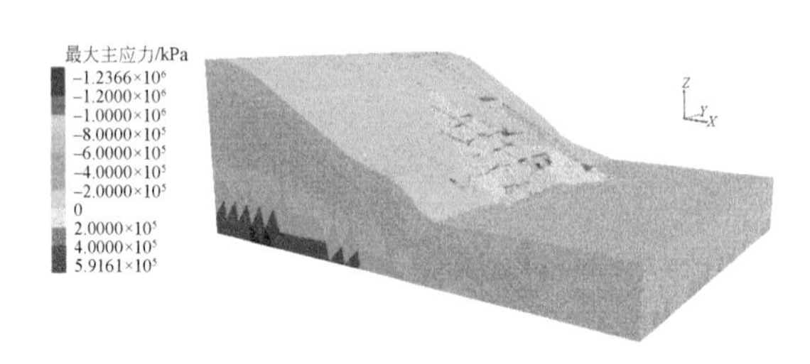

图 7.68　最大主应力分布云图

图 7.69　最小主应力分布云图

由图 7.68 和图 7.69 可见，开挖后坡体内最大主应力的分布与初始分布特征基本相同，即随深度的增加最大主应力值逐渐增大，坡体浅表部与坡面平行。浅表层坡体中前部处于受拉状态，拉应力为 0.2MPa，使坡体产生沿着节理面分布的横向拉张裂缝群，裂缝在拉应力作用下逐步向坡体内部发展，不利于坡体的稳定。坡体内部最小主应力仍呈水平向分布，最大约为 2.3MPa。最小主应力在坡体浅表层分布特征与初始状态相同，即与坡

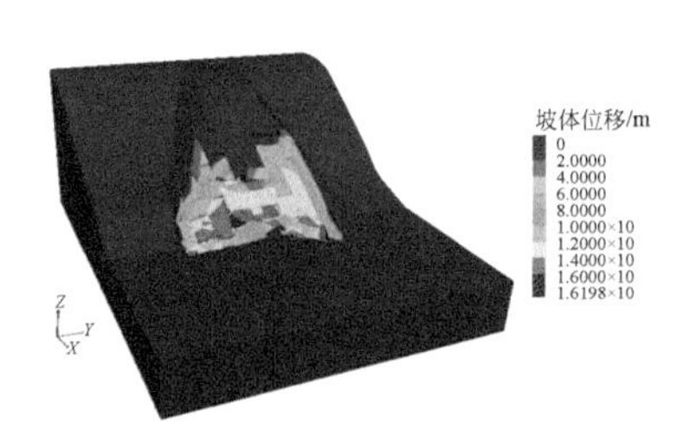

图 7.70　坡体位移云图

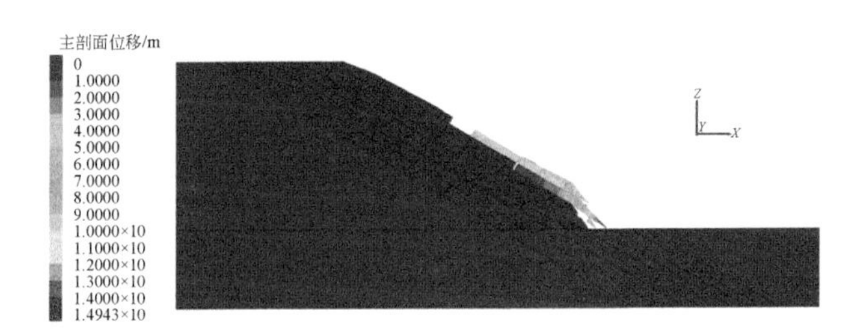

图 7.71　主剖面位移云图

面垂直形式分布。可见，开挖坡脚后坡体中前部的浅表层最大主应力发生较为显著的变化，由初始的受压状态转化为受拉状态，方向与坡向相同，而最小主应力分布特征并未发生显著变化。最大主应力和最小主应力组成二向“拉-压”应力组合状态，拉应力与坡面平行，压应力与坡面垂直。岩体在该类“拉-压”组合的应力状态下极易发生拉张破坏，宏观上表现为坡体中部产生沿节理等软弱面的张拉裂缝，而裂缝则进一步弱化了坡体稳定性。

由图 7.70 和图 7.71 可见，开挖引起坡体的滑移变形，滑动范围横跨整个开挖面，并向坡体中上部延伸 40m。坡体位移由前缘向坡体后部逐渐减少，最大位移发生在坡体前缘，位移达 16.2m，滑动破坏的块体将坡脚覆盖。坡体中部形成若干横向裂缝，由岩体向前滑移拉裂所致，裂缝延伸长度不等。裂缝发展与尧柏水泥厂滑坡原型中的裂缝一致，均为沿 2 号节理断续发展，裂缝局部贯通成大裂缝。发生滑动破坏的坡体主要为坡体表面的两层岩体，岩块沿层面发生顺层滑动。上层岩体位移 10～12m，于坡体中部形成宽度 10m 左右的裂缝；下层岩体位移 3～7m，裂缝宽度 0.5～1m。可见，坡体的位移量和滑动范围从表层向深层逐渐减少，坡体表现为典型的滑移-拉裂式破坏。

图 7.72 为坡体模型于各计算步时的变形状态。5000 步时，坡脚尚未开挖，坡体处于重力作用下的自然平衡状态，此时坡体基本为未破坏状态，仅坡顶和坡面的浅表层局部处于“过去受拉状态”，深度为坡面下 3m，说明重力作用下使坡体产生沿坡面向下的拉张现象；13000 步时，坡体仍处于微变形阶段，坡体开挖面附近处于“正在拉破坏”状态的区域进一步发展，表层“正在拉破坏”状态的岩体已扩展至坡体中部，但坡体“过去拉破坏”状态的区域保持不变；35000 步时，坡体中处于“正在拉破坏”状态的区域仍在扩展，坡脚处已经全部处于“正在拉破坏”状态，表部较深处断续出现“正在拉破坏”的岩体，且坡体表层的中部出现拉张裂缝；125000 步时，坡体处于“正在拉破坏”的岩体已沿拉张裂缝和层面滑移。

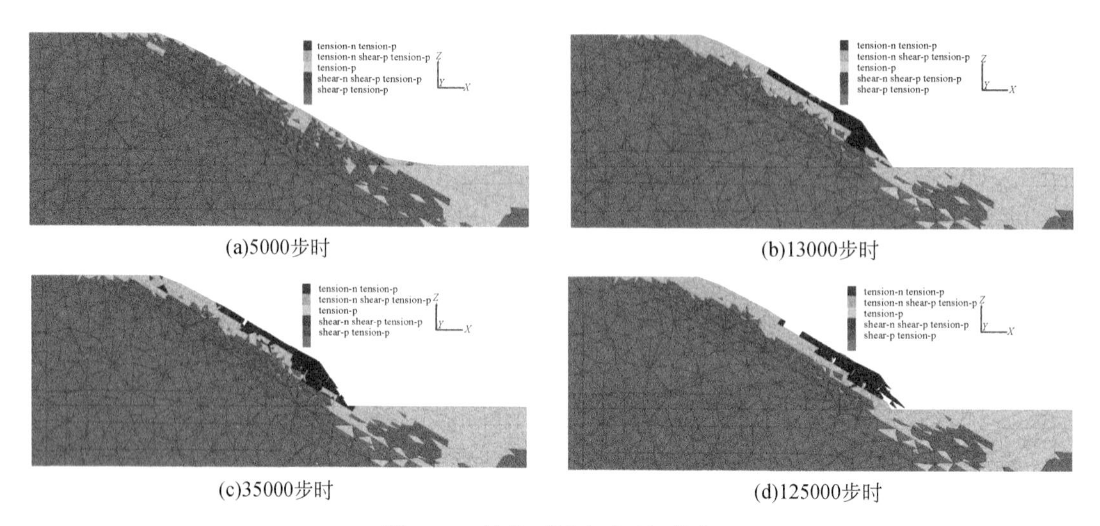

(a)5000步时　(b)13000步时

(c)35000步时　(d)125000步时

图 7.72　坡体不同步时破坏状态

莫尔-库仑模型采用拉（压）-剪破坏准则。tension 表示张拉破坏单元，shear 表示剪切破坏单元。n 表示 now，指当前循环中出现；p 表示 previous，表示在以前的循环出现

从图 7.72 的坡体破坏状态可以看出：①坡体受拉破坏的区域基本没有变化，其以出露开挖面的底部岩层面为界，向坡顶发展，坡顶处拉破坏的深度较坡面拉破坏的深度小；②坡脚开挖直接导致坡体处于受拉状态，拉应力的不断增加使坡体形成顺节理发育的裂缝，并最终发生顺层滑移破坏；③坡体主要为拉破坏，坡脚局部出现剪破坏，直接使坡脚对坡体的锁固作用丧失，造成应力释放和坡体的突然滑动。

将模型基岩设置为 X、Y 和 Z 三个方向固定约束，将节理化的岩体设置为刚性体，其他条件与前述计算相同。

监测点的水平向和竖直向位移时程曲线（图 7.73，图 7.74）显示，坡体的变形破坏过程可以划分为三个阶段，滑坡滑动阶段过程如图 7.75 所示。

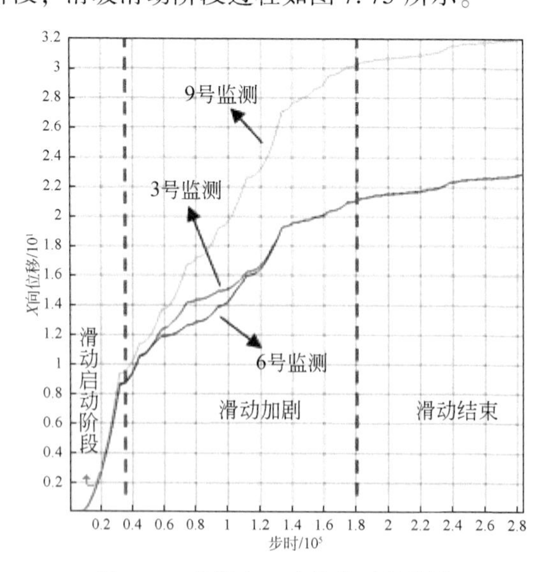

图 7.73　监测点 X 向位移时程曲线

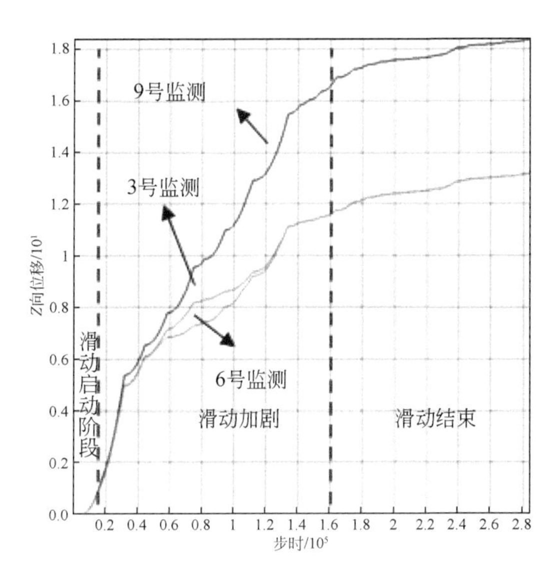

图 7.74　监测点 Z 向位移时程曲线

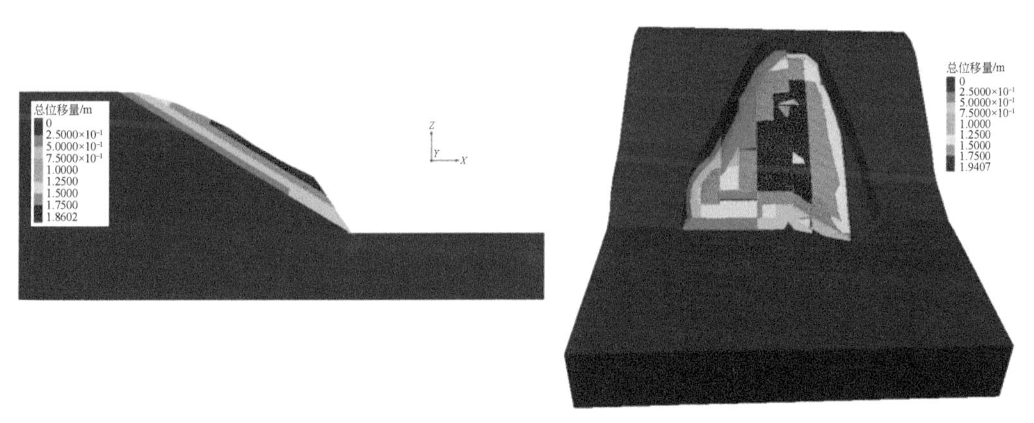

(a)15000步时

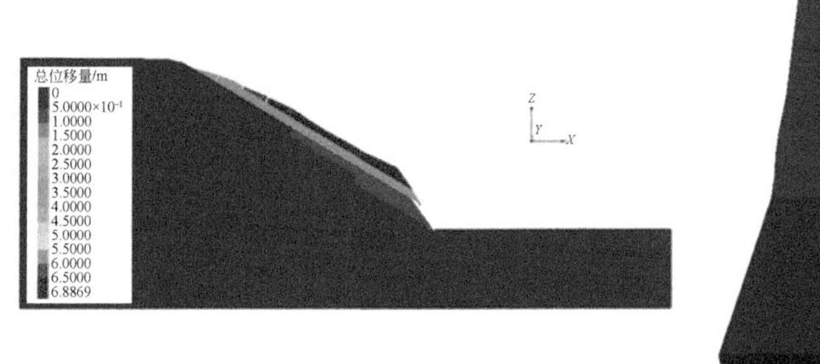

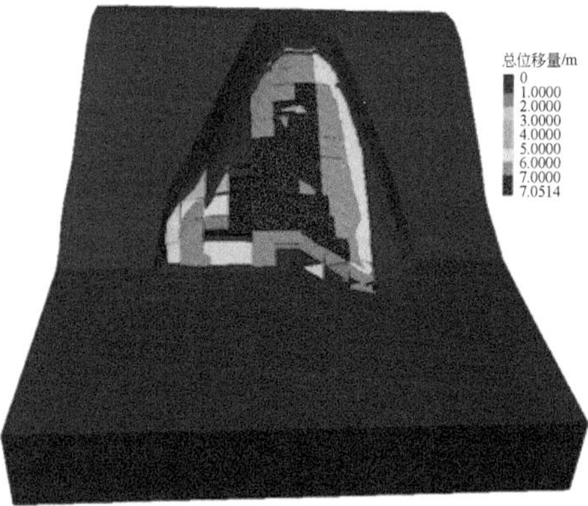

(b)25000步时

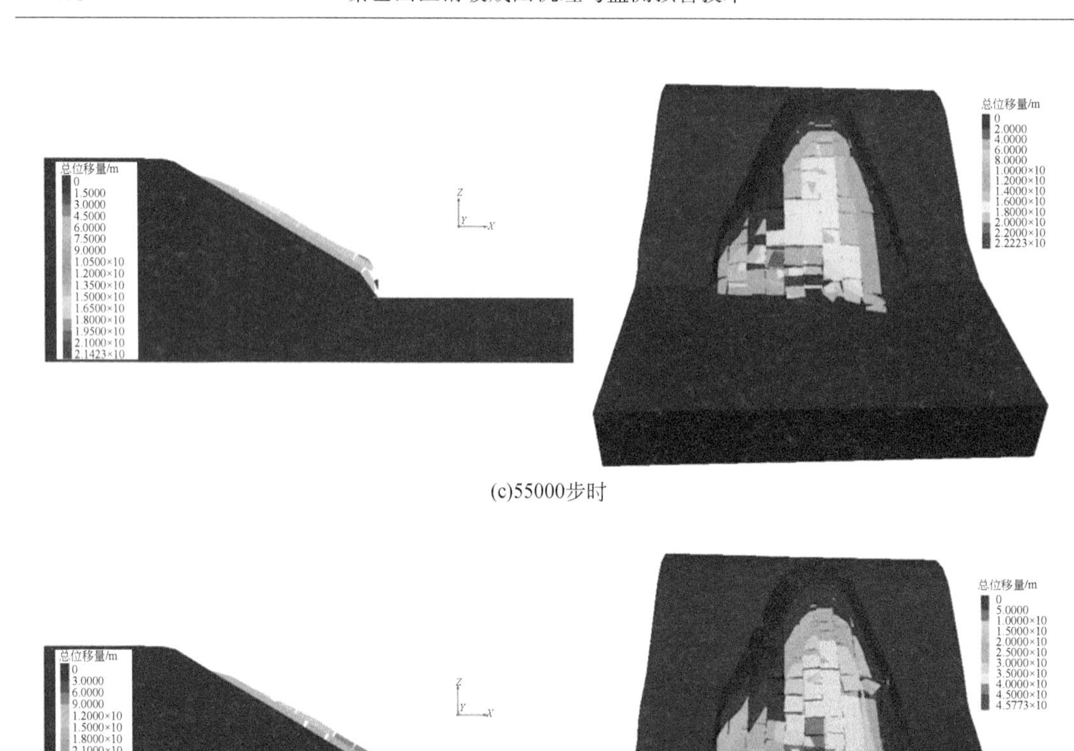

(c)55000步时

(d)175000步时

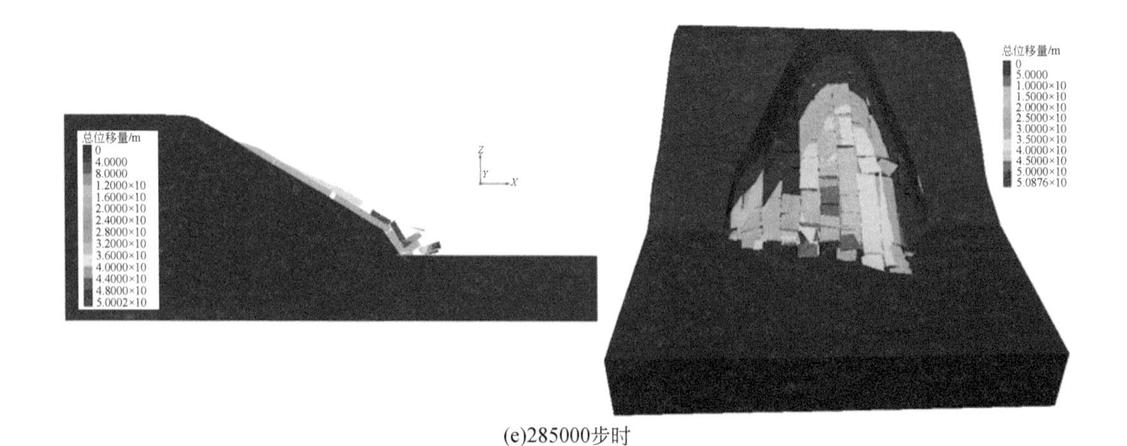

(e)285000步时

图7.75　坡体破坏过程

(1) 启动阶段-块体平移滑动。坡体浅表层岩体风化严重，发育良好的两组节理将坡体切割为块体状，为坡体的滑动提供了地质条件。坡脚的开挖则造成坡体内应力重分布，引起向开挖面的缓慢变形，并导致浅表层岩体沿层面的平移滑动破坏。此阶段内，坡体位移近线性增加，变形发展较快，坡体前、中和后部的位移几乎保持同步。

当计算到15000步时，坡体的位移云图如图7.75（a）所示，出露开挖面内的表部4层岩体从坡顶到坡脚均表现出显著的位移变形，变形量为0.25～1.86m，变形表现出从表层向深层逐渐减少的特征；当计算到25000步时［图7.75（b）］，坡体表部两层岩体的前缘部分开始脱离坡体，最大位移量达到6.89m，后缘深部岩体由于坡体的滑动而出露。

（2）加速阶段-块体分散解体。与第一阶段不同，此阶段内位移曲线呈波动发展的形式，各监测点位移曲线逐渐分离。滑动过程中岩体在重力作用下沿节理面拉断而呈块散状，分散的岩石块体相互碰撞而影响彼此的运动。总体上坡体位移曲线为陡升趋势，坡体重力势能转化为动能，坡体位移速度总体保持为加速状态。3、6和9号监测点的水平位移和竖直位移各增加12.5～21m和7～12m，说明坡体的位移以水平向位移为主。坡体内岩体的运动形式主要为沿层面的平移，位于坡体前缘的块体滚落坡面而出现滚动等运动形式。

当计算到55000步时，坡体的位移云图如图7.75（c）所示，表层滑坡体中后部出现多条拉张裂缝，坡体开始解体。当计算到175000步时［图7.75（d）］，全部已滑坡体均沿节理面拉裂，坡体已经呈现散体状，坡体前缘滑落坡体以滚动形式堆积于坡脚。

（3）结束阶段-块体散落堆积。坡体不断下滑并堆积于坡脚，堆积于坡脚的岩石块体阻碍了上部坡体的进一步滑动。此外，坡体的动能由于块体之间的碰撞、摩擦等而逐渐耗尽。因此，已滑动岩石块体的运动速度逐渐降低，坡体进入滑动结束阶段。此阶段内，坡体的位移增量相比第一和第二阶段要小很多，水平向和竖直向位移增量仅1.75～2.0m。

当计算到285000步时［图7.75（e）］，坡体已经基本处于二次稳定状态，坡体不再有显著的位移变形。此时，坡体最大位移量50.9m，后缘滑动距离达到34.5m。

7.4.3　滑坡成灾机理

尧柏水泥厂滑坡的原始坡体为典型的节理化顺层岩质边坡，在区域内具有代表性，该边坡的失稳破坏是以人类工程活动为触发条件、多因素共同作用的结果。

（1）研究区陡峻的地形、破碎的地貌、发育的地质构造是该滑坡形成的先决条件。研究区属于南秦岭造山带北部逆冲推覆构造带的南部，处于南秦岭造山带北部与南部的北大巴山构造带的衔接部位，构造背景复杂。

（2）节理化岩体结构组成的顺层边坡构成了易滑型坡体结构，是坡体失稳破坏的主控条件。坡体内发育两组互相垂直的节理面，与顺倾的层理面构成不稳定的结构组合。

（3）强风化软弱变质的低强度千枚岩体是易滑型坡体的物质基础。根据室内外试验可见，坡体内千枚岩强度低、性质软弱，表层风化严重，在降雨及应力重分布作用下强度进一步降低。

（4）人工开挖坡脚是坡体失稳的触发条件。人工开挖坡脚造成坡体应力重分布，坡脚出现应力集中，坡体内出现拉、剪应力集中区，变形逐渐发展最终导致坡体的整体失稳破坏。

(5) 研究表明，坡体的破坏过程可分为：块体平移滑动-块体分散解体-块体散落堆积三个阶段。首先岩体沿层面变形并向坡前运动，期间块体以平移运动形式为主；坡体滑移过程中沿发育的两组节理面解体为散体状；最终块体散落堆积于坡脚形成稳定的状态。

7.5 灾害链型地质灾害——安康市汉滨区七堰村滑坡成灾机理

7.5.1 滑坡发育特征

1. 滑坡概况

七堰村滑坡位于汉滨区的西南角，大竹园镇七堰村寨子湾沟东北侧的斜坡陡壁上。滑坡前缘地理坐标为32°34′14″N，108°38′50″E，距包茂高速（G65）1.1km（图7.76）。2010年7月16～18日，区内遭受史上罕见暴雨袭击，7月18日20时06分寨子湾沟发生滑坡灾害。滑坡堆积物迅速转化为泥石流，造成22户29人死亡（含串亲的外地人7人），损毁房屋75间，经济损失273万元。七堰村滑坡为“7·18”强降雨诱发滑坡灾害中直接死亡人数最多的滑坡。

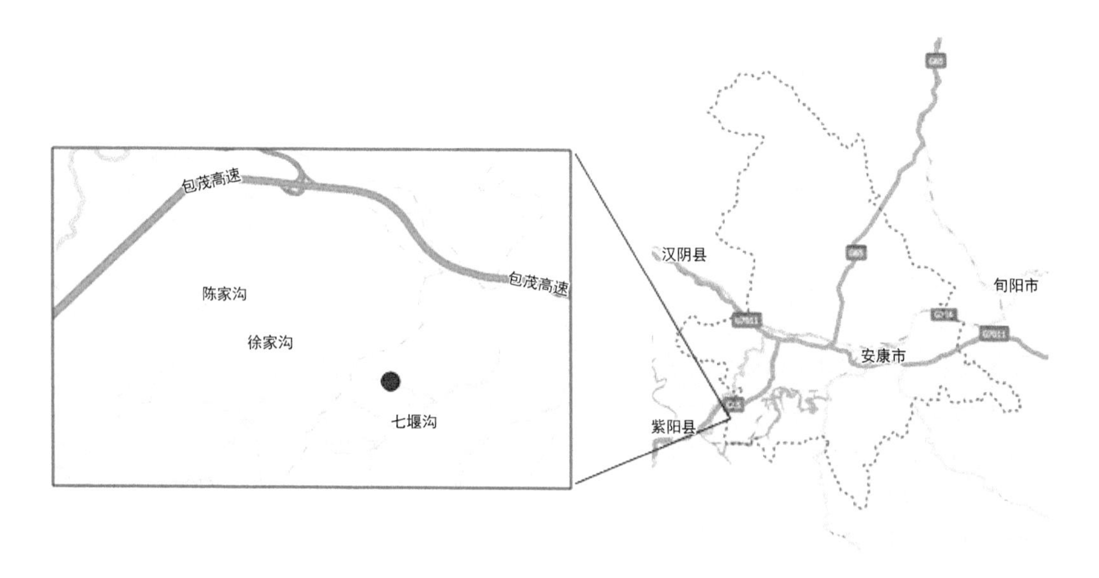

图7.76 七堰沟滑坡地理位置图

2. 滑坡区地质环境条件

1) 气象水文

滑坡区属于北亚热带大陆湿润性季风气候区，气候温和，雨量充沛，四季分明。无霜期263天，年日照时数1811.5h，年气温10℃以上历时220天，年平均气温15.7℃，极端最高气温41.7℃（1966年7月20日），极端最低气温低于-10℃。区内年平均降水量799.3mm，60%集中在7～9月，最低值540.3mm（1966年）；最大值为1109.2mm（1983年），相差568.9mm。年内降水最低值出现在1月，不足5mm；最高值出现在7月，接近140mm，9月为次高值，与7月的降水量很接近。

2010年7月17～18日，安康市汉滨区先后发生两次强降雨过程（图7.77），46个自动速报监测点雨量均超过100mm，局地降雨量高达280.5mm，主要暴雨区降雨量接近或超过1953年以来历史纪录，为百年一遇。其中7月17～18日，汉滨区大竹园镇七堰村寨子湾沟附近累计降雨达267mm，仅18日8：00～20：00时计12小时降雨量达106mm，降雨强度属于特大暴雨类型。

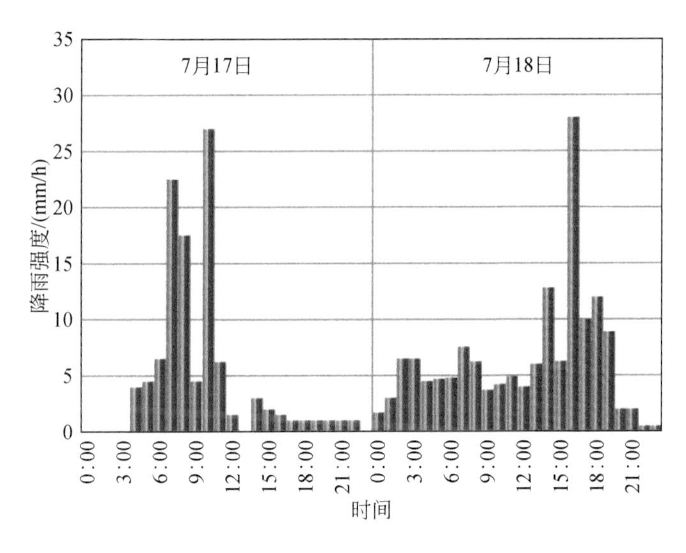

图7.77　汉滨区小时降雨量图

本区境内河流纵横，沟溪密布，均为汉江（长江一级支流）水系。大竹园镇附近河流主要为流水河、七堰沟及寨子湾沟间歇性沟谷溪流。流水河系汉江二级支流，发源于汉滨区凤凰山南麓牛蹄河和朝天河。由西北向东南流经朝天、牛蹄、巍凤、五龙、洪山等乡及流水区的瓦仓、流水乡，于流水店汇入汉江。在汉滨区境内流域长27km，流域面积114.25km^2，多年平均流量1.449m^3/s，年径流量0.457亿m^3。七堰沟发源于七堰村南部山区，为间歇性沟谷河流，七堰沟主沟走向约60°，七堰沟发育有多条支沟，主沟长度约2.5km，流域面积约1.38km^2，该沟平时流量较小，河水汇入汉江水系。寨子湾沟为七堰沟河的支流，发源于七堰村南部山区，沟谷走向120°，为间歇性沟谷河流，流量较小。主沟长度约530m，流域面积约0.87km^2。

2）地形地貌

汉滨区属陕南秦巴山地丘陵沟壑区，汉江、月河穿过区境中部，以月河为界，北属秦岭山地，南沿巴山余脉。南北都有2000m以上的高大山峰，形成南北高、中间低的地貌特点，垂直高差达1900m，境内地形起伏，群山叠嶂，沟壑纵横，最高点为叶坪佛爷岭，海拔2141m，最低处216m，主要山脉有凤凰山、牛山、文武山、平头山等。本区主要地貌分为川道、丘陵、山地三大自然地貌，呈“三山夹两川”的地势轮廓。

大竹园镇地貌类型为中低山，山势较陡，脊峰较缓，切割深度一般 100 ~ 500m，沟谷坡度多在 35° ~ 50°，剥蚀和堆积作用强烈，境内河流弯曲系数大。

七堰沟滑坡位于七堰村寨子湾沟上游东北侧斜坡陡壁上，寨子湾沟呈不对称“V”形，北缓南陡，两侧斜坡坡度 40° ~ 60°；沟谷切割深度 120 ~ 140m；沟道纵坡降大，坡角 25° ~ 30°；沟道走向为 120°。高程介于 680 ~ 790m。

3）地层岩性

在七堰沟滑坡区，地层相对单一，出露地层主要为第四系松散堆积层和奥陶系斑鸠关组（图 7.78）。其岩土类型主要为砂质板岩夹千枚岩、粉质黏土、碎石、角砾等。岩石风化强烈、破碎，抗剪强度和抗风化能力较低。

第四系松散堆积层：①第四系全新统滑坡堆积层（$Q_4^{del+set}$）。第四系全新统泥石流堆积层主要分于与寨子沟两侧及沟口和七堰沟滑坡坡脚地带，块石土呈灰黄色，干至稍湿，松散至稍密，块石以硅质板岩为主，中风化，棱角状。②第四系残坡积层（Q_4^{el+dl}）。第四系残坡积层分布于山顶、坡脚处，岩性以粉质黏土为主，灰褐色，硬塑-可塑，夹有植物根系，局部含有角砾、碎石，厚度 0.4 ~ 3m 不等。

奥陶系斑鸠关组（O_3S_1b）：上部岩性有板岩夹碳质板岩，灰黑色，隐晶质结构，块状构造新鲜面为灰黑色，中部夹有 2 ~ 5m 石煤层，下部为灰色粗面岩。

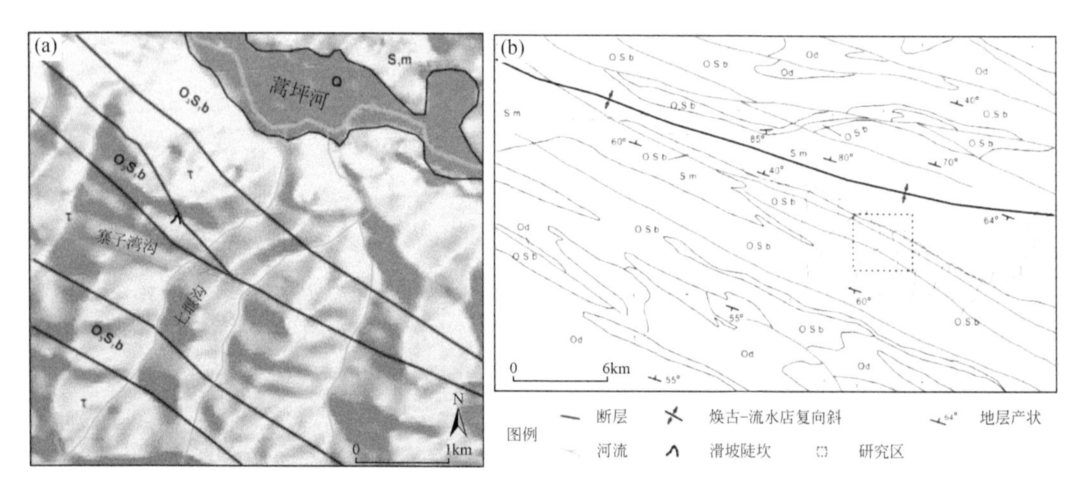

图 7.78 滑坡区地质图

4）区域地质构造

汉滨区位于秦岭古生代的褶皱带中段南缘部分，南西部紧邻扬子准地台北缘之大巴山凹陷带，故受扬子准地台的控制和影响，形成北西翘起向东南倾状的褶皱带。构造线呈北西-南东向，除慢坡岭穹隆背斜外，均以线状褶皱为特征褶皱。

研究区内褶皱发育，轴向总体上呈北西-南东向。主要褶皱为焕古-流水店复向斜（图 7.78）。核部由志留系梅子垭组组成，翼部依次出露斑鸠关组、寒武系—奥陶系和震旦系的耀岭河群。次一级褶皱发育，核部以南特别发育，平行轴向的断裂也很发育。南翼有正长岩、正长斑岩侵入。

5）新构造运动与地震

自上新世开始到现在，本区进入了一个新的构造运动时期。本区新构造运动以垂直运动为主，与地貌的改造、水系的演变，特别是地震的活动与分布都有密切关系。西乡-平利断裂新近纪以来有活动，沿断裂带有多次中强震活动。从历史地震的时空分布看，本区地震具有持续活动的特点，但震级一般较低，破坏性不大。据《中国地震动参数区划图》（GB 18306—2015），安康市汉滨区抗震设防烈度为Ⅶ度，地震动峰值加速度为0.10g。邻近地区的地震对本区影响较小，2008年的汶川地震在该区烈度小于Ⅵ度。

6）水文地质条件

结合区域水文地质资料，滑坡区地下水按其赋存条件和含水介质的不同可划分为第四系松散覆盖层孔隙潜水和基岩裂隙水。前者水位埋深由几米至几十米不等，渗透系数为10m/d左右；后者为滑坡体的主要地下水类型，含水岩组主要为板岩。地下水的主要来源为大气降水入渗和基岩裂隙水侧向径流补给。

7）人类工程活动

从现场调查的情况看，该滑坡范围内人类工程活动较弱，局部存在坡脚建房的现象，但由于该滑坡发生的位置比较高，滑坡坡脚位置为开垦耕地，可认为人类工程活动对该滑坡存在一定影响。

3. 滑坡特征

1）滑坡区边界特性

七堰沟滑坡体长约120m，宽平均约80m，厚12～15m，体积约$1.0\times10^5m^3$，为一中型岩质滑坡（图7.79）。原始斜坡平均坡度约43°，上部和下部较陡，中间较平缓，滑坡中部原有一小冲沟，村民沿坡体开垦耕地，后退耕还林。滑坡平面形态呈扇形。滑坡后壁顶部高程约为780m，滑体底部（即原寨子沟沟底）高程约为663m，原沟底深度超过110m。滑坡体后缘高程约为780m，前缘高程约为683m，现在滑坡体相对高差约为87m。

据现场调查及目击者回忆，七堰沟滑坡发生时，破裂岩体急速下滑，冲入寨子沟，形成高速碎屑流并对沟两侧形成铲刮，滑行约300m，冲毁沟口七堰村的一组房屋，部分较大的块体在自重作用下逐渐堆积在寨子沟内，较小块体随雨水冲入七堰沟，并堵塞七堰沟形成小型堰塞体，后被强降雨冲毁。

根据现场调查，滑坡体的周界清晰（图7.80）。滑坡后壁高15～20m，左后壁产状为230°∠51°，岩性为碳质板岩，灰（黑）色，成层状结构，夹有泥质结构，乌手；右后壁裂隙十分发育，有三组节理较发育，产状分别为55°∠46°，335°∠32°，125°∠71°，呈不规则锯齿状，凹凸不平，未发现滑动摩擦痕迹，为拉裂变形，后壁中部为碎屑物，粒径2～20cm。

七堰沟滑坡总体呈“V”形，滑坡主要受两组结构面控制，壁面产状分别为243°∠32°和148°∠46°，为两个相交的结构面，滑坡左后壁向下延伸为滑坡左翼，表现为长大高陡的陡壁面，与断层面走向一致，产状230°～250°∠51°～61°，总体较平滑，上有滑坡

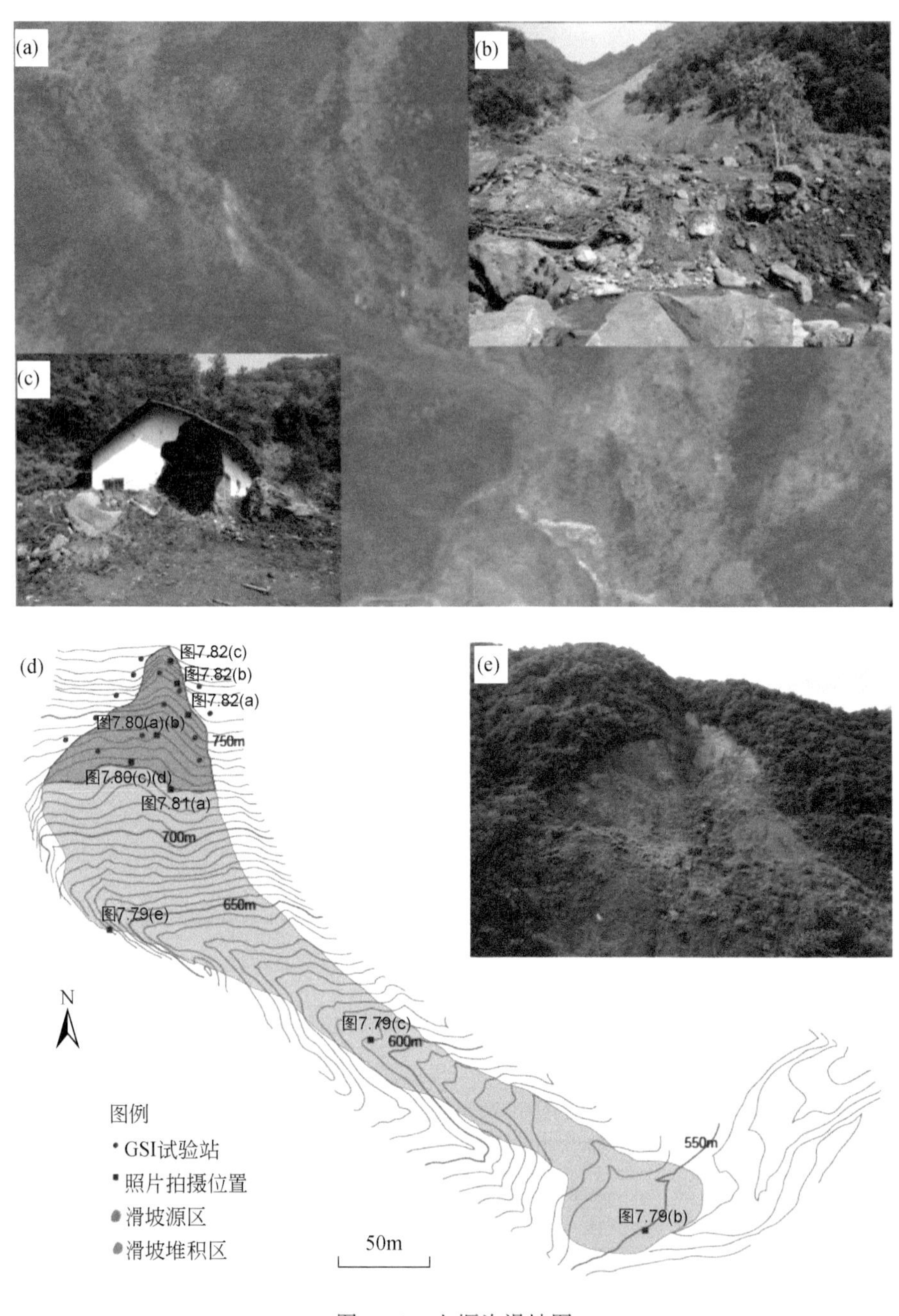

图 7.79　七堰沟滑坡图

碎屑物。岩性为碳质板岩夹石煤层；滑坡右翼产状 164°∠51°，岩性为板岩，产状 22°～40°∠74°～84°。滑面表层覆盖薄层破碎松散体，未发现明显擦痕，该滑面即与后壁产状相同的两组相交的结构面。滑坡中部高程 730m 处为厚约 3m 岩层，产状 160°∠12°，该近水平层受挤压破碎严重，推测为滑坡剪出面。

图7.80　七堰沟滑坡边界

2）滑坡区节理和岩石物理力学特性

滑坡区的节理（含断层）主要可统计为以下五种：一个断层面，一个层理面，三个节理面（DS1、DS2、DS3），详见图7.81，依据国际通用的节理统计方法（ISRM），可将节理发育状况总结为表7.12。

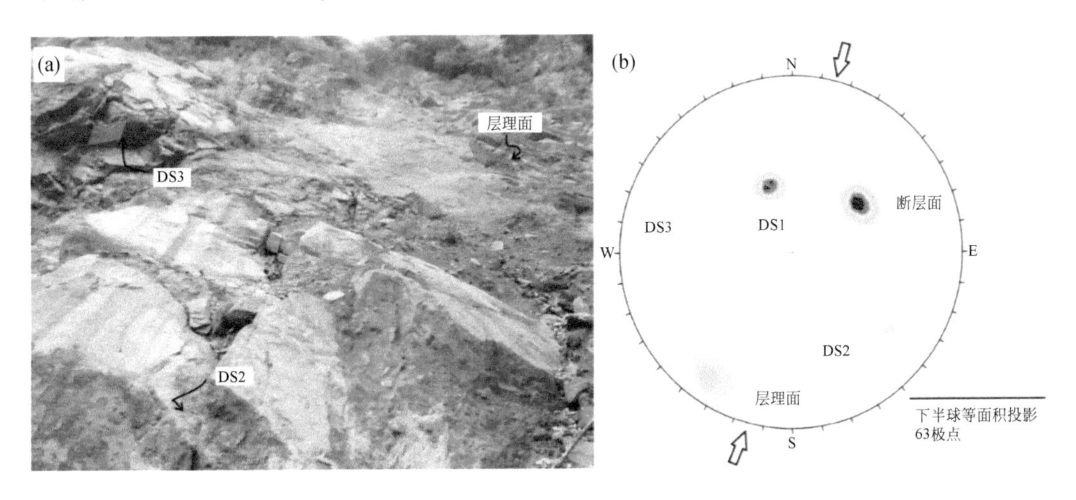

图7.81　滑坡区节理图

表 7.12　滑坡区节理统计表

节理号	产状/（°）	起伏	粗糙度	连续性/m	间距/m	风化程度
断裂	236/50	平直	较粗糙	中等（3～10）	0.2～0.6	微风化
基岩	40/80	平直	粗糙	很低（<1）	0.2～0.6	未风化
DS1	150/45	起伏	粗糙	中等（3～10）	0.2～2	未风化
DS2	300/70	平直	粗糙	中等（3～10）	0.2～2	未风化
DS3	120/80	平直	粗糙	中等（3～10）	0.2～2	微风化

由于靠近断层，滑坡区地质强度指数（geological strength index，GSI）测值变化较大，靠近断层的测点（距断层小于 10m），分布在 20～30，远离断层的测点（距断层大于 10m）的 GSI 值主要分布在 40～50。物理力学试验共完成 9 个试样，结果见表 7.13。单轴抗压强度（UCS）值介于 22.8～58.2MPa 之间。UCS 值和点荷载试验值（Is50）符合如下线性关系：

$$UCS=8.7Is50+3 \quad (R^2=0.83) \tag{7.1}$$

表 7.13　碳质板岩的物理特性

物理特性	最小值	平均值	最大值
容重/（kN/m^3）	25.62	26.30	26.87
干密度	25.51	26.26	26.80
孔隙率/%	1.90	2.00	2.11
含水率/%	0.63	0.82	0.70
弹性模量/10^4MPa	0.94	1.18	1.43
泊松比	0.20	0.27	0.39

3）滑坡构造特性

（1）石英 C 轴组构

岩石组构分析是构造地质学分析的一个非常重要的方面，将岩石组构测量与野外地质观察和矿物的变形实验研究相结合，可以判别物质运动的剪切指向和变形的温压环境。石英作为最常见的造岩矿物之一，石英 C 轴组构图案可以指示变形类型、剪切指向、滑移系类型、变形温度等重要信息。在共轴变形下，石英 C 轴组构图案为斜方对称。而在非共轴变形中，石英 C 轴组构图案主要有点极密、单斜单环带和交叉环带。根据非共轴变形条件下石英结晶学优选的倾斜方向可以判定剪切指向。通常其偏离有限应变 Z 轴的方向代表剪切指向。

石英的滑移系可分为底面滑移系(0001) < a >、菱面滑移系(1101) < a >和柱面滑移系(1010) < c >。其滑移系的启动受控于温度的变化，即当变形的温度达到一定程度时相应的滑移系随即开启。不同的滑移系在剪切作用下产生不同的石英晶格优选方位，进而根据石英 C 轴组构特征(石英光轴的定向排列)来判断岩石的变形温度和剪切方向。当底面滑移(0001) < a >为主导时石英 C 轴组构中光轴优选方位(LPO)形成的点极密主要靠近于极图上下边缘位置，滑移驱动温度一般低于 400℃；以菱面滑移(1101) < a >为主时极密位于极图边缘与中心的中间位置，滑移驱动温度一般为 400 ~ 550℃；以柱面滑移(1010) < a >为主时点极密主要位于极图中心位置，滑移驱动温度为 550 ~ 650℃；以柱面滑移(1010) < c >为主时点极密主要位于极图 *X* 轴附近，滑移驱动温度大于 650℃。

（2）滑坡擦痕分析

七堰沟滑坡左翼断层面距后缘以下约 30m 处，发育有大量擦痕，如图 7.82 所示，擦痕总体分为两组，其中蓝色箭头一组擦痕数量较少，较细，较不清晰，上细下粗，滑动方向向上，判断为早期构造作用擦痕；红色箭头一组发育较多且较清晰，对早期擦痕有取代作用，其倾伏角 230°/52°，侧伏角 140°/44°，该组擦痕走向、倾向分别为 171°、33°，与滑坡滑向一致，为了确认该组擦痕是否由滑坡造成，在该部位取岩石定向样进行 C 轴组构分析，定向薄片主要平行于断层擦痕（*X*），垂直于断层面（*Z*）切制，利用费氏台进行石英组构测试，在长安大学西部矿产资源与地质工程教育部重点实验室完成。本次测试 74 颗石英颗粒，测得石英以底面滑移系（0001） < a >为主，岩石变形温度低于 400℃，但仍需要较高的温度，不是短期低温滑擦形成，因而擦痕的形成应早于滑坡，再结合野外观察到透镜体，得出该滑坡左翼走向为断层，该断层早期为上盘向上的逆断层，后转换为逆断层，缓慢下错，这也造成了该区岩体的破碎化。

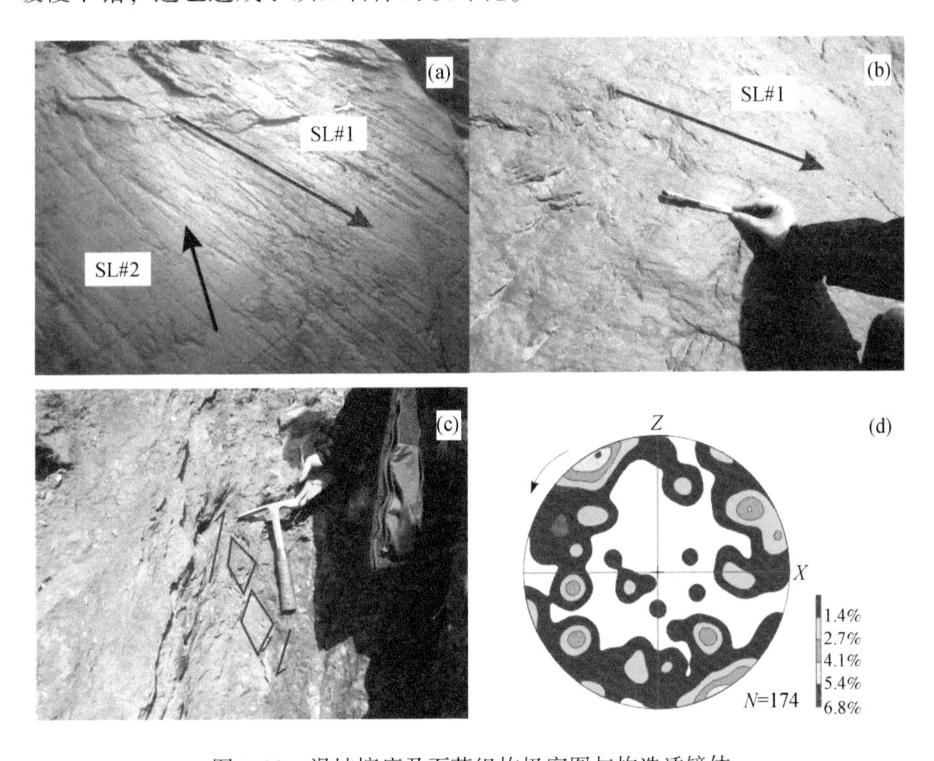

图 7.82　滑坡擦痕及石英组构极密图与构造透镜体

7.5.2　七堰村滑坡变形破坏分析

依据滑坡现场调查，结合周边地形地貌、地层岩性和地质构造等特征，将其恢复到原始地貌形态和相应的岩体结构，采用三维离散元数值方法，模拟再现其变形破坏过程。

1）模型的建立

岩质滑坡在失稳破坏过程中存在岩体的滑动、平移、转动和岩体的断裂以及松散等，具有宏观的不连续性和单个岩块体运动的随机性。而基于离散元的3DEC软件将块体之间的不连续面当作边界条件处理，允许沿着不连续面的大位移和块体转动，将岩体的连续性和结构面的不连续性很好地结合，能较为真实地模拟岩质滑坡的变形和渐进破坏过程。对于不连续特征的潜在破坏模型，3DEC三维离散元软件是非常理想的研究工具。

用离散单元法解决岩土体的稳定性问题，需要对实际物理体系作一定的简化，为便于计算和分析，对边坡的地层进行概化，忽略第四系松散堆积物。七堰沟滑坡滑动边界十分明显。根据坡体滑动后的实测地形，确定结构面位置，建立七堰沟滑坡的数值模型（图7.83)，该模型长310m，宽200m，高程范围为610～810m，单元格的疏密情况根据斜坡的岩体结构确定，设置层理间距为8m，主要节理间距为12m。滑体中部设置1个位移监测点。

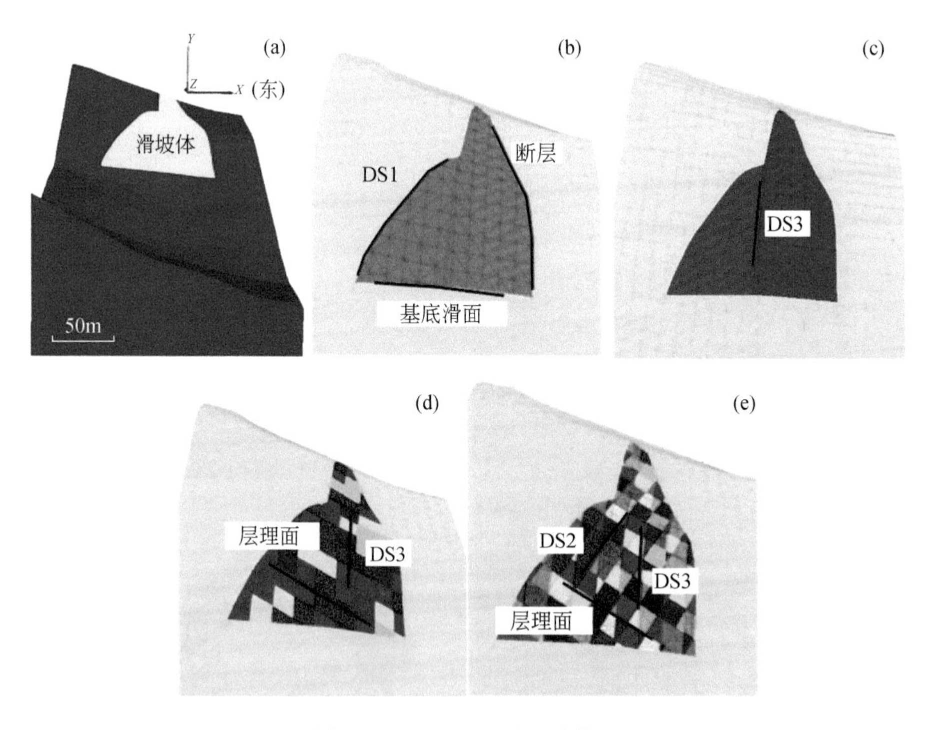

图7.83　七堰沟滑坡三维模型

采用塑性本构模型和摩尔-库仑屈服准则。所有结构面选择摩尔-库仑模型。模型采用的边界条件为：坡体周围设置为水平约束，限制其水平面位移；坡体底部设置为固定约束，限制其水平向和竖直向位移；坡体表面则为自由边界。由于地应力实测资料的缺乏，仅考虑将自重应力场作为地应力场。

岩石和结构面的物理力学参数可以通过室内力学试验获取，现场采取岩石样本和结构面样本进行了室内结构面直剪试验以及点荷载试验。通过工程地质类比法，将得到的岩石和结构面的试验参数与查阅文献得到的地质资料相结合，得到最终的计算参数，如表7.14、表7.15所示。

表7.14 岩体物理力学参数表

风化程度	天然密度/(kg/m^3)	黏聚力/MPa	内摩擦角/(°)	体积模量/GPa	剪切模量/GPa
板岩	2650	12.4	32	8.69	4.7
粗面岩	2700	10	54	9	4.9
石煤断层	2000	0.2	23.7	4.2	1.4

表7.15 结构面物理力学参数表

结构面	法向刚度/(GPa/m)	剪切刚度/(GPa/m)	内摩擦角/(°)	黏聚力/(kPa)	抗拉强度/(kPa)
板岩层理	1.85	1.04	21	20	70
微风化节理面	1.35	0.87	15	15	12
右侧断裂面	9.1	9.7	36	50	50
近水平层	0.1	0.1	20	50	30

2）计算工况设置

考虑到所研究滑坡深度比大型岩质滑坡浅，滑坡的破坏主要受不连续的节理面控制，因此为了了解节理对滑坡的控制作用，按图7.83中进行节理设置，将滑体的切割方式分为以下几类：整体、一条节理（DS3）、两组节理（DS3、基岩）和三组节理（DS2、DS3、基岩）。此外，针对研究区滑面参数不同文献所得结果差距较大，因此使用正交试验的方法，通过改变节理参数可更进一步研究该类滑坡的破坏机理。正交试验设计步骤可归纳如下：①确定要考核的试验指标，本次选择为节理参数。②选用合适的正交试验表，本次选用表格见表7.16。③对试验结果进行分析，得出结论。该方法通常也称为敏感性分析，可通过参数的变化来反映所求结果（本节为最大位移）的变化程度，进而反映各参数对滑坡稳定性的影响程度。

表7.16 正交试验表

工况	摩擦角/(°)		
	DS1	断层面	滑面
1	10	5	5
2	10	10	10

续表

工况	摩擦角/（°）		
	DS1	断层面	滑面
3	10	20	20
4	20	10	20
5	20	20	5
6	20	5	10
7	30	20	10
8	30	5	20
9	30	10	5

3）计算结果分析

当滑体被设置为一个整体（图 7.84），模拟结果没有发生明显的位移（位移量小于 0.01m），一条节理模型的计算结果显示最大位移量为 0.06m，但仅有东侧块体发生了变化，这表明滑体内部一定存在节理已实现块体之间的挤压和移动。这也与部分文献研究结果相符，而 DS3 接近南北向的走向也给滑体破坏提供了更高的自由度。随着滑体内部节理数量的增大，两组节理模型和三组节理模型的最大位移量分别达到了 1.4m 和 2.4m。块体位移的方向也可为机理研究提供参考，所有发生位移的模型均表现为一个 SEE 的滑向，块体一般先从东部底部块体开始，最大位移量也发生在该部位，而且当块体内部节理变多，滑坡破坏机理最终表现为东部块体沿断层面先开始破坏，然后从内部向西部块体转移并表现为旋转破坏。

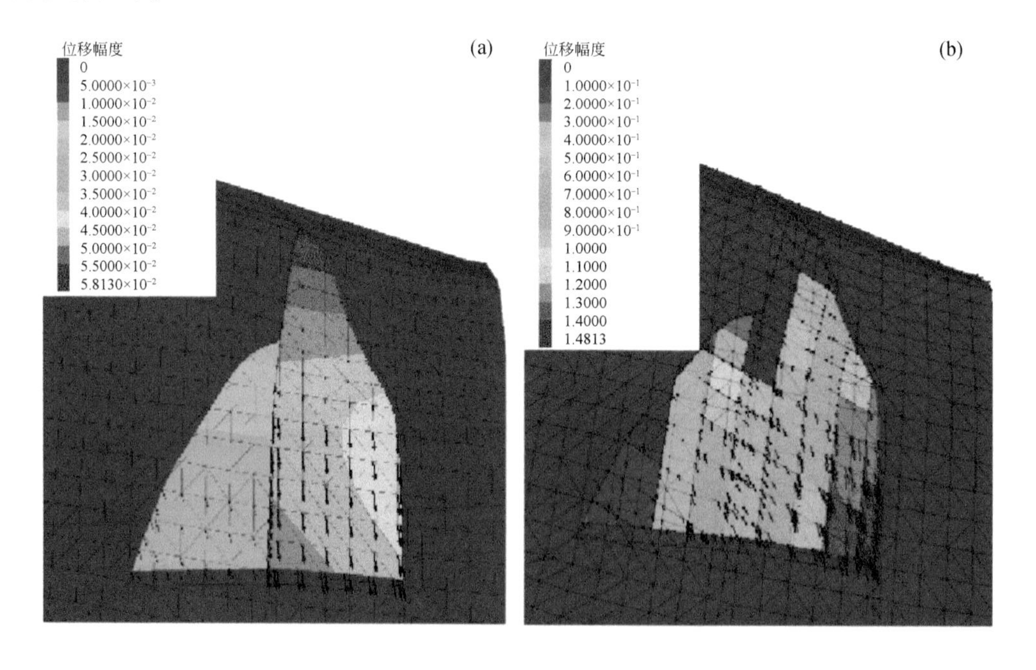

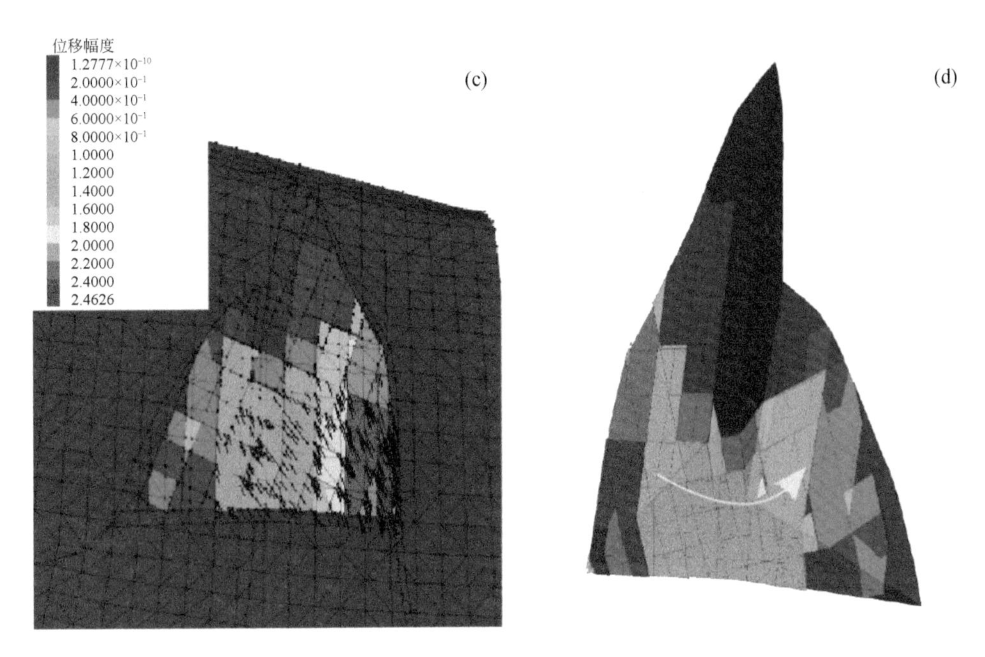

图 7.84　不同模型位移云图

表 7.17 为正交试验结果，三组滑坡的敏感性排序为 DS1>底滑面>断层面，这就说明 DS1 对滑坡稳定性的影响最大，这与上文中模拟结果相符，滑坡从断层面开始破坏，并逐步向 DS1 面传递，也就是说滑坡最后的临界破坏受 DS1 控制，考虑到 DS1 承受了大部分下滑力，将增加应变能的存储并导致应力集中，这就解释了七堰沟滑坡最终的快速破坏。

表 7.17　正交试验结果

因子	断层面	底滑面	DS1	试验号	监测块体的最大位移		
					X 向	*Y* 向	*Z* 向
X 向				1	0.11	-0.60	-4.325
R	0.0836	0.1547	0.1571	2	0.05	-0.441	-3.25
灵敏度	DS1>底滑面>断层面			3	0.0977	-0.216	-1.492
Y 向				4	0.034	-0.2667	-1.90
R	0.0017	0.12603	0.258	5	0.2909	-0.4764	-3.257
灵敏度	DS1>底滑面>断层面			6	0.1836	-0.519	-3.654
Z 向				7	0.306	-0.3935	-2.631
R	0.085	1.056	1.7596	8	-0.063	-0.346	-2.571
灵敏度	DS1>底滑面>断层面			9	0.178	-0.5189	-3.659

7.5.3　七堰沟滑坡形成机理

七堰沟滑坡为秦巴山区典型的反倾楔形岩质斜坡结构，受地貌影响、构造控制，并由“7·18”暴雨诱发形成，其失稳模式具有复合性。七堰边界特征明显，滑坡左侧结构面沿断层面延伸，该断层历经多期构造运动，形成滑坡破坏的天然结构面。滑坡底滑面近水平且其右侧靠近冲沟交汇处，强降雨下雨水沿冲沟进入底滑面，同时，雨水沿遍布节理的板岩滑体下渗，下渗至滑坡左侧断层面，碳质断层面为相对隔水层，且反倾的岩层更有利于雨水在滑体内的贮存。

七堰沟滑坡破坏过程如图 7.85 所示，其整体变形过程大致可分为左侧在重力作用下缓慢下滑，同时对右侧滑体形成挤压与拖拽，直至右侧滑体抗滑力小于下滑力，突发脆性破坏，最终整个坡体破坏。七堰沟滑坡的破坏模式可总结为三维的楔形加平面的复合破坏，这类破坏有以下共同特征：①破坏交线坡度大于原始坡面的坡度；②一定存在一个较缓的底滑面作为剪出面。

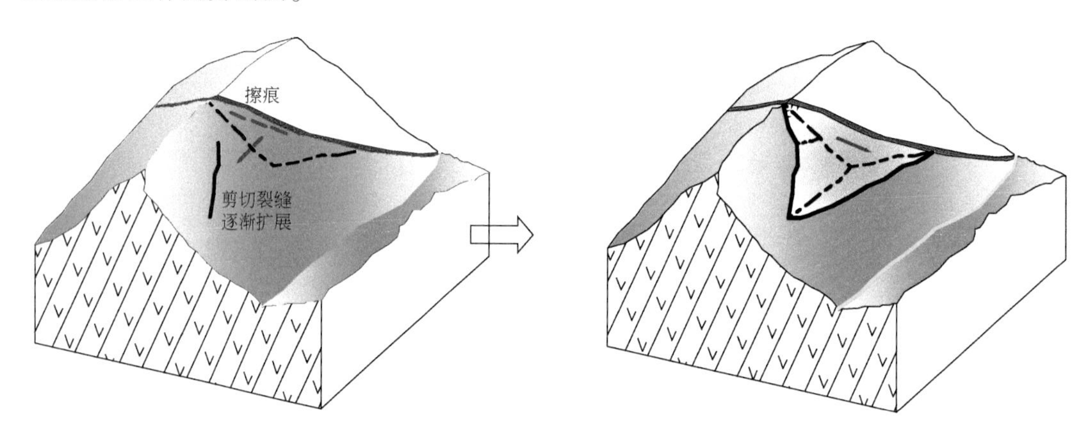

图 7.85　七堰沟滑坡破坏示意图

第8章 秦巴山区滑坡遥感调查与研究

8.1 基于GIS多源数据库的滑坡遥感解译方法及应用

8.1.1 基于GIS多源数据库的滑坡遥感解译方法

遥感调查是当今信息时代获取地质信息最高效的手段之一。遥感技术在高山峡谷地区的滑坡灾害调查中发挥着重要的作用。滑坡灾害遥感调查是以遥感数据为信息源，以滑坡灾害体及其地质环境条件对电磁波谱响应的影像特征为依据，通过图像解译分析，从遥感图像中最大限度地提取与滑坡灾害相关的各种地质信息，分析研究滑坡的发育特征和空间分布规律，演绎地质作用过程及演化特点等，用以增强地面调查工作的预见性和目的性，从而提高滑坡灾害调查工作的质量和效率。

本节重点介绍基于GIS，以卫星遥感数据、高精度地形数据及相关地质专题信息为数据源的滑坡遥感调查技术方法（谢谟文等，2015）。具体而言，就是以地形和遥感信息为基础，采用仿真技术将地形与影像融合，以更为直观、全面地把握研究区工程地质条件，从而更为高效地完成滑坡灾害调查工作。该方法克服了单纯平面遥感影像表现能力有限、高差较大地区畸变严重等缺点，为该区滑坡灾害调查和识别提供了有力的技术支撑。

影响遥感解译正确率的主要因素包括：输入端和决策端。输入端即遥感解译的数据源，获取高精度数据源是能否提高解译结果正确率的基本保障；选择合适的决策端，即采用合理可行的解译技术是滑坡信息提取的关键。下面从数据源和遥感解译技术方法两方面进行详细介绍。

1. 数据源

在开展调查工作前，应全面收集研究区遥感数据源、地形地理、地质环境及其他相关研究成果资料，并对前人研究成果资料进行认真分类整理、分析研究、归纳总结，作为调查研究的重要基础资料。

1）*遥感数据源*

遥感信息是一种多源信息，由不同类型、不同高度平台、不同视场角的传感器采集的不同物理特性、不同波段特征、不同接收时间的信息组成。目前，遥感信息源种类繁多，按照其传感器搭载平台的高度和类型，可分为航天遥感数据、航空遥感数据和地面遥感。遥感调查以航天遥感数据为主、航空遥感数据为辅，尽可能使用多平台、多分辨率、多时相的遥感资料。根据调查比例尺的要求，可有目的地选择遥感数据类型和时相，尽量避免云、雪干扰，充分反映研究区内的自然地理和地质环境条件。

秦巴山区重点区域滑坡遥感调查主要采用的航天遥感数据为近 10 年内的 SPOT 5（2.5m）、Pleiades（0.7m）、Komsat 3（0.7m）、高分二号（1m）等航天遥感数据，不足部分采用 Google Earth 遥感影像补充。

2）其他基础资料收集

其他基础资料主要收集地形资料、地质环境及其他相关资料。

地形资料主要包括整个区域 30m 空间分辨率的 DEM 数据（来源于 ASTER GDEM）、典型区域 1∶5 万和 1∶1 万基础地形图资料，用于区域地质环境、典型区域 1∶5 万和 1∶1 万滑坡解译与成果图件的编制。

地质环境资料包含研究区已有的区域地质、水文地质、工程地质、环境地质、地质灾害、遥感地质等调查研究成果，具体如下。

（1）1∶20 万、1∶25 万区域地质数据资料，已有的 1∶10 万地质灾害调查、县（市、区）地质灾害详细调查与区划等调查成果资料，以及前人相关研究成果资料。

（2）研究区域地质灾害有关的气象、水文、土地利用类型、森林植被、地形地貌等自然地理资料，以及人文、社会经济发展资料等。

2. 遥感解译技术方法

本文参考谢谟文等提出的水库区地质灾害三维遥感解译方法（谢谟文等，2015），通过构建多源 GIS 数据库及三维遥感影像解译系统，创建研究区的三维实景，即以地形和遥感信息为基础，采用仿真技术将地形与影像融合，以更为直观、全面地把握研究区工程地质条件，从而更为高效地完成滑坡灾害调查工作。

1）多源 GIS 数据库及三维遥感影像解译系统构建

由于收集到的资料数据类型多样，形式不一，不便于进行综合分析。考虑到 GIS 数据库对多源数据的兼容、管理和空间显示的功能，基于 ArcGIS 平台，对多源数据进行分类整合、转换、校正、投影并最终导入 GIS 数据库中，将所有数据叠加整饰，统一管理，形成 GIS 多源数据库。

GIS 多源数据库系统为一平面的二维可视化系统，在表达空间三维信息时表现出一定的局限性，为此，基于三维 GIS 平台的 Skyline 软件构建三维真彩色影像系统，作为三维解译的基础平台。

建立研究区三维真彩色影像系统的创建流程如图 8.1 所示，首先根据地形与影像数据压缩生成三维真彩色影像；在此基础上，叠加其他相关数据，形成三维遥感影像解译系统。

秦巴山区重点区域三维遥感影像解译系统采用的地理坐标系统为 WGS84，地形数据采用由 1∶1 万地形等高线生成的 DEM，不足部分采用 ASTER GDEM（空间分辨率 30m）进行补充，遥感影像采用高分影像融合的真彩色影像，局部缺失部分采用 Google Earth 影像进行补充。

2）遥感解译标志的建立

遥感解译是指从遥感图像中识别和提取某种影像特征，赋予特定的属性内涵以及测量

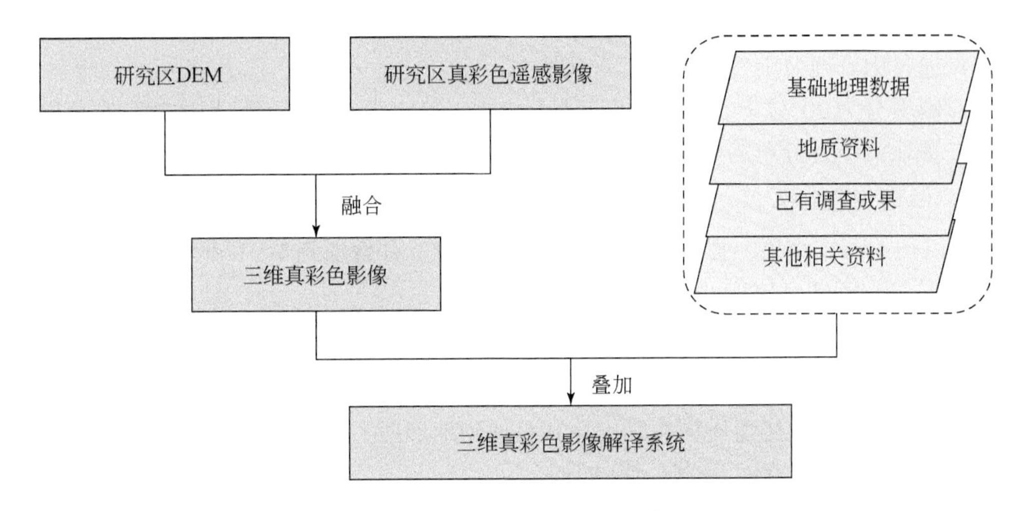

图 8.1　三维真彩色影像系统创建流程

特征参数，并加以专业语言化的过程。在进行遥感信息提取之前，首先要建立遥感解译标志。用来区分和识别不同地物或确定地物属性的特定影像特征称为遥感解译标志。解译标志可分为直接解译标志和间接解译标志两类。直接解译标志是地物本身属性特征在影像上的直接反映，如形状、大小、色调（色彩）、影纹结构等。间接解译标志是指与地物的属性有内在联系，通过相关分析能够推断其性质的特征，如某一地质体的岩性、构造特征可以通过地貌形态、水系格局、植被分布、土地利用、人类活动等特征间接地表现出来。间接解译标志因地域和专业的不同而有所不同。建立和运用各种间接解译标志，一般需要有一定的专业知识和解译经验。

需要注意的是，不同的研究区域、研究领域建立和运用的解译标志并不相同，特别是遥感地质解译标志存在着局限性和可变性。遥感地质解译在不同地形、气候、岩性构造的不同区域，解译标志是多变的，因此必须建立研究区的解译标志。

在实际解译工作中，同时参考地形、影像及其他相关资料，建立各种对象特有的解译标志，进行综合解译。

滑坡解译过程中，常用的解译标志有：色调（色彩）、形态（形状和大小）、纹理特征、地形地貌特征、沟谷水系、植被、土壤等。

3. 遥感室内解译

滑坡遥感解译是以遥感影像和地形图为信息源，获取滑坡灾害及其发育环境要素信息，确定地质灾害类型、边界、规模、形态特征，查明其空间分布特征、活动状态、形成条件和诱发因素，分析地质灾害的成因和发展趋势，编制地质灾害遥感解译图件。一般解译流程如下。

1）地形解译分析与初步解译图制作

根据 1∶1 万或 1∶5 万地形图，结合以前调查结果及地质图，制作初步解译图，图中应反映解译所需的各种信息。

根据地形图按照以下流程对地形进行大致划分。

（1）通过山脊线及山谷线划分汇水区域。

（2）斜坡分为20°以上及20°以下两大类，用于确定阶地、崩塌堆积体的分布范围。

（3）提取沿山谷分布的连续平坦地形，该区不易发生滑坡的，可不做解译。

2）以往的调查结果

根据以往的调查结果，提取下述危险区域的信息，并叠加到1∶1万地形图上。

（1）崩塌的信息（位置、形态）。

（2）滑坡信息（位置、形态）。

3）叠加地质信息

从地质图上提取下述地质构造等信息并叠加到地形图上。

（1）断层信息（位置、产状、属性等）。

（2）地层信息（位置、界限、产状等）。

4. 遥感解译现场验证

在初步解译图的基础上，根据滑坡解译标志，从影像上提取滑坡信息。在进行解译时，综合考察滑坡的地形特征（位置、形状）及其属性（成因、形成过程、地层岩性、形成时间等）。解译以汇水区为单位进行；解译斜坡上的破坏区域，从上游向下游推进。一边观察陡倾斜和缓倾斜的分布状况，一边对滑坡各个要素相互关系进行考察和解译。

图像的解译应充分结合三维影像。从地形图上解译出大中型滑坡的地形要素，并判断各滑坡的安全性。以往调查资料中的滑坡和崩塌也结合三维影像进行解译，确认其可靠性。从地形图上不能读取的崩塌、新形成的小规模的滑坡可利用影像进行解译。

（1）对于滑坡，首先确定滑坡后缘壁的位置和范围，另外结合三维影像，确定滑坡体范围及其他相关要素。

（2）对于崩塌，在地形图上进行解译提取；对于在地形图上难以识别的区域，通过影像进行解译提取。

通过参考影像的解译结果，对地形图的解译结果进行修改、增删，完成滑坡解译分布图。滑坡解译是以地形解译分析为基础，地层岩性、地质构造与岩土体结构、水文地质状况等的外部表现为重要判别依据，建立滑坡的地形、影像、三维特征的解译标志，与提取信息、其他资料综合后，抽样进行现场对比与验证，完成解译工作。这是一个不断深入的过程，随着认识的加深，有些问题会渐次明朗。

8.1.2 重点区域滑坡遥感调查

1. 重点研究区位置

重点研究区位于汉中市镇巴县和安康市紫阳县交界的位置，属任河流域，包含3幅1∶5万图幅，如图8.2所示，从左至右依次为镇巴县幅、兴隆镇幅和瓦房店幅。

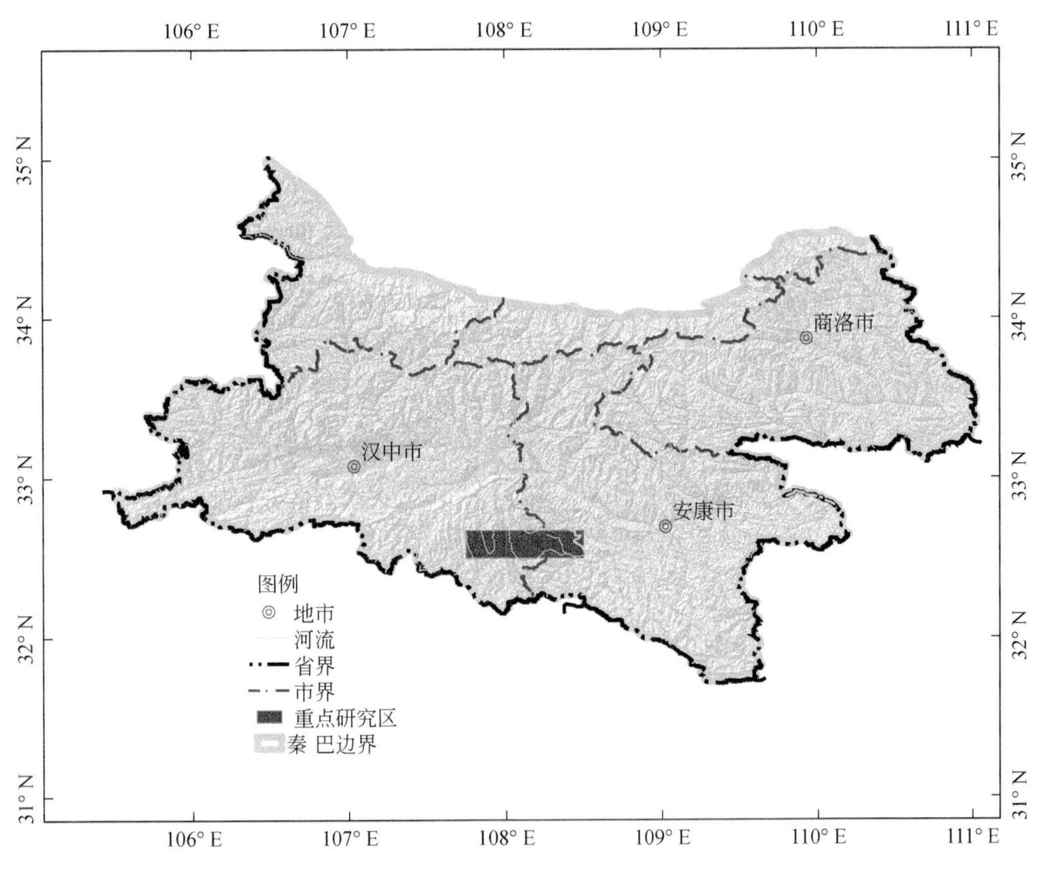

图 8.2　重点研究区位置示意图

2. 遥感信息源

本研究针对重点研究区开展 1 : 5 万及 1 : 1 万滑坡灾害遥感调查，采用近 10 年的 Pleiades，Komsat 3，SPOT 5，高分二号等高分辨率卫星数据，影像信息见表 8.1，数据范围如图 8.3 所示。除航天遥感影像外，针对典型点进行无人机航拍。

表 8.1　重点研究区航天遥感信息源统计表

序号	重点研究区名称	遥感数据类型	遥感数据时相（年．月．日）
1	瓦房店幅	Komsat 3/Pleiades/SPOT 5	2015. 08. 06/2013. 10. 13、2013. 12. 30/2010. 11. 11
2	兴隆镇幅	高分二号（GF2）	2016. 06. 05
3	镇巴县幅	高分二号（GF2）	2016. 06. 05、2015. 12. 16

3. 滑坡遥感解译标志

根据本区滑坡特征，可通过遥感解译的主要为老滑坡以及新近发生的滑坡。滑坡解译

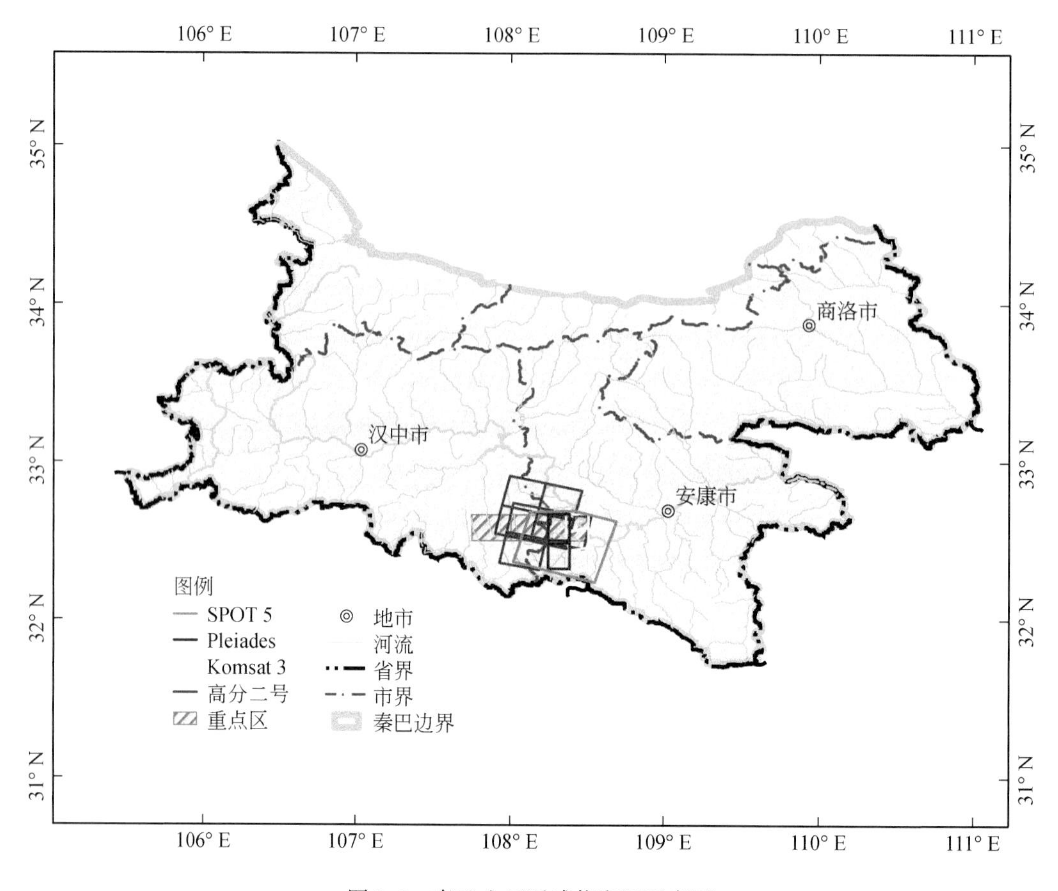

图 8.3　秦巴山区遥感信息源示意图

标志包括影像色调、纹理、滑坡形态、地形地貌以及多时相影像图之间的对比，还可结合地层岩性、地质构造、植被发育程度等地质环境进行综合判译。

老（古）滑坡在三维影像上具有圈椅状后壁；滑坡壁坡度较陡，近乎直立。由于坡度陡，人为扰动较少，植被发育，影像上表现为深色调；侧壁和后壁常形成弯曲环抱的沟谷，即双沟同源；滑坡体坡度较缓，沿滑动方向常有一级至几级平台；前缘常呈弧形鼓出，河道或道路弯曲，与周围地形差异明显；前缘与河谷或阶地接触处，多形成陡坎；缓坡地带多为居民住宅或农田，影像上住宅为灰白色规则形状的斑状影纹，农田具淡绿色规则条纹状纹理特征，如图 8.4 所示。

新近发生的滑坡在影像上表现为土体裸露、松散，或覆盖有少量植被，以浅色调为主，零星分布淡绿色，纹理粗糙，具有顺坡向的纵向不规则条纹，与周围地形及植被形成明显的差异。前缘弧形凸出，前方多为河流或公路，常导致河流受阻、河道弯曲或变窄、道路被掩埋或中断等。规模均较小，多由降雨、开挖边坡等所致，滑坡壁一般不明显，仅在高精度地形上可见，如图 8.5 所示。

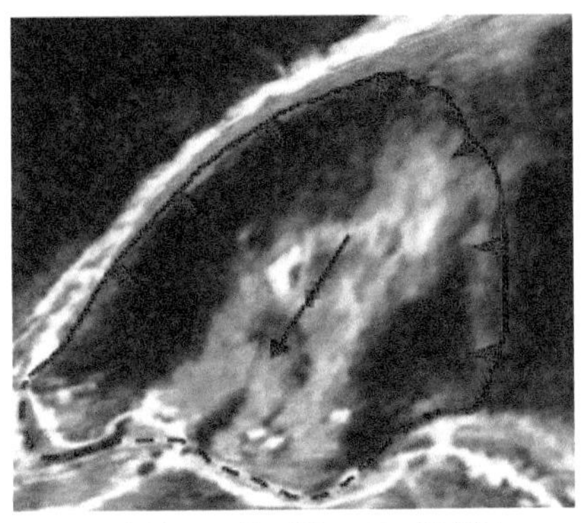
(a)滑坡HP01的三维SPOT 5影像图

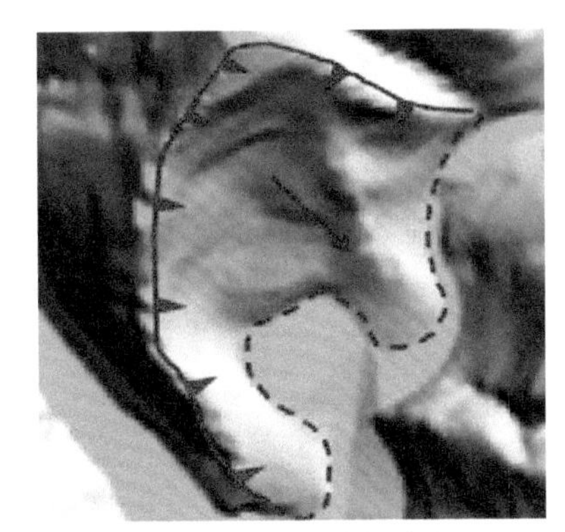
(b)滑坡HP01山体阴影图

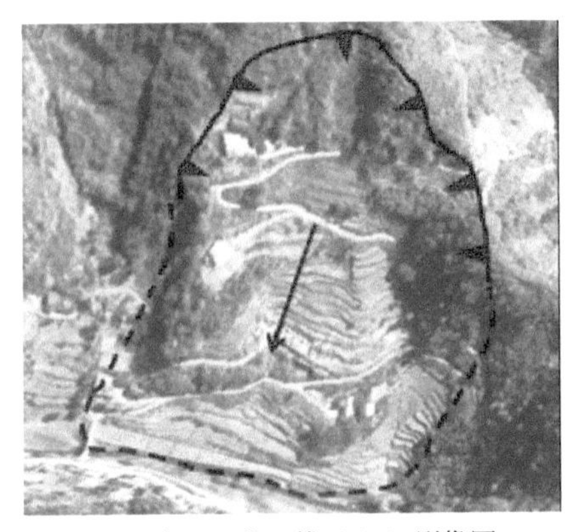
(c)滑坡HP02的三维Pleiades影像图

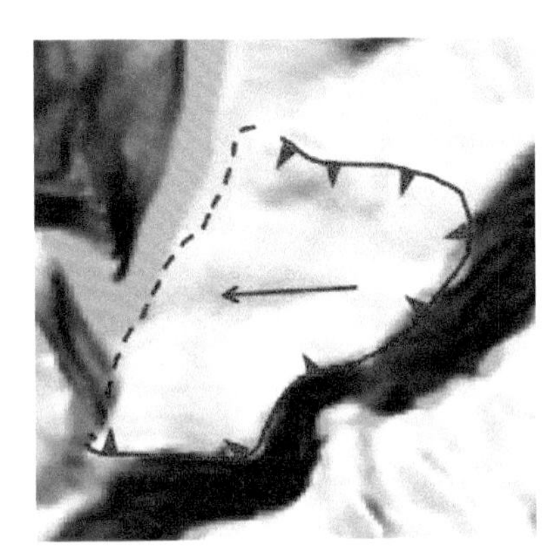
(d)滑坡HP02山体阴影图

图 8.4　典型老滑坡解译标志

另外，根据滑坡发生前后影像特征的变化，也能很好地判识滑坡信息，即基于多时相的滑坡遥感影像解译。其识别标志主要是利用遥感影像拍摄时间不同，坡体颜色、植被等发生变化进行灾害识别，也可通过观察滑坡与周围地物分界线推断滑坡有无变形迹象。部分滑坡发生在两期影像拍摄时间间隔内，在影像图上主要表现为滑坡范围内的植被覆盖变

(a)滑坡HP03三维GF2影像图

(b)滑坡HP03航拍照片

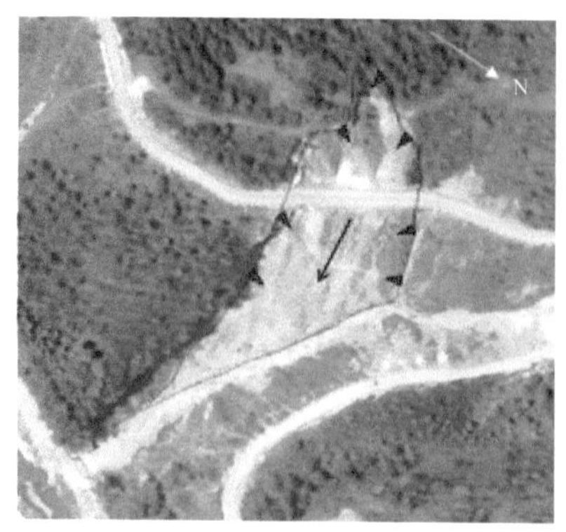

(c)滑坡HP04三维Google Earth影像图

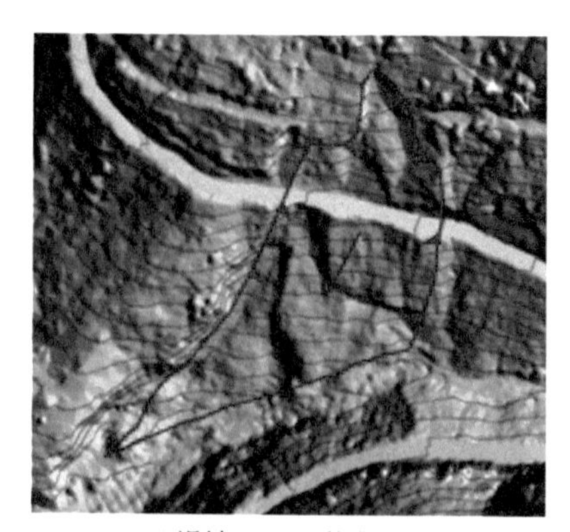

(d)滑坡HP04山体阴影图

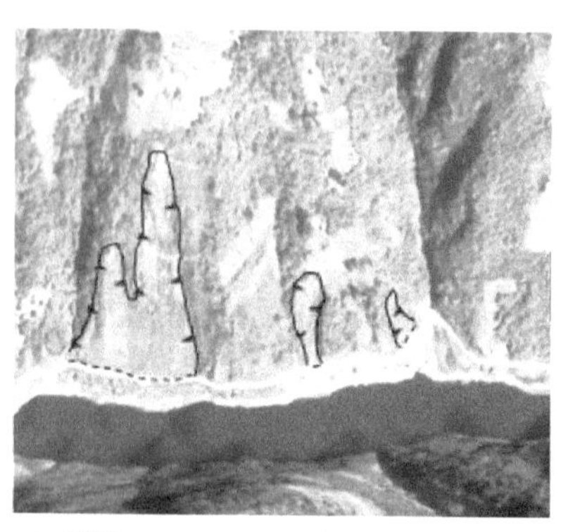
(e)滑坡HP05—HP07三维Pleiades影像图

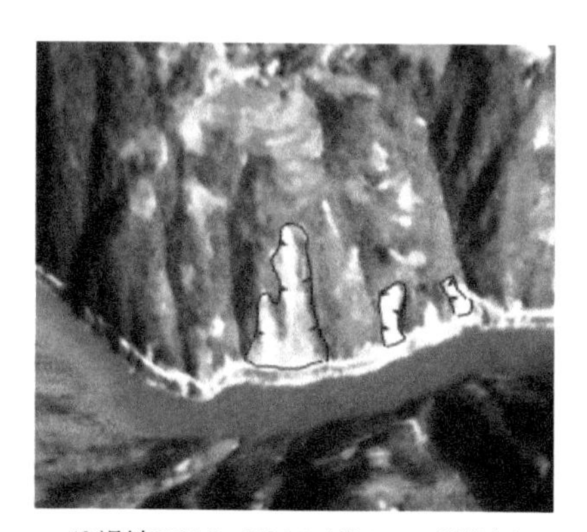
(f)滑坡HP05—HP07三维SPOT影像图

图 8.5　新滑坡解译标志

为土体裸露，滑坡与周边地物分界线变得更为清楚，滑坡轮廓逐渐清晰，色彩由绿色变为黄褐色（图 8.6）；部分发生在多幅影像拍摄之前的滑坡，在较早影像上显示有少量植被覆盖，较晚影像上显示滑坡体植被覆盖较为浓密，颜色由灰白色或淡绿色变为以灰绿色为主，需要结合周围地物进行判别。

针对可解译的滑坡对象，具体解译内容如下。

（1）滑坡边界：滑坡后缘壁的位置及壁面上残留的纹带特征；滑坡两侧界线的位置与形状；前缘出露位置、形态、临空界面特征及剪出情况。

（2）形态和规模：滑体平面形状、滑体长度、宽度、面积等。

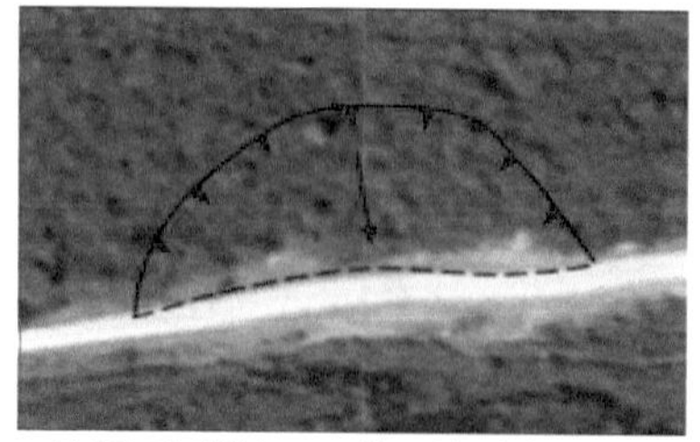
(a)2015年滑坡HP08的三维遥感影像图

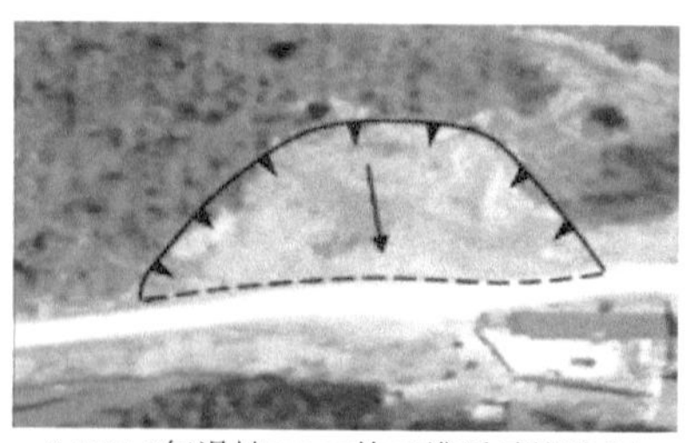
(b)2018年滑坡HP08的三维遥感影像图

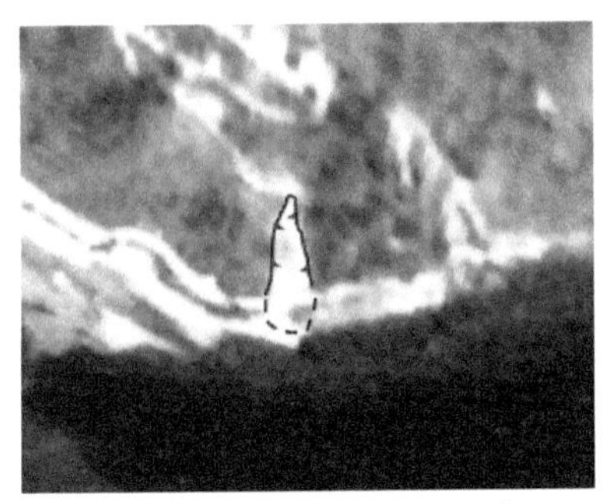

(c)2010年滑坡HP09的SPOT 5影像图

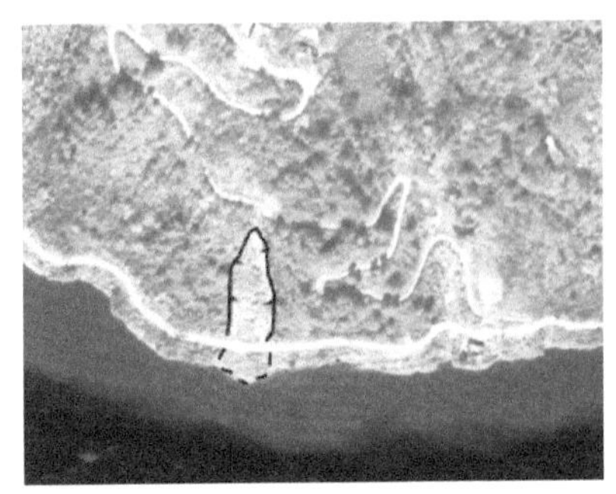

(d)2013年滑坡HP09的Pleiades影像图

图 8.6　近年来发生滑坡在多期遥感影像上的解译标志

(3) 滑坡要素及主滑动方向的确定：主要通过地形及细部纹理特征，确定滑坡体的不同部位或其内小滑体；滑坡及其分解小滑体的主滑方向垂直于等高线，指向低一级等高线方向。

(4) 稳定性判译：主要是依赖于“工程地质法”的原理，通过地貌分析定性确定滑坡的变形阶段及其稳定性。

(5) 危害性判译：根据滑坡体与工农业设施的关系，结合滑坡规模及稳定性予以判断。

4. 重点研究区滑坡遥感调查结果及典型滑坡遥感特征分析

各重点研究区通过遥感调查共查明滑坡 79 处，其中瓦房店幅 38 处，兴隆镇幅 9 处，镇巴县幅 32 处。

本节结合研究区 6 处典型滑坡，详细描述其遥感影像特征。此 6 处滑坡分别为山溪口滑坡、大河坝二号滑坡、小沟河五号滑坡、弥陀寺滑坡、南沟 1 号滑坡、黄坝村德胜组滑坡。

1) 山溪口滑坡

该滑坡位于镇巴县泾洋镇鱼泉村山溪口组，坐标为 32°37′38.77″N，107°50′28.96″E。在遥感影像图上（图 8.7），该滑坡体以灰白色为主，土体松散。观察 2015 年遥感影像可知，坡体上有零星植被分布，随着时间推移，坡体上有了植被覆盖，因而推断该滑坡为 2015 年影像拍摄前刚刚发生的滑坡。周边地物为深绿色，推测为乔木植被，覆盖良好。边界较清晰，坡体呈舌形，威胁对象为坡体前缘的公路与河流。

对滑坡进行详细调查，该滑坡后缘高程为 817m，前缘高程为 621m，高程相差 196m。滑坡体长约 264m，宽约 55m，滑体平均厚度约 1m，滑体体积约 14500m^3，属小型滑坡。滑坡体剖面形态为凹形。该滑坡成因为降雨、河流侵蚀，目前处于休止状态，基本稳定。

2) 大河坝二号滑坡

该滑坡位于镇巴县泾洋镇二郎滩村大河坝组，坐标为 32°36′43.04″N，107°52′25.10″E，属于中山地貌。该解译滑坡由于遥感影像曝光，不同拍摄时期色调有较大差异（图 8.8），

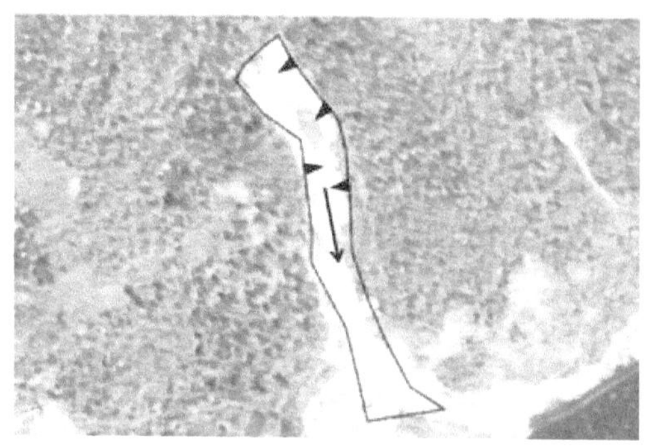

(a)2015年三维GF2遥感影像图

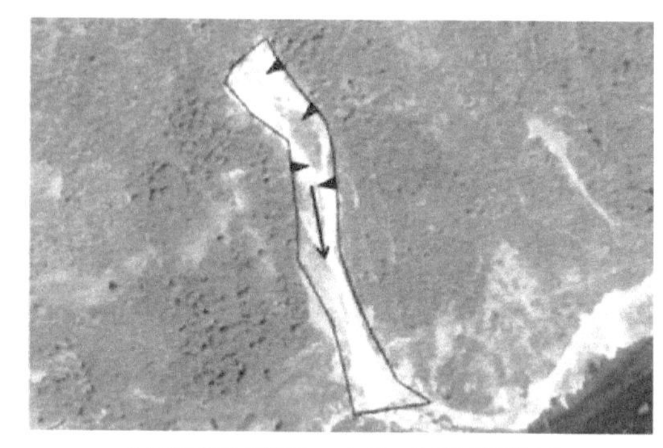

(b)2018年三维Google Earth遥感影像图

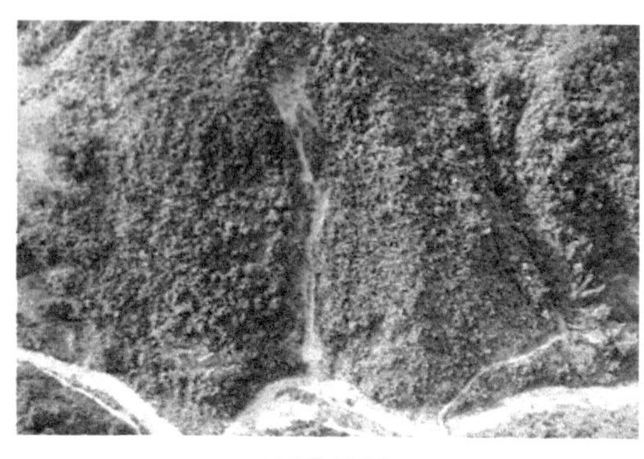

(c)现场照片

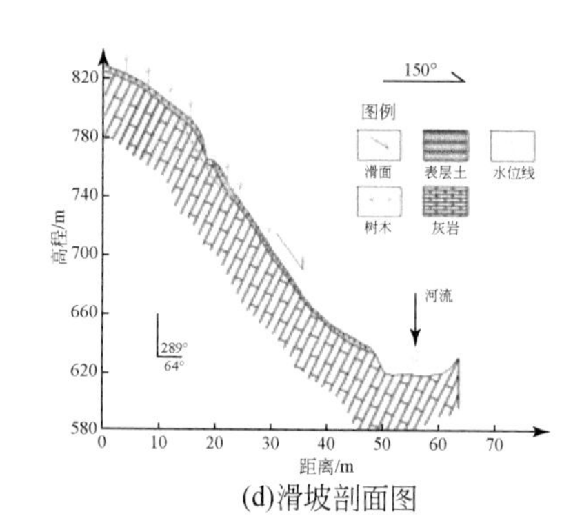

(d)滑坡剖面图

图 8.7　山溪口滑坡

坡体表面纹理相对比较粗糙，坡体左右两侧为绿色植被，边界清晰，左侧可见岩石裸露；坡前有一条公路，推断该滑坡应为修建公路及降雨诱发滑坡。对比发现，两期影像斜坡处均与周围环境差异明显，坡体上也由植被变为有少量植被覆盖，后缘可见土体松散，有一定变形迹象，故判定为一滑坡隐患点，且可能有进一步变形的趋势。

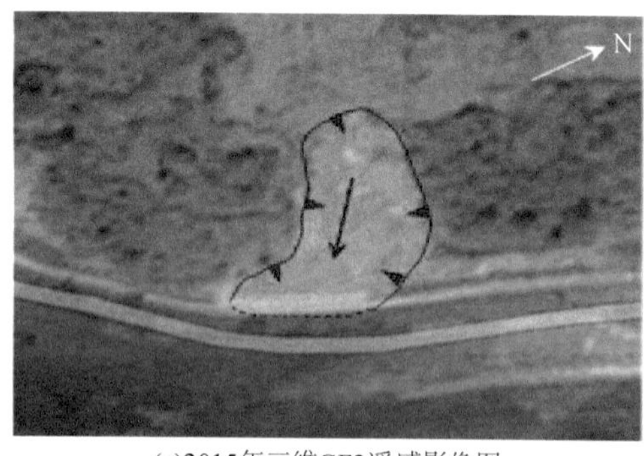

(a)2015年三维GF2遥感影像图

(b)2018年三维Google Earth遥感影像图

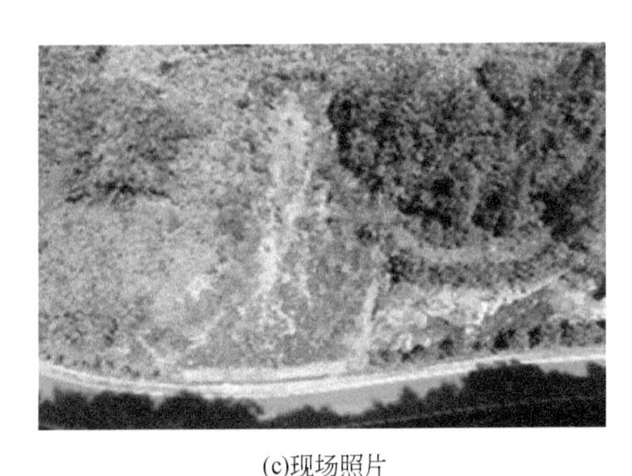

(c)现场照片

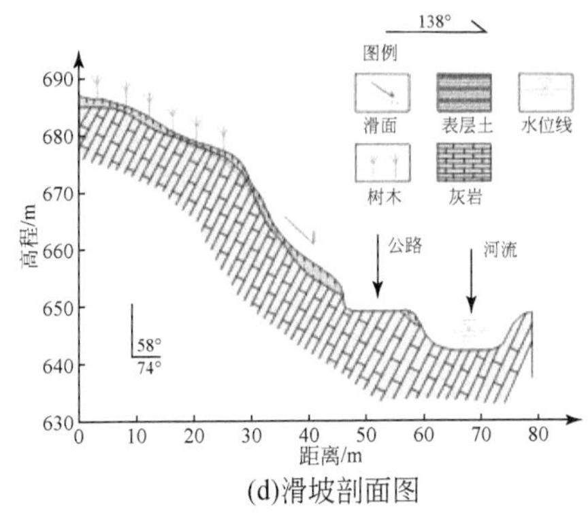

(d)滑坡剖面图

图 8.8 大河坝二号滑坡

野外调查该滑坡前缘高程为650m，后缘高程约687m，前后缘高差37m。滑坡体长度约为44m，宽度为31m，平均厚度约为2m，滑坡体体积为2728m^3，属于小型滑坡。坡体植被覆盖较少，主要物质组成为风化堆积物，坡体上含有少量碎石。对左侧裸露岩石进行调查，发现其为嘉陵江组灰岩。现场调查该斜坡为横向坡，由于坡体上土体松散，在降雨和人为诱因下存在进一步变形的风险。

3）小沟河五号滑坡

该滑坡位于镇巴县泾洋乡晒旗坝村小沟河组，坐标为32°34′29.15″N，107°54′44.76″E。遥感影像图上（图8.9），该滑坡坡体以灰黄色为主，坡体表面纹理与周围地物相比非常粗糙，应为滑坡堆积物堆积，坡体左右两侧为深绿色，植被茂密，边界清晰；坡体前方有一条公路，坡体应为修建公路切坡及降雨造成，2015年影像图与2018年影像边界差异不明显，坡体上植被明显增多。但由于土体松散，在降雨或人为条件下有进一步变形的风险。

现场调查该滑坡高程分布为1040～1045m，滑坡滑向为254°，坡角约45°，滑坡面积372m^2，坡体厚度约为1m，体积372m^3，为小型滑坡。该滑坡破坏形式为推移式，滑坡形态为半圆形。该滑坡坡体无植被覆盖，处于基本稳定状态，但由于土体松散，在人工开挖或者强降雨条件下可能再次失稳。

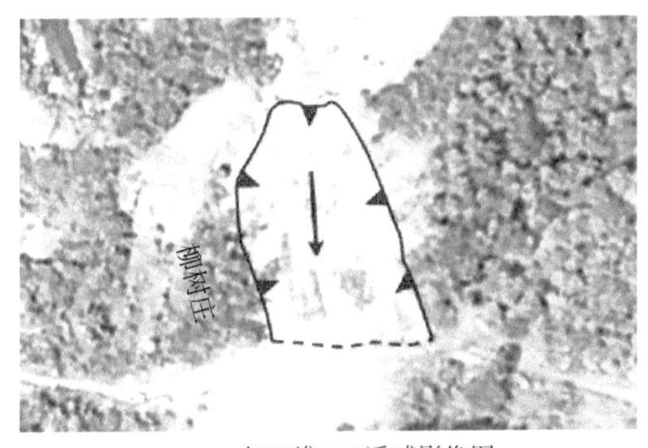

(a)2015年三维GF2遥感影像图

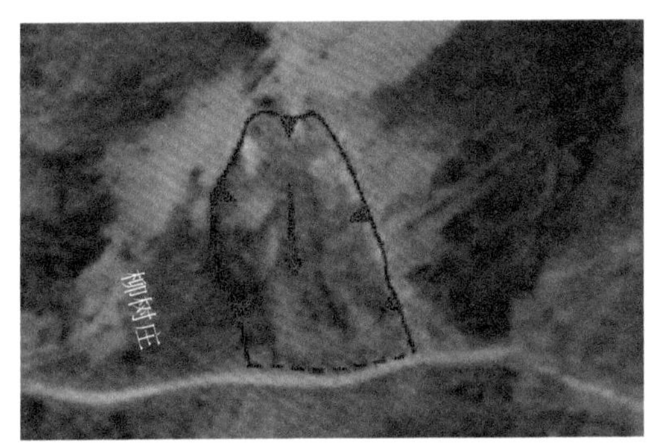

(b)2018年三维Google Earth遥感影像

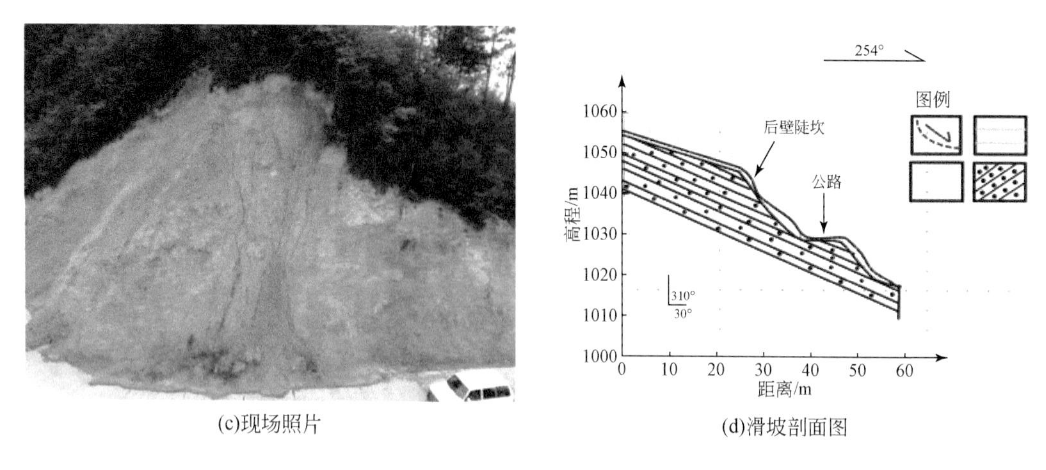

(c)现场照片　　(d)滑坡剖面图

图 8.9　小沟河五号滑坡

4）弥陀寺滑坡

该滑坡位于镇巴县小洋乡木桥村唐家山组。该滑坡体在两期遥感影像上均呈现浅色调，坡体与周围植被颜色差异明显，整体边界清晰（图 8.10）。遥感影像图上可以看出坡体表面岩土体破碎，坡脚有明显堆积物。滑坡由于堆积物松散，仍有进一步滑动的可能。

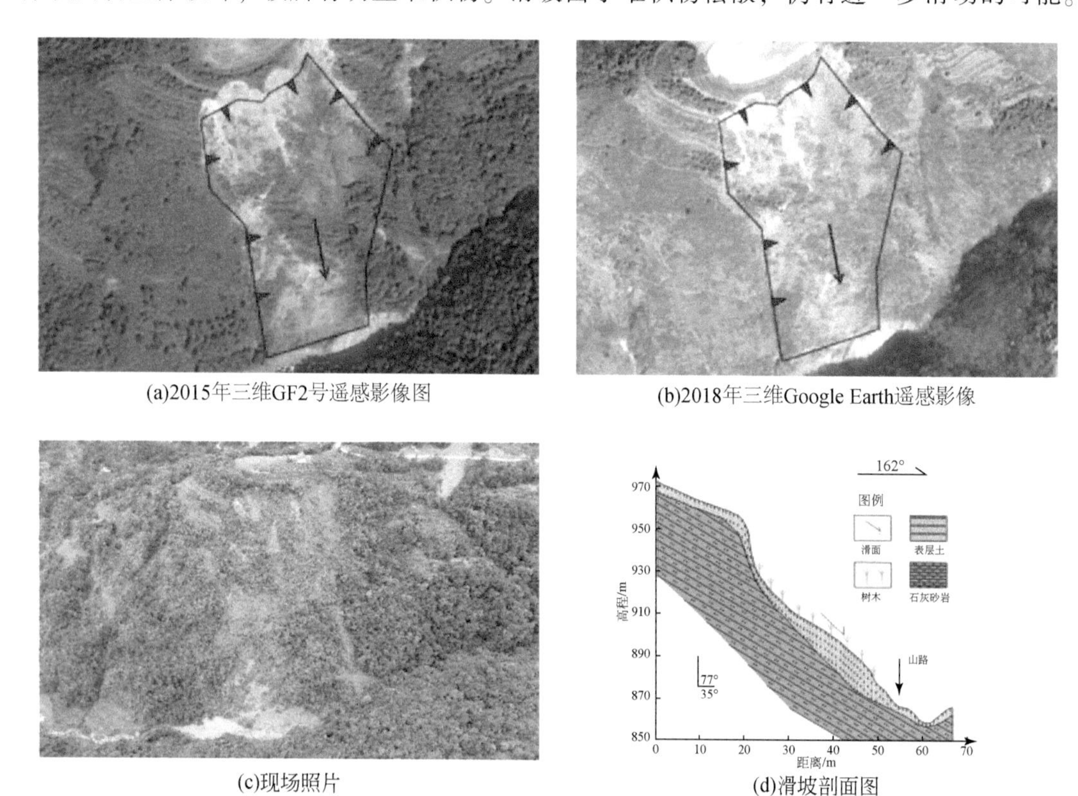

(a)2015年三维GF2号遥感影像图　　(b)2018年三维Google Earth遥感影像

(c)现场照片　　(d)滑坡剖面图

图 8.10　弥陀寺滑坡

该滑坡后缘为大片农田，前缘为一条小溪，据此推断此次滑动与开垦农田及河流冲刷作用有关。

该滑坡经现场验证解译点，实际为堆积层滑坡，滑坡形态不规则，滑坡高程为867～987m，滑向为162°，坡度27°，长280m，宽190m，厚约3m，体积约15.96万m^3，为中型滑坡。该滑坡破坏形式为推移式，目前处于稳定状态。滑坡前缘为一河流，由于流水冲刷，加之人类工程活动及降雨影响，仍有可能继续下滑，危险性较大。

5）南沟1号滑坡

该滑坡位于镇巴县兴隆镇麻柳坪，为一古（老）滑坡，平面形状近半圆形（图8.11）。滑坡后壁陡峭，等高线密，滑坡中部有一台阶，坡度较陡，等高线密；该滑坡有两级滑坡台阶，地形平缓，等高线较稀疏；后壁和中部陡坎处植被茂密，以林地为主，滑坡台阶上有农田分布；滑坡前缘坡度较陡，地形图上可见冲沟发育，植被覆盖良好。该滑坡后缘高程约1120m，前缘高程670m，高差约450m，面积约621938m^2。滑坡规模巨大，加之前方有汉江支流渚河通过，且坡脚冲刷侵蚀严重，存在复活的可能，危险性较大。

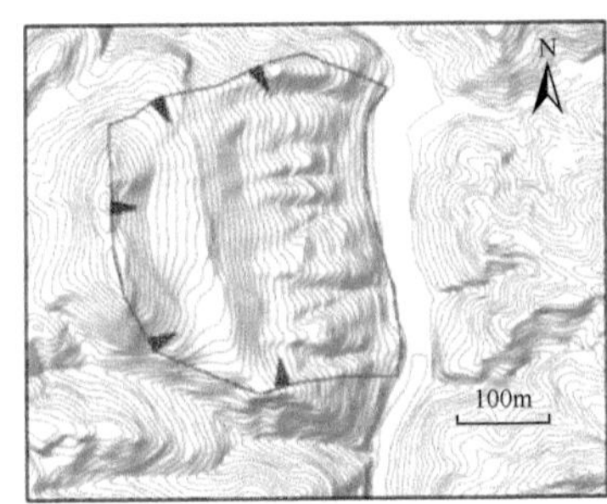

(a)滑坡地形图

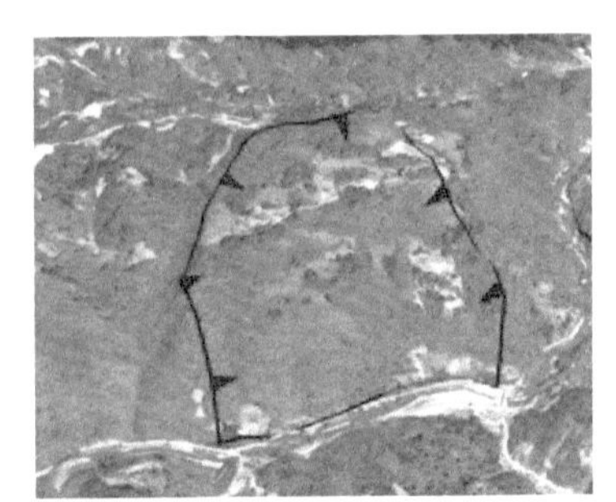
(b)滑坡三维遥感影像

(c)现场验证照片

图8.11　南沟1号滑坡

6）黄坝村德胜组滑坡

该滑坡为一古（老）滑坡，平面形状近似半圆（图8.12）。滑坡后壁陡峭，植被覆盖茂密；滑坡体上平缓，分布有居民地和农田，坡体右前方有一冲沟，局部有新的滑动，色调较浅；前缘坡度较陡，植被覆盖良好；滑坡前缘呈近S形曲线，这是由于该滑坡西边约3km处为勉略缝合带，构造活动强烈所致。前方河流也在此处出现几字形转弯，河流冲刷强烈。该滑坡后缘高程约1109m，前缘高程约800m，高差约309m，面积约230903m^2。滑坡规模大，加之强烈的构造活动和河流冲刷侵蚀，存在复活的可能，危险性较大。

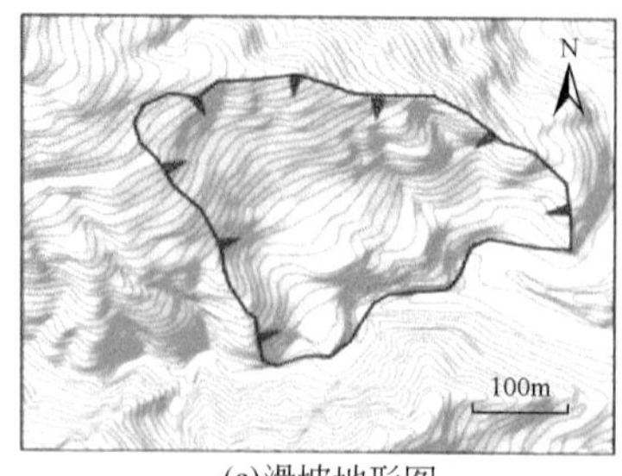

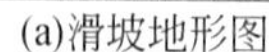
(a)滑坡地形图

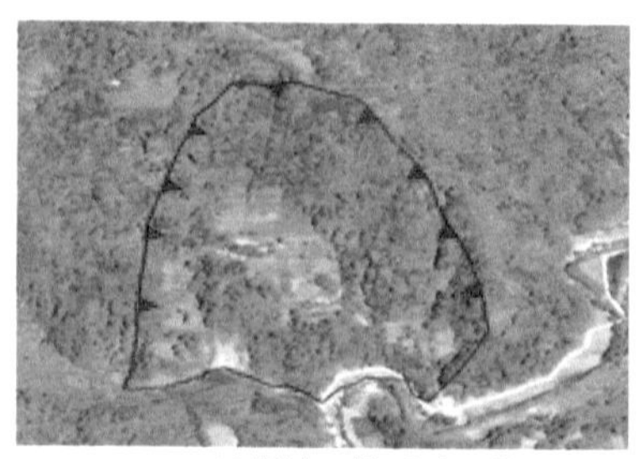
(b)滑坡三维遥感影像

(c)滑坡现场照片

图 8.12　黄坝村德胜组滑坡

8.2　基于面向对象技术的滑坡灾害自动识别研究

滑坡自动识别是指通过总结地学专家的遥感解译方法，结合研究区地质灾害的发育特征及规律，使用计算机模拟实现地学专家目视解译的过程。目前滑坡灾害的自动识别方法主要有两种，基于像素的滑坡自动解译方法与面向对象的滑坡自动解译方法（惠文华，2011）。下文对这两种方法进行详述。

8.2.1　基于面向对象技术的滑坡自动识别方法

基于像素的识别方法仅考虑不同地物在遥感影像上的不同光谱特征，将遥感影像分割为单独的像素进行判别，忽略了像素之间的相关性，使分类过程中容易出现同谱异物现象，分类结果中地物破碎，并不适合滑坡灾害的解译（张金钟，2016；张伐伐等，2011）。

面向对象的滑坡自动识别方法以影像分割为基础，以滑坡对象为单位进行处理，而非传统的以像元为单位（梁艳，2012），相对而言，该方法提取的因子不只是影像光谱、纹理信息，还有结构、对象特征等空间信息，故该方法可以充分考虑像素之间的相关关系且更接近于人类的认知方式。面向对象的滑坡自动识别方法主要包含两个步骤：影像分割和地物分类。本节采用易康（eCognition Developer）软件进行基于面向对象的滑坡识别。

1. 影像分割

影像分割是根据影像的部分特征将一幅图像分成若干有意义的互不重叠的区域（刘

悦，2016)，使得这些特征在某一区域内表现一致或相似，从而为地物分类打下基础（图 8.13)。

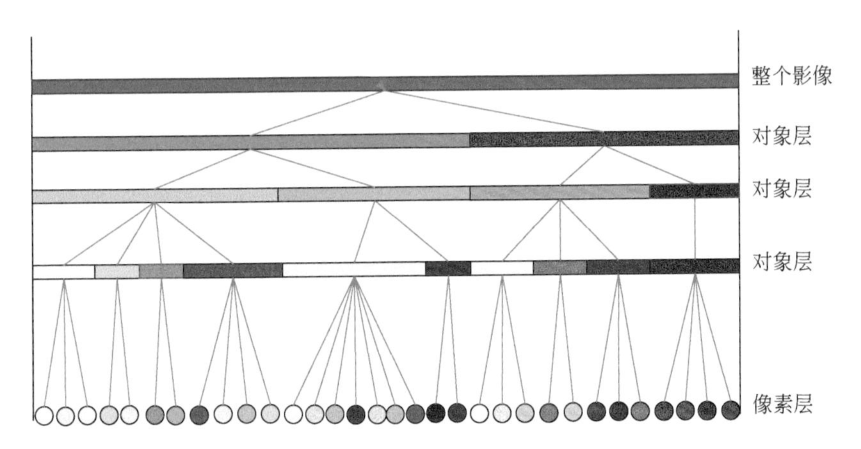

图 8.13　影像分割原理示意图（参考自二十一世纪空间技术应用股份有限公司）

影像分割技术是面向对象识别、分类的基础，其中重点是分割方法的采用与分割最优尺度的选择。在易康软件中，影像分割算法主要有以下 4 种。

1）棋盘分割

棋盘分割是最简单的分割算法，其主要是指将影像层分割成尺度设定好的正方形单元格，是一种自上而下的分割算法。

2）四叉树分割

四叉树分割也是一种自上而下的分割算法，其与棋盘分割的主要差别是将影像层分割成尺度不一的正方形（王海恒，2014)。该算法在分割出一个初始正方形后，按照同质性原则继续分割，直到每个正方形中均符合同质性原则。在影像图上表现为地类相近的对象，尺度较大，地类差别越大，其分割成的正方形尺度越小。

3）光谱差异分割

光谱差异分割是一种自下而上的分割方法，也是一种合并邻近对象层的算法。当邻近对象层光谱差异值小于给定的数值时，将会合并成一个对象（杜龙，2016)，因而该方法只能对分割产生的对象进行处理，不适合进行地物的分割。

4）多尺度分割

多尺度分割也是一种自下而上的分割方法。该方法按照同质性原则合并相邻的像素成为一个对象，而不满足同质性原则的像素分属于不同的对象，是一种综合考虑像素与形状因子的分割算法（仇江啸等，2010)。

多尺度分割的同质性原则包括颜色和形状因子。颜色因子是基于光谱颜色的标准差，形状因子包括平滑度因子与紧致度因子。具体计算方式如图 8.14 所示：

（1）同质性准则：

$$f=wx+(1-w)y \tag{8.1}$$

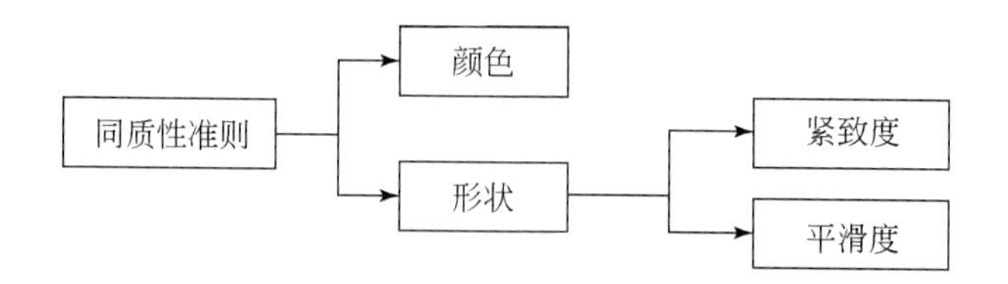

图 8.14　多尺度影像分割同质性准则

式中，w 为光谱权值；x 为光谱异质性；y 为形状异质性。

（2）光谱异质性：

$$x = \sum_{i=1}^{n} \rho_i \sigma_i \tag{8.2}$$

式中，ρ_i为第 i 波段的权值；σ_i为第 i 波段对象光谱值的标准差；n 为波段数。

（3）形状异质性：

$$y=w_1 c+(1-w_1)s \tag{8.3}$$

$$c=l/\sqrt{N} \tag{8.4}$$

$$s=l/b \tag{8.5}$$

式中，w_1为平滑度值；c 为紧致度；s 为边界平滑度；l 为对象区域实际边长；N 为对象区域像元总数；b 为对象区域最小外接矩形周长。紧致度衡量对象区域的饱满程度，边界平滑度衡量区域边界的光滑程度。

由上所述，多尺度分割方法综合考虑对象的颜色和形状，适合研究区滑坡灾害的识别，因此本节采用多尺度影像分割。

2. 地物分类

在对研究区遥感影像进行分割之后，对多边形对象进行地物分类，一般分类比较灵活，需要参考研究区内的实际地物属性调整分类尺度与分类方法。分类的进程主要包括创建地类、寻找地类特征、属性及阈值、进行地物分类。面向对象的分类方法主要包括阈值条件分类、隶属度分类、最邻近分类等。

1）阈值条件分类

阈值条件分类是一种应用比较广泛的分类方法，通过对不同影像层的不同参数进行取值，找到合适的阈值，可以将不同地物分割开来。该方法的优点是分割速度快，操作简便，适用于地物差别较大，有较强对比的情况。但该方法的难点主要在于阈值的选取，需要经过多次试验，找到合适的对象阈值，将不同地物对象分类。

2）隶属度分类

在地物分类过程中，存在一定的模糊性、不确定性，并非所有地物分类都可以满足非此即彼的分类条件，因此选取隶属度分类对这种不确定性进行计算机解译。隶属度分类是基于计算机技术的一种量化不确定性的算法，该算法将对象的类别属性赋值为区间［0，1］，其中 0 代表该对象不属于此地物类别，1 代表属于此类别，介于其中的数值代表分类的不确定性（胡佳佳，2017），对象越接近于该地物类别，数值越接近于 1，反之接近 0。

相对于阈值法分类的二元结果，该方法更接近于人类对于地物分类的不确定性，易康软件中有 12 种隶属度函数（表 8.2），分类界面如图 8.15 所示。

表 8.2　隶属度函数表

函数形状	函数名称	函数形状	函数名称
	大于函数		小于函数
	布尔大于函数		布尔小于函数
	线性大于函数		线性小于函数
	线性范围函数		反线性范围函数
	单值函数		高斯函数
	模糊范围函数		布尔范围函数

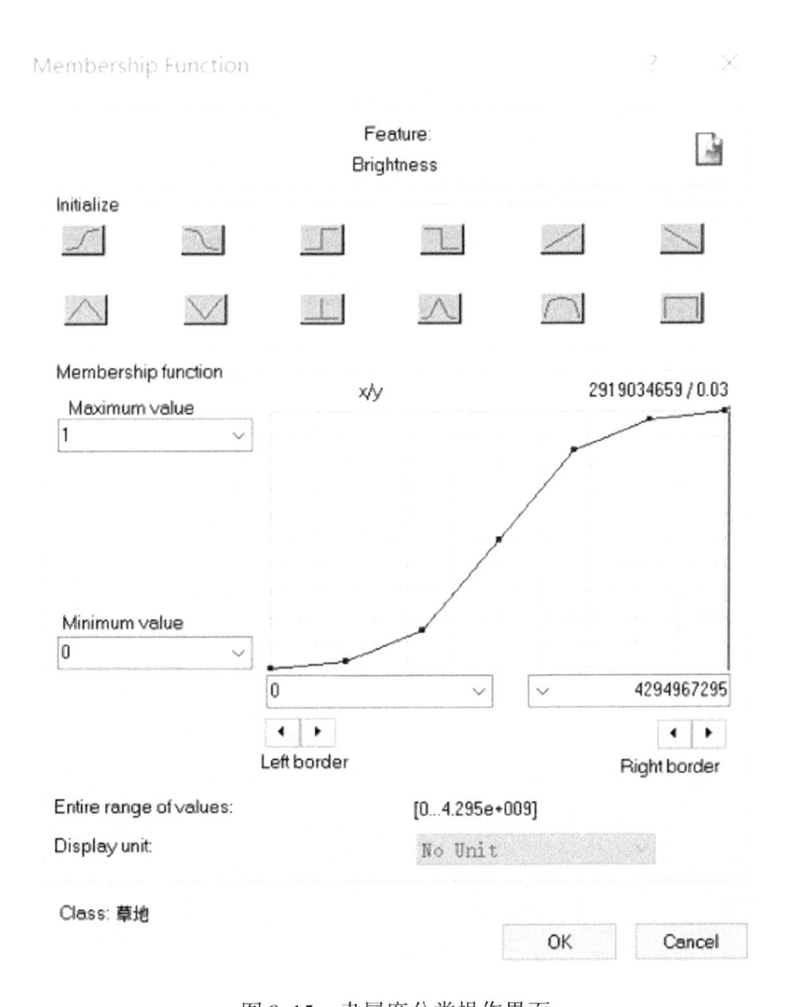

图 8.15　隶属度分类操作界面

如果用某一特征就可以将地物清楚地分类，可使用阈值法。如果特征并不明显，即分类特征存在一定的模糊性、不确定性，则使用隶属度分类更为合适，但研究区地物条件复杂，完成正确分类需要不同多种特征综合考虑，而在隶属度分类过程中，分类特征较多则容易导致特征空间重叠，使分类变得更为烦琐复杂。

3）最邻近分类

当研究区地物类别较多，需要用多种分类特征进行地物描述时，可以使用最邻近分类法。这种分类方法是最常用的监督分类方法，每种地物类别选定若干个具有代表性的样本，之后对遥感影像进行分类，分类时计算待分类对象距离每个样本的距离，将待分类对象自动归类为距离最近样本的所属地类。

其计算原理如下：假设研究区共有 n 个地物类别，记为x_1，x_2，…，x_i，…x_n，每个地物类别有M_i（$i \in N$）个样本，记为x_i^k（表示第 i 类第 k 个样本），则待分类样本 x 到类别x_i的距离为

$$f_i(x) = \min \| x - x_i^k \| (k = 1, 2, \cdots, M_i) \tag{8.6}$$

判断准则：

$$若 f(x) = \min_{i=1,2,\cdots,n} f_i(x), 则 x \in x_i \tag{8.7}$$

如图 8.16 所示，待分类样本点距离类别 C 最为接近，因而最邻近算法将其归类为 C。

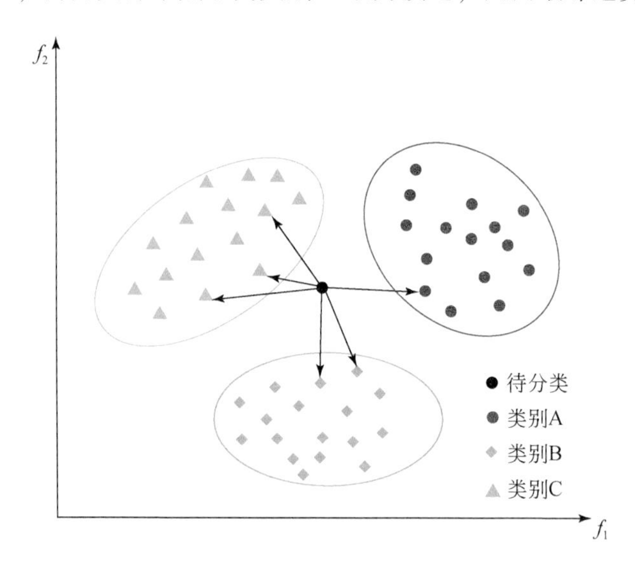

图 8.16　最邻近分类算法示意图

8.2.2　实例应用

1. 研究区选取

选取滑坡灾害分布较为密集的区域作为滑坡自动识别研究区。同时采用 2017 年分辨

率为 0. 27m 的 Google Earth 卫星影像作为遥感影像源，如图 8. 17 所示。

同时，选取研究区的 DEM（图 8. 18）、坡度、坡向为辅助数据加入滑坡的面向对象解译中，原始数据统计见表 8. 3。

根据滑坡识别区灾害的发育规律，对影像图进行裁剪。识别区滑坡均发育在三级公路两侧 150m 范围内，同时滑坡坡度范围在 20°～40°之间，最终裁剪结果如 8. 19 所示。

图 8. 17　滑坡识别区遥感影像

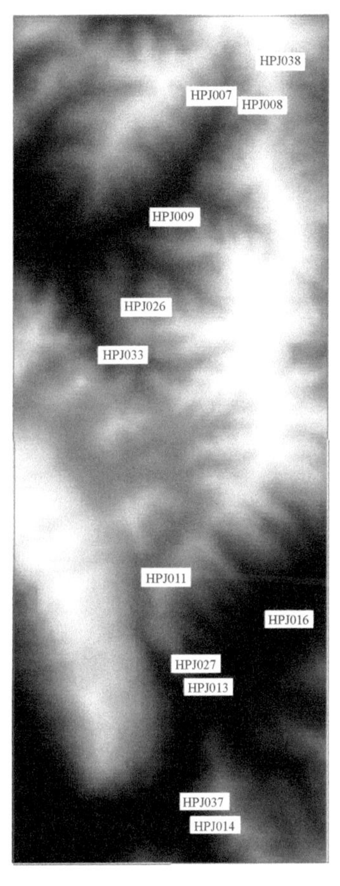

图 8. 18　滑坡识别区 DEM

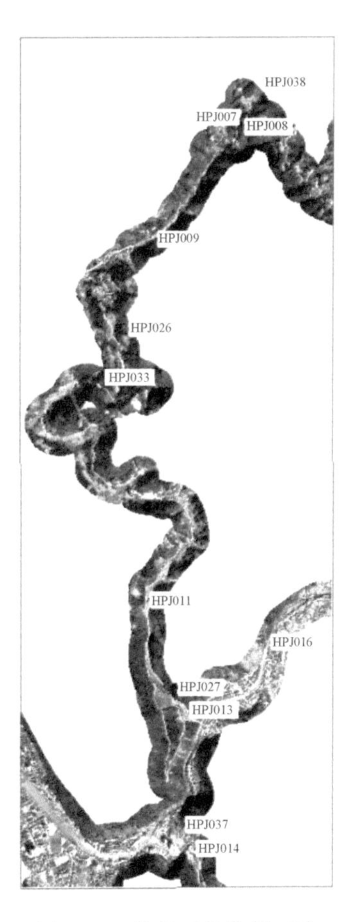

图 8. 19　裁剪后的数据区域

表 8. 3　滑坡面向对象解译原始数据

数据层	最小值	最大值	数据层	最小值	最大值
Red	0	255	数字高程/m	680	1250. 28
Green	0	255	坡度/（°）	0	81
Blue	0	255			

2. 最优分割尺度选择

影像分割过程中的重难点是分割尺度的选择。最优分割尺度的选取是滑坡解译第一步，也是最基础的一步，分别对识别区影像进行不同尺度的分割，尺度参数分别设置为 10，50，100，150。形状因子权值设置为 0.1，平滑度设置为 0.5。不同尺度参数的分割效果如图 8.20 所示。

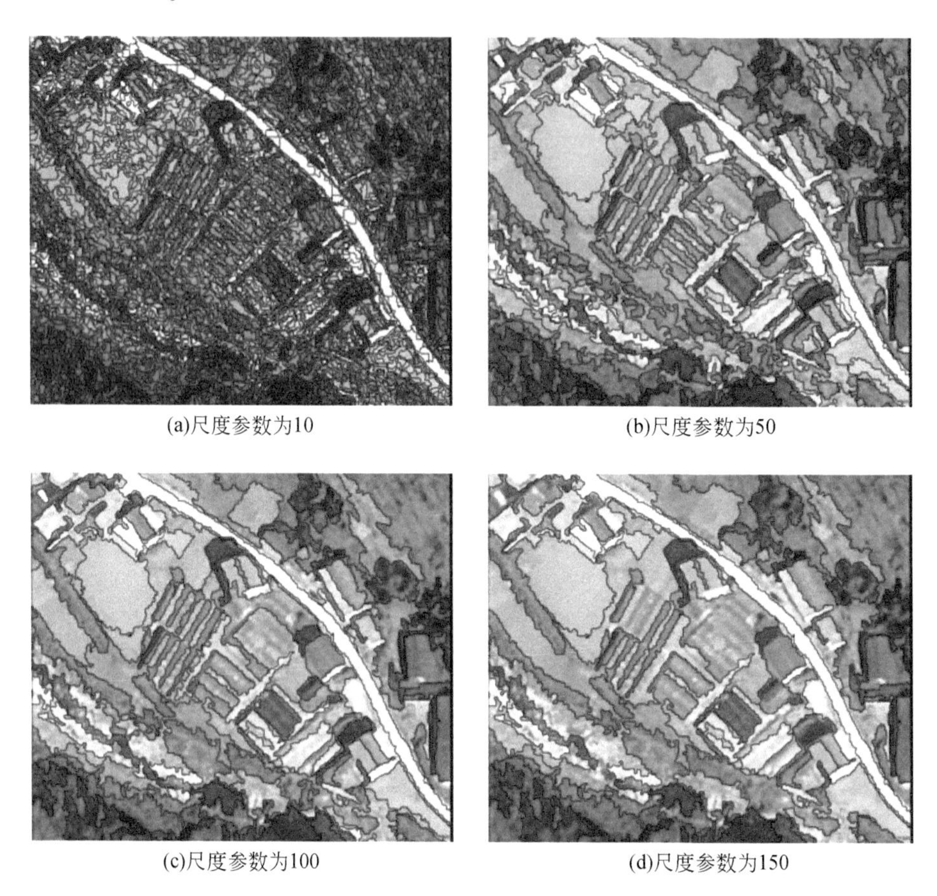
(a)尺度参数为10　(b)尺度参数为50
(c)尺度参数为100　(d)尺度参数为150

图 8.20　图像多尺度分割示意图

最终尺度参数选择为 100，但如图 8.20（c）所示，该尺度参数下，部分地物分割较为破碎。因此选取不同形状因子和平滑度值进行分析，如图 8.21 所示，当形状因子权值 a 为 0.6，平滑度值 w_1 为 0.5 时影像分割效果最佳，能更方便识别地物。

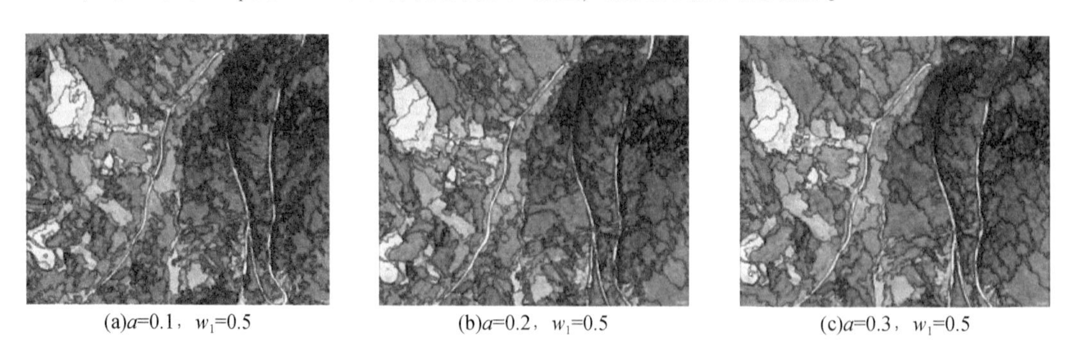
(a)a=0.1，w_1=0.5　(b)a=0.2，w_1=0.5　(c)a=0.3，w_1=0.5

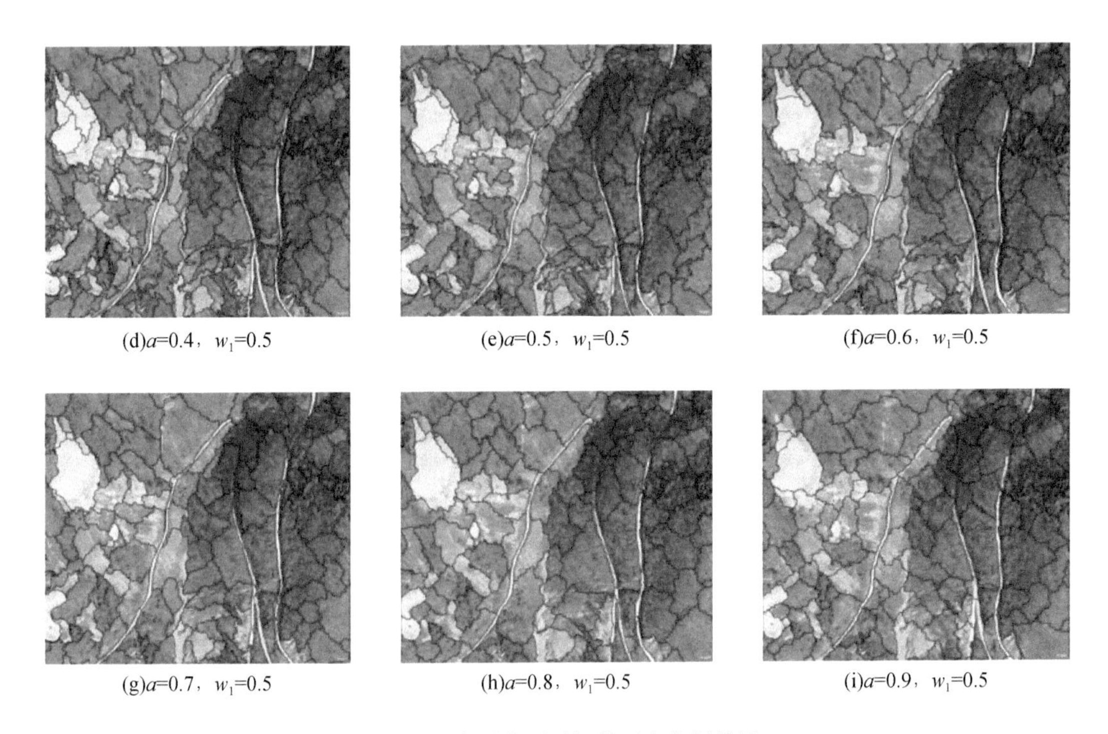

(d)a=0.4，w_1=0.5　(e)a=0.5，w_1=0.5　(f)a=0.6，w_1=0.5

(g)a=0.7，w_1=0.5　(h)a=0.8，w_1=0.5　(i)a=0.9，w_1=0.5

图 8.21　各形状因子权值对应分割效果

3. 地物分类

1）研究区地物分类

滑坡区地物类别主要有裸地、植被、建筑物、其他等地物，裸地又可以分类为农田、滑坡、其他旱地等几类。研究区内地物识别较为复杂，无法靠单一光谱信息识别，故对研究区地物识别采取最邻近分类法，选取研究区内各典型地区样本点，统计其光谱信息、形状信息，从而实现对整个研究区典型地物识别，滑坡识别区地物分类如图 8.22 所示。

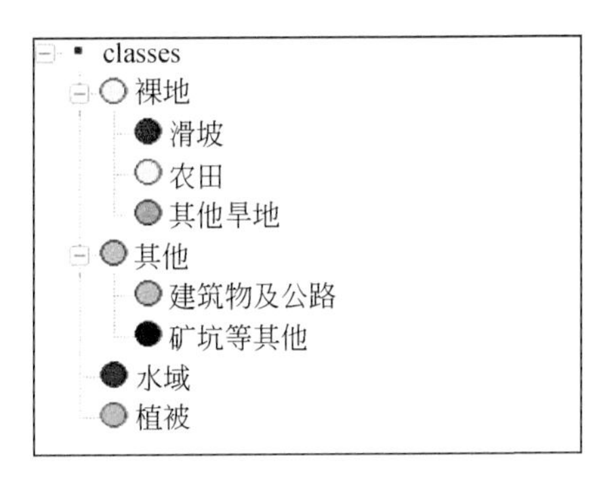

图 8.22　滑坡识别区地物分类

对滑坡区内的各种地物进行典型点选取，使用最邻近分类算法，生成研究区地物分类图。研究区土地利用较为松散，一级地物分类如图 8.23 所示。

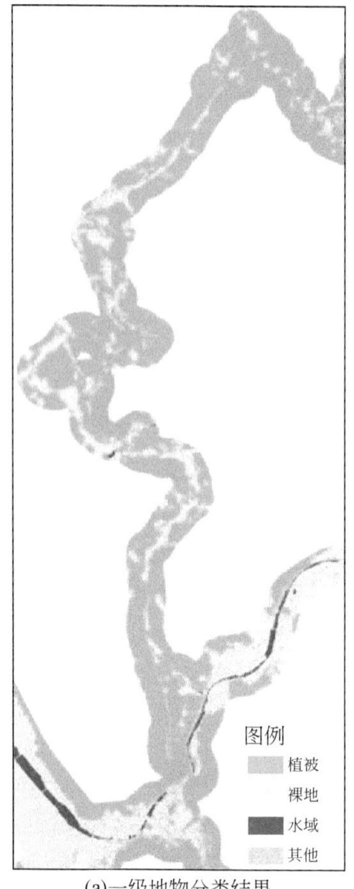

(a)一级地物分类结果　(b)遥感影像

图 8.23　滑坡识别区地物分类与遥感影像对比

2）滑坡识别

在裸地地物中，添加二级地物滑坡。对滑坡识别区内滑坡光谱信息、地物信息进行总结，最终得出滑坡解译标志如表 8.4 所示。

表 8.4　研究区滑坡解译标志统计

解译指标		阈值		
地物分类	大类别	小类别	最小值	最大值
滑坡	光谱类	brightness	151	216
		blue	147	201
		green	151	229
		red	150	228
	DEM 类	坡度/（°）	20	40
	空间信息类	面积	>1300（像素）	
		与公路距离/m	<50	

通过结合研究区滑坡与其他地物的光谱差异和空间信息类指标，将其识别出来，如图 8.24 所示。同时也可以将解译滑坡的面积、位置等信息提取出来。

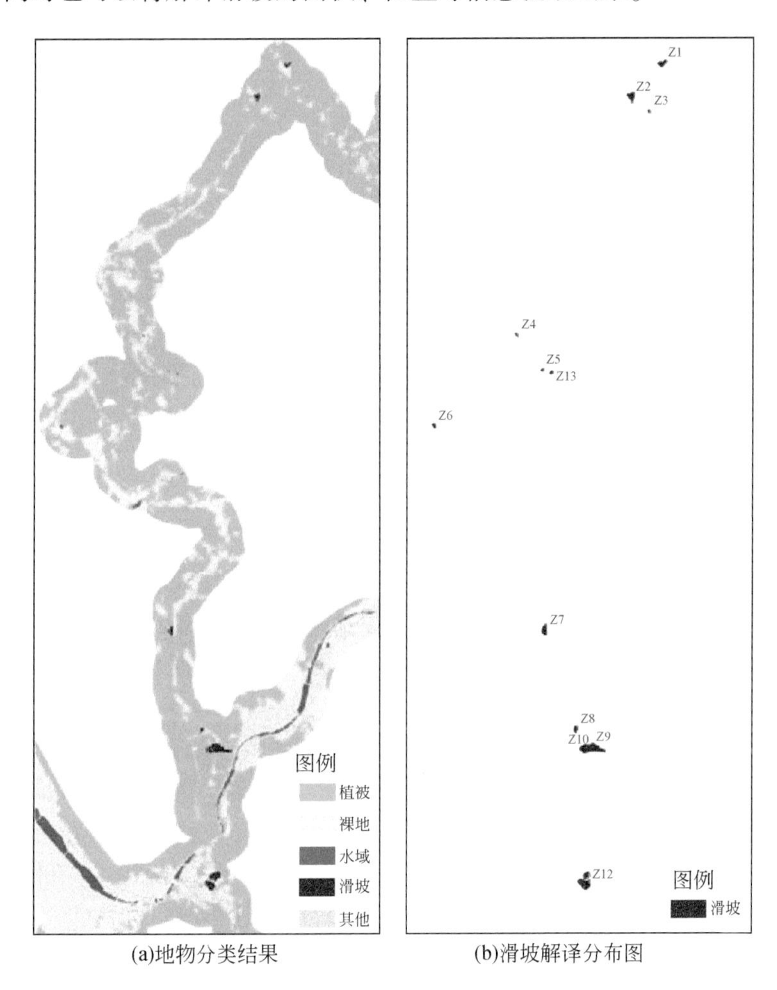

(a)地物分类结果　(b)滑坡解译分布图

图 8.24　滑坡区域面向对象解译结果

3）解译结果及分析

就滑坡识别区的数目而言，目视解译共识别出 12 处滑坡，而面向对象的解译方法共识别出其中 9 处，自动提取结果中还多了 3 处错误识别的滑坡，经过验证，这 3 个解译滑坡均为裸露边坡。将目视解译的滑坡灾害数、面向对象的滑坡解译数、错误提取的灾害数、遗漏灾害点数进行统计分析，按照式（8.8）～式（8.10），可得识别区滑坡正确率为 75%，错误率为 25%，漏检率为 25%。

$$正确率=\frac{正确识别的滑坡个数}{总滑坡个数} \tag{8.8}$$

$$错误率=\frac{错误识别的滑坡个数}{总滑坡个数} \tag{8.9}$$

$$
漏检率=\frac{未识别出的滑坡个数}{总滑坡个数} \tag{8.10}
$$

与目视解译结果对比，研究区部分滑坡并未识别出，如 HPJ009，HPJ016，HPJ033（图 8.25）。

(a)HPJ009，面积24209m²

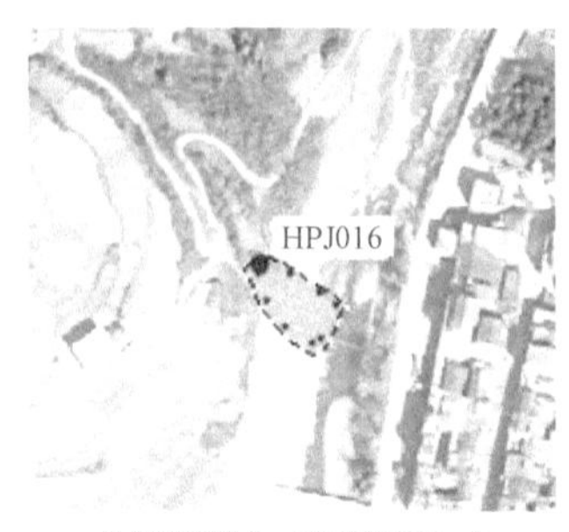

(b)HPJ016，面积1373m²

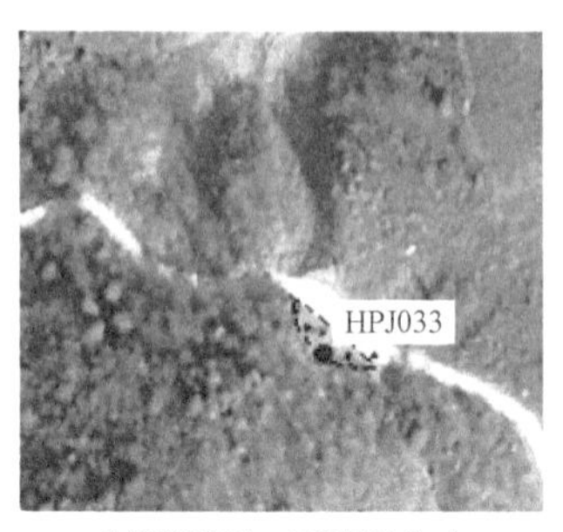

(c)HPJ033，面积318m²

图 8.25　未识别出的滑坡影像图

由图 8.25 可以看出，目视解译滑坡 HPJ009 面积最大，但是其主要颜色为灰绿色，光谱信息平均值为 R67/G79/B95，虽然滑坡两侧有明显双沟同源现象，但其光谱信息与周围植被相似，因而最邻近算法将其归为植被一类。而 HPJ016 恰恰相反，该滑坡曝光过度，亮度较高，因而被错误归类为其他类别中的公路类。HPJ033 面积太小，未能解译出来，其与周围公路被归为同一类别。

面向对象解译的滑坡与目视解译结果相比，自动解译滑坡周边边界锯齿现象表现明显，目视解译滑坡边界相对而言更为平滑。不同解译方法面积有所差异，如目视解译滑坡 HPJ033，该滑坡中间有一公路穿过，因而面向对象识别中整个滑坡体被分为两部分，这种现象受影像分割及周边地物关系影响。本书仅对自动解译方法进行初步探讨，在遥感图像的预处理以及老滑坡解译等方面还存在一些不足，日后将逐步改进和完善。

第9章　秦巴山区滑坡风险评价及预警技术应用

9.1　地质灾害风险评价框架

地质灾害作为一种具有破坏性的地质现象，严重威胁着人类的生命财产安全，制约着人类的经济发展。近年来，随着山区建设的加速发展，工程活动范围日益扩张，受到地质灾害的威胁也日益增加。为了应对可能出现的突发性地质灾害事件，缓解地质灾害风险，需要掌握地质灾害的空间分布规律、诱发机制，对区域地质灾害进行不同尺度、不同内容、不同精度级别的风险评价，这也一直是国际上倡导和推广的防灾减灾的主要方式（Fell et al.，2008）。

9.1.1　风险评价内容

秦巴山区内部变质岩广泛分布，自三叠纪以来，秦岭微板块受到扬子板块和华北板块持续的相互挤压（陆内造山运动），导致变质岩内部褶皱节理以及逆冲断裂异常发育，岩体风化严重。岩体风化形成的碎石土在降雨作用下，沿岩层面极易形成浅表层滑坡。所以本章以区内浅表层滑坡为例，对滑坡易发性、危险性及风险评价进行说明。

1. 滑坡易发性

滑坡的易发性评价主要通过分析历史滑坡点和环境地质因子之间的关系，反映滑坡在空间上的概率分布，并预测未来滑坡可能发生的位置。易发性评价方法大致可以分为三类：启发式模型、物理力学模型以及统计模型。但不同类型的评价方式都需要对区域内的滑坡类型、空间分布规律、滑动机理等内容进行充分研究，并构建历史滑坡和环境地质因子数据库，其中滑坡信息需要包括：滑坡的类型、面积或体积、滑坡的空间位置，更进一步的可能包括斜坡结构、滑体类型、滑面类型、滑体厚度、历史滑动时间、诱发因素、滑动方向、平面形态、可能的影响范围等。

启发式评价属于定性的评价方式，结合历史滑坡资料，环境地质因子信息，通过图层叠加或手动勾绘的方式给出区域滑坡易发性分区图，分区结果因人而异。而基于统计的方法是通过分析历史灾害点与不同环境地质因子之间的相关性，选取最优的致灾因子，以灾害点为因变量，致灾因子为自变量，通过统计模型拟合出致灾因子与灾害点之间的统计关系，在区域上给出滑坡发生的空间概率分布。基于物理力学的方法通过极限平衡法评估斜坡的稳定性，以稳定性系数或斜坡的破坏概率为标准反映滑坡发生的易发性，该方法具有实际的物理意义且精度较高，但所需的数据也较为苛刻，包括区域上的土层厚度分布、力学参数分布以及高精度的 DEM。高精度的数据要求限制了这种方法的使用范围。

易发性评价主要关注滑坡发生的空间概率，强调环境地质因子的自然属性，主要研究内容包括滑坡特征、形成条件、环境地质因子特征等，评价结果可以作为土地利用规划以及后续滑坡危险性或风险评价的基础数据。

2. 滑坡危险性

滑坡的危险性指在特定诱发因素作用下，一段时间内滑坡发生的可能性大小。相较于滑坡的易发性评价，危险性评价更关注的是滑坡发生的时间和空间概率，强调诱发因子和环境地质因子的耦合作用。危险性评价的主要研究内容包括滑坡的空间形态特征、诱发机制以及运动特征，强调对滑坡发生破坏的自然属性（面积、频次、强度、速度、距离和扩展范围）的预测，主要预测内容包括滑坡发生的时间、位置、体积、可能的扩展范围、运动速度、运动距离等。

滑坡危险性评估工作中由于涉及滑坡发生破坏的自然属性，需要对区域滑坡的破坏机制有清晰的认识；对于未知斜坡进行危险性预测时，若采用基于物理力学的方法，需要准确地获取关键物理力学参数，如斜坡覆盖土层厚度、土层的渗透系数、强度参数、可能的滑面位置等；若采用基于统计的方法时，由于预测的内容包括灾害发生的时间概率、强度、面积、滑动距离等，所以用于训练统计模型的历史滑坡资料需要包含滑坡的发生时间、运动速度、堆积范围等信息，此外还需要包括滑坡发生阶段的诱发资料和其他致灾因子资料等。

由于危险性评价的内容较多，精细的危险性评估需要大量详细且丰富的数据资料，一般只适用于重点城镇、重点斜坡以及重大工程场地等场景。大区域上的危险性评价可以通过减少评价内容或降低评价质量的方式实现。如表 9.1 所示，将滑坡类型简单划分为大型和小型滑坡，使用年破坏概率或稳定性系数评估大型滑坡的危险性级别，通过每年每平方千米发生的小型滑坡个数评估不同区域小型滑坡发生的危险性等级，从而粗略估计未来一年或几年内大型或小型滑坡在区域内的发生概率。

表 9.1　滑坡危险性区划的描述方式（据 Fell et al.，2008）

危险性等级	小型滑坡	大型滑坡	
	个数/（a/km^2）	年破坏概率	稳定性系数
极高	>10	$>10^{-1}$	<1.0
高	1～10	10^{-3}～10^{-1}	1.0～1.05
中	0.1～1	10^{-4}～10^{-3}	1.05～1.09
低	0.01～0.1	10^{-6}～10^{-4}	1.09～1.25
极低	<0.01	$<10^{-6}$	>1.25

3. 滑坡风险评价

滑坡风险评价是在危险性评价的基础上，同时考虑滑坡到达承灾体的时空概率、承灾体的易损性、价值等要素，对滑坡发生时承受灾害的人员和财产分别进行潜在损失评估，其中人员伤亡风险通过年死亡概率表示，财产损失风险通过年财产损失量表示。滑坡的风险评价综合考虑了滑坡和承灾体的特征以及它们之间的相互作用关系，反映了滑坡可能造成的损失大小。

精细化的滑坡风险评价不仅需要包含上述危险性评价的所有内容，还需要考虑承灾体的详细信息，如对于人员来说，需要考虑潜在受灾范围内人员在时间上和空间上的分布规律、人员的年龄分布情况、受教育程度等；对于建筑、道路等固定承灾体来说需要考虑抗冲击能力、空间位置、价值等。和滑坡危险性评价类似，精细化的滑坡风险评价一般只适用于重点城镇、重点工程、重要场地等局部范围。

根据澳大利亚地质力学学会（Australian Geomechanics Society，AGS）出版的地质灾害风险评估指南（AGS，2007），人员和财产损失的风险可以划分为五个等级，划分依据可以参考表9.2和表9.3。

表9.2　损失风险区划等级　　单位：（人/a）

人口年死亡概率	风险等级
$>10^{-3}$	极高
$10^{-4}\sim10^{-3}$	高
$10^{-5}\sim10^{-4}$	中等
$10^{-6}\sim10^{-5}$	低
$<10^{-6}$	极低

表9.3　财产损失风险评价矩阵

滑坡的年发生概率	财产损失程度				
	毁灭性	严重	中等	较小	小
	100%	60%	20%	5%	0.5%
10^{-1}	VH	VH	VH	H	M或L
10^{-2}	VH	VH	H	M	L
10^{-3}	VH	H	M	M	VL
10^{-4}	H	M	L	L	VL
10^{-5}	M	L	L	VL	VL
$<10^{-6}$	L	VL	VL	VL	VL

注：VH表示极高；H表示高；M表示中等；L表示低；VL表示极低。

不同层次的风险评价所能解决的实际问题、所需要的数据、资金投入与空间尺度各不相同，也限定了它们的使用范围。一般来说，随着易发、危险和风险评价精细程度的逐级递增，所需的数据量是逐级递增的，相应类型数据的获取难度也在逐渐增加，输出的结果更加精细，所以应用的范围逐渐减小。不同内容的风险评价层次结构如图9.1所示。

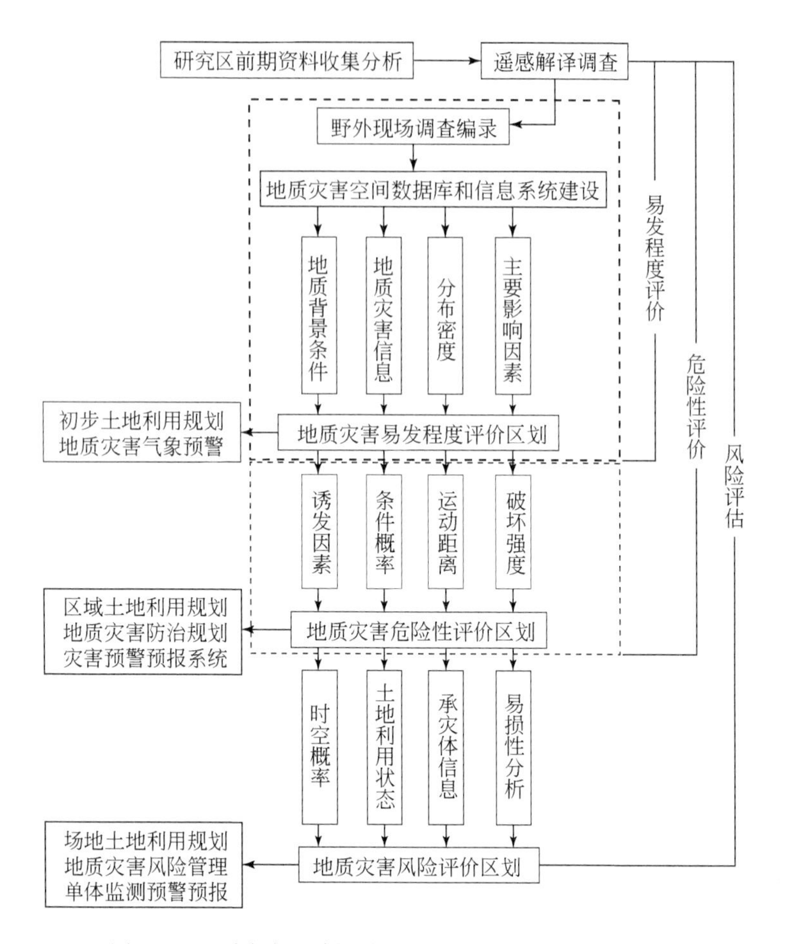

图 9.1　地质灾害风险评价层次图（据吴树仁等，2009）

9.1.2　风险评价的精度分级

地质灾害风险评价工作精度分级是进行规范化和程序化研究的重要步骤，有利于不同学者在同一地区进行风险评价时的对比分析。长期以来，相关工作对灾害风险评价中的资料质量和精度分析研究较少，多强调在技术方法上的改进。实际上，基础资料、数据质量和精度直接影响评价的结果。因此，对基础资料数据和工作精度进行质量分级，有利于成果的推广应用。参考国际上同行的经验，结合国内目前的实际情况及有关的研究基础，初步将资料数据准备和评价工作的精度等级分为 3 级：初级、中级、高级（详细）。

初级工作精度：风险评价的所有资料、信息主要来源于室内收集分析、遥感解译和野外实地调查，没有进行按比例尺的地质灾害野外现场调查编录；重点关注地质灾害点和点密度相关的资料信息；评估方法采用启发式的、统计分析和简单模型计算评估。

中级工作精度：风险评价的所有资料、信息主要来源于室内收集分析、遥感解译和野外按比例尺调查编录；重点关注地质灾害形态和面密度方面的相关资料信息；评估方法采用启发式分析、统计分析和简单的专家系统或模型计算。

高级工作精度：风险评价的所有资料、信息主要来源于室内收集分析、遥感解译和野外按比例尺进行地质灾害正测调查编录，并配合必要的工程勘查、岩土取样测试分析和定量化模拟计算，典型滑坡的位移采用仿真模拟计算。重点关注地质灾害的体积、速度、位移、强度、概率方面的系统资料和信息；评估方法采用统计分析和基于GIS定量化空间分析模型评价。

不同类型的滑坡在不同级别下的风险评价所需的数据和工作量各不相同，所以对一定区域进行地质灾害区划时，一般的做法是在大尺度空间范围内进行易发性或初级的危险性评估，针对重要流域、重要基础工程、生命管线工程、危险地段周边进行更高一级别的危险性评估，对重要集镇、重大工程等小范围区域进行高等级的危险性评估或风险评价。不同精度等级和评估内容参见表9.4。

表9.4　滑坡区划范围与区划类型对应表（据 Fell et al.，2008）

比例级别	区划地图比例尺	区划范围面积/km^2	适用情况和评估级别
小	<1：10万	>10000	为普通公众和政策制定者提供信息为主要目的，主要进行滑坡编目和易发性区划
中	1：10万～1：2.5万	1000～10000	为区域性发展或大型工程建设，或为当地土地利用规划而服务，主要进行滑坡编目、易发性区划和一些定性的危险性区划
大	1：2.5万～1：5000	10～1000	为当地土地利用规划、区域发展、大型工程、铁路、公路等建设服务，主要进行滑坡编目、易发性评价、高等级的危险性评价，中低级别的风险区划
详细	>1：5000	<10	为当地的工程、特定厂址、大型工程详勘、铁路、公路设计等服务，主要进行中高级别的危险、风险区划

9.1.3　风险评价数据获取方式

不同风险评价内容所需的数据大致可以分为四类：历史滑坡编目、环境地质因子、诱发因子、承灾体。通过这四类数据可以进行区域滑坡特征分析，滑坡时空概率、冲击强度、承灾体易损性以及价值等内容的计算，达到对不同内容不同精度风险评价的目的。图9.2表示的滑坡风险评价内容和数据类型之间的关系。

数据是各类风险评价的基础，而传统的野外调查、资料收集难以全面获取某些类型的数据，如植被的覆盖情况、区域内的房屋分布等，而采用一些现代化的测量方法可以较为方便地解决这些问题，如利用LiDAR对去除植被的地表高程数据进行毫米级的测量，利用InSAR对不同时期的区域地面变形量进行测量，利用一些高分辨率遥感数据对地物进行准确提取，以及利用一些物探的手段对区域内覆盖层的厚度进行反演等，在传统的野外调查、资料收集等的基础上，配合一些现代化的测量方法，可以极大地解决滑坡风险评价工作中各类型的数据获取问题。表9.5展示了遥感测量对于各类型数据获取的适用情况及各

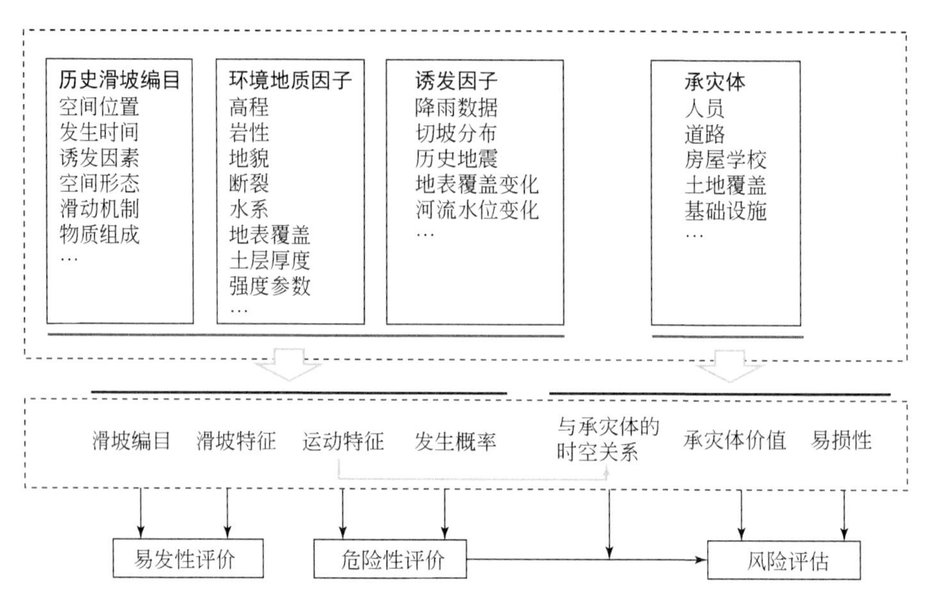

图 9.2　数据与滑坡区划关系图

类型数据在滑坡风险评价工作中的重要性。

下面从数据类型方面介绍常用数据的获取方式。

1. 历史滑坡编目

历史滑坡编目是风险评价工作中最为基础的工作，其内容的完整性也直接影响着风险评价结果的准确性。传统工作中通过野外调查的手段对滑坡进行编目费时费力，而且编目数据的更新极为不便，但通过遥感解译配合现场验证的方式，可以对区域内发生的滑坡进行快速准确的全面调查。Corominas 等总结了多种在滑坡编目时可以采用的方法，以及其适用的区域范围（表 9.6）。

值得注意的是，在一次大规模的滑坡诱发事件之后（降雨、地震），应该尽快获取当地的遥感影像，进行新发生滑坡的解译和编目工作，标定新发生滑坡点的位置，之后通过现场调查验证的方式，对滑坡数据进行完善（如滑坡边界的确定、滑动类型、滑体厚度等）。基于此可以制作出与诱发事件相关联的滑坡编目图，进而可以得出区域上滑坡发生的时间概率分布图。这对于区域上的滑坡危险性评估工作至关重要，而且这种解译调查工作应该是持续性进行的。

2. 环境地质因子

准确而完备的环境地质因子可以全面表达区域环境地质条件特征，提高对研究区环境地质条件的认知，而通过分析环境地质因子和历史滑坡之间的关系，可以加深对研究区滑坡形成条件和诱发机理的认识，从而建立区域滑坡发生的易发性、危险性模型，用以评估滑坡发生的时空概率。

表 9.5　各类型数据在滑坡风险评价工作中的重要程度（据 Corominas et al.，2013）

数据类型		更新时间			可以通过遥感进行相关数据获取吗?	相应比例尺下数据的重要性				易发及危险性评估				风险评估	
1 级	2 级	很少 10 年以上	有时 1～10 年	经常 <1 年		小	中	大	详细	启发式	统计	确定性	概率	定量	定性
历史滑坡编目	滑坡编目	按实际情况决定			H	C	H	H	H	C	H	H	H		
	滑坡活动性		√		H	M	C	C	C	H	C	C	C		
	监测数据			√	M	M	M	M	C	—	—	H	H		
环境地质因子	DEM	√			H	H	C	C	C	H	C	C	C		
	坡度	√			H	L	H	H	H	H	H	H	H		
	岩性	√			M	H	H	H	H	H	H	H	H		
	岩层结构	√			M	H	H	H	H	H	H	H	H		
	断裂	√			M	H	H	H	H	H	H	—	—		
	土壤类型	√			M	M	H	C	C	H	H	C	H		
	土层厚度	√			—	—	L	C	C	—	—	C	H		
	斜坡水文特性	√			—	—	—	C	C	—	—	C	H		
	地貌	√			H	C	H	M	L	C	M	L	L		
	土地利用类型		√		H	H	H	H	H	H	H	H	H		
	土地利用类型的变化		√		H	M	H	H	C	H	H	H	C		
诱发因子	降雨			√	L	M	M	C	C	H	H	C	C		
承灾体	建筑		√		H	L	M	C	C	—	—	—	—	C	C
	交通网		√		H	M	M	M	H	M	M	M	M	H	H
	生命线		√		—	—	L	L	M	—	—	—	—	L	L
	基础设施		√		M	L	M	H	H	—	—	—	—	H	H
	人口信息		√		L	H	H	C	C	—	—	—	—	C	C
	农作物信息		√		H	L	M	H	M	—	—	—	—	L	M
	生态信息		√		H	L	L	L	L	—	—	—	—	L	M

注：C 表示至关重要；H 表示重要；M 表示较为重要；L 表示不太重要；—表示不相关，后续表中含义相同。

表 9.6 获取历史滑坡编目各类信息方法及适用性（据 Corominas et al., 2013）

数据类型	技术	描述	比例尺			
			小	中	大	详细
历史滑坡点	无人机立体摄影	通过无人机对研究区进行立体摄影	M	H	H	H
	高分遥感影像	采用单时相或多时相的高分遥感影像进行解译	M	H	H	H
	LiDAR 数据	单时或多时相数据集，通过高程差异性进行解译	L	M	H	H
滑坡点周边环境信息	无人机摄影	采用以像素为单元的图像分割分类合并的方法	M	H	H	H
	中高分辨率多光谱影像		H	H	H	M
活动滑坡	InSAR	雷达干涉测量	M	M	M	M
		永久散射体干涉测量	H	H	H	H
	LiDAR	不同时期的 LiDAR 数据叠加	L	L	M	H
	光学摄影测量	将由无人机立体摄影生成的多时段 DEM 或高分影像的多时段 DEM 叠加	L	M	H	H
滑坡相关资料	野外调查	常规的灾害调查方法	M	H	H	H
	资料收集	对前人研究过的资料、区域志等进行收集	H	H	H	H
历史滑坡发生日期	直接法	采用滑坡体中残留的树木进行测年	L	L	L	M
	间接法	访问调查、参照物的破坏等	M	H	H	H
滑坡监测	拉伸计	使用拉伸计，表面倾斜计，倾角计，测斜仪等提供坡体连续运动速度信息	—	—	L	H
	EDM	使用电子测距的方式定期进行测量	—	—	L	H
	GPS		—	—	L	H
	InSAR	使用地面 InSAR 周期性地进行测量	—	—	L	H
	LiDAR	使用地面激光扫描周期性地进行测量	—	—	L	H

表 9.7 中列出了多种在滑坡风险评价工作中常用的环境地质因子，主要包括 5 大类：地形因子（DEM）、地质因子、土层因子、地貌因子以及土地利用因子。各大类中还包括了更为细致的因子类型。Corominas 等对不同因子在滑坡灾害风险评价中的适用性和不同尺度下的重要性进行了说明，结果如表 9.7 所示，在后续的滑坡灾害易发性、危险性及风险评价工作中可以参考该表进行因子的选取。后续我们也提到了不同因子的获取方式和最佳的应用场景。

表9.7　环境地质因子类型及适用比例（据 Corominas et al.，2013）

<table>
<tr><th rowspan="2">环境地质因子大类</th><th rowspan="2">子类</th><th rowspan="2">描述</th><th colspan="4">比例尺</th></tr>
<tr><th>小</th><th>中</th><th>大</th><th>详细</th></tr>
<tr><td rowspan="7">地形因子</td><td>坡度</td><td>地表运动中最为重要的因子</td><td>L</td><td>H</td><td>H</td><td>H</td></tr>
<tr><td>坡向</td><td>可能会影响植被分布以及岩土湿度</td><td>H</td><td>H</td><td>H</td><td>H</td></tr>
<tr><td>坡长/坡形</td><td>会决定滑坡的破坏形式</td><td>M</td><td>H</td><td>H</td><td>H</td></tr>
<tr><td>流向</td><td rowspan="2">在边坡水文响应建模中使用</td><td>L</td><td>M</td><td>H</td><td>H</td></tr>
<tr><td>累积流量</td><td>L</td><td>M</td><td>H</td><td>H</td></tr>
<tr><td>地形</td><td>用于小比例尺内的评估，作为边坡类型的指标</td><td>H</td><td>M</td><td>L</td><td>L</td></tr>
<tr><td>流网密度</td><td>用于小比例尺内的评估，作为地形类型的指标</td><td>H</td><td>M</td><td>L</td><td>L</td></tr>
<tr><td rowspan="4">地质因子</td><td>岩体类型</td><td>岩性决定了边坡的稳定性，根据工程特性对岩性进行分类</td><td>H</td><td>H</td><td>H</td><td>H</td></tr>
<tr><td>风化层</td><td>风化层的厚度、深度是确定性建模中的重要因子</td><td>L</td><td>M</td><td>H</td><td>H</td></tr>
<tr><td>结构面方位</td><td>结构面的产状与岩层的产状有不同的组合，会产生不同类型的破坏形式</td><td>H</td><td>H</td><td>H</td><td>H</td></tr>
<tr><td>断裂</td><td>距活断层的宽度和断层破碎带的宽度是预测未来滑坡的重要因子</td><td>H</td><td>H</td><td>H</td><td>H</td></tr>
<tr><td rowspan="4">土层因子</td><td>土层类型</td><td>通过工程地质特性对上覆盖层的特性进行分类</td><td>M</td><td>H</td><td>H</td><td>H</td></tr>
<tr><td>土层厚度</td><td>土层厚度在各类分析中是一个重要的因子，但由于大区域上的土层厚度分布难以获取，一般只用在中小区域上的确定性分析中</td><td>L</td><td>M</td><td>H</td><td>H</td></tr>
<tr><td>力学特性</td><td>颗粒分布形式，黏聚力，内摩擦角，密度等是边坡稳定性分析的关键参数，同样难以获取区域上的分布图</td><td>L</td><td>M</td><td>H</td><td>H</td></tr>
<tr><td>渗透特性</td><td>孔隙体积，饱和渗透系数，非饱和渗透特性曲线是用于地下水建模的主要参数</td><td>L</td><td>M</td><td>H</td><td>H</td></tr>
<tr><td rowspan="3">地貌因子</td><td>流域单元</td><td>对研究区进行流域划分</td><td>H</td><td>M</td><td>L</td><td>L</td></tr>
<tr><td>流域地貌</td><td>对不同流域的岩性、地表破坏类型进行识别</td><td>H</td><td>M</td><td>L</td><td>L</td></tr>
<tr><td>地貌单元</td><td>更进一步对区域上的相同地貌单元（具有相同的岩性、破坏形式等同质单元）进行划分</td><td>H</td><td>H</td><td>H</td><td>L</td></tr>
<tr><td rowspan="5">土地利用因子</td><td>土地利用图</td><td rowspan="2">土地利用/利用变化是稳定性分析中的重要因子</td><td>H</td><td>H</td><td>H</td><td>H</td></tr>
<tr><td>土地利用变化图</td><td>M</td><td>H</td><td>H</td><td>H</td></tr>
<tr><td>植被特性</td><td>不同植被覆盖地区的根系深度、内摩擦力、重度等</td><td>L</td><td>M</td><td>H</td><td>H</td></tr>
<tr><td>路网</td><td>道路周边绘制缓冲区说明道路对边坡的影响程度</td><td>M</td><td>H</td><td>H</td><td>H</td></tr>
<tr><td>建筑</td><td></td><td>M</td><td>H</td><td>H</td><td>H</td></tr>
</table>

1）DEM

区域地形地貌特征对于滑坡发生至关重要，通过对 DEM 数据进行一系列数学运算可以衍生出不同类型的环境地质因子，诸如坡度、坡向、汇水面积、地形湿度等因子，用于准确表达区域地形地貌特征，在区域易发性、危险性评价工作中非常常见。但不同精度的 DEM 适用的范围、用途各不相同，如小比例尺的灾害区划中常使用 30m 以上的 DEM，这时 DEM 常被用于地貌划分、汇水面积计算等；在中比例尺的区划中（1：25000～1：100000），使用分辨率大于 30m 的 DEM 生成坡度、坡向、剖面曲率、地表粗糙度等环境地质因子；在大比例尺的区划中（1：10000～1：25000）中，常采用分辨率高于 5m 的 DEM，用作构建物理模型。在小比例尺图幅内使用高精度 DEM 会造成数据浪费、计算耗时，在大比例尺范围内使用低精度的 DEM 会造成严重的误差，所以重要的是使比例尺与精度进行匹配。表 9.8 展示了不同比例尺的图幅应使用的 DEM 精度以及 DEM 的主要用途。

2）岩性、断裂及覆盖层信息数据

地层岩性数据在启发式和统计分析中非常常见，通过对相似力学性质的岩性进行分组可以得到岩组图，岩组图可以提供有关岩石组成和岩体强度的更多信息。但是值得注意的一点是，将地质图转换为岩组图存在一个问题，在中小比例尺上合并相似岩层时，断裂带、软弱夹层会难以体现，而这些软弱夹层有时却对地质灾害起着主要控制作用。此外在比例尺>1：5000 时，岩石的特性划分要依据物理力学实验。

除岩性外，断裂节理对于滑坡灾害评估也非常重要，节理、断裂以及层理的不同组合对滑坡的敏感性影响很大。在中等和大比例尺的滑坡区划中，可以根据现场测量结果拟合生成节理和岩层的产状图，但是这种方法的成功很大程度上取决于样本丰度和地质构造的复杂程度。此外，断裂也是控制滑坡发生的重要因子，多数研究中通过对断裂划定不同宽度的缓冲区，以定量化评估断裂对滑坡的控制作用。但值得注意的是，宽缓冲区的划定仅仅适用于活动断裂，在其他情况下，应采用非常狭窄的缓冲区，缓冲区的宽度应与断裂破碎带的宽度相当。

对于一些确定性的评价方法或是研究浅表层滑坡的易发性时，还需要地表覆盖层的土壤类型、物理力学特性、水文特性和厚度等信息。土壤的分类一般只针对表层的风化土体，所以滑体厚度大于 2m 的滑坡一般和这些覆盖层的相关性不大。在区域尺度上，覆盖层的物理力学、水力学及厚度等信息一般只能通过调查露头、钻探以及物探等方法获取的样本点拟合得到。土层厚度是确定性分析中最为重要的一个因素，但是现在这方面的研究较少。

3）地貌

地貌图通过地表成因、地表岩土类型以及地形等因素对地表上同类型的区域进行划分实现。精细的地貌图对识别灾害类型，预测未来灾害发生规律很有帮助，但是地貌图的绘制较为复杂，需要进行大量的野外调查工作，而且地貌分区结果因人而异，所以目前一般制作地貌图是采用专家制作标准样本，对研究区地形或坡度进行多尺度分割，计算分割区

表 9.8　DEM 的主要来源以及其在不同精度的区划评价中的应用（据 Van Westen et al.，2008）

方法	示例	尺度			
		小	中	大	详细
全球 DEM	ETOPO2	地形阴影、地形、流网密度	精度不够	精度不够	精度不够
由等高线生成	1：100000（40m）	地形阴影、地形、流网密度	精度不够	精度不够	精度不够
	1：25000（10m）	地形阴影、地形、流网密度	由 DEM 生成坡度、坡向、地表粗糙度等	精度不够	精度不够
	1：10000（5m）	精度太高	由 DEM 生成坡度、坡向、地表粗糙度等	由 DEM 生成坡度、坡向、地表粗糙度等以及用作物理力学模型的地形建模	精度不够
	1：5000（2m）	精度太高	精度太高	由 DEM 生成坡度、坡向、地表粗糙度等以及用作物理力学模型的地形建模	由 DEM 生成坡度、坡向、地表粗糙度等以及用作物理力学模型的地形建模
由中分辨率遥感影像导出	SRTM（30～90m）	地形阴影、地形、流网密度		精度不够	精度不够
	ASTER（15m）	地形阴影、地形、流网密度	由 DEM 生成坡度、坡向、地表粗糙度等	精度不够	精度不够
由高分遥感影像导出	Quickbird，IKONOS（1～4m）	精度太高	由 DEM 生成坡度、坡向、地表粗糙度等	生成坡度、累积流量、用作物理力学模型的地形建模以及地形变化检测	生成坡度、累积流量、用作物理力学模型的地形建模以及地形变化检测
	PRISM，CARTOSAT（2.5m）	精度太高	由 DEM 生成坡度、坡向、地表粗糙度等	生成坡度、累积流量、用作物理力学模型的地形建模以及地形变化检测	生成坡度、累积流量、用作物理力学模型的地形建模以及地形变化检测
InSAR	RADARASAT，ENVISAT	精度太高	滑坡监测、地形变化监测	滑坡监测、地形变化监测	滑坡监测、地形变化监测
LiDAR	ALTM，ALS（1m）	精度太高	导出 DEM、坡度、坡向、坡形、确定性模型的建模、提取建筑物	滑坡监测、坡度、坡向、坡形、确定性模型的建模、提取建筑物	滑坡监测、坡度、坡向、坡形、确定性模型的建模、提取建筑物

内特征值（坡度、高程、植被类型、粗糙度等），通过样本建立分类规则，相同单元合并这一流程。虽然没有明确规定 DEM 的精度，但是多篇文献中均采用的是高精度（1 ~ 5m 分辨率）的 DEM 图。

4）土地利用类型

目前的灾害区划研究中大多将土地利用类型看作是静态的数据，很少有研究分析土地利用变化对滑坡的影响规律。土地利用对滑坡的影响是通过植被的机械作用和水文作用实现。机械作用包括根系加固作用、植被的额外荷载以及由于植被而造成的风荷载；水文作用包括对入渗和蒸发规律的改变。连续变化的土地利用类型图可以由 Landsat，SPOT，ASTER，IRS1-D 等中分辨率卫星图像定期制作来获得。尽管变化检测技术在土地利用的研究中的应用已经相当广泛，但在滑坡灾害研究中考虑多时相的土地利用变化方面的研究较少。

3. 诱发因子

秦巴山区的诱发因子一般只有降雨，降雨数据的获取对分析历史滑坡数据和预测未来滑坡的发生至关重要。降雨数据可以通过收集当地气象部门发布的历史降雨数据，然后对区域进行插值，得到区域的降雨等值线图。如果大范围的区域内没有降雨监测站，则可以采用卫星图像提供的常规降雨估算值，如 TRMM 和 TMPA 卫星数据，这些数据虽然没有降雨站提供的降雨数据准确，但在大区域小比例尺的区划中还是可以满足要求。除了利用历史降雨数据绘制降雨等值线图外，还可以通过统计分析来获得该区域的频率-降雨强度曲线，给出不同重现期（百年一遇或五十年一遇）的降雨强度，为后续的工程建设提供参考数据。

4. 承灾体

承灾体是风险评价中必要的一环，根据研究区的大小、研究内容的不同，承灾体以不同级别进行表达，如对范围、建筑密度较大的时候，可按街区为单位对承灾体进行绘制和调查，对局部区域进行较为详细的风险评价时可能会需要每栋建筑的形状和信息。所以对于建筑较多的区域，可以先按街区对建筑区域进行分块，然后补充街区的属性信息（商用区、民用还是公共设施等），当需要更为详细的研究时可以对街区进行每栋建筑的填充，当研究区进一步扩大时，还可以对相同属性的街区进行合并，表 9.9 展示了不同研究区比例尺度下需要的承灾体的详细程度。

承灾体数据可以分为承灾体空间数据和承灾体属性数据，承灾体空间数据主要是指承灾体的空间位置、形状；而承灾体的属性数据类型繁多，根据研究区比例尺和用途有不同的分类，主要包括承灾体使用类型、结构类型、人口情况、使用年限、基础类型等。

承灾体的空间信息可以通过高分影像解译等方式获取，但是属性数据的获取一般需要进行大量的走访调查、已有资料收集的工作，最为重要的是要保证空间信息和属性信息的正确关联。

表9.9　承灾体信息适用性分类表（据 Van Westen et al., 2008）

承灾体类型	比例尺			
	小	中	大	详细
建筑	以集镇或片区为单位进行评价	以街区为单位进行评价，包括街区的主要类型	以建筑物边界为单位，评价内容包括：一般用途（商业、工业、公共、住宅及其他）；高度；建筑类型（商店、超市、政府、学校等）	以建筑物边界为单位，评价内容包括：一般用途（商业、工业、公共、住宅及其他）；高度；建筑类型（商店、超市、政府、学校等）；结构类型；使用年限；基础结构等
交通网	主要的交通干线	主要的路网、电线等的密度	所有的交通网络的空间布局和详细的类别	所有的交通网络的空间布局和详细的类别
生命线工程	主要的电网、输油管道等	主要的电网、管线、输水管线	详细的管线空间位置及其类型，包括：输水管道；污水管道；电网；通信网络及天然气管道等	详细的管线空间位置、站点及其类型，包括：输水管道；污水管道；电网；通信网络及天然气管道等
基础设施	用点表示，属性包括基础设施的类型	用点表示基础设施内主要的建筑以及包含类型	单个建筑用边界表示，并包含建筑类型	单个建筑用边界表示，并包含类型
人口数据	集镇或片区的人口密度、性别、年龄分布	街区内的人口密度、性别和年龄分布	街区内白天和夜晚的人口密度、性别、年龄	每栋建筑内的人口、性别、年龄、受教育程度
农业数据	以集镇或片区为单位，包括作物类型和产量信息	以同种类型作物的单位，包括作物类型和产量信息	以户籍为单位，包含作物类型、产量信息、农业设施价值	以户籍为单位，包含作物类型、产量信息、作物生长周期和日期及农业设施价值
经济数据	需要评价的集镇或城市的GDP、输入输出比以及主要的经济活动类型	以片区为单位对GDP、输入输出比以及主要的经济活动类型进行评价	以街区为单位评价就业率、经济水平、主要收入来源	对每栋房屋进行就业人数、收入、工作类型的评价
生态数据	具有国际认可的自然保护区	具有国家认可的自然保护区	每个地籍范围上的动植物数据	每个地籍范围上的详细动植物数据

9.2　滑坡易发性评价

由上节所述可知，滑坡易发性评价方法大致可以分为：启发式、基于统计和基于物理力学模型三种。由于启发式的方法主观性较强，结果因人而异，不同地区的结果也没有参考性，所以本书分别采用两种统计方法和一种物理力学方法对区域易发性进行评估，由于物理力学方法中所需参数较为苛刻，不适用于较大范围的区域，所以统计方法的应用范围是秦巴山区（如图 9.3 所示，面积 8.32 万 km^2），而物理力学方法的应用范围是其中的一个图幅（约 $400km^2$），以此为例介绍易发性的定量评估过程。

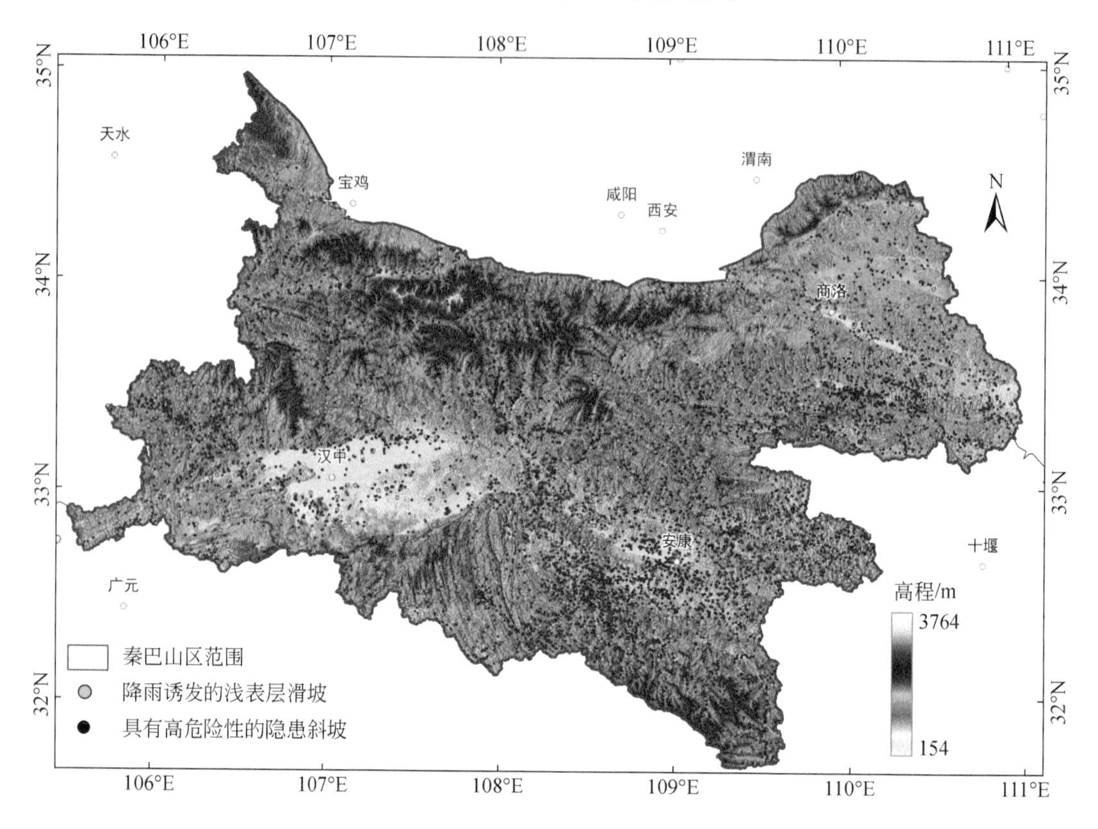

图 9.3　秦巴山区浅表层滑坡和隐患斜坡分布图

9.2.1　统计模型

由于大区域上岩土体的水文、物理力学参数的分布情况难以获取，而环境地质因子和滑坡点的分布情况容易通过一些现代化的测量方法获取，所以通过构建区域上环境地质因子与历史滑坡点之间的统计关系评估区域滑坡易发性的方式更为可行。而随着 GIS 软件和机器学习方法的迅速发展，区域数据的处理更加便捷高效，使得统计模型或机器学习模型成为区域滑坡易发性评估过程中最为常用的方法。基于统计模型的滑坡易发性评估方法的发展历程以及常用的统计方法介绍可见 Merghadi 和 Reichenbach 的综述文章（Reichenbach et al.，2018；Merghadi et al.，2020）。

1. 逻辑回归

逻辑回归（logistics regression，LR）模型是一种简单高效的二分类器，对自变量的数据格式无要求（数值或类别），并可以返回预测类别的概率，广泛用于地质灾害预测中的二分类任务，其公式如下：

$$\mathrm{logit}(p)=\beta_0+\beta_1x_1+\beta_2x_2+\cdots+\beta_nx_n \tag{9.1}$$

式中，x_1，x_2，…，x_n 为用于分类问题的 n 个特征，这里指的是与滑坡相关的环境地质因子；β_0，β_1，β_2，…，β_n 为各因子的系数；logit（p）为可能性的自然对数，有

$$\mathrm{logit}(p)=\ln[p/(1-p)] \tag{9.2}$$

式中，p 为滑坡的发生概率，联合式（9.1）和式（9.2），有

$$p=\frac{1}{1+\exp[-(\beta_0+\beta_1x_1+\beta_2x_2+\cdots+\beta_nx_n)]} \tag{9.3}$$

输出结果的范围为0～1。

2. 神经网络

神经网络是一类常用的机器学习模型，具有网状结构，根据激活函数的不同，可以处理分类、回归、时序分析等多种任务。通过调节网络的隐层数量和隐层单元数量，可以使网络应对不同复杂度的问题，其常用的结构如图9.4所示（该神经网络是一个四层的网络，包含两个隐层，隐层激活函数为tan-sigmoid函数）。

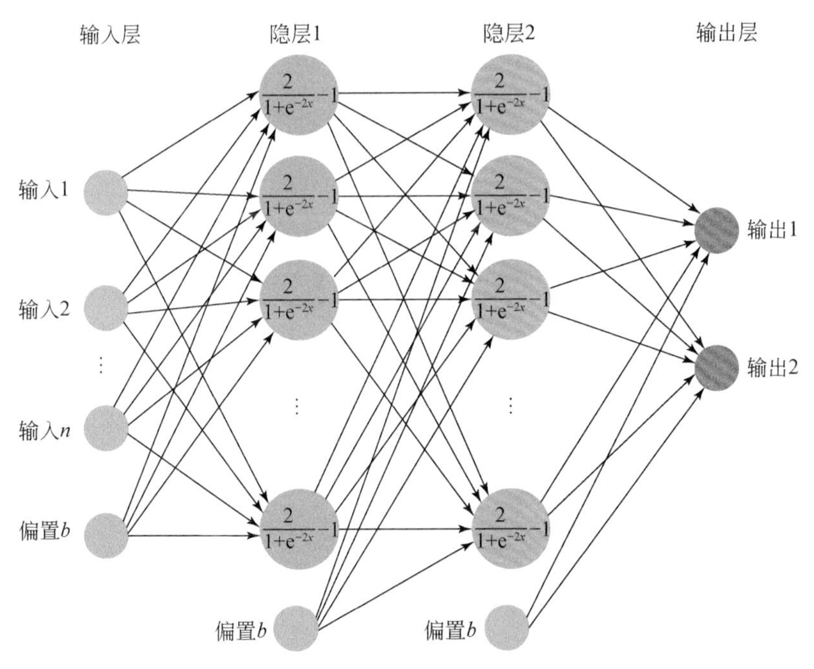

图9.4　神经网络示意图

本书选用的神经网络包含三层，分别为输入层、隐层和输出层，输入层为环境地质条件因子；隐层激活函数为tan-sigmoid函数，隐层单元数设置为12个；输出层激活函数为softmax函数，设置两个单元，分别预测滑坡的发生概率和不发生概率。网络的数学方程表达如下：

$$h_j=\mathrm{sigmoid}\left(b^1+\sum_{i=1}^{n}w_{ij}^1\cdot x_i\right) \tag{9.4}$$

$$P_k = \mathrm{softmax}\left(b^2 + \sum_{j=1}^{13} w_{jk}^2 \cdot h_j\right) \tag{9.5}$$

式中，x_i为输入层的环境地质因子；$w_{ij}{}^1$为输入层和隐层之间的连接参数；b^1为第一层的偏置项；h_j为隐层的输出；$w_{jk}{}^2$为隐层和输出层之间的连接参数；b^2为隐层的偏置项；P_k为第k个输出。

3. 频率比模型

易发性评价因子要选择对区域地质灾害贡献较大且短期内不会发生改变的（可以由过去推断未来）因素，结合本区域的灾害发育特征选取了10个特征因子，分别为：高程X_1、坡度X_2、坡向X_3、地形曲率X_4、工程地质岩组X_5、与断裂距离X_6、与河流距离X_7、土地利用类型X_8、地表湿度指数（TWI）X_9，以及NDVI X_{10}（图9.5），这些因子中部分是连续性因子，如坡度、高程、断裂密度等；部分是离散型因子，如工程地质岩组、坡形、地表覆盖类型等。不同因子的量纲不同，取值范围不同，表达的意义也不同，已有的相关研究表明，将不同类型的环境地质因子进行重赋值并归一化到统一区间会显著提高易发性模型的精度（黄发明等，2020；李文彬等，2021）。为使不同因子具有相同的值域、量纲和意义，使用频率比模型将各因子值进行统一变换，使其表达的意义与滑坡发生的空间概率相关。频率比（F_r）模型的计算公式为

$$F_r = \frac{N_i/N}{S_i/S} \tag{9.6}$$

式中，N_i为因子第i个子类内的滑坡点数；N为滑坡点总数；S_i为因子第i个类的面积；S

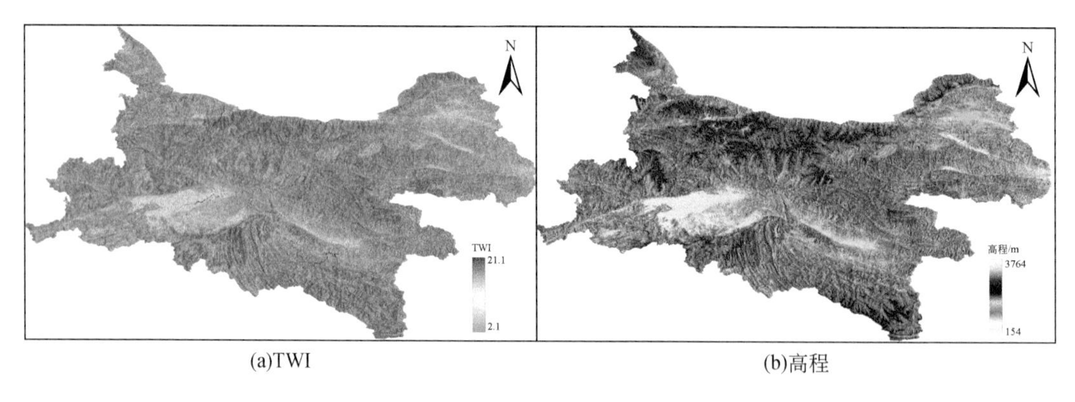

(a)TWI　　(b)高程

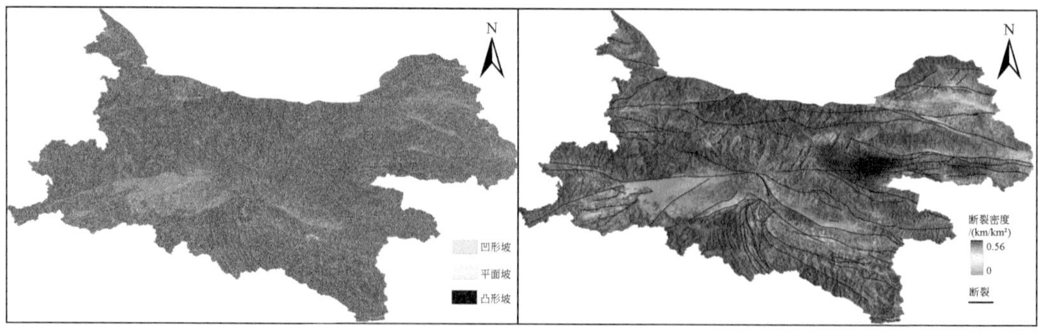

(c)坡形　　(d)断裂密度

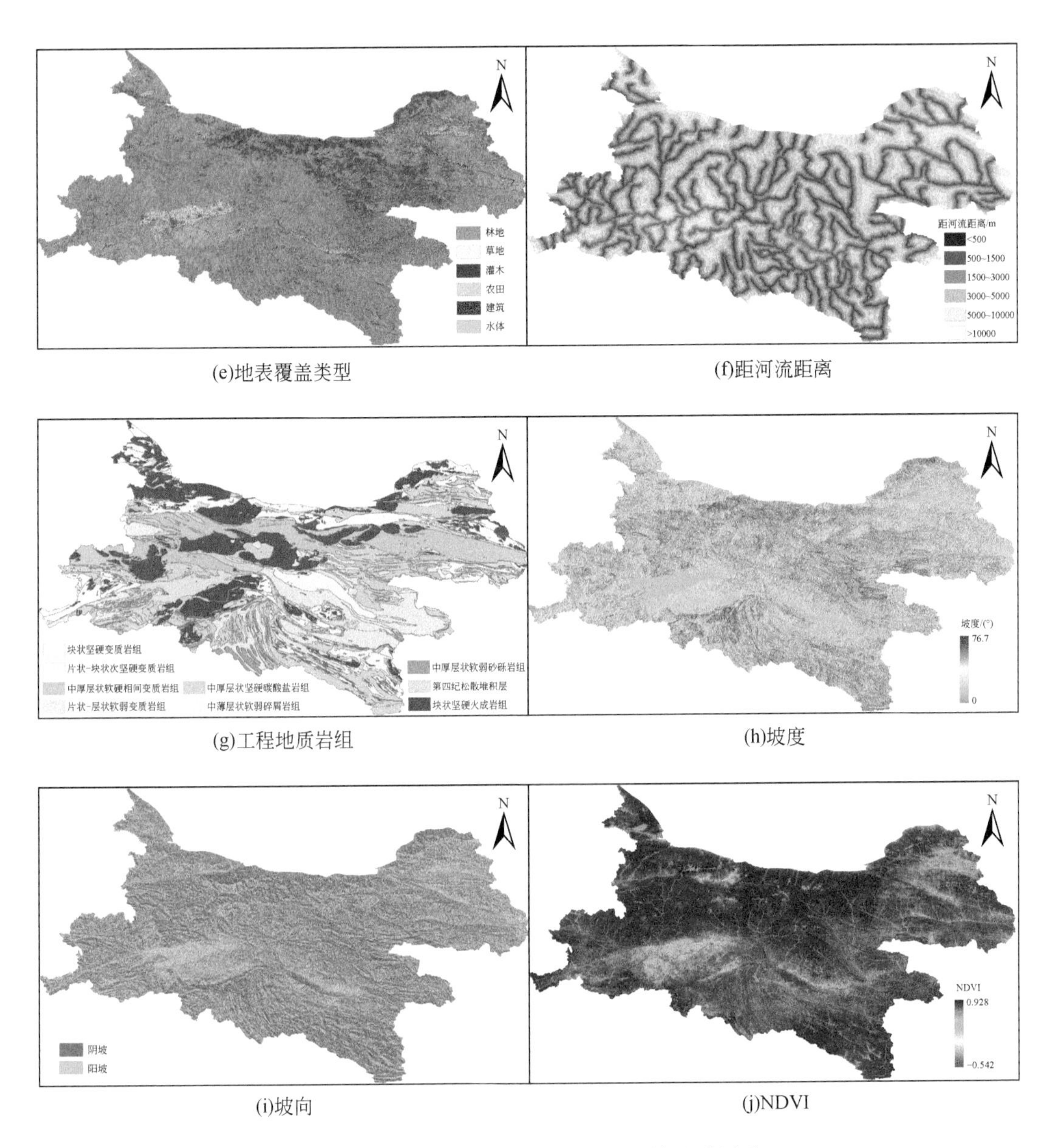

(e)地表覆盖类型　(f)距河流距离

(g)工程地质岩组　(h)坡度

(i)坡向　(j)NDVI

图9.5　研究区易发性评价采用的环境地质因子

为研究区总面积。由于在地质灾害调查时，除了降雨型滑坡，还调查了具有高危险性的斜坡（隐患点，图9.3），隐患点在研究区内的分布趋势与降雨型滑坡大致相同，但数量远多于降雨型滑坡（隐患点为7436处，降雨型滑坡为2580处），所以在本书中，我们使用隐患点作为训练样本生成研究区的易发性分布图，使用降雨型滑坡对易发性评价结果进行验证。

通过构建滑坡和因子值的直方图，可以得到环境地质因子与频率比之间的关系。由图9.6可知，不同致灾因子与滑坡发生的频率比都满足一定的函数关系。例如，高程、TWI与频率比满足指数关系，可以使用指数变换对这两个因子进行重赋值；坡度、断裂密度、距河流距离和频率比满足分段线性关系。各因子与滑坡发生频率之间的拟合函数见表9.10。

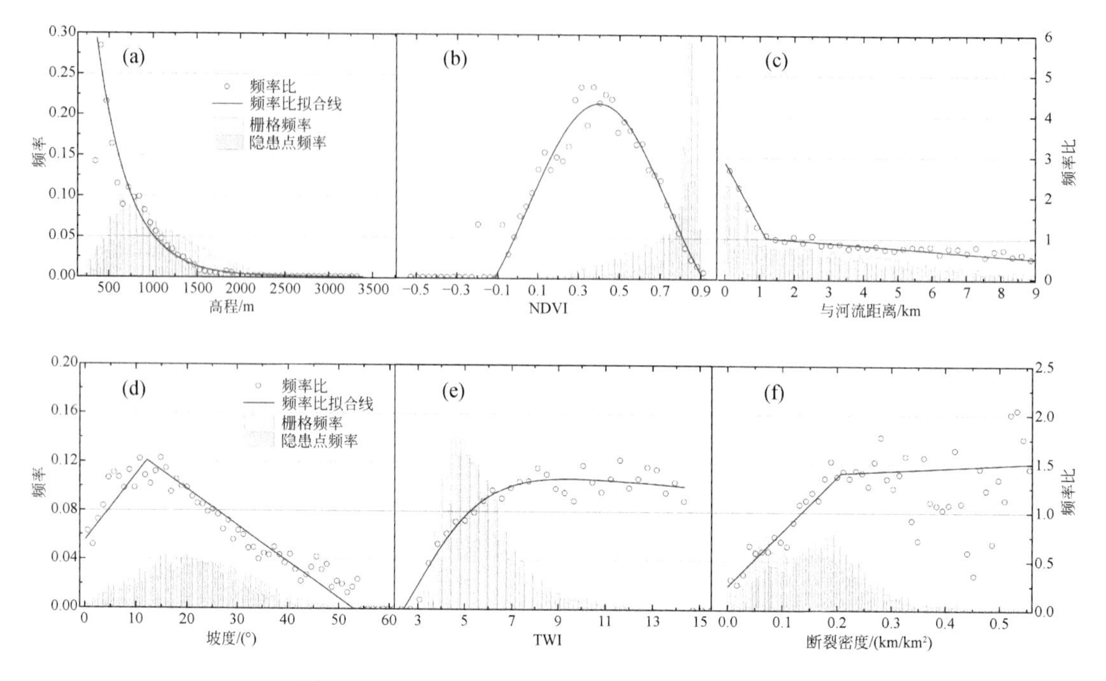

图9.6　连续型致灾因子与滑坡发生频率比的关系

(a) 高程；(b) NDVI；(c) 与河流距离；(d) 坡度；(e) TWI；(f) 断裂密度

表9.10　各致灾因子与滑坡发生频率的拟合方程

高程	$f(x)=9.368\cdot\exp(-0.002348\cdot x)\ (200\leqslant x\leqslant 3800)$
坡度	$f(x)=\begin{cases}0.0678\cdot x+0.701, & 0\leqslant x\leqslant 12\\-0.037\cdot x+1.958, & 12<x\leqslant 52.9\\0, & 52.9<x\leqslant 90\end{cases}$
TWI	$f(x)=-3.2\cdot\exp(-0.2941\cdot x)+1.646,\ 2\leqslant x\leqslant 21$
断裂密度	$f(x)=\begin{cases}5.6\cdot x+0.2504, & 0\leqslant x\leqslant 0.206\\0.2791\cdot x+1.3465, & 0.206<x\leqslant 0.560\end{cases}$
与河流距离	$f(x)=\begin{cases}-0.001583\cdot x+2.841, & 0\leqslant x\leqslant 1170\\-6.33\mathrm{e}{-5}\cdot x+1.062, & 1170<x\leqslant 16777\\0, & x>16777\end{cases}$
NDVI	$f(x)=\begin{cases}4.431\cdot\exp\{-[(x-0.396)/0.3481]^2\}, & x\geqslant -0.1\\0, & x<-0.1\end{cases}$

离散型的因子只需计算各离散值的频率比，结果见表9.11。对各环境地质因子采用频率比进行重赋值后，作为统计模型的输入变量，用以对秦巴山区的易发性进行建模。

表 9.11　离散型致灾因子频率比计算表格

离散型致灾因子	因子分级	分类栅格数	分类栅格频数	分类滑坡数	分类内滑坡频数	频率比（F_r）
坡向/（°）	(270～90]，阴坡	46792472	0.49964	3178	0.42742	0.85547
	(90～270]，阳坡	46860677	0.50036	4258	0.57258	1.14432
工程地质岩组	中厚层状坚硬碳酸盐岩组	24259410	0.25903	2051	0.27581	1.06475
	中厚层状软弱砂砾岩组	543162	0.00580	51	0.00686	1.18213
	中厚层状软硬相间变质岩组	13156112	0.14048	1002	0.13477	0.95937
	中薄层状软弱碎屑岩组	731792	0.00781	45	0.00607	0.77714
	块状坚硬变质岩组	4658673	0.04974	387	0.05211	1.04748
	块状坚硬火成岩组	19554297	0.20879	752	0.10108	0.48410
	片状-块状次竖硬变质岩组	11861322	0.12665	811	0.10911	0.86149
	片状-层状软弱变质岩组	16133105	0.17226	2078	0.27953	1.62268
	第四纪松散堆积层 1	2755276	0.02942	259	0.03467	1.17851
地表覆盖类型	林地	477147915	0.8012	2993	0.4025	0.5024
	草地	351982	0.0006	23	0.0031	5.1667
	灌木	72372797	0.1215	838	0.1127	0.9276
	农田	16720889	0.0281	3432	0.4616	16.427
	水体	3451862	0.0058	48	0.0064	1.1034
	建筑	25494846	0.00428	102	0.0137	3.201
坡形	凹形坡	32423707	0.34621	2673	0.35945	1.03825
	平面坡	29476731	0.31474	2696	0.36259	1.15200
	凸形坡	31752711	0.33905	2067	0.27796	0.81984

4. 易发性建模结果

利用训练样本对逻辑回归模型训练得到的模型中的各参数如表 9.12 所示，其中 β 为各致灾因子权重的均值，SE 为权重的标准误差，P 用来判断致灾因子对于分类问题是否显著，当 P 值小于 0.05，一般认为该因子与分类问题显著相关。

表 9.12　逻辑回归模型训练结果

因子名称	β	SE	P 值
偏置	-4.1633	0.2629	1.89E-56
坡度	0.49861	0.0829	1.81E-09
工程地质岩组	0.20473	0.0685	0.002818

续表

因子名称	β	SE	P 值
距河流距离	0.36601	0.0371	4.74E-23
土地覆盖	0.49357	0.0243	1.29E-91
断裂密度	0.88344	0.0681	1.45E-38
DEM	0.42779	0.0266	5.19E-58
坡向	0.6405	0.1558	3.96E-05
NDVI	0.5105	0.1024	4.52E-08
TWI	0.2401	0.2132	3.49E-04
坡形	0.3121	0.0156	9.34E-07

将表格中的β值代入式（9.3）中，得到秦巴山区滑坡易发性值的模型表达式，结果如图9.7（a）所示。利用相同的训练样本对神经网络模型进行训练，可以得到如表9.13和表9.14所示的神经网络3个层之间的连接权重，将权重矩阵代入式（9.4）和式（9.5）中可以得到用于预测秦巴山区滑坡易发性的神经网络模型，预测结果如图9.7（b）所示。

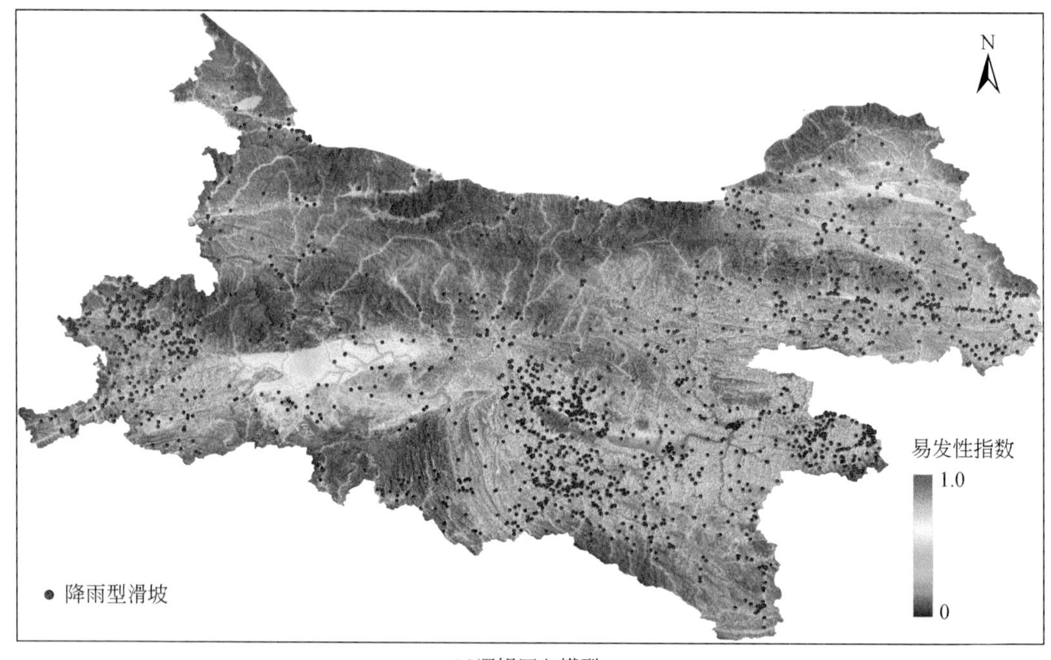

(a)逻辑回归模型

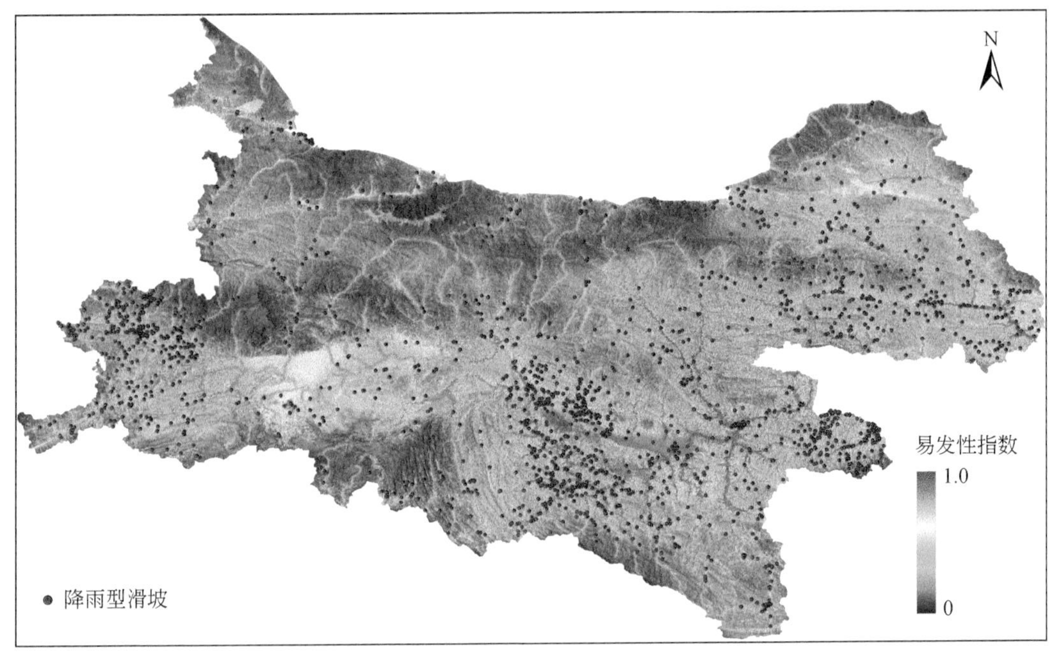

(b)神经网络模型

图9.7　基于统计模型的滑坡易发性预测

表9.13　神经网络输入层与隐层之间的系数矩阵

w_{ij}^1	TWI	坡度	工程地质岩组	与河流距离	土地覆盖	断裂密度	DEM	坡形	坡向	NDVI	b_1
H1	0.57	−0.74	1.08	−0.36	0.55	0.09	−0.79	1.01	−0.22	−0.53	−1.73
H2	0.71	0.45	0.55	0.50	1.18	−0.11	−0.87	0.38	−0.08	−0.18	−1.62
H3	−0.71	−0.05	0.84	−0.71	−0.14	−0.93	0.31	−0.86	0.90	−0.19	0.96
H4	1.07	−1.40	−0.53	0.22	0.77	0.01	1.06	0.56	−0.04	0.35	−0.78
H5	−0.09	−1.13	−1.03	−0.13	1.04	−0.48	−0.37	0.55	−0.38	−0.27	0.2
H6	0.87	−0.55	−0.03	0.49	1.54	−0.28	−0.18	0.05	−0.27	0.71	0.13
H7	0.08	−0.12	−0.08	−0.19	−0.24	0.16	−3.90	0.01	0.00	−0.12	−4.49
H8	0.93	0.88	0.48	−1.37	−0.10	−0.48	−0.18	−0.12	−0.20	−0.71	0.58
H9	0.08	0.68	−0.08	0.67	0.47	0.35	1.09	−0.18	1.53	0.48	0.71
H10	0.28	−0.15	0.38	−0.79	0.02	0.81	1.05	0.06	0.10	0.48	−1.45
H11	0.41	0.02	−0.27	−0.18	0.48	−0.24	−0.61	0.56	1.17	0.24	1.75
H12	−0.52	0.67	0.24	−0.72	0.44	−0.82	0.08	0.48	−0.20	0.08	−2.32

表 9.14　神经网络隐层与输出层之间的系数矩阵

w_{jk}^2	H1	H2	H3	H4	H5	H6	H7	H8	H9	H10	H11	H12	b_2
P1（滑坡）	0.12	-0.80	0.39	-0.28	0.59	0.60	-1.80	-0.29	0.24	-0.34	0.24	0.23	-1.23
P2（非滑坡）	0.26	-0.87	0.95	0.55	0.84	-0.05	1.88	0.06	-0.25	-1.44	0.55	-0.30	0.58

得到用于评价滑坡易发性的两个模型后，使用 ROC（receiver operating characteristic curve）曲线对模型的预测能力进行了测试，结果如图 9.8 所示。两种易发性模型的 ROC 曲线下面积（AUC）相差不大，可以认为两种模型的性能相似。

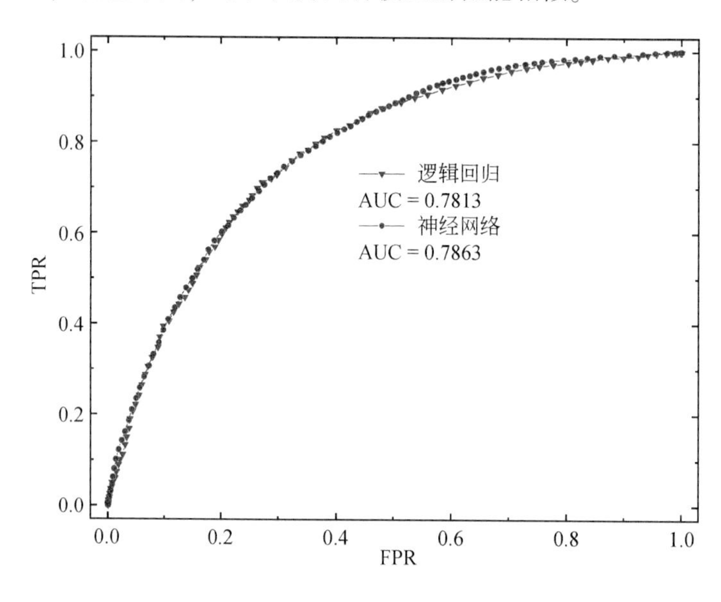

图 9.8　预测模型的 ROC 曲线

TPR 为真正例率（true positive rate）；FPR 为假正例率（false positive rate）

9.2.2　物理力学模型

滑坡易发性也可以通过逐一计算斜坡的安全系数实现，由于计算安全系数所采用的极限平衡法或数值模拟的方法均以真实物理力学参数和前人提出的理论为基础，所以统称为物理力学模型。相较于统计模型，物理力学模型在参数和模型精度达标的前提下具有精度高、计算结果物理意义明确、结果可以进行不同地区的对比等优点。

在前人研究的基础上，为高效率实现基于物理力学模型的区域滑坡易发性评价，我们将 GIS 数据分析与外部计算相结合，提出一套基于典型剖面进行稳定性计算的二维分析方法，从而实现物理力学模型在大区域易发性分析中的应用。首先依据地形条件将研究区划分为若干个斜坡单元，斜坡单元表示最大的内部同质与单元之间的异质，被认为是可能发生滑动的最大单元。之后结合 GIS 软件和 Matlab 程序开发出一套自动搜索斜坡单元典型滑面和提取覆盖层厚度的算法，从而得到数值计算模型；之后通过 Matlab 自动生成 FLAC 代码，对不同的典型剖面自动进行稳定性的数值模拟；最后以斜坡稳定性系数为指标对研究区的滑坡易发性程度进行区划。这种方法适用于多种斜坡类型，数据形式简单，能够对大面积区域进行快速高效的计算，可操作性强，可以达到对大范围区域进行稳定性分析的目的，也可以针对性地查看任一斜坡单元的潜在滑动面和规模，计算结果可作为指标进行滑坡易发性区划，并且在耦合降雨的径流、渗透模型后，可以对滑坡危险性进行实时计算。该方法由如下步骤组成。

1. 斜坡单元划分

在 ArcGIS 中通过水文分析工具和表面分析工具进行斜坡单元的提取以及斜坡坡向的计算。主要方法为通过地形分析获取流向、河网、集水盆地分布。集水盆地即是被山脊线所包围的一系列封闭区域，然后将地形反转，重新计算流向、河网、集水盆地，此时得到的反向地形的集水盆地，则是由实际地形的河谷线所包围的封闭区域。将正反地形获取的集水盆地进行叠加，即可将区域切割为一系列由山脊线和河谷线所包围的独立区域，也就是斜坡单元。详细的计算流程如图 9.9 所示。

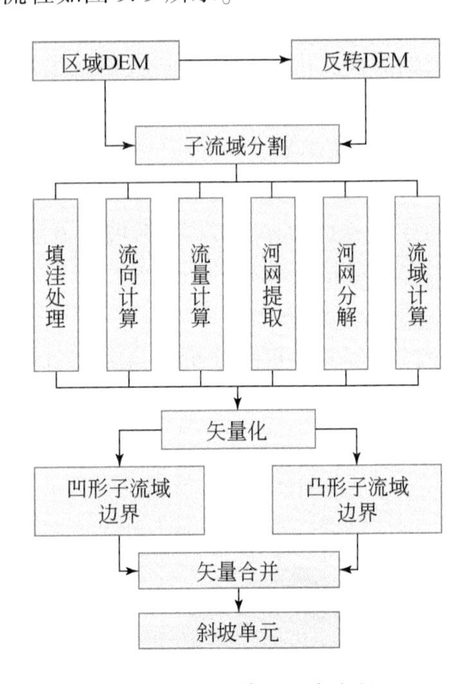

图 9.9　斜坡单元生成流程

而依据此方法得到瓦房店幅的斜坡单元分布如图 9.10 所示。

2. 单元分析及计算剖面的获取

斜坡单元的方向与潜在滑动方向相关，因而在获取了斜坡单元分布后需要分析单元的倾斜方向。不少学者采用了统计分析方法，即对构成斜坡单元的栅格的倾向进行统计，获

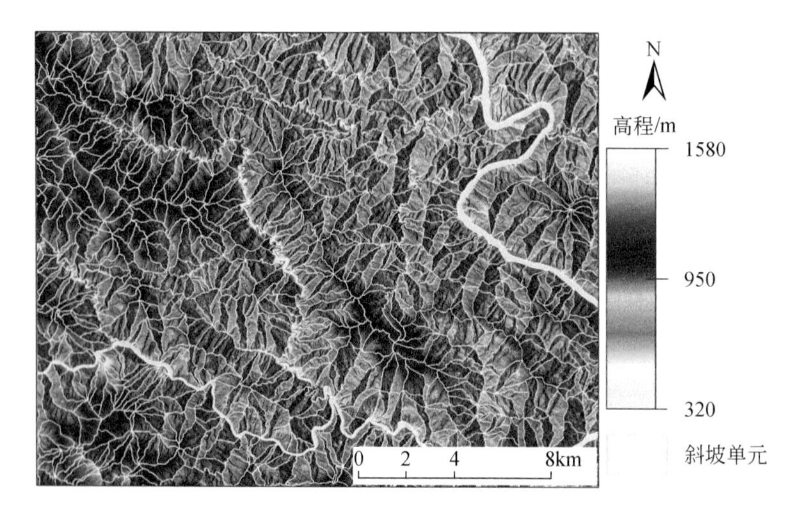

图 9.10　瓦房店幅的斜坡单元分布

取最频繁出现的栅格倾向作为单元倾向。此类方法对于原始数字地形图分辨率不高的情况会造成较大误差。本书采用了平面拟合的方式进行斜坡倾向计算。

斜坡单元的表面为不规则的曲面，因此可以将斜坡单元采用平面进行拟合，最优的拟合平面的坡向可以最大程度代表整个斜坡单元的坡向。根据最小二乘法，设斜坡单元表面的高程值 F 是公里网坐标 x，y 的线性函数：

$$F=ax+by+c \tag{9.7}$$

则高程 F 在 x 和 y 方向的导数分别为 a 和 b，那么坡向 θ 应该等于 $\arctan(b/a)$。所以在对斜坡单元进行平面拟合后，通过拟合方程的系数就可以得到斜坡单元的最佳坡向。图 9.11 所示为一个斜坡单元的平面拟合结果。

通过上述方式，对区域内每一斜坡进行分析，得到整个区域的斜坡单元倾向分布（图 9.12）。

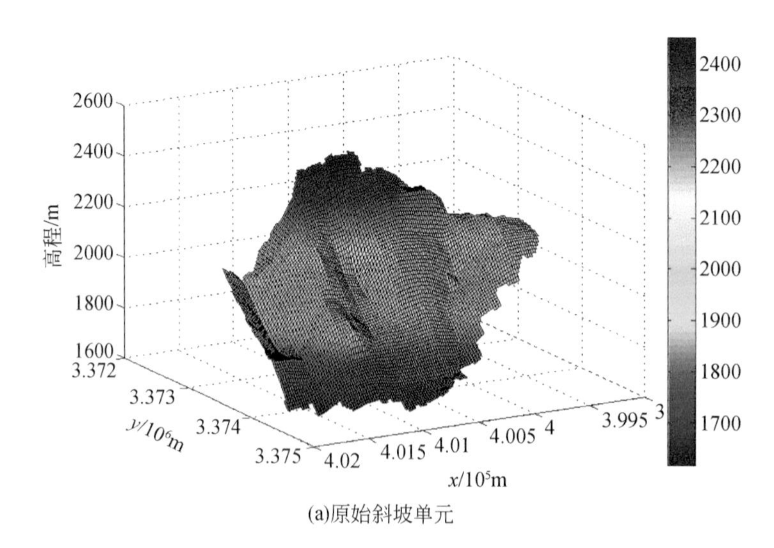

(a)原始斜坡单元

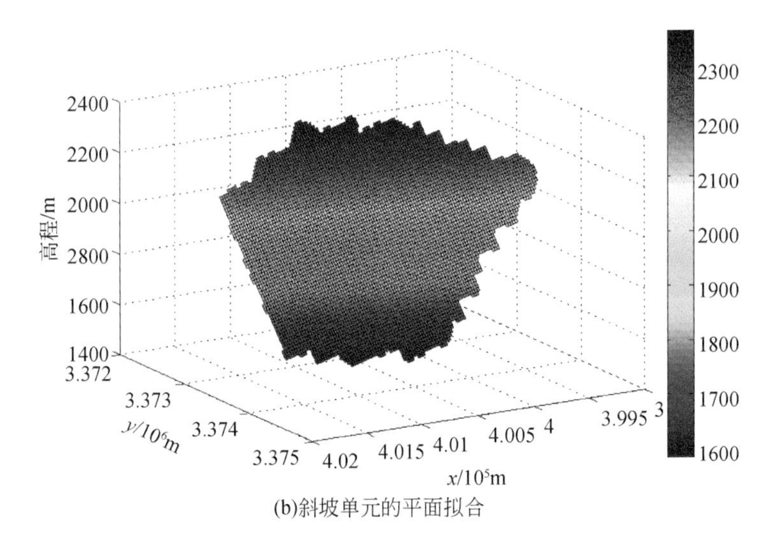

(b)斜坡单元的平面拟合

图 9.11 获取斜坡单元坡向

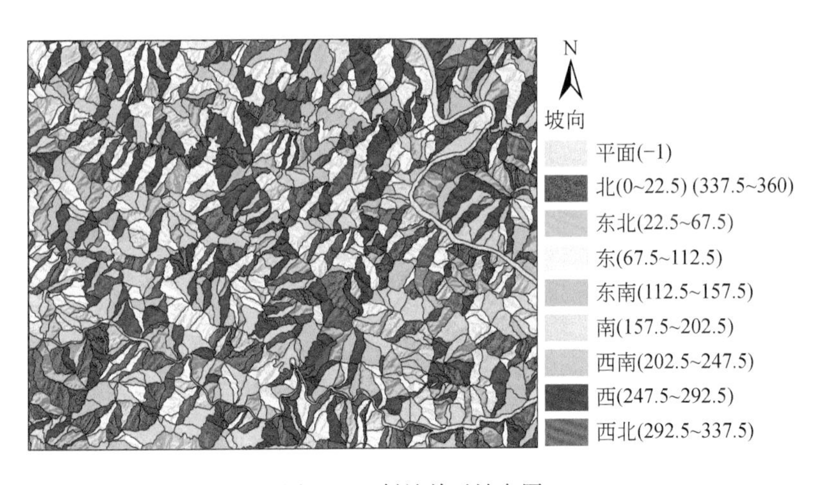

图 9.12 斜坡单元坡向图

之后，沿着坡向以一定间隔生成剖面线［图 9.13（a）］，结合高程数据生成斜坡单元的纵剖面，结果如图 9.13（b）所示，并记录所有线段的起、终点位置。如果对一个斜坡单元中所有剖面都进行稳定性计算，则工作非常耗时且重复性强。因此我们在众多剖面中选取一个最危险的剖面，称为典型剖面。每一个斜坡单元拥有唯一的典型剖面，将典型剖面建模计算得到的稳定性系数作为这个斜坡单元的稳定性系数。

典型剖面的提取遵循如下原则：

（1）典型剖面的坡形线要有足够的长度，避免将边缘处的小尺寸剖面作为典型剖面。

（2）典型剖面具有最危险的坡面形貌，比如坡面明显凸起、临空面较大等。

提取典型剖面的步骤为：

（1）提取单个斜坡单元中所有剖面的坡形线，找出跨度最长的坡形，记其长度为 H，保留长度 $0.7H \sim H$ 范围内的所有坡形，将这些坡形线归一化处理。

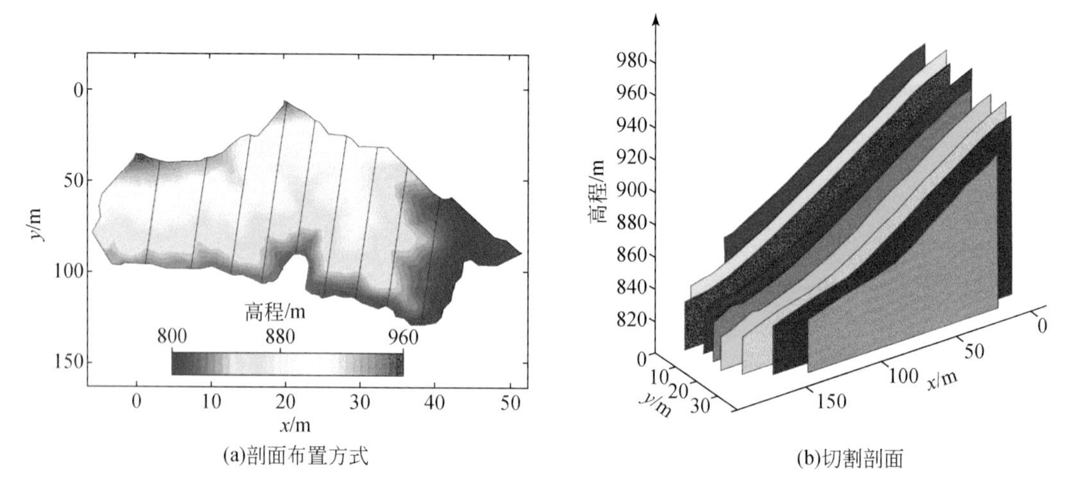

(a)剖面布置方式　　(b)切割剖面

图 9.13　沿边坡单元的倾向对边坡单元进行剖分

（2）利用 3 次样条函数拟合坡形线，并将坡形线根据高程插值填充成剖面，记录剖面的起、终点位置以及坡形线上各点的高程值。

（3）计算剖面下方面积，选出面积最大的剖面作为典型剖面（图 9.14）。

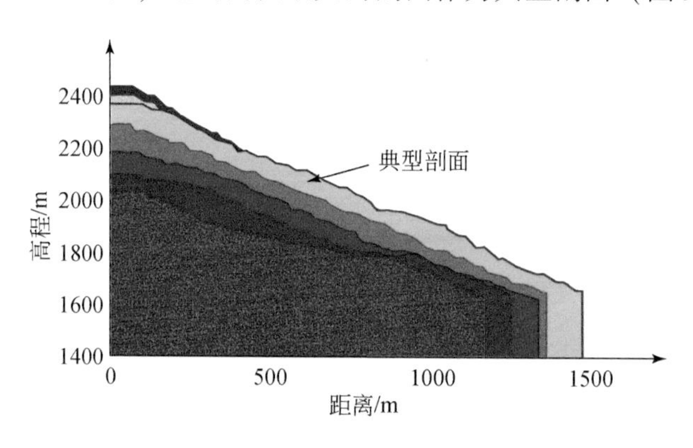

图 9.14　典型剖面的选取

（4）将典型剖面位置、形貌信息存储后返回到地形图中。

对整个区域斜坡单元执行上述步骤，即可得到区域所有斜坡单元的典型剖面，结果如图 9.15 所示。其中每条黑色线段代表一个典型剖面的跨度。

3. 物理力学模型及参数

1）非饱和土强度准则

对于碎石土而言，非饱和状态下的强度对斜坡的稳定性具有重要影响。按照选定描述强度参数数量的不同，非饱和土的强度理论可分为单应力变量参数理论和多应力变量参数理论两种。而业界广泛接受的单参数非饱和土强度理论为毕肖普（Bishop）提出的改进莫尔-库仑强度模型，该理论将有效应力公式代入饱和土的抗剪强度公式中，得到了毕肖普

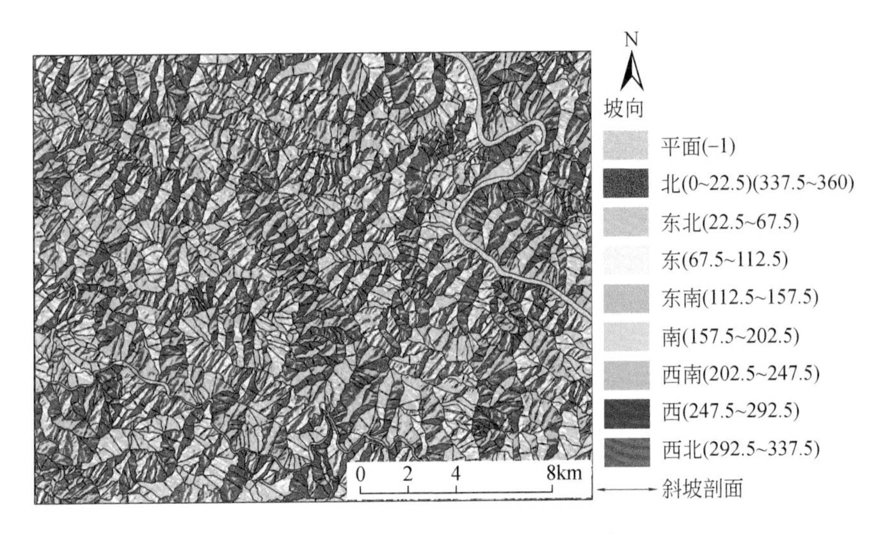

图9.15　斜坡单元的典型剖面分布

的单应力状态变量公式：

$$\tau_{\mathrm{f}}=c'+[\sigma-S_{\mathrm{a}}u_{\mathrm{a}}-S_{\mathrm{w}}u_{\mathrm{w}}]\tan\varphi' \tag{9.8}$$

式中，τ_{f} 为抗剪强度；σ 为非饱和土中的总应力；c'和 φ'分别为土的有效黏聚力和有效内摩擦角；u_{a} 和 u_{w} 分别为孔隙气压力和孔隙水压力；S_{a} 和 S_{w} 分别为土中空气的饱和度和土中水的饱和度，在同一种土中有 $S_{\mathrm{a}}+S_{\mathrm{w}}$。

2）强度折减法

强度折减法将土体视为理想弹塑性体进行有限元计算，将岩土体抗剪强度参数逐渐降低直到破坏状态，以应力和位移不收敛作为斜坡失稳的标志，根据弹塑性计算结果得到稳定性系数，有

$$c'=c/F_{\mathrm{s}},\tan\varphi'=\tan\varphi/F_{\mathrm{s}} \tag{9.9}$$

式中，c'和 φ'为折减后的强度参数；c 和 φ 为原始强度参数；F_{s}为折减系数，将 F_{s}作为斜坡稳定性系数。

3）岩土体物理力学参数

本书为了简化计算过程，将每个边坡模型均简化为由风化层及其覆盖的基岩两部分组成的浅层滑坡。基岩及覆盖层的岩土力学参数通过研究区采样的土工试验获取，如表9.15所示。基岩物理力学参数主要依据地质调查资料获取，如图9.16所示。

表9.15　区域的岩体及风化层参数

分区	干密度/(g/cm³)	质量含水率/%	残余体积含水量/%	饱和体积含水量/%	弹性模量/MPa	泊松比	内摩擦角/(°)	黏聚力/kPa	体积模量/MPa	剪切模量/MPa
A	2.8	—	—	—	5.7	0.23	43.2	20	3.52	2.32
B	2.65	—	—	—	5.2	0.23	39.1	20	3.21	2.11
C	2.76	—	—	—	6.1	0.2	36.9	20	3.39	2.54

续表

分区	干密度/(g/cm³)	质量含水率/%	残余体积含水量/%	饱和体积含水量/%	弹性模量/MPa	泊松比	内摩擦角/(°)	黏聚力/kPa	体积模量/MPa	剪切模量/MPa
D	2.5	—	—	—	1.24	0.25	34.5	20	0.83	0.5
风化层	2.1	16.2	10.5	35	0.0018	0.2	28	0.002	0.001	0.00075

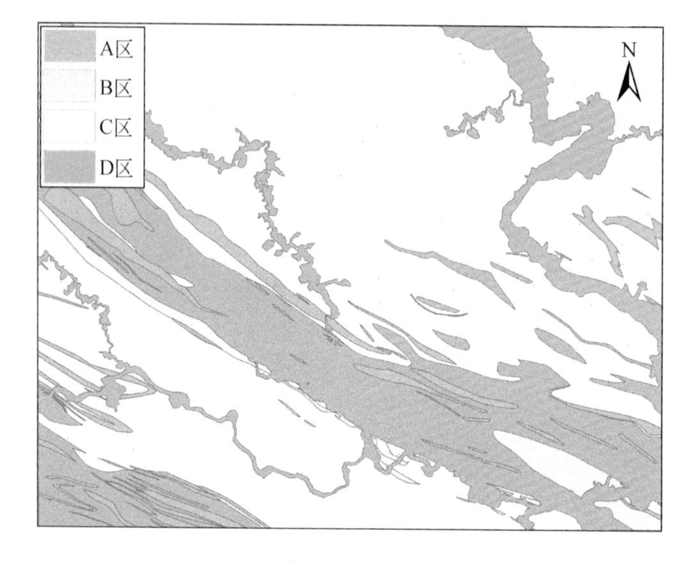

图 9.16　紫阳地区基岩类型分布

4）*覆盖层厚度估计*

风化层厚度的区域分布一直是阻碍区域稳定性系数计算的重要因素，大范围的风化层厚度分析需要大量人力物力，本书中参考吕佼佼博士论文中的方法（吕佼佼，2018），通过野外调查多组土层厚度样本点，使用多变量回归分析对土层厚度进行拟合，回归分析使用的变量包括坡度因子、地形曲率和湿度指数，拟合得到的多变量回归公式为

$$h=0.0278+5.127e^{-0.038a}+0.002e^{0.9677b}+2.428e^{-0.479c} \tag{9.10}$$

式中，h 为土层厚度；a 为坡度百分比；b 为湿度指数；c 为地形曲率的绝对值。通过式（9.10）计算得到的研究区土层厚度分布如图 9.17 所示。

4. 区域斜坡单元安全系数自动计算

经过上述一系列计算和分析，对于每个斜坡单元而言，其剖面形貌、覆盖层与基岩结构、各层岩土力学参数均已获取，可以针对每个剖面进行建模及计算。对于区域稳定性分析而言，斜坡单元划分将得到大量单元，逐一进行建模分析很难做到。此外，每个斜坡剖面的滑动面都是未知的，采用无限斜坡模型显然无法应对差异化的滑动面搜索。因此我们利用 Matlab 开发了自动生成 $FLAC^{2D}$ 代码的方式，利用 $FLAC^{2D}$ 的强度折减和滑动面搜索功能，自适应计算潜在滑动面和安全系数，从而实现了对于区域大量斜坡单元的稳定性自动分析。其中 $FLAC^{2D}$ 命令流文件包括以下 3 部分。

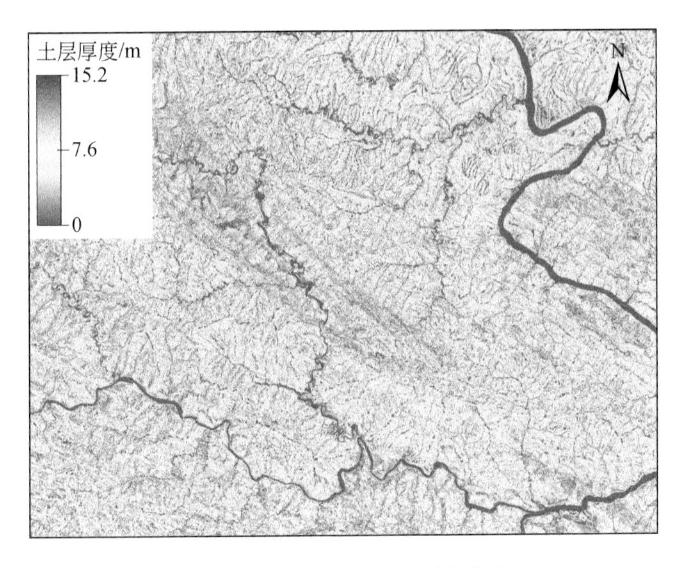

图 9. 17　紫阳地区土层厚度分布

1）索引文件

包含所有斜坡单元稳定性计算文件的地址，FLAC^{2D}执行该索引文件后按顺序调用并执行各斜坡单元的稳定性计算文件［图 9. 18（a）］。

2）稳定性计算文件

在典型剖面的基础上，建立二维数值模型，自动按照每个单元的典型剖面建模、参数

```
call D:\ALL_Soil\Block_0.txt
call D:\ALL_Soil\Block_1.txt
call D:\ALL_Soil\Block_2.txt
call D:\ALL_Soil\Block_3.txt
call D:\ALL_Soil\Block_4.txt
call D:\ALL_Soil\Block_5.txt
call D:\ALL_Soil\Block_6.txt
call D:\ALL_Soil\Block_7.txt
call D:\ALL_Soil\Block_8.txt
call D:\ALL_Soil\Block_9.txt
call D:\ALL_Soil\Block_10.txt
call D:\ALL_Soil\Block_11.txt
call D:\ALL_Soil\Block_12.txt
call D:\ALL_Soil\Block_13.txt
call D:\ALL_Soil\Block_14.txt
call D:\ALL_Soil\Block_15.txt
call D:\ALL_Soil\Block_16.txt
call D:\ALL_Soil\Block_17.txt
call D:\ALL_Soil\Block_18.txt
call D:\ALL_Soil\Block_19.txt
call D:\ALL_Soil\Block_20.txt
call D:\ALL_Soil\Block_21.txt
call D:\ALL_Soil\Block_22.txt
call D:\ALL_Soil\Block_23.txt
call D:\ALL_Soil\Block_24.txt
call D:\ALL_Soil\Block_25.txt
call D:\ALL_Soil\Block_26.txt
call D:\ALL_Soil\Block_27.txt
```

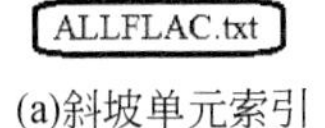

(a)斜坡单元索引

(b)Matlab自动生成fish命令流

	A	B
1	Slope Index	FOS
2	NO. 1	1. 34
3	NO. 2	0. 94
4	NO. 3	1. 76
5	NO. 4	3. 21
6	NO. 5	1. 33
7	NO. 6	1. 03
8	NO. 7	2. 33
9	NO. 8	2. 17
10	NO. 9	1. 68
11	NO. 10	1. 34
12	NO. 11	0. 99
13	NO. 12	2. 39
14	NO. 13	1. 21
15	NO. 14	0. 96
16	NO. 15	1. 03
17	NO. 16	3. 45
18	NO. 17	1. 17
19	NO. 18	1. 18

(c)斜坡单元安全系数

图 9. 18　斜坡单元安全系数自动计算流程

赋值、边界条件设置、土体物理力学参数、地下水位、饱和度分布以及孔隙水压力分布的顺序进行文件填充；此外文件还包含对该剖面进行强度折减法计算安全系数（FOS）的命令，以及设定计算结果的存储路径等信息［图 9.18（b）］。

3）储存文件

稳定性计算结果将依次自动存储到指定文件中［图 9.18（c）］。

待计算机执行完整命令流文件，便得到所有斜坡单元的稳定性系数，每一个斜坡单元的稳定性系数与自身的 FID 号一一对应，存储在一个单独的 txt 文件中。在 ArcGIS 中读取该 txt 文件，生成区域稳定性系数分布图，与地形图叠加后进行区域稳定性分区评价，研究区最终的安全系数分布结果如图 9.19 所示，可以看到，潜在不稳定斜坡主要沿河流两岸分布，与实际情况基本一致。

图 9.19　紫阳地区安全系数分布

9.3　滑坡危险性评价

由于区域滑坡危险性评估的过程中涉及诱发因子，而秦巴山区内 90% 以上的滑坡是由降雨诱发的，所以应首先分析降雨与滑坡发生之间的统计关系，从而建立降雨诱发滑坡的时间概率模型。结合 9.2 节中得到的区域滑坡易发性模型（滑坡的空间概率模型），耦合得到降雨诱发滑坡的时空概率模型，从而达到对降雨诱发滑坡的危险性评估的目的。

书中提出的降雨诱发滑坡的危险性评估工作包含如下四个步骤：

（1）灾害、气象、环境地质数据的收集、汇总和处理；

（2）滑坡发生空间概率的建模；

（3）滑坡发生时间概率的建模；

（4）降雨诱发滑坡危险性评价及性能检验。

1. 灾害、气象、环境地质数据的收集、汇总和处理

为了系统高效地评估降雨诱发滑坡的危险性，我们首先收集了历年的降雨诱发滑坡数据、气象数据以及多种环境地质因子数据，之后构建了滑坡危险性评估数据库。该数据库中包括：

（1）陕西省环境监测总站从 2001 ~ 2020 年监测得到的 2580 处降雨型滑坡，这些滑坡属性表中带有发生日期信息和位置信息（图 9.3）。

（2）陕西省气象局提供的 2001 ~ 2020 年研究区 41 个县级降雨站的日值降雨数据集。

（3）环境地质因子数据。

之后通过对降雨站构建泰森多边形，从空间上将滑坡点与降雨站进行对应，并参照 Vessia 等（2014）编制的降雨过程自动识别程序，从研究区 41 个降雨站的降雨数据中提取出 114908 次降雨过程，每次降雨过程均匹配有对应的时间戳，结合滑坡发生的时间信息，进而分离出 959 次致灾降雨过程，其余为非致灾降雨过程。降雨过程的识别流程见图 9.20。其中，D_T 和 E_T 分别表示用于分割两个降雨过程的最短无雨期天数和无雨期内最小的累积降雨量。

2. 滑坡发生的空间概率建模

在 9.2 节中我们通过逻辑回归和神经网络获得了研究区的浅表层滑坡易发性分布图，虽然多数研究直接采用滑坡的易发性指数表达滑坡空间概率，但由于各类统计模型内部生成概率值的机制、采用的假设以及优化算法不同，计算得到的易发性值与空间概率之间仍有差异。Guzzetti 等（2005）也曾提到过这一点，所以在得到滑坡的易发性分布后，还需

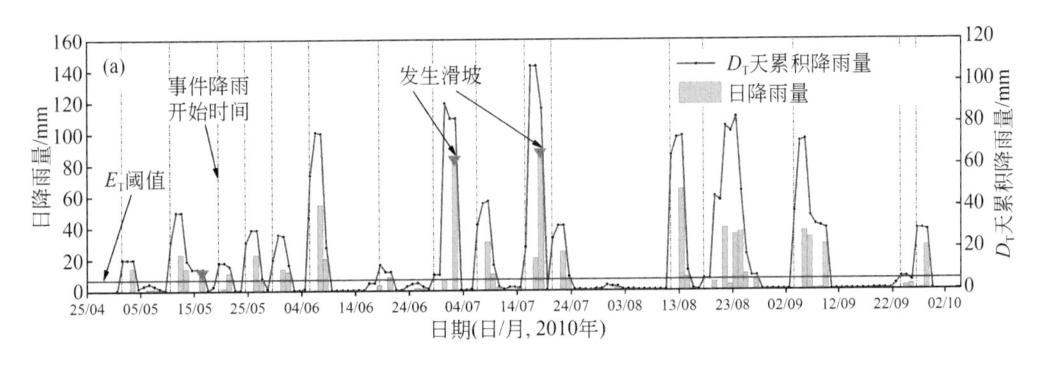

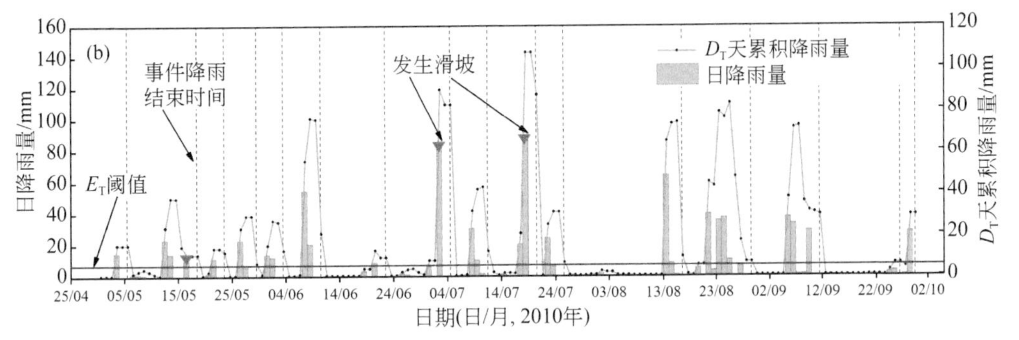

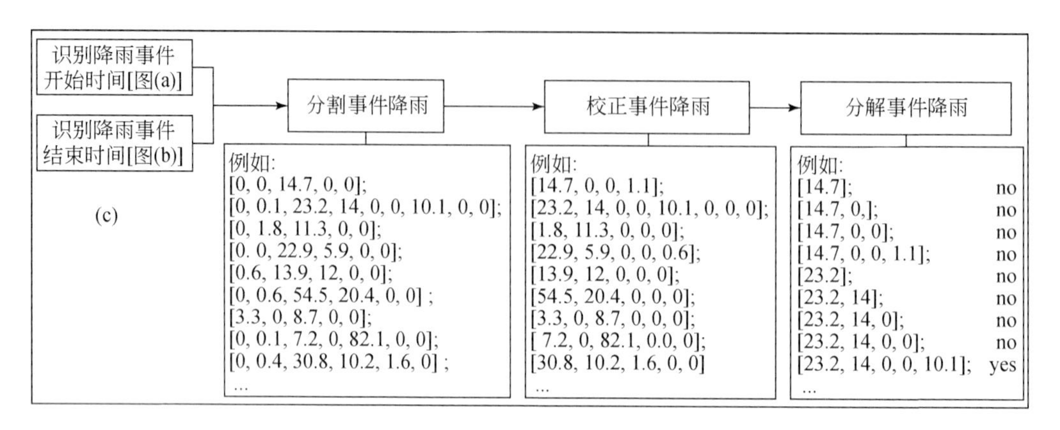

图 9.20　降雨过程识别流程

对其进行检验。考虑到 F_r 值［式（9.6）］表达的是局部区域滑坡发生的平均空间概率，因此可以使用 F_r 值对易发性建模结果进行检验和校正。只有当滑坡易发性指数 S 与 F_r 值之间满足单调递增的线性关系时，才认为该易发性分布图可以合理表达滑坡发生的空间概率。

我们对逻辑回归和神经网络得到的易发性分布图分区间计算了 F_r 值，并将易发性指数和 F_r 值之间的关系绘制在了图 9.21（a）（b）中。可以看到，逻辑回归模型得到的易发性指数与 F_r 值近似满足单调递增的线性关系（但线性相关性较差），而神经网络得到的易发性指数与 F_r 值满足指数关系，这也说明神经网络得到的易发性分布图低估了低易发区的滑坡空间概率，而高估了高易发区的空间概率。为了将易发性分布图转换为空间概率分布，我们对图 9.21（b）中的散点进行了拟合，并采用该拟合方程对神经网络生成的易发性指数进行校正，校正后的易发性指数与 F_r 值之间的关系见图 9.21（c），可以看到，此时易发性值与 F_r 值满足单调递增的线性关系，说明其可以正确表达滑坡发生的空间概率。

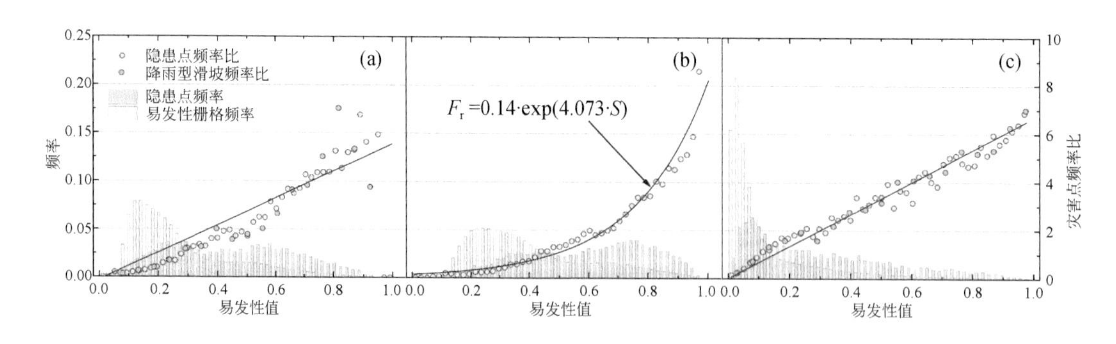

图 9.21　各易发性分布图的频率比分布

（a）LR 模型；（b）ANN 模型；（c）校正后的 ANN 模型

相较于逻辑回归模型，图 9.21（c）中易发性指数与 F_r 值之间的相关性更高，所以我们使用校正后的易发性分布图表示研究区滑坡发生的空间概率，结果如图 9.22 所示。

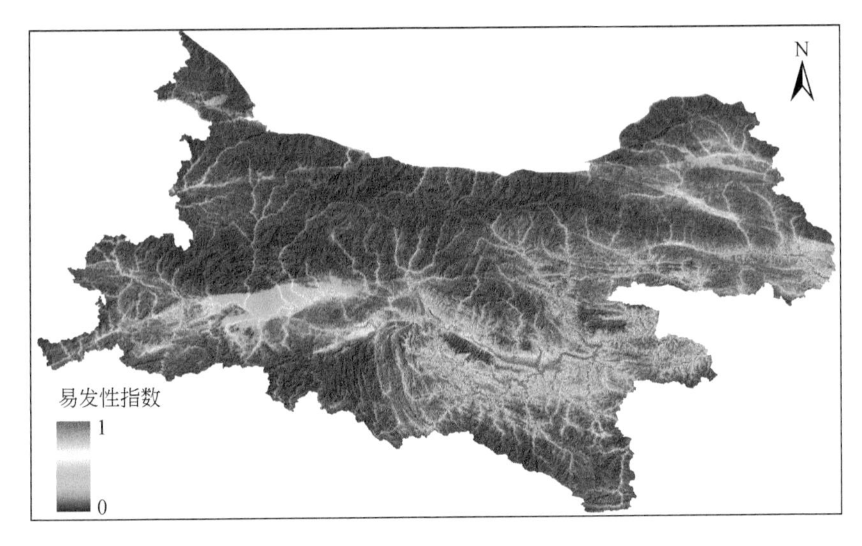

图9.22　浅表层滑坡发生的空间概率分布

3. 滑坡发生时间概率建模

确定降雨诱发滑坡发生时间概率的关键在于建立滑坡与降雨之间的关系，以往的研究中常采用的方式为构建降雨阈值模型，具体做法为首先识别致灾降雨过程，之后选择最优的降雨变量组合，如 I-D（降雨强度–持时），E-D（累积降雨量–持时），E-I（累积降雨量–降雨强度）等，最后在双对数空间中通过统计或手动的方式绘制降雨阈值曲线，降雨阈值曲线包括临界降雨阈值、百分比降雨阈值以及上限阈值等。但由于常用的阈值模型没有考虑非致灾降雨过程，因此难以输出降雨致灾概率（时间概率），只能反映降雨致灾的危险程度。在本书中，我们以贝叶斯公式为基础，同时考虑致灾和非致灾降雨，构建了概率型的降雨阈值模型。

1）基于敏感性分析的降雨变量组合选择

选取了五种降雨变量作为特征描述降雨过程，分别为：累积降雨量（E），持续时间（D），降雨强度（I），前5日和前10日累积降雨量（$AE5$，$AE10$）。考虑到坡面径流和蒸发的影响，每次降雨过程中只有一部分雨量会起到诱发滑坡的作用，而且距离滑坡发生时间越远的降雨，其诱发作用也越微弱（李铁峰和丛威青，2006），所以在一次降雨过程中，有效降雨量实际上比累积降雨量更适合描述降雨对滑坡的诱发作用，有效降雨量的计算公式为

$$EE = \sum_{i=0}^{D} K^{i} \cdot R_{i} \tag{9.11}$$

式中，EE 为有效降雨量；R_i为前第 i 天的日降雨量，则 R_0为滑坡发生当日的降雨量；K 为降雨的衰减系数；D 为降雨过程的持续时间。

最终选取的五种待选降雨变量为有效降雨量（EE），持续时间（D），有效降雨强度（I）以及前5日和前10日累积降雨量（$AE5$，$AE10$）。

表 9.16 列出了 9 种可选的变量组合，需要确定最优的变量组合和最优的衰减系数 K。敏感性分析是用来定量评估输入特征随模型响应（输出）变化幅度的一种数学框架，通过对比不同特征对模型响应的敏感程度，可以达到特征选择的目的（Fenwick et al.，2014）。降雨变量组合的敏感性系数可以通过式（9.12）计算。

表 9.16　待选降雨变量组合

待选降雨变量组合		降雨变量				
		D	*I*	*EE*	*AE*5	*AE*10
降雨变量	*D*	—	*I-D*	*D-EE*	*D-AE*5	*D-AE*10
	I	—	—	*I-EE*	*I-AE*5	*I-AE*10
	EE	—	—	—	*EE-AE*5	*EE-AE*10

注：除 *D-AE*5 和 *D-AE*10 外，其余各降雨变量组合中均存在参数 K，从 0.1 ~ 1 均匀选取 50 个，以确定最优衰减系数。

$$SA=d[P(R_1,R_2|L),P(R_1,R_2|NL)] \tag{9.12}$$

式中，SA 为降雨变量组合的敏感性系数；L 为滑坡事件，NL 为非滑坡事件；$P(R_1, R_2|L)$ 和 $P(R_1, R_2|NL)$ 分别为诱发滑坡和没有诱发滑坡事件中变量组合 R_1-R_2 的概率分布；d 为计算所采用的距离类型，书中采用 JS 散度，由式（9.13）确定。

$$d[p(x),q(x)]=\frac{1}{2}\sum_{i=1}^{n}p(x_i)\cdot\lg\left(\frac{2p(x_i)}{p(x_i)+q(x_i)}\right)+\frac{1}{2}\sum_{i=1}^{n}q(x_i)\cdot\lg\left(\frac{2q(x_i)}{p(x_i)+q(x_i)}\right) \tag{9.13}$$

式中，$p(x)$ 和 $q(x)$ 指需要计算散度的两种概率分布，在计算时对连续概率分布进行了离散化；n 为离散化的份数。

对表 9.16 中待选降雨变量组合应用式（9.12）和式（9.13）进行敏感性分析，结果如图 9.23 所示。可以看到，首先 *EE-D* 型降雨阈值在不同 K 值下的敏感性值均为最高，显著高于 *I-D* 和 *EE-I* 型阈值，表明由 *EE-D* 构建的阈值模型性能最好，这与前人研究中的结论相同（Gariano et al.，2015）；其次包含 *EE* 的降雨变量组合敏感性系数普遍较高，如 *EE-D*，*EE-I*，*EE-AE*5 和 *EE-AE*10 明显高于 *I-D*，*I-AE*5 和 *I-AE*10 等变量组合，这间接说明 *EE* 是诱发滑坡的主要降雨变量；最后包含 *EE* 的降雨变量组合在 K 取 0.78 ~ 0.84 区间内取极值，与常用的 $K=0.8$ 的经验值吻合。因此最终确定衰减系数 $K=0.816$，以 *EE-D* 为变量组合构建降雨阈值模型。研究区致灾降雨和全部降雨序列在 lg（D）-lg（EE）坐标空间中的分布如图 9.24 所示。

2）概率型降雨阈值模型

贝叶斯公式是用来描述已知一些条件下事件发生的后验概率，用于计算降雨诱发滑坡时间概率的贝叶斯公式如下：

$$P(L|R_1,R_2)=\frac{P(R_1,R_2|L)\cdot P(L)}{P(R_1,R_2)} \tag{9.14}$$

式中，$P(L)$ 为滑坡发生的先验概率，是一常数；$P(R_1, R_2)$ 为全部降雨事件中降雨变量组合的概率分布；$P(L|R_1, R_2)$ 为降雨诱发滑坡的条件概率。

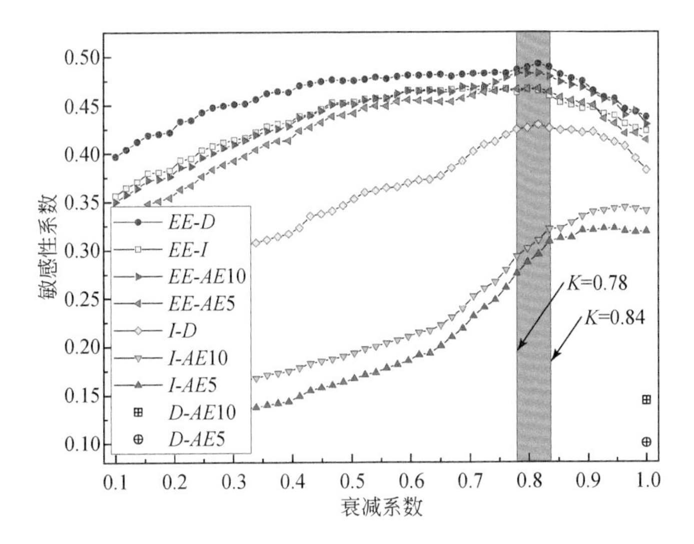

图9.23　降雨变量组合敏感性系数与衰减系数 K 的关系

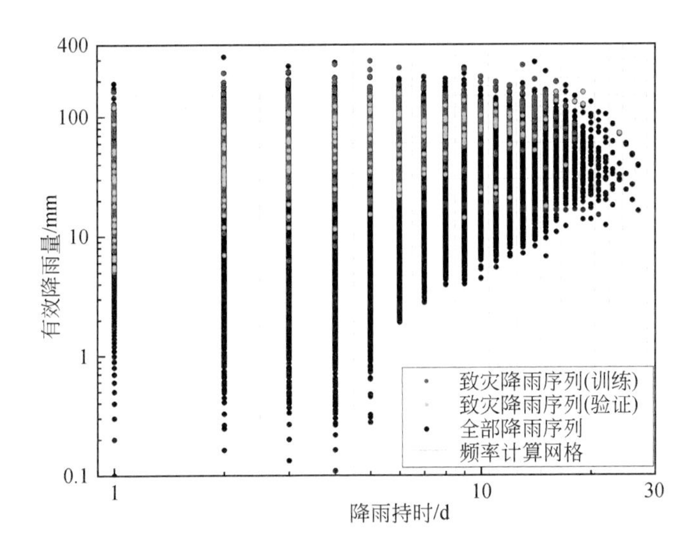

图9.24　致灾降雨和全部降雨在 lg（D）-lg（EE）坐标空间中的分布

对致灾降雨和全部降雨序列在 lg（D）-lg（EE）空间中进行频率统计，频率计算网格如图9.24所示，之后在贝叶斯公式的基础上［式（9.14）］计算各网格内的降雨致灾概率 $P(L|D, EE)$，结果如图9.25所示。

可以看到，在降雨持时 D 已知的情况下，$P(L|D, EE)$ 随 lg（EE）的增加呈指数递增（图9.25中红色拟合线），说明降雨致灾概率的大小与有效降雨量有直接的关系；从整体上来说，$P(L|D, EE)$ 与 lg（D）没有展现出明显的递增或递减关系，表明降雨持时在降雨致灾过程中所占比重较小。

在图9.25的基础上，采用ANN模型对降雨致灾概率直方进行拟合，得到研究区概率型降雨阈值模型（图9.26）。可以看到，随着 D 和 EE 的增加，降雨致灾概率逐渐递增，

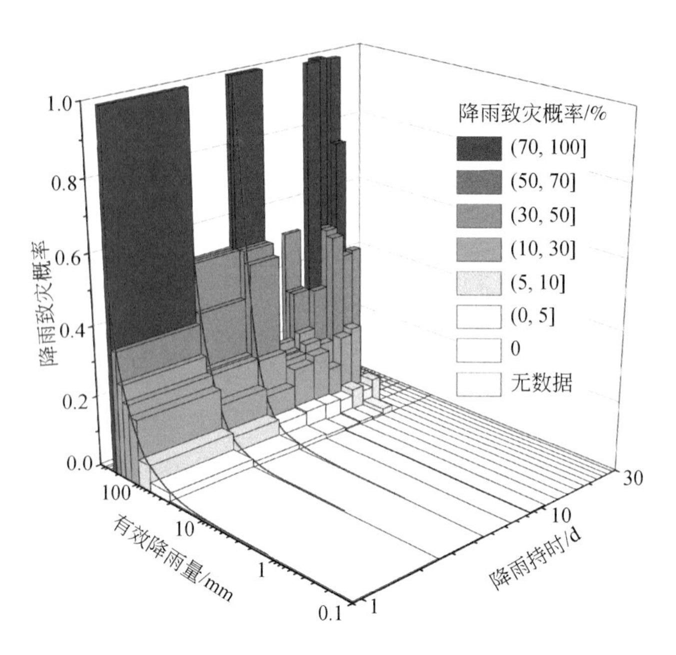

图 9.25　lg（D）-lg（EE）空间中降雨致灾概率直方图

而随着降雨致灾概率增加，致灾概率等值线斜率逐渐减小，说明不同降雨条件下，D 和 EE 在致灾过程中所起的重要性在逐步发生变化。尤其当 EE 超过 80mm 后［$P(L|D, EE) \geqslant 0.1$］，等值线接近水平，表明此时 EE 在降雨致灾过程中起主导作用。而传统的幂函数型的阈值模型往往假定两个降雨变量在致灾过程中的作用不会发生变化，所以各阈值曲线相互平行，但这对于地质、气象条件较为复杂的区域来说，可能难以精确表达降雨与灾害发生之间复杂的关系。

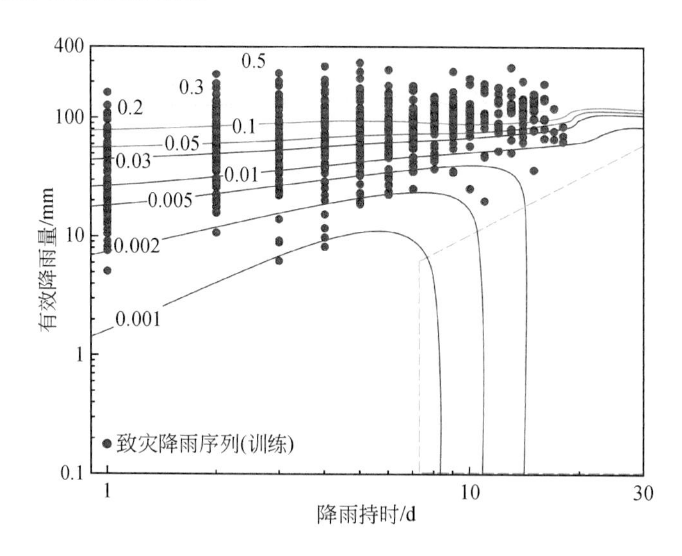

图 9.26　lg（D）-lg（EE）空间中概率型降雨阈值模型等值线分布

图 9. 26 中部分等值线的分布与实际情况不符（蓝色虚线区域），主要是由于这部分区域样本点稀疏，导致统计模型出现过拟合现象。但由于涉及样本点较少，且多数为低强度降雨，为减小这部分区域对模型产生的影响，我们采用临界降雨阈值对概率型阈值模型进行了截断，处于临界降雨阈值之下的降雨过程，认为其诱发滑坡的概率为零，位于临界降雨阈值之上的降雨，其致灾概率使用概率型降雨阈值模型计算。临界降雨阈值模型为 $EE=3.71D^{0.446}$。

得到概率型降雨阈值模型后，分别使用 2001 ~ 2015 年和 2016 ~ 2020 年的降雨数据对模型的精度进行检验。首先将 2001 ~ 2015 年的 85890 次降雨过程和 2016 ~ 2020 年的 29018 次降雨过程分别输入概率型阈值模型中，计算得到每次降雨过程的致灾概率；之后对所有降雨过程按致灾概率进行分区统计，分区统计的内容为：降雨过程的致灾概率总和（模型预测的致灾降雨数量），实际的致灾降雨数量，以及模型在该区间内产生的误差，误差计算公式如式（9. 15）所示。

$$\text{误差}=\frac{|\text{预测致灾降雨数量}-\text{实际致灾降雨数量}|}{\text{实际致灾降雨总数}} \tag{9.15}$$

分区统计结果见表 9. 17。2001 ~ 2015 年的数据集为训练集，各区间的误差总和为 9. 38%，主要集中在［0 ~ 0. 002）区间内（占误差总和的 39. 34%）。在该区间内，模型预测的致灾降雨数量 40. 94 起，实际发生 13 起，表明模型对小降雨事件的致灾概率估计严重偏高。而在其余的区间中，模型预测数量与实际发生的致灾降雨数据较为接近。

表 9. 17　预测的致灾降雨发生数与实际发生数对比

致灾概率区间	2001 ~ 2015 年			2016 ~ 2020 年		
	预测发生	实际发生	误差/%	预测发生	实际发生	误差/%
[0 ~ 0. 001)	3. 63	2	0. 22	1. 13	0	0. 56
[0. 001 ~ 0. 002)	37. 31	11	3. 47	12. 3	11	0. 65
[0. 002 ~ 0. 005)	61. 98	60	0. 26	22. 5	26	1. 74
[0. 005 ~ 0. 01)	54. 24	67	1. 68	19. 04	18	0. 52
[0. 01 ~ 0. 03)	114. 22	122	1. 03	40. 15	38	1. 07
[0. 03 ~ 0. 05)	66. 24	70	0. 50	23. 93	23	0. 46
[0. 05 ~ 0. 1)	127. 86	131	0. 41	42. 44	41	0. 72
[0. 1 ~ 0. 2)	157. 34	168	1. 41	37. 89	35	1. 44
[0. 2 ~ 0. 3)	59. 84	61	0. 15	10. 21	7	1. 60
[0. 3 ~ 0. 5)	45. 29	46	0. 09	2. 39	0	1. 19
[0. 5 ~ 1]	21. 18	20	0. 16	1. 73	2	0. 13
总计	749. 13	758	9. 37	213. 71	201	10. 08

2016 ~ 2020 年的数据为测试集，没有参与模型的构建。各区间的误差总和为 10. 07%，与训练集相差小于 1%，说明模型整体上没有出现明显的过拟合现象。而在［0 ~ 0. 002）区间中预测发生致灾降雨 13. 43 起，实际发生 11 起，误差为 1. 21%，说明在

该区间中，模型在测试集上的表现要好于训练集，而在其他区间中，模型在训练集和测试集上均表现良好。

通过分析原始数据，发现出现这种现象的原因主要是训练集上的致灾降雨数据存在一定的偏差。书中采用的数据集时间跨度较长，而早期的地质灾害调查工作开展不够全面，只对一些极端降雨诱发的大范围滑坡事件进行了记录，遗漏了一些小降雨诱发的滑坡事件，而随着相关规范的逐渐完善，对灾害的调查工作也更加全面细致，所以导致数据集存在一定的偏差。

将表 9.17 中各区间内实际发生致灾降雨数量和模型预测致灾降雨数量绘制在图 9.27 中。可以看到，虽然部分实测值和预测值存在一定差异，但总体上仍沿着斜率为 1 的对角线分布。这说明概率型阈值模型对于降雨过程的致灾概率预测与实际值相符，可以作为预测滑坡发生的时间概率模型。

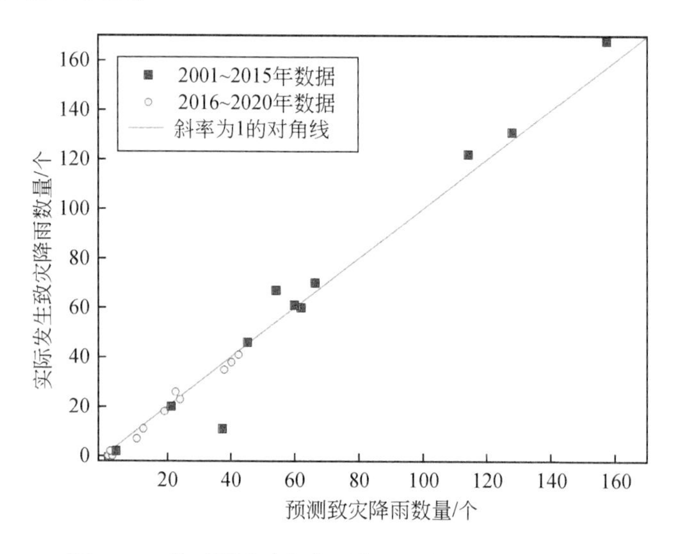

图 9.27　模型预测致灾降雨数量和实际发生数量对比

4. 降雨诱发滑坡危险性预警

在得到降雨型滑坡发生的时间概率和空间概率模型后，根据贝叶斯公式，滑坡发生的时空概率可以表示为

$$P(L|S,EE,D)=\frac{P(S,EE,D|L)\cdot P(L)}{P(S,EE,D)} \tag{9.16}$$

式中，S 为滑坡易发性指数；$P(L|S,EE,D)$ 为滑坡在给定易发性和降雨变量组合下发生的条件概率，也就是滑坡发生的时空概率；$P(S,EE,D)$ 为区域上滑坡易发性和降雨变量组合的联合概率分布。考虑到在区域上，是否发生降雨或发生降雨的量级大小与滑坡的易发性值是相互独立的事件，所以 $P(S,EE,D)$ 可以写为 $P(S)\cdot P(EE,D)$。如果在滑坡事件中，易发性值的分布与降雨变量的分布也相互独立，则有

$$P(S,EE,D|L)=P(S|L)\cdot P(EE,D|L) \tag{9.17}$$

那么式（9.17）可以写为

$$P(L|S,EE,D) \propto \frac{P(S|L) \cdot P(EE,D|L)}{P(S) \cdot P(EE,D)} \propto P(L|S) \cdot P(L|EE,D) \tag{9.18}$$

式中，$P(L|S)$ 为滑坡发生的空间概率。已有的相关研究中普遍认为滑坡发生的时空概率相互独立（黄发明等，2021；Bordoni et al.，2020；Lee et al.，2020），也就是认为式（9.18）成立，因此我们定义了滑坡发生的时空概率指数 P_{st}［式（9.19）］，并以 P_{st} 为指标对降雨型滑坡的危险性进行预警，也就是书中提出的概率型预警模型的表达式。

$$P_{st} = P(L|S) \cdot P(L|D,EE) \tag{9.19}$$

之后为了验证概率型预警模型的性能，我们也构建了传统的启发式预警模型，首先降雨致灾危险性等级通过幂函数型降雨阈值进行判别，极高危险至极低危险分别赋值为 5、4、3、2、1；而滑坡的易发性也被划分为五个等级（极高易发至极低易发），分别赋值为 5、4、3、2、1；数值化后的易发性和降雨致灾危险性相乘，得到 14 个不同的预警级别（建模过程详见宋宇飞等，2023）。之后对 2001 ~ 2015 年发生的降雨型滑坡按照对应的预警级别进行统计［图 9.28（a）］，将 14 个不同的预警级别汇总为 4 个不同的预警区，使各预警区内滑坡发生的频率尽量相同，划分结果为：1、2、3 级划分为Ⅰ级预警区，包含 21.74% 的滑坡；4、5 级划分为Ⅱ级预警区，包含 28.83% 的历史滑坡；6、8、9、10、12 级划分为Ⅲ级预警区，包含 29.63% 的历史滑坡；15、16、20、25 级划分为Ⅳ级预警区，包含 19.80% 的历史滑坡。构建的启发式矩阵如表 9.18 所示。

表 9.18　启发式预警模型预警区划分表

滑坡易发等级	降雨危险性等级				
	极低危险	低危险	中危险	高危险	极高危险
极低易发	Ⅰ级	Ⅰ级	Ⅰ级	Ⅱ级	Ⅱ级
低易发	Ⅰ级	Ⅱ级	Ⅲ级	Ⅲ级	Ⅲ级
中易发	Ⅰ级	Ⅲ级	Ⅲ级	Ⅲ级	Ⅳ级
高易发	Ⅱ级	Ⅲ级	Ⅲ级	Ⅳ级	Ⅳ级
极高易发	Ⅱ级	Ⅲ级	Ⅳ级	Ⅳ级	Ⅳ级

为了使启发式预警模型和概率型预警区的划分具有一致性，我们通过式（9.19）计算 2001 ~ 2015 年所有降雨诱发滑坡的时空概率值，并进行频率统计，之后设定了不同预警区内滑坡发生频率与启发式预警模型相同，如图 9.28 中虚线所示，划分结果为：$P_{st} \leqslant 0.004$ 划分为Ⅰ级预警区，$0.004 < P_{st} \leqslant 0.02$ 划分为Ⅱ级预警区，$0.02 < P_{st} \leqslant 0.064$ 划分为Ⅲ级预警区，$P_{st} > 0.064$ 划分为Ⅳ级预警区。由于提前设定了两种预警模型相同预警区内滑坡的发生频率一致，也就是提前设定了两种预警模型的预警成功率基本一致，那么发布的高级别预警区面积越小，表明预警模型的精度越高。

之后我们使用两种模型分别对 2016 ~ 2020 年的雨季（7 ~ 9 月）逐日进行了模拟预警，并按月对预警区面积、预警区内实际发生的滑坡数量等信息进行统计汇总，结果如表 9.19 所示（表中对两种模型在预警区所占面积中结果较小的进行了加粗显示）。

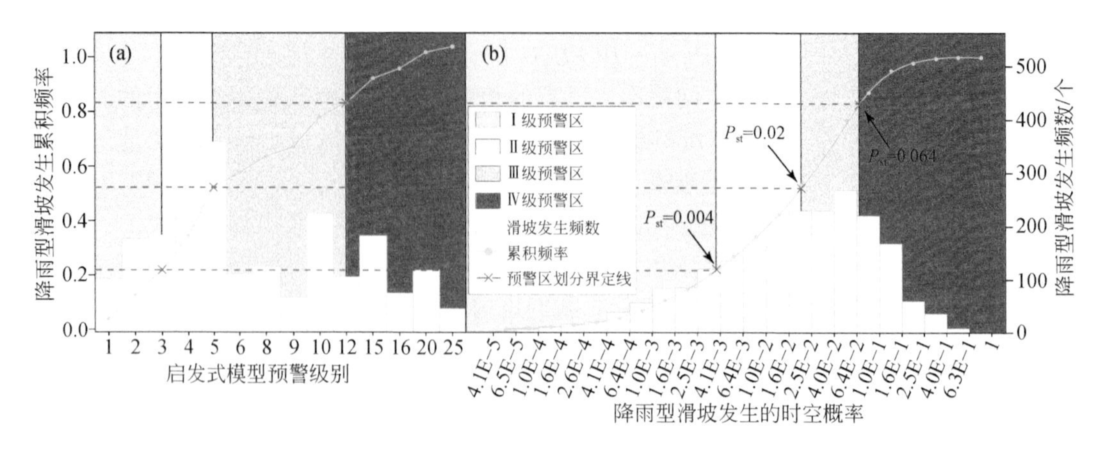

图 9.28　基于滑坡发生频率的预警区划分方式

（a）启发式预警模型；（b）概率型预警模型

表 9.19　概率型预警模型和启发式预警模型对 2016～2020 年 7～9 月逐日预警结果统计

预警模型	日期（年_月）	不同预警区所占面积（A）				不同预警区发生的滑坡/起			
		Ⅰ级	Ⅱ级	Ⅲ级	Ⅳ级	Ⅰ级	Ⅱ级	Ⅲ级	Ⅳ级
概率型预警模型	2016-07	29.326	**1.408**	**0.230**	**0.035**	3	0	0	1
	2016-08	30.340	**0.579**	**0.079**	**0.002**	0	0	0	0
	2016-09	29.436	**0.458**	**0.095**	0.011	0	1	0	0
	2017-07	30.154	**0.777**	**0.066**	**0.004**	0	0	0	0
	2017-08	30.082	**0.796**	**0.108**	**0.013**	0	0	0	0
	2017-09	**26.220**	2.744	**0.851**	0.185	4	12	10	6
	2018-07	29.003	**1.586**	**0.351**	0.060	14	42	64	115
	2018-08	30.697	**0.285**	**0.016**	**0.002**	0	0	1	0
	2018-09	29.047	**0.850**	**0.103**	**0.000**	0	0	0	0
	2019-07	30.170	**0.697**	**0.112**	**0.020**	14	2	0	0
	2019-08	29.702	**1.080**	**0.189**	0.029	20	2	0	1
	2019-09	25.995	3.033	**0.792**	0.180	3	7	5	1
	2020-07	29.944	**0.885**	**0.149**	0.022	3	4	1	0
	2020-08	29.177	**1.543**	**0.251**	**0.029**	20	17	10	1
	2020-09	29.507	**0.417**	**0.072**	**0.004**	0	2	0	0
总计		438.800	**17.138**	**3.464**	**0.596**	81	89	91	125

续表

预警模型	日期（年_月）	不同预警区所占面积（A）				不同预警区发生的滑坡/起			
		Ⅰ级	Ⅱ级	Ⅲ级	Ⅳ级	Ⅰ级	Ⅱ级	Ⅲ级	Ⅳ级
启发式预警模型	2016-07	**27.979**	2.364	0.582	0.075	3	0	0	1
	2016-08	**29.414**	1.358	0.216	0.012	0	0	0	0
	2016-09	**28.658**	1.156	0.178	**0.008**	1	0	0	0
	2017-07	**28.856**	1.697	0.412	0.034	0	0	0	0
	2017-08	**28.857**	1.687	0.414	0.042	0	0	0	0
	2017-09	26.438	**2.341**	1.039	**0.183**	8	3	13	8
	2018-07	**28.304**	2.188	0.483	**0.026**	88	57	84	6
	2018-08	**29.756**	1.115	0.121	0.008	0	0	1	0
	2018-09	**28.251**	1.323	0.408	0.017	0	0	0	0
	2019-07	**29.324**	1.344	0.297	0.034	14	0	2	0
	2019-08	**29.218**	1.448	0.325	**0.008**	20	2	1	0
	2019-09	**25.846**	**2.926**	1.099	**0.128**	4	3	7	2
	2020-07	**29.332**	1.277	0.369	0.022	5	1	2	0
	2020-08	**27.964**	2.355	0.597	0.085	21	18	7	2
	2020-09	**28.633**	1.103	0.231	0.032	0	0	2	0
总计		**426.830**	25.682	6.771	0.714	164	84	119	19

从表9.19中的统计数据可以看到，在控制两种预警模型成功率一致（同级别预警区内滑坡出现频率相同）的前提下，概率型预警模型共发布的Ⅱ、Ⅲ、Ⅳ级预警区（需要采取措施的预警区）面积分别是启发式预警模型同级别预警区面积的66.73%、51.17%和83.38%，表明在达到传统预警模型的精度条件下，概率型预警模型发布需要采取措施的预警区范围更小，资金投入更少，模型在空间上的精确程度高于传统模型。

由于提前设定了两种预警模型在训练集上（2001～2015年的数据）的成功率相同，所以在测试集上（2016～2020年的数据），两种预警模型的预警效果也大致相同，但在2018年7月出现了明显的差异。在概率型预警模型的预警作用下，该时段内Ⅲ级和Ⅳ级预警区内共预测到179起滑坡，而传统启发式预警模型在Ⅲ级和Ⅳ级预警区内只预测到90起滑坡。通过检查该月份内的降雨和滑坡数据发现，2018年7月发生的滑坡主要集中在11日和14日的略阳地区，该地区两天内共发生滑坡182起，其中11日的降雨持时和有效降雨量分别为16天和143.02mm；14日的为19天和145.22mm。通过幂函数型阈值模型计算得到11日和14日的降雨分别属于高危险性降雨和中危险性降雨，均没有达到极高危险性的级别，而通过概率型降雨阈值模型计算得到11日和14日的降雨致灾概率分别为0.6183和0.6329，在2001～2015年所有致灾降雨过程中排前1%。这表明幂函数型阈值模型和概率型阈值模型对于长持时高强度降雨致灾危险性的判断相差较大。而这两次降雨也使得启发式预警模型和概率型预警模型的预警效果出现了显著的差异。

图9.29为概率型预警模型和启发式预警模型对研究区7月11日、14日发布的预警区

和实际发生滑坡的分布情况。在 7 月 11 日，概率型预警模型发布的Ⅲ、Ⅳ级预警区主要集中在略阳和宁强地区［图 9.29（a）］，而略阳地区当日发生了 83 起滑坡，其中 75 处（90.36%）落在Ⅲ级和Ⅳ级预警区内，其余的落在Ⅱ级预警区内；而启发式预警模型当日在略阳地区主要发布的是Ⅱ级预警区，Ⅲ、Ⅳ级预警区只占2.49%［图9.29（b）］，导致 45 起滑坡（54.22%）落在了Ⅱ级预警区，只有 6 起（7.23%）滑坡落在了Ⅳ级预警区，没有起到最佳的预警效果。同样，在 7 月 14 日，由于幂函数型阈值模型严重低估了略阳地区该次降雨致灾的危险性，所以启发式预警模型在略阳地区只发布了 10.3% 的Ⅲ级预警区，其余均为Ⅰ级预警区，而当天略阳地区发生了 99 起滑坡，其中 64 起滑坡（64.65%）落在了Ⅰ级预警区内，产生了严重的漏报现象。

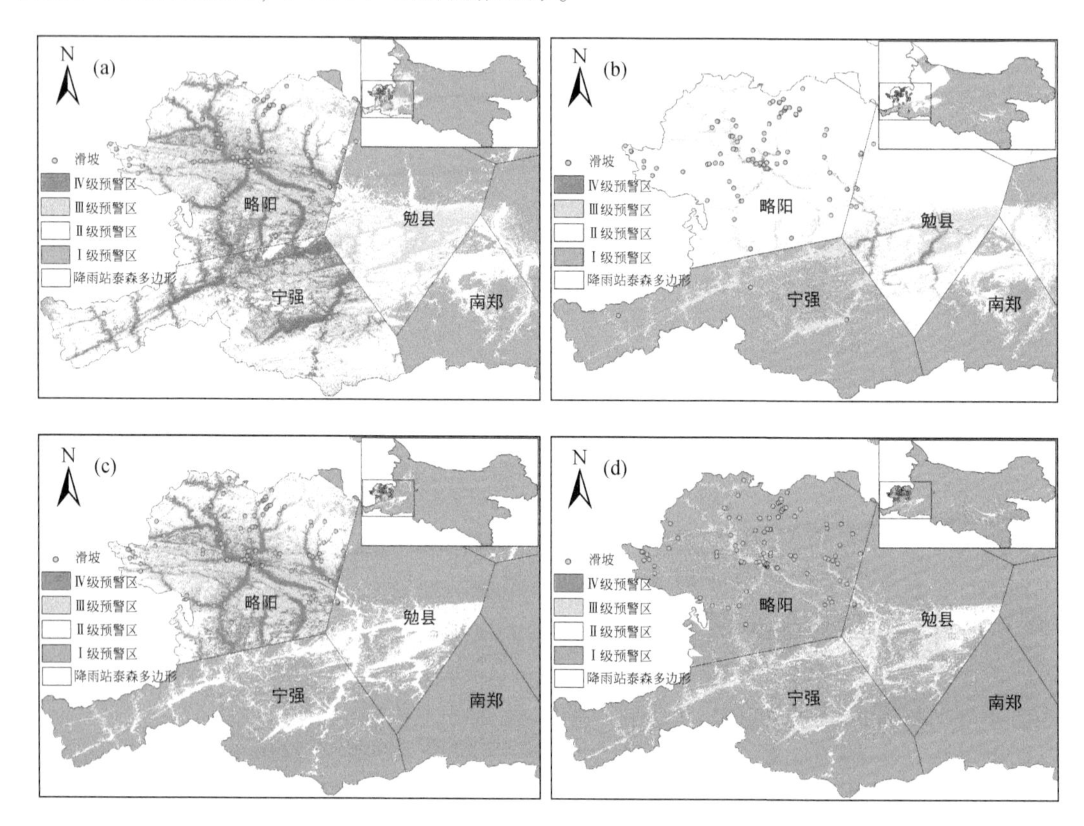

图 9.29　概率型预警模型和启发式预警模型对两次极端降雨的模拟预警结果

（a）7 月 11 日概率型预警模型；（b）7 月 11 日启发式预警模型；（c）7 月 14 日概率型预警模型；（d）7 月 14 日启发式预警模型

由此我们可以得知，概率型预警模型相较于传统的启发式预警模型具有如下特点：首先是模型空间精确程度较高，在设定达到同样预警成功率的前提下，Ⅱ、Ⅲ、Ⅳ级预警区面积几乎只有启发式预警模型的一半；其次是对于长持时高强度这类极端降雨的危险性会有准确的估计，使得极端降雨条件下滑坡的损失大大降低。

9.4 滑坡灾害风险评价

滑坡的风险分析不仅需要考虑滑坡体本身的地质条件和诱发因素的作用，还需要考虑滑坡破坏后的影响范围、冲击强度、承灾体信息、承灾体与滑坡的空间关系等。由于需要大量的数据，所以风险分析主要是针对单一的具有较大危害等级的滑坡，或者威胁重要基础设施、工程、城镇等的流域。这里以重点城镇兴隆镇为例说明风险评价的流程和方法，兴隆镇位于陕西南部汉中市镇巴县境内，城镇四周环山，主要的地质灾害就是受降雨诱发的浅层碎石土滑坡，通过对城镇周边的边坡调查、城镇内承灾体的测绘、属性的调查、其他数据的收集等一系列手段获取了必要的资料，采用物理力学模型对边坡的破坏概率进行计算，并评估了斜坡影响范围内的承灾体的易损性，最终得到了不同重现期降雨强度下城镇内房屋的经济损失风险。

对于本书所采用的单体滑坡财产风险评价而言，通常采用的是Fell等（2005）提出的定量风险计算公式，如下：

$$R=P(H)\cdot P(T|H)\cdot P(S|T)\cdot V(P|S)\cdot E \tag{9.20}$$

式中，R为年财产损失风险，单位为元/a；$P(H)$为斜坡的破坏概率，取值0～1；$P(T|H)$为不稳定斜坡与承灾体的空间概率，也称到达概率；$P(S|T)$为时空概率；$V(P|S)$为承灾体的易损性，为0～1之间的无量纲数；E为承灾体的价值。

9.4.1 极值降雨概率分析

为了获得一定重现期内滑坡发生的概率，首先需要得到一定重现期内必定会出现的最大降雨强度。这里收集了镇巴县降雨站（站号：57238）自1959年1月1日到2020年12月31日每日的降雨值，采用年最大值法采样，对每年中最大日降雨量进行采样，共选取61组极值降雨样本点，按照目前我国水文计算规范推荐，假定极值降雨样本点统一服从P-Ⅲ型分布（黄振平，2003），理论降雨强度求取如下：

$$x_p=\bar{x}\cdot(\varphi\cdot C_v+1) \tag{9.21}$$

式中，$\bar{x}$为61组样本点的平均值；C_v为P-Ⅲ型曲线的离差系数；φ为离均系数，其值取决于重现期P和P-Ⅲ型曲线的偏态系数C_s。其中$\bar{x}$、C_s、C_v为未知参数，通过最小二乘适线法拟合P-Ⅲ型曲线和样本点求取，拟合结果如图9.30所示，求取的$\bar{x}$、C_s、C_v参数值以及三种工况下的降雨强度值分别见表9.20和表9.21。

表9.20　五日最大累积降雨量极值分布的参数估计

求参方法	$E(X)$	C_v	C_s
样本矩	41.77	0.4087	0.6044
概率权重矩	41.77	0.4166	0.7355
最小二乘适线法	41.77	0.4252	0.87

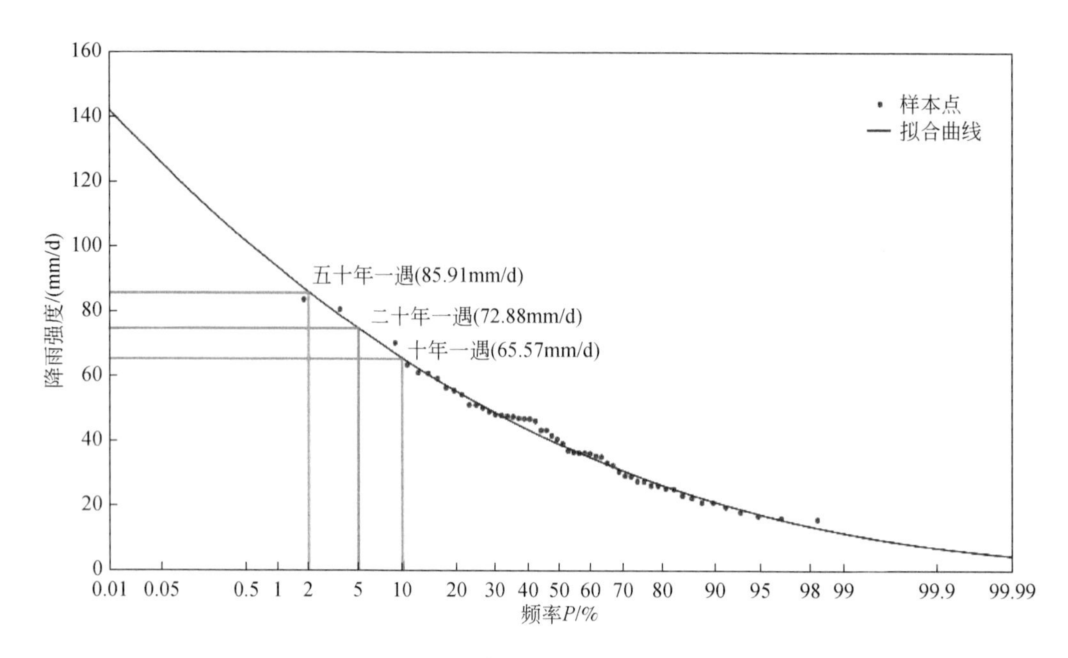

图 9. 30　理论降雨强度-重现期分布曲线

表 9. 21　不同降雨历时和重现期下的降雨强度

降雨历时/d	降雨强度/（mm/d）		
	十年一遇	二十年一遇	五十年一遇
5	65. 57	72. 88	85. 91

9. 4. 2　边坡破坏概率计算

本节假定所有斜坡的破坏方式均为浅表层滑动，故在计算降雨入渗深度之前，首先要对不稳定斜坡的上覆土层的厚度进行调查，为了计算的准确性，厚度调查点沿剖面线的方向进行布置，以获取较为准确的计算剖面图，本次调查斜坡 29 个，厚度点共 64 个（图 9. 31）。

兴隆镇斜坡碎石土的饱和渗透系数平均为 4.16×10^{-4}cm/s，当降雨强度小于饱和渗透系数时，斜坡不会发生积水，兴隆镇周边斜坡可以接受 359. 4mm/d 的降雨而不发生积水，故可以采用 Green-Ampt 模型中的非积水入渗部分进行入渗深度的计算（李宁等，2012），计算公式如下：

$$y=t\cdot q\cdot \cos(\alpha)/(Q_s-Q_i) \tag{9.22}$$

式中，y 为入渗深度；t 为降雨时间，取 5 日；q 为降雨强度，取表 9. 21 中的数值；α 为斜坡坡度，可根据计算剖面确定；Q_s 为饱和含水率，取 25. 51%；Q_i 为初始含水率，取 15. 59%。

斜坡破坏概率计算分四种工况：天然状态、十年一遇五日、二十年一遇五日、五十年

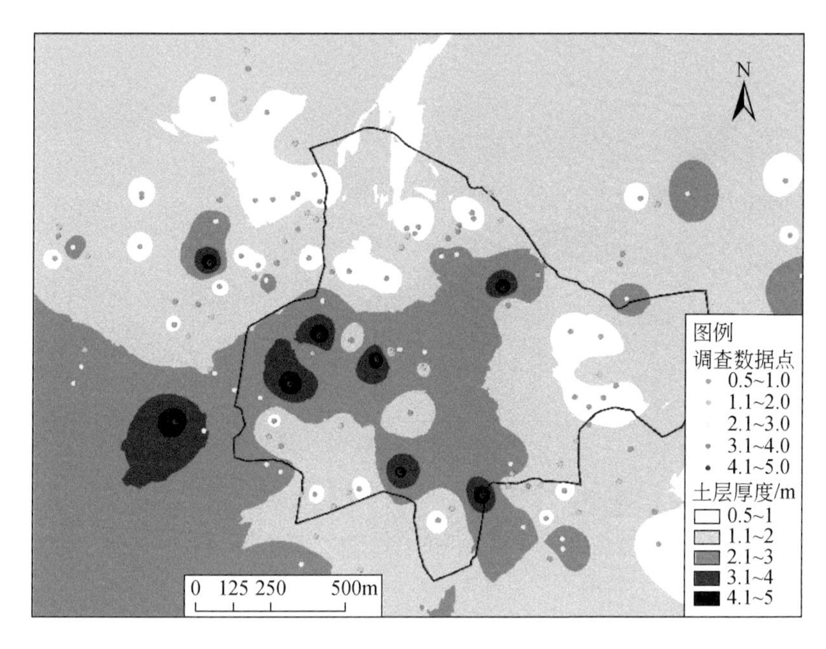

图 9.31　兴隆镇周边斜坡土层厚度调查点及土层厚度拟合

一遇五日，斜坡原始剖面按实际情况分为两层或三层，分别为上覆碎石土层、强风化粉砂岩、基岩，在接受降雨后，根据式（9.22）计算得到的降雨入渗深度，在模型中增加一层饱和碎石土层，同一斜坡接受不同的降雨强度所对应的饱和碎石土层的深度不同，采用的计算模型也不相同，模型的材料参数可见表 9.22。

表 9.22　兴隆镇周边斜坡岩土体物理力学参数表

岩土类型	类别	黏聚力 C/kPa		内摩擦角 φ/（°）	
		天然状态	饱和状态	天然状态	饱和状态
碎石土	均值 μ	18.0	15.0	17.1	15.1
	方差 σ	1.8	3.4	0.67	4.65
强风化粉砂岩	均值 μ	15	12.3	25.0	23.6
	方差 σ	0.81	2.05	1.46	2.14

破坏概率的计算采用蒙特-卡洛法，斜坡稳定性状态函数采用 Bishop 函数，认为稳定性状态函数中的 C、φ 为相互独立的服从正态分布的随机变量，其余参数为定值，本节以城镇周边某一斜坡为例对计算过程进行说明，该斜坡曾有过滑动记录，坡高 80m，平面上呈圈椅状，钻孔资料显示，坡体上层为碎石土层，平均厚度为 9.3m，中层为强风化粉砂岩，平均厚度为 7.6m，底层为灰岩，斜坡的剖面见图 9.32。

利用 Geo-slope 软件对四种工况下斜坡的剖面进行抽样 10000 次的安全系数计算，从而可以得到斜坡在不同降雨条件下的安全系数分布形式，考虑 $F_s<1$ 为失稳，$F_s\geq1$ 为稳定，则破坏概率 P 可近似为 M/N，其中 M 为 N 次试验中安全系数小于 1 的次数，N 为总

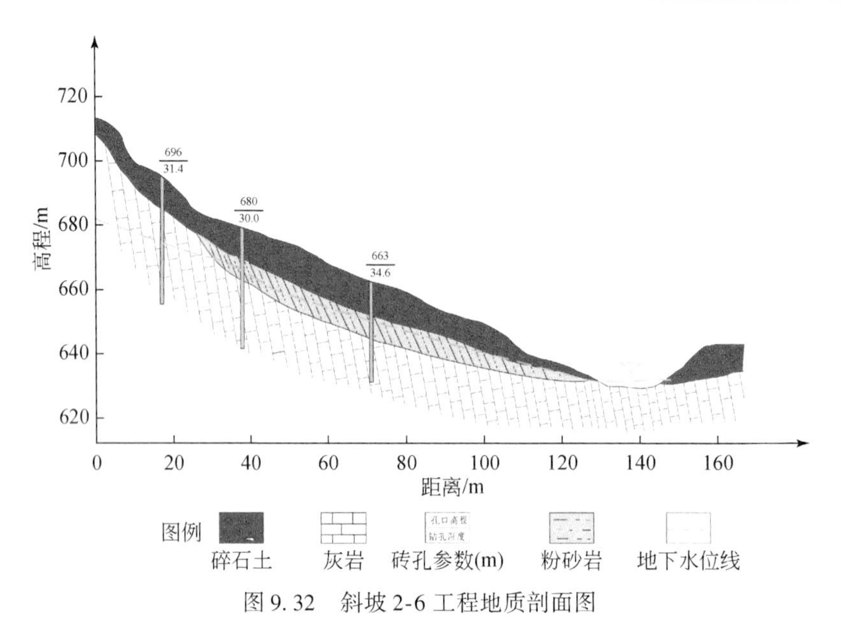

图 9.32　斜坡 2-6 工程地质剖面图

的试验次数，这里取 10000，该斜坡在不同降雨条件下的计算模型及得到的安全系数分布可见图 9.33 和图 9.34，这里只列出天然状态与二十年一遇降雨两种工况的计算模型及结

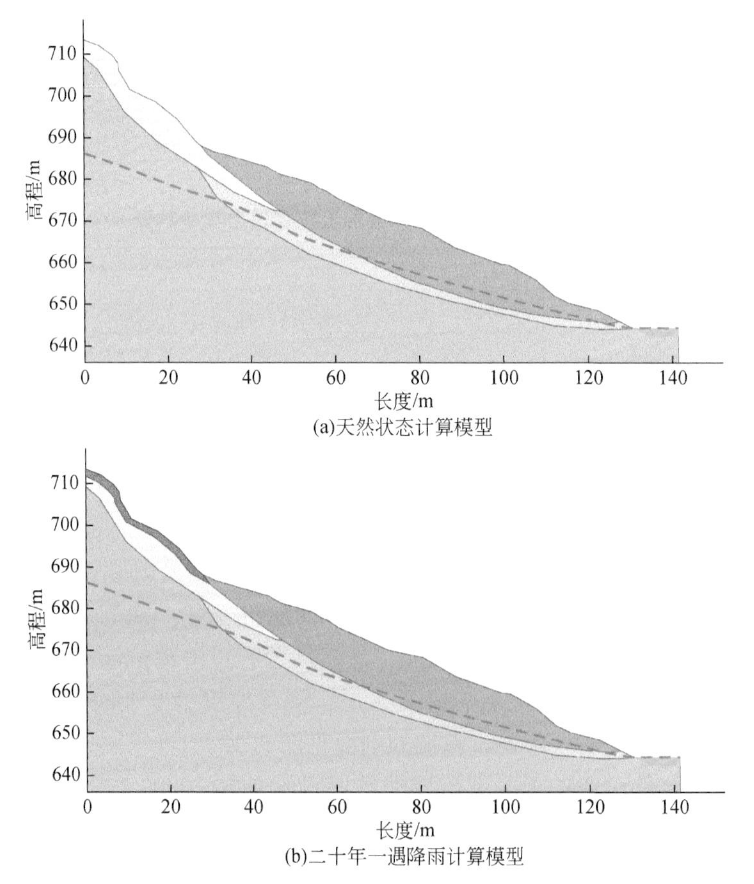

图 9.33　斜坡在不同降雨条件下的计算模型

果。城镇各斜坡在不同降雨条件下的破坏概率分布可见图 9.35。

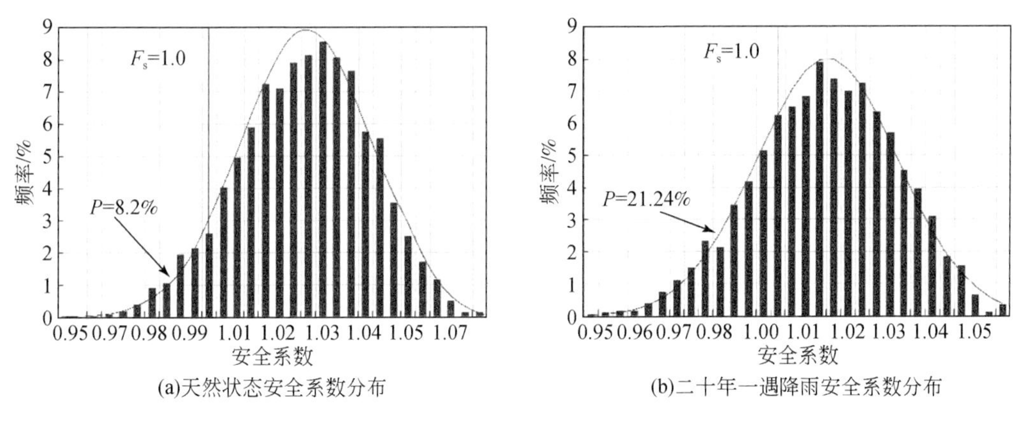

(a)天然状态安全系数分布　(b)二十年一遇降雨安全系数分布

图 9.34　斜坡在不同降雨条件下的安全系数分布情况

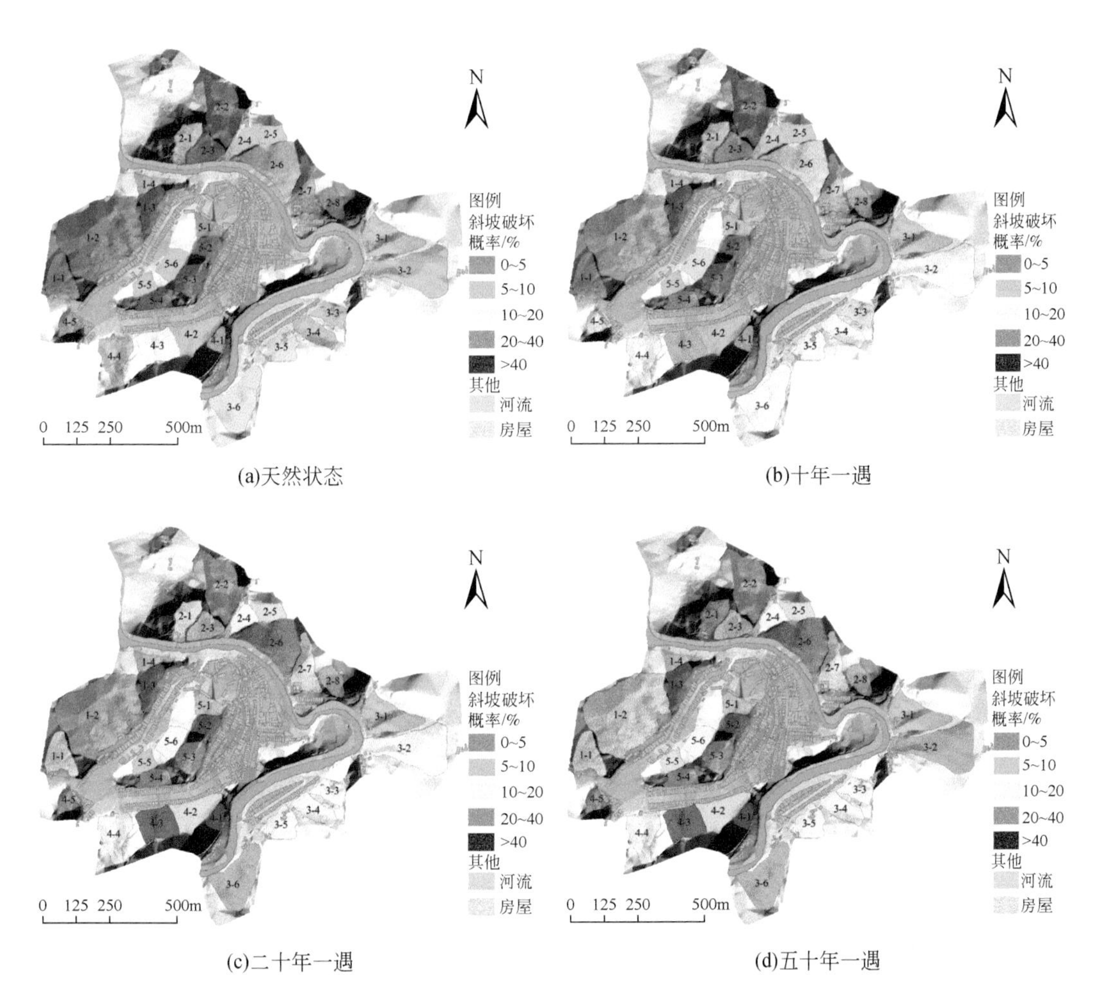

(a)天然状态　(b)十年一遇

(c)二十年一遇　(d)五十年一遇

图 9.35　斜坡在不同降雨条件下的破坏概率

9.4.3　承灾体易损性计算

易损性的评价取决于灾害的强度和承灾体的脆弱性两方面［式（9.23）］，根据杜娟（2012）中的评价方法，从滑坡冲击力和滑体厚度两方面评价不稳定斜坡破坏时的作用强度，从建筑物的结构类型、维护状况、使用年限以及水平承载力四方面来评价房屋的脆弱性。

$$V=\begin{cases}\frac{1}{2}\cdot\left(\frac{I}{1-S}\right)^2, & I\leqslant 1-S\\ 1-\frac{1}{2}\cdot\left(\frac{1-I}{S}\right)^2, & I>1-S\end{cases} \tag{9.23}$$

式中，V 为承灾体的易损性；I 为滑坡作用强度；S 为承灾体的脆弱性（抗灾能力）。

1. 滑坡作用强度

滑坡作用强度 I 可以根据已有文献的评估方式（杜娟，2012），计算公式如下：

$$I=1-(1-I_{\text{pre}})\cdot(1-I_{\text{f-dep}}) \tag{9.24}$$

式中，I_{pre}为滑坡冲击力强度指标，是由滑坡冲击力与建筑物水平方向极限承载力的比值，根据表 9.23 取值。其中，滑坡冲击力可以通过 Valentine（Valentine，1998）提出运动滑体冲击强度公式进行计算：

$$P=\frac{1}{2}\cdot\rho\cdot v^2 \tag{9.25}$$

式中，P 为运动滑体的冲击力（kPa）；ρ 为滑体密度（kg/m^3）；v 为滑速（m/s）。而建筑物水平极限抵抗力根据建筑物的结构状况从表 9.24 中取值。

表 9.23　滑坡冲击力强度指标的取值

滑坡冲击力/建筑物水平极限抵抗力	I_{pre}
<0.1	0.05
0.1～0.2	0.2
0.2～0.4	0.4
0.4～0.7	0.7
0.7～1.0	0.9
>1.0	1.0

表 9.24　建筑物的水平极限抵抗力　　（单位：kPa）

建筑结构体	水平极限抵抗力
无门窗的砖瓦填充墙面	7.6～8.9
有门窗的砖瓦填充墙面	5.5～8

续表

建筑结构体	水平极限抵抗力
石块填充墙面（长度4m，厚度40cm）	6.8～9
石块填充墙面（长度4m，厚度60cm）	10～13
弱非抗震钢混结构（1～3层）	4.5～8
强非抗震钢混结构（4～7层）	5～9
弱抗震钢混结构（多层）	5～10
强抗震钢混结构（多层）	6～14

$I_{f\text{-}dep}$为运动滑体深度强度指标，通过运动滑体深度与建筑物上部结构高度之比按照表9.25取值。

表9.25　运动滑体深度强度指标的取值

运动滑体深度/建筑物上部结构高度	$I_{f\text{-}dep}$
<0.2	0.1
0.2～0.4	0.3
0.4～0.6	0.5
0.6～0.8	0.7
0.8～1.0	0.9
>1.0	1.0

2. 承灾体脆弱性

承灾体的脆弱性按照下式计算：

$$S=1-(1-S_{str})\cdot(1-S_{mat})\cdot(1-S_{ser}) \tag{9.26}$$

式中，S_{str}为建筑结构类型脆弱性指标，按表9.26取值；S_{mat}为建筑物在不同维护状况下的脆弱性指标，按表9.27取值；S_{ser}为建筑物使用年限脆弱性指标，按表9.28取值。

表9.26　建筑结构类型脆弱性指标取值

建筑结构类型	脆弱性	S_{str}
轻质简易结构	较强	0.90
土木结构	强	0.70
砖木结构	低	0.50
砖混结构	较低	0.30
钢结构	极低	0.10

表 9.27　建筑物在不同维护状况下的脆弱性指标

维护状况	S_{mat}	描述
非常好	0.00	无任何变形、开裂及材料老化
好	0.05	仅在建筑物墙体表面出现类似于发丝的细小裂纹
轻微变形	0.25	墙体出现极细小裂缝，宽度小于 0.1mm
中等变形	0.50	地基出现较小的沉降
严重变形	0.75	墙体倾斜；地板翘起；墙体出现张裂缝
极严重变形	1.00	结构极度歪斜；部分墙体倒塌；基础失去支撑；管线中断

表 9.28　建筑物使用年限脆弱性指标取值

使用年限与设计寿命比值	S_{ser}
≤0.1	0.05
0.1 ~ 0.4	0.10
0.4 ~ 0.6	0.30
0.6 ~ 0.8	0.50
0.8 ~ 1.0	0.70
1.0 ~ 1.2	0.80
>1.2	1.00

在得到房屋的脆弱性和不稳定斜坡的作用强度后，由式（9.23）可以得到房屋的易损性分布图（图 9.36）。

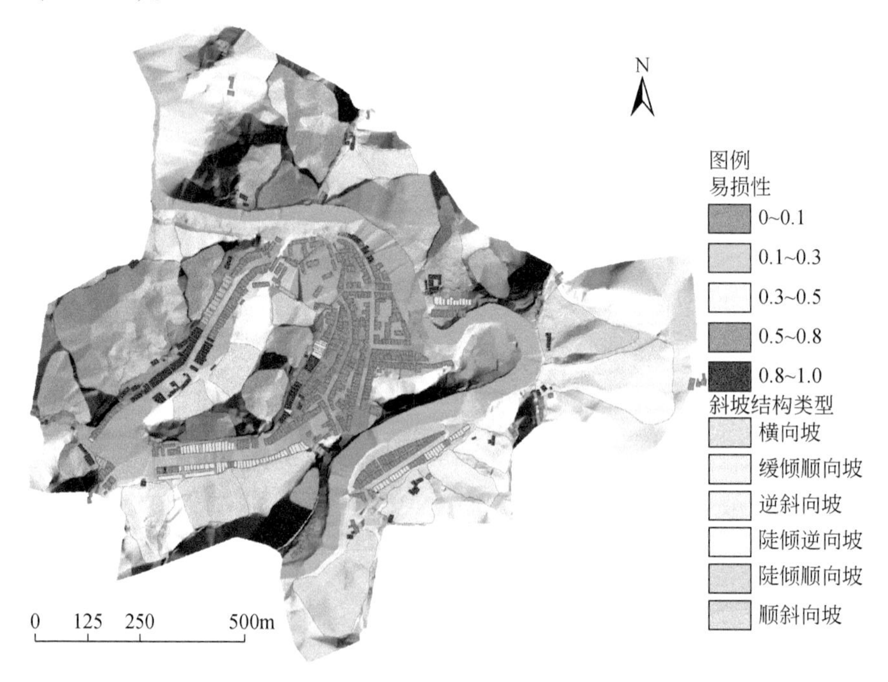

图 9.36　房屋易损性值分布图

3. 承灾体价值

根据野外实地调查，选取房屋用途、结构类型、修建时间三个指标来估计每间房屋的价值，具体的价值标准见表 9.29。

表 9.29　房屋价值评估表

房屋用途	结构类型	修建时间	每间价值/万元
商用	砖混	2000 年以后	4
		2000 年以前	3
	砖木	2000 年以后	3
		2000 年以前	2.5
民用	活动板房	—	0.2
	土木	2000 年以后	0.5
		2000 年以前	0.3
	砖木	2000 年以后	1.5
		2000 年以前	1
	砖混	2000 年以后	2.3
		2000 年以前	1.8

最终得到的房屋财产分布如图 9.37 所示。

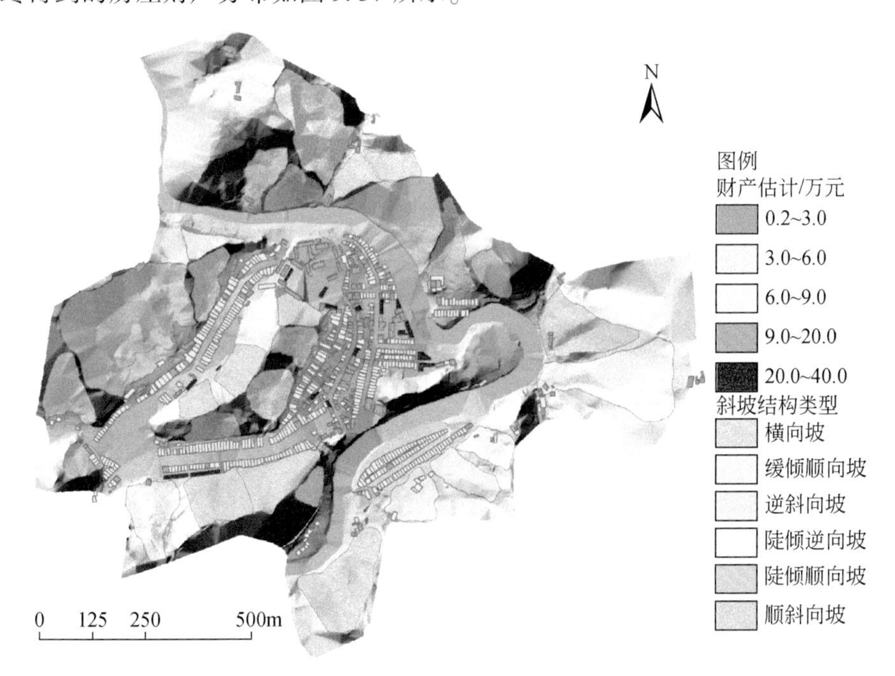

图 9.37　房屋财产价值分布图

9.4.4 滑坡发生时空概率计算

由于此次风险评价不包含人员死亡风险，所评价对象都是固定承灾体，对于处于斜坡上的承灾体，斜坡一旦发生滑坡，肯定会影响到房屋，所以这类房屋的时空概率为1，而对于一些处于滑坡潜在影响范围内的房屋，通过房屋与滑坡的距离和最远滑距之间的比值来确定其时空概率，即认为处于滑坡脚下的房屋有很大概率受到滑坡冲击，而远端的房屋受滑坡冲击的概率较小，对于处于滑坡影响范围以外的承灾体，其时空概率为0。

9.4.5 财产损失风险评价

综合风险评价四部分计算结果，通过财产风险评价计算公式，评价结果可以以房屋或斜坡为单位进行表达（图9.38）。

天然状态下：房屋财产损失风险最大值为25670元/a，年财产损失超过5000元的房屋共3栋，分布在4-3号斜坡下部，在实地调查中可以看到，4-3号斜坡由于切坡修建房屋，斜坡危险性很高，导致4-3号斜坡影响范围内房屋的风险值均较高，而其他斜坡在天然状态下风险值均很低。

十年一遇降雨：房屋财产损失风险最大值为43726元/a，年财产损失超过5000元的房屋共42栋，有9栋分布在3-5、4-5号斜坡上，由于斜坡上的房屋受斜坡的影响最为直接，易损性很高，导致3-5、4-5号斜坡上的房屋风险值均较高，其余位于4-3、2-6号斜坡的影

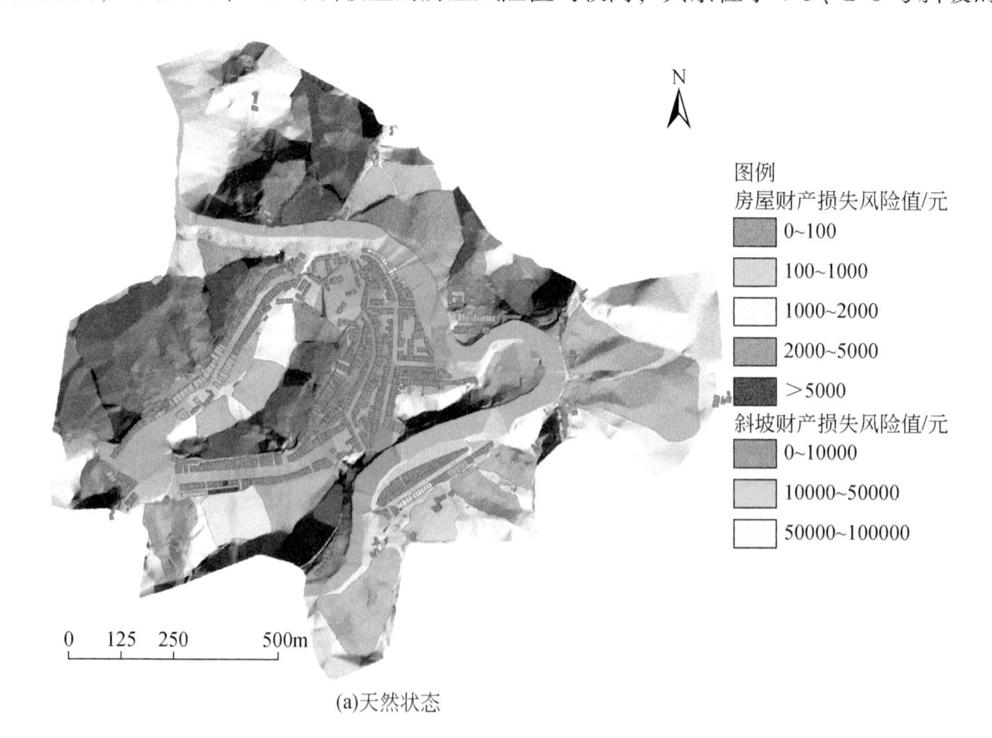

(a)天然状态

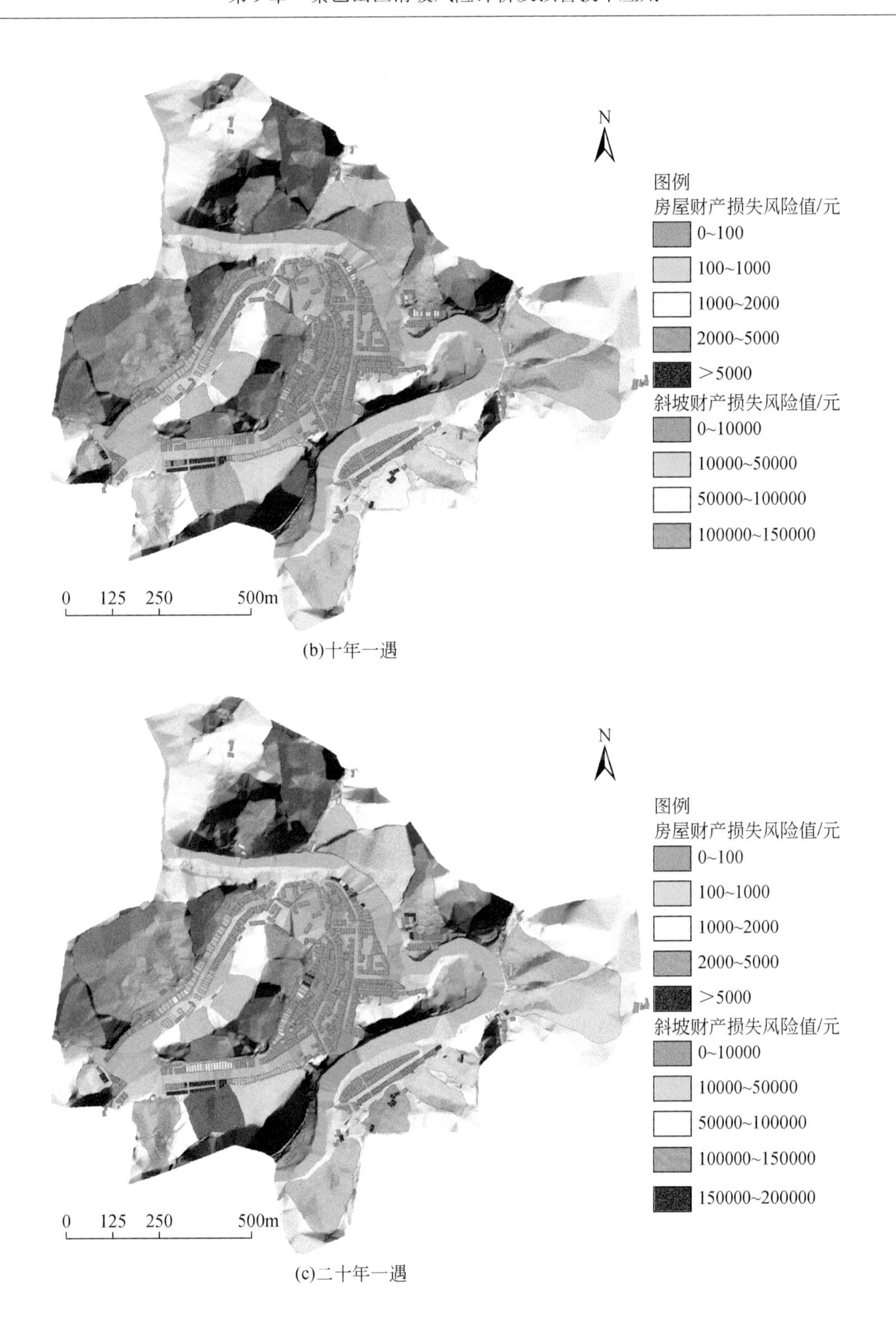

(b)十年一遇

(c)二十年一遇

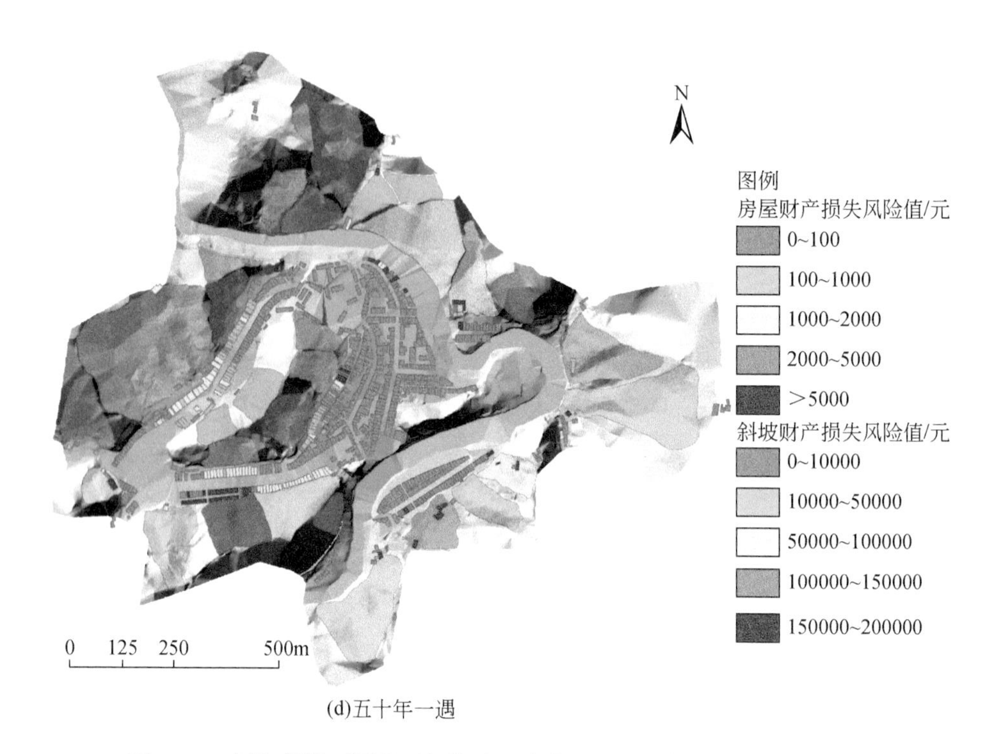

(d)五十年一遇

图 9.38　房屋/斜坡不同降雨条件下（连续五日）财产损失风险值分布图

响范围内，实地调查发现，2-6 号斜坡规模较大，为一凹形坡，碎石土在斜坡中下部集中，在接受强降雨的情况下，斜坡的作用强度高，导致房屋的风险值较高。

二十年一遇降雨：该降雨条件下，单个房屋财产损失风险最大值为 67660 元/a，年财产损失超过 5000 元的房屋共 77 栋，除分布在 3-5、4-3、4-5 号斜坡影响范围内的，其余分布在斜坡 2-6、2-7 号以及 1-2 号影响范围内，与斜坡 2-6 号相似，斜坡 1-2 号也是一规模较大的凹形坡，但碎石土主要在斜坡下部集中，一般诱发滑动难度较大，滑动速度小。

五十年一遇降雨：该降雨条件下，单个房屋财产损失风险最大值为 77878 元/a，年财产损失超过 5000 元的房屋共 84 栋，除分布在 1-2、2-6、2-7、3-5、4-3、4-5 号斜坡影响范围内，由于降雨强度较大，斜坡的破坏概率整体会增高，其余斜坡范围内也有零星分布。

9.5　秦巴山区滑坡灾害监测预警分析平台

秦巴山区也是我国地质灾害多发地区，近年来由连续强降雨及不断加剧的人类工程活动所引发的滑坡、崩塌灾害不断发生，对山区重要城镇及交通安全造成了严重威胁。然而，受制于区内复杂多变的地质环境条件，造成了滑坡成灾模式的多样性和灾变机理的复杂性，这对区域滑坡开展预测评价与预警分析工作提出了一定的挑战。已有滑坡预警评价主要依据降雨量指标进行分析，依据历史滑坡信息与降雨统计资料得出临界降雨阈值，基于大数据机器学习算法的滑坡易发性分析在秦巴山区应用得仍不够深入，制约了考虑地质环境因素对区域滑坡时空分布控制规律的进一步认识；同时，针对具有重大风险隐患的滑坡灾害点专业监测技术手段也较为缺乏，因而导致不同地质条件与不同尺度的滑坡灾害预警工作程度仍然相对较低。此外，由于滑坡地质灾害防灾减灾工作的信息化程度仍然不高，缺乏对获取不同尺度及类型的大量滑坡监测数据、地质条件与实时气象环境数据信息进行集成分析，极大程度上限制了相关部门开展快速及时的临灾预警工作并制定合理的防灾避灾决策。掌握不同区域尺度下的滑坡易发性、危险性与风险分区动态变化规律，对提升秦巴山区地质灾害预测预警、防灾减灾工作的智能化与信息化水平具有重要意义。因此，针对秦巴山区滑坡灾害预警评价工作需要不断深化信息化与智能化建设，亟待探索并提出一套行之有效的滑坡灾害智能化监测预警平台架构。

有鉴于此，提出的秦巴山区滑坡监测预警分析平台融合大数据机器学习算法、物联网信息等技术，集成滑坡监测数据与地质环境数据、实时气象数据与滑坡灾点信息等多源数据类型，全面提升对秦巴山区地质灾害基础数据的信息化管理与智能化分析能力；同时相比于目前应用较广的基于 WebGIS 地灾信息管理平台，平台可调用大数据机器学习算法与斜坡单元模型对不同空间尺度的滑坡易发性/危险性评价开展实时动态分析，进而实现对滑坡灾害高易发区域及具有重大风险滑坡的预测预警，最后对基础数据与分析结果进行可视化展示，同时满足大数据管理、存储功能。平台的建设旨在针对秦巴山区不同空间尺度的滑坡灾害开展早期识别、监测与预警分析工作，实现地质灾害分析评价的自动化与智能化，对有关部门开展地质灾害防灾减灾工作提供理论依据与技术支撑，降低地质灾害造成的风险。秦巴山区滑坡监测预警分析平台框架见图 9. 39。

总体而言，秦巴山区滑坡监测预警分析平台主要包括三部分内容。

首先，包括多源融合地质灾害数据库，数据库建设是滑坡预警分析平台的基础，其主要功能是为了实现多源数据收集、存储、分类管理，并作为相关参数支持滑坡预警分析等。数据库中所涉及的数据量大，数据类型繁多，主要包括基于物联网技术所获取的气象环境数据（如基于卫星遥感的区域降雨数据与植被覆盖数据）、社会经济及人口信息、地形地貌特征数据、基础地质数据（如地层分布与构造线矢量化数据）和滑坡灾害相关数据，如岩土物理力学参数分布、斜坡结构类型、松散堆积层厚度分布、地下水位分布和其他滑坡信息，通过链接 ArcGIS 中的 ArcCatalog 数据管理模块并进行二次开发，在 ArcCatalog 中导入相关滑坡灾害信息，包括滑坡编号、发生位置（坐标）、发生时间、发育特征、破坏模式、工程地质条件与滑坡现场照片等信息数据，定期更新具有潜在重大威胁的滑坡信息数据。此外，数据库中还包括滑坡监测系统中所采集的各项实时监测数据，通过物联网技术进行传输，并存储于数据库中，通过显示模块动态实时显示监测数据。数据库主要集成数据管理、数据查询、数据存储与数据调用等功能。

其次，针对区域滑坡易发性评价，监测预警分析平台中主要采用基于大数据学习理论开展区域滑坡易发性分析，如支持向量机（SVM）、人工神经网络（ANN）与随机森林法（RF）等方法，建立不同降雨特征参数与滑坡的相关性，从而确定区域滑坡降雨阈值，详见 9. 3、9. 4 节；确定不同地质环境因素与滑坡空间分布的统计关系进行滑坡易发性区划；而针对小流域尺度降雨滑坡危险性分析则以斜坡单元为基本分析单元，结合 ArcGIS 与 $FLAC^{2D}$有限差分程序，通过在 Matlab 中编写相关代码，对提取的边坡单元自动导入

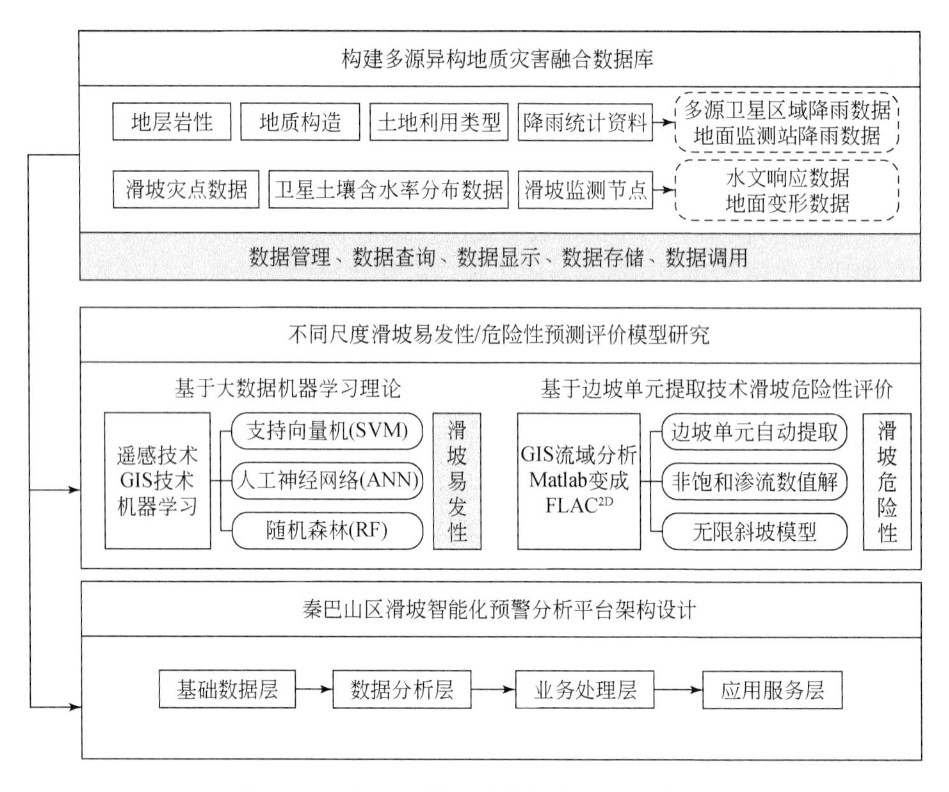

图 9.39　秦巴山区滑坡监测预警分析平台框架

$FLAC^{2D}$程序进行斜坡体的渗流与应力分析计算。通过渗流-应力分析降雨条件下动态斜坡稳定性，该部分模型基本计算方法原理详见 9.4 节。通过将模型代码写入模型库并存入数据库中，可根据具体需求进行调用。其中，降雨量根据实际监测数据作为动态变量，可获取不同时期滑坡易发性与危险性动态变化规律。

最后，根据模型计算结果与设定的预警指标相比较，当触发临界预警条件时，平台可自动发布相关预警信息，包括可能发生滑坡危险区域与相关对策建议；若计算结果未达到临界预警条件，则无预警信息。最终计算结果可借助 ArcGIS 图形显示功能进行动态可视化表达（图 9.40）。

前述内容介绍了滑坡预警分析平台中所需要的数据库基本内容与分析所需要的各类模型，以及平台内不同模块之间的逻辑关系，因而需要设计一套完整的平台架构开展上述各个功能。平台架构主要采用多层次结构进行设计，主要包括基础数据层、数据处理分析层、业务处理层和应用服务层（图 9.41）。

基础数据层内主要包括数据库、模型库、数据信息传输网络、数据接口转换及基本的数据处理分析。基于物联网技术，对现场滑坡监测系统的数据采集器进行远程控制，实现远程数据下载与命令控制等功能。由于数据层内各个数据的来源不同，数据格式一般也不同，需要对所采集数据进行分类整理、清洗和数据格式转换等步骤，将符合规范和研究项目需求的数据存储在数据库中。因此，基础数据层为平台的正常运转提供了必要的数据来源。

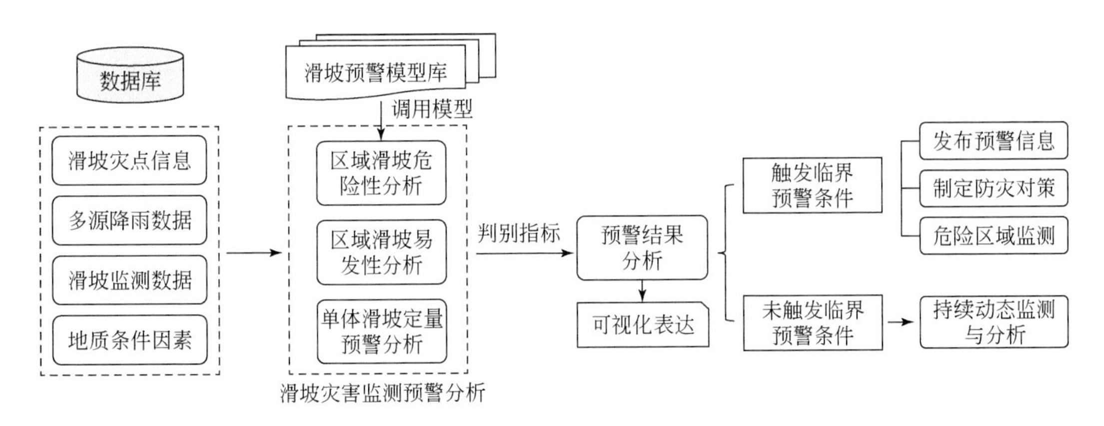

图 9.40　滑坡监测预警分析平台运行流程

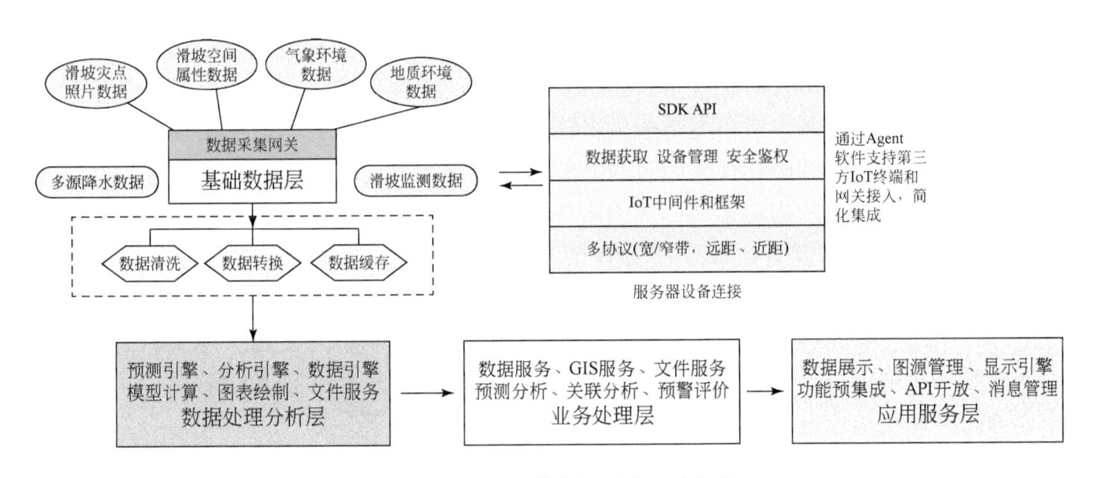

图 9.41　滑坡预警分析平台基本架构

数据处理分析层是整个平台的重要部分，集成滑坡监测数据分析服务与滑坡预警模型分析服务两大基本任务，采用 Mysql 关系型数据库进行数据管理。监测数据分析服务主要通过调用基础数据层中的滑坡监测数据，在数据处理分析层内进行所需要图表曲线的绘制。结合大数据深度挖掘等方法，对监测曲线进行预测分析。另外，当监测数据超过所设定的阈值标准时，如临界变形量或地下水位等参数，则自动发出预警信息或警报；而滑坡预警模型任务则主要调用基础数据库中的相关模型参数与模型库中的预警模型，采用机器学习、有限元数值计算等方法开展滑坡易发性与危险性动态评价。

上述分析的计算结果可通过业务处理层中的可视化功能，如通过屏幕、移动端或第三方服务进行展示。同时，业务处理层可以根据实际问题需求，通过数据分析层内提供的滑坡测数据、预警分析初步评价结果，给出不同形式的评价结果分析，如判断区域滑坡危险性评价结果是否达到临界预警条件，滑坡危险性动态评价结果与气象环境条件的相关性分析等任务；在应用服务层内，根据用户需求，可以实施数据结果展示、数据管理、消息推送与其他文件服务等应用。

第 10 章　秦巴山区滑坡防治对策

10.1　概　述

10.1.1　秦巴山区滑坡灾害防治目的及意义

随着“西部大开发”“一带一路”等实施，秦巴山区开展了一系列大型工程建设，涵盖道路交通、水利水电、矿产开采、城镇规划及工民建设等，在建设及运营过程中，难免会遇见各种滑坡灾害，不仅对工程本身造成影响，同时也对区内人民的生产生活产生巨大威胁，若不及时防治控制，有可能造成人员伤亡、财产损失。因此，有必要研究清楚不同类型的边坡类型、边坡的破坏模式以及与其相适应的防治措施这三者之间的联系。由于秦巴山区经受了长期复杂的构造运动，区内岩体结构及岩性条件十分复杂，华北板块南缘尤其以软弱变质岩系最为发育，如广泛分布的片岩、千枚岩、板岩等，构造活跃、岩体破碎，易风化剥落形成松散堆积层，是该地区浅表层滑坡形成的重要条件，且这些灾害表现出随降雨而群发、爆发的特征；扬子板块北缘以坚硬碳酸盐岩最为发育，厚层状碳酸盐岩中夹有薄层状泥板岩、黏土岩，在强降雨或长期降雨作用下，岩土体风化软弱，再受到人类采矿或工程活动作用下，易形成大规模顺倾向山崩、滑坡等地质灾害，往往会形成重大的滑坡灾害，对区内经济发展以及人民的生命财产安全都造成了极大的威胁。为此，首先需要归纳不同类型的边坡，分析坡体变形破坏机理，预测边坡变形破坏的模式，准确计算边坡稳定性，从而对影响人类工程经济活动安全性的边坡实施安全可靠、合理可行的地质灾害防治工程措施，服务于工程建设。

10.1.2　已有防治对策存在的问题

目前，已有的滑坡防治对策相对成熟，能够直接参考借鉴的案例也非常多。但由于秦巴山区地域广阔，地质环境条件复杂多变，如何能够采用合适合理的防治措施是值得深入思考的问题。虽然评价边坡稳定性及选择合理的防治措施是一个按部就班的程序，但由于边坡的个体差异，仍然需要针对各个边坡分别进行勘查研究，获取基本地质环境条件及工程地质参数，才可能制定安全合理的防治对策。

以往由于工作中某些环节缺失或不足，对边坡的破坏方式及稳定性认识不清，一些边坡的防护结构设计不合理，尚未达到设计使用年限即发生了二次破坏现象；或者将边坡的稳定系数计算得过于保守，也会造成浪费。如秦巴山区内旬阳水磨湾城关镇滑坡（图10.1），始发生于2000年7月，后采用抗滑桩进行治理，2012年7月24日凌晨2时，滑坡在施工过程中再次发生滑动，导致滑坡上部原安–旬路破坏中断，坡体下部坡脚 3 排抗滑桩完全倾倒，2 排抗滑桩倾斜，对坡顶 2 栋 2 层民房及 1 栋多层房屋产生较大威胁。设计之初由于对原滑坡地段的地形、岩土特征等工程地质条件缺乏足够的了解，且对滑坡上缘道路的车辆动荷载及降雨，住户生活排水对下部滑坡体影响估计不足，并未按照规范施工，造成了治理措施再次破坏的惨剧。

图 10.1　旬阳水磨湾城关镇滑坡导致原抗滑桩破坏及桩孔中破碎的千枚岩

由此可见，针对整个秦巴山区内复杂多变的地质环境条件，开展不同类型边坡类型划分、破坏模式预测、稳定性评价，进而对不同类型的边坡制定合理的防治对策，是秦巴山区滑坡防治的重要环节。

10.1.3　滑坡防治技术路线

在充分借鉴已有边坡研究的方法和成果的基础上，归纳总结并应用到秦巴山区一般边坡分析和防护措施研究中：

（1）首先利用规范中与实际工程上的边坡分类方法，结合秦巴山区边坡特点，研究秦巴山区边坡及滑坡灾害类型；

（2）按照现有的边坡稳定性分析与评价方法，结合影响秦巴山区边坡稳定性因素，综合分析拟治理边坡的稳定性；

（3）根据野外实地调查，收集近场已有边坡灾害治理工程的案例资料，结合不同边坡的工程地质条件，分类评价适用于拟治理边坡灾害的防护措施。

滑坡防治技术路线如图 10.2 所示。

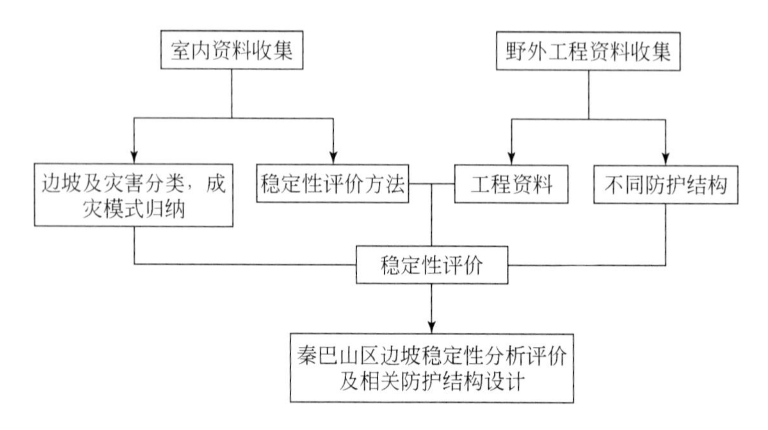

图 10.2　滑坡防治技术路线图

10.2　滑坡灾害防治工作的管理与对策

秦巴山区是中西部地区地质灾害高发区，也是工程安全、人口安全高风险区。秦巴山区地质灾害类型多样，分布广泛，全面预防治理地质灾害，不仅需要强有力的组织管理，而且需要投入大量的人力、资金和先进的科学技术方法。秦巴山区的地质灾害防治存在的主要障碍和问题在于：人口众多，但社会经济和科技研究比较落后，历史上对资源环境破坏严重，减灾基础薄弱。尽管不断加大防灾减灾投入，但效力仍严重不足。与此同时，由于生产方式和经济结构限制，今后相当长的时间受人为活动、自然条件影响而产生的地质灾害仍将十分严重。此外，地质灾害防治法规尚不健全，有关的理论和技术方法尚不完善，地质灾害监测、预报和防治体系尚不尽合理，不能完全为地质灾害防治工作提供充分的支持。

基于上述，秦巴山区的地质灾害防治任务仍将十分艰巨。要想克服各种困难，就必须全面总结之前几十年来地质灾害防治工作经验，深入分析面临的形势和任务，确定正确的指导思想，充分发挥各种有利条件，全面规划和科学部署各项工作。在现有基础上，把地质灾害防灾减灾提高到一个新阶段，为保护人民生命财产安全、促进社会经济发展的目标做出更大的贡献。

10.2.1　秦巴山区滑坡灾害防治工作概览

以陕西省秦巴山区滑坡灾害防治工作为例，总体上可分为三个阶段：第一阶段，2000 年前，地质灾害防治工作多是以点为主、以成灾的坡体为主，基本是一种哪里发生灾害防哪里的模式，较为被动地进行地质灾害防治工作；第二阶段，2000～2015年，通过整个陕南秦巴山区地质灾害调查（1∶10万比例尺）和详查（1∶5万比例尺）工作，对区内地质灾害及隐患点进行了全方位、多尺度的调查，划分了防治等级，建立了灾害数据库，至此能够对95%以上的地质灾害做到有的放矢，按照稳定性质和危害性等级主动开展有规划的防治工作；第三阶段，2015年至今，对区内重要的地质灾害逐步建立和健全专业监测预警系统，动态指导决策地质灾害的防治工作。未来，还将进一步完善地质灾害的调查、监测和预警工作，从而更加合理地开展动态防治工作。可见滑坡灾害防治应该是以行政管理为导向，以技术对策为支撑的综合防治体系。

滑坡灾害防治对策首先应查明（潜在）滑坡的形态特征及形成原因，评价滑坡的现状稳定性，预测滑坡未来发展及影响范围，在此基础上，通过工程地质类比法、专家决策法等经验方法确定滑坡防治方案。但由于滑坡本身是多因素诱发体，形成机理极为复杂，加之不同滑坡所在的地质环境差异，造成滑坡防治实际是一种系统工程，需要对各种要素进行综合分析，多种方案比选，优化防治措施。

10.2.2　滑坡灾害防治的行政管理

地质灾害是对人民生命财产和生存环境造成损毁的地质事件，它是自然动力活动与人类社会经济活动相互作用的结果。由于人类在大规模的经济建设活动中，不注意地质环境的保护，任意地伐木毁林，劈山修路，采石开矿，削坡建房，过量地开采地下水，诱发了众多的滑坡、崩塌、泥石流、地面沉降等地质灾害，反过来又对人类生存及发展形成制约。因此地质灾害既是一种自然现象，又是一种社会经济现象，它既具有自然属性，又具有社会经济属性。地质灾害的属性决定了地质灾害的防治是一项全民性的社会公益事业和产业活动。它不仅需要政府的领导和政策的支持，而且需要社会的广泛参与。我国目前经济实力与发达国家还存在一定差距，尤其受地区经济所限，每年只能提供有限的资金用于重点防治。众多地质灾害隐患的防治，除了政府负责主导性的防治外，还需各行各业，各界民众广泛参与，共同投入。这就决定了地质灾害防治投入的多元化、多渠道的特点。

1. 地质灾害防治投入的多元化

如上所述，地质灾害的发生是自然营力与人类社会经济活动相互作用的结果。它与土地资源开发、水资源开发、矿产资源开发、植被资源开发以及城镇建设、交通建设等具有直接关系。因此地质灾害防治应该与这些活动有机结合起来：一方面在这些活动中积极主动地进行相应地质灾害的防治工作；另一方面地质灾害的有效防治将促进这些活动正常进行，二者取得相互促进的效果。因此，随着国家改革开放的深入和市场经济的发展，各级政府，企业以及个人在发展经济活动中，为了免受灾害损失，取得效益和利润，就应该将所涉及的地质灾害防治工作纳入经济活动中，必须对地质灾害防治工作予以必要的投入。

（1）政府的投入：各级政府根据本行政区内地质灾害防治工作的需要，通过年度计划和财政预算，建立地质灾害防治专项资金，主要用于自然作用形成的地质灾害的防治、区域性的地质灾害调查与评价、重大地质灾害的勘查与治理、突发性地质灾害的应急调查、重要地质灾害隐患点的监测。在地质灾害防治工作中，政府的投入起到了主导性作用，它对于抓好面上的地质灾害防治工作，促进社会安定和经济发展，保障人民群众生命财产安全意义重大。

（2）企业的投入：在山区的厂矿企业，其工程建设活动中（修路、开矿、建房），往往容易诱发地质灾害，因此为了免受灾害损失，必须投入必要的资金，开展地质灾害防治工作。在工程立项论证时，就必须开展地质灾害危险性评估，查明地质灾害现状，避开地质灾害地区，制定防治对策措施，在工程建设中对一些不稳定岩土体，采取必要的工程手段进行治理。在工程完成后，还需加强对周围地质环境的动态监测，以防万一。这些投入在整个企业的经济活动中仅占很少的比例，但往往能起到事半功倍的作用。

（3）私人的投入（包括私营企业主、个体户）：根据地质灾害防治“谁诱发，谁治理，谁受益，谁出资”的原则，对于个体活动中（如开矿、削坡建房）诱发的地质灾害，其个人必须负责对灾害进行治理。特别是当灾害体将危害他人及公家利益时，政府还需督促其出资治理。

2. 地质灾害防治投入的多渠道

（1）地质灾害防治与水利建设防汛防旱相结合

秦巴山区水利工程建设发展较快，大、中、小各类水库众多，由于水库蓄水，水位抬升，浸没了大部分边坡或边坡角，从而改变了边坡前缘或整体的受力条件，边坡中原来存在的软弱带泥化，孕育成滑动面或使老滑坡复活，造成水库边岸失稳。因此库区是地质灾害易发区。在水利工程建设中，必须投入专项资金，解决好库区边岸失稳的问题，防止滑坡、崩塌等地质灾害的发生。

每年的汛期，由于降雨集中，形成了崩滑流等突发性地质灾害的高发时段。据统计，因为强暴雨引发滑坡、崩塌、泥石流造成的人员伤亡，往往多于洪水造成的人员伤亡。汛期地质灾害防治已成为防汛的重要任务之一。因而在防汛经费中，需安排防灾专项，用于雨情、水情动态监测及因山洪暴发造成的滑坡、泥石流的防治。

（2）地质灾害防治与交通建设相结合

地质灾害大多发生在丘陵山区，纵横交错的交通干线多是在劈山、削坡、架桥、填方的情况下修建的，这些铁路、公路的修建，破坏了山体自然边坡的稳定坡角，使其前部抗力降低，一旦潜在的结构面在外因作用下发生滑动，就会产生危害极大的滑坡或崩塌。在交通建设过程中，特别是在地质灾害多发的秦巴山区，一定要重视地质灾害的防治工作，加大防灾工作的投入，若在选址阶段，花费一定的资金，开展地质灾害专项勘查评价，可以及早地避开灾害隐患，及早地采取防范措施，有效防止造成更大损失。

（3）地质灾害防治与农村脱贫工作相结合

秦巴山区由于山高坡陡，地质条件较差，较易发生滑坡、泥石流等地质灾害，有些地方整个村庄坐落在滑坡体上或滑坡体下方，受到极大的威胁。这些地方由于交通不便、经济落后，自身无力治理，国家投资成本也过高，从实际出发结合山区脱贫工作，采取搬迁避让的方法，是解除地质灾害威胁的有效途径。近几年，很多灾害多发地区在政府重视下，通过扶贫资金的渠道，优先安排受地质灾害威胁严重的山村，分期分批整体搬迁、下山避灾、重建家园，走出一条避灾下山脱贫之路，取得“双赢”的效益。

（4）地质灾害防治与生态环境建设相结合

当前地质灾害频发，是生态环境失衡的恶果之一。因此，加强生态环境建设与保护，遏制生态环境破坏，对于防治地质灾害，减轻其危害，促进可持续发展具有重大意义。目前许多山区县（市）均提出了“生态立县”的口号，加大生态环境建设的投入，开展绿化造林，整治水土流失，严格资源开发，建立自然保护区。这一系列的措施，对于恢复良好的生态环境，防治地质灾害的发育、发生是行之有效的。

10.2.3　滑坡灾害防治的技术对策

滑坡灾害防治的目的是通过各种防治方案解除灾害的威胁。在治理前制定合理的防治对策显得尤为重要，这决定了如何应对滑坡灾害，总体上可以分为两类：治理（潜在）滑坡体和消除威胁对象。所以在治理前首先应明确以下问题：①滑坡灾害现状如何？②滑坡灾害未来发展如何？③滑坡灾害威胁对象是哪些？④未来是否减少或增加威胁对象？⑤威胁对象的投资及建设情况如何？

工程中首选消除威胁对象的对策，即避让灾害，可以采用的防治对策包括两类建设：一类是在工程还未建设前期，通过地质灾害预测可以更换建设区域，以达到避开危险区的目的，这种主要是针对大型工程建设前期选址的论证。另一类是工程已经修建或运营，但工程投资不大，或与工程治理相比价值较小者，可以通过搬迁进行避让，一般秦巴山区中的个别中、小厂矿或居民多采用该方式进行。不同的威胁对象选择合适的避让方式，达到为当地政府、工程业主或当地居民服务。

当建设工程已投入大量财力物力，或由于特殊选址（采矿），不可能进行整体搬迁时，则需要采用各种工程防治措施进行治理，包括坡表的防护及生物措施、坡体局部或整体的力学平衡措施，以及坡体内部岩土体改良措施。

工程治理时还需要考虑安全性和经济性，两者如同天平两端，如何保持天平动态平衡，则工程建设首先需要确定治理工程的安全度，安全度是针对不同的工程建设所采用不同的治理措施及相应的安全系数，安全系数选取过低则不安全，安全系数选取过高又面临治理造价太高。所以安全度要结合工程本身进行选取，选择合适的安全系数在滑坡灾害防治中起到了决定性作用。

10.3　滑坡灾害防治措施建议

10.3.1　滑坡灾害防治措施概述

岩土体从变形发展阶段逐步转向失稳破坏需要经历一定的时间和过程，而支挡与锚固措施的目的是消除或减缓岩土体这种危险的变形趋势，使边坡能在一定程度上保持稳定。由于不同边坡的工程地质背景不同，同时受到的自然及人为影响因素不同，造成了边坡的破坏模式也不同。因此针对不同形式的边坡，所施加的防护措施也不尽相同。在进行边坡加固工程之前，需充分认识岩土体的变形破坏机理，对其所处的变形破坏阶段做出判断，并预测其发展趋势，提出经济合理的措施。一般常用的措施包括提供水平支撑力的支挡结构，提高或改变变形体与母体连接的锚固措施；通过减小失稳发展作用产生的效应如截排水措施、地面防渗、削坡减载等。

对于岩土体滑坡，由于滑体重力的剪切分量（包括渗透力，水压力和地震力）大于滑面（带）的抗剪强度，因此可采用提供给滑体水平或平行于滑面的支撑力以增强滑动面抗剪强度，设置穿过滑面的增强体或削方以减小下滑力；针对拉张变形的岩土体，可减小岩土体的侧向变形或提高岩土体的整体稳定性，如施加与张裂方向相反的侧向力，设置穿越滑面的受拉杆件，或通过清除、避让、拦截等方式避免较大的灾害。

综上所述，对于滑坡及滑坡隐患灾害总体上可用表 10.1 中措施进行防治。治理时应对比各类防治措施的施工条件、难易程度、安全持久性、工程造价等进行综合评判后，选取最安全、经济、可行的防治措施。

表 10.1　滑坡灾害防治措施分类

类型	绕避	治水	力学平衡	岩体结构面改良
具体措施	1. 改移工程位置 2. 用隧道或桥梁避开滑坡 3. 清除滑体或坡面松散岩土体 4. 承灾体搬迁	1. 地表排水系统 ①滑体外截水沟 ②滑体内排水沟 ③自然沟防渗 2. 地下排水系统 ①截水盲沟 ②截水盲（隧）洞 ③仰斜钻孔群排水 ④垂直钻孔群排水 ⑤井群抽水 ⑥虹吸排水 ⑦支撑盲沟 ⑧边坡渗沟 ⑨洞-孔联合排水 ⑩井-孔联合排水	1. 减重工程 2. 反压工程 3. 支挡与锚固工程 ①抗滑挡墙 ②成孔抗滑桩 ③锚索抗滑桩 ④锚索框架（地梁） ⑤抗滑键 ⑥排架桩 ⑦钢架桩 ⑧钢架锚索桩 ⑨微型桩群 ⑩支撑盲沟	1. 注浆 2. 坡面爆破 3. 旋喷桩 4. 石灰桩 5. 石灰砂桩

10.3.2　常用的支挡结构种类

对于滑坡灾害除绕避、治水和岩体结构面改良以外，更多采用支挡和锚固结构等力学平衡方式进行治理，相关文献也较为成熟，下面仅对常用的支挡结构进行简要介绍。

1. 主动防护措施

1）提供支撑力（挡土墙）

对岩土体边坡施加支撑（挡）力是普遍采用的支护手段，一般在山区工程边坡较为常见。对于土体，由于其本身较为松散、软弱的特性，支撑力通过分散的面的形式施加；对于块状岩体，支撑力直接以集中的方式施加给欠稳定岩土块体。这两种支护结构形式最常见的就是在边坡前缘设置挡土墙。

挡土墙是采用明挖的方式砌筑或浇筑，墙壁与岩土体直接接触，依靠墙底面与地面的摩擦阻力或其他措施对不稳定岩土体提供支撑力的构筑物，依靠墙本身保持稳定的原理与构造的区别可分为：重力式挡土墙、悬臂式挡土墙、扶壁式挡土墙、加筋土挡土墙、锚杆挡土墙和板桩式挡土墙。缺点是挡土墙的修建需要具备良好的承力基础，较大的横向空间需要增大开挖量，庞大的结构在一定程度上会让人产生压抑感，在边坡较高时，对上部坡面上可能发生的变形破坏不起作用，为此通常与上部护面结构结合使用。各类挡土墙形式与特点如表10.2及图10.3所示。

表10.2　挡土墙类型划分

挡土墙形式	特点	应用范围
重力式挡土墙	依靠墙身自重维持挡土墙在土压力下的稳定，体积、重量较大。可采用石砌，混凝土建成	适用于低墙、地质情况较好、有石料的地区
悬臂式挡土墙	依靠墙身重量及底板以上的填土重量维持平衡，但由于厚度小，自重轻，挡墙高度可以很高	适用于缺乏石料、地基承载力较低及地震地区
扶壁式挡土墙	在悬臂式挡墙基础上每隔一定距离设置扶壁，改善立板与墙底板的受力条件，提高整体刚度，减小变形，宜整体灌注也可采用拼装	不宜在地质不良地段与地震烈度大于8度地区使用
加筋土挡土墙	墙面板，拉条，填土组成，结构简单，施工方便，对地基承载力要求低	适用于大型填方工程，可采用单级或多级，单级高度不宜大于10m，大于10m或地震烈度大于8度应作特别设计
锚杆挡土墙	依靠锚杆拉力维持挡墙的平衡，还包括肋柱及挡土板	适用于一般岩质或土质边坡加固工程，可采用单级或多级，适用于减少开挖量、石料缺乏的地区
板桩式挡土墙	桩可用钢筋混凝土，钢板桩，低墙或临时支撑可用木板桩，桩上端自用，也可锚碇	适用于一般地区、温水地区和地裂区的路堑、路堤，也可用于治理滑坡等地质灾害

(a)重力式挡土墙

(b)悬臂式挡土墙

(c)扶壁式挡土墙　(d)加筋土挡土墙

(e)锚杆挡土墙　(f)板桩式挡土墙

图 10.3　各种类型挡土墙

2）设置阻滑体（抗滑桩）

针对滑面近乎贯通且滑坡规模较大，或处于蠕滑滑动状态的不稳定岩土体，下滑力较大，前缘支挡措施提供的支撑力可能不足以阻挡滑体的下滑时，需要采用设置承重阻滑桩或抗滑桩（图 10.4）。抗滑桩通过穿越滑动面的桩体，给原本软弱的滑面提供较大的抗剪承载力，包括桩板式抗滑桩、排架式抗滑桩、承台式抗滑桩、锚杆式抗滑桩、预应力锚索抗滑桩等。

图 10.4　抗滑桩

抗滑桩是穿越（潜在）滑动面，深入稳定地层，用于抵抗坡体下滑力，对不稳定岩土体有阻挡作用的柱形结构。其施工步骤为：采用开挖或钻孔方式成桩→放钢筋笼→浇筑混凝土，在边坡治理工程中主要承担水平向荷载。

与挡土墙相比，抗滑（剪）力大，圬工小，阻挡深度深；设置位置相对比较灵活，可集中布置于整个滑体前缘，也可分开布置或分级布置，或与其他抗滑措施配合使用。

3）锚固不稳定体

可利用较稳定的地层，将不稳定岩土体锚固于相对稳定的母体上，如设置骨架护坡、（预应力）锚杆、锚索等，连接不稳定岩土体与母体，提高整体的稳定性，同时可对不稳定地层施加一定的支撑力（图 10.5）。锚固方法是公路边坡防治工程中的一种常用手段，对可确定的体积大、数量少的危石加固是一种较好的选择，技术成熟，结构简单，不明显改变环境。其缺点是，要完全查清坡面危石事实上是很难的，特别是对极破碎的岩石边坡，单独采用锚固措施通常是不合适的，为此较为稳妥的做法是采用系统锚固，即使如此也难以保证将每块危石都能可靠地锚固起来，那么更多地是结合其他措施共同防护。

图 10.5　锚固支护

4）联合支挡结构设计

对于比较复杂的边坡稳定性问题，单一的支挡或锚固工程并不经济、合理，而且工期长甚至加固效果不好。因此在实际工程中常常采用支挡与锚固措施并用的办法（图 10.6）。

常用的联合支挡措施包括锚拉桩、锚定板式挡土墙、预应力锚索（杆）格构、抗滑桩与挡墙、抗滑桩与锚索、生态石笼与卵石回填压脚、锚杆与防护网等联合支挡措施。

2. 被动防护措施

与主动防护措施不同，被动防护一般并不能直接防控灾害的发生，而是尽可能减轻灾害所产生的影响，一般针对高陡落石或小型崩塌灾害较为理想（图 10.7）。另外，由于主动和被动防护措施在功能和投资上的差异，通常应结合边坡的实际情况来加以选择，甚至应考虑两类措施结合的可能，这通常表现为对边坡整体破坏采用主动防护措施，对坡面破坏采用被动防护措施，以实现灾害防治和工程投资的最优化。

(a)菱形格构+挡墙　(b)窗形框架格构

(c)锚索(杆)格构　(d)锚索(杆)防护网

图 10.6　各种形式的格构护坡

图 10.7　被动防护网

10.3.3　防治措施的选择方法

工程设计是在对灾害体进行详细勘查后，获取变形体的岩土体参数，并通过现状稳定性评价和未来发展趋势预测，结合工期、经济性及安全性要求，做出最合理的设计方案，并且在施工及后期使用期内能保证建（构）筑物的安全及正常使用。

目前，支挡结构与锚固工程等防治措施的选择一般常用工程类比法、安全系数法及概率极限设计法（可靠度设计）。

1. 工程类比法

需要根据已有工程的勘察、设计经验，通过主要工程岩土体条件，变形破坏特征以及工程自身特点的对比，获得待治理工程的设计参数或方案。比如国内关于喷锚支护工程设计相关规范目前规定以工程类比法为主，以测量法和理论验算法为辅。工程类比法一般还包括直接类比法与间接类比法。

2. 安全系数法

安全系数法是由于人们对于设计中诸多不确定因素不能完全把握，所以必须考虑必要的安全储备，在考虑结构实际允许的承载能力时，常采用将设计结构的理论计算承载力降低一定程度，即除以一个大于1的系数 K（安全系数）作为实际结构允许承担的荷载。安全系数即为一种设计结构所具有的安全性的模糊量度。其中又包括容许应力法和破损阶段法。

容许应力法设计原则是通过结构构件截面的计算应力不大于结构设计规范所给定的容许应力。结构构件截面的计算应力是按规范规定的标准荷载，以线性弹性理论计算得出，容许应力则是用一个由经验判断大于1的安全系数去除某一适当的极限状态所规定的最大应力而确定的。

$$[\sigma]=\frac{\sigma_{\max}}{K} \tag{10.1}$$

对于一般塑性材料，取材料的屈服点为极限荷载。相应的安全系数为1.4～1.6，对脆性材料，取材料的强度极限作为容许应力，相应的安全系数为2.5～3.0。

破损阶段法的设计原则是当结构构件达到破损阶段时的计算承载能力应不低于标准荷载引起的结构内力乘以经验判断安全系数，即

$$KN \leqslant \phi \tag{10.2}$$

计算承载能力是根据结构构件达到破损阶段时的实际工作条件来确定的。与容许应力法稍有不同，它考虑了结构的塑性性质和极限强度。

3. 概率极限设计法

该方法以可靠度设计为目标，以概率论为基础，以防止结构构件达到某种功能要求的极限状态为依据而采取的结构设计计算方法。

结构受到荷载作用时，可能处于承载能力极限状态与正常使用极限状态，而极限状态要求通过设计，保证支挡与锚固结构工程不进入上述状态：

$$\gamma_0 S \leqslant R \tag{10.3}$$

即结构重要性系数乘以荷载效应不大于结构承载力。同时，极限状态设计法以概率论

为基础，无论结构上可能作用的荷载的大小，还是材料强度的取值，都建立在统计意义上，因此该方法有比较明确的概念。

按照极限状态设计时，首先，岩土支挡与锚固工程在规定的设计使用年限与使用条件下应满足一定的可靠度，主要包括：满足各种设计荷载组合下支挡结构的稳定、坚固和耐久；结构类型的选择与位置布置满足安全可靠、经济合理、便于施工等要求，结构材料符合耐久、耐腐蚀的要求；查明边坡的工程地质性质、水文地质条件，得到相关的岩土参数等。

其次，如前所述，岩土支挡与锚固结构设计应采用极限状态设计法，按照《工程结构可靠性设计统一标准》（GB 50153—2008）。其中工程结构的极限状态包括承载能力极限状态、正常使用极限状态和逐渐破坏极限状态。承载能力极限状态为结构构件达到最大承载能力或不适用于继续承载的变形状态，针对这种状态需进行岩土体的稳定性验算与支挡、锚固结构的承载力计算；正常使用极限状态下结构构件应达到正常使用或耐久性能的某项规定限制的状态；逐渐破坏极限状态指偶然作用后产生的次灾害程度，即结构因偶然作用造成局部破坏后，其余部分不发生连续破坏的状态。

综上，对于滑坡的防治措施没有绝对的对与错、好与坏，只要对每一种治理措施有系统的认识，便可以根据每一处治理点的特点，选择合理、安全、经济的治理措施。根据一般现阶段实际工程经验，喷锚支护多采用工程类比法进行设计，岩土稳定性分析与结构稳定性验算采用安全系数法，支挡工程结构设计一般采用概率极限状态设计法。

10.4　边坡防治实例分析

秦巴山区内最为常见的是浅表层风化碎石土滑坡，一般常见的支挡与锚固结构类型包括：挡墙、抗滑桩、格构梁、锚杆（索）格构梁、锚杆挡墙与柔性防护网等。本节按照支挡结构和锚固结构介绍秦巴山区中几个工程案例以供参考。

10.4.1　支挡结构

1. 挡墙及护面墙

对于公路一般路堑边坡，经调查岩土体边坡较为稳定，未发现有重大、明显的崩塌或滑动趋势、破坏迹象或明显的软弱带，可利用护面墙、重力式挡墙等形式最为简单的支挡结构对坡体施加支撑力，防止边坡坡脚风化剥蚀，形成潜在变形。在秦巴山区国道两侧的路堑边坡，这种支护形式较为常见。

如 G316 国道某段，出露板岩，表层中风化，节理较为发育，坡面倾角超过约 70°。考虑到可能产生的破碎岩块滑落对公路造成的影响，对其中危险滑体范围首先进行清方削坡，每级边坡实施拱形护坡，并在坡脚处设置浆砌块石挡墙，如图 10.8 所示。汉中南郑 S211 省道红庙一号隧道入口处的两侧堆积层边坡上也采取了分级削坡及拱形护坡支挡的措施，如图 10.9 所示。除此之外，在汉中茶镇 G210 国道某段，边坡高约 25m，坡面倾角约 70°，出露灰色硅质板岩，中风化，节理切割后呈块状，在公路右侧设置浆砌块石挡墙与菱形格构护坡联合支挡结构（图 10. 10）。

图 10. 8　G316 国道右侧拱形护坡（2014 年）

图 10. 9　S211 省道红庙一号隧道入口处在建拱形护坡（2014 年）

图 10. 10　汉中茶镇 G210 国道浆砌块石与菱形格构护坡（2014 年）

2. 抗滑桩与重力式挡墙

根据墙背倾斜情况，重力式挡墙分为俯斜式挡墙、仰斜式挡墙、直立式挡墙和衡重式挡墙或其他形式的挡墙。挡墙的选择应根据使用要求、地形和施工条件综合考虑确定，对岩质边坡和挖方形成的土质边坡宜采用仰斜式，高度较大的土质边坡宜采用衡重式或仰斜式。重力式挡墙依靠自身重力维持其在土压力作用下的稳定，它是我国目前常用的一种挡土墙，用石砌或混凝土建成，优点在于就地取材，施工方便，较为经济。墙高一般在6m及以下，采用重力式挡墙经济效果明显，墙身不配钢筋或只在局部范围内配以少量钢筋，墙身在6m以上时采用衡重式或其他形式的挡土墙更为经济。

抗滑桩用于改善滑坡状态，促使滑坡向稳定转化，并具有以下优点：与抗滑挡土墙相比，具有抗滑力大，圬工小，设置位置较灵活的特点，可集中布置支撑整个滑体，亦可分开布置支撑分级分块的滑坡体，抗滑桩可单独使用也可与其他支挡工程配合使用。按桩本身的变形条件，可分为刚性桩与弹性桩；按不同的结构形式，可分为板桩式抗滑桩、排架式抗滑桩、承台式抗滑桩、竖向锚杆抗滑桩、预应力锚索抗滑桩等。

1）设计要求

（1）重力式挡墙应满足抗滑移的要求，抗滑移安全系数要求不小于1.30；

（2）重力式挡墙应满足抗倾覆的要求，抗倾覆安全系数要求不小于1.60；

（3）重力式挡墙墙身强度可按照《砌体结构设计规范》(GB 50003—2011）进行验算；

（4）当地基较软弱时，还应进行地基稳定性验算；

（5）为了使重力式挡墙满足抗滑移与抗倾覆的要求，常在重力式挡墙的底部设置钢筋混凝土的凸榫；

（6）抗滑桩应提供整体稳定性所需的水平荷载，即满足边坡整体稳定性的要求；

（7）对于抗滑短桩来说，其桩顶标高应达到一定的要求，以满足边坡不出现“越顶”的情况，即边坡不出现沿着抗滑短桩的桩顶剪出破坏的情况。

2）施工要求

（1）施工顺序

边坡治理工程施工应自上而下分级进行，待上一级边坡防护工程完成后，再进行下一级边坡的开挖施工。

基岩开挖可采用小炮松动，但应严格控制单响药量，避免由于爆破过大影响坡体稳定。

施工中应采取必要的临时排水设施。

（2）浆砌工程

施工应避开雨季，事先做好排水，以免坑槽积水危及墙基。

浆砌工程应在片石质量、砂浆强度、砌筑工艺等方面遵照技术规范要求，石料强度不低于30MPa，严禁用风化石砌筑，以确保浆砌工程砌筑质量。

根据地质条件每10m墙长设置沉降缝，缝宽2cm，缝内填塞沥青油毡、沥青木板或沥青麻筋。墙身圬工不应有水平通缝，砂浆须饱满，强度应满足设计要求，墙面勾凸缝，墙顶用砂浆抹面。

挡土墙基础开挖应分段跳槽进行，且应开挖后及时砌筑，避免长时间暴露引起的坡体失稳变形。

墙基埋深应符合设计要求，墙基开挖后若发现地质情况与设计不符时，应根据实际情况酌情修改设计。基坑超挖部分采用与墙体同标号浆砌片石回填。

挡土墙两端应与既有挡土墙平顺衔接，以确保工程的美观与安全。

（3）抗滑桩

抗滑桩施工采用挖孔桩工艺，采取隔一挖一，不得连续开挖。

桩孔开挖过程中应分节施工锁口及护壁，每节开挖深度为1.0m，开挖一节，做好该节护壁，当护壁混凝土具有一定强度后方可开挖下一节。各节护壁纵向钢筋必须焊接，禁止简单绑扎。

浇筑护壁混凝土时，须保证护壁不侵占抗滑桩截面，并在桩孔开挖过程中随时校准其垂直度和净空尺寸。

桩孔在开挖过程中应注意周围土层变化，发现危险及时撤离工作人员，以确保施工安全。

桩身混凝土边灌注边振捣，全桩混凝土应一次浇筑完成。

3. 工程实例一

1）工程概况

滑坡治理工程位于西乡县古城镇境内G210国道K1244+200左侧，距县城约30km（图10.11，图10.12）。经调查，该边坡变形已有20年历史，2010年发生较大规模的滑坡。滑坡周界范围整体长约45m，宽约50m，滑坡后壁高3～4m，两侧后壁2～3m，滑体厚度10～15m，总方量2.5万m^3，整体呈马蹄形，滑坡滑动方向近乎垂直于公路走向，位于公路转弯处。

图10.11　G210国道K1244+200左侧滑坡治理前（2010年）

2）岩土特性

上部滑体物质主要为碎石土，杂色，母岩为片岩及板岩，块石呈棱角状，填充大量黏

图 10. 12　G210 国道 K1244+200 左侧滑坡治理后（2014 年）

土，粉土颗粒，厚度 5. 8 ~ 6m；下部出露浅绿色全风化千枚岩，矿物成分主要为绢云母、石英，鳞片变晶结构，千枚状构造，节理裂隙较为发育。

3）滑坡成因分析

滑坡体为松散碎石土结构，提供了滑体的物质基础，前缘坡体临空，在强降雨的诱发下产生表层滑动。

4）支护方案

根据边坡的工程地质特征，结合场地边坡的平面布置要求，边坡治理采取下部清方、重力式挡墙、墙后设置抗滑桩的方式进行支护。

（1）设计参数

边坡类型：碎石土边坡。

边坡安全系数：1. 25。

岩土参数：碎石土天然状态 $C=18\text{kPa}$，$\varphi=16.5°$；饱和状态时 $C=17\text{kPa}$，$\varphi=16.5°$。

稳定性分析和滑坡推力计算：选取其中一剖面进行计算，利用传递系数法，计算简图与剩余下滑推力如下所示。

利用 Geoslope 软件，按照滑塌前原始地形建立计算模型，得到不同计算方法下的边坡稳定性系数，潜在滑面位于为红色区域部分（表 10. 3，图 10. 13，图 10. 14）。

表 10. 3　不同方法下计算得出的稳定性系数

稳定性分析方法	稳定性系数
Morgenstern-Price	0. 938
Ordinary	0. 904
Bishop	0. 959
Janbu	0. 914

通过稳定性分析计算得出原始边坡处于不稳定状态，在降雨或其他诱发因素下会发生滑坡灾害；剖面天然状态下稳定系数 $K=1.022$，当安全系数 $K_s=1.20$ 时，其剩余下滑力 E

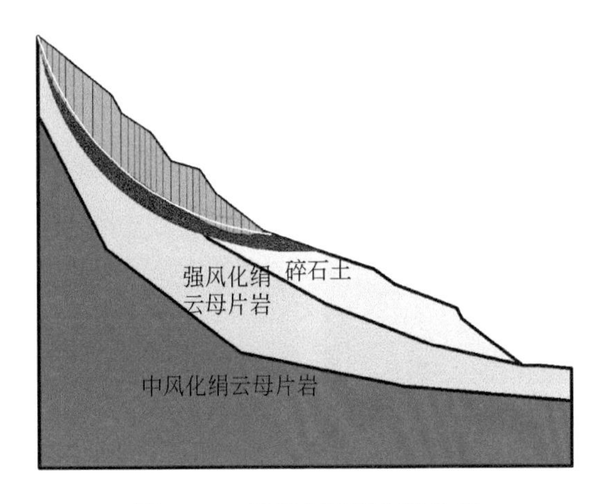

图10.13　边坡剖面稳定性分析

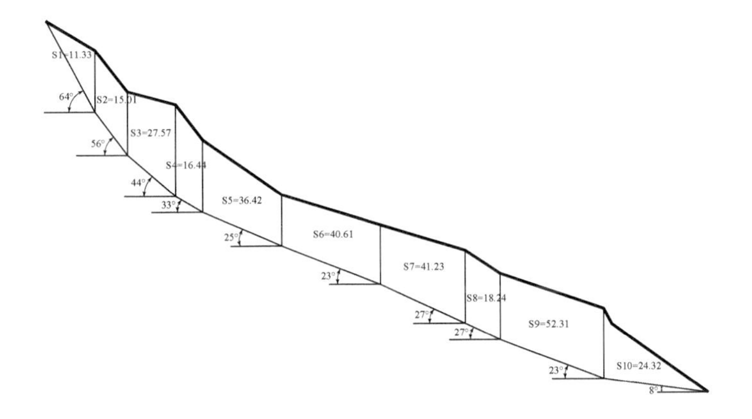

图10.14　滑坡推力计算简图（单位：kN/m）

为395kN/m；计算剖面饱和状态下稳定系数 $K=0.986$，当安全系数 $K_s=1.20$ 时，其剩余下滑力 E 为486kN/m。

（2）支挡结构

i. 重力式挡土墙

材料：C20毛石混凝土，毛石的掺量不超过30%（图10.15）。

泄水孔：表面设置泄水孔，按照2.0m×2.0m网格布置，孔径150mm，外倾5%，墙背后设置隔水黏土层，厚200～400mm砂砾反滤层和夯实黏土层。

修建重力式挡墙前先对滑坡进行削坡清方工作，并设置一级平台，平台宽6m，重力式挡墙位于一级平台坡面处。挡墙由混凝土砌成，墙胸，墙顶宽度1.20m，墙胸坡度1∶0.5，墙背坡度1∶0.2或1∶0.3，基底逆坡坡度不大于1∶0.2，根据地质条件每10m墙长设置沉降缝，缝宽2cm，缝内填塞沥青油毡、沥青木板或沥青麻筋。挡墙基础的埋置深度应根据地基承载力、冻结深度、水流冲刷情况和岩石风化程度等因素确定，此为仰斜式挡墙。

图 10.15　混凝土重力式挡土墙

ii. 抗滑桩设计

材料：桩混凝土强度等级 C25，护壁混凝土强度 C20，钢筋采用 HPB235、HRB335；

挡墙后方设置抗滑桩，桩心与墙趾距离 7.5m，抗滑桩穿过上部碎石土，置于下部稳定中风化绢母千枚岩中。抗滑桩共设置 7 个，“一”字形排列分布，桩高 18m，横截面尺寸 2.4m×1.8m，桩底部标高依次递减，桩心距为 6m（图 10.16）。

图 10.16　抗滑桩布置

4. 工程实例二

1）工程概况

滑坡位于勉县 S309 省道 K15+785 ~ +880 右侧，为路基右侧上边坡滑塌，滑体东西长约 94m，南北宽约 64m，平均厚度约 6m，估算滑移区总方量约 3.6 万 m^3，总体呈“马蹄形”，主滑方向与路线走向近于垂直。前缘较陡，中部趋于平缓，后缘高度最大约 10m，滑向约 186°，属于中型推移引式滑坡（图 10.17）。

2）岩土特性

变形区岩土据钻孔揭露滑床岩性为碎石土，土质不均匀，结构松散，母岩为片岩及板岩，块石呈棱角状，大小不均匀，充填有大量的亚黏土。

图 10.17　S309 省道 K15+785 ~ +880 右侧滑坡

3）滑坡成因分析

滑坡体为松散碎石土结构，提供了滑体的物质基础，前缘坡体临空，在强降雨的诱发下产生表层滑动。

4）支护方案

（1）设计参数

边坡类型：碎石土边坡。

边坡安全系数：1.25。

岩土参数：碎石土天然状态 $C=18\text{kPa}$，$\varphi=24°$；饱和状态时 $C=17\text{kPa}$，$\varphi=24°$。

原始边坡稳定性分析和滑坡推力计算：选取其中一剖面进行计算，利用传递系数法，稳定性系数计算结果与剩余下滑推力计算如图 10.18 所示。稳定性系数计算结果见表 10.4，各条块滑坡推力计算如图 10.19 所示。

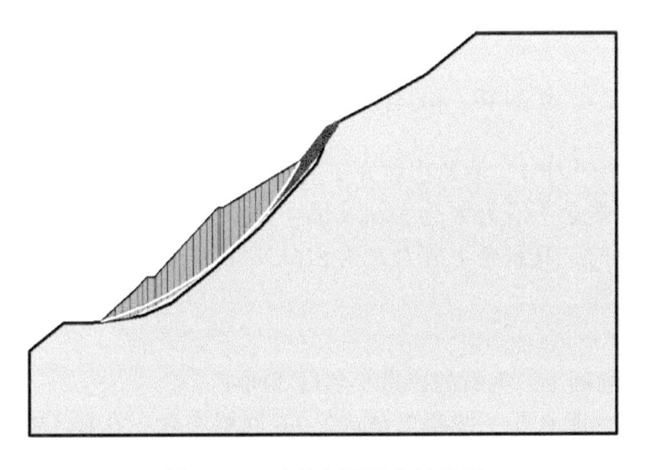

图 10.18　边坡剖面稳定性分析

表 10.4　稳定性系数计算结果

稳定性分析方法	稳定性系数
Morgenstern-Price	0.905

续表

稳定性分析方法	稳定性系数
Ordinary	0.882
Bishop	0.922
Janbu	0.874

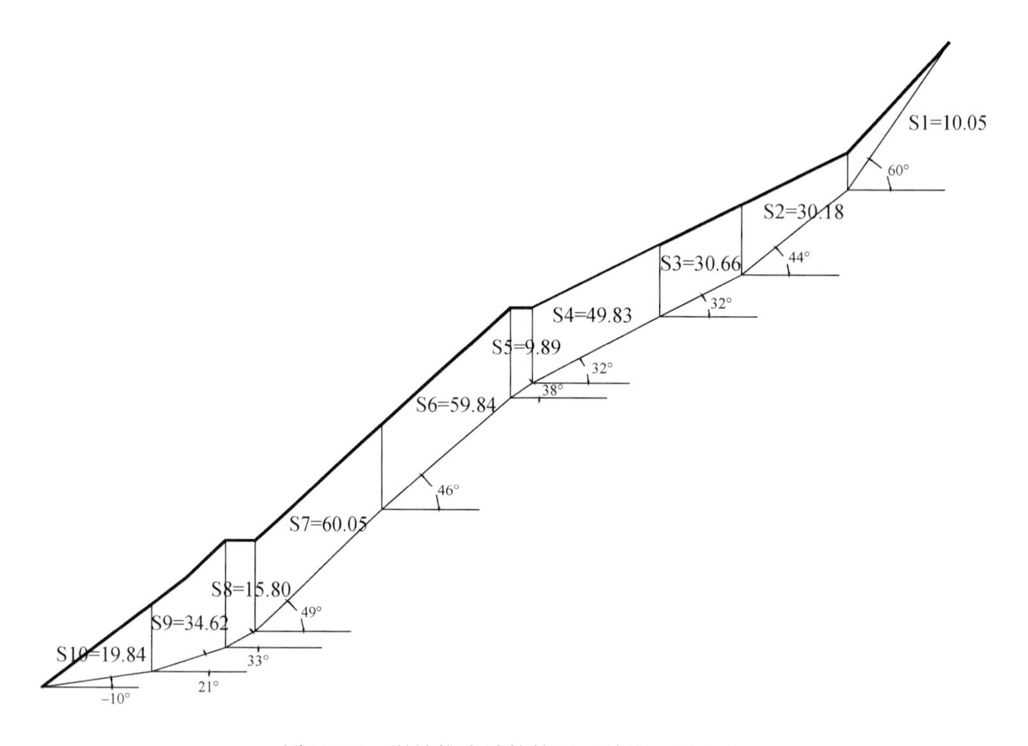

图 10.19　滑坡推力计算简图（单位：kN/m）

计算稳定性系数均小于1，原始边坡处于剖面天然状态下稳定系数 $K=1.003$，当安全系数 $K_s=1.20$ 时，其剩余下滑力 E 为536kN/m；计算剖面饱和状态下稳定系数 $K=0.984$，当安全系数 $K_s=1.20$ 时，其剩余下滑力 E 为616kN/m。

（2）支挡结构设计

i. 重力式挡墙

材料：C20毛石混凝土，毛石的掺量不超过30%；

泄水孔：表面设置泄水孔，按照2.0m×2.0m网格布置，孔径150mm，外倾5%，墙背后设置隔水黏土层，厚200～400mm砂砾反滤层和夯实黏土层；

重力式挡墙：修建挡墙之前先进行清方卸载，由于坡体高差大、坡率较陡，治理设计首先进行清方卸载约2.0万 m^3，坡率1∶1.2，清方段落长度约70m。挡墙混凝土砌成，出露地表高约8m，墙顶宽度1.20m，墙胸坡度1∶0.5，墙背坡度1∶0.2或1∶0.3，基底逆坡坡度不大于1∶0.2，根据地质条件每10m墙长设置沉降缝，缝宽2cm，缝内填塞沥青油毡、沥青木板或沥青麻筋。挡墙基础的埋置深度应根据地基承载力、冻结深度、水流冲刷情况和岩石风化程度等因素确定，此为仰斜式挡墙。

ii. 抗滑桩设计

材料：桩混凝土强度等级 C25，护壁混凝土强度 C20，钢筋采用 HPB235、HRB335；

挡墙后方设置抗滑桩，桩心与墙趾距离 7.5m，抗滑桩穿过上部碎石土，置于下部稳定中风化绢云母千枚岩中。抗滑桩共设置 13 个，呈弧形排列分布，桩高 20m，横截面尺寸 2.4m×1.8m，桩底部标高依次递减，桩心距为 6m。

除了上述两种路堑边坡下的灾害与相应的支挡类型外，路堤边坡的破坏与防护也是较为常见的一种类型，往往对公路的施工及运营都造成了较为严重的影响。

5. 工程实例三

1）工程概况

滑坡位于洋县槐树关镇 G108 国道 K1561+230 ~ +300 段，为路基局部沉陷滑塌，路基形式为半填半挖，设计标高较现河床高近 25m，路基边缘距沟底河床水平距离 80 ~ 90m。滑塌中心位于 K1561+270 附近，左侧路基形成沉陷，呈弧形展布，沉陷量约 10cm，路基错裂部分裂缝最宽处近 5cm（图 10.20）。

图 10.20　洋县槐树关镇 G108 国道右侧路基滑移

2）岩土特征

变形区岩土据钻孔揭露滑床岩性为碎石土，土质不均匀，结构松散，母岩为片岩及板岩，块石呈棱角状，大小不均匀，充填有大量的亚黏土。

3）破坏成因分析

路基为半填半挖段，填筑土为碎石土，结构松散，构成了局部滑塌的物质基础，另外地表水下渗，坡脚临空，在暴雨等不利因素诱发下，坡体缓慢蠕变往临空面滑塌下沉；车辆在路基上部反复通过形成推移载荷，加重了坡体的失稳变形。

4）支挡结构设计

（1）稳定性分析及滑坡推力计算

滑坡推力计算简图如图 10.21 所示。

选择工程地质剖面建立计算剖分模型，并考虑到路基的最终成形及运营阶段的行车荷

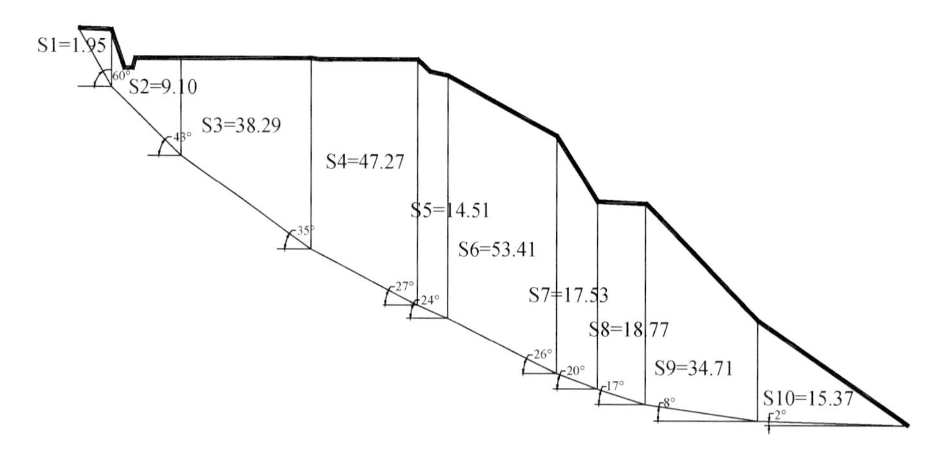

图 10.21　滑坡推力计算简图（单位：kN/m）

载，计算其稳定性系数及剩余下滑力：计算剖面天然状态下稳定系数 $K=1.003$，当安全系数 $K_s=1.20$ 时，其剩余下滑力 E 为 332kN/m；计算剖面饱和状态下稳定系数 $K=0.949$，当安全系数 $K_s=1.20$ 时，其剩余下滑力 E 为 435kN/m。

（2）结构设计

针对洋县 G108 国道 K1561+300 处右侧路基边坡产生的滑动，采取路基下设置截面为 2.0m×1.5m 的抗滑桩，桩长 20m，桩心间距 4m，桩间设挡土板，挡土板后利用碎石土分层夯实回填。

10.4.2　锚固结构

1. 混凝土格构梁与锚杆（索）

1）格构梁

格构加固技术是利用浆砌块石、现浇钢筋混凝土或预应力混凝土进行边坡坡面防护，并利用锚杆或锚索加以固定的一种边坡加固技术。

格构的主要作用是将边坡坡体的剩余下滑力或土压力、岩石压力分配给格构结点处的锚杆或锚索，然后通过锚索传递给稳定地层，从而使边坡坡体在由锚杆或锚索提供的锚固力的作用下处于稳定状态。因此就格构本身来讲仅仅是一种传力结构，而加固的抗滑力主要由格构结点处的锚杆或锚索提供。一般提及的格构加固技术是一种广义的术语，它包含了格构本身和锚杆（索）两部分。

边坡格构加固技术具有布置灵活、格构形式多样、截面调整方便、与坡面密贴、可随坡就势等显著优点。并且框格内视情况可挂网（钢筋网、铁丝网或土工网）、植草、喷射混凝土进行防护，也可用现浇混凝土（钢筋混凝土或素混凝土）板进行加固。根据格构的特点和作用，格构加固技术特别适用于坡度较陡、坡体岩土均匀且较坚硬的公路边坡或公路滑坡。但应当注意，对于不同稳定性的边坡应采用不同的格构形式和锚固形式的组合进行加固或坡面防护。例如，当边坡定性好，但因前缘表层开挖失稳出现塌滑时，可采用浆砌块石格构护坡，并用锚杆锚固；如果边坡稳定性差，可用现浇钢筋混凝土格构加锚杆（索）进行加固；而对于稳定性差、下滑力大的滑坡，可用预制预应力混凝土格构加预应力锚杆（索）进行加固。

2）锚杆（索）

锚杆就是将拉力传至稳定岩土层的构件，由锚头、自由段和锚固段组成。按照不同的分类原则，首先按应用对象分，包括岩石锚杆、土层锚杆和海洋锚杆；按是否预先施加应力划分，可分为预应力锚杆（主动式）和非预应力式锚杆（被动式）；按锚固机理划分，可分为黏结式锚杆、摩擦式锚杆和机械式锚杆；按杆体的材料划分，可分为金属锚杆、木锚杆、竹锚杆和钢筋混凝土锚杆；按锚固形态分，可分为圆柱形锚杆、端部扩大型锚杆和连续球体形锚杆；按照锚固部分大小划分，可分为全长锚固杆件与端部锚固杆件。而在实际锚固工程中，水泥砂浆灌浆锚杆占绝大多数。

所谓的锚固系统中，若以锚杆（索）作为加固系统的主要构件，就形成了锚杆（索）加固系统，或称为锚杆（索）加固系统，简称锚固系统。在锚杆（索）加固系统中，包含有单体锚杆或单体锚索。单体锚杆主要由三部分组成：杆体、锚头与锚固体。锚头位于锚杆的外露端，对于预应力锚杆，通过它实现对锚杆施加预应力，并将锚固力传给结构物或围岩，而对于非预应力锚杆，通过肋柱或钢筋混凝土锚头，在理论破裂面以外的岩土体产生一定的水平变形后，将作用于锚杆上的侧应力通过杆体传给锚固段；杆体一般由钢筋、钢绞线、钢管、型钢等制成，承受拉张作用，其连接锚头与锚固体，通常利用其弹性变形的特点，在锚固过程中对锚杆施加预应力；锚固体位于锚杆的底部或理论破裂面以内的锚固段，将拉力从杆体传递给稳定的岩土体。

岩土锚固的基本原理就是依靠周围地层的抗剪强度来传递结构物的拉力或保持地层开挖面自身的稳定，主要包括：提供作用于结构物承受外荷载的抗力，力的方向指向与岩土接触的位置，通过锚杆使结构与岩体相连形成一种复合结构，使岩体有效地承受剪、拉应力；针对非预应力锚杆，使被锚固的地层产生压应力区或对通过的岩石起加筋作用，从另一个角度讲也相当于被锚固结构产生了一定的预应力；加固并增加地层强度，相应地改善了地层的力学性能。

2. 设计原则与要求

（1）锚杆设计时，荷载分项系数 γ_Q 可取1.30，当可变荷载较大时应按照现行荷载规范确定。锚固体与地层黏结工作条件系数 ξ_1，对于永久性锚杆取1.00，对于临时性锚杆取1.33；锚杆抗拉工作条件系数 ξ_2，对于永久性锚杆取0.69，对于临时性锚杆取0.92；钢筋与砂浆黏结强度工作条件系数 ξ_3，对于永久性锚杆取0.60，对于临时性锚杆取0.72。

（2）锚杆适用于岩质边坡、土质边坡、岩石基坑以及建（构）筑物锚固的设计、施工和试验。

（3）锚杆使用年限应与所服务的建筑物使用年限相同，其防腐程度也应达到相应的要求。

（4）永久性锚杆的锚固段不宜设置在下列地层：有机质土，淤泥质土层引起锚固体的腐蚀破坏。液限 W_L 大于50%的土层，其塑性将引起明显的蠕变，不能长久地保持恒定的锚固力。相对密度 D_r 小于0.3的土层，其锚固体单位面积上的黏结力低。

（5）设计前应调查和收集相关的资料：①场地地形，地貌；②周边已有建筑物情况，如建筑年代、建筑物的层数、建筑物结构类型和基础形式等；③地下埋设物，如地下水管、地下气管、电缆等；④道路交通；⑤气象条件；⑥边坡的工程地质勘查资料等。

（6）格构设计必须充分考虑工程的服务期限，可按照50～80年服务期进行设计。设计之前，应在调查、收集、分析原有地形、地质资料的基础上，进行详细工程地质勘查，进行现场钻探和各种试验，搞清地质体的强度、渗透性、断层和节理的形态与产状，以及边坡的环境地质条件。

（7）格构设计应对边坡稳定系数进行计算，作为设计的依据。边坡设计荷载应包括边坡体自重、静水压力、渗透压力、孔隙水压力、地震力等。对于整体稳定性好，并满足设计安全系数要求的边坡，可采用浆砌块石格构进行护坡。采用经验类比法进行设计，坡度一般不大于35°，即1∶1.7。当边坡高度超过30m时，须设马道放坡，马道宽1.5～3.0m。对于整体稳定性好但前缘出现溜滑或坍滑的公路滑坡，或坡度大于35°的高陡边坡，宜采用现浇钢筋混凝土格构进行护坡，并采用锚杆进行加固。采用经验类比和极限平衡法相结合的方法进行设计。锚杆须穿过潜在滑面1.5～2.0m，且采用全黏结灌浆。对于整体稳定性差，且前沿坡面须防护和美化的滑坡，宜采用现浇钢筋混凝土格构与预应力锚索进行防护。而对于整体稳定性差、滑坡推力过大，且前沿坡面须防护和美化的滑坡，宜采用预制预应力钢筋混凝土格构与预应力锚索进行防护。

3. 设计流程

（1）根据已掌握的工程资料，结合实际现场踏勘，在充分掌握当地的地质情况后，判断边坡可能发生的破坏模式及对环境的影响程度，进行方案设计的可行性与经济性评价，并选择合适的方案类型。

（2）确定边坡工程的安全等级，通过计算边坡的岩、土体压力来确定所需的锚固力，进而选择锚杆形式、间距、排数和倾角。

（3）根据锚杆杆体的承载力，计算所需的钢筋截面。

（4）对于锚固体部分的设计，首先根据构造要求，确定锚固段的长度、注浆材料及工艺。对于土质边坡，锚固段长度不小于4m，不宜大于10m；岩质边坡的锚固段长度不应小于3m，且不大于 $45D$ 和6.5m，或 $55D$ 和8m。另外，还需验算锚固段砂浆对于钢筋的握裹力、锚杆的极限抗拉强度，以及锚固段孔壁的抗剪强度。

（5）根据边坡工程的理论破裂角、边坡高度与锚杆倾角，计算锚杆的自由段长度与锚杆总长；确定锚杆自由段长度按外锚头到潜在滑裂面的长度计算，预应力锚杆的自由段长度不应小于5m，且应超过潜在滑裂面。

（6）根据实际情况，必要时进行锚杆支护边坡的稳定性验算。

（7）锚杆的结构设计内容包括所承受的水平拉力标准值、锚筋的轴向拉力标准值和设计值、锚筋拉力承载力验算以及锚固段长度的计算。

（8）对于锚杆，原则上可按锚杆设计轴向拉力值（工作荷载）作为预应力值加以锁定，并根据地层情况与使用目的加以调整。

（9）锚杆的稳定性验算：锚杆有多种破坏形式，设计时需要校核各种可能的破坏形式，即要满足锚杆与岩土体的整体稳定性要求。分析方法包括按照土坡稳定性验算分析锚固系统外的整体失稳，以及按照Kranz简化计算法计算锚固系统外边缘的整体失稳这两种方法。

4. 施工要求

（1）锚杆框架施工时应准确定位，若遇到不足一整片梁施工时，应根据地形情况适当调整。

（2）锚杆成孔禁止带水钻进，以确保钻孔施工不致恶化边坡条件，钻进过程中，应对每孔地层变化（岩粉情况）、进尺速度（钻速、钻压等）及一些特殊情况作现场记录。

（3）锚杆孔内灌注1∶1水泥砂浆，砂浆体强度不低于25MPa，采用从孔底到孔口返浆式注浆，注浆压力不低于0.25MPa，初凝2～4h后采用素水泥浆二次注浆，注浆压力为0.5～1.0MPa。

5. 工程实例一

1）工程概况

滑坡位于南郑区S211省道K59+400公路转弯处（图10.22）。经调查，此处灾害为表层第四系松散碎石土堆积物的滑塌，堆积物厚度2～3m，滑塌范围长40～50m，最高点15～20m，上部陡坎约1.5m，边坡倾角约60°，滑塌倾向为79°～90°，整体呈“U”形分布。

图10.22 S211省道K59+400左侧边坡滑塌（2014年，已治理）

2）岩土特性

上部覆盖第四系粉土、黏性土，褐黄色，稍湿，表层岩体风化严重，块石破碎，但边坡整体稳定性较好。

3）滑塌成因分析

发生滑塌的边坡倾角较大，高于60°。在降雨诱发作用下，表层松散的碎石土极易发生滑落或崩塌现象。

4）支护方案

根据边坡的工程地质特征，结合场地边坡的平面布置要求以及边坡高度，上部采用锚杆格构梁进行锚固，下部浆砌块石挡土墙进行支护。

锚杆结构梁中锚杆按1.5m×1.5m网格布设，格构梁截面宽0.4m，横截面格构梁网格节点处设置锚杆，锚头完全封闭于混凝土梁中。另外，在格构梁中还设置了六边形孔植草，如图10.23所示。

下部设浆砌块石与混凝土护脚墙，墙出露高度约2.5m，顶面宽度0.5m，排水孔按照2m×2m网格布置，正方形孔，外倾5%，泄水管外用卵石堆囊，挡墙每10m设置一道伸缩缝，缝宽30mm，缝中嵌沥青麻筋。

在坡体的另一侧，与此工程点路程相距约400m处，同样发现一处表层碎石土滑塌现象，规模也与前者相差不大，采取锚杆格构梁与浆砌块石挡墙的形式进行支护，具体内容不再赘述，如图10.23所示。

图10.23　S211省道K59+800左侧边坡滑塌（2014年治理，治理前后对比）

6. 工程实例二

1）工程概况

该段滑塌高边坡位于略阳县白水江乡主线收费站斜坡处（图 10.24）。在施工开挖过程中，受多次降雨及施工开挖等不利因素影响，该段边坡产生了楔形体滑塌，前缘从三级边坡剪出，严重影响到该段房建工程及路基的安全。

图 10.24　治理工程案例

2）工程地质特征

该段边坡位于低山地貌单元，房建区沿侵蚀堆积沟谷及山麓斜坡边缘地带布设，高边坡海拔 704.0～805.0m，相对高差约 100m，山麓斜坡地势较起伏。地形上缓下陡，沟谷地带较为宽广。

上部覆盖第四系松散堆积物，主要为硬塑粉质黏土及中密碎石土，下部及两侧出露中-上志留系磨坝组板岩，风化较强烈，岩性较破碎，呈全-强风化。

高边坡分 10 级开挖，单级坡高为 10m，坡率 1∶0.5～1∶1.0，平台宽度 3m，原设计 1～5 级边坡采用锚杆框架梁防护，5～10 级边坡采用拱形骨架护坡防护，目前坡体已基本开挖到位。坡体出现楔形体滑塌破坏特征，变形段落为 K480+102.2～+242.74 段，整体形态呈马蹄状，长 60 余米，宽 140 余米，厚度 0.5～3.0m，体积 1～2 万 m^3。

根据坡体后缘裂缝、前缘剪出口及钻探资料揭露，认为滑塌体主要是全-强风化板岩节理裂隙发育，形成楔形状，雨水冲刷造成上部的第四系堆积物及全风化层沿着全、强风化层楔形面滑塌。目前坡体整体处于稳定状态。

3）设计方案

通过现场调查及勘察资料，结合路线构筑物情况，确定了增设锚索框架梁、锚杆框架梁墙的设计方案。

（1）锚索框架梁：布置于四、五级边坡滑塌范围，长度约为 82m，布设 22 片，锚索长度 25m，单束张拉力为 1100kN。梁采用 C30 混凝土 449m^3，钢绞线共 70631kg，HRB335 钢筋 134418kg，锚杆钻孔孔径 150mm，长度共计 6600m，灌注砂浆采用 1∶1 水泥砂浆共 469m^3，锚具采用 OVM+5-9 型共 264 套；

（2）锚杆框架梁：布置于六级边坡滑塌范围，长度约为75m，布设10片，锚杆长度10m。梁采用C25混凝土143m^3，HRB335钢筋37554kg，HRB235钢筋2608kg，锚杆钻孔孔径110mm，长度共计1664m，灌注砂浆采用1∶1水泥砂浆共131m^3，种植土232m^3，植草774m^3。

7. 工程实例三

1）工程概况

滑坡位于安康市汉滨区内G316国道右侧（图10.25）。该边坡上覆第四系松散堆积物，并出露板岩，表层中风化程度，节理裂隙切割，产状30°∠60°，边坡高约10m。经调查该路堑边坡后为一铁路隧道。由于岩层倾角较大，且表面风化程度较高，可能在动荷载及其他影响条件下产生岩块的崩落现象，因此可能会对公路的运营造成一定的威胁。

图10.25　G316国道右侧岩质路堑边坡

2）锚固措施

对边坡采取设置锚杆挡墙，锚头与坡面间不设肋柱与挡土板，直接喷射混凝土墙面板，因此为壁板式锚杆挡墙。

10.4.3　联合支挡结构

有时单一的支挡或锚固结构由于其较差的经济性、工期周期长或安全性不高等种种较为不理想，不能较好地满足实际工程的需要，因此，除前文中所述一般较为常见的支挡及锚固组合类型之外，还出现了一些更为复杂的组合形式，如锚杆挡墙与抗滑桩的组合，即把支挡与锚固措施相结合，力图充分发挥其各自的特点，更好地适应工程的特点。

1. 锚杆挡墙与抗滑桩

锚杆挡墙根据结构形式的不同可分为板肋式锚杆挡墙、格构式锚杆挡墙与排桩式锚杆挡墙；根据锚杆的类型可分为非预应力锚杆挡墙和预应力锚杆挡墙。

锚杆挡墙由肋柱、挡土板、锚杆组成，依靠锚杆的拉力维持挡土墙的平衡，适用于一般地区岩质或土质边坡加固工程。可采用单级或多级，在多级墙的上下级墙体之间应设置宽度不小于 2m 的平台，每级墙高不宜大于 6m，总高度应控制在 18m 以内，适用于为减少开挖量的挖方地区、石料缺乏地区。

2. 工程实例

1）工程概况

在建工程点位于旬阳市西 S102 省道一转弯处（图 10.26）。经调查该边坡坡脚处发生表层碎石土滑塌，滑塌范围整体长 50 ~ 60m，后缘最高点 20 ~ 25m，坡顶自动向西高程依次递减，碎石土滑塌整体呈马蹄形分布，倾向约 293°。滑塌部分可见较厚第四系黄土覆盖，以及风化破碎岩块。滑塌部分左侧出露浅灰色硅质千枚岩，表层中风化，节理裂隙较为发育，结构面近乎垂直。

图 10.26　S102 省道左侧边坡滑塌（2014 年，已治理）

2）滑塌成因分析

坡脚处坡面倾角较大，为60°～70°，表层第四系黄土覆盖较厚，再加上表层风化程度较高、节理裂隙较为发育的软弱千枚岩，极易在降水的诱发下沿破碎的结构面发生滑动。

3）支护方案设计

由于滑塌范围较大，高度也超过25m，属高边坡灾害治理。考虑土层厚度较大，需要提供较大的水平抗力，因此首先进行了分级削坡清方，每级坡高约6m，平台宽3m，坡率1∶0.5，在第一级坡面处设置钢筋混凝土重力式挡墙，挡墙墙面坡率1∶0.2；二级平台尚未发现或尚未开建支挡结构；三级坡面设置锚杆挡墙，挡墙中肋板间距1.5m，每条肋板上的锚头间距也为1.5m，单个挡土板为1.5m×0.5m，墙后泄水孔外设置卵石堆囊，另外在锚杆挡墙后设置抗滑桩，桩心间距约6m，桩顶截面尺寸约1.5m×2m，坡顶处设置底部为28cm宽的截水沟，截水沟与抗滑桩之间用护墙隔开。

可见，利用抗滑桩与锚杆能充分发挥其水平抗力的优势，且锚杆也较为经济，这种设置也保证了工程的安全性。

参考文献

曹树刚，边金，李鹏 . 2002. 岩石蠕变本构关系及改进的西原正夫模型 . 岩石力学与工程学报，5：632-634.

长春地质学院 . 1986. 岩石力学性质与构造应力场 . 北京：地质出版社 .

陈殿强 . 1992. 评价碎石土抗剪强度的一种新方法 . 勘察科学技术，4：21-24.

陈曼云，金巍，郑常青 . 2009. 变质岩鉴定手册 . 北京：地质出版社 .

陈善雄，许锡昌，徐海滨 . 2005. 降雨型堆积层滑坡特征及稳定性分析 . 岩土力学，26（增）：6-11.

陈松岭 . 2002. 浅变质岩区非整体变形和滑动构造初探 . 地质科学，37（4）：491-494.

陈文玲 . 2009. 黑河水库坝肩边坡云母石英片岩三轴蠕变机理及蠕变模型研究 . 西安：长安大学 .

陈颙，黄庭芳 . 2001. 岩石物理学 . 北京：北京大学出版社 .

陈瑜，黄永恒，曹平，等 . 2010. 不同高径比时软岩强度与变形尺寸效应试验研究 . 中南大学学报（自然科学版），41（3）：1073-1078.

陈祖煜 . 2003. 土质边坡稳定分析——原理・方法・程序 . 北京：中国水利水电出版社 .

陈祖煜，汪小刚，杨健，等 . 2005. 岩质边坡稳定分析——原理・方法・程序 . 北京：中国水利水电出版社 .

成都山地灾害与环境研究所 . 2000. 中国泥石流 . 北京：商务印书馆 .

程光，范文，于宁宇，等 . 2023. 土-石混合体土-水特性和微观结构的相关性研究 . 岩土力学，44（S1）：365-374.

程光，于宁宇，范文，等 . 2023. 土石混合体残余含水率和微观结构的相关性研究 . 工程地质学报，1-10.

成国文，赫建明，李晓，等 . 2010. 土石混合体双轴压缩颗粒流模拟 . 矿业工程，30（4）：1-4，8.

邓茂林，许强，蔡国军，等 . 2012. 重庆武隆鸡尾山岩质滑坡软弱带微观特征 . 工程勘察，4：5-10.

邓荣贵，周德培，张倬元，等 . 2001. 一种新的岩石流变模型 . 岩石力学与工程学报，20（6）：780-784.

丁秀丽 . 2005. 岩体流变特性的试验研究及模型参数辨识 . 武汉：中国科学院研究生院（武汉岩土力学研究所）.

丁秀丽，刘建，白世伟，等 . 2006. 岩体蠕变结构效应的数值模拟研究 . 岩石力学与工程学报，S2：3642-3649.

杜龙 . 2016. 基于高分影像的林地动态变化检测研究 . 西安：西安科技大学 .

杜继稳 . 2010. 降雨型地质灾害预报预警 . 北京：科学出版社 .

杜娟 . 2012. 单体滑坡灾害风险评价研究 . 武汉：中国地质大学 .

杜谦，范文，李凯，等 . 2017. 二元 Logistic 回归和信息量模型在地质灾害分区中的应用 . 灾害学，32（2）：220-226.

范红科，胡西顺，张蓉，等 . 2003. 陕西商南县的地质灾害及其成因 . 灾害学，18（1）：53-57.

范立民，何进军，李存购 . 2004. 秦巴山区滑坡发育规律研究 . 中国地质灾害与防治学报，15（1）：44-48.

范文，刘雪梅，高德彬，等 . 2001. 主成分分析法在地质灾害危险性综合评价中的应用 . 西安工程学院学报，23（4）：53-57.

范文，熊炜，杨志华，等 . 2011. 秦巴山区浅表层滑坡变形破坏机理 2010 年度总结报告 . 西安：长安大学 .

范文，俞茂宏，李同录，等 . 2000. 层状岩体边坡变形破坏模式及滑坡稳定性数值分析 . 岩石力学与工程学报，(z1)：383-386.

高民欢，李辉，张新宇，等 . 2005. 高等级公路边坡冲刷理论与植被防护技术 . 北京：人民交通出版社 .

高谦，刘增辉，李欣，等 . 2009. 露天坑回填土石混合体的渗流特性及颗粒元数值分析 . 岩石力学与工程学报，28 (11)：2342-2348.

高延法，范庆忠，崔希海，等 . 2007. 岩石流变及其扰动效应试验研究 . 北京：科学出版社 .

《工程地质手册》编委会 . 工程地质手册（第四版）. 北京：中国建筑工业出版社 .

龚晓南 . 1999. 土塑性力学（第二版）. 杭州：浙江大学出版社 .

顾金略，李晓，李守定，等 . 2009. 伺服控制土石混合体压力渗透仪研究 . 工程地质学报，17 (5)：711-716.

郭庆国 . 1998. 粗粒土的工程特性及应用 . 郑州：黄河水利出版社 .

郭秀军，贾永刚，黄潇雨 . 2004. 利用高密度电阻率法确定滑坡面研究 . 岩石力学与工程学报，23 (10)：1662-1669.

韩金良，吴树仁，李东林，等 . 2007. 秦巴地区地质灾害的分布规律与成因 . 地质科技情报，26 (1)：101-108.

韩金良，吴树仁，李东林，等 . 2009. 三峡水库引水工程（方案）秦巴段地壳稳定性评价研究 . 地质学报，83 (2)：196-207.

韩淑娟 . 1988. 关于长径比对岩石单轴抗压强度影响的校正公式 . 水力发电，4：59-61.

何振海，宋少军，曹宗明 . 2000. 眼前山铁矿上盘千枚岩边坡研究 . 中国矿业，9 (49)：97-102.

贺汇文 . 2009. 秦岭变质岩区岩体结构特征及公路边坡稳定性研究 . 西安：长安大学 .

贺可强 . 1992. 堆积层滑坡剪出口形成判据的研究 . 中国地质灾害与防治学报，3 (2)：31-37.

贺可强 . 1993. 大型堆积层斜坡滑移性质的趋势时空分析——以新滩滑坡分析为例 . 水文地质工程地质，6：13-15.

贺可强 . 1998. 大型堆积层滑坡的多层滑移规律分析 . 金属矿山，7：15-18.

贺可强 . 2003. 堆积层滑坡位移信息分析与失稳趋势判据的研究 . 北京：中国科学院地质与地球物理研究所 .

贺可强，李显忠 . 1996. 大型堆积层滑坡剪出口形成的力学条件与综合位移力学判据 . 工程勘察，5：13-16.

贺可强，阳吉宝，王思敬 . 2002. 堆积层边坡位移矢量角的形成作用机制及其与稳定性演化关系的研究 . 岩石力学与工程学报，21 (2)：185-192.

贺可强，阳吉宝，王思敬 . 2003. 堆积层边坡表层位移矢量角及其在稳定性预测中的作用与意义 . 岩石力学与工程学报，22 (12)：1976-1983.

贺可强，白建业，王思敬 . 2005. 降雨诱发型堆积层滑坡的位移动力学特征分析 . 岩土力学，26 (5)：705-712.

贺可强，王尚庆，王荣鲁，等 . 2007a. 地下水在黄腊石边坡稳定性中的作用规律与评价 . 水文地质工程地质，6：90-94.

贺可强，阳吉宝，王思敬 . 2007b. 堆积层滑坡位移动力学理论及其应用——三峡库区典型堆积层滑坡例析 . 北京：科学出版社 .

贺可强，李相然，孙林娜，等 . 2008a. 水诱发堆积层滑坡位移动力学参数及其在稳定性评价中的应用——以三峡库区黄腊石滑坡分析为例 . 岩土力学，29 (11)：2983-2990.

贺可强，孙林娜，郭宗河 . 2008b. 堆积层滑坡加卸载响应比动力学参数及其应用 . 青岛理工大学学报，29 (6)：1-7.

贺可强，王荣鲁，李新志，等. 2008c. 堆积层滑坡的地下水加卸载动力作用规律及其位移动力学预测——以三峡库区八字门滑坡分析为例. 岩石力学与工程学报，27（8）：1644-1652.
贺可强，孙林娜，王思敬. 2009. 滑坡位移分形参数 Hurst 指数及其在堆积层滑坡预报中的应用. 岩石力学与工程学报，28（6）：1107-1116.
赫建明，李晓，吴剑波，等. 2009. 土石混合体材料的模型构建及其数值试验. 矿业工程，29（3）：1-4.
侯红林，赵德安，蔡小林，等. 2006. 黄河二级阶地洪积碎石土剪胀特性分析. 西部探矿工程，(3)：21-24.
胡佳佳. 2017. 基于 GF-2 影像面向对象土地利用信息提取研究. 成都：成都理工大学.
黄发明，叶舟，姚池等. 2020. 滑坡易发性预测不确定性：环境因子不同属性区间划分和不同数据驱动模型的影响. 地球科学，45（12）：4535-4549.
黄发明，陈佳武，范宣梅，等. 2021. 降雨型滑坡时间概率的逻辑回归拟合及连续概率滑坡危险性建模. 地球科学，47（12）：4609-4628.
黄润秋，许强，戚国庆. 2007. 降雨及水库诱发滑坡的评价与预测. 北京：科学出版社.
黄英，保华富. 2000. 加筋碎石土的抗剪强度特性研究. 大坝观测与土工测试，24（5）：44-47.
黄英，何发祥. 2000. 加筋碎石土的归一性研究. 岩土工程技术，（1）：37-41.
黄振平. 2003. 水文统计学. 南京：河海大学出版社.
姬怡微，李永红，向茂西，等. 2015. 陕西秦岭南麓 316 国道沿线地质灾害防治对策研究. 灾害学，30（2）：199-204.
惠文华. 2011. 滑坡遥感智能解译理论与方法研究. 西安：长安大学.
简新平，李峰，张红光，等. 2005. 基于有限元法与条分法相结合的岳城水库主坝浅层滑坡分析. 华北水利水电学院学报，26（4）：10-12.
姜凤海. 1998. 块石碎石土中超径石的分离. 水利水电快报，19（18）：7-10.
蒋昱州，张明鸣，李良权. 2008. 岩石非线性黏弹塑性蠕变模型研究及其参数识别. 岩石力学与工程学报，4：832-839.
交通部第二公路勘察设计院. 1996. 路基. 北京：人民交通出版社.
焦玉勇，张秀丽，李廷春. 2010. 模拟节理岩体破坏全过程的 DDARF 方法. 北京：科学出版社.
康永刚，张秀娥. 2011. 基于 Burgers 模型的岩石非定常蠕变模型. 岩土力学，S1：424-427.
孔位学，郑颖人. 2005. 三峡库区饱和碎石土地基承载力研究. 工业建筑，35（4）：62-64.
李大鑫，侯艳玲. 2009. 碎石土的抗剪强度分析. 中国水运，9（8）：184-185.
李辉，孙进忠，夏柏如. 2006. 碎石土路基填土的级配特征与压实特性研究. 工业建筑，36（增）：642-644.
李宁，许建聪，钦亚洲. 2012. 降雨诱发浅层滑坡稳定性的计算模型研究. 岩土力学，33（5）：1485-1490.
李鹏. 2008. 南秦岭构造带旬阳—神河一带地质构造特征. 西安：长安大学.
李培，范文，梁鑫，等. 2018. 陕南矿产资源开采区斜坡灾害失稳模式及影响因素分析. 灾害学，33（3）：106-110.
李培，范文，于国强，等. 2018. 秦岭矿产资源开采区斜坡灾害发育规律与识别研究——以山阳-商南钒矿开采区为例. 工程地质学报，26（5）：1162-1169.
李奇峰，梁收运. 2008. 圆锥动力触探成果在碎石土勘察中的应用. 中国科技论文在线，3（7）：542-546.
李青麒. 1998. 软岩蠕变参数的曲线拟合计算方法. 岩石力学与工程学报，17（5）：559-564.
李世海，汪远年. 2004. 三维离散元土石混合体随机计算模型及单向加载试验数值模拟. 岩土工程学报，

26（2）：172-177.
李铁锋，丛威青．2006. 基于 Logistic 回归及前期有效雨量的降雨诱发型滑坡预测方法．中国地质灾害与防治学报，17（1）：33-35.
李维树，邬爱清，丁秀丽．2006. 三峡库区滑带土抗剪强度参数的影响因素研究．岩土力学，27（1）：56-60.
李维树，丁秀丽，邬爱清，等．2007. 蓄水对三峡库区土石混合体直剪强度参数的弱化程度研究．岩土力学，28（7）：1338-1342.
李文彬，范宣梅，黄发明，等．2021. 不同环境因子联接方法和数据驱动模型对滑坡易发性预测建模的影响规律．地球科学，46（10）：3777-3795.
李军，范文，宋宇飞，等．2019. 降雨入渗条件下镇巴县牛背梁滑坡风险评价．河北工程大学学报（自然科学版），36（01）：69-74.
李晓军，马惠民，吴红刚．2010. 复杂含水条件下滑坡的稳定性分析及治理措施．工程地质学报，18（1）：60-66.
李晓俊，白晓红，黄仙枝．2004. 土工带加筋碎石土本构关系的三轴试验研究．岩土力学，25（增）：57-60.
栗晓松．2021. 秦巴山区滑坡转化泥石流特征及运动过程数值模拟．西安：长安大学．
栗晓松，范文，曹琰波，等．2021. 基于 MatDEM 的烟家沟滑坡演化过程数值模拟分析．地质与资源，30（2）：199-206.
李秀珍，何思明．2015. 基于 Mein-Larson 入渗模型的浅层降雨滑坡稳定性研究．灾害学，（2）：16-20.
李艳锋．2009. 青海都兰县可可沙地区变质岩层构造变形特征及其构造演化．西安：长安大学．
李玉锋，熊善文，宁万辉．2008. 模型试验研究碎石土斜坡优先流机理．灾害与防治工程，（2）：25-30.
李玉锋，马强，李显平．2009. 降雨诱发碎石土斜坡优先流机理研究．水电能源科学，27（6）：56-59.
李玉文，王盘兴，杜继稳，等．2007. 秦巴山区暴雨及其诱发地质灾害的特征分析．陕西气象，（1）：21-25.
李跃英．2010. 碎石土路基填料破碎机理及工程影响．交通世界，（3-4）：177-178.
李昭淑．1994. 秦巴山地泥石流灾害的预防对策．中国减灾，4（2）：40-42.
连镇营，韩国城，孔宪京．2001. 强度折减有限元法研究开挖边坡的稳定性．岩土工程学报，23（4）：407-411.
梁鑫，范文，苏艳军，等．2019. 秦岭钒矿集中开采区隐蔽性地质灾害早期识别研究．灾害学，34（01）：208-214.
梁艳. 2012. 面向对象与基于像素的高分辨率遥感影像分类在土地利用分类中的应用比较. 太原：太原理工大学.
廖秋林，李晓，郝钊，等．2006. 土石混合体的研究现状及研究展望．工程地质学报，14（6）：800-807.
廖秋林，李晓，李守定．2010a. 土石混合体重塑样制备及其压密特征与力学特性分析．工程地质学报，18（3）：385-391.
廖秋林，李晓，朱万成，等．2010b. 基于数码图像土石混合体结构建模及其结构效应的数值分析．岩石力学与工程学报，29（1）：155-162.
林鸿州，于玉贞，李广信，等．2009. 降雨特性对土质边坡失稳的影响．岩石力学与工程学报，28（1）：198-204.
凌必胜，郑建中．2009. 高陡碎裂结构千枚岩路堑边坡稳定性分析与支护设计．地质灾害与环境保护，20（2）：33-36.
刘保县，舒志乐，王鹏．2007. 土石混合体粒度分形特性研究．四川大学学报（工程科学版），39（增）：

82-85.
刘海松，倪万魁，杨泓全，等．2008．黄土路基降雨入渗现场试验．地球科学与环境学报，(1)：60-63.
刘护军．2005．秦岭的隆升及其环境灾害效应．西北地质，38（1）：89-93.
刘杰．2006．土石坝渗流控制理论基础及工程经验教训．北京：中国水利水电出版社．
刘麟德，袁光国．1989．CST-80型高压大三轴试验机应用于工程试验研究．水电站设计，3：54-58.
刘文平，时卫民，孔位学，等．2005．水对三峡库区碎石土的弱化作用．岩土力学，26（11）：1857-1861.
刘翔宇，张锡涛，谢谟文，等．2012．基于GIS的降雨滑坡渗流-稳定实时评价方法研究．岩土工程学报，34（9）：1627-1635.
刘新荣，黄明，祝云华，等．2010．土石混合体填筑路堤中的非线性蠕变模型探析．岩土力学，31（8）：2453-2458.
刘悦．2016．基于无人机影像的地质灾害样本库建设研究．成都：西南交通大学．
刘祚秋，周翠英，董立国，等．2005．边坡稳定及加固分析的有限元强度折减法．岩土力学，26（4）：558-561.
柳玉青．2010．堆积层滑坡稳定性动态分析方法．石家庄：石家庄经济学院．
卢全中，郭相利，赵法锁，等．2003．略阳县地质灾害发育特征及其危险性初步评价．长安人学学报（地球科学版），25（1）：52-56.
罗冲，殷坤龙，陈丽霞，等．2005．万州区滑坡滑带土抗剪强度参数概率分布拟合及其优化．岩石力学与工程学报，24（9）：1588-1593.
罗国政．2008．浅谈秦巴山区滑坡发育特征与防治．陕西水利，5：72-73.
罗丽娟，赵法锁，王爱忠．2008．某变质岩滑坡及支护结构变形破坏特征．地球科学与环境学报，30（2）：177-183.
罗先启，葛修润．2008．滑坡模型试验理论及其应用．北京：中国水利水电出版社．
吕爱钟，丁志坤，焦春茂，等．2008．岩石非定常蠕变模型辨识．岩石力学与工程学报，1：16-21.
吕庆，孙红月，尚岳全．2008．强度折减有限元法中边坡失稳判据的研究．浙江大学学报（工学版），42（1）：83-87.
吕佼佼．2018．秦巴山区降雨诱发浅层滑坡机理研究．西安：长安大学．
吕佼佼，范文，吕远强，等．2018．凹陷地形对滑坡体渗流和稳定性影响的数值分析．长江科学院院报，35（4）：123.
吕佼佼，范文，吕远强．2017．基于土壤侵蚀模型的浅层滑坡预警研究．水土保持通报，37（3）：227–230.
吕佼佼，范文，吕远强．2018．考虑土层深度分布的浅层滑坡危险性评价——以陕西秦巴山区为例．灾害学，33（2）：218–223.
马铂程．2022．基于深度学习的秦巴山区滑坡自动识别研究．西安：长安大学．
马秋红．2011．秦巴山区地层岩性与地质构造对地质灾害发育的控制作用分析．西安：长安大学．
冒海军，杨春和，刘江，等．2006．板岩蠕变特性试验研究与模拟分析．岩石力学与工程学报，6：1204-1209.
孟莉敏．2007．岩溶山区高填方碎石土压实变形模拟与稳定性分析．贵阳：贵州大学．
南京水利科学研究院土工研究所．2003．土工试验技术手册．北京：人民交通出版社．
聂江涛，魏刚锋，姜修道．2010．煎茶岭韧性剪切带的厘定及其地质意义．大地构造与成矿学，34（1）：1-19.
宁万辉，宁健，俞美华，等．2011．降雨对碎石土边坡稳定性的影响分析．水电能源科学，29（1）：83-

84，178.
仇江啸，王效科 . 2010. 基于高分辨率遥感影像的面向对象城市土地覆被分类比较研究 . 遥感技术与应用，25（5）：653-661.
肉斯塔木 · 努肉拉，孙勤梧 . 2009. 碎石土垫层的力学性质及其应用 . 科技信息- 建筑与工程，（31）：645.
陕西省减灾协会 . 1999. 秦巴山区山地自然灾害 . 西安：世界图书出版公司 .
陕西省山洪灾害防治规划编写组 . 2004. 陕西省山洪灾害防治规划报告 . 西安：陕西省水利厅 .
石玲，张永双，韩金良，等 . 2009a. 三峡引水工程秦巴段的主要工程地质问题 . 地质通报，28（5）：651-658.
石玲，张永双，石菊松 . 2009b. 三峡引水工程秦巴段主要地质灾害及其工程影响 . 工程地质学报，17（2）：212-219.
史琳鹏，范文，李培，等 . 2020. 镇巴县地质灾害发育规律与危险性评价 . 河北工程大学学报（自然科学版），37（03）：98-106.
时卫民，郑宏录，刘文平，等 . 2005. 三峡库区碎石土抗剪强度指标的试验研究 . 重庆建筑，(2)：30-35.
舒志乐 . 2006. 土石混合体微结构分析及物理力学特性研究 . 成都：西华大学 .
舒志乐，刘新荣，刘保县，等 . 2009. 基于分形理论的土石混合体强度特征研究 . 岩石力学与工程学报，28（S1）：2651-2656.
舒志乐，刘新荣，刘保县，等 . 2010. 土石混合体粒度分形特性及其与含石量和强度的关系 . 中南大学学报（自然科学版），41（3）：1096-1101.
宋宇飞，曹琰波，范文等．2023. 基于贝叶斯方法的降雨诱发滑坡概率型预警模型研究．岩石力学与工程学报，42（3）：558-574.
宋宇飞，范文，李军，等 . 2020. 不同降雨条件下不稳定斜坡财产损失风险评价——以镇巴县兴隆镇为例. 工程地质学报，28（2）：401-411.
宋宇飞，范文，左琛，等 . 2024. 基于敏感性分析的最优降雨阈值选择 . 工程地质学报，32（2）：529-544.
苏春乾，李勇 . 2009. 秦岭-川鄂北缘早古生代盆地性质与构造古地理演化研究 . 西安：长安大学 .
孙果梅，况明生，曲华 . 2004. 陕西秦巴山区地质灾害及防治对策 . 陕西地质，22（2）：78-83.
孙果梅，况明生，曲华 . 2005. 陕西秦巴山区地质灾害研究 . 水土保持研究，12（5）：240-243.
孙钧 . 1999. 岩土材料流变及其工程应用 . 北京：中国建筑工业出版社 .
孙钧 . 2007. 岩石流变力学及其工程应用研究的若干进展 . 岩石力学与工程学报，6：1081-1106.
孙钧，汪炳鑑 . 1988. 地下结构有限元解析 . 上海：同济大学出版社 .
孙萍，殷跃平，吴树仁，等 . 2010. 东河口滑坡岩石微观结构及力学性质试验研究 . 岩石力学与工程学报，S1：2872-2878.
谭超，刘建，刘惠军 . 2009. 兰成渝长输管道秦巴山区地质灾害防治研究 . 山西建筑，35（4）：152-153.
汤罗圣 . 2013. 三峡库区堆积层滑坡稳定性与预测预报研究 . 武汉：中国地质大学 .
唐万春 . 2004. 碎石类土极限承载力标准值表的研究 . 地球科学进展，19（增）：380-385.
唐晓松，邓楚键，郑颖人 . 2008. 三峡库区碎石土地基浸水试验研究 . 地下空间与工程学报，4（2）：225-229.
陶宜权 . 2023. 秦巴山区降雨浅层滑坡预警模型研究及预警平台构建 . 西安：长安大学 .
陶宜权，范文，曹琰波，等 . 2023. 秦巴山区浅表层滑坡灾害监测预警平台设计与实现 . 灾害学，38（02）：219-225.
铁道部第一勘测设计院 . 1992. 路基 . 北京：中国铁道出版社 .

万天丰.1988. 古构造应力场. 北京：地质出版社.
王爱娟，张平仓，丁文峰.2008. 应用SCS模型计算秦巴山区小流域降雨径流. 人民长江，39（15）：49-51.
王崇军.2008. 浅变质岩风化层边坡稳定性研究. 武汉：武汉理工大学.
王恭先，徐峻龄，刘光代，等.2004. 滑坡学与滑坡防治技术. 北京：中国铁道出版社.
王光谦，李铁键.2009. 流域泥沙动力学模型. 北京：中国水利水电出版社.
王海恒.2014. 地理国情监测中遥感图像分类研究. 西安：西安科技大学.
王建新，王恩志，王思敬. 2010. 降雨自由入渗阶段试验研究及其过程的水势描述. 清华大学学报：自然科学版，50（12）：1920-1924.
王生新，陆勇翔，尹亚雄.2010. 碎石土湿陷性试验研究. 岩土力学，31（8）：2373-2377.
王树仁，何满潮，武崇福，等.2007. 复杂工程条件下边坡工程稳定性研究. 北京：科学出版社.
王雁林.2005. 陕南地区滑坡灾害气象预报预警及其防范对策探析. 地质灾害与环境保护，16（4）：345-349.
王雁林，郝俊卿，赵法锁，等.2014. 地质灾害风险评价与管理研究. 北京：科学出版社.
王雁林，任超，李永红，等.2020. 关于构建陕西省地质灾害防治新机制的思考. 西北大学学报（自然科学版），50（3）：403-410.
王者超，乔丽苹.2011. 土蠕变性质及其模型研究综述与讨论. 岩土力学，8：2251-2260.
魏婷婷，范文，于宁宇.2017. 基于典型剖面分析的区域斜坡稳定性分区方法. 工程地质学报，25（6）：1518-1526.
魏心声.2020. 秦巴山区降雨诱发浅层滑坡机理及预测预警研究. 西安：长安大学.
魏心声.2015. 秦巴山区云母石英片岩蠕变力学特性研究. 西安：长安大学.
吴昊硕，李晓，赫健明.2007. 土石混合体原位水平推剪试验. 岩土工程技术，21（4）：184-189.
吴火珍，冯美果，焦玉勇，等.2010. 降雨条件下堆积层滑坡体滑动机制分析. 岩土力学，31（增1）：324-330.
吴树仁，张永双，韩金良，等.2006. 三峡水库引水工程秦巴段工程地质条件研究. 地球学报，27（5）：487-494.
吴树仁，石菊松，张春山，等.2009. 地质灾害风险评估技术指南初论. 地质通报，28（8）：995-1005.
夏才初，王晓东，许崇帮，等.2008. 用统一流变力学模型理论辨识流变模型的方法和实例. 岩石力学与工程学报，8：1594-1600.
夏才初，许崇帮，王晓东，等.2009. 统一流变力学模型参数的确定方法. 岩石力学与工程学报，2：425-432.
夏才初，金磊，郭锐.2011. 参数非线性理论流变力学模型研究进展及存在的问题. 岩石力学与工程学报，3：454-463.
肖荣久.1995. 陕南膨胀土及其灾害地质研究. 西安：陕西科学技术出版社.
谢剑明，刘礼领，殷坤龙，等.2003. 浙江省滑坡灾害预警预报的降雨阀（阈）值研究. 地质科技情报，22（4）：101-106.
谢谟文，等. 2015. 水库区三维遥感解译与基于GIS的工程地质问题评价. 北京：中国水利水电出版社.
谢星，赵法锁.2005. 316国道旬阳段滑坡灾害的特征及其稳定性分析. 公路交通科技，22（9）：15-18.
谢兴发.2010. 秦巴山区山洪、泥石流灾害的防治措施初探. 陕西水利，2：131-132.
熊炜.2012. 秦巴山区软弱变质岩浅表层滑坡成因机理研究. 西安：长安大学.
熊炜，范文，邓龙胜，等.2011. 基于有限元修正节理岩质边坡稳定性计算的解析解. 地球科学与环境学报，33（3）：306-310.

熊炜，范文 . 2014. 秦巴山区浅表层滑坡成灾规律研究 . 灾害学，2014，29（1）：228-233.
熊炜，范文，李喜安 . 2012. 竹林关大柴沟大型泥石流的形成机理与发展趋势 . 灾害学，27（4）：92-97.
熊炜，范文，彭建兵，等 . 2010. 正断层活动对公路山岭隧道工程影响的数值分析 . 岩石力学与工程学报，29（A01）：2845-2852.
熊炜，刘可，范文 . 2018. 秦巴山区浅层滑坡内动力地质成因分析 . 地质力学学报，24（3）：424-431.
徐邦栋 . 2001. 滑坡分析与防治 . 北京：中国铁道出版社 .
徐卫亚，杨圣奇 . 2007. 关于“对‘岩石非线性黏弹塑性流变模型（河海模型）及其应用’的讨论”答复 . 岩石力学与工程学报，3：641-646.
徐卫亚，杨圣奇，杨松林，等 . 2005a. 绿片岩三轴流变力学特性研究（Ⅰ）：试验结果 . 岩土力学，26（4）：531-537.
徐卫亚，杨圣奇，谢守益，等 . 2005b. 绿片岩三轴流变力学特性研究（Ⅱ）：模型分析 . 岩土力学，26（5）：693-698.
徐卫亚，周家文，杨圣奇，等 . 2006. 绿片岩蠕变损伤本构关系研究 . 岩石力学与工程学报，S1：3093-3097.
徐文杰 . 2008. 土石混合体细观结构力学特征及其边坡稳定性研究 . 北京：中国科学院 .
徐文杰 . 2009. 大型土石混合体滑坡空间效应与稳定性研究 . 岩土力学，30（增 2）：328-333.
徐文杰，胡瑞林 . 2006. 虎跳峡龙蟠右岸土石混合体粒度分形特征研究 . 工程地质学报，14（4）：496-501.
徐文杰，胡瑞林 . 2009. 土石混合体概念、分类及意义 . 水文地质工程地质，4：50-56，70.
徐文杰，王永刚 . 2010. 土石混合体细观结构渗流数值试验研究 . 岩土工程学报，32（4）：542-550.
徐文杰，胡瑞林，曾如意 . 2006a. 水下土石混合体的原位大型水平推剪试验研究 . 岩土工程学报，28（7）：814-818.
徐文杰，胡瑞林，谭儒蛟，等 . 2006b. 虎跳峡龙蟠右岸土石混合体野外试验研究 . 岩石力学与工程学报，25（6）：1270-1277.
徐文杰，胡瑞林，岳中琦，等 . 2007. 土石混合体细观结构及力学特性数值模拟研究 . 岩石力学与工程学报，26（2）：300-311.
徐文杰，胡瑞林，岳中琦，等 . 2008a. 基于数字图像分析及大型直剪试验的土石混合体块石含量与抗剪强度关系研究 . 岩石力学与工程学报，27（5）：996-1007.
徐文杰，王玉杰，陈祖煜，等 . 2008b. 基于数字图像技术的土石混合体边坡稳定性分析 . 岩土力学，28（增）：341-346.
徐文杰，谭儒蛟，杨传俊 . 2009a. 基于附加质量的土石混合体边坡地震响应研究 . 岩石力学与工程学报，28（1）：3168-3175.
徐文杰，王立朝，胡瑞林 . 2009b. 库水位升降作用下大型土石混合体边坡流——固藕合特性及其稳定性分析 . 岩石力学与工程学报，28（7）：1491-1498.
徐扬，高谦，李欣，等 . 2009. 土石混合体渗透性现场试坑试验研究 . 岩土力学，30（3）：855-858.
许建聪 . 2005. 碎石土滑坡变形解体破坏机理及稳定性研究 . 杭州：浙江大学 .
许建聪，尚岳全，陈侃福，等 . 2005a. 强降雨作用下的浅层滑坡稳定性分析 . 岩石力学与工程学报，24（18）：3246-3251.
许建聪，尚岳全，郑束宁，等 . 2005b. 不平衡推力法的弹塑性有限元改进 . 岩石力学与工程学报，24（23）：4247-4252.
许建聪，尚岳全，郑束宁，等 . 2005c. 强降雨作用下浅层滑坡尖点突变模型研究 . 浙江大学学报（工学版），39（11）：1675-1679.

许江坤 . 2009. 黔东南浅变质岩边坡变形破坏机制及防护措施 . 山西科技，3：126-127.
许湘华，朱能文，方理刚，等 . 2010. 贵州地区浅变质岩公路边坡稳定性分析 . 铁道科学与工程学报，7（4）：42-48.
杨冰，杨军，常在 . 2008. 土石混合体结构性的二维颗粒力学研究 . 北京：第六届全国土木工程研究生学术论坛 .
杨冰，杨军，常在，等 . 2010. 土石混合体压缩性的三维颗粒力学研究 . 岩土力学，31（5）：1645-1650.
杨传俊 . 2009. 数字图像处理技术在土石混合体颗分中的应用 . 云南水力发电，25（3）24-25，32.
杨德宏，范文 . 2015. 基于 ArcGIS 的地质灾害易发性分区评价——以旬阳县为例 . 中国地质灾害与防治学报，26（4）：82-86.
杨凌云，王晓谋，张哲，等 . 2010. 秦巴山区软弱变质岩路基填料浸水前后的变形特性 . 岩石力学与工程学报，29（S2）：3536-3541.
杨润田 . 1988. 碎石土的最大容许含水量 . 东北林业大学学报，16（增）：145-149.
杨圣奇 . 2006. 岩石流变力学特性的研究及其工程应用 . 南京：河海大学 .
杨圣奇，徐卫亚，谢守益，等 . 2006. 饱和状态下硬岩三轴流变变形与破裂机制研究 . 岩土工程学报，8：962-969.
杨太华 . 2009. 水电工程中岩体渗流耦合问题及安全风险研究 . 上海：华东理工大学出版社 .
杨文东，张强勇，张建国，等 . 2010. 基于 FLAC 3D 的改进 Burgers 蠕变损伤模型的二次开发研究 . 岩土力学，6：1956-1964.
杨志华，姜常义 . 1997. 秦岭巴山地区贵金属有色金属矿产控矿因素、成矿规律及成矿预测研究 . 西安：西安工程学院 .
杨宗佶，蔡焕，雷小芹，等 . 2019. 非饱和地震滑坡堆积体降雨破坏水-力耦合行为试验 . 岩土力学，40（5）：1869-1880.
油新华 . 2001. 土石混合体的随机结构模型及其应用研究 . 北京：北方交通大学 .
油新华 . 2008. 土石混合体 . 北京：地质出版社 .
油新华，汤劲松 . 2002. 土石混合体野外水平推剪试验研究 . 岩石力学与工程学报，21（10）：1537-1540.
油新华，何刚，李晓 . 2002. 土石混合体的分类建议 . 工程地质学报，10（增）：448-452.
油新华，何刚，李晓 . 2003a. 土石混合体边坡的细观处理技术 . 水文地质工程地质，1：18-21.
油新华，李晓，贺长俊 . 2003b. 土石混合体实测结构模型的自动生成技术 . 岩土工程界，6（8）：60-62.
油新华，王渭明，李晓 . 2004. 土石混合体边坡数值模型的自动生成技术 . 成都：中国岩石力学与工程学会第八次学术大会 .
于德海 . 2007. 软弱变质岩力学性质及其边坡失稳机制的研究 . 西安：长安大学 .
于德海，彭建兵 . 2007. 陕南公路软弱变质岩边坡变形破坏特征的研究 . 工程地质学报，15（4）：559-563.
于德海，彭建兵 . 2008. 陕西秦巴山区公路斜坡灾害发育规律的研究 . 公路，8：136-140.
于青春，薛果夫，陈德基 . 2007. 裂隙岩体一般块体理论 . 北京：中国水利水电出版社 .
袁灿 . 2008. 基于强度折减法的浅变质岩风化层边坡稳定性研究 . 武汉：武汉理工大学 .
袁海平，曹平，许万忠，等 . 2006. 岩石黏弹塑性本构关系及改进的 Burgers 蠕变模型 . 岩土工程学报，6：796-799.
张东亮 . 2010. 地震作用下土石混合体边坡稳定性研究 . 成都：西华大学 .
张二朋 . 1993. 秦巴及邻区地质-构造特征概论 . 北京：地质出版社 .
张伐伐，李卫忠，卢柳叶，等 . 2011. SPOT5 遥感影像土地利用信息提取方法研究 . 西北农林科技大学学报（自然科学版），39（6）：143-147.
张管宏，谌文武，王生新 . 2006. 碎石土地基湿陷性研究 . 岩土工程技术，20（3）：136-139.
张国伟，张本仁，袁学城，等 . 2001. 秦岭造山带与大陆动力学 . 北京：科学出版社 .
张宏明 . 2011. 非饱和土石混合体的力学特性与变形破坏机制研究 . 武汉：长江科学院 .
张杰，韩同春，豆红强，等 . 2014. 探讨变雨强条件下的入渗过程及影响因素 . 岩土力学，（S1）：451-456.
张世林 . 2020. 秦巴山区斜坡结构类型及变形破坏模式研究 . 西安：长安大学 .
张金钟 . 2016. 基于面向对象的遥感影像岩性分类研究 . 西安：长安大学.
张先伟，王常明，李军霞 . 2011. 软土固结蠕变特性及机制研究 . 岩土力学，12：3584-3590.
张学年，盛祝平，孙广忠，等 . 1993. 长江三峡工程库区顺层岸坡研究 . 北京：地震出版社 .
张维东 . 2022. 基于易发性和临界降雨阈值模型的地质灾害危险性预警模型研究 . 西安：长安大学 .
张永双，曲永新，何锋，等 . 2005. 秦巴山区宁陕县城坡面型泥石流的形成机理 . 水文地质工程地质，5：84-88.
张倬元，王士天，王兰生 . 1994. 工程地质分析原理 . 北京：地质出版社 .
赵川，周亦唐 . 2001. 土工格栅加筋碎石土大型三轴试验研究 . 岩土力学，22（4）：419-422.
赵川，周亦唐，余永强 . 2002. 土工格栅加筋碎石土本构模型试验研究 . 武汉大学学报（工学版），35（1）：33-38.
赵法锁，张伯友，彭建兵，等 . 2002. 仁义河特大桥南桥台边坡软岩流变性研究 . 岩石力学与工程学报，21（10）：1527-1532.
赵华应 . 2020. 基于遥感数据的区域滑坡动态危险性分析 . 西安：长安大学 .
赵力行 . 2020. 秦巴山区滑坡灾害发育规律及识别方法研究 . 西安：长安大学 .
赵力行，范文，柴小庆，等 . 2020. 秦巴山区地质灾害发育规律研究——以镇巴县幅为例 . 地质与资源，29（2）：187-195.
赵尚毅，郑颖人，时卫民，等 . 2002. 用有限元强度折减法求边坡稳定安全系数 . 岩土工程学报，24（3）：343-346.
赵尚毅，郑颖人，邓卫东 . 2003. 用有限元强度折减法进行节理岩质边坡稳定性分析 . 岩石力学与工程学报，22（2）：254-260.
赵世发，王俊，杜继稳 . 2010. 秦巴山区地质灾害成因及预报预警 . 气象科技，38（2）：263-269.
赵勇 . 2005. 土石混合料的压实特性与结构分类 . 交通世界，（4）：64-65.
郑达，巨能攀 . 2011. 千枚岩岩石微观破裂机理与断裂特征研究 . 工程地质学报，3：317-322.
郑颖人，沈珠江，龚晓南 . 2002. 岩土塑性力学原理 . 北京：中国建筑工业出版社 .
中华人民共和国建设部 . 1999a. 工程岩体试验方法标准（GB/T 50266—1999）. 北京：中国计划出版社 .
中华人民共和国建设部 . 1999b. 土工试验方法标准（GB/T 50123—1999）. 北京：中国计划出版社 .
周德培 . 1995. 流变力学原理及其在岩土工程中的应用 . 成都：西南交通大学出版社 .
周宏益 . 2010. 碎石土高填方填筑体变形数值模拟 . 土工基础，24（3）：39-42.
周维垣，杨强 . 2005. 岩石力学数值计算方法 . 北京：中国电力出版社 .
周小平，张永兴 . 2007. 卸荷岩体本构理论及其应用 . 北京：科学出版社 .
周中 . 2006. 土石混合体滑坡的流—固耦合特性及其预测预报研究 . 长沙：中南大学 .
周中，傅鹤林，刘宝琛，等 . 2006a. 土石混合体渗透性能的试验研究 . 湖南大学学报（自然科学报），33（6）：25-28.
周中，傅鹤林，刘宝琛，等 . 2006b. 土石混合体渗透性能的正交试验研究 . 岩土工程学报，28（9）：1134-1138.

周中，傅鹤林，刘宝琛，等 . 2007. 土石混合体边坡人工降雨模拟试验研究 . 岩土力学，28（7）：1391-1396.

朱大鹏 . 2010. 三峡库区典型堆积层滑坡复活机理及变形预测研究 . 武汉：中国地质大学 .

朱向东，尚岳全 . 2007. 碎石土边坡破坏机理的敏感性分析 . 防灾减灾工程学报，27（1）：86-90.

朱珍德，郭海庆 . 2007. 裂隙岩体水力学基础 . 北京：科学出版社 .

祝磊，洪宝宁 . 2011. 煤系土浅层滑坡的影响因素敏感性分析 . 长江科学院院报，28（7）：67-71.

AGS（Australian Geomechanics Society）. 2007. Guideline for landslide susceptibility，hazard and risk zoning for land use management. Australian Geomechanics，42（1）：13-36.

Bordoni M，Vivaldi V，Lucchelli L，et al. 2020. Development of a data-driven model for spatial and temporal shallow landslide probability of occurrence at catchment scale. Landslides，18（1）：1209-1229.

Brunetti M，Peruccacci S，Rossi M，et al. 2010. Rainfall thresholds for the possible occurrence of landslides in Italy. Natural Hazards and Earth System Sciences，10（3）：447-458.

Cao Y，Zhu X，Liu B，et al. 2020. A qualitative study of the critical conditions for the initiation of mine waste debris flows. Water，12（6）：1536.

Cao Y，Wei X，Fan W，et al. 2021. Landslide susceptibility assessment using the Weight of Evidence method：A case study in Xunyang area，China. PLoS one，16（1）：e0245668.

Cao Y，Deng L，Fan W，et al. 2024. Failure characteristics and mechanism of a layered phyllite landslide triggered by foot excavation in the Qinba Mountains of China. Bulletin of Engineering Geology and the Environment，83（9）：366.

Cascini L，Ciurleo M，Di Nocera S. 2017. Soil depth reconstruction for the assessment of the susceptibility to shallow landslides in fine-grained slopes. Landslides，14（2）：459-471.

Catani F，Segoni S，Falorni G. 2010. An empirical geomorphology-based approach to the spatial prediction of soil thickness at catchment scale. Water Resources Research，46（5）：W05508-1-W05508-15.

Chen J F，Lee C H. 2003. An analytical solution on water budget model in unsaturated zone. Journal of the Chinese Institute of Engineers，26：321-332.

Chen X，Guo H，Song E. 2008. Analysis method for slope stability under rainfall action. Landslides and Engineered Slopes，（7）：1507-1515.

Corominas J，Van Westen C，Frattini P，et al. 2013. Recommendations for the quantitative analysis of landslide risk. Bulletin of Engineering Geology and the Environment，73（2）：209-263.

E. П. 叶米里扬诺娃 . 1972. 滑坡作用的基本规律 . 铁道部科学研究院西北研究所滑坡研究室，译 . 重庆：重庆出版社 .

Fabre G，Pellet F. 2006. Creep and time-dependent damage in argillaceous rocks. International Journal of Rock Mechanics and Mining Sciences，43（6）：950-960.

Fan W，Wei X，Cao Y，et al. 2017. Landslide susceptibility assessment using the certainty factor and analytic hierarchy process. Journal of Mountain Science，14：906-925.

Fan W，Wei Y，Deng L. 2018. Failure modes and mechanisms of shallow debris landslides using an artificial rainfall model experiment on Qin–ba mountain. International Journal of Geomechanics，18（3）：04017157.

Fan W，Lv J，Cao Y，et al. 2019. Characteristics and block kinematics of a fault–related landslide in the Qinba Mountains，western China. Engineering geology，249：162-171.

Fell R，Ho K K S，Lacasse S，et al. 2005. A framework for landslide risk assessment and management//Hungr O，Fell R，Couture R，et al. Landslide Risk Management. Vancouver，Canada：A. A. Balkema.

Fell R，Corominas J，Bonnard C，et al. 2008. Guidelines for landslide susceptibility，hazard and risk zoning for land use planning. Engineering Geology, 102 (3-4): 85-98.

Fenwick D, Scheidt C, Caers J. 2014. Quantifying asymmetric parameter interactions in sensitivity analysis: application to reservoir modeling. Mathematical Geosciences, 46 (4): 493-511.

Fredlund D G, Rahardjo H. 1993. Soil mechanics for unsaturated soils. Toronto: John Wiley and Sons.

Gariano S L, Brunetti M T, Iovine G, et al. 2015. Calibration and validation of rainfall thresholds for shallow landslide forecasting in sicily, southern italy. Geomorphology, 228 (1): 653-665.

Griffiths D V, Lane P A. 1999. Slope stability analysis by finite element. Géotechnique, 49 (3): 387-403.

Guzzetti F, Reichenbach P, Cardinali M, et al. 2005. Probabilistic landslide hazard assessment at the basin scale. Geomorphology, 72 (1-4): 272-299.

He X G, Hong Y, Vergara H, et al. 2016. Development of a coupled hydrological- geotechnical framework for rainfall- induced landslides prediction. Journal of Hydrology, 543 (Part B): 395-495.

Jiang G L, Magnan J P. 1997. Stability analysis of embankments: comparison of limit analysis with methods of slices. Geotechnique. 47 (4): 857-872.

Lee J H, Kim H, Park H J, et al. 2020. Temporal prediction modeling for rainfall- induced shallow landslide hazards using extreme value distribution. Landslides, 18 (1): 321-338.

Li Y S, Xia C C. 2000. Time-dependent tests on intact rocks in uniaxial compression. International Journal of Rock Mechanics and Mining Sciences, 37 (3): 467-475.

Lindquist E S, Goodman R E. 1994. Strength and deformation properties of a physical model melange//Nelson P P, Laubach S E. Proceeding the 1st North American Rock Mechanics Conference (NARMS). Rotterdam: A. A. Balkema.

Ma L, Daemen J J K. 2006. An experimental study on creep of welded tuff. International Journal of Rock Mechanics and Mining Sciences, 43 (2): 282-291.

Maranini E, Brignoli M. 1999. Creep behavior of a weak rock: experimental characterization. International Journal of Rock Mechanics and Mining Sciences, 36 (1): 127-138.

Medley E. 2001. Orderly characterization of chaotic franciscan melanges. Engineering Geology, 59 (1): 20-33.

Medley E, Goodman R E. 1994. Estimating the block volumetric proportion of melanges and similar block-in-matrix rocks(bimrocks)//Proceeding of the 1st North American Rock Mechanics Conference(NARMS). Austin, Texas, Rotterdam: A. A. Balkema.

Medley E, Lindquist E S. 1995. The engineering significance of the scale- independence of some Franciscan melanges in California, USA//Daemen J K, Schultz R A. Proceeding of the 35th US Rock Mechanics Symposium. Rotterdam: A. A. Balkema.

Merghadi A, Yunus A P, Dou J, et al. 2020. Machine learning methods for landslide susceptibility studies: a comparative overview of algorithm performance. Earth-Science Reviews, 207: 103225.

Nedumpallile Vasu N, Lee S R, Pradhan A M S, et al. 2016. A new approach to temporal modelling for landslide hazard assessment using an extreme rainfall induced-landslide index. Engineering Geology, 215 (1): 36-49.

Ning Lu, Jonathan W. Godt. 2014. 斜坡水文与稳定. 简文星，王菁莪，侯龙，译. 北京：高等教育出版社.

Ochiai H, Okada Y, Furuya G, et al. 2004. A fluidized landslide on a natural slope by artificial rainfall. Landslides, 1 (3): 211-219.

R. L. Sehuster, R. J. Krizek. 1978. 滑坡的分析与防治. 铁道部科学研究院西北研究所，译. 北京：中国铁道出版社.

Reichenbach P, Rossi M, Malamud B D, et al. 2018. A review of statistically- based landslide susceptibility models. Earth-Science Reviews, 180: 60-91.

Song Y, Fan W, Yu N, et al. 2022. Rainfall induced shallow landslide temporal probability modelling and early warning research in mountains areas: a case study of Qin-Ba Mountains, Western China. Remote Sensing, 14 (23): 5952.

Srivastava R, Yeh T C J. 1991. Analytical solutions for one-dimensional, transient infiltration toward the water table in homogeneous and layered soils. Water Resources Research, 27 (5): 753-762.

Sun H W, Wong H N, Ho K K S. 1998. Analysis of infiltration in unsaturated ground. In Slope Engineering in Hong Kong. Rotterdam, the Netherlands: A. A. Balkema.

Sweeney D J. 1982. Some in situ soil suction measurements in Hong Kong's residual soil slopes. Hong Kong: Proceedings of the 7th Southeast Asian Geotechnical Conference.

V. S. 沃特科里, R. D. 拉马, S. S. 萨鲁加（印度）. 1981. 岩石力学性质手册（第一册）. 北京：水利出版社.

Valentine G A. 1998. Damage to structures by pyroclastic flows and surges, inferred from nuclear weapons effects. Journal of Volcanology and Geothermal Research, 87 (1): 117-140.

Van Westen C J, Castellanos E, Kuriakose S L. 2008. Spatial data for landslide susceptibility, hazard, and vulnerability assessment: an overview. Engineering Geology, 102 (3): 112-131.

Vessia G, Parise M, Brunetti M T, et al. 2014. Automated reconstruction of rainfall events responsible for shallow landslides. Natural Hazards and Earth System Sciences, 14 (9): 2399-2408.

Vita P, Napolitano E, Godt J W, et al. 2013. Deterministic estimation of hydrological thresholds for shallow landslide initiation and slope stability models: case study from the Somma-Vesuvius area of southern Italy. Landslides, 10 (6): 713-728.

Wei X, Fan W, Cao Y, et al. 2020a. Integrated experiments on field monitoring and hydro-mechanical modeling for determination of a triggering threshold of rainfall-induced shallow landslides. A case study in Ren River catchment, China. Bulletin of engineering geology and the environment, 79: 513-532.

Wei X, Fan W, Chai X, et al. 2020b. Field and numerical investigations on triggering mechanism in typical rainfall-induced shallow landslides: a case study in the Ren River catchment, China. Natural Hazards, 103 (2): 2145-2170.

Wei X, Fan W, Deng L, et al. 2024. Exploring the effect of volume change on capillary soil water retention in an undisturbed silty clay: an experimental and modeling approach. Acta Geotechnica, 1-15.

Xiong L, Li T, Yang L. 2014. Biaxial compression creep test on green-schist considering the effects of water content and anisotropy. KSCE Journal of Civil Engineering, 18 (1): 103-112.

Zhang G W, Meng Q R, Lai S C. 1995a. Tectonics and structure of Qinling orogenic belt. Science in China (Series B), 38 (11): 1379-1394.

Zhang G W, Xiang L W, Meng Q R. 1995b. The Qinling orogenic and intracontinental orogenic mechanism. Episodes, 18 (1-2): 36-39.

Zhang G W, Meng Q R, Yu Z P, et al. 1996a. Orogenesis and dynamics of the Qinling Orogen. Science in China (Series D), 39 (3): 225-234.

Zhang G W, Guo A L, Liu F T, et al. 1996b. Three-dimentional architecture and dynamic analysis of the Qinling Orogenic Belt. Science in China (Series D), 39: 1-9.

Zheng W, Cao Y, Fan W, et al. Formation processes and mechanisms of a fault-controlled colluvial landslide in the Qinling-Daba Mountains, China [J]. Scientific Reports, 2024, 14 (1): 19167.